Frontiers of Advanced Materials Research in China:
Annual Report (2021)

U0273398

中国新材料
研究前沿报告

中国工程院化工、冶金与材料工程学部
中国材料研究学会 —— 编写

化学工业出版社
·北京·

内 容 简 介

《中国新材料研究前沿报告（2021）》聚焦前沿新材料发展动态，关注重大原创基础研究和行业颠覆性技术，分为总论、前沿新材料、战略新材料和基础创新能力提升四个主题，着重阐述了宽带半导体材料、增材制造材料、碳纳米材料、超材料、新型二维材料、摩擦纳米发电机及相关材料、碳纳米笼、智能软体材料等相关前沿新材料领域发展的背景需求、研究进展和前沿动态；特别讲解了第三代半导体的压电（光）电子学器件材料、高性能陶瓷纤维及其复合材料、锂离子电池关键材料、生物基材料、生物医用心血管系统材料相关战略新材料的研究、应用与未来发展重点；最后对提升我国基础创新能力的新材料设计制造软件、新材料高端精密监测仪器的研发和应用进行了全面解说。

书中对新材料前沿领域详细的技术解读，对未来发展重点的高瞻远瞩，将为新材料领域研发人员、技术人员、产业界人士提供全面的指导。

图书在版编目（CIP）数据

中国新材料研究前沿报告. 2021 / 中国工程院化工、冶金与材料工程学部，中国材料研究学会编写. —北京：化学工业出版社，2022.2
ISBN 978-7-122-40792-4

Ⅰ.①中… Ⅱ.①中…②中… Ⅲ.①工程材料-研究报告-中国-2021 Ⅳ.①TB3

中国版本图书馆CIP数据核字（2022）第024941号

责任编辑：刘丽宏 文字编辑：林 丹
责任校对：宋 玮 装帧设计：王晓宇

出版发行：化学工业出版社（北京市东城区青年湖南街13号 邮政编码100011）
印　　装：河北京平诚乾印刷有限公司
787mm×1092mm 1/16 印张34½ 字数796千字 2022年3月北京第1版第1次印刷

购书咨询：010-64518888 售后服务：010-64518899
网　　址：http://www.cip.com.cn
凡购买本书，如有缺损质量问题，本社销售中心负责调换。

定　　价：198.00元

新材料作为科技强国建设的重要物质保障，是具有战略性、基础性和先导性的产业。新材料领域的健康发展，需要紧紧围绕国家重大需求，不断开展宏观战略研究，及时面向社会发布行业发展趋势、存在的问题和行业指导性建议，以期助力推动我国新材料与高新技术、高端制造和重大工程的深度融合。

《中国新材料研究前沿报告》《中国新材料产业发展报告》《中国新材料技术应用报告》《走近前沿新材料》系列新材料品牌战略咨询报告与技术普及性图书立足新材料产业发展链条，涉及研究前沿、产业发展、技术应用和科学普及四个维度，每年面向社会公开出版。其中，《中国新材料研究前沿报告》主要任务是关注对行业发展可能产生重大影响的原创技术、关键战略材料领域基础研究进展和新材料创新能力建设，梳理出发展过程中面临的问题并提出应对策略和指导性发展建议；《中国新材料产业发展报告》主要任务是关注先进基础材料、关键战略材料和前沿新材料的产业化问题与对行业支撑保障能力的建设问题，提出发展思路和解决方案；《中国新材料技术应用报告》主要任务是关注新材料在基础工业领域、关键战略产业领域和新兴产业领域中应用化、集成化问题以及新材料应用体系建设问题，提出解决方案和政策建议；《走近前沿新材料》主要任务是将新材料领域不断涌现的新概念、新技术、新知识、新理论以科普的方式向广大科技工作者、青年学生、机关干部进行推送，使新材料更快、更好地服务于经济建设。以上四部著作以国家重大需求为导向，以重点领域为着眼点开展工作，对涉及的具体行业原则上每隔2~4年进行循环发布，这期间的动态调研与研究会持续密切关注行业新动向、新态势，及时向广大读者报告新进展、新趋势、新问题和新建议。

以上系列新材料品牌战略咨询报告与技术普及性图书由中国工程院化工、冶金与材料工程学部和中国材料研究学会共同组织编写，由中国材料研究学会新材料发展战略研究院组织实施。2022 年公开出版的四部咨询报告分别是《中国新材料研究前沿报告（2021）》《中国新材料产业发展报告（2021）》《中国新材料技术应用报告（2021）》和《走近前沿新材料 3》，这四部著作得到了中国工程院重大咨询项目《新材料发展战略研究》《新材料前沿技术及科普发展战略研究》《新材料研发与产业强国战略研究》及《先进材料工程科技未来 20 年发展战略研究》等课题支持。在此，我们对今年参与这项工作的专家们的辛苦工作致以诚挚的谢意！希望我们不断总结经验，不断提升智库水平，更加有力地为中国新材料的发展做好战略保障和支持。

以上四部著作可以服务于我国广大材料科技工作者、工程技术人员、青年学生、政府相关部门人员，对于图书中存在的不足之处，望社会各界人士不吝批评指正，我们期望每年为读者提供内容更加充实、新颖的高质量、高水平的图书。

二〇二一年十二月

新材料是高新技术产业、高端制造业和国防军工发展的先导和重要基础，是支撑新一轮科技革命和工业革命的关键基盘技术。新材料研究前沿热点包括纳米材料、超材料、智能仿生材料、超导材料、生物医用材料、石墨烯、量子技术相关材料以及新材料研发的共性技术——材料基因工程等，新材料前沿研究呈现出材料与器件一体化、结构与功能复合化，以及多学科交叉、多技术融合、绿色低碳和智能化的发展趋势。大数据、人工智能与材料的深度融合，加速了新材料的发现和应用，有力推动了新材料产业的发展。

《中国新材料研究前沿报告（2021）》（以下简称《报告》）是在中国材料研究学会承担中国工程院重大战略咨询项目《新材料研发与产业强国战略研究》所取得的研究成果的基础上完成的专题研究报告，是中国材料研究学会品牌系列出版物之一，是继《中国新材料研究前沿报告（2020）》后的又一部前沿新材料发展战略咨询报告。

《报告》以我国新材料研发与产业强国战略研究为主线，聚焦新材料研发前沿动态，关注重大原创基础研究、提升基础创新能力、突破颠覆性的制造和应用核心技术，形成了多篇兼具专业性、前瞻性、时效性的专题研究报告。《报告》分总论、前沿新材料、战略新材料及基础创新能力提升四个部分。各章包含研究背景、全球研究进展与前沿动态、我国研究发展现状及学术地位、作者在该领域的主要研究成果和学术成就、我国在该领域前沿研究面临的机遇与挑战、对策与建议等。《报告》涉及的新材料包括纳米材料、新型二维材料、超材料、生物医用材料、智能仿生材料、新型半导体材料等，同时本《报告》对前沿新材料增材制造技术、高端精密仪器及新材料设计制造软件等进行了论述。

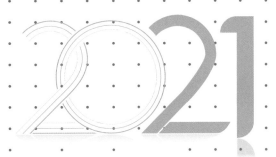

我谨代表编委会对中国工程院及其化工、冶金与材料工程学部提供的支持表示感谢，对致力于中国新材料前沿科学与技术发展、提供内容框架指导、撰写专题报告、审阅修改报告的所有专家、作者以及为本报告的编辑和出版做出贡献的所有人士表示诚挚的感谢。特别感谢参与本书编写的所有作者！

第1章　万　勇　冯瑞华　黄　健

第2章　周　济　李龙土　熊小雨

第3章　吴　玲　沈　波　赵璐冰

第4章　黄卫东　王理林　王　猛

第5章　侯红帅　李　硕　邹国强　纪效波

第6章　张浩驰　汤文轩　刘　硕　崔铁军

第7章　陶　莹　尚童鑫　吕　伟　杨全红

第8章　王中林　王　杰　蒋　涛　程廷海

第9章　胡　征　吴　强　陈轶群

第10章　史玉升　苏　彬　闫春泽　伍宏志

第11章　王中林　翟俊宜　王龙飞　朱来攀

第12章　王应德　陈思安　李　端

第13章　胡勇胜　陆雅翔

第14章　卢凌彬　石建军　何边阳

第15章　季培红　吴立煌　顾忠伟

第16章　韩恩厚　雷家峰　王震宇

第17章　杨小渝

第18章　王海舟　沈学静　李冬玲

希望本书的出版能够为有关部门的管理人员、从事新材料研发的科技人员、新材料产业界人员以及其他相关人员提供有益的参考。

许建新

二〇二一年十二月

总 论

第一篇

第1章　中国新材料前沿技术创新机遇与挑战

　　1.1　新材料前沿发展趋势与动态分析
　　1.2　中国新材料前沿技术创新机遇
　　1.3　中国新材料前沿技术发展面临的问题与挑战

中国新材料前沿技术
创新机遇与挑战

万 勇 冯瑞华 黄 健

1.1 新材料前沿发展趋势与动态分析

材料科学已成为当代社会物质文明进步的根本性支撑之一，是国民经济、国防及其他高新技术产业发展不可或缺的物质基础。材料科学发展本身具有很强的先导性，须走在科技发展前列。近年来，随着人类社会和科学技术日新月异的发展变化，我国经济社会由高速增长转向高质量发展，在社会与经济对材料巨大需求的牵引和学科交叉的不断推动下，材料科学领域呈现积极活跃的发展态势。

1.1.1 材料科学领域发展现状与趋势

纵观近些年来材料领域的发展历程可以发现，先进信息材料不断涌现，引领高技术领域颠覆式跨越；新能源材料发展迅猛，推动相关产业加速变革；人工智能技术加速新材料开发过程。材料的发展趋势可归纳为以下四个方面。

（1）材料追求更高使役性能满足社会进步和科技发展　　　　　　　　　　　　　　　• • •

人类对于太空、外太空等空间资源的探索、开发和利用，需要大量快速穿越大气层的重复往返或长时间在外层空间轨道运行的各种"跨大气层空天飞行器"，空天飞行器需要耐高温和超高温的结构材料。对海洋资源，尤其是深海资源的开发，需要大量的耐高压、耐腐蚀的高强结构材料。矿产资源开发深度的不断增加，对矿井支护材料的抗压和隔热性能要求也不断提高。随着核电工业的发展，核废料日益增加，地下深埋对材料的需求包括抗辐射材料、固化材料等。随着人类步入信息化时代，对超大容量信息传输、超快实时信息处理和超高密度信息存储的需求加快了信息载体从电子向光电子和光子的转换步伐，光纤通信、移动通信和数字化信息网络时代已成为信息技术发展的大趋势。相应地，信息功能材料对高速、低功耗、低噪声等性能也提出了更高的要求。

（2）材料向着个性化、复合化、多功能化的方向迅速发展　　　　· · ·

随着以原子、分子为起始物质进行材料合成，并在微观尺度上控制其成分和结构成为可能，由微观、介观到宏观等不同层次上，按预定的形状和性能来设计和制备新材料的技术日益成熟。以增材制造为代表的"按需设计和制造材料"为目标的多尺度、多功能、跨层次的新型材料制造方式受到了世界各国的广泛关注，并对医疗、建筑、食品、制造等诸多行业产生了革命性的影响。

（3）材料研发加速向第四范式转变　　　　· · ·

随着超级计算机、大数据、人工智能、量子计算等先进信息技术的发展，新材料研发过程正在产生巨变。其中，材料基因组、量子化学等方法可为新材料研发提供海量结构化数据，人工智能技术可从海量数据中迅速找到因果关系。上述技术的应用，可使新材料的研发周期大幅缩短，制备成本显著下降，从而实现新材料研发由"经验指导实验"的模式向"理论预测，实验验证"的新模式转变，这种转变已经成为材料研究领域的共识。未来，新材料研发将加速向第四范式转变，人工智能、大数据等技术在新材料开发中的作用将进一步突显。

（4）绿色、节能、环保成为材料发展的强大推动力　　　　· · ·

随着人类社会的发展，原材料短缺、能源匮乏、温室气体排放等已成为全世界范围面临的最为突出的问题。材料的研发也将维持社会的可持续性发展放在越来越重要的位置，绿色、环保、节能、减排成为共同的目标。材料技术更注重解决能源、资源短缺的约束，促进社会的可持续发展。高性能材料对资源，特别是稀有贵重金属元素的依赖愈发显著，开展材料中稀有贵金属元素的替代研究已成为当前各国的重要战略。近年来，欧盟、美国、澳大利亚、日本等发达国家和组织均将绿色、可持续发展作为经济增长的重要方向，出台了一系列相关科技政策。未来氢能源技术、CO_2捕获及转化技术、生物质高分子材料技术等将被加速突破并被广泛应用，为全球可持续发展提供物质基础。

1.1.2 / 材料科学领域相关科研与产业政策

世界各国纷纷在材料科学领域制定出台相应的科研与产业政策，竭力抢占材料发展的制高点。目前，发达国家仍在国际材料产业中占据领先地位，全球材料领域龙头企业主要集中在美国、欧洲及日本等发达国家和地区[1]。表1-1列举了国外在材料领域近年来制定的主要发展规划。

表1-1　国外材料领域主要发展规划

国家及组织	近年主要发展规划与布局	涉及的材料领域方向
美国	国家纳米技术计划、材料基因组计划、国家制造业创新网络、固态半导体照明计划等	纳米材料及器件、材料设计、轻质金属、复合材料、纤维纺织、可持续材料制造、生物与医用材料、光电材料等
欧盟	关键使能技术战略、地平线2020、地平线欧洲、石墨烯旗舰计划等	各种新材料（如信息技术相关材料、低碳环保材料）、石墨烯、原材料资源等

续表

国家及组织	近年主要发展规划与布局	涉及的材料领域方向
英国	工业 2050 战略、现代工业战略、高价值制造网络等	石墨烯、复合材料、生物材料、纳米材料、航空材料等
德国	2020 高技术战略、工业 4.0 等	生物材料、纳米材料、光电子材料等
法国	新工业法国战略等	可再生材料、环保材料、信息材料等
日本	科学技术基本计划、新增长战略等	能源材料、照明材料、碳材料（含碳纤维）、稀有金属及稀土替代材料、超导材料、信息材料等

（1）美国

美国的材料科技战略目标是保持本领域的全球领导地位，支撑信息技术、生命科学、环境科学和纳米技术等领域的发展，满足国防、能源、电子信息等对材料的需求。美国的新材料发展特色是以能源部、国防部、商务部（国家标准与技术研究院）和国家航空航天局等的大型研究与发展计划为龙头，主要以采购合同形式来推动和确保大学、科研机构和企业的新材料研究与发展工作。

在综合性战略规划层面，主要包括 2000 年开始实施的"国家纳米技术计划"、2011 年启动的"材料基因组计划"、2012 年启动的国家制造业创新网络（现名"制造业美国"）建设等。在各个联邦部门层面，也有具体的行动计划。如美国能源部近年来加大了对关键材料、利用高性能计算促进材料制造创新的资助力度；国防部先进研究计划局 2017 年启动的电子复兴计划涉及相关微电子材料的集成等（图 1-1）。

图 1-1 美国在材料领域的战略规划与行动计划

2000 年起，美国开始实施"国家纳米技术计划"（National Nanotechnology Initiative，NNI），在国家层面协调各方参与机构的研发活动，推动纳米科学、纳米工程、纳米技术的发现、发展和利用。八大主要领域包括：基本现象及过程；纳米材料；纳米器件及系统；设备研究、测量技术和标准；纳米制造；主要研发设施；环境、健康与安全；教育和社会。2021年 10 月发布的新一轮战略规划提出了以下五大目标：确保美国在纳米技术研发方面保持世界领先地位；促进纳米技术研发商业化；提供可持续支持纳米技术研发与推广的基础设施；鼓励公众参与，扩充劳动力；确保纳米技术负责任地发展[2]。

美国自 2011 年起实施"材料基因组计划"，旨在加快新材料从发现、创新、制造到商业化的步伐，该计划将使得以比现在快一倍的速度以及足够低的成本发现、研制、制造并部署先进材料。现已有六家联邦机构参与，开创性研究的资助已逾 4 亿美元，合作伙伴遍及产业界和学术界[3]。2021 年 11 月新版战略规划提出了材料创新基础设施、材料数据和人员培养三方面的目标，更加强调材料基因组计划对于推动材料创新，尤其是推动新材料走向应用方面所具有的潜力[4]。

为重塑美国制造业的全球领导地位和竞争力，美国政府于 2012 年启动了国家制造业创新网络（现更名为"制造业美国"），以推动先进制造技术向产业转移、向生产力转化。美国国家制造业创新网络的核心单元是制造业创新中心，它担负着特定领域内先进制造技术成果转化与应用推广的职责。经过向社会公开咨询与评估，美国国家制造业创新网络拟建立 45 家创新研究所，截至本调研完成之时，已建成 16 家，领域涉及增材制造、光电子、材料（轻质金属、复合材料、纤维纺织、可持续材料制造）、智能制造、数字制造与设计、化工过程、生物制造、机器人和制造业网络安全等[5]。

美国能源部每年会对固态半导体照明研究进行资助。该计划为半导体照明确定了无机发光二极管和有机发光二极管两个方向，已进行了多次修订。计划关于半导体照明发展的战略措施包括基础研究、核心技术研究、产品开发、商业化支持、标准开发以及产业合作等方面。

美国国家科学基金会每年都会发布材料学科年度计划，主要包括材料科学进步重点领域，如可持续发展科学工程和教育、超越摩尔定律科学与工程等项目。资助范围涵盖了材料研究和教育等，资助领域广泛，包括凝聚态物质和材料物理、固体化学和材料化学、多功能材料、电子、光子、金属、超导、陶瓷、高分子、生物材料、复合材料和纳米结构等。

美国在新材料研究领域的科研机构一共有 200 多所，主要有橡树岭国家实验室、阿贡国家实验室、劳伦斯伯克利国家实验室等 17 个科研实力全球名列前茅的国家实验室，以及杜邦、陶氏、GE 等顶尖科技研发公司实验室，而涉足新材料研究的主力——高校实验室，如麻省理工学院、哈佛大学等则多达近 200 所。

近些年以来，美国材料研究取得了非凡的进步。美国国家科学院在 2019 年 2 月发布《材料研究前沿——十年调查报告》，旨在记录在全球开展材料研究的背景下，美国材料研究的现状和有潜力的未来方向。报告指出，过去十年，石墨烯带动了其他二维材料的研究，激发了对新物理现象的研究，可应用于太阳能电池、晶体管、相机传感器、显示屏和半导体等领域。增材制造已经成为重要工艺，可大规模生产以及按需一次性制造。过去十年中其他一些主要材料的进步包括价格合理的 LED 照明、平板显示和新型电池。有些重要的发展是纯粹发现驱动的产物（如拓扑绝缘体），有些则是通过协同技术努力产生的（如大猩猩玻璃），还有一些代表了两者的组合（如增材制造和高性能塑料 vitrimers）。金属、大块金属玻璃、高性能合金、陶瓷以及其他材料取得了令人振奋的进步。复合材料和混合材料由于能够承受恶劣环境而具有高应用价值。涂层技术的进步提高了材料的可靠性，并将其用于热量和环境保护系统。分层材料系统正在取代传统材料，每一层的独特性能和功能可显著提高整体性能和寿命。聚合物和多种生物材料以及胶体和液晶等软物质的研究已经取得了很大进展。超导研究仍然前景宽广，量子材料（包括量子自旋液体、强相关薄膜与异质结构、新型磁体、石墨烯和其他二维材料以及拓扑材料）正在迅速发展[6]。

（2）欧盟及欧洲国家　　　···

欧盟提出要在材料科学和工程的多个研究领域成为国际领导者，并在尽可能多的先进材料技术中争当世界第一。以法国、德国等为代表的欧盟成员国和英国等在科技发展战略中，尽管各国在侧重点上有所差异，但都是以生命科学与生命技术、信息通信技术、纳米技术、能源等四大领域为优先发展的战略领域，其中材料均占有重要的地位。在"地平线2020"中，从卓越科研、产业领导力、社会挑战等三个维度，设置了与材料领域相关的石墨烯旗舰计划、材料与制造使能技术、战略能源技术计划（SET-Plan）等（图1-2）。

图1-2 "地平线2020"从三个维度设置了与材料相关的计划

早在2003年9月，欧盟科研总司召集相关科学家共同研讨材料科学的未来，会议决定欧盟将着力推进十大材料领域的发展，分别是催化剂、光学材料与光电材料、有机电子学与光电学、磁性材料、仿生学、纳米生物技术、超导体、复合材料、生物医学材料及智能纺织材料。历次的欧盟框架计划、"地平线2020"、欧洲先进工程材料与技术平台等都把材料和纳米材料技术作为重要研究领域等进行资助和布局，材料技术在欧盟科技发展领域占据了越来越重要的位置。

为保持欧盟工业的优势和提高未来竞争力，欧盟委员会于2010年7月成立了由高层专家组成的工作班组，系统地研究欧盟工业的优势和未来的发展方向。2011年6月，包括先进材料在内的六大技术被确定作为欧盟工业的关键使能技术（Key Enabling Technologies，KETs），加强六大关键使能技术❶的研发创新，确保世界领先水平，关系到欧盟工业的生存和未来竞争力。2018年4月，欧盟确定了新的关键使能技术，先进材料依旧在列[7]。

欧盟框架计划及"地平线2020"的"纳米科学、纳米技术、材料和新制造技术"领域的主要目标是提高欧洲工业竞争力，并确保从资源密集型向知识密集型转变，特别关注研究和技术开发成果向中小型企业转移。"地平线2020"要求欧盟所有的研发与创新计划聚焦于基础科学、工业技术、社会挑战三大战略优先领域，其中每个优先领域都分别部署了多项行动计划。与材料相关的行动计划包括基础科学战略优先领域的未来和新兴技术行动计划；以及工业技术战略优先领域中保持领先地位的使能技术和工业技术行动计划，如纳米技术、先进材料、生物技术和先进制造行动计划等。

欧盟"未来和新兴技术旗舰项目"是一项长期的科研扶持项目，是欧盟出台的扶持科技发展政策的重要组成部分。首批入选的是石墨烯和人脑工程计划，自2013年10月起，各获得持续10年总共10亿欧元的资助[8]。石墨烯旗舰计划共有13个重点研发领域❷。2017年2月，旗舰计划高层专家内部评估委员会发布的中期评估报告指出，石墨烯旗舰计划是欧洲研究与创新战略的有机组成部分，有潜力产生巨大的影响[9]。2020年4月起，石墨烯旗舰计划进入新阶段，专注推进产业化应用。

2018年6月发布的2021～2027年科研资助框架——"地平线欧洲"的实施方案提案中，

---

❶ 欧盟六大关键使能技术：先进制造技术、先进材料与纳米技术、生命科学技术、微/纳米电子学与光子学、人工智能以及数字安全与互联。

❷ 具体包括：标准化；化学传感器、生物传感器与生物界面；薄膜技术——从纳米流体到纳米谐振器；面向能源应用的催化剂；面向复合材料和能源应用的功能材料；面向高性能、轻质技术应用的功能涂层和界面；石墨烯及相关材料与半导体器件的集成；新的层状材料和异质结构；面向射频应用的无源组件；硅光子学的集成；石墨烯、相关二维晶体和杂化系统的原型研究；更新石墨烯、相关二维晶体和杂化系统的科技路线图；开放性课题等。

先进材料位列"数字与工业"九大领域之一，关注具有新的特性和功能的材料设计（包括塑料、生物材料、纳米材料、二维材料、智能材料和复合材料等）[10]。

① 英国　作为老牌工业国家，英国材料科学和技术处于世界领先地位。英国是一批世界级的制造公司的发源地，这些公司的成功取决于对先进材料的开发利用。英国有享誉全球的教学和研究机构，在医药、航空航天、信息和通信技术等高科技产业的研发投入强度可与世界主要竞争对手国家相媲美。

英国历次工业战略都把材料、纳米技术等作为重大技术进行发展。2011 年，英国发布了国家级《促进增长的创新和研究战略》，以创新和研发来推动经济增长。在该战略报告中，英国除了明确未来四年将发展生命科学、高附加值制造业、纳米技术和数字技术四大关键技术外，英国政府还重视创意产业、技术与创新中心、新兴技术的发展。英国"工业 2050 战略"是定位于 2050 年英国制造业发展的一项长期战略研究，通过分析制造业面临的问题和挑战，提出英国制造业发展与复苏的政策。2017 年 11 月，英国政府正式发布新版工业战略，与之相配套的"工业战略挑战基金"关注用于航空航天、汽车及其他先进制造行业的下一代廉价轻质复合材料[11,12]。

2016 年 12 月，英国宣布新建六家研究中心，探索并提升靶向生物医药、3D 打印、复合材料等领域的新的制造技术。这 6 家研究中心分别为靶向医疗未来制造中心、先进粉末加工制造中心、未来复合材料制造中心、未来先进计量中心、未来连续性生产及先进结晶研究中心、未来化合物半导体制造中心。英国政府通过工程与自然科学研究理事会（EPSRC）向每个中心资助 1000 万英镑。这些中心还将联合来自 17 所大学、200 家企业及学术界合作伙伴的力量，通过大学与企业之间深化合作，推动研究成果从实验室走向市场，开发出更多的产品以满足产业需求及进步[13]。

② 德国　德国联邦政府教育和研究部为鼓励各种社会力量参与新材料研发，先后颁布实行了"材料研究"MatFo（1984 ~ 1993 年）、"材料技术"MaTech（2003 年截止）和"为工业和社会而进行材料创新"WING（始于 2004 年）三个规划。2001 年，德国启动新一轮纳米生物技术研究计划，以介于纳米和生物技术之间的物理、生物、化学、材料和工程科学为切入点进行研究，政府在以后 6 年内投入 1 亿马克。2003 年，联邦教研部斥资 2.5 亿欧元推出工业和社会材料创新计划，重点开发新材料，以加强德国工业的创新力。德国政府后续又推出了《德国 2020 高技术战略》、"工业 4.0"等来引领材料和制造等技术的发展。

《德国 2020 高技术战略》提出，德国经济的未来竞争力主要依赖于在生物技术、纳米技术、微电子学和纳米电子学、光学技术、微系统技术、材料技术、生产技术、服务研究、航空技术以及信息通信技术领域内的领导地位。而技术应用主要取决于技术成功地转化为经济效益的程度，以及技术对生产、健康和环境的影响程度[14]。

"工业 4.0"是《德国 2020 高技术战略》提出的十大未来项目之一，推动以智能制造、互联网、新能源、新材料、现代生物为特征的新工业革命。德国企业界普遍认为，确保和扩大在材料研发方面的领先地位是其在国际竞争中取得成功的关键。该项目由德国联邦教研部和联邦经济技术部联合资助，投资预计达 2 亿欧元。

2019 年 11 月，德国联邦经济事务与能源部发布《国家工业战略 2030》，旨在有针对性地扶持重点工业领域，提高工业产值，保证德国工业在欧洲乃至全球的竞争力。与材料相关的钢铁铜铝、化工、增材制造等，连同其他总共十个工业领域被列为"关键工业领域"[15]。

③ 法国　材料科学是法国领先的民用核能、航空航天、交通运输和农业等领域的重要支撑。法国高等教育与研究部 2009 年发布了法国国家研究与创新战略，这是法国第一个国家层面的科学研究战略，确定了 3 个优先研究领域，其中包括纳米技术等与材料相关的领域。面对伴随"去工业化"而来的工业增加值和就业比重的持续下降，法国政府意识到"工业强则国家强"，在 2013 年 9 月推出了《新工业法国》战略，旨在通过创新重塑工业实力，使法国重回全球工业第一梯队[16]。该战略是一项 10 年期的中长期规划，展现了法国在第三次工业革命中实现工业转型的决心和实力。其主要目的为解决三大问题：能源、数字革命和经济生活。

（3）日本

日本新材料产业以工业政策为导向，目标是占有世界市场，因而选取的重点是使市场潜力巨大和高附加值的新材料领域尽快专业化、工业化。日本重点开发出纳米玻璃、纳米金属、纳米涂层等用于信息通信、新能源、生物技术、医疗领域的新材料，在电子材料、陶瓷材料、碳纤维等领域国际领先。日本的财团控制了日本大量的工业企业，旗下的工业企业相互持股、资源共享。如三井的东丽、王子制纸，三菱的旭硝子、三菱铝业、三菱化学，住友的住友化学、住友轻金属，富士的神户制钢所、积水化学，第一劝银的旭化成等世界知名的日本化工材料企业均属于财团旗下。

"新增长战略"的提出成为指导日本产业发展的重要依据，而新产业政策的实施也预示着日本走向新的增长模式。从创造"供给"为主转向创造"需求"为主的政策，从直接扶持产业到培养产业活力政策的转变等这些政策都大大促进了日本产业发展，特别是材料产业的发展。日本政府主要通过立法和经济援助等方式引导企业和大学开展合作，在法律框架下，政府、企业、大学和研究机构在材料产业发展目标、技术开发、生产和推广等方面通力合作。

日本政府发布的《日本产业结构展望 2010》以"新增长战略"为指导，将包括高温超导、纳米、功能化学、碳纤维、IT 等新材料技术在内的十大尖端技术产业确定为未来产业发展主要战略领域，并分析了相关领域的现状与问题、发展方向等，提出了相应的行动计划。

日本政府连续制定 5 期科学技术基本计划，确定了材料重点发展领域。如在《第四期科学技术基本计划（2011～2015）》中，涉及新材料方面的内容有：

① 加强可再生能源、医疗与护理、通信、高端材料、环境技术等各个方面的研究。

② 能源利用技术的高效化：推动高绝热化的住宅和建筑物，高效率的家电照明、高效率的热水器，定置型燃料电池、功率半导体、纳米碳晶棒材料等的技术研制和推广，同时还要推动新一代的汽车所需的蓄电池、燃料电池和利用功率电子控制能源使用的研究和普及。

③ 致力于资源再生技术的创新，研制出稀有金属和稀土的替代材料等。

在《第五期科学技术基本计划（2015～2020）》中，从上一期重视灾后重建和着眼于解决问题转变到了强调为未来发展做好准备，将与新产业发展密切相关的、实用性高的研究及制度改革作为重点。在此次基本计划中，日本提出打造"超智能社会（5.0 社会）"，优先推进包括"综合型材料开发系统"在内的由《科技创新综合战略 2015》确立的 11 项系统建设工作，围绕机器人、传感器、生物技术、纳米技术和材料、光量子等创造新价值的核心优势技术，设定富有挑战性的中长期发展目标并为之付出努力，提升日本的国际竞争力[17]。《第六期科学技术创新基本计划（2021～2025）》的核心内容是"如何通过科技创新政策实现社会 5.0"，材料依旧是关注的重点领域之一。该计划实施期间，日本将基于《材料创新能力强化战略》[18]，通过提高材料领域的创新能力，推动经济发展，解决社会问题，实现向可持续发展经济转型的总体目标。同时，开展三方面的行动计划，包括通过产学合作推进革新性材料研发和社会化应用；利用材料领域的数据与制造技术形成数据驱动型研究体系；从摆脱资源制约、推动循环使用、加强人才培养和国际合作等方面持续强化国际竞争力。

在基础研究方面，包括京都大学、东京大学、东北大学、大阪大学、东京工业大学、九州大学、名古屋大学、大阪府立大学、北海道大学等在内的一批日本高校在材料科学领域均有着深入研究，并设立了专门的研究所（中心）。国家支持的实验室也在日本材料科学研究领域起到巨大作用，国立材料科学研究所（NIMS）是日本最大的研究所之一，在高温高压技术合成单晶金刚石和氮化硼、n 型掺杂金刚石薄膜，超导与有机材料、功能陶瓷、控制原子运动的纳米级半导体器件等领域具有优势。在材料应用方面，由于身处太平洋，日本的自然资源并不丰富，这使得其材料应用更为出色，并在特种材料，尤其是特种钢材方面领先全球。日本钢铁企业众多，产量和技术均位居世界前列，在一些特种钢材类别上甚至处于垄断地位。新日本制铁、JFE 钢铁株式会所、住友金属工业、东京制钢、神户制钢等为其中翘楚。在制造用于核压力容器的大型钢铁铸锻件市场，日本制钢所约占全球 80% 的份额。日立、东芝、三菱是日本核电设备的三大巨头，有着强大的核设备供应能力。

1.2 / 中国新材料前沿技术创新机遇

"十四五"是推进国家治理体系和治理能力现代化，实现经济行稳致远、社会安定和谐，为全面建设社会主义现代化国家开好局、起好步的关键时期。展望"十四五"，全球新一轮产业分工和贸易格局将加快重塑，我国产业发展进入从规模增长向质量提升的重要窗口期。对于新材料发展来说，"十四五"同样是极其关键的时期。

根据《中华人民共和国国民经济和社会发展第十四个五年规划和 2035 年远景目标纲要》，"十四五"期间，我国将重点发展高端新材料，如高端稀土功能材料、高性能合金、高性能陶瓷、高性能纤维及其复合材料等（表 1-2）。

表 1-2 《中华人民共和国国民经济和社会发展第十四个五年规划和 2035 年远景目标纲要》中有关推动材料发展的描述

相关章节	涉及材料类别	相关内容表述
第四章 强化国家战略科技力量	基础材料	在"加强原创性引领性科技攻关"章节提出，集中优势资源攻关关键元器件零部件和基础材料等领域关键核心技术
第八章 深入实施制造强国战略	基础材料	在"加强产业基础能力建设"章节提出，实施产业基础再造工程，加快补齐基础材料等瓶颈短板；实施重大技术装备攻关工程，推动首批次材料等的示范应用
	原材料	在"推动制造业优化升级"章节提出，改造提升传统产业，推动石化、钢铁、有色、建材等原材料产业布局优化和结构调整

续表

相关章节	涉及材料类别	相关内容表述
第八章 深入实施制造强国战略	高端新材料、关键材料	在"实施制造业降本减负行动"章节"制造业核心竞争力提升"专栏首先提出，推动高端稀土功能材料、高品质特殊钢材、高性能合金、高温合金、高纯稀有金属材料、高性能陶瓷、电子玻璃等先进金属和无机非金属材料取得突破，加强碳纤维、芳纶等高性能纤维及其复合材料、生物基和生物医用材料研发应用，加快茂金属聚乙烯等高性能树脂和集成电路用光刻胶等电子高纯材料关键技术突破。 同样是在该专栏，还提出加快先进航空发动机关键材料等技术研发验证
第九章 发展壮大战略性新兴产业	新材料产业	在"构筑产业体系新支柱"章节提出，聚焦新材料等战略性新兴产业，加快关键核心技术创新应用，增强要素保障能力，培育壮大产业发展新动能
第十五章 打造数字经济新优势	装备材料、材料学科	在"加强关键数字技术创新应用"章节提出，加快推进装备材料等研发突破与迭代应用；加强信息科学与生命科学、材料等基础学科的交叉创新

（1）计量分析显示，我国在材料领域的研究成果显著 ● ● ●

自 2014 年以来，通过持续跟踪全球最重要的科研和学术论文，研究分析论文被引用的模式和聚类，中国科学院战略情报研究团队与科睿唯安每年都会联合发布《研究前沿》系列报告。2021 年 12 月发布的最新报告显示，"化学与材料科学"领域依旧领先，是中国活跃度表现突出且排名第一的领域之一。在该领域，中国的研究前沿热度指数得分为 24.80 分，约是排在第二位的美国（7.01 分）的 3.5 倍，具有明显的比较优势[19]。

中国科学技术信息研究所的统计显示，2019 年，我国包括材料科学在内的八个领域的高质量国际论文数量在学科排名中列世界首位。2010～2020 年（至 2020 年 9 月）SCI 收录的中国论文中，材料科学领域产出的论文比例占全球该学科论文的比例为 35.41%，是份额最高的学科领域；同时，材料领域是论文被引次数占世界第一的三个领域之一[20]。

（2）我国在前沿新材料技术领域取得了重要进展 ● ● ●

① 材料基因组工程 在美国、欧盟等国家/组织提出材料基因组及相关主题研究之后，中国工程院和中国科学院等开展了广泛咨询与深入调研，科技部在 2015 年启动了"材料基因工程关键技术与支撑平台"重点专项。近年来，我国已开发出材料高通量并发式计算和多尺度计算软件，实现万量级（10^4 级）高通量并发式计算，初步建成了依托国家超算中心（天津）的材料高通量计算大平台[21]。建立了中国材料与试验团体标准委员会（CSTM）材料基因工程领域委员会，并于 2019 年发布了全球首个"材料基因工程数据通则"[22]。中国科学院物理研究所"基于材料基因工程研制出高温块体金属玻璃"研究成果入选 2019 年度中国科学十大进展[23]。2021 年 6 月，中科院北京市材料基因组研究平台的材料计算子平台正式运行，标志着材料基因组平台的建设工作取得了重要的阶段性进展。该子平台的科学家之前与松山湖材料实验室合作，于 2020 年 8 月上线了我国首个世界级的材料科学数据库 Atomly.net[24]。

② 石墨烯及类石墨烯二维材料 国家自然基金委、科技部、发改委、工信部等部委高度重视石墨烯的研发、生产与应用，不断加大投入与支持力度，并取得了诸多创新成果。2017 年 9 月，中国科学院文献情报中心和美国化学文摘社联合发布的《石墨烯研发态势监测分析报告》显示，中国、美国、韩国、日本已形成技术优势，石墨烯专利流向美国、中国居多，

中国在论文发文量和专利申请量方面均位居全球首位；当前研究主要集中在电现象、电化学、放射及热能技术、光学、电子、质谱和其他相关属性、表面化学和胶体、硅酸盐等领域。继2016年首次实现石墨烯单晶的超快生长之后，北京大学利用外延生长和超快生长技术成功在20分钟内制备出世界最大尺寸（5cm×50cm）的外延单晶石墨烯材料[25]。过渡金属二硫属化合物、六方氮化硼、黑磷等，尤其二硫化钼（MoS_2），天然具有的半导体特性使其成为石墨烯的强力挑战者。近年来，各种烯材料不断涌现，如我国西安交通大学首次剥离制得的紫磷烯[26]。

③ 超材料技术　我国在超材料基础研究取得若干原创性成果。部分微波超材料已在武器装备的雷达隐身、新型天线罩等方面获得应用，实现了吸声系数达到100%的完美吸声体、声学二极管及"声学黑洞"，在国际上率先提出并研制的信息超材料打破了物理调控和信息调控的屏障，实现了我国在该方向的领跑地位。2017年6月，兰德发布分析报告，对比了中美两国在超材料领域的专利申请情况[27]。报告显示，美国和中国分别自2005年和2010年开始，围绕超材料的专利申请数量呈现快速增长态势。尽管天线均为两国最大的应用方向，但重点的集中程度明显不同（中国有41%，美国只有19%），美国超材料的应用领域比中国更为宽泛（图1-3）。

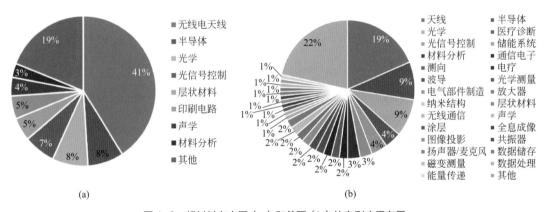

图1-3　超材料在中国（a）和美国（b）的专利应用布局

④ 超导材料　我国在长期研发的基础上，在铁基超导材料领域取得了一定的成果，主要涉及界面高温超导电性研究，通过提升制备工艺获得良好结构，并提高超导特性等。2008年3月，中国科学技术大学陈仙辉研究组和中国科学院物理研究所王楠林研究组同时在铁基中观测到了43K和41K的超导转变温度，突破了麦克米兰极限，证明了铁基超导体是高温超导体。紧接着，中国的科研团队不仅率先突破了50K的转变温度，还发现了一系列50K以上的超导体，创造了55K的铁基超导体转变温度纪录，被国际物理学界公认为第二个高温超导家族。当前，围绕新型非常规超导材料以及高温超导和非常规超导的机理问题，包括我国科学家在内的世界各国研究人员正在开展深入研究[28]。

⑤ 纳米材料与技术　利用自然科研开发的Nano数据库，对2014～2016年间涉及纳米材料的论文进行了计量分析，可以发现，中国在纳米结构材料、纳米颗粒、纳米片、纳米多孔材料和纳米器件等涉及纳米材料的方向均有研究，与其他纳米研究强国最热门的纳米材料

类别大同小异（图1-4）。其中，纳米多孔材料研究相对更多，纳米器件论文增速更快。

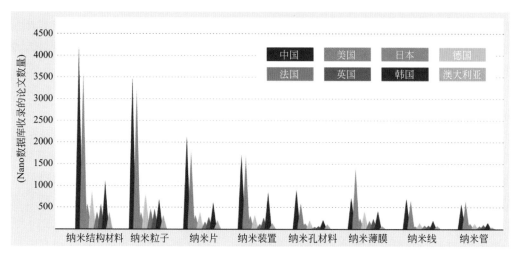

图1-4　Nano数据库中八大热门纳米材料的各国论文数量对比
来源：中国纳米科学与技术发展状况白皮书（2017）。

在纳米材料的应用上，与其他国家相比，我国催化研究有明显的领先优势，大部分高质量的纳米科研论文都出自催化研究领域，其次为纳米医学研究（尤其是医疗诊断方面）和与能源相关的储能与产能应用。

具体到各类纳米材料的研究突破，我国科研人员也取得了众多突出成果。例如，在纳米金属领域，我国发展了纳米孪晶、纳米层片和梯度纳米结构等结构，解决了纳米金属稳定性难题，引领了国际纳米金属材料领域的发展。

（3）战略性新兴产业快速发展　　　　　　　　　　　　　　　　　　•••

"十四五"时期经济社会发展要以推动高质量发展为主题，这是根据我国发展阶段、发展环境、发展条件变化作出的科学判断。落实到产业层面，就需要构建一批特色鲜明、优势互补、结构合理的战略性新兴产业增长引擎，更好培育新技术、新产品、新业态、新模式。《中共中央关于制定国民经济和社会发展第十四个五年规划和二〇三五年远景目标的建议》在"打造新兴产业链""扩大战略性新兴产业投资"等方面作出了安排和部署。战略性新兴产业迎来了新的重大发展机遇。以新一代信息技术、生物技术、新能源、高端装备、新能源汽车和绿色环保等为代表的战略性新兴产业快速发展对同为战略性新兴产业的材料产业提出了更高的要求，形成"共生共融、协同发展"的生态关系，新材料研发的迫切性前所未有。

加快工业互联网、大数据、人工智能、先进通信、集成电路、超高清显示等技术创新和应用，全面提升信息技术产业核心竞争力。其中，半导体和新型显示是信息技术产业的两大基础性产业。以半导体材料及辅材和新型显示材料为代表的主要相关电子信息材料受到日益关注。当前，与国外先进水平相比，我国在大尺寸硅基材料、第三代半导体衬底材料、电子气体、光刻胶、抛光材料以及新型显示关键材料等方面依旧有着较大的差距，亟须提升自主研发水平和自主保障能力。"十四五"期间，通过国家大力支持和市场需求带动，电子信息材料领域面临重大风险的关键材料将成为攻关重点，加速获得突破，新技术和新工艺的研发能力有望显著增强，关键材料保障能力有望得到极大提升。

在航空航天、海洋工程等高端装备应用领域，新材料的技术研发与产业化进程也将全面提速。当前，制造强国战略正在加速推进，各个应用领域对重点材料的需求急剧增长，钢铁材料、有色金属材料、化工材料、建筑材料等先进基础材料将得以快速发展；在交通运输行业，特种合金、高温合金、高熵合金、轻质金属材料、高性能纤维及其复合材料、第三代半导体材料等用于重点工程的关键材料的技术攻关和市场化集成将得以提速[29]。

在生物技术、新能源、新能源汽车和绿色环保等应用领域，生物医用材料、稀土功能材料、新型太阳能电池材料、光伏材料、储能材料、分离膜材料等关键材料的技术研发与产业化发展将加速。包括新一代油气开采、高效燃煤发电技术等在内的先进能源技术，同样需要超级不锈钢、耐蚀合金、耐热合金等高端金属结构材料持续改进升级。

（4）创新能力建设取得成效 ● ● ●

我国通过深化科技体制改革和国家创新体系建设，已初步形成企业在全国技术创新投入产出活动规模中占主体的格局，相关政策体系逐步完善；现代科研院所制度逐步推进，高校和科研机构的知识创新能力不断提高，科教融合的协同创新不断开展。

我国新材料产业呈现集群式发展模式。各类新材料产业示范基地的建设极大促进了新材料产业的发展，相关政策、技术、人才、资金等要素快速聚集。以基地为主的区域集群效应进一步显现，成为各地发展新材料产业的重要抓手。当前，我国已形成以环渤海、长三角和珠三角为重点，东北、中西部特色突出的产业集群分布。其中，环渤海、长三角和珠三角区域属于综合性新材料产业聚集区，企业分布密集，高校和研究院所众多，并拥有资金、市场等优势，吸引着新材料产业的高端要素不断向这些区域聚集。

第三方服务日趋完善助推新材料发展。各地陆续成立新材料产业研究院、新材料行业协会等领域科技中介机构，为新材料产业注入新的活力，服务内容不断拓展，提供决策智库支撑、科研成果转化、产业资讯获取、市场信息对接、资本技术对接等多方面服务，加速了我国新材料产业发展要素的流通，推动了新材料产业的融合发展。

1.3 中国新材料前沿技术发展面临的问题与挑战

当前，我们正面临着百年未有之大变局。国内外形势正在发生深刻复杂的变化，我国的发展处于重要战略机遇期，世界经济重心调整、国际政治经济格局变化趋势加快，国际贸易摩擦短期仍将持续，使得我国新材料前沿技术发展存在诸多不确定性，并带来巨大挑战。

（1）发达国家拥有高端新材料话语权 ● ● ●

近些年以来，我国自主研发出一大批高端、关键材料，生产和应用技术达到或接近国际先进水平。然而，毋庸置疑的是，与国际先进水平相比，目前我国在先进高端材料研发和生产方面差距甚大，关键高端材料远未实现自主供给，"大而不强，大而不优"的问题十分突出。

以稀土功能材料为例，我国尽管是稀土原料生产大国、功能材料生产大国，但还不是高端应用强国。我国仅在烧结永磁材料方面占有一席之地，其他应用仍处于中低档技术水平，与世界发达国家差距明显。如稀土抛光材料，我国相关产品的粒度分布、硬度、悬浮性等指标与国外产品还有一定差距，高端抛光粉仍依赖进口。日本和美国的稀土陶瓷材料处在领先地位，分别占据了50%和30%的全球市场份额。

再如碳纤维及其复合材料。国产碳纤维及其复合材料的类别、品种及规格相对单一，主要用于相对低端的产业需求，难以有效满足不同行业、产品、零部件的多样化需求，市场竞争能力有限。特别是在高强高模等高端产品的产业化方面，仍相对薄弱，纤维性能不高、产品稳定性差等问题突出，无法满足关键领域的需求。同时，国内对国产关键装备的研发投入不足。

在生物医用材料领域，受到国家政策支持、人口老龄化、人均可支配收入提升和行业技术创新等因素的驱动，我国生物医用材料持续保持高速发展。然而，技术含量较高的植入性生物医用材料较为薄弱，主要依赖进口。在该材料领域，美国具有显著的领先优势，总部位于美国的跨国企业占据了全球高端生物医用材料市场，拥有85%的骨科医疗器械市场份额，医用多孔钽更是"一家独大"。

此外，在高温合金、高端装备用钢、聚酰亚胺等结构材料，光学石英玻璃、防护纤维材料、集成电路制造关键材料、有机半导体发光显示等功能材料领域，西方国家在技术和产品上拥有绝对的优势垄断地位。

（2）"从0到1"的原创性成果依旧不多 　　　　　　　　　　　　　　　● ● ●

变革性新材料的发明与应用引领着全球科技创新，推动着高新技术行业的转型升级，并催生了诸多新兴产业。我国在发挥前沿新材料引领带动方面，自主创新能力仍显不足，跟踪模仿较多，原始创新不足，转化率较低。

对于20世纪50年代兴起的半导体产业、90年代崛起的网络信息技术产业，以及当前方兴未艾的信息通信技术产业，无一不是由于单晶硅、光纤等变革性新材料的发明、应用及不断更新换代促成的。然而，在这些发挥重大引领作用的关键材料突破中，来自中国的贡献并不多。引领材料自身发展的一些标志性新材料，如半导体材料、超导体、液晶与聚合物、富勒烯、光纤、石墨烯、蓝光LED、锂离子电池等获得诺贝尔物理学奖或化学奖的革命性材料，均不是由我国科学家首先发现的。

（3）基础设施的高效使用及产出尚未显现 　　　　　　　　　　　　　● ● ●

大科学装置专为基础研究服务，发挥着原始创新"策源地"的作用。不完全统计显示，当前我国运行、在建以及准备中的大科学装置约百台，材料领域是部署数量较多的领域，且主要集中在"材料表征与调控"方向。但是我国大科学装置普遍存在以下问题：运行经费来源单一，不足的人员费用往往依赖于单位开展科学研究进行补贴；开放共享程度不够，缺乏用户参与机制，工作人员主要只是完成考评指标，装置运行饱和度与效率有待提高；一部分大科学装置的评价体系缺乏与产业相关指标的考评，与大科学装置的公共开放服务特点、助力产业技术创新特点不能完全相适应等[30]。

而具体到特定的材料方向，同样也存在着各式各样的问题。例如材料基因组研究就存在着材料数据储存标准与共享机制不足的问题。材料领域研究的多样性使得数据储存标准缺乏。基于实验的材料数据库需按照一定的标准进行组织，尤其是基于第一性原理的计算依旧十分有限。此外，科研人员倾向于报道正面的、好的研究结果，但在材料基因组中，所谓正面和负面的实验结果具有同等的重要性。

（4）部分新材料的发展一哄而上　　• • • •

以碳纤维为例，经过多年发展，国外领先企业围绕"碳纤维 + 上浆剂→织物 + 树脂→预浸料→应用设计服务"形成了完整的产业链综合竞争能力，牢牢掌握话语权。同时，这些企业还往往放弃低端产品的利润，以低于国内企业成本的价格，通过倾销，遏制我国碳纤维企业的发展。在此严峻形势下，我国碳纤维发展缺乏引导，产业链整体布局能力较差，着眼于"单点突破"，盲目上马并扩大产能，导致低水平重复和同质化竞争，使得低端产能过剩，相关产品价格显著下滑，市场内耗严重。国内碳纤维生产亏损、开工量不足，处于进退维谷的艰难境地，严重阻碍了国产碳纤维产业的长远发展。

再以石墨烯为例，在快速发展的同时，"误导"宣传、"大跃进"发展以及大量落后产能等一系列问题亟待解决。近年来，石墨烯受到各路资本市场的投资机构和上市企业的热捧，"一片蓝海""万亿级市场""颠覆性变革""石墨烯电池充电 8 分钟可跑 1000 公里""全面替代硅"等言过其实、夸大宣传的报道频繁进入人们视野。然而，上游生产企业盲目扩大产能，下游应用产品附加值低、低端产能扩张过快、产品同质化严重等问题，已初步显示出"低端化"发展的苗头。在专利申请方面，尽管我国石墨烯相关专利申请超过全球总量的一半，但原创基础专利少。除了碳纤维、石墨烯，稀土等也成为市场热炒的新材料题材。

（5）产业链、供应链、创新链上下游之间的互动不足　　• • • •

当前，我国经济社会进入高质量发展阶段，加快构建以国内大循环为主体、国内国际双循环相互促进的新发展格局对新材料产业链、供应链、创新链水平提出了新的要求。然而，我国新材料在推广应用过程中仍面临着一定的困难与挑战。国产新材料的应用市场尚未完全打开，国产新材料上中游的发展总体上落后于下游装备制造需求，重大工程与装备"等米下锅"现象还比较突出，制约了新材料的技术更新和迭代发展。例如，由于国产化应用规模较小，我国碳纤维及其复合材料、锂离子电池材料在市场化初期阶段，成本与价格偏高，与国外企业竞争时处于不利地位，尤其是当跨国企业开展低价竞争和联合打压时，国内企业的生存空间被严重挤压。究其原因，还是归因于我国部分新材料的生产与应用结合不够紧密，产业链、供应链上下游没有形成联合攻关、同步设计、系统验证、迭代更新的机制 [31]。

（6）新材料装备的自给率有待提高　　• • • •

伴随着全球科技竞争和贸易保护主义愈演愈烈，我国新材料专用高端装备的进口难度越来越大，专用设备的供应链安全同样需引起足够重视。当前，我国部分新材料研制的专用装备以引进、消化和吸收为主，发展水平仍相对滞后，自主创新能力不足，部分高端装备完全依赖进口。例如碳纤维制备用到的高温碳化炉，相关装备及技术一直受国外封锁，国内只能依靠自主研发；预氧化炉及低温碳化炉在稳定性等关键性能和指标上与国外相比还有差距。由于技术密集度高、附加值高，高端装备处于价值链高端环节，很多发达国家为保护竞争优势，会限制高端装备出口。国外企业围绕部分新材料的装备，采取有针对性的低价策略，使得国产装备与国外装备相比长期存在显著差距，可能面临"釜底抽薪"的风险。

（7）新材料基础研究与实际需求未能完全挂钩　　　　　　　　　　　· · · ·

当前，面对我国高新技术和国民经济发展中急需解决的关键科学问题，材料基础研究的关注度仍有较大的提升空间。材料领域的基础研究同样需要应用牵引、突破瓶颈，从经济社会发展和国家安全面临的实际问题中凝练科学问题，弄通"卡脖子"技术的基础理论和技术原理。由于材料研发与应用的结合不够紧密，工程应用研究不足、数据积累缺乏，使得有针对性的、面向材料实际服役环境的研究缺失，还出现了材料质量工艺不稳定、性能数据不完备、技术标准不配套、考核验证不充分等一系列问题，导致"有材不能用""有材不会用""有材不敢用"问题非常突出 [32]。当前，美国、欧洲和日本等国家 / 地区在关键战略材料和前沿新材料方向持续大力布局，如"制造业美国"建设的遍及全美的创新研究所网络，由行业企业、研究机构（大学和国家实验室）、培训组织和政府部门等组成，试图跨越从基础研究到应用的"死亡之谷"，关注领域一半涉及材料方向 [33]。这些国家 / 地区一系列新的举措与行动很有可能拉大我国新材料与世界先进水平的差距，甚至在我们尚未完全解决当前短板的同时又形成新的短板。

参考文献

[1] 万勇, 冯瑞华, 姜山, 等. 材料科技领域发展态势与趋势[J]. 世界科技研究与发展, 2019, 41 (2): 164-171.

[2] 2021 National Nanotechnology Initiative Strategic Plan. https://www.nano.gov/2021 strategicplan.

[3] About the Materials Genome Initiative. https://www.mgi.gov/about.

[4] Materials Genome Initiative Strategic Plan. https://www.mgi.gov/sites/default/files/documents/MGI-2021-Strategic-Plan.pdf.

[5] Manufacturing USA Annual Report: Delivering Value for the Nation. https://www.manufacturingusa.com/news/manufacturing-usa-annual-report-delivering-value-nation.

[6] Frontiers of Materials Research. https://www.nap.edu/catalog/25244/frontiers-of-materials-research-a-decadal-survey.

[7] EUROPA. Re-finding industry: Defining Innovation. https://publications.europa.eu/en/publication-detail/-/publication/28e1c485-476a-11e8-be1d-01aa75ed71a1.

[8] Graphene Flagship. About Graphene Flagship. http://graphene-flagship.eu/project/Pages/About-Graphene-Flagship.aspx.

[9] The FET Flagships receive positive evaluation in their journey towards ground-breaking innovation. https://ec.europa.eu/digital-single-market/en/news/fet-flagships-receive-positive-evaluation-their-journey-towards-ground-breaking-innovation.

[10] ANNEXES to the Proposal for a DECISION OF THE EUROPEAN PARLIAMENT AND OF THE COUNCIL on establishing the specific programme implementing Horizon Europe – the Framework Programme for Research and Innovation. https://ec.europa.eu/commission/sites/beta-political/files/budget-may2018-horizon-europe-decision-annexes_en.pdf.

[11] Government unveils Industrial Strategy to boost productivity and earning power of people across the UK. https://www.gov.uk/government/news/government-unveils-industrial-strategy-to-boost-productivity-and-earning-power-of-people-across-the-uk.

[12] Industrial Strategy Challenge Fund opportunities begin to open. https://www.epsrc.ac.uk/newsevents/news/iscfoppsopen/.

[13] £60 million boost to strengthen the UK's manufacturing base through six new research hubs. https://www.epsrc.ac.uk/newsevents/news/manufacturinghubs1/.

[14] 德国政府发布《德国2020高技术战略》报告. http://www.cameta.org.cn/uploadfile/2016/0126/20160126094853587.pdf.

[15] 德国发布《国家工业战略2030》最终版. http://www.xinhuanet.com/world/2019-11/30/c_1125292310.htm.

[16] France unveils sweeping plan to revive flagging industrial base. http://www.ft.com/cms/s/0/4ab8c87a-1baf-11e3-94a3-00144feab7de.html.

[17] 日本第五期科学技术基本计划解读. http://www.istis.sh.cn/list/list.aspx?id=10534.

[18] https://www8.cao.go.jp/cstp/tougosenryaku/9kai/9kai.html.

[19] 2021研究前沿. https://solutions.clarivate.com.cn/blog/20211208/[2021-12-08].

[20] 科技部发布2019年中国科技论文统计分析. https://www.edu.cn/rd/gao_xiao_cheng_guo/gao_xiao_zi_xun/202106/t20210609_2120661.shtml[2021-06-09].

[21] 天津政务网. 首个国家级材料基因工程高通量计算平台上线. http://www.tj.gov.cn/sy/zwdt/bmdt/202007/t20200724_3094869.html[2020-07-24].

[22] 上海交通大学材料基因组联合研究中心. 首部"材料基因工程数据通则"团体标准成功发布. https://magic.sjtu.edu.cn/news-content.asp?id=280[2019-08-15].

[23] 中科院物理所. "基于材料基因工程研制出高温块体金属玻璃"工作入选2019年度中国科学十大进展. http://www.iop.cas.cn/xwzx/snxw/202002/t20200227_5506733.html[2020-02-27].

[24] 中国科学院物理研究所. 中科院物理所怀柔园区材料基因组计算子平台正式运行. http://www.iop.cas.cn/xwzx/snxw/202106/t20210616_6108738.html[2021-06-16].

[25] 国家自然科学基金委员会. 大面积单晶石墨烯的外延制备取得新进展. http://www.nsfc.gov.cn/nsfc/cen/00/kxb/gc/news/2018/0111.html[2018-01-11].

[26] 西安交通大学新闻网. 西安交大在紫磷烯特性研究领域取得重要进展. http://news.xjtu.edu.cn/info/1004/77068.htm[2020-04-07].

[27] New and Critical Materials: Identifying Potential Dual-Use Areas. https://www.rand.org/pubs/testimonies/CT513.html[2019-06-07].

[28] 吴长锋. 突破极限, 中国高温超导研究领跑世界 把"命门"掌握在自己手中[N]. 科技日报. 2019-10-14 (第4版).

[29] 赛迪顾问. "十四五"期间我国新材料产业发展趋势特征分析.

[30] 广大海丝研究院. 大科学装置国内外经验借鉴及对南沙的启示. https://www.gdhsyjy.com.cn/html/hsbg/673.html[2021-01-14].

[31] 曾昆. "十四五"我国新材料产业高质量发展建议[J]. 新材料产业, 2020, (6): 2-5.

[32] 干勇. 三基产业技术基础发展及创新[J]. 中国工业评论, 2017 (1): 30-35.

[33] 万勇, 黄健. 美英两国制造业协同网络建设比较分析及其启示[J]. 世界科技研究与发展, 2020, 42 (6): 623-632.

 作者简介

万勇, 中国科学院武汉文献情报中心, 副研究员, 中科院青年创新促进会会员。2007年毕业于中国科学技术大学, 获得博士学位, 2012—2013年在美国北得克萨斯大学信息学院访问学习。主要从事先进制造与新材料领域战略情报研究工作。近年来, 主持或参与了战略性科技先导专项、工程院咨询研究、中科院文献情报能力建设、文献中心"一三五"建设、中科院2021—2035中长期发展规划先进材料专题等多项项目课题, 并完成了多次应急任务。在各类期刊上发表文章20余篇。

冯瑞华, 中国科学院武汉文献情报中心, 副研究员。主要从事战略情报研究、新材料与先进制造学科领域情报研究工作。2005年起在中国科学院武汉文献情报中心工作, 2014—2015年在美国北得克萨斯大学图书馆交流访问。主持或参与科技强国科技发展战略与规划研究、国家科学技术前沿报告等多项战略情报、新材料与先进制造学科情报研究项目。发表期刊论文50余篇, 出版或参编专著5部。

黄健, 中国科学院武汉文献情报中心, 副研究员。主要从事先进制造与新材料领域科技政策与科研管理、发展战略与规划研究, 以及相关领域发展动态调研与跟踪、发展趋势研究和分析等工作。先后参与有关新型举国体制、"卡脖子"问题、基础及前沿发展态势等多项高端智库项目、院士咨询项目等, 发表核心期刊论文十余篇, 并获得中国科学院政务信息先进个人奖、能源局软课题三等奖等多项荣誉。

前沿新材料

第 2 章

我国电子陶瓷技术发展的战略思考

周 济 李龙土 熊小雨

电子陶瓷是无源电子元件的核心材料,是电子信息技术的重要材料基础。近年来,随着电子信息技术日益走向集成化、薄型化、智能化和微型化,以半导体技术为基础的有源器件和集成电路迅速发展,而无源电子元件日益成为电子元器件技术的发展瓶颈,因此电子陶瓷材料及其制备加工技术越来越成为制约电子信息技术发展的重要核心技术之一 [1-3]。

我国是无源电子元件大国,从产品产量上看,无源元件的产量占到了全球的 40% 以上;但不是强国,元件产值不足全球产值的四分之一,高端元件大量依赖进口 [4,5]。电子陶瓷材料及技术是制约高端元件发展的重要因素之一。从战略高度研判国内外电子陶瓷材料与元器件技术的发展现状,分析我国相关领域的问题及对策,对于推动我国高端电子元器件产业的发展具有重要意义。

2.1 国际电子陶瓷产业技术发展现状与趋势

从全球电子陶瓷产业技术水平看,日本和美国处于世界的领先地位。其中,日本凭借其超大规模的生产和先进制备技术,在世界电子陶瓷市场中具有主导地位,占有世界电子陶瓷市场 50% 以上的份额 [2]。美国在基础研究和新材料开发方面力量雄厚,其注重产品的前沿技术和在军事领域的应用,如在水声、电光、光电子、红外技术和半导体封装等方面处于优势地位。此外,韩国在电子陶瓷领域发展迅速,引人瞩目。

（1）多层陶瓷电容器（MLCC）产业

电子陶瓷的主要应用领域是无源电子元件。MLCC 是目前用量最大的无源元件之一,主要用于各类电子整机中的振荡、耦合、滤波旁路电路中,其应用领域涉及自动仪表、数字家电、汽车电器、通信、计算机等行业。MLCC 在国际电子制造业中占据越来越重要的位置，尤其是随着消费类电子产品、通信、电脑、网络、汽车、工业和国防终端客户的需求日益增多，全球市场达到百亿美元，并以每年 10% ～ 15% 的速度增长。自 2017 年以来，由于供求关系所致，MLCC 产品发生了若干次涨价潮。日本是 MLCC 的生产大国，日本的村田（nuRata）、京瓷株式会社（KYOCERA）、太阳诱电株式会社（TAIYO YUDEN）、TDK-EPC，韩国的三星电机有限公司（SEMCO）和我国台湾地区的华新科技股份有限公司、国巨股份有限公司等都是全球著名的 MLCC 生产企业。MLCC 的主流发展趋势是小型化、大容量、薄层化、贱金属化、高可靠性，其中内电极贱金属化相关技术在近年来发展最为迅速，采用贱金属内电极是降低 MLCC 成本的最有效途径，而实现贱金属化的关键技术是发展高性能抗还原钛酸钡材料。日本在 21 世纪初就已经完成了此项技术的开发，并一直保持世界领先，目前其大容量 MLCC 全部实现了贱金属化。尺寸的小型化一直是 MLCC 发展的主要趋势，随着电子设备日益向小型化和便携式方向发展，产品更新换代迅速，小型化产品需求强烈，如图 2-1 所示。实现小型化元器件的基本材料技术是陶瓷介质层的薄型化技术。当前日本企业处于国际领先地位，其生产的 MLCC 单层厚度已达 1μm，其中，处于顶级地位的日本村田和太阳诱电株式会社的研发水平已达到 0.3μm。介质薄层化的基础是介质材料的微细化。在大容量薄层化 MLCC 元件单层厚度逐渐减小的同时，为保证元件的可靠性，钛酸钡作为 MLCC 陶瓷介质的主晶相，其颗粒尺寸需要从 200 ～ 300nm 进一步细化到 80 ～ 150nm。未来的发展趋势是制备出颗粒尺寸≤ 150nm 的钛酸钡材料作为 MLCC 介质层的主晶相材料。

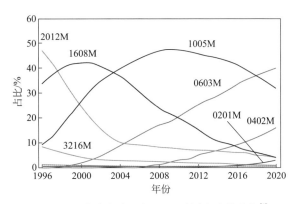

图 2-1　近年来各种尺寸 MLCC 的市场占比变化 [6]

（2）片式电感器产业

片式电感器是另一类用量较大的无源电子元件，是三大类无源片式元件中技术最复杂的一类，其核心材料是磁性陶瓷（铁氧体）。目前世界片式电感器的总需求量在 10000 亿只左右，年增长速度在 10% 以上。在研制生产片式电感器方面，日本的生产产量约占世界总量的 70%。其中 TDK-EPC、村田和太阳诱电株式会社一直掌握该领域的前沿技术。据产业情报网（IEK）统计，在全球电感市场中，TDK-EPC、太阳诱电株式会社及村田三家企业的产量合计约占全球市场的 60% 左右。片式电感器发展的主要趋势包括小尺寸、高感量、大功率、高频率以及高稳定、高精度。其技术核心是具有低温烧结特性的软磁铁氧体和介质材料。

（3）高性能压电陶瓷产业 ···

压电陶瓷是一种重要的换能材料，其机电耦合性能优良，在电子信息、机电换能、自动控制、微机电系统、生物医学仪器中广泛应用。为适应新的应用需求，压电器件正向多层化、片式化和微型化方向发展。近年来，多层压电变压器、多层压电驱动器、片式化压电频率器件等一些新型压电器件不断被研制，并广泛应用于电气、机电、电子等领域。同时，在新型材料方面，无铅压电陶瓷的研制已取得了较大的突破，有可能使得无铅压电陶瓷在许多领域替代锆钛酸铅（PZT）基的压电陶瓷，推动绿色电子产品的升级换代。此外，压电材料在下一代能源技术中的应用开始崭露头角。过去十年中，随着无线与低功耗电子器件的发展，利用压电陶瓷的微型能量收集技术的研究与开发受到各国政府、机构和企业的高度重视。

（4）微波介质陶瓷产业 ···

微波介质陶瓷是无线通信器件的基石，广泛应用于移动通信、导航、全球卫星定位系统、卫星通信、雷达、遥测、蓝牙技术以及无线局域网（WLAN）等领域[7]。由微波介质陶瓷构成的滤波器、谐振器及振荡器等元器件在 5G 网络中被广泛使用，其质量在很大程度上决定了微波通信产品的最终性能、尺寸极限与成本。具有低损耗、高稳定性、可调制的微波电磁介质材料是目前国际上的核心技术。微波介质陶瓷材料在发展初期曾形成美国、日本、欧洲等国家和地区激烈竞争的局面，但随后日本逐渐处于明显的优势地位。随着第三代移动通信与数据微波通信的快速发展，美国、日本、欧洲均针对该高技术领域的发展进行战略上的调整。从最近的发展趋势看，美国将非线性微波介质陶瓷与高介电常数微波介质陶瓷材料技术作为战略重点，欧洲侧重于固定频率谐振器用材料，而日本则依靠其产业化的优势大力推进微波介质陶瓷的标准化与高品质化[7]。目前微波介质材料和器件的生产水平以日本村田、京瓷株式会社、TDK-EPC 公司，美国 Trans-Tech 公司等为最高。

（5）半导体陶瓷产业 ···

半导体陶瓷是一类可以将湿、气、力、热、声、光、电等物理量转化为电信号的信息功能陶瓷材料，应用十分广泛，是物联网技术的主要基础材料，如正温度系数热敏电阻（PTC）、负温度系数热敏电阻（NTC）和压敏电阻，以及气敏、湿敏传感器等。热敏陶瓷和压敏陶瓷的产量和产值在半导体陶瓷材料中最高。在国际上，热敏电阻陶瓷材料及器件以日本村田、芝浦电子株式会社、三菱集团（Mitsubishi）、TDK-EPC、石冢电子株式会社（Ishizuka）、美国威世（VISHAY）、德国爱普科斯（EPCOS）等公司的技术最先进，产量最大，他们的年产量总和约占世界总量的 60% ~ 80%，其产品质量好的同时价格也高。近年来，国外陶瓷半导体器件正向高性能、高可靠、高精度、多层片式化和规模化方向发展。目前，国外一些大企业相继推出了一些基于多层陶瓷技术的片式化半导体陶瓷器件，成为敏感器件领域的高端产品。

2.2 / 我国电子陶瓷材料与元器件的发展现状

我国是电子元件大国，多种电子陶瓷产品的产量居世界首位，已经形成了一批在国际上拥有一定竞争力的元器件产品生产基地，同时拥有全球最大的应用市场。然而，目前高端电子陶瓷材料市场主要为日本企业所垄断，国内生产的材料少部分用于高端元器件产品，大部分用于中低端元器件产品；国内高水平科研成果在转化过程中遭遇来自原材料、生产装备、稳定性等方面的瓶颈，所占市场份额相对较低。

在产业技术方面，我国的电子陶瓷及其元器件产品生产基地已经形成了相当的规模，并拥有国际先进的生产水平。其中风华高新科技股份有限公司是国际上为数不多的集电子元器件、电子材料、电子专用设备"三位一体"的产业体系的综合性企业；顺络电子股份有限公司在片式电感器和低温共烧陶瓷（LTCC）产品方面在国际上竞争优势明显；潮州三环（集团）股份有限公司、深圳宇阳科技发展有限公司等陶瓷电子元器件行业中的龙头骨干企业也都在国际上具有一定影响力，得到了国家一系列研发计划的支持。由清华大学和风华高新科技股份有限公司牵头，联合 20 家大中型企业、研究机构和高校组建的电子技术创新战略联盟，对于推动功能陶瓷片式元器件与无源集成产业陶瓷材料研究开发和产业的结合发挥了重要作用。

（1）MLCC 产业　　　•••

我国 MLCC 行业规模较大，已经形成了一批以风华高新科技股份有限公司、深圳宇阳科技发展有限公司为代表的具有国际竞争力的大企业，并在国际竞争中占有一席之地。然而，由于全球顶级的 MLCC 制造厂商如日本的太阳诱电株式会社、村田、京瓷株式会社、TDK-EPC 和韩国的三星电机有限公司等大型企业陆续在中国大陆建立了制造基地，把产能向中国大陆转移，目前国内一半以上的 MLCC 产量被外资和合资企业占据。同时，国内市场高端 MLCC 产品主要依赖进口。由于缺少自主知识产权和先进工艺设备，高性能陶瓷粉体、电极浆料、先进生产设备都大量依赖于国外厂商。从市场情况看，MLCC 消费主要集中在亚洲，占全球 MLCC 消费量的 75%，而中国占到一半以上。随着移动通信产品等整机制造业的不断扩张，我国的 MLCC 产品需求仍在迅速增长。

（2）片式电感器产业　　　•••

我国从 20 世纪 90 年代初开始开发、生产片式电感器及相关材料。目前已基本建立起了一个传统与新型产品兼顾、具有相当经济规模、在国际市场占据一定地位的电感器行业，产量约占世界总产量的 20%。其中深圳顺络电子股份有限公司已经凭借材料和工艺方面的技术优势在国际竞争中占有一席之地。然而，目前国内片式电感生产厂商依然存在一些问题，大部分产品面向消费类电子产品，应用于通信领域和汽车电子领域的这类基础元件主要被日本、韩国和我国台湾的企业所垄断。同时，低端市场的价格战造成了国内片式电感生产厂商利润空间的萎缩。目前，全球市场对片式电感器的需求在不断增长，市场结构也在不断变化，尤其是移动/无线通信领域的增长速度惊人。以手机为代表的移动通信产品的生产厂家大部分在中国，而目前大部分用于移动通信的片式电感器件由国外供货。计算机和汽车电子也是国内对高端片式电感器产品需求增长较快的领域。未来一段时期，我国在高端片式电感器方面的市场缺口会相当大。

（3）高性能压电陶瓷产业　　　•••

在高性能压电陶瓷及元器件方面，我国内地压电陶瓷企业数量较多，但多数企业是中小企业，产品结构以低端产品为主。尽管在过去几十年中我国压电陶瓷的研究开发取得了一批有自主知识产权的技术成果，但从目前行业的总体情况看，其市场竞争力、产业技术水平亟待提高，产品结构有待升级。随着信息技术、新能源技术、生物医学以及航空航天技术的迅速发展，一些新型的压电陶瓷器件的应用市场将迅速崛起，成为压电陶瓷器件的市场主体。

（4）微波介质陶瓷产业　　　　　　　　　　　　　　　　　　　　　　　　　　　• • •

在微波介质陶瓷材料方面，我国微波电磁介质的研究起步较早，基本上与发达国家同步，早期主要围绕国防军工上的关键微波器件的需求开展研究开发和生产。近十几年来，形成了若干个一定规模的企业，如武汉凡谷电子股份有限公司、佳利电子有限公司、大富科技股份有限公司、深圳顺络电子股份有限公司、江苏灿勤科技股份有限公司等。但这些企业与国际知名大企业相比较，在技术水平、产品品种和生产规模上仍有较大差距。以第五代移动通信（5G）、无线互联网、无线传感网以及以卫星通信与定位系统为代表的无线信息技术迅速崛起，对高性能微波器件提出了更高的要求，其发展空间很大。

（5）半导体陶瓷产业　　　　　　　　　　　　　　　　　　　　　　　　　　　　• • •

目前，国内多数半导体陶瓷及相关敏感器件的生产企业在 20 世纪 90 年代成立，以外资企业与民营企业为主体。外资企业以独资或合资的方式在国内市场迅速建立了生产基地，其技术优势显著，产品性能优良，出口量较大，在国内高端市场上占据着主导地位。从技术方面看，民营企业生产工艺落后，在原材料、生产设备、检测设备、质量控制等方面还存在较大不足，导致国内产品线单一，产品结构以中低端为主，无法满足高端市场的需求。从未来需求方面看，物联网和传感网的迅猛发展将带来我国半导体陶瓷传感器需求的爆炸式增长，未来还有较大的发展空间。

2.3　电子陶瓷材料重大技术需求分析

随着电子信息产品进一步向宽带化、小型化、集成化、无线/移动化、绿色化的方向发展，电子陶瓷元器件的多功能化、多层化、多层元件片式化和片式元件集成化成为发展的主流，这些新的趋势向电子陶瓷材料提出了一系列新的要求，如材料显微结构细晶化、材料功能的多样化、电磁特性的高频化及低损耗化等。而相关材料技术日益成为制约信息技术发展的瓶颈技术。未来若干年，电子陶瓷材料的发展亟待解决的关键性技术问题包括以下几方面。

① 满足电子元件小型化/微型化的电子信息系统的新型电子陶瓷材料及其关键技术。如纳米晶材料制备技术、超薄陶瓷膜成型工艺等；适用于低能耗无线/移动信息系统中关键微波元器件的超低损耗介质陶瓷材料等。

② 适应新一代移动通信技术特征频率的新型电子陶瓷材料。随着 5G/6G 技术的发展，通信频段逐渐从微波向毫米波推进，而适应更高频段的新型电子陶瓷，特别是陶瓷介质材料的需求将急剧增加，发展相关材料和器件迫在眉睫。

③ 用于无源元件集成和无源－有源集成与模块化的新型电子陶瓷材料。以 LTCC 技术为

平台的无源集成技术将有更大的发展空间，而与该技术相兼容的各类功能陶瓷材料及其共烧技术是一个亟待攻克的技术瓶颈。

④ 面向电子信息系统多功能化的新功能电子陶瓷材料。具有电、磁、光、热耦合行为和超常电磁特性的新型多功能陶瓷材料系统，以及在复杂外场或极端环境条件下工作具有稳定性和优异服役行为的新型信息功能陶瓷材料等。

⑤ 其他技术领域也对电子陶瓷材料提出了新的需求。在能源材料方面，固体燃料电池、太阳能电池和半导体照明技术的进一步发展有赖于电子陶瓷材料及其制备技术的突破；随着物联网和传感网的兴起，种类繁多、功能各异的传感器要求有更多和更高性能的新型敏感陶瓷材料出现。

2.4 我国电子陶瓷产业发展面临的主要问题

当前我国在电子陶瓷及其元器件产业发展中面临的主要问题包括以下几点。

（1）社会重视程度严重不足

电子陶瓷材料在电子信息技术中的重要地位仅次于半导体。然而，与半导体技术相比，社会各界的重视程度严重不足。由于社会投入不足，企业缺乏吸引高水平人才的机制，研发力量薄弱，研发经费缺乏，难以适应日新月异的研发需求。

（2）研究成果转化机制有待完善

国内电子陶瓷材料的研发工作分散于少数高校、研究院所和少部分大型企业，在高校和研究院所中，分属于材料和元器件的不同领域，各自的侧重点差别大，相互之间脱节，缺乏材料、工艺、元器件集成的系统性研究。研发成果向产业化的转化不及时、不充分。高校、研究院所与企业在体制上分离，交流协作不充分，缺乏一个能将成果及时、有效转化和具体实现"产学研"相结合的有效机制。高校和研究院所的研究成果往往停留在实验室工作阶段，没有产品的小试、量产验证，而企业中的研发往往又因实验分析设备的缺乏而不够深入。

（3）国内产业链对自主创新的支撑不完善

电子陶瓷材料处于产业链中上游，其前端是原材料，后端是元器件。由于元器件工艺设备、技术标准等主要来自国外，同时国内原材料产品在稳定性、一致性方面与国外产品相比尚有差距，制约了国内电子陶瓷材料在元器件产品中的规模化应用。特别是一些具有原创性的材料，由于与已有元器件技术缺乏兼容性，难以获得应用，使得国内电子陶瓷材料和元器件难以在行业中进入领跑地位。

（4）规模化生产工艺装备水平有待提高

目前国内高端电子陶瓷材料和元器件的工艺装备仍以进口为主。由于技术更新换代较快，先进的技术很难进入国内，导致规模化生产水平难以在全球处于领导地位。

2.5 电子陶瓷产业发展的战略目标和路径

（1）总体思路

进一步加大电子陶瓷材料及相关元器件的研发投入，重点突破电子陶瓷高端材料、先进加工工艺技术和装备关键技术，加速电子陶瓷材料与元器件全产业链的国产化和自主创新，形成相关技术的自主知识产权系统和技术优势；完善电子陶瓷材料成果产业化的机制，建立具有国际先进水平的电子陶瓷材料研发系统和生产基地，以及国际一流的元器件工艺制造基地。使我国在超薄型贱金属内电极 MLCC 及其铁电陶瓷材料产业化技术、低温烧结高性能片式电感器（MLCI）及其铁氧体材料产业化技术、高性能压电陶瓷及其新型元器件产业化技术、高储能密度介电陶瓷材料及其工程化制备技术、微波介质陶瓷产业化技术以及半导体陶瓷及敏感元器件产业化技术等若干领域达到国际领先水平。

（2）战略目标

面向信息技术等领域的迫切需求，进一步加大电子陶瓷技术的研究开发及其产业升级的扶植力度，突破困扰该产业技术进步的关键技术，使我国在该领域的技术水平达到世界前列。力争在 2025 年大部分水平与美国、日本接近，2035 年成为全球高端电子陶瓷材料和元器件的主要来源地（见图 2-2）。

（3）重点发展方向

● 新一代电子陶瓷元件与材料

重点突破量大面广的无源电子元件，如 MLCC、片式电感器、陶瓷滤波器的器件所需的高端电子陶瓷材料技术，发展出拥有自主知识产权的材料配方和规模化生产技术，形成稳定的生产规模。重点突破高端电子陶瓷元件中材料精密成型和加工的关键工艺技术和装备，保证薄型化多层陶瓷技术所需的关键纳米陶瓷材料的自主稳定供应，形成无源集成关键设备的自主研发和生产能力。

① 高性能、低成本 MLCC 材料与元件。加强高性能抗还原陶瓷介质粉体材料及规模化生产；重点研发薄型化功能陶瓷成型技术与装备，纳米晶陶瓷烧结技术，超薄型多层陶瓷结构内电极技术等。

② 新型片式感性元件与关键材料。加强高性能低温烧结铁氧体及低介低损耗陶瓷介质粉体材料及规模化生产；研发多层陶瓷精密互联技术及其装备，小型化微波段片式电感器布线设计技术等。

③ 高性能多层片式敏感元件与材料。重点研究高性能片式热敏、气敏、湿敏、压敏、光敏陶瓷规模化生产技术，微纳尺度多层片式敏感陶瓷传感器制备工艺技术与表征技术等。

④ 高性能压电陶瓷材料。重点研究压电陶瓷材料净尺寸成型与加工及其产业化技术，压电微型电源应用的高性能多层压电材料制备及产业化技术，高性能多层无铅压电陶瓷材料和新型元件可工程化和产业化的先进制备技术。

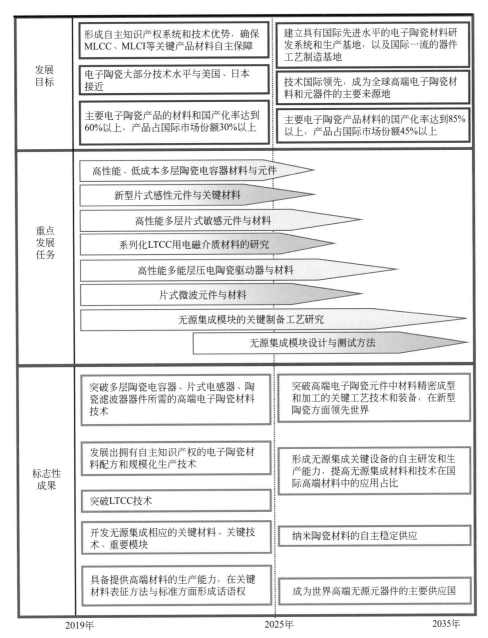

发展目标	形成自主知识产权系统和技术优势，确保MLCC、MLCI等关键产品材料自主保障	建立具有国际先进水平的电子陶瓷材料研发系统和生产基地，以及国际一流的器件工艺制造基地
	电子陶瓷大部分技术水平与美国、日本接近	技术国际领先，成为全球高端电子陶瓷材料和元器件的主要来源地
	主要电子陶瓷产品的材料和国产化率达到60%以上，产品占国际市场份额30%以上	主要电子陶瓷产品材料的国产化率达到85%以上，产品占国际市场份额45%以上
重点发展任务	高性能、低成本多层陶瓷电容器材料与元件	
	新型片式感性元件与关键材料	
	高性能多层片式敏感元件与材料	
	系列化LTCC用电磁介质材料的研究	
	高性能多能层压压电陶瓷驱动器与材料	
	片式微波元件与材料	
	无源集成模块的关键制备工艺研究	
	无源集成模块设计与测试方法	
标志性成果	突破多层陶瓷电容器、片式电感器、陶瓷滤波器器件所需的高端电子陶瓷材料技术	突破高端电子陶瓷元件中材料精密成型和加工的关键工艺技术和装备，在新型陶瓷方面领先世界
	发展出拥有自主知识产权的电子陶瓷材料配方和规模化生产技术	形成无源集成关键设备的自主研发和生产能力，提高无源集成材料和技术在国际高端材料中的应用占比
	突破LTCC技术	
	开发无源集成相应的关键材料、关键技术、重要模块	纳米陶瓷材料的自主稳定供应
	具备提供高端材料的生产能力，在关键材料表征方法与标准方面形成话语权	成为世界高端无源元器件的主要供应国
	2019年	2025年 2035年

图 2-2 电子陶瓷发展路线图

⑤ 新一代电磁波介质陶瓷材料。面向 5G/6G 通信技术的新型电磁波介质材料，重点研究片式高频低损耗微波介质陶瓷及其规模化生产技术，片式高性能低成本复合电磁波介质陶瓷及其基础材料的规模化生产技术及装备，人工片式电磁波介质的设计、制备与规模化生产技术。

● 无源集成模块及关键材料与技术

无源集成技术得以进入实用化和产业化阶段，很大程度上取决于 LTCC 技术的突破。目前，虽然开发出了一些各具优势的无源集成技术，但是主流技术仍以 LTCC 为主。一方面，优化材料 LTCC 性能及制备方法，提高在国际高端应用中的占比；另一方面，兼顾其他几类无源集成技术，研究开发相应的关键材料、关键技术和重要模块。

① 系列化 LTCC 用电磁介质材料的研究。重点研究具有系列化介电常数和磁导率、满足 LTCC 性能和工艺要求的陶瓷材料粉体和生产带，形成我国在 LTCC 材料领域的自主知识产权。

② 无源集成模块的关键制备工艺研究。重点研究无源集成模块制备的若干关键性工艺过程，如厚膜与薄膜制备工艺、微孔成孔与注浆工艺、精密导体浆料印刷工艺、陶瓷共烧工艺等。

③ 无源集成模块设计与测试方法。研究内容包括无源集成模块设计软件的开发，新型无源集成结构特性的模拟与仿真，高集成度无源集成模块的设计，以及无源集成模块的测试技术等。

2.6 / 政策建议

我国电子陶瓷材料和元件领域已形成了很好的产业技术基础，但是电子陶瓷作为一类重要战略新材料，其在高端电子陶瓷领域的强壮发展仍受到一些关键材料技术、工艺技术及设备技术的制约。为实现我国高端电子陶瓷产业的引领发展，亟待强化顶层统筹规划。

① 将无源元件及关键电子陶瓷材料及无源电子元件纳入国家半导体产业发展战略布局中统筹考虑，在国家支持微电子产业的重大研发计划中设立无源元件专项，将国家支持芯片产业发展的各种优惠政策扩展到电子陶瓷及无源电子元件行业。

② 增加研究人员和资金投入，总体上强化研发力量，加强各研究单位直接的联系和交流协作，开创一个以新材料研究为基础，又有较强器件应用研究背景与研究能力的综合研究开发体；建立能将成果及时、有效转化和具体实现"产学研"相结合的有效机制。

③ 统筹规划电子陶瓷材料与元器件产业链上下游企业，强化原材料供应链以保证高纯、高稳定性电子陶瓷前驱体的供应，大力开展高端工艺装备的研发，加强无源元件和整机产业设计的自主创新，加强相关标准的建设。

参考文献

[1] Moulson A J, Herbert J M. Electroceramics: materials, properties, applications [M]. England: Wiley, 2003.

[2] 南策文, 李龙土, 姚熹, 等. 信息功能陶瓷研究的新进展与挑战[J]. 中国材料进展, 2010 (8): 30-36.
Nan C W, Li L T, Yao X, et al. New progress and challenges of information functional ceramics research [J]. Materials China, 2010 (8): 30-36.

[3] 周济. 我国电子元件及材料研究发展的挑战与机遇 [J]. 电子元件与材料, 2007, 26(1): 1-3.
Zhou J. Challenge and opportunity for the R&D of electronic components and their key materials in China [J]. Electronic Components and Materials, 2007, 26(1): 1-3.

[4] 中国电子元件行业协会. 中国电子元件行业"十三五"发展规划[R]. 北京: 中国电子元件行业协会, 2017.
China Electronic Components Association.13th Five-Year development plan for electronic components [R]. Beijing: China Electronic Components Association, 2017.

[5] 王本立, 王兴艳. 全球电子陶瓷产业发展概况 [J]. 新材料产业, 2016 (1): 9-12.

Wang B L, Wang X Y. Overview of the development of the global electronic ceramic industry [J]. Advanced Materials Industry, 2016 (1): 9-12.

[6] Electronic Components Distribution. MLCC market update [EB/OL]. (2018-07-12) [2020-05-18]. https://www.tti.com/content/dam/MarketEYE/assets/MLCC%20TTI%20Supply%20Chain%20Presentation.pdf.

[7] 代建清. 材料科学前沿之功能陶瓷 [EB/OL]. (2018-03-09) [2020-05-18]. https://www.docin.com/p-2089576908.html.

Dai J Q. Functional ceramics of frontiers of materials science [EB/OL]. (2018-03-09)[2020-05-18]. https://www.docin.com/p-2089576908.html.

 作者简介

周济，清华大学材料学院教授，中国工程院院士，长期从事信息功能材料的研究工作，成功研究出了高性能低温烧结软磁铁氧体和低温共烧陶瓷（LTCC）介质材料，解决了无源电子元器件片式化和集成的关键技术难题，推动了国内片式电感器和无源集成产业的形成和发展；提出了通过超材料与自然材料的融合构筑新型功能材料的思想，率先研究出了非金属基超常电磁介质等新型材料。

第 3 章

宽禁带半导体材料

吴 玲 沈 波 赵璐冰

3.1 宽禁带半导体材料的研究背景

经过 60 多年的发展，全球半导体材料出现了三次突破性的发展进程。第一代半导体兴起于 20 世纪 50 年代，以硅（Si）、锗（Ge）等元素半导体为主要代表，其典型应用是超大规模集成电路芯片，是人类进入信息社会的基石，迄今依然在半导体产业中处于主导地位。第二代半导体兴起于 20 世纪 70 年代，以砷化镓（GaAs）、磷化铟（InP）为代表的化合物半导体，弥补了 Si 材料在发光和高速输运性质上的局限，广泛应用于长波长光电子（红外）和微波射频电子技术，是人类进入光通信和移动通信时代的基础。第三代半导体兴起于 20 世纪 90 年代初，也称为宽禁带半导体，指禁带宽度明显大于硅（Si 1.12 eV）和砷化镓（GaAs 1.43 eV）的半导体材料，主要包括 Ⅲ A 族氮化物半导体（氮化镓、氮化铟、氮化铝及其固溶合金材料等）、宽禁带 Ⅳ A 族化合物半导体（碳化硅等）、宽禁带氧化物半导体（氧化镓、Zn 基氧化物半导体）等，具有禁带宽度大、临界击穿电场高、热导率高、电子饱和漂移速率高、抗辐射能力强等优异性质，是制备短波长光电子器件、高功率射频电子器件和高效率功率电子器件（又称电力电子器件）的最优选材料体系。宽禁带半导体产业链条如图 3-1 所示。

在光电子领域，基于 GaN、InN、AlN 及其形成的固溶体合金全组分直接能隙的优异光电特性，发展了高效固态发光光源和固态紫外探测器件，填补了短波长半导体光电子技术的空白，开启了白光照明、超越照明、全色 LED 显示和固态紫外探测新纪元，经过近 20 多年的发展，技术日趋成熟，产业蓬勃发展，对节能环保和人们的生活方式产生了巨大影响，取得了巨大的科学、经济和社会效益，2020 年市场规模达 7013 亿元。

在电子领域，基于 GaN、SiC 的宽带隙、高电子饱和速度、高击穿电场、高热导率和低介电常数等优越的材料电子特性，发展了高能效、低功耗、高极端性能和耐恶劣环境的新一代微波射频器件和功率电子器件。GaN 射频器件与 GaAs 相比，具有更高的工作电压、更高的功率、更高的效率、更高的功率密度，更高的工作温度且更耐辐射。基于 GaN 基高电子迁移率晶体管（HEMT）的微波射频技术和相控阵雷达技术的发展对国家安全和世界战略格局产生了显著影响。功率电子器件与 Si 相比，具有更高的工作电压、更高的功率密度、更高的工作频率、更低的通态电阻、极低的反向漏电流且耐高温、耐辐照。宽禁带半导体材料和器件在信息、能源、交通、先进制造、国防等领域还有诸多应用，已发展成为当前世界各国高技术竞争的关键领域之一，也是我国高技术和战略性新兴产业发展的重点领域之一。

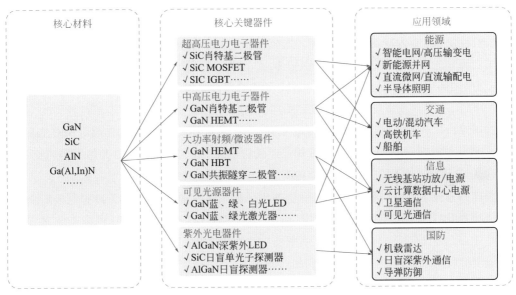

图 3-1 宽禁带半导体产业链条

宽禁带半导体相比于 Si 和 GaAs，是一类更加年轻的半导体材料。以 GaN 为例，其系统研究始于 20 世纪 60 年代。1969 年，美国普林斯顿大学的 H.P.Maruska 等人采用氢化物气相沉积技术（Hydride Vapor Phase Epitaxy，HVPE）首次在蓝宝石衬底上制备出 GaN 外延薄膜。但由于材料质量差和 p 型掺杂困难，GaN 曾一度被认为是没有前景的半导体材料。随着金属有机化学气相沉积（Metal-Organic Chemical Vapor Deposition，MOCVD）技术的发展，20 世纪 80 年代末、90 年代初，GaN 的外延制备和 p 型掺杂取得了重大突破，先后发展了异质外延缓冲层技术和新型 p 型杂质激活技术，一举解决了 GaN 外延质量和 p 型掺杂两大难题，在此基础上研制出国际上第一支可实用的 GaN 基蓝光发光二极管（LED），并迅速投入商业化应用。日本名古屋大学的 I.Akasaki、H.Amano 和日亚化学公司的 S.Nakamura 因此获得了 2014 年度诺贝尔物理学奖。从此 GaN 基宽禁带半导体研发和产业化进入了高速发展阶段。1993 年，美国南卡大学的 M.A.Khan 等人首次研制出具有二维电子气（2DEG）特性的 $Al_xGa_{1-x}N/GaN$ 异质结构及国际上第一支 GaN 基 HEMT 器件，开辟了 GaN 基电子材料和器件研究及产业化应用的新时代。

氮化物半导体的禁带宽度从 InN 的 0.7eV，GaN 的 3.4eV 直到 AlN 的 6.2eV，并可形成 $Al_xGa_{1-x}N$、$In_xGa_{1-x}N$、$Al_xGa_yIn_{1-x-y}N$ 等带隙连续可调的三元或四元固溶体合金。同时 GaN 基半导体具有非常强的自发极化和压电极化效应，构成异质结构时极化电场可在异质界面感应

出面密度高达 $10^{13}cm^{-2}$ 量级的 2DEG，是迄今已有的各种半导体异质结构中 2DEG 密度最高的，同时 2DEG 室温迁移率可高达 $2000cm^2/（V\cdot s）$ 以上，加上其他优异的物理、化学性质，GaN 基异质结构已发展成为高频、高功率电子器件最优选的半导体材料体系，GaN 基微波功率器件已实现大规模的军事和商业化应用。

SiC 半导体的禁带宽度略小于 GaN，并取决于其晶型，约是 Si 半导体的 3 倍，临界击穿电场约是 Si 的 8 倍，热导率约是 Si 的 3 倍，因此，SiC 基功率电子器件具有很高的电流密度和耐压能力。在相同阻断电压下，SiC 基器件的导通电阻比 Si 基器件小 1 个数量级。与 GaN 类似，SiC 基功率电子器件的工作耐受温度也远高于 Si 基器件，可大幅简化功率模块的散热系统。这些优异特性使 SiC 成为制备新一代功率电子器件的最优选半导体材料之一，可广泛应用于新能源汽车、轨道交通、电网等高功率、高电压领域。国际上一般认为 GaN 基功率电子器件的应用领域主要是 $200\sim900V$ 范围的中低压市场，而 SiC 基功率电子器件的应用领域则主要是 650V 以上的中高压和特高压市场，特别是在高压、大电流的电网系统应用上具有不可替代性。

20 世纪 60 ～ 70 年代，SiC 单晶生长研究主要集中在苏联。1978 年，Y.M.Tairov 和 V.F.Tsvetkov 发明了改良的 Lely 单晶生长法，成功获得了较大尺寸的 SiC 晶体。20 世纪 80 年代后期，SiC 单晶材料研究的重心逐步转到了美国。

单晶制备技术的突破开辟了 SiC 基功率电子器件研究的新时代。自 20 世纪 90 年代始，国际上研制出了各种结构和功能的 SiC 基功率电子器件。其中，SiC 基肖特基势垒二极管（SBD）由于工艺相对简单且用途广泛而率先实现了产业化生产。

随着 20 世纪 50 ～ 60 年代高温高压合成和化学气相沉积（Chemical Vapor Deposition，CVD）人工合成金刚石技术的相继问世，从 20 世纪 80 年代起，探索金刚石晶体，特别是外延薄膜的半导体特性成为可能。作为一种宽禁带半导体材料，金刚石被确认是间接带隙半导体，其室温禁带宽度为 5.47eV，在所有元素半导体中带隙最宽。金刚石半导体具有优异的物理和化学性质，包括带隙宽、热导率高、临界击穿电场高、电子迁移率高，以及耐腐蚀、耐高温、抗辐照等。在射频电子和功率电子领域评价一种半导体材料性能高低的 Johnson 指数、Keyes 指数和 Baliga 指数，金刚石均高于 GaN 和 SiC，更远高于 Si，用于制备高性能半导体器件的优势很大，被视为"理想半导体"，在微电子、光电子、生物医学、微机械、航空航天、核能等高技术领域均有广泛的应用潜力。1982 年，国际上首支基于天然金刚石晶体的半导体晶体管研制成功。两年后，首支基于人工制备金刚石外延薄膜的半导体场效应晶体管研制成功。近几年不断有各种新型金刚石半导体器件的研制报道，包括高压大电流 SBD、高频 / 高功率 FET、深紫外 LED、深紫外光电探测器、生物传感器等。

要实现高性能的金刚石电子器件，具备一定尺寸的高质量单晶金刚石制备及其电导调控至关重要。近 10 年来，国际上金刚石晶体和外延薄膜的制备技术已取得了较大进展，可合成 10mm 量级尺寸的单晶金刚石，晶体质量可与天然金刚石媲美。然而，要能广泛用于半导体电子器件的研制，制备大面积的金刚石晶体依然是巨大的挑战。金刚石半导体的 p 型掺杂迄今已取得较大进展，利用微波等离子体技术，在金刚石同质外延过程中引入 B 杂质，可获得高质量的 p 型金刚石半导体。但金刚石半导体的 n 型掺杂则困难得多，最常见的施主杂质是 N 元素，但其在金刚石带隙中能级太深，很难获得 n 型电导。金刚石半导体有效的 n 型掺杂技术迄今依然在艰难地探索中。

近年来，另一种宽禁带氧化物半导体材料氧化镓（简称为 β-Ga$_2$O$_3$）受到了国际上半导体功率电子材料和器件领域的极大关注。Ga$_2$O$_3$ 室温带隙为 4.8～4.9eV，比 Si 高约 3 倍，其临界击穿电场强度约为 8MV/cm，约为 Si 的 20 倍，约为 SiC 和 GaN 的 2 倍。同时 Ga$_2$O$_3$ 的 Baliga 指数较高，在耐压能力相同的情况下，Ga$_2$O$_3$ 基功率电子器件的导通电阻理论上可降至 SiC 基器件的十分之一。除了材料的优异特性，制备成本低是 Ga$_2$O$_3$ 半导体材料的另一优势，采用类似于蓝宝石单晶制备的成熟晶体生长方法可实现低成本、高质量 Ga$_2$O$_3$ 单晶材料的大规模制备。因此，与 GaN 或 SiC 相比，采用 Ga$_2$O$_3$ 有望以更低的成本研制出同样性能，甚至性能更好的高耐压、低损耗半导体功率电子器件。可以预计 Ga$_2$O$_3$ 基电子材料和器件将越来越受到国内外功率电子领域学术界和产业界的重视。Ga$_2$O$_3$ 半导体材料受到的最大限制是其热导率远低于 SiC、GaN 或 Si。另外，Ga$_2$O$_3$ 的晶体质量和尺寸还有待进一步提高。目前，Ga$_2$O$_3$ 基功率电子器件的性能离实用化还有较大距离。随着材料和器件研究的进一步深入，Ga$_2$O$_3$ 有望成为宽禁带半导体的又一研发和产业化热点。

综上所述，宽禁带半导体是整个半导体科学技术体系中一个年轻的分支，大力发展宽禁带半导体，不仅能促使其自身研究和产业化水平的快速提升，充分发挥其材料特性的固有优势，而且能带动包括第一代、第二代半导体在内的整个半导体科学技术领域的发展，为国家经济发展和国防建设提供更有力的科技支撑。

3.2 / 宽禁带半导体材料的研究进展与前沿动态

以氮化镓（GaN）、碳化硅（SiC）为代表的宽禁带半导体材料及器件，已成为军用、民用两大领域必不可少的战略物资，是各国竞相发展的战略制高点，正在向高能效、高功率、高耐压、高频率、耐高温、高集成度、小型化、多功能化等方向发展。以美国为代表的发达国家为了抢占宽禁带半导体技术和产业的战略制高点，通过设立国家级创新中心、产业联盟等形式，将企业、高校、研究机构及相关政府部门有机联合在一起，加速抢占全球宽禁带半导体市场。美国、日本在硅基半导体领先优势基础上，积极布局宽禁带半导体，不断增强其在该领域的世界垄断地位。2018 年，美国能源部（DOE）、国防先期研究计划局（DARPA）、国家航空航天局（NASA）和电力美国（Power America）等机构纷纷制定宽禁带半导体相关的研究项目，支持总资金超过 4 亿美元，涉及光电子、射频和电力电子等方向，以期保持美国在宽禁带半导体领域全球领先的地位。美国通过"下一代电力电子技术国家制造业创新中心"，以第三代半导体产业作为重振美国能源经济的重要抓手。美国能源部推出了以建立健全 SiC 产业链为目标的"电力美国"项目，建设基于成熟 CMOS 代工线的 SiC 生产线，资助高校和企业开展产业链各个技术节点的研发和人才培养，极大推动了 SiC 产业化进程。2019 年，美国科锐公司宣布将投资 10 亿美元，在美国本土扩大碳化硅产能，到 2022 年增加 30 倍，建造一座采用最先进技术并满足车规级标准的 8 英寸功率和射频晶圆制造工厂。此外，欧盟先后启动了"硅基高效毫米波欧洲系统集成平台（SERENA）"项目和"5G GaN2"项目，以抢占 5G 发展先机。

近些年来我国从中央到地方，对宽禁带半导体均给予高度重视，纷纷出台相关扶持政策。2021 年 3 月，十三届全国人大四次会议通过了《中华人民共和国国民经济和社会发展第十四个五年规划和 2035 年远景目标纲要》，在"坚持创新驱动发展　全面塑造发展新形势"的科技前沿领域攻关中明确提出发展碳化硅、氮化镓等宽禁带半导体。"十三五"国家重点研发计划"战略性先进电子材料"重点专项重点布局宽禁带半导体电力电子材料和器件、微波射频材料和器件、智慧照明、健康照明、紫外发光和探测、衬底材料和装备等内容，产业从无到有，初步建立了从材料、器件到应用的全产业链条。2021 年启动了"十四五"国家重点研发计划"新型显示与战略性电子材料"重点专项，持续布局宽禁带半导体，围绕眼前国家重大需求的"卡脖子"问题，实现国产替代。

氮化镓单晶衬底材料研发方面，在晶体质量和晶圆尺寸等关键指标上基本与国际同步，已研制出 6 英寸 GaN 自支撑衬底，但在点缺陷/应力控制、光学/电学性质调控等方面与国外有 3～5 年差距。产业化方面，2 英寸 GaN 自支撑衬底已规模化生产，4 英寸衬底小规模产业化，但在应力/点缺陷控制、切磨抛加工等方面与日本有一定差距。

氮化物光电子材料从光效驱动转向品质驱动、成本驱动，从传统照明转向智能照明，从光学照明转向超越照明，跨界融合发展光生物、光健康、光医疗。从蓝光（白光）转向深紫外等更短波长，和绿光、黄光，甚至红光等长波长，从标准结构转向小间距 mini/micro-LED，开启高度集成半导体信息显示技术新变革。LED 产业经过近 20 年的发展，我国已成为全球最大的生产、消费和出口国，2020 年我国半导体照明产值 7013 亿元，芯片国产化率接近 80%，Si 基 LED 芯片技术处于国际领先。深紫外方面研发水平基本与国际同步，但在点缺陷控制、光模式调控、高场击穿调控等方面与美日水平相差 3～5 年。深紫外 LED 已在新冠疫情防治的公共安全领域开展示范应用。目前小功率芯片已规模化量产，但外量子效率与美国、日本有较大差距，高端芯片产品主要依赖进口。Micro-LED 方面，我国 GaN 基红光 Micro-LED 研究水平国际领先，蓝、绿光 Micro-LED 芯片效率基本与国际同步，在巨量转移等方面与国际水平有 3～5 年的差距。目前在重点攻关高均匀性外延结构、小驱动电流下光效保持、巨量转移、RGB 三色转换等关键问题。短波长半导体激光器方面，在电光转换效率、寿命等方面的研发水平与日本有 5～8 年的差距，目前国内 GaN 基激光器的产业化处于起步阶段，还没有实现规模化量产，但用于激光器的 GaN 衬底已实现量产。目前国内激光显示等领域需求的 GaN 基短波长激光器主要依赖进口。

射频电子方面，国际上该领域的研发和国防、民口应用发展非常迅速，目前全球大约有 500 家大学、研究机构和企业进行 GaN 基射频电子材料和器件的研发和生产，另有近百家公司和研发机构为 GaN 基射频技术的发展提供关键原材料、设备、测试分析和服务等技术支撑。目前国际上在 GaN 基射频电子材料、器件和电路研发及生产上处于领先地位的主要是美国的 CREE 公司（Wolfspeed 部门）、Qorvo 公司、HRL 等企业和研发机构。GaN 基射频电子器件围绕射频功率放大器和射频信号转换等应用领域展开，目前已实现了 GaN 基射频功率放大器的商业化应用，产品覆盖 L 波段（1～2GHz）至 W 波段（80～100GHz），应用领域包括雷达、移动通信、卫星通信、数字电视等。GaN 基射频电子器件除了比 GaAs 基器件能实现更大的输出功率、输出带宽和更高的效率，还能减小应用系统的体积和重量，从而增加其可靠性，提升探测能力、通信速度等性能。我国已实现 GaN 基微波射频材料和器件规模化生产，应用于雷达等重大装备与系统，并开始支撑国产 5G 移动通信发展。但在异质结材料频率插损 / 应力控制、热管理、线性度、高频测量等方面与国外还有 3 ~ 5 年的差距，材料和器件制备关键装备很大程度上还依赖国外。

GaN 基电子器件，特别是基于 $Al_xGa_{1-x}N/GaN$ 异质结构的 HEMT 器件具有高效率、高开关频率、耐高温、体积小、抗辐照等优势，突破了 Si 基功率电子器件在效率、开关速度以及工作温度等方面的物理限制和不足，正成为新一代电能管理系统中最具竞争力的功率电子器件之一，可满足新一代功率半导体技术对小型化、高效率、智能化的需求。采用大尺寸 Si 衬底制备 GaN 基功率电子材料和器件可降低衬底和外延成本，更重要的是可实现与现有 Si 集成电路广泛使用的互补金属氧化物半导体（CMOS）制备工艺的兼容，将大幅度降低器件的制造成本。因此，Si 衬底上 GaN 基功率电子材料和器件近年来在国际上受到了高度重视，美、日、欧等主要发达国家及地区都投入了大量人力、物力用于该领域研发，国际上从事 Si 基功率电子器件和模块产业的前 15 家公司至少有 10 家已涉足 Si 衬底上 GaN 基功率电子器件的研发，正在形成继 GaN 基蓝白光 LED 后宽禁带半导体研究的又一热潮。Si 基 GaN 主流尺寸为 6 英寸，实现 8 英寸量产。GaN 基功率电子器件已开始进入商业化应用的初期阶段，国际上已有多个公司推出了 650V 以下的器件和应用模块产品。国内研发单位的材料和器件部分关键指标与国际同步，但在动态特性、长期可靠性、表界面态与点缺陷控制等方面与国际水平有一定差距，下游应用企业所需材料和芯片主要依赖进口。随着自支撑 GaN 衬底的晶体质量和晶圆尺寸的不断提升，垂直结构 GaN 基功率电子器件近年来在国际上也获得了重视。目前已实现了高耐压的 GaN 基垂直结构 Schottky 二极管、p-n 结二极管和三极管，展现了 GaN 单晶材料在垂直结构功率电子器件上的优势。但 GaN 基垂直结构器件需要在 GaN 外延层中插入 p 型掺杂层，如何实现 p 型插入层的可控掺杂和载流子激活，是 GaN 基垂直结构功率电子器件研制的关键问题之一。另外，随着 Si 衬底上 GaN 厚膜外延技术的不断突破，Si 衬底上 GaN 基垂直结构功率电子器件也引起了人们的重视，有望大大降低 GaN 基垂直结构功率电子器件的制备成本。但如何大幅减小 Si 上 GaN 外延层中的缺陷密度，提高器件的耐压特性是 Si 衬底上 GaN 基垂直结构功率电子器件研发首先需要解决的关键问题。

随着 SiC 单晶生长技术的不断进步，SiC 单晶的直径已达到 8 英寸，晶体缺陷密度不断下降，4 英寸单晶微管密度已低于 $0.1cm^{-2}$，穿透性螺位错密度和基平面位错密度可控制在 10^2cm^{-2} 量级。目前美国 CREE 公司掌握着国际上最先进的 SiC 单晶生长技术，其 6 英寸 4H-SiC 单晶衬底最早投放市场，正在发展 8 英寸 SiC 单晶衬底。我国目前在材料缺陷控制、单晶直径等方面的研发水平与国外有 5 ~ 10 年的差距，8 英寸 SiC 单晶衬底仍为空白，主要瓶颈为大尺寸低缺陷单晶材料生长、应力控制及掺杂技术。4 英寸导电型和半绝缘 SiC 衬底已大规模量产，6 英寸导电型衬底已开始产业化，在缺陷密度、尺寸、面型控制、器件性能与稳定性、用户接受度等方面与国外仍有较大差距。单晶衬底制备技术的进步促进了电子器件的研制和产业化，研究较多的 SiC 基功率开关器件包括双极结型晶体管（Bipolar Junction Transisotr，BJT）、MOS 栅场效应晶体管（Metal-Oxide-Semiconductor Field Electric Transistor，

MOSFET)、结型栅场效应晶体管（Junction Field Electric Transistor，JFET）和绝缘栅双极型晶体管（Isulated Gate Bipolar Transistor，IGBT）。从材料和器件特性来看，这四种 SiC 基功率开关器件均有望取代 Si 基 IGBT 器件，成为下一代高压、大功率电力电子系统的核心部件。目前国际上 600～3300V 的功率整流器件和 600～1700V 的功率开关器件已实现商业化，反向击穿电压超过 20kV 的功率开关器件也被验证。我国 4～6 英寸 SiC 外延材料实现产业化，但装备全部依赖进口；600～1700V SiC 功率二极管已量产，SiC 功率 MOSFET 实现小批量样片，600～1700V 外延材料和功率二极管水平与国际基本相当，更高耐压的厚膜外延质量、MOSFET 比导通电阻和极端动态可靠性等性能低于国际水平。实现 600～1700V SiC 二极管量产，开发出 1200～3300V SiC MOSFET 小批量产品，已经在充电桩、光伏、车载充电器等中小功率领域实现应用。比亚迪、蔚来、小鹏等车企均推出车型采用全 SiC 模块的电机驱动控制器，但新能源汽车用 SiC MOSFET 全部依赖进口。

氧化镓（Ga_2O_3）是一种新型的宽禁带半导体材料，近五年来，由于 Ga_2O_3 独特的电学特性以及高质量、大尺寸单晶衬底的低成本制备技术的突破，使其在半导体功率电子器件等领域受到了高度关注。相比 SiC 和 GaN 等宽禁带半导体材料，β-Ga_2O_3 具有独特的电学特性。其最突出的特征是超宽的禁带宽度，这使得它的临界击穿电场高达 5～9MV/cm，约 2 倍于 SiC 和 GaN。此外，β-Ga_2O_3 的大禁带宽度使其拥有 250～280nm 特殊的光吸收波段，正好位于日盲区范围内，是天然的深紫外光电探测器材料。目前，日本田村公司（Tamura Corporation）已经实现了 2～4 英寸 β-Ga_2O_3 单晶产业化，并可生长出 6 英寸晶体。目前 β-Ga_2O_3 的 n 型掺杂技术已相对成熟，但是 p 型掺杂依然有待攻克，使得其暂时不能应用于双极型电子器件，因此 Ga_2O_3 基功率电子器件的研究主要以肖特基势垒二极管（SBD）和金属氧化物半导体场效应晶体管（MOSFET）两种单极型器件为主。Ga_2O_3 宽禁带半导体材料的发展还存在以下一些关键科学技术问题有待解决：

① p 型掺杂是 β-Ga_2O_3 半导体的重大难题，迄今发现的 β-Ga_2O_3 受主杂质的禁带能级位置均离价带顶较远，使得其激活能很高，同时，β-Ga_2O_3 中的非故意掺杂的施主背景杂质会对受主杂质产生自补偿作用，导致材料出现半绝缘特性，所以迄今国际上还没有找到有效的 p 型掺杂方法；

② β-Ga_2O_3 材料的热导率过低，实验和理论研究均已确认 β-Ga_2O_3 的热导率只有 0.1～0.3W/（cm·K），这对于需要应用于高压、大电流条件下的半导体功率电子器件而言是非常不利的，过高的热量聚集将严重影响器件的性能和可靠性；

③ 载流子迁移率较低，国际上 β-Ga_2O_3 的电子迁移率最高只有 200cm²/（V·s）左右，导致基于 β-Ga_2O_3 的功率电子器件饱和电流远低于 SiC 基或 GaN 基器件，并影响器件的频率特性。

金刚石制备主要有高温高压（HPHT）和化学气相沉积（CVD）两种技术路线，前者又可分为爆轰法、静压法两类，后者根据热源或等离子体产生方式的不同又可分为热丝法、燃烧火焰法、直流等离子体法、射频等离子体法、微波等离子体法（MPCVD）、电子回旋共振微波等离子体法（ECR-MPCVD）等。HPHT 大尺寸单晶金刚石生长技术主要掌握在几家国际性公司手中，包括日本的住友电工、英国的戴比尔斯和 Element Six（E6）、俄罗斯的 New Diamond Technology（NDT）等。我国也是采用 HPHT 法制备生产金刚石单晶材料的大国，年产量位居世界第一，但单晶尺寸和质量与国际领先水平还有一定差距。HPHT法合成的单晶金刚石目前主要用于工业领域，如刀具、磨料、散热等。由于此法制备的单晶金刚石中含有较多的晶体缺陷和杂质，目前尚无法直接用于半导体器件的研制，但可广泛用于CVD法外延制备金刚石的同质衬底材料。相比于HPHT技术，CVD方法在晶体质量控制、表面形貌控制、半导体掺杂、大尺寸等方面更具优越性。在众多CVD方法中，迄今为止用MPCVD方法生长的金刚石材料质量最好，因此该方法被人们公认为目前半导体金刚石薄膜制备的最佳方法。国际上MPCVD半导体金刚石的主要生产商有日本康世（Cornes，原Seki Diamond，技术最初源于美国Astex）、美国Lambda、德国iplus、法国Plassys等。HPHT法适合生长三维颗粒状金刚石材料，尺寸较小，最大10mm，并不适合生长外延生长所需的大面积薄片状衬底材料。为得到较大面积的半导体单晶金刚石衬底，通常采用两种办法，一种是把HPHT方法与MPCVD技术结合起来，将HPHT法制备的金刚石颗粒作为初始衬底，然后采用MPCVD高速生长技术，结合侧向外延、拼接等方法来获得较大面积的金刚石衬底，这种方法总体上来说属于同质外延方法。另一种是在大尺寸非金刚石衬底上异质外延结合剥离技术制备金刚石单晶衬底材料。实现半导体材料有效的n型和p型掺杂及电导调控是研制半导体电子器件的基础。目前，单晶金刚石的掺杂仍是金刚石基电子器件研制中的巨大挑战。目前国际上发展的金刚石掺杂方法主要有两类：生长中的原位掺杂和生长后的离子注入掺杂。如前所述，半导体金刚石因其禁带宽、载流子饱和漂移速度大、临界击穿电场高、热导率高等综合性能优势，在半导体功率电子器件研制中有很大的发展潜力。但是，由于还存在高质量材料制备、掺杂和电导调控、器件工艺等诸多问题，金刚石基电子器件的研制长期以来进展缓慢，实际达到的器件性能指标与国际上的预期相差甚远。

3.3 / 我国在该领域的学术地位及发展动态

半导体产业是中美科技与经济战中对华技术封锁的重点领域，已经成为我国"短板"中的重灾区，对产业安全构成重大风险。我国宽禁带半导体产业目前主要受制于核心材料和装备。2018年，美国明确把碳化硅、氮化镓等材料列入301管制技术清单，美国商务部将宽禁带半导体材料和芯片相关企业列入制裁名单。2020年2月，美国及日本等42个加入《瓦森纳协定》的国家，决定扩大出口管制范围，新追加了可转为军用的半导体基板制造技术等，防止技术外流到中国等地。美国对华为、中兴的一系列禁令，台积电被迫到美国建厂，核心都是对半导体芯片的技术和产业垄断。

以GaN为代表的宽禁带半导体特别适合制备高频、高效、高功率、高温、宽带射频电子器件，在100GHz以下频段，GaN基射频电子器件已进入规模化应用阶段。我国在该领域的研究水平与发达国家差距不大，从衬底材料、外延、芯片设计、器件加工到系统应用的整体产业布局也比较完整，建立了自主的技术发展体系。虽然100GHz以下频段的GaN基芯片已进入规模化应用阶段，但100GHz以上频段仍在研制攻关阶段，该领域的一些基础科学问题尚不清楚，应用中暴露出的可靠性问题也尚未从材料和器件的源头上解决。只有加强基础研究，深入认识材料结构和器件工艺过程对芯片性能的影响规律，才能进一步发挥GaN的材料优势，挖掘其在射频电子器件领域的潜力，持续推进技术和应用研究，实现我国在固态射频微波领域的超越发展。

GaN 和 SiC 等宽禁带半导体是制备新一代高效功率电子器件的优选材料体系，基于它们的功率电子器件具有比 Si 基器件更高的输出功率密度、更高的能量转换效率、更高的工作频率，并可显著减小系统体积。当前，GaN 基功率电子器件在消费类电子、大数据中心、激光雷达及 5G 通信基站电源系统的应用正高速增长，而 SiC 基功率电子器件在新能源汽车、智能电网、高铁机车等重要领域扮演着关键角色。鉴于此，GaN、SiC 基功率电子材料和器件已被美国、日本和欧洲等列入国家重大战略研究计划，也正迅速发展成为我国建设节能型社会、践行创新驱动发展战略的重要支撑技术之一。然而，在材料应力/缺陷/载流子调控、器件特性退化机制和可靠性等方面尚存在一系列关键科学技术问题，严重制约着 GaN、SiC 基功率半导体技术的进一步发展和应用。

宽禁带半导体深紫外光电材料与器件是面向生命健康与国家重大需求的战略性领域。例如，相比于传统的消毒液消杀方法，宽禁带半导体固态紫外光源消杀能够避免化学试剂残留引起的二次污染，且随着国际禁汞《水俣公约》的实施，以汞灯为主的传统气态紫外光源将逐步退出历史舞台，宽禁带半导体紫外发光材料与器件在面向生命健康领域的不可替代性日益显现。我国宽禁带半导体深紫外发光和探测技术总体上与国际上的发达国家有 3～5 年的差距。在少数创新链节点上，如 AlN 模板、p 型 AlGaN 掺杂等方面处于国际并跑甚至领跑水平，但在宽光谱、高效率、高功率和器件可靠性等重要方面仍面临很大挑战，需要通过装备、材料、器件、系统等方面的系统创新，从根本上解决制约我国宽禁带半导体深紫外光电材料与器件领域面临的关键科学技术问题，努力实现我国短波长光电子材料与器件的高质量发展。

InGaN 是一种重要的宽禁带半导体光电材料，在半导体照明和显示领域发挥着核心作用。例如，当前的"蓝光 LED + 荧光粉"照明模式是市场主流，为节能减排和经济发展做出了重要贡献，但存在光品质低、富蓝光风险、光谱单一等不足，而基于无荧光粉的纯 LED 照明技术被视为未来发展的重要方向，将催生和带动万亿元级的半导体照明技术和产业的转型升级。纯 LED 照明技术的技术瓶颈在于缺乏高效率的黄、绿光 LED，要发展纯 LED 照明技术，必须大幅度提升 InGaN 基 LED 在长波段的光效。我国在 InGaN 基光电子材料与器件领域拥有良好的基础，目前处于跟跑、并跑、领跑并存的状态：绿光激光器初获突破，但与国际领先水平存在较大差距；蓝光 LED 光效与国际基本持平，黄光 LED 光效领先国外 4～5 年，InGaN 基红光微小间距 LED（Micro-LED）光效显著领先于国外水平。InGaN 基长波长光电子材料与器件当前的核心问题在于材料，需要针对有源层，在减少点缺陷密度、改善界面状态、提高 InGaN 相均匀性等方面进行创新。

3.4 作者在该领域的学术思想和主要研究成果

宽禁带半导体是国家战略需求、全球高科技竞争的关键领域。作者 1995 年起一直从事 GaN 基半导体材料、物性和器件研究，主要研究成果如下。

发明多种大失配异质外延方法，多个关键材料质量指标取得突破，并实现规模化产业应用。GaN 基材料制备的主流方法是异质外延，大失配导致的高缺陷密度是核心难题。北京大学沈波教授团队提出并实现了"小合拢区纳米图形化蓝宝石衬底 AlN 侧向外延"方法，采用该方法制备的蓝宝石衬底上 AlN 外延薄膜 XRD 摇摆曲线（002）和（102）半高宽分别为134arcsec 和 157arcsec，对应的位错密度为 $2.2 \times 10^8 cm^{-2}$，为目前国际公开报道的最低值。在此基础上制备的高效发光 AlGaN 量子阱，发光波长 281nm，内量子效率 73.9%，位于蓝宝石衬底上深紫外量子阱内量子效率国际公开报道值前列。提出并实现了"大失配诱导应力控制外延"方法，建立了较为完善的 GaN 基半导体大失配异质外延技术体系，采用该方法在 Si 衬底上制备出 8μm 连续生长的高质量 GaN 厚膜，并实现高质量 AlGaN/GaN 异质结构，2DEG 室温迁移率达 $2240 cm^2/(V \cdot s)$，位居国际报道前列。作者获 2018 年国家技术发明二等奖，受到诺贝尔奖获得者 S.Nakamura 等国际同行的引用和关注，英国著名半导体评论期刊 *Semiconductor Today* 多次报道；先后与华为等多个企业开展技术合作，部分成果实现产业化应用，产生了显著的经济和社会效益。

北京大学沈波教授团队深入系统地研究了 GaN 基半导体异质结构中二维电子气的量子输运性质，是国际上 GaN 基异质结构量子输运的代表性研究团队之一。获得了高二维电子气浓度、高电子迁移率的 AlGaN/GaN、InAlN/GaN、AlN/GaN 等半导体异质结构；首次观测到二维电子气的双子带和三子带占据；首次观测到子带间电子散射引起的磁电阻振荡；证明 GaN 导带底 *E-k* 关系存在明显的非抛物性。利用圆偏振光电流手段在氮化物半导体中首次观测到二维电子气自旋输运的光致反常霍尔效应和反常圆偏振光电流效应，并首次实现了氮化物半导体异质结构中二维电子气自旋的电学注入和自旋弛豫时间的极化电场调控，为宽禁带半导体自旋场效应晶体管研制奠定了基础。采用红外反射光谱和拉曼光谱技术，克服了 GaN 中强烈的剩余射线带相关反射区导致的测量难题，实验中观察到半绝缘 GaN 中与 C 有关的位于 $766 cm^{-1}$ 和 $774 cm^{-1}$ 的两个局域振动模，并结合第一性原理计算和对称性分析，确定它们分别是平行于 *c* 轴和垂直于 *c* 轴的两个局域声子的振动模，首次给出了 C 杂质在 GaN 中替代 N 位的直接证据。相关成果在领域国际顶尖期刊发表，撰写和合作撰写中英文专著 4 部，受到斯坦福、麻省理工等大学知名学者高度评价，多次在国际学术会议上做邀请报告。为宽禁带半导体物理学发展做出了重要贡献，提升了我国在这一领域的国际影响力。

北京大学团队在国内率先倡导对雷达和移动通信技术至关重要的 GaN 基射频电子器件研究，与中国电科 55 所合作研制出国内首支具有微波输出特性的 GaN 基器件，55 所后续研制的器件在军用关键装备上实现了大规模应用；国际上首次实现基于强受限类孤立 In 原子的 InGaN 单光子发射源和蓝宝石衬底上 GaN/AlN 共振隧穿二极管。这些为我国 GaN 基微波功率器件及其国防应用做出了开创性贡献，并引领了我国宽禁带半导体新型量子器件的发展。

3.5 宽禁带半导体材料近期研究发展重点

面向下一代信息技术与节能环保的射频电子器件、功率电子器件、高能效光电子器件和新型量子器件等领域取得关键性突破，特别是在材料制备、掺杂新方法和器件新结构、加工新技术上取得系列重大成果，支撑我国新一代移动通信、新型显示、新能源汽车、新一代电力管理和国防安全等领域的发展和超越。在以氮化镓和碳化硅材料为代表的宽禁带半导体研究上，系统解决大尺寸单晶衬底、外延生长、器件理论和器件工艺研究中存在的关键科学问题和技术瓶颈，建立起拥有我国自主知识产权的宽禁带半导体材料和器件技术体系，在高转换效率光电材料和器件，以及高功率密度电子材料和器件领域总体上达到国际先进水平，部分材料和器件性能实现超越，达到国际领先水平。在以氧化镓和金刚石材料为代表的超宽禁带半导体研究上，发展出数种国际主流的高功率器件技术路线，部分材料质量和器件性能达到国际领先水平。在学科交叉、技术融合、技术转化和人才培养等方面取得突破性进展，建立起高效的研究合作体系，为我国宽禁带与超宽禁带半导体核心材料和芯片技术，乃至整个半导体科学技术的发展和超越奠定科学基础，并支撑我国信息、能源、交通、先进制造等高新技术领域的创新发展。

① 功率半导体材料　开发低阻、高效、高功率密度、高可靠性、低成本的第三代半导体功率电子材料、芯片和模块。突破面向万伏千安超大功率芯片的厚膜外延、关键器件工艺和高可靠封装技术，实现在特高压柔性输变电网领域的应用；掌握中高压单极型器件技术，实现在轨道交通等领域的规模应用；攻克中低压高稳定高可靠绝缘栅场效应器件技术，实现在远/近海和陆上风电、集中式/分布式光伏并网等新能源领域的规模应用；突破大尺寸氮化镓基材料和器件关键技术，实现在机器人、人工智能、新一代通用电源等领域的大规模应用；研究面向第三代半导体功率器件的高频驱动芯片和控制芯片的电磁干扰机理和设计技术，掌握高性能模拟集成电路技术并实现示范应用；开发高辐射和高单粒子环境下第三代半导体器件的失效机理和寿命提升技术，实现在航天器电源系统中的应用；攻克低缺陷密度金刚石外延生长和多元共掺技术，开发低位错密度氧化镓外延生长和高效散热器件技术，在金刚石和氧化镓基器件及其应用上实现突破；建立第三代半导体功率电子材料、器件及可靠性测试公共技术平台，开展支撑规模化应用的标准体系研究与标准制定。

② 射频半导体材料　开展适用于高频、宽带、高线性度、大功率器件的大尺寸碳化硅衬底和低成本硅衬底上氮化镓基材料外延生长研究；开展氮化镓基纳米级沟道器件制备研究；开展超高功率密度金刚石衬底上氮化镓基电子材料和器件研究，突破超高功率密度热管理和封装关键技术；实现上述器件的规模化应用；开展面向太赫兹频段的化合物半导体材料外延生长、纳米级高精细尺度器件制备技术研究。建设具备外延生长、芯片制造、封装测试等功能的太赫兹器件和模块公共技术平台；开展实用环境下的应用技术研究、标准研制和可靠性验证，实现在移动通信基站、卫星通信，新一代雷达等领域的应用。

③ 信息光电子材料　开发高性能氮化物基红/绿/蓝微矩阵 LED（Micro-LED）外延材料及微米尺度芯片，研制出适合显示照明、通信传感等多种场景的新功能产品；开发高增益和单光子紫外探测材料、器件和成像阵列，实现光子计数激光雷达和紫外辐照监测应用；开发高抗辐照性能极紫外和软 X 射线探测材料和器件，实现其在深紫外光刻、能谱分析和星光导航等领域的应用；突破大尺寸化合物半导体材料的外延关键技术，开发出超大规模阵列红外探测器芯片，实现国产高端核心器件的产业化应用；开发与硅工艺兼容的异质集成光源与硅基光源材料和器件，实现单片集成芯片；开展支撑规模化应用的标准体系研究与标准研制，

建设基于第三代半导体的信息光电子材料和器件共性技术平台。

④ 能量光电子材料 开发全光谱氮化物半导体光电材料与器件，支撑光健康与光医疗创新应用、设施农业及超高效率光伏电池应用；开发氮化物基深紫外、极紫外 LED 材料与器件，建设面向国家公共卫生和传染病防护领域的深紫外技术保障体系；开发大功率、长寿命氮化镓基半导体激光材料和器件，推动其在激光显示、光通信、精密加工等领域的规模应用；突破大尺寸化合物半导体材料外延技术，开发出大功率红外半导体激光器，并实现产业化；发展有机半导体、钙钛矿、量子点等新兴光电子材料，实现新型光电子器件及其应用。

⑤ 关键装备、核心衬底与配套材料 研制宽禁带半导体衬底材料的单晶生长、晶体加工关键装备及其零部件；研制大尺寸衬底氮化镓基材料外延生长金属有机化学气相沉积（MOCVD）装备及其关键零部件；研制碳化硅、氧化镓和金刚石外延生长关键装备及其零部件；开发高温离子注入与退火、高温氧化等碳化硅芯片制造关键装备；研制高可靠性半导体材料表征与器件测试用关键仪器；研制第三代半导体器件及模块专用封装及检测关键装备；开展 8 英寸碳化硅、6 英寸氮化镓、4 英寸氮化铝单晶衬底材料生长与加工关键技术研究；开展低缺陷密度氧化镓和金刚石单晶衬底材料生长关键技术研究；开展基于第三代半导体单晶衬底材料的同质外延技术研究；突破高纯镓、高端 MO 源、新型低温有机氮源等关键原材料；研制耐深紫外光、高折射率光电器件用封装材料；研制晶圆级封装用高性能 TSV 和晶圆键合材料及关键封装工艺；研制车用功率电子封装模塑料和互连材料及关键封装工艺；研制射频器件用高性能基板材料及关键封装工艺；实现各类配套电子材料的大规模产业化和进口替代。

3.6 宽禁带半导体材料 2035 年展望与未来

半导体产业研发投入周期长，技术更新快，全球充分竞争，先行者有成本和供应链优势，持续盈利支撑技术的不断进步，产业后进入者追赶难度大。一方面，以美国为主导的逆全球化浪潮加剧、贸易战频发，全球产业链供应链因非经济因素而面临冲击，我国亟须摆脱依赖；另一方面，5G、人工智能、新能源等发展提速，对半导体的需求猛增，产业的关注度日益增高，国产化替代成为发展趋势。宽禁带半导体材料特别适用于电力电子转换、微波射频和高效半导体发光应用，需求牵引的作用特别明显，中国已开始了全球最大、最复杂、发展最快的新型电力系统建设，其包含特高压远距离输电、大规模新能源并网、电网控制等技术，中国已建和在建的全球最高运营速度、最长运营里程、最佳效益的高速轨道交通以及未来的"一带一路"建设，全球增长最快和最大的新能源汽车市场，全球最大规模的 4G 和 5G 移动通信，全球产能最大、市场最大的半导体照明及超越照明，全球用户最多、规模最大的、多元化梯度式的工业电机及消费电子市场。这些应用产业中国有明显的规模化战略优势，都需要宽禁带半导体材料和器件的支撑。宽禁带半导体技术突破将带来新一轮应用产业革命，是我国在光电子、电力电子和微波射频等领域抢占技术和产业制高点，重构全球半导体产业格局的绝佳机遇。

① 能源领域，实现碳达峰、碳中和，要构建清洁低碳安全高效的能源体系，控制化石能

源总量，提高能源利用效率，实施可再生能源替代行动，深化电力体制改革，构建以新能源为主体的新型电力系统。宽禁带半导体是基础材料和能源学科交叉的前沿方向，其耐压、能耗和频率方面的性能和能力都比现有技术有数量级的提升，该技术将对绿色能源的生产、输送、存储和利用全链条和体系带来颠覆性的变革，大幅度提升整体能源效率，有力支撑低碳零碳目标的实现。碳中和、碳减排的根本在于能源转型。能源转型有两个方面：一是在能源生产侧用清洁能源取代化石能源，发展以清洁能源为主体的新型电力系统；二是在能源消费侧把原来使用化石能源的应用改为用电，如取暖、汽车等。要实现能源转型，无论是生产侧还是消费侧，都需要对清洁能源进行变换。在能源生产侧，光伏电站需要逆变器把直流电变成交流电，风机需要用到变流器。光伏逆变器和风机变流器里都要用到电力电子器件，目前使用的基本都是硅器件。硅器件的物理特性已到极限，发展空间已到瓶颈，无法担负起支撑大规模清洁能源生产和消费的重任。宽禁带半导体的物理特性非常适合作电力电子器件，采用宽禁带半导体器件的电力电子变换装置如果广泛用于清洁能源的转换和利用，功率密度和效率可以大幅提升，从而支撑能源转型和双碳目标的实现。在能源消费侧，一是 5G 基站、数据中心、电动汽车等新型用电设施的大规模建设运行，能耗问题已成为主要瓶颈，发展基于宽禁带半导体材料的高效电能转换技术刻不容缓，大规模应用于数据中心、工业电机、白色家电等领域，将创造出可观的节能空间，同时使设备小型化，从而更容易普及利用。二是随着分布式清洁能源进入电网，使配电网实现有源化，配电网的网络结构和运行需要大的改变，需要大量的电力电子设备来实现。这些都需要宽禁带半导体器件的电力电子装置。现有硅基器件功率密度低，体积大，很难应用普及。三是输电网，目前海上风电开发势在必行。海上风电入网必须用柔性直流，如采用万伏千安级的宽禁带半导体电力电子器件，可大幅降低建设成本，加快应用推广。

② 交通领域，轨道交通高速、重载、绿色发展对牵引变流器和辅助变流器等车载装备的功率容量、体积和可靠性提出了越来越高的要求，采用全碳化硅模块取代现有硅基 IGBT 模块代表了轨道交通功率器件的发展趋势，可使系统体积减小 20% 以上，重量降低 20% 以上，系统损耗降低 20% 以上，亟须打破国外多年来在该技术领域对于高性能芯片、功率模块和设计技术的封锁。新能源汽车电控系统是将电池所存储的电能转化为驱动电机所需电能的装置，是新能源汽车动力系统的心脏。其中，功率半导体芯片是其核心元器件，占新能源整车半导体用量的 80% 以上，占整车成本的 10% 以上。国际上已进入以碳化硅和氮化镓为代表的宽禁带半导体时代，可使电控系统体积、重量减少 80%，器件能耗减少 90%，电能转换效率提高 20%，增加 10% ~ 15% 的续航能力。我国新能源汽车用功率芯片几乎全部依赖美欧日进口，存在高端材料器件禁运、采购成本高、供货周期不稳定等突出问题，亟须实现自主可控。

③ 信息领域，网络强国和数字中国建设对高速、大容量网络通信和智能化人机交互系统提出更高要求，5G 通信要求覆盖毫米波频段、至少 10 倍于 4G 的峰值速率、毫秒级的传输时延和千亿级的连接能力，氮化镓是目前能同时实现高频、高效、大功率的唯一材料，成为新一代移动通信基站射频的主流技术路线，是各国在下一代移动通信时代争夺的技术制高点，支撑了移动互联网和物联网技术，直接关系到国家的信息安全。毫米波与太赫兹波段是电磁波谱上尚未充分利用的战略资源，宽禁带半导体对于 5G 高频毫米波、6G 通信空天地一体化

网络、太赫兹探测成像遥感技术等具有重大意义。未来 5～15 年，面向 5G/6G 移动通信、物联网和公共安全等领域的迫切需求，通过在关键衬底和外延材料、器件和模块制造工艺、封装测试、应用验证等环节引入全产业链资源进行攻关，构建基于国产核心射频 GaN 器件的射频发射链路全套解决方案，满足下一代移动通信市场需求，实现自主保障。

④ 光电领域，氮化物半导体是唯一可覆盖红外到紫外波长范围的半导体材料体系，LED 从跟跑变为产业强国，基本实现全链条自主可控，未来随着光电子与微电子深度融合发展，全光谱、数字化、微小型光源支撑国家公共卫生、医疗健康、下一代显示等领域颠覆性应用。光电应用中，面向生命健康的光源技术是新的发展方向。深紫外光源可实现杀菌、消毒与自愈促进，国家卫健委已将紫外辐照列为防控新型冠状病毒的一种手段，目前大量使用的是汞灯，存在汞污染、能耗高和体积大的问题。深紫外 LED 具有体积小、波长可调、低压安全、易于集成等诸多优势，适用于高端医疗、污水处理、大交通（高铁、飞机、舰船灯）公共空间消毒等领域，具有广阔的应用前景和巨大的社会效益。另外全光谱精细可调的半导体光源支撑诊断和治疗典型重大疾病、光生物调节及光遗传、全龄人群主动健康干预等机理研究和创新应用。

我国宽禁带半导体领域在国家科技计划的支持下，初步形成了从材料、器件到应用的全产业链，但整体产业竞争力不强，可持续发展的能力较弱，特别是核心技术上与国际差距在不断拉大。目前亟需解决的不仅仅是某项技术或某类产品的进口替代，更重要的是技术创新体系的建立和产业创新生态的完善。近期要解决重点领域的短板技术和产品替代，长期如何优化技术、人才、平台、资本等要素配置，建立人才和技术的持续供给保障能力至关重要。

尽管我国在宽禁带半导体技术和产业方面与国际有一定差距，但以应用驱动的发展模式有利于中国这种制造和市场大国。全球最大市场（新型电力系统、高铁、新能源汽车、5G/6G 通信、半导体照明及超越照明、工业电机及消费电子市场等）已启动，应用需求驱动技术创新；我国有 20 年技术储备，单项冠军（黄绿光 LED），国际半导体产业和装备巨头还未形成专利、标准和规模的垄断，与国际先进水平差距不大，有机会实现超越；与集成电路相比，投资门槛不高，对工艺尺寸线宽、设计复杂度、装备精密制造要求相对低；中国精密加工制造技术和配套能力的迅速进步，特别是有核高基、集成电路等重大科技专项的基础，具备开发并逐步主导产业的能力和条件。我国在材料、装备、设计和芯片代工方面都有一些发展势头很好的企业，打破封锁的可能性更大，是最适合中国目前发力的半导体具体领域。

从国际半导体产业发展趋势来看，随着硅半导体材料主导的摩尔定律逐渐走向其物理极限，同时硅也满足不了微波射频、高效功率电子和光电子等新需求快速发展的需要，以化合物半导体材料，特别是宽禁带半导体材料为代表的半导体新材料，未来 10～15 年将对国际半导体产业格局的重塑产生至关重要的影响。"十四五"是我国宽禁带半导体技术和产业发展的关键窗口期，能否建立长期战略优势至关重要，要着眼长远、把握大势。围绕粤港澳大湾区、长三角区域一体化、京津冀协同发展等国家重大发展战略部署，瞄准国家重大需求，推动探索新型举国体制，建立上中下游互融共生、分工合作、利益共享的一体化、市场化机制，聚焦核心技术和"卡脖子"问题，实现信息、能源、交通、智能制造等领域宽禁带半导体材料及器件自主可控，并形成未来优势长板，为赶超世界科技前沿、保障国家经济安全、满足国家重大需求和人民生命健康提供科技支撑。

 作者简介

吴玲，研究员，国家新材料产业发展专家咨询委员会委员，国家产业基础专家委员会委员，第三代半导体产业技术创新战略联盟理事长，国家半导体照明工程研发及产业联盟理事长。自 2003 年起任北京半导体照明科技促进中心主任、科技部半导体照明工程项目管理办公室主任，科技部第三代半导体项目管理办公室主任，2010 年当选国际半导体照明联盟第一届主席。2016 年担任国家"十三五"重点研发计划"战略性先进电子材料"重点专项专家组副组长、第三代半导体材料及半导体照明方向专家组组长。2021 年担任国家"十四五"材料领域重点专项"新型显示与战略性电子材料"专家组副组长，2021 年指南编制专家组专家，国家科技创新 2030 重大项目"重点新材料研发及应用"编制专家组专家，第三代半导体材料方向牵头专家。2017 年荣获"全球半导体照明突出贡献奖"，2018 年荣获"第一届师昌绪新材料技术奖"。

沈波，北京大学长江特聘教授，国家杰出青年科学基金获得者，基金委创新研究群体带头人，国家"973"计划项目首席科学家，享受国务院特殊津贴。一直从事 GaN 基宽禁带半导体材料、物理和器件研究工作。先后主持和作为核心成员参加了 20 多项国家级科研课题，发表学术论文 300 多篇，获得 / 申请国家发明专利 80 多件，在国内外学术会议做大会和分会邀请报告 30 多次，撰写或合作撰写中英文专著 4 部。先后担任国家 863 计划"第三代半导体"重点专项总体专家组组长，"十三五"国家重点研发计划"战略性先进电子材料"重点专项总体专家组成员，"十四五"国家重点研发计划"新型显示与战略性电子材料"实施方案和指南起草专家组成员。

赵璐冰，第三代半导体产业技术创新战略联盟副秘书长，副研究员。在第三代半导体产业技术研究、国家科技规划编制、新型研发机构组建、产学研协同创新、科技成果孵化转化等方面具有 10 年工作经验。主要参与科技部《2021-2035 年国家中长期科学和技术发展规划战略研究》《"十四五"新材料产业发展战略研究》、国家科技创新 2030"重点新材料研发及应用"重大项目实施方案、"十三五"及"十四五"国家重点研发计划中第三代半导体板块内容的编写工作。

第4章

增材制造材料

黄卫东　王理林　王　猛

4.1 / 增材制造材料的国内外研究进展与前沿动态

4.1.1 / 总体趋势

增材制造（亦称 3D 打印，本章后面根据方便将不加区别地采用其中一种术语）技术是 20 世纪 80 年代后期发展起来的新型制造技术，是当前国际先进制造技术发展的前沿，同时也是目前智能制造体系的重要组成部分。世界科技强国都将增材制造技术作为未来产业发展新的增长点加以培育和支持，欧美等发达国家纷纷制定了发展增材制造技术的国家战略，美国 "America Makes"、欧盟 "Horizon 2020"、德国 "工业 4.0" 等战略计划均将其列入提升国家竞争力、应对未来挑战亟需发展的先进制造技术。我国也将增材制造列入了 "中国制造 2025" 强国战略，在 "十三五" 期间进行了重点支持和发展。

增材制造产业经历了持续三十余年的高速发展，在各个领域均取得了良好的应用效果，新的增材制造技术和产业需求不断涌现，在全球经济发展中占据了重要地位。统计数据表明，1988 ～ 2020 年全球增材制造产业直接总产值的年复合增长率为 26%，其中 2015 ～ 2020 年的年复合增长率为 19.8%，2020 年全球增材制造产业直接总产值达到 127.58 亿美元[1]。

2020 年全球增材制造材料总产值达到 21.05 亿美元[1]，占增材制造产业直接总产值的 16.5%，其中 2015 ～ 2020 年的年复合增长率为 22.3%，显著高于同期增材制造总产值的增长率。图 4-1 给出了 2017 ～ 2020 年全球增材制造材料产值数据，其中高分子材料（包括光敏高分子、高分子粉末、高分子丝材）仍然占据绝大部分份额，产值由 2017 年的 9.25 亿美元提升至 2020 年的 16.78 亿美元，年复合增长率为 22.0%，在 2020 年产值中占比为 79.7%；金属材料产值由 2017 年的 1.84 亿美元提升至 2020 年的 3.83 亿美元，年复合增长率为 27.7%，高于增材制造材料总产值的增长率，在 2020 年产值中占比为 18.2%。回顾 2015 年，3D 打印金属与高分子材料产值的份额分别为 11.5% 和 85.5%，可见，虽然高分子材料的份额迄今依然占据绝大多数，但金属材料的份额增长却非常快，与高分子材料份额相比出现彼消此长的态势。2020 年其他 3D 打印材料总计只占约 2.1% 的份额，还远不能同高分子与金属材料相提并论。

图 4-1　全球增材制造材料产值变化

增材制造材料种类层出不穷，从高分子材料、金属材料到陶瓷材料，种类和应用规模均持续快速增长。据 Wohlers Associates 统计，截至 2020 年 3 月全球商业化销售的增材制造材料已有 2486 个牌号，总牌号数量比 2017 年的 1139 个增加了一倍有余 (118%)，其中 49% 为高分子材料，40% 为金属材料，9% 为复合材料，其他 2% 为陶瓷、砂和蜡等[1]。

我国增材制造产业近年来以显著高于世界平均的水平高速发展。根据 2020 年 2 月赛迪顾问 (CCID) 发布的《2019～2020 年中国增材制造（3D 打印）产业发展研究年度报告》，2019 年中国增材制造产业规模为 157.5 亿元[2]，约占全球当年总产值的 20%，较 2018 年增长 31.1%。其中增材制造设备市场规模最大，2019 年市值为 70.86 亿元，工业级设备单价高，部分高端设备仍依赖进口；增材制造服务市场规模次之，2019 年的产值为 45.67 亿元，主要用于满足工业零部件定制化需求；增材制造材料 2019 年产值约 40.97 亿元，占我国增材制造产业总产值的 26%，显著高于同期全球增材制造材料在产业规模中的占比（16%），这在很大程度上是由于我国增材制造材料研发水平较低，所使用的增材制造材料中有相当比例依赖进口，造成了原材料成本偏高的问题。

增材制造技术也是学术界持续关注的热点，用"3D Printing"关键词在 *Science* 和 *Nature* 杂志及其关联媒体上搜索，结果如图 4-2 所示，从图中可以看出与增材制造相关的文章数自 2012 年以来呈现快速增长趋势。

早在 1998 年 *Science* 就刊出文章介绍可用于制造空间三维复杂结构的立体光刻技术[3]；2014 年 *Science* 刊出文章介绍了纳米金属网格的"Laser Shock Imprinting"打印技术[4]。

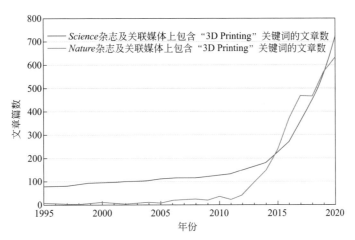

图4-2 *Science* 和 *Nature* 杂志及关联媒体上包含"3D Printing"的文章数统计

增材制造技术与材料研发密切关联，互为促进，协同发展。2015 年 *Science* 刊出文章介绍了基于增材制造技术实现的梯度材料软体机器人[5]，同年介绍了可大幅度提高光固化成形效率的 CLIP 技术[6]，为了实现该技术，需要匹配相应的打印窗口材料和光固化材料。2016 年 *Science* 刊发综述文章，介绍结合多种增材制造技术和多种材料制造复杂功能部件[7]，以及利用可光固化的高分子前驱体打印陶瓷结构件[8]。组织器官则需要使用支撑结构、凝胶和活性细胞进行打印[9-12]。

Nature 杂志于 1999 年刊出了题为"Printing a heart"的新闻稿[13]，报道通过更换打印材料，原本用于军用装备或导弹的"3D powder printing"技术可以实现高复杂性人体器官的制备；2000 年刊出"Rapid prototyping of patterned functional nanostructures"[14]，使用一种具备自组装特性的有机硅"墨水"实现了具备功能特性的分级组织结构的快速打印；*Nature* 杂志于 2013 年称科学家正在应用 3D 打印技术加速人类胚胎干细胞的研究[15]，3D 打印的柔性材料气管结构已经开始帮助初生婴儿进行呼吸[16]。*Scientific Reports* 于 2014 年刊出文章，介绍了一种利用药物分层打印的技术，认为其在医疗应用当中具有广阔应用前景[17]；*Nature Communications* 发文介绍使用脱细胞胞外基质生物墨水打印三维组织模拟物[18]。*Nature Biotechnology* 刊出综述文章，介绍 3D 生物打印技术在多种组织的生成和移植中的应用，如皮肤、骨骼、血管移植物、气管夹板、心脏组织和软骨结构，同时也被用于制作研究、药物发现和毒理学的高通量 3D 生物打印组织模型[19]。为了提升生物凝胶组织的强度，有研究者尝试用 3D 打印的纤维结构对其进行强化[20]；通过结构设计和局部组织控制，可以打印出具备复杂空间结构，且能够随环境改变的类生物形态[21]，通过控制打印材料成分，可以实现 3D 打印结构的可控条件降解[22]。

Nature Materials 于 2006 年刊出"Controlled insulator-to-metal transformation in printable polymer composites with nanometal clusters"[23]，利用金属团簇 / 聚合物纳米粒子进行打印，并结合后处理可实现绝缘态 / 导电态的切换；利用类似方法，可以打印出有机晶体管和塑料微电子机械装置，实现无线电能传输[24]。2015 年 *Nature* 报道，利用半导体材料增材制造技术制备出了发光二极管结构[25]。

2012 年 *Nature Chem* 介绍，将增材制造技术与化学合成研究整合以开发新的材料[26]，2013 年 *Nature Communications* 发文介绍使用微流控笔光刻技术实现飞微升化学反应研究[27]。采用二氧化硅纳米粒子和专门设计的高分子单体，基于立体光刻技术打印的结构，经 1300℃烧结可获得高光学品质的玻璃结构[28]；利用氢化钛悬浮液作为打印介质，可打印出能进行空间折叠的结构[29,30]。利用电场驱动胶体墨水运动是实现增材制造的一种方式[31]，同时还可以打印自组装三维嵌套共聚物层级结构膜[32]。

在增材制造过程中应用磁场干预第二相的取向，能够调整成形试样的组织和性能[33,34]，这种在三维形状之外的组织性能空间调控可视为增材制造中额外的维度控制[35]。研究者将 NdFeB 粉末与尼龙粉末混合，实现了大幅面磁性结构的打印[36]；通过增材制造获得石墨烯 + PLA 的复合结构，有望提升能量储存效率[37]；在增材制造过程中向高分子材料中加入碳纤维，可获得优异的结构力学性能[38]。

近年来在航空航天等领域应用的牵引下，金属材料增材制造受到了更广泛的关注。2013 年 *Nature* 介绍了使用液态金属进行挤出打印的研究进展[39]，2014 年 *Scientific Reports* 介绍使用径向沉积增材制造技术开发梯度金属合金[40,41]。研究者考察了不同成形工艺条件下的组织演化和缺陷形成机制[42-45]，增材制造中金属的可打印特性是人们持续关注的问题[46]，为了提升金属材料的可打印性，研究者向金属原料中添加适当的形核纳米颗粒，实现了原本被认为不适合增材制造的 Al7075、Al6061 的 SLM 打印，获得了无裂纹的具有细小等轴晶粒组织的试样，获得了与锻件相当的性能[47]；改善金属增材制造特性和性能的另一种方法是优化合金成分，Ti-Cu 合金就因具备高的成分过冷形成能力，能够显著细化晶粒组织并改善打印件的力学性能，而成为在此方面的一个成功示范[48]。我国研究者在金属增材制造方面的研究已经形成了国际影响力，*Science* 杂志继 2020 年 11 月刊出了清华大学赵沧博士关于选区激光熔化孔洞缺陷形成机制的研究论文后[49]，又于 2021 年 5 月刊出了南京航空航天大学顾冬冬教授的综述论文[50]，指出材料 - 结构 - 性能的一体化设计和制造是金属增材制造的重要发展趋势。

4.1.2 / 增材制造金属材料

增材制造技术早期主要是从高分子材料发展起来的，虽然高分子材料迄今仍然占据了增材制造材料绝大多数份额，但近些年金属增材制造发展特别快，其产值在增材制造材料中的占比从 2013 年的 6.16% 增长到 2020 年的 18.2%；即便是受到全球疫情的影响，2020 年销售额也比 2019 年增长了 15.2%，年增长率远高于高分子材料[1]。2020 年增材制造金属牌号有 988 个，占所有增材制造材料牌号（2486 个）的 40%，其中钢铁类占 27%，镍基高温合金占 21%，钛合金占 20%，铝合金占 12%，钴基合金占 6.7%，铜合金占 3.4%，还有少量其他种类的合金材料[1]。

金属增材制造技术涉及"GB/T 35021—2018 增材制造 工艺分类及原材料"标准中所列七种主流制造工艺中的五大种类，包括粉末床熔融（Powder Bed Fusion，PBF）、定向能量沉积（Directed Energy Deposition，DED）、材料挤出（Material Extrusion，ME）、黏结剂喷射（Binder Jetting，BJT）和薄材叠层（Sheet Lamination，SL）。其中最常用的是 PBF［包括选区激光熔化（Selective Laser Melting，SLM）和选区电子束熔化（Selective Electron Beam Melting，SEBM）]和 DED[包括送粉激光熔覆（BPLC 或 LSF）、电子束送丝制造（EBF）和丝材电弧增材制造（WAAM）等]。近年采用金属粉末床黏结剂喷射的"金属间接增材制造"成为新的研究和商业化发展热点，主要是因为它具有远高于 PBF 和 DED 工艺的制造效率，有可能因为显著降低成本而把金属增材制造推向汽车和一般机械工业金属零件的大批量定制化制造。

增材制造金属材料的发展大体上可以分为三个阶段：

① 在金属增材制造发展初期，主要是采用现有的铸造合金、变形合金和粉末合金牌号材料，研究这些合金对增材制造工艺的适应性。

② 由于现有牌号合金大多数并不适用于增材制造工艺，可以应用的合金种类很少，已经应用的合金也普遍难以达到高端工业应用的高冶金质量要求，因此近年来发展增材制造专用合金的研究成为增材制造金属材料发展的热点。

③ 最近，"材料-结构-性能一体化增材制造"成为金属增材制造的前沿探索方向，其目标在于更充分地展现增材制造不同于传统制造的内在优势，把金属增材制造技术推向一个更高阶段。

就现有金属材料体系而言，钢铁类和钛合金具有比较好的增材制造适应性，其现有牌号基本都能够实现增材制造成形，只是增材制造逐点的快速加热冷却的成形方式形成了独特的微观组织和力学性能特征，与传统制造存在一定差异。高温合金和铝合金则只有部分合金体系可以适应增材制造，而像高 γ' 镍基高温合金和高强铝合金在增材制造过程中都面临严重的开裂问题。其他合金的增材制造适应性同样因材料而异，各有各的特点。

增材制造专用合金的开发同材料的增材制造适应性密切相关，铝合金和高温合金因为增材制造适应性不好，其增材制造专用材料发展最为迅速，均出现了几款增材制造专用牌号合金，以填补这些合金体系不能增材制造的空白；而钢铁类和钛合金的专用合金发展则不如前两类合金，合金开发主要以进一步改善力学性能为目标。其他体系针对增材制造技术的合金开发也取得了一些进展。

早在 2001 年，西北工业大学承担的国内第一个金属增材制造"863"项目"高性能复杂金属零件的激光快速成形技术"（2001AA337020），就提出了"多材料任意复合梯度结构材料及其近终成形"的任务，目标是"形成一种新的先进的材料设计-制备成形-组织性能控制一体化技术"。随着金属增材制造技术水平和工业需求的发展，"材料-结构-性能一体化增材制造（Material-Structure-Performance Integrated Additive Manufacturing，MSPI-AM）"这一整体性概念在最近被更清楚具体地提出来 [50]。MSPI-AM 定义为通过集成多材料布局和创新结构，一步制造一体式金属组件的过程，目的是主动设计并实现高性能和多功能。MSPI-AM 具有两大特征及其内涵。其一是"适宜材料打印至适宜位置"，包括合金和复合材料内部多相布局、二维和三维梯度多材料布局、材料与器件空间布局；其二是"独特结构打印创造独特功能"，如拓扑优化结构、点阵结构、仿生结构的增材制造，即将优化设计的材料及孔隙、最少的材料、天然优化的结构打印至构件内最合适的位置。MSPI-AM 方法通过并行设计多种材料、新结构和相应的增材制造工艺，并强调它们的相互兼容性，为金属增材制造目前面临的挑战提供了一个系统解决方案。

从材料角度看，MSPI-AM 在多材料增材制造的组分设计、跨尺度结构与界面调控及其相应的工艺与装备等方面提出了更高的要求：

① 在多材料增材制造的组分设计方面，成分兼容性及可加工性直接影响增材制造材料的预期性能，因此，成分、物性、相变的设计及调控尤为重要。"材料基因工程"对这方面的发展将有很好的促进。

② 在多材料增材制造的跨尺度结构与界面调控方面，这既涵盖由纳/微米级显微组织至宏观毫米及以上结构层级的多层级、大跨尺度调控，也涉及晶界、相界、增强颗粒与基体、多材料结合等界面控制。现有的增材制造梯度材料、金属复合材料等可视为初级研究阶段，而构筑宏观-介观-微观跨尺度多材料金属构件的材料-结构-性能/功能一体化调控理论及方法则是长远的发展目标。

③ 在多材料增材制造工艺与装备方面，包括将不同材料送至预定的位置以及针对不同材料施加相匹配的能量输入。通过多送粉器的变成分输送，结合激光器、送粉器及运动机构等设备的协同运作，可实现多材料的 DED 增材制造；英国曼彻斯特大学结合粉床铺撒、点对点多喷嘴超声干粉输送和点对点单层除粉，开发了多材料的 SLM 增材制造。这些工作还都属于起步阶段，成熟的多材料增材制造工艺与装备需要更明确"材料-高能束交互作用机制"和更多"智能化技术"的支撑。

下面将按合金体系分类分别阐述增材制造金属材料的发展现状与前沿动态。

4.1.2.1 铝合金

传统铝合金按合金元素的含量与加工工艺的不同，分为铸造铝合金与变形铝合金两类。在铸造铝合金中，Al-Si 系合金由于流动性好、收缩小、铸件致密、不易产生铸造裂纹以及具有良好的抗腐蚀性能，是铸造铝合金中品种最多、用途最广的合金系，典型的牌号有 AlSi7（A356、A357）、AlSi10Mg（A359）和 AlSi12 等。变形铝合金在力学性能上比铸造铝合金的强度、延展性高，主要的牌号为 2xxx 系（Al-Cu）合金、3xxx 系（Al-Mn）合金、5xxx 系（Al-Mg）合金、6xxx 系（Al-Mg-Si）合金、7xxx 系（Al-Zn-Mg-Cu）合金、8xxx 系（Al-Li）合金，其中 2xxx 系和 7xxx 系高强铝合金最为受关注。

铝合金由于其高激光反射率、高热导率及易氧化性，属于典型的难激光增材制造的材料。其中，Al-Si 系铸造铝合金因良好的铸造和焊接性能，可以实现激光增材制造，而传统的 2xxx 系和 7xxx 系等变形铝合金在不添加特殊元素改性的情况下，在激光增材制造中都面临易产生热裂的共性问题。这是由于，一方面激光增材制造的逐点成形过程中，局部的急冷急热导致材料内部存在极大的内应力；另一方面，这些合金的凝固温度区间一般较大，且在增材制造定向热流条件下呈定向外延枝晶生长，从而在枝晶间形成很长的液膜，导致在内应力作用下被拉开，形成裂纹[51-53]。对于电弧增材制造技术，铝合金具有良好的适应性，但丝材原料的制备是该技术的限制因素。比如，电弧增材制造 2xxx 系和 7xxx 系铝合金，因内应力比激光增材制造小，均具有较好的成形性，但 Al-Si 系因不易制备丝材而无法进行电弧增材制造。电子束增材制造铝合金尚未见相关报道。

激光增材制造 Al-Si 系合金的微观组织因高冷却速率而被显著细化，一次枝晶间距大大降低，共晶 Si 相的形态由铸态下的针状转变为纤维状或珊瑚状，分布更加弥散，甚至在快速凝固后的冷却过程中，Si 由过饱和的 α-Al 相中析出，形成纳米 Si 相，这使其强度和塑性一般均优于传统铸件 [54,55]。此外，通过外加纳米陶瓷增强或原位陶瓷增强相，可进一步提升激光增材制造 Al-Si 系合金的强度。例如，上海交通大学研制的原位生成纳米 TiB$_2$ 强化 AlSi10Mg 铝合金 [56]，其 SLM 沉积态的抗拉强度＞520MPa。电弧增材制造 2xxx 系和 7xxx 系铝合金具有柱状晶组织或柱状晶＋等轴晶层带组织，通过固溶＋时效热处理调控析出强化后，其力学性能与传统锻件相当 [57,58]。

增材制造专用铝合金的研究重点是开发适应激光增材制造技术的高强铝合金。目前，已经涌现出了一批专用铝合金牌号，代表性的增材制造专用铝合金牌号有 AirBus 的 Scalmalloy®[59]、英国铸造业领导企业 Aeromet 的 A20X[60]、莫纳什大学的 Al250C 和 Amaero Hot Al[61]、美国休斯研究实验室（HRL）的 7A77.60L[47] 等，以及国内中车集团 [62] 和长沙新材料研究院有限公司提出的自研牌号。这些专用合金具有一些共性的特征，即通过添加 Sc、Zr、Ti 等元素，在凝固过程中优先形成 Al3（Sc，Zr，Ti）颗粒，作为 α-Al 的异质形核核心，促使增材制造条件下的凝固组织由外延生长柱状晶转化为等轴晶，避免形成长液膜而抑制热裂，从而满足增材制造成形性 [47,63]，不同牌号专用合金在强化相的选择上存在一定区别。

目前，激光选区熔化铝合金件在航空航天等领域的轻量化结构及复杂结构中获得了许多应用。例如，NASA 和其他航空航天企业大规模地生产和使用增材制造铝合金零部件，包括压力容器、歧管、托架、热交换器和其他机身零件等；国内增材制造铝合金的 C919 登机门铰链臂已成功装机试飞，火星探测器连接角盒作为重要承力结构件，已搭载于我国首个火星探测器"天问一号"。同样，电弧增材制造铝合金因在材料利用率、制造成本、生产周期等方面的优势也在走向应用。例如，西安交通大学电弧增材制造了世界上首件 10m 级高强铝合金重型运载火箭连接环样件，重约 1t；首都航天机械有限公司和北京航星机械制造公司采用 Al-Cu、Al-Si、Al-Mg 铝合金材质，成功通过电弧增材制造了管路支架、壳体、框梁等航空、航天领域关键构件单元。

4.1.2.2　高温合金

高温合金按基体成分可分为铁基、镍基和钴基三大类。铁基高温合金成本较低，一般在 700℃ 以下的环境中使用；镍基高温合金在 600℃ 以上仍可长期服役，具有优异的综合性能，应用最为广泛；钴基高温合金具有更为优异的抗氧化性能和抗热腐蚀能力，但成本较高。高温合金按强化类型可分为固溶强化型、沉淀析出强化型和弥散强化型，其中沉淀析出强化型又分为 γ′ 强化和 γ″ 强化两类。沉淀析出强化型高温合金的综合力学性能相比之下最具优势。

就不同增材制造技术而言，高温合金的 SLM 研究较多，LSF 研究次之，SEBM 和 WAAM 研究相对少些 [64-66]。对于上述增材制造技术，固溶强化型高温合金的成形性一般都较好，典型的有 Ni 基 GH3625（IN625）和 Co-Cr 高温合金等 [67]。同样，γ″ 强化型高温合金，即 Ni 基 GH4169 合金（IN 718）的增材制造成形性也很好 [68,69]。γ′ 强化型高温合金的增材制造成形性与 γ′ 体积分数有关，γ′ 体积分数主要由 Al+Ti 含量决定，高 γ′ 体积分数的镍基高温合金普遍含有较多的 Al 和 Ti 元素，Al 和 Ti 元素的凝固偏析及 γ+γ′ 低熔点共晶易引起热裂，同时在增材制造冷却过程中析出大量 γ′ 相，会导致材料塑性变差，极易发生应变时效开裂。也就是说，高 γ′ 体积分数的高温合金（如 IN738、CM247LC、CMSX-4、Rene88DT、Rene142 等）的增材制造，特别是激光增材制造，仍面临巨大的挑战。而 SEBM 技术因具有很高的预热温度，可以减少甚至消除裂纹，因而具有相对更好的成形性[70,71]。

SLM 制备 IN718 和 IN625 的研究在增材制造高温合金中占比最高，分别达到 68% 和 15%[65]。而在航空航天应用中，用量最大的高温合金有 GH3536（HX）、IN718 和 GH3230。IN718 的 SLM 沉积态为柱状晶组织，晶内由细密的 γ 枝晶和枝晶间的条状 Laves 相组成，成形过程中不会析出 γ″ 沉淀强化相，通过后续的固溶 + 时效热处理进行成分均匀化和强化相析出。IN625 的 SLM 沉积态组织与 IN718 类似，通过后续的固溶热处理，使 Laves 相溶解，成分均匀化，同时消除残余应力。相比于锻件，SLM 制备的 IN718 和 IN625 试件的拉伸性能均表现出"各向异性"和"高强低塑"特征[72]，但程度有限，而持久性能和疲劳性能则显著偏低，如持久寿命只有锻件的 1/4。持久性能差主要可归因于晶界的提前损伤，疲劳性能差则归因于增材制造缺陷引起的应力集中导致疲劳裂纹提前萌生[73-77]，进一步的机理分析以及解决措施则有待后续的研究。

由此可见，增材制造专用高温合金的设计重点就是获得不开裂的高 γ′ 体积分数的合金成分。英国牛津大学 Reed 院士团队与美国霍尼韦尔公司合作，设计出使用温度超过 900 ℃ 的增材制造专用镍基高温合金——ABD-850AM 和 ABD-900AM[78]。国内中科院金属所也开发了一款适应增材制造的镍基高温合金——ZK401[79]。相比传统镍基高温合金，这两款专用合金添加了比较多的难熔 γ′ 形成元素 Ta 或 Nb。同时，美国加州大学圣芭芭拉分校的 Pollock 团队则设计出具有较高 γ′ 熔解温度（约 1200℃）和较高 γ′ 体积分数（>50%）的适应于增材制造的 Co-Ni 基高温合金——DMREF-10。相比传统镍基单主元体系，Co-Ni 二主元体系的元素凝固偏析减弱了，有利于阻止凝固裂纹，且 SLM 成形过程中不析出 γ′ 相，没有产生应变时效裂纹[80]。

目前，尽管高温合金的增材制造仍存在诸多尚未解决的问题，但是迫切的需求在不断推动其应用。美国 GE 公司的 GE9X 发动机中应用了 304 个增材制造零件，其中大多为 Co-Cr 高温合金零件，如燃油喷嘴、导流器、燃烧室混合器等。罗尔斯 - 罗伊斯公司利用增材制造技术制备了直径达 1.5m、厚 0.5m、含有 48 个翼面的镍基高温合金前轴承座，并应用于 Trent XWB-97 型航空发动机上。德国西门子公司利用增材制造技术制造了 13 兆瓦 SGT-400 型工业燃气轮机用耐高温多晶镍基高温合金燃气涡轮叶片，并通过了满负荷运行测试。中国航发商发公司设计制造的激光选区熔化成形高温合金燃油喷嘴、预旋喷嘴等已经实现了装机应用。

4.1.2.3 钛合金

钛合金几乎对于所有的增材制造技术都具有很好的适用性。钛合金增材制造的研究也很广泛，包括高温性能优异的近 α 钛合金（Ti60、TA15、TA19）、综合性能优异的 α+β 钛合金（TC4、TC11、TC21）、高强韧的近 β 钛合金（BT22、Ti55531）、低模量的生物医用钛合金、耐摩擦磨损的钛基复合材料等。其中以 Ti6Al4V（TC4）的增材制造研究最多，最全面[81]。

相比铁，钛的形核率低两个数量级，而晶体生长速度高一个数量级，这使得增材制造钛合金在定向热流下特别容易形成外延生长的粗大柱状 β 晶粒组织。而增材制造钛合金晶内的相组织因不同增材技术对应的冷却速率差异而呈明显变化。以 Ti6Al4V 合金为例，SLM 的 Ti6Al4V 晶内组织几乎都为针状 α′ 马氏体相[82]；LSF 的 Ti6Al4V 晶内组织基本由魏氏 α 板条组成[83]；EBM 的 Ti6Al4V 晶内组织基本为针状或网篮状 α 相[84]；WAAM 的 Ti6Al4V 晶内组织基本为网篮状 α 相[85,86]。通过后续的热处理，可以对增材制造钛合金的相组织结构进行调控[87,88]，但无法改变 β 晶粒组织结构。增材制造钛合金热处理后的力学性能基本都能达到锻件标准，只有低周疲劳性能相比锻件稍有偏低。值得注意的是，增材制造钛合金典型的粗大柱状 β 晶会导致力学性能的显著各向异性[83]，且沿粗大柱状 β 晶界形成的晶界 α 相平直且长，往往成为裂纹扩展通道，也不利于钛合金的动载性能。

由于钛合金具有很好的增材制造适应性，改善其力学性能是增材制造专用钛合金设计的出发点。因此，获得等轴细小的 β 晶粒组织是当前增材制造钛合金所追求的目标[89]。研究者们通过增加凝固过程的成分过冷和异质形核核心促进增材制造钛合金 β 晶粒组织从柱状晶转变为等轴晶。早期通过在传统牌号中添加微量元素来调控组织，如添加 B、Si 等元素增加成分过冷[90,91]以及 RE_2O_3 作为异质核心[89]。这些元素的添加确实使传统牌号钛合金的组织一定程度地趋向等轴细化，但由于是微量添加，组织改性程度仍是有限的。为此，之后相继出现了针对增材制造的全新钛合金成分体系。例如，选用大成分过冷元素作为合金元素的 Ti-Cu、Ti-Ni 和 Ti-Fe 系[48,92,93]。这些合金的增材制造组织均呈等轴化，其拉伸强度与应用最广泛的 Ti6Al4V 合金相当，只是塑性相对还有一定差距。值得注意的是，具有成分过冷倾向的 Cu、Ni 和 Fe 元素属于共析元素，且在铸锭中会形成严重的偏析。因此，它们在传统钛合金成分设计中很少用。此外，Ti-La 合金[94]通过包晶反应实现增材制造过程中 α 相的等轴化，使 α 相不继承与母相 β 之间的晶体取向关系，从而解决各向异性的问题，La 也不是传统的钛合金化元素。除了上述基于凝固过程的成分考虑外，研究表明增材制造过程中的热循环会促使 β 晶粒显著粗化，因此为了获得细小晶粒组织，在专用成分设计中也可以考虑引入 B 或者 RE_2O_3 来抑制晶粒粗化[95]。可见，增材制造作为一项新的制造技术，其原材料的专用成分设计呈现了全新的合金化理念。增材制造钛合金的成分设计目前还停留在学术研究阶段，还没有形成专用合金牌号。

增材制造钛合金已经在航空航天、生物医疗等领域获得了很多应用[96,97]。例如，西北工业大学针对激光增材制造大型钛合金构件一体成形成功建立了材料、成形工艺、成套装备和应用技术的完整技术体系，服务于中国商飞 C919 客机和空客大型客机的研制，成形钛合金构件最大尺寸超过 3m。北京航空航天大学在军用飞机钛合金大型整体主承力复杂构件激光增材制造工艺研究、成形构件一体化检测、工程化装备研发与装机应用等关键技术攻关方面取得了突破性进展。中国航发商发公司在商用航空发动机短舱安装节平台等大型钛合金构件送粉增材制造工艺开发、质量过程控制、考核评价等方面也取得了显著成果。目前，在大型整体钛合金复杂构件的激光增材制造研究与应用方面，我国处于国际领先地位。此外，SLM 制造的钛合金义齿、替代骨等已经应用于临床医疗中。

4.1.2.4 钢铁合金

钢铁材料的性能优异、体系丰富、成本低廉，是应用最为广泛的金属材料，也是增材制造研究的重点材料体系。钢铁材料的增材制造适应性与钛合金相似，同样比较优良，几乎适应于所有主流的增材制造技术。典型的增材制造钢铁材料有奥氏体不锈钢 316L 和 304L，析出硬化不锈钢 17-4PH 和 15-5PH、马氏体不锈钢 420 和 410、马氏体时效钢 18Ni300、工具钢 H13，以及超高强钢 300M 和 AerMet100[98,99]。

增材制造钢的研究重点聚焦在其独特的跨尺度微观组织、丰富的固态相变及独特的力学行为[100-102]。最具代表性的当属激光选区熔化 316L 不锈钢，具有以晶粒 - 胞状结构 - 胞壁位错 - 胞壁元素偏析 - 纳米析出相为特征的从毫米到纳米的跨尺度组织结构，亚微米胞状结构的成分偏析引起的晶格错配导致了高密度位错网络的产生，并促进了孪晶诱发塑性（TWIP）效应，使材料的强度和塑性相比传统制造技术均获得了显著提升[103-105]。

目前，增材制造专用钢的研究相对较少，主要集中在增材制造专用模具钢粉末材料的设计，通过改善模具钢合金元素配比和引入第二相强化颗粒以提升模具钢性能，延长使用寿命[106]。此外，增材制造钢的功能梯度材料体系也有涉及，通过对梯度材料过渡层的成分设计，解决由于异种金属冶金、物性相容性差别所造成的开裂与分层问题[107-109]。南华大学利用激光熔池快冷凝固的特点，提高了钢铁材料中硼碳氮氧四种间隙元素的含量，通过这些元素的过饱和固溶强化效应，实现了激光增材修复与再制造钢铁的高性能、低成本，以及简化工艺的目标。

增材制造钢的零部件已在航空航天、汽车、复杂模具、建筑、能源等领域获得了应用。例如，增材制造的用于注塑行业的不锈钢模具，具有复杂形状的随型冷却流道，冷却效果好，冷却均匀，可显著提高模具寿命、注塑效率和产品质量。模具增材制造上用得比较多的不锈钢主要有 18Ni300、CX 和 420。增材制造的不锈钢换热器具有紧凑高效的换热性能，被应用于液化天然气的运输。增材制造高强钢 Custome 465 可以达到 1900MPa 的抗拉强度。

4.1.2.5 其他合金

除了上述应用比较广泛的四大合金外，其他合金的增材制造也有不少的研究，包括金属间化合物、难熔金属、铜合金、高熵合金、镁合金、非晶等。下面简要阐述其中具有代表性的工作。

金属间化合物增材制造值得一提的是，SEBM 制造航空发动机 TiAl 叶片已经实现了实际应用[110]。SEBM 可以将粉末床温度维持在较高水平，从而减小热应力，释放残余应力，抑制裂纹形成，从根本上解决了 TiAl 及类似脆性材料在增材制造过程中的开裂问题。意大利 Avio 公司采用 SEBM 技术成功制备了高性能 Ti-48Al-2Cr-2Nb 低压涡轮叶片，经热处理后具有与铸件相当的室温和高温疲劳强度，并表现出比铸件优异的裂纹扩展抗力和与镍基高温合金相当的高温蠕变性能。目前，GE 公司建成了 SEBM TiAl 叶片的生产线，已经在 GEnx、GE90 和 GE9X 等航空发动机上进行了了考核。此外，北京航空航天大学与英国莱斯特大学合作，采用 SEBM 也成功制备了无裂纹的 Ni3Al 基 IC21 合金[111]。

难熔金属包括钨、钼、钽、铌、锆、铪及其合金，其中纯钽和纯铌材料的增材制造技术相对成熟，但对于具有室温脆性的钨、钼及其合金，增材制造过程极易发生开裂，而通过添加钽、铌、稀土氧化物或碳元素捕获晶界氧元素，防止氧在晶界聚积，提高晶界强度，可有效控制晶界开裂[112,113]。应用方面：增材制造个性化定制多孔钽植入体已经开始临床应用；采用 SEBM 技术制备的高致密度纯铌材料，其性能与锻造态铌相当，在新一代超导射频腔体的制造上显示出了很大潜力；SLM 制造的纯钨光栅已被用于医疗 CT 器械中的防散射栅格构件中[114,115]。

增材制造铜材料包括 Cu1、Cu2、CuCrZr、CuNiSi、CuSn10、CuNi、纯铜等，增材制造技术涉及 SLM、DED、SEBM 和 WAAM，但主要集中在 SLM 技术上。铜材料应用于激光增材制造的一个难点就是铜对激光的高反射性和高热导率，易产生翘曲、分层等缺陷。为此，德国弗劳恩霍夫激光研究所推出了"绿色 SLM"解决方案，采用波长为 515nm 的绿色激光，增大铜合金粉末的激光吸收率，提高致密度。日本岛津公司应用其研发的 450nm 蓝色二极管激光器进行铜合金增材制造。德国通快公司针对铜合金推出 TruPrint 1000 绿光版增材制造。增材制造铜合金的应用有发动机尾喷管、高效换热器等[116]。

镁合金是最轻的金属结构材料，有较高的比强度和比刚度，在航空航天、汽车等领域应用广泛，同时，优越的生物相容性、可降解性以及接近人体骨骼的弹性模量，使其在骨科材料应用方面潜力巨大。增材制造镁合金起步较晚，主要研究的牌号有 WE43、AZ91D 和 ZK60，其中 WE43 骨科应用较多。增材制造技术涉及 SLM 技术和 WAAM 技术。增材制造镁合金在快速或近快速凝固条件下，具有更细小的晶粒组织和更高的溶质元素固溶度，提升了细晶强化和固溶强化效果，因而获得的强度要高于传统铸态[117]。

增材制造高熵合金的研究主要集中在 CoCrFeMnNi (Cantor) 系列合金、$Al_xCoCrFeNi$ 系列合金、难熔高熵合金，其他如 FeMnCoCr 系亚稳态高熵合金、非等原子比的 NiCrWFeTi 合金等也有少量研究[118,119]。其中 $Al_xCoCrFeNi$ 系列合金通常含有无序的 FCC 相和有序的 BCC 相，两相组织的尺度受凝固速度影响。该合金在增材制造快速凝固条件下可形成纳米尺寸的两相组织以及大量位错和小角度晶界，具有优良的综合性能。

传统加工方法制备的非晶尺寸受限，而增材制造的逐点成形和快冷特点为大尺寸块体非晶制备提供了一条重要的途径。增材制造非晶以 SLM 和 DED 为主，主要研究的合金体系有 Ti 基合金、Zr 基合金、Fe 基合金、Cu 基合金等。需要指出的是，非晶在增材制造热影响区通常会发生弛豫和晶化，因此实际获得的往往是非晶复合材料，制备均匀的单相块体非晶合金仍是一个挑战[120]。

4.1.3 / 增材制造高分子材料

增材制造技术最初是依托高分子材料发展起来的，最早的立体光刻（Stereo Lithography, SL）、选择性激光烧结（Selective Laser Sintering, SLS）和熔融沉积成形（Fused Deposition Modeling, FDM）技术分别采用了液态、粉末和丝状的高分子材料作为成形材料。目前，高分子材料的增材制造技术已经涉及增材制造国家标准中所列七种主流制造工艺中的六大种类，包括立体光固化（Vat Photopolymerization, VP）、粉末床熔融（PBF）、材料挤出（ME）、材料喷射（Material Jetting, MJT）、黏结剂喷射（BJT）和薄材叠层（SL）。高分子增材制造技术已越来越多地应用在工业设计、教育、医疗器械、生物医学工程、制药、机器人、传感、航空航天、电子消费品、国防军事等领域，用于快速原型制造、工具制造、小批量零部件打印、复杂结构三维制品打印、定制化制造等诸多方面。

高分子材料仍然是目前用量最大、应用最广的 3D 打印材料[1]。2020 年全球商业化用于 3D 打印的高分子材料已达 1222 个牌号，接近所有 3D 打印材料牌号总数（2486 个）的一半。然而，同高分子材料的巨大家族相比，3D 打印高分子材料的数量仍然非常少，高分子材料 3D 打印技术及产业的发展依然受制于打印材料品种少、应用面窄、急需的应用领域缺乏对应材料等突出问题，亟待突破解决。

3D 打印的高分子材料主要包括液态光敏树脂、粉末材料和丝材三大类。2020 年高分子材料销售额 16.78 亿美元中，光敏树脂以 6.35 亿美元居于榜首，粉末材料以 6.29 亿美元紧随其后，丝材以 4.14 亿美元处于第三位[1]。在 3D 打印技术发展初期，光敏高分子材料应用曾经遥遥领先，高分子粉末和丝材以后逐渐追赶上来。按最近的发展趋势，粉末高分子材料很快将超越光敏高分子材料成为用量最大的 3D 打印材料。

除此之外，高分子基复合材料也是 3D 打印技术的一类重要材料，如采用短/连续碳纤维、玻璃纤维以及玻璃微珠等与 ABS、PA、PEEK、PPS 等热塑性树脂复合制备的各种打印制品，已在实际生产中得到应用。通过向聚合物中添加各种微/纳米级填料来改善材料的结构和性能，也是目前 3D 打印高分子材料领域开发新材料的重要手段之一。

4.1.3.1　液态光敏树脂

液态光敏树脂是一种可光聚合的液态打印材料。目前商业化的光敏树脂主要为不饱和聚酯、聚氨酯丙烯酸、环氧丙烯酸酯和聚丙烯酸等。

光固化 3D 打印技术开发最早、技术成熟、理论研究深入、行业应用广泛，其最突出的优势为打印精度和打印效率均高，可制造亚微米级制品，在精密仪器制造、微纳机电系统、生物医疗、新材料（超材料、复合材料、光子晶体、功能梯度材料等）、新能源（太阳能电池、微型燃料电池等）、微纳传感器、微纳光学器件、微电子、生物医疗（牙齿修复、人造器官和组织修复等）、印刷电子、汽车、文物修复、航空航天等领域展现了越来越广阔的应用潜力。限制光固化 3D 打印技术更大规模产业应用的材料方面的因素主要是材料数量和力学性能受限、成本昂贵、未完全固化树脂中残留的引发剂和单体可能具有细胞毒性，以及有毒废弃物难处理等问题。

1988 年，美国 3D Systems 公司推出第一台立体光刻设备 SLA-1，开启了 3D 打印商业化应用的新时代，自此以后的很长一段时期里，通过聚焦激光扫描盛放于一个容器缸里的液态光敏树脂表面的立体光刻技术（SL），是唯一商业化应用的光固化技术。正因为如此，光固化技术的国际标准术语被冠以 "Vat Photopolymerization"（VP）。为了克服点扫描光固化技术效率低下的缺点，近些年以数字光处理技术（Digital Light Processing，DLP）和液晶显示技术（Liquid Crystal Display，LCD）[121] 为代表的面曝光光固化技术引起了业界的瞩目。2015 年，*Science* 报道了美国 Carbon 3D 公司发明的基于面曝光技术的连续液相提拉快速 3D 打印（CLIP）技术，其打印速度是传统点扫描立体光刻 3D 打印速度的 25 ～ 100 倍[6]。2019 年，加利福尼亚大学伯克利分校研制出"体积 3D 打印技术"（Volumetric 3D Printing），比 CLIP 技术还要快许多倍[122]。此外，面投影微立体光刻技术（Projection Micro Stereolithography, PµSL）[123] 和双光子聚合技术（Two-Photon Polymerization Based Direct Laser Writing, TPP）[124]，打印精度可达纳米级，在复杂三维微纳结构制造方面具有很大潜力。

材料是光固化 3D 打印技术的基础和关键制约因素。光固化打印材料以光敏树脂为主，还含有光引发剂、分散剂和其他添加剂。目前，SL 技术使用的光敏树脂主要基于阳离子光聚合或者混合光聚合机理，而 DLP 和 LCD 技术通常使用自由基光敏树脂。3D 打印的光敏树脂需要满足固化前稳定、黏度适中、反应速率快、固化收缩小、固化后有足够的强度和稳定性、毒性小等要求。目前，国内外针对光固化打印材料的研究集中在新型光敏高分子的开发和光固化材料改性上，根据应用领域要求，在树脂中加入添加剂改进其力学性能、耐热性、生物相容性和其他特殊功能。现有的光固化 3D 打印光敏树脂大致可分为以下几类。

① 普通树脂　是光固化 3D 打印中最常见的光敏树脂，如不饱和聚酯、聚氨酯丙烯酸等，具有适用范围广、色彩种类多、价格便宜等优势，但存在强度低、容易断裂和开裂等问题，常被用于打印手板、模型、影视道具和工艺品等。

② 高强树脂　具有更好的强度和抗冲击性能，适用于汽车、工业精密零件和消费品等制造领域。2018 年，Carbon 3D 公司推出具有较高热变形温度（125℃）和冲击强度的环氧树脂基 EPX 82 型高强树脂，该材料的力学性能可与玻璃纤维填充的热塑性高分子（如 GF 尼龙或 GF-PBT）相媲美，在汽车行业的连接器和外壳等制造方面极具应用潜力。目前市面上也开始推出增强增韧型树脂，适合夹具、模具、工程产品等终端产品制造。

③ 耐高温树脂　打印制品可在高温下可保持良好的强度、刚度和长期的热稳定性，适用于耐受强光的展览模型、管道、汽车零部件等制造。例如，Carbon 3D 公司开发的氰酸酯树脂，热变形温度为 219℃，可用于汽车和航空工业的模具和机械零件制造；Formlabs 公司研发的耐高温树脂热变形温度达 289℃，Google 公司使用它打印可穿戴设备的电路板组件。

④ 铸造树脂　主要用于精密铸造，在珠宝首饰设计和文物复制方面应用较多，可简化传统蜡模的制造流程，最大限度地保留产品细节。例如：Formlabs 公司在 2021 年初发布了一款新型 Castable Wax 40 Resin 树脂，可通过 SL 技术打印出精细复杂的铸模，用于珠宝首饰的个性化设计。

⑤ 透明树脂　是一种低黏度光敏聚合物，几乎无色，也可着色，可通过 3D 打印制造有一定强度和防水性的部件，在透明部件的形状和外观测试中应用前景广阔，如玻璃、护目镜、灯罩和灯箱、液体流动情况可视化、艺术和建模展览等。此外，在汽车、医药、电子类消费市场也有一定应用潜力。

⑥ 弹性树脂　弹性树脂是一种高弹性、抗撕裂材料，在压缩载荷和循环拉伸应力下具有优异的弹性性能，主要用于鞋类、体育用品、机器人、假肢和消费品制造。该材料尤其适合制作弹性体网格结构，在安全性和舒适性方面优于传统的聚氨酯泡沫。2018 年 Carbon 3D 公司开发出 EPU41 弹性树脂，以这种树脂为原料，Adidas 公司携手 Carbon 3D 公司推出 Futurecraft 4D 跑鞋，其鞋底通过先进的 CLIP 技术打印而成。

⑦ 医用树脂　专为医疗系统、皮肤接触设备、药物接触设备和一次性医疗设备应用组件

而设计，需要有良好的生物相容性，根据用途不同也有不同的规格要求。普通的医疗产品需要其具备灭菌兼容性和耐化学性能，而牙科类树脂还需具备良好的力学性能和生物相容性。目前，可大规模生物医学应用的光固化 3D 打印材料主要应用在牙科领域的正畸模型和修复模型，替代传统的石膏模型，显著提高正畸和牙科修复的准确性和效率。此外，光固化 3D 打印技术也常用于打印辅助医学模型，用于医学教学、术前模拟和案例讨论。近年光固化 3D 打印也被用于组织工程、血管支架等其他生物医学领域。

⑧ 陶瓷树脂　将陶瓷粉末通过高速搅拌均匀分散到可光固化的溶液中，制备得到高固含量、低黏度的陶瓷浆料，在光固化成形机上得到陶瓷零件素坯，然后通过干燥、脱脂和烧结等工艺得到陶瓷零件。

⑨ 功能性树脂　打印制品通常具有自修复、光、热、电等功能特性。新加坡科技设计大学近年报道了 DLP 打印动态自修复 Vitrimer 聚合物，其光固化单体分子中带有动态酯交换基团，经直接光引发固化、高温加热后处理，通过酯交换反应固化，可获得模量高达 900MPa 的制品，动态交联在其中起到增强与修复的双重作用。中科院化学所报道了一种可 DLP 打印的含双硫键聚氨酯 - 丙烯酸酯弹性体，二硫键的动态交换反应使该弹性体在 80℃ 加热 12h 后的修复效率可达 95%。美国南加州大学设计了一种含有双硫键的硫醇 - 烯键反应型光固化 3D 打印弹性体材料，在 60℃ 下加热 2h 即可实现打印制品的修复。意大利米兰理工大学报道了一种具有形状记忆和自修复功能的双响应 DLP 打印聚合物，形状记忆和自修复功能分别由聚己内酯（PCL）链段与 2- 脲基 -4[1H]- 嘧啶酮（UPy）单元贡献。

4.1.3.2　粉末材料

粉末高分子材料主要应用于粉末床熔融（PBF）3D 打印。高分子聚合物的 PBF 工艺主要包括 SLS 和多射流熔融（Multi Jet Fusion，MJF）。二者的相同点是都是通过热辐射使材料熔融，因此它们所使用的原料体系几乎是相同的；不同点在于能量源的差别。SLS 使用聚焦激光点扫描，能量密度高，材料适应范围更广；MJF 采用红外热源面曝光，成形效率显著提高。MJF 是 HP 公司注册的专有术语，采用类似技术的其他公司又称其为高速烧结（High Speed Sintering，HSS）或选区吸收熔融（Selective Absorption Fusion，SAF）。

理论上，任何热塑性或热固性聚合物只要制成粉末都可用于 PBF 打印，而实际上，真正可用的原材料并不多。这主要是由于高分子聚合物材料普遍存在熔体黏度高、打印工艺窗口窄和高流动性粉体制备难等因素。总的来说，PBF 技术目前依然存在着原料来源少 / 成本高、加工 - 结构 - 性能关系基础研究缺乏、制品性能与传统加工差距仍较大等突出问题。

PBF 打印主要采用半结晶性高分子材料，其在温度达到熔点时能迅速熔融，颗粒之间融合较好，可烧结成较为致密的零件，其力学性能接近注塑件。但是，高分子结晶过程中体积收缩率和内应力较大，在打印过程中制件易翘曲变形，导致打印精度低甚至打印失败。目前，PBF 应用的半结晶性高分子粉末材料主要包括尼龙（如 PA12、PA6、PA11）、PEEK、PCL 等。其中，具有长碳链结构的 PA12，熔体黏度低、强度高、刚韧平衡、吸水率极低，在 PBF 高分子原料领域占比超过 90%[125]。目前，国内外原料厂家（如德国赢创及巴斯夫、法国阿科玛、瑞士 EMS、中国华曙高科及银禧等）均主要采用溶解 - 沉淀等工艺制备近球形的专用尼龙粉末材料，粉末价格较为昂贵。更致命的是，PA 粉末在成形受热时存在着严重的固相缩聚现象，导致大量（约 80%）粉末浪费，使制品成本高的问题较为突出。

非晶态高分子（PC 和 PS）粉末打印制件形变小、尺寸精度、稳定性、表面光洁度和特征分辨率高。然而，为避免粉体相互黏结影响打印精度，粉床温度一般需要控制在玻璃化转变温度（T_g）以下，这导致烧结时需要非常高的激光能量才能使粉体从 T_g 以下快速升高至其黏流温度，通常会有烧结不完全问题。极高的激光能量通常也会使高分子受热降解，导致烧结制件孔隙率较高。因此，这些部件仅适用于不需要较高强度和耐久性的应用，如制造硅橡胶和环氧树脂模具的母版。

近年来，PBF 工艺的聚合物材料发展较快，主要表现在以下几个方面。

① 发展高熔点高性能聚合物　PBF 聚合物 PA12 全球最大的供应商 Evonik 公司推出了 PA6 系列的 PBF 粉末 PA613，其热变形温度达到 195℃；BASF 和 Arkema 也发布了尼龙 6 系列的 PBF 粉体；DSM 推出了首款 PBF 的粉末产品 PBT；英国 Victrex 和吉林中研推出了 PEEK 粉末，熔点超过 300℃，既可用于高强度高耐温的结构应用，也可用于骨科植入物。

② 通用型品种增加　比较典型的是 PP 和热塑性弹性体。PP 是一种有很好韧性和化学稳定性的材料，在医疗和包装等行业有大量应用。BASF、Lohmann、Diamond Plastics、上海翼曼藤等公司都推出了 PP 材料。由于 PP 的熔融黏度低，烧结致密度好，打印零件的性能和传统注塑件很接近，现在已经批量用于矫形治具的生产。热塑性弹性体的 PBF 材料有 TPU、TPEE、TPA 等。最近几年国际大型鞋企如耐克、阿迪达斯、新百伦、安德玛、匹克等纷纷推出 3D 打印 TPU 鞋，大力推进了 TPU 粉体的研发和生产。易加三维采用德国 Lohmann 公司的 TPU 粉末，已经制作了 1 万余双晶格中底的跑鞋，中底的性能完全达到通用运动鞋的国家标准。

③ 填充改性　目前，很多类型的填料如碳系填料（炭黑、碳纳米管、碳纤维、石墨片、石墨烯）、二氧化硅、玻璃微珠、碳化硅、羟基磷灰石、铝粉、氧化铝、黏土、石灰石、木粉等被用来增强聚合物的力学性能、导电性能、导热性能、阻燃性能、生物可降解性能以及生物活性等，从而实现 PBF 成形制件的高性能化、多功能化。比如，炭黑、碳纳米管和石墨烯的加入使原本只在远红外波段有吸收的聚合物在近红外波段同样具备光学吸收特性，这样使近红外的光源，如半导体激光、光纤激光、近红外 LED 等，都可以用于聚合物的 PBF 工艺。在增强改性方面，意大利专业 PBF 聚合物粉体供应商 CPP 推出了一系列玻璃纤维和碳纤维增强改性 PA 粉体，成形材料的弹性模量可达 6000MPa 以上，是无填充材料的 3 倍，已应用于飞机和汽车结构件的制造。

④ 粉体复用率　近年来，通过材料本体改性和粉体形貌的改进，粉体复用率已显著提高，赢创 PA12 新粉加入量已减少到 20%。

PBF 聚合物粉体的供应链现已初步建立，改变了材料只能从设备供应商处获取的局面。

4.1.3.3　丝材

高分子丝材主要通过材料挤出（ME）方式进行打印，代表性的技术是 FDM 技术，或更一般地称为熔丝制造（Fused Filament Fabrication，FFF）技术。ME 是使用最广泛、最普及的

3D 打印技术，主要在于其设备价格低廉，操作简便、快速、清洁，材料利用率高，具有机械和环境稳定性，尤其在桌面级打印设备中具有绝对优势。

相对光固化和 PBF 技术，ME 技术的一个突出优势是可应用的材料种类特别广泛。理论上，所有的热塑性高分子材料都可以通过 ME 技术打印成形。更进一步，所有可以在压力下挤出，并能在挤出后黏结在一起的可流动材料都可以应用于 ME。例如，将金属、陶瓷、石膏、水泥等任意的固态粉末材料与适当的黏结性液体配成膏状材料，就可以应用于 ME 打印。ME 技术的另一个突出优势是适应的打印尺寸范围非常宽，小至毫米级，大致数米甚至更大都可以打印。ME 技术在大尺寸打印方面实际上并没有原则性的尺寸限制，所以成为室外大型雕塑和建筑物 3D 打印的基础技术。

拥有上述诸多优势的 ME 打印技术，在三大高分子聚合物 3D 打印技术当中，却长期处于末位，并被业界普遍认为是主要适合低端应用的 3D 打印技术。主要原因大致有以下几点。

① 打印物料在打印头中以及在打印过程中经历了极端复杂的热历史，对高分子材料的本征性质和打印件的层间、道间结合特性都产生了非常复杂的影响。这些影响迄今并没有从科学上得到深入研究，从而使得打印件的几何性能和力学性能不能被很好地控制，无法满足很多工业应用的基本需求，更难以被应用在高端场合。

② 难以兼顾精度和效率，打印高精度零件时效率极低，高效打印大尺寸零件时尺寸精度又极低。

③ 尽管在理论上 ME 技术能够适应极其大量的材料，但实际上能够稳定应用的材料体系却非常有限。很多体系的高分子材料并不方便被制备成为高精度、高性能的丝材，这就是一个重要限制；还因为上面第一个原因，大多数高分子材料都还没有可以满足应用要求的打印工艺性。

虽然相比传统工业中已经广泛应用的高分子材料的庞大家族，ME 技术目前实际应用的高分子材料体系还非常少，但相对于光固化和 PBF 技术，ME 技术可应用的材料范围还是广泛得多。热塑性高分子丝材包括通用塑料，如聚丙烯（PP）、聚苯乙烯（PS）、丙烯酸酯 - 丙烯腈 - 苯乙烯共聚物（ASA）、聚乳酸（PLA）等；弹性体材料，如热塑性弹性体（TPE）、热塑性聚氨酯（TPU）；工程塑料，如丙烯腈 - 丁二烯 - 苯乙烯共聚物（ABS）、聚对苯二甲酸乙二醇酯 -1,4- 环己烷二甲醇酯（PETG）、尼龙（PA，包括 PA6、PA12 等）、聚碳酸酯（PC）；特种工程塑料，如聚醚醚酮（PEEK）、聚醚酰亚胺（PEI）、聚苯砜（PPSU）等。其中 PA、ABS、PLA、TPU 占据 3D 打印热塑性高分子丝材的主导地位。

基于高分子丝材的 ME 打印目前重要的研究进展包括以下几方面。

（1）材料挤出过程的表征和研究

材料挤出是 ME 打印的核心工艺过程，对这一过程的表征和研究能够有效地指导挤出机构的设计和材料开发，因此是非常重要的领域。但 ME 打印的材料挤出机构一般都较小，直接的表征和测试手段较为有限，因此很多工作都选择了理论计算和模拟作为研究手段。Bellini 等 [126] 在 2004 年就在相当简化的条件下推导过挤出系统流道中三个特征区域的压力降方程。这一领域近年来新的研究加入了更完善的传热模型 [127-129] 和高分子流变理论 [130-133]。在表征层面也引入了较多新的实验方法，已经可以获得挤出过程中传热和流变过程的很多信息[134,135]；新的研究中也包含了对 ME 打印挤出过程中一些特异性现象的表征，比如线材外径和挤出流道内径差值所导致的返流（Back Flow）现象[132]，进料齿轮和线材之间的微打滑（Micro Slippage）现象[136]，挤出熔体表面破裂导致的"鲨鱼皮"（Sharkskin）现象[137]，口模胀大现象[135,138]，用于快速卸载口模压力的线材回抽（Retraction）[139] 等。

（2）打印成形过程的表征和模拟 ● ● ●

和材料挤出过程相比，挤出后逐层堆积的成形过程更为复杂。对这一过程研究的表征、分析和模拟占据了 ME 研究的主要部分。这一领域的研究可以笼统地分成两大模块：对打印过程热历史的研究，以及由热历史导致的内应力和层间融合现象的研究。对热历史的直接测量目前主要依靠基于红外的热成像技术[140]，对 ME 热历史的研究更多采用建模和仿真的方法[141-144]。Roy 和 Wodo[145] 在 2020 年用三层神经网络实现了对打印过程体素级别热历史的快速预测，预测误差在 5% 以下。苏州奇流科技（Helio Additive）是目前世界范围内为数不多的致力于这一技术路线产业化的公司，其核心为独特的物理模拟 + 机器学习的"双引擎"技术，实现对打印工艺的快速预测和优化。ME 热历史研究所面临的一个挑战是，目前还缺乏普遍认可的、可用于描述热历史的特征性物理量[144,146,147]。

热历史会影响两个对打印过程至关重要的因素：内应力和层间融合。尽管上述理论模型对于简单模型层间强度能够提供一定准确度的预测[146,148,149]，但是对于实际应用中复杂结构打印件的整体力学性能的预测依然十分困难。相比于层间融合，打印过程中内应力的变化则更为复杂。在实践中，用户通常会通过控制打印工艺的方法，如提高打印过程的环境温度[150]、提高喷嘴大小 / 层高、加快打印速度等方法来控制热历史。但这些方法仍然依靠较多的用户经验，实现对于打印过程中内应力变化的动态、定量的测量与表征仍然非常困难：能够适用的实验技术目前较为有限[151,152]，计算和模拟方法也仅能应用于结构简单的体系[153-155]。

过去数年间关于热历史、内应力演化和层间融合的研究已经让我们对 ME 过程的物理本质有了更深入的认识，但还不足以对打印工艺的开发提供系统和量化的指导。这也是目前 ME 工艺开发仍然只能依靠经验的核心原因，也导致了工艺失败率高、性能无法预测且波动大等一系列问题。

（3）材料打印性模型的建立与材料创新 ● ● ●

扩大 ME 的高分子材料体系的一个重要研究方向是设计和开发适合于 ME 工艺的材料体系，即通过对材料不同层次结构的控制实现较好的打印性，这也是推动 ME 技术在过去 5 ～ 10 年快速发展的核心驱动力之一。

美国橡树岭国家实验室[156,157] 最早（2018 年）系统性提出材料打印性模型的研究，其打印性模型以高分子黏弹性为核心，同时考虑了材料挤出过程和挤出后成形过程的双重要求，这一工作对指导 ME 材料的快速开发有奠基性的意义。苏州聚复公司则是世界范围内为数不多的专注为 ME 技术进行材料开发和商业化的公司之一。聚复公司在 2014 年开发并成功商业化的 Jam-Free™ 技术[158] 很好地解决了聚乳酸打印材料在打印头冷端中的过早软化问题，能够让材料在很短的区域内完成从固态到黏流态的转变，保证了极高的挤出稳定性。另外一项针对尼龙体系的 Warp-Free™ 技术，通过对酰胺键的修饰和对结晶行为的调控，系统地解决了尼龙类材料的打印性问题，能够在不牺牲热、力学性能的前提下实现零翘曲的打印效果。

在 ME 技术发明的初期，行业内的普遍观点是该技术仅适用于非晶 / 无定形高分子材料；而结晶性高分子材料由于结晶过程中材料晶区密度的剧烈变化会导致极大的内应力，因此不适合于 ME 技术。这一观点在近年来受到了挑战：越来越多的研究表明，通过对材料结晶行为和热历史的精确控制，结晶性高分子也能实现较好的打印性[159]。上述提到的 Warp-Free™ 技术便是一个成功案例。另一个在实际应用中比较常见的改善材料打印性的做法是使用高刚性填料（尤其是碳纤维[160]）。这些填料能够有效地降低材料在轴向（挤出方向）的线性膨胀系数和刚性，并以此来对抗打印过程中的内应力及由其所导致的应变。目前已有不少商业化的碳纤维、玻璃纤维增强的用于 ME 的结晶性高分子材料。和无定形高分子材料相比，结晶性高分子材料能够提供更优良、更丰富的性能选择和潜在更宽的打印工艺窗口，在未来会吸引更多的研究与开发，甚至有可能成为某些 ME 应用领域的主流材料。

除了针对传统高分子打印性提升所进行的设计和开发外，在过去几年中也出现了很多全新的材料开发思路。如 Gantenbein 等[161]利用液晶高分子和挤出过程的剪切效应原位生成了独特的核壳（Core-Shell）打印结构，用纯高分子体系实现了最高超过 30GPa 的模量和数百兆帕的拉伸强度。通过引入 Diels-Alder 可逆反应添加剂，Davidson 等[162]和 Appuhamilage 等[163]在聚乳酸打印材料体系中实现了自修复（Self-Healing）效应和极高（通过 Diels-Alder 反应增强）的层间强度。Hart 等[164]通过制备独特的核 - 壳结构双材料（PC+ABS）线材，实现了高于任一单一组分的打印件韧性。

（4）设备创新驱动的材料发展

以美国橡树岭国家实验室为核心开发的 BAAM 技术[165]，将传统高分子粒料的螺杆挤出工艺应用到超大尺度 3D 打印中，并成功地完成了从设备、工艺[166]到软件[167]的研究与开发。采用高分子粒料而不是丝材作为 ME-3DP 技术的原材料，必将极大地扩展适于 ME-3DP 技术的材料体系。

美国 Markforged 公司自 2014 年开始陆续推出 Mark 系列连续碳纤维打印机，采用两个独立喷头，一个喷头进给热塑性树脂丝材，另一个喷头进给连续纤维预浸丝材，两个喷头配合工作分别铺放熔融树脂与纤维预浸束进行构件轮廓与内部填充结构的制造，实现连续碳纤维增强树脂基复合材料 3D 打印[168,169]，能在 X、Y 方向实现超高的模量和强度[170]。西安交通大学于 2014 年提出了一种连续纤维原位浸渍 ME 工艺，成功实现了连续碳纤维增强 ABS 复合材料的打印，当纤维含量为 10% 左右时，拉伸强度与模量分别达到了 147MPa 与 4.185GPa，是纯 ABS 试样的 5 倍与 2 倍左右[171]。Matsuzaki 等[172]采用原位浸渍 ME 工艺实现了连续碳纤维增强聚乳酸复合材料的打印，Bettini 等[173]研究了连续芳纶纤维增强聚乳酸原位浸渍 ME 工艺。俄罗斯 Anisoprint 公司开发出一种热固性和热塑性双基体的连续纤维增强复合材料 3D 打印技术[174]。苏州聚复公司同 Anisoprint 合作，成功实现了两款尼龙基材料的商业化，能达到非常高的打印质量和纤维 / 高分子界面结合力[175]。

高温挤出头的发展使聚醚醚酮（PEEK）材料的打印研究与应用成为一个新的热点。PEEK 是一种半结晶的热塑性高分子聚合物，具有优异的耐热性与稳定性，在航空航天与医疗应用领域具有特别重要的意义。自 2015 年以来，国外的英国埃克塞特大学、德国 EOS 公司、莫斯科理工大学，国内的西安交通大学、吉林大学、北京理工大学等研究单位都开发了可用于 PEEK 及其复合材料的 PBF 或 ME 装备，进行了 PEEK 材料的打印与应用研究[176]。

 4.1.4 / **增材制造生物医学材料**

生物医学材料（Biomedical Materials），又称生物材料，是用于临床诊断、治疗、修复、替换人体组织 / 器官或增进其功能的新型高技术材料，与人类健康息息相关。生物材料科学与工程总是与其终端医疗产品（一般指医用植入体）密不可分，通常谈及生物材料，既指材料自身，也包括医用植入器械。近年来，为满足组织器官移植及组织损伤修复的巨大且迫切的临床需求，复杂组织器官"活性"再造与"功能"重建已成为生物材料领域的研究热点与难点。而生物增材制造技术因具有个性化、高仿生、高精度等突出优势，能够满足生物材料对高度仿生及结构精细制造等的复杂要求，为解决上述难题带来了新技术与新方法，在生物材料领域得到广泛应用。

4.1.4.1　生物增材制造工艺与装备研究进展

增材制造生物医学材料的发展同生物增材制造工艺与装备的发展密不可分。当前主流的打印工艺主要包括：喷墨生物打印、挤出生物打印、激光辅助生物打印、光固化打印等，用于打印骨、软骨、骨骼肌、皮肤、神经、血管、肝脏等组织器官。为了进一步提升生物增材制造打印精度、细胞存活率等，扩展生物增材制造技术与生物医学材料的应用可能性，各国科研机构与企业不断探索创新工艺，涌现出原位打印、体内制造和复合制造等一批新技术。

生物增材制造技术作为世界医疗领域的研究前沿与热点，获得了全球众多研究机构的高度关注及各国政府的重视与支持。目前，全球已有超过 300 家专门从事生物增材制造工艺 /装备研究和开发的研究机构和公司。生物增材制造工艺方面国际上主要有美国 Wake Forest 再生医学研究院、美国普林斯顿大学、哈佛大学 WYSS 学院、新加坡国立大学等高校 / 研究机构，国内则有清华大学、浙江大学、杭州电子科技大学、中国科学院深圳先进技术研究院等高校 / 研究所。生物增材制造设备研究方面国际上主要有美国 Organovo 公司、德国 Envision TEC 公司、日本 Cyfuse Biomedical 公司、瑞典 Cellink 公司等企业，国内主要有广州迈普公司、杭州捷诺飞公司等企业。各高校 / 机构、企业纷纷围绕生物增材制造工艺、装备等核心问题进行攻关，使得生物增材制造技术得以快速发展。

为了确保生物医用材料增材制造工艺研究的顺利开展，国际上围绕增材制造装备的打印方式、打印精度、打印功能等方面开展了创新研制，并取得了多项成果。2018 年，哈佛医学院研究人员开发出一种基于立体光刻的生物打印平台，用于多材料制造异质水凝胶构造。该新型微流体装置能够在不同（细胞负载的）水凝胶生物炭之间快速切换，以实现逐层多材料生物打印[177]。2019 年，瑞典 Cellink 公司宣布推出 BIO X6，该装备负载新型的六打印头生物 3D 打印系统，可在六个不用的位置同时使用不同的压力、温度和方法进行打印。2020 年，荷兰 3D 打印机制造商 FELIXprinters 发布了新型生物 3D 打印机 FELIX BIOprinter，该装备配备了可以挤出多种黏度材料的强劲电机，可适用于所有类型的生物 3D 打印研究，其可以分配黏度高达 64000cP（动力黏度，$1cP=10^{-3}Pa\cdot s$）的各种黏性材料，并具有从液体到糊剂材料和生物油墨的挤出能力。

在生物打印工艺方面也取得了丰富的研究成果。2018 年，韩国成均馆大学开发了一种创新的细胞打印工艺，辅以微流体通道，核壳喷嘴和低温处理，以获得载有细胞的 3D 多孔胶原支架，利用此工艺开发的 3D 多孔生物医学支架在冷冻保存 2 周后，支架中的细胞（成骨细胞样细胞或人脂肪干细胞）显示出良好的活力，在组织工程应用方面具有巨大潜力[178]。同年，韩国理工大学研究了一种新的挤出生物打印技术，可以同时创建异构、多细胞和多材料结构，并利用此技术制造了异质的组织样结构，如脊髓、肝小叶、血管和毛细血管，与均相和异质细胞打印相比，异质模型显示出良好的肝小叶结构和更高的 CYP3A4 酶活性[179]。2019 年，哈佛大学的 Jennifer Lewis 教授团队开发出一种全新的生物 3D 打印方法：功能性组织中直接打印牺牲材料（SWIFT）工艺，采用器官构建块（OBBs）作为打印基底，使用其独创的 SWIFT 打印技术在其中打印用于形成复杂血管通道的牺牲材料。后续通过温度变化，使得细胞外基质溶液凝胶固化，以方便洗脱牺牲材料，在组织中形成血管通道[180]。同年，Albanna 等利用喷墨原位打印工艺，采用纤维蛋白原 / 胶原 + 自体角化细胞 / 成纤维细胞进行修复，研究结果显示伤口闭合提前 3 周，伤口收缩减少 50%，再上皮化加速 4 ～ 5 周[181]。2020 年，瑞士洛桑联邦理工学院的 Matthias P. Lutolf 课题组创新性提出了 BATE 打印技术（Termed Bioprinting-Assisted Tissue Emergence），使用干细胞和类器官作为自发的自组织构建单元，这些构建单元可以在空间上排列以形成相互连接且不断进化的细胞结构，从而实现对类肠道组织、多细胞复杂组织的打印，为干细胞和再生医学提供新的方法，为工程化自组织（Self-Organization）、功能化组织甚至多种组织组合提供了强大的工具[182]。同年，基于熔融静电直写和挤出式打印的复合制造技术，荷兰乌得勒支大学团队完成了骨、软骨多层结构的打印，成功构建软硬组织交接的界面，并且骨、软骨和交界处的力学性能均可调控以实现更好的仿生效果[183]。

4.1.4.2　生物墨水研究进展

全球生物墨水领域的创新技术和产品日新月异，天然高分子材料（明胶、透明质酸、硫酸软骨素、葡聚糖、海藻酸、壳聚糖、肝素等）、人工合成材料（聚乳酸、聚己内酯、聚羟基乙酸、乳酸 - 羟基乙酸共聚物、多臂聚乙二醇等）及多种干细胞（胚胎干细胞、神经干细胞等）等生物 3D 打印原材料已实现广泛应用，相关原材料产业化程度较好。但为突破可打印生物材料（又称"生物墨水"）种类匮乏对生物增材制造技术在医学材料领域应用的限制，各研发团队根据打印产品功能化、与打印工艺的匹配等需求，攻关传统生物墨水不稳定、生物活性差等应用瓶颈，开展材料的功能化改进等技术研究，致力于开发更多具有特殊性能的新型生物墨水，不断扩充增材制造生物墨水库，进一步拓展生物增材制造技术在医用材料领域的应用，目前已在生物自组装材料、响应型材料、功能型材料等新型生物墨水方向进行技术研究与开发。

2018 年，宾夕法尼亚大学研究人员开发出一种微凝胶生物墨水（包括 NorHA、PEGDA、琼脂糖流变生物墨水），该墨水在打印时允许流动，在沉积时能快速凝固，并可通过二次交联进一步稳定，可用于细胞打印、异质打印、二次交联等，具有较大的应用潜力[184]。2020年，加州大学的 Ali Khademhosseini 教授和 Nureddin Ashammakhi 教授团队开发了一种可在细胞包载初期自发产生氧气的 GelMA 基 3D 打印生物墨水，通过向 GelMA 墨水中添加过氧化钙（CPO）及过氧化氢酶以持续产生氧气，提高了细胞的存活率，该 CPO-GelMA 墨水为水凝胶 3D 细胞培养过程中氧气无法及时供应而导致封装细胞活性差的问题提供了新的解决思路[185]。2020年，瑞典隆德大学瓦伦堡分子医学中心的 Nathaniel S.Hwang 研究团队制备了一种由天然聚合物海藻酸盐组成、并用脱细胞化的细胞外基质（dECM）增强生物活性的组织特异性复合生物墨水，可用于打印人类呼吸道上皮祖细胞和平滑肌细胞组成的气管空腔结构，该研究为下一代组织特异性生物墨水的研发奠定了基础，并使生物 3D 打印组织应用于临床移植成为可能[186]。2021年，莱斯大学的 Antonios Mikos 教授团队发明了一种使用光敏明胶纳米粒子作为胶体构建单元，可 3D 打印且具有形状记忆功能的新型生物墨水，纳米粒子之间存在非共价相互作用，胶体凝胶可以形成为可挤出和自修复的墨水，因此可在室温下打印，并通过紫外线照射使 3D 打印体稳定化[187]。

4.1.4.3　增材制造生物医学材料开发及功能性组织重建

（1）增材制造生物医学材料在组织修复领域的研究进展 • • •

通过生物增材制造技术构建的软、硬组织工程支架已在组织修复领域取得广泛应用，如 3D 打印骨植入物等硬组织修复产品及人工硬脑膜等软组织修复产品。当前各国专家学者仍在不断尝试通过引入各类活性因子、优化打印工艺、开发新型生物墨水等方法，探索更加高效的软、硬组织修复生物医学材料。

2019年，美国加州大学圣地亚哥分校的 Chen Shaochen 教授课题组和 Tuszynski 课题组合作，采用微尺度连续投影光刻法（μCPP）3D 打印了高精度的脊髓修复支架，种植神经祖细胞（NPC）的脊髓支架在脊髓损伤模型内可以支持轴突再生，帮助损伤脊髓实现修复[188]。2020年，韩国浦项科技大学的 Dong Woo Cho 课题组利用生物增材制造技术开发了含脱细胞基质 dECM 的水凝胶 +PU-PCL 半月板支架，为半月板再生提供组织特异性与微环境，具有极好的生物相容性、力学性能与生物学功能；同年，该课题组使用旋转复合 3D 打印方法制造了含脱细胞基质 dECM 的水凝胶 +PCL 支架，用以解决炎症反应，促进再生微环境，是一种有前途的放射性食管炎治疗策略[189]。2021年，哈佛大学医学院的 Su Ryon Shin 教授团队基于 GelMA 水凝胶材料，开发了一种封装血管内皮生长因子（VEGF）的智能伤口修复支架，装饰有光敏和抗菌四足氧化锌（t-ZnO）微粒，通过紫外 / 可见光照射激活 t-ZnO，可实现 VEGF 的智能释放，具有良好的促伤口愈合性能[190]。

（2）增材制造生物医学材料在组织器官重建领域的研究进展 • • •

利用增材制造技术构建的微组织产品在国际上较早实现了商业化应用，目前已成功打印并在动物体内实现了皮肤、尿道、软管、膀胱、肌肉和阴道等器官和组织的移植，且部分组织移植后可长出血管，正在准备临床试验以推进人体组织 / 器官的产业化进程。当前，国际上专家学者专注于通过活细胞打印构建体外组织器官、模型等并实现功能重建，已取得显著成效。

2019 年，美国卡耐基梅隆大学的 Adam W. Feinberg 教授团队构建了具有良好生物学功能再现的胶原心脏，可实现心室具有同步收缩（不再是一个补片）、定向动作电位传播，以及收缩期间心室壁增厚 14% 等功能[191]。2019 年，美国莱斯大学的 Jordan Miller 教授与华盛顿大学的 Kelly Stevens 教授利用高精度的光刻 3D 打印技术提供了复杂的血管化网络结构的构建方法，实现了对大尺寸类肺结构的打印，实现了对肺呼吸功能的模拟[192]。2020 年，美国乔治华盛顿大学的 Grace Zhang 课题组采用可光聚合的生物墨水材料体系，利用立体光刻（SL）3D 打印工艺构建"肿瘤 - 血管 - 骨"异质组织模型，探究乳腺癌细胞转移机制[193]，韩国浦项科技大学的 Kunyoo Shin 教授团队以基质成纤维细胞、内皮细胞等作为生物墨水材料，构建了人体膀胱组装体，药理学检测显示，该组装体的刺猬通路活性与体内成体膀胱的活性相近，表明该人体膀胱组装体重现了上皮细胞与基质之间功能的相互作用[194]。

4.1.5 / 其他增材制造材料

下面将简要介绍增材制造陶瓷、铸造砂型、混凝土、微纳增材制造等方面的材料研究进展。

4.1.5.1 陶瓷

陶瓷增材制造的研究几乎涉及了所有七大类增材制造工艺，分为一步和多步两大类工艺。一步工艺是指陶瓷材料成形的同时获得所需的最终力学性能或其他性能。多步工艺是指陶瓷材料先成形得到素坯，然后结合一定的后处理工艺（如脱脂、烧结）获得所需的最终力学性能或其他性能，是目前主流的陶瓷增材制造技术。

工业中常用的陶瓷原料大多为粉材，这些粉材一般不能直接用于增材制造，需要将粉材制备成增材制造能使用的专用形态才能使用，主要包括专用陶瓷粉材、专用陶瓷丝材、专用陶瓷浆料 / 膏料和专用陶瓷墨水。

将专用陶瓷粉材作为原料的是粉床增材制造技术，包括 BJT 和属于 PBF 的 SLS、SLM 技术[195-197]，这类成形方式要求陶瓷粉材有合适的粒径和较高的球形度，以便于打印时铺粉。BJT 成形通过喷射黏结剂来黏结粉床上的陶瓷粉材，成形陶瓷件素坯，其强度较低，需进行后续的高温烧结来获得强度。SLS 专用陶瓷粉材由陶瓷粉材和低熔点黏结剂构成，陶瓷粉材有 Al_2O_3、ZrO_2、SiC、Si_3N_4、TiC 等。常用的黏结剂有有机黏结剂（环氧树脂、尼龙等）、无机黏结剂（磷酸氢二铵、三氧化二硼等），以及金属黏结剂（铝粉）等。SLM 通过高功率激光使粉材直接熔化来实现成形，不需要后续的脱脂和烧结，但成形过程中很容易产生裂纹、气孔和翘曲等缺陷。用 Al_2O_3（质量分数 58.5%）和 ZrO_2（质量分数 41.5%）的 SLM 专用混合粉材，在恰好低于材料熔点的温度预热后，可有效避免陶瓷成形件中出现裂纹，形成细晶粒组织，成形出致密的陶瓷义齿修复桥，抗弯强度达到 500MPa。

增材制造专用陶瓷丝材一般由陶瓷粉材和热塑性聚合物混合而成，应用于 FFF 技术，也被称为陶瓷熔融沉积制造（Fused Deposition of Ceramics，FDC）技术[195-197]。FDC 打印时陶瓷丝材受热获得一定的流动性，成形为陶瓷素坯。FDC 技术具有设备简单、价格低廉，原材料品种丰富等优点，但打印件精度不够高。

陶瓷浆料/膏料是陶瓷光固化增材制造的原料,这种浆料/膏料是光敏树脂和陶瓷粉材的混合体系,在表面活性剂和添加剂的作用下,陶瓷颗粒在树脂中充分分散,在紫外光照射下发生光聚合反应粘接陶瓷颗粒,实现陶瓷浆料/膏料的固化成形,得到陶瓷素坯,然后通过脱脂和高温烧结得到陶瓷件[195-201]。光固化方法所制备的陶瓷件尺寸精度高、表面质量好、力学性能优异,是目前陶瓷增材制造领域发展较为迅速的技术。光固化陶瓷浆料/膏料有树脂基和水基两种体系。树脂基光固化陶瓷浆料/膏料通常用丙烯酸类树脂作为分散介质,水基光固化陶瓷浆料/膏料用水性低聚物代替光敏树脂中的低聚物,或者用水稀释一定量的低聚物或反应单体,水的黏度低于光敏树脂,容易通过干燥从成形件中去除,因此,水基陶瓷浆料具有黏度低、有机物含量少、污染小等优点。常用的陶瓷粉材有 ZrO_2、Al_2O_3、SiO_2、羟基磷灰石、锆钛酸铅和磷酸钙等。陶瓷光固化技术获得了广泛的应用,已用于复杂结构、致密、多孔陶瓷件的制造,例如整体型芯、微电子组件(如传感器)、生物医学植入骨支架和义齿等。陶瓷光固化技术也面临一些问题,如陶瓷粉材的粒径分布与形貌不够理想、浆料沉淀、黏度过大、3D打印机需要用刮刀刮平浆料等,阻碍了技术的进一步发展。近年来,越来越多的研究者将有机物陶瓷前驱体光敏体系用于光固化成形[196,202-204]。聚合物转化陶瓷可以在较低的温度(1000～1300℃)下烧结,有出色的抗氧化性能和优异的高温力学性能,还具有某些功能特性,例如导电、发光、压电电阻和高化学耐久性以及生物相容性,因此成为普通陶瓷光固化成形一个极具前景的补充方案。常用的陶瓷前驱体主要有聚硅氧烷、聚硅氮烷和聚碳硅烷等,成形后经高温热解转化为 $SiOC$、$SiCN$、SiC 和 Si_3N_4 等陶瓷基复合材料,并释放挥发性气体。

直写成形(DIW)技术采用专用陶瓷墨水[195-197,203,205]作为原料成形陶瓷素坯,其优点是可成形复杂形状的陶瓷件,甚至微米级 3D 周期结构件,成形设备中不必有粉床和铺粉系统,更加简单,还可同时打印多种材料。制备固相含量高、黏度小且稳定性好的陶瓷墨水是 DIW 成形的关键。国外用石蜡、硬脂酸作为分散剂体系,将 Al_2O_3 粉材分散其中,制备出 Al_2O_3 陶瓷墨水,打印出 3Y-TZP 全瓷牙修复体素坯,干燥后得到的陶瓷件相对密度可达 0.96,表面光滑,没有阶梯效应。

从多步法制备的陶瓷素坯通过高温烧结制备致密的陶瓷件通常会面临大幅度的尺寸收缩问题,难以保证尺寸精度。一种优化策略是采用基于渗透的办法代替烧结进行致密化。Yin 等人[206]采用反应熔融渗透(RMI)的办法制备了 Ti_3AlC_2 增强的陶瓷基复合材料;Lv 等[207]采用化学气相渗透(CVI)法制备了 SiC 晶须增强 SiC 基复合材料(SiCw/SiC)。RMI 和 CVI 过程不会产生变形,使用基于渗透的办法作为黏结剂喷射法的后处理致密化工艺,可实现真正意义上的复杂陶瓷结构件的近净尺寸制备。

陶瓷增材制造的应用面较宽,包括医疗、航空航天、工业制造、化工催化、珠宝奢侈品等领域。但迄今尚未出现一个真正批量生产 3D 打印陶瓷产品的企业,也未见到真正用于产品批量生产的案例。陶瓷 3D 打印技术在航空方向最具有潜力的市场是批量化制备精密铸造用陶瓷型芯。在医疗领域,3D 打印陶瓷制品主要应用于牙科和骨科[208];但是牙科以及骨科行业的准入门槛高,目前的 3D 打印陶瓷制品还没有得到中国政府颁布的相关许可证,预计牙科骨科植入体合法上市后,陶瓷 3D 打印会有一个爆发性的市场。

4.1.5.2 铸造砂型

砂型 3D 打印技术的出现，大大缩短了铸件生产周期、降低了复杂结构砂芯的制备难度，在铸造领域内迅速发展起来，目前已经进入了大规模产业化生产阶段。铸造砂型 3D 打印主要采用粉床黏结剂喷射技术，3D 打印砂型材料主要包括原砂和黏结剂。砂型 3D 打印的质量和成本在很大程度上取决于所用的材料，砂型 3D 打印材料的进步对砂型 3D 打印的产业化发展具有重大意义。

目前 3D 打印用砂主要选择硅砂、陶粒砂、宝珠砂和铬矿砂等。3D 打印用硅砂主要是由粒径为 0.053 ～ 3.35mm 的小石英颗粒所组成。与传统铸造用硅砂相比，3D 打印用硅砂的特殊要求为：流动性应在 20s/50g ～ 40s/50g 之间，角形系数应不大于 1.63，休止角应小于 32°。随着铸件质量要求日益提高、环保和绿色生产日益严格，硅砂的缺点也日益突出：在使用过程中比较容易破碎，所产生的粉尘和固体废弃物对人体健康和自然环境都造成极大危害。陶粒砂是一种理想的铸造硅砂替代材料[209]，3D 打印用陶粒砂是以优质焦宝石矿物为主要原料，经制粉、造粒、烧结、筛分、级配工艺获得的球形人造陶瓷砂，其含泥量、含水量、热膨胀性、角形系数、酸耗值低，粒形圆整，耐火度高，抗磨损破碎，抗压，可再生性能好，具有作为铸造 3D 打印用砂的理想性能指标。陶粒砂对各种砂型铸造工艺均具有良好的工艺适应性，用于铸铁、碳钢、合金钢等材质铸件的生产，无论是中小铸件还是大型铸件，均取得了令人满意的效果，表现出了良好的铸造工艺性能。

3D 打印用黏结剂主要分为热固化黏结剂和无烘烤黏结剂两大类。热固化黏结剂主要包括酚醛树脂、呋喃树脂和高糠醇树脂，将这些树脂与砂子及适当的催化剂混合，然后通过加热以启动交联反应达到硬化效果；无烘烤黏结剂是两个或两个以上的黏结剂组分与砂结合在一起，黏结剂系统的固化在所有成分混合后立即开始，最常用的无烘烤黏结剂是呋喃树脂系统[210]。

呋喃树脂系统也是 3D 打印砂型中使用最广泛的树脂系统，伴随着 3D 打印技术的普及，在这一领域出现了大量的研究和相关应用。清华大学颜永年等人[211]利用 3D 打印设备成功打印出满足铸造强度的呋喃树脂砂型，但树脂的用量较大，铸型的发气量大，加工精度不高。有研究者提出先将固化剂混入原砂中，再通过喷头喷射树脂生产砂型的工艺，但生产出的砂型中呋喃树脂含量高于传统工艺[212]。对 3D 打印与手工制备的呋喃树脂砂型进行了比较，结果发现手工砂型的拉伸强度和弯曲强度分别比 3D 打印的高 29.31% 和 15.70%[213]。Zhao 等人[214]研究了粒度分布对 3D 打印砂型性能的影响，结果表明 80 ～ 140 目硅砂的打印样品具有最佳综合性能。Mitra 等人[215]使用 3D 打印机打印呋喃树脂砂试样，发现砂型的三点弯曲强度随固化温度的升高无明显变化，而渗透性随固化温度的升高而降低，这主要与砂型收缩有关。Xue 等人[216]研究了不同呋喃树脂含量对铸造三维砂型性能和尺寸精度的影响，实验结果表明树脂用量的增加会有效提高砂型产品的强度等力学性能，但同时会导致产品尺寸误差较大，影响后续正常生产，故树脂含量只能在一定范围内改变。

基于 3D 打印技术特殊的成形方式与工艺特点，对 3D 打印砂型材料特性（原砂粒度分布、黏结剂种类与含量、添加剂等）亦有特殊的要求。Utela 等[217]对 3D 打印砂型材料进行了系统总结，涉及砂子和黏结剂选择、黏结剂的配方、砂子和黏结剂的相互作用和生坯的后处理，不仅详述了用于砂型 3D 打印的砂子和黏结剂所必需的性能，还介绍了有助于实现这些性能的添加剂。Thiel 等 [218] 评估了 11 种原砂的 3D 打印砂型在力学强度、可操作性和铸造效果这三个尺度上的可接受性。Koltygin 等 [219] 开发了一种新型砂子 - 石膏材料用来替代 ZCast 公司的 ZCast501 和 Zb56 粉末材料，并且成功实现了铝合金、镁合金以及钢的铸造。Ramakrishnan 等 [220] 开发了一种新型无机黏结剂，该黏结剂区别于广泛应用的呋喃树脂黏结剂，它预先铺设硅砂和干燥硅酸钠粉末的混合物，然后喷头喷射水以获得黏结作用，再通过红外脱水形成具有力学强度的砂型。Hemant 等 [221] 还开发了一种基于光固化的砂型 3D 打印材料，利用光源将树脂固化，使原砂黏结在一起得到所需的形状。ExOne 公司研究出一种新型矿物添加剂，将其加在用呋喃树脂黏结的硅砂中来制备砂型，成功消除了铸件的脉纹缺陷 [222]。

4.1.5.3 混凝土

水泥基材料是目前用量最大的人造材料，因此，混凝土 3D 打印技术一经出现便受到国内外建筑学术界和工程界的广泛关注。混凝土 3D 打印技术凭借其无模化、快速化、自动化、灵活化、经济绿色的优势，在土木建筑工程领域迅猛发展。随着打印材料及成形技术研究的不断深入，工程项目数量与日俱增。然而，迄今为止，混凝土 3D 打印的应用仍限于技术能力和效果的展示，还没有真正的商业化应用。

目前基于水泥基材料的 3D 打印建筑技术种类繁多，按照成形工艺大致可以分为挤出成形、模具打印、滑模成形、喷射成形和选择性沉积五类。

3D 打印混凝土技术因无模板支撑的成形特点，对混凝土材料的性能提出了不同于传统浇筑混凝土材料的要求 [223]；层层堆积的建造过程会使结构出现层间薄弱面及各向异性 [224]；打印过程难以植入钢筋，需要混凝土材料具有更好的力学性能。

目前基本达成了以混凝土材料的"可打印性"来表征其工艺性能的初步共识。混凝土材料的可打印性是指混凝土拌合物能够被打印头连续、均匀挤出，能够保持被挤出时的形状，且在逐层堆叠的过程中保持结构稳定的能力，主要包括可泵送性、可挤出性及可建造性 [225]。这些性能主要与材料的流变性有关，以屈服应力和塑性黏度为重要指标。研究表明纤维素醚、凹凸棒土、粉煤灰、硅灰和减水剂等外加剂可有效改善混凝土材料的流变性 [226]。混凝土泵送和挤出时要有较低的动态屈服应力和塑性黏度来保证流动，层叠堆积过程要有较高的静态屈服应力和黏度恢复能力来抵抗流动 [227]。国内外对于新拌 3D 打印水泥基材料的可打印性尚未形成统一的测试方法与标准，研究中多采用自行设计的试验工具及测试方法分别对可泵送性、可挤出性以及可建造性进行表征 [228]。

受限于打印喷头的尺寸及打印精度控制，3D 打印水泥基材料目前多采用不含粗骨料的砂浆，为改善浆体的体积稳定性常常需要加入纤维 [229]。根据所采用的胶凝材料不同，大致可分为硅酸盐水泥体系、硫铝酸盐水泥体系、磷酸盐水泥体系、地质聚合物体系以及铝氧镁水泥体系。硫铝酸盐水泥快凝早强、耐蚀、黏结性好，但凝结时间过快导致可打印时间过短，不利于打印过程控制 [230]。磷酸盐水泥快凝早强、黏结强度高、生物相容性好，但同样也存在凝结时间过快的问题[231]。地质聚合物耐高温、强度高、节能环保，但流动性差[232]。铝氧镁水泥凝结硬化快、强度高、耐高/低温、黏结强度高，但水化热高、耐水性差、易变形[233]。

性能需求是水泥基材料配比设计的目标。3D打印技术对新拌混凝土工作性能提出了严苛的要求，相比于传统的混凝土，其配比设计也更为复杂。

3D打印水泥基材料外加剂组分复杂，通常包括黏度改性剂、纳米材料、促凝剂、缓凝剂等。现有研究中主要以满足可打印性作为设计指标，大部分学者采用经验方法来探索配合比，涉及的主要参数包括水胶比、胶砂比、用水量、掺合料种类与用量、外加剂掺量、纤维掺量等[234]。在考虑3D打印水泥基材料配合比设计时，依然需要将低碳环保、良好工作性能、力学性能及耐久性能作为设计原则与目标，相关研究仍处于探索阶段，未形成有广泛共识的配合比设计方法。

3D打印水泥基材料由于其特殊工艺（无模具、分层制造），对环境的敏感性更强，且打印实体中存在层间界面，导致材料内部结构不均匀、不连续，层间界面通常是整体结构的薄弱处，受力时容易最先发生破坏[235]。即使采用含纤维的砂浆打印，其力学性能也具有明显的各向异性[236]。对于评价层间结合性能的方法尚未形成标准，不同测试方法测得的黏结强度差异较大，离散性也不同[237]。研究表明层间表面水分是影响层间强度的主要因素之一[238]。水泥基材料的强度发展是由塑性状态向硬化状态转变的过程，3D打印材料强度发展对可堆积性和建造性来说十分重要，目前的研究虽然关注了硬化后试件的力学性能，但还无法较好地表征材料硬化的动态过程。

对于非连续打印的新、旧混凝土，喷砂、喷水是提升新、旧混凝土层间黏结的有效方法[239]。对于提升3D打印层间黏结性能，在层间界面处构造互锁结构、在两层间添加一层由黑炭和硫组成的混合物、在界面处添加薄层水泥浆等诸多方法均有一定效果[240]。而对于无配筋的混凝土3D打印，高强高韧性的3D打印纤维增强水泥基材料是目前的重要研究方向之一。纤维的种类、尺寸、形状、分布、取向等均会对混凝土的工作性能、力学性能及耐久性能产生重要影响，纤维在挤出成形3D打印水泥基材料中的分布取决于喷嘴尺寸及纤维弹性模量[241]。

4.1.5.4 微纳增材制造

微纳增材制造是指基于增材制造原理制造微纳结构或者包含微纳尺度特征的功能性产品的技术。与传统微纳制造相比，它具有成本低、工艺简单、适合硬质和柔性以及曲面等多种基材、材料利用率高、可用材料种类多、不需掩模或模具、直接成形的优点，尤其是在复杂三维微纳结构、大高（深）宽比微纳结构、复合（多材料）材料微纳结构、宏/微/纳跨尺度结构以及嵌入式异质结构制造方面具有非常突出的优势和潜力。微纳增材制造的主要工艺包括微立体光刻、双光子聚合微纳3D打印、电流体动力喷射打印、气溶胶喷射打印、墨水直写（DIW）、微选区激光烧结（μSLS）、激光诱导前向转移（LIFT）、电化学制造（EFAB）、电化学沉积、电场驱动喷射沉积微纳3D打印等[242-246]。微纳增材制造技术目前已经被应用于诸多领域和产品，如微纳机电系统、电子电路（三维立体电路/共形天线、柔性和硬质多层电路板、透明电极等）、3D结构电子、生物医疗（组织支架、毛细血管、组织器官等）、柔性电子、智能传感（电子皮肤、智能可穿戴设备、3D传感器等）、大尺寸高清显示（OLED、

QLED、Micro-LED）、软体机器人、新能源（柔性太阳能电池、固态电场、微能源等）、超材料等[244-247]。但总体来说，微纳增材制造的应用还处在非常初期的阶段，商业化的应用还非常少。

微纳增材制造材料主要包括高精度光固化材料、纳米导电材料（纳米银墨水、纳米银浆、石墨烯墨水等）、微激光烧结用金属粉末、普通纳米材料（纳米金属材料墨水、纳米陶瓷粉）、气溶胶材料、可降解生物材料（PLA、PCL、PLLA、复合材料等）、智能材料等[248-252]。

在高精度光固化材料方面，德国 NanoScribe 公司开发了一种高形状精度的负性树脂材料，可实现的最小打印特征尺寸达到 160nm，具有不同应用性能、裁剪特性，以及易于处理等特点。美国波士顿微制造公司可以提供具有不同性能、适用不同领域的六种打印材料，最高分辨率达 2μm。德国 Envision 公司的 Formlabs 2 SLA 设备能打印标准树脂、工程树脂、珠宝树脂和牙科树脂四类材料。

在导电材料（纳米银墨水）方面，韩国 ENJET 公司可以提供用于高分辨电路和电子器件打印的无颗粒纳米银墨水，材料黏度 50cP，电阻 $5 \times 10^{-5}\Omega \cdot cm$。美国 Nano Dimension 公司研制出纳米银导电墨水，纳米银尺寸 10 ~ 100nm，银含量 20 ~ 70%，黏度 6 ~ 35cP，烧结温度低于 130℃。波兰 XTPL 开发了一种独特的"超精密沉积"微增材制造工艺，使用自制的纳米金属墨水能够实现 1 ~ 50μm 特征结构的打印，2020 年该公司与欧司朗光电半导体合作，将该技术用于智能玻璃行业的显示器中的电路缺陷修补。

在金属材料方面，德国 3D MicroPrint 公司提供两种粉末颗粒尺寸小于 5μm 的激光烧结专用不锈钢粉末材料；美国 Microfabrica 的 MICA Freeform 技术实现了微尺度金属零件批量化制造，分层厚度 5μm，表面粗糙度 Ra 0.8μm，该公司目前可提供四种专用金属材料。

在气溶胶喷射打印材料方面，美国 Optomec 公司拥有的气溶胶喷射（Aerosol Jet® Printing）专利技术，目前支持打印的材料主要包括金属墨水、电阻油墨、非金属导电材料、电介质和黏结剂、半导体等。这些材料最大颗粒尺寸 300 ~ 500nm，理想尺寸是 200nm，固体含量 5% ~ 70%（质量分数），材料黏度 1.0 ~ 1000cP。

生物微纳 3D 打印材料主要包括聚乳酸、聚己内酯、左旋聚乳酸、PU、水凝胶、医用纳米陶瓷等，主要是一些合成的可降解聚合物材料、天然生物材料等。目前这类材料的打印精度大多还是在微尺度。

微尺度 4D 打印是目前微纳增材制造的前沿和研究热点，主要使用智能材料（刺激响应性材料），包括变形材料、形状记忆聚合物、形状记忆合金、水凝胶、液晶、压电材料等[252]。

 ## 4.2 我国在该领域的地位及发展动态

中国增材制造材料的发展总体上处于世界先进水平，表现在以下几个方面。

① 产业应用体量上仅次于美国，居世界第二位，而且发展速度明显快于世界平均水平。根据 *Wohlers Report 2021*，自 1988 年到 2020 年，世界各国累积安装工业级 3D 打印机的数量比例居前四位的国家分别是，美国 33.6%，中国 10.6%，日本 9.3%，德国 8.1%；而在 1988

年到 2013 年期间，这一数据是，美国 38.0%，日本 9.4%，德国 9.1，中国 8.8%。工业级 3D 打印机安装数量总体上体现了高端 3D 打印材料的工业应用，说明中国在高端 3D 打印材料的产业应用上发展很快，从 8 年前的世界第四位上升到去年的世界第二位。虽然与处于世界第一的美国还有很大差距，但这种差距正在快速缩小。中国在桌面级 3D 打印机生产方面占据了世界绝大部分的份额，估计达到 80% ~ 90%，大部分销往国外。桌面级 3D 打印机所用的高分子丝材，估计中国生产量占世界总量的份额超过 50%，以至于在中美贸易战中，美国把来自中国的 3D 打印丝材作为控制进口的材料。桌面级 3D 打印机的数量体现了低端 3D 打印材料的产业应用，说明中国在低端 3D 打印材料的发展上占据了世界主流。

② 增材制造材料的研究和应用面非常宽，不但全面覆盖了金属、高分子、陶瓷、生物材料和复合材料等所有大类材料，而且各类材料中都涉及很广泛的具体材料类型。除了少数高端材料还需要进口外，绝大多数增材制造材料，包括很多高端材料都可以实现国产供给。在高端增材制造材料上受到的限制，主要来自于国外 3D 打印设备厂商捆绑销售打印材料的商业策略。虽然我国增材制造设备的发展非常快，有很多高端设备已经接近甚至于达到了世界先进水平，但总体来说在设备品牌上差距还很大。世界顶级增材制造设备厂商利用其强大的品牌效应采用捆绑销售打印材料的策略，是一个很普遍的现象。由于我国高端工业应用还大量采用进口国外增材制造设备，导致进口高端增材制造材料的数量长期居高不下，也在很大程度上提高了我国增材制造材料应用的成本，成为限制我国增材制造实现更广泛的产业化应用的一个重要因素。国内有能力以应用自产或国产材料为主实现大规模工业化生产的增材制造企业，主要是拥有自产高水平设备，同时又有强大的材料开发能力的公司。例如，西安铂力特公司实现了 50 多种增材制造金属材料的大规模航空航天应用，其中 80% 为自产材料，多种自行研发和生产的金属材料增材制造成形制件性能远超同期进口粉末；宁夏共享集团形成了以自行研制的系列铸造砂型 3D 打印材料与自产砂型打印设备的配套应用，建立了多条高度智能化的砂型 3D 打印生产线，实现了单条砂型 3D 打印生产线年产达 15000t 铸造砂型的世界最大规模产业化应用，自产材料成本仅是进口材料成本的 1/4，支撑了处于世界领先水平的智能化铸造工厂建设。

③ 增材制造材料的科学技术研究队伍具有很大的规模，绝大多数工科大学都有团队涉足增材制造材料研究，增材制造材料的科学技术研究已具有很大的广度和深度。在科学基础和创新性技术研究方面具有代表性的工作如下。

- 南京航空航天大学顾冬冬团队提出了"材料–结构–性能一体化增材制造"（MSPI-AM）这一整体性概念，其概念性创新在于：变革传统的串联式增材制造路线，发展新的材料–结构–工艺–性能一体化"并行模式"，在复杂整体构件内部同步实现多材料设计与布局、多层级结构创新与打印，以主动实现构件的高性能和多功能。相关论文于 2021 年发表于 *Science*。

- 清华大学赵沧博士分析了选区激光熔化扫描速度和激光功率对气孔缺陷的影响规律，建立金属增材制造过程同步辐射在线监测系统直接观察匙孔气泡产生及演化过程，理清了该类气孔缺陷的产生机理，为未来全致密金属增材制造提供了理论支撑。相关论文于 2020 年发表于 *Science*。

- 西北工业大学林鑫团队系统深入揭示了金属增材制造非平衡物理冶金、近快速凝固与循环往复固态相变相互耦合作用下的多尺度组织演化规律,发展了高性能专用合金体系,应用于 C919 飞机、"天问一号"火星探测器等 30 余项国家重大重点型号器件。二十余篇高水平金属增材制造学术论文发表于 *Acta mater* 和 *Additive manufacturing* 等材料与增材制造顶级学术期刊,SCI 他引达 5796 次。国际多位领域著名学者在 *Nature* 及相关子刊进行了引用和正面评价。

- 清华大学林峰团队针对 SEBM 成形过程,西北工业大学魏雷博士等针对 SLM 成形过程,分别开发了高水平的多物理场数值计算方法,形成了可以高效、准确模拟这两种最重要的金属增材制造的材料冶金过程数值模拟软件。

- 华中科技大学史玉升团队使用自主研发的 PS 粉末材料为国内外 300 多家单位包括空客、北京航空材料研究院、中航工业航空动力机械研究所、二汽、中船重工 12 所等 SLS 打印成形了各种复杂铸造熔模,所研发的尼龙及其复合粉末材料已在广东银禧科技股份有限公司实现产业化,建成了年产 200t 的生产线;成功制造出直径超过 1.6m 的大尺寸复杂碳化硅陶瓷复合材料零件,性能优于国外产品。

- 西安交通大学田小永团队提出原位熔融浸渍与挤出成形复合的高性能复合材料结构增材制造新工艺,所制备的 CCF/PA 复合材料纤维含量可达 50%(质量分数),性能超过铝合金,并率先实现了 CCF/PEEK 复合材料构件成形。相关研究成果发表 ESI 高被引论文 2 篇,获 2019 Composites Part A 期刊最高被引论文奖。

- 西安交通大学李涤尘团队提出了一种控性冷沉积增材制造工艺,基于分子结晶与力学性能调控原理,通过设计增材制造过程中的热工艺参数(环境温度、打印温度、热处理方式等),实现不同位置不同结晶度的 PEEK 材料制件,在同一 PEEK 增材制造制件上实现变刚度、变性能的多种性能集成。

- 华南理工大学杨永强团队研发了多材料金属激光选区熔化设备,可以实现异种材料在 Z 轴方向梯度成形,可以实现单层中多种材料梯度预置,并且在同一层上可以实现不同区域内的异种材料的成形。

- 四川大学李光宪团队在增材制造高分子材料领域提出了新的学术思想,研发了多种高水平增材制造高分子材料,包括:针对 CLIP 技术开发出多种具有优异性能的功能性打印油墨;针对 SLS 技术,提出动态交联高分子 3D 打印的学术思想,解决了 3D 打印层间黏合作用弱、Z 方向强度低等关键难题;通过控制 FDM 过程中的外力场,得到了具有原位纤维结构、高取向度的串晶结构及附生结晶结构的样品,制件的力学性能得到大幅提高。

- 中南大学李瑞迪团队与长沙中车研究院合作,研发了 AlMgScZr 增材制造专用高强度铝合金材料,强度(约 520 ~ 540MPa)高于空客增材制造专用高强度铝合金 Scalmalloy 的强度(约 500 ~ 520MPa),成功应用于民用航空航天全尺寸构件的增材制造。

- 针对大尺寸陶瓷件增材制造后续烧结往往严重变形的问题,西北工业大学成来飞团队提出了采用 CVI、PIP 或反应熔体渗透(RMI)等增密方法使 3D 打印陶瓷件致密化。

相比于烧结，可以保证不会改变已成形坯体的形状和尺寸，且同样可以获得高性能，从而实现成形和成性的协同。采用这一创新性的方法，制备了一系列满足航空航天应用的高性能增材制造陶瓷结构件。

- 青岛理工大学兰红波团队提出了一种原创性的电场驱动喷射沉积微纳增材制造新技术，应用到高性能柔性透明导电膜、透明电极、透明电加热/电磁屏蔽、共形天线、柔性电子、可降解心血管支架和组织支架、微透镜、功能梯度材料、3D 结构电子、高分辨率液态金属打印等多个领域和行业。

- 西北有色金属研究院汤慧萍团队开发了分区跳跃 - 短线程填充扫描技术，解决了 SEBM 成形难熔金属材料变形开裂的难题，国际上率先实现了钨（熔点 3410℃）、钽（熔点 2996℃）等难熔金属材料的高质量 SEBM 成形，研制的个性化多孔钽植入物在国际上率先得到临床应用。

- 中南大学熊翔团队采用自行研发的"粉末挤出打印技术"，针对多种金属合金、陶瓷以及复合材料打印出满足工业生产需求的高性能零件。

- 江苏威拉里新材料公司自主研发出单炉 350kg 金属制粉设备，促进国产设备的高产能、高指标发展；建成了国内第一条自动化生产线，将制粉、筛分、后处理和自动化包装进行有机串联，大大提高粉末生产的自动化程度，减少人为因素影响，提升了质量稳定性。

- 中国航发商发公司揭示了 Hastelloy X 及 IN718 合金材料成分、显微组织、表面处理与断裂行为的内在关系规律，优化出航空发动机 SLM 专用高性能 Hastelloy X 及 IN718 合金粉末成分，获得了横纵向、不同成形位置静态力学性能离散度小于 5% 的成形构件，并开发出航空发动机用 Hastelloy X 及 IN718 合金 SLM 成形工艺和材料性能数据库，解决了行业缺乏设计许用值的共性问题。

中国增材制造材料与世界最先进水平相比，存在的差距主要体现在材料体系不够健全和高端材料上有所落后两个方面。存在这两方面差距的主要原因是，我国增材制造材料发展的顶层设计和体系化研究同西方发达国家相比明显不足。

西方发达国家在政府、社会、3D 打印技术领先企业和大型工业企业几个层面，都对增材制造材料发展有明确的顶层设计和成体系的研究开发战略。

在政府层面，美国国家增材制造创新中心"America Makes"制定了明确的增材制造材料发展战略，其目标是建立材料知识的体系，为增材制造材料建立基准特性数据，包括创建一个范式转变，从控制过程参数来"建立"微观结构，而不是控制底层物理学上的微观尺度，以实现一致的可重复性的微观结构。要发展的技术重点和相关的影响分析指标包括：标准化原料、基准材料属性数据、工艺产权结构关系、进程窗口边界定义、后处理指南和规范。

欧洲"地平线 2020"之前完成的计划中，对增材制造材料的开发支持占到了整个增材制造支持的 29.6%，其中 11.3% 是对金属材料的开发支持，7% 是对高分子材料的支持，5.6% 是对生物材料的支持，2.8% 是对陶瓷材料的支持，其他种类材料的开发支持占 2.9%。

"地平线 2020"计划关于增材制造材料，也有非常明确具体的规划：

- 提高材料的性能：静态性能和抗疲劳性能，使增材制造优于铸造和锻造材料。

- 提高不同机器间的工艺参数交换能力。
- 适用于不同加工技术的半结晶和非晶态聚合物的识别。
- 专用的增材制造材料。
- 开发材料的一致性和可重复性以及与加工参数配合。
- 分析不同材料的特性和增材制造技术的复合材料验证。
- 分析和开发生物材料、超导材料、新磁性材料、高性能金属合金、非晶态金属、复合高温陶瓷材料、金属有机骨架、纳米颗粒和纳米纤维材料。

同时欧盟对材料数据也十分重视，欧盟支持：

- 开发特定应用、材料及过程的材料性能信息数据库。
- 开发材料性能比较及分享的在线平台。

在环境方面，欧盟也提出了具体要求：

- 批量回收材料的批量验证和标准化，尤其是高分子材料。
- 原料使用生命周期的系统化的策略，包括：把老化的达到自然使用寿命的零件进行熔融并雾化制粉，在此过程中监控和调整材料化学成分。

应该说，中国在国家战略层面上还是十分重视增材制造的，将其列入了"中国制造2025"需要支持的新技术，在"十三五"国家重点研发计划中支持了"增材制造与激光制造"专项，首批建立国家增材制造创新中心，等等。但在具体实施过程中，"增材制造与激光制造"专项被安排在制造类专项中，因此在项目指南中不能发布材料类项目。在各类国家计划项目中，增材制造材料只是有一些零散的安排，没有像美国和欧盟那样做明确系统的部署。

在社会层面，美国成立了以宾夕法尼亚州立大学为首的增材制造材料联盟。该联盟由美国国家标准与技术研究所资助，聚集了高端的研究人员，涉及 120 名来自企业、政府和学校的核心人员，其中包括来自应用研究实验室（Applied Research Lab，ARL）、宾夕法尼亚州创新材料中心、哈罗德和 Inge 马库斯工业和制造工程学院的专业人员，这些专业研究人员在一起为下一代的增材制造材料制定了"战略路线图"，希望通过新材料的发展来推动美国创新和塑造未来的竞争力。路线图的组织研究和活动分为五个战略目标：材料、过程及零件的集成设计方法；发展过程－结构－性能的关系；建立零件和原料测试科学研究报告；开发增材制造过程分析能力；探索下一代增材制造材料和工艺。路线图中明确提出要加快设计新的材料，并鼓励增材制造业在未来 10 年内广泛使用这些新材料。

相应地，我国还没有专门针对增材制造材料的社会力量联盟。

在 3D 打印技术领先企业层面，美国的两个世界最大规模的 3D 打印公司"Stratasys"和"3D Systems"分别都有数百种商业牌号的增材制造材料销售，可以满足客户很多方面的材料需求。这也是它们可以采取"捆绑销售"设备与材料的底气所在。相比较，我国的金属增材制造领先企业西安铂力特公司有 50 余种金属合金具有成熟的打印工艺，可以用于工业增材制造应用；而塑料 3D 打印领先企业华曙高科公司可以为客户提供近 20 种高分子 3D 打印材料。可见，差距还是十分显著的。这主要是因为这两个我国 3D 打印领先企业成立时间比 3D 打印世界巨头公司"Stratasys"和"3D Systems"晚了二十多年，在体量、积累和技术实力上都有明显差距，短期内尚无足够的力量进行 3D 打印材料的大规模开发。

第二篇 前沿新材料

在大型工业企业层面，以其 MJF 技术改变世界 3D 打印格局的世界 500 强企业惠普公司，启动了"3D 打印材料认证计划"。这项认证计划为第三方供应商提供了开发 HP Jet Fusion 3D 打印解决方案兼容材料的机会和途径，使其成为惠普的材料创新合作伙伴，携手开辟 3D 打印材料的新天地，以此来满足更广泛的应用需求，推动性能提升，开发满足特定行业需求的潜在部件属性，进而挖掘出材料的新型用途。已经有许多世界顶级材料企业参加了这项认证计划，包括 BASF、ARKEMA、Dressler Group、EVONIK、Henkel、Lehmann & Voss、Lubrizol 和 SIGMADESIGN。此外，BASF 收购了粉体开发商 Advanc3D，Evonik 收购了 SLS 技术发明人 Carl Deckard 参与创立的 SLS 粉体企业 Structured Polymer，大企业与专业的材料企业之间的互动与互补已经形成普遍态势。而我国大型企业中，只有万华在 PBF 聚合物粉体方面有所布局。

 4.3 增材制造材料与技术的近期发展重点的战略思考建议

增材制造材料近期发展的战略重点，建议围绕增材制造材料方向最有价值的科学、技术和产业问题，进行系统的顶层设计与有效的组织实施。

4.3.1 / 推进系统的顶层设计与有效的组织实施

根据我国增材制造行业当前的优势和短板，近期发展的战略重点首先应该是进行系统的顶层设计，并有效地组织我国增材制造领域庞大的研发和产业力量，围绕增材制造材料方向最有价值的科学、技术和产业问题进行研究和发展。在中央政府层面，应当把增材制造作为一个综合性的重大新技术来安排国家科技支持计划，要改变目前这种把增材制造仅仅放在制造口而无法安排增材制造材料类项目的局面。或者在未来新的可能实施的材料类重大专项中，把增材制造材料作为一个重要方向予以支持。在增材制造领域已经有很多布局和应用的航空航天大型单位、已有的重要研发平台，特别是国家级平台层面，可以根据中国国情并借鉴发达国家经验，进行与自己相关领域的增材制造材料发展的顶层设计和组织实施。实际上，我国当前还缺少能够代表国家整体的增材制造行业发展，并能够有效组织增材制造行业的各方面力量进行协同创新的国家级平台。率先布局这种实质性的国家级行业发展平台的地区，将通过支撑中国增材制造技术与材料在世界级竞争中的跨越式发展，而对区域创新和产业发展起到重要支持作用。

4.3.2 / 强化增材制造材料科学研究

从科学基础层面系统深入地理解增材制造的材料行为，是发展先进的增材制造材料技术，增强我国增材制造材料技术的原始创新能力，更充分地发挥增材制造技术优越性的根本保证。

增材制造材料存在一些共性的科学问题，各类增材制造材料还有其特殊关注的重点科学问题。需要重点关注的增材制造共性的材料科学问题主要是：材料的工艺性、服役性能、安全性和可靠性的检测与评价方法的科学基础。作为一种全新的制造技术，不能完全采用已有的检测与评价方法来考核增材制造材料的工艺性、服役性能、安全性和可靠性。只有建立起针对增材制造材料检测与评价的可靠科学基础，才能形成增材制造可以广泛应用的系统的标准体系，解决当前增材制造在很多领域还不能推广应用的一个关键障碍。

金属增材制造需要重点关注的材料科学问题包括：增材制造全过程非平衡相变及组织演化行为；增材制造热-组织-应力耦合机制及变形、开裂机理；基于金属增材制造非均匀非平衡组织特征的材料合金化及构件强韧化机理；增材制造冶金缺陷形成机制和评价方法。深刻理解这些科学问题，将为优化现有金属合金的增材制造工艺、大幅度拓展可打印合金的种类，以及大规模研发增材制造专用合金奠定科学基础。

高分子增材制造需要重点关注的材料科学问题包括：增材制造过程中高分子材料的流变、结晶、固化、降解等规律，特别是热、力历史对上述行为的影响机理；打印件在不同载荷和长期服役条件下的力学、化学、物理响应行为。深刻理解这些科学问题，将为优化高分子材料增材制造工艺、大幅度拓展可打印高分子材料的种类，以及大规模研发增材制造专用高分子材料奠定科学基础。

生物医学增材制造需要重点关注的材料科学问题包括：生物增材制造过程中，打印材料与活性物（蛋白质、核酸等）及活体物（细胞等）的界面及相互作用规律，涉及包括材料生物相容性、材料免疫应答、生长发育等基本材料及生物学问题；研究打印材料在人体生理动、静态下的失效模式，材料降解行为及降解产物在人体内长期安全性等重要问题。这些科学问题的研究可为高相容性、高仿生的新型生物墨水材料开发提供理论支撑。

/ 重点发展可以推动增材制造技术重大进步的增材制造材料技术

（1）增材制造专用材料设计

根据增材制造工艺特性，设计具有优良的原材料（液料、粉末、丝材等）可制备性、优良的打印工艺性、最优使用性能和成本低廉的增材制造专用材料，解决限制增材制造更广泛应用的材料方面的瓶颈问题。

① 在增材制造金属材料方面，特别关注：适合于 SLM 技术应用的 500 ～ 600MPa 级别的铝合金材料；适合于 SLM 和 DED 技术应用的航空发动机和燃气轮机热端部件（特别是涡轮叶片）用高温合金材料；适合于 SLM 和 DED 技术，综合性能（特别是低周疲劳性能）达到锻件水平的钛合金材料；适合于 SLM 和 DED 技术应用的 2000MPa 以上级别的钢铁材料。

② 在增材制造高分子材料方面，特别关注：具有低黏度、高性能（高强度、高模量和耐高温）、可以实现高精度打印的光敏树脂及其复合树脂；适用于 ME 技术的低成本、高热稳定性、高尺寸精度的线材和颗粒料；适用于 PBF 技术的具有高流动性（粉体/熔体）、高复用率、宽烧结窗口、高力学性能、低成本的高分子粉体材料。

③ 在增材制造生物医学材料方面，特别关注：具有高纯净度、高质量控制和高稳定性的可打印生物医用原材料及生物墨水。

（2）增材制造材料的信息化处理技术 ····

增材制造材料的信息化处理的目标是，实现从零件结构设计、材料配制、打印工艺、零件服役全链条、全生命周期的数据化，获取增材制造的材料、结构、工艺、质量和服役信息的大数据，借助集成计算和人工智能分析方法，建立增材制造的材料、结构、工艺、质量控制和服役性能不断优化的集成技术体系。

当前的零件结构设计的主流软件，一般只能处理单一材料均匀性能的结构设计，不能发挥增材制造技术最重要的优势。增材制造当前正在朝向"材料 - 结构 - 性能一体化增材制造"发展，需要能够实现多材料、多功能、多尺度和多层次处理的结构设计软件。

对增材制造的原材料，要求具有材料的成分（包括微量杂质）、微观组织结构和处理历史的完整信息。

根据打印件结构设计、材料信息和打印工艺设计，建立增材制造过程的"数字孪生"模型，是实现增材制造过程完备的信息化处理的重要手段。当前的增材制造工艺仿真软件，还不能充分耦合材料的微观组织结构和打印过程参数与相关物理场和化学场的演变历史。可以预计，传统的数值仿真方法在相当长的时间里还不能单独支撑建立增材制造过程的"数字孪生"模型。因此，需要结合当前正在发展的数值仿真方法，融合增材制造的大数据，采用人工智能方法，在不断迭代优化的过程中，逐渐建立增材制造的"数字孪生"模型。

对增材制造过程进行充分的实时监测，获取尽可能完备的过程参数，是增材制造材料大数据的核心内容，也是与当前"数字孪生"模型耦合促其迭代优化的关键环节。增材制造结构件在服役过程中的材料行为，也是增材制造材料大数据的重要组成部分。

（3）当前一些需要重点关注的增材制造材料技术 ····

① 3D 打印成形的多孔金属或陶瓷坯体的少 / 无变形致密化技术。粉末床黏结剂喷射和 ME 金属 3D 打印是近期非常引人瞩目的，被称为"间接金属打印"的高效率低成本金属 3D 打印技术，它的成功有可能大幅度扩展金属 3D 打印的应用领域，例如应用到普通汽车或一般机械工业的金属零件制造。这项技术当前亟需解决的难题是多孔金属坯体在后续烧结致密化过程中的大幅度体积收缩很容易导致零件的变形。粉末床黏结剂喷射陶瓷 3D 打印，以及通过光固化或 SLS 成形的多孔陶瓷坯体的致密化也有同样的问题。采用聚合物转化陶瓷方法，是获得高密度 3D 打印陶瓷素坯的方法之一；以 RMI、CVI 或 PIP 为代表的后处理工艺，可以达到近净尺寸致密化，也是需要重点关注的 3D 打印多孔坯体致密化技术。同时，这种致密化技术还需要特别关注如何达到与烧结致密化工艺相媲美的材料性能。

② 高分子材料的面成形打印技术，可以大幅度提高打印效率，同时还能保持甚至提高打印精度，是近期高分子材料增材制造技术发展的一个重要方向。当前典型的高分子面成形打印技术包括光固化打印里的 CLIP 技术和 DLP 技术，粉末床打印里的惠普 MJF 技术和 EOS 的 LPF 技术等。面成形打印技术发展的一个十分重要的目标，是使高分子 3D 打印可以部分地进入高端注塑件的领域，从而极大地扩展高分子材料 3D 打印的市场份额。然而无论是光固化还是粉末床高分子打印，其原材料种类少、成本高昂都是难以从根本上解决的问题。发展面成形 ME 打印技术，则有望覆盖极宽的原材料范围，而且可以达到同注塑原材料同样的

成本，这应该是十分值得关注的高分子材料 3D 打印技术。

③ 我国在增材制造生物医学材料原材料开发及打印工艺关键技术方面部分达到国际并跑甚至国际领先水平，但该领域的原材料产业化程度较低，仍长期被进口垄断。因此，亟需开展现有生物 3D 打印原材料的产业转化关键技术研究，针对国内已部分实现产业化的聚己内酯、聚乳酸等有机高分子材料，开展质量控制、批量稳定制备等产业转化技术研究，解决国内现有材料稳定性差、纯净度低等"卡脖子"问题，打破"进口依赖"困境。同时，开展新型生物 3D 打印材料开发与改进关键技术研究。以生物功能性为导向，攻关改性水凝胶、类基质功能材料等新型材料体系的高生物相容性、高仿生改进技术，合成高分子材料的表面生物活化改性、材料界面融合等技术，提升材料生物相容性、可打印性与打印结构稳定性、力学性能等。

④ 在微纳 3D 打印材料技术方面，重点关注：面向微细电路 3D 打印的高性能导电材料和介电材料的研制，尤其是低温烧结高固含量抗堵塞纳米银浆，攻克微纳 3D 打印的重要卡脖子难题；实现高效大尺寸亚微米尺度结构制造的微立体光刻 3D 打印新技术和新材料的开发，突破 100nm 分辨率双光子聚合 3D 打印新技术和新材料；发展高生物活性材料的微纳增材制造方法，实现对人体组织内的微纳结构的精准重建。

4.4　增材制造材料与技术 2035 年展望与未来

按照当前的发展速度，到 2035 年中国增材制造产业的总产值将突破万亿元人民币，其中增材制造材料的总产值将超过 2700 亿元人民币，预计增材制造材料的种类可以扩展 10 倍以上。增材制造行业的发展速度，还可能因为一些重大的技术进步而出现爆发式增长。

航空航天工业将因为增材制造材料与技术的发展而实现革命性进步，相应地也将促进增材制造在航空航天工业中的普及式应用。增材制造支撑的结构创新设计，已经在航空航天结构减重和一些重要功能实现中展示了巨大的价值，但因为当前增材制造材料性能在很多方面还不能充分满足航空航天应用的严苛要求，还无法支撑航空航天结构实现普遍的和整体性的创新设计。预计到 2035 年，一大批增材制造专用材料已经可以充分满足航空航天应用要求，支撑航空航天结构实现普遍的和整体性的创新设计，航空航天器的设计、功能和性能将可能因此而根本改观。600MPa 级别的增材制造铝合金，将可能成为飞机铝合金结构的主体材料，使飞机结构实现大幅度减重；包括疲劳性能在内的综合性能与锻件相当的增材制造钛合金和 2000MPa 以上级别的增材制造超高强钢，将使飞机关重件可以普遍采用增材制造，从而带来减重和功能提升上的显著进步；增材制造专用高温合金，将可能大规模应用到包括涡轮叶片在内的航空发动机热端部件上，使航空发动机的制造摆脱当前空心单晶涡轮叶片制造上面临的大量难题；高性能塑料 3D 打印声学结构件，将可能使飞机舱内实现阅览室般的安静舒适环境，免除长程航空旅行的噪声困扰，而使中国的民航客机具有世界竞争力。

在未来的 14 年间，高分子增材制造将在材料与技术上取得长足进步，并由此大幅度扩展应用市场，包括：在超大和微纳尺寸两个方向发展，面成形将取代点扫描成为最主要的打印方式，在大幅度提高打印效率的同时，打印精度和打印件性能也显著提升，成为兼顾效率、精度和性能的先进制造技术；随着颗粒料挤出打印技术的发展，可打印高分子材料的种类将覆盖绝大多数高分子材料体系，而且材料成本可以降低到注塑原材料的水平，使得3D打印可以占据很大一部分注塑件的市场，实现大规模定制化工业生产，广泛应用于民用、工业、国防、航空航天及医学等领域，极大地扩展高分子3D打印的应用市场；高强度、耐高温、低成本高分子3D打印材料，将取代一部分金属材料，广泛应用于结构减重，在减少碳排放方面做出重要贡献；双光子聚合、轴向计算光刻和一些新的高分子打印技术，可能成为可以产业化应用的技术，使高分子3D打印在打印精度和效率等方面发展到前所未有的高水平。

医疗也将因为增材制造材料与技术的发展而带来革命性变化，相应地也将促进增材制造在临床医疗中的普及性应用，为人类的健康生活提供新的技术保障。特别是，增材制造＋医疗的深度融合高度符合当代临床技术个性化、精准化、仿生化的发展潮流。预计到2035年，增材制造有望成为个性化手术规划模型及康复器具最主要的制造方法，一大批满足环保要求的高性能树脂材料将得到大量应用；同时植入医疗器械（植入物）越来越依赖个性化制造，增材制造技术将在产业中占主导地位，人体内长期安全的医疗植入级金属材料需求将大幅提升；为进一步满足组织再生需求，可降解可吸收的一大类新型金属材料与高分子材料也将越来越受重视。与此同时，面向"活体"构建的生物增材制造技术将取得阶段性突破，最可能率先在体外组织模型、器官芯片等领域大规模应用及产业化，为个性化肿瘤诊断，新药开发等提供全新模式，与此同时活性皮肤、血管、软骨、膀胱等简单结构器官的制造技术逐步成熟，部分进入临床试验和应用；与"活体"制造相匹配的生物打印材料开发将以实现高活性生物功能性为导向，攻关改性水凝胶、类基质材料、自组装材料等新型材料体系的高生物相容性、高仿生材料设计及制备技术，为后续复杂组织器官重建与功能化奠定基础。

3D打印高性能陶瓷件将在航空航天、高端武器、船舶、汽车、电子等尖端领域得到广泛应用，包括轻量化和整体化陶瓷件、结构功能一体化陶瓷件和异质材料功能梯度陶瓷基零件等。生物陶瓷材料增材制造将在生物医学领域得到广泛应用，包括：具有优异的生物相容性的3D打印羟基磷灰石，将成为应用广泛的人工骨替代材料；具有良好的生物相容性和可降解性的磷酸三钙（TCP），将成为广泛应用的人体硬组织修复材料和骨组织工程支架材料，用TCP粉材和脂肪酸制成的生物墨水，可制备有骨髓和血管的3D打印植入体；氧化锆、氧化铝和氮化硅等材料，将广泛应用于3D打印义齿。3D打印陶瓷件也将与传统陶瓷工艺相结合，实现陶瓷制品的快速定制生产，在传统陶瓷工业的升级转型中脱颖而出。

微纳增材制造将实现线宽小于$5\mu m$的微细结构制造，在广泛的领域和产品中得到应用，诸如微纳机电系统、电子电路（三维立体电路/共形天线、柔性和硬质多层电路板、透明电极等）、3D结构电子、生物医疗（组织支架、毛细血管、组织器官等）、柔性电子、智能传感（电子皮肤、智能可穿戴设备、3D传感器等）、大尺寸高清显示（OLED、QLED、Micro-LED）、软体机器人、新能源（柔性太阳能电池、固态电场、微能源等）、超材料等。

混凝土3D打印将从当前的示范性应用进入实际的商业化应用。由于不方便添加钢筋，混凝土3D打印更依赖于高性能的混凝土材料。通过混入不同类型的增强纤维的超高性能混凝土（UHPC）将成为未来混凝土3D打印的主要原材料。针对不同的用途，UHPC通过混入金属纤维（主要是钢纤维）、无机纤维（如玻璃纤维、碳纤维、玄武岩纤维）以及有机纤维（如聚乙烯纤维、聚丙烯纤维等）来增强混凝土的强韧性。混凝土3D打印的应用领域主要包括：打印风力发电塔基座，显著提高风电塔的高度，从而使风机进入更高风速的高空，增大发电量；打印高端建筑的外装饰，例如超高镂空率的立面装饰纤网，这种高度艺术性的装饰风格被许多世界级建筑大师青睐；山区推进乡村振兴建设现代化的民居，是混凝土3D打印大有可为的领域；边境地区，特别是环境较为严酷区域的临时掩体、营房等需要抢修抢建的军用设施建设的快速建造；大型城市雕塑和公园中的艺术性建筑等。

4D打印将在高分子、金属和陶瓷等广泛的材料上快速发展。基于4D打印，从微观到宏观的3D打印对象可以被制作成智能器件、超材料、折纸等，在原型、航空航天、生物医学等领域获得多种多样的功能应用。由于4D打印解决了许多通过传统技术无法制造的智能材料和结构的制造问题，将为智能材料和结构的设计和应用开辟一个广阔天地。

致谢

本章是中国增材制造行业许多专家集体努力的成果，为本章提供素材和参与撰写的专家包括：清华大学徐弢、林峰，四川大学李光宪，南京航空航天大学顾冬冬，西安交通大学李涤尘、田小永，华中科技大学史玉升，华南理工大学杨永强，西北工业大学林鑫、成来飞、谭华，南昌航空大学刘奋成，西安航空学院宋梦华，青岛理工大学兰红波，重庆大学黄弘，南华大学邱长军，中南大学熊翔，西北有色金属研究院汤慧萍，宁夏共享集团刘轶，3D科学谷王晓燕，空客中国雷鸣，国家增材制造创新中心张丽娟，西安铂力特公司赵晓明，上海聚复公司罗小帆，江苏威拉里新材料公司张维，苏州铼赛公司刘震，易佳三维公司冯涛，昆山博力迈公司王运赣，中交一公院杨敏，西安非凡士公司王辉，3DCERAM公司马涛，上海复志公司金珉德，在此一并深致感谢！

参考文献

[1] Wohlers Associates. Wohlers Report 2021: 3D Printing and Additive Manufacturing-Global State of the Industry[R]. 2021年3月.

[2] 赛迪顾问. 2019-2020年中国增材制造（3D打印）产业发展研究年度报告. 2020年2月.

[3] Jackman R J, Brittain S T, Adams A, et al. Design and fabrication of topologically complex, three-dimensional microstructures[J]. Science, 1998, 280(5372): 2089-2091.

[4] Gao C H, Hu Y W, Xuan Y, et al. Large-scale nanoshaping of ultrasmooth 3D crystalline metallic structures[J]. Science, 2014, 346(6215): 1352-1356.

[5] Bartlett N W, Tolley M T, Overvelde J T B, et al. A 3D-printed, functionally graded soft robot powered by combustion[J]. Science, 2015, 349(6244): 161-165.

[6] Tumbleston J R, Shirvanyants D, Ermoshkin N, et al. Continuous liquid interface production of 3D objects[J]. Science, 2015, 347(6228): 1349-1352.

[7] MacDonald E, Wicker R. Multiprocess 3D printing for increasing component functionality[J]. Science, 2016, 353(6307): aaf2093.

[8] Eckel Z C, Zhou C Y, Martin J H, et al. Additive manufacturing of polymer-derived ceramics[J]. Science, 2016, 351(6268): 58-62.

[9] News at a glance. 3D printed body parts, large as life[N]. Science, 2016, 351(6275): 792-795.

[10] Lee A, Hudson A R, Shiwarski D J, et al. 3D bioprinting of collagen to rebuild components of the human

heart[J]. Science, 2019, 365(6452): 482-487.

[11] Dasgupta Q, Black Ⅲ L D. A fresh slate for 3D bioprinting[J]. Science, 2019, 365(6452): 446-447.

[12] Dove A. Prints of pieces[J]. Science, 2020, 367(6474): 215-217.

[13] Abdulla S. Printing a heart[N]. Nature, 1999.

[14] Fan, H, Lu Y, Stump A, et al. Rapid prototyping of patterned functional nanostructures[J]. Nature, 2000, 405: 56-60.

[15] Greenemeier L. Scientists use 3-D printer to speed human embryonic stem cell research[N]. Nature, 2013.

[16] Fessenden M. 3D printed windpipe gives infant breath of life[N]. Nature, 2013.

[17] Sandler N, Kassamakov I, Ehlers H, et al. Rapid interferometric imaging of printed drug laden multilayer structures[J]. Science Report, 2014, 4: 4020.

[18] Pati F, Jang J, Ha D H, et al, Printing three-dimensional tissue analogues with decellularized extracellular matrix bioink[J]. Nature Communications, 2014, 5: 3935.

[19] Murphy S, Atala A. 3D bioprinting of tissues and organs[J]. Nature Biotechnology, 2014, 32: 773-785.

[20] Visser J, Melchels F, Jeon J, et al, Reinforcement of hydrogels using three-dimensionally printed microfibres[J]. Nature Communications, 2015, 6: 6933.

[21] Sydney Gladman A, Matsumoto E, Nuzzo R, et al. Biomimetic 4D printing[J]. Nature Material, 2016, 15: 413-418.

[22] Wu Z, Su X, Xu Y, et al. Bioprinting three-dimensional cell-laden tissue constructs with controllable degradation[J]. Science Report, 2016, 6: 24474.

[23] Sivaramakrishnan S, Chia P J, Yeo Y C, et al. Controlled insulator-to-metal transformation in printable polymer composites with nanometal clusters[J]. Nature Material, 2007, 6: 149-155.

[24] Sekitani T, Takamiya M, Noguchi Y, et al. A large-area wireless power-transmission sheet using printed organic transistors and plastic MEMS switches[J]. Nature Material, 2007, 6: 413-417.

[25] Lewis J, Ahn B. Three-dimensional printed electronics[J]. Nature, 2015, 518: 42-43.

[26] Symes M, Kitson P, Yan J, et al. Integrated 3D-printed reactionware for chemical synthesis and analysis[J]. Nature Chemistry, 2012, 4: 349-354.

[27] Carbonell C, Stylianou K, Hernando J, et al. Femtolitre chemistry assisted by microfluidic pen lithography[J]. Nature Communications, 2013, 4: 2173.

[28] Kotz F, Arnold K, Bauer W, et al. Three-dimensional printing of transparent fused silica glass[J]. Nature, 2017, 544: 337-339.

[29] Withers N. Behold the fold[N]. Nature Chemistry, 2010.

[30] Ahn B Y, Shoji D, Hansen C J, et al. Printed origami structures[J]. Advanced Materials, 2010, 22: 2251-2254.

[31] Li X, Sun P, Fan L, et al. Multifunctional graphene woven fabrics[J]. Science Report, 2012, 2: 395.

[32] Onses M, Song C, Williamson L, et al. Hierarchical patterns of three-dimensional block-copolymer films formed by electrohydrodynamic jet printing and self-assembly[J]. Nature Nanotechology, 2013, 8: 667-675.

[33] Martin J, Fiore B, Erb R. Designing bioinspired composite reinforcement architectures via 3D magnetic printing[J]. Nature Communications, 2015, 6: 8641.

[34] Kokkinis D, Schaffner M, Studart A. Multimaterial magnetically assisted 3D printing of composite materials[J]. Nature Communications, 2015, 6: 8643.

[35] Extra dimensions in 3D printing[N]. Nature, 2015, 11: 527.

[36] Li L, Tirado A, Nlebedim I, et al. Big area additive manufacturing of high performance bonded NdFeB magnets[J]. Science Report, 2016, 6: 36212.

[37] Foster C, Down M, Zhang Y, et al. 3D printed graphene based energy storage devices[J]. Science Report, 2017, 7: 42233.

[38] Lewicki J, Rodriguez J, Zhu C, et al. 3D-printing of meso-structurally ordered carbon fiber/polymer composites with unprecedented orthotropic physical properties[J]. Science Report, 2017, 7: 43401.

[39] Liquid metal printed in 3D[N]. Nature, 2013, 499: 256-257.

[40] Ladd C, So J H, Muth J, et al. 3D printing of free standing liquid metal microstructures[J]. Advanced Materials, 2013, 25: 5081-5085.

[41] Hofmann D, Roberts S, Otis R, et al. Developing gradient metal alloys through radial deposition additive manufacturing[J]. Scientific Report, 2014, 4: 5357.

[42] Hou H L, Simsek E, Ma T, et al. Fatigue-resistant high-performance elastocaloric materials made by additive manufacturing[J]. Science, 2019, 366(6469): 1116-1121.

[43] Cunningham R, Zhao C, Parab N, et al. Keyhole threshold and morphology in laser melting revealed by ultrahigh-speed x-ray imaging[J]. Science, 2019, 363(6429): 849-852.

[44] Polonsky A T, Pollock T M. Closing the science gap in 3D metal printing[J]. Science, 2020, 368(6491): 583-584.

[45] Khairallah S A, Martin A A, Lee J R I, et al. Controlling interdependent meso-nanosecond dynamics and defect generation in metal 3D[J]. Science, 2020, 368(6491): 660-665.

[46] Mukherjee T, Zuback J S, De A, et al. Printability of alloys for additive manufacturing[J]. Scientific Report, 2016, 6: 19717.

[47] Martin J, Yahata B, Hundley J, et al. 3D printing of high-strength aluminium alloys[J]. Nature, 2017, 549: 365-369.

[48] Zhang D, Qiu D, Gibson M A, et al. Additive manufacturing of ultrafine-grained high-strength titanium alloys[J]. Nature, 2019, 576: 91-95.

[49] Zhao C, Parab N D, Li X X, et al. Critical instability at moving keyhole tip generates porosity in laser melting[J]. Science, 2020, 370(6520): 1080-1086.

[50] Gu D D, Shi XY, Poprawe R, et al. Material-structure-performance integrated laser-metal additive manufacturing[J]. Science, 2021, 372(6545): eabg1487.

[51] Aboulkhair N T, Simonelli M, Parry L, et al. 3D printing of aluminium alloys: Additive manufacturing of aluminium alloys using selective laser melting[J]. Progress in Materials Science, 2019, 106: 100578.

[52] Louvis E, Fox P, Sutcliffe C J. Selective laser melting of aluminium components[J]. Journal of Materials Processing Technology, 2011, 211(2): 275-284.

[53] Olakanmi E O, Cochrane R F, Dalgarno K W. A review on selective laser sintering/melting (SLS/SLM) of aluminium alloy powders: Processing, microstructure, and properties[J]. Progress in Materials Science, 2015, 74: 401-477.

[54] Wu J, Wang XQ, Wang W, et al. Microstructure and strength of selectively laser melted AlSi10Mg[J]. Acta Materialia, 2016, 117: 311-320.

[55] Yan Q, Song B, Shi Y S. Comparative study of performance comparison of AlSi10Mg alloy prepared by selective laser melting and casting[J]. Journal of Materials Science & Technology, 2020, 41:199-208.

[56] Li XP, Ji G, Chen Z, et al. Selective laser melting of nano-TiB2 decorated AlSi10Mg alloy with high fracture strength and ductility[J]. Acta Materialia, 2017, 129: 183-193.

[57] Dong B L, Cai X Y, Lin S B, et al. Wire arc additive manufacturing of Al-Zn-Mg-Cu alloy: Microstructures and mechanical properties[J]. Additive Manufacturing, 2020, 36: 101447.

[58] Klein T, Schnall M, Gomes B, et al. Wire-arc additive manufacturing of a novel high-performance Al-Zn-Mg-Cu alloy: Processing, characterization and feasibility demonstration[J]. Additive Manufacturing, 2021, 37: 101663.

[59] Palm F, Leuschner R, Schubert T, et al. Scalmalloy® = A unique high strength AlMgSc type material concept processed by innovative technologies for aerospace applications[C]. Proceedings of the World Powder Metallurgy Congress and Exhibition, 2010.

[60] Forde J. A20X - High Strength, Elevated temperature aluminium casting alloy[C]. Aeromat 23 Conference and Exposition American Society for Metals, 2012.

[61] Jia Q B, Rometsch P, Kürnsteiner P, et al. Selective laser melting of a high strength Al-Mn-Sc alloy: Alloy design and strengthening mechanisms[J]. Acta Materialia, 2019, 171: 108-118.

[62] 祝弘滨, 李瑞迪, 王敏卜, 等. 一种可用于3D打印的铝合金粉末及其制备方法和应用[P]. 中国专利: 201811555446.5, 2018-12-19.

[63] Spierings A B, Dawson K, Kern K, et al. SLM-processed Sc- and Zr- modified Al-Mg alloy: Mechanical properties and microstructural effects of heat treatment[J]. Materials Science and Engineering A, 2017, 701: 264-273.

[64] Kuo Y L, Kamigaichi A, Kakehi K. Characterization of Ni-based superalloy built by selective laser melting and electron beam melting[J]. Metallurgical and Materials Transactions a, 2018, 49(9): 3831-3837.

[65] Sanchez S, Smith P, Xu Z K, et al. Powder bed fusion of nickel-based superalloys: A review[J]. International Journal of Machine Tools & Manufacture, 2021, 165: 103729.

[66] Dhinakaran V, Ajitha J, Fahmidha A F Y, et al. Wire Arc Additive Manufacturing (WAAM) process of nickel based superalloys - A review[J]. Materials Today-Proceedings, 2020, 21: 920-925.

[67] Small K A, Taheri M L. Role of processing in microstructural evolution in Inconel 625: A comparison of three additive manufacturing techniques[J]. Metallurgical and Materials Transactions A, 2021, 52(7): 2811-2820.

[68] Wang X Q, Gong X B, Chou K. Review on powder-bed laser additive manufacturing of Inconel 718 parts[J]. Proceedings of the Institution of Mechanical Engineers Part B, 2017, 231(11): 1890-1903.

[69] Hosseini E, Popovich V A. A review of mechanical properties of additively manufactured Inconel 718[J]. Additive Manufacturing, 2019, 30: 100877.

[70] Murr L E, Martinez E, Pan X M, et al. Microstructures of Rene 142 nickel-based superalloy fabricated by electron beam melting[J]. Acta Materialia, 2013, 61(11): 4289-4296.

[71] Korner C, Ramsperger M, Meid C, et al. Microstructure and Mechanical Properties of CMSX-4 Single Crystals Prepared by Additive Manufacturing[J]. Metallurgical and Materials Transactions A, 2018, 49(9): 3781-3792.

[72] Ni M, Chen C, Wang X J, et al, Anisotropic tensile

behavior of in situ precipitation strengthened Inconel 718 fabricated by additive manufacturing[J]. Materials Science and Engineering A, 2017, 701: 344-351.

[73] Xu Z, Murray J W, Hyde C J, et al. Effect of post processing on the creep performance of laser powder bed fused Inconel 718[J]. Additive Manufacturing, 2018, 24: 486-497.

[74] Shi J J, Li X, Zhang Z X, et al. Study on the microstructure and creep behavior of Inconel 718 superalloy fabricated by selective laser melting[J]. Materials Science and Engineering A, 2019, 765: 138282.

[75] Konecna R, Kunz L, Nicoletto G, et al. Long fatigue crack growth in Inconel 718 produced by selective laser melting[J]. International Journal of Fatigue, 2016, 92: 499-506.

[76] Yamashita Y, Murakami T, Mihara R, et al. Defect analysis and fatigue design basis for Ni-based superalloy 718 manufactured by selective laser melting[J]. International Journal of Fatigue, 2018, 117: 485-495.

[77] Son K T, Kassner M E, Lee K A. The creep behavior of additively manufactured Inconel 625[J]. Advanced Engineering Materials, 2020, 22(1): 1900543.

[78] Tang Y B T, Panwisawas C, Ghoussoub J N, et al. Alloys-by-design: Application to new superalloys for additive manufacturing[J]. Acta Materialia, 2021, 202: 417-436.

[79] 梁静静, 周亦胄, 金涛, 等. 一种裂纹敏感性低、低密度、高强度镍基高温合金[P]. 中国: 201710306642.8, 2017-5-4.

[80] Murray S P, Pusch K M, Polonsky A T, et al. A defect-resistant Co-Ni superalloy for 3D printing[J]. Nature Communications, 2020, 11(1): 4975.

[81] Liu S Y, Shin Y C. Additive manufacturing of Ti6Al4V alloy: A review[J]. Materials & Design, 2019, 164: 107552.

[82] Vilaro T, Colin C, Bartout J D. As-fabricated and heat-treated microstructures of the Ti-6Al-4V alloy processed by selective laser melting[J]. Metallurgical and Materials Transactions A, 2011, 42(10): 3190-3199.

[83] Carroll B E, Palmer T A, Beese A M. Anisotropic tensile behavior of Ti-6Al-4V components fabricated with directed energy deposition additive manufacturing[J]. Acta Materialia, 2015, 87: 309-320.

[84] Murr L E, Amato K N, Li S J, et al. Microstructure and mechanical properties of open-cellular biomaterials prototypes for total knee replacement implants fabricated by electron beam melting[J]. Journal of the Mechanical Behavior of Biomedical Materials, 2011,

4(7): 1396-1411.

[85] Wang F D, Williams S, Colegrove P, et al. Microstructure and Mechanical Properties of Wire and Arc Additive Manufactured Ti-6Al-4V[J]. Metallurgical and Materials Transactions A, 2013, 44(2): 968-977.

[86] Zhou Y F, Qin G K, Li L, et al. Formability, microstructure and mechanical properties of Ti-6Al-4V deposited by wire and arc additive manufacturing with different deposition paths[J]. Materials Science and Engineering A, 2020, 772: 138654.

[87] Vrancken B, Thijs L, Kruth J P, et al. Heat treatment of Ti6Al4V produced by Selective Laser Melting: Microstructure and mechanical properties[J]. Journal of Alloys and Compounds, 2012, 541:177-185.

[88] Xu W, Brandt M, Sun S, et al. Additive manufacturing of strong and ductile Ti-6Al-4V by selective laser melting via in situ martensite decomposition[J]. Acta Materialia, 2015, 85: 74-84.

[89] Bermingham M J, StJohn D H, Krynen J, et al. Promoting the columnar to equiaxed transition and grain refinement of titanium alloys during additive manufacturing[J]. Acta Materialia, 2019, 168: 261-274.

[90] Xue A T, Lin X, Wang L L, et al. Influence of trace boron addition on microstructure, tensile properties and their anisotropy of Ti6Al4V fabricated by laser directed energy deposition[J]. Materials & Design, 2019, 181: 107943.

[91] Zhang K, Tian X, Bermingham M, et al. Effects of boron addition on microstructures and mechanical properties of Ti-6Al-4V manufactured by direct laser deposition[J]. Materials & Design, 2019, 184: 108191.

[92] Simonelli M, McCartney D G, Barriobero-Vila P, et al. The influence of iron in minimizing the microstructural anisotropy of Ti-6Al-4V produced by laser powder-bed fusion[J]. Metallurgical and Materials Transactions A, 2020, 51(5): 2444-2459.

[93] Xiong Z H, Pang X T, Liu S L, et al. Hierarchical refinement of nickel-microalloyed titanium during additive manufacturing. Scripta Materialia, 2021, 195: 113727.

[94] Barriobero-Vila P, Gussone J, Stark A, et al. Peritectic titanium alloys for 3D printing[J]. Nature Communications, 2018, 9: 3426.

[95] Xue A, Lin X, Wang L L, et al. Heat-affected coarsening of β grain in titanium alloy during laser directed energy deposition[J]. Scripta Materialia, 2021, 205: 114180.

[96] 林鑫, 黄卫东. 高性能金属构件的激光增材制造[J]. 中国科学: 信息科学, 2015, 45: 1111-1126.

[97] 王华明, 张述泉, 王韬, 等. 激光增材制造高性能大型钛合金构件凝固晶粒形态及显微组织控制研究进展

[J]. 西华大学学报(自然科学版), 2018, 37(4): 9-14.

[98] Bajaj P, Hariharan A, Kini A, et al. Steels in additive manufacturing: A review of their microstructure and properties[J]. Materials Science and Engineering A, 2020, 772: 138633.

[99] Fayazfar H, Salarian M, Rogalsky A, et al. A critical review of powder-based additive manufacturing of ferrous alloys: Process parameters, microstructure and mechanical properties[J]. Materials & Design, 2018, 144: 98-128.

[100] Wang Z Q, Beese A M. Effect of chemistry on martensitic phase transformation kinetics and resulting properties of additively manufactured stainless steel[J]. Acta Materialia, 2017, 131: 410-422.

[101] Chou C Y, Pettersson N H, Durga A, et al. Influence of solidification structure on austenite to martensite transformation in additively manufactured hot-work tool steels[J]. Acta Materialia, 2021, 215: 117044.

[102] Kurnsteiner P, Wilms MB, Weisheit A, et al. High-strength Damascus steel by additive manufacturing[J]. Nature, 2020, 582(7813): 515-519.

[103] Wang Y M, Voisin T, McKeown J T, et al. Additively manufactured hierarchical stainless steels with high strength and ductility[J]. Nature Materials, 2018, 17(1): 63-71.

[104] Liu L F, Ding Q Q, Zhong Y, et al. Dislocation network in additive manufactured steel breaks strength-ductility trade-off[J]. Materials Today, 2018, 21(4): 354-361.

[105] Kong D C, Dong C F, Wei S L, et al. About metastable cellular structure in additively manufactured austenitic stainless steels[J]. Additive Manufacturing, 2021, 38: 101804.

[106] Chen H Y, Gu D D, Deng L, et al. Laser additive manufactured high-performance Fe-based composites with unique strengthening structure[J]. Journal of Materials Science & Technology, 2020(In Press).

[107] Adomako N K, Noh S, Oh C S, et al. Laser deposition additive manufacturing of 17-4PH stainless steel on Ti-6Al-4V using V interlayer[J]. Materials Research Letters, 2019, 7(7): 259-266.

[108] Tey C F, Tan X, Sing S L, et al. Additive manufacturing of multiple materials by selective laser melting: Ti-alloy to stainless steel via a Cu-alloy interlayer[J]. Additive Manufacturing, 2020, 31: 100970.

[109] Zhang X C, Sun C, Pan T, et al. Additive manufacturing of copper-H13 tool steel bi-metallic structures via Ni-based multi-interlayer[J]. Additive Manufacturing, 2020, 36: 101474.

[110] Kellner T. The Blade Runners: This factory is 3D printing turbine parts for the world's largest jet engine. https://www.ge.com/news/reports/future-manufacturing-take-look-inside-factory-3d-printing-jet-engine-parts.

[111] Yao Y, Xing C, Peng H, et al. Solidification microstructure and tensile deformation mechanisms of selective electron beam melted Ni3Al-based alloy at room and elevated temperatures[J]. Materials Science and Engineering A, 2021, 802: 140629.

[112] Vrancken B, Ganeriwala R K, Matthews M J. Analysis of laser-induced microcracking in tungsten under additive manufacturing conditions: Experiment and simulation[J]. Acta Materialia, 2020, 194: 464-472.

[113] Xue J Q, Feng Z, Tang J G, et al. Selective laser melting additive manufacturing of tungsten with niobium alloying: Microstructure and suppression mechanism of microcracks[J]. Journal of Alloys and Compounds, 2021, 874: 159879.

[114] Deprez K, Vandenberghe S, Audenhaege K V, et al. Rapid additive manufacturing of MR compatible multipinhole collimators with selective laser melting of tungsten powder[J]. Medical Physics, 2013, 40(1):012501.

[115] Tang H P, Yang K, Jia L, et al. Tantalum bone implants printed by selective electron beam manufacturing (SEBM) and their clinical applications[J]. The Journal of The Minerals, Metals & Materials Society, 2020, 72(3): 1016-1021.

[116] Hori E, Sato Y, Shibata T, et al. Development of SLM process using 200W blue diode laser for pure copper additive manufacturing of high density structure[J]. Journal of Laser Applications, 2021, 33(1): 012008.

[117] Manakari V, Parande G, Gupta M. Selective Laser Melting of Magnesium and Magnesium Alloy Powders: A Review[J]. Metals, 2017, 7:2.

[118] Brif Y, Thomas M, Todd I. The use of high-entropy alloys in additive manufacturing[J]. Scripta Materialia, 2015, 99: 93-96.

[119] Chen S Y, Tong Y, Liaw P K. Additive Manufacturing of High-Entropy Alloys: A Review[J]. Entropy, 2018, 20(12): 937.

[120] Li X P. Additive Manufacturing of Advanced Multi-Component Alloys: Bulk Metallic Glasses and High Entropy Alloys[J]. Advanced Engineering Materials, 2018, 20(5): 1700874.

[121] Xenikakis I, Tsongas K, Tzimtzimis E K, et al. Fabrication of hollow microneedles using liquid crystal display (LCD) vat polymerization 3D printing technology for transdermal macromolecular delivery[J]. International Journal of Pharmaceutics,

2021, 597: 120303.

[122] Regehly M, Garmshausen Y, Reuter M, et al. Xolography for linear volumetric 3D printing[J]. Nature, 2020, 588(7839): 620-624.

[123] Ge Q, Li Z, Wang Z, et al. Projection micro stereolithography based 3D printing and its applications[J]. International Journal of Extreme Manufacturing, 2020, 2(2): 022004.

[124] He Z, Lee Y H, Chanda D, et al. Adaptive liquid crystal microlens array enabled by two-photon polymerization[J]. Opt Express, 2018, 26(16): 21184-21193.

[125] Schmid M. Laser sintering with plastics: technology, processes, and materials[M]. Carl Hanser Verlag GmbH Co KG, 2018.

[126] Bellini A, Guceri S, Bertoldi M. Liquefier dynamics in fused deposition[J]. Journal of Manufacturing Science and Engineering, 2004,126: 237-246.

[127] Jerez-Mesa R, Travieso-Rodriguez J, Corbella X. Finite element analysis of the thermal behavior of a RepRap 3D printer liquefier[J]. Mechatronics, 2016, 36: 119-126.

[128] Pigeonneau F, Xu D, Vincent M, et al. Heating and flow computations of an amorphous polymer in the liquefier of a material extrusion 3D printer[J]. Additive Manufacturing, 2020, 32: 101001.

[129] Luo C, Wang X, Migler K B, et al. Effects of feed rates on temperature profiles and feed forces in material extrusion additive manufacturing[J]. Additive Manufacturing, 2020, 35: 101361.

[130] Mackay M E. The importance of rheological behavior in the additive manufacturing technique material extrusion[J]. Journal of Rheology, 2018, 62:1549-1561.

[131] Mackay M E, Swain Z R, Banbury C R, et al. The performance of the hot end in a plasticating 3D printer[J]. Journal of Rheology, 2017, 61: 229-236.

[132] Gilmer E L, Miller D, Chatham C A, et al. Model analysis of feedstock behavior in fused filament fabrication: Enabling rapid materials screening[J]. Polymer, 2018, 152: 51-61.

[133] Phan D D, Swain Z R, Mackay M E. Rheological and heat transfer effects in fused filament fabrication[J]. Journal of Rheology, 2018, 62: 1097-1107.

[134] Go J, Schiffres S N, Stevens A G, et al. Rate limits of additive manufacturing by fused filament fabrication and guidelines for high-throughput system design[J]. Additive Manufacturing, 2017, 16: 1-11.

[135] Serdeczny M P, Comminal R, Pedersen D B, et al. Experimental and analytical study of the polymer melt flow through the hotend in material extrusion additive manufacturing[J]. Additive Manufacturing, 2020, 32:100997.

[136] Peng F, Vogt B D, Cakmak M. Complex flow and temperature history during melt extrusion in material extrusion additive manufacturing[J]. Additive Manufacturing, 2018, 22: 197-206.

[137] Greeff G P, Schilling M. Closed loop control of slippage during filament transport in molten material extrusion[J]. Additive Manufacturing, 2017, 14: 31-38.

[138] Edwards D A, Mackay M E. Postextrusion Heating in Three-Dimensional Printing[J]. Journal of Heat Transfer, 2020, 142: 052101.

[139] Heller B P, Smith D E, Jack D A. Effects of extrudate swell and nozzle geometry on fiber orientation in Fused Deposition Modeling nozzle flow[J]. Additive Manufacturing, 2016, 12: 252-264.

[140] Dinwiddie R B, Kunc V, Lindal J M, et al. Infrared Imaging of the Polymer 3D-Printing Process[C]. in Proc. of SPIE, 2014.

[141] Pourali M, Peterson A M. Thermal modeling of material extrusion additive manufacturing[A]. Polymer-Based Additive Manufacturing: Recent Developments, ACS Publications, 2019: 115-130.

[142] Costa S, Duarte F, Covas J. Thermal conditions affecting heat transfer in FDM/FFE: a contribution towards the numerical modelling of the process[J]. Virtual and Physical Prototyping, 2015, 10: 35-46.

[143] Zhang Y, Shapiro V. Linear-time thermal simulation of as-manufactured fused deposition modeling components[J]. Journal of Manufacturing Science and Engineering, 2018, 140: 071002.

[144] D'Amico A, Peterson A M. An adaptable FEA simulation of material extrusion additive manufacturing heat transfer in 3D[J]. Additive Manufacturing, 2018, 21: 422-430.

[145] Roy M, Wodo O. Data-driven modeling of thermal history in additive manufacturing[J]. Additive Manufacturing, 2020, 32: 101017.

[146] Bartolai J, Simpson T W, Xie R. Predicting strength of additively manufactured thermoplastic polymer parts produced using material extrusion[J]. Rapid Prototyping Journal, 2018, 24: 321-332.

[147] Seppala J E, Han S H, Hillgartner K E, et al. Weld formation during material extrusion additive manufacturing[J]. Soft Matter, 2017, 13: 6761-6769.

[148] Coaseya K, Hart K R, Wetzel E, et al. Nonisothermal welding in fused filament fabrication[J]. Additive Manufacturing, 2020, 33: 101140.

[149] Coogan T J, Kazmer D O. Prediction of

interlayer strength in material extrusion additive manufacturing[J]. Additive Manufacturing, 2020, 35: 101368.

[150] Casavola C, Cazzato A, Karalekas D, et al. The Effect of Chamber Temperature on Residual Stresses of FDM Parts[C]// Baldi A, Quinn S, Balandraud X, et al. (eds) Residual Stress, Thermomechanics & Infrared Imaging, Hybrid Techniques and Inverse Problems[M]. Springer, 2018: 87-92.

[151] Casavola C, Cazzato A, Moramarcom V, et al. Residual stress measurement in fused deposition modelling parts[J]. Polymer Testing, 2017, 58: 249-255.

[152] Armillotta A, Bellotti M, Cavallaro M. Warpage of FDM parts: Experimental tests and analytic model[J]. Robotics and Computer-Integrated Manufacturing, 2017, 50: 140-152.

[153] Wang T M, Xi J T, Jin Y. A model research for prototype warp deformation[J]. International Journal of Advanced Manufacturing Technology, 2007, 33:1087-1096.

[154] Armillotta A, Bellotti M, Cavallaro M. Warpage of FDM parts: Experimental tests and analytic model[J]. Robotics and Computer-Integrated Manufacturing, 2017, 50: 140-152.

[155] Fitzharris E R, Watanabe N, Rosen D W, et al. Effects of material properties on warpage in fused deposition modeling parts[J]. International Journal of Advanced Manufacturing Technology, 2018, 95: 2059-2070.

[156] Duty C E, Ajinjeru C, Kishore V, et al. A viscoelastic model for evaluating extrusion-based print conditions[C]// Solid Freeform Fabrication Symposium[M]. Austin, Texas, United States of America, 2017.

[157] Duty C, Ajinjeru C, Kishore V, et al. What makes a material printable? A viscoelastic model for extrusion-based 3D printing of polymers[J]. Journal of manufacturing processes, 2018, 35: 526-537.

[158] Luo X, Pei Z. Process of manufacturing a three-dimensional article[P]. 美国专利: 10807290, 2020-10-20.

[159] 高霞, 戚顺新, 苏允兰, 等. 熔融沉积成型加工的结晶性聚合物结构与性能[J]. 高分子学报, 2020, 51: 1214-1226.

[160] Love L J, Kunc V, Rios O, et al. The importance of carbon fiber to polymer additive manufacturing[J]. Journal of Materials Research, 2014, 29: 1893-1898.

[161] Gantenbein S, Masania K, Woigk W, et al. Three-dimensional printing of hierarchical liquid-crystal-polymer structures[J]. Nature, 2018, 561: 226-230.

[162] Davidson J R, Appuhamillage G A, Thompson C M, et al. Design paradigm utilizing reversible Diels-Alder reactions to enhance the mechanical properties of 3D printed materials[J]. ACS Appl. Mater. Interfaces, 2016, 8:16961-16966.

[163] Appuhamillage G A, Reagan J C, Khorsandi S, et al. 3D printed remendable polylactic acid blends with uniform mechanical strength enabled by a dynamic Diels-Alder reaction[J]. Polymer Chemistry, 2017, 8: 2087-2092.

[164] Hart K R, Dunn R M, Wetzel E D. Tough, additively manufactured structures fabricated with dual-thermoplastic filaments[J]. Advanced Engineering Materials, 2020, 22: 1901184.

[165] Duty C E, Kunc V, Compton B, et al. Structure and mechanical behavior of Big Area Additive Manufacturing (BAAM) materials[J]. Rapid Prototyping Journal, 2017, 23: 181-189.

[166] Comptona B G, Post B K, Duty C E, et al. Thermal analysis of additive manufacturing of large-scale thermoplastic polymer composites[J]. Additive Manufacturing, 2017, 17: 77-86.

[167] Roschli A, Messing A, Borish M, et al. Ornl slicer 2: a novel approach for additive manufacturing tool path planning[C]//Proceedings of the 28th Annual International Solid Freeform Fabrication Symposium – An Additive Manufacturing Conference[M]. 2017.

[168] Dickson A N, Barry J N, McDonnell K A, et al. Fabrication of continuous carbon, glass and Kevlar fibre reinforced polymer composites using additive manufacturing[J]. Additive Manufacturing, 2017,16: 146-152.

[169] Caminero M A, Chacón J M, García-Moreno I, et al. Impact damage resistance of 3D printed continuous fibre reinforced thermoplastic composites using fused deposition modelling[J]. Composites Part B: Engineering, 2018,148: 93-103.

[170] Ferreira I, Machado M, Alves F, et al. A review on fibre reinforced composite printing via FFF[J]. Rapid Prototyping Journal, 2019, 25: 972-988.

[171] Yang C, Tian X, Liu T, et al. 3D printing for continuous fiber reinforced thermoplastic composites-mechanism and performance[J]. Rapid Prototyping Journal, 2017, 23(1):209-215.

[172] Matsuzaki R, Ueda M, Namiki M, et al. Three-dimensional printing of continuous-fiber composites by in-nozzle impregnation[J]. Scientific Reports, 2016, 6: 23058.

[173] Bettini P, Alitta G, Sala G, et al. Fused deposition technique for continuous fiber reinforced

thermoplastic[J]. Journal of Materials Engineering and Performance, 2017, 26(2): 843-848.

[174] Adumitroaie A, Antonov F, Khaziev A, et al. Novel continuous fiber bi-matrix composite 3-D printing technology[J]. Materials, 2019, 12(18): 3011.

[175] Polymaker develops two new engineering materials for Anisoprint's CFC technology, [EB/OL]. https://polymaker.com/polymaker-develops-two-new-engineering-materials-for-anisoprints-cfc-technology/. [Accessed 19 July 2021].

[176] Yang C C, Tian X Y, Li D C, et al. Influence of thermal processing conditions in 3D printing on the crystallinity and mechanical properties of PEEK material[J]. Journal of Materials Processing Technology, 2017, 248: 1-7.

[177] Miri A K, Nieto D, Iglesias L. Microfluidics-enabled multimaterial maskless stereolithographic bioprinting[J]. Advanced Materials, 2018, 30: 1800242.

[178] Lee J Y, Koo Y W, Kim G H, Innovative cryopreservation process using a modified core/shell cell-printing with a microfluidic system for cell-laden scaffolds[J]. ACS Applied Materials & Interfaces, 2018, 10: 9257-9268.

[179] Kang D, Ahn G, Kim D, et al. Pre-set extrusion bioprinting for multiscale heterogeneous tissue structure fabrication[J]. Biofabrication, 2018, 10: 035008.

[180] Skylar-Scott M A, Uzel S G M, Nam L L, et al. Biomanufacturing of organ-specific tissues with high cellular density and embedded vascular channels[J]. Science Advances, 2019, 5: eaaw2459.

[181] Albanna M, Binder K W, Murphy S V, et al. In situ bioprinting of autologous skin cells accelerates wound healing of extensive excisional full-thickness wounds[J]. Science Report, 2019, 9(1): 1856.

[182] Brassard J A, Nikolaev M, Hübscher T, et al. Recapitulating macro-scale tissue self-organization through organoid bioprinting[J]. Nature Materials volume, 2021, 20: 22-29.

[183] Diloksumpan P, de Ruijter M, Castilho M, et al. Combining multi-scale 3D printing technologies to engineer reinforced hydrogel-ceramic interfaces[J]. Biofabrication, 2020, 12(2): 025014.

[184] Highley C B, Song K H, Daly A C, et al. Jammed microgel inks for 3D printing applications[J]. Advanced Science, 2018, 6: 1801076.

[185] Erdem A, Darabi M A, Nasiri R, et al. 3D bioprinting of oxygenated cell-laden gelatin methacryloyl constructs[J]. Advanced Healthcare Materials, 2020, 9: 1901794.

[186] De Santis M M, Alsafadi H N, Tas S, et al. Extracellular-matrix-reinforced bioinks for 3D bioprinting human tissue[J]. Advanced Materials, 2021, 33: e2005476.

[187] Diba M, Koons G L, Bedell M L, et al. 3D Printed Colloidal Biomaterials Based on Photo-Reactive Gelatin Nanoparticles[J]. Biomaterials, 2021, 274: 120871.

[188] Koffler J, Zhu W, Qu X, et al. Biomimetic 3D-printed scaffolds for spinal cord injury repair[J]. Nature Medicine, 2019, 25: 263-269.

[189] Ha D H, Chae S, Lee J Y, et al. Therapeutic effect of decellularized extracellular matrix-based hydrogel for radiation esophagitis by 3D printed esophageal stent[J]. Biomaterials, 2021, 266: 120477.

[190] Siebert L, Luna-Cerón E, García-Rivera L E, et al. Light-controlled growth factors release on tetrapodal ZnO-incorporated 3D-printed hydrogels for developing smart wound scaffold[J]. Advanced Functional Materials, 2021, 31: 2007555.

[191] Lee A, Hudson A R, Shiwarski D J, et al. 3D bioprinting of collagen to rebuild components of the human heart[J]. Science, 2019, 365(6452):482-487.

[192] Grigoryan B, Paulsen S J, Corbett D C, et al. Multivascular networks and functional intravascular topologies within biocompatible hydrogels[J]. Science, 2019, 364(6439): 458-464.

[193] Cui H T, Esworthy T, Zhou X, et al. Engineering a novel 3D printed vascularized tissue model for investigating breast cancer metastasis to bone[J]. Advanced Healthcare Materials, 2019, 9: 1900924.

[194] Kim E, Choi S, Kang B, et al. Creation of bladder assembloids mimicking tissue regeneration and cancer[J]. Nature, 2020, 588: 664-669.

[195] 何俊宏, 吴甲民, 陈安南, 等. 增材制造专用陶瓷材料及其成形技术[J]. 中国材料进展, 2020, 39(5): 337-348.

[196] 何汝杰, 周妮平, 张可强, 等. SiC陶瓷材料增材制造研究进展与挑战[J]. 现代技术陶瓷, 2021, 42(12): 1-42.

[197] 吴甲民, 杨源祺, 王操, 等. 陶瓷光固化技术及其应用[J]. 机械工程学报, 2020, 56(19): 221-238.

[198] 刘雨, 陈张伟. 陶瓷光固化3D打印技术研究进展[J]. 材料工程, 2020, 48(9): 1-12.

[199] 顾凯杰. 氧化锆陶瓷浆料制备及其光固化增材制造研究[D]. 南京：南京航空航天大学硕士学位论文, 2019.

[200] 程佳剑. 陶瓷材料3D打印关键技术研究[D]. 北京：北方工业大学硕士学位论文, 2018.

[201] Borlaf M, Serra-Capdevila A, Colominas C, et al. Development of UV-curable ZrO₂ slurries for additive manufacturing (LCM-DLP) technology[J]. Journal of the European Ceramic Society, 2019，39(13): 3797-3803.

[202] 纪宏超, 张雪静, 裴未迟, 等. 陶瓷3D打印技术及材料研究进展[J]. 材料工程, 2018, 46(7):19-28.

[203] 陈敏翼. 聚合物转化陶瓷3D打印技术研究进展[J]. 陶瓷学报, 2020, 41(2): 150-156.

[204] 王志永, 赵宇辉, 赵吉宾, 等. 陶瓷增材制造的研究现状与发展趋势[J]. 真空, 2020, 57(1): 67-75.

[205] 徐坦. 3D打印氧化锆陶瓷墨水的制备及性能研究[D]. 武汉: 武汉华中科技大学硕士学位论文, 2016.

[206] Yin X, Travitzky N, Greil P. Three-dimensional printing of nanolaminated Ti₃AlC₂ toughened TiAl₃-Al₂O₃ composites[J]. Journal of the American Ceramic Society, 2007, 90(7): 2128-2134.

[207] Lv X, Ye F, Cheng L F, et al. Fabrication of SiC whisker-reinforced SiC ceramic matrix composites based on 3D printing and chemical vapor infiltration technology[J]. Journal of the European Ceramic Society, 2019, 39(11): 3380-3386.

[208] Joël Brie, Thierry Chartier, Christophe Chaput, et al. A new custom made bioceramic implant for the repair of large and complex craniofacial bone defects[J]. Journal of Cranio-Maxillofacial Surgery, 2013, 41(5): 403-407.

[209] 杨小平, 郭永斌, 刘轶, 等. 陶粒砂与硅砂在3D打印砂型中的性能对比研究[J]. 现代铸铁, 2019(4): 46-48.

[210] Huang R H, Gao H M, Tang YJ, et al. Curing mechanism of furan resin modified with different agents and their thermal strength[J]. China Foundry, 2011, 8(2): 161-165.

[211] 张人佶, 颜永年, 林峰, 等. 无模铸型制造技术在快速模具中的应用[J]. 电加工与模具, 2006, (S1):123-133.

[212] Snelling D, Williams C, Druschitz A. A Comparison of Binder Burnout and Mechanical Characteristics of Printed and Chemically Bonded Sand Molds[C]. SFF Symposium Preceedings, 2014: 197-209.

[213] Nyembwe K, Oyombo D, De Beer D J, et al. Suitability of a South African silica sand for three-dimensional printing of foundry moulds and cores[J]. South African Journal of Industrial Engineering, 2016, 27(3): 230-237.

[214] Zhao H P, Ye C S, Fan Z T. Effect of Particle Size Distribution on the Properties of Sand Mold by Three Dimensional[J]. PrintingApplied Mechanics and Materials, 2012, 190: 467-470.

[215] Mitra S, de Castro A R, El Mansori M. The effect of ageing process on three-point bending strength and permeability of 3D printed sand molds[J]. The International Journal of Advanced Manufacturing Technology, 2018, 97(1): 1241-1251.

[216] Xue L, Hu C, Li X, et al. Research on the influence of furan resin addition on the performance and accuracy of 3D printing sand mold[C]. IOP Conference Series: Materials Science and Engineering, 2018, 392(6): 1-6.

[217] Utela B, Storti D, Anderson R, et al. A review of process development steps fro new material systems in three dimensional printing (3DP)[J]. Journal of Manufacturing Processes, 2008, 10(2): 96-104.

[218] Thiel J, Ravi S, Bryant N. Advancements in materials for three-dimensional printing of molds and cores[J]. International Journal of Metal casting, 2016, 11(1): 1-11.

[219] Koltygin A V, Bazhenov V E. Development of a substitute for Z cast molding sand used on installations of 3D printing for obtaining aluminum, magnesium, and iron casting[J]. Russian Journal of Non-Ferrous Metals, 2012, 53(1): 38-41.

[220] Ramakrishnan R, Griebel B, Volk W, et al. 3D Printing of Inorganic Sand Moulds for Casting Applications[J]. Advanced Materials Research, 2014, 1018: 441-449.

[221] Hemant B, Sam N R, Margaret K J. Patternless sand mold and core formation for rapid casting[P]. US20150321246, 2012-14-12.

[222] 刘金城. ExOne的新型造型材料配方消除了3D打印铸件的脉纹缺陷[J]. 铸造, 2019, 68(2): 220-221.

[223] 段严, 秦先涛. 3D打印混凝土相关性能研究进展[J]. 混凝土与水泥制品, 2020, 293 (9): 5-10.

[224] 齐甦, 李庆远, 崔小鹏, 等. 3D打印混凝土材料的研究现状与展望[J]. 混凝土, 2021, 375(1): 36-39.

[225] 王里, 李丹利, 叶珂含, 等. 水泥基复合材料3D可打印性的量化、优化及标准化[J]. 硅酸盐通报, 2021, 40(6): 1814-1820.

[226] Qian Y, Geert D S. Enhancing thixotropy of fresh cement pastes with nanoclay in presence of polycarboxylate ether superplasticizer (PCE)[J]. Cement and Concrete Research, 2018, 111:15-22.

[227] Rahul A V, Santhanam M, Meena H, et al. 3D printable concrete: Mixture design and test methods[J]. Cement and Concrete Composites, 2019, 97: 12-23.

[228] Ma G, Li Z, Wang L. Printable properties of cementitious material containing copper tailings for extrusion based 3D printing[J]. Construction and Building Materials, 2018, 162: 613-627.

[229] Le T T, Austin S A, Lim S, et al. Mix design and fresh properties for high-performance printing concrete[J].

Materials and Structures, 2012, 45(8): 1221-1232.

[230] 蔺喜强, 张涛, 霍亮, 等. 水泥基建筑3D打印材料的制备及应用研究[J]. 混凝土, 2016(6): 141-144.

[231] 范诗建, 杜骁, 陈兵. 磷酸盐水泥在3D打印技术中的应用研究[J]. 新型建筑材料, 2015, 42(1): 1-4.

[232] Zhong J, Zhou G X, He P G, et al. 3D printing strong and conductive geo-polymer nanocomposite structures modified by graphene oxide[J]. Carbon, 2017, 117: 421-426.

[233] 张翠苗, 杨红健, 马学景. 氯氧镁水泥的研究进展[J]. 硅酸盐通报, 2014, 33(1): 117-121.

[234] 刘巧玲, 杨钱荣. 化学外加剂对3D打印建筑砂浆流变性能的影响[J]. 新型建筑材料, 2020, 47: 39-42.

[235] Keita E, Bessaies-bry H, ZUO W Q, et al. Weak bond strength between successive layers in extrusion-based additive manufacturing: measurement and physical origin[J]. Cement and Concrete Research, 2019, 123: 105787.

[236] Panda B, Paul S C, Ming J T. Anisotropic mechanical performance of 3D printed fiber reinforced sustainable construction material[J]. Materials Letters, 2017, 209: 146-149.

[237] Wang L, Tian Z H, Ma G W, et al. Interlayer bonding improvement of 3D printed concrete with polymer modified mortar: experiments and molecular dynamics studies[J]. Cement and Concrete Composites, 2020, 110: 103571.

[238] Sanjyan J G, Nematollahi B, Xia M, et al. Effect of surface moisture on inter-layer strength of 3D printed concrete[J]. Construction and Building Materials, 2018, 172: 468-475.

[239] Julio E N B S, Branco F A B, Silva V D. Concrete-to-concrete bond strength. Influence of the roughness of the substrate surface[J]. Construction and Building Materials, 2004, 18(9): 675-681.

[240] Zareiyan B, Khoshnevis B. Effects of interlocking on interlayer adhesion and strength of structures in 3D printing of concrete[J]. Automation in Construction,

2017, 83: 212-221.

[241] Stahli P, Custer R, Mier J G M. On flow properties, fibre distribution, fibre orientation and flexural behaviour of FRC[J]. Materials and Structures, 2008, 41(1): 189-196.

[242] Saha S K, Wang D, Nguyen V H, et al. Scalable submicrometer additive manufacturing[J]. Science. 2019, 336: 105-109.

[243] Lewis J A, Ahn B Y. Three-dimensional printed electronics[J]. Nature, 2015, 518: 42-43.

[244] Zheng X, Smith W, Jackson J, et al. Multiscale metallic metamaterials[J]. Nature Materials, 2016, 15: 1100-1106.

[245] Reiser A, Lindén M, Rohner P, et al. Multi-metal electrohydrodynamic redox 3D printing at the submicron scale[J]. Nature Communications, 2019, 10:1853.

[246] 兰红波, 李涤尘, 卢秉恒. 微纳尺度3D打印[J]. 中国科学: 技术科学, 2015, 45: 919-940.

[247] Behroozfar A, Daryadel S, Morsali S, et al. Microscale 3D printing of nanotwinned copper[J]. Advanced Materials, 2018, 30: 170510.

[248] Kamyshny A, Magdassi S. Conductive nanomaterials for 2D and 3D printed flexible electronics[J]. Chemical Society Reviews, 2019, 48(6):1712-1740.

[249] Chang J, He J, Mao M, et al. Advanced material strategies for next-generation additive manufacturing[J]. Materials, 2018, 11(1):166.

[250] Tan H, An J, Chua C, et al. Metallic nanoparticle inks for 3D printing of electronics[J]. Advanced Electronic Materials, 2019, 5(5): 1800831.

[251] Reiser A, Koch L, Dunn K, et al. Metals by micro-scale additive manufacturing: comparison of microstructure and mechanical properties[J]. Advanced Engineering Materials, 2020, 30(28): 1910491.

[252] Spiegel C, Hippler M, Münchinger A, et al. 4D Printing at the microscale[J]. Advanced Functional Materials, 2019, 30(26): 1907615.

 作者简介

黄卫东, 西北工业大学教授, 科技部 3D 打印专家组组长, 中国机械工程学会增材制造分会副理事长, 国家杰出青年科学基金获得者, 教育部长江学者奖励计划特聘教授。1995 年创造性地提出金属高性能增材制造(3D 打印)的技术构思, 率领团队坚持自主创新, 突破了一系列核心关键技术, 建立了从材料、工艺、装备到重大工程型号应用的全链条金属高性能激光增材制造的技术体系, 为我国航空航天等高技术领域的跨越式进步提供了变革性的制造技术途径。

第5章

新兴的碳纳米材料：碳点

侯红帅　李　硕　邹国强　纪效波

5.1 / 碳点材料研究背景

　　人类社会的发展进步始终与材料的发展息息相关，在过去数十年中，碳纳米管、富勒烯、石墨烯等碳基纳米材料因其性能优越而被广泛研究，并在多个领域展现出了良好的应用前景。碳点（Carbon Dots, CDs）作为一种新兴的碳纳米材料，一般是指三个维度尺寸均小于 10nm 的零维碳纳米粒子，通常具有荧光性质。同传统半导体量子点和有机染料相比，碳点具有毒性小、来源丰富、易于官能化、生物相容性好、光稳定性好、荧光波长可调节等优点，在生物医学、环境保护、光电催化、能量存储与转化等领域具有潜在应用价值。如图 5-1（a）所示，按照时间顺序来划分，碳点材料的发展历史可以大致分为三个不同阶段，即Ⅰ发现阶段（2004～2006 年），Ⅱ初步发展阶段（2007～2011 年）以及Ⅲ快速发展阶段（2011 年至今）。其中，阶段Ⅰ是指碳点的发现探索过程。2004 年，Xu 等[1] 在电泳纯化单壁碳纳米管时首次意外发现了一种"荧光颗粒"。2006 年，Sun 等[2] 正式将这种"荧光颗粒"命名为碳量子点，并首次提出了以纳米尺寸小于 10nm 的条件来区分碳点与其他碳纳米颗粒。然而，这一时期对于碳点的相关研究并不深入，对于碳点的报道寥寥无几。在第Ⅱ阶段，研究人员开始对碳点的构效关系进行更为深入的探索，目前主流的碳点制备策略在这一时期被相继开发，此外碳点在各个领域的潜在应用也开始受到越来越多的关注，这一阶段为碳点材料领域的发展奠定了坚实的基础。阶段Ⅲ是指 2011 年至今碳点相关的论文数量逐年呈快速增长的阶段。通过研究人员的不懈努力，碳点材料的应用范围得到不断扩展，图 5-1（b）统计了碳点在不同领域的发文数量占比，可以看出凭借其独特的理化性质，碳点被广泛应用于传感、催化、能源及生物医药等领域。更为重要的是，碳点的实用化应用价值开始得到广泛的重视，一系列低成本、高产量的碳点宏量制备策略被相继提出。

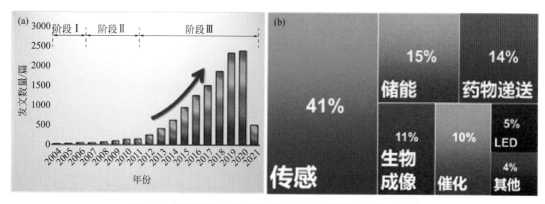

图 5-1　碳点相关论文数量（a）及其各应用领域占比情况（b）

为更好地设计理想的碳点及其复合材料，本章内容将首先对碳点的基本概念、设计方法进行概述。在此基础上，对碳点材料的研究进展与前沿动态进行总结。最后，结合碳点材料现存问题以及我国未来发展战略浅谈碳点材料今后的可能发展走向。

5.1.1　碳点的分类

碳点是一个广义的术语范畴，一般而言，只要是主体成分由碳元素构成，三个维度尺寸均小于 10nm 的纳米粒子均可称为碳点。根据碳核的不同，碳点则可细分为五种类型［图5-2（a）］，即石墨烯量子点（Graphene Quantum Dots，GQDs）、氮化碳量子点（Graphitic Carbon Nitride Quantum Dots，CNQDs）、碳量子点（Carbon Quantum Dots，CQDs）、碳纳米点（Carbon Nanodots，CNDs）、碳化聚合物点（Carbonized Polymer Dots，CPDs）。

石墨烯量子点是指碳核由几层（一般少于 5 层）石墨烯碎片构成的碳点[3]。石墨烯量子点的主体结构为共轭的 sp^2 碳，并且具有与二维石墨烯相似的 $0.18 \sim 0.24nm$ 的石墨面内晶格间距和 0.334nm 的石墨层间间距［图5-2（b）］[3-5]。此外，如图5-2（c）所示，石墨烯量子点在制备过程中会形成不同的边缘形状（常见为扶梯状与锯齿状），不同的边缘形状将对石墨烯量子点的性质产生显著影响，即边缘效应（Edge Effect）[6]。

氮化碳量子点，尤其是 C_3N_4 氮化碳量子点，因其独特的纳米结构及其优异的理化性质而受到广泛的关注。与体相氮化碳类似，氮化碳量子点中内核由碳、氮原子以 sp^2 杂化方式相间排列而成的三嗪环与七嗪环结构单元组成[7]。此外，与石墨烯量子点类似，氮化碳量子点也具有良好的结晶性与边缘效应。例如，Zhang 等[8]制备了结晶度高、晶面间距为 0.34nm 的氮化碳量子点，XRD 图谱中 27.41° 和 13.11° 处有两个明显的特征峰［图5-2（d）］。这种独特的三嗪环或七嗪环结构使得氮化碳量子点具有良好的热稳定性和耐酸碱性，同时也赋予了氮化碳量子点越的光催化性能和良好的荧光量子效率（Quantum Yield，QY）。

碳量子点是一种由 sp^2 和 sp^3 杂化碳组成碳核的准球形碳纳米颗粒，其碳核存在明显的晶格结构[5]。例如，Pang 等[9]制备了一种尺寸均匀的碳量子点，该碳量子点的晶面间距约为 0.325nm，对应于石墨（002）晶面。而 Du 等[10]则报道了一种具有类金刚石结构的碳量子点，其电子衍射图谱（SAED）及高分辨电子透射显微镜（HRTEM）图像如图5-2（e）所示。此外，具有特殊形貌的碳点［如空心碳点（Hollow Carbon Dot）］在诸多领域也有着潜在的应用前景。如图 5-2（f）所示，Zheng 等[11] 报道了一种空心碳量子点，该量子点具有 16.4m²/g 的比表面积、1.73×10^{-2} cm³/g 的孔体积以及基于 Barrett-Joyner-Halenda（BJH）模型的 2.2nm 平均模拟孔径。上述空心碳量子点可以与药物分子特异性结合，并具有较高的载药量，因此在药物传递方面具有良好的应用前景。

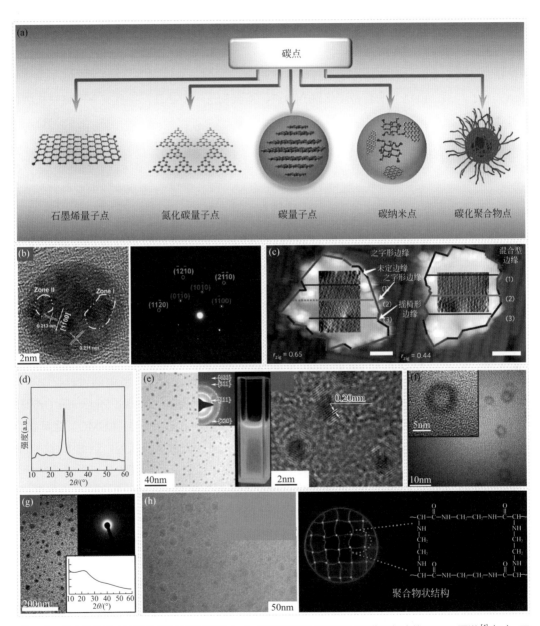

图 5-2　碳点的分类及各类碳点的结构示意图（a）；石墨烯量子点的 TEM 图像和相应的 SAED 图谱[4]（b）；石墨烯量子点边缘的空间分辨隧道光谱图像[6]（c）；氮化碳量子点的 XRD 图谱[8]（d）；碳量子点的 TEM 图像和相应的 SAED 图谱[10]（e）；空心碳量子点的 TEM 图像[11]（f）；碳纳米点的 TEM 图像和相应的 SAED、XRD 图谱[11]（g）；碳化聚合物点的 TEM 图像及其结构示意图（h）[14]

碳纳米点是指具有无定形结构碳核的类球形碳纳米颗粒。如图 5-2（g）所示，Ray 等[12] 成功制备出了没有明显晶格的碳纳米点，具体特征为 X 射线衍射图中存在以 $2\theta=26°$ 为中心的宽峰。虽然目前有关碳纳米点的研究相对较少，但它们的发光特性和相对较低的成本赋予了其在未来的应用中不可忽视的优势。

碳化聚合物点是由线型聚合物或聚合单体聚合或交联后碳化而成的碳纳米颗粒。此外，碳化聚合物点也可以利用聚合物分子修饰其他碳点来获得。与传统的聚合物点不同，碳化聚合物点具有明显的碳化内核。一般而言，碳化聚合物点的碳核存在两种结构，即两种类似碳纳米点与碳量子点的碳化内核，一种是由聚合物框架包围的微小碳簇组成的准晶碳结构，另一种是高度脱水交联且紧密连接的聚合物框架结构[13]。例如，Yang 等[14] 制备了基于马来酸（MA）和乙二胺（EDA）的新型碳化聚合物点，缩聚物进一步交联，得到具有网络结构的内部聚合物碳核［图 5-2（h）］。

5.1.2 ╱ 碳点的设计

5.1.2.1 碳点设计的原理

通过调节碳点的尺寸和表面状态等微观结构，可以赋予碳点各种性能。其中，碳点的尺寸与反应前驱体的比例、反应时间、温度、溶剂等合成工艺密切相关（在下文将详细探讨）。相较于调节碳点的量子尺寸，修饰碳点的表面状态是更为便捷有效的改性方法，包括杂原子掺杂、表面功能化和表面钝化这三种策略。其中，杂原子掺杂是使用氮（N）、硼（B）、硫（S）、磷（P）等元素作为掺杂剂来取代 sp^2/sp^3 网络中的部分碳原子。表面功能化是指在碳骨架的表面或边缘平面上共价键合若干官能团（例如羟基、羧基、氨基等）。表面钝化则是指在碳点的表面利用聚乙二醇（PEG）等钝化试剂进行包覆修饰。

由于碳点的尺寸和表面状态对其能隙有直接影响，因此讨论碳点能隙的设计原则十分必要。目前，人们一般认为碳点的最高占据分子轨道（Highest Occupied Molecular Orbital，HOMO）和最低未占据分子轨道（Lowest Unoccupied Molecular Orbital，LUMO）之间的能带调控可以用量子限域效应和表面能阱理论来概括[15]。量子限域效应认为，当纳米材料几何尺寸逐渐小于石墨烯中的激子的玻尔直径时，材料的电子能级会变为离散分布形式。对于表面化学基团较少的碳点来说，增加 sp^2 共轭域的尺寸会导致碳点的能带变窄，反之则变宽[16]。例如，Kang 等[17] 通过简单的柱色谱纯化，分离了具有不同尺寸的碳点，经过理论计算发现碳点 sp^2 共轭域尺寸的增大将导致碳点的能带变窄。此外，边缘效应也对碳点的能隙存在显著影响。一般而言，具有锯齿形边缘的石墨烯量子点往往比具有扶手椅形边缘的石墨烯量子点具有更低的能隙[16]。

表面能阱理论突出了表面态对碳点能隙的作用。由于碳点表面连接着丰富的官能团，当不同的表面态受到激发发射辐射跃迁时，则在能隙之间表现出多个电子跃迁。例如，Xiong 等[18] 发现随着碳点表面含氧量的增加，LUMO 和 HOMO 之间的带隙变窄［图 5-3（a）］。Yeh 等[19] 发现碳点表面氧化会诱导 n 轨道能级的出现，从而导致电子的 n-π* 跃迁的产生［图 5-3（b）］。此外，引入具有高电负性的杂原子（如氮、硫和磷）也可以改变碳点的能带，调控碳点的产率和荧光发射范围。其中，使用含氮官能团或聚合物分子钝化处理是改变碳点荧光性能的常见策略。如图 5-3（c）所示，Tetsuka 等 [20] 通过引入不同的含氮官能团，改变了碳点的 HOMO/LUMO 能级，其中邻苯二胺、二氨基萘、偶氮和对甲基红的官能团产生的能级较低，而氨基与二甲胺的引入产生了较高的能级。最近，Chen 等 [21] 认为如果碳点表面提供可以在 π 和 π* 轨道之间引入 n 轨道电子的官能团［图 5-3（d）］，就可以缩小碳点的带隙。

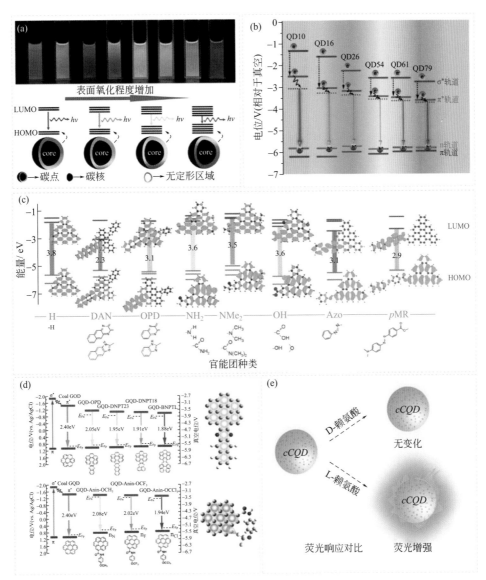

图 5-3　碳点的设计：不同氧化程度的碳点的能带 [18](a)；掺入氧原子对碳点能带的影响 [19](b)；掺入含氮官能团对碳点能带的影响 [20](c)；插入给电子基团或增大 sp^2 域尺寸对碳点能带的影响 [21](d)；碳点的手性修饰 [22](e)

　　碳点的手性设计也是目前碳点领域的另一个研究热点。手性对碳点的物理化学性质有着重要的影响，碳点的手性可以通过手性合成或手性组装两种策略获得 [23]。前者通过将手性分子（通常使用氨基酸对映体）作为前驱体用于生成有手性配体修饰的碳点［图 5-3（e）］[22]，而后者则是通过手性介质来组装合成碳点。与普通碳点相比，具有独特纳米结构的手性碳点具有更加优异的化学稳定性、电子和光学性能。此外，碳点的手性可以在与其他分子结合时发生转移，因而碳点也具有应用于手性合成等领域的潜力[24]。

5.1.2.2 碳点的性质

（1）光学性质 • • •

光学性质是碳点最显著的特性，对于碳点的发光机理的探索也一直是人们的研究热点。一般而言，碳点会在 230 ～ 270nm 紫外区产生强吸收，这是由于碳核电子的 π-π* 的跃迁，而碳点在可见光区和近红外区（Near Infrared，NIR）产生的弱吸收则是由于表面态电子的 n-π* 跃迁。对于碳点的光致发光（Photoluminescence）机理，目前主流观点包括四种机理：量子尺寸效应（Quantum Size Effect）[17]、表面态（Surface State）[18]、分子态（Molecule State）[25]、交联增强发射（The Crosslink Enhanced Emission, CEE）效应[26]。对于量子尺寸效应和表面态机理，碳点的发射波长会随着其能带变窄而发生红移。分子态机理认为碳点发光的特性主要是由其有机荧光团赋予的，而非表面上的化学官能团或碳核。需要注意的是，这种机理仅适用于中等加热温度下产生的碳点，因为在高温下会出现分子荧光团分解的现象[25]。此外，为了准确描述非共轭碳化聚合物点的光致发光特性，Yang 等[27]提出了交联增强发射效应机理，即碳化聚合物点表面上的亚荧光团的旋转和振动可以在交联骨架和/或碳核的存在下有效地固定，从而产生增强的辐射跃迁。

碳点的转换发光和磷光性能引起了科研人员的广泛关注。Sun 等[28]于 2007 年首次发现了碳点上转换发光（Up-conversion PL）现象。上转换发光是指碳点同时吸收两个或连续吸收具有较长波长的光子后，可发出更高频率的光子。而所谓的碳点磷光特性（Phosphorescent）是指当激发光停止照射后，碳点持续发光一段时间的现象。一般来说，碳点的磷光特性因受到三重态激子跃迁的自旋禁止性质和非辐射衰变过程的阻碍，只能在超低温下观察到。最近，Jiang 等[29]提出当碳点的结构符合以下规则时即可实现碳点的室温磷光性能（Room Temperature Phosphorescent，RTP）：碳点应该是无定形的碳化聚合物点；含有能产生氢键的表面官能团；掺杂有利于 n-π* 跃迁的杂原子（如氮、磷和卤素）。基于上述设计原则，他们成功获得了具有约 1.46s 室温磷光寿命的碳点。

（2）电化学性质 • • •

碳点良好的电化学性质是碳点应用于生物传感器、能源电池等领域的重要前提。与平面石墨烯层不同，碳点的电化学性质主要受碳核尺寸和表面能阱的影响[15,16]。迄今为止，研究人员已经在探索它们的电化学性质和碳核之间的关系上做了大量研究。例如，Pillai 等[30]提出，石墨烯量子点的尺寸对其表面的单电子俘获有着明显的影响。Chang 等[31]认为因为石墨烯量子点具有空间各向异性，因此石墨烯量子点的能带可以通过改变电场来调节。相较于改变碳点尺寸，杂原子掺杂和表面功能化是优化碳点电化学性能更为有效的策略。就电子转移而言，引入给电子杂原子（如氮）可以导致更快的非均相电子转移速率，而掺杂吸电子杂原子（如卤素）会降低非均相电子转移速率[32]。此外，金属元素掺杂也能显著提升碳点的电荷转移速率，Wu 等[33]发现通过掺杂铜（Cu）可以实现碳点的高电导率（171.8μS/cm），铜离子和碳点的官能团可以生成铜配体键，从而优化碳点内部的电荷转移，与未掺入铜的碳点相比，电子接受能力提高了 2.5 倍，给电子能力提高了 1.5 倍。

（3）分散性

碳点的分散性在很大程度上决定了碳点的实际应用范围，在早期研究中，一些研究者将碳点命名为"水溶性碳点"或"油溶性碳点"的做法有待商榷，因为碳点是以胶体的形式分散于分散系中的，而非溶解。因此，Zhu 等[34] 根据碳点在水和有机溶剂中分散性的不同，将碳点分为亲水性、疏水性和两亲性三种类型。当碳点的表面主要由亲水官能团（如羟基、羧基）组成时，就倾向于亲水。由于碳点在其制备过程中都会或多或少引入含氧官能团，现有大多数碳点都是亲水性的。但是在某些领域（例如用作有机电解液添加剂时），疏水性碳点拥有着亲水性碳点不可比拟的优势。基于此，我们[35,36] 分别以丙酮及乙醛作为碳源，基于羟醛缩合法制备了疏水性碳点，该碳点在乙醇、丙酮、苯甲醇、四氢呋喃、二甲基甲酰胺、1-甲基 -2- 吡咯烷酮、二甲基亚砜和碳酸丙烯酯等有机溶剂中均表现出了优异的分散性。此外，疏水性碳点也可以由表面钝化的疏水分子获得。例如，Pan 等[37] 成功地利用十二胺作为钝化剂制备了疏水性碳纳米粒子，并成功将其与预先制备的碳纳米粒子表面的—COOH 基团进行共价连接。就两亲性碳点而言，Wang 等[38] 以对苯二胺和二苯醚为前驱体制备了两亲性碳点，亲水官能团和疏水官能团的存在使得碳点在四氯化碳、甲苯、三氯甲烷、丙酮、二甲基甲酰胺、三氯甲烷等有机溶剂和水中均表现出了良好的分散性。

（4）低毒性

低毒性一直是碳点相较于传统半导体量子点的显著优势之一，也正因如此碳点有望在生物成像等应用领域上取代传统的半导体量子点[26]。研究表明，在适当浓度下，碳点对多种细胞系（如 Hela 细胞[39]、人乳腺癌细胞[40] 等）的细胞毒性可以忽略不计，只有在很高浓度条件下细胞表面会收缩或破裂。然而，目前大部分细胞毒性研究均是在黑暗中进行，这实际上是与生物成像等应用的环境条件有出入的。由于碳点具有光活性，当受光照射时碳点可能会产生对细胞或细菌有毒的活性氧。例如，Miao 等[41] 近期提出，碳点在光照条件下进行体内 /体外实验时会发生显著降解进而产生羟基与烷基自由基，对细胞具有不可忽略的危害。此外，研究也表明，当温度及酸碱度越高、光照波长越短时，碳点的降解速率就越快。因此，碳点的细胞毒性需要得到重视，如何制备安全高效的碳点也需要进一步探究。

5.1.2.3　碳点的制备

如上所述，碳点的结构多样性与其合成方法和前驱体选择密切相关。一般来说，碳点的合成方法大致可以分为"自上而下"法和"自下而上"法两大类（图 5-4）[26]。其中，"自上而下"法是通过物理或化学方法将大尺寸的碳靶（如石墨烯、石墨氮化碳、富勒烯、焦炭等）切割成小尺寸的碳点。"自下而上"法则是以有机小分子（如柠檬酸、葡萄糖、乙醛、苯二胺等）为前驱体，通过一系列聚合、碳化等反应获得碳点。

就"自上而下"法而言，电弧放电法和激光烧蚀法是早期研究中较为常用的碳点制备方法。二者均是在密封反应容器中利用外部能量将大尺寸碳靶前驱体分解形成气体等离子进而重组来获得碳点，不同的是前者由超高外部电压驱动，而后者则由高能激光脉冲驱动。一般来说，这两种方法制备的碳点荧光性能较差，往往需要用聚合物进一步修饰[2]。此外，上述方法还存在着成本高昂、设备要求苛刻等诸多弊端，因此目前利用上述方法制备碳点已鲜有报道。相比之下，氧化切割法是更常用的碳点制备方法。根据氧化条件的不同，氧化切割法又可细分为化学氧化法和电化学氧化法两类。化学氧化法是利用强化学氧化剂（通常为强酸）作为"剪刀"来切割碳靶[42]。为加快反应进程，该方法常与回流和水热/溶剂热等手段联用。而在电化学氧化过程中，外部电压会先将水分子氧化分解为羟基和氧自由基，这些自由基存在将引发碳-碳键之间的断裂，进而切割碳靶。需要注意的是，在氧化切割形成碳点的过程中，反应温度和氧化剂的浓度、施加的电压值和溶液的酸碱度均会对碳点的理化性质产生显著的影响[17]。例如，电化学氧化法中碳点的尺寸往往与施加电压的值成反比[9]。此外，电化学氧化法在偏碱性的溶液中更容易产生结晶度高、光学性质优越的碳点[17]。

"自下而上"法主要包括热解法、模板法等。热解法指的是含碳前驱体在外部加热或自放热条件下碳化或聚合生成碳点的方法。原则上所有含碳前驱体（例如柠檬酸、苯二胺以及生物质等）均可通过热解过程生成碳点。根据外部热量来源的不同，热解法又可细分为直接热解法、微波法、超声波处理法、水热/溶剂热法、等离子体喷射法和磁热法等方法。直接热解法是指在无溶剂环境下直接热解生成碳点的方法，这种方法具有操作简便的优点[43]。但是这种方法的碳化过程往往是不充分的，会产生大量副产物，不利于后期的分离提纯处理。而微波法是通过极性分子在微波作用下相互作用，可在一分钟内提供超过 1000℃ 的高温[44]。因此，微波法相对于直接热解法生产效率更高，生成的碳点也更为均匀。超声波处理法是指在有超声波存在的情况下，液体中将形成成千上万的小气泡，并在生长、收缩和坍缩时产生瞬时高压和高能，进而破坏前驱体的碳-碳键形成碳点的技术[45]。但是这种方法制备碳点的效率较低，通常作为一种辅助手段与其他制备方法联用。水热/溶剂热法是指利用水或有机溶剂作为分散介质，在高温和高压条件下促进含碳前驱体碳化或聚合过程更为彻底的一种制备方法。需要注意的是，溶剂的性质对于制备的碳点的性质至关重要。一般来说，在极性较高的溶剂中产生的碳点倾向于近紫外光发射，而低极性的反应溶剂环境下更容易诱导产生长波长发射的碳点[26]。此外，水热/溶剂热法的反应时间以及催化剂含量也会显著影响碳点的性质。例如，Yuan 等[46]通过调节反应时间和催化剂（H_2SO_4）的浓度等条件，成功制备了一系列不同半峰宽的三角形碳点。等离子体喷射法是一种快速制备尺寸可控碳点的方法，旨在通过极端外部条件将碳靶电离为等离子流，进而创造一个高温高焓的碳点形成环境[47]。但是，这一方法所存在的高能耗、设备要求较高等缺陷一定程度上掣肘了该技术的发展。值得注意的是，近期 Chen 等[48]提供了一种磁热法用于大规模快速生产碳点，其生产效率可达 85g/h，产率大约为 60%。

模板法是指在模板分子辅助下生成具有特定形态的碳点的方法。Liu 等[49]首次通过采用二氧化硅球作为载体，甲酚醛树脂作为前驱体成功合成了碳点。基于类似的机理，后续报道又提出了通过软-硬模板法来获得碳点的方法，通常使用共聚物作为软模板或二氧化硅作为硬模板[50]。该方法不仅为特定形貌碳点的形成提供了受限的纳米空间，而且避免了高温碳化过程中碳点的聚集。最近，Tsukruk 等[51]提出了在液气界面模板辅助组装碳点的方法，通过改变配体模板的形状可以得到具有不同晶体结构（如纤维、微孔板）的碳点。

尽管碳点可以通过多种方法合成，但是上述大部分方法合成的碳点产率仍普遍较低，如何实现碳点的大规模制作仍然是一个亟待解决的问题。基于此，我们[35,52]首次提出了一种基于羟醛缩合反应的、低成本、大规模制备碳点的方法，实现了碳点的公斤级制备。该反应在室温和常压下、在开放体系中即可进行，含α氢原子的醛或酮在碱性条件下可以首先转化为不饱和醛或酮，然后不饱和醛或酮在合成过程中会发生各种取代和缩合反应进而形成具有不同官能团或分支和小簇的聚合物链，再进一步卷曲、交联和脱水，形成碳点的碳核。特别地，在反应过程中添加尿素/半胱氨酸还可实现硫/氮双掺杂功能性碳点的宏量制备。

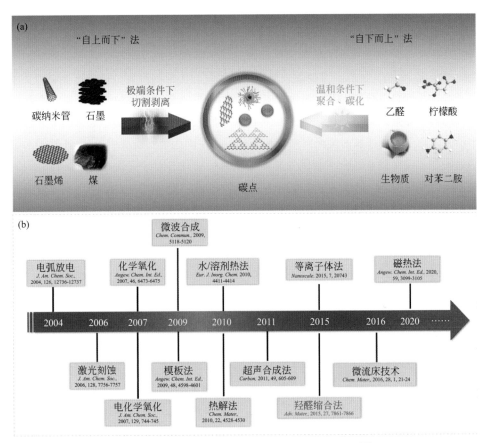

图 5-4　碳点的制备策略（a）和碳点制备方法发展历程[53]（b）

5.2 碳点研究进展及前沿动态

5.2.1 碳点在传感领域的研究进展

作为一种多功能荧光纳米材料，碳点在有机物、金属离子、阴离子、生物小分子及环境污染物的检测中展现出了广阔的应用前景。目前，碳点在传感领域的应用主要是基于其独特的荧光特性。根据发光机制的不同，碳点在传感领域的应用大致又可以分为以下三类[54]：光致发光传感、化学发光传感、电化学发光传感。

（1）光致发光传感 ···

碳点表面存在大量诸如氨基、羧基、羟基等官能团，因此碳点能够与待测物之间发生电荷或能量转移，诱导碳点的荧光猝灭，进而通过监测荧光信号的强弱变化实现对目标物的测定。如图 5-5 所示，碳点的荧光猝灭机理有静态猝灭机理（Static Quenching Mechanism）、动态猝灭机理（Dynamic Quenching Mechanism）、荧光能量共振转移（Fluorescence Resonance Energy Transfer, FRET）、光诱导电子转移（Photoinduced Electron Transfer, PET）、表面能转移（Surface Energy Transfer, SET）、德克斯特能转移（Dexter Energy Transfer, DET）和内滤效应（Inner Filter Effect, IFE）[55]。下面着重介绍 FRET 及 IFE 两种猝灭机理。其中，荧光能量共振转移是指从供体分子到受体分子的非辐射能量转移的过程，该过程往往需要供体分子和受体分子的距离小于 10nm。目前，大多数关于碳点光致发光传感的报道是基于这种原理实现对离子或分子等物质的含量分析的[56]。例如，Singh 等[56] 在由金纳米颗粒表面的碳点和萘二甲酰亚胺组成的传感器观察到荧光能量共振转移现象。而当在溶液中加入一定量的半胱氨酸，上述现象消失，两个不同波长的荧光发射发生变化，这是因为半胱氨酸中的—SH 基团对金纳米颗粒的高亲和力，半胱氨酸分子会优先与金纳米颗粒结合进而导致碳点与金颗粒之间的荧光能量共振转移现象消失。而所谓的内滤效应是指由猝灭剂对荧光材料激发光或发射光的吸收而导致的荧光减弱的现象。例如，Liu 等[57] 利用碳点与二氧化锰纳米片之间的内滤效应实现了食品中抗坏血酸的荧光定量分析。二氧化锰纳米片具有非常宽的吸收光谱（210 ～ 600nm），覆盖了碳点的激发光和发射光波长。因此，在碳点溶液中加入二氧化锰纳米片会引发二者之间的内滤效应，进而导致碳点溶液荧光强度的降低。当向体系中引入抗坏血酸时，二氧化锰纳米片会被还原成锰离子，从而解除碳点荧光的猝灭态，使体系的荧光强度升高。这种传感系统是一种典型的"Switch-on"模式。该体系检测抗坏血酸的线性范围为 0.18 ～ 90μmol/L，检测限为 42nmol/L。该方法廉价且快速，并被扩展到一些新鲜水果、蔬菜和一些商业果汁中抗坏血酸的定量分析，展示了巨大的实际应用潜力。

（2）化学发光传感 ···

化学发光传感器具有仪器简单、灵敏度高、线性范围宽、不受背景散射光干扰等优点，在传感领域得到越来越广泛的应用。比如，Dong 等[58] 利用 $CDs/K_2S_2O_8$ 构建了一种新型的化学传感器来检测三乙胺（Triethylamine, TEA）。在 CDs 的作用下，加入 TEA 后该体系的化学发光可以提高 20 倍。这是由于 TEA 首先被 $K_2S_2O_8$ 氧化，形成氧化阳离子自由基 $TEA \cdot^+$，随后被去质子化为 $TEA \cdot$ 自由基，而碳点被 $TEA \cdot$ 还原并产生激发的还原态碳点自由基，最后其衰变形成还原态碳点并且发出荧光。此外，利用碳点的化学发光性质还可以检测碳点的表面态。例如，Lu 等[59] 发现在过氧亚硝酸盐（$ONOO^-$）存在的条件下制备的碳点的化学发光强度与其 C-O 基团的相关氧态含量成正比。因此，由过氧亚硝酸盐诱导的碳点可以用作快速筛选其他碳点中氧态的简便探针。

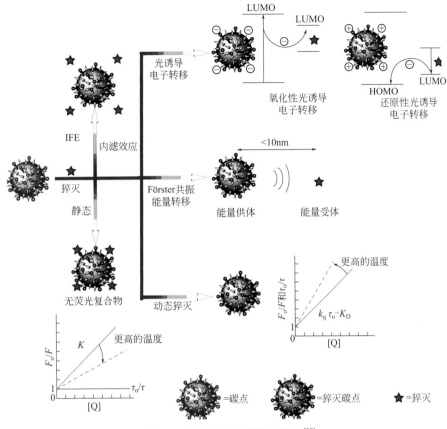

图 5-5　碳点荧光猝灭机理示意图[55]

（3）电化学发光传感

电化学发光是一种电产生的化学发光，是在电极上生成的物质通过高能电子转移反应产生激发态的过程，然后激发态的弛豫可以导致光发射。最早在 2012 年，Jiang 等[60] 通过微波辐射辅助法合成碳点，并首次观察到碳点电化学发光，进一步地，基于此构建了新型电化学发光传感器用于检测 Cd²⁺，检测限为 13nmol/L。随后碳点被广泛地用于电化学发光传感，Long 等[61] 提出了一种新的"自共反应物（Self-co-reactant）"电化学发光机制，即表面的苯甲醇在阳极上失去一个电子和质子后转变为还原性共反应物，成为碳点自身的共反应物。这一工作为深入了解碳点的独特结构和相应的发光特性提供了依据。然而，传统碳点由于其固有的电子能带结构和激发态载流子的弛豫动力学，表现出相对较低的电化学发光（ECL）效率，杂原子掺杂可以调节局部的电子和化学性质来提高 ECL 效率。比如，Jampasa 等[62] 以乙二胺为前驱体合成氮掺杂的碳点（NCDs），首先在电极表面构建由 NCDs 标记抗体、抗原和捕获抗体组成的免疫复合物，随后进行 NCD 的电化学还原，生成 NCD·⁻ 中间体，同时将 $K_2S_2O_8$ 还原成 $SO_4·⁻$，这两种产物反应生成激发态 NCD*。在最终过程中，NCD* 将其能量传递给 NCD，并释放出阴极光学信号。该信号与单核增生乳杆菌浓度成正比，并且该电化学发光信号是未修饰碳点信号的 5 倍。除了阴极光学信号，阳极 ECL 也可以用于高灵敏的生物检测。Chen 等[63]合成了一种新型的低激发电位强阳极电化学发光的氮掺杂酰肼共轭碳点（NHCDs）。氮掺杂导致 HOMO 能级增大，从而降低了碳点的阳极电化学发光激发电势。上述碳点相较于未掺杂碳点的电化学发光的量子效率提高了 2.5 倍，这是由于较低的电势可以显著降低电化学发光过程中的副反应。利用该碳点修饰的电极表面可以检测细胞分泌的过氧化氢，进而快速区分癌细胞和正常细胞。

（4）其他　　　　　　　　　　　　　　　　　　　　　　　　　　　　　　• • •

除了根据荧光信号的变化来实现对待测物的分析，还可以根据其他信号变化来实现对物质的传感检测。碳点凭借优异的电化学性质可以作为电化学传感过程中的信号放大器。比如，2019 年，Chen 等[64]使供体电荷从碳点转移到卟啉连接体进而将碳点引入介孔锆基卟啉金属有机框架（MOF）中。这种混合材料仍然拥有初始 MOF 一半的孔隙率，但电导率却是原始 MOF 的 100 倍。这种复合材料对水溶液中的亚硝酸盐表现出更好的电化学传感活性，因此可以通过对电流的响应来实现对亚硝酸盐的检测，其检测限为 6.4μmol/L，性能远远优于未经碳点修饰的空白组（其检测限为 50μmol/L）。此外，基于碳点不同温度下的物理化学特性的量子温度计（Nanothermometer）逐渐得到了科研人员的重视。例如，Xiao 等[65]开发了一种红光碳点，将其用于细胞内温度传感的纳米温度计，结果表明该红光碳点在温度范围为 4 ~ 80℃的加热过程中表现出优越的温度响应荧光特性。红光碳点的加热诱导荧光开启特性可以减弱假阳性信号的影响，并且在加热和冷却处理下仍然拥有良好的可逆性和再现性。同时，红光碳点的热灵敏度和温度分辨率也可与当前的纳米温度计相媲美。

与传统半导体量子点相比，碳点展现出毒性低、生物相容性好等优势。虽然基于碳点构建的传感器具有很高的灵敏度和选择性以及很低的检测限，但是实现碳点传感器的实际使用仍然需要克服一些障碍。例如，碳点在某些情况下具有较低的荧光量子产率，并且其发光机制目前尚不明确。因此，关于碳点在传感领域的研究仍然任重而道远。

5.2.2　碳点在能源领域的研究进展

随着全球能源危机和环境污染状况日趋严峻，人们对于开发新型能源储存与转化技术的需求十分迫切[66]。目前，碳点在能源领域的研究日益广泛，取得了一系列令人振奋的成果，为解决能源危机提供了全新的解决方案。总体来说，碳点在能源领域的应用主要集中于太阳能电池（Solar Cell, SC）、可充电二次电池（Rechargeable Batteries）、超级电容器（Supercapacitor）以及发光二极管（Light-emitting Diode, LED）四个领域。

（1）太阳能电池　　　　　　　　　　　　　　　　　　　　　　　　　　　• • •

太阳能电池，是一种利用太阳光直接发电的光电半导体薄片，又称为"太阳能芯片"或"光电池"，它只要被满足一定照度条件的光照度，瞬间就可输出电压及在有回路的情况下产生电流。由于碳点具有良好的光学性质和电荷转移能力，目前碳点已在诸如硅基太阳能电池（Silicon Based Solar Cell, SSCs）、染料太阳能电池［Dye-sensitized Solar Cell, DSSCs］以及钙钛矿太阳能电池（Perovskite Solar Cell, PSCs）中充当光吸收剂、致敏剂和运输层等[67]。硅基太阳能电池是这一领域中最为成熟的一项技术，并且目前已经广泛地投入商业应用中。碳点的存在有助于硅基太阳能电池中的电荷转移以及与空穴的分离，从而获得更高的光电流。例如，Sun 等 [68] 构建了一种碳点 / 硅纳米线阵列核壳器件，其能量转化率可达 6.63%。这是因为碳点和 n-Si 之间的异质结势垒随碳点尺寸的减小而增大，空穴运输势垒增加，进而分别导致开路电压增加和短路电流减小（图 5-6）。此外，上述太阳能电池表现出相对较好的稳定性，并且在存储半年后仍可以保持高效率。

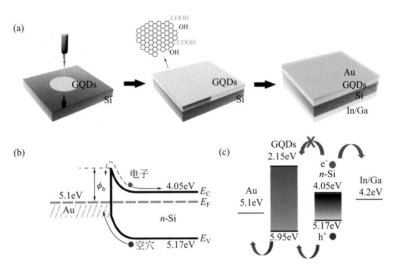

图 5-6　石墨烯量子点增强硅基太阳能电池机理示意图 [68]

其次，染料太阳能电池具有原材料丰富、成本低、工艺技术相对简单等优点，在大面积工业化生产中具有较大的优势。由于碳点的 HOMO 能级低于染料太阳能电池的电解质的还原电位，因此可以确保激发态染料从电解质中接收电子而被还原。而其 LUMO 能级高于常规半导体材料（例如二氧化钛）的导带，保证了电子转移具有相对较大的驱动力。此外，碳点还可以抑制电池中的暗电流，防止电子从半导体氧化物转移到电解质，从而减少电子和氧化还原对的结合。而钙钛矿太阳能电池则一直被视为是最有前景代替硅基太阳能电池的下一代太阳能利用技术。由于钙钛矿电池短路电流密度几乎接近了其理论极限，提高效率进一步努力的方向是通过优化形貌、优化界面及空穴 / 电子传输层，进而改善其开路电压与填充因子。其中，调节成分钝化钙钛矿的缺陷是提高效率的有效方式。例如，Chen 等 [69] 报道了使用碳点作为添加剂的钙钛矿太阳能电池的光电性能。由于碳点富含羧基和羟基等官能团，可以通过氢键与钙钛矿相互作用，延长载流子的寿命并提高基于 ITO/NiO$_x$/CH$_3$NH$_3$PbI$_3$(MAPbI$_3$)/PC$_{61}$BM/BCP/Ag 结构的钙钛矿太阳能电池的性能，其能量转化效率（Power Conversion Efficiency, PCE）从 14.48%±0.39% 增加到了 16.47%±0.26%。进一步地，添加尿素（路易斯碱）可以使晶体尺寸显著增加并且使晶界缺陷减少，因此载流子的寿命更长，PCE 可进一步增加至 20.2%。

（2）发光二极管　　　　　　　　　　　　　　　　　　　　　　　　　　　• • •

基于碳点的电致发光二极管具有与基于半导体量子点的发光二极管（QLEDs）、基于钙钛矿的发光二极管（PeLEDs）和有机发光二极管（OLEDs）相似的"三明治"结构。如图 5-7 所示，基于碳点的电致发光二极管通常包括阳极、空穴传输层（HTL）、发射层、电子传输层（ETL）和阴极五个部分[70]。

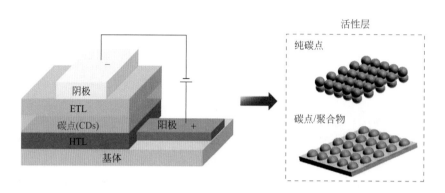

图 5-7　碳点基电致发光二极管结构示意图[70]

由于大多数碳点在聚集状态时会发生荧光猝灭效应，而碳点溶液不利于二极管器件的封装。因此，目前常规的做法是利用聚合物将碳点均匀分散后制成发光薄膜，进而用作二极管活性发射层。在二极管工作过程中，首先将空穴和电子分别注入 HTL 和 ETL，然后在有源发射层重新结合以触发光发射。因此，通过改变碳点的发射波长，可以方便地实现多色二极管器件。其中，白光二极管相较于单色二极管更适合于照明商用，因而获得了人们的广泛关注。目前，商用的白光二极管大多数基于稀土三基色荧光粉，存在环境污染、造价昂贵以及储量稀少等缺点。对应地，如果使用碳点作为白光二极管的荧光材料就可以很好地规避上述问题。2010 年，Liu 等[71] 成功制备了量子产率约 10% 的碳点，并将其与聚乙二醇复合首次制备了用于白光二极管的发光薄膜。受其启发，Jiang 等[72] 利用邻苯二胺、间苯二胺、对苯二胺（*o*-Phenylenediamine、*m*-Phenylenediamine、*p*-Phenylenediamine）分别制备了绿、蓝、红三原色碳点，并将三色碳点按一定比例混合后与聚乙二醇复合，实现了基于碳点的发光薄膜全色发射。2017 年，Yu 等[38] 用对苯二胺合成了一种高效多色碳点，有趣的是，在一定的激发波长下，碳点与不同聚合物分散介质制备成膜后，基于不同分散介质的发光薄膜依次发射出了从深绿色到红色的不同荧光，这表明所有颜色的发光薄膜的制备均可通过改变分散介质来实现，为发光薄膜的制备提供了新的思路。2019 年，Jiang 等[73] 以酒石酸（TA）与间苯二胺、对苯二胺（*m*-Phenylenediamine、*p*-Phenylenediamine）为原料，分别制备了蓝光、黄光、绿光、红光四种碳点。进一步地，将制备的碳点按照一定比例混合后与聚乙烯吡咯烷酮（PVP）复合后制备了显色指数（CRI）高达 89、色温（CCT）为 5850K 的暖白色发光薄膜。最近，Wu 等[74] 通过调节邻苯二胺与特定酸试剂 4- 氨基苯磺酸、叶酸、硼酸、乙酸、对苯二甲酸和酒石酸之间的质量比成功实现了全色光谱的发光薄膜。特别地，通过不同颜色的发光薄膜的复合可以实现对于白光二极管色温的调控（图 5-8）。

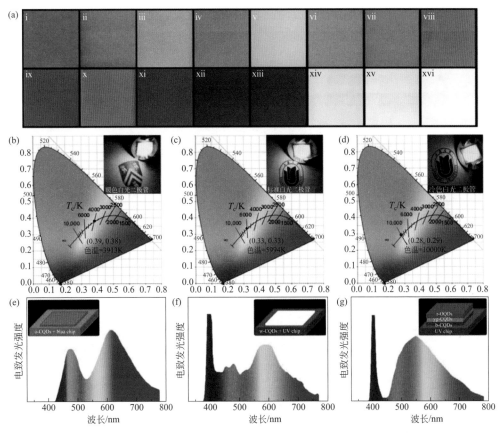

图 5-8　基于酸性试剂调节的全光谱碳点发光薄膜及其白光 LED[74]

（3）可充电二次电池

目前，具有理论比容量大、循环寿命长等优势的锂离子二次电池在电动车、便携式电子设备及储能系统中得到了广泛的应用。与此同时，与之原理相似的钠离子电池、钾离子电池、锌离子电池以及其他金属二次电池等器件的研究也在快速发展。近年来，碳点凭借其独特的物理化学特性在能源储存与转换领域得到了长足的发展。一般而言，碳点可以通过与电极材料复合提高电极材料的电子 / 离子传输速率、增大电极材料的比表面积，从而改善二次电池性能[53]。例如，Chao 等[75] 设计了三维石墨烯泡沫骨架支撑、石墨烯量子点涂覆的 VO_2 纳米带阵列正极材料，在锂离子电池、钠离子电池体系中均表现出优异的高倍率性能和循环稳定性 ［图 5-9（a）］。具体而言，上述电极通过石墨烯量子点与石墨烯骨架的结合实现电子和锂/ 钠离子转移双通道，因此无须添加额外的导电剂。在锂化过程中，电解液可以渗透进入石墨烯骨架内外表面纳米阵列之间的间隙，使锂、钠离子和电子直接与 VO_2 纳米阵列接触。石墨烯量子点涂层不仅改善了离子扩散和电荷传输动力学，还可以抑制 VO_2 纳米阵列的溶解和团聚。因此，上述电极在 60C（20.1A/g）下循环 1500 圈后，其容量保持率为 94%，库仑效率约为 100%，表现出了优异的循环稳定性。此外，碳点还可以作为形貌调控添加剂来调控电极材料形貌。例如，我们[76] 提出了添加适量的碳点可诱导金红石 TiO_2 的形貌从纳米颗粒转变纳米针状，进一步组装成石墨化碳层包裹的三维花瓣状结构，从而显著提升了电极材料的导电性，缩短了钠离子的扩散路径，改善了电化学储钠性能。上述复合材料装配为钠离子电池后，在大倍率下（10C）循环 4000 圈后，容量保持率仍可达到 94.4%，表现出优异的长循环稳定性［图 5-9（b）］。

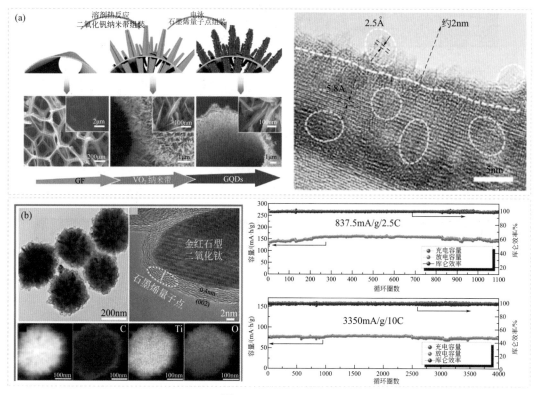

图 5-9　GVG 复合材料制备示意图及其形貌[75]（a）；TiO$_2$/CDs 复合材料的 TEM 图像及其长循环性能[76]（b）

此外，碳点在金属盐（碱）辅助下经高温热处理也可以组装转化为多种碳点衍生功能碳材料，该材料具有良好的电化学性能。如图 5-10（a）所示，我们课题组[35]率先以碳点与氢氧化钠为前驱体，在惰性气氛保护下，经高温热处理制备了由扭曲碳纳米片构成的多孔碳框架（PCFs）材料，作为钠离子电池负极材料，该材料表现出优异的电化学性能，可以稳定循环 10000 圈，未见明显的容量衰减。随后，我们课题组[77]进一步研究了 ZnCl$_2$、NiCl$_2$、CuCl 等金属氯化物盐对碳点组装的诱导作用，研究发现，碳点与三种金属盐混合热处理后可分别形成一维碳纤维（CNFs）、二维碳纳米片（CNSs）和三维多孔碳（CFW）。其形成机理如下［如图 5-10（b）所示］：

① ZnO "藤蔓式" 生长机理的 "定向诱导" 机制；

② Ni 的 "溶解 - 沉淀" 机制；

③ Cu 的 "表面吸附自限性" 机制。

该研究实现了由零维碳点到一、二、三维碳材料的可控转化，在不同维度碳材料间建立起了联系，为功能碳材料结构设计提供了一种新途径。进一步地，我们课题组通过将磷酸二氢钠、十二烷基磺酸钠、对氨基苯磺酸、苯磺酸、苯膦酸等与碳点混合后高温热处理分别构筑了磷掺杂碳纳米片，硫掺杂碳纳米片，氮、硫共掺杂碳纳米片及磷、硫共掺杂碳材料，深入研究了杂原子源的引入对碳点组装材料的结构与组成的影响机制[36,78-80]。我们课题组还开发了利用碳点模板法制备多孔中空结构碳材料的方法[81,82]。以碳点在醇/水体系中形成的胶束为模板，设计构筑了碳点@聚吡咯核壳结构材料，通过高温热处理，获得了具有中空结构及丰富孔隙结构的氮掺杂碳材料，实现了碳点的"造空"与"造孔"[图5-10（c）]。在此基础上，我们系统探究了碳材料维度、孔隙结构、杂原子掺杂等对其储钠性能的影响，为钠离子电池碳负极材料的设计提供了理论指导。

除了用于优化电极材料之外，碳点也可以用来对二次电池的隔膜和电解液进行改性，进而提高二次电池的电化学性能。碳点可以作为隔膜的涂层材料，起到加快离子传输、抑制枝晶形成的作用。Pang等[83]设计了一种超轻多壁碳纳米管/氮掺杂碳量子点（MWCNTs/NCQDs）涂层隔膜，并将该涂层隔膜应用于锂硫电池。该涂层可以起到物理屏蔽和化学吸附作用，以防止多硫化物的穿梭。MWCNTs和NCQDs的协同效应使得锂硫电池具有相对较高的初始放电容量（1330.8mA·h/g）和良好的循环性能，在0.5C下循环1000圈后保持507.9mA·h/g的容量，相应的容量衰减率低至每圈0.05%。此外，将碳点作为添加剂引入有机电解质或固态电解质中，可以调控锂金属电池中锂离子的扩散、沉积等过程，进而抑制锂枝晶的生长[84,85]。例如，Hong等[86]以氮掺杂碳点作为电解液添加剂实现了锂金属的均匀沉积。在沉积过程中，氮掺杂碳点的表面负电荷和亲锂性结构（例如吡啶氮）通过静电力吸附Li^+进而形成了$CDs-Li^+$团簇。随后，$CDs-Li^+$团簇在电场作用下向集流体移动，由于$CDs-Li^+$团簇受到相互间排斥力的影响，从而在集流体上均匀分布。在此基础上，我们课题组[87]以氮、硫共掺杂碳点直接作为醚类电解液添加剂，实现了锂金属电池体系中的锂离子的均匀沉积[如图5-10（d）所示]。由于氮、硫共掺杂碳点表面含有众多亲锂位点，在锂离子沉积过程中锂离子将优先吸附于碳点表面，因而锂离子相较于空白实验组存在更多的成核位点，在沉积过程中不易聚集形成锂枝晶。值得一提的是，我们首次通过共聚焦荧光显微镜表征技术证明了碳点的共沉积过程。此外，得益于碳点的超小尺寸和丰富官能团，碳点可以作为聚合物固态电解质的优良填料。例如，我们课题组[85]将直径在2.0～3.0nm范围内的CDs引入聚环氧乙烷（PEO）基体中，形成纳米复合聚合物电解质（NPEs），具有含氧官能团的高分散CQDs提供了许多Lewis酸位点，能有效促进$LiClO_4$或$NaClO_4$盐的离解和ClO_4^-的吸附，可以提高PEO基体的非晶态性，使得PEO/CQDs-NPEs具有优异的离子导电性和高的锂/钠离子迁移率。此外，PEO/CQDs-NPEs还可以促进锂/钠的均匀沉积和剥离，进而有效抑制了枝晶的生长[图5-10（e）]。

此外，碳点同样广泛应用于金属空气电池中。一般而言，金属空气电池由金属负极、浸在离子导电电解液中的隔膜和空气正极组成。在放电过程中，金属负极被氧化，形成金属离子，并向外部电路释放电子，在空气正极上，空气中的O_2通过多孔炭电极扩散，接收负极产生的电子，并在催化剂存在下还原成含氧化合物。Liu等[88]提出了一种通过碳点来提高CoO催化活性的策略。他们通过将乙醇调节$Co(Ac)_2·4H_2O$制备的前驱体简单煅烧，成功制备了具有氧空位的碳点缺陷CoO（CoO/C）。与商业CoO或纯氧空位CoO相比，CoO/C正极的初始容量、循环稳定性和倍率性能都得到了很大的提高，过电位也有所降低，这可归因于碳点和氧空位对氧还原反应（ORR）和析氧反应（OER）的协同作用。锌空气电池以其能量密度高、环境友好、安全性好、成本低等优点而备受关注。例如，Liu 等[89] 设计了一种富缺陷石墨烯 / 碳点复合材料（N-GH-GQD-1000），并将其作为锌空气电池的新型电催化剂。富含缺陷的 GQDs 为 ORR 过程提供了更多的活性位点，使氮掺杂石墨烯 / 碳点复合材料对 ORR 具有良好的电催化活性。碱性水系电池作为一种新型的储能系统越来越受到人们的重视，由于水系电解质和电池型电极的使用，碱性水系电池表现出比超级电容器更高的能量密度和比锂离子电池更高的功率密度、更长的循环稳定性。Zhu 等[90] 报道了碳点复合气凝胶作为碱性水系电池电极材料，他们制备了不同 Fe_2O_3 含量的氮掺杂碳点 / 还原氧化石墨烯 / 多孔 Fe_2O_3 复合气凝胶（N-CQDs/rGO/Fe_2O_3）。CDs 可以作为阻止还原氧化石墨烯团聚的插层剂，有效地提高复合气凝胶的比表面积和利用率，提高其比容量。此外，CDs 还可以作为导电剂来提高复合气凝胶的导电性，提高其倍率性能。

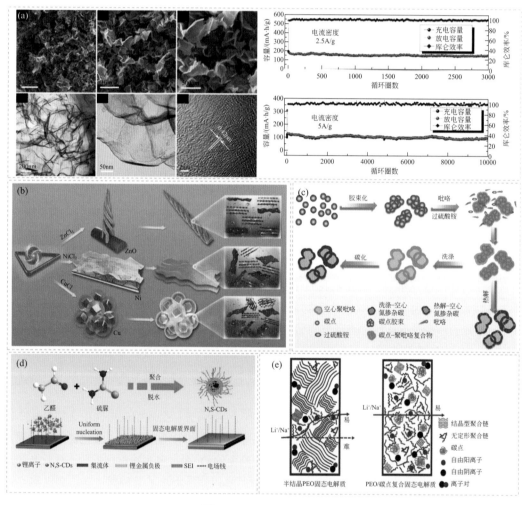

图 5-10　PCFs 材料形貌及其电化学性能[35]（a）；金属氯化物盐对碳点组装的诱导作用示意图[77]（b）；碳点作为造孔剂制备多孔凝胶示意图[82]（c）；氮、硫共掺杂碳点作为沉积调控添加剂作用示意图[87]（d）；碳点作为固态电解质填料作用示意图[85]（e）

（4）超级电容器

由于表面具有丰富的官能团，碳点可以提供更多的活性位点[91]，具有较大比表面积的碳点可用作超级电容器电极材料改性添加剂，储存更多的电荷以提高电容。过渡金属氧化物与碳点的复合材料作为超级电容器的电极材料，在两者的协同作用下可以提高超级电容器的功率密度、能量密度、比电容以及循环稳定性。我们课题组[92]通过化学氧化法制备了碳量子点，并用其进一步修饰氧化钌获得了 RuO₂/RCQDs 复合材料 [图 5-11（a）]。这种材料显示出了较高的能量密度、出色的倍率能力和循环稳定性，在 5A/g 的电流密度下，5000 次循环后容量保持率高达 96.9%[图 5-11（b）、（c）]。电化学性能的提升主要源于 RuO₂ 利用率的显著提高、微小 CQDs 的有效分散和基于 CQDs 的混合网络结构的形成，该复合材料结构可以促进充放电过程中的快速电荷传输和离子运动。软炭是一种很有前途的钾离子混合电容器负极材料，但由于表面覆盖着一层类似皮肤的炭膜，普通软炭的钾离子储存位置有限。为了解决这个问题，Wu 等[93]报道了一种简单的氧化方法去除皮肤状炭膜，并开发了一种新型的由微孔、中孔和大孔组成的分级多孔框架构成的手风琴状软炭材料，并通过在该碳材料表面电沉积高电化学活性的富氮石墨烯量子点来增强赝电容行为，从而提供了更多的储钾活性位点，并增强了储钾动力学性能。经过调节氮掺杂类型的退火处理后，手风琴状的 N-GQDs@ASC-500 表现出优异的可逆容量、倍率能力，以及出色的循环稳定性。碳点与其他物质组成的复合电极材料，比如碳点/生物质衍生材料、碳点/金属氧化物/导电聚合物三元复合材料等也引起了研究者的广泛关注。Zhu 等[94]通过改进化学氧化法合成了碳量子点，进一步将其与 (NH₄)₂HPO₄、还原氧化石墨烯（rGO）进行水热处理获得了 N,P-CQDs/rGO 复合气凝胶。得益于大表面积、多活性位点、分级多孔结构和高电导率的三维多孔气凝胶结构，该材料展现出了良好的电容性能。

尽管碳点在电化学储能领域已展现出优良的性能和良好的发展前景，但仍存在一些问题。例如，不同方法制备的碳点的结构与性能存在较大的差异，对电极材料的修饰、调控也起到不同的作用。因此，需要针对不同方法得到的碳点，统筹考虑其尺寸、晶型、表面状态和掺杂修饰等因素对电化学性能的影响，系统研究不同类型碳点对电极材料调控、修饰的详细机理，从而实现高效预测和调控复合材料的电化学性能，为其实际应用提供理论支撑。

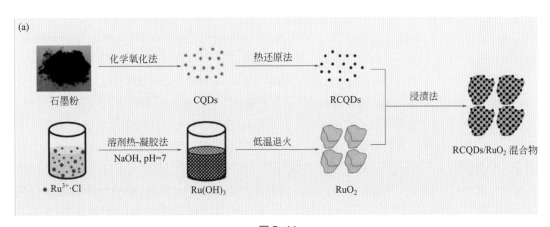

图 5-11

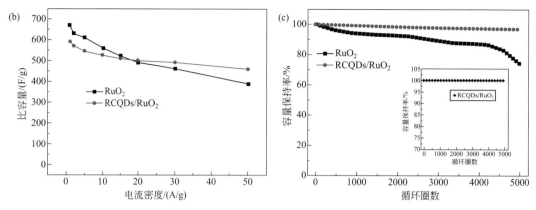

图5-11　RuO_2/RCQDs 复合材料制备流程示意图（a）以及电化学性能（b）、（c）

 碳点在催化领域的研究进展

（1）电催化

在电催化领域，碳点可与电极材料之间产生优良的协同效应，因而可在氧还原反应（ORR）、析氧反应（OER）、析氢反应（HER）、二氧化碳还原反应（CO_2RR）和甲醇还原反应（MOR）等电化学反应中发挥重要作用。

ORR 是金属 - 空气电池、质子交换膜燃料电池、氢氧燃料电池等阴极的主要反应。碳点的引入可以降低电极材料氧解离的能垒并提高氧的吸附能，以此提高电极材料的 ORR 性能。例如，Lu 等[95]通过水热法和煅烧法将碳点与多壁碳纳米管相结合，成功制备了三维纳米催化剂（BN-CDs@CNT）并对其 ORR 性能进行了研究。通过调节碳点与多壁碳纳米管的比例、焙烧温度、时间等条件可以优化催化剂的活性。优化后的复合催化剂具有良好的 ORR 活性，起始电位为 0.92V（vs RHE），半波电位为 0.8V（vs RHE），极限电流密度为 $5.95mA/cm^2$，性能优于多数无机金属催化剂。

对于 OER，目前碳基复合材料因其优异的电导率和独特的电子结构而成为潜在的 OER 电催化剂。碳基材料上负载金属单原子催化剂（SAC）可以最大限度地提高其电催化活性。如图 5-12（a）、（b）所示，Chen 等[96]开发了一种新颖的配位吸附策略，通过将 N-GQDs 和 $Fe(CO)_2(NO)_2$ 混合，合成了一种新型的 $Fe(NO)_2$-N-GQDs 络合物，并用作电催化剂。$Fe(NO)_2$-N-GQDs 络合物在 0.1mol/L KOH 溶液中的 OER 起始电位为 1.46V，Tafel 斜率为 48mV/dec。此外，它显示出高达 $48mA/cm^2$（@ 1.59V）的电流密度，而 RuO_2 的电流密度仅为 $45mA/cm^2$（@ 1.69V），这种改善归因于 N-GQDs（提供大表面积）和 $Fe(NO)_2$ 部分。过渡金属氧化物 / 氢氧化物常用于各类电催化反应。MnO_2 由于其较高的电化学稳定性和催化活性，常作为电催化反应的备选材料。其在析氧反应、氧还原反应和电容器材料中均有应用。碳点表面含有丰富的官能团，如—OH、—COOH 和—NH_2 等，可以提供许多活性位点，有效地提高电催化性能。基于此，Du 等[97]通过简单的微波辅助水热法合成了一种碳点与 MnO_2 的复合材料（CDs-MnO_2），该材料可用作高效 OER 催化剂。由于碳点的加入使得 MnO_2 纳米花在 OER 中暴露了更多的表面积，复合材料显示出较大的电化学表面积（ECSA）。不仅如此，优化后的

样品 $CDs_{0.15}$-MnO_2 对 OER 表现出较高的电催化活性，其起始电位为 1.34V（vs RHE），远低于 MnO_2。此外，在电流密度为 $10mA/cm^2$ 的情况下，35h 后电势保持不变，表明该复合材料具有良好的稳定性。其中 $CDs_{0.15}$-MnO_2 拥有最好的 OER 性能，仅需 343mV 的过电位驱动即可达到 $10mA/cm^2$ 的电流密度，且在反应过程中能够保持较高稳定性［图 5-12（c）、（d）］。

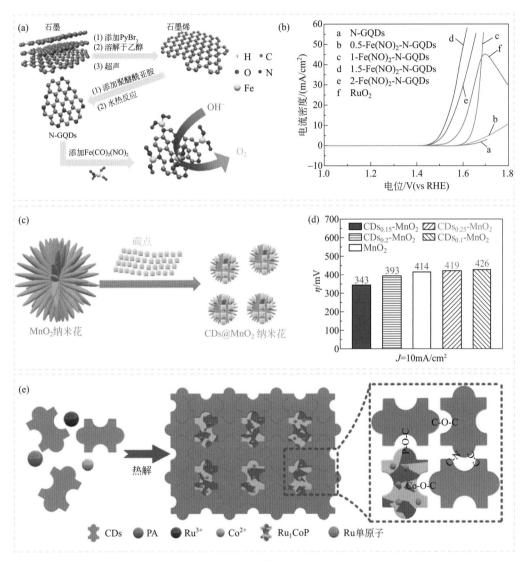

图 5-12　$Fe(NO)_2$-N-GQDs 复合材料的合成示意图（a）；N-GQDs、$Fe(NO)_2$-N-GQDs 和 RuO_2 的 LSV 曲线[96]（b）；CDs-MnO_2 的合成示意图（c）；催化剂电流密度达到 10 mA/cm² 时所需过电位[97]（d）；Ru_1CoP 复合材料的合成示意图[98]（e）

对于 HER，铂（Pt）是最有效的产氢催化剂之一，然而金属铂储量稀少，价格昂贵，不利于工业中的规模化应用。钌（Ru）则是一种相对便宜的金属，而且 Ru-H 键与 Pt-H 键具有相似的键能，因此把单原子 Ru 掺杂到 CoP 中来优化 CoP 的本征活性进而开发催化剂将会是一种有效的方法。基于此，Lu 等[98]将 Ru 单原子位点掺杂的 CoP 纳米颗粒负载于由 CDs 组装形成的碳纳米片上构建了复合电催化剂（记为 Ru₁CoP/CDs），其中碳点可以阻止 Ru₁CoP 颗粒聚集进而暴露出更多的反应活性中心 [图 5-12（e）]。Ru 单原子取代 CoP 纳米颗粒中的 Co 原子可以大大提高复合催化剂的催化性能。此外，当电流密度为 $10mA/cm^2$ 时，HER 在碱性和酸性条件下的过电位分别低至 51mV 和 49mV。

近年来，CO_2RR 因其可以有效降低环境中的 CO_2 浓度，促进可再生能源的存储而被广泛关注。目前，通过 CO_2RR 已经获得了很多高附加值的产品，特别是具有高能量密度和高经济价值的 C_{2+} 醇类（如乙醇和正丙醇）。铜基催化剂是目前将 CO_2 转化为 C_{2+} 产品的最高效的电催化剂，然而大多数铜基催化剂在 CO_2RR 中还会催化产生乙烯副产物。因此，提高 C_{2+} 醇的选择性成为了关键难题。基于此，Han 等[99] 将氮掺杂石墨烯量子点负载在 Cu 纳米棒上制备了用于 CO_2RR 的复合催化剂 NGQDs /Cu-nr。该催化剂的 C_{2+} 醇转化法拉第效率（Faraday Efficiency，FE）可达 52.4%，总电流密度为 $282.1mA/cm^2$。进一步地，密度泛函理论（DFT）计算表明，NGQDs /Cu-nr 复合材料可以提供双重催化活性位点，并且可以增强含氧 C_{2+} 中间体的稳定性，从而通过进一步的碳质子化显著提高 FE。

对于 MOR，由于甲醇具有能量密度高、在水中易溶解、方便储存等优点，因此甲醇燃料电池（DMFC）得到了广泛的研究。值得注意的是，铂基催化剂极大地提高了甲醇自身缓慢氧化反应的动力学。然而，铂催化剂在氧化过程中容易因中间产物中毒而失效。基于此，具有丰富官能团的碳点被认为是一种很好的修饰剂，可以减轻铂催化剂的中毒效应，还能促进电子转移。Kang 等[100] 使用碳点和 Co_3O_4 纳米粒子构建了 $Pt-Co_3O_4-CDs/C$ 复合材料，虽然该复合材料中铂含量较低（约 12%，质量分数），但它表现出良好的电催化活性（1393.3mA/mg Pt）以及较强的 CO 中毒耐受性。此外，将 $Pt-Co_3O_4-CDs/C$ 催化剂集成到单个电池中，其最大功率密度可达到 $45.6mW/cm^2$，是商用 20%（质量分数）Pt/C 催化剂电池的 1.7 倍。

（2）光催化

光催化是一种经济实用的化学生产和污染物降解手段。光催化技术利用太阳能，在不消耗其他资源的情况下促进化学反应，且无污染排放。催化剂在光照下产生电子（e^-）和空穴（h^+）载流子直接参与催化反应，或形成羟基自由基（·OH）、超氧自由基（·O_2^-）等化学活性自由基以促进催化过程，将太阳能转化为化学能。目前报道的各种光催化剂，主要是通过提高光吸收能力、调节能带、促进电子空穴对分离等来提高能量转换效率。

太阳光催化水分解是一项具有良好应用前景的新能源生产技术。水氧化半反应涉及四电子四质子的过程，通过添加空穴牺牲剂可以避免产生氧气，或者通过两电子过程（即 $2H_2O \longrightarrow H_2O_2+H_2$）同时生成 H_2 和 H_2O_2）。值得注意的是，碳点与氮化碳的复合材料展现出了良好的光催化水分解的应用前景。例如，2015 年，Kang 等[101] 将碳点与氮化碳复合后，成功实现了在可见光激发下两步分解水。其中，首先氮化碳将水分解为过氧化氢和氢气，随后碳点将过氧化氢分解成水和氧气。该复合催化剂表现出理想的光催化活性和太阳能转换效率（约 2.0%），即使在 200 天的 200 次循环试验后仍保持了优异的性能，对于光催化水分解领域的研究具有重要指导意义（图 5-13）。随后，Zhao 等[102] 通过将碳点锚定于 $g-C_3N_4$ 纳米管的表面，在空间上促进体系结构中的电荷分离，进而抑制电子和空穴的复合。此外，将碳点锚定在 g-C₃N₄ 纳米管中还可优化形态和能带结构，进而增加可见光吸收并降低能垒。因此，该复合材料表现出良好的光催化性能，在 420nm 处的量子产率为 10.94%。

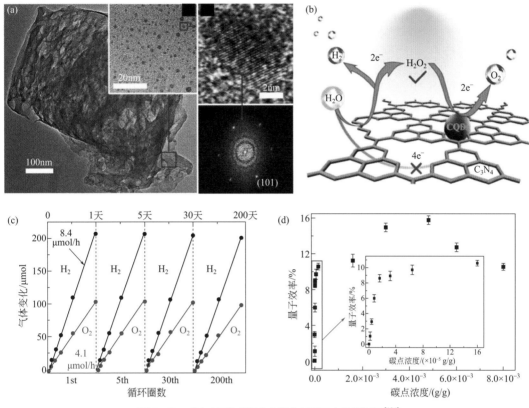

图 5-13　碳点 / 氮化碳复合光催化剂用于水分解制氢[101]

金属颗粒具有独特的高导电性和可调节的表面电子结构，在水分解的催化领域同样显示出巨大潜力。其中，碳包覆的金属复合材料可以克服纯金属材料的结构不稳定等缺陷，从而可大大提高催化性能、延长使用寿命。例如，Ding 等[103]利用氮掺杂碳点设计了一种氮掺杂碳层包覆的钴原子 @ 硫化镉复合材料 CdS/Co@NC。其中，氮掺杂碳层包覆的钴原子展现出了出色的电子传输能力，使其可作为 CdS 纳米棒的良好助催化剂。所获得的 CdS/Co@NC 的 Co@NC 负载量为 3%（质量分数），产氢效率高达 21.8mmol/(g·h)，是纯 CdS 纳米棒的 29.8 倍。

有机污染物（如抗生素等）、重金属元素（如铬）的过量排放已经对人类健康和生态系统构成严重威胁。目前，基于碳点的光催化技术也是一种高效处理污染物的手段。例如，Gautam 等[104]基于废聚乙烯成功制备了一种碳点。该碳点可以从空气中富集超过其重量 1% 的氧气，还能提高有机分子氧化的光催化效率。此外，若将上述碳点置于无反应物的环境下用阳光照射，几周后该碳点会自敏化光氧化形成 CO₂，然后从溶液中完全消失，这种现象称为"碳点自噬"。盐酸四环素（Tetracycline Hydrochloride，TCH）因为杀菌性能好、性价比高而被广泛使用。大量的残余 TCH 排放到水环境中，由于其稳定性高难以自然降解，对水环境造成了很大的污染。Dong 等[105] 将碳点锚定在 Bi_2WO_6 空心微球表面，合成了一种复合光催化剂 CQDs/HBWO-18，该材料对盐酸四环素的光催化降解活性达到 $0.02768h^{-1}$，分别是不含碳点的中空微球 Bi_2WO_6 和纳米片状 Bi_2WO_6 材料的 2.1 倍和 1.23 倍。上述光催化活性的提高归因于 CDs 的电子储存性能和对污染物的吸附能力。

 5.2.4 ╱ 碳点在生物医学领域的应用

碳点因其优异的光致发光性能、良好的生物相容性、低毒性等性质在生物医学领域受到了广泛的关注。具体地说，碳点可以在生物成像、药物传递以及疾病治疗三个方面发挥重要作用［图 5-14（a）］[106]。

（1）生物成像

生物成像是一种重要的了解生物体组织结构，阐明生物个体生理功能的研究手段。碳点与传统的有机染料和半导体量子点相比，具有激发光谱和发射光谱稳定、荧光寿命长、量子产率高和无光闪烁等优点，且与细胞相容性好、毒性低，因此可广泛应用于生物光学成像研究。相较于近紫外发射碳点，红光／近红外（NIR）激发／发射的碳点因其组织穿透深度大以及生物体光损伤小等优势而更适于作为生物光学成像的显影剂。例如，Yang 等[107] 将发射波长为 630nm 的红光碳点通过静脉注射入小鼠体内后，发现该红光碳点表现出窄发射波长范围且量子产率高。特别地，当红光碳点完成成像功能后，可以通过肝胆代谢并随着尿液迅速排出体外，这体现了红光碳点良好的生物相容性［图 5-14（b）］。此外，碳点的光学成像还可以用于肿瘤的早期预警。与正常肝细胞相比，恶性肿瘤细胞的有氧糖酵解过程会发生异常，进而导致烟酰胺腺嘌呤二核苷酸（NAD^+）水平明显升高。而在生理环境中，NAD^+ 会与氮掺杂碳点结合，进而显著增强氮掺杂碳点的光致发光强度。基于此，Fan 等[108] 使用氮掺杂碳点作为荧光探针，实现了对肿瘤的早期预警。在 49 例临床标本中，氮掺杂碳点作为荧光探针成功监测了肿瘤细胞侵入临近组织的情况，灵敏度可达 79.31%。

除光学成像外，碳点在核磁共振成像领域也有着广泛的应用。所谓的核磁共振成像技术是利用射频信号来改变全身质子的自旋，进而获得生物内部结构的图像，用以观察生物个体的生理过程，具有非侵入性、高空间分辨率和近乎无限的组织穿透深度等优势。目前主流的造影剂是基于钆（Gd）离子的螯合物，可以通过其明暗变化来突出所研究对象的生物学特征。为实现光学成像与核磁共振成像的双功能成像技术，Yi 等[109] 成功制备了掺钆碳点并应用在 HeLa 细胞的体外成像实验中。一方面，掺钆碳点显现了较高的量子产率，可以有效地实现细胞光学成像。另一方面，碳点表面存在的羧基和氨基等官能团使掺钆碳点可以穿过细胞膜屏障进入细胞内区域，因此掺钆碳点的磁共振响应明显强于市售磁共振造影剂。然而，基于过渡金属离子的造影剂会导致诸如肾源性系统性纤维化等疾病，因此探索低毒性的无金属核磁共振造影剂十分必要。基于此，Liu 等[110] 近日利用碳点固有的化学交换饱和转移磁共振成像（CEST-MRI）特性，成功制备了精氨酸修饰的碳点并将其作为磁共振成像造影剂。在体内实验中，CEST-MRI 过程中可以清楚地区分细胞是否被碳点标记，这一研究结果表明碳点将有望用于深部组织的活体成像。

（2）药物传递

碳点凭借其大的比表面积以及众多的结合位点有望用于药物或基因分子的传递领域。在传递过程中，药物/基因分子首先通过各种作用力（如静电吸附、席夫碱键合以及非共价键键合等）与碳点上的活性位点结合，再经过内源性（如 pH 值、酶浓度）和外源性（如施加光源、磁场、超声）刺激后在靶点处被释放，从而发挥作用[111]。一般而言，血脑屏障（The Blood–brain Barrier）一直是药物进入中枢神经系统的主要障碍，大多数治疗药物由于无法通过血脑屏障而对脑部疾病缺乏疗效。基于此，Ko 等[112] 将石墨烯量子点注入小鼠体内后，发现石墨烯量子点可以顺利穿过小鼠血脑屏障进入其中枢神经系统，这是因为石墨烯量子点的尺寸在血脑屏障的生理尺寸（Physiological Size）以内。此外，他们还发现石墨烯量子点还可以抑制 α- 核素（α-Synuclein）的纤维化，进而用以治疗帕金森综合征（Parkinson's Disease）。上述研究对于使用碳点作为药物载体进而治疗脑部相关疾病提供了新思路。另一方面，癌症治疗一直也是医学领域的重点与难点。作为一种蒽环类化疗药物，阿霉素 (Doxorubicin, DOX) 可以有效抑制癌细胞核酸合成而被广泛应用于多种肿瘤治疗中。由于 DOX 分子中具有氨基等基团，因此可以通过化学键或静电效应与药物载体连接，进而降低其不良反应及确保靶向给药。近期，Zhu 等[113] 利用水热法制备了一种氮掺杂碳点，该碳点展现出了较高的 DOX 载药量以及良好的药物释放特性。通过体外实验表明，CDs-DOX 复合物比游离 DOX 具有更高的细胞摄取能力和更有效的抑制癌细胞生长能力。除抑制肿瘤细胞核酸合成外，破坏肿瘤细胞线粒体氧化还原稳态（Mitochondrial Redox Homeostasis）也是抑制肿瘤细胞分裂生长的有效方法。例如，Liang 等[114] 制备了一种多孔碳点，然后把纳米金颗粒负载在多孔碳点上，再在表面用三苯基膦和肉桂醛修饰。这种复合纳米颗粒以癌细胞线粒体为靶点，在分子层面消耗线粒体的谷胱甘肽并增强了癌细胞的氧化应激行为，最终导致癌细胞凋亡［图 5-14（c）］。此外，其他药物分子［如顺铂（Ⅳ）(Cisplatin(Ⅳ)[115]、一氧化氮（Nitric Oxide）[116]］以及基因分子［例如小干扰 RNA（Small Interfering RNA）[117]、肿瘤坏死因子相关凋亡诱导配体（TNF-related Apoptosis-inducing Ligand）[118]］也成功与碳点复合，并取得了良好的疗效。

（3）疾病治疗

除了与其他特效药物结合外，碳点也可独立用于疾病治疗。凭借其优异的光学特性、水溶性以及光稳定性，碳点在生物光疗方面的应用被广泛研究。所谓的光疗是一种非侵入性的治疗方法，可将辐照的光转换成活性氧并借助光敏剂，进而诱导癌细胞局部凋亡。相较于常规治疗方法，光疗具有肿瘤治疗效果良好和副作用小等巨大优势，因此近年来受到了医学界的广泛关注。如图 5-14（d）所示，目前光疗主要包括光动力疗法（Photodynamic Therapy，PDT）和光热疗法（Photothermal Therapy，PTT）两种[119]。其中，光动力疗法是指在特定的光照射下，光敏剂可以产生大量的活性氧自由基（Reactive Oxygen Species，ROS）从而杀死肿瘤细胞，其中光敏剂的使用是光动力疗法的关键。例如，Ge 等[120] 以聚噻吩为前驱体通过水热法制备了一种近红外发射的石墨烯量子点，该石墨烯量子点具有良好的光稳定性和 pH 稳定性以及生物相容性。更重要的是，在光动力疗法中石墨烯量子点表现出高达 1.3% 的 $^1O_2$ 生成率，远高于其他常规的光动力试剂［如卟啉（Porphyrin）］。与之不同的是，光热疗法是指用特定波长的光照射光热转换剂，通过光热转换剂升温杀死肿瘤细胞[121]。针对目前光热转换剂的光热转换效率（Photothermal Conversion Efficiency, PCE）有限，Shi 等[122] 设计了一种空心硫化铜/碳点复合纳米粒子，硫化铜和碳点的杂化结构不仅增强了其在 808nm 激光照射下的光热转换效率，还相对降低了硫化铜粒子的毒性，增强了其生物相容性。

除用于光疗外，碳点自身还可以作为特效药来治疗相关疾病。例如，Mukherjee 等[123] 将一系列的三唑类化合物嫁接于碳点表面，成功将其应用于人类冠状病毒的治疗方面。另外，碳点还表现出良好的抗菌活性，可以用于治疗一系列细菌感染导致的疾病，例如细菌性角膜炎（Bacterial Keratitis）[124]。具体地说，碳点可以通过增强细菌中活性氧物种诱导的氧化应激或与细菌膜的特异性相互作用导致细菌膜破裂两种途径导致细菌死亡。

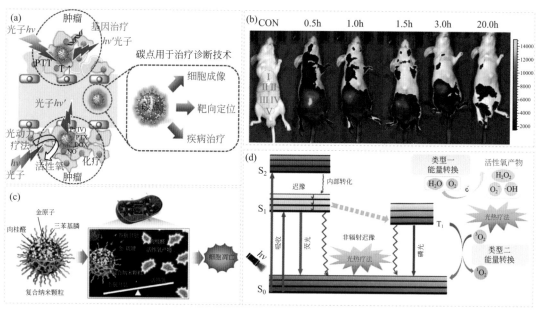

图 5-14　碳点在生物医学方面应用的三种途径[106]（a）；红光碳点用于生物成像[107]（b）；MitoCAT-g 复合颗粒抑制肿瘤细胞生长示意图[114]（c）；碳点用于光疗机理示意图[119]（d）

5.2.5　碳点在其他领域的应用

碳点作为一种新兴的碳纳米材料，具有传统材料所无法比拟的巨大优势。除上述应用外，研究人员正在积极探索碳点在其他领域的应用，努力推动碳点从试验阶段向产业化阶段转型。目前，碳点已经在安全、润滑以及膜分离技术等新兴领域取得了长足的发展。

碳点在安全领域的应用可以归因于其独特的固态荧光和磷光特性。一般而言，指纹分析（Fingerprint Analysis）是刑侦调查中的常用手段，也是迄今为止应用最广泛的生物特征识别方法。相较于茚三酮、硝酸银等常见的指纹显现剂，碳点可以在不同的光源照射时显现出不同颜色，进而实现无背景图像（Background-free Images），最大限度地提高指纹分析的可靠性。但是，常规碳点易发生聚集荧光猝灭效应，因此在实施指纹检测前往往需要将碳点置于特定分散系中，以此实现碳点的固态发光。然而，Xiong 等[125] 提出了直接将红光碳点溶液喷涂到指纹上，也可实现指纹成像。这是因为指纹残基中含有带负电荷的脂肪酸，会与带正电荷的红光碳点发生静电相互作用。而残留的皮脂会阻止水分蒸发，从而防止红光碳点在检测过程中因聚集而发生荧光猝灭［图5-15（a）］。此外，将碳点应用于防伪（Anti-Counterfeit）领域可以有效打击假冒伪劣等违法犯罪行为。一方面，一系列基于碳点固态荧光特性的防伪墨水被相继开发出来，在特定溶剂配方及波长光照下，碳点制作的防伪标记可以对应地显现出不同的图案，以此实现对信息的加密功能。例如，Yang 等[126]制备了一种疏水性碳点，其在有机溶剂中分散性良好，然而随着水的加入，疏水性碳点开始聚集进而导致荧光发生红移。基于此，他们将一些字母用标准的非荧光墨水打印，而"SC""US"和"NU"用碳点墨水打印，并且分别将其中的字母"C""S"和"U"用蜡覆盖以防止水进入。在365nm 光照下，出现误导性的蓝色荧光代码，只有在254nm 光照下，且添加水后才会显示真正的防伪标记。在没有水的情况下，在254nm 光照下没有出现任何标记。由此可以实现基于双开关可调荧光行为的双加密防伪功能［图5-15（b）］。另一方面，碳点出色的磷光性能，尤其是室温磷光特性，也可以在防伪领域发挥重要作用。例如，Yang 等[127]制备了一种碳化聚合物点，因其共价交联框架结构极大地抑制了电子非辐射跃迁而展现出良好的磷光性能。进一步地，由碳点绘制的防伪图案经紫外光照射一段时间后，展现出了数秒的蓝绿色余辉，由此可以实现对特殊物件进行防伪的目的。

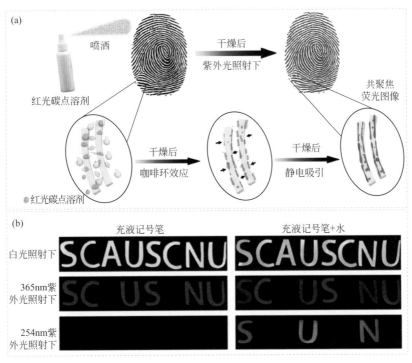

图5-15 碳点在指纹鉴定[125]（a）和防伪标记[126]（b）方面的应用

近期，关于碳点作为高性能润滑剂的研究也开始得到了关注。He 等[128]系统总结了碳点在润滑领域的主要作用，大致如下：充当保护涂层（The Protective Film），避免基底材料磨损；滚动效应（The Rolling Effect），用在摩擦界面之间起滚珠轴承的作用；修补效应

（The Mending Effect），沉积在基底材料磨损表面，补偿基底材料磨损损失；抛光效应（The Polishing Effect），即通过纳米颗粒的磨损来降低基底材料摩擦表面的粗糙度。由于碳点的纳米尺寸小且粒径分布均匀，相较于传统碳纳米材料（如富勒烯、碳纳米管和石墨烯）它具有更低的摩擦系数和更为优异的耐磨性。更重要的是，碳点表面易于修饰，可以通过调节碳点表面官能团获得与基础润滑剂良好的相容性。例如，Huang 等[129]利用离子液体修饰碳点，该碳点在聚乙二醇（PEG）中表现出良好的分散稳定性。进一步地，摩擦学性能测试结果表明，上述碳点添加剂具有良好的减摩抗磨性能。具体地说，当碳点的添加量为 0.3%（质量分数）时，在 392N 的压力下，滚球摩擦系数和磨痕直径较空白组分别降低了 70% 和 33%。此外，碳点还可以显著改善润滑剂的黏度、热稳定性等诸多性能，相信未来碳点可以进一步推动机械制造领域的发展。

碳点在膜分离技术领域的应用将促进海水淡化及水污染处理等问题的解决。目前，可按照实际需求通过表面覆盖、表面镶嵌以及内部填充的方式将碳点引入聚合物膜中[130]。经过碳点修饰的薄膜凭借碳点的特定性质（例如亲/疏水性、结合位点众多等）可用于正反渗透、薄膜蒸馏、纳米级过滤等方面[131]。例如，Cheng 等[132]利用疏水性碳点对商业纺织品（Tolylene-2,4-diisocyanate）进行修饰，成功实现了石油-海水混合物的单膜过滤分离。即使在酸性和碱性环境、高温/低温和极端盐度等异常条件下，上述分离膜的油-水分离性能仍然高达 99%。此外，上述改性膜对于海水淡化过程也十分有效。

随着碳点研究的不断发展，碳点材料还在细菌饲养[133]以及分子计数[134]等诸多领域有着良好的应用前景，不一而足。随着碳点应用研究领域的逐步拓宽，碳点产业化与实用化也将被提上议程。

5.3 我国在该领域的学术地位

经过世界各国科研人员十余年的共同努力，碳点已逐步从一类"名不见经传"的纳米颗粒发展成为了继碳纳米管、富勒烯及石墨烯之后的另一类"明星"碳纳米材料。碳点的相关理论不断丰富完善，碳点的构效关系逐步明晰，与碳点相关的论文数量逐年迅猛增长。可以说，碳点目前已在能源、传感、催化以及生物医药等领域展现出了良好的应用前景。在此过程中，我国科研人员始终秉持刻苦钻研、顽强拼搏的优良传统，使我国无论在碳点构效关系、碳点材料制备还是在碳点应用研究方面均保持国际领跑地位。

就碳点构效关系而言，我国科研人员在碳点材料被发现后不久，便积极跟进了相关研究。例如，在碳点荧光的研究方面，以吉林大学杨柏教授、复旦大学熊焕明教授、北京工业大学孙再成教授等团队为代表的我国科研人员逐步建立或发展完善了量子限域效应、表面态、分子态以及交联增强发射等发光理论[18,26]，为碳点的光学研究奠定了坚实的基础，也为碳点在其他领域的应用作出了杰出贡献。郑州大学卢思宇教授团队最近在碳点的手性设计方面取得了一系列的研究进展，相信在未来碳点将在手性合成领域发光发热。

就碳点材料制备而言，除电弧放电及激光烧蚀法以外，其他主流制备方法均由我国科研人员率先提出。此外，我国科研人员将碳点制备的前驱体选材范围不断拓展。例如，大连理工大学邱介山教授团队利用煤等前驱体制备了一系列性能优异的碳点，为传统能源的高效清洁利用提供了新思路。我国科研人员对碳点的宏量制备策略进行了积极探索，我们课题组提出的羟醛缩合法、南京工业大学陈苏教授团队开发的磁热法、郑州大学卢思宇教授团队开发的生物质水热法等均实现了碳点的低成本、高产量制备 [35,48,135]，为碳点的实用化与产业化奠定了坚实的基础。此外，我国科研人员率先对碳点的智能化制备以及定向设计开展了研究，有望在不久的将来实现碳点的标准化生产。

此外，我国在碳点应用研究方面同样具有举足轻重的地位。例如，苏州大学康振辉教授团队于 2010 年首次将碳点引入光催化应用领域中，推动了碳点在光催化应用领域的发展 [17]。此后，他们将碳点与氮化碳复合，实现了高效、稳定且廉价的水分解制氢技术 [101]。此外，我国科研人员还对碳点在传感、储能及能量转换、生物医疗等领域的应用研究作出了突出的贡献。

 ## 5.4 作者在该领域的启发性学术思想与研究成果

尽管碳点材料的研究取得了令人振奋的成果，但是目前仍存在诸多瓶颈，在很大程度上制约着碳点材料的实用化进程。

就设计而言，碳点的原料来源极为广泛，理论上任何含有碳元素的物质均可用于制备碳点，致使所制备的碳点结构多样。尽管研究人员进行了大量的研究，但是统一完备的碳点构效关系理论目前尚未形成，现有理论均存在不同程度上的局限性，研究人员在解释碳点的行为时往往需要使用多种理论协同进行，目前很难对影响碳点行为的因素进行定量分析。

就制备而言，现存的大多数碳点制备方法存在能耗高、产量低、耗时长等问题，单次生产的碳点通常在克级甚至毫克级。此外，由于尚未形成完备成熟的碳点构效关系理论，目前碳点制备方法的探索过程仍然基于大量的试错试验，需要消耗大量的人力物力，无法实现定向制备具有特殊结构及性能的碳点。在制备流程中，提纯过程效率低下也是导致碳点成本高昂的一大原因。由于碳点尺寸小，使用减压抽滤及高速离心等分离手段效果不佳。目前通常采用透析 - 冷冻干燥的方法提纯碳点，但是这一流程存在透析速度缓慢、透析膜使用寿命短、冷冻干燥耗能高等诸多缺陷。上述问题直接导致目前市售碳点的价格十分高昂（100mg 碳点约 2000 元）。

就应用而言，目前碳点材料的应用尚处于实验室开发阶段，其商业化应用仍存在较大困难。除生产成本过高以外，碳点的应用主要集中于催化、传感以及成像等领域，在储能等领域的应用范围尚需拓宽。

基于上述问题，作者专注于开发碳点的廉价制备技术及其储能领域的相关应用，目前已经取得了一定的学术成果，具体如下：

① 提出了基于羟醛缩合反应宏量制备碳点的新方法，系统研究了碳点的形成机制，有效调控了碳点的尺寸、官能团、分散性，并实现了碳点的公斤级制备，将其作为电解液（质）

添加剂显著提升了离子电导率和循环稳定性，并有效抑制了金属枝晶的形成，提升了锂、钠、锌离子电池的安全性。

　　② 开发了金属盐诱导碳点自组装构筑功能碳材料的新技术，以碳点为前驱体，通过维度设计、原子掺杂、孔隙调控等手段，构建了系列功能碳材料，揭示了碳点在金属盐辅助下的组装机制，阐明了碳材料的微观形貌、表界面结构对储钠/钾性能的影响规律，为长寿命、高容量碱金属离子电池碳负极材料的设计提供了理论指导。

　　③ 建立了碳点调控金属及其化合物材料表界面特性与体相结构的新途径，在金属及其化合物材料制备过程中引入碳点作为结构调控添加剂，实现了对金属及其氧/硫化物晶体构型、晶面间距、晶粒尺寸、表界面结构等的高效调控，在碳点与主体材料微结构的协同作用下，显著改善了电化学储能性能，获得了系列高倍率性能、长寿命碱金属离子电池电极材料。

 ## 5.5 / 碳点材料近期的研究发展重点

　　针对碳点材料存在的问题，近期学术界展开了一系列的研究工作，并取得了较为可观的成果。研究重点主要有以下几点：

（1）尝试建立半定量碳点构效关系模型　　• • •

　　由于碳点结构的复杂性，构建完全定量化的碳点构效关系模型自然十分困难。例如卢思宇等人[1]提出了碳点碳化程度决定其荧光行为。他们认为在碳化程度较低时，碳核没有明显的晶格结构，碳点的结构更偏向于碳纳米点或聚合物点。此时碳点的荧光行为由碳点表面态发光及交联增强发射效应主导。随着碳化程度的增加，碳核层的石墨化程度增加，结构转变为碳量子点和石墨烯量子点，此时碳点的荧光行为由量子共轭效应主导。这在一定程度上说明了碳点由于结构差异而导致的非统一作用机理的必然性。但是，利用量子计算等手段建立半定量碳点构效关系模型，可以尝试对碳点的修饰方法（杂原子掺杂、表面功能化以及钝化）的作用进行研究。例如，Tepliakov等[136]通过建立简单的半解析模型得到了模型中电子的离域作用随着域杂化因子的增加而增加，导致电子带隙的线性变窄，并伴随着光学跃迁速率的增加的结果，最后证明了碳点的主要光学特性由其sp^3杂化非晶芯的部分sp^2杂化碳结构域决定的结论。

（2）手性碳点的设计与应用　　• • •

　　碳点的手性对碳点的物化性质具有重要影响，因此碳点的手性设计成为近期碳点领域的一个研究热点。一般而言，碳点的手性可以通过手性分子合成或手性组装两种策略来实现[95]。前者是指利用手性分子（通常使用氨基酸对映体）作为前驱体合成手性配体修饰的碳点，而后者则是借助手性基质（例如纤维素纳米晶体）排列组装手性碳点。一般而言，手性碳点较普通碳点表现出更为优异的化学稳定性、电子传导和光学性能。而不同手性碳点的性质也存在着较大差异，例如，聂广军等[137]利用半胱氨酸制备了具有手性的N、S共掺杂碳点。他们发现L-型手性碳点能够促进细胞糖酵解过程，但是D-型碳点却没有显示出类似作用。此外，碳点的手性还可以通过静电相互作用转移到其他分子（例如四价卟啉化合物[24]）上，这使得手性碳点在手性催化及手性合成等领域具有良好应用前景。

（3）单一碳点颗粒行为的探究

由于碳点的结构具有多样性，在宏观维度考虑碳点的行为时，碳点的部分本征特性很容易被忽略，因此以单个或少数碳点作为研究对象进行探究是更为合理的。例如，Martin Gruebele 等[138]最近通过超快纳米成像观察到单个碳点内部或之间的能量流动，分析表明在普通碳量子点中，有近20%的碳点具有可与半导体量子点媲美的超高荧光强度，而其余碳点的荧光性能较差或没有荧光，由此在宏观上降低了碳点量子产率均值。这也意味着我们可以利用精细分离手段得到具有高量子产率的碳点。此外，Martin Gruebele 等[139]继续通过扫描隧道显微镜在离子分辨率水平直接成像了单一碳点来研究其荧光机制，发现碳点表面含氧质子化官能团（例如羧基）的存在极大地影响了表面缺陷的化学特性，这就是碳点表面更多的氧化缺陷会使碳点发射波长红移的原因。

（4）碳点制备工艺的优化

如上所述，碳点的低成本、规模化生产是推进碳点实际应用的重要基础。近期，碳点宏量制备的工业化应用价值逐渐得到重视，一系列基于"低成本""低能耗""高产量"理念的碳点制备策略被相继提出。其中，我们课题组利用羟醛缩合反应法成功实现了碳点的公斤级制备，并有效调控了其碳核结构、表面官能团及亲水/油性等。该方法具有室温、常压、开放体系、反应迅速以及成本低廉等诸多优点，有望实现碳点的工业化生产。此外，为了避免大量的试错过程，利用人工智能技术设计碳点也成为一个研究热点。例如，Wu 等[140]最近提出了一种新的策略——"机器学习策略驱动碳点合成"，其中使用人工智能定量分析了各种反应因子与碳点量子产率之间的对应关系。因此，制备碳点的最佳条件仅通过少量的试错过程即可确定。

（5）碳点复合材料的开发与设计

由于具有独特的物理化学特性，碳点可以与各种维度的功能材料复合，增强材料的物化性质。目前对碳点复合材料的设计与机理探究也是一大研究热点。一般而言，目前碳点在复合材料中的主要作用有设计添加剂（Designer Additives）、稳定剂（Stabilizing Agents）、敏化剂（Photosensitizers）以及传质媒介（Conducting Mediators）四类。其中，碳点作为设计添加剂是指碳点的引入可以改变复合材料的生长取向，进而定向改变复合材料的微纳结构。例如，我们课题组[76]发现了在水热反应中碳点可诱导新形成的金红石二氧化钛微晶沿一定方向生长为线性纳米针，最后自组装形成花瓣状的三维结构。值得注意的是，碳点的添加浓度对碳点复合材料的形态影响很大[141]。稳定剂是指由于碳点表面带有一定电荷及其化学惰性强的特性，可以维持复合物体系（例如银胶束体系[142]）的稳定性。敏化剂是指利用碳点的上转换荧光效应等特性，增加复合材料的太阳光吸收率，进而提高其光电活性[17]。传质媒介是指利用碳点的良好电化学性质、丰富的官能团及大的表面积，实现电子、离子或其他物质的传递或荷载[75]。虽然研究人员已经开展了大量的研究，但碳点在材料化学中的应用仍存在非常大的发展空间，在新材料开发、作用机制解析等方面仍需进一步探索。

（6）碳点应用范围的拓展 ••••

　　碳点在能源、传感、催化等传统领域应用的研究持续得到深化，新颖的研究报道层出不穷，碳点材料的效率阈值也被不断突破，逐渐向碳点商业化应用的目标迈进。除此之外，近期研究人员也尝试开发碳点的其他应用，包括特效药[123]、防伪[143]、微生物发电[133]、膜分离技术[132]、磁共振成像[110]等。特别地，碳点作为药物治疗肿瘤（Tumor）、帕金森综合征（Parkinson's Disease）[112]以及冠状病毒（coronaviruses）[123]的研究具有重大的现实意义。但是，如前所述，碳点的潜在毒性需要得到重视，碳点的毒理性需要进一步分析。

5.6 碳点材料 2035 年发展展望

　　我国在《中华人民共和国国民经济和社会发展第十四个五年计划和 2035 年远景目标纲要》中明确指出："推动能源清洁低碳安全高效利用，深入推进工业、建筑、交通等领域低碳转型。加大甲烷、氢氟碳化物、全氟化碳等其他温室气体控制力度"。由此可知，"减少碳排放，鼓励新能源"将会是我国今后十几年极为重要的经济发展主题。在过去十余年中，经过国内外研究人员的不懈努力，碳点材料的相关研究与开发均取得了重要突破，目前已在新能源转化与储存器件制备、温室气体的捕捉与转换、环境污染物降解等多个领域展现出了巨大的应用潜力。值得注意的是，我国在这一领域作出了突出贡献，目前已占据这一领域的国际主导地位。因此，为了更好地贯彻落实"绿水青山就是金山银山"的发展理念，推进实现"碳达峰""碳中和"的减碳目标，大力发展碳点相关研究及产业化应用具有重要意义。针对碳点在未来的发展走向，我们尝试作如下建议：

（1）建立工业级碳点生产工艺 ••••

　　碳点的生产成本是决定碳点材料从实验室中"走出去"的关键因素，探究廉价、高效、环保的碳点制备方法意义重大。经过科研人员的不懈努力，目前已经实现了碳点的百克级乃至公斤级制备。在此基础上，我们完全有理由相信未来可能实现碳点的吨级生产，为碳点的实用化奠定坚实的基础。此外，目前基于生物质与生活废弃物为原料的碳点的研究如火如荼，也在低碳环保方面取得了良好的成效。但是客观来说，生物质与生活废弃物并不适合作为大批量生产碳点的前驱体，原因有三：一是上述原料含有众多元素，导致碳点往往含有过多的杂原子，某些杂原子之间具有拮抗作用，导致碳点材料的性能不佳；二是生物质与生活废弃物结构复杂，且受环境的影响巨大，导致制备的碳点之间性能差异较大，且不利于碳点的纯化分离；三是上述原料含有过多杂质，往往需要水洗、干燥或分离等预处理，增加了碳点的制备成本。为了最大程度减少分离成本，我们认为未来在原料选取方面应该着重考虑成本低廉、分子结构明确、反应机理单一的物质分别作为碳前驱体（例如糖类、乙醛、柠檬酸等）和添加剂（例如尿素、硫脲等）。利用人工智能及理论计算等手段探究并确定各个实验条件对于碳点性能的不同响应规律，开发精细化、规范化、模块化和智能化碳点生产工艺。

（2）形成系统的碳点－环保产业体系 · · ·

在解决了碳点生产成本问题的基础上，整合现有资源，建立减排－固碳－监测的多元碳点－环保产业版块。具体而言，首先，积极开发碳点材料在太阳能电池、高能二次电池以及超级电容器等新能源转换及储能器件方面的产业化应用，降低传统化石能源消耗；其次，拓展碳点材料在光电催化领域的实用化技术，探索碳点材料增强生物光合作用的可能性，实现对温室气体的捕捉及转换。此外，发展碳点材料在环境监测与污染物降解领域的应用。

目前，碳点材料的研究仍存在诸多困难亟待解决，但是相信在众多科研人员的不懈努力下，碳点材料的研究及应用终会趋于成熟，最后造福于人类！"路漫漫其修远兮，吾将上下而求索"。

参考文献

[1] Xu X, Ray R, Gu Y, Ploehn H J, Gearheart L, Raker K, Scrivens W A. Electrophoretic Analysis and Purification of Fluorescent Single-Walled Carbon Nanotube Fragments [J]. J. Am. Chem. Soc., 2004, 126(40): 12736-12737.

[2] Sun Y P, Zhou B, Lin Y, Wang W, Fernando K A S, Pathak P, Meziani M J, Harruff B A, Wang X, Wang H, Luo P G, Yang H, Kose M E, Chen B, Veca L M, Xie S Y. Quantum-sized carbon dots for bright and colorful photoluminescence [J]. J. Am. Chem. Soc., 2006, 128(24): 7756-7757.

[3] Hu C, Li M, Qiu J, Sun Y P. Design and fabrication of carbon dots for energy conversion and storage [J]. Chem. Soc. Rev., 2019, 48(8): 2315-2337.

[4] Yeh T F, Teng C Y, Chen S J, Teng H. Nitrogen-Doped Graphene Oxide Quantum Dots as Photocatalysts for Overall Water-Splitting under Visible Light Illumination [J]. Adv. Mater., 2014, 26(20): 3297-3303.

[5] Zheng X T, Ananthanarayanan A, Luo K Q, Chen P. Glowing graphene quantum dots and carbon dots: properties, syntheses, and biological applications [J]. Small, 2015, 11(14): 1620-1636.

[6] Ritter K A, Lyding J W. The influence of edge structure on the electronic properties of graphene quantum dots and nanoribbons [J]. Nat. Mater., 2009, 8(3): 235-242.

[7] He L, Fei M, Chen J, Tian Y, Jiang Y, Huang Y, Xu K, Hu J, Zhao Z, Zhang Q, Ni H, Chen L. Graphitic C_3N_4 quantum dots for next-generation QLED displays [J]. Mater. Today, 2019, 22:76-84.

[8] Zhou J, Yang Y, Zhang C Y. A low-temperature solid-phase method to synthesize highly fluorescent carbon nitride dots with tunable emission [J]. Chem. Commun., 2013, 49(77): 8605-8607.

[9] Bao L, Zhang Z L, Tian Z Q, Zhang L, Liu C, Lin Y, Qi

B, Pang D W. Electrochemical Tuning of Luminescent Carbon Nanodots: From Preparation to Luminescence Mechanism [J]. Adv. Mater., 2011, 23(48): 5801-5806.

[10] Hu S L, Niu K Y, Sun J, Yang J, Zhao N Q, Du X W. One-step synthesis of fluorescent carbon nanoparticles by laser irradiation [J]. J. Mater. Chem., 2009, 19(4): 484-488.

[11] Wang Q, Huang X, Long Y, Wang X, Zhang H, Zhu R, Liang L, Teng P, Zheng H. Hollow luminescent carbon dots for drug delivery [J]. Carbon, 2013, 59:192-199.

[12] Siddique A B, Pramanick A K, Chatterjee S, Ray M. Amorphous Carbon Dots and their Remarkable Ability to Detect 2,4,6-Trinitrophenol [J]. Sci. Rep., 2018, 8:9770.

[13] Xia C, Zhu S, Feng T, Yang M, Yang B. Evolution and Synthesis of Carbon Dots: From Carbon Dots to Carbonized Polymer Dots [J]. Adv. Sci., 2019, 6(23): 1901316.

[14] Shao J, Zhu S, Liu H, Song Y, Tao S, Yang B. Full-Color Emission Polymer Carbon Dots with Quench-Resistant Solid-State Fluorescence [J]. Adv. Sci., 2017, 4(12): 1700395.

[15] Yan Y, Gong J, Chen J, Zeng Z, Huang W, Pu K, Liu J, Chen P. Recent Advances on Graphene Quantum Dots: From Chemistry and Physics to Applications [J]. Adv. Mater., 2019, 31(21): 1808283.

[16] Sk M A, Ananthanarayanan A, Huang L, Lim K H, Chen P. Revealing the tunable photoluminescence properties of graphene quantum dots [J]. J. Mater. Chem. C, 2014, 2(34): 6954-6960.

[17] Li H, He X, Kang Z, Huang H, Liu Y, Liu J, Lian S, Tsang C H A, Yang X, Lee S T. Water-Soluble Fluorescent Carbon Quantum Dots and Photocatalyst Design [J]. Angew. Chem., Int. Ed., 2010, 49(26): 4430-

4434.

[18] Ding H, Yu S B, Wei J S, Xiong H M. Full-Color Light-Emitting Carbon Dots with a Surface-State-Controlled Luminescence Mechanism [J]. ACS Nano, 2016, 10(1): 484-491.

[19] Yeh T F, Huang W L, Chung C J, Chiang I T, Chen L C, Chang H Y, Su W C, Cheng C, Chen S J, Teng H. Elucidating Quantum Confinement in Graphene Oxide Dots Based On Excitation-Wavelength-Independent Photoluminescence [J]. J. Phys. Chem. Lett., 2016, 7(11): 2087-2092.

[20] Tetsuka H, Nagoya A, Fukusumi T, Matsui T. Molecularly Designed, Nitrogen-Functionalized Graphene Quantum Dots for Optoelectronic Devices [J]. Adv. Mater., 2016, 28(23): 4632-4638.

[21] Yan Y, Chen J, Li N, Tian J, Li K, Jiang J, Liu J, Tian Q, Chen P. Systematic Bandgap Engineering of Graphene Quantum Dots and Applications for Photocatalytic Water Splitting and CO_2 Reduction [J]. ACS Nano, 2018, 12(4): 3523-3532.

[22] Copur F, Bekar N, Zor E, Alpaydin S, Bingol H. Nanopaper-based photoluminescent enantioselective sensing of L-Lysine by L-Cysteine modified carbon quantum dots [J]. Sens. Actuators B Chem., 2019, 279:305-312.

[23] Ru Y, Ai L, Jia T, Liu X, Lu S, Tang Z, Yang B. Recent advances in chiral carbonized polymer dots: From synthesis and properties to applications [J]. Nano Today, 2020, 34:100953.

[24] Vazquez-Nakagawa M, Rodriguez-Perez L, Herranz M A, Martin N. Chirality transfer from graphene quantum dots [J]. Chem. Commun., 2016, 52(4): 665-668.

[25] Krysmann M J, Kelarakis A, Dallas P, Giannelis E P. Formation Mechanism of Carbogenic Nanoparticles with Dual Photoluminescence Emission [J]. J. Am. Chem. Soc., 2012, 134(2): 747-750.

[26] Zhu S, Song Y, Zhao X, Shao J, Zhang J, Yang B. The photoluminescence mechanism in carbon dots (graphene quantum dots, carbon nanodots, and polymer dots): current state and future perspective [J]. Nano Res., 2015, 8(2): 355-381.

[27] Zhu S, Wang L, Zhou N, Zhao X, Song Y, Maharjan S, Zhang J, Lu L, Wang H, Yang B. The crosslink enhanced emission (CEE) in non-conjugated polymer dots: from the photoluminescence mechanism to the cellular uptake mechanism and internalization [J]. Chem. Commun., 2014, 50(89): 13845-13848.

[28] Cao L, Wang X, Meziani M J, Lu F, Wang H, Luo P G, Lin Y, Harruff B A, Veca L M, Murray D, Xie S Y, Sun Y P. Carbon dots for multiphoton bioimaging [J]. J. Am. Chem. Soc., 2007, 129(37): 11318-11319.

[29] Jiang K, Wang Y, Gao X, Cai C, Lin H. Facile, Quick, and Gram-Scale Synthesis of Ultralong-Lifetime Room-Temperature-Phosphorescent Carbon Dots by Microwave Irradiation [J]. Angew. Chem., Int. Ed., 2018, 57(21): 6216-6220.

[30] Shinde D B, Pillai V K. Electrochemical Resolution of Multiple Redox Events for Graphene Quantum Dots [J]. Angew. Chem., Int. Ed., 2013, 52(9): 2482-2485.

[31] Chen R B, Chang C P, Lin M F. Electric-field-tunable electronic properties of graphene quantum dots [J]. Physica E Low Dimens. Syst. Nanostruct., 2010, 42(10): 2812-2815.

[32] Ambrosi A, Chua C K, Bonanni A, Pumera M. Electrochemistry of Graphene and Related Materials [J]. Chem. Rev., 2014, 114(14): 7150-7188.

[33] Wu W, Zhan L, Fan W, Song J, Li X, Li Z, Wang R, Zhang J, Zheng J, Wu M, Zeng H. Cu-N Dopants Boost Electron Transfer and Photooxidation Reactions of Carbon Dots [J]. Angew. Chem., Int. Ed., 2015, 54(22): 6540-6544.

[34] Zhao P, Zhu L. Dispersibility of carbon dots in aqueous and/or organic solvents [J]. Chem. Commun., 2018, 54(43): 5401-5406.

[35] Hou H, Banks C E, Jing M, Zhang Y, Ji X. Carbon Quantum Dots and Their Derivative 3D Porous Carbon Frameworks for Sodium-Ion Batteries with Ultralong Cycle Life [J]. Adv. Mater., 2015, 27(47): 7861-7866.

[36] Hou H, Shao L, Zhang Y, Zou G, Chen J, Ji X. Large-Area Carbon Nanosheets Doped with Phosphorus: A High-Performance Anode Material for Sodium-Ion Batteries [J]. Adv. Sci., 2017, 4(1): 1600243.

[37] Pan D, Zhang J, Li Z, Zhang Z, Guo L, Wu M. Blue fluorescent carbon thin films fabricated from dodecylamine-capped carbon nanoparticles [J]. J. Mater. Chem., 2011, 21(11): 3565-3567.

[38] Wang H, Sun C, Chen X, Zhang Y, Colvin V L, Rice Q, Seo J, Feng S, Wang S, Yu W W. Excitation wavelength independent visible color emission of carbon dots [J]. Nanoscale, 2017, 9(5): 1909-1915.

[39] Ge J, Jia Q, Liu W, Guo L, Liu Q, Lan M, Zhang H, Meng X, Wang P. Red-Emissive Carbon Dots for Fluorescent, Photoacoustic, and Thermal Theranostics in Living Mice [J]. Adv. Mater., 2015, 27(28): 4169-4177.

[40] Peng J, Gao W, Gupta B K, Liu Z, Romero-Aburto R, Ge L, Song L, Alemany L B, Zhan X, Gao G, Vithayathil S A, Kaipparettu B A, Marti A A, Hayashi T, Zhu J J, Ajayan P M. Graphene Quantum Dots Derived from Carbon Fibers [J]. Nano Lett., 2012, 12(2): 844-

849.

[41] Liu Y Y, Yu N Y, Fang W D, Tan Q G, Ji R, Yang L Y, Wei S, Zhang X W, Miao A J. Photodegradation of carbon dots cause cytotoxicity [J]. Nat. Commun., 2021, 12(1): 812.

[42] Pan D, Zhang J, Li Z, Wu M. Hydrothermal Route for Cutting Graphene Sheets into Blue-Luminescent Graphene Quantum Dots [J]. Adv. Mater., 2010, 22(6): 734-738.

[43] Rong M, Feng Y, Wang Y, Chen X. One-pot solid phase pyrolysis synthesis of nitrogen-doped carbon dots for Fe^{3+} sensing and bioimaging [J]. Sensor. Actuat. B-Chem., 2017, 245:868-874.

[44] Leonelli C, Mason T J. Microwave and ultrasonic processing: Now a realistic option for industry. Chem. Eng. Process, 2010, 49(9): 885-900.

[45] Chen W, Lv G, Hu W, Li D, Chen S, Dai Z. Synthesis and applications of graphene quantum dots: a review [J]. Nanotechnol. Rev., 2018, 7(2): 157-185.

[46] Yuan F, Yuan T, Sui L, Wang Z, Xi Z, Li Y, Li X, Fan L, Tan Z A, Chen A, Jin M, Yang S. Engineering triangular carbon quantum dots with unprecedented narrow bandwidth emission for multicolored LEDs [J]. Nat. Commun., 2018, 9:2249.

[47] Kim J, Suh J S. Size-Controllable and Low-Cost Fabrication of Graphene Quantum Dots Using Thermal Plasma Jet [J]. ACS Nano, 2014, 8(5): 4190-4196.

[48] Zhu Z, Cheng R, Ling L, Li Q, Chen S. Rapid and Large-Scale Production of Multi-Fluorescence Carbon Dots by a Magnetic Hyperthermia Method [J]. Angew. Chem., Int. Ed., 2020, 59(8): 3099-3105.

[49] Liu R, Wu D, Liu S, Koynov K, Knoll W, Li Q. An Aqueous Route to Multicolor Photoluminescent Carbon Dots Using Silica Spheres as Carriers [J]. Angew. Chem., Int. Ed., 2009, 48(25): 4598-4601.

[50] Mu Y, Wang N, Sun Z, Wang J, Li J, Yu J. Carbogenic nanodots derived from organotemplated zeolites with modulated full-color luminescence [J]. Chem. Sci., 2016, 7(6): 3564-3568.

[51] Xiong R, Zhang X, Krecker M, Kang S, Smith M J, Tsukruk V V. Large and Emissive Crystals from Carbon Quantum Dots onto Interfacial Organized Templates [J]. Angew. Chem., Int. Ed., 2020, 59(45): 20167-20173.

[52] Li L, Li Y, Ye Y, Guo R, Wang A, Zou G, Hou H, Ji X. Kilogram-Scale Synthesis and Functionalization of Carbon Dots for Superior Electrochemical Potassium Storage [J]. ACS Nano, 2021, 10.1021/acsnano.1020c10624.

[53] Guo R, Li L, Wang B, et al. Functionalized carbon dots for advanced batteries. Energy Storage Mater., 2021,

37: 8-39.

[54] Goryacheva I Y, Sapelkin A V, Sukhorukov G B. Carbon nanodots: Mechanisms of photoluminescence and principles of application [J]. Trends Analyt. Chem., 2017, 90:27-37.

[55] Zu F, Yan F, Bai Z, Xu J, Wang Y, Huang Y, Zhou X. The quenching of the fluorescence of carbon dots: A review on mechanisms and applications [J]. Microchim. Acta, 2017, 184(7): 1899-1914.

[56] Sidhu J S, Singh A, Garg N, Kaur N, Singh N. Gold conjugated carbon dots nano assembly: FRET paired fluorescence probe for cysteine recognition [J]. Sensor. Actuat. B-Chem., 2019, 282:515-522.

[57] Liu J, Chen Y, Wang W, Feng J, Liang M, Ma S, Chen X. "Switch-On" Fluorescent Sensing of Ascorbic Acid in Food Samples Based on Carbon Quantum Dots–MnO_2 Probe [J]. J. Agric. Food Chem., 2016, 64(1): 371-380.

[58] Zhang H, Zhang X, Dong S. Enhancement of the Carbon Dots/$K_2S_2O_8$ Chemiluminescence System Induced by Triethylamine [J]. Anal. Chem., 2015, 87(22): 11167-11170.

[59] Dong S, Yuan Z, Zhang L, Lin Y, Lu C. Rapid Screening of Oxygen States in Carbon Quantum Dots by Chemiluminescence Probe [J]. Anal. Chem., 2017, 89(22): 12520-12526.

[60] Li L L, Ji J, Fei R, Wang C Z, Lu Q, Zhang J R, Jiang L P, Zhu J J. A Facile Microwave Avenue to Electrochemiluminescent Two-Color Graphene Quantum Dots [J]. Adv. Funct. Mater., 2012, 22(14): 2971-2979.

[61] Long Y M, Bao L, Peng Y, Zhang Z L, Pang D W. Self-co-reactant and ion-annihilation electrogenerated chemiluminescence of carbon nanodots [J]. Carbon, 2018, 129:168-174.

[62] Jampasa S, Ngamrojanavanich N, Rengpipat S, Chailapakul O, Kalcher K, Chaiyo S. Ultrasensitive electrochemiluminescence sensor based on nitrogen-decorated carbon dots for Listeria monocytogenes determination using a screen-printed carbon electrode [J]. Biosens.Bioelectron., 2021, 188:113323.

[63] Chen A, Liang W, Wang H, Zhuo Y, Chai Y, Yuan R. Anodic Electrochemiluminescence of Carbon Dots Promoted by Nitrogen Doping and Application to Rapid Cancer Cell Detection. Anal [J]. Chem., 2020, 92(1): 1379-1385.

[64] Chen Y C, Chiang W H, Kurniawan D, Yeh P C, Otake K I, Kung C W. Impregnation of Graphene Quantum Dots into a Metal-Organic Framework to Render Increased Electrical Conductivity and Activity

第二篇 前沿新材料

for Electrochemical Sensing [J]. ACS Appl. Mater. Interfaces, 2019, 11(38): 35319-35326.

[65] Xu Y, Yang Y, Lin S, Xiao L. Red-Emitting Carbon Nanodot-Based Wide-Range Responsive Nanothermometer for Intracellular Temperature Sensing [J]. Anal. Chem., 2020, 92(23): 15632-15638.

[66] Chu S, Majumdar A. Opportunities and challenges for a sustainable energy future [J]. Nature, 2012, 488(7411): 294-303.

[67] Li X, Rui M, Song J, Shen Z, Zeng H. Carbon and Graphene Quantum Dots for Optoelectronic and Energy Devices: A Review [J]. Adv. Funct. Mater., 2015, 25(31): 4929-4947.

[68] Gao P, Ding K, Wang Y, Ruan K, Diao S, Zhang Q, Sun B, Jie J. Crystalline Si/Graphene Quantum Dots Heterojunction Solar Cells [J]. J. Phys. Chem. C, 2014, 118(10): 5164-5171.

[69] Hsu H L, Hsiao H T, Juang T Y, Jiang B H, Chen S C, Jeng R J, Chen C P. Carbon Nanodot Additives Realize High-Performance Air-Stable p-i-n Perovskite Solar Cells Providing Efficiencies of up to 20.2% [J]. Adv. Energy Mater., 2018, 8(34): 1802323.

[70] Zhao B, Tan Z A. Fluorescent Carbon Dots: Fantastic Electroluminescent Materials for Light-Emitting Diodes [J]. Adv. Sci., 2021, 8(7): 2001977.

[71] Wang F, Kreiter M, He B, Pang S, Liu C Y. Synthesis of direct white-light emitting carbogenic quantum dots [J]. Chem. Commun., 2010, 46(19): 3309-3311.

[72] Jiang K, Sun S, Zhang L, Lu Y, Wu A, Cai C, Lin H. Red, Green, and Blue Luminescence by Carbon Dots: Full-Color Emission Tuning and Multicolor Cellular Imaging [J]. Angew. Chem., Int. Ed., 2015, 54(18): 5360-5363.

[73] Jiang K, Feng X, Gao X, Wang Y, Cai C, Li Z, Lin H. Preparation of Multicolor Photoluminescent Carbon Dots by Tuning Surface States [J]. Nanomaterials, 2019, 9(4): 529.

[74] Wang L, Li W, Yin L, Liu Y, Guo H, Lai J, Han Y, Li G, Li M, Zhang J, Vajtai R, Ajayan P M, Wu M. Full-color fluorescent carbon quantum dots [J]. Sci. Adv., 2020, 6(40): eabb6772.

[75] Chao D, Zhu C, Xia X, Liu J, Zhang X, Wang J, Liang P, Lin J, Zhang H, Shen Z X, Fan H J. Graphene quantum dots coated VO₂ arrays for highly durable electrodes for Li and Na ion batteries [J]. Nano Lett., 2015, 15(1): 565-573.

[76] Zhang Y, Foster C W, Banks C E, Shao L, Hou H, Zou G, Chen J, Huang Z, Ji X. Graphene-Rich Wrapped Petal-Like Rutile TiO₂ tuned by Carbon Dots for High-Performance Sodium Storage [J]. Adv. Mater., 2016,

28(42): 9391-9399.

[77] Ge P, Hou H, Cao X, Li S, Zhao G, Guo T, Wang C, Ji X. Multidimensional Evolution of Carbon Structures Underpinned by Temperature-Induced Intermediate of Chloride for Sodium-Ion Batteries [J]. Adv. Sci., 2018, 5(6): 1800080.

[78] Zou G, Wang C, Hou H, Wang C, Qiu X, Ji X. Controllable Interlayer Spacing of Sulfur-Doped Graphitic Carbon Nanosheets for Fast Sodium-Ion Batteries [J]. Small, 2017, 13(31): 1700762-1700772.

[79] Zou G, Hou H, Zhao G, Huang Z, Ge P, Ji X. Preparation of S/N-codoped carbon nanosheets with tunable interlayer distance for high-rate sodium-ion batteries [J]. Green Chem., 2017, 19(19): 4622-4632.

[80] Ge P, Hou H, Liu N, Qiu X, Zeng Q, Wang C, Shao L, Ji X. High-rate sodium ion anodes assisted by N-doped carbon sheets [J]. Sustain. Energy Fuels, 2017, 1(5): 1130-1136.

[81] Zhang Y, Yang L, Tian Y, Li L, Li J, Qiu T, Zou G, Hou H, Ji X. Honeycomb hard carbon derived from carbon quantum dots as anode material for K-ion batteries [J]. Mater. Chem. Phys., 2019, 229:303-309.

[82] Hong W, Zhang Y, Yang L, Tian Y, Ge P, Hu J, Wei W, Zou G, Hou H, Ji X. Carbon quantum dot micelles tailored hollow carbon anode for fast potassium and sodium storage [J]. Nano Energy, 2019, 65:104038.

[83] Pang Y, Wei J, Wang Y, Xia Y. Synergetic Protective Effect of the Ultralight MWCNTs/NCQDs Modified Separator for Highly Stable Lithium–Sulfur Batteries [J]. Adv. Energy Mater., 2018, 8(10): 1702288.

[84] Hu Y, Chen W, Lei T, Jiao Y, Wang H, Wang X, Rao G, Wang X, Chen B, Xiong J. Graphene quantum dots as the nucleation sites and interfacial regulator to suppress lithium dendrites for high-loading lithium-sulfur battery [J]. Nano Energy, 2020, 68:104373.

[85] Ma C, Dai K, Hou H, Ji X, Chen L, Ivey D C, Wei W. High Ion-Conducting Solid-State Composite Electrolytes with Carbon Quantum Dot Nanofillers [J]. Adv. Sci., 2018, 5(5): 1700996.

[86] Hong D K, Choi Y, Ryu J, Mun J, Choi W, Park M, Lee Y, Choi N S, Lee G, Kim B S, Park S. Homogeneous Li deposition through the control of carbon dot-assisted Li-dendrite morphology for high-performance Li-metal batteries [J]. J. Mater. Chem. A, 2019, 7(35): 20325-20334.

[87] Li S, Luo Z, Tu H, Zhang H, Deng W, Zou G, Hou H, Ji X. N,S-Codoped Carbon Dots as Deposition Regulating Electrolyte Additive for Stable Lithium Metal Anode [J]. Energy Storage Mater., 2021.

[88] Gao R, Li Z, Zhang X, Zhang J, Hu Z, Liu X. Carbon-

Dotted Defective CoO with Oxygen Vacancies: A Synergetic Design of Bifunctional Cathode Catalyst for Li–O$_2$ Batteries [J]. ACS Catal., 2016, 6(1): 400-406.

[89] Wang M, Fang J, Hu L, Lai Y, Liu Z. Defects-rich graphene/carbon quantum dot composites as highly efficient electrocatalysts for aqueous zinc/air batteries [J]. Int. J. Hydrog. Energy, 2017, 42(33): 21305-21310.

[90] Yun X, Li J, Chen X, Chen H, Xiao L, Xiang K, Chen W, Liao H, Zhu Y. Porous Fe$_2$O$_3$ Modified by Nitrogen-Doped Carbon Quantum Dots/Reduced Graphene Oxide Composite Aerogel as a High-Capacity and High-Rate Anode Material for Alkaline Aqueous Batteries [J]. ACS Appl. Mater. Interfaces, 2019, 11(40): 36970-36984.

[91] Shaker M, Riahifar R, Li Y. A review on the superb contribution of carbon and graphene quantum dots to electrochemical capacitors' performance: Synthesis and application [J]. Flat Chem, 2020, 22:100171.

[92] Zhu Y, Ji X, Pan C, Sun Q, Song W, Fang L, Chen Q, Banks C E. A carbon quantum dot decorated RuO$_2$ network: outstanding supercapacitances under ultrafast charge and discharge [J]. Energy Environ. Sci., 2013, 6(12): 3665-3675.

[93] Zhang C, Liu X, Li Z, Zhang C, Chen Z, Pan D, Wu M. Nitrogen-Doped Accordion-Like Soft Carbon Anodes with Exposed Hierarchical Pores for Advanced Potassium-Ion Hybrid Capacitors [J]. Adv. Funct. Mater., 2021, 31(23): 2101470.

[94] Li J, Yun X, Hu Z, Xi L, Li N, Tang H, Lu P, Zhu Y. Three-dimensional nitrogen and phosphorus co-doped carbon quantum dots/reduced graphene oxide composite aerogels with a hierarchical porous structure as superior electrode materials for supercapacitors [J]. J. Mater. Chem. A, 2019, 7(46): 26311-26325.

[95] Pei Y, Song H, Liu Y, Cheng Y, Li W, Chen Y, Fan Y, Liu B, Lu S. Boron–nitrogen-doped carbon dots on multi-walled carbon nanotubes for efficient electrocatalysis of oxygen reduction reactions [J]. J. Colloid Interface Sci., 2021, 600:865-871.

[96] Chang C Y, Kashale A A, Lee C M, Chu S L, Lin F, Chen I W P. Single atomically anchored iron on graphene quantum dots for a highly efficient oxygen evolution reaction. Mater [J]. Today Energy, 2021, 20:100693.

[97] Tian L, Wang J, Wang K, Wo H, Wang X, Zhuang W, Li T, Du X. Carbon-quantum-dots-embedded MnO$_2$ nanoflower as an efficient electrocatalyst for oxygen evolution in alkaline media. Carbon, 2019, 143:457-466.

[98] Song H, Wu M, Tang Z, Tse J S, Yang B, Lu S. Single

Atom Ruthenium-Doped CoP/CDs Nanosheets via Splicing of Carbon-Dots for Robust Hydrogen Production [J]. Angew. Chem., Int. Ed., 2021, 60(13): 7234-7244.

[99] Chen C, Yan X, Liu S, Wu Y, Wan Q, Sun X, Zhu Q, Liu H, Ma J, Zheng L, Wu H, Han B. Highly Efficient Electroreduction of CO$_2$ to C$_{2+}$ Alcohols on Heterogeneous Dual Active Sites [J]. Angew. Chem., Int. Ed., 2020, 59(38): 16459-16464.

[100] Sun Y, Zhou Y, Zhu C, Hu L, Han M, Wang A, Huang H, Liu Y, Kang Z. A Pt–Co$_3$O$_4$–CD electrocatalyst with enhanced electrocatalytic performance and resistance to CO poisoning achieved by carbon dots and Co$_3$O$_4$ for direct methanol fuel cells [J]. Nanoscale, 2017, 9(17): 5467-5474.

[101] Liu J, Liu Y, Liu N, Han Y, Zhang X, Huang H, Lifshitz Y, Lee S T, Zhong J, Kang Z. Metal-free efficient photocatalyst for stable visible water splitting via a two-electron pathway [J]. Science, 2015, 347(6225): 970-974.

[102] Wang Y, Liu X, Liu J, Han B, Hu X, Yang F, Xu Z, Li Y, Jia S, Li Z, Zhao Y. Carbon Quantum Dot Implanted Graphite Carbon Nitride Nanotubes: Excellent Charge Separation and Enhanced Photocatalytic Hydrogen Evolution [J]. Angew. Chem., Int. Ed., 2018, 57(20): 5765-5771.

[103] Meng X, Zhang C, Dong C, Sun W, Ji D, Ding Y. Carbon quantum dots assisted strategy to synthesize Co@NC for boosting photocatalytic hydrogen evolution performance of CdS [J]. Chem. Eng. J., 2020, 389:124432.

[104] Mondal S, Vinod C P, Gautam U K. "Autophagy" and unique aerial oxygen harvesting properties exhibited by highly photocatalytic carbon quantum dots [J]. Carbon, 2021, 181:16-27.

[105] Li C, Zhao Z, Fu S, Wang X, Ma Y, Dong S. Polyvinylpyrrolidone in the one-step synthesis of carbon quantum dots anchored hollow microsphere Bi$_2$WO$_6$ enhances the simultaneous photocatalytic removal of tetracycline and Cr (VI) [J]. Sep. Purif. Technol., 2021, 270:118844.

[106] Du J, Xu N, Fan J, Sun W, Peng X. Carbon Dots for In Vivo Bioimaging and Theranostics [J]. Small, 2019, 15(32): 1805087.

[107] Liu J, Li D, Zhang K, Yang M, Sun H, Yang B. One-Step Hydrothermal Synthesis of Nitrogen-Doped Conjugated Carbonized Polymer Dots with 31% Efficient Red Emission for In Vivo Imaging [J]. Small, 2018, 14(15): 1703919.

[108] Li J, Yang S, Liu Z, Wang G, He P, Wei W, Yang M,

Deng Y, Gu P, Xie X, Kang Z, Ding G, Zhou H, Fan X. Imaging Cellular Aerobic Glycolysis using Carbon Dots for Early Warning of Tumorigenesis [J]. Adv. Mater., 2021, 33(1): 2005096.

[109] Pan Y, Yang J, Fang Y, Zheng J, Song R, Yi C. One-pot synthesis of gadolinium-doped carbon quantum dots for high-performance multimodal bioimaging [J]. J. Mater. Chem. B, 2017, 5(1): 92-101.

[110] Zhang J, Yuan Y, Gao M, Han Z, Liu G. Carbon Dots as a New Class of Diamagnetic Chemical Exchange Saturation Transfer (diaCEST) MRI Contrast Agents [J]. Angew. Chem., Int. Ed., 2019, 58(29): 9871-9875.

[111] Jaleel J A, Pramod K. Artful and multifaceted applications of carbon dot in biomedicine [J]. J. Control Release, 2018, 269:302-321.

[112] Kim D, Yoo J M, Hwang H, Lee J, Lee S H, Yun S P, Park M J, Lee M, Choi S, Kwon S H, Lee S, Kwon S H, Kim S, Park Y J, Kinoshita M, Lee Y H, Shin S, Paik S R, Lee S J, Lee S, Hong B H, Ko H S. Graphene quantum dots prevent α-synucleinopathy in Parkinson's disease [J]. Nat. Nanotechnol., 2018, 13(9): 812-818.

[113] Kong T, Hao L, Wei Y, Cai X, Zhu B. Doxorubicin conjugated carbon dots as a drug delivery system for human breast cancer therapy [J]. Cell Proliferation, 2018, 51(5): e12488.

[114] Gong N, Ma X, Ye X, Zhou Q, Chen X, Tan X, Yao S, Huo S, Zhang T, Chen S, Teng X, Hu X, Yu J, Gan Y, Jiang H, Li J, Liang X J. Carbon-dot-supported atomically dispersed gold as a mitochondrial oxidative stress amplifier for cancer treatment [J]. Nat. Nanotechnol., 2019, 14(4): 379-387.

[115] Feng T, Ai X, Ong H, Zhao Y. Dual-Responsive Carbon Dots for Tumor Extracellular Microenvironment Triggered Targeting and Enhanced Anticancer Drug Delivery [J]. ACS Appl. Mater. Interfaces, 2016, 8(29): 18732-18740.

[116] Xu J, Zeng F, Wu H, Hu C, Yu C, Wu S. Preparation of a Mitochondria-targeted and NO-Releasing Nanoplatform and its Enhanced Pro-Apoptotic Effect on Cancer Cells [J]. Small, 2014, 10(18): 3750-3760.

[117] Kim S, Choi Y, Park G, Won C, Park Y J, Lee Y, Kim BS, Min D H. Highly efficient gene silencing and bioimaging based on fluorescent carbon dots in vitro and in vivo [J]. Nano Res., 2017, 10(2): 503-519.

[118] Zhao H, Duan J, Xiao Y, Tang G, Wu C, Zhang Y, Liu Z, Xue W. Microenvironment-Driven Cascaded Responsive Hybrid Carbon Dots as a Multifunctional Theranostic Nanoplatform for Imaging-Traceable Gene Precise Delivery [J]. Chem. Mater., 2018, 30(10): 3438-3453.

[119] Li B, Zhao S, Huang L, Wang Q, Xiao J, Lan M. Recent advances and prospects of carbon dots in phototherapy [J]. Chem. Eng. J., 2021, 408:127245.

[120] Ge J, Lan M, Zhou B, et al. A graphene quantum dot photodynamic therapy agent with high singlet oxygen generation. Nat. Commun., 2014, 5(1): 4596.

[121] Li X, Lovell J F, Yoon J, Chen X. Clinical development and potential of photothermal and photodynamic therapies for cancer [J]. Nat. Rev. Clin. Oncol., 2020, 17(11): 657-674.

[122] Yu Y, Song M, Chen C, Du Y, Li C, Han Y, Yan F, Shi Z, Feng S. Bortezomib-Encapsulated CuS/Carbon Dot Nanocomposites for Enhanced Photothermal Therapy via Stabilization of Polyubiquitinated Substrates in the Proteasomal Degradation Pathway [J]. ACS Nano, 2020, 14(8): 10688-10703.

[123] Garg P, Sangam S, Kochhar D, Pahari S, Kar C, Mukherjee M. Exploring the role of triazole functionalized heteroatom co-doped carbon quantum dots against human coronaviruses [J]. Nano Today, 2020, 35:101001.

[124] Jian H J, Wu R S, Lin T Y, Li Y J, Lin H J, Harroun S G, Lai J Y, Huang C C. Super-Cationic Carbon Quantum Dots Synthesized from Spermidine as an Eye Drop Formulation for Topical Treatment of Bacterial Keratitis [J]. ACS Nano, 2017, 11(7): 6703-6716.

[125] Chen J, Wei J S, Zhang P, Niu X Q, Zhao W, Zhu Z Y, Ding H, Xiong H M. Red-Emissive Carbon Dots for Fingerprints Detection by Spray Method: Coffee Ring Effect and Unquenched Fluorescence in Drying Process. ACS Appl [J]. Mater. Interfaces, 2017, 9(22): 18429-18433.

[126] Yang H, Liu Y, Guo Z, Lei B, Zhuang J, Zhang X, Liu Z, Hu C. Hydrophobic carbon dots with blue dispersed emission and red aggregation-induced emission [J]. Nat. Commun., 2019, 10:1789.

[127] Tao S, Lu S, Geng Y, Zhu S, Redfern S A T, Song Y, Feng T, Xu W, Yang B. Design of Metal-Free Polymer Carbon Dots: A New Class of Room-Temperature Phosphorescent Materials [J]. Angew. Chem., Int. Ed., 2018, 57(9): 2393-2398.

[128] He C, E S, Yan H, Li X. Structural engineering design of carbon dots for lubrication [J]. Chin. Chem. Lett., 2021.

[129] Wang B, Tang W, Lu H, Huang Z. Ionic liquid capped carbon dots as a high-performance friction-reducing and antiwear additive for poly(ethylene glycol) [J]. J. Mater. Chem. A, 2016, 4(19): 7257-7265.

[130] Zhao D L, Chung T S. Applications of carbon quantum dots (CQDs) in membrane technologies: A review [J]. Water Res., 2018, 147:43-49.

[131] Zhao D L, Das S, Chung T S. Carbon Quantum Dots Grafted Antifouling Membranes for Osmotic Power Generation via Pressure-Retarded Osmosis Process [J]. Environ. Sci. Technol., 2017, 51(23): 14016-14023.

[132] Lei S, Zeng M, Huang D, Wang L, Zhang L, Xi B, Ma W, Chen G, Cheng Z. Synergistic High-flux Oil-Saltwater Separation and Membrane Desalination with Carbon Quantum Dots Functionalized Membrane [J]. ACS Sustain. Chem. Eng., 2019, 7(16): 13708-13716.

[133] Yang C, Aslan H, Zhang P, Zhu S, Xiao Y, Chen L, Khan N, Boesen T, Wang Y, Liu Y, Wang L, Sun Y, Feng Y, Besenbacher F, Zhao F, Yu M. Carbon dots-fed Shewanella oneidensis MR-1 for bioelectricity enhancement [J]. Nat. Commun., 2020, 11(1).

[134] He H, Liu L, Chen X, Wang Q, Wang X, Nau W M, Huang F. Carbon Dot Blinking Enables Accurate Molecular Counting at Nanoscale Resolution [J]. Anal. Chem., 2021, 93(8): 3968-3975.

[135] Li W, Liu Y, Wang B, Song H, Liu Z, Lu S, Yang B. Kilogram-scale synthesis of carbon quantum dots for hydrogen evolution, sensing and bioimaging [J]. Chin. Chem. Lett., 2019, 30(12): 2323-2327.

[136] Tepliakov N V, Kundelev E V, Khavlyuk P D, Xiong Y, Leonov M Y, Zhu W, Baranov A V, Fedorov A V, Rogach A L, Rukhlenko I D. sp^2–sp^3-Hybridized Atomic Domains Determine Optical Features of Carbon Dots [J]. ACS Nano, 2019, 13(9): 10737-10744.

[137] Li F, Li Y, Yang X, Han X, Jiao Y, Wei T, Yang D, Xu H, Nie G. Highly Fluorescent Chiral N-S-Doped Carbon Dots from Cysteine: Affecting Cellular Energy Metabolism [J]. Angew. Chem., Int. Ed., 2018, 57(9): 2377-2382.

[138] Nguyen H A, Srivastava I, Pan D, Gruebele M. Ultrafast nanometric imaging of energy flow within and between single carbon dots [J]. Proc. Natl. Acad. Sci. USA, 2021, 118(11): e2023083118.

[139] Nguyen H A, Srivastava I, Pan D, Gruebele M. Unraveling the Fluorescence Mechanism of Carbon Dots with Sub-Single-Particle Resolution [J]. ACS Nano, 2020, 14(5): 6127-6137.

[140] Han Y, Tang B, Wang L, Bao H, Lu Y, Guan C, Zhang L, Le M, Liu Z, Wu M. Machine-Learning-Driven Synthesis of Carbon Dots with Enhanced Quantum Yields [J]. ACS Nano, 2020, 14(11): 14761-14768.

[141] Wei J S, Ding H, Zhang P, Song Y F, Chen J, Wang Y G, Xiong H M. Carbon Dots/NiCo$_2$O$_4$ Nanocomposites with Various Morphologies for High Performance Supercapacitors [J]. Small, 2016, 12(43): 5927-5934.

[142] Shen L, Chen M, Hu L, Chen X, Wang J. Growth and Stabilization of Silver Nanoparticles on Carbon Dots and Sensing Application [J]. Langmuir, 2013, 29(52): 16135-16140.

[143] Jiang K, Wang Y, Cai C, Lin H. Conversion of Carbon Dots from Fluorescence to Ultralong Room-Temperature Phosphorescence by Heating for Security Applications [J]. Adv. Mater., 2018, 30(26): 1800783.

 作者简介

侯红帅，中南大学副教授，博士生导师，中国科协"青年人才托举工程"、湖湘青年英才计划、国家"博士后创新人才支持计划"入选者，湖南省优秀青年基金获得者。*Frontiers in chemistry* 客座编辑，*SmartMat*、*Rare Metals* 青年编委。主要从事碳点功能材料、二次电池关键材料与器件的基础研究工作。以第一/通讯作者在 *Advanced Materials*、*Materials Today* 等国际权威期刊发表学术论文50 余篇，获授权中国发明专利 20 余项。主持国家级、省部级科研项目 6 项，参与国家重点研发计划2 项。

纪效波，中南大学教授，博士生导师，教育部青年长江学者，国家优青，湖南省科技领军人才，湖南省优秀研究生导师，科睿唯安全球高被引学者，英国皇家化学会会士，中国有色金属学会冶金物理化学委员会秘书长，*Electrochemistry Communications* 期刊副编辑。主要从事新能源材料与器件及先进储能技术研究工作。以第一/通讯作者在 *Advanced Materials*、*Angewandte Chemie* 等国际权威期刊发表学术论文 280 余篇，获授权中国发明专利 61 项。主持国家级、省部级科研项目 10 余项，主持国家重点研发计划课题 1 项。曾获湖南省科学技术创新团队奖（排第 7）、全国有色金属优秀青年科技奖、湖南省青年科技奖等奖励。

第6章

超材料

张浩驰　汤文轩　刘　硕　崔铁军

　　超材料是一种通过人工微结构在亚波长尺度内精确调控物理场的复合材料或结构阵列，是近年来由科学界兴起、被工程界广为关注的全新材料构建范式，不仅在宏观上展现出超越传统天然材料的奇异特性，还可实现结构功能一体化。自2010年起，超材料研究已遍布与"波"相关的所有领域，包括电磁、声学、力学、热学和量子等领域，并多次入选《科学》杂志评选的年度十大科技进展，被评为21世纪前十年影响人类的十大科技突破之一。由此衍生的相关技术也已深入各行各业，尤其在无线通信、雷达隐身、减振降噪、热能转换、高精度成像、高灵敏传感等多个领域产生了颠覆性效应。本章沿着超材料发展脉络依次对研究背景、研究进展和前沿动态展开介绍，不仅从发展全局的视角系统论述我国在该领域中的典型成果与国际定位，并且从技术演进和产业布局的角度分析超材料领域的未来发展趋势与重点。

6.1　超材料的研究背景

　　自然材料特性主要由构成材料的微观粒子（如分子、原子等）的本征属性和排列形式（如晶格化、非晶格化等）决定。但微观粒子的物理尺寸很小，仅能和波长与之可比的微观物理场（如可见光）相互作用，对宏观物理场（如微波、声波等）的操纵能力有限。为解决该难题，超材料技术通过构建尺寸介于微观粒子和宏观物理场波长之间的人工微结构，增强对宏观物理场特性的操纵能力，突破自然材料的能力边界，例如实现负介电常数、负磁导率、零折射率和等效负质量等，解决科学和技术发展的迫切需求（例如完美隐身、超分辨透镜等）。更重要的是，超材料技术仅通过结构尺寸的精细设计即可定制宏观物理场响应，颠覆了传统自然材料体系需要研究组分特性、寻找适当配比的材料合成方式，实现了基于宏观物理场认知的按需逆向设计。

　　追溯概念源头，超材料研究最早萌芽于电磁学领域。早在20世纪60年代，苏联科学家V.

G. Veselago 就设想了一种介电常数和磁导率均为负数的左手材料，并利用理论预测了该材料特有的负折射、逆多普勒效应和反向切连科夫辐射等新奇电磁现象。但是，由于当时无法合成这种特异材料，相关的科学研究也陷入沉寂。直到 20 世纪 90 年代后期，英国帝国理工学院的 John Pendry 爵士提出用周期排列的细金属线和开口谐振环结构在微波段分别实现等效负介电常数和负磁导率的新思想。基于该思想，美国加州大学圣地亚哥分校的 David Smith 教授在 2001 年首次实验制备了左手材料，并在实验中观测到负折射现象。这一突破常规物理认知的材料立即引起了物理学界与工程界的极大关注和广泛讨论。为了定义这类人工材料，美国德克萨斯大学奥斯汀分校的 Rodger Walser 教授于 2000 年在美国物理学会春季年会上正式提出超材料（Metamaterial）的概念，即一种通过人工构造周期结构来实现电磁谐振激发的、非天然存在的宏观三维复合材料。之后，超材料的理念被推广至声学、力学和热学等其他学科，用以实现其他反常物理特性，例如力学中的负刚度、声学中的负模量、热学中的负膨胀等。由此可见，超材料的早期研究主要着眼于探究反常的物理特性，忽视了对其应用方式的挖掘，尤其是作为材料构建范式的挖掘。

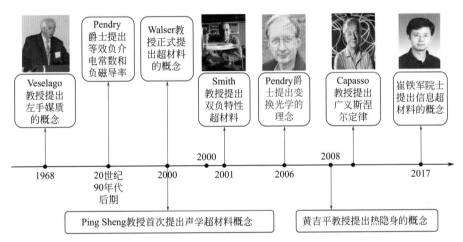

图 6-1　超材料概念的演进示意图

随着研究的不断深入，超材料的概念内涵和方法论也被不断丰富拓展。特别是变换光学方法的提出，填补了超材料按需操控物理场的方法论空白，使相关研究不再拘泥于反常材料参数的实现，转而着眼于材料参数及其空间分布的按需灵活设计。例如，通过各向异性结构按需设计张量形式的非均匀材料参数实现了完美电磁隐身衣。为了更贴近应用，超材料领域的研究者进一步突破了三维立体构型的限制，相继提出了超表面（即平面超材料）、超器件和超系统等概念，甚至抛弃了传统材料参数的描述方式，转而直接通过幅度、相位、波矢量、极化等参数进行特性表征。超材料概念的演进脉络如图 6-1 所示。总之，超材料及相关技术发展至今呈现出明显的泛化趋势，"超材料大家族"涌现出越来越多的新概念、新结构、新方法、新功能和新应用。一般而言，具有如下两个特征的人工复合材料即是超材料：在结构方面，由人为设计的亚波长微结构按特定方式排列而成；在功能方面，具备强大的物理场操纵能力。

6.2 超材料的研究进展与前沿动态

目前，超材料是物理、材料、电子、信息等学科的技术前沿，从根本上颠覆了材料的构建范式，提供了宏观物理场操控的一般性方案，催生出诸多从无到有的相关应用。本节将按学科分类分别介绍电磁/光学、声学、力学以及热学超材料相关的研究进展和前沿动态，并总结超材料技术的发展趋势及其在科学研究、国计民生和国防技术等方面的显著效用。

（1）电磁超材料 ● ● ●

电磁超材料（包括微波、毫米波、太赫兹、红外及光学超材料）是研究者最先关注、影响最为广泛的超材料分支，甚至在较长一段时间内超材料一词专指人工电磁媒质。自2001年首次在实验室制备出具有负折射特性的微波超材料以来[1]，研究者不仅探索了诸多颠覆传统认知的电磁新理论、新方法，而且创造了诸多前所未有的新奇应用，丰富了电磁器件及系统的构建范式。

电磁超材料发展至今，诞生了诸多具有开创性意义的新原理概念与研究方法，产生了一系列具有颠覆性影响的理论创新，极大地推动了电磁学的跨越式发展。电磁超材料最早可追溯到Veselago提出的左手媒质（或称左手材料）概念。但直到1996年，Pendry爵士等人才首次利用金属线阵列在微波段构造出等效的负介电常数[2]材料，随后又提出利用金属开口谐振环阵列构造等效负磁导率[3]材料。2001年，美国杜克大学的Smith教授等人将这两种结构结合在一起构建了负折射率媒质[4,5]，如图6-2（a）所示，开启了现代超材料的研究。此后各国科学家相继开展了对超材料原理与特性的深入探索，逐步完善了电磁超材料的理论体系。例如，本章作者与麻省理工学院孔金瓯教授合作证明了具有色散特性的左手媒质亦满足时间因果性[6]及电磁能量恒为正[7]的特性，部分解决了当时学术界对这一新兴研究方向的质疑。事实上，左手媒质的概念并非仅存在于空间波体系中，在微波网络的体系中仍然适用。例如，多伦多大学的Eleftheriades教授和加州大学洛杉矶分校的Itoh教授证明了在二维传输线网络中由串联电容和并联电感组成的LC传输线网络可在一定的条件下等效为具有负介电常数和负磁导率特性[8,9]的网络。其后，该方面的研究引起了众多微波工程师和研究者的关注，他们相继开展了一系列基于左手媒质的电路实验和功能器件研究，包括但不限于基于LC传输线网络的电磁波局域效应[10]、凋落波放大实验[11-13]、高功率密度产生[14]、任意双波段微波器件[15]和超宽带微波滤波器[16]等。这一系列工作对提升微波电路性能、丰富微波电路应用场景具有重要意义。

左手媒质虽然具有很多超常的物理特征（例如采用负折射率材料实现超分辨率成像的完美透镜[17]），但频带窄和损耗大等缺点也极大限制了左手媒质的应用范围。为了突破这一瓶颈，英国圣安德鲁大学的Leonhardt教授[18]与帝国理工大学的Pendry爵士[19]于2006年分别独立提出了变换光学的理念，并据此提出完美隐身斗篷的概念和设计方法，而后杜克大学的Smith教授团队于同年11月成功完成了隐身斗篷的实验验证[20]。随后，Smith教授团队与崔铁军院士团队（即作者团队）合作，利用电磁超材料研制了首个宽带和低损耗的"二维隐身地毯"[21]。这一工作将地面目标上覆盖隐身地毯的物理空间进行坐标变换，模拟成地面上空无一物的虚拟空间，并利用变换光学理论获得宽带可实现的隐身地毯媒质参数空间分布，如图 6-2（c）所示。随后，作者团队和德国卡尔斯鲁尔大学的 Wegener 教授相互独立地研制出不同频段的"三维地面隐身衣"[22,23]。2009 年，美国加州大学伯克利分校、香港大学张翔教授团队进一步利用变换光学模拟天体周围的引力势[24]，从理论上展示了光束被天体势吸引直至被吸收形成光学黑洞的实验室模拟方案。同年，作者团队在微波波段实现了第一个人造电磁黑洞[25]。事实上，变换光学为灵活构建具有新型电磁功能的超材料提供了理论指导，极大地拓展了超材料的应用边界，是电磁超材料领域的一大标志性创新成果。

除了对空间电磁波的有效调控之外，电磁超材料亦可实现对表面导行电磁模式的有效操控，近年来兴起的人工表面等离激元即是其中典型的代表成果。在 2004 年，Pendry 爵士与合作者发现[26]在金属表面引入周期分布的介质孔阵列结构可将金属表面的表面等离子体频率降低至远红外以下的频段，从而在微波段实现"人工"表面等离激元模式。这种电磁模式的物理特征与自然界中光波段表面等离激元的特征极其相似，同样拥有场约束、场增强等优异物理特性，相比于自然存在的表面等离激元还具有低损耗、色散可调控等全新优势，因此迅速获得了研究者的广泛关注[27-29]。其后，西班牙马德里自治大学的 Garcia-Vidal 教授团队将此概念引入局域化表面等离激元的研究领域[30]，构建了人工局域化表面等离激元模式。随后，为了克服传统人工表面等离激元构型难以与主流平面工艺相互兼容的问题，作者团队于 2013 年提出了一种超薄（接近于零厚度）人工表面等离激元结构[31,32]，可演化出共形人工表面等离激元与超薄人工局域化表面等离激元两种构型，前者可作为一种新型的高性能传输线，后者则可被作为小型化谐振器使用，为现有微波技术的困境提供全新的解决途径，为微波系统的性能升级与技术革新提供崭新的解决方案。

电磁超材料对表面波有效操控的另一个代表性成果是微波和光学拓扑绝缘体，如图 6-2（d）所示。这是一种具有非平凡拓扑性质的电磁结构，可形成受拓扑保护的边界态，具有高度鲁棒性和单向传输等奇异性质，是电磁超材料领域近些年的新兴研究热点，受到科研工作者的广泛关注。在 2005 年，Haldane 和 Raghu 教授率先把电子体系的拓扑绝缘体概念拓展到光子学体系中[33]，提出了光子系统中的拓扑相，由此在电磁（玻色子）体系中构建起了与凝聚态（费米子）拓扑体系并行的光子拓扑物理学，进而催生了一系列基于电磁拓扑材料奇异物理特性的理论探索与应用研究。例如，张霜教授团队于 2017 年首次利用超材料在微波频段实验观测到了四个等频 Weyl 点，其对应的表面态可沿着三维超材料的表面进行无散射传播[34]。中山大学的董建文教授团队利用谷自由度设计并制备了一种绝缘体上的硅拓扑光子超材料[35]，可在光通信波段实现亚微米量级耦合长度的宽带光子路由行为；斯坦福大学的范汕洄教授团队在 2016 年设计了一种二维蜂窝状谐振环阵列结构[36]，利用谐振环的等频模式构建综合维度，从而在二维结构中观测到了 Weyl 点；最近，新加坡南洋理工的张柏乐教授团队设计制备了一种带有不同大小三角形孔的全硅芯片[37]，实现了太赫兹频段能谷依赖的拓扑数据传输。

早期的超材料具有三维构型且体积较大，不利于构建小型化、集成化的系统。为了解决上述问题，科学家们创造性地提出了超表面的概念，可看作超材料的二维版本，具有低剖面、低损耗、易加工的优势。这一概念来源于哈佛大学 Capasso 教授团队于 2011 年提出的广义斯涅尔定律^[38]，即利用人工结构在分界面处构建梯度分布突变相位改变电磁波，进而达到调控电磁波传播方向的目的，如图6-2（b）所示。其后，复旦大学周磊教授团队基于这种崭新超材料形式设计实现了可将空间电磁波模式完美转化成表面束缚模式^[39]的梯度超表面。此外，为了兼顾调控效率，密歇根大学 Grbic 教授团队将惠更斯原理引入超表面的设计中提出了惠更斯超表面的概念^[40,41]。从构成原理而言，超表面通过人工引入的突变相位打破了传统的光学元件动力学相位调控方式依赖路程积累的困难，使得在亚波长尺度内构建光学元件成为可能。此外，这种亚波长结构特性可以极大地抑制高阶衍射项，从基本原理上弥补了菲涅尔透镜等传统衍射元件的不足，使得完美调控空间电磁波成为可能。由此可见，超表面概念的提出符合超材料领域发展的趋势，催生了一系列原创概念^[42-44]（如编码超表面、信息超表面等）和新奇应用^[45-47]（如波束偏折调控、新型天线设计、电磁隐身和伪装等），对电磁超材料领域乃至整个电磁学领域产生了深远影响。

电磁超表面具有强大的电磁场精细化操纵能力，在波前设计与信息感知等方面具有重要的应用价值，为构建新型信息器件与系统、丰富电磁应用体系提供了诸多创新性成果。例如，Khan 教授等人于 2017 年利用开口谐振环结构实现了对入射角不敏感的极化转换器^[48]，该工作在 5～10.8GHz 的极化转换率高达 90% 以上；2010 年，Ye 等人设计了一种由双层手性超材料组成的透射型线性极化转换器^[49]，随后该团队利用双圆形开口谐振环又设计实现了一种多频点圆极化转换器等^[50]。2015 年，张霜教授研究团队利用 C_3 及 C_4 旋转对称结构实现了一种非线性超表面，可有效地产生二次谐波并对其一阶和二阶衍射进行独立调控^[51]；同年，澳大利亚技术大学顾敏教授团队利用氧化石墨烯构造的超表面实现了高效超宽带的三维亚波长聚焦；2016 年 Yu 教授研究团队设计实现了工作在 5.8GHz 的平面反射阵电磁超材料，形成了沿 z 轴正方向传输的单一模式 OAM 涡旋波^[52]；2017 年，电子科技大学程钰间教授团队实现了一种工作在 32GHz 的低剖面反射阵，通过将馈源嵌入到电磁超表面中实现了低剖面集成化的涡旋波发生器^[53]；2018 年西安电子科技大学杨林教授团队提出了一种工作在 10GHz 具有极化转换功能的 OAM 平面反射阵，该设计通过改变馈源的入射方向，可反射出线极化或圆极化的 OAM 波^[54]。

传统超材料或超表面的固有局限之一是一旦制备完成则功能即被固化，难以实现实时大范围调控。为了克服这一难题，崔铁军院士团队在 2014 年提出了数字编码和现场可编程超材料的概念，2017 年进一步将该概念拓展为信息超材料和信息超表面^[55-57]。信息超材料完全颠覆了传统电磁超材料通过模拟化的材料参数进行表征的体系，创造性地由物理单元的数字编码来进行描述，允许通过控制不同的编码序列来实时大范围地调控电磁波行为，进而实现超材料功能的现场可编程。从信息科学与超材料领域融合的观点出发，信息超材料的最大特点是在超材料的物理空间上构建了数字空间，允许在调控电磁波物理特征的同时实现对数字信息的直接调控，进而涌现出一系列诸如信息熵、卷积定理、加法定理等可以同时进行信息编码处理和电磁波的幅度/相位/极化/频谱/波束灵活调控的全新方法^[58-60]。因此，信息超材料将电磁超材料的研究从物理、材料、器件层级推向新的构架系统层级，通过将微波射频和数字信息处理有效融合，实现了基于信息超材料架构的全息成像、微波成像和无线通信系统^[61-69]。

与其他领域的超材料发展相比，电磁超材料具有先发优势，始终处于国内外科学研究前沿，由此诞生的原理与应用创新也被其他领域广泛借鉴。近年来与人工智能、集成电路等前沿技术相融合，电磁超材料继续保持迅猛的发展势头，有望为生产生活方式的革新提供重要的技术驱动力。

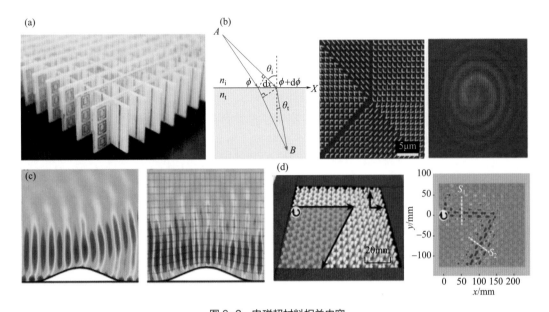

图6-2　电磁超材料相关内容
（a）"双负"特性的电磁超材料；（b）广义斯涅尔定律的提出；
（c）电磁超材料的典型应用——电磁"隐身地毯"；（d）光学拓扑绝缘体

（2）声学超材料

由于电磁波和声波具有共同或相似的波参数概念（例如波矢、波阻抗和能流等），且均满足波动方程，因此研究者最早将电磁超材料的设计思想移植到声学领域，由此诞生了声学超材料的全新概念。声学超材料是由亚波长人工结构经过特定设计而构建的新型复合声学材料，一经提出便引起了广泛关注。与传统声学材料相比，声学超材料允许研究者通过改变结构构型来实现对声波的灵活控制，并由此诞生了一系列原理创新和应用创新成果，如图6-3所示。

香港科技大学沈平教授团队在2000年首次提出了声学超材料的概念[70]，并基于局域共振的原理设计实现了晶格常数比波长小两个数量级的声子晶体，表现出传统材料所不具备的等效负弹性常数。随后，科学家们在亥姆霍兹共振器结构[71]、薄膜型结构[72]和盘绕空间结构等其他周期性人工结构中，观察到了更多负声学参数。诸多新奇的物理现象，如操纵非对称声传输[73]、柱面到平面波转换[74]、异常折射或反射[75]、声学自弯曲[76]、非衍射贝塞尔光束[77]、声学聚焦[78,79]和声学隐形[80]等也陆续被实验观测。

作为典型应用，声学超材料被用于实现对声波的隐身效应。科学家们提出用球形Bessel函数系展开的方法解决声散射问题，并设计出一种三维声学隐身斗篷[81,82]。为了克服隐身材料对参数要求过高的难题，科学家们还通过引入声学传输线理论设计了一种二维的圆柱形声学斗篷，实现52～64kHz宽频段的超声波隐身。此外，Zigoneanu教授团队[83]设计并实现

第二篇　前沿新材料

2

了一种近乎完美的三维、宽频带、全方位地毯式声学隐身斗篷。声学超材料还被用于对声场传输模式的调控，例如，由亚波长亥姆霍兹共振器阵列组成的声学超材料可以定向控制反射声波[84]实现非对称声波传播[85-87]；基于声学超表面概念提出的新型超薄平面声学扩散器可以实现声波漫反射[88]，这在建筑声学及其相关领域具有巨大的应用潜力；利用弹性螺旋阵列设计的声学超材料[89,90]，通过沿轴向拉伸可以灵活调控声波传输带隙，进而实现新型声学开关；此外，Bok 教授团队[91]设计了一种厚度只有1/100波长的声学超表面，可以实现水 - 空气界面声波的高效传输。在声场感知与成像研究中，由钢材制成的星形晶格结构声学超透镜[92]有双负参数性质，可实现超过衍射极限的声聚焦功能，在声波超分辨成像方面颇具应用潜力；Esfahlani 教授团队[93]利用声传输线超材料的独特性质实现了首个声色散棱镜；科学家们还通过主动调控二维声学超表面的相位响应，实现了声学全息成像，该技术降低了系统复杂度，可作为各种先进声波操作和信号调制的通用平台。

综上所述，声学超材料保持着迅猛的发展趋势，人工设计的声学超材料可根据需求实现对声波的任意调控，并正在从基础研究向应用领域加速转变。未来声学超材料将在高清超声医疗成像、水中舰艇声呐隐身、城市噪声污染有效控制等方面发挥重要作用。

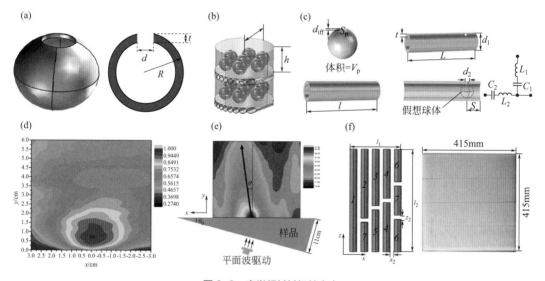

图6-3　声学超材料相关内容

（a）负弹性模量声学超材料；（b）"双负"特性声学超材料；（c）"类笛子"超分子声学材料；
（d）基于声学超材料的平板聚焦现象；（e）负折射效应声场分布；（f）宽频声学超材料设计

（3）力学超材料

力学超材料亦称机械超材料，是由声学超材料衍生出的超材料新分支。一般而言，力学超材料新奇的力学特性源于人工单元排列的几何构型，因此通过合理设计结构布局可实现前所未有的力学性能，如超刚性[94]、拉伸性[95]、负热膨胀[96,97]和负压缩性[98]等，如图6-4所示。

力学超材料的发展晚于电磁超材料和声学超材料，其基本原理和设计思想与声学超材料一脉相承。其更大的价值主要体现在将超材料技术引入力学材料的构建之中，将超材料的应用场景进一步推广。与电磁超材料和声学超材料相比，力学超材料的研究规模相对较小，但仍诞生了一系列具有代表意义的创新应用成果。其中，美国弗吉尼亚理工大学 Zheng 教授研究团队设计了一种金属基质的力学超材料[99]，兼顾高强度和超低密度的特点，并具有超高的压缩和拉伸性能，其设计尺度可以跨越 7 个量级，在光子器件[100]、能量存储和转换[101,102]、生物医学及电子设备[103,104] 等领域具有巨大的应用潜力。北卡罗来纳州立大学 Yin 教授与耶鲁大学 Zhang 教授团队提出了一种由多功能子构建块构成的 3D 剪纸超材料[105]，具有功能可重构的独特性能。

在过去几十年中，诸多工程器件的设计——大到航天飞行器，小到汽车、运动器材等——都迫切需要新型力学材料来满足日益苛刻的力学设计要求。而力学超材料的出现，有望通过人工单元结构的精确设计和综合应用，从根本上解决这一机械领域的难题。

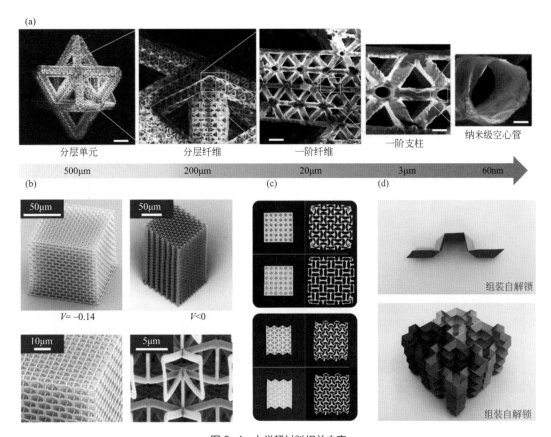

图 6-4　力学超材料相关内容

（a）多种金属基力学超材料；（b）三维负泊松比力学超材料；
（c）二维双稳态拉胀力学超材料；（d）基于折纸结构的力学超材料

（4）热学超材料

与声和光的波动行为不同，热传导满足的是扩散方程，而扩散方程和波动方程的物理机制迥异，因此以扩散方程为主导的热学超材料研究起步较晚。借鉴电磁超材料的设计思想，热学超材料通过人工结构设计来实现热导系数按需分布，进而推动新奇热学现象的实现和热学器件的研发。

热学超材料一经提出便发展势头迅猛，在原理创新和应用创新方面均有突出贡献，如图6-5所示。例如，新加坡国立大学李保文和仇成伟教授团队基于共振和非相性系统声子频率随温度改变的原理提出了热二极管的理论模型[106]；复旦大学黄吉平教授团队、法国 Guenneau 教授团队分别通过不同方式将变换光学理论迁移至热学领域，提出了"热学隐身"的概念[107,108]。基于热学超材料的热学隐身已被验证，德国卡尔斯鲁尔工业大学的 Wegner 教授团队[109]于 2013 年率先报道了热隐身斗篷的实验工作；南洋理工大学张柏乐教授团队[110]在实验上实现了三维球形热隐身斗篷；Farhat 教授团队[111]基于散射抵消原理设计出了一种热隐形披风，通过热学超表面结构设计，可抑制隐身区域散射，进而实现隐身效果；在热隐身斗篷的基础上，新加坡国立大学的李保文和仇成伟教授团队[112]进一步实现了具有热幻象或热伪装功能的隐身斗篷；García-Meca 教授团队[113]最近提出了一种空间 - 时间转化的热动力学理论，并设计实现了一款热隐身区域半径随时间变化的热隐身斗篷。在热流传输方面，新加坡国立大学李保文和仇成伟教授团队[114]使用热学超材料扇形单元对热流位置进行精确控制，实现了热流聚焦、均匀加热、热收集等功能。此外，科学家们还提出了多种热信息器件模型，如热二极管、热三极管、热逻辑门和热存储器等[115-125]。

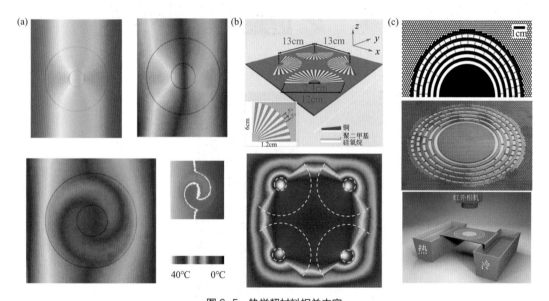

图 6-5　热学超材料相关内容

（a）基于热学超材料的"热隐身""热收集"和"热反转"现象；
（b）热学超材料扇形单元实现热聚焦；（c）热学隐身斗篷

目前，热学超材料已初步建立了研究基础，未来有望在热学隐身、热学管理、热学信息器件等领域展现出应用潜力。

（5）超材料的地位和作用 ···

综上所述，超材料在多学科和多领域均表现出迅猛的发展态势。超材料所特有的物理场精细化操纵能力及其应用价值逐渐被科学界和工业界了解和认可，所产生的影响也日益显著。

① 在科学研究方面：超材料技术的诞生颠覆了物理学的传统认知，改变了材料学的构建

方式，在科学共同体中产生了巨大影响，多次被《科学》等权威杂志评为"全球十大科技突破"之一。例如，负折射率左手材料的相关研究入选《科学》杂志评选的"2003年全球十大科技突破"；隐形斗篷相关工作入选"2006年全球十大科技突破"；光学无色差超透镜工作入选"2016年全球十大科技突破"。2007年，《今日材料》将超材料评选为材料科学领域过去50年的十大科学进展之一；2010年，电磁超材料被《科学》杂志评为"21世纪影响人类的十大科技突破"之一。

② 在应用研究方面：超材料极大地改变了材料器件的设计模式，有望突破传统信息技术的系统架构，构建技术领域的非对称优势。因此，超材料的突破性进展也引起各国军事技术和工程技术方面的广泛关注。美国军方率先将超材料应用于新一代武器装备，美国国防部长办公室（ASD-R&E）把超材料列为"六大颠覆性基础研究领域"之一，美国国防部先进研究项目局（DARPA）把超材料定义为"强力推进增长领域"，美国空军科学研究办公室（AFOSR）把超材料列入"十大关键领域"。美国权威调研机构n-tech Research研究表明，2015年DARPA在超材料领域的投资增长了75%。除了美国之外，其他各国也在积极推进超材料在尖端装备上的应用，俄罗斯、日本等国以及北约、洛克希德马丁公司、波音公司、雷神公司、英国BAE系统公司、日本三菱集团等机构长期支持超材料的研究和应用。

③ 在民生产业方面：以信息超材料为代表的新一代超材料技术演进有助于促进产业升级，推动产业变革。例如在移动通信领域，信息超材料被认为是未来6G移动通信的重要使能技术之一，可突破现有通信技术在信号区域补盲、信息容量扩大、信息质量提升等方面的桎梏，为提供更优质的通信服务奠定技术基础。此外，超材料技术还将广泛应用于医疗检测、遥感遥测、传感成像和人工智能等诸多产业领域，有望促进各领域产业技术的迭代升级。为此，国外多家民用领域商业巨头，如英特尔、AMD和IBM等六家公司也成立了超材料联合研究基金，用以支持超材料在前沿领域的研发和探索。尤其信息超材料作为电磁超材料的最新成果，因强大的信道调控能力被遴选为6G的七项关键技术备选方案之一，其中IMT-2030智能超表面国际标准由作者团队成员具体负责制定。可以预见，信息超材料技术一旦应用，将颠覆民用通信等领域传统技术范式，展现出巨大的应用潜力。

6.3 / 我国在超材料领域的学术地位及发展动态

虽然起步略晚，但我国在超材料领域的研究后来居上，涌现出了一批具有行业影响力的超材料研究团队，例如南京大学祝世宁院士团队、北京大学龚旗煌院士团队、香港大学张翔教授团队、上海理工大学顾敏教授团队，诞生了一系列有代表性意义的科研成果，例如香港城市大学蔡定平教授团队研究的光学超材料、清华大学周济院士团队开发的全介质超材料[126,127]、中科院光电研究所罗先刚院士团队研发的光学超材料、复旦大学周磊教授团队研发的电磁超材料、天津大学张伟力教授团队发展的太赫兹超表面、浙江大学何赛灵教授和陈红胜教授团队研究的电磁超材料、浙江大学彭华新教授团队研发的超复合材料[128]、山东大学范润华教授团队提出的随机微结构超材料[129]、南京大学陈延峰教授团队和北京理工大学胡更开教授团队研究的声学超材料[130-132]、复旦大学黄吉平教授团队研发的热学超材料，以及东南大学崔铁军院士团队（即作者团队）提出的信息超材料[133,134]等，均对超材料领域的理论创新和应用发展起到了重要的推动作用，为我国超材料技术赶超国际前沿提供了原始驱动力。

我国政府也对超材料技术予以了高度的关注，在2016年3月，"十三五"规划纲要明确提出，需要大力发展以超材料为代表的新型功能材料，这标志着推动超材料领域发展已经上升为国家战略。在项目支持方面，超材料已成为我国重点投入方向之一，陆续有"863计划"、"973计划"、国家自然科学基金重大项目和重点项目、"变革性技术"国家重点研发计划项目等重大科学研究项目给了大力支持，不仅培养了一大批超材料领域的科研人才，而且促进了诸多创新性研究成果的诞生，成果覆盖了多个学科领域，推动了超材料技术应用潜力的发掘，为解决多项"卡脖子"问题提供了可行途径。

（1）电磁超材料 • • •

电磁超材料在我国超材料研究中开展较早，发展较快，且体系较完善。纵观整个电磁超材料领域，我国处于全局并跑、局部领跑的地位，涌现出一系列具有国际影响力的科研团队，如南京大学祝世宁院士团队、北京大学龚旗煌院士团队、清华大学周济院士团队、中科院光电研究所罗先刚院士团队、东南大学崔铁军院士团队（即作者团队）、香港科技大学陈子亭教授团队、香港大学张霜教授团队、香港城市大学蔡定平教授团队、复旦大学周磊教授团队、南京大学冯一军教授团队、浙江大学陈红胜教授团队、清华大学杨帆教授团队、天津大学张伟力教授团队、西湖大学仇旻教授团队、哈尔滨工业大学吴群教授团队和肖淑敏教授团队、南方科技大学李贵新教授团队、深圳大学袁小聪教授团队和北京大学李廉林教授团队等。

在电磁超材料等效媒质理论的构建方面[135-137]，香港科技大学陈子亭教授团队、香港大学张霜教授团队、东南大学崔铁军院士团队、浙江大学陈红胜教授团队、复旦大学周磊教授团队、兰州大学梅中磊教授团队等均开展了一系列理论研究工作，例如异形结构的等效介电常数分析方法、共振体间耦合理论等，为电磁超材料理论体系的丰富与发展做出了贡献。

在左手材料的机理研究和应用创新方面[138-142]，西北工业大学赵晓鹏教授团队、电子科技大学邓龙江教授团队、空军工程大学屈绍波教授团队等开展了一系列器件研发与特性探究工作，致力于将左手材料的独特性能应用于新型天线、吸波材料等研发中，为新型微波/毫米波电路的构建提供了新的技术途径。

在变换光学的原理研究与应用发掘方面[143-149]，南京大学祝世宁院士和刘辉教授团队、浙江大学何赛灵教授团队、厦门大学陈焕阳教授团队、东南大学崔铁军院士团队（即作者团队）、兰州大学梅中磊教授团队、西安电子科技大学李龙教授团队等均开展了深入的理论研究，如提出直流变换光学理论等，并基于变换光学原理研发了一系列新奇的电磁功能器件和系统，如新型光学透镜天线、可见光地毯隐身衣等。

在人工表面等离激元超材料方面[150-154]，东南大学崔铁军院士团队（作者团队）、南京大学彭茹雯教授和冯一军教授团队、空军工程大学屈绍波教授和王甲富教授团队、南京航空航天大学李茁教授团队、南方科技大学张青峰教授团队等均开展了大量的特性发掘与功能器件研究工作，如新型低雷达散射截面（RCS）天线等，正逐步实现从跟跑到领跑的地位转变。

在光学超材料的性能发掘与应用研究方面[155-159]，南京大学祝世宁院士团队、北京大学龚旗煌院士团队、中科院光电研究所罗先刚院士团队、香港大学张翔教授团队、上海理工大学顾敏教授团队、西湖大学仇旻教授团队、复旦大学周磊教授团队、香港城市大学蔡定平教授团队、南方科技大学李贵新教授团队、深圳大学袁小聪教授团队、天津大学张伟力教授团队、哈尔滨工业大学肖淑敏教授团队等进行了深入且系统的研究工作，在新奇光学现象发掘、新型光学器件设计和新型光学系统研发领域均做出了具有国际影响力的工作，如多维光场调控研究、非线性光学器件研发，以及基于光学超材料的全息成像等，为我国光学超材料的理论与应用体系构建做出了重大贡献。

在电磁超表面的特性探究方面[160-164]，复旦大学周磊教授团队、香港科技大学陈子亭教授团队、南京大学冯一军教授团队、南方科技大学李贵新教授团队、浙江大学陈红胜教授团队等均开展了系统性的理论与特性研究工作，如电磁诱导透明效应、极化转换效应、空间波-表面波高效转换、非线性产生与调控等，为电磁超表面的技术应用奠定了坚实的原理基础。

在电磁超表面的器件研发与应用探索方面[165-174]，中科院光电研究所罗先刚院士团队、东南大学崔铁军院士团队（作者团队）、清华大学杨帆教授团队、哈尔滨工业大学吴群教授团队、空军工程大学屈绍波教授团队、北京大学李廉林教授团队、西安电子科技大学李龙教授团队等，致力于将电磁超表面独特的物理特性应用于新型信息器件和系统的研发，技术应用范围覆盖新型隐身技术、现代通信技术、高性能成像技术、新型传感技术等。

（2）声学超材料

我国在声学超材料领域研究进展迅速，从基础理论到结构设计均开展了大量工作，在国际声学超材料领域中正处于由跟跑到并跑的地位转变期，涌现出了一批优秀的科研团队，如香港科技大学沈平教授团队和陈子亭教授团队、南京大学陈延峰教授团队和卢明辉教授团队、武汉大学刘正猷教授团队、西北工业大学赵晓鹏教授团队等。

在声学超材料的特性发掘方面[175-179]，香港科技大学沈平教授团队、西北工业大学赵晓鹏教授团队、武汉大学刘正猷教授团队、华中科技大学祝雪丰教授团队和东南大学程强教授团队等均开展了一系列新奇声学特性的发掘与探索工作，如声学超材料中的"双负"特性研究与反常多普勒效应研究等，为后续声学超材料的应用研究奠定物理基础。

在基于声学超材料的器件研发与应用创新方面[180,181]，南京大学陈延峰教授团队和卢明辉教授团队、江苏大学吴卫国教授团队、国防科技大学温激鸿教授团队等将声学超材料的优异特性应用于实际场景，在吸声降噪、声场调控、声学聚焦、水声通信等诸多领域均有重要突破，为我国声学超材料追赶国际前沿做出了不可忽视的贡献。

（3）力学超材料

我国在力学超材料领域同样开展了深入的研究，在国际上基本处于并跑地位，涌现出一批具有代表性的优秀科研团队，如北京理工大学方岱宁院士团队、清华大学陈常青教授团队、天津大学陈焱教授团队、西安交通大学秦庆华教授团队等。

在力学超材料的理论建模与特性研究方面[182-184]，清华大学陈常青教授团队、中国科学技术大学于相龙教授团队、天津大学陈焱教授团队、北京航空航天大学卢子兴教授团队、浙江大学陈红胜教授团队等将超材料思想引入力学领域，开展了一系列机理研究与特性发掘工作，如在可折叠力学材料等领域做出了原创性贡献，为我国力学超材料的赶超式发展提供了可能。

在力学超材料的应用创新方面[185,186]，北京理工大学方岱宁院士团队、上海交通大学杨德庆教授团队、清华大学李勃教授团队、西安交通大学秦庆华教授团队等立足力学领域的前沿课题，将超材料的特性优势应用于力学材料的构建之中，在抗冲减震、增材制备、力学隐身、结构轻质化等多个领域开展深入研究，为我国力学体系的新发展、新突破奠定基础。

（4）热学超材料

我国在热学超材料领域起步较晚，在国际上正处于从跟跑到并跑的地位提升关键期，有着广阔的发展前景，涌现出了复旦大学黄吉平教授团队、哈尔滨工业大学李垚教授团队、南京师范大学张力发教授团队、南京大学朱嘉教授团队等一批具有代表性的优秀科研团队。

在热学超材料的原理探究与性能发掘方面[187-190]，复旦大学黄吉平教授团队、清华大学曹炳阳教授团队、浙江大学何赛灵教授团队等将超材料的核心思想与优异特性引入热学领域，提出了基于热学超材料的全新概念和理论，如变换热学、热学隐身等，极大地丰富了我国热学领域的理论与特性研究体系。

在热学超材料的应用开发方面[191,192]，清华大学周济院士团队、复旦大学黄吉平教授团队、哈尔滨工业大学王蛟龙教授团队等开展了一系列新奇热学器件的研发工作，在热学屏蔽、热流控制、热学信息器件构造等方面发挥了重要作用。

6.4 作者在该领域的学术思想和主要研究成果

作者团队于 2004 年开始展开超材料相关研究，时至今日始终在微波超材料领域持续耕耘，在超材料概念、原理、器件及系统方面均取得了一些成绩，于 2014 年和 2018 年两次获国家自然科学二等奖，实现了从早期跟跑国际前沿到现今局部领跑国际前沿的地位转变。

全局而观，作者团队关于超材料的研究主要经历了以下三个发展阶段：首先是跟踪国际前沿研究等效媒质超材料；其后建立了人工表面等离激元传输线的微波领域新方向，实现了与国际前沿并行；最后创建了超材料新体系——信息超材料，实现了局部领跑。

（1）等效媒质超材料

① 在原理创新方面：作者团队在国际上率先提出了超材料结构的一般性等效媒质理论，可在低仿真成本的条件下准确获取超材料的等效介电常数和磁导率，为后续超材料的快速、准确设计奠定了基础[193,194]。此外，作者团队还提出了低损耗及宽带微波超材料的设计方法，并成功运用于多种新奇电磁器件的研发。

② 在新物理现象验证方面：作者团队与杜克大学 Smith 教授团队在 2009 年合作研制了第一个宽带和低损耗的"二维地毯隐身衣"，如图 6-6（a）、（b）所示[195]；继而于 2010 年独立研制了"三维地毯隐身衣"[196]。三维地毯隐身衣是一种由二维隐身地毯沿光轴旋转、由全介质非磁性的渐变折射率超材料构建的地毯隐身衣，对全方向入射、不同极化的电磁波均能实现隐身，具有一定实用价值。2010 年 6 月，作者团队首次利用电磁超材料实验模拟了"电磁黑洞"，如图 6-6（c）所示[25,197]，并被评为当年中国十大科技进展之一。作者团队还构造了介电

常数接近零的超材料，并基于此实验验证了电磁波在近零折射率超材料中的隧穿现象[198-200]。此外，作者团队在微波段实现了多类电磁幻觉器件，包括将一个大尺寸目标缩减成小尺寸幻觉目标[201]、将金属目标变为幻觉介质目标[202]，以及产生真实目标的幻觉像[203]等，这些工作的核心是依据变换光学原理利用超材料按需获得空间电磁参数分布从而诱导电磁波按设计轨迹传播。作者团队借助等效媒质电磁超材料还验证了其他诸多新奇物理现象。

③ 在应用创新方面：作者团队率先开展了电磁超材料透镜（包括变换光学透镜和三维平板透镜）的研究，部分成果已获得工业部门的认可并已投入应用。其中作者团队根据变换光学原理将球形龙伯透镜的曲面焦平面变换成平坦焦平面，形成具有零焦距和平坦聚焦面的变形龙伯透镜，如图 6-6（d）所示[204]，不仅保持了龙伯透镜的所有优点（高增益、低副瓣、无相差），而且只需将馈源阵列放在焦平面上即可实现多波束，或将馈源在焦平面上移动即可进行空间波束扫描。作者团队还研制了用于二维或三维超分辨率成像的全介质、宽带、低损耗超透镜，如图 6-6（e）、（f）所示[205,206]，实验结果表明，放置在该透镜中相距亚波长尺度的两个源由于透镜的"放大"作用其位置可清晰分辨，从而成功突破了衍射极限。此外，作者团队针对电磁隐身衣构建复杂的难题，依据目标雷达散射截面（RCS）缩减的目的提出了人工随机漫散射表面的概念[207]。这是一种表面折射率梯度随机变化的电磁超表面，可在宽带、宽角范围内有效地减小目标的 RCS，具有重要的潜在应用价值。其后，作者团队进一步研制了基于 ITO 材料的超材料结构，实现了对光学透明但对雷达波隐身的随机相位超表面[208-210]，并将此概念从微波段拓展到太赫兹频段。

总而言之，作者团队在等效媒质超材料方面取得了一些研究进展，在超材料透镜和隐身器件等方面推进了部分工程应用。

（2）人工表面等离激元超材料

有关人工表面等离激元超材料的研究开始于 Pendry 爵士 2004 年在《科学》杂志上发表的论文。但是早期人工表面等离激元超材料的结构均属于三维立体构型，难以与现代电子电路主流的平面工艺相融合。为了颠覆立体构型，作者团队于 2011 年提出超薄（近零厚度）开槽金属条带结构的共形人工表面等离激元超材料[211-215]。基于该类型超材料，作者团队进一步开展了系统性研究工作，构建了基于人工表面等离激元超材料的全新微波电路体系。

① 在概念创新方面：作者团队的主要贡献是率先从微波传输线的角度研究了共形人工表面等离激元超材料体系。首先，提出了一种超薄、宽带、低损耗、条带式的人工表面等离激元传输线，可在任意曲面上支持人工表面等离激元模式共形无畸变传输，且表现出显著的波长压缩、场束缚与场增强效应，可用于制作柔性、共形、可弯折、可扭转的小型化微波器件，如图 6-7（a）、（b）所示；其次，将数字表征的思想引入人工表面等离激元领域，提出了数字人工表面等离激元的概念，并由此构建了首个人工表面等离激元数字调制器，可同时兼容相移键控与幅移键控的功能，有望在未来智能信息装备中获得应用；此外，还将这种超薄构型发展到局域人工表面等离激元领域，实现了一种接近于零厚度的超薄开槽金属圆片构型，可在空间电磁波照射下激励起异常丰富的局域人工表面等离激元谐振模式（包括电偶极子、四极子、六极子直至十四极子的谐振模式）；其后又发现了磁局域人工表面等离激元模式的存在，丰富了人工表面等离激元的理论体系。

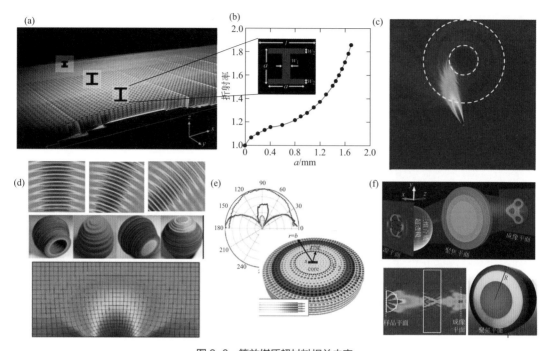

图 6-6　等效媒质超材料相关内容
（a）、（b）宽带和低损耗的二维地毯隐身衣；（c）"电磁黑洞"；（d）基于变换光学的三维变形龙伯透镜；
（e）二维超分辨率成像放大透镜；（f）三维超分辨率放大透镜和三维平板聚焦透镜系统

② 在应用创新方面：作者团队基于共形人工表面等离激元构型沿着性能突破与功能实现两条主线开展了大量的工作，并沿着传输线、无源器件、有源器件及系统的脉络勾勒出了人工表面等离激元微波电路架构。在性能提升方面，作者团队深入研究了人工表面等离激元结构在抑制线间互耦、折弯损耗等方面所具备的优异特性[150]，发现可以凭借人工表面等离激元传输线对电磁场的强束缚能力抑制传输线间的电磁耦合、折弯处的电磁辐射，直接在物理层解决信号完整性问题。在功能实现方面，作者团队为了实现人工表面等离激元模式的高效激发，提出了多种与人工表面等离激元传输适配的模式转换装置，如图 6-7（c）所示[216,217]，实现了人工表面等离激元传输线与传统微波传输线的阻抗匹配和动量匹配，使人工表面等离激元模式和空间波模式能高效地相互转换，为实现人工表面等离激元传输线及功能器件与传统微波电路的高效集成奠定了基础。其后，作者团队依靠高效过渡结构与独特性能优势研制了一系列微波人工表面等离激元无源器件[218-224]，主要包括新型滤波器、功分器以及定向辐射天线等[225-228]。作者团队更进一步将人工表面等离激元结构与有源器件相结合，首次实现了微波人工表面等离激元放大器[229]与谐波发生器[230]，通过将特殊设计的芯片加载到人工表面等离激元传输线上，实现了宽频带内的人工表面等离激元波高增益放大与二次谐波产生，如图 6-7（e）所示。此外，作者团队也进一步研究了在人工表面等离激元传输线结构上分布式加载变容二极管的方案，实现了对人工表面等离激元波的可编程调控[231]，可在不同编码策略下实现移相器、逻辑门、慢波调控等诸多不同功能。除了传输型的人工表面等离激元模式之外，作者团队还对局域化人工表面等离激元的传感应用开展了深入研究，如图 6-7（d）所示[32,232,233]。最近，研究团队更是将多种人工表面等离激元技术集成在一起，实现了两个亚波长间距信号

的非视距独立传输，在系统级验证了人工表面等离激元相对于传统技术的优势，如图 6-7（f）所示 [234]。

综上所述，作者团队沿着微波传输线到系统的架构脉络陆续研制了人工表面等离激元传输线、人工表面等离激元和局域人工表面等离激元无源器件、人工表面等离激元有源器件以及人工表面等离激元无线通信系统，形成了微波人工表面等离激元超材料的完整电路体系，开拓了基于人工表面等离激元传输线的微波领域新方向。

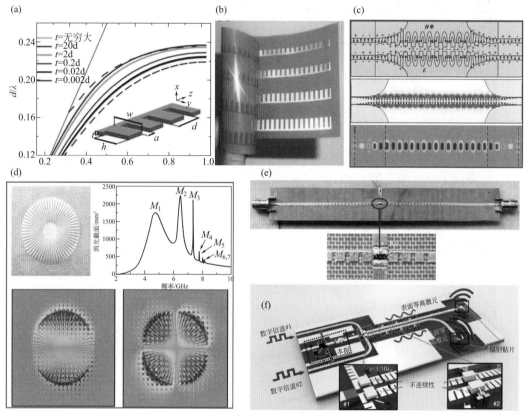

图 6-7　人工表面等离激元超材料相关内容

（a）不同厚度开槽金属条带的色散特性；（b）不同槽深的四条超薄、柔性微波人工表面等离激元传输线实物图；（c）共面波导传输线与人工表面等离激元传输线的高效转换结构及其近场测量结果；（d）超薄开槽金属圆片局域人工表面等离激元结构、谐振曲线及其所激励的电偶极子和电四极子近场图；（e）微波人工表面等离激元放大器实物图；（f）基于人工表面等离激元超材料的无线通信射频收发系统

（3）信息超材料　　　　　　　　　　　　　　　　　　　　　　　　　　• • •

如前所述，超材料一直沿用等效媒质参数或表面相位分布等物理参数来表征，一般通过控制等效媒质参数及其分布的方法自由调控电磁波，带来全新的物理现象和应用，例如负折射、逆切连科夫辐射、完美成像、隐身斗篷、电磁黑洞、各类新型天线和天线罩等。然而，此类超材料一旦制备完成，功能即被固定，不能实现对电磁场与波的实时调控，也难以和信息理论及数字信号处理方法有效结合。为改变这种局面，作者团队摒弃了依赖等效媒质参数和连续物理参数的超材料表征体系，提出了用数字编码直接表征超材料的新思想。由此构建

的信息超材料不仅可实时地以数字化的方式灵活控制电磁波行为，而且建立了电磁空间与数字空间一一映射的方式，可实现在电磁空间上直接进行数字信号处理，有望突破传统系统的性能桎梏，构建全新架构的电子信息系统。作为超材料领域的最新进展，信息超材料一经提出便引起了相关领域国内外学者的广泛关注，被认为是下一代移动通信系统的重要使能技术。图 6-8 为信息超材料发展历程示意图。

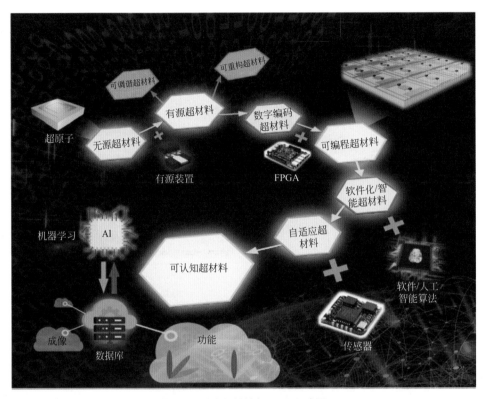

图 6-8　信息超材料发展历程示意图

　　① 在原理创新方面：作者团队于 2014 年率先在国际上提出了"数字编码和现场可编程超材料"。这是一种通过全数字方式对超材料进行表征、分析和设计的新型超材料，相比于传统基于等效媒质理论的"模拟超材料"，数字编码超材料对电磁波的调控功能取决于所赋予的编码序列，如图 6-9（a）、（b）所示。这种表征范式赋予信息超材料在物理空间上直接进行信息论和数字信号处理运算的可能，其中基于信息超材料的数字卷积定理[58]、信息熵理论[59]、加法定理[60] 和时空联合调制理论[235,236] 等已经获得原理验证。其后，崔铁军院士于 2017 年在撰写该领域第一篇综述论文 "Information Metamaterials And Metasurfaces" 时进一步总结提出了更广义的信息超材料和信息超表面概念[57]，具体是指能实时操控电磁波及直接处理数字编码信息，并具备对信息进一步感知、理解，甚至记忆、学习和认知能力的超材料。在 2020年撰写的综述论文 "Information Metamaterial Systems" 中，崔铁军院士详细给出了信息超材料未来的发展脉络，如图 6-8 所示[237]，即从数字超材料开始，引入可编程部件获得可编程超材料，进而引入软件算法功能获得软件化 / 智能化超材料，进一步引入传感模块获得自适应

超材料，最终引入人工智能实体获得可认知超材料。总之，这一崭新的信息超材料体系是物理学原理、信息论原理和数字信号处理方法共同作用的全新平台，随着时代的发展还将不断增添新的内涵。

② 在应用创新方面：作者团队提出利用信息超材料实现全新的信息系统架构，如图 6-9 (c) 所示，从根本上突破传统系统数模转换带宽小、信号处理效率低、复杂度高、稳定性差等一系列难题，突破了传统信息系统在架构层面的固有桎梏，例如数字模块与电磁模块的系统性隔离，即信息编码与处理部分仅在数字域上进行，射频收发与传输功能仅由电磁模块完成。

在微波成像应用领域，作者团队和北京大学李廉林教授团队合作，利用 1 比特现场可编程超材料首次实现了实时动态可调的微波全息成像，如图 6-9 (d) 所示[61]；其后，作者团队提出一种新体制微波成像系统，充分利用信息超材料的现场可编程功能极大简化了微波成像和雷达成像的系统架构，只需单频点输入、单天线收发即可实现非机械扫描式微波成像，极大降低了微波成像的应用门槛[62,63]。

在移动通信应用中，作者团队于 2019 年基于空间编码数字超材料提出了一种全新的直接辐射式无线数字通信系统[64]，其发射机仅由馈源天线、现场可编程超材料和 FPGA 构成，省去了数模转化模块，极大地简化了传统发射机构架；同时提出了基于远场辐射的新型调制方案，实现了物理层的保密通信。同时，作者团队利用可编程超材料实现近场的多通道通信，在多个空间通道上独立地传输多个不同信息[65]。随后，作者团队还构建了基于时间编码数字超材料的 BFSK 无线通信系统新架构，如图 6-9 (e) 所示，其中传统发射机中所必需的数模转换、混频器、射频链路、天线等被数字编码超材料和 FPGA 所取代，极大地降低了系统设计和实现成本。为了提高数据传输速度，作者团队研制了基于时间编码超材料的正交相移键控（QPSK）无线通信系统[66]，同时结合通信领域的先进算法，实现了载波同步、信道预估与均衡等功能，极大地提升了系统在传输速度、误码率、稳定性等方面的性能。在此基础上，作者团队进一步构建了基于时间编码超材料的八相移键控（8PSK）无线通信系统[67]、256 正交幅度调制（QAM）毫米波无线通信系统[68] 以及多种机制混合的无线通信系统[69]，已初步具备在微波 / 毫米波无线通信领域的应用能力。因此，信息超材料被选为 6G 的七项关键技术备选方案之一，逐渐发展为无线通信的研究热点[238,239]，作者团队成员受推选具体负责制定 IMT-2030 智能超表面国际标准，引起了学术界和工业界的普遍关注。

在智能传感应用中，作者团队在现场可编程超材料的基础上引入了独立的感知器件与决策算法，提出了一种全新的智能超材料传感架构，可实现自适应可编程的波束凝视、波束扫描等功能[240]。作者团队与北京大学李廉林教授团队合作，基于现场可编程超材料提出了机器学习驱动的智能电磁感知方法，实现了人体目标的实时动态成像，如图 6-9 (f) 所示[241]；并进一步改进了现场可编程超材料的设计，同时实现了生命体征的探测和自动手语的识别[242]；其后，还研制了 WiFi 频段信息超材料的智能电磁感知系统[243]，为智慧家庭的人机交互提供了新的技术途径。

总之，作者团队提出的信息超材料构建起电磁传输和数字编码的直接作用平台，把超材料物理空间和数字空间融为一体，在操控电磁场的同时完成信息的感知、处理与调控，既为重大理论的突破和创新提供了契机，又为构建全新电子信息系统提供了可能，可颠覆传统雷达、通信等领域的设计理念和架构方案，有望在国防领域和国民经济主战场产生变革性应用，实现跨越式发展。

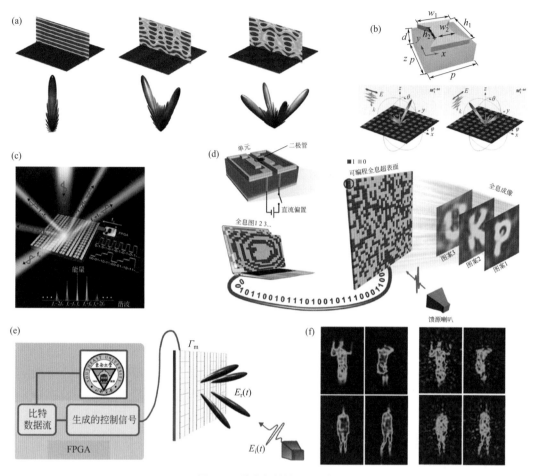

图 6-9　信息超材料相关内容

（a）不同编码情况下数字编码超材料对电磁波的调控；（b）各向异性数字编码超材料基本单元及其对不同极化入射波的调控；（c）时间编码数字超材料及其对电磁频谱调控的示意图；（d）基于信息超材料的现场可编程全息成像；（e）基于时间编码数字超材料的新架构 BFSK 无线通信系统；（f）基于现场可编程超材料的机器学习驱动的智能电磁感知成像

6.5 超材料发展重点

综上所述，超材料技术极大提升了对物理场的定制化调控能力，有望从底层物理颠覆传统信息、热控系统的构建模式，是构筑未来移动通信、感知成像及物理智能平台的重要使能技术。经过国内外同行几十年的努力，超材料技术历经了多次内涵扩充及观念转变，已从原先的原理驱动模式转向现在的应用驱动模式，展现出显著的颠覆性效益。可以预见，未来超材料技术在进一步深化理论创新的同时将更为侧重应用端的突破，并与信息系统集成化、信息化与智能化发展的大趋势相适应。

（1）发展超材料的集成化技术 ••••

目前超材料研究往往以单一物理性能的突破为切入点，却对其他物理性能缺乏约束，导致难以被应用于实际系统平台，例如利用堆叠结构实现的微波段隐身衣因体积和结构力学的限制无法被应用于飞机平台。而跨越此障碍就需要发展超材料集成技术，具体而言，则主要包括关注超材料本身多种物理功能兼容的内在集成技术以及关注与系统其他功能模块高度配合的外部集成技术。

突破内在集成技术需要在理论层面着力发展多物理场联合调控的理论方法，研究不同物理场激励下超材料响应的演变规律以及多条件约束下的综合性能优化方法；在技术层面着重发展结构与材料一体化设计方案，探索与其他高性能基础材料的有机融合方式以及特殊构型条件下的高效加工方法。

突破外部集成技术则需要在理论层面全力发展崭新的超材料系统观，研究超材料功能参数的整体系统效应以及超材料模块与其他系统模块间相互作用的规律；在技术层面聚力发展超材料与系统平台的集成技术方案，探索适应平台的物理嵌合方法及信息融合方法。

事实上，超材料集成化技术主要着眼于将超材料与系统平台融合为一个整体，不仅可以促进超材料应用落地，更有望以超材料的优异性能为尖刀，有效突破传统系统的固有设计模式与性能桎梏。

（2）发展信息化、智能化超材料 ••••

信息超材料作为超材料领域最新方向之一，构建了数字信息与物理场操控之间的有效映射，赋予了超材料直接以数字化方式操控物理场的可能，是实现信息化、智能化超材料的重要潜在途径。但现有信息超材料的研究主要集中在数字化表征与操控方面，在信息感知与信息处理方面却少有涉及，尚未真正形成全信息流程的闭环，对传统系统架构的颠覆性效用并未完全显现。因此，进一步发展认知超材料和智能超材料是未来超材料演进的另一重要技术趋势。

具体而言，实现认知超材料则需要在理论层面深度挖掘融合物理场操控与数字信息处理的全新信息理论；在技术层面有效集成感知和处理模块，打通信息超材料的全信息链能力。事实上，认知超材料的发展不仅有助于提升超材料的信息获取与处理能力，并有望突破香农信息论与奈奎斯特采样定律的限制，创造全新的信息理论，从根本上颠覆现有信息系统构建范式。

而实现智能超材料则需要在理论层面突破现有人工智能理论停留在算法层面的桎梏，开发融合底层物理与上层算法的物理智能理论；在技术层面探求多层信息超表面交互技术，构建多层神经网络物理实体。事实上，智能超材料不仅是智能算法的物理载体，更是系统感知、决策与学习的中枢部件，极有可能是未来"人工脑"的使能技术。

总而言之，信息化、智能化超材料是超材料领域与现代数字信息技术深度融合的产物，可颠覆现有系统将模拟-数字割裂的构建方式，直接在电磁空间上实现信息的通信、感知与处理一体化协同，代表着超材料技术与多领域融合的发展方向。

 ## 6.6 / 总结与展望

综上所述，超材料作为近几十年来材料科学、电子科学以及信息科学领域的前沿热点，可通过特有的物理场精细调控能力重塑材料的构建范式、突破传统信息系统的架构体系，是一种具有颠覆性效应的结构功能一体化人工复合材料。该技术领域历经了数十年的蓬勃发展已经渗透到信息工程的方方面面，对信息通信、人工智能等核心产业均有显著影响。更为重要的是，得益于我国在超材料技术研究方面持续不断的人力物力投入，我国超材料领域整体处于与国际并跑的阶段，甚至在个别子领域（例如信息超材料领域）位于国际领先地位。因此，我国有望在 2027 年前通过超材料技术的局部优势突破西方国家的产业封锁，部分解决我国现有"卡脖子"问题，甚至在 2035 年左右借助超材料的颠覆性效应促进信息产业代际更迭，助力我国相关产业弯道超车，实现《中国制造 2035》的宏伟蓝图。

参考文献

[1] Shelby R A, Smith D R, Schultz S. Experimental verification of a negative index of refraction [J]. Science, 2001, 292(5514): 77-79.

[2] Pendry J B, Holden A J, Stewart W J, et al. Extremely low frequency plasmons in metallic mesostructures [J]. Physical Review Letters, 2001, 87(11): 4773-4776.

[3] Pendry J B, Holden A J, Robbins D J, et al. Magnetism from conductors and enhanced nonlinear phenomena [J]. IEEE Transactions on Microwave Theory and Techniques, 1999, 47(11): 2075.

[4] Shelby R A, Smith D R, Schultz S. Experimental verification of a negative index of refraction [J]. Science, 2001, 292:5514.

[5] Smith D R, Pendry J B, Wilshire M C K. Metamaterials and negative refractive index [J]. Science, 2004, 305:5685.

[6] Cui T J, Kong J A. Causality in the propagation of transient electromagnetic waves in a left-handed medium [J]. Physical Review B, 2004, 70: 165113.

[7] Cui T J, Kong J A. Time-domain electromagnetic energy in a frequency-dispersive left-handed medium [J]. Physical Review B, 2004, 70: 205106.

[8] Eleftheriades G V, Balmain K G. Negative-refraction metamaterials [M]. New York: Wiley, 2005.

[9] Caloz C, Itoh T. Electromagnetic metamaterials: transmission line theory and microwave applications [M]. New York: Wiley, 2004.

[10] Cui T J, Cheng Q, Huang Z Z, et al. Electromagnetic wave localization using a left-handed transmission-line superlens [J]. Physical Review B, 2005, 72: 035112.

[11] Cui T J, Lin X Q, Cheng Q, et al. Experiments on evanescent-wave amplification and transmission using metamaterial structures [J]. Physical Review B, 2006, 73: 245119.

[12] Liu R, Zhao B, Lin X Q, et al. Experimental observation of evanescent-wave amplification and propagation in microwave regime [J]. Applied Physics Letters, 2006, 89: 221919.

[13] Liu R, Zhao B, Lin X Q, et al. Evanescent-wave amplification studied using a bilayer periodic circuit structure and its effective medium model [J]. Physical Review B, 2007, 75: 125118.

[14] Yao Y H, Cui T J, Cheng Q, et al. Realization of a super waveguide for high-power-density generation and transmission using right- and left-handed transmission-line circuits [J]. Physical Review E, 2007, 76: 036602.

[15] Lin X Q, Liu R P, Yang X M, et al. Arbitrarily dual-band components using simplified structures of conventional CRLHTLs [J]. IEEE Transactions on Microwave Theory and Techniques, 2006, 54: 2902-2909.

[16] Lin X Q, Ma H F, Bao D, et al. Design and analysis of super-wide bandpass filters using a novel compact metastructure [J]. IEEE Transactions on Microwave Theory and Techniques, 2007, 55: 747-753.

[17] Pendry J B. Negative refraction makes a perfect lens [J]. Physical Review Letters, 2000, 85(18):3966-3969.

[18] Leonhardt U. Optical conformal mapping [J]. Science, 2006, 312: 1777-1780.

[19] Pendry J B, Schurig D, Smith D R. Controlling electromagnetic fields [J]. Science, 2006, 312: 1780-1782.

[20] Schurig D, Mock J J, Cummer S A, et al. Metamaterial electromagnetic cloak at microwave frequencies [J]. Science, 2006, 314:977-980.

[21] Liu R, Ji C, Mock J J, et al. Broadband ground-plane cloak [J]. Science, 2009, 323: 366-369.

[22] Ma H F, Cui T J. Three-dimensional broadband ground-plane cloak made of metamaterials [J]. Nature Communications, 2010, 1: 21.

[23] Ergin T, Stenger N, Brenner P, et al. Three-dimensional invisibility cloak at optical wavelengths [J]. Science, 2010, 328: 337-339.

[24] Genov D A, Zhang S, Zhang X. Mimicking celestial mechanics in metamaterials [J]. Nature Physics, 2009, 5: 687-692.

[25] Cheng Q, Cui T J, Jiang W X, et al. An omnidirectional electromagnetic absorber made of metamaterials [J]. New Journal of Physics, 2010, 12: 063006.

[26] Pendry J B, Martín-Moreno L, Garcia-Vidal F J. Mimicking surface plasmons with structured surfaces [J]. Science, 2004, 305: 847-848.

[27] Khanikaev A B, Mousavi S H, Shvets G, et al. One-way extraordinary optical transmission and nonreciprocal spoof plasmons [J]. Physical review letters, 2010, 105(12):126804.

[28] Yu N F, Wang Q J, Kats M A, et al. Designer spoof surface plasmon structures collimate terahertz laser beams [J]. Nature materials, 2010, 9: 730-735.

[29] Mousavi S H, Khanikaev A B, Neuner B, et al. Highly confined hybrid spoof surface plasmons in ultrathin metal-dielectric heterostructures [J]. Physical review letters, 2010, 105.

[30] Pors A, Moreno E, Martin-Moreno L, et al. Localized spoof plasmons arise while texturing closed surfaces [J]. Physical review letters, 2012, 108.

[31] Shen X P, Cui T J, Martin-Cano D, et al. Conformal surface plasmons propagating on ultrathin and flexible films [J]. Proceedings of the national academy of sciences of the United Steters of America, 2012, 108.

[32] Shen X, Cui T J. Ultrathin plasmonic metamaterial for spoof localized surface plasmons [J]. Laser Photonics Review, 2014, 8: 137-145.

[33] Haldane F D M, Raghu S. Possible realization of directional optical waveguides in photonic crystals with broken time-reversal symmetry [J]. Physical Review Letters, 2008, 100(1): 013904.

[34] Yang B, Guo Q, Liu R, et al. Ideal Weyl points and helicoid surface states in artificial photonic crystal structures [J]. Science, 2018, 359:6379.

[35] He X T, Liang E T, Yuan J J, et al. A silicon-on-insulator slab for topological valley transport [J]. Nature Communications, 2019, 10(1): 872.

[36] Lin Q, Xiao M, Yuan L Q, et al. Photonic Weyl point in a two-dimensional resonator lattice with a synthetic frequency dimension [J]. Nature Communications, 2016, 7: 13731.

[37] Yang Y H, Yamagami Y, Yu X B, et al. Terahertz topological photonics for on-chip communication [J]. Nature Photonics, 2020, 14(7): 446-451.

[38] Yu N, Genevet P, Kats M A, et al. Light propagation with phase discontinuities: generalized laws of reflection and refraction [J]. Science, 2011, 334(10): 333-337.

[39] Sun S, He Q, Xiao S, et al. Gradient-index meta-surfaces as a bridge linking propagating waves and surface waves [J]. Nature Materials, 2012, 11: 426-431.

[40] Pfeiffer C, Grbic A. Metamaterial Huygens' surfaces: tailoring wave fronts with reflectionless sheets [J]. Physical review letters, 2013, 110: 19.

[41] Chen K, Feng Y J, Zhao J, et al. A reconfigurable active Huygens' metalens [J]. Advanced Materials, 2017, 29: 17.

[42] Yu N, Capasso F. Flat optics with designer metasurfaces [J]. Nature Materials, 2014, 13(2): 139-150.

[43] Wu C, Arju N, Kelp G, et al. Spectrally selective chiral silicon metasurfaces based on infrared Fano resonances [J]. Nature Communications, 2014, 5: 3892.

[44] Mousavi S H, Kholmanov I, Alici K B, et al. Inductive tuning of fano-resonant metasurfaces using plasmonic response of graphene in the mid-infrared [J]. Nano Letters, 2013, 13(3): 1111-1117.

[45] Huang L, Chen X, Mãhlenbernd H, et al. Dispersionless phase discontinuities for controlling light propagation [J]. Nano Letters, 2012, 12(11): 5750-5755.

[46] Sun S, Yang K Y, Wang C M, et al. High-efficiency broadband anomalous reflection by gradient meta-surfaces [J]. Nano Letters, 2012, 12(12): 6223-6229.

[47] Landy N I, Sajuyigbe S, Mock J J, et al. Perfect metamaterial absorber [J]. Physical Review Letters, 2008, 100(20): 207402.

[48] Khan M I, Fraz Q, Tahir F A. Ultra-wideband cross polarization conversion metasurface insensitive to incidence angle [J]. Journal of Applied Physics, 2017, 121(4): 045103.

[49] Ye Y, He S. 90° polarization rotator using a bilayered chiral metamaterial with giant optical activity [J]. Applied Physics Letters, 2010, 96(20): 203501.

[50] Yan S, Vandenbosch G A E. Compact circular polarizer based on chiral twisted double split-ring resonator [J]. Applied Physics Letters, 2013, 102(10): 103503.

[51] Li G, Chen S, Pholchai N, et al. Continuous control of the nonlinearity phase for harmonic generations [J]. Nature Material, 2015, 14:607.

[52] Yu S, Li L, Shi G, et al. Design, fabrication, and measurement of reflective metasurface for orbital angular momentum vortex wave in radio frequency domain [J]. Applied Physics Letters, 2016, 108(12): 121903.

[53] Lei X Y, Cheng Y J. High-efficiency and high-polarization separation reflectarray element for OAM-folded antenna application [J]. IEEE Antennas and Wireless Propagation Letters, 2017, 16: 1357-1360.

[54] Meng X S, Wu J J, Wu Z S, et al. Design of multiple-polarization reflectarray for orbital angular momentum wave in radio frequency [J]. IEEE Antennas and Wireless Propagation Letters, 2018, 17(12): 2269-2273.

[55] Cui T J, Qi M Q, Wan X, et al. Coding metamaterials, digital metamaterials and programmable metamaterials [J]. Light: Science Applications, 2014, 3: e218.

[56] Liu S, Cui T J, Xu Q, et al. Anisotropic coding metamaterials and their powerful manipulation of differently polarized terahertz waves [J]. Light: Science Applications, 2016, 5: e16076.

[57] Cui T J, Liu S, Lei Z. Information metamaterials and metasurfaces [J]. J Mater Chem C, 2017, 5: 3644-3668.

[58] Liu S, Cui T J, Zhang L, et al. Convolution operations on coding metasurface to reach flexible and continuous controls of terahertz beams [J]. Advanced Science, 2016, 3: 1600156.

[59] Cui T J, Liu S, Li L L. Information entropy of coding metasurface [J]. Light: Science Applications, 2016, 5: e16172.

[60] Wu R Y, Shi C B, Liu S, et al. Addition theorem for digital coding metamaterials [J]. Advanced Optical Materials, 2018, 6: 1701236.

[61] Li L, Cui T J, Ji W, et al. Electromagnetic reprogrammable coding-metasurface holograms [J]. Nature Communication, 2017, 8: 197.

[62] Li Y B, Li L L, Xu B B, et al. Transmission-type 2-bit programmable metasurface for single-sensor and singlefrequency microwave imaging [J]. Scientific Reports, 2016, 6: 23731.

[63] Li L, Hurtado M, Xu F, et al. A survey on the low-dimensional-model-based electromagnetic imaging [J]. FNT Signal Process, 2018, 12: 107-199.

[64] Cui T J, Liu S, Bai G D, et al. Direct transmission of digital message via programmable coding metasurface

[J]. Research, 2019, 2019: 1-12.

[65] Wan X, Zhang Q, Chen T Y, et al. Multichannel direct transmissions of near-field information [J]. Light: Science Applications, 2019, 8: 60.

[66] Dai J Y, Tang W K, Zhao J, et al. Wireless communications through a simplified architecture based on time-domain digital coding metasurface [J]. Advanced Material Technology, 2019, 4: 1900044.

[67] Tang W, Dai J Y, Chen M, et al. Programmable metasurface-based RF chain-free 8PSK wireless transmitter [J]. Electronics Letters, 2019, 55: 417-420.

[68] Chen M Z, Tang W, Dai J Y, et al. Accurate and broadband manipulations of harmonic amplitudes and phases to reach 256QAM millimeter-wave wireless communications by time-domain digital coding metasurfaces [J]. National Science Review, 2021, nwab134.

[69] Dai J Y, Tang W, Yang L X, et al. Realization of multi-modulation schemes for wireless communication by time-domain digital coding metasurface [J]. IEEE Trans Antennas Propagation, 2020, 68: 1618-1627.

[70] Liu Z Y, Zhang X X, Mao Y W, et al. Locally resonant sonic materials [J]. Science, 2000, 289(5485): 1734-1734.

[71] Fang N, Xi D, Xu J, et al. Ultrasonic metamaterials with negative modulus [J]. Nature Materials, 2006, 5(6): 452-456.

[72] Yang Z, Mei J, Yang M, et al. Membrane-type acoustic metamaterial with negative dynamic mass [J]. Physical Review Letters, 2008, 101(20): 204301.

[73] He Z, Peng S, Ye Y, et al. Asymmetric acoustic gratings [J]. Applied Physics Letters, 2011, 98(8): 013905.

[74] Zhao Y, Dong H Y, Zhao S, et al. Design of broadband impedance-matching Bessel lens with acoustic metamaterials [J]. Journal of Applied Physics, 2019, 126(6): 065103.

[75] Li J, Shen C, Diaz-Rubio A, et al. Bianisotropic metasurfaces for scattering-free manipulation of acoustic wavefronts [J]. Nature Communications, 2018, 9(1): 1342.

[76] Zhang P, Li T, Zhu J, et al. Generation of acoustic self-bending and bottle beams by phase engineering [J]. Nature Communications, 2014(5): 4316.

[77] Gires P Y, Poulain C. Near-field acoustic manipulation in a confined evanescent Bessel beam [J]. Communications Physics, 2019(2): 94.

[78] Alagoz S, Kaya O A, Alagoz B B. Frequency-controlled wave focusing by a sonic crystal lens [J]. Applied Acoustics, 2009, 70(11-12): 1400-1405.

[79] Chen J, Rao J, Lisevych D, et al. Broadband ultrasonic

focusing in water with an ultra-compact metasurface lens [J]. Applied Physics Letters, 2019, 114(10): 104101.

[80] Guild M D, Alù A, Haberman M R. Cloaking of an acoustic sensor using scattering cancellation [J]. Applied Physics Letters, 2014, 105(2): 023510.

[81] Cummer S A, Popa B I, Schurig D, et al. Scattering theory derivation of a 3D acoustic cloaking shell [J]. Physical Review Letters, 2008, 100: 024301.

[82] Cummer S A, Rahm M, Schurig D. Material parameters and vector scaling in transformation acoustics [J]. New Journal of Physics, 2008, 10: 110525.

[83] Zigoneanu L, Popa B I, Cummer S A. Three-dimensional broadband omnidirectional acoustic ground cloak [J]. Nature Materials, 2014, 13(4): 352-355.

[84] Song K, Kim J, Hur S, et al. Directional reflective surface formed via gradient-impeding acoustic meta-surfaces [J]. Scientific Reports, 2016, 6: 32300.

[85] Jiang X, Liang B, Zou X Y, et al. Acoustic one-way metasurfaces: asymmetric phase modulation of sound by subwavelength layer [J]. Scientific Reports, 2016, 6: 28023.

[86] Li Y, Shen C, Xie Y B, et al. Tunable asymmetric transmission via lossy acoustic metasurfaces [J]. Physical Review Letters, 2017, 119(3): 035501.

[87] Xie B Y, Cheng H, Tang K, et al. Multiband asymmetric transmission of airborne sound by coded metasurfaces [J]. Physical Review Applied, 2017, 7: 024010.

[88] Zhu Y F, Fan X D, Liang B, et al. Ultrathin acoustic metasurface-based schroeder diffuser [J]. Physical Review X, 2017, 7: 021034.

[89] Babaee S, Viard N, Wang P, et al. Harnessing deformation to switch on and off the propagation of sound [J]. Advanced Materials, 2016, 28(8): 1631-1635.

[90] Sun K H, Kim J E, Kim J, et al. Sound energy harvesting using a doubly coiled-up acoustic metamaterial cavity [J]. Smart Materials and Structures, 2017, 26: 075011.

[91] Bok E, Park J J, Choi H, et al. Metasurface for water-to-air sound transmission [J]. Physical Review Letters, 2018, 120: 044302.

[92] Chen M, Jiang H, Zhang H, et al. Design of an acoustic superlens using single-phase metamaterials with a star-shaped lattice structure [J]. Scientific Reports, 2018, 8: 41598.

[93] Esfahlani H, Karkar S, Lissek H, et al. Acoustic dispersive prism [J]. Scientific Reports, 2016, 6: 18911.

[94] Zheng X, Lee H, Weisgraber T H, et al. Ultralight, ultrastiff mechanical metamaterials [J]. Science, 2014, 344(6190): 1373-1377.

[95] Lakes R S. Negative-poisson's-ratio materials: auxetic solids [J]. Annual Review of Materials Research, 2017, 47: 63-81.

[96] Wang Q, Jackson J A, Ge Q, et al. Lightweight mechanical metamaterials with tunable negative thermal expansion [J]. Physical Review Letters, 2016, 117(17): 175901.

[97] Wu L, Li B, Zhou J. Isotropic negative thermal expansion metamaterials [J]. ACS Applied Materials & Interfaces, 2015, 8(17): 17721-17727.

[98] Wang Q, Jackson J A, Ge Q, et al. Lightweight mechanical metamaterials with tunable negative thermal expansion [J]. Physical Review Letters, 2016, 117(17): 175901.

[99] Zheng X, Smith W, Jackson J, et al. Multiscale metallic metamaterials [J]. Nature Materials, 2016, 15(10): 1100-1105.

[100] Gansel J K, Thiel M, Rill M S, et al. Gold helix photonic metamaterial as broadband circular polarizer [J]. Science, 2009, 325(5947): 1513-1515.

[101] Ferreira A, Peres N M R. Complete light absorption in graphene-metamaterial corrugated structures [J]. Physical Review B, 2012, 86(20): 986-994.

[102] Sun K, Wei T S, Ahn B Y, et al. 3D printing of interdigitated li-ion microbattery architectures [J]. Advanced Materials, 2013, 25(33): 4539-4543.

[103] Xu S, Yan Z, Jang K I, et al. Assembly of micro/nanomaterials into complex, three-dimensional architectures by compressive buckling [J]. Science, 2015, 347(6218): 154-159.

[104] Ahn B Y, Duoss E B, Motala M J, et al. Omnidirectional printing of flexible, stretchable, and spanning silver microelectrodes [J]. Science, 2009, 323(5921): 1590-1593.

[105] Li Y, Zhang Q, Hong Y, et al. 3D transformable modular kirigami based programmable metamaterials [J]. Advanced Functional Materials, 2021: 2105641.

[106] Guenneau S, Amra C, Veynante D. Transformation thermodynamics: cloaking and concentrating heat flux [J]. Optics Express, 2012, 20(7): 8207-8218.

[107] Fan C Z, Gao Y, Huang J P. Shaped graded materials with an apparent negative thermal conductivity [J]. Applied Physics Letters, 2008, 92(25): 251907.

[108] Guenneau S, Amra C, Veynante D. Transformation thermodynamics: cloaking and concentrating heat flux [J]. Optics Express, 2012, 20(7): 8207-8218.

[109] Schittny R, Kadic M, Guenneau S, et al. Experiments on transformation thermodynamics: molding the flow of heat [J]. Physical Review Letters, 2013, 110(19): 195901.

[110] Xu H, Shi X, Gao Fei, et al. Ultrathin three-dimensional thermal cloak [J]. Physical Review Letters, 2014, 112(5): 054301.

[111] Farhat M, Chen P Y, Bagci H, et al. Thermal invisibility based on scattering cancellation and mantle cloaking [J]. Scientific Reports, 2015, 5: 9876.

[112] Han T, Bai X, Thong J T L, et al. Full control and manipulation of heat signatures: cloaking, camouflage and thermal metamaterials [J]. Advanced Materials, 2014, 26(11): 1731-1734.

[113] García-Meca C, Barceló C. Dynamically tunable transformation thermodynamics [J]. Journal of Optics, 2016, 18(4): 044026.

[114] Han T, Bai X, Liu D, et al. Manipulating steady heat conduction by sensu-shaped thermal metamaterials [J]. Scientific Reports, 2015, 5: 10242.

[115] Chang C W, Okawa D, Majumdar A, et al. Solid-state thermal rectifier [J]. Science, 2006, 314(5802): 1121-1124.

[116] Sawaki D, Kobayashi W, Moritomo Y, et al. Thermal rectification in bulk materials with asymmetric shape [J]. Applied Physics Letters, 2011, 98(8): 081915.

[117] Tian H, Xie D, Yang Y, et al. A novel solid-state thermal rectifier based on reduced graphene oxide [J]. Scientific Reports, 2012, 2: 523.

[118] Li Y, Shen X, Wu Z, et al. Temperature-dependent transformation thermotics: from switchable thermal cloaks to macroscopic thermal diodes [J]. Physical Review Letters, 2015, 115(19): 195503.

[119] Li B, Wang L, Casati G. Negative differential thermal resistance and thermal transistor [J]. Applied Physics Letters, 2006, 88(14): 143501.

[120] Joulain K, Drevillon J, Ezzahri Y, et al. Quantum thermal transistor [J]. Physical Review Letters, 2016, 116(20): 200601.

[121] Wang L, Li B. Thermal logic gates: computation with phonons [J]. Physical Review Letters, 2007, 99(17): 177208.

[122] Wang L, Li B. Thermal memory: a storage of phononic information [J]. Physical Review Letters, 2008, 101(26): 267203.

[123] Xie R, Bui C T, Varghese B, et al. An electrically tuned solid-state thermal memory based on metal-insulator transition of single-crystalline VO$_2$ nanobeams [J]. Advanced Functional Materials, 2011, 21(9): 1602-1607.

[124] Elzouka M, Ndao S. Near-field NanoThermoMechanical memory [J]. Applied Physics Letters, 2014, 105(24): 243510.

[125] Ito K, Nishikawa K, Iizuka H. Multilevel radiative thermal memory realized by the hysteretic metal-insulator transition of vanadium dioxide [J]. Applied Physics Letters, 2016, 108(5): 053507.

[126] Zhao Q, Kang L, Du B, et al. Experimental demonstration of isotropic negative permeability in a three-dimensional dielectric composite [J]. Physical Review Letters, 2008, 101(2): 027402.

[127] Zhao Q, Zhou J, Zhang F, et al. Mie resonance-based dielectric metamaterials [J]. Materials Today, 2009, 12(12): 60-69.

[128] Zheng X F, Qin F X, Wang H, et al. Microwave absorbing properties of composites containing ultra-low loading of optimized microwires [J]. Composites Science and Technology, 2017, 151: 62-70.

[129] Shi Z, Fan R, Zhang Z, et al. Random composites of nickel networks supported by porous alumina toward double negative materials [J]. Advanced Materials, 2012, 24(17): 2349-2352.

[130] Ge H, Yang M, Ma C, et al. Breaking the barriers: advances in acoustic functional materials [J]. National science review, 2018, 5: 159-182.

[131] Li Z, Yang D Q, Liu S L, et al. Broadband gradient impedance matching using an acoustic metamaterial for ultrasonic transducers [J]. Scientific reports, 2017, 7.

[132] Wang Z W, Zhang Q, Zhang K, et al. Tunable digital metamaterial for broadband vibration isolation at low frequency [J]. Advanced materials, 2016, 28:44.

[133] Zhang L and Cui T J. Space-time-coding digital metasurfaces: principles and applications [J]. Research, 2021, (6): 1-25.

[134] Ma Q, Cui T J. Information metamaterials: bridging the physical world and digital world [J]. PhotoniX, 2020, 1(1): 1.

[135] Liu R, Cui T J, Huang D, et al. Description and explanation of electromagnetic behaviors in artificial metamaterials based on effective medium theory [J]. Physical Review E, 2007, 76: 026606.

[136] Cui T J, Smith D R. Metamaterials - Theory, Design, and Applications [M]. Springer, 2009.

[137] Cui T J, Tang W X, Yang X M, et al. Metamaterials – Beyond Crystals, Noncrystals, and Quasicrystals [M]. CRC Press, 2016.

[138] Liu H, Zhao X, Yang Y, et al. Fabrication of infrared left-handed metamaterials via double template-assisted electrochemical deposition [J]. Advanced Materials, 2008, 20(11): 2050-2054.

[139] Liu B, Zhao X, Zhu W, et al. Multiple pass-band optical left-handed metamaterials based on random dendritic cells [J]. Advanced Functional Materials, 2008, 18(21): 3523-3528.

[140] Deng L, Han M. Microwave absorbing performances of multiwalled carbon nanotube composites with negative permeability [J]. Applied Physics Letters, 2007, 91(2): 023119.

[141] Wang J, Qu S, Xu Z, et al. Broadband planar left-handed metamaterials using split-ring resonator pairs [J]. Photonics and Nanostructures - Fundamentals and Applications, 2009, 7(2): 108-113.

[142] Ma H, Qu S B, Xu Z, et al. The open cloak [J]. Applied Physics Letters, 2009, 94(10):1780.

[143] Liu N, Liu H, Zhu S, et al. Stereometamaterials [J]. Nature Photonics, 2009, 3(3): 157-162.

[144] Zhang C, Wei H, Zhu Y Y, et al. Third-harmonic generation in a general two-component quasi-periodic optical superlattice [J]. Optics Letters, 2001, 26(12): 899.

[145] Dai D, He S. A silicon-based hybrid plasmonic waveguide with a metal cap for a nano-scale light confinement [J]. Optics Express, 2009, 17(19): 16646.

[146] Dai D, Liu L, Gao S, et al. Polarization management for silicon photonic integrated circuits: polarization management for silicon photonic integrated circuits [J]. Laser & Photonics Reviews, 2013, 7(3): 303-328.

[147] Peng H, Chen H. Caustics from optical conformal mappings [J]. Physical Review Applied, 2019, 12(6): 064030.

[148] Chen H, Chan C T, Sheng P. Transformation optics and metamaterials [J]. Nature Materials, 2010, 9: 387.

[149] Yang F, Mei Z L, Jin T Y, et al. Dc electric invisibility cloak [J]. Physical Review Letters, 2012, 109(5): 053902.

[150] Zhang H C, Cui T J, Zhang Q, et al. Breaking the challenge of signal integrity using time-domain spoof surface plasmon polaritons [J]. ACS Photonics, 2015, 2(9): 1333-1340.

[151] Zhang H C, Liu S, Shen X, et al. Broadband amplification of spoof surface plasmon polaritons at microwave frequencies: amplification of spoof surface plasmon polaritons [J]. Laser & Photonics Reviews, 2015, 9(1): 83-90.

[152] Tang W X, Zhang H C, Ma H F, et al. Concept, theory, design, and applications of spoof surface plasmon polaritons at microwave frequencies [J]. Advanced Optical Materials, 2019, 7(1): 1800421.

[153] Du M, Feng Y, Chen K, et al. Filtering microwave differential signals through odd-mode spoof surface plasmon polariton propagation [J]. Journal of Physics D: Applied Physics, 2020, 53(16): 165105.

[154] Zhang G, Zhang Q, Chen Y, et al. High-scanning-rate and wide-angle leaky-wave antennas based on glide-symmetry goubau line [J]. IEEE Transactions on Antennas and Propagation, 2020, 68(4): 2531-2540.

[155] Yang J, Wang J, Zheng X, et al. Broadband anomalous refractor based on dispersion engineering of spoof surface plasmon polaritons [J]. IEEE Transactions on Antennas and Propagation, 2021, 69(5): 3050-3055.

[156] Xiao L, Chen Z, Qu B, et al. Recent progresses on materials for electrophosphorescent organic light-emitting devices [J]. Advanced Materials, 2011, 23(8): 926-952.

[157] Zhang Y, Sheng Y, Zhu S, et al. Nonlinear photonic crystals: from 2D to 3D [J]. Optica, 2021, 8(3): 372.

[158] Yan C, Li X, Pu M, et al. Generation of polarization-sensitive modulated optical vortices with all-dielectric metasurfaces [J]. ACS Photonics, 2019, 6(3): 628-633.

[159] Wang D, Liu F, Liu T, et al. Efficient generation of complex vectorial optical fields with metasurfaces [J]. Light: Science & Applications, 2021, 10(1): 67.

[160] Zhuo W, Sun S, He Q, et al. A review of high-efficiency Pancharatnam–Berry metasurfaces [J]. 2020: 17.

[161] Lai Y, Ng J, Chen H Y, et al. Illusion Optics: The Optical Transformation of an Object into Another Object [J]. Physical review letters, 2009, 102: 25.

[162] Qian C, Zheng B, Shen Y, et al. Deep-learning-enabled self-adaptive microwave cloak without human intervention [J]. Nature Photonics, 2020, 14(6): 383-390.

[163] Zhen Z, Qian C, Jia Y, et al. Realizing transmitted metasurface cloak by a tandem neural network [J]. Photonics Research, 2021, 9(5): B229.

[164] Guo W L, Wang G M, Luo X Y, et al. Dual-phase hybrid metasurface for independent amplitude and phase control of circularly polarized wave [J]. IEEE Transactions on Antennas and Propagation, 2020, 68(11): 7705-7710.

[165] Gao Y, Jiang W, Hu W, et al. A dual-polarized 2-D monopulse antenna array for conical conformal applications [J]. IEEE Transactions on Antennas and Propagation, 2021,99: 1.

[166] Huang C, Sun B, Pan W, et al. Dynamical beam manipulation based on 2-bit digitally-controlled coding metasurface [J]. Scientific Reports, 2017, 7(1): 42302.

[167] Li L, Shuang Y, Ma Q, et al. Intelligent metasurface imager and recognizer [J]. Light: Science & Applications, 2019, 8(1): 97.

[168] Li H Y, Zhao H T, Wei M L, et al. Intelligent electromagnetic sensing with learnable data acquisition and processing [J]. Patterns, 2020, 1(1): 100006.

[169] Zhang L, Chen M Z, Tang W, et al. A wireless communication scheme based on space- and frequency-division multiplexing using digital metasurfaces [J]. Nature Electronics, 2021, 4(3): 218-227.

[170] Zhang X G, Sun Y L, Yu Q, et al. Smart doppler cloak operating in broad band and full polarizations [J]. Advanced Materials, 2021, 33(17): 2007966.

[171] Dai J Y, Tang W K, Zhao J, et al. Wireless communications through a simplified architecture based on time‐domain digital coding metasurface [J]. Advanced Materials Technologies, 2019, 4(7): 1900044.

[172] Ma Q, Bai G D, Jing H B, et al. Smart metasurface with self-adaptively reprogrammable functions [J]. Light: Science & Applications, 2019, 8(1): 98.

[173] Li L, Zhang P, Cheng F, et al. An optically transparent near-field focusing metasurface [J]. IEEE Transactions on Microwave Theory and Techniques, 2021, 69(4): 2015-2027.

[174] Xiao Y, Yang F, Xu S, et al. Design and implementation of a wideband 1-bit transmitarray based on a Yagi–Vivaldi unit cell [J]. IEEE Transactions on Antennas and Propagation, 2021, 69(7): 4229-4234.

[175] Liu Z Y, et al. Locally resonant sonic materials [J]. Science, 2000, 289(5485):1734.

[176] Li J, Chan C T. Double-negative acoustic metamaterial [J]. Physical review letters, 2004, 70: 5.

[177] Chen H Y, Chan C T. Acoustic cloaking in three dimensions using acoustic metamaterials [J]. Physical review letters, 2007, 91: 18.

[178] Xiao M, Ma G C, Yang Z Y, et al. Geometric phase and band inversion in periodic acoustic systems [J]. Nature physics, 2015, 11: 240-244.

[179] Chen H Y, Chan C T. Acoustic cloaking and transformation acoustics [J]. Journal of physics D-applied physics, 2010, 43: 11.

[180] Yang Z, et al. Membrane-type acoustic metamaterial with negative dynamic mass [J]. Physical Review Letters, 2008, 101(20):204301.

[181] Yao S, Zhou X, Hu G. Investigation of the negative-mass behaviors occurring below a cut-off frequency[J]. New Journal of Physics, 2010, 12(10): 103025.

[182] Lu Z X, Li K. Numerical simulation on dynamic crushing behaviors of tetrachiral honeycombs [J]. Explosion and Shock Waves, 2014, 34 (2): 181-187.

[183] Zhang X C, Zhu X Y, Li N. A study of dynamic response characteristics of hexagonal chiral honeycombs [J]. Journal of Vibration and Shock, 2016, 35 (8): 1-7.

[184] Xiao F, Hua H X, Chen Y, et al. Influence of design parameters on underwater explosion shock resistance of chiral honeycomb rubber cladding [J]. Journal of Vibration and Shock, 2014, 33 (1): 56-62.

[185] Ren X B, Zhao P D, Li X B, et al. Shock-resistant performance of cover layer on a new chiral periodic structure [J]. Journal of Vibration and Shock, 2017, 36 (15): 142-145.

[186] Su J L, Wu J D, Liu Y L. Progress in elastic property and impact resistance of honeycomb structure mechanical metamaterial [J]. Journal of Materials Engineering, 2019, 47(8): 49-58.

[187] Fan C Z, Gao Y, Huang J P. Shaped graded materials with an apparent negative thermal conductivity [J]. Applied Physics Letters, 2008, 92(25):251907.

[188] Shen X Y, Huang J P. Thermally hiding an object inside a cloak with feeling [J]. International Journal of Heat & Mass Transfer, 2014, 78:1-6.

[189] Ye Z Q, Cao B Y. Nanoscale thermal cloaking in graphene via chemical functionalization [J]. Physical Chemistry Chemical Physics, 2016, 18(48): 32952-32961.

[190] Chen T, Weng C N, Tsai Y L. Materials with constant anisotropic conductivity as a thermal cloak or concentrator [J]. Journal of Applied Physics, 2015, 117(5):054904.

[191] Wang J L, Zhang H C, Ma C, et al. Performance of meta-material thermal concentrator with sensu-shaped structure through entropy generation approach [J]. Thermal science, 2016, 20(Supplement 3):651-658.

[192] Han T, Zhao J, Tao Y, et al. Theoretical realization of an ultra-efficient thermal-energy harvesting cell made of natural materials [J]. Energy & Environmental Science, 2013, 6(12):3537-3541.

[193] Smith D R, Schultz S, Markos P, et al. Determination of effective permittivity and permeability of metamaterials from reflection and transmission coefficients [J]. Physical Review B, 2002, 65: 195104.

[194] Cui T J, Smith D R, Liu R. Metamaterials - theory, design, and applications [M]. Berlin: Springer, 2009.

[195] Liu R, Ji C, Mock J J, et al. Broadband ground-plane cloak [J]. Science, 2009, 323: 366 - 369.

[196] Ma H F, Cui T J. Three-dimensional broadband ground-plane cloak made of metamaterials [J]. Nature Communication, 2010, 1: 21.

[197] Narimanov E E, Kildishev A V. Optical black hole: broadband omnidirectional light absorber [J]. Applied Physics Letters, 2009, 95: 041106.

[198] Liu R, Cheng Q, Hand T, et al. Experimental demonstration of electromagnetic tunneling through

an epsilon-nearzero metamaterial at microwave frequencies [J]. Physical Review Letters, 2008, 100: 023903.

[199] Silveirinha M G, Engheta N. Tunneling of electromagnetic energy through subwavelength channels and bends using ε-near-zero materials [J]. Physical Review Letters, 2006, 97: 157403.

[200] Cheng Q, Liu R, Huang D, et al. Circuit verification of tunneling effect in zero permittivity medium [J]. Applied Physics Letters, 2007, 91: 234105.

[201] Jiang W X, Cui T J, Ma H F, et al. Shrinking an arbitrary object as one desires using metamaterials [J]. Applied Physics Letters, 2011, 98: 204101.

[202] Jiang W X, Cui T J. Radar illusion via metamaterials [J]. Physical Review E, 2011, 83: 026601.

[203] Jiang W X, Qiu C W, Han T, et al. Creation of ghost illusions using wave dynamics in metamaterials [J]. Advanced Functional Materials, 2013, 23: 4028-4034.

[204] Ma H F, Cui T J. Three-dimensional broadband and broad-angle transformation-optics lens [J]. Nature Communication, 2010, 1: 124.

[205] Jiang W X, Qiu C W, Han T C, et al. Broadband all-dielectric magnifying lens for far-field high-resolution imaging [J]. Advanced Mater, 2013, 25: 6963-6968.

[206] Jiang W X, Ge S, Han T, et al. Shaping 3D path of electromagnetic waves using gradient-refractive-index metamaterials [J]. Advanced Science, 2016, 3: 1600022.

[207] Yang X M, Zhou X Y, Cheng Q, et al. Diffuse reflections by randomly gradient index metamaterials [J]. Optics Letters, 2010, 35: 808-810.

[208] Zhang C, Cheng Q, Yang J, et al. Broadband metamaterial for optical transparency and microwave absorption [J]. Applied Physics Letters, 2017, 110: 143511.

[209] Zhao J, Zhang C, Cheng Q, et al. An optically transparent metasurface for broadband microwave antireflection [J]. Applied Physics Letters, 2018, 112: 073504.

[210] Zhang C, Yang J, Cao W K, et al. Transparently curved metamaterial with broadband millimeter wave absorption [J]. Photonics Research, 2019, 7: 478-485.

[211] Zhou Y J, Jiang Q, Cui T J. Bidirectional bending splitter of designer surface plasmons [J]. Applied Physics Letters, 2011, 99: 111904.

[212] Zhou Y J, Cui T J. Broadband slow-wave systems of subwavelength thickness excited by a metal wire [J]. Applied Physics Letters, 2011, 99: 101906.

[213] Zhou Y J, Cui T J. Multi-directional surface-wave splitters [J]. Applied Physics Letters, 2011, 98: 221901.

[214] Cui T J, Shen X. Passive plasmonic components based on plasmonic metamaterials [J].// Proceedings of SPIE Photonics Europe, Brussel, 2012.

[215] Shen X, Cui T J. Terahertz plasmonic metamaterial waveguides and devices. // Proceedings of the 3rd International Conference on Metamaterials, Photonic Crystals and Plasmonics, Paris, 2012.

[216] Ma H F, Shen X, Cheng Q, et al. Broadband and high-efficiency conversion from guided waves to spoof surface plasmon polaritons [J]. Laser Photonics Review, 2014, 8: 146-151.

[217] Liao Z, Zhao J, Pan B C, et al. Broadband transition between microstrip line and conformal surface plasmon waveguide [J]. Journal of Physics D-Applied Physics, 2014, 47: 315103.

[218] Zhang Q, Zhang H C, Wu H, et al. A hybrid circuit for spoof surface plasmons and spatial waveguide modes to reach controllable band-pass filters [J]. Scientific Reports, 2015, 5: 16531.

[219] Gao X, Zhou L, Cui T J. Odd-mode surface plasmon polaritons supported by complementary plasmonic metamaterial [J]. Scientific Reports, 2015, 5: 9250.

[220] Gao X, Shi J H, Ma H F, et al. Dual-band spoof surface plasmon polaritons based on composite-periodic gratings [J]. Journal of Physics D-Applied Physics, 2012, 45: 505104.

[221] Gao X, Zhou L, Yu X Y, et al. Ultra-wideband surface plasmonic Y-splitter [J]. Optics Express, 2015, 23: 23270-23277.

[222] Gao X, Shi J H, Shen X, et al. Ultrathin dual-band surface plasmonic polariton waveguide and frequency splitter inmicrowave frequencies [J]. Applied Physics Letters, 2013, 102: 151912.

[223] Gao X, Zhou L, Liao Z, et al. An ultra-wideband surface plasmonic filter in microwave frequency [J]. Applied Physics Letters, 2014, 104: 191603.

[224] Yang Y, Shen X, Zhao P, et al. Trapping surface plasmon polaritons on ultrathin corrugated metallic strips in microwave frequencies [J]. Optics Express, 2015, 23: 7031-7037.

[225] Yin J Y, Zhang H C, Fan Y, et al. Direct radiations of surface plasmon polariton waves by gradient groove depth and flaring metal structure [J]. IEEE Antennas Wireless Propagation Letters, 2016, 15: 865-868.

[226] Xu J J, Yin J Y, Zhang H C, et al. Compact feeding network for array radiations of spoof surface plasmon polaritons [J]. Scientific Reports, 2016, 6: 22692.

[227] Yin J Y, Bao D, Ren J, et al. Endfire radiations of spoof surface plasmon polaritons [J]. IEEE Antennas

Wireless Propagation Letters, 2017, 16: 597-600.

[228] Xu J J, Jiang X, Zhang H C, et al. Diffraction radiation based on an anti-symmetry structure of spoof surface-plasmon waveguide [J]. Applied Physics Letters, 2017, 110: 021118.

[229] Zhang H C, Liu S, Shen X, et al. Broadband amplification of spoof surface plasmon polaritons at microwave frequencies [J]. Laser Photonics Review, 2015, 9: 83-90.

[230] Zhang H C, Fan Y, Guo J, et al. Second-harmonic generation of spoof surface plasmon polaritons using nonlinear plasmonic metamaterials [J]. ACS Photonics, 2016, 3: 139-146.

[231] Zhang H C, Cui T J, Xu J, et al. Real-time controls of designer surface plasmon polaritons using programmable plasmonic metamaterial [J]. Advanced Materials Technologies, 2017, 2: 1600202.

[232] Zhang X, Cui T J, et al. Single-Particle Dichroism using orbital angular momentum in a microwave plasmonic resonator [J]. ACS Photonics, 2020, 7(12): 3291-3297.

[233] Zhang X, Cui W Y, et al. Spoof localized surface plasmons for sensing applications [J]. Advanced Materials Technologies, 2021: 2000863.

[234] Zhang H C, Zhang L P, He P H, et al. A plasmonic route for the integrated wireless communication of sub-diffraction limited signals [J]. Light: Science Applications, 2020, 9: 113.

[235] Zhao J, Yang X, Dai J Y, et al. Programmable time-domain digital-coding metasurface for non-linear harmonic manipulation and new wireless communication systems [J]. National Science Review, 2019, 6: 231-238.

[236] Zhang L, Chen X Q, Liu S, et al. Space-time-coding digital metasurfaces [J]. Nature Communication, 2018, 9: 4334.

[237] Cui T J, Li L, et al. Information metamaterial systems [J]. iScience, 2020, 23: 101403.

[238] Tang W, Chen M Z, Chen X, et al. Wireless communications with reconfigurable intelligent surface: path loss modeling and experimental measurement [J]. IEEE Trans Antennas Propagation, 2020.

[239] Tang W, Chen M Z, Dai J Y, et al. Wireless communications with programmable metasurface: new paradigms, opportunities, and challenges on transceiver [J]. IEEE Wireless Communication, 2020, 27: 180-187.

[240] Ma Q, Bai G D, Jing H B, et al. Smart metasurface with self-adaptively reprogrammable functions [J]. Light: Science Applications, 2019, 8: 98.

[241] Li L, Ruan H, Liu C, et al. Machine-learning reprogrammable metasurface imager [J]. Nature Communication, 2019, 10: 1082.

[242] Li L, Shuang Y, Ma Q, et al. Intelligent metasurface imager and recognizer [J]. Light: Science Applications, 2019, 8: 97.

[243] Li H Y, Zhao H T, Wei M L, et al. Intelligent electromagnetic sensing with learnable data acquisition and processing [J]. Patterns, 2020, 1: 100006.

 作者简介

张浩驰，东南大学副研究员，"至善青年学者"，电磁空间科学与技术研究院院长助理，主要致力于人工表面等离激元超材料和信息超材料的研究，完成了多项创新性工作，在 *Reviews of Modern Physics*、*Light: Science & Applications*、*National Science Review*、*IEEE Transactions on Antennas and Propagation* 等刊物发表学术论文 40 余篇，被引用 2000 余次（H 因子 28），授权国家发明专利 10 项。作为项目负责人承担了一系列国家级、省部级科研项目，担任*光子学报*、*Materials Today Electronics* 青年编委，并担任多个国际知名期刊审稿人。

汤文轩，东南大学教授，博士生导师。分别于 2006、2009 年在东南大学信息科学与工程学院获工学学士、工学硕士学位，2012 年于英国伦敦大学玛丽女王学院电子工程系获博士学位，同年返回东南大学毫米波国家重点实验室任职。在微波段超材料的理论、设计及应用方面进行了系统和深入的研究。主持国家自然科学基金面上项目、国家自然科学基金青年项目、华为公司创新研究计划项目等，作为骨干承担国家重点研发计划重点专项、国家自然科学基金重点项目等。累计发表 SCI 收录期刊论文 40 余篇，出版专业论著 1 部（CRC Press）

刘硕，东南大学研究员，伯明翰大学天文与物理学院玛丽居里学者。2017 年于东南大学获得博士学位，主要从事信息超材料、电路拓扑绝缘体的理论与实验方面的研究工作，首次提出各向异性编码超材料以及基于卷积定理的编码超材料远场综合技术，并创新性地利用可编程超材料实现了基于远场方向图调制的直接辐射无线通信系统。发表学术论文 60 余篇，被引用 5000 余次（H 因子 35），在剑桥大学等出版社出版三部有关信息超材料的学术专著。关于信息超材料的工作获 2016 年美国光学学会 30 项重要成果、2016 年中国光学重要成果、第三届中国科协优秀科技论文奖等。

崔铁军，中国科学院院士，教育部"长江学者奖励计划"特聘教授，国家杰出青年科学基金获得者，国际电气与电子工程师学会会士（IEEE Fellow），东南大学首席教授，东南大学电磁空间科学与技术研究院院长，毫米波国家重点实验室主任。在电磁超材料的理论、实验和应用，计算电磁学及其快速算法，目标特性与目标识别等领域做出系统而深入的研究。在 *Science*、*Nature* 子刊、*Reviews of Modern Physics*、美国科学院院刊等国际期刊发表学术论文 500 余篇，出版专著 3 部，被引用 45000 余次（H 因子 108），授权国家发明专利 100 余项，连续多年入选科睿唯安全球高被引科学家。作为第一完成人获 2014 年国家自然科学二等奖、2018 年国家自然科学二等奖、2011 年教育部自然科学一等奖。研究工作入选 2010 年中国科学十大进展、2016 年中国光学重要成果、2016 年美国光学学会 30 项重要成果、2021 年中国高等学校十大科技进展等。

第 7 章

新型二维材料——MXene

陶 莹 尚童鑫 吕 伟 杨全红

7.1 MXene 材料的研究背景

二维材料具有和体相材料截然不同的物化性质，表现出独特的力学、光学、电学等特性以及高的原子利用率，在能源、生物、信息与环境等领域具有广阔的应用前景。2004 年曼彻斯特大学 Geim 团队通过机械剥离法从石墨中剥离出单层石墨烯（Graphene）[1]，拉开了二维材料研究的序幕。随后，硅烯、黑磷、石墨炔、过渡金属硫化物（TMDs）等多种"类石墨烯"材料不断涌现 [2-4]，引燃了人们对二维材料广泛的研究与探索热情。2011 年，Gogotsi 等人首次制备出具有二维结构的过渡金属碳化物 $Ti_3C_2T_x$，它兼具优异的电导率和丰富的表面化学，被认为是一种极具潜力的新型材料 [4]。早在 20 世纪，Ⅳ～Ⅵ主族的过渡金属碳化物 / 氮化物由于耐高温、坚硬、化学稳定、耐磨损等优点受到关注 [5]。随着 $Ti_3C_2T_x$ 的发现，Gogotsi 等定义了新型二维材料过渡金属碳化物 / 氮化物（MXene）家族，开启了过渡金属碳化物 / 氮化物发展的新篇章 [6,7]。

MXene 的前驱体是坚硬、耐高温、化学稳定且耐磨的层状陶瓷材料 MAX 相（由位于Ⅳ～Ⅵ主族的过渡金属、碳和 / 或氮组成的无机非金属材料）。MAX 相不像石墨层与层之间靠范德华力结合，而主要是通过共价键和金属键结合在一起，很难直接实现 MAX 的剥离。因此，MXene 并不像石墨一样可以通过简单的机械剥离法制备。MAX 相中 M-A 键具有金属键特性，并且其作用力相较于 M-X 键的作用力更弱。Gogotsi 等利用该特性，采用氢氟酸（HF）刻蚀法将 Ti_3AlC_2 中的铝层刻蚀掉，从 MAX 相获得首个新型二维材料——$Ti_3C_2T_x$[4]。该类材料是从 MAX 相刻蚀而来的，并且具有与石墨烯类似的二维层状结构，被命名为"MXene"。

MAX 相是具有六方晶体结构的三元纳米层状化合物，它的通式是 $M_{n+1}AX_n$（n=1、2 或 3），其中 M 为过渡金属元素（Sc、Ti、V、Cr、Nb 等），A 主要为Ⅲ～Ⅵ主族元素（Al、Ga、In、

Si、Ge、Sn、As 等），X 为碳和 / 或氮［图 7-1（a）］[8]。根据 n 值的不同，常见的 MAX 相可以划分为 211 相、312 相、413 相［图 7-1（b）］。但是近些年来研究发现，n 值是可以大于 3 的，比如形成 514 相，但目前这类 MAX 相还比较少见。MAX 的典型晶体结构是具有 $P6_3/mmc$ 对称性的六方晶系结构，由共边八面体 M_6X（如 Ti_6C）和 A 原子层（Si 和 Al 等）组成，其中 M 原子近似紧密堆积，X 原子分布于该八面体间隙中[9]。到目前为止，实际制备和理论预测的 MAX 相超过 150 种[8]。MAX 相具有层状结构和奇特的混合金属共价性质（M-A 金属键和相对较强的 M-X 共价键），这一结构特点使其结合了陶瓷和金属的特性。比如说具有较高弹性模量、相对较软（维氏硬度在 1.4 ~ 8GPa 范围内）、较高的屈服强度、耐腐蚀性以及在高温下仍能表现出较好的塑性，与此同时也展现出了较好的金属特性，比如较好的导热性以及导电性（电阻率的范围在 0.07 ~ 22μΩ·m）[10]、较好的可加工性、抗热震性等，因此在高温应用、化学防腐材料等领域有巨大应用前景。

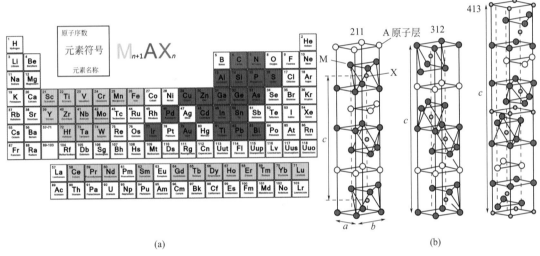

图 7-1　MAX 相的元素组成[8]（a）与结构图[9]（b）

　　MXene 的一般通式为 $M_{n+1}X_nT_x$，其具体组成如图 7-2 所示[11]。其中 M 为前过渡金属元素，如 Sc、Y、Ti、Zr、Hf、V、Nb、Ta、Cr、Mo、W 等；X 表示碳和 / 或氮，其 n 值一般为 1 ~ 3，根据 n 值的不同，一般分为 $M_2X_1T_x$、$M_3X_2T_x$、$M_4X_3T_x$ 三种，也即 211、312、413 相；T_x 代表制备过程中引入的表面官能团，其种类与数量与刻蚀过程有关，一般为—OH、—O、—Cl、—F 等官能团[11]。

　　如图 7-3 所示，根据 M 元素的不同，MXene 主要分为两类：一类 M 元素由单一过渡金属元素构成；另一类由两种或多种过渡金属元素掺杂构成，包括有序双原子结构和无序固溶体结构。其中，有序双原子结构（i-MXene）可细分为面内有序结构（还会出现面内空位的结构）和平面外有序结构（o-MXene）[12]。MXene 种类繁多，MXene 结构类型的不同进一步拓展了 MXene 家族，迄今为止已制备的 MXene 包括 Ti_3C_2、Ti_2C、Mo_2C、V_2C、$(V_{0.5}Cr_{0.5})_3C_2$、$(Ti_{0.5}Nb_{0.5})_2C$、Ti_3CN、Ta_4C_3、Sc_2C、Nb_4C_3、Ti_4N_3 等三十余种，其中 $Ti_3C_2T_x$ 是研究最深入和应用最广泛的 MXene。

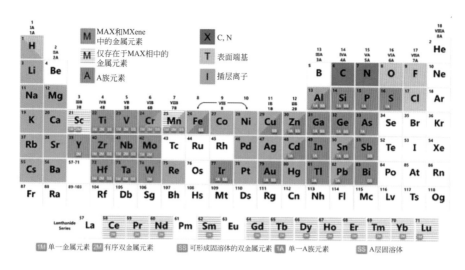

图7-2 MXene 的元素组成图[11]

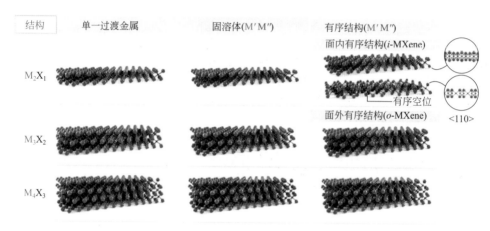

图7-3 MXene 的结构类型示意图[12]

如图 7-4（a）～（d）所示，未剥离的多层 MXene 呈现出典型的手风琴状，单层 MXene 片横向尺寸可以达到数微米左右，厚度大约为 1nm，其透射电子显微镜选区电子衍射呈现六边形衍射花样。图 7-4（e）为采用大量（50g）Ti_3AlC_2 原料一批次制备出的多层 $Ti_3C_2T_x$ 粉体。在将 A 原子层刻蚀的过程中，MAX 相暴露出来的活性表面逐渐被官能团（—F、—O、—OH、—Cl）所取代。由于含有大量表面官能团，MXene 表面荷负电，具有较高的 Zeta 电位，在静电相互排斥作用下，MXene 纳米片可在水溶液中稳定分散，形成胶体分散液。常见的 $Ti_3C_2T_x$ MXene 胶体分散液为均一、墨绿色溶液，具有明显的丁达尔效应［图 7-4（f）］[13]。除此之外，$Ti_3C_2T_x$ 还可以分散在许多极性有机溶剂中，如乙醇、碳酸丙烯酯、N- 甲基 -2- 吡咯烷酮和二甲基亚砜等，在有机溶剂中存储也可避免其表面氧化，提高其稳定性并延长存储时间[14]。以此为基础获得的无添加剂高浓度油墨可以在纺织品和其他基材上印刷［图 7-4（g）］。$Ti_3C_2T_x$ MXene 膜具有良好的柔韧性和易加工性，其电导率可达 $10^5S/cm$（甚至达到 $2×10^5S/cm$），通过真空抽滤已经可以实现 MXene 膜的规模化制备［图 7-4（h）］[15]。

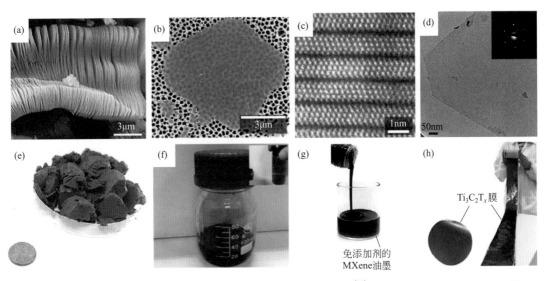

图 7-4　多层 MXene 的扫描电镜图 [16]（a）；单层 MXene 的扫描电镜图 [15]（b）；多层 MXene 的高分辨扫描透射电镜图 [15]（c）；单层 MXene 的透射电镜图（插图为其电子衍射图）[17]（d）；多层 $Ti_3C_2T_x$ 粉体 [18]（e）；单层 MXene 胶体分散液（插图为其丁达尔效应展示）[13]（f）；高浓度 MXene 油墨 [19]（g）；真空抽滤制备的 MXene 膜 [20]（h）

　　M 和 X 原子在 MXene 中的排列与相应的前驱体 MAX 相类似，以 M/X/M/X···/M 的顺序依次交替排列，碳 / 氮原子位于过渡金属原子所形成的八面体的间隙之中，保持了 MAX 相的 $P6_3/mmc$ 对称六方晶系结构。MXene 的 M-X 键仍主要以共价键和离子键为主，其远比石墨烯中的 C-C 键更加稳定，这也使得 MXene 有较好的机械稳定性。但 MXene 与 MAX 的电子结构不同，从而赋予 MXene 更多不同的特性。MXene 家族的 M 层元素有多种选择，所呈现出的性质也迥然各异。MXene 材料由于其组成结构、表面官能团和层间化学的不同，表现出不同的性质（图 7-5）。

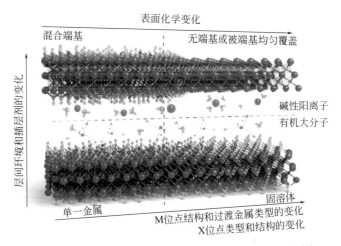

图 7-5　MXene 不同的组成结构、表面官能团和层间化学 [12]

　　① MXene 的力学性质　MXene 内部主要以共价键和离子键组成，使其具有较强的力学

性能。AFM 纳米压痕测量结果表明，单层 Ti_3C_2 MXene 的弹性模量可以达到 0.33TPa[21]，抗拉强度高达 15～40GPa。不同的原子层数与过渡元素种类均会导致 MXene 的力学性能产生差异，比如随着 n 值的减小，弹性模量会在一定程度上提高，Ti_2C 和 Ti_4C_3 的弹性模量可以分别达到 597GPa、502GPa。功能化的 MXene 相较于裸露的 MXene 也会表现出不一样的特性，比如功能化的 Ti_2CO_2 所表现出的拉伸性足以与石墨烯等其他二维材料相媲美，因为表面大量官能团可以有效减缓在拉伸过程中过渡金属原子层的断裂，阻止了表面过渡金属层的坍塌，使其可以承受较大的单轴以及双轴张力[22]。另外，通过 MXene 与有机高分子的有效结合可构建具有高机械强度的 MXene 基复合材料，比如 Ti_3C_2 MXene 与聚乙烯醇（PVA）制备的复合膜可以承受自身重量的 15000 倍之多[23]。

② MXene 的电子特性与磁特性　MAX 相前驱体主要是通过 A 原子层将 M 和 X 之间形成的 M/X/M/X/M 层连接起来。而将 A 原子层刻蚀去除的过程中，—O、—F、—OH 等官能团占据活性位点，改变了过渡金属原子周围的化学环境，导致过渡金属原子 M 外围的电子重排，从而使 MXene 的电子特性发生改变。没有表面官能团的 MXene 一般表现出类金属的导电性，其中过渡金属 M 的自由电子作为载流子，而官能团的存在可以改变其态密度（DOS），使费米能级上移，呈现电子可调性[24]。研究表明，M 原子周围的电子重排、价态转变会使得 MXene 的近费米能态密度提高 2.5～4.5 倍之多，—F 和—O 官能团甚至可以使 MXene 呈现出半导体的特性。例如 Ti_2CO_x、Zr_2CO_2、Hf_2CO_2、Sc_2CT_2（T=O、F、OH）等表现出半导体的特性，其能隙均在 0.24～1.0eV 之间，这些半导体大部分以间接带隙为主 [$Sc_2C(OH)_2$ 为少见的直接带隙]。而 Ti_2CF_x 仍表现出金属性，Nb_2CT_x（T = Se、S 或 NH）在低温下可以转变为超导材料，而无官能团的或含—O 的 Nb_2C 却不能[25]。不同的官能团之所以能改变电子结构主要在于—O 官能团在其氧化态下，可以同时接收两个电子，而—F、—OH 官能团在氧化态下只能接收一个电子，这些特征影响 MXene 的电子结构特征[26]。此外，MXene 的导电性还受所组成的 M 原子及其位置的影响，如 $Ti_3C_2O_2$ 表现出金属性，而 $Mo_2TiC_2O_2$ 表现出半导体的性质[27]。

研究发现，部分 MXene 具有丰富多样的铁磁性。例如，Cr_2C、Cr_2N、Ta_3C_2 常常呈现出铁磁性，而我们所熟知的 Ti_3C_2、Ti_3N_2 往往呈现出反铁磁性[28]。可见，由于—F 或—OH 等官能团的存在，MXene 的电子特性会发生改变，因此可以通过表面修饰来调控表面官能团的种类和数量以获得具有磁性的 MXene 基材料[29]。

③ MXene 的导热特性和离子存储行为　表面官能团也会影响 MXene 的导热行为和离子储存行为[30]。如含—Cl 的 MXene 在有机电解液中表现出良好的储 Li^+ 行为，而含—O 的 MXene 在水系电解液中有很好的储 H^+ 行为。此外，MXene 的层间化学组成也会影响薄膜的导电性。当 MXene 层间插入大的有机阳离子时，如四丁基铵离子（TBA^+），其层间间距较大，阻碍层间电子跃迁，导致薄膜导电性较差；当插入小尺寸的碱金属阳离子时，则可以保持较小的层间距和高的电导率[31]。MXene 的片层尺寸和缺陷密度也会影响其物理性质和化学稳定性，当 $Ti_3C_2T_x$ 片较大且缺陷较少时，其片内电子传递和化学稳定性较好，电导率可达 20000S/cm[32]。

④ MXene 的堆叠和环境敏感性　MXene 在使用过程中存在的主要问题是 MXene 的堆叠和环境敏感性。与其他二维材料一样，MXene 无法摆脱"面对面"堆叠和片层无规聚集的问题[33]，从而导致其离子可及性及有效利用率大幅降低。层间调控、三维组装等方式可在

一定程度上缓解上述问题[34,35]。溶解在水中的氧气、活性水分子等会使 MXene 遭受不同程度氧化，导致 MXene 的结构坍塌和性质的改变[36]。上述环境敏感性是 MXene 实用化道路上最大的拦路虎，目前主要通过以下四种方式解决这一问题：低温保存、惰性气体保护[36] 或直接采用有机溶剂分散存储[14]；加入还原剂如葡萄糖等作为牺牲剂；利用聚阴离子如多磷酸盐对 MXene 边缘进行封装[37]；制备缺陷少、质量高的 MXene，提高其本征环境稳定性。如 Gogotsi 等通过在制备 Ti₃AlC₂时加入过量铝，使 MAX 相中 Ti：C 的化学计量比接近于 3：2，晶粒更加均匀，以此为前驱体所制备出的 MXene 的环境稳定性和被氧化的温度阈值得到极大提高，在常温下可以保存十个月左右[15]。

总之，丰富的元素组成和结构可调控性赋予了 MXene 材料诸多独特性质，使其在能量转化与存储、催化、吸附分离、传感、光学、生物医学及电磁屏蔽等众多领域表现出巨大的应用潜力（图 7-6）[11]。例如，相比于氮化硼（h-BN）、TMDs 等二维材料，MXene 具有优异的电导率（6000 ～ 8000S/cm），可以显著改善材料和器件的电子传输特性[38,39]；经刻蚀后的 MXene 表面具有大量的—F、—OH、—O 等基团，使其在高效负载活性物质、表面功能化修饰等方面具有显著优势[40,41]；Ti₃C₂Tₓ 作为超级电容器电极材料展现出卓越的电化学性能，尤其在体积性能方面具有突出的优势[42,43]。

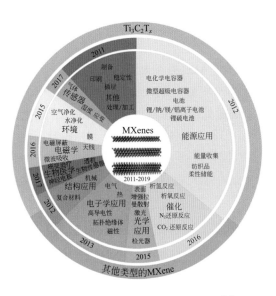

图 7-6 MXene 的应用领域发展情况[11]

7.2 / MXene 材料的研究进展与前沿动态

7.2.1 / MXene 的制备

理论上通过选择性刻蚀 MAX 前驱体均能得到相应的 MXene，但是由于 MAX 相组成结构的不同导致刻蚀路径和刻蚀难度不同。2011 年，Yury 团队成功地在浓 HF 水溶液中选择性刻蚀 Ti_3AlC_2 的 Al 层制出首个 MXene——$Ti_3C_2T_x$[44]。此后，他们利用该方法成功制备了数十种其他 MXene，包括 Ti_2CT_x、$Hf_3C_2T_x$、$Nb_4C_3T_x$ 等[22,45,46]。Ti_3SiC_2 是种可商购的 MAX 相，且比 Ti_3AlC_2 便宜，因此将其作为制备 MXene 的前驱体备受关注。但是由于 Ti-Si 键比 Ti-Al 键更强，刻蚀难度也随之提高[47,48]，刻蚀过程需要借助氧化剂（如 H_2O_2、HNO_3、$(NH_4)_2S_2O_8$、$KMnO_4$、$FeCl_3$ 等）先逐步氧化 Si 层，然后利用 HF 使硅氧化物溶解[49]。随着 MXene 的离子插层性质被发现，利用氟化盐原位生成 HF 的制备方法被采用，如 LiF/HCl 等[43]。近几年，考虑到氢氟酸操作及存储的危险性，一些无氟制备方法也被提出。

除了单金属 $M_{n+1}AX_n$ 前驱体外，还可通过相应的双金属 $M'_2M''AlC_2$ 和 $M'_2M''_2AlC_3$ 前驱体来制备相应的双金属 MXene，如 $Mo_2TiC_2T_x$ 和 $Cr_2TiC_2T_x$ 等[50,51]。此外，通过选择性地刻蚀 i-MAX 相 $[(M'_{2/3}M''_{1/3})_2AC]$ 可制备出具有面内有序空位的 i-MXene，如通过刻蚀 $(Mo_{2/3}Sc_{1/3})_2AlC$ 中的 Sc 和 Al 即可得到 $Mo_{1.33}CT_x$，这种有规则缺陷的 i-MXene 极大地丰富了 MXene 家族[52,53]。除了 Ti_3C_2 和 Ti_2C 等二维过渡金属碳化物（TMC）外，二维过渡金属氮化物（$Ti_{n+1}N_n$，TMN）也是 MXene 常见的种类。但 $Ti_{n+1}N_n$ 化学稳定性较差，在 HF 水溶液中会发生溶解反应，且 $Ti_{n+1}AlN_n$ 的形成能更高，导致 Al 的脱出更难[54,55]。因此，TMN 的制备条件更为苛刻，通常需要借助熔融的氟化盐进行刻蚀，一般为 LiF/NaF/KF[55]。除此之外，TMN 也可以通过相应 TMC 的氨化反应来制备[56]。目前，MXene 的制备还是主要聚焦于 Ti_3C_2 等 TMC 上。

和其他二维材料的制备类似，MXene 的制备方法也可以分为"自下而上"和"自上而下"两大类[57]。前者通常利用化学气相沉积（CVD）或者等离子体增强脉冲激光沉积（PEPLD）等方法在基底上直接生长高质量低缺陷的 MXene，如 Mo_2C，但是产量相对较低[58,59]。基于选择性刻蚀 MAX 相的"自上而下"制备方法一直是 MXene 的主要制备途径[44]。MAX 相中的 M-A-M 之间的化学键很牢固，很难通过机械剥离法直接得到 MXene，需要利用 M-A 和 M-X 化学键能的差异选取适宜的化学或电化学方法选择性刻蚀 A 层制备 MXene[60]。

（1）MXene 的化学制备 $\quad\bullet\bullet\bullet$

① HF 刻蚀法　HF 刻蚀法是首先被提出的 MXene 制备方法，其刻蚀条件主要取决于 MAX 相的原子键合类型和材料强度，获得含 V、Cr、Zr、Nb、Mo 的 MXene 比获得含 Ti 的 MXene 需要更剧烈的刻蚀条件。不同的 HF 浓度会导致表面官能团（—OH、—O 和 / 或—F）数量以及缺陷浓度的不同[61]。在低浓度的 HF 溶液中得到的 MXene 表面有较多的含 O 和较少的含 F 官能团，而高浓度的 HF 溶液或反应时间过长会导致 MXene 片出现更多的缺陷以及孔洞。上述过程涉及的主要反应如下[44]：

$$Ti_3AlC_2 + 3HF = Ti_3C_2 + AlF_3 + 3/2H_2 \uparrow \qquad (7\text{-}1)$$

$$Ti_3C_2 + 2HF = Ti_3C_2F_2 + H_2 \uparrow \qquad (7\text{-}2)$$

$$Ti_3C_2 + 2H_2O = Ti_3C_2(OH)_2 + H_2 \uparrow \qquad (7\text{-}3)$$

刻蚀后获得的 MXene 呈现类手风琴结构，通过进一步插层及分散处理可得到单层或少层的 MXene。通常，借助有机大分子或离子插层削弱层间相互作用，其中有机大分子包括二甲基亚砜（DMSO）、尿素、异丙胺、四丁基氢氧化铵［$(C_4H_9)_4NOH$，TBAOH］、氢氧化胆碱、正丁胺等，离子包括 Li^+、Na^+、NH_4^+ 等[62-65]。

考虑到直接使用 HF 在操作及存储方面的危险性，2014 年，首次采用了原位刻蚀法来制备 MXene。该方法利用氟化锂（LiF）和盐酸（HCl）混合后原位生成 3% ～ 5%（质量分数）的低浓度 HF 溶液实现刻蚀[43]：

$$LiF + HCl === HF + LiCl \qquad (7-4)$$

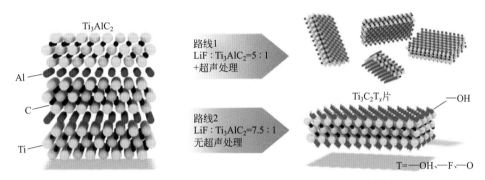

图 7-7　提高 LiF 与 Ti_3AlC_2 的摩尔比对 MXene 片的影响[32]

通常将 Ti_3AlC_2 相加入上述溶液中反应 24h 左右后，对生成的沉淀物进行离心水洗，得到"黏土"状的 MXene。如图 7-7 所示，当将 LiF 与 Ti_3AlC_2 的摩尔比从 5∶1 提高到 7.5∶1，HCl 浓度提至 9mol/L 时，Li^+ 会插入层间促进 MXene 的完全剥离，避免了超声处理引入缺陷及对 MXene 片层尺寸的破坏[32]。除 LiF/HCl 外，其他氟化物刻蚀剂，如 $NaHF_2$、KHF_2、NH_4HF_2 也可以选择性刻蚀掉 MAX 相中的 A 层[38]。在反应过程中，利用水解生成的 HF 可实现刻蚀，产生的 NH_3 和 NH_4^+ 也会插入 $Ti_3C_2T_x$ 的层间，增大层间距。涉及的反应如下：

$$Ti_3AlC_2 + 3NH_4HF_2 === Ti_3C_2 + (NH_4)_3AlF_6 + 3/2H_2 \uparrow \qquad (7-5)$$

$$Ti_3C_2 + aNH_4HF_2 + bH_2O === (NH_3)_c(NH_4)_{(a-c)}Ti_3C_2(OH)_bF_{2a} \qquad (7-6)$$

② 碱刻蚀法　考虑到 HF 的强腐蚀性以及洗涤后产生的大量废酸会引起严重的安全和环境问题，发展其他替代性刻蚀方法制备 MXene 尤其重要。基于 Al 的两性金属性，利用碱溶液也可以实现选择性刻蚀，但是在常规的碱溶液里只能实现 Al 的表面刻蚀。2016 年，Xuan 等提出利用有机碱——四甲基氢氧化铵（TMAOH）——作为刻蚀剂制备 MXene[66]。TMAOH 是商业化 Al 刻蚀剂的一种，对 Al 具有很强的刻蚀性，并且 TMA^+ 可以在刻蚀过程中充当插层离子，促进 MXene 的剥离。涉及的反应如下：

$$2Ti_3AlC_2 + 2OH^- + 6H_2O === 2Al(OH)_4^- + 3H_2 \uparrow + 2Ti_3C_2 \qquad (7-7)$$

2018 年，Li 等受工业中从铝土矿中提炼 Al_2O_3 的启发，在 27.5mol/L NaOH 水溶液中于

270℃ 水热条件下，制备了多层的 MXene[67]。该方法制备出的 MXene 表面官能团以—OH 和—O 为主，从而不受—F 的影响，得到的 $Ti_3C_2T_x$ 薄膜电极（52μm 厚）在 1mol/L H_2SO_4 溶液中的质量比电容达到 314F/g。

③ 熔融盐刻蚀法　2019 年，Li 等在 550 ℃ 的路易斯熔盐 $ZnCl_2$ 中，通过置换反应，将 Ti_3AlC_2 转化为一种新型 MAX 相 Ti_3ZnC_2。随后通过增大熔盐的摩尔比，将 Ti_3ZnC_2 进一步转化为 $Ti_3C_2T_x$ MXene，该方法获得的 MXene 的表面官能团仅含—Cl[68]。通过匹配 MAX 前驱体和路易斯熔盐的化学性质，这种熔盐制备法也可以拓展到其他 MAX 相（A = Al、Si、Ga），且熔盐也不限于 $ZnCl_2$，还包括 $CuCl_2$、$NiCl_2$、$FeCl_2$、$AgCl$、$CdCl_2$、$CoCl_2$ 等 [69]。例如，在 750℃ $CuCl_2$ 熔盐中，可以将 Ti_3SiC_2 MAX 相刻蚀成为 $Ti_3C_2T_x$，在该过程中，Si 原子层首先被路易斯熔盐里的 Cu^{2+} 氧化为 Si^{4+}，同时生成 Cu 金属团簇和 $SiCl_4$ 气体（$T_{沸点}$ = 57.6 ℃），气体的形成使层间距扩大，有利于内层 Si 继续被刻蚀。随后过量的 $CuCl_2$ 又将 Ti_3C_2 氧化为 $Ti_3C_2Cl_2$。该过程涉及的反应如下：

$$Ti_3SiC_2 + 2CuCl_2 = Ti_3C_2 + SiCl_4 \uparrow + 2Cu \qquad (7\text{-}8)$$

$$Ti_3C_2 + CuCl_2 = Ti_3C_2Cl_2 + Cu \qquad (7\text{-}9)$$

熔盐刻蚀法不但实现了新型 MXene 的制备，也为调控其表面化学和性质提供了新机遇。Kamysbayev 等成功通过 $CdBr_2$ 熔盐制备出 $Ti_3C_2Br_2$，并利用表面交换反应制备出具有不同官能团的 $Ti_3C_2T_x$（T = O、Se、S、Te、NH_2），甚至无表面官能团的 Ti_3C_2（图 7-8）[25]。此外，Kamysbayev 等还利用此方法制备了 Nb_2CCl_2、Nb_2CS、Nb_2CSe 和 $Nb_2C(NH_2)_2$ 等 MXene，并发现表面官能团会对电导率产生影响，其中含有—S、—Se 和—NH_2 的 MXene 在低温区段表现出超导行为，为扩展 MXene 应用范围奠定了基础。

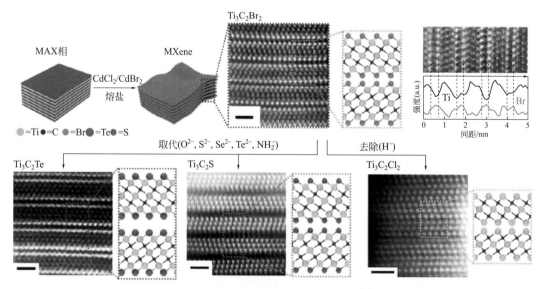

图 7-8　MXene 在熔融盐中的表面反应 [70]

④ 卤素刻蚀法　卤素（如 Cl_2、Br_2 和 I_2）刻蚀被广泛应用于制造业，具有高刻蚀速率的特点。2021 年，Shi 等在碘的无水乙腈溶液中，于 100℃ 将 MAX 相中的 Al 转化为 AlI_3，制备了 $Ti_3C_2I_x$。随后在 HCl 溶液中，MXene 上的—I 表面官能团被取代转化为 $Ti_3C_2T_x$（T = O、OH），而 AlI_3 转化为可溶的 $AlCl_3$。采用上述无水卤素刻蚀方法获得的 MXene 横向尺寸约 1.8μm，且其分散液可以稳定保存 2 周以上[71]。该过程涉及的反应如下：

$$Ti_3AlC_2 + (x+3)/2I_2 = Ti_3C_2I_x + AlI_3 \tag{7-10}$$

$$Ti_3C_2I_x + x/2O_2 = Ti_3C_2O_x + x/2I_2 \tag{7-11}$$

$$Ti_3C_2I_x + xH_2O = Ti_3C_2(OH)_x + xHI \tag{7-12}$$

$$AlI_3 + 3HCl = AlCl_3 + 3HI \tag{7-13}$$

除 I_2 外，其他的卤素单质或卤素化合物也可以用于制备 MXene。Jawaid 等利用卤素单质 Br_2 以及化合物 ICl、IBr 等在无水介质（如环己烷、CS_2）中常温制备 $Ti_3C_2T_x$（T = Br、I、Cl），其刻蚀速率和效率可以通过反应过程中的颜色变化或者比色响应来定性或定量监测[72]。卤素刻蚀法为开发制备 MXene 的通用方法提供了可能，也为调控 MXene 的表面化学提供了新途径。

（2）MXene 的电化学制备

由于 HF 对人身健康和环境有着巨大的安全隐患，且非 Ti 基 MXene 的制备条件更为苛刻，如 V_2C 的制备需要在 50% 的浓 HF 溶液中反应 92h[73]。因此，发展无氟的 MXene 制备策略十分必要。化学蚀刻法本质上是电荷转移过程，利用 M-A 键和 M-C 键的化学活泼性不同而发生选择性化学反应，因此也可以通过电化学手段实现选择性刻蚀。研究表明，电化学刻蚀对 MAX 相具有明显的刻蚀效果，如 Ti_3AlC_2、Ti_3SiC_2 和 Ti_2AlC 在 5%（质量分数）HF 或 10%（质量分数）HCl 溶液中，100mA/cm^2 的刻蚀电流密度下，会被刻蚀成为碳化物衍生物（CDC）[74]。在 2mol/L HCl 溶液、恒压刻蚀条件下，Ti_2AlC 表面的 Al 可以被刻蚀，但是其内部的 Al 难以脱除，导致其表面被过度刻蚀[75]。Yang 等将 NH_4Cl 和 TMAOH 的混合溶液作为电解液，利用 NH_4^+ 和 TMA^+ 的插层作用扩大层间距，新反应位点的暴露促进了 Al 的全部脱出[76]。

2019 年，Pang 等提出了热辅助电刻蚀方法，利用反应温度的提高加快反应动力学，在 50℃ 1mol/L HCl 溶液中制备了 Ti_2CT_x。同时，将该方法推广至 V_2CT_x、Cr_2CT_x 和 Nb_2CT_x 的制备，对非 Ti 基 MXene 的制备具有重要意义[77,78]。类似地，Li 等以 V_2AlC 作电极材料，21mol/L LiTFSI 和 1mol/L Zn(OTF)$_2$ 水溶液作电解液，在电池内部将 MAX 剥离为 V_2CT_x[79]。电化学刻蚀方法为实现 MXene 的绿色制备拓宽了思路，也对非 Ti 基 MXene 的制备具有重要意义。

上文简要介绍了常用的 HF 刻蚀方法以及近年来新兴的无氟制备方法，包括碱刻蚀法、熔融盐刻蚀法、卤素刻蚀法以及电化学刻蚀法。HF 刻蚀法是目前制备 MXene 最常用的方法，该方法成功制备了多种 MXene，如 $Ti_3C_2T_x$、Ti_2CT_x、$Nb_4C_3T_x$、V_2CT_x、Cr_2CT_x 等[80-82]，还有一些 i-MXene（如 $Ti_{2-y}Nb_yCT_x$、$V_{2-y}Nb_yCT_x$）[83] 和 o-MXene（如 $Mo_{1.33}CT_x$、$W_{1.33}CT_x$）[52,53]。碱刻

蚀法避免了使用 HF 的风险，可制备富—O 官能团的 MXene。熔融盐刻蚀法或卤素刻蚀法扩宽了可制备的 MXene 家族，获得具有—Cl 或—Br 官能团的 MXene，并可以通过后处理进行官能团的取代，为 MXene 表面化学的精准调控奠定基础。电化学刻蚀法作为一种快速绿色的制备方法，对发展非 Ti 基 MXene 具有重要意义。MXene 的制备方法及工艺对其性质具有重要的影响，因此制备工艺的探索和优化是未来 MXene 领域的重要研究方向，对实现其实际应用具有重要意义。

7.2.2 / MXene 的层间调控

由于片层之间的范德华力和氢键等相互作用，二维材料的堆叠是普遍存在的现象。由于 MXene 纳米片之间的范德华力以及氢键作用力比大多数二维材料强，所以它更加易于团聚或堆叠，从而导致其有效表面积和活性位点的损失 [84]。在 MXene 片层间引入插层剂或阻隔剂，如离子 [85]、小分子 [86]、纳米材料和聚合物等 [87]，是解决上述问题的常用策略。插层剂与阻隔剂的不同主要在于它们与 MXene 纳米片之间的相互作用机制不同。其中，离子和小分子为插层剂，而纳米材料和聚合物则是阻隔剂。插层剂的作用主要是插入手风琴状的多层 MXene 层间，从而扩大其层间距或将它们剥离为单层纳米片。阻隔剂的功能则主要是防止 MXene 纳米片在少层 MXene 的组装过程中堆叠团聚。由于不同插层剂或阻隔剂的大小以及其与片层间的相互作用不同，可以实现 MXene 层间距（c-LP）在 $0.3 \sim 4.8$nm 范围内调控（图 7-9）。

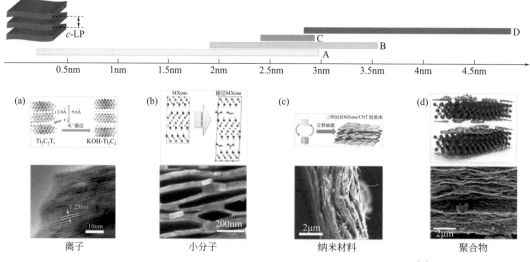

图 7-9　使用不同插层剂或阻隔剂的 MXene 材料的 c-LP 参数范围 [33]
（a）离子 [88]；（b）小分子 [86]；（c）纳米材料 [89]；（d）聚合物 [90]

在 MXene 层间插入离子或小分子不但可以提高 MXene 材料的利用率，也有利于保持层状结构的稳定性。在水溶液中 Li$^+$、Na$^+$、K$^+$、NH$_4^+$、Mg^{2+}、Al^{3+} 等阳离子能够自发地插入二维 MXene 的层间，从而实现层间距的调控 [85]。离子可以诱导 MXene 纳米片的组装，生成有序且稳定的二维结构，如在 V$_2$CT$_x$ 与 Ti$_2$CT$_x$ 分散液中加入阳离子（Li$^+$、Na$^+$、Mg^{2+}）可驱使其组装形成 V$_2$CT$_x$ 和 Ti$_2$CT$_x$ 的二维组装体，进而构建具有高环境稳定性的柔性薄膜，大大提高了这两种极其不稳定 MXene 的实用性以及电化学性能 [91]。Mashtalir 等证明了利用尿素、DMSO、肼以及 *N,N*- 二甲基甲酰胺等小分子的自发插层现象可扩大 $Ti_3C_2T_x$ 的层间距 [86,92]。其中，DMSO 的插入有利于多层 $Ti_3C_2T_x$ 在超声过程中剥离为单层 $Ti_3C_2T_x$。

大尺寸的纳米材料和聚合物等阻隔剂无法自发地插入多层 MXene 层间，但是它们的引入可以抑制 MXene 在组装过程中的再堆叠。常见的纳米材料，如碳纳米管（CNT）、石墨烯和 MoS_2 等均可作为阻隔剂。比如，通过交替抽滤 $Ti_3C_2T_x$ 和 CNT 分散液的方法可以得到 $Ti_3C_2T_x$/CNT 复合膜，与紧密堆叠的 MXene 膜相比，$Ti_3C_2T_x$/CNT 复合膜表现出了更优异的离子传输性能 [89]。Yan 等人利用修饰了正电荷的还原氧化石墨烯（rGO）与本身荷负电的 MXene 通过自组装方法制备了 MXene/rGO 复合薄膜，得益于 rGO 均匀分布于 MXene 的层间，有效增大了层间距，复合膜表现出优异的倍率性能和容量 [93]。Wu 等人利用长链有机分子诱导 MXene 与氧化石墨烯有序致密共组装得到 MXene-rGO 的二维异质结构，可在 2mV/s 的扫速下展现出 $1443F/cm^3$ 的超高体积比容量 [94]。Wang 等人将 $Ti_3C_2T_x$ 与 NbN 纳米片进行自组装构建了 $Ti_3C_2T_x$/NbN 复合膜，NbN 作为阻隔剂可防止 $Ti_3C_2T_x$ 片层堆叠并促进离子传输，从而保证电极在较高的厚度（109μm）下依然能保持良好的容量和倍率性能 [95]。Yury 课题组利用 MXene 与高分子之间能够通过氢键以及静电作用进行组装，制备出 MXene 与聚二烯丙基二甲基氯化铵（PDDA）以及 PVA 的复合电极，有望用于柔性器件、储能和电磁屏蔽等领域 [87]。Faisal 等制备了具有十分出色电磁屏蔽性能的柔性 $Ti_3C_2T_x$/ 海藻酸钠（SA）薄膜 [96]。另外，为防止高分子在与 MXene 的组装过程中发生团聚，原位聚合方法也被用于构建 MXene 与聚合物的组装体，如 MXene/ 聚吡咯、MXene/ 聚苯胺、MXene/ 聚（3,4- 乙烯二氧噻吩）等 [90,97,98]。

7.2.3 / MXene 二维膜的结构调控

比起层层堆叠形成的二维膜，具有微观三维结构的 MXene 二维膜通常表现出更高的活性位点利用率，有利于构建高性能 MXene 组装体。如图 7-10（a）所示，Liu 等使用水合肼将真空过滤获得的 $Ti_3C_2T_x$ 薄膜进行发泡，从而获得了自支撑 MXene 泡沫膜 [99]。与致密的 MXene 膜相比，MXene 泡沫膜具有较低的密度、连续的多孔结构以及出色的疏水性 [图 7-10（b）～（d）]，有利于增强 MXene 的电磁屏蔽效果及其环境稳定性。

此外，在二维膜材料中引入微观三维结构也有利于提升材料的离子输运特性，获得高性能电极材料。通过引入外力可以实现 MXene 膜微观结构的调控。比如 Xia 等首先借助表面活性剂与 MXene 纳米片之间的交联作用制备出 $Ti_3C_2T_x$ 的层状液晶相结构（MXLLC），进一步利用机械剪切可实现 MXene 纳米片的垂直排列，获得宏观上为二维薄膜的 MXene 材料 [图 7-10（e）～（h）]，与具有平行排列结构的 MXene 相比，其具有更短的离子传输路径，从而可在超高倍率和厚电极下进行快速充放电 [93]。Simon 教授和 Gogotsi 教授团队采用聚甲基丙烯酸甲酯（PMMA）小球为硬模板，面向高倍率储能构建了一种具有大孔结构的 $Ti_3C_2T_x$ 二维膜，其作为超级电容器的电极时在 10V/s 的超高扫速下，质量比容量仍有 210F/g [101]。Gao 等报道了一种新型 MXene/CNT 复合电极，通过设计结状 CNT 改变了二维 $Ti_3C_2T_x$ 纳米片的排列方式，有效抑制了纳米片的堆叠，改善了电极的离子传输特性 [图 7-11（a）～（c）] [102]，该电极在有机电解液中表现出高达 130F/g 的质量比容量和优异的倍率性能。Kong 等将 $Ti_3C_2T_x$ 纳米片表面的—F 官能团替换为电负性更小的—OH，降低了片层之间的排斥力，并通过冷冻铸造法构建了在微观上具有有序多孔结构的二维膜电极［图 7-11（d）、(e)］[103]。该电极在 10V/s 的超高扫速下仍能够展现出 207.9F/g 的质量比容量，且当电极载量提高至 16.18mg/cm² 时，依然能保持良好的活性位点利用率，表现出 3731mF/cm² 的面积比容量和 336.7μW·h/cm² 的面能量密度。

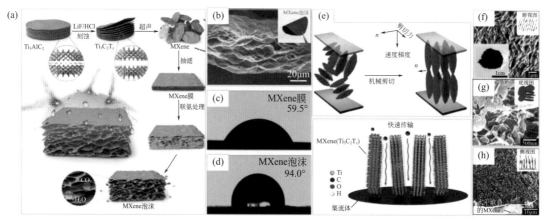

图 7-10　MXene 泡沫膜的制备示意图 [99]（a）；MXene 泡沫膜的微观形貌（b）与水接触角 [99]（c）、(d)；MXene 竖直孔电极的示意图 [100]（e）；竖直孔电极的俯视图（f）、底视图（g）和侧视图（h）[100]

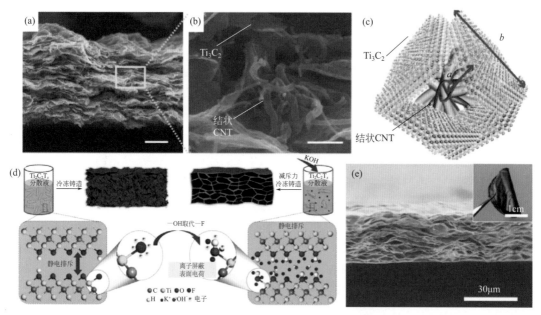

图 7-11　结状 CNT 含量为 17%（质量分数）的 MXene/CNT 复合电极的截面 SEM 图 [102]（a）、(b)；结状 CNT 与 $Ti_3C_2T_x$ 纳米片的排列示意图 [102]（c）；传统冷冻铸造工艺与减斥力冷冻铸造工艺（RRFCA）的比较 [103]（d）；具有有序多孔结构的 $Ti_3C_2T_x$ 膜的截面 SEM 图 [103]（e）

7.2.4 / MXene 的三维组装

MXene 可作为基元材料构建复杂纳米结构从而实现性能的跃升。三维组装往往能够在继承二维纳米片优异特性的基础上优化材料的性能，并衍生出许多新的功能。与二维层状结构相比，三维多孔结构能更有效地克服因范德华力和氢键等引起的纳米片堆叠问题，实现更高的活性位点利用率。

然而，由于 MXene 片层尺寸相对较小、柔性差、亲水性强、易被氧化等特点，与发展较为成熟的氧化石墨烯组装相比，MXene 的三维溶液组装仍然面临诸多挑战。目前构建三维组装体的方法主要有交联法和模板法[104]。片层与溶剂分子之间的相分离是引发溶液中二维材料发生三维组装的关键[105]。如何引入有效的驱动力以引发相分离是实现 MXene 纳米片交联的关键问题。氧化石墨烯（GO）具有大量表面官能团以及良好的凝胶化能力，可作为交联剂辅助其他二维材料的组装。Chen 等报道了 $Ti_3C_2T_x$ 与 rGO 之间具有较强的界面相互作用[106]。在这种相互作用的驱动下，$Ti_3C_2T_x$ 能够与 rGO 同时实现凝胶化，从而形成 $Ti_3C_2T_x$/rGO 复合水凝胶。如何进一步加强 GO 与 MXene 之间的作用，降低 MXene 成胶的浓度阈值，提高组装强度需要进一步的研究。

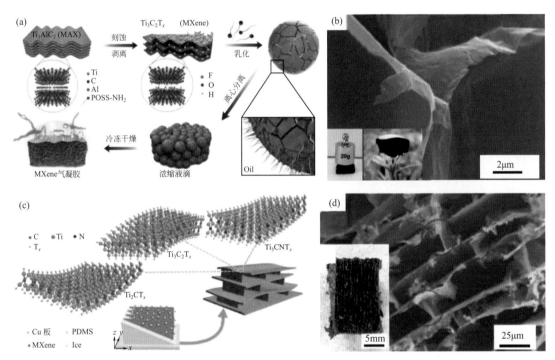

图 7-12　以 Pickering 乳液为模板构建 MXene 气凝胶的示意图[107]（a）；以 Pickering 乳液为模板构建的 MXene 气凝胶的 SEM 图[107]（b）；MXene 分散液定向冻干构建 MXene 气凝胶的示意图[108]（c）；定向冻干法构建的 MXene 气凝胶的 SEM 图[108]（d）

模板法可以精确地控制组装体内部孔的形状和大小，近年来被广泛应用于 MXene 三维组装体的可控构建。例如，Bian 等通过十六烷基三甲基溴化铵（CTAB）与 MXene 的静电相互作用实现 MXene 的表面改性，在 pH 调节下，MXene 乳液变得不稳定，油水相分离，实现 MXene 的界面自组装 [109]。类似地，Shi 等使用带正电的胺化多面体低聚半硅氧烷（POSS-NH₂），利用其与 MXene 间的静电相互作用使 MXene 纳米片对液滴进行包裹，实现在界面处的自组装 [图 7-12（a）、（b）] [107]。具有高的结构强度及硬度的硬模板能够更为精确地调控孔结构，如聚苯乙烯（PS）和聚甲基丙烯酸甲酯（PMMA）等聚合物小球是 MXene 三维组装的理想硬模板 [110]。Sun 等利用静电作用力制备了具有高导电性的 MXene@PS 三维组装体，并通过压缩成形增强其整体结构强度，这种材料具有优异的静电屏蔽效果 [111]。此外，冰模板是一种更为常见的硬模板，并且它容易去除，不会对纳米片造成破坏。通过对 MXene 分散液进行定向冷冻处理，随后进行冻干，可得到具有有序层状结构的 MXene 气凝胶，其展现出可压缩性、轻质以及良好的静电屏蔽效果 [图 7-12（c）、（d）] [108]。

7.3 / 我国在该领域的学术地位及发展动态

由于 MXene 独特的结构和性质，我国众多高校和科研院所开展 MXene 的研究，发表或参与发表论文 5000 余篇，占 MXene 相关论文总数的近 85%。近十年来，我国科研工作者在 MXene/MAX 相的制备与表征、MXene 基储能材料与器件的开发以及 MXene 在电磁屏蔽、催化、传感与环境等领域的应用基础研究取得了一系列突破性进展，在国际上具有举足轻重的地位。

7.3.1 / MXene/MAX 相的制备与表征

制备 MXene 的前驱体主要为铝系 MAX 相，其中最常用的为 Ti_3AlC_2。黄庆研究员团队发现氯化锌路易斯酸熔融盐可将铝系 MAX 相中的铝原子层替换成锌原子层，获得了含锌 MAX 相；而且高浓度氯化锌熔融盐可进一步将锌原子层刻蚀得到 MXene 材料 [112]。研究发现，具有较高氧化还原电位的路易斯酸阳离子可有效氧化刻蚀 MAX 相中氧化还原电位较低的 A 层原子，因此，可以选择合适的路易斯酸对各种 MAX 相（如 Al、Si、Zn、Ga 等多种 MAX 相）进行选择性刻蚀而得到相应的 MXene 材料。在此基础上，他们联合四川大学林紫锋教授和法国图卢兹第三大学 Simon 教授团队提出了具有普适性的路易斯酸熔融盐制备 MXene 材料的策略，并对其电化学储锂性能进行了深入研究 [113]。

通过对 MAX 相组成的控制还可获得具有不同功能特性的 MXene 材料，北京航空航天大学的杨树斌教授课题组通过选择性刻蚀四元 MAX 相 $[Ti_3(Al_{1-x}Cu_x)C_2]$ 中的杂化 A 层来制备单原子铜锚定的 MXene 材料，该材料可用于电催化还原 CO_2 制备甲醇 [114]。该团队还通过选择性刻蚀一种新型的高熵 MAX 相（HE-MAX）材料 $[(Ti_{1/5}V_{1/5}Zr_{1/5}Nb_{1/5}Ta_{1/5})_2AlC]$，成功制备出了具有高熵晶体原子层的高熵 MXene（HE-MXene）[115]。其中，五种过渡金属原子以固溶体的状态均匀分散于 MX 层中，具有高度稳定性。该原子层还表现出明显的晶格畸变，产生的高力学应变可以有效地引导锂离子在 HE-MXene 上均匀成核和沉积，实现无枝晶锂负极的构建。该工作为合成高熵 MXene 提供了新途径，对提高 MXene 的多样性，拓展其在各个领域的应用具有重要意义。

 ／ MXene 基储能材料与器件的开发

开发高性能电极材料的强烈需求激发了研究者们对 MXene 的兴趣。在最早的 MXene 理论计算论文中，南开大学周震教授团队揭示了材料的稳定构型，并发现锂离子在 MXene 表面快速扩散，为 MXene 基电子和储能器件构建提供了理论依据[116]。后续他们又采用多种计算方法对 MXene 材料进行了系统研究，揭示了 MXene 材料的物化特性以及在储能、催化、光电子器件等领域的潜在应用。主办第一届 MXene 国际研讨会的吉林大学在国内 MXene 材料研究领域一直处于领先地位，其推动了 MXene 材料的相关研究发展，并为 MXene 国际研讨会的定期举办奠定了良好的基础。吉林大学的高宇副教授联合 Gogotsi 课题组揭示了 MXene 在酸性电解液中的赝电容储能机理，并将 MXene 用于构建微型超级电容器和电化学驱动器[117,118]。另外，北京大学孙俊良研究员团队利用 K^+ 插层多层 $Ti_3C_2T_x$，随后热处理去除 $Ti_3C_2T_x$ 表面的—OH/—F 官能团，显著提高了 $Ti_3C_2T_x$ 的插层赝电容[119]；阙文修教授课题组利用尿素与 $Ti_3C_2T_x$ 制备了氮掺杂的 Ti_3C_2 薄膜，该薄膜展示出了超高的体积比容量，在 5mV/s 的扫速下高达 2836F/cm^3[120]。近年来，国内科研人员对 $Ti_3C_2T_x$ 在超级电容器中的应用开展了大量研究，后续的研究主要聚焦于解决 MXene 在电极制备过程中的团聚堆叠问题和环境稳定性问题，以及进一步探究其赝电容储能机理，进而指导高性能电极的结构设计。

除了作为超级电容器电极材料，MXene 材料在金属离子电池中也展现出巨大的优势。大连化学物理研究所的吴忠帅研究员团队系统综述了 MXene 基纳米结构在高性能金属离子电池中的研究进展和发展趋势[121]。从 MXene 基复合材料作为活性电极材料、导电载体和集流体三种角色出发，探究了其应用于不同种类金属离子电池中的优缺点和构效关系，简要讨论了 MXene 基纳米结构在金属离子电池中应用所面临的机遇与挑战，并提出了未来可能的发展方向。中国科学技术大学宋礼教授与陈双明研究员团队从材料结构优化的角度出发，基于 V_2C 等新型 MXene 材料制备了一系列高性能电极材料，并利用同步辐射等先进表征技术对其储能机理进行了深入探究，为 MXene 基电极材料的理性设计提供了重要的指导[122]。山东大学尹龙卫教授从分子尺度出发，构建具有优化分级结构的 MXene 基异质结构，获得了高性能离子电池电极材料[123-125]。

在 MXene 基新型电化学器件的构建方面，苏州大学孙靖宇课题组采用二价阳离子交联法制备了可 3D 打印的 MXene 墨水，该墨水无添加剂引入，且微观上呈多孔凝胶状，有效抑制了 MXene 片层的堆叠，应用于锌离子储能时展现出了良好的容量与倍率性能[126]。另外，吴忠帅研究员团队在可印刷 MXene 墨水方面也实现了突破，制备了可直接丝网印刷的水系 MXene 墨水，可在不同基板上大规模制备 MXene 基微型电容器，展现出高面积比容量[127]。苏州大学的邵元龙课题组利用剪切力诱导 MXene 纳米片形成定向液晶结构的原理，借助湿法纺丝和镁离子的交联作用制备了具有高取向度结构的 $Ti_3C_2T_x$ 纤维，实现了力学、电子传导、离子传导和电化学性能的多方面提升[128]。西南交通大学杨维清教授课题组基于界面化学调控、微观结构调控等策略为 MXene 基超级电容器在芯片式电子器件和便携式电子设备中的集成与应用提供了新思路和新策略[129,130]。此外，华中科技大学高义华教授团队使用 MXene 基水凝胶作为电极材料成功构建了自愈合超级电容器[131]。

7.3.3 / MXene 基材料的其他应用

除电化学储能领域外，我国科研工作者在 MXene 用于电磁屏蔽、催化、传感与气体分离等领域的研究也较为活跃。西北工业大学的殷小玮教授课题组使用 MXene 原位氧化法制备了 MXene/TiO_2 以及 MXene/CNT 复合材料，大大提高了 MXene 材料的吸波性能[132,133]。此外，该团队还在硬模板和冰模板的辅助下实现了 MXene 微观结构的调控，得到了具有优异吸波和电磁屏蔽性能的三维 MXene 材料[134]。吸波和电磁屏蔽材料在新兴的 5G 通信技术中扮演着重要角色，电子科技大学的肖旭教授和文岐业教授团队制备了一种基于共聚物 - 聚丙烯酸乳胶的 MXene 水性涂料，它不仅具有较高的太赫兹电磁屏蔽 / 吸收效率，而且可以轻易黏附在太赫兹频段常用的各种基材上，大大促进了太赫兹技术的发展[135]。

西北工业大学孙庚志教授和黄维院士团队对于 MXene 材料在传感领域的研究进展进行了系统总结，讨论了 MXene 作为信号收集材料的优点，并阐明了 MXene 基传感器的设计原理与工作机理，包括应变 / 应力传感器、气体传感器、电化学传感器、光学传感器和湿度传感器等，为 MXene 在传感领域的发展铺平了道路[136]。此外，王海辉教授团队开发了多种 MXene 二维膜，在气体分离与纯化、海水淡化、油水分离、水净化等膜分离领域取得了一系列成果[137-139]。比如，他们采用简单抽滤和离子插层策略制备了 Al^{3+} 插层的二维 MXene 膜，该二维膜材料在保证对离子的高截留率和高水通量的前提下，大大抑制了二维 MXene 膜在水溶液中的溶胀，从而其稳定性显著提高[137]。

7.4 / 作者在该领域的学术思想和主要研究成果

我们团队基于石墨烯液相组装和致密储能方面的基础和优势，将氧化石墨烯胶体化学研究的思想拓展到 MXene 材料，聚焦其液相组装及表界面化学方面展开研究，在 MXene 材料的凝胶化、致密化以及储能应用方面取得了一系列重要进展。首次实现了真正意义上 MXene 片层的组装，有效克服了 MXene 结构组装的局限，并发表了首篇领域内聚焦 MXene 组装的评述论文；充分发挥了 MXene 材料用于电化学储能体积比容量高的优势，并在高倍率储能上取得突破；利用 MXene 丰富的表面化学和结构可调控性，将其用于锂硫电池催化研究，取得很好的研究进展。同时，我们对 MXene 的绿色制备进行了初步探索。MXene 液相组装工作受到同行认可，被国内外多个课题组正面引用，多篇论文入选 ESI 高被引论文。

7.4.1 / MXene 的凝胶化策略及机理

和其他二维材料类似，MXene 在实际应用中也存在无序粉体"面 - 面"堆叠和团聚的趋势，这极大地限制了其性能的发挥。MXene 具有良好的分散性，利用液相组装方法实现 MXene 三维宏观组装体的可控制备具有天然优势。并且 MXene 的制备主要基于液相刻蚀剥离工艺，有利于组装和制备过程的集成，从而简化整个流程。从二维 MXene 结构单元出发，通过一定的结构组装过程构筑三维结构，在克服单层或少层 MXene 纳米片的堆叠问题的同时，实现功能导向型 MXene 三维宏观组装体的可控制备，是推进 MXene 实际应用的必然选择。

凝胶化是实现二维材料三维组装的重要手段，在片层精细组装、材料结构调控、材料活性比表面积提升、畅通的离子电子传输通道构建等方面具有先天优势。然而，MXene 片层尺寸相对较小、柔性差、亲水性强，并且容易氧化，导致 MXene 组装过程中片层堆叠趋势更强，并且要求更加温和的组装条件，实现 MXene 的三维组装面临诸多挑战。$Ti_3C_2T_x$ 具有原料易得，且刻蚀剥离相对容易的特点，是研究最为广泛的 MXene。我们团队围绕 $Ti_3C_2T_x$ 发展了一系列凝胶化方法，如氧化石墨烯引导的 $Ti_3C_2T_x$ 液相组装策略、金属离子诱导的 $Ti_3C_2T_x$ 快速凝胶化、利用氢卤酸诱导实现 MXene 的凝胶化等。

（1）氧化石墨烯引导的 $Ti_3C_2T_x$ 凝胶化

在乙二胺（EDA）的辅助下，引入微量氧化石墨烯（GO）可以很容易实现低浓度 $Ti_3C_2T_x$ 分散液的凝胶化，获得流变性能优异的 MXene 水凝胶（MXH）[140]。如图 7-13 所示，在含有少量 GO 的 $Ti_3C_2T_x$ 分散液中加入 EDA，经低温水浴过程，$Ti_3C_2T_x$ 纳米片可发生凝胶化组装，该凝胶化过程在 $Ti_3C_2T_x$ 浓度为 0.5mg/mL 时仍能发生。该方法易于放大，所获得的 MXene 水凝胶具有稳定的三维结构，可以缓解干燥过程中微观应力对组装结构的破坏，能通过干燥方式调控该三维组装体的多孔网络[141,142]。经冷冻干燥可以得到具有贯通大孔网络的疏松泡沫 F-MXM（密度仅为 27mg/cm³），通过毛细干燥可获得具有丰富微孔的致密硬棒 D-MXM（密度高达 2.1g/cm³）。另外，三维组装有效改善了 $Ti_3C_2T_x$ 纳米片的堆叠问题，使 $Ti_3C_2T_x$ 的层间距由 1.18nm 增大至 1.37nm，比表面积也显著增大。

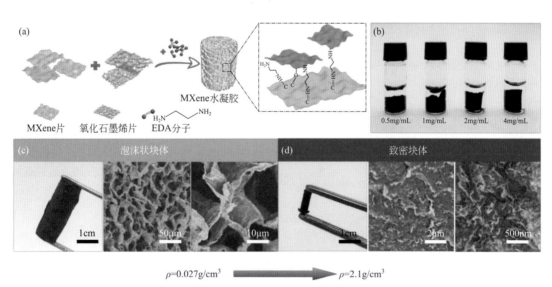

图 7-13　氧化石墨烯引导的 $Ti_3C_2T_x$ 液相组装及所得水凝胶的宏观、微观形貌[140]

此外，我们进一步探讨了该凝胶化过程的成胶机制，其中的关键是如何使 MXene 和氧化石墨烯形成稳定的交联产物。具体过程是，加入 EDA 打开 GO 片层表面的环氧基，为

$Ti_3C_2T_x$、rGO 片层提供交联位点，形成发生交联的 $Ti_3C_2T_x$-rGO 中间态，随后在含氧官能团部分脱除的 rGO 片层引导下，借助 π-π 作用实现 $Ti_3C_2T_x$ 片层的三维凝胶化。除了 EDA 之外，我们对其他常见的还原剂也进行了归类，发现含有氨基的还原剂能更有效促进 MXene 和 GO 的交联，得到的水凝胶结构更加稳定，有些无机小分子还原剂可以通过静电作用力辅助 MXene 和 GO 的交联，有利于 MXene 的凝胶化，但对于一些不含氨基的有机分子还原剂，包括乙二硫醇、邻苯三酚等，则无法促进两者交联发生凝胶化。该研究工作为发展 $Ti_3C_2T_x$ 基三维宏观组装体提供了理论指导，被 *Chem. Soc. Rev.* 综述论文重点评述。

（2）金属离子诱导 $Ti_3C_2T_x$ 快速凝胶化 　　　　　　　　•••

利用金属离子可以实现 $Ti_3C_2T_x$ 的快速凝胶化，其中，金属盐作为电解质，可以改变 $Ti_3C_2T_x$-MXene 胶体的静电平衡，该过程类似于"卤水点豆腐"的豆浆凝结过程[143]。如图 7-14 所示，$FeCl_2$ 溶液的 Zeta 电位为正电（16mV），而 MXene 胶体分散液的 Zeta 电位为负（-37mV），静电平衡作用使得 MXene 纳米片层稳定分散在水溶液中。当大量 $FeCl_2$ 溶液与 MXene 混合在一起后，$FeCl_2$ 可以均匀吸附在 MXene 表面 [图 7-14（e）]，进而实现 $Ti_3C_2T_x$ 的快速凝胶化。另外需要注意的是，该快速凝胶化过程中 MXene 浓度是确保水凝胶形成的关键因素，其浓度应当大于 5mg/mL。

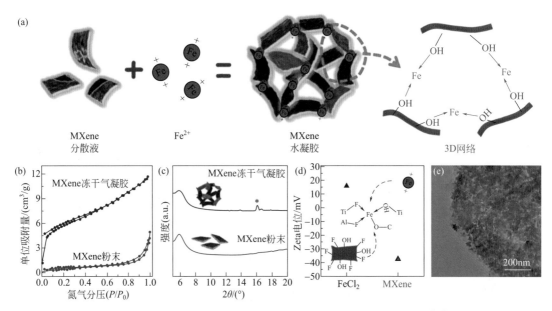

图 7-14　Fe^{2+} 诱导的 MXene 凝胶化过程及 MXene 凝胶的结构表征 [143]

此外，我们深入探究了其他金属离子，包括 Mg^{2+}、Co^{2+}、Ni^{2+}、K^+ 及 Al^{3+} 等对 MXene 凝胶化过程的影响。结果发现，二价金属离子 Mg^{2+}、Co^{2+}、Ni^{2+} 以及三价金属离子 Al^{3+} 都可以实现 MXene 的凝胶化，而 K^+ 则只能使 MXene 形成沉淀。相较而言，尽管由 Al^{3+} 组装的 MXene 在宏观上也可以形成水凝胶，但是其微观三维骨架结构较为疏松，纳米片的堆叠相对显著；而 K^+ 引发的凝胶化过程中，MXene 的团聚现象极为严重，且没有三维网络结构形成。进一步分析发现，是否能诱导 MXene 发生凝胶化与金属阳离子在羟基基团上的吸附性有关，该吸附作用受金属离子水合 Gibbs 自由能的影响。一价离子的 Gibbs 自由能远低于二价、三价的金属离子，因而 K^+ 无法引发 MXene 的凝胶化。需要注意的是，尽管三价金属阳离子的 Gibbs 自由能较高，但 Al^{3+} 与 MXene 复合时，三维结构微观形貌较差，且难以稳定地存在于 MXene 层间，而其他三价金属离子（如 Fe^{3+}、Co^{3+}）对 MXene 具有一定的氧化性。因此，二价金属离子相对而言更加适合用于 MXene 的凝胶化。吉林大学韩炜教授课题组借鉴该二价金属离子诱导 MXene 快速凝胶化的方法构建了 $Fe_{x-1}Se_x$/MXene 复合纳米棒[144]。

（3）氢卤酸诱导 MXene 的凝胶化 ...

除了以上两种方式外，我们还通过氢卤酸作为引发剂诱导 $Ti_3C_2T_x$ MXene 的快速凝胶化。并且，该方法不仅能利用氢碘酸（HI）获得 $Ti_3C_2T_x$ 的三维水凝胶，而且在水凝胶干燥过程中，易挥发的 HI 能拉动片层持续向心收缩，实现 MXene 三维结构的高致密组装。如图 7-15 所示，HI 引发 $Ti_3C_2T_x$ MXene 凝胶化过程中，由于 pH 值的变化，胶体静电排斥作用减小引起胶体的聚集，可以获得结构强度相对稳定的 MXene 凝胶。由于 MXene 的表面以及边缘含有大量丰富的 Ti-O 键，在打破胶体静电排斥作用而相互接触时，MXene 表面仍然有大量亲水位点将溶剂包裹在 MXene 凝胶中，溶剂和 HI 作为模板，使得水凝胶结构稳定不易坍塌。不同于金属离子凝胶化形成的 MXene 交联网络骨架，该方法制备的水凝胶（MXene Hydrogels，MH）经过进一步干燥获得（Dense MXene Hydrogels，DMH）致密组装体的层数较少，其中阴离子以阻隔物的形式与水一起充斥在网络骨架以及片层之间，能有效减少纳米片的堆叠 [图 7-15（c）]。我们发现，采用不同浓度的 HI 可以实现致密组装体结构的调控，过量 HI 会引发 $Ti_3C_2T_x$-MXene 更剧烈的团聚，导致骨架结构较厚，不利于其收缩过程，孔隙率更高；而过少的 HI 不利于三维结构的形成，水凝胶致密化过程中结构易坍塌，并堆叠成较厚的层状块体。当 HI 摩尔浓度为 4mol/L 时，获得的 DMH-4 组装体纳米片片层较薄，褶皱丰富，且形貌最为致密，密度可达 $2.8g/cm^3$。此外，不同水合半径的卤素阴离子同样可以实现致密组装体结构的调控，阴离子作为阻隔物填充在组装体内部时，随着阴离子水合离子半径的增加，致密组装体的孔容增加 [图 7-15（d）、（e）]。

7.4.2 MXene 三维组装体的致密化与高倍率储能应用

MXene 具有独特的物理和化学性质，表面具有丰富的活性位点，可以有效提升表面电荷交换以及存储能力，是近年来高性能储能材料的研究热点。尤其是与碳材料相比，MXene 具有超高的本征密度（约 $4g/cm^3$），在构建高体积性能的储能器件中具有很大的发展空间。对于致密储能材料来说，其中最大的问题在于电极密度与作为离子传输通道的孔隙率之间存在难以平衡的矛盾点。作为一种密度大的高效赝电容材料，MXene 无疑是一个极具潜力的高体积容量电极材料，但如何将材料的本征优势体现在实际储能器件中仍是科研工作者需要攻克的难题。我们团队基于在 MXene 液相组装方面的研究，针对高致密储能下的高倍率应用，进一步开发了一系列高性能 $Ti_3C_2T_x$ 基电极材料，在超级电容器、钠离子电池和锂硫电池中展现出良好的潜力。

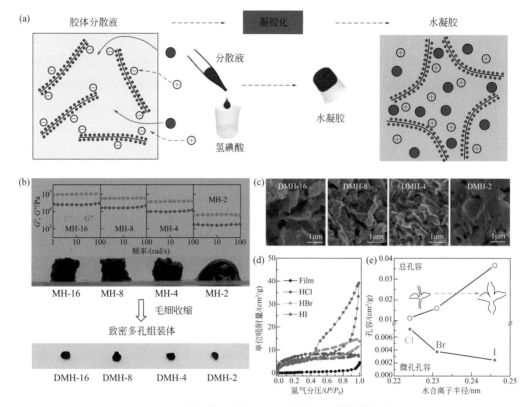

图 7-15 氢卤酸诱导的 $Ti_3C_2T_x$ 凝胶化及组装体结构调控

（1）$Ti_3C_2T_x$ 基致密多孔电极的制备及快速电容存储 • • •

通过液相组装构建的 $Ti_3C_2T_x$ 三维水凝胶具有良好的流变性和导电性，能直接切片用作免添加剂的超级电容器电极。研究发现，氧化石墨烯辅助获得的 $Ti_3C_2T_x$-GO 水凝胶作为超级电容器电极，具有超高的倍率特性和活性位点利用率，在 5A/g 的电流密度下质量比容量能达到 370F/g，接近目前报道的 $Ti_3C_2T_x$ 基电极材料的最高值；在 1000A/g 的电流密度下质量比容量还能达到 165F/g。三维网络的构建使片层可利用比表面积增大，有利于氧化还原活性位点充分被利用，与二维结构的 $Ti_3C_2T_x$ 薄膜电极相比，$Ti_3C_2T_x$-GO 水凝胶的质量比容量提升了近50%［图 7-16（a）～（c）］[140]。

此外，通过 HI 诱导 $Ti_3C_2T_x$-MXene 凝胶化并进一步致密化的高致密三维组装体具有丰富的孔隙，且能保持很高的密度，可制备成厚密电极［图 7-16（d）］。该高致密多孔的三维结构可有效抑制 MXene 纳米片的堆叠，同时 HI 的预嵌能有效解决厚密电极电解液浸润的问题，有利于降低致密三维组装体在纵向方向的曲折度，便于离子在纵向的扩散和运输［图 7-16（e）］。引入 HI 不仅可调控致密组装体的孔结构，且有利于在极片制备过程中抑制 $Ti_3C_2T_x$ 的氧化，保证厚密电极优异的导电性，从而降低厚密电极的极化。因此，当极片厚度为 325μm 时，在 2mV/s 的扫速下，DMH-4 的面积比容量仍能高达 14F/cm²，展现出了巨大的性能优势［图 7-16（f）］。

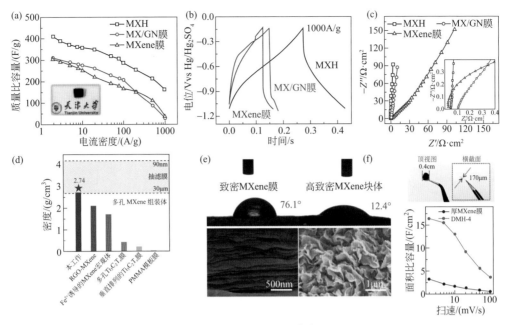

图7-16　$Ti_3C_2T_x$–GO 水凝胶作为超级电容器电极的电化学性能[140]（a）~（c）; HI诱导的高致密多孔MXene组装体的结构性质与电化学性能（d）~（f）

（2）MXene 柔性多孔膜及其高倍率致密储能特性

　　为在保持 $Ti_3C_2T_x$ 基电极致密结构的前提下提高其倍率性能，构建具有高体积能量密度和功率密度的储能器件，我们提出了 $Ti_3C_2T_x$ 微凝胶与 $Ti_3C_2T_x$ 纳米片的再组装策略，以调控电极的微纳结构和孔道分布［图7-17（a）］[145]。$Ti_3C_2T_x$ 微凝胶是通过解组装 $Ti_3C_2T_x$-GO 水凝胶获得的，其结构上继承了水凝胶的局部特点，具有三维交联的结构和良好的结构稳定性［图7-17（b）］，同时还可在水中很好地分散，有利于其与 $Ti_3C_2T_x$ 纳米片的均匀混合，从而获得结构均匀再组装复合薄膜（RAMX）。$Ti_3C_2T_x$ 微凝胶在真空抽滤和干燥脱除溶剂的过程中会受到毛细作用力，$Ti_3C_2T_x$ 片层在毛细管力的牵引下沿三维交联网络发生向心收缩，在RAMX 膜内部引入一定量的中孔，并能保持较高的密度。通过调节 $Ti_3C_2T_x$ 微凝胶的含量能实现 RAMX 膜孔隙率与密度的连续调变，从而平衡其在高倍率下的体积性能［图7-17（c）、（d）］，并且 $Ti_3C_2T_x$ 微凝胶的引入也大大提高了其浸润性，为电解液的渗透以及离子的快速传输奠定良好的基础。$Ti_3C_2T_x$ 微凝胶在低倍率下的电化学行为与 $Ti_3C_2T_x$ 纳米片相近，但通过其引入的孔隙大大改善了 RAMX 膜的倍率性能，当 $Ti_3C_2T_x$ 微凝胶的比例达到50%时，RAMX-50% 膜达到孔隙率与密度的最佳平衡点，可以在 2000mV/s 的超高倍率下表现出高达 734F/cm³ 的体积比容量（是 10mV/s 下的体积比容量的75%），具有最优化的空间利用率以及较为优越的动力学特性。以 RAMX-50% 膜组装的对称超级电容器展现出较小的离子传输阻力以及高度的循环稳定性，在 1V/s 下循环 20000 圈后保持91% 的容量，基于两电极计算的器件具有非常突出的体积功率密度和体积能量密度，在 0.83kW/L 的体积功率密度下体积能量密度高达 40W·h/L，在 41.5kW/L 下仍能保持 21W·h/L，是目前文献报道的水系对称电容器的最高值。该 $Ti_3C_2T_x$ 电极的设计思路对发展 MXene 材料及其实际应用具有重要的指导意义。

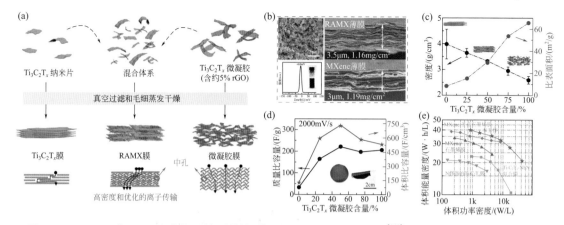

图 7-17　$Ti_3C_2T_x$ 膜、RAMX 膜以及微凝胶膜的制备及其离子传输路径示意图[145]（a）; $Ti_3C_2T_x$ 微凝胶的性质及其对 RAMX 膜的结构调控[145]（b）、（c）; RAMX 膜的电化学性能[145]（d）、（e）

（3）$Ti_3C_2T_x$ 三维组装体的致密化及其快速储钠机制研究　•••

三维多孔 MXene 材料具有多维离子传输通道、高电导率和赝电容储能特性等优势，是实现高性能储钠的理想电极材料。然而，其比容量参差不齐，且由于大孔的引入其材料密度较低，导致体积比容量较差。此外，MXene 的氧化和降解也制约了其发展。我们团队针对上述关键问题，基于 MXene 的凝胶化，通过控制组装和干燥条件调控其微观结构，构建了具有优异电化学性能的 MXene 电极材料，并验证了其主要电荷存储机制。

如图 7-18 所示，我们提出了 KOH 辅助的液相自组装策略，通过引入少量 KOH 调控液相组装过程中 MXene 纳米片之间的静电排斥作用，获得了具有局域多层结构和丰富孔隙的 MXene 组装体 K-PMM[146]。该策略确保了充足的 Na^+ 储存活性位点，并保持了多维的离子传输通道，为 3D MXene 材料的功能导向型结构设计提供了一种重要思路。我们率先将多孔 MXene 组装体用于钠离子存储，其能稳定循环 1500 圈，相比于未优化的 MXene 组装体，循环后比容量从 110mA·h/g 提升至 188mA·h/g。当电流密度从 50mA/g 增加到 5000mA/g 时，K-PMM 电极的容量保持率可达 43%，远远超过 PMM 和 MXene 膜电极［图 7-18（c）］。在此基础上，通过非原位 XRD 和 TEM 等表征手段考察了多孔 MXene 组装体的钠离子存储机制，发现多孔 MXene 组装体主要通过快速的、非扩散控制的嵌入赝电容机制存储电荷，因此其在充放电过程中具有优异的反应动力学，同时明确了局域多层结构是多孔 MXene 存储钠离子的主要结构单元［图 7-18（e）、（f）］。此外，吸附在 MXene 纳米片表面的 K^+ 充当阻隔层，减少了 H_2O 或 O_2 与 MXene 间的耦合及电荷转移，从而减缓了 MXene 氧化生成 TiO_2 的速率，并极大保留了其 2D 层状结构的完整性和电化学活性。

另外，我们以提升多孔 MXene 的体积比容量并保持其优异的倍率性能为导向，通过毛细蒸发诱导三维 MXene 水凝胶骨架收缩，制备了具有高密度、高电导率、丰富多孔和多层结构的 MXene 电极。该高密度多孔 MXene 组装体 DPMM 的大孔消失而微孔增多，同时形成丰富的局域多层结构，且密度能达到 2.1g/cm³。如图 7-19 所示，基于嵌入赝电容储存电荷的机制，当 DPMM 电极用作储钠负极时，在 50mA/g 时展现出 352mA·h/cm³ 的高体积比容量，即使在 5000mA/g 的电流密度下仍可提供高达 147mA·h/cm³ 的体积比容量。经过 1500 次循环后，DPMM 分别在 100mA/g 的电流密度下显示出约 110% 的高容量保持率；在 1000mA/g 时仍保持了 251mA·h/cm³ 的可逆体积比容量和稳定的库仑效率（约 100%），是目前报道的用于钠离子存储的 MXene 基电极的最高值。动力学测试表明，DPMM 电极主要通过快速的、非扩散控制的赝电容机制存储钠离子，在 5mV/s 时展现出 88% 的非扩散控制电荷占比，具有良好的反应动力学。三维致密多孔 MXene 电极用作高容量和高倍率储钠电极为 MXene 在致密储能中的应用开辟了一条新途径。

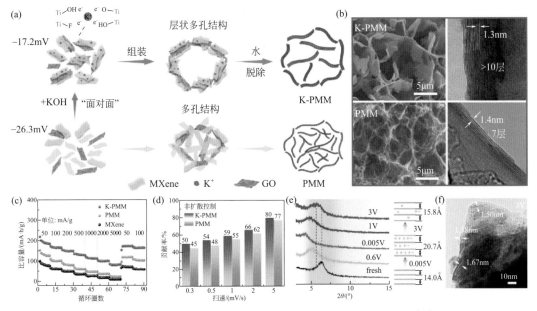

图 7-18　KOH 协同调控的三维 MXene 组装体结构及其储钠特性[146]

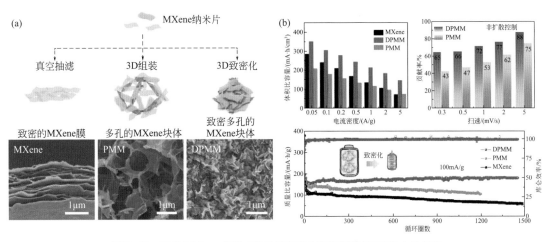

图 7-19　三维 MXene 的致密化及其在高体积性能钠离子电池中的应用

7.4.3 ／ Ti₃C₂Tₓ 基异质结构的可控构建及其锂硫催化作用

锂硫电池因其超高的能量密度及活性物质硫价格低廉受到人们的广泛关注，成为最有应用前景的下一代能量储存体系之一。然而，锂硫电池在充放电过程中产生的可溶性多硫化物所引发的穿梭效应以及活性物质利用效率低等问题使其实际应用仍面临诸多挑战，成为锂硫电池研究领域亟待突破的重要难题 [41,147-149]。通过催化剂组分结构、组成及表面性质的合理调控，高效抑制中间产物的穿梭效应并催化加速活性物质转化的反应动力学，是提升锂硫电池电化学性能的有效手段 [150,151]。近年来，锂硫电池中电催化剂的设计及其机理的探索逐渐成为研究热点，MXene 优异的导电性使其在硫正极中能作为良好的电子传导载体，丰富的表面官能团能吸附多硫化物并促进其快速转化，有望发展成一种高电导的锂硫电池催化剂。研究表明，MXene 的极性表面对多硫化物有化学吸附作用，在锂硫电池放电过程中，表面的—O、—OH 基团与多硫化物紧密结合，随后表面基团与多硫化物反应生成硫代硫酸盐，暴露 Ti 原子，由于路易斯酸碱反应 Ti 与多硫化物之间形成 Ti-S，最终多硫化物被转化成 $Li_2S_2/Li_2S^{[152,153]}$。但目前，MXene 在锂硫电池中是如何发挥催化作用及如何有针对性地设计 MXene 基催化材料仍需更充分的实验论证和更系统的理论分析。

我们团队针对 MXene 基锂硫催化材料的设计提出了原位生长策略，在 Ti₃C₂Tₓ-MXene 片层上构建异质界面，有效改善了锂硫电池中不导电活性组分的利用效率和电池的循环寿命。多篇关于异质结构或储能应用的综述重点评述了该工作。具体而言，我们利用原位氧化的方式制备了兼具多硫化物化学吸附及转化能力的二维层状的碳化钛 / 二氧化钛（Ti₃C₂Tₓ/TiO₂）异质结构［图 7-20（a）］[154]。如图 7-20（b）所示，通过控制氧化条件，可以实现对异质结构形貌、组分及表面化学的精确调控，该异质结构催化剂有效克服了单一 Ti₃C₂Tₓ 组分的功能局限性，为高性能锂硫电池催化剂的构建提供了新的思路。将其与石墨烯复合作为锂硫电池的中间层结构，显著提升了电池的电化学性能，包括良好的倍率性能及优异的循环稳定性。在 2C 的大电流密度下循环，初始质量比容量可达 800mA·h/g。循环 1000 圈后单圈的容量衰减率仅为 0.028%。另外，在电极硫含量为 75.1% 及负载量为 5.5mg/cm² 时，在 0.5C 下循环 200 圈容量保持率高达 93%。该研究为高效锂硫电池用催化剂的发展及 MXene 复合材料的设计提供了重要参考。

除此以外，基于 MXene 的三维组装，我们通过三维空间中的原位生长法成功制备了功能化的 Ti₃C₂Tₓ/TiN 复合材料，优化了界面电荷传递，改善了电池的长循环稳定性。利用氨气在高温下向三维 Ti₃C₂Tₓ 组装体提供氮源，将 Ti₃C₂Tₓ 片层的 Ti 缺陷逐步转化成 TiN，在三维 Ti₃C₂Tₓ 骨架上原位生长 TiN 纳米颗粒，成功构建了功能化的 Ti₃C₂T/TiN 复合材料（TiN@F-MXM），获得在三维空间均匀分布的 TiN 材料（图 7-21）。获得的原位生长 TiN 复合材料 TiN@F-MXM 具有优化的电荷传递界面，在对多硫化物的转化反应中表现出比 F-MXM 更明显的促进效果，且三维结构的 TiN@F-MXM 作为中间层材料未对电池的离子扩散造成不良影响，改善了锂硫电池的循环稳定性和倍率性能。

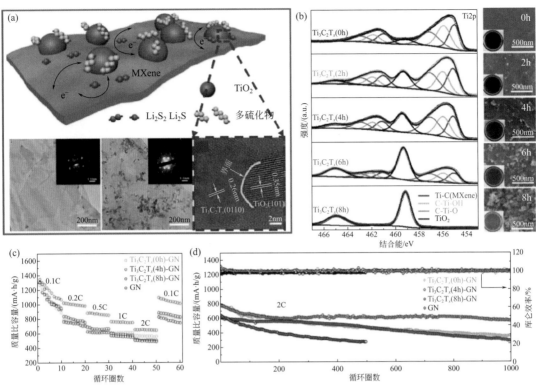

图 7-20　$Ti_3C_2T_x/TiO_2$ 异质结构的精确调控及其在锂硫催化中的应用[154]

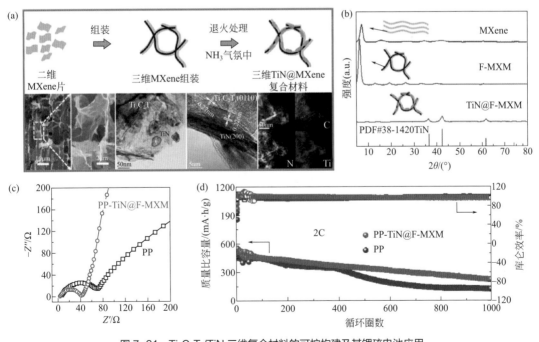

图 7-21　$Ti_3C_2T_x/TiN$ 三维复合材料的可控构建及其锂硫电池应用

7.5 MXene 材料近期研究发展重点

从 2011 年 $Ti_3C_2T_x$ 的制备首次被报道以来，对于 MXene 材料的研究，包括制备、性质表征、器件应用等都得到了蓬勃发展。目前，MXene 材料已展现出可调控的电学、光学、机械和电化学特性，并延伸到光电子器件、电磁屏蔽、无线天线、能量存储、催化和传感等一系列应用。然而，MXene 材料距离商业化应用仍有很长的路要走，后续发展应重点关注以下方面。

① 规模可控制备是新材料获得应用的前提，因此深化 MXene 制备研究，开发绿色、低成本的制备方法，实现 MXene 原子结构、表面化学、层间化学的精准调控是重中之重。具体而言，开发可扩展的、更高效的低成本绿色刻蚀和剥离方法，实现少缺陷、大片层的高质量 MXene 的批量生产。尽管目前多种方法已被提出，但是其反应热力学和动力学上的深层次逻辑关系尚未涉及，影响 MXene 成功制备的关键性因素仍未明确。为实现 MXene 的大规模生产，其成本和产率问题也需要关注。另外，应发展 MXene 的绿色、无氟大规模制备方法，比如熔融盐刻蚀法、电化学刻蚀法等，探索前驱体的化学组成和结构、制备条件等对 MXene 结构及其性能的影响。

② 构效关系明晰是新材料获得应用的关键，因此进一步解析 MXene 的理化性质，理清 MXene 结构、表面化学等因素的影响是基础研究中的重要任务。发展 MXene 的精细化表征方法，挖掘原子结构和表面化学对 MXene 电子导电性的作用机制，层间化学对 MXene 薄膜间电导率和对气体吸附的影响，电子 / 电荷在 MXene 平面内和平面外的传输机制等；深入理解 MXene 材料在水系和非水系电解液体系中的储能机制。

③ MXene 结构和性质善变是其规模应用的拦路虎，因此提升 MXene 材料的环境稳定性，降低 MXene 在存储和材料处理过程中的结构变化是必须解决的技术瓶颈。实现粉体、分散液等各种形态的 MXene 原料的稳定存储；对于 MXene 组装体来说，发展有效保护 MXene 纳米片的组装方法，使其在组装过程中活性位点不受破坏，并维持微观结构的稳定性；提高 MXene 在器件应用中的稳定性，推动其实用化进程。

④ 功能导向 2.0 材料（组装体）的设计制备是新材料应用的更高境界，以 MXene 为基元材料，实现功能型 MXene 基材料的有序结构和可控制备是其获得大规模应用的必由之路。深入探究 MXene 的表面化学及其液相组装行为，揭示 MXene 组装体构建的基本原则，以进一步实现组装体结构的精确控制，针对具体应用场景开发 MXene 宏观组装体；进一步提高 MXene 组装体的活性位点利用率，实现单片层 MXene 组装体，开发基于三维 MXene 组装体的先进器件。

 7.6 MXene 材料 2035 年展望与未来

目前，MXene 材料发展迅速，但主要集中在某些应用领域性能的提升，缺少"撒手锏"级别的应用方向。拓展 MXene 材料研究的深度和广度，摆脱"短平快"产出科研成果的心态，才能将 MXene 诱人的发展前景切实落入实处，摆脱叫好不叫座的现状，在基础科学研究和产业应用中开花结果。未来，我国可在以下方面进行布局：

① 从新材料、新性质、新体系上进一步拓展和深化：拓展 MXene 的家族，包括非 Ti 基 MXene、*i*-MXene、*o*-MXene 以及氮化物。这些 MXene 理论上具有优异的物化性质，如一些 *o*-MXene 有望成为拓扑绝缘体，但制备上的限制阻碍了相关研究。

② 探索从非铝基 MAX 相刻蚀制备二维 MXene，深化 MXene 制备基础理论方面的研究；使用化学气相沉积法（CVD）和物理气相沉积法（PVD）制备高质量、大片单晶型、无官能团的 MXene，探索其基本物理特性，发展其在电子器件、生物传感等领域的应用。

③ MXene 的出现为二维材料家族补充了许多重要性质，应重视这些独特性质的利用。比如其与石墨烯、氮化硼、过渡金属二硫化物和其他二维材料复合时，可赋予复合材料金属级导电性、电化学活性和催化活性等；采用原位或非原位手段构建异质结构，构建高效催化剂、特殊电子器件等；使用合适的增材制造或溶液自组装过程，可构建具有优异性质的特种材料，为发展新型器件开辟道路。

参考文献

[1] Novoselov K S, Geim A K, Morozov S V, et al. Electric Field Effect in Atomically Thin Carbon Films [J]. Science, 2004, 306: 666.

[2] Wang Q H, Kalantar-Zadeh K, Kis A, et al. Electronics and optoelectronics of two-dimensional transition metal dichalcogenides [J]. Nat Nanotechnol, 2012, 7(11): 699-712.

[3] Butler S Z, Hollen S M, Cao L, et al. Progress, challenges, and opportunities in two-dimensional materials beyond graphene [J]. ACS Nano, 2013, 7(4): 2898-2926.

[4] Naguib M, Kurtoglu M, Presser V, et al. Two-dimensional nanocrystals produced by exfoliation of Ti_3AlC_2 [J]. Adv Mater, 2011, 23(37): 4248-4253.

[5] Levy R B, Boudart M. Platinum-like behavior of tungsten carbide in surface catalysis [J]. Science, 1973, 181(4099): 547-549.

[6] Naguib M, Mashtalir O, Carle J, et al. Two-dimensional transition metal carbides [J]. ACS Nano, 2012, 6(2): 1322-1331.

[7] Oyama S T, Schlatter J C, Metcalfe J E, et al. Preparation and characterization of early transition metal carbides and nitrides [J]. Industrial & Engineering Chemistry Research, 2002, 27(9): 1639-1648.

[8] Sokol M, Natu V, Kota S, et al. On the Chemical Diversity of the MAX Phases [J]. Trends in Chemistry, 2019, 1(2): 210-223.

[9] Martin M, Maurizio M. Chemical bonding and electronic-structure in MAX phases as viewed by X-ray spectroscopy and density functional theory [J]. Thin Solid Films, 2017, 621: 108-130.

[10] Wang X H, Zhou Y C. Layered Machinable and Electrically Conductive Ti_2AlC and Ti_3AlC_2 Ceramics: a Review [J]. J Mater Sci Technol, 2010, 26: 385-416.

[11] Gogotsi Y, Anasori B. The Rise of MXenes [J]. ACS Nano, 2019, 13(8): 8491-8494.

[12] VahidMohammadi A, Rosen J, Gogotsi Y. The world of two-dimensional carbides and nitrides (MXenes) [J]. Science, 2021, 372(6547):eabf1581.

[13] Ma Y, Yue Y, Zhang H, et al. 3D Synergistical MXene/ Reduced Graphene Oxide Aerogel for a Piezoresistive Sensor [J]. ACS Nano, 2018, 12(4): 3209-3216.

[14] Maleski K, Mochalin V N, Gogotsi Y. Dispersions of Two-Dimensional Titanium Carbide MXene in Organic Solvents [J]. Chemistry of Materials, 2017, 29(4): 1632-1640.

[15] Mathis T S, Maleski K, Goad A, et al. Modified MAX Phase Synthesis for Environmentally Stable and Highly Conductive Ti_3C_2 MXene [J]. ACS Nano, 2021, 15(4): 6420-6429.

[16] Naguib M, Mashtalir O, Carle J, et al. Two-Dimensional Transition Metal Carbides [J]. ACS Nano, 2012, 6: 1322-1331.

[17] Lipatov A, Alhabeb M, Lukatskaya M R, et al. Effect of Synthesis on Quality, Electronic Properties and Environmental Stability of Individual Monolayer Ti_3C_2MXene Flakes [J]. Advanced Electronic Materials, 2016, 2(12):1600255.

[18] Shuck C E, Gogotsi Y. Taking MXenes from the lab to commercial products [J]. Chemical Engineering Journal, 2020, 401:125786.

[19] Uzun S, Schelling M, Hantanasirisakul K, et al. Additive‐Free Aqueous MXene Inks for Thermal Inkjet Printing on Textiles [J]. Small, 2020, 17(1):2006376.

[20] Zhang J, Kong N, Uzun S, et al. Scalable Manufacturing of Free-Standing, Strong $Ti_3C_2T_x$ MXene Films with Outstanding Conductivity [J]. Adv Mater, 2020, 32(23): e2001093.

[21] Lipatov A, Lu H, Alhabeb M, Anasori B, Gruverman A, Gogotsi Y, Sinitskii A. Elastic properties of 2D $Ti_3C_2T_x$MXene monolayers and bilayers [J]. Science Advances, 2018, 4(6):ea at 0491.

[22] Michael Naguib, Olha Mashtalir, Joshua Carle, et al. Two-dimensional transition metal carbides [J]. ACS Nano, 2012, 6(2): 1322–1331.

[23] Ling Z, Ren C E, Zhao M Q, et al. Flexible and conductive MXene films and nanocomposites with high capacitance [J]. Proc Natl Acad Sci U S A, 2014, 111(47): 16676-16681.

[24] Caffrey N M. Effect of mixed surface terminations on the structural and electrochemical properties of two-dimensional $Ti_3C_2T_2$ and V_2CT_2 MXenes multilayers [J]. Nanoscale, 2018, 10(28): 13520-13530.

[25] Kamysbayev V, Filatov A S, Hu H, et al. Covalent surface modifications and superconductivity of two-dimensional metal carbide MXenes [J]. Science, 2020, 369(6506): 979-983.

[26] Pang J, Mendes R G, Bachmatiuk A, et al. Applications of 2D MXenes in energy conversion and storage systems [J]. Chem Soc Rev, 2019, 48(1): 72-133.

[27] Sun W W, Xie Y, Kent P R C. Double transition metal MXenes with wide band gaps and novel magnetic properties [J]. Nanoscale, 2018, 10(25): 11962-11968.

[28] Kumar H, Frey N C, Dong L, et al. Tunable Magnetism and Transport Properties in Nitride MXenes [J]. ACS Nano, 2017, 11(8): 7648-7655.

[29] Jiang X, Kuklin A V, Baev A, et al. Two-dimensional MXenes: From morphological to optical, electric, and magnetic properties and applications [J]. Physics Reports, 2020, 848: 1-58.

[30] Lin Z, Shao H, Xu K, et al. MXenes as High-Rate Electrodes for Energy Storage [J]. Trends in Chemistry, 2020, 2(7): 654-664.

[31] Hart J L, Hantanasirisakul K, Lang A C, et al. Control of MXenes' electronic properties through termination and intercalation [J]. Nature Communications, 2019, 10(1): 522.

[32] Lipatov A, Alhabeb M, Lukatskaya M R, et al. Effect of synthesis on quality, electronic properties and environmental stability of individual monolayer Ti_3C_2 MXene flakes [J]. Advanced Electronic Materials, 2016, 2(12): 1600255.

[33] Wu Z, Shang T, Deng Y, et al. The Assembly of MXenes from 2D to 3D [J]. Advanced Science, 2020,7(7):1903077.

[34] Deng Y, Shang T, Wu Z, et al. Fast Gelation of $Ti_3C_2T_x$ MXene Initiated by Metal Ions [J]. Adv Mater, 2019, 31(43): e1902432.

[35] Shang T, Lin Z, Qi C, et al. 3D Macroscopic Architectures from Self‐Assembled MXene Hydrogels [J]. Advanced Functional Materials, 2019, 29(33):1903960.

[36] Zhang C J, Pinilla S, McEvoy N, et al. Oxidation Stability of Colloidal Two-Dimensional Titanium Carbides (MXenes) [J]. Chemistry of Materials, 2017, 29(11): 4848-4856.

[37] Natu V, Hart J L, Sokol M, et al. Edge Capping of 2D-MXene Sheets with Polyanionic Salts To Mitigate Oxidation in Aqueous Colloidal Suspensions [J]. Angew Chem Int Ed Engl, 2019, 58(36): 12655-12660.

[38] Feng A, Yu Y, Wang Y, et al. Two-dimensional MXene Ti_3C_2 produced by exfoliation of Ti_3AlC_2 [J]. Materials & Design, 2017, 114: 161-166.

[39] Manthiram A, Fu Y, Su Y S. Challenges and prospects of lithium-sulfur batteries [J]. Acc Chem Res, 2013, 46(5): 1125-1134.

[40] Shi H, Lv W, Zhang C, et al. Functional Carbons Remedy the Shuttling of Polysulfides in Lithium-Sulfur Batteries: Confining, Trapping, Blocking, and Breaking up [J]. Advanced Functional Materials, 2018, 28(38): 1800508.

[41] Bruce P G, Freunberger S A, Hardwick L J, et al. Li-O_2 and Li-S batteries with high energy storage [J]. Nature Materials, 2012, 11(1): 19-29.

[42] Tang J, Mathis T, Zhong X, et al. Optimizing Ion Pathway in Titanium Carbide MXene for Practical High‐Rate Supercapacitor [J]. Advanced Energy Materials, 2020, 11(4):2003025.

[43] Ghidiu M, Lukatskaya M R, Zhao M Q, et al. Conductive two-dimensional titanium carbide 'clay' with high volumetric capacitance [J]. Nature, 2014, 516(7529): 78-81.

[44] Naguib M, Kurtoglu M, Presser V, et al. Two-dimensional nanocrystals produced by exfoliation of Ti_3AlC_2 [J]. Advanced Materials, 2011, 23(37): 4248-4253.

[45] Zhou J, Zha X, Zhou X, et al. Synthesis and

electrochemical properties of two-dimensional hafnium carbide [J]. ACS Nano, 2017, 11(4): 3841-3850.

[46] Ghidiu M, Naguib M, Shi C, et al. Synthesis and characterization of two-dimensional Nb_4C_3 (MXene) [J]. Chem Commun (Camb), 2014, 50(67): 9517-9520.

[47] Kisi E H, Crossley J A A, Myhra S, et al. Struture and crystal chemistry of Ti_3SiC_2 [J]. Journal of Physics and Chemistry of Solids, 1998, 59(9): 1437-1443.

[48] Travaglini J, Barsoum M W, Jovic V, et al. The corrosion behavior of Ti_3SiC_2 in common acids and dilute NaOH [J]. Corrosion Science, 2003, 45(6): 1313-1327.

[49] Alhabeb M, Maleski K, Mathis T S, et al. Selective etching of silicon from Ti_3SiC_2 (MAX) to obtain 2D titanium carbide (MXene) [J]. Angewandte Chemie-International Edition, 2018, 57(19): 5444-5448.

[50] Anasori B, Shi C Y, Moon E J, et al. Control of electronic properties of 2D carbides (MXenes) by manipulating their transition metal layers [J]. Nanoscale Horizons, 2016, 1(3): 227-234.

[51] Anasori B, Xie Y, Beidaghi M, et al. Two-dimensional, ordered, double transition metals carbides (MXenes) [J]. ACS Nano, 2015, 9(10): 9507-9516.

[52] Tao Q, Dahlqvist M, Lu J, et al. Two-dimensional $Mo_{1.33}C$ MXene with divacancy ordering prepared from parent 3D laminate with in-plane chemical ordering [J]. Nature Communications, 2017, 8: 14949.

[53] Meshkian R, Dahlqvist M, Lu J, et al. W-based atomic laminates and their 2D derivative $W_{1.33}C$ MXene with vacancy ordering [J]. Advanced Materials, 2018, 30(21): e1706409.

[54] Djire A, Bos A, Liu J, et al. Pseudocapacitive Storage in Nanolayered Ti_2NT_x MXene Using Mg-Ion Electrolyte [J]. ACS Applied Nano Materials, 2019, 2(5): 2785-2795.

[55] Urbankowski P, Anasori B, Makaryan T, et al. Synthesis of two-dimensional titanium nitride Ti_4N_3 (MXene) [J]. Nanoscale, 2016, 8(22): 11385-11391.

[56] Urbankowski P, Anasori B, Hantanasirisakul K, et al. 2D molybdenum and vanadium nitrides synthesized by ammoniation of 2D transition metal carbides (MXenes) [J]. Nanoscale, 2017, 9(45): 17722-17730.

[57] Huang K, Li Z, Lin J, et al. Two-dimensional transition metal carbides and nitrides (MXenes) for biomedical applications [J]. Chemical Society Reviews, 2018, 47(14): 5109-5124.

[58] Xu C, Song S A, Liu Z B, et al. Strongly coupled high-quality graphene/2D superconducting Mo_2C vertical heterostructures with aligned orientation [J]. ACS Nano, 2017, 11(6): 5906-5914.

[59] Geng D C, Zhao X X, Chen Z X, et al. Direct synthesis of large-area 2D Mo_2C on in situ grown graphene [J]. Advanced Materials, 2017, 29(35):1700072.

[60] Alhabeb M, Maleski K, Anasori B, et al. Guidelines for Synthesis and Processing of Two-Dimensional Titanium Carbide ($Ti_3C_2T_x$ MXene) [J]. Chemistry of Materials, 2017, 29(18): 7633-7644.

[61] Shuck C E, Gogotsi Y. Taking MXenes from the lab to commercial products [J]. Chemical Engineering Journal, 2020, 401: 125786.

[62] Mashtalir O, Naguib M, Mochalin V N, et al. Intercalation and delamination of layered carbides and carbonitrides [J]. Nature Communications, 2013, 4: 1716.

[63] Naguib M, Unocic R R, Armstrong B L, et al. Large-scale delamination of multi-layers transition metal carbides and carbonitrides "MXenes" [J]. Dalton Transaction, 2015, 44(20): 9353-9358.

[64] Ghidiu M, Halim J, Kota S, et al. Ion-exchange and cation solvation reactions in Ti_3C_2 MXene [J]. Chemistry of Materials, 2016, 28(10): 3507-3514.

[65] Gao Q, Sun W, Ilani-Kashkouli P, et al. Tracking ion intercalation into layered Ti_3C_2 MXene films across length scales [J]. Energy & Environmental Science, 2020,13(8):2549-2558.

[66] Xuan J, Wang Z, Chen Y, et al. Organic-base-driven intercalationand delamination for the production of functionalized titanium carbide nanosheets with superior photothermal therapeutic performance [J]. Angewandte Chemie International Edition, 2016, 55: 14569 –14574.

[67] Li T, Yao L, Liu Q, et al. Fluorine-free synthesis of high-purity $Ti_3C_2T_x$ (T=OH, O) via alkali treatment [J]. Angewandte Chemie International Edition, 2018, 57(21): 6115-6119.

[68] Li M, Lu J, Luo K, et al. Element replacement approach by reaction with lewis acidic molten salts to synthesize nanolaminated MAX phases and MXenes [J]. Journal of American Chemical Society, 2019, 141(11): 4730-4737.

[69] Li Y, Shao H, Lin Z, et al. A general Lewis acidic etching route for preparing MXenes with enhanced electrochemical performance in non-aqueous electrolyte [J]. Nat Mater, 2020,19(8):894-899.

[70] Kamysbayev V, Klie R F, Talapin D V, et al. Covalent surface modifications and superconductivity of two-dimensional metal carbide MXenes [J]. Science, 2020, 369(6506): 979

[71] Shi H, Zhang P, Liu Z, et al. Ambient-Stable Two-Dimensional Titanium Carbide (MXene) Enabled by

Iodine Etching [J]. Angew Chem Int Ed Engl, 2021, 60(16): 8689-8693.

[72] Jawaid A, Hassan A, Neher G, et al. Halogen etch of Ti₃AlC₂ MAX phase for MXene fabrication [J]. ACS Nano, 2021, 15(2): 2771-2777.

[73] Wu M, Wang B, Hu Q, et al. The Synthesis Process and Thermal Stability of V(2)C MXene [J]. Materials (Basel), 2018, 11(11): 1-10.

[74] Lukatskaya M R, Halim J, Dyatkin B, et al. Room-temperature carbide-derived carbon synthesis by electrochemical etching of MAX phases [J]. Angewandte Chemie International Edition, 2014, 53(19): 4877-4880.

[75] Sun W, Shah S A, Chen Y, et al. Electrochemical etching of Ti₂AlC to Ti₂CT$_x$ (MXene) in low-concentration hydrochloric acid solution [J]. Journal of Materials Chemistry A, 2017, 5(41): 21663-21668.

[76] Yang S, Zhang P, Wang F, et al. Fluoride-free synthesis of two-dimensional titanium carbide (MXene) using a binary aqueous system [J]. Angewandte Chemie International Edition 55, 2018, 57(47): 15491-15495.

[77] Pang S Y, Wong Y T, Yuan S, et al. Universal strategy for HF-free facile and rapid synthesis of two-dimensional MXenes as multifunctional energy materials [J]. Journal of American Chemical Society, 2019, 141(24): 9610-9616.

[78] Song M, Pang S Y, Guo F, et al. Fluoride-free 2D niobium carbide MXenes as stable and biocompatible nanoplatforms for electrochemical biosensors with ultrahigh sensitivity [J]. Advanced Science, 2020, 7(24): 2001546.

[79] Li X, Li M, Yang Q, et al. In situ electrochemical synthesis of MXenes without acid/alkali usage in/ for an aqueous zinc ion battery [J]. Advanced Energy Materials, 2020: 2001791.

[80] Wu M, Wang B, Hu Q, et al. The synthesis process and thermal stability of V₂C MXene [J]. Materials 2018, 11(11): 2112.

[81] Akinola O, Chakraborty I, Celio H, et al. Synthesis and characterization of Cr₂C MXenes [J]. Journal of Materials Research, 2021, 36(10): 1980-1989.

[82] Munir S, Rasheed A, Rasheed T, et al. Exploring the influence of critical parameters for the effective synthesis of high-quality 2D MXene [J]. ACS Omega, 2020, 5(41): 26845-26854.

[83] Han M, Maleski K, Shuck C E, et al. Tailoring Electronic and Optical Properties of MXenes through Forming Solid Solutions [J]. J Am Chem Soc, 2020, 142(45): 19110-19118.

[84] Wang Q, Zhang Z, Zhang Z, et al. Facile synthesis of MXene/MnO₂ composite with high specific capacitance [J]. Journal of Solid State Electrochemistry, 2019, 23(2): 361-365.

[85] Lukatskaya M R, Mashtalir O, Ren C E, et al. Cation intercalation and high volumetric capacitance of two-dimensional titanium carbide [J]. Science, 2013, 341(6153): 1502-1505.

[86] Mashtalir O, Naguib M, Mochalin V N, et al. Intercalation and delamination of layered carbides and carbonitrides [J]. Nat Commun, 2013, 4: 1716.

[87] Ling Z, Ren C E, Zhao M Q, et al. Flexible and conductive MXene films and nanocomposites with high capacitance [J]. Proceedings of the National Academy of Sciences of the United States of America, 2014, 111(47): 16676-16681.

[88] Li J, Yuan X, Lin C, et al. Achieving High Pseudocapacitance of 2D Titanium Carbide (MXene) by Cation Intercalation and Surface Modification [J]. Advanced Energy Materials, 2017, 7(15):1602725.

[89] Zhao M Q, Ren C E, Ling Z, et al. Flexible MXene/ carbon nanotube composite paper with high volumetric capacitance [J]. Adv Mater, 2015, 27(2): 339-345.

[90] VahidMohammadi A, Moncada J, Chen H, et al. Thick and freestanding MXene/PANI pseudocapacitive electrodes with ultrahigh specific capacitance [J]. Journal of Materials Chemistry A, 2018, 6(44): 22123-22133.

[91] VahidMohammadi A, Mojtabavi M, Caffrey N M, et al. Assembling 2D MXenes into Highly Stable Pseudocapacitive Electrodes with High Power and Energy Densities [J]. Adv Mater, 2018: e1806931.

[92] Mashtalir O, Lukatskaya M R, Kolesnikov A I, et al. The effect of hydrazine intercalation on the structure and capacitance of 2D titanium carbide (MXene) [J]. Nanoscale, 2016, 8(17): 9128-9133.

[93] Yan J, Ren C E, Maleski K, et al. Flexible MXene/ Graphene Films for Ultrafast Supercapacitors with Outstanding Volumetric Capacitance [J]. Advanced Functional Materials, 2017, 27(30): 1701264.

[94] Wu G, Li T, Wang Z, et al. Molecular Ligand-Mediated Assembly of Multicomponent Nanosheet Superlattices for Compact Capacitive Energy Storage [J]. Angewandte Chemie International Edition, 2020, 59(46): 20628-20635.

[95] Wang H, Li J, Kuai X, et al. Enhanced Rate Capability of Ion‐Accessible Ti₃C₂T$_x$‐NbN Hybrid Electrodes [J]. Advanced Energy Materials, 2020, 10(35): 2001411.

[96] Shahzad F, Alhabeb M, Hatter C B, et al. Electromagnetic interference shielding with 2D transition metal carbides (MXenes) [J]. Science, 2016,

353(6304): 1137-1140.

[97] Boota M, Anasori B, Voigt C, et al. Pseudocapacitive Electrodes Produced by Oxidant-Free Polymerization of Pyrrole between the Layers of 2D Titanium Carbide (MXene) [J]. Advanced Materials, 2016, 28(7): 1517-1522.

[98] Chen C, Boota M, Xie X Q, et al. Charge transfer induced polymerization of EDOT confined between 2D titanium carbide layers [J]. Journal of Materials Chemistry A, 2017, 5(11): 5260-5265.

[99] Liu J, Zhang H B, Sun R, et al. Hydrophobic, Flexible, and Lightweight MXene Foams for High-Performance Electromagnetic-Interference Shielding [J]. Adv Mater, 2017, 29(38):1702367.

[100] Xia Y, Mathis T S, Zhao M Q, et al. Thickness-independent capacitance of vertically aligned liquid-crystalline MXenes [J]. Nature, 2018, 557(7705): 409-412.

[101] Lukatskaya M R, Kota S, Lin Z, et al. Ultra-high-rate pseudocapacitive energy storage in two-dimensional transition metal carbides [J]. Nature Energy, 2017, 2(8):17105.

[102] Gao X, Du X, Mathis T S, et al. Maximizing ion accessibility in MXene-knotted carbon nanotube composite electrodes for high-rate electrochemical energy storage [J]. Nature Communications, 2020, 11(1):6160.

[103] Kong J, Yang H C, Guo X Z, et al. High-Mass-Loading Porous $Ti_3C_2T_x$ Films for Ultrahigh-Rate Pseudocapacitors [J]. ACS Energy Letters, 2020, 5(7): 2266-2274.

[104] Wu Z, Shang T, Deng Y, et al. The Assembly of MXenes from 2D to 3D [J]. Advanced Science, 2020, 7(7): 1903077.

[105] Lv W, Zhang C, Li Z, et al. Self-Assembled 3D Graphene Monolith from Solution [J]. Journal of Physical Chemistry Letters, 2015, 6(4): 658-668.

[106] Chen Y, Xie X Q, Xin X, et al. $Ti_3C_2T_x$-Based Three-Dimensional Hydrogel by a Graphene Oxide Assisted Self-Convergence Process for Enhanced Photoredox Catalysis [J]. ACS Nano, 2018,13(1):295-304.

[107] Shi S, Qian B, Wu X, et al. Self-Assembly of MXene-Surfactants at Liquid-Liquid Interfaces: From Structured Liquids to 3D Aerogels [J]. Angew Chem Int Ed Engl, 2019, 58(50): 18171-18176.

[108] Han M K, Yin X W, Hantanasirisakul K, et al. Anisotropic MXene Aerogels with a Mechanically Tunable Ratio of Electromagnetic Wave Reflection to Absorption [J]. Advanced Optical Materials, 2019, 7(10):1900267.

[109] Bian R, Lin R, Wang G, et al. 3D assembly of Ti_3C_2-MXene directed by water/oil interfaces [J]. Nanoscale, 2018, 10(8): 3621-3625.

[110] Shehzad K, Xu Y, Gao C, et al. Three-dimensional macro-structures of two-dimensional nanomaterials [J]. Chem Soc Rev, 2016, 45(20): 5541-5588.

[111] Sun R H, Zhang H B, Liu J, et al. Highly Conductive Transition Metal Carbide/Carbonitride(MXene)@ polystyrene Nanocomposites Fabricated by Electrostatic Assembly for Highly Efficient Electromagnetic Interference Shielding [J]. Advanced Functional Materials, 2017, 27(45):1702807.

[112] Li M, Lu J, Luo K, et al. Element Replacement Approach by Reaction with Lewis Acidic Molten Salts to Synthesize Nanolaminated MAX Phases and MXenes [J]. Journal of the American Chemical Society, 2019, 141(11): 4730-4737.

[113] Li Y B, Shao H, Lin Z F, et al. A general Lewis acidic etching route for preparing MXenes with enhanced electrochemical performance in non-aqueous electrolyte (vol 19, pg 894, 2020) [J]. Nature Materials, 2021, 20(4): 571.

[114] Zhao Q, Zhang C, Hu R M, et al. Selective Etching Quaternary MAX Phase toward Single Atom Copper Immobilized MXene ($Ti_3C_2Cl_x$) for Efficient CO_2 Electroreduction to Methanol [J]. ACS Nano, 2021, 15(3): 4927-4936.

[115] Du Z, Wu C, Chen Y, et al. High‐Entropy Atomic Layers of Transition‐Metal Carbides (MXenes) [J]. Advanced Materials, 2021,33(39):2101473.

[116] Tang Q, Zhou Z, Shen P. Are MXenes promising anode materials for Li ion batteries? Computational studies on electronic properties and Li storage capability of Ti_3C_2 and $Ti_3C_2X_2$ (X = F, OH) monolayer [J]. J Am Chem Soc, 2012, 134(40): 16909-16916.

[117] Mu X P, Wang D S, Du F, et al. Revealing the Pseudo-Intercalation Charge Storage Mechanism of MXenes in Acidic Electrolyte [J]. Advanced Functional Materials, 2019, 29(29):1902953.

[118] Pang D, Alhabeb M, Mu X P, et al. Electrochemical Actuators Based on Two-Dimensional $Ti_3C_2T_x$ (MXene) [J]. Nano Letters, 2019, 19(10): 7443-7448.

[119] Li J, Yuan X T, Lin C, et al. Achieving High Pscudocapacitance of 2D Titanium Carbide (MXene) by Cation Intercalation and Surface Modification [J]. Advanced Energy Materials, 2017, 7(15): 1602725.

[120] Yang C H, Tang Y, Tian Y P, et al. Flexible Nitrogen-Doped 2D Titanium Carbides (MXene) Films Constructed by an Ex Situ Solvothermal Method with Extraordinary Volumetric Capacitance [J]. Adv Energy

Mater, 2018, 8(31): 1802087.

[121] Dong Y F, Shi H D, Wu Z S. Recent Advances and Promise of MXene-Based Nanostructures for High-Performance Metal Ion Batteries [J]. Advanced Functional Materials, 2020, 30(47):2000706.

[122] Wei S Q, Wang C D, Chen S M, et al. Dial the Mechanism Switch of VN from Conversion to Intercalation toward Long Cycling Sodium-Ion Battery [J]. Advanced Energy Materials, 2020, 10(12):1903712.

[123] Zhao R Z, Di H X, Hui X B, et al. Self-assembled Ti_3C_2 MXene and N-rich porous carbon hybrids as superior anodes for high-performance potassium-ion batteries [J]. Energy & Environmental Science, 2020, 13(1): 246-257.

[124] Zhao D Y, Zhao R Z, Dong S H, et al. Alkali-induced 3D crinkled porous Ti_3C_2 MXene architectures coupled with NiCoP bimetallic phosphide nanoparticles as anodes for high-performance sodium-ion batteries [J]. Energy & Environmental Science, 2019, 12(8):2422-2432.

[125] Zhao R Z, Wang M Q, Zhao D Y, et al. Molecular-Level Heterostructures Assembled from Titanium Carbide MXene and Ni-Co-Al Layered Double-Hydroxide Nanosheets for All-Solid-State Flexible Asymmetric High-Energy Supercapacitors [J]. ACS Energy Letters, 2018, 3(1): 132-140.

[126] Fan Z, Jin J, Li C, et al. 3D-Printed Zn-Ion Hybrid Capacitor Enabled by Universal Divalent Cation-Gelated Additive-Free Ti_3C_2 MXene Ink [J]. ACS Nano, 2021, 15(2): 3098-3107.

[127] Zheng S H, Wang H, Das P, et al. Multitasking MXene Inks Enable High-Performance Printable Microelectrochemical Energy Storage Devices for All-Flexible Self-Powered Integrated Systems [J]. Advanced Materials, 2021, 33(10):2005449.

[128] Li S, Fan Z D, Wu G Q, et al. Assembly of Nanofluidic MXene Fibers with Enhanced Ionic Transport and Capacitive Charge Storage by Flake Orientation [J]. ACS Nano, 2021, 15(4): 7821-7832.

[129] Wang Z X, Xu Z, Huang H C, et al. Unraveling and Regulating Self-Discharge Behavior of $Ti_3C_2T_x$ MXene-Based Supercapacitors [J]. ACS Nano, 2020, 14(4): 4916-4924.

[130] Xie Y T, Zhang H T, Huang H C, et al. High-voltage asymmetric MXene-based on-chip micro-supercapacitors [J]. Nano Energy, 2020, 74:104928.

[131] Yue Y, Liu N, Ma Y A, et al. Highly Self-Healable 3D Microsupercapacitor with MXene-Graphene Composite Aerogel [J]. ACS Nano, 2018, 12(5): 4224-4232.

[132] Han M K, Yin X W, Wu H, et al. Ti_3C_2 MXenes with Modified Surface for High-Performance Electromagnetic Absorption and Shielding in the X-Band [J]. Acs Applied Materials & Interfaces, 2016, 8(32): 21011-21019.

[133] Li X L, Yin X W, Han M K, et al. Ti_3C_2 MXenes modified with in situ grown carbon nanotubes for enhanced electromagnetic wave absorption properties [J]. Journal of Materials Chemistry C, 2017, 5(16): 4068-4074.

[134] Li X L, Yin X W, Song C Q, et al. Self-Assembly Core-Shell Graphene-Bridged Hollow MXenes Spheres 3D Foam with Ultrahigh Specific EM Absorption Performance [J]. Advanced Functional Materials, 2018, 28(41):1803938.

[135] Wan H, Liu N, Tang J, et al. Substrate-Independent $Ti_3C_2T_x$ MXene Waterborne Paint for Terahertz Absorption and Shielding [J]. ACS Nano, 2021.

[136] Pei Y Y, Zhang X L, Hui Z Y, et al. $Ti_3C_2T_x$ MXene for Sensing Applications: Recent Progress, Design Principles, and Future Perspectives [J]. ACS Nano, 2021, 15(3): 3996-4017.

[137] Ding L, Li L B, Liu Y C, et al. Effective ion sieving with $Ti_3C_2T_x$ MXene membranes for production of drinking water from seawater [J]. Nature Sustainability, 2020, 3(4): 296-302.

[138] Calipari E S, Godino A, Peck E G, et al. Granulocyte-colony stimulating factor controls neural and behavioral plasticity in response to cocaine [J]. Nat Commun, 2018, 9(1): 9.

[139] Ding L, Wei Y, Wang Y, et al. A Two-Dimensional Lamellar Membrane: MXene Nanosheet Stacks [J]. Angew Chem Int Ed Engl, 2017, 56(7): 1825-1829.

[140] Shang T, Lin Z, Qi C, et al. 3D Macroscopic Architectures from Self-Assembled MXene Hydrogels [J]. Advanced Functional Materials, 2019, 29(33): 1903960.

[141] Qi C S, Luo C, Tao Y, et al. Capillary shrinkage of graphene oxide hydrogels [J]. Science China Materials, 2019, 63:1870-1877.

[142] Tao Y, Xie X, Lv W, et al. Towards ultrahigh volumetric capacitance: Graphene derived highly dense but porous carbons for supercapacitors [J]. Scientific Reports, 2013, 3(1): 2975.

[143] Deng Y, Shang T, Wu Z, et al. Fast Gelation of $Ti_3C_2T_x$ MXene Initiated by Metal Ions [J]. Advanced Materials, 2019, 31(43): 1902432.

[144] Cao J M, Wang L L, Li D D, et al. $Ti_3C_2T_x$ MXene Conductive Layers Supported Bio-Derived Fe_{x-1}

Se_x/MXene/Carbonaceous Nanoribbons for High-Performance Half/Full Sodium-Ion and Potassium-Ion Batteries [J]. Advanced Materials, 2021, 33(34):2101535.

[145] Wu Z T, Liu X C, Shang T X, et al. Reassembly of MXene Hydrogels into Flexible Films towards Compact and Ultrafast Supercapacitors [J]. Advanced Functional Materials, 2021, 31(41): 2102874.

[146] Zhao J, Li Q, Shang T, et al. Porous MXene monoliths with locally laminated structure for enhanced pseudo-capacitance and fast sodium-ion storage [J]. Nano Energy, 2021, 86: 106091.

[147] Liu Y Y, Cui Y. Lithium metal anodes: A recipe for protection [J]. Joule, 2017, 1(4): 649-650.

[148] Choi N S, Chen Z H, Freunberger S A, et al. Challenges facing lithium batteries and electrical double-layer capacitors [J]. Angewandte Chemie International Edition, 2012, 51(40): 9994-10024.

[149] Manthiram A, Fu Y Z, Su Y S. Challenges and prospects of lithium-sulfur batteries [J]. Accounts of Chemical Research, 2013, 46(5): 1125-1134.

[150] Liu D, Zhang C, Zhou G, et al. Catalytic Effects in Lithium–Sulfur Batteries: Promoted Sulfur Transformation and Reduced Shuttle Effect [J]. Advanced Science, 2018, 5(1): 1700270.

[151] Shi H, Lv W, Zhang C, et al. Functional Carbons Remedy the Shuttling of Polysulfides in Lithium–Sulfur Batteries: Confining, Trapping, Blocking, and Breaking up [J]. Advanced Functional Materials, 2018, 28(38): 1800508.

[152] Tang H, Li W, Pan L, et al. A robust, freestanding MXene-sulfur conductive paper for long-lifetime Li-S batteries [J]. Advanced Functional Materials, 2019, 29(30): 1901907.

[153] Liang X, Garsuch A, Nazar L F. Sulfur cathodes based on conductive MXene nanosheets for high-performance lithium-sulfur batteries [J]. Angewandte Chemie International Edition, 2015, 54(13): 3907-3911.

[154] Jiao L, Zhang C, Geng C, et al. Capture and Catalytic Conversion of Polysulfides by In Situ Built TiO_2-MXene Heterostructures for Lithium–Sulfur Batteries [J]. Advanced Energy Materials, 2019, 9(19): 1900219.

 作者简介

陶莹，天津大学化工学院英才副教授，博士生导师。主要从事石墨烯及其他二维材料的凝胶化及表界面化学、碳基多孔材料及先进电化学储能器件等方面的研究。已在 *Adv. Mater.*、*Energy Environ. Sci.*、*Adv. Energy Mater.*、*Adv. Funct. Mater.* 等著名期刊发表高水平学术论文近 60 篇，被引用 3600 余次；主持国家级及省部级等项目 5 项；申请发明专利 30 余项，授权专利近 20 项。

尚童鑫，博士，上海师范大学师资博士后。主要从事碳载金属催化材料、新型二维材料 MXene 及超级电容器、锂硫电池等先进电化学储能器件的研究。至今在 *Adv.Mater.*、*Adv. Funct Mater*、*Nano Energy*、*Adv. Sci.* 等 SCI 期刊发表学术论文 20 余篇，其中 4 篇入选 ESI 高被引论文，获得国家自然科学基金青年项目、博后特别资助(站前)、博后面上项目的资助。

吕伟，清华大学副研究员，国家自然科学基金委优秀青年基金获得者。主要围绕碳基纳米结构的可控构建及储能应用开展研究，近年来聚焦于锂硫电池中正负极材料的结构设计和电化学性能优化。在 *Adv. Mater.*、*Adv. Fun. Mater.*、*Adv. Energy Mater.*、*Energy Environ. Sci.* 等国际著名期刊发表论文 160 余篇，被引用 11000 余次，H 因子 55，入选科睿唯安"全球高被引科学家（交叉学科）"，并为人民日报撰写科技前沿专版文章；获授权专利 40 余项，包括美国、日本和韩国专利 6 项。

杨全红，天津大学化工学院讲席教授，博士生导师。国家杰出青年科学基金获得者，教育部"长江学者"特聘教授，"万人计划"领军人才，科睿唯安"全球高被引科学家"和爱思唯尔"中国高被引学者"。从事碳功能材料、新型二维材料和先进电池研究，在致密储能和锂硫催化方面取得进展。获国家技术发明二等奖和天津市自然科学一等奖等奖项。担任 *Energy Storage Materials* 副主编，*Carbon* 和 *Science China Materials* 等 10 余份刊物的编辑和编委。发表 SCI 论文 200 余篇，被引用 25000 余次，H 因子 88。拥有中国和国际授权发明专利 40 余项。

第 8 章

从纳米发电机迈向碳中和的蓝色能源

王中林　王　杰　蒋　涛　程廷海

8.1 / 摩擦纳米发电机的研究背景

8.1.1 / 摩擦纳米发电机简介

能源问题已经成为制约一个国家或地区发展的重大瓶颈问题，解决能源危机已成为一项世界性的难题。但是，新能源产业的发展强烈地依靠新能源技术的创新发展。回顾世界能源技术发展史，基于法拉第电磁感应定律的电磁发电机，可以高效地将机械能转化为电能，这也标志着人类用电文明的开始。直到现在，主流的电能产生与获得方式仍然依赖于电磁发电机。

2012 年，王中林院士首次基于摩擦起电和静电感应效应发明了摩擦纳米发电机[1]，可以有效地收集自然界中各种来源的机械能量，为解决新时代分布式电子器件的能源供应提供了全新的范例。这一变革性的技术突破，有与传统电磁感应原理的发电机同等重要的意义和应用价值。由于传统电磁发电机的输出电流和电压均与频率的一次方成正比，所以其输出功率正比于频率的平方。因此在低频和低振幅条件下，电磁发电机具有极低的能量转换效率。而摩擦纳米发电机在低频下的输出电压与频率无关，所以它的输出功率正比于频率的一次方。因此，它是收集低频、低振幅机械能的一个高效且具有颠覆性的技术。

摩擦纳米发电机是利用介质材料的表面电荷在周期性外力作用下产生交变的电场驱动外电路电子周期性流动，从而对外产生电能的发电技术。因此，摩擦纳米发电机的理论根源与传统的电磁发电机有本质的区别。电磁发电机利用变化的磁场产生电流，采用洛伦兹力驱动电子在导体中定向传输，形成传导电流；摩擦纳米发电机利用表面极化电荷引起极化场的变化来发电，即通过内部介质极化变化产生的位移电流驱动外电路形成传导电流[2,3]。王中林院士通过在麦克斯韦方程组位移电流一项中引入介质极化变化产生的电流这一项（$\partial P_s/\partial t$，P_s为介质极化矢量，其主要是由于表面电荷的存在引起的，是独立于电场而存在的），为摩擦纳米发电机找到了理论源头。摩擦纳米发电机是麦克斯韦位移电流继电磁波理论和技术后在能源与传感方面的另一重大应用。对摩擦纳米发电机物理根源的理论阐释，是对麦克斯韦电磁理论的进一步补充。每一次新能源技术的突破，都带动着人类文明向前巨大迈进，我们有理由相信摩擦纳米发电技术将改变人类能源的现有格局，为人类文明进步带来巨大的推动力。

8.1.2 / 摩擦纳米发电机的战略意义

基于摩擦纳米发电机的独特优势，在以下四个方面的应用具有重大的战略意义。

① 微纳能源　随着世界逐渐进入以物联网、传感网络、大数据、机器人和人工智能等为代表的新时代，数以万亿计且广泛分布的电子器件对能源的需求和能源结构提出了新的挑战。据估计，到2025年全球将会有超过300亿个物体通过物联网连接起来，而用来监测物体位置、速度以及工作状态（如温度、湿度和压力等）的传感器数量将会是海量的。虽然每个传感器的功耗很小，通常在微瓦到瓦之间，但是所有传感器需要消耗的能量总和将会是巨大的。传统的火力发电、水力发电以及核能发电等方式是通过电缆将发电厂的电能传输到工厂、学校以及千家万户等固定的场所，这种供能方式是有序的、集中化的大能量供应，不适用于分布式电子器件的供能。目前主流的方式是采用电池对分布式电子器件供能，但电池寿命有限，大规模维护和更换会带来高昂的时间和人力成本，同时废旧电池也会带来环境污染问题。尤其是考虑到物联网时代的电子器件具有广泛分布且可移动的特点，单纯依靠传统的供能方式来实现电子器件的持续工作不是理想的解决方案。摩擦纳米发电机具有质量轻、体积小、材料选择广、结构简单、易安装、免维护等特点，且多样化的工作模式可以适应不同的工作场景，已经被证实能够将人体和环境中的机械能收集起来，实现电子器件和传感器的可持续工作，正是解决新时代分布式电子器件供能的理想解决方案。摩擦纳米发电机在收集环境低频机械能方面已经展现出了独特的优势，在植入式医疗、可穿戴电子以及物联网器件的供能方面潜力巨大。2019年，王中林院士提出了能量中"熵"的概念，指出人类活动是将集中的、有序的、高质量的化石能源向分布式的、无序的、低质量的能源转变，分布式的能量收集技术正是将这些高"熵"能源转换成电能，解决物联网时代日益增加的分布式电子器件的能源需求[4]。基于摩擦纳米发电机实现电子器件的自驱动化可以摆脱电源的制约，为新时代分布式电子器件的供能提供了新的范式，是未来物联网发展微小集成化、无线移动化、功能智能化的重要技术支撑。

② 自驱动传感　作为信息感知、获取的基本单元，传感器被广泛应用在各行各业，其中许多位于（超）远距离、狭窄或偏僻等人力难以控制的区域中，因此实现长时间、可持续且独立工作的传感器成为了当代传感器发展的必然需求。当前传感器大多依靠可移动式电源供

能，由于电源供能问题及布线困难等限制，其难以在自然环境下充分发挥作用。摩擦纳米发电机可以在机械激励下直接产生电信号，其输出信号能很好地反映机械激励变化，并对各种形式的机械运动均具备较好的适应性。因此，摩擦纳米发电机不但可用于微纳能源收集，还可用作自驱动传感器，即无须外部电源驱动，是一种实现自供电功能的新型传感技术手段。摩擦电式传感器具有形态多、成本低的优势，在人体运动/健康、生物医疗、人机交互、环境监测及基础设施安全等领域展现出广阔的应用前景。通过与信号处理和传输模块集成，可以进一步实现摩擦电式自供电系统的稳定运行和无线传感。基于摩擦纳米发电机的自驱动传感技术的提出，不仅推进了摩擦纳米发电机的实际应用与产业化实施，还将为我国传统产业转型与技术升级提供支撑，并有望推动当代经济结构调整和转型。

③ 蓝色能源　海洋覆盖了地球70%以上的表面，其中蕴藏着丰富且清洁的可再生能源，包括波浪能、潮汐能等。据估计，世界范围内的海洋能总量高达766亿千瓦，远远超过人类现今的能源需求。据估计，世界范围内开放海洋区的波浪能总量达300亿千瓦，是海洋能开发利用的重点方向。海洋能源若实现大规模商业化利用，将极大缓解我国能源供需紧张的形势，降低二氧化碳排放，带来能源格局的巨大变化。海洋能的有效利用将为"碳达峰、碳中和"的新时代能源提供有力支撑。目前，海洋能开发的主要技术路径是将海洋能转化为发电机装置中的机械能，经过传动装置的调理，进一步转化为电磁式发电机的动力而发电。此种路径技术复杂、效率低、维护和运行成本高、装置可靠性差，制约其大规模商业化开发利用和发展。而由位移电流所驱动的摩擦纳米发电机对于收集无序、低频海洋能源具有显著的优势，为海洋能高效开发利用带来了全新机遇和未来，有望构建划时代的智慧海洋，高效利用海洋能源、生物、矿场、水等资源，以及全方位获取辐射、污染、洋流、军事等重要信息，并为"碳中和"提供新的范式。

④ 高压电源　高压电源在各行各业都有广泛的应用，例如静电除尘、静电喷雾、静电杀菌以及无损检测和半导体的高压电源等。传统的高压电源依赖于复杂的升压电路才能实现高的输出电压，且兼具高电流的输出特点，在提供高电压的同时通常伴随着大量热能的产生并且存在安全隐患。摩擦纳米发电机的高电压、低电流特性使其可以作为新型的高压电源，并具有前所未有的便携性和安全性。基于摩擦纳米发电机的新型高压电源通常不需要复杂的电源转换器，可以极大地简化整个系统，且较低的电流对人员和仪器安全的威胁较小，在大幅减小高压电源体积的前提下，兼具轻巧、实用、方便且高效的优点。因此，开发基于摩擦纳米发电机的新型高压电源具有广阔的实际应用价值。在高端生物与化学分析仪器中，可控地产生定量的离子是实现高精度分析的前提，基于摩擦纳米发电机的新型高压电源可以充分利用高电压、小电荷量的优势，实现离子化过程的精确控制，在高灵敏度的纳库精度的质谱仪方面，已经显示出了巨大的应用前景。在废弃物回收和空气净化方面，基于摩擦纳米发电机的高压电源在汽车尾气过滤处理和室内外空气净化领域显示出了独特的优势，可以实现煤气、焦油的回收以及灰尘、雾霾等污染物的消除。基于摩擦纳米发电机的高电压产生空气负离子高效去除环境污染物正是这一应用中的典型代表。此外，基于摩擦纳米发电机的高压电源在自驱动静电纺丝、微流泵、微流控、微等离子体激发以及静电驱动等方面的应用潜力巨大。

开发基于摩擦纳米发电机的新型高压电源可以满足电子设备小型化、高效化和高性能化的新时代需求。

 ## 8.2 / 摩擦纳米发电机的研究进展与前沿动态

8.2.1 / 全球论文、研究情况统计

以摩擦纳米发电机为例，通过 Web of Science 核心合集数据库将 "triboelectric" 作为检索主题词进行检索查询，得到初步检索结果，共 5064 篇相关文章。在此基础上，选取文献类型为 "article" 和 "review" 的文章，共 4122 篇，利用人工对标题和摘要进行逐条筛选与甄别，剔除与摩擦纳米发电机研究不相关文章，对其近年来的相关研究性成果从论文信息角度开展统计，并对当前的全球研究现状进行分析。

统计数据截至 2021 年 7 月 1 日，摩擦纳米发电机相关期刊论文共计 3324 篇，总引用数 11 万余次，发表在超过 300 个科学期刊上，其学科研究方向从工程、化学、物理、材料科学、医学、能源环境、计算机等方面实现了多方向、全方位的覆盖性研究。图 8-1 对 3324 篇摩擦纳米发电机相关文章的年发文量、年引用量、发表刊物等各项信息进行了统计分析。从图中可以看出，2012 ～ 2020 年，摩擦纳米发电机相关研究的发文量和引用量呈指数趋势增加，从 2012 年的 6 篇和 23 次引用快速增加到 2020 年的 766 篇和 30142 次引用。另外，2021 年上半年发文量及引用量已同比超过往年平均水平，虽然受到疫情影响，但是其增长量依然保持稳步上升趋势。参考近年来相关信息可以预测，到 2021 年底摩擦纳米发电机相关研究发文量可能达到 900 余篇，年引用量甚至有望突破 4 万次。当前全球发文数量前三的期刊分别为 *Nano Energy*（877 篇）、*ACS Nano*（187 篇）和 *Advanced Functional Materials*（152 篇），其中部分突出性研究成果已发表在 *Nature*、*Science* 及其系列子刊（如 *Nature Communications*、*Science Advances*）等多个国际知名高水平学术期刊上，积极推动了摩擦纳米发电机在世界舞台上的深入发展。

另外，对开展摩擦纳米发电机相关研究的国家和地区情况进行了分析，当前已有来自全球 50 多个国家和地区，共计 6000 余名研究人员参与了摩擦纳米发电机的相关研究。图 8-2 对主要国家和地区的发文量情况进行了统计。发文数量前三的国家分别为中国（2071 篇）、美国（1034 篇）和韩国（584 篇）。其相关研究国家和地区覆盖范围大、地域分布广，以亚洲和北美洲为主要研究区域，并逐步涉及其他各大洲，目前在欧洲、非洲和大洋洲等地同样已有多个国家和地区参与到摩擦纳米发电机相关研究中。这表明了在国际上，摩擦纳米发电机这一研究已经得到了众多研究学者，甚至国家机构的广泛认同。

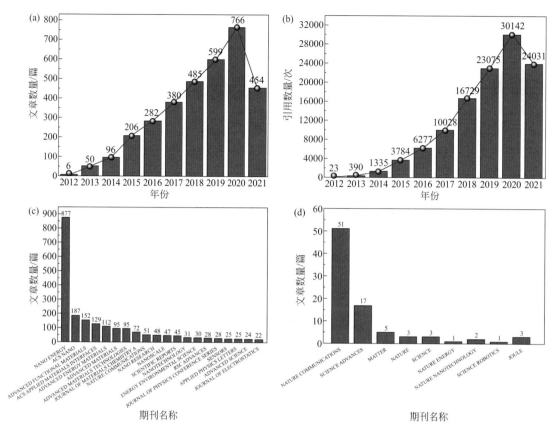

图 8-1　摩擦纳米发电机相关研究年发文量（a）；文献年被引频次（b）；主要发表刊物（发文量排名前二十）（c）；
高水平期刊发文量（d）

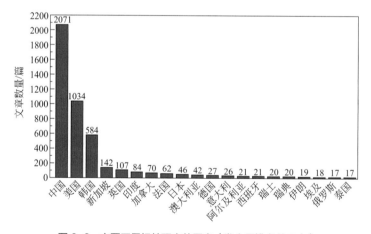

图 8-2　主要开展相关研究的国家（发文量排名前二十）

8.2.2 / 四大应用领域的研究进展

（1）微纳能源

摩擦纳米发电机的独特优势使得其可以作为微纳功率源，将生物体和环境中的机械能转换成电能，从而实现电子器件的完全自供能，为分布式电子器件的能源供应提供了潜在的解决方案。尤其在低频机械能收集方面，摩擦纳米发电机已经被证实具有高的能量转换效率，并成功用于自驱动心脏起搏器、自驱动电子皮肤、智能纺织品、自驱动电化学污染物治理、自驱动桥梁监测系统等，取得了一系列的研究成果。当前摩擦纳米发电机在微纳能源方面的应用主要可以分为以下三类：植入式电子器件的供能、柔性可穿戴电子器件的供能以及环境物联网电子器件的供能。

① 植入式电子器件的供能　植入式医疗设备通过使用监测 - 测试 - 处理单元和驱动控制来执行器官的功能。传统的植入式医疗器件主要是通过电池进行供电，患者需要面临电池更换时痛苦的手术。因此，植入式医疗器件需要一种安全可靠的新型能量供应方式来避免需要定期进行的外科手术。考虑到摩擦纳米发电机高的电压输出以及低频下极好的响应，它是将肌肉运动的能量转换成电能的理想选择。通过采用生物相容性的材料，结合良好的封装材料和技术避免生物流体对摩擦纳米发电机输出性能的影响，可植入式的摩擦纳米发电机能够实现稳定的工作，并成功驱动起搏器等电子器件。李舟与王中林院士团队[5] 提出了一种基于摩擦纳米发电机的植入式共生心脏起搏器，它可以从心脏跳动中获取能量，为起搏器自身提供电能，并在大型哺乳动物体内成功实现了能量收集、存储和使用［图 8-3（a）］。该共生心脏起搏器主要由植入式摩擦纳米发电机、电源管理以及心脏起搏器三个单元组成。其中能量收集部分为植入式摩擦电纳米发电机，其具有出色的柔性、良好的生物相容性、优异的稳定性和生物体内高功率输出性能等特点。放置于心脏和心包膜之间的摩擦纳米发电机能够很好地收集心脏跳动的能量，然后将电能存储在电容器中，最终用于植入式心脏起搏器的供电，实现了单次心脏跳动产生的电能可以驱动心脏起搏器工作一次，这对自驱动心脏起搏器迈向临床和产业化具有重要意义。最近，韩国 Sang-Woo Kim 团队[6] 提出了一种基于摩擦纳米发电机的超声能量收集技术，并将其用于植入式医疗装置。他们使用频率为 20kHz、输入功率为 $1W/cm^2$ 的超声波驱动植入式的摩擦纳米发电机产生电能来驱动植入式医疗电子器件［图 8-3（b）］。该摩擦纳米发电机采用金 / 铜作为电极，并以全氟烷氧基（PFA）膜为摩擦层，两者之间通过薄的垫片形成微小的间隙。当有外界振动发生时，PFA 薄膜将会与金属电极发生周期性的接触和分离，通过摩擦起电和静电感应的方式对外产生周期性的电能输出。因为这项研究的目的是开发一种外部充电装置，考虑到猪的组织与人体皮肤在解剖学和组成上比较相似，他们在猪的组织内对摩擦纳米发电机的输出性能进行了表征，结果表明在猪表皮向内 0.5cm 深处放置的摩擦纳米发电机，可以产生超过 2.4V 和 156μA 的输出信号，并且成功将可充电的锂离子电池充电到 0.7mA·h 的容量，为解决植入式医疗电子器件的可靠电力输送提供了可能。

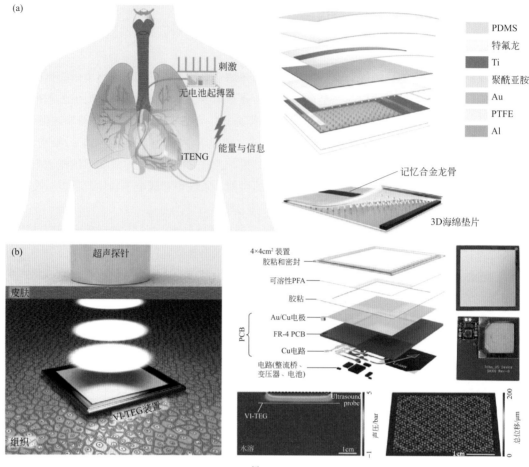

图 8-3　基于摩擦纳米发电机的共生型心脏起搏器[5]（a）；植入式摩擦纳米发电机用于超声能量收集[6]（b）

② 柔性可穿戴电子器件的供能　为了应用于人体、人机交互以及其他复杂的平面和场景，通常需要采用柔性或可变形的材料制作成形状自适应的器件或装置。除了使用柔性可拉伸的材料之外，织物本身良好的透气性、舒适性、结构柔性、机械稳定性以及适合低成本大规模生产等优势，在可穿戴电子器件供能方面展现出巨大的应用价值。在柔性可拉伸材料方面，已经开发了多种材料来满足实际应用对超拉伸、透明、透气、防水、自清洁、抗菌等特性的需求。王杰和王中林院士团队[7]通过采用硅胶（ECO-Flex 系列）作为介质层，硅胶与导电炭黑 / 碳纳米管复合物作为电极材料，实现了良好的柔性接触 [图 8-4（a）]。通过摩擦电极螺旋管状结构实现了碎片化结构提高接触有效性，其摩擦电荷密度接近空气击穿极限。将该柔性摩擦纳米发电机置于鞋内，从步行或慢跑中提取的能量可以为可穿戴电子器件（如电子手表和健康监测器件）提供持续的能量供应。智能纺织品将传统纺织工艺与摩擦纳米发电技术相结合，为解决可穿戴电子器件的供能问题提供了潜在的方案。新加坡李佩诗团队[8]提出了一种依靠皮肤触摸驱动的可水洗的织物基摩擦纳米发电机，通过采用疏水纤维素油脂纳米颗粒作为一种协同的电子捕获涂层，使得织物基摩擦纳米发电机在各种极端变形、水洗和环境曝光条件下仍然具有长期可靠性和高的摩擦起电性能，可以集成在衣服上收集人体运动的能量为可穿戴电子器件供电

[图 8-4（b）]。王中林院士团队[9] 提出了一种基于摩擦纳米发电机的形状可设计且具有高压缩回弹性的三维编织结构智能发电和传感织物 [图 8-4（c）]。这种三维编织智能发电和传感织物由外编织支撑框架和内轴芯柱组成三维空间框架柱结构，能够实现在压缩载荷卸除下的快速回复。该三维编织智能发电织物具有高的压缩回弹性，多样的截面形状（矩形、正方形、圆环形等），增强的电学输出性能（峰值功率密度为 $26W/m^3$），能够有效地将人体运动产生的机械能收集起来，为可穿戴电子器件供能并实现自驱动传感，是可穿戴机械能收集领域的重要研究进展。此外，王杰和王中林院士团队[10-12] 利用摩擦起电结合静电击穿效应，设计了直流电输出的摩擦纳米发电机，在不需要整流桥和能量存储单元的前提下可以为电子手表供电，为机械能的高效收集提供了新的思路 [图 8-4（d）]。相比于传统基于静电感应的交流摩擦纳米发电机，该直流摩擦纳米发电机具有独特的优势：不需要整流桥和能量存储单元、抗静电屏蔽和不受限于介质击穿，在机械能收集和自驱动传感方面应用前景广泛。基于此，王中林院士团队[13] 实现了织物基的直流摩擦纳米发电机，手指大小的织物基直流摩擦纳米发电机可以驱动 1053 个 LED 灯，是直流摩擦纳米发电机用于可穿戴产品能量收集的重要研究进展。

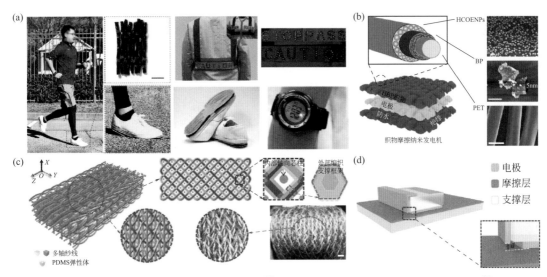

图 8-4　柔性摩擦纳米发电机用于人体机械能收集[7]（a）；全织物摩擦纳米发电机收集人体机械能[8]（b）；
三维织物摩擦纳米发电机用于人体机械能收集[9]（c）；新型直流摩擦纳米发电机[10]（d）

③ 环境物联网电子器件的供能　广泛分布的海量传感器对电能的需求提出了新的挑战，从环境中收集机械能实现电子器件的自供能是理想的解决方案。摩擦纳米发电机能够高效收集环境中的风能、流水能、雨滴能、振动能等形式的机械能，并可用于物联网电子器件的供能，例如水质控制与测绘、环境保护、野生防火、管道和桥梁等基础设施的监测，以及自驱动电化学污染物处理等。杨进和王中林院士团队[14] 通过采用摩擦纳米发电机收集波浪能，为分布式的传感单元供电，从而实现实时监测水质，如检测 pH [图 8-5（a）]。整个系统由摩擦纳米发电机、能量存储单元、传感器、数据处理与传输系统组成，该集成系统能够周期性地向中央数据接收平台发出信号。这一系统还可以扩展到陆地，通过收集环境中的风能为分布式的传感器供能，实现实时环境监测与环境保护。王杰与王中林院士团队[15] 设计了双模式的

摩擦纳米发电机，利用交直流信号类型的变化，实现精确的阈值报警功能［图 8-5（b）］。此外，交流摩擦纳米发电机产生的电能有望驱动无线传输系统，实时地将桥梁振动的参数输送出去，为未来构建高精度基础设施监测系统提供了方向。王杰与王中林院士团队[16]通过将摩擦纳米发电机和电化学系统结合起来，实现了完全自驱动的电化学重金属污染物治理以及电芬顿降解，为摩擦纳米发电机应用于自驱动电化学系统方面奠定了很好的基础［图 8-5（c）］。

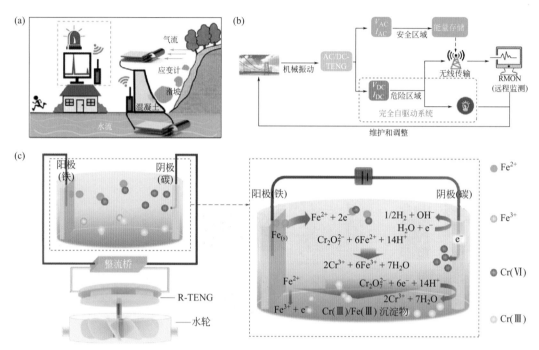

图 8-5　基于摩擦纳米发电机的环境监测系统[14]（a）；双模式摩擦纳米发电机实现完全自驱动基础设施监测[15]（b）；摩擦纳米发电机用于环境污染物治理[16]（c）

（2）自驱动传感 / 系统

摩擦纳米发电机在自驱动传感 / 系统方面的研究进展与前沿动态，主要应用方向可以分为物理传感器、可穿戴设备、生物医疗、人机交互、化学和环境监测、智慧交通和智慧城市、智能机器人以及智能纺织等研究领域[17]。

随着智能制造工业的发展，基于摩擦纳米发电机的机械运动传感器因其结构简单且灵活、集成度高、成本低而被学者广泛关注（图 8-6）。程廷海和王中林院士团队基于摩擦纳米发电机原理设计了多种可实现直线或旋转运动监测的摩擦电式机械运动传感器[18,19]，并且首次将编码器原理应用于摩擦电式传感器领域[20]，不仅在角度测量方面展示了一种新的原理，且大大扩展了摩擦纳米发电机作为自供能传感器的适用性。王中林院士团队将气溶胶喷射打印技术用于开发摩擦电式传感器，该传感器可实现高达 50μm 的分辨率[21]。同时，摩擦电式机械运动传感器在多维运动及加速度等方面也得到了快速发展[22-24]。多年来，大连海事大学徐敏义教授等人致力于摩擦电式传感技术在船舶与海洋工程领域的基础与应用研究，其与王中林院士团队合作提出的自供电水位传感器的精度可达 10mm[25]。此外，摩擦电式传感器用于其他流体监测方面也有大量的研究成果，如波能监测[26,27]、水流能监测[28,29]、液滴能监测[30,31]

和风能监测[32,33]等，对推动摩擦电式传感器在流体传感领域的发展具有重要意义。

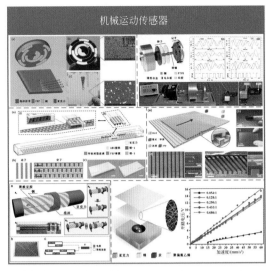

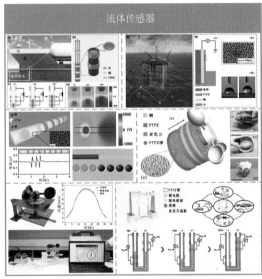

图 8-6　自驱动传感 / 系统在物理传感器方面的应用

　　基于摩擦纳米发电机的可穿戴设备是一种便携式信息管理的新方式，可直接穿戴或集成到用户的服饰中，用以俘获人体运动中的能量，如行走、奔跑、手势等（图 8-7）。从摩擦材料选择到发电结构设计，研究学者们已提出了多种便携式可穿戴设备[34,35]，以在不同的人体运动中有效地俘获生物力学能量，并达到监测人体信息的目的。另外，以摩擦发电原理为主，Husam N. Alshareef 和王中林院士等人提出了复合式智能监测手环，从而实现手部运动状态的自供电监测[36,37]。而脚作为人体中最活跃的部分之一，研究者们也开展了基于摩擦纳米发电机的智能鞋的研究，通过将摩擦纳米发电机嵌入鞋垫或鞋底中，从而对人行走过程中的能量进行收集及传感检测[38-40]。柔性可拉伸的摩擦纳米发电机是构建可穿戴自供电传感器的另一种设计方案。这种摩擦纳米发电机通常使用硅胶或聚二甲基硅氧烷封装电极材料，如碳纳米管[41]、银纳米粒子[42]、水凝胶[43]、液态金属[44]等。王中林院士制造了一种由混合弹性体和离子水凝胶组成的柔软的皮肤状摩擦纳米发电机，它能够同时实现生物力学能量收集和触觉感知[45]。

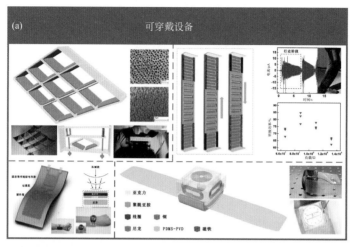

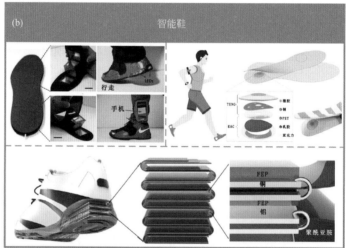

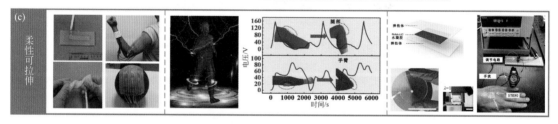

图 8-7　自驱动传感 / 系统在可穿戴设备方面的应用

在生物医疗领域，摩擦纳米发电机可根据安装方法分为外部粘贴摩擦纳米发电机和可植入摩擦纳米发电机（图 8-8）。研究发现由脉搏引起的人体微振动可以被摩擦纳米发电机感知收集，王中林院士团队创新地将接触起电效应与人体耳膜结构耦合，使其能连续监测人体动脉的低频脉搏[46]。其可提供 51mV/Pa 的灵敏度，压力检测限值低至 2.5Pa，快速响应时间小于 6ms，可用于测量 0.1 ~ 3.2kHz 的宽频率范围内快速变化的压力。另外，研究人员发现利用摩擦纳米发电机来获取心跳能量也可以开发为可植入的主动传感器，用于连续监测心率等多种生理和病理体征[47,48]。身体运动引起的潜在拉伸也同样引起了研究者的关注。通过组装蛇形图案电极和波浪形结构的 Kapton 膜制造的柔性摩擦纳米发电机可以在拉伸和压缩模式下工作[49]。当贴合在人体皮肤上时，它可以用来监测关节和肌肉的轻微运动。此外，摩擦纳米发电机在睡眠监测及生物理疗等方面也开展了智能应用研究[50-53]。

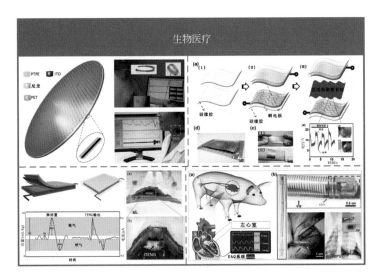

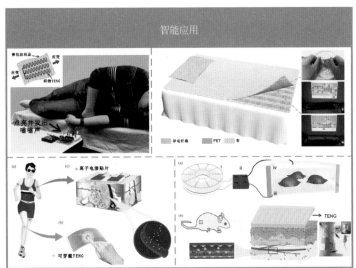

图 8-8　自驱动传感 / 系统在生物医疗方面的应用

人机交互是指使用各种技术来设计和实现用户与机器之间的连接及反馈，摩擦纳米发电机在人机交互领域的应用包括声音拾取、轨迹感测、无线遥控和智能键盘（图 8-9）。王中林院士团队提出了一个具有卷绕结构的纸基摩擦纳米发电机，并作为自供电麦克风被展示用于没有角度依赖性的声音记录[54]。另外，王中林院士团队还提出了一种基于自供电且具有高分辨率的摩擦纳米发电机矩阵，灵活的 16×16 像素化摩擦纳米发电机矩阵显示分辨率为 5dpi，可以实现实时多点触觉轨迹映射[55]。基于摩擦纳米发电机设计一种集成在腕带中的触摸传感器，可以检测人体指尖的触摸并输出脉冲信号，以实现无线家电遥控[56]。同时，考虑到眼角周围皮肤的机械微动作为触发信号源，重庆大学胡陈果教授团队与王中林院士团队合作，将机械感应摩擦纳米发电机安装在一副普通眼镜上，可以作为一种工具帮助患有"闭锁综合征"的人与世界交流[57]。另外，键盘作为人机交互和信息交换中最常见、最有效的设备，基于摩擦纳米发电机的智能键盘可通过击键状态来分析用户行为，从而建立智能安全系统[58,59]。这种新型系统在计算和金融行业的应用前景广阔，进一步增强了网络安全。

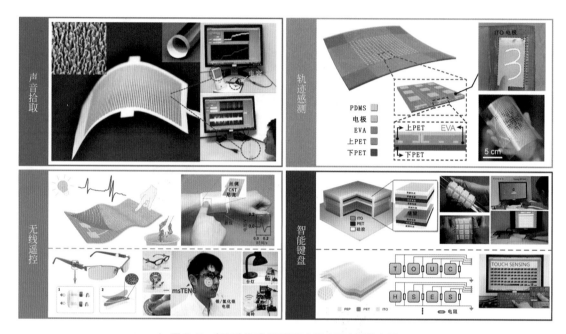

图 8-9　自驱动传感 / 系统在人机交互方面的应用

摩擦纳米发电机除了用作化学传感器的电源外，还可直接开发为主动式气体传感检测器（图 8-10）。通过改变表面材料的摩擦带电行为，摩擦纳米发电机可用于 H_2[60]、苯酚[61]、Hg^{2+}[62]等气体参数的检测。在氟化乙烯丙烯管周围使用铜电极并放置两个双侧固定的电刷，这种传感器设计适用于液体成分和水分含量分析中的化学检测[63]。另外，可基于摩擦纳米发电机构建环境监测传感系统，用于监测水温、水质、湿度、氧气浓度及森林火灾等，是实现环境监测传感器自供电、免维护的有效方法[64,65]。

基于摩擦纳米发电机的出色性能，可推进其在智慧交通及智慧城市等方面的智能应用（图 8-11）。其中，车辆安全系统不断增长的需求推动了对汽车电子设备自供电、耐用和稳定性的研究，由聚合材料制成的摩擦纳米发电机可直接安装在轮胎内，以监控轮胎状况[66,67]。该传感器在轮胎气压监测系统中的应用是智能汽车发展的重要一步。同时，驾驶员行为状态监测是保证交通安全的重要途径，摩擦纳米发电机附着在油门、刹车、安全带甚至驾驶员眼睛周围，采集驾驶行为参数，可用于驾驶员行为监测分析[68,69]。另外，王中林院士团队在摩擦纳米发电机用于智能家居及智能体育等传感技术方面也做了大量研究，以改善智能城市中的自供电传感技术[70,71]。将摩擦纳米发电机集成到乒乓球桌中，作为构建自供电边球判断系统和落点分布统计系统的基础[72]，可为裁判员和运动员提供实时的比赛帮助和训练指导。这项工作将促进摩擦纳米发电机在智能体育监控和辅助方面的应用，推动大数据在智能体育行业的发展。

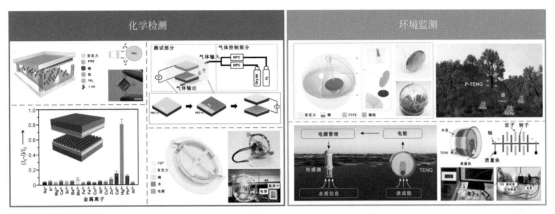

图 8-10　自驱动传感 / 系统在化学和环境监测方面的应用

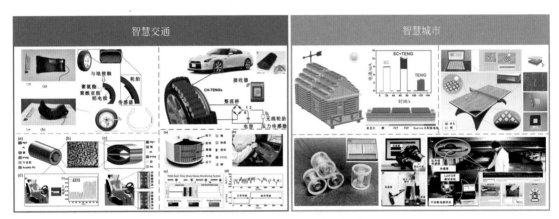

图 8-11　自驱动传感 / 系统在智慧交通和智慧城市方面的应用

摩擦纳米发电机在机器人领域的应用主要集中在自驱动传感和高压驱动方面（图 8-12）。王中林院士团队设计了一种可拉伸摩擦电 - 光智能皮肤，通过集成实现了机器人手的多维触觉和手势感测，并对关节弯曲的不同手势做出反应[73]。另外，通过将摩擦皮肤集成到软体机械手中，提升了软体机器人执行各种主动感知和交互任务的能力，例如主动感知它们的工作状态、肌肉运动等[74]。针对机器人另一种信号获取方法集中在听觉系统，提出了一种基于薄膜摩擦纳米发电机的自供电听觉传感器，用于构建智能机器人用中外部助听器的电子听觉系统[75]。

通过编织或针织技术将摩擦纳米发电机引入纺织品，为智能纺织的发展注入新的活力（图 8-13）。基于纤维的摩擦纳米发电机可直接用于构建自供电传感器，最常见的单个设计结构是同轴和核壳结构。根据工作模式的不同，分别就单电极和接触 - 分离两种模式进行深入研究。单电极模式的纤维摩擦纳米发电机的常见设计是由内部光纤电极和围绕电极以保护电极的外部电介质层包层组成[76,77]。接触 - 分离模式的纤维摩擦纳米发电机通常被设计为芯壳结构[78,79]，以在它们之间提供间隙，这是确保接触 - 分离过程的关键特征。除了使用金属丝甚至镀银纤维，通过"浸渍和干燥"方法使用自制碳纳米管油墨涂覆多壁碳纳米管的棉线也可以用作纤维电极[80]。另外，在智能织物传感方面也进行了相应研究，根据结构特征、制造方法和操作模式，织物摩擦纳米发电机可分为以下几种主要类型：织物成形结构、多层织物堆叠结构、横向滑动模式结构和纳米纤维网状或涉及织物的膜状结构。基于摩擦纳米发电机的智能织物具有使用寿命长、重量轻、透气性好、可清洗和柔软易变形的特点[81,82]，非常适用于面向人类运动的新一代可穿戴式自供电传感器。

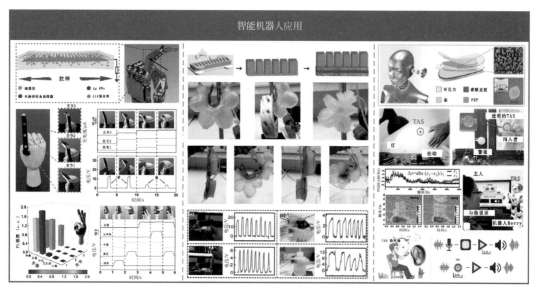

图 8-12　自驱动传感 / 系统在智能机器人方面的应用

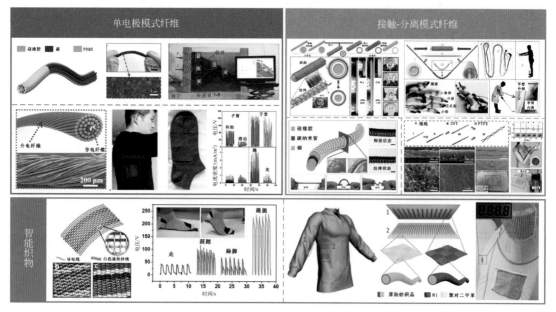

图 8-13　自驱动传感 / 系统在智能纺织方面的应用

（3）蓝色能源

海洋蓝色能源技术的基本思想是利用密闭封装的摩擦纳米发电机单元组成发电机网络，布撒于海面及水下一定深度，由摩擦纳米发电机将海洋波浪能转换为电能。各单元的电能汇聚起来，能形成巨大的能量，如图8-14所示[83]。据理论测算，1平方公里的海面上能产生几十兆瓦级的电能，而且进一步发展的潜力远大于此。基于摩擦纳米发电网络的技术路径有可能解决海洋能量利用的重大课题，具有成为新兴战略前沿方向的潜力，为打造智慧海洋提供技术支撑和应用示范。

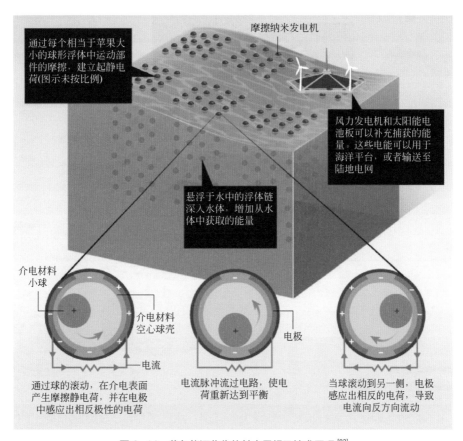

图 8-14　蓝色能源收集的基本思想及技术原理[83]

自蓝色能源概念提出以来，在波浪能摩擦纳米发电方向，当前已取得一定进展，已完成原理验证。主要可以分为以下几个方面：

① 波浪能摩擦纳米发电机的结构设计与性能优化　设计发展了多种收集波浪能的发电机结构，主要分为密闭防水结构和液固界面摩擦结构两类。其中，密闭防水结构包括壳球结构[84]、波纹电极结构[85,86]、三维电极球形结构[87]、气压驱动薄膜结构[88]、弹簧辅助结构[89]、内置钟摆结构[64,90]、双线摆结构[91]、浮标结构[92,93]、单摆和不倒翁耦合结构[94]等（图8-15）。例如，王杰和王中林院士团队设计了双线摆结构的摩擦纳米发电机，基于软接触、超薄和微纳表面结构的介电材料以及多层结构的合理空间利用率，实现了200W/m³的超高功率

密度，在低频水波驱动下，产生 34.7W/m³ 的功率密度，并且双线摆具有在低频波浪下产生更高运动频率的特性，可以大幅提高波浪能的收集效率[91]；该团队设计的单摆和不倒翁耦合结构发电机实现了全向全频段波浪能的有效收集[94]；葡萄牙的 Ventura 教授团队和韩国的 Jung 教授团队分别制备了浮标结构的集成发电机[92,93]，根据浮体的水动力特性获得最优的器件结构，开辟了纳米发电机海洋应用的新视野。

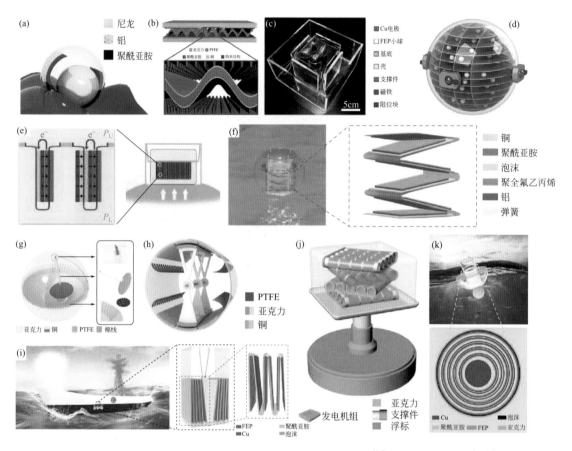

图 8-15　基于密闭防水结构的收集波浪能的摩擦纳米发电机器件：壳球结构[84](a)；波纹电极结构[85,86]（b）、（c）；三维电极球形结构[87](d)；气压驱动薄膜结构[88](e)；弹簧辅助结构[89]（f）；内置钟摆结构[64,90]（g）、（h）；双线摆结构[91]（i）；浮标结构[93]（j）；单摆和不倒翁耦合结构[94]（k）

在液固界面摩擦的波浪能收集方面，朱光和王中林院士团队利用液固界面的摩擦电荷不对称屏蔽效应制备了可以与水波直接作用的摩擦纳米发电机[95]；杨希娅和 Daoud 教授团队利用疏水介电薄膜与水的摩擦制备了水箱式发电机，用来收集较宽频率范围内的水波能[96]；潘曹峰研究员团队制备了类似浮标的液固接触纳米发电机，可收集多种形式的低频水波振动能量[97]；新加坡的 Chengkuo Lee 教授团队提出了三维球形水基摩擦纳米发电机，可收集随机方向的能量[98]。王钻开教授团队制备了一种从冲击水滴中收集能量的发电机，采用了类场效应晶体管的结构设计，使产生的大量电荷得以快速转移，仅仅一个 100μL 的水滴从 15cm 的高度撞击到器件表面，即可产生 140V 的电压、200μA 的电流[31]；随后，设计了一种基于体效应的波浪能收集固液界面发电机，通过外置 3D 电极的设计突破了表面效应的限制，可以获得 4mA 的电流输出[99]。相关的器件结构如图 8-16 所示。

除了波浪能发电机的结构设计，目前已有多种方法对发电机器件的性能进行优化。王中林院士团队将弹簧结构引入波浪能发电机中，将低频水波运动转化成高频振动，转化的电能和能量转化效率提高了 1.5 倍[89]；利用真空环境和铁电材料将可输出摩擦电荷密度提高了一个数量级，最大输出功率密度提高了两个数量级[100]；利用电荷泵浦技术在普通环境条件下，实现了 $1.02mC/m^2$ 的有效表面电荷密度[101]；利用软接触球形结构增加接触面积，大大提高了发电机的输出性能，其最大转移电荷与传统的硬接触球形发电机相比，提高了 10 倍[102]；使用钟摆及柔性毛刷结构，提高发电机的输出频率、效率和耐久性，能量转化效率达到 29.7%[103]；利用电荷穿梭原理使发电机达到 $1.85mC/m^2$ 的有效表面电荷密度[104]。

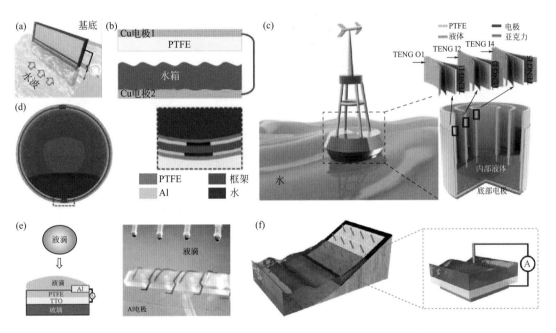

图 8-16 基于液固界面摩擦的波浪能收集器件结构：基于液固界面摩擦电荷不对称屏蔽效应的摩擦纳米发电机[95] (a)；基于疏水介电薄膜与水摩擦的水箱式发电机[96](b)；类似浮标的液固接触纳米发电机[97](c)；三维球形水基摩擦纳米发电机[98](d)；类场效应晶体管结构的水滴能量收集发电机[31](e)；基于体效应的波浪能收集固液界面发电机[99]（f）

② 波浪能摩擦纳米发电单元的网络连接与系统集成　基于摩擦纳米发电机单元的阵列化集成，构建纳米发电机的网络装置，可以收集较大范围内的海洋蓝色能源。目前已构建了几种摩擦纳米发电机的网络，并展开了水波驱动下的输出性能优化研究。王中林院士团队基于拱形发电机的格子状单元建立了小型的发电网络，实验测试和理论计算表明基于此网络，在每平方公里的海域可以产生兆瓦级的输出功率[105]；基于壳球结构发电单元的网络设计取得重要进展，阐明网络连接方式在波浪能收集中的功能及作用，为大范围收集波浪能提供了初步的方案[106]。构建了内置弹簧、钟摆结构及圆环结构的纳米发电机网络，将水波能转化成电能，

成功地为小型便携式电子设备供电[103,107,108]；基于三维电极 - 小球结构发电单元，构建了 18 个单元的示范网络，可以有效收集水波能，实现了 9.89mW 的平均功率，平均功率密度为 2.05W/m³，可用于自驱动传感和无线信号传输[87]。在广西北部湾海域对该小球网络进行了海洋波浪环境实测，验证了该发电网络在真实海况中的发电能力。相关的研究工作进展如图 8-17 所示。

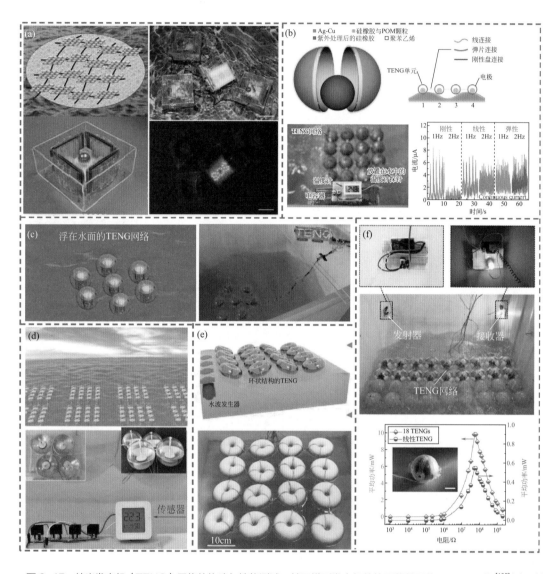

图 8-17　纳米发电机（TENG）网络的构建与性能测试：基于拱形发电机的格子状单元的 TENG 网络[105](a)；基于壳球结构发电单元的 TENG 网络[106](b)；内置弹簧结构的发电机网络[107](c)；内置钟摆结构的发电机网络[103](d)；圆环结构的发电机网络[108](e)；基于三维电极 - 小球结构单元的发电网络[87]（f）

③ 复合式发电机及复合能源采集技术　为最大限度地综合利用各种形式的能源或能源技术，提高能量转化效率，设计了摩擦纳米发电机和其他能源收集方式结合的复合发电机，例如，将摩擦纳米发电机与太阳能电池、风力涡轮结合收集复合能源，面向复杂场景的应用时，可充分发挥各种技术的优势和特点；也可以将摩擦纳米发电机与电磁发电机结合，构建复合

发电机共同收集海洋蓝色能源（图 8-18）。郭恒宇与王中林院士团队研发了一种基于摩擦纳米发电机和电磁发电机的复合系统，可以收集海洋的波浪和洋流等运动能量[109]，后续该团队设计了同心筒状器件结构，可以收集较宽频率范围的波浪能[110]。赵波和张保成教授团队报道了一种用于点吸收式波浪能收集的多层软毛刷摩擦 - 电磁复合发电机[111]，软毛刷结构显著提高了器件的发电性能和耐久性，单向传动机构易于实现发电机的持续、高性能输出，全封闭磁耦合驱动方式方便实现复合发电。蒋涛与王中林院士团队基于兔毛刷和摆动结构构建了高性能的软接触式摩擦 - 电磁复合发电机，一次水波触发后每个模块可以输出至少 60 个电流脉冲，提高了发电机的输出频率[112]。

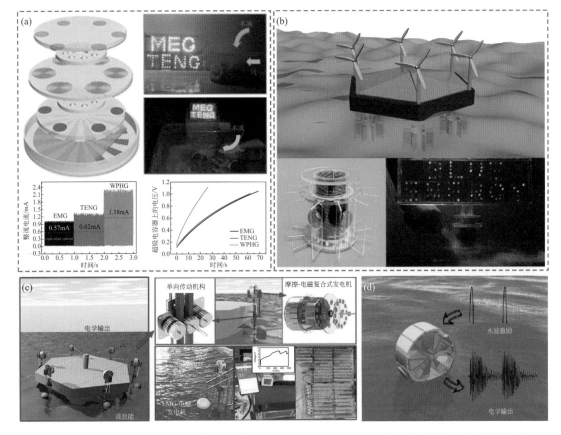

图 8-18　收集波浪能的摩擦纳米发电机和电磁发电机复合的发电机系统：同时收集海洋的波浪能和洋流能等能量的摩擦－电磁复合系统[109](a)；同心筒状的摩擦－电磁复合发电机[110](b)；点吸收式收集波浪能的多层软毛刷摩擦－电磁复合发电机[111](c)；基于兔毛刷和摆动结构的软接触式摩擦－电磁复合发电机[112](d)

④ 波浪能纳米发电网络的能量管理　张弛和王中林院士团队提出了一种针对摩擦纳米发电机的通用型电源管理策略，并研制了电源管理模块。基于该模块，摩擦纳米发电机 85% 的能量可以实现自主释放，降压后可在负载电阻上得到平稳持续的电压输出[113]。利用该电源管理模块，实现了波浪能纳米发电网络输出能量的有效管理，给电容器充电时储存能量提高 96 倍[107]。并且设计了针对 TENG 的电荷激励电路，集成后在水波激励下单球输出电流提高 208 倍，达到 25.1mA，功率达 25.8mW。通过对 7 个电荷激励球形发电机的阵列进行能量管理，

可实现阵列与手机的无线通信[114]（图 8-19）。同时开展了摩擦纳米发电机 - 管理 - 储能一体化能源包的系统研究。

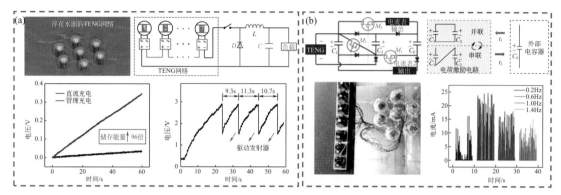

图 8-19　波浪能纳米发电网络能量管理的相关结果：基于电源管理模块的纳米发电网络输出能量的管理[107](a)；基于电荷激励电路的发电阵列的能量管理[114](b)

⑤ 海洋环境的自驱动系统应用　曹霞和王中林院士团队利用摩擦纳米发电技术，基于海洋能构筑了新型的自驱动海水淡化系统、海水制氢系统、污水处理系统、杀菌灭藻系统的原型[115,116]，实现海洋能的就地应用展示；何志浩教授团队基于摩擦纳米发电机阵列，设计了一种低成本的、高效的波浪能驱动的电化学二氧化碳还原系统，用于生产液态燃料[117]；高书燕教授团队利用摩擦纳米发电机供能，通过碳基阳极表面产生的活性氯对有机污染物甲基红进行分解，去除水中的污染物，并利用发电机产生的电能实现氨基偶氮苯的自驱动电化学氧化，提供了一种自驱动电化学染色污水处理的方法[118,119]。相关的研究进展如图 8-20 所示。

（4）高压电源　　　···

摩擦纳米发电机的高电压、低电流特性使其可以作为新型的高压电源，并具有前所未有的便携性和安全性。基于摩擦纳米发电机的高压电源通常不需要复杂的电源转换器，大大降低了系统的复杂度和成本，并且较低的电流对人员和仪器安全的威胁较小。摩擦纳米发电机的高压应用主要在以下几个方面取得重要进展。

首先，利用摩擦纳米发电机成功实现了纳电喷雾离子化，应用于高灵敏度纳库精度的质谱仪[120]。摩擦纳米发电机不仅提供了高电压，还提供固定电荷量对离子化过程实现前所未有的控制。通过摩擦纳米发电机的驱动，离子脉冲的持续时间、频率、带电性都可以得到有效控制，并实现了最小化的样品消耗。摩擦纳米发电机的微量电荷避免了质谱分析中直流高电压下常见的电晕放电现象，从而首次实现了超高电压（5 ～ 9kV）纳电喷雾，提高了在低浓度下的电喷雾离子源的灵敏度。其次，摩擦纳米发电机的高压特性被应用于汽车尾气过滤处理和室内外空气净化领域。由振动颗粒和电极板组成的自驱动摩擦电过滤器，可用于汽车尾气的过滤，利用汽车尾气管的自身振动，可对 $PM_{2.5}$ 实现 95.5% 的过滤效率[121]。利用聚合物织物制成的可水洗的多层摩擦电过滤器通过两种织物的相互摩擦对 $PM_{0.5}$ 和 $PM_{2.5}$ 实现 84.7% 和 96.0% 的过滤效率[122]。该摩擦电过滤器经过洗涤剂清洗后，过滤效率没有太大的改变，可见其可用于制备高效的可重复使用的口罩。这方面的技术已实现成果转化，相关的空气净化产品已上市。

之后，摩擦纳米发电机的高压还被用于静电驱动[123,124]。例如，摩擦纳米发电机驱动的基于介电弹性体的静电驱动系统可以调节智能开关的开/关状态或可调光栅的间距；利用摩擦纳米发电机电压提供的库仑力可以调控水滴和固体颗粒等微小物体的运动；构建了自驱动的微流控传输系统。另外，摩擦纳米发电机还可以用来驱动很多其他高压过程，例如静电纺丝、电子场发射和微等离子体等。将摩擦纳米发电机与等离子体源集成，获得仅由机械刺激驱动的大气压等离子体，继而提出摩擦电微等离子体的概念[125]。相关的研究进展如图 8-21 所示。

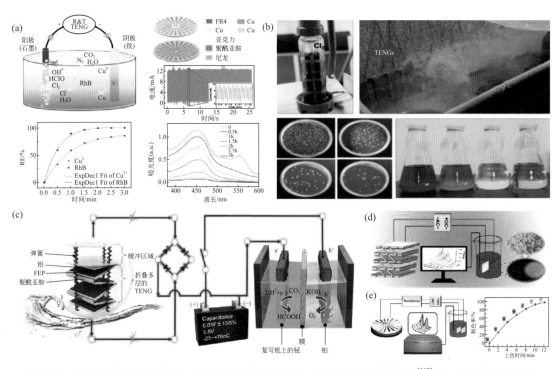

图 8-20　海洋环境的自驱动系统应用原理示意图和相关结果：自驱动的污水处理系统[115](a)；自驱动杀菌灭藻系统[116](b)；波浪能驱动的电化学二氧化碳还原系统[117](c)；碳基阳极表面活性氯的有机污染物甲基红分解[118](d)；氨基偶氮苯的自驱动电化学氧化[119](e)

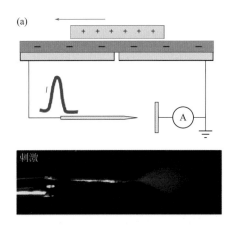
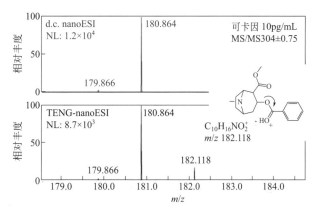

图 8-21

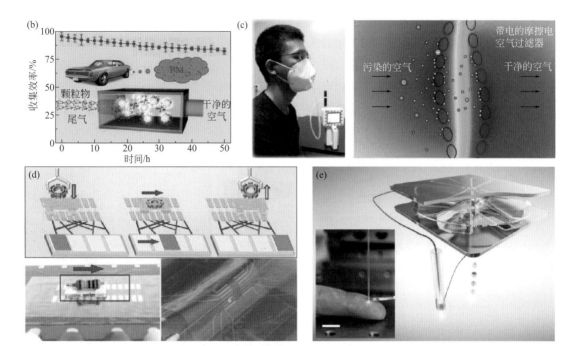

图 8-21　摩擦纳米发电机用作直接高压电源的应用进展：摩擦纳米发电机应用于高灵敏度纳库精度的质谱仪[120](a)；用于汽车尾气过滤处理[121](b)；可水洗的织物基摩擦电口罩[122](c)；用于静电驱动[124](d)；用于驱动微等离子体[125](e)

8.3　我国在该领域的学术地位及发展动态

8.3.1　论文、专利统计数据

　　由图 8-2 可以看出，截至 2021 年 7 月 1 日，我国在摩擦纳米发电机研究方面已发表相关期刊论文 2071 篇，约占全球发文总量的 62%，是全球发表相关研究论文最多的国家，奠定了我国在摩擦纳米发电机研究方面的重要地位。另外，作为研究成果保护及体现的首要途经，知识产权是当前知识经济的一个重要特征，而专利作为研发前景和创新价值的直接体现，是衡量其研究方向发展水平的一个重要指标。通过检索中外专利数据库，统计分析了 2006～2020 年间摩擦纳米发电机相关研究在全球的专利公开数量及主要申请国家和机构（图 8-22）。可以发现，从 2006 年开始摩擦纳米发电机的核心技术就已经实施了全球专利布局。经过多年的发展，摩擦纳米发电机技术逐渐趋于成熟，同时随着对知识产权保护意识的增强，到 2020 年，全球专利年公开数量已高达 700 余项，其相对于 2006 年专利年公开数量已实现上百倍的增长。目前，全球申请并公开摩擦纳米发电机相关专利共计 3992 项，形成了摩擦纳米发电机相关研究的专利保护池，构建了领域核心技术壁垒。而我国作为摩擦纳米发电机主要研究国家，无论从技术研发还是科研产出上均具有代表性成果，其专利申请数量位列全球第一，共计 2319 项。其余专利申请主要以美国（652 项）和韩国（429 项）为代表。另外，有许多国际著名企业同样开展了相关前沿技术研究，有效助力了摩擦纳米发电机核心技术的发展，进一步提升了其在国际上的影响力。从上述分析不难看出，我国对摩擦纳米发电机的研究已经处于世界绝对领先水平。

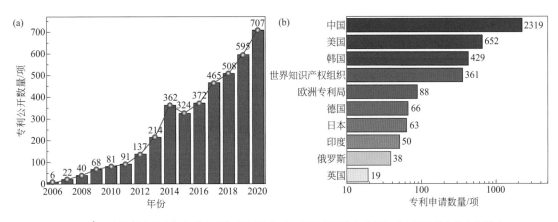

图 8-22　摩擦纳米发电机相关专利年公开量（a）；主要申请国家或机构（申请量排名前十）（b）

 研究机构情况

以王中林院士为领头人，北京纳米能源与系统研究所为引领机构，经过多年的发展，摩擦纳米发电机获得了越来越多研究学者和机构的关注和认可。目前全球有超过 50 个国家、900 多家科研院所和研究机构从事摩擦纳米发电机的相关研究工作，其主要涉及中国、美国、韩国和英国等多个在科技研究以及技术产品创新方面具有影响力的国家。通过期刊论文及专利相关统计数据可以看出，我国在摩擦纳米发电机研究领域占据了重要地位，同时我国科研人员对摩擦纳米发电机的研究也做出了巨大贡献。国内开展相关工作的其他单位主要有：重庆大学、广西大学、北京大学、浙江大学、清华大学、哈尔滨工业大学、华中科技大学、西安交通大学、上海交通大学等数十所 985/211 高校及以兰州化学物理研究所、中科院半导体研究所为代表的多家科研所。

8.4 　作者在该领域的学术思想和主要研究成果

摩擦纳米发电机可作为可持续的微/纳功率电源用于微小型设备的自供电，以及自驱动传感器、新型高压电源，也可以作为基础网络单元，在低频下收集海水运动能量直至实现无污染蓝色能源的伟大梦想。从微观尺度的能源收集到宏观高能量密度的发电，从微小的机械振动到浩瀚的海洋，纳米发电机能源系统为实现集成纳米器件和大规模能源供应打下了坚实的理论和技术基础，并将应用于物联网、卫生保健、医药科学、环境保护、国防安全乃至人工智能等诸多领域。摩擦纳米发电机的广泛应用可大大减少二氧化碳的排放，为"碳达峰、碳中和"做出重要的贡献。

作者王中林院士团队开创了纳米能源和自驱动系统领域，在能源、材料等领域做出了原创性贡献，对现代物理学特别是电学理论方面做出了一定贡献。具体表现为：发明了压电/摩擦纳米发电机，并首先提出了自驱动系统和蓝色能源的重大原创概念，为微纳电子系统的发展、物联网、传感网络和人类未来的能源开辟了新途径。创立了压电电子学和压电光电子学两大学科，对纳米机器人、人-电界面、纳米传感器、医学诊断及光伏技术的发展具有重要的意义。在纳米能源与自驱动系统领域的主要研究成果如下：

① 发明了压电纳米发电机，开创了自驱动系统领域。作者王中林 2006 年通过收集氧化锌纳米线阵列的微小机械能而发明了压电纳米发电 [126]，开创了纳米能源与自驱动系统的研究领域，使通过纳米材料和纳米器件从周围环境中高效收集能量成为可能，该领域在传感器网络、移动电子和物联网等方面有着重要的应用。

② 发明了用于分布式能源（高熵能源）收集的摩擦纳米发电机。作者 2011 年发明了摩擦纳米发电机 [1]，在此之前，机械能收集主要依赖于法拉第 1831 年发明的电磁发电机（EMG）。EMG 对高频机械运动（如 10 ～ 60Hz 以上）更加有效，在低频下其输出非常低。随着物联网和人工智能时代的到来，分布式能源（高熵能源）变得越来越重要。在环境中的低频机械能收集方面，摩擦纳米发电机比 EMG 表现出显著的优势。基于接触起电和静电感应的摩擦纳米发电机的能量转换效率可达 50% ～ 85%，最大输出功率密度可达到 500W/m²。摩擦纳米发电机可以从多种来源中获取能量，在便携式电子、生物医学、环境监测的自驱动系统，甚至大尺度能源上具有重要应用。

③ 开发了复合能源包。设备的可持续运行通常不仅仅依靠一种能量来实现，作者首先提出了用一个装置同时收集两种及以上不同类型能量的想法，并于 2009 年在实验中开发了可以同时获取机械能和太阳能的复合能源包 [127]。除了多种类型的能源外，复合能源包还包括使用两种不同方法来收集同种能源的情况。

④ 发明了热释电纳米发电机。热电效应是沿着热电材料施加温度梯度来发电的物理效应。在压电材料中，温度随时间变化也可以引起介质极化，从而发生能量转化，即热释电效应。作者 2012 年基于热释电效应制备了第一台热释电纳米发电机 [128]。

⑤ 开创了蓝色能源领域。摩擦纳米发电机已经被证明适合收集低频下的水波能量，而采用传统的电磁发电技术几乎是不可能的。作者 2014 年提出了蓝色能源的构想，即利用数百万个摩擦纳米发电机单元组成漂浮在水表面的摩擦纳米发电机网络，进行大规模的波浪能采集 [129]。这种能源相对于其他能源表现出明显的优势，因为它对天气和气候条件的依赖性很小。如果单个摩擦纳米发电机单元能产生 10mW 的功率，理论上预计相当于佐治亚州面积的海面、10m 深的水，产生的总电力为 16TW，可以满足世界的能源需求。这一技术方案开启了大规模蓝色能源的新篇章。

⑥ 扩展了麦克斯韦方程，建立了纳米发电机的理论框架。1861 年，麦克斯韦提出了位移电流第一项 $\varepsilon \partial E/\partial t$，从而推导出了电磁波理论，电磁感应现象催生出了天线广播、电视电报、雷达微波、无线通信和空间技术。作者 2016 年首次揭示了纳米发电机的理论根源是位移电流，它是位移电流在能源与传感方面的重大应用 [2]；2017 年在位移电流中添加包含非电场引

起的极化的第二项 $\partial P_s/\partial t$，奠定了纳米发电机的基础[3]；2019 年通过引入 P_s 项修正了麦克斯韦方程组，建立基于经典电动力学第一性原理的纳米发电机整体理论框架（如图 8-23 所示）[130]。

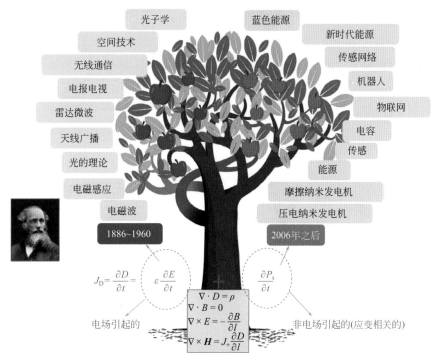

图 8-23　用于描述重新修改的麦克斯韦位移电流的"树"的思想[130]

⑦ 揭示了接触起电的起源。数十年来，学术界关于固体材料之间接触起电中载流子是电子、离子还是带电材料这一问题一直存在争议。最近，作者论证了电子转移是两种固体间接触起电的主要过程。通常，当两种材料的原子间距小于键长（通常约为 0.2nm），即在排斥力区域时，电子转移就会发生。作者提出了一种用来解释接触起电的通用电子云重叠模型，即"王氏跃迁"模型（如图 8-24 所示）[131-133]，该模型可推广到液 - 固、液 - 液，甚至气 - 液接触起电的情况。在液固接触起电中，作者提出了同时考虑电子转移和离子吸附的"王氏混合双电层"模型[133-135]。

⑧ 提出新时代能源和能源利用的熵的思想。物联网、传感网络、大数据、机器人和人工智能的新时代，对小型、移动式和分布式能源的需求量巨大，实现"自驱动"势在必行。作者于 2017 年提出了"新时代能源"的概念，用于区分分布式能源和熟知的新能源[3]。2019 年提出了物联网时代能源分布与利用的熵理论[4]。从发电厂产生的"有序的"能源是固定场所"有序的"能源利用和一部分"无序的"分布式能源利用的主要来源，而从环境中收集的"无序的"能源主要用来解决分布式单元的能源问题。这是能源收集领域的发展方向。

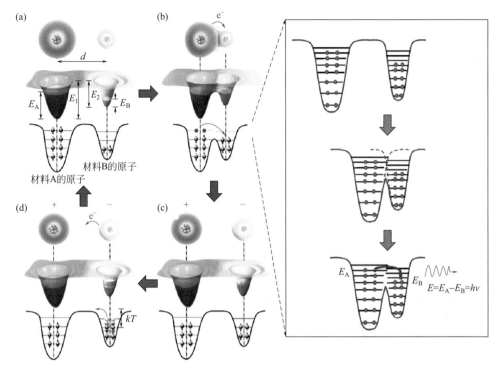

图 8-24　用来解释接触起电和电荷释放的通用电子云重叠模型[131]

8.5 / 该领域近期研究发展重点

8.5.1 / 蓝色能源领域

　　基于摩擦纳米发电机的海洋蓝色能源技术已取得较大的进展，但是自 2014 年蓝色能源的概念提出以来，该技术的发展还处于前期的基础研究阶段，亟待进一步的技术开发和提升，且离技术成果的转化和大规模应用还有一段距离。存在部分核心科学问题和关键技术问题亟须解决，在摩擦起电机理、海洋动力性能理论研究、模型试验、纳米发电组网设计与性能优化、能量管理等方面还需要进行持续和深入的探索，并积累实践经验。需要研究提高纳米发电材料的电性能、耐久性与抗腐蚀性；研究布线结构和传输以抵御风暴及恶劣环境，同时要考虑规划发电网位置和大小，尽量减少对航运、水中生物与生态的影响。

　　近期该领域研究发展的重点如下：

　　① 研究适用于海洋环境的新材料、新结构及新的发电机制，提升海洋蓝色能源的利用效率。

　　② 阐明发电装置与水流体间的相互作用机制，建立流体力学与电学间的关联，构建液固耦合多物理场理论体系，为发电性能优化提供理论指导。

　　③ 探讨适用于不同类别发电装置的能量管理和存储方案，优化管理和存储效率，实现发

电 - 管理 - 储能的耦合。

④ 通过多种能量转化机制的互补应用，优化配置，实现海洋能源收集能力的提升。

⑤ 研究发电装置的耐久性与抗腐蚀性，提升装置的可靠性及寿命，为海上不同的应用需求提供系统的解决方案。

8.5.2 ／ 自驱动传感／系统

作为有效的机电信号转换技术，摩擦纳米发电机既可以用作电源供能，也可以作为无源传感器件。经过多年的发展，基于摩擦纳米发电机的自驱动传感技术已取得了重大进展，正积极推动着相关研究成果向实际商业产品应用迈进。近期，应该专注于实现自驱动传感系统的一体化集成和产品应用。

① 稳定性／可靠性　当前许多应用的摩擦纳米发电机是由刚性材料制成，其摩擦过程中会产生较大磨损，将降低传感器的输出性能和使用寿命，影响传感器的稳定性和可靠性。利用液 - 固介质起电或添加液体润滑材料被证明是减少摩擦磨损的好方法。另外，考虑到摩擦纳米发电机的输出性能与湿度等环境参数密切相关，一些保持稳定服役环境的设计是必不可少的，例如填充惰性气体或电介质油。

② 服役性能　开发高输出性能的摩擦纳米发电机作为供能电源是一个长久且持续的挑战。根据越来越成熟的理论研究，寻找先进的摩擦电材料和相关的结构设计是非常重要的。另外，我们也正在考虑如何确保摩擦纳米发电机能够完美地融入服役环境中，从而高效地收集、存储能量。

③ 集成与封装　在摩擦纳米发电机工作过程中，大量电子集中在接触层上。它更易于吸附环境中的灰尘等，这将降低摩擦纳米发电机的工作性能。开放式摩擦纳米发电机也可能被水侵入，这将中和电荷并降低其性能。因此，应考虑防尘防水性能突出的集成与封装工艺。

8.6 ／ 2035 年展望与未来

自 2006 年纳米发电机被发明以来，纳米能源与自驱动系统领域蓬勃发展，激发了学术界和工业界的研究热潮。到 2021 年 7 月止，世界上已有 57 个国家和地区，900 多个研究单位，6000 余名研究人员参与纳米发电机的相关研究。纳米发电机在微纳能源、自驱动传感／系统、蓝色能源以及新型高压电源方面具有广阔的应用前景，在未来具有很大的商业机会，将对物联网、传感网络、机器人和人工智能等方面所需的分布式能源做出重要的贡献。

基于纳米发电机网络的海洋蓝色能源领域的未来发展前景也非常可观。我国海洋能源丰富，岛屿众多，具备规模化开发利用海洋能的条件。国家"创新驱动发展""建设海洋强国""碳达峰、碳中和"等重大战略，为海洋能发展带来了前所未有的历史机遇。因地制宜、就地取能是我国开发海洋能的方针之一。基于纳米发电技术开发利用海洋能可以首先考虑解决海上特殊用途的能源需求，如小型海面仪器供电、海水淡化、除污等开发应用，还有航标、浮标电源等，以及某些特殊区域，如缺电的孤岛和海岸的供电；其次可以考虑渔港、渔场、海港、石油平台等区域。该技术在海洋开发、海洋环境供电和水面水下监测等领域具有重大的产业应用价值。前期可以吸纳政府专项资金、政策、私人投资者、主要能源公司的支持，在未实现大规模商业化开发之前，先行开发建设一批小型分布式波浪能发电或海岛微电网。

依托新型海洋能采集技术，实施"蓝色能源"战略，既可节约常规能源，减轻碳排放和环境污染，又能改善能源结构。这种"蓝色能源"有着巨大的优越性，终将超越"绿色能源"，成为比太阳能和风能更便宜、更可靠、更稳定、不依赖于天气与昼夜变化的可持续能源，同时可与其他可再生能源发电混合补充，保证入网能源的总量供给。随着摩擦纳米发电的海洋能采集技术的日渐成熟，海洋能终将可以替代部分常规能源，对于缓解世界所面临的能源短缺、温室效应和环境污染等问题都将有着重要的社会意义。根据当前理论预测，在山东省面积大小的海面、3m深的海水中，利用纳米发电网络装置能采集的能源高达16TW，为全球的总能耗，每年将减少500亿吨二氧化碳排放。发展海洋蓝色能源将为"碳中和"提供新的范式，若取得实质性的突破，随之而来的社会效应和经济效应不可估量，将有可能引发能源革命，有力推进社会生产力发展和人类文明的进步。

参考文献

[1] Fan F R, Tian Z Q, Wang Z L. Flexible triboelectric generator [J]. Nano Energy，2012, 1 (2): 328-334.

[2] Wang Z L. On Maxwell's displacement current for energy and sensors: the origin of nanogenerators [J]. Mater. Today,2017, 20 (2): 74-82.

[3] Wang Z L, Jiang T, Xu L. Toward the blue energy dream by triboelectric nanogenerator networks [J]. Nano Energy,2017, 39: 9-23.

[4] Wang Z L. Entropy theory of distributed energy for internet of things [J]. Nano Energy,2019, 58: 669-672.

[5] Ouyang H, Liu Z, Li N, Shi B J, Zou Y, Xie F, Ma Y, Li Z, Li H, Zheng Q, Qu X C, Fan Y B, Wang Z L, Zhang H, Li Z. Symbiotic cardiac pacemaker [J]. Nat. Commun., 2019, 10: 1821.

[6] Hinchet R, Yoon H J, Ryu H, Kim M K, Choi E K, Kim D S, Kim S W. Transcutaneous ultrasound energy harvesting using capacitive triboelectric technology [J]. Science,2019, 365 (6452): 491-494.

[7] Wang J, Li S M, Yi F, Zi Y L, Lin J, Wang X F, Xu Y L, Wang Z L. Sustainably powering wearable electronics solely by biomechanical energy [J]. Nat. Commun., 2016, 7: 12744.

[8] Xiong J Q, Cui P, Chen X L, Wang J X, Parida K, Lin M F, Lee P S. Skin-touch-actuated textile-based triboelectric nanogenerator with black phosphorus for durable biomechanical energy harvesting [J]. Nat. Commun., 2018, 9 (1): 4280.

[9] Dong K, Peng X, An J, Wang A C, Luo J J, Sun B Z, Wang J, Wang Z L. Shape adaptable and highly resilient 3D braided triboelectric nanogenerators as e-textiles for power and sensing [J]. Nat. Commun., 2020, 11 (1): 2868.

[10] Liu D, Yin X, Guo H Y, Zhou L L, Li X Y, Zhang C L, Wang J, Wang Z L. A constant current triboelectric nanogenerator arising from electrostatic breakdown [J]. Sci Adv,2019, 5 (4): eaav6437.

[11] Zhao Z H, Zhou L L, Li S X, Liu D, Li Y H, Gao Y K, Liu Y B, Dai Y J, Wang J, Wang Z L. Selection rules of triboelectric materials for direct-current triboelectric nanogenerator [J]. Nat. Commun., 2021, 12 (1): 4686.

[12] Zhao Z H, Dai Y J, Liu D, Zhou L L, Li S X, Wang Z L, Wang J. Rationally patterned electrode of direct-current triboelectric nanogenerators for ultrahigh effective surface charge density [J]. Nat. Commun., 2020, 11 (1): 6186.

[13] Cheng R W, Dong K, Chen P F, Ning C, Peng X, Zhang Y H, Liu D, Wang Z L. High output direct-current power fabrics based on the air breakdown effect dagger [J]. Energy Environ. Sci., 2021, 14 (4): 2460-2471.

[14] Zhou Z H, Li X S, Wu Y F, Zhang H, Lin Z W, Meng K Y, Lin Z M, He Q, Sun C C, Yang J, Wang Z L. Wireless self-powered sensor networks driven by triboelectric nanogenerator for in-situ real time survey of environmental monitoring [J]. Nano Energy, 2018, 53: 501-507.

[15] Li S, Liu D, Zhao Z, Zhou L, Yin X, Li X, Gao Y, Zhang C, Zhang Q, Wang J, Wang Z L. A fully self-powered vibration monitoring system driven by dual-

mode triboelectric nanogenerators [J]. ACS Nano, 2020, 14 (2): 2475-2482.

[16] Zhou L L, Liu D, Li S X, Yin X, Zhang C L, Li X Y, Zhang C G, Zhang W, Cao X, Wang J, Wang Z L. Effective removing of hexavalent chromium from wasted water by triboelectric nanogenerator driven self-powered electrochemical system-Why pulsed DC is better than continuous DC? [J]. Nano Energy, 2019, 64: 103915.

[17] Wu Z Y, Cheng T H, Wang Z L. Self-powered sensors and systems based on nanogenerators [J]. Sensors 2020, 20 (10): 2925.

[18] Zhang X S, Gao Q, Gao Q, Yu X, Cheng T H, Wang Z L. Triboelectric rotary motion sensor for industrial-grade speed and angle monitoring [J]. Sensors, 2021, 21 (5): 1713.

[19] Xie Z J, Dong J W, Yang F, Xu R H, Gao Q, Cheng T H, Wang Z L. Sweep-type triboelectric linear motion sensor with staggered electrode [J]. Extreme Mech. Lett., 2020, 37: 100731.

[20] Wu Y, Jing Q S, Chen J, Bai P, Bai J J, Zhu G, Su Y J, Wang Z L. A self-powered angle measurement sensor based on triboelectric nanogenerator [J]. Adv. Funct. Mater., 2015, 25 (14): 2166-2174.

[21] Jing Q S, Choi Y S, Smith M, Catic N, Ou C, Kar-Narayan S. Aerosol-jet printed fine-featured triboelectric sensors for motion sensing [J]. Adv. Mater. Technol., 2019, 4 (1): 1800328.

[22] Jing Q S, Zhu G, Wu W Z, Bai P, Xie Y N, Han R P S, Wang Z L. Self-powered triboelectric velocity sensor for dual-mode sensing of rectified linear and rotary motions [J]. Nano Energy, 2014, 10: 305-312.

[23] Zhang Z X, He J, Wen T, Zhai C, Han J Q, Mu J L, Jia W, Zhang B Z, Zhang W D, Chou X J, Xue C Y. Magnetically levitated-triboelectric nanogenerator as a self-powered vibration monitoring sensor [J]. Nano Energy, 2017, 33: 88-97.

[24] Yu H, He X, Ding W B, Hu Y S, Yang D C, Lu S, Wu C S, Zou H Y, Liu R Y, Lu C H, Wang Z L. A self-powered dynamic displacement monitoring system based on triboelectric accelerometer [J]. Adv. Energy Mater., 2017, 7 (19): 1700565.

[25] Zhang X Q, Yu M, Ma Z R, Ouyang H, Zou Y, Zhang S L, Niu H K, Pan X X, Xu M Y, Li Z, Wang Z L. Self-powered distributed water level sensors based on liquid-solid triboelectric nanogenerators for ship draft detecting [J]. Adv. Funct. Mater., 2019, 29 (41): 1900327.

[26] Hu Y F, Yang J, Jing Q S, Niu S M, Wu W Z, Wang Z L. Triboelectric nanogenerator built on suspended 3d spiral structure as vibration and positioning sensor and wave energy harvester [J]. ACS Nano, 2013, 7 (11): 10424-10432.

[27] Xu M Y, Wang S, Zhang S L, Ding W B, Kien P T, Wang C, Li Z, Pan X X, Wang Z L. A highly-sensitive wave sensor based on liquid-solid interfacing triboelectric nanogenerator for smart marine equipment [J]. Nano Energy, 2019, 57: 574-580.

[28] Su Y J, Zhu G, Yang W Q, Yang J, Chen J, Jing Q S, Wu Z M, Jiang Y D, Wang Z L. Triboelectric sensor for self-powered tracking of object motion inside tubing [J]. ACS Nano, 2014, 8 (4): 3843-3850.

[29] Wang W C, Wu Y H, Chang Z H, Chen F Q, Wang H Y, Gu G Q, Zheng H W, Cheng G, Wang Z L. Self-powered intelligent water meter for electrostatic scale preventing, rust protection, and flow sensor in a solar heater system [J]. ACS Appl. Mater. & Inter., 2019, 11 (6): 6396-6403.

[30] Zhang B B, Zhang L, Deng W L, Jin L, Chun F J, Pan H, Gu B N, Zhang H T, Lv Z K, Yang W Q, Wang Z L. Self-powered acceleration sensor based on liquid metal triboelectric nanogenerator for vibration monitoring [J]. ACS Nano, 2017, 11 (7): 7440-7446.

[31] Xu W H, Zheng H X, Liu Y, Zhou X F, Zhang C, Song Y X, Deng X, Leung M, Yang Z B, Xu R X, Wang Z L, Zeng X C, Wang Z K. A droplet-based electricity generator with high instantaneous power density [J]. Nature, 2020, 578 (7795): 392-396.

[32] Xi Y, Guo H Y, Zi Y L, Li X G, Wang J, Deng J N, Li S M, Hu C G, Cao X, Wang Z L. Multifunctional TENG for blue energy scavenging and self-powered wind-speed sensor [J]. Adv. Energy Mater., 2017, 7 (12): 1602397.

[33] Wang J Y, Ding W B, Pan L, Wu C S, Yu H, Yang L J, Liao R J, Wang Z L. Self-powered wind sensor system for detecting wind speed and direction based on a triboelectric nanogenerator [J]. ACS Nano, 2018, 12 (4): 3954-3963.

[34] Xie Y N, Wang S H, Niu S M, Lin L, Jing Q S, Yang J, Wu Z Y, Wang Z L. Grating-structured freestanding triboelectric-layer nanogenerator for harvesting mechanical energy at 85% total conversion efficiency [J]. Adv. Mater., 2014, 26 (38): 6599-6607.

[35] Yang W Q, Chen J, Zhu G, Yang J, Bai P, Su Y J, Jing Q S, Cao X, Wang Z L. Harvesting energy from the natural vibration of human walking [J]. ACS Nano, 2013, 7 (12): 11317-11324.

[36] Jiang Q, Wu C S, Wang Z J, Wang A C, He J H, Wang Z L, Alshareef H N. MXene electrochemical microsupercapacitor integrated with triboelectric

nanogenerator as a wearable self-charging power unit [J]. Nano Energy, 2018, 45: 266-272.

[37] Quan T, Wang X, Wang Z L, Yang Y. Hybridized Electromagnetic-Triboelectric Nanogenerator for a Self-Powered Electronic Watch [J]. ACS Nano, 2015, 9 (12): 12301-12310.

[38] Zhu G, Bai P, Chen J, Wang Z L. Power-generating shoe insole based on triboelectric nanogenerators for self-powered consumer electronics [J]. Nano Energy, 2013, 2 (5): 688-692.

[39] Lin Z M, Wu Z Y, Zhang B B, Wang Y C, Guo H Y, Liu G L, Chen C Y, Chen Y L, Yang J, Wang Z L. A triboelectric nanogenerator-based smart insole for multifunctional gait monitoring [J]. Adv. Mater. Technol., 2019, 4 (2): 1800360.

[40] Niu S M, Wang X F, Yi F, Zhou Y S, Wang Z L. A universal self-charging system driven by random biomechanical energy for sustainable operation of mobile electronics [J]. Nat. Commun., 2015, 6: 8975.

[41] Khan S A, Zhang H L, Xie Y H, Gao M, Shah M A, Qadir A, Lin Y. Flexible triboelectric nanogenerator based on carbon nanotubes for self-powered weighing [J]. Adv. Eng. Mater., 2017, 19 (3): 1600710.

[42] Lai Y C, Deng J N, Niu S M, Peng W B, Wu C S, Liu R Y, Wen Z, Wang Z L. Electric eel-skin-inspired mechanically durable and super-stretchable nanogenerator for deformable power source and fully autonomous conformable electronic-skin applications [J]. Adv. Mater., 2016, 28 (45): 10024-10032.

[43] Qi J B, Wang A C, Yang W F, Zhang M Y, Hou C Y, Zhang Q H, Li Y G, Wang H Z. Hydrogel-based hierarchically wrinkled stretchable nanofibrous membrane for high performance wearable triboelectric nanogenerator [J]. Nano Energy, 2020, 67: 104206.

[44] Xu M Y, Wang P H, Wang Y C, Zhang S L, Wang A C, Zhang C L, Wang Z J, Pan X X, Wang Z L. A soft and robust spring based triboelectric nanogenerator for harvesting arbitrary directional vibration energy and self-powered vibration sensing [J]. Adv. Energy Mater., 2018, 8 (9): 1702432.

[45] Pu X, Liu M M, Chen X Y, Sun J M, Du C H, Zhang Y, Zhai J Y, Hu W G, Wang Z L. Ultrastretchable, transparent triboelectric nanogenerator as electronic skin for biomechanical energy harvesting and tactile sensing [J]. Sci. Adv., 2017, 3 (5): e1700015.

[46] Yang J, Chen J, Su Y J, Jing Q S, Li Z L, Yi F, Wen X N, Wang Z N, Wang Z L. Eardrum-inspired active sensors for self-powered cardiovascular system characterization and throat-attached anti-interference voice recognition [J]. Adv. Mater., 2015, 27 (8): 1316-1326.

[47] Zheng Q, Shi B J, Fan F R, Wang X X, Yan L, Yuan W W, Wang S H, Liu H, Li Z, Wang Z L. In vivo powering of pacemaker by breathing-driven implanted triboelectric nanogenerator [J]. Adv. Mater., 2014, 26 (33): 5851-5856.

[48] Liu Z, Ma Y, Ouyang H, Shi B J, Li N, Jiang D J, Xie F, Qu D, Zou Y, Huang Y, Li H, Zhao C C, Tan P C, Yu M, Fan Y B, Zhang H, Wang Z L, Li Z. Transcatheter self-powered ultrasensitive endocardial pressure sensor [J]. Adv. Funct. Mater., 2019, 29 (3): 1807560.

[49] Yang P K, Lin L, Yi F, Li X H, Pradel K C, Zi Y L, Wu C I, He J H, Zhang Y, Wang Z L. A flexible, stretchable and shape-adaptive approach for versatile energy conversion and self-powered biomedical monitoring [J]. Adv. Mater., 2015, 27 (25): 3817-3824.

[50] Lai Y C, Deng J, Zhang S L, Niu S, Guo H, Wang Z L. Single-thread-based wearable and highly stretchable triboelectric nanogenerators and their applications in cloth-based self-powered human-interactive and biomedical sensing [J]. Adv. Funct. Mater., 2017, 27 (1): 1604462.

[51] Lin Z M, Yang J, Li X S, Wu Y F, Wei W, Liu J, Chen J, Yang J. Large-scale and washable smart textiles based on triboelectric nanogenerator arrays for self-powered sleeping monitoring [J]. Adv. Funct. Mater., 2018, 28 (1): 1704112.

[52] Wu C S, Jiang P, Li W, Guo H Y, Wang J, Chen J, Prausnitz M R, Wang Z L. Self-powered iontophoretic transdermal drug delivery system driven and regulated by biomechanical motions [J]. Adv. Funct. Mater., 2020, 30 (3): 1907378.

[53] Liu Z R, Nie J H, Miao B, Li J D, Cui Y B, Wang S, Zhang X D, Zhao G R, Deng Y B, Wu Y H, Li Z, Li L L, Wang Z L. Self-powered intracellular drug delivery by a biomechanical energy-driven triboelectric nanogenerator [J]. Adv. Mater., 2019, 31 (12): 1807795.

[54] Fan X, Chen J, Yang J, Bai P, Li Z L, Wang Z L. Ultrathin, rollable, paper-based triboelectric nanogenerator for acoustic energy harvesting and self-powered sound recording [J]. ACS Nano, 2015, 9 (4): 4236-4243.

[55] Wang X D, Zhang H L, Dong L, Han X, Du W M, Zhai J Y, Pan C F, Wang Z L. Self-powered high-resolution and pressure-sensitive triboelectric sensor matrix for real-time tactile mapping [J]. Adv. Mater., 2016, 28 (15): 2896-2903.

[56] Cao R, Pu X J, Du X Y, Yang W, Wang J N, Guo H Y, Zhao S Y, Yuan Z Q, Zhang C, Li C J, Wang Z L. Screen-printed washable electronic textiles as self-powered touch/gesture tribo-sensors for intelligent

human-machine interaction [J]. ACS Nano, 2018, 12 (6): 5190-5196.

[57] Pu X J, Guo H Y, Chen J, Wang X, Xi Y, Hu C G, Wang Z L. Eye motion triggered self-powered mechnosensational communication system using triboelectric nanogenerator [J]. Sci. Adv., 2017, 3 (7): e1700694.

[58] Wu C S, Ding W B, Liu R Y, Wang J Y, Wang A C, Wang J, Li S M, Zi Y L, Wang Z L. Keystroke dynamics enabled authentication and identification using triboelectric nanogenerator array [J]. Mater. Today, 2018, 21 (3): 216-222.

[59] Zhao G Q, Wu Z Y, Gao Y C, Niu G X, Wang Z L, Zhang B. Multi-layer extreme learning machine-based keystroke dynamics identification for intelligent keyboard [J]. IEEE SENS J, 2021, 21 (2): 2324-2333.

[60] Shin S H, Kwon Y H, Kim Y H, Jung J Y, Nah J. Triboelectric hydrogen gas sensor with Pd functionalized surface [J]. Nanomaterials, 2016, 6 (10): 186.

[61] Li Z L, Chen J, Yang J, Su Y J, Fan X, Wu Y, Yu C W, Wang Z L. Beta-cyclodextrin enhanced triboelectrification for self-powered phenol detection and electrochemical degradation [J]. Energy Environ. Sci., 2015, 8 (3): 887-896.

[62] Lin Z H, Zhu G, Zhou Y S, Yang Y, Bai P, Chen J, Wang Z L. A self-powered triboelectric nanosensor for mercury ion detection [J]. Angew. Chem. Int. Ed., 2013, 52 (19): 5065-5069.

[63] Wang J Y, Wu Z Y, Pan L, Gao R J, Zhang B B, Yang L J, Guo H Y, Liao R J, Wang Z L. Direct-current rotary-tubular triboelectric nanogenerators based on liquid-dielectrics contact for sustainable energy harvesting and chemical composition analysis [J]. ACS Nano, 2019, 13 (2): 2587-2598.

[64] Lin Z M, Zhang B B, Guo H Y, Wu Z Y, Zou H Y, Yang J, Wang Z L. Super-robust and frequency-multiplied triboelectric nanogenerator for efficient harvesting water and wind energy [J]. Nano Energy, 2019, 64: 103908.

[65] Bai Y, Xu L, He C, Zhu L P, Yang X D, Jiang T, Nie J H, Zhong W, Wang Z L. High-performance triboelectric nanogenerators for self-powered, in-situ and real-time water quality mapping [J]. Nano Energy, 2019, 66: 104117.

[66] Askari H, Saadatnia Z, Khajepour A, Khamesee M B, Zu J A. A triboelectric self-powered sensor for tire condition monitoring: concept, design, fabrication, and experiments [J]. Adv. Eng. Mater., 2017, 19 (12): 1700318.

[67] Guo T, Liu G X, Pang Y K, Wu B, Xi F B, Zhao J Q, Bu T Z, Fu X P, Li X J, Zhang C, Wang Z L. Compressible hexagonal-structured triboelectric nanogenerators for harvesting tire rotation energy [J]. Extreme Mech. Lett., 2018, 18: 1-8.

[68] Feng Y X, Huang X, Liu S Y, Guo W, Li Y Y, Wu H. A self-powered smart safety belt enabled by triboelectric nanogenerators for driving status monitoring [J]. Nano Energy, 2019, 62: 197-204.

[69] Xu Y H, Yang W X, Yu X, Li HC, Cheng T H, Lu X H, Wang Z L. Real-time monitoring system of automobile driver status and intelligent fatigue warning based on triboelectric nanogenerator [J]. ACS Nano, 2021, 15 (4): 7271-7278.

[70] Wang S H, Wang X, Wang Z L, Yang Y. Efficient scavenging of solar and wind energies in a smart city [J]. ACS Nano, 2016, 10 (6): 5696-5700.

[71] Wu Z Y, Zhang B B, Zou H Y, Lin Z M, Liu G L, Wang Z L. Multifunctional sensor based on translational-rotary triboelectric nanogenerator [J]. Adv. Energy Mater., 2019, 9 (33): 1901124.

[72] Luo J J, Wang Z M, Xu L, Wang A C, Han K, Jiang T, Lai Q S, Bai Y, Tang W, Fan F R, Wang Z L. Flexible and durable wood-based triboelectric nanogenerators for self-powered sensing in athletic big data analytics [J]. Nat. Commun., 2019, 10: 5147.

[73] Bu T Z, Xiao T X, Yang Z W, Liu G X, Fu X P, Nie J H, Guo T, Pang Y K, Zhao J Q, Xi F B, Zhang C, Wang Z L. Stretchable triboelectric-photonic smart skin for tactile and gesture sensing [J]. Adv. Mater., 2018, 30 (16): 1800066.

[74] Chen J, Chen B D, Han K, Tang W, Wang Z L. A triboelectric nanogenerator as a self-powered sensor for a soft-rigid hybrid actuator [J]. Adv. Mater. Technol., 2019, 4 (9): 1900337.

[75] Guo H Y, Pu X J, Chen J, Meng Y, Yeh M H, Liu G L, Tang Q, Chen B D, Liu D, Qi S, Wu C S, Hu C G, Wang J, Wang Z L. A highly sensitive, self-powered triboelectric auditory sensor for social robotics and hearing aids [J]. Sci. Robot., 2018, 3 (20): eaat2516.

[76] Lin Z W, He Q, Xiao Y, Zhu T, Yang J, Sun C C, Zhou Z H, Zhang H, Shen Z Y, Yang J, Wang Z L. Flexible timbo-like triboelectric nanogenerator as self-powered force and bend sensor for wireless and distributed landslide monitoring [J]. Adv. Mater. Technol., 2018, 3 (11): 1800144.

[77] Yu A F, Pu X, Wen R M, Liu M M, Zhou T, Zhang K, Zhang Y, Zhai J Y, Hu W G, Wang Z L. Core-shell-yarn-based triboelectric nanogenerator textiles as power cloths [J]. ACS Nano, 2017, 11 (12): 12764-12771.

[78] He X, Zi Y L, Guo H Y, Zheng H W, Xi Y, Wu C

S, Wang J, Zhang W, Lu C H, Wang Z L. A highly stretchable fiber-based triboelectric nanogenerator for self-powered wearable electronics [J]. Adv. Funct. Mater., 2017, 27 (4): 1604378.

[79] Dong K, Deng J A, Ding W B, Wang A C, Wang P H, Cheng C Y, Wang Y C, Jin L M, Gu B H, Sun B Z, Wang Z L. Versatile core-sheath yarn for sustainable biomechanical energy harvesting and real-time human-interactive sensing [J]. Adv. Energy Mater., 2018, 8 (23): 1801114.

[80] Zhong J W, Zhang Y, Zhong Q Z, Hu Q Y, Hu B, Wang Z L, Zhou J. Fiber-based generator for wearable electronics and mobile medication [J]. ACS Nano, 2014, 8 (6): 6273-6280.

[81] Chen C Y, Zhang L, Ding W B, Chen L J, Liu J K, Du Z Q, Yu W D. Woven fabric triboelectric nanogenerator for biomotion energy harvesting and as self-powered gait-recognizing socks [J]. Energies, 2020, 13 (16): 4119.

[82] Pu X, Song W X, Liu M M, Sun C W, Du C H, Jiang C Y, Huang X, Zou D C, Hu W G, Wang Z L. Wearable power-textiles by integrating fabric triboelectric nanogenerators and fiber-shaped dye-sensitized solar cells [J]. Adv. Energy Mater., 2016, 6 (20): 1601048.

[83] Wang Z L. Catch wave power in floating nets [J]. Nature, 2017, 542: 159-160.

[84] Wang X F, Niu S M, Yin Y J, Yi F, You Z, Wang Z L. Triboelectric nanogenerator based on fully enclosed rolling spherical structure for harvesting low-frequency water wave energy [J]. Adv. Energy Mater., 2015, 5 (24): 1501467.

[85] Wen X N, Yang W Q, Jing Q S, Wang Z L. Harvesting broadband kinetic impact energy from mechanical triggering/vibration and water waves [J]. ACS Nano, 2014, 8 (7): 7405-7412.

[86] Jiang T, Zhang L M, Chen X Y, Han C B, Tang W, Zhang C, Xu L, Wang Z L. Structural optimization of triboelectric nanogenerator for harvesting water wave energy [J]. ACS Nano, 2015, 9 (12): 12562-12572.

[87] Yang X D, Xu L, Lin P, Zhong W, Bai Y, Luo J J, Chen J, Wang Z L. Macroscopic self-assembly network of encapsulated high-performance triboelectric nanogenerators for water wave energy harvesting [J]. Nano Energy, 2019, 60: 404-412.

[88] Xu L, Pang Y K, Zhang C, Jiang T, Chen X Y, Luo J J, Tang W, Cao X, Wang Z L. Integrated triboelectric nanogenerator array based on air-driven membrane structures for water wave energy harvesting [J]. Nano Energy, 2017, 31: 351-358.

[89] Jiang T, Yao Y Y, Xu L, Zhang L M, Xiao T X, Wang Z L. Spring-assisted triboelectric nanogenerator for efficiently harvesting water wave energy [J]. Nano Energy, 2017, 31: 560-567.

[90] Jiang T, Pang H, An J, Lu P J, Feng Y W, Liang X, Zhong W, Wang Z L. Robust swing-structured triboelectric nanogenerator for efficient blue energy harvesting [J]. Adv. Energy Mater., 2020, 10 (23): 2000046.

[91] Zhang C, Zhou L, Cheng P, Liu D, Zhang C, Li X, Li S, Wang J, Wang Z L. Bifilar-pendulum-assisted multilayer-structured triboelectric nanogenerators for wave energy harvesting [J]. Adv. Energy Mater., 2021, 11: 2003616.

[92] Rodrigues C, Ramos M, Esteves R, Correia J, Clemente D, Gonçalves F, Mathias N, Gomes M, Silva J, Duarte C, Morais T, Rosa-Santos P, Taveira-Pinto F, Pereira A, Ventura J.Integrated study of triboelectric nanogenerator for ocean wave energy harvesting: Performance assessment in realistic sea conditions [J]. Nano Energy, 2021, 84, 105890.

[93] Kim D Y, Kim H S, Kong D S, Choi M, Kim H B, Lee J H, Murillo G, Lee M, Kim S S, Jung J H. Floating buoy-based triboelectric nanogenerator for an effective vibrational energy harvesting from irregular and random water waves in wild sea [J]. Nano Energy, 2018, 45: 247-254.

[94] Zhang C, He L, Zhou L, Yang O, Yuan W, Wei X, Liu Y, Lu L, Wang J, Wang Z L. Active resonance triboelectric nanogenerator for harvesting omnidirectional water-wave energy [J]. Joule, 2021, 5 (6): 1613-1623.

[95] Zhu G, Su Y J, Bai P, Chen J, Jing Q S, Yang W Q, Wang Z L. Harvesting water wave energy by asymmetric screening of electrostatic charges on a nanostructured hydrophobic thin-film surface [J]. ACS Nano, 2014, 8: 6031-6037.

[96] Yang X, Chan S, Wang L, Daoud W A. Water tank triboelectric nanogenerator for efficient harvesting of water wave energy over a broad frequency range [J]. Nano Energy, 2018, 44: 388-398.

[97] Li X, Tao J, Wang X, Zhu J, Pan C, Wang Z L. Networks of high performance triboelectric nanogenerators based on liquid–solid interface contact electrification for harvesting low-frequency blue energy [J]. Adv. Energy Mater., 2018, 8: 1800705.

[98] Shi Q, Wang H, Wu H, Lee C. Self-powered triboelectric nanogenerator buoy ball for applications ranging from environment monitoring to water wave energy farm [J]. Nano Energy, 2017, 40: 203-213.

[99] Gu H, Zhang N, Zhou Z, Ye S, Wang W, Xu W, Zheng H, Song Y, Wang Z, Zhou X. A bulk effect liquid-

solid generator with 3D electrodes for wave energy harvesting [J]. Nano Energy ,2021, 84: 106218.

[100] Wang J, Wu C, Dai Y, Zhao Z, Wang A, Zhang T, Wang Z L. Achieving ultrahigh triboelectric charge density foreefficient energy harvesting [J]. Nat. Commun., 2017, 8: 88.

[101] Xu L, Bu T Z, Yang X D, Zhang C, Wang Z L. Ultrahigh charge density realized by charge pumping at ambient conditions for triboelectric nanogenerators [J]. Nano Energy, 2018, 49: 625-633.

[102] Cheng P, Guo H, Wen Z, Zhang C, Yin X, Li X, Liu D, Song W, Sun X, Wang J, Wang Z L. Largely enhanced triboelectric nanogenerator for efficient harvesting of water wave energy by soft contacted structure [J]. Nano Energy, 2019, 64: 432-439.

[103] Lin Z, Zhang B, Xie Y, Wu Z, Yang J, Wang Z L. Elastic-connection and soft-contact triboelectric nanogenerator with superior durability and efficiency [J]. Adv. Funct. Mater., 2021, 31: 2105237.

[104] Wang H M, Xu L, Bai Y, Wang Z L. Pumping up the charge density of a triboelectric nanogenerator by charge-shuttling [J]. Nat. Commun., 2020, 11 (1): 4203.

[105] Chen J, Yang J, Li Z L, Fan X, Zi Y L, Jing Q S, Guo H Y, Wen Z, Pradel K C, Niu S M, Wang Z L. Networks of triboelectric nanogenerators for harvesting water wave energy: a potential approach toward blue energy [J]. ACS Nano, 2015, 9 (3): 3324-3331.

[106] Xu L, Jiang T, Lin P, Shao J J, He C, Zhong W, Chen X Y, Wang Z L. Coupled triboelectric nanogenerator networks for efficient water wave energy harvesting [J]. ACS Nano, 2018, 12 (2): 1849-1858.

[107] Liang X, Jiang T, Liu G X, Xiao T X, Xu L, Li W, Xi F B, Zhang C, Wang Z L. Triboelectric nanogenerator networks integrated with power management module for water wave energy harvesting [J]. Adv. Funct. Mater., 2019, 29 (41): 1807241.

[108] Liu W, Xu L, Bu T, Yang H, Liu G, Li W, Pang Y, Hu C, Zhang C, Cheng T. Torus structured triboelectric nanogenerator array for water wave energy harvesting [J]. Nano Energy, 2019, 58: 499-507.

[109] Guo H Y, Wen Z, Zi Y L, Yeh M H, Wang J, Zhu L P, Hu C G, Wang Z L. A water-proof triboelectric-electromagnetic hybrid generator for energy harvesting in harsh environments [J]. Adv. Energy Mater., 2016, 6 (6): 1501593.

[110] Wen Z, Guo H Y, Zi Y L, Yeh M H, Wang X, Deng J A, Wang J, Li S M, Hu C G, Zhu L P, Wang Z L. Harvesting broad frequency band blue energy by a triboelectric-electromagnetic hybrid nanogenerator [J]. ACS Nano, 2016, 10 (7): 6526-6534.

[111] Zhao B, Li Z, Liao X, Qiao L, Li Y, Dong S, Zhang Z, Zhang B. A heaving point absorber-based ocean wave energy convertor hybridizing a multilayered soft-brush cylindrical triboelectric generator and an electromagnetic generator [J]. Nano Energy, 2021, 89: 106381.

[112] Feng Y, Liang X, An J, Jiang T, Wang Z L. Soft-contact cylindrical triboelectric-electromagnetic hybrid nanogenerator based on swing structure for ultra-low frequency water wave energy harvesting [J]. Nano Energy, 2021, 81: 105625.

[113] Xi F B, Pang Y K, Li W, Jiang T, Zhang L M, Guo T, Liu G X, Zhang C, Wang Z L. Universal power management strategy for triboelectric nanogenerator [J]. Nano Energy, 2017, 37: 168-176.

[114] Liang X, Jiang T, Feng Y, Lu P, An J, Wang Z L. Triboelectric nanogenerator network integrated with charge excitation circuit for effective water wave energy harvesting [J]. Adv. Energy Mater., 2020, 10: 2002123.

[115] Chen S W, Wang N, Ma L, Li T, Willander M, Jie Y, Cao X, Wang Z L. Triboelectric nanogenerator for sustainable wastewater treatment via a self-powered electrochemical process [J]. Adv. Energy Mater., 2016, 6 (8): 1501778.

[116] Jiang Q W, Jie Y, Han Y, Gao C Z, Zhu H R, Willander M, Zhang X J, Cao X. Self-powered electrochemical water treatment system for sterilization and algae removal using water wave energy [J]. Nano Energy, 2015, 18: 81-88.

[117] Leung S F, Fu H C, Zhang M, Hassan A H, Jiang T, Salama K N, Wang Z L, He J H. Blue energy fuels: converting ocean wave energy to carbon-based liquid fuels via CO_2 reduction [J]. Energy Environ. Sci., 2020, 13: 1300-1308.

[118] Gao S, Chen Y, Su J, Wang M, Wei X, Jiang T, Wang Z L. Triboelectric nanogenerator powered electrochemical degradation of organic pollutant using Pt-free carbon materials [J]. ACS Nano, 2017, 11 (4): 3965-3972.

[119] Gao S, Su J, Wei X, Wang M, Tian M, Jiang T, Wang Z L. Self-powered electrochemical oxidation of 4-aminoazobenzene driven by a triboelectric nanogenerator [J]. ACS Nano, 2017, 11 (1): 770-778.

[120] Li A Y, Zi Y L, Guo H Y, Wang Z L, Fernandez F M. Triboelectric nanogenerators for sensitive nano-coulomb molecular mass spectrometry [J]. Nat. Nanotechnol., 2017, 12 (5): 481-487.

[121] Han C B, Jiang T, Zhang C, Li X H, Zhang C Y, Cao X, Wang Z L. Removal of particulate matter emissions from a vehicle using a self-powered triboelectric filter [J]. ACS Nano, 2015, 9 (12): 12552-12561.

[122] Bai Y, Han C B, He C, Gu G Q, Nie J H, Shao J J, Xiao T X, Deng C R, Wang Z L. Washable multilayer triboelectric air filter for efficient particulate matter $PM_{2.5}$ removal [J]. Adv. Funct. Mater., 2018, 28 (15): 1706680.

[123] Chen X, Wu Y, Yu A, Xu L, Zheng L, Liu Y, Li H, Wang Z L. Self-powered modulation of elastomeric optical grating by using triboelectric nanogenerator [J]. Nano Energy, 2017, 38: 91-100.

[124] Nie J H, Ren Z W, Shao J J, Deng C R, Xu L, Chen X Y, Li M C, Wang Z L. Self-powered microfluidic transport system based on triboelectric nanogenerator and electrowetting technique [J]. ACS Nano, 2018, 12 (2): 1491-1499.

[125] Cheng J, Ding W B, Zi Y L, Lu Y J, Ji L H, Liu F, Wu C S, Wang Z L. Triboelectric microplasma powered by mechanical stimuli [J]. Nat. Commun., 2018, 9: 3733.

[126] Wang Z L, Song J H. Piezoelectric nanogenerators based on zinc oxide nanowire arrays [J]. Science, 2006, 312 (5771): 242-246.

[127] Xu C, Wang X D, Wang Z L. Nanowire structured hybrid cell for concurrently scavenging solar and mechanical energies [J]. J. Am. Chem. Soc., 2009, 131 (16): 5866-5872.

[128] Yang Y, Guo W X, Pradel K C, Zhu G, Zhou Y S, Zhang Y, Hu Y F, Lin L, Wang Z L. Pyroelectric nanogenerators for harvesting thermoelectric energy [J]. Nano Lett., 2012, 12 (6): 2833-2838.

[129] Wang Z L. Triboelectric nanogenerators as new energy technology and self-powered sensors-Principles, problems and perspectives [J]. Faraday Discuss., 2014, 176: 447-458.

[130] Wang Z L. On the first principle theory of nanogenerators from Maxwell's equations [J]. Nano Energy, 2020, 68: 107272.

[131] Xu C, Zi Y L, Wang A C, Zou H Y, Dai Y J, He X, Wang P H, Wang Y C, Feng P Z, Li D W, Wang Z L. On the electron-transfer mechanism in the contact-electrification effect [J]. Adv. Mater., 2018, 30 (15): 1706790.

[132] Wang Z L, Wang A C. On the origin of contact-electrification [J]. Mater. Today, 2019, 30: 34-51.

[133] Lin S, Chen X, Wang Z L. Contact electrification at the liquid-solid interface [J]. Chem. Rev., 2021, DOI: 10.1021/acs.chemrev.1c00176.

[134] Lin S, Xu L, Wang A C, Wang Z L. Quantifying electron-transfer in liquid-solid contact electrification and the formation of electric double-layer [J]. Nat. Commun., 2020, 11: 399.

[135] Zhan F, Wang A, Xu L, Lin S, Shao J, Chen X, Wang Z L. Electron transfer as a liquid droplet contacting a polymer surface [J]. ACS Nano, 2020, 14: 17565-17573.

 作者简介

王中林，中国科学院外籍院士，欧洲科学院院士，加拿大工程院外籍院士，中国科学院北京纳米能源与系统研究所所长兼首席科学家，科思技术（温州）研究院院长，佐治亚理工学院终身校董事、讲席教授。纳米能源领域的奠基人，发明了压电/摩擦纳米发电机，首次提出自驱动系统和蓝色能源的原创概念，将纳米能源定义为"新时代的能源"。开创了压电电子学和压电光电子学两大学科，引领了第三代半导体纳米材料的研究。已在国际一流刊物上发表了超过 2000 篇期刊论文（其中 85 余篇发表在 *Science*、*Nature* 及其子刊上），出版了 7 本科学专著，拥有超过 200 项专利。论文被引数达 30 万次，H 指数 265，位居纳米领域世界第一，位居全球所有领域科学家影响力排名第 5 位。2015 年获"汤森路透引文桂冠奖"，2018 年获世界能源与环境领域最高奖——埃尼奖（Eni Award），2019 年获爱因斯坦世界科学奖。国际纳米能源领域著名刊物 *Nano Energy*（IF：17.881）的创刊主编和现任主编。

王杰，中科院北京纳米能源与系统研究所研究员，博士生导师，曾入选教育部新世纪优秀人才和北京市人才计划项目。主要从事摩擦纳米发电机的性能优化及其在微纳能源、自驱动传感和蓝色能源中的应用等方面的研究。近年来在 *Science Robot.*、*Nature Common.*、*Science adv.*、*Joule*、*Adv. Mater.*、*Adv. Energy Mater.*、*ACS Nano* 和 *Nano Energy* 等期刊发表研究论文 100 余篇，获授权发明专利 20 余项。

蒋涛，中科院北京纳米能源与系统研究所青年研究员，博士生导师，曾入选中科院青促会会员。主要开展摩擦纳米发电机的理论及海洋蓝色能源收集与转化、能量管理与自驱动系统应用研究。已在 *Adv. Mater.*、*Energy Environ. Sci.*、*Adv. Energy Mater.* 等期刊发表论文 100 余篇，被引 5500 余次，H 指数 43，其中第一 / 通讯作者论文 40 余篇，申请 20 项专利（10 项已授权）。

程廷海，中国科学院北京纳米能源与系统研究所研究员，博士生导师，曾入选北京市人才计划项目。主要开展微纳能源俘获、自驱动传感以及机电一体化智能装备方面的研究。2016 年至今，以第一 / 通讯（含共同）作者在 *Advanced Energy Materials*、*Nano Energy*、*ACS Nano* 等期刊发表学术论文 50 余篇，论文在 SCIE 中他引超 400 次，入选 ESI 高被引论文 1 篇。

第9章

碳纳米笼

胡 征 吴 强 陈轶群

9.1 碳纳米笼新材料的研究背景

过去的三十六年见证了纳米碳材料家族的飞速发展。1985 年发现了"零维"富勒烯（C_{60}），1991 年发现了"一维"碳纳米管，2004 年发现了"二维"石墨烯，2010 年我国科学家发现了石墨炔[1-4]。其中富勒烯的发现于 1996 年获诺贝尔化学奖，石墨烯的发现于 2010 年获诺贝尔物理学奖。纳米碳材料结构新颖，通常具有高比表面积、独特的孔分布、高导电性和可调的电子结构，具有一系列优异的物理化学性质，应用前景广阔，成为当今最令人关注的前沿领域，也一直是我国战略布局中的重要内容。近年来，纳米碳材料在能源存储与转化领域发挥着越来越重要的作用，成为我国实现"双碳"目标不可或缺的新材料[5]。事实上，每一种新型纳米碳材料的发现均引发了广泛而深入的能源功能的开发和应用研究。在这类应用中，纳米碳材料的形态与结构，特别是孔结构、比表面积、导电性等基础参量在很大程度上决定其性质、功能及用途。从这个角度来看，现有的纳米碳材料在各具特点的同时，也都存在诸多局限，例如：富勒烯和碳纳米管的内腔太小，也难以填充外来物种；多壁碳纳米管的比表面积有限（约 $300m^2/g$），作载体时难以获得高的负载量；石墨烯的比表面积尽管很大，但其 π-π 相互作用使其易于聚集堆垛，也难以掺杂调控，等等[6-8]。

近年来，碳纳米笼成为纳米碳材料领域的新生长点，其独特的形貌和结构使之成为能源存储与转化的新平台材料，与其他纳米碳材料互为补充，可克服其他纳米碳材料在能源应用时的诸多不足，极具发展潜力[9-12]。

碳纳米笼实际上并非是一种全新的纳米碳材料或形态结构，应该说它是与富勒烯和碳纳米管同时代的产物。早期在用石墨电极电弧放电制备富勒烯和碳纳米管时曾观察到作为杂质副产物出现的碳纳米笼，通常包覆在金属或金属碳化物表面，产率低，纯化困难，很少受到关注。最早在题目中出现碳纳米笼（Carbon Nanocages）的论文发表于 1994 年[13]。一则因为当时人们的兴趣被富勒烯、碳纳米管这类"明星"材料所吸引，未能顾及碳纳米笼；二则人们难以得到纯的碳纳米笼材料，也就难以对其进行系统深入的研究、开发和应用[14,15]。因此，尽管人们对碳纳米笼的制备和功能开发的研究从未完全停止[16-18]，但一直没有得到广泛的重视，长期以来人们对碳纳米笼的认识也非常局限，对这类材料的概念及丰富的内涵缺少深度思考，对其称谓就不下十种，如不少论文中将其称为空心碳球或空心碳胶囊等，往往只注意到其空心的内腔，却忽视了碳壳层上连通空腔内外的微孔通道。实际上，碳纳米笼独特性能的体现离不开其微孔通道的贡献：一是因为微孔通道的存在才使碳纳米笼内腔的利用成为可能，可以方便地将其他物质填充、封装于笼内，还可以通过筛分效应控制物种进出笼内；二是因为许多性能本身就主要由微孔通道决定，例如，微孔极其丰富的边缘缺陷提供了捕获、存储外来物种的理想场所。因此，在我们团队的研究工作中明确采用碳纳米笼定义这类新材料。

十年前，我们研究团队在尝试以氧化镁负载的催化剂生长薄壁碳纳米管的实验中，意外发现了碳纳米笼副产物，进而通过改进制备方法并优化实验条件，发明了具有自主知识产权的原位氧化镁模板法[9]，实现了纯碳纳米笼的合成及其介观结构的组装、调控和改性，开拓了介观结构碳纳米笼新材料研究方向。此类由碳纳米笼单元组装、具有等级孔结构的材料拥有独特的空心内腔，其大小、壁厚、表面性能可调，在物质/电荷协同输运、活性物质高效利用等方面有显著优点，在构建超级电容器、锂硫电池、先进的能源转化催化剂等方面展现出一系列优异的性能和重要应用前景。碳纳米笼制备科学的突破及其新颖结构和性能的展示引发了人们对碳纳米笼日益浓厚的研究兴趣[10-12]。

纳米碳材料研究历程及各种纳米碳材料年度论文数的演变如图 9-1 所示。目前，富勒烯、碳纳米管、石墨烯、石墨炔仍然是纳米碳材料领域的主要研究对象，而碳纳米笼正在成为纳米碳材料领域的一个新的研究分支，近十年来碳纳米笼的年度论文数呈指数上升趋势。

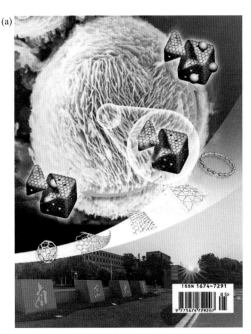
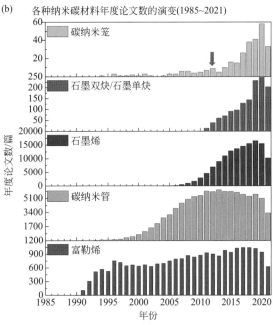

图 9-1　纳米碳材料研究历程示意图（a）及各种纳米碳材料年度论文数的演变（b）[图（a）引自文献[12]当期刊物封面，展示富勒烯、碳纳米管、石墨烯、石墨炔、碳十八环的研究历程以及介观结构碳纳米笼新颖的形态、结构单元、壳层微孔通道、负载或填充应用示意。碳纳米笼正在成为纳米碳材料领域的一个重要成员。由图（b）可见，碳纳米笼的年度论文数近十年来呈指数上升趋势。箭头所示为我们团队发表首篇介观结构碳纳米笼论文的年份。图（b）数据来源为 Web of Science (Core Collection)，日期为 2021 年 12 月 31 日]

9.2 / 碳纳米笼新材料的研究进展与前沿动态

如前所述，作为副产物出现的碳纳米笼长期被人们忽视。近十年来，随着制备方法和技术的突破，人们可以获得纯碳纳米笼，尤其是得到了由纳米笼结构单元按一定方式组装而成的有序结构，为系统深入地研究碳纳米笼新材料的性能和应用提供了物质基础。重要进展主要体现在制备科学、性能表征及功能开发等方面。

9.2.1 / 制备科学

制备决定未来，高质量碳纳米笼的制备为功能开发和应用奠定了物质基础。

模板合成是制备碳纳米笼最直接的途径，即将碳物种直接包覆在颗粒状模板表面，去除模板后即得到空心的碳纳米笼。通过选择不同的模板、碳前驱体、碳沉积或碳化条件，可以调控碳纳米笼的物理化学性质。多种模板被应用到碳纳米笼合成中，包括金属氧化物[19-23]、金属纳米颗粒[24]、金属有机框架[25]、共价有机框架[26]和聚合物[27]等。

对于金属氧化物或金属模板，制备过程包括先通过浸渍、溶胶-凝胶工艺或水热处理将碳质层（聚合物、树脂、糖类衍生物、煤焦油、沥青等）涂覆到模板表面，然后进行高温碳化以及去除模板。sp^2 碳层也可以通过化学气相沉积过程直接包覆到模板上，去除模板即得碳纳米笼。广泛使用的金属氧化物模板包括 SiO_2 胶体和 MgO、Al_2O_3、TiO_2、Fe_2O_3、Mn_3O_4、CaO 等纳米颗粒[19-23]。其中，原位氧化镁模板法由于具有方法简便、可得到介观结构碳纳米笼新材料、便于形貌结构参量与掺杂的调控等诸多优点，最为引人注目[10-12]。

原位氧化镁模板法制备介观结构碳纳米笼的基本过程及其结构特征如图 9-2 所示[28]。先通过简便的沉淀法制得具有介观结构的碱式碳酸镁[图 9-2（a）]，这种多孔微球是由具有一定片层间距并径向排列的纳米片组成的。将介观结构碱式碳酸镁置于管式炉中加热至 700～1000℃，引入合适的碳前驱体进行化学气相沉积，在此过程中，碱式碳酸镁原位分解成介观结构 MgO 模板，其介观结构形态进而被传递到碳纳米笼产物中[图 9-2（b）]。通过酸洗去除 MgO 模板后，就得到了介观结构碳纳米笼（hCNC）新材料。由逐级放大的电镜照片可知，介观结构碳纳米笼是以纳米笼为结构单元[图 9-2（e）、（f）]相连成片[图 9-2（d）]，进而相连组装成的多孔微米球[图 9-2（c）]。纳米笼尺度可在 10～100nm 范围内调控，处于介孔和大孔范围；笼壁上有连通笼腔内外约 0.6nm 的微孔通道，因此可以方便地往纳米笼腔内填充各种物质；片层与片层之间有亚微米级间隙。因此，介观结构碳纳米笼形态非常独特：具有微孔、介孔和大孔连通共存的等级孔结构[图 9-2（h）、（i）]，具有超高的比表面积（在 300～2700m^2/g 范围内可调）、大的孔体积（2～5cm^3/g），十分有利于液态、气态物料的输运与传递；碳材料骨架的电子导电性能好，因此，在物料与电荷的高效协同输运及活性物质高效利用方面具有独特优点，适合于各种能源存储与转化过程（特别是各类电化学过程），成为能源存储与转化的新平台材料。如果以市售 MgO 粉末为模板，通过类似过程制得的是随机堆积的碳纳米笼（rpCNC），该纳米笼的结合方式与孔结构跟 hCNC 有显著不同[图

9-2（g）～（i）]。

MgO 模板具有来源丰富、去除简单、污染低、对性能干扰小等优点，通过调控生长条件（温度、时间等），可以方便地调控介观结构碳纳米笼的尺寸、壳层厚度、孔分布、比表面积、导电性等参量[10-12]。使用或添加不同的碳前驱体（如苯、吡啶和噻吩等），可以方便地合成杂原子掺杂的介观结构碳纳米笼。例如，以吡啶或吡啶和苯的混合物为前驱体，可以制备氮含量在 0 ～ 15%（原子分数）范围可调的分级结构氮掺杂碳纳米笼（hNCNC）[29,30]；以噻吩为前驱体，可以制备硫含量为 0 ～ 4%（原子分数）的硫掺杂分级结构碳纳米笼（hSCNC）[31]。含 N、S、P 等杂原子掺杂或共掺杂的碳纳米笼均可通过类似途径制得[32,33]。

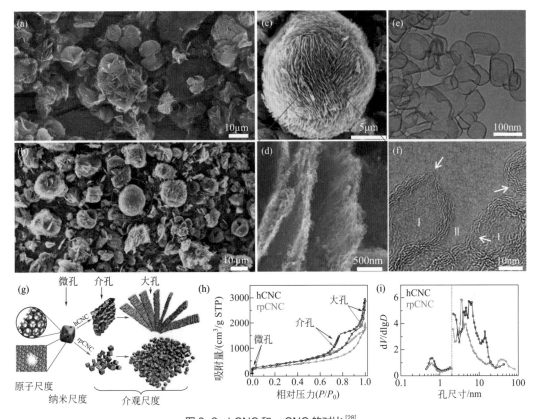

图9-2　hCNC 和 rpCNC 的对比[28]

（a）介观结构碱式碳酸镁模板的扫描电子显微镜图像；（b）hCNC 的扫描电子显微镜图像；（c）～（f）hCNC 的典型扫描电子显微镜和透射电子显微镜图像 [（f）中箭头表示微孔，Ⅰ和Ⅱ区域分别代表了 hCNC 内部的介孔空腔和纳米片层之间的介孔空隙]；（g）hCNC 和 rpCNC 在多尺度下的结构特征示意图；（h）、（i）hCNC 和 rpCNC 的 N_2 吸脱附等温曲线和相应的孔径分布

多面体颗粒状的金属有机框架和共价有机框架材料在惰性气氛下受热处理，多面体中的有机配体分解为碳材料，产物通常呈现类似前驱体的笼状形态，有时甚至会呈现突变的几何形状，通过高温蒸发或刻蚀去除残留的金属物质后，可以获得多孔碳纳米笼[25,26]。上述两种硬模板的去除通常耗时、对环境有害。自牺牲模板法可以省略模板去除步骤，例如以聚合物模板制备碳纳米笼，可以在碳化过程中直接去除聚合物模板，得到空心碳纳米笼[27]。

9.2.2 / 性能开发

由于具有独特的空心内腔等形态结构特征，以及介观结构碳纳米笼的等级孔结构及其大小、壁厚、表面性质可调，在物质/电荷协同输运、活性物质高效利用等方面的显著优点，碳纳米笼在能源存储与转化领域展现出一系列先进性能，越来越被人们所认识。例如，利用介观结构碳纳米笼的本征特性及掺杂调变或通过外表负载/内腔限域活性物质，实现了高效能源存储与转化性能，特别在超级电容器、锂硫电池、贵金属单原子催化剂等方面充分发挥了介观结构碳纳米笼物质/电荷协同输运、活性位点高效利用等本征特点，性能十分突出。碳纳米笼已成为先进能源存储和转化的新型多功能平台，其功能开发及应用策略如图9-3所示。

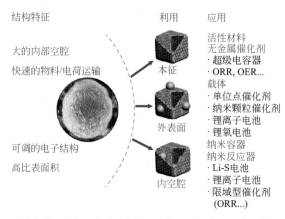

图9-3　介观结构碳纳米笼的功能开发及应用示意图[12]
ORR—氧化还原反应；OER—氧析出反应

9.2.2.1　能源存储应用

独特的分级多孔结构和网络状骨架赋予了介观结构碳纳米笼及其复合材料快速的物质/电荷传输动力学，在高倍率储能方面显示出巨大优势。此外，碳纳米笼独特的大内腔非常适合填充各种外来活性材料，其外表面具有丰富的拓扑缺陷（如孔洞、碳边、五边形等）和/或杂原子掺杂位点，便于负载和分散不同的外来物种。通常，介观结构碳纳米笼及其复合材料是超级电容器和可充电电池的高效电极，具有比容量高、倍率性能优异和循环稳定性好等特点。

（1）超级电容器　　　　　　　　　　　　　　　　　　　　　　　　　• • •

超级电容器具有功率密度高、充放电速度快、使用寿命长等特点，用途十分广阔。碳材料通过表面静电吸附来存储电荷，因此对其比表面积、表面或电子结构、电荷传输通道进行调控是提高电容性能的关键。碳纳米管和石墨烯的超级电容性能已被深入研究，碳纳米管的比表面积较小，石墨烯存在π-π堆垛，这些不足均会影响其超级电容性能[34,35]。介观结构碳纳米笼可避免碳片层间的π-π堆积，从而可以保持高比表面积和均衡的孔结构，为电荷存储提供足够的空间，为物料传输提供自由通道，为电子传递提供互联网络框架，成为优异的超级电容器电极材料。

介观结构碳纳米笼典型的超级电容性能如图9-4所示。对于通过原位MgO模板法生长的hCNC，改变生长温度和前驱体用量可以方便地调控其比表面积。比表面积为1854m²/g的hCNC在1mol/L H₂SO₄溶液中的比电容为260F/g@0.1A/g，在10A/g电流密度下循环10000次后比电容保持率达90%[36]。纯碳纳米笼疏水，导致其表面积利用率偏低，氮掺杂使疏水的hCNC变成了高度亲水的hNCNC，大大降低了器件的电荷转移电阻和等效串联电阻，从而有效地增加了离子可接触表面，提高了其面积比电容，使比电容从hCNC的11.8μF/cm²@1A/g增加到hNCNC的17.4μF/cm²@1A/g[图9-4（a）][37]。功率密度是碳基超级电容器性能的另一个重要指标，用原位纳米Cu模板代替原位MgO模板，获得了纳米笼间连通更通畅、导电性更高的3D类石墨烯纳米笼，相应对称型超级电容器在水系电解质和离子液体电解质中展现出超高的最大功率密度，分别达到1066.2kW/kg和740.8kW/kg，在不牺牲高能量密度的情况下具有当时最高的功率密度[38]。

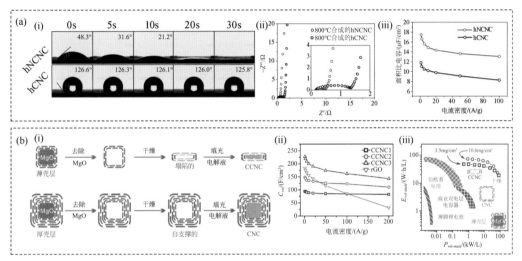

图9-4 介观结构碳纳米笼的超级电容器性能

（a）通过N掺杂提高电容性能［(i)动态水接触角测量；(ii)尼奎斯特图；(iii)不同电流密度下的面积归一化电容][37]；（b）通过毛细压缩提高比体积性能［(i)毛细压缩制备CCNC的过程；(ii)在6mol/L KOH溶液中不同电流密度下的体积比电容；(iii)EMIMBF₄离子液体中不同电极的堆能量密度-堆体积密度图][39]；hNCNC—分级结构氮掺杂碳纳米笼；hCNC—分级结构碳纳米笼；CNC—碳纳米笼；CCNC—塌陷碳纳米笼

介观结构碳纳米笼表现出优异的质量比电容，但其低密度（<0.3g/cm³）导致其比体积性能（对实用重要）并不突出。采用传统的机械压缩法难以有效地减小介孔体积，而通过毛细作用对薄壳碳纳米笼进行不同程度的压缩制得了高密度（1.32g/cm³）的塌陷碳纳米笼（CCNC），同时保留了高比表面积和快速的电荷转移动力学，从而显著增加了超级电容器的比体积容量，在1A/g电流密度下，在6mol/L KOH水系电解质和EMIMBF₄电解质中分别达到228F/cm³和233F/cm³。优化样品在离子液体中获得了创纪录的73W·h/L的堆体积能量密度，最大堆功率密度为67kW/L，且稳定性高，处于紧凑型碳基超级电容器的先进水平［图9-4（b）][39]。进而通过毛细压缩和杂原子掺杂的协同，实现了高密度与离子可接触表面之间的平衡，进一步提升了比体积性能。例如，通过毛细压缩得到氮硫共掺杂的塌陷碳纳米笼，有效减少了多余的介孔和大孔，提高了密度，同时氮硫共掺杂使碳纳米笼表面具有强

极性，有效提高了浸润性，改善了电荷转移动力学。这种具有高密度、大离子可接触表面积和快速电荷转移能力的碳纳米笼材料在保持高倍率容量的前提下具有先进的比体积性能，在 KOH 水系和 EMIMBF$_4$ 离子液体电解质中，优化样品即使在 50A/g 时仍分别达到 243F/cm^3 和 199F/cm^3 的高体积比电容。在 0.7kW/L 的功率密度下获得了顶级水平的堆体积能量密度（75.3W·h/L），在 18.8W·h/L 的能量密度下实现的最大堆功率密度达 112kW/L，展示出媲美于铅酸电池的能量密度且超越其 2～3 个数量级的高功率密度 [33]。

考虑到过渡金属化合物等赝电容材料具有较高的理论比电容，将其与介观结构碳纳米笼复合是提高超级电容器能量密度的有效途径。Co(OH)$_2$ 纳米晶可以方便地均匀分散于 hNCNC 表面，优化的 Co(OH)$_2$/hNCNC 的比容量达 1170F/g@2A/g，其中 Co(OH)$_2$ 贡献的比电容为 2214F/g，接近其理论值（2595F/g），表明与 hNCNC 的复合可有效提高赝电容材料的利用率 [40]。发展非对称超级电容器可有效提升超级电容器的能量密度，氮硫共掺杂碳纳米笼在 1mol/L 的 H$_2$SO$_4$ 溶液、电压范围 0～1V、电流密度 1A/g 条件下表现出 337F/g 的高比容量。水合三氧化钨纳米棒通过 W^{6+}/W^{5+} 的氧化还原反应实现 H$^+$ 的嵌入与脱出，在 -0.55～0.3V、5A/g 条件下表现出 454F/g 的高比容量。以氮硫共掺杂碳纳米笼和水合三氧化钨纳米棒作正负极，以原位聚合高分子凝胶电解质（IPGE/H$_2$SO$_4$）作准固态电解质组装非对称超级电容器，其工作电压为 1.5V，倍率性能非常接近于在 H 型电解池中以 1mol/L H$_2$SO$_4$ 溶液为电解质的超级电容器，远优于以传统聚乙烯醇/硫酸（PVA/H$_2$SO$_4$）作凝胶电解质的器件。该优异性能得益于原位聚合的 IPGE/H$_2$SO$_4$ 与电极材料之间建立了有效的电荷传输界面，改善了 H$^+$ 传输性能，有效降低了电压降 [41]。这些进展显示了介观结构碳纳米笼及其复合材料在超级电容器中的巨大应用潜力。

（2）锂离子电池 •••

如何同时实现大容量、高倍率和长循环稳定性是锂离子电池面临的一个难题。用作锂离子电池负极时，hCNC 表现出高比容量和高倍率性能，可逆比容量达 970mA·h/g@0.1A/g，在 25A/g 的高倍率下循环 10000 次后仍保留 229mA·h/g 的比容量。优异的性能源于 hCNC 独特的形貌、大的比表面积、等级孔结构和高电导率的协同作用，其有利于电解液渗透、锂离子固态扩散和电子传导，且结构稳定 [42]。以 hNCNC 为锂离子电池负极，同样展现出高的比容量、优异的倍率性能和稳定性，在 0.1A/g 下 hNCNC 的比容量可稳定在约 900mA·h/g，显著优于商业石墨，在 20A/g 的大电流密度下循环 500 圈后的可逆比容量仍能稳定在约 135mA·h/g[43]。考虑到 hCNC 的密度较小，也可通过毛细压缩提高其密度，同时保留高比表面积和快速的电荷转移动力学，从而在锂离子电池中获得高的比体积性能。

分级结构碳纳米笼可以作为载体与金属化合物复合，通常表现出优异的储锂性能。在 hCNC 表面垂直生长的寡层二硫化钼纳米片呈现出表面储锂占主导的特征，其可逆比容量可达 1670mA·h/g@0.1A/g，同时具有高的倍率性能和超长的循环稳定性（3000 次循环后仍保留 236mA·h/g@25A/g），处于二硫化钼基负极材料当时的最优水平 [44]。在 hCNC 表面高分散负载 10～25nm 的 LiFePO$_4$ 纳米颗粒用作锂离子电池的正极材料，在 0.1C 下首次放电比容量达 163mA·h/g，15C 和 30C 下的放电比容量仍达 96mA·h/g 和 75mA·h/g，在 15C 下循环 200 圈后的放电比容量仍保持在 92mA·h/g[45]。这些进展表明，分级结构碳纳米笼及其复合材料具有促进电荷快速转移、提高活性材料利用率、减缓团聚和材料结构应力等能力，在锂离子电池电极材料设计构建中展现出巨大潜力。

利用 hCNC 内腔填充活性材料可以进一步促进电荷传输、抑制活性物质流失，还可提供足够内部空腔来缓冲充放电过程中的巨大体积变化，且能形成稳定的固态电解质界面膜（SEI膜），从而提升其储能性能，如图 9-5 所示。最近开发了一种简单且通用的策略将金属氧化物填充到 hCNC 内部，即在真空条件下将碳纳米笼浸入高浓度盐溶液中，使盐溶液通过笼壁微孔进入内腔中，再通过过滤、冷冻干燥、洗涤和热解过程得到限域结构。如果在不抽真空的条件下浸渍，金属化合物负载在碳纳米笼表面［图 9-5（a）、（b）］。通过真空填充法制得的 SnO₂@hCNC 表现出优异的倍率性能，显著优于表面负载型对照样品 SnO₂/hCNC 以及目前报道的绝大多数 SnO₂ 基负极材料［图 9-5（c）］。具体地，优化的 SnO₂@hCNC［SnO₂ 填充量为 65.5%（质量分数）］在 1.0A/g 电流密度下循环 600 次后仍保留 792mA·h/g 的高可逆比容量，在 5.0A/g 电流密度下的比容量仍有 568mA·h/g，展现出优异的高倍率性能[46]。这种利用介观结构碳纳米笼内腔填充构建限域结构的方法对开发高性能锂离子电池电极材料具有重要意义。

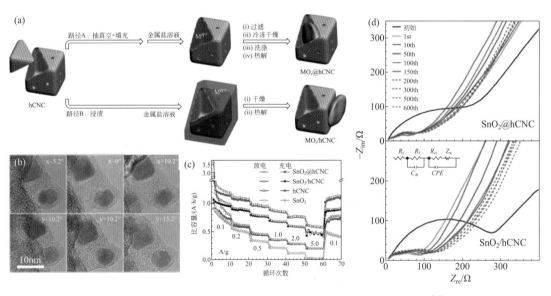

图 9-5　利用介观结构碳纳米笼内腔填充构建限域结构用于锂离子电池[46]
（a）真空填充与表面负载示意图；（b）SnO₂@hCNC 的透射电镜图像；（c）不同 SnO₂ 基负极的倍率性能；
（d）SnO₂@hCNC 和 SnO₂/hCNC 循环前后的交流阻抗谱（表明 SnO₂@hCNC 形成较稳定的 SEI 膜）

（3）锂硫电池

因具有高理论比容量和低成本等优点，锂硫电池成为人们竞相研究开发的储能新技术。锂硫电池正极面临的主要挑战包括：S/Li₂S 的绝缘性降低了硫的利用率，穿梭效应导致活性组分丢失，极化效应增加过电位，循环过程中大的体积变化导致粉化等[47]。利用介观结构碳纳米笼作硫载体是解决上述挑战性难题的有效手段[48,49]。如图 9-6 所示，碳纳米笼具有大孔体积和半密封内部空腔，可作为纳米容器填充高载量的硫，既可以提高电导率，还可通过物理限域作用减少多硫化锂流失，且可缓解体积膨胀带来的应力。此外，以具有物质/电荷高效协同输运能力的介观结构碳纳米笼来限域硫，可提升其高倍率性能。通过熔融渗透法制得的硫含量达 79.8%（质量分数）的 S@hCNC 正极展现出大放电比容量、高倍率性能（580mA·h/g @3A/g）和长循环稳定性（超过 300 个循环后仍保留 558mA·h/g@1A/g）[图 9-6（a）]，远优于由 rpCNC 填充硫所构成的正极，显示了介观结构对储能性能的重要促进作用[28]。

为了进一步抑制多硫化锂的穿梭效应，可以通过掺杂极性原子或修饰极性材料以增强碳纳米笼的化学吸附作用，锚定可溶性多硫化锂。利用 hNCNC 填充硫作为锂硫电池正极材料，在高功率密度 9.2kW/kg 时获得了 249W·h/kg 的能量密度，在 10A/g 超高电流密度下循环 1000 圈后仍保留了 438mA·h/g 的比容量，具有优异的循环稳定性。实验和理论研究表明，氮掺杂的 sp² 碳对多硫化锂既有先前报道过的化学吸附功能，还有促进其转化的催化功能[图 9-6（b）、（c）][50]。物理限域、化学吸附、电催化转化和物质/电荷高效协同输运的共同作用助力该硫正极实现了持久的大功率输出。这一发现证明了杂原子掺杂碳对多硫化锂转化反应的催化功能，丰富了碳基无金属催化剂的适用范围。利用 hSCNC 填充硫作为锂硫电池正极，经 400 次循环后仍表现出 579mA·h/g@2A/g 的高比容量，明显优于未掺杂的 S@hCNC 正极[31]。理论计算表明，硫掺杂碳对可溶性多硫化锂的吸附作用比未掺杂碳的作用要弱，而对多硫化锂转化的促进作用更强，由此说明 hSCNC 对锂硫电池性能的提升作用主要得益于硫掺杂碳的电催化功能。这些结果表明，杂原子掺杂碳对多硫化锂的电催化转化具有普遍性，特别是结合介观结构碳纳米笼的优势，可为探索先进锂硫电池正极材料提供新的机会。

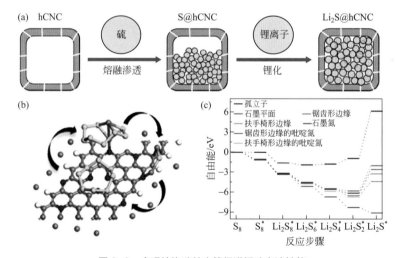

图 9-6　介观结构碳纳米笼促进锂硫电池性能

（a）S@hCNC 的制备与储能示意图[28]；（b）氮掺杂碳对多硫化锂的电催化转化和吸附效应；（c）不同碳构型上多硫化锂在转化反应中的自由能变化曲线（表明锯齿形边缘的吡啶氮具有最优的催化活性）[50]

锂硫电池的面积比容量是影响其实际应用的一个重要因素。增加硫的面载量可以提高面积比容量，但随着电极厚度的增加，锂硫电池的电荷转移和多硫化物转化动力学会受到阻碍，通常会导致电池性能的严重衰减。将 S@hCNC 分散于氧化石墨烯水溶液中，利用氧化石墨烯的原位还原构建自支撑整体材料，可以有效促进离子/电子协同传输以及抑制多硫化锂流失。

当硫面载量为 3.8mg/cm² 时，锂硫电池展现出高的可逆比容量（1104mA·h/g）和面积比容量（3.7mA·h/cm²），且具有优异的循环稳定性（每圈比容量衰减率仅为 0.049%@1.0A/g）和＞99.9% 的库仑效率[51]。进而，将硫填充的氮磷共掺杂碳纳米笼与还原氧化石墨烯组装成自支撑整体电极，当硫的面载量为 6mg/cm² 时，锂硫电池表现出 6.7mA·h/cm² 的高面积比容量，250 次循环后仍仍保持在 4.2mA·h/cm²。这种整体电极除了可以促进离子/电子协同传输以及抑制多硫化锂流失之外，氮磷共掺杂碳的电催化作用可有效抑制极化效应，提升电池的倍率性能。此外，整体电极不需要使用粘接剂、导电剂和集流体，有利于提升电池的能量密度[32]。

上述研究结果表明，分级结构碳纳米笼在锂硫电池硫正极的设计构建、开发应用中具有巨大潜力。

（4）其他可充电电池   ● ● ●

介观结构碳纳米笼及其复合材料还可应用于金属-空气电池、镁离子电池等新型可充电电池。

可逆锂氧电池的理论能量密度高，是未来最理想的替代电源，但面临着过电势高和循环寿命差等挑战。以 hCNC 为正极材料，构建了具有高放电比容量（14080mA·h/g）和良好循环稳定性的锂氧电池。在电解液中添加可溶性乙酰丙酮亚铁氧化还原介质后，其放电比容量、倍率性能和循环寿命均获得显著提升，完全放电比容量可达 23560mA·h/g，是商业活性炭 XC-72 的 7.82 倍，在 0.5A/g 电流密度和 800mA·h/g 截止比容量下可稳定循环 138 圈，远高于未加乙酰丙酮亚铁的 68 圈和 XC-72 的 13 圈；在高电流密度（5.0A/g）下仍可稳定循环 63 圈，远高于未加乙酰丙酮亚铁的 21 圈。hCNC 的独特结构能有效地促进电子传输，为放电产物 Li_2O_2 提供足够的分散和容纳空间，可溶性氧化还原介质乙酰丙酮亚铁能有效地催化活性物质的可逆转化，进而降低过电势和提升电池循环寿命[52]。在 hCNC 上负载催化剂增强氧还原/氧析出反应可进一步提高锂氧电池的性能。例如，将钌纳米颗粒负载在 hCNC 上用作锂氧电池正极，在较低的充电电压下也可展现出高的放电比容量（8135mA·h/g@0.08mA/cm²，3.85V），同时具有优异的倍率性能（3416mA·h/g@0.48mA/cm²）和良好的稳定性（500mA·h/g 截止比容量下循环 78 圈）。hCNC 的利于物质/电荷协同输运特性以及钌纳米颗粒的高催化活性协同促进了电池性能[53]。

分级结构碳纳米笼材料也能增强锌-空气电池的性能。例如，氮硫共掺杂碳纳米笼具有催化氧还原和氧析出反应的活性，在碱性电解液中，其氧还原反应的半波电位为 0.792V［vs. RHE（可逆氢电极）］，氧析出反应电位为 1.640V@10mA/cm²。用作锌-空气电池的双功能电极，氧还原与氧析出反应电位差仅为 0.848V，远低于基于商业铂碳-氧化铱的锌-空气电池的电位差（1.07V）。该优异性能源于氮硫共掺杂碳纳米笼的分级结构以及丰富掺杂位点的高催化活性[54]。

可充电镁电池成本低、安全性好，是非常有前景的下一代二次电池。hNCNC 作为可充电镁电池的正极材料，呈现以电容行为主导的储镁机制，理论研究表明镁离子主要吸附在微孔边缘碳原子、吡啶氮或吡咯氮等活性位点上，展现出高放电比容量（71mA·h/g@100mA/g）、优异的倍率性能（60mA·h/g@2000mA/g）和长循环稳定性（1000 圈容量保留率 83%@1000mA/g）。hNCNC 的优异储镁性能可归因于高比表面积、丰富微孔缺陷和高吡啶 / 吡咯氮含量、便利的电荷传输动力学、稳定的碳骨架结构及其表面吸附储镁机制 [55]。

9.2.2.2 能源转化应用

能源转化是一种高效利用可再生能源的可持续性策略，开发先进的能源催化材料是关键，也是热点课题。铂族贵金属是许多能源转化反应的催化剂，但其价格高昂。开发性能优异的低贵金属、非贵金属，甚至无金属催化剂一直是人们孜孜以求的目标。由于介观结构碳纳米笼具有内腔大、导电网络骨架、高度暴露的表面、容易掺杂等优点，各种各样的铂族金属及非贵金属基催化剂均能以单原子或纳米颗粒的形式方便地负载在碳纳米笼的表面或填充于其内腔，如图 9-7 所示 [56-59]。此外，介观结构碳纳米笼具有大比表面积、富含缺陷的表面和易于调控的电子结构，也是一种高效的无金属能量转化催化剂 [60]。鉴于介观结构碳纳米笼的特点，相关催化剂具有物质 / 电荷高效协同输运、活性物质利用率高、稳定性好等优点。

（1）氧还原反应

氧还原反应因其缓慢的反应动力学成为燃料电池和金属 - 空气电池的发展瓶颈。铂催化剂可促进氧还原反应的动力学过程，但存在着铂利用率低、因溶解或脱落或团聚导致的活性衰减快，以及易受醇分子干扰等挑战性问题。因此，发展廉价、耐用的氧还原反应催化剂是人们长期追求的目标。

杂原子掺杂可以调节金属活性相的分布和电子结构，其中氮掺杂尤为引人关注。利用 hNCNC 中氮掺杂原子的参与及其高比表面积，通过简单的微波辅助乙二醇还原法可将铂纳米粒子高度分散在 hNCNC 表面，负载量为 23.6 %（质量分数）时粒径仍保持在 2.6nm±0.4nm ［图 9-7（a）］。Pt/hNCNC 表现出可与商品化铂碳催化剂媲美的氧还原反应活性，起始电位约为 937mV（vs. RHE），但稳定性优于商品化铂碳催化剂。氮掺杂原子与铂原子的相互作用有效提高了铂在碳载体上的结合能，且可改变其电子态，使得铂纳米颗粒催化剂更容易构建且更具持久性 [56]。

将铂纳米粒子填充到碳纳米笼内腔作为催化剂，表现出很多不同于表面负载型催化剂的特性。通过真空填充法将铂纳米粒子填充到 hNCNC 中（Pt@hNCNC），负载量为 19.3 %（质量分数）时铂纳米粒子的平均尺寸为 1.3nm±0.3nm ［图 9-7（b）］。在酸性介质中，Pt@hNCNC 的氧还原反应起始电位为 906mV（vs. RHE），略低于表面负载的 Pt/hNCNC，但其表现出相对高的稳定性。更有趣的是，Pt@hNCNC 表现出免疫醇类分子干扰的优异性能。Pt@hNCNC 的氧还原催化特性跟碳纳米笼壳层上微孔通道的筛分效应有关，尺寸约为 0.6nm 的微孔通道可在一定程度上减缓小尺寸的氧气分子和离子进入碳纳米笼内腔，而严格地限制大尺寸醇分子的进入以及铂物种的流失，从而实现了高的抗醇干扰性能，而且可以有效抑制铂物种的溶解和脱落，获得高的催化稳定性 [56]。如上所述，基于介观结构碳纳米笼载体的填充型蛋黄 - 蛋壳结构催化剂具有纳米级反应腔、对反应物 / 产物的尺寸筛分效应、便于物质 / 电荷输运的等级孔结构，通常表现出优异的催化活性、选择性和稳定性。此外，真空填充法可普遍适用于各种外源材料，显著不同于碳层包覆法构建的核壳结构催化剂（无内部空腔）。这些特点为开发先进能源转化催化剂提供了更多机会。

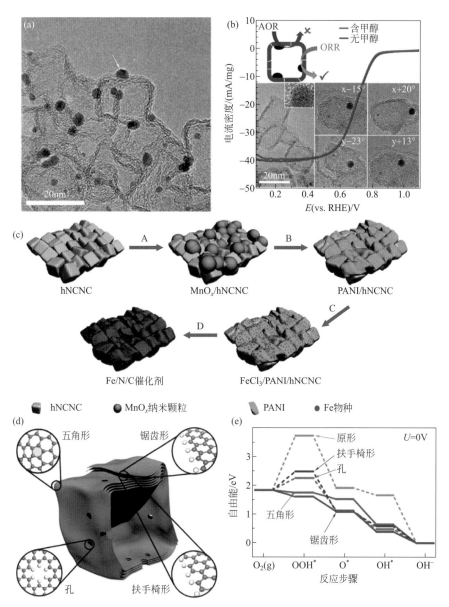

图9-7 基于碳纳米笼构建氧还原反应催化剂

（a）负载型 Pt/hNCNC 的 TEM 图片；（b）填充型 Pt@hNCNC 的 TEM 照片及氧还原性能[56]；（c）MnO$_x$ 诱导策略构建高度暴露 Fe/N/C 催化剂的示意图[62]；（d）碳纳米笼的结构特征示意图；（e）DFT 计算得出的不同碳缺陷在 ORR 中的自由能变化曲线（表明五元环和锯齿形边缘缺陷是 ORR 的主要活性位点）[60] AOR—乙醇氧化反应；ORR—氧化反应；PANI—聚苯胺

　　利用碳纳米笼的介观结构和杂原子掺杂还构建了多种氧还原反应的非贵金属催化剂，进一步降低了氧还原反应催化剂的成本，且可免疫醇分子干扰。高度分散的非贵金属活性相可以增加活性中心的密度，提高催化活性。此外，过渡金属与氮掺杂碳之间的电子转移可调控活性相的电子结构，通常会展现出更好的电催化性能[58,61-63]。例如，在酸性条件下，负载在 hNCNC 上的合金化钴钼氮化物纳米颗粒表现出优异的氧还原反应催化性能，兼具了氮化钴高活性（起始电位：808mV vs. RHE）和氮化钼高稳定性的优点，优于大多数非贵金属基催化剂[61]。α-Fe₂O₃/Fe₃O₄/hNCNC 电催化剂具有丰富的纳米异质结界面，在碱性介质中表现出优于商用铂碳催化剂的优异氧还原反应性能，具有高的起始电位 [1.03V（vs. RHE）]、优异的稳定性和抗甲醇干扰性能[58]。金属/氮/碳材料在酸性和碱性介质中都是引人注目的非贵金属基氧还原反应电催化剂，而构建高度暴露的金属-氮活性位点至关重要[64]。为此，借助掺杂氮原子的参与，先将氧化锰纳米粒子高度分散在 hNCNC 上，再通过氧化锰诱导聚合策略，获得均匀覆盖在 hNCNC 表面的聚苯胺层，随后通过氯化铁溶液浸渍和高温处理就得到了铁-氮活性位点高度暴露的铁/氮/碳催化剂 [图 9-7（c）]，在酸性介质中展示出 920mV（vs. RHE）的高起始电位，与铂碳催化剂活性相当，但大幅提升了稳定性[62]。将石墨相氮化碳包覆在 hCNC 表面，利用表层石墨相氮化碳的配位和限域作用锚定二价钴离子，再经过热解形成了活性位点高度暴露、导电性好、孔结构丰富的钴/氮/碳催化剂。优化的催化剂在碱性介质中展现出优异的氧还原反应活性，其起始电位 [0.97V（vs. RHE）] 与商业铂碳催化剂相当，且具有优异的稳定性和抗甲醇干扰性能[65]。

自发现氮掺杂碳纳米管阵列在碱性介质中具有优异的氧还原反应活性以来，碳基无金属催化剂在过去十多年中获得了广泛关注[66]。碳纳米笼由于其大比表面积、易于调控的电子/表面结构和简便的无金属合成方法，是极具潜力的氧还原反应催化剂。通过无金属合成，我们证实了 hNCNC 的高氧还原反应活性是源于氮掺杂碳，而不是来自金属杂质的事实[29]。借助理论模拟，我们提出了通过活化 π 电子将氧还原反应惰性的 sp² 碳转变为具有氧还原活性的无金属催化剂的普适性策略，掺杂富电子（如 N）或缺电子（如 B）杂原子均可实现此转变[67]。该策略推动了通过掺杂/共掺杂不同杂原子（如 N、B、S、P）构建氧还原反应催化剂的研究进程[68-70]。基于这种活化 π 电子的策略，sp² 碳中的本征缺陷也应该具有氧还原反应活性，理论计算也表明五边形和锯齿形边缘缺陷具有高氧还原反应活性。我们以富含五边形、边缘、孔洞的 hCNC 作催化剂，证实其确实具有优异的氧还原反应活性 [图 9-7（d）、（e）]，甚至可与氮掺杂碳纳米管相媲美[60]。这些进展将无金属催化剂从杂原子掺杂的 sp² 碳扩展到无掺杂的缺陷碳，同时也提出了通过本征缺陷和杂原子掺杂相结合开发先进碳基无金属电催化剂的新策略。

（2）醇类氧化反应

直接甲醇燃料电池具有能量转换效率高、环境友好、低温启动速度快、燃料甲醇易输运且来源广泛等优点，有广阔应用前景。直接甲醇燃料电池正极发生甲醇氧化反应，通常采用商业铂碳催化剂，催化活性高，但存在稳定性差、质量活性较低等缺点。借助氮掺杂原子的锚定作用，通过微波辅助乙二醇还原法可以方便地制备铂负载量为 20%～60%（质量分数）的 Pt/hNCNC 催化剂，表现出良好的甲醇氧化活性和稳定性，明显优于 hCNC 和商业炭黑负载的同类催化剂[57]。负载量为 60%（质量分数）的 Pt/hNCNC 催化剂的性能稳定，没有发生明显团聚，比质量活性达到 95.6mA/mg。为了增强铂族金属抗一氧化碳中毒的能力，构建铂与其他金属的双元或多元合金催化剂是有效策略，且能降低催化剂的成本，优化电催化性能。负载于碳纳米笼表面的铂-钌催化剂表现出优异的甲醇氧化催化活性，且铂-钌合金的双功能机制增强了一氧化碳氧化脱附能力，从而使活性位点重新暴露，有效提升了催化稳定性[71]。

乙醇具有高理论能量密度（8kW·h/kg）和低毒性，且易从生物质中获得，因此直接乙醇燃料电池备受关注。然而，大多数铂族催化剂用于乙醇氧化反应时，受到质量活性低和易受一氧化碳中毒的限制。通过微波辅助乙二醇法将 Pt 和 SnO$_x$ 物种负载于 hNCNC 表面构建了三元 Pt/SnO$_x$/hNCNC 电催化剂，在酸性介质中的比质量活性为 1187mA/mg$_{Pt}$，处于乙醇氧化催化剂的领先水平，同时具有高稳定性和优异的抗一氧化碳毒化性能[72]。其根源是与铂颗粒相邻的 SnO$_x$ 可促进水的解离形成羟基，进而氧化铂位点上吸附的一氧化碳，使活性位点再生，从而提高乙醇氧化反应的性能。介观结构碳纳米笼的结构特点为醇氧化催化剂的方便构建和性能调控提供了基础。

（3）氢析出反应

利用间歇式可再生电力驱动电解水反应生产清洁的氢气，是实现"双碳"国家目标的重要途径。铂族金属作为电解水催化剂，其高成本严重阻碍了电解水制氢产业的发展，提高铂族金属的利用率是降低催化剂成本的有效手段。单位点催化剂具有最高金属原子利用率和独特的催化活性与选择性，备受青睐。然而，由于金属单原子的表面能高，探索其简单构建与耐久使用策略是铂族金属单位点催化剂大规模应用所面临的挑战[73]。

最近，以介观结构碳纳米笼为载体发展了"浸渍-烘干"即得贵金属单位点催化剂的最简单构建策略，如图 9-8 所示。由于 hNCNC 表面具有丰富的微孔，且吡啶氮在偏酸性溶液中质子化后带正电，在范德华相互作用以及质子化吡啶氮与带负电六氯合铂离子间的静电相互作用下，六氯合铂离子被捕获到约 0.6nm 的微孔中，在受热下自发脱氯形成铂单原子，并通过强的铂-氮相互作用而稳定存在 [图 9-8（a）、（c）]。在 hCNC 载体上，由于缺少了掺杂 N 原子的作用，六氯合铂离子也通过范德华相互作用被捕获到约 0.6nm 的微孔中，自发脱氯形成铂单原子，但跟载体的相互作用较弱，导致 hCNC 上铂单原子发生轻微聚集 [图 9-8（b）、（c）]。铂载量为 2.92 %（质量分数）的 Pt$_1$/hNCNC 催化剂在酸性电解液中具有超低的氢析出过电位（η=15mV@10mA/cm^2）、高比质量活性（7.60A/mg$_{Pt}$@η=20mV）和优异的稳定性（经过 10000 圈循环伏安扫描 $\Delta\eta$=2.2mV@50mA/cm^2），优于 hCNC 载体上的 Pt 单原子催化剂以及文献报道的铂基催化剂 [图 9-8（d）、（e）]。在析氢过程中，铂-氮键比铂-碳键更稳定，因此 Pt$_1$/hNCNC 的氢析出稳定性优于 Pt/hCNC。这一微孔捕获与氮锚定协同的策略也普遍适用于构建其他贵金属（如金、铱、钯等）单原子催化剂，在探索先进单位点催化剂的构建、性能研究与应用方面具有巨大潜力[59]。该策略也有望拓展到构建多原子和多金属的高分散单位点或团簇催化剂，为能源转化反应提供新型催化材料。

（4）二氧化碳还原反应

利用间歇式可再生电力将二氧化碳电还原成化学燃料，是实现全球能源和碳平衡管理的有效策略，也是实现"双碳"目标的可行性途径。廉价的金属-氮-碳材料是将二氧化碳电还原成一氧化碳的催化剂。以具有分级结构的 hCNC 为载体，通过热解氯化镍和邻菲罗啉的混合物，可以制备得到镍-氮-碳单位点催化剂，在 -0.6 ～ -1.0V（vs. RHE）的宽电位窗口下展现了高于 87% 的一氧化碳法拉第效率平台。在前驱体中加入硫氰化钾制得的硫掺杂镍-氮-碳单位点催化剂，进一步使一氧化碳的比电流密度提高了 68%，在 -0.8V（vs. RHE）时达到 37.5A/g，一氧化碳的法拉第效率平台高于 90%。从热力学角度看，性能的增强可以归因于硫掺杂有利于二氧化碳电还原成一氧化碳并抑制氢析出竞争反应；从动力学角度看，硫掺杂增加了电化学活性表面积，改善了电荷转移。利用分级结构碳纳米笼物质/电荷协同输运的特点，调控其活性中心电子结构是开发二氧化碳电还原先进催化剂的有效途径[74]。

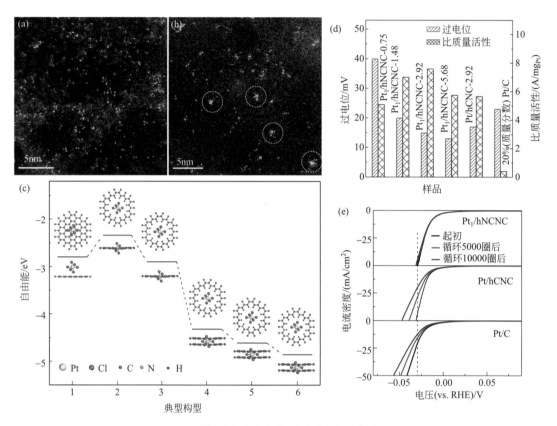

图 9-8　基于分级结构碳纳米笼构建铂单位点催化剂

（a）、（b）Pt₁/hNCNC（a）和 Pt/hCNC（b）的高角环形暗场扫描透射电镜图像；（c）六氯合铂离子在六种典型构型上的吸附模型和相应的自由能（1 代表石墨烯片层，2 代表微孔为 0.6 nm 的石墨单层，3 代表微孔为 0.6 nm 且含两个吡啶氮原子的石墨单层，4 代表微孔为 0.6 nm 的石墨双层，5 代表微孔为 0.6 nm 且含一个吡啶氮原子的石墨双层，6 代表微孔为 0.6 nm 且含两个吡啶氮原子的石墨双层）；（d）系列催化剂在 10 mA/cm² 下的过电位和 20 mV（vs. RHE）下的比质量活性（电解液为 0.5 mol/L H₂SO₄ 溶液，Pt/hCNC 和商业铂碳催化剂的数据作为对比）；（e）Pt₁/hNCNC、Pt/hCNC 和商业铂碳催化剂在循环 5000 圈和 10000 圈后的极化曲线[59]

（5）其他催化反应　　　•••

费托合成制低碳烯烃是一个经典而又具有重大实用价值的课题，也是二氧化碳电还原制合成气的下游反应[75,76]。在费托合成中，负载型铁基纳米颗粒是最有前途的催化剂，但由于碳化物纳米活性相的不稳定会导致催化性能的下降。hNCNC 具有氮含量可调范围广、比表面积高、微孔-介孔-大孔共存、传质方便等优点，是构建铁基催化剂的良好载体。氮掺杂原子的存在可以有效抑制铁基活性相的烧结，从而获得高稳定的催化性能，如图 9-9 所示。质谱检测和理论计算显示，hCNC 负载的铁基活性相通过羰基铁介导机制发生尺寸的快速增长

（即烧结），从而导致活性下降［图9-9（a）］。增加载体的氮掺杂量，可以抑制羰基铁的生成，从而减缓费托合成中铁基活性相的生长，即使在费托合成反应200h后粒径长大也不明显，仍表现出良好的催化活性，对低碳烯烃的选择性最高可达54.1%［图9-9（b）～（d）］[30]。该策略可为涉及一氧化碳反应物的高稳定金属催化剂的设计提供参考。

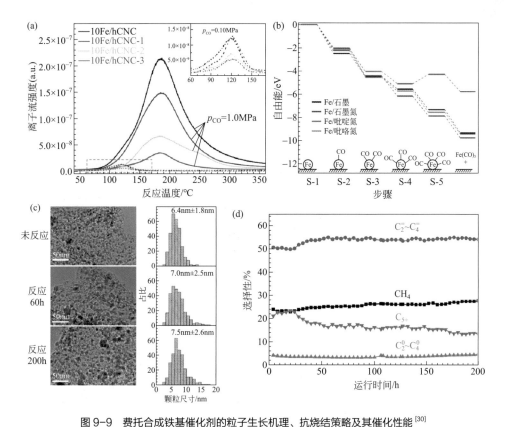

图9-9　费托合成铁基催化剂的粒子生长机理、抗烧结策略及其催化性能 [30]

（a）羰基铁的原位质谱检测——不同载体的影响；（b）不同碳载体上羰基铁物种的形成自由能；

（c）、（d）Fe/hNCNC 催化剂的形貌和粒径分布演变（c）和产物选择性（d）

注：hNCNC-1、hNCNC-2 和 hNCNC -3 中氮含量分别为 3.0 %、8.1 % 和 12.0 %。

共轭羰基化合物的羰基选择性加氢反应被广泛用于制备重要的药物和化学中间体。利用 hNCNC 大的比表面积和掺杂氮原子的锚定作用构建了 10%（质量分数）钌负载量的 Ru/hNCNC 催化剂，尺寸约 2.4nm 的钌纳米颗粒高度均匀地分散在 hNCNC 表面。Ru/hNCNC 用于催化苯乙酮选择性加氢制 1- 苯乙醇反应，在 50.0℃、2.0MPa H_2 的温和条件下，展现出优异的催化加氢性能：反应 2.0h 后的苯乙酮转化率和 1- 苯乙醇选择性分别达到 96.2% 和 95.8%，远优于 hCNC 和活性炭负载的钌催化剂[77]。苄胺氧化偶联制 N-苄烯丁胺通常需使用贵金属催化剂，开发廉价催化剂具有重要研究价值。hCNC 作为无金属催化剂，在无溶剂、100℃和常压 O_2 条件下即可实现苄胺到 N-苄烯丁胺的高效转化，反应 8h 后的苄胺转化率和 N- 苄烯丁胺选择性均可达 98%，远优于碳纳米管、还原氧化石墨烯、活性炭等典型碳材料。循环使用 6 次后其催化性能基本无衰减且具有优秀的底物拓展性[78]。

第二篇　前沿新材料

2

介观结构碳纳米笼独特的等级孔结构便于物质扩散输运，作为载体构建的催化剂具有高催化性能是可以预见的。

9.3 我国在该领域的学术地位及发展动态

我国学者、企业家及政府相关部门一直高度重视纳米碳材料前沿领域的相关研究，经历了富勒烯、碳纳米管、石墨烯材料研究从跟跑到并跑的转变，实现了石墨炔材料研究的领跑。如图 9-10 所示，中国学者对富勒烯、碳纳米管、石墨烯材料贡献的研究论文举足轻重，对石墨炔材料的研究论文超过总量的一半，达 62.59%〔图 9-10（a）～（d）〕。

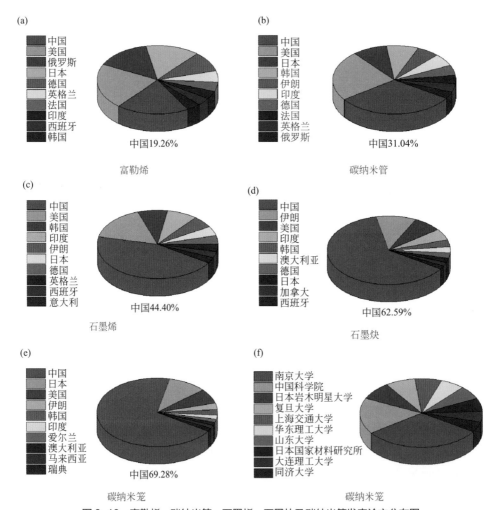

图 9-10　富勒烯、碳纳米管、石墨烯、石墨炔及碳纳米笼发表论文分布图

（a）～（e）富勒烯、碳纳米管、石墨烯、石墨炔和碳纳米笼发表论文排名前十的国家及其份额；（f）发表碳纳米笼论文排名前十的机构及其份额〔数据来源为 Web of Science (Core Collection)，日期为 2021 年 9 月 13 日〕

就碳纳米笼而言，自从在石墨电极电弧放电制备富勒烯和碳纳米管的副产物中观察到碳纳米笼杂质，经过了近二十年的沉寂，近十年来才日益引起人们的重视，这主要得益于我国

学者发明的具有自主知识产权的原位氧化镁模板制备方法，由此得到了高质量的介观结构碳纳米笼新材料，在能源存储与转化领域的一系列优异性能被逐渐揭示，与纳米笼独特形态结构特点相关的功能开发策略逐步得到深度思考和实验探索，相关研究逐渐形成纳米碳材料领域的一个新的分支，论文呈指数上升趋势 [图 9-1 （b）]，我国学者的论文占比目前高达69.28%，高被引论文的数目也占一半以上。从单位分布来看，10 个发表碳纳米笼论文最多的机构中有 8 个是中国的高校及中科院。由该领域的演变历程、发表论文的情况可知，我国学者推动了该领域由"冷门"到"热门"的转变，处于引领地位。

经过近四十年的发展，纳米材料的制备从早期的经验科学逐步走向理性设计和可控制备，从关注纳米结构逐步走向由纳米结构单元按一定方式组装而成的介观结构[79,80]。介观结构材料通常具有多尺度、多组元和多功能的特点，介观结构碳纳米笼的出现及其诸多优异性能的发现顺应了这一纳米材料研究的发展趋势。其等级孔利于液态、气态物质交换 / 传递的功能与碳材料骨架高导电性的特点相结合，在物质与电荷的高效协同输运及活性物质高效利用方面具有独特优势，适合于诸多能源化学，特别是各类电化学过程，成为能源存储与转化的新平台材料。从发表论文数呈指数上升的趋势来看，碳纳米笼的研究越来越受到人们的重视。

9.4 / 作者在该领域的学术思想和主要研究成果

作者团队在碳纳米笼领域有长期积累，早期发展了用混合酸刻蚀处理碳包铁纳米粉制备无序碳纳米笼的实用路线，认识到与碳纳米笼内腔共存的丰富微孔通道及其作用[24]。随后，发明了具有自主知识产权的原位氧化镁模板法，首次得到了介观结构的碳纳米笼新材料[9]。利用介观结构碳纳米笼有利于物质 / 电荷协同输运、活性物质高效利用以及碳纳米笼结构单元可方便限域复合其他物质的独特性，揭示了这类新材料在能源存储与转化方面的一系列优异性能和重要应用前景，引发了人们对碳纳米笼日益浓厚的研究兴趣[10-12]。作者在碳纳米笼领域的学术思想和主要研究成果包括：

① 明确了碳纳米笼的概念。长期以来人们对碳纳米笼新材料的认识比较模糊，用的名称就不下十种，如：空心碳球（Hollow Carbon Spheres）、碳空心纳米球（Carbon Hollow Nanospheres）、碳纳米胶囊（Carbon Nanocapsules）、球形空心碳（Spherical Hollow Carbon）、球形碳胶囊（Spherical Carbon Capsules）、碳纳米气泡（Carbon Nanobubbles）、空心碳壳（Hollow Carbon Shell）、空心碳微球（Hollow Carbon Microspheres）、空心碳纳米颗粒（Hollow Carbonaceous Nanoparticles）、空心碳洋葱（Hollow Carbon Onions）、三维多孔碳球（3D Porous Carbon Spheres）、球形空心碳框架（Spherical Hollow Carbon Framework）等。这些名称的着眼点在于其空心的内腔，却忽视了碳壳层上连通空腔内外的微孔通道。实际上，这类材料的独特性能与其微孔通道密不可分，这些微孔通道使其内腔的利用成为可能，而且许多性能本身就主要由这些微孔通道决定。碳纳米笼是这类新材料的恰当定义，既界定了尺度，又形象地描述其形貌结构，还十分简洁，内涵丰富。作者的系列研究工作中全部采用碳纳米

笼这个名称，并通过微孔通道向纳米笼腔内填充限域、利用微孔通道的锚定作用、利用其筛分效应构建先进的能源存储与转化材料，展示碳纳米笼的独特功能，使之越来越成为业内同行的共识。

② 发展了简便的制备方法和技术。发明了具有自主知识产权的原位氧化镁模板法，实现了碳纳米笼的合成及其介观结构的组装、调控和改性，为碳纳米笼新材料的研究、开发和应用奠定了物质基础。碳纳米笼的开发利用很大程度上取决于这类材料方便易得的程度，我们团队发明的原位氧化镁模板法可以方便地制备纯的碳纳米笼新材料，尺寸（10～100nm）、壁厚（2～20石墨层）、掺杂原子种类（N、P、S、B）、孔分布、比表面积（300～2700m²/g）、导电性等各种参量方便可调，尤其是得到了由碳纳米笼结构单元按一定方式组装而成的介观结构碳纳米笼，具有物质/电荷协同输运、活性物质高效利用的突出优点（见图9-2）。这些进展使得对碳纳米笼新材料开展系统深入的研究、开发和应用成为可能。

③ 揭示了碳纳米笼一系列先进的性质和功能。结合介观结构碳纳米笼的形态结构特点，提出了开发其功能及应用的策略（见图9-3）。利用介观结构碳纳米笼有利于物质/电荷协同输运、活性物质高效利用的突出优点以及碳纳米笼结构单元可方便限域复合其他物质的特点，开发出一系列基于碳纳米笼的能源存储与转化先进功能，特别展现出在超级电容器、锂离子电池、锂硫电池、氧还原催化剂、醇类氧化催化剂、高效氢析出催化剂、二氧化碳还原催化剂等方面的优异性能和重要应用前景。这些优异性能的展示基本代表了碳纳米笼新材料的研究进展与前沿动态，使之成为先进能源存储和转化的新型多功能平台，日益受到重视。

④ 在国内外重要学术刊物发表了系列学术论文，是国际上在碳纳米笼领域发表论文最多（50余篇）、高被引论文最多（8篇，单篇最高被引用600次）的作者，授权中国专利10余项，在国内外重要学术会议作大会报告或邀请报告30余次，产生良好学术影响，应邀在 *Accounts of Chemical Research*、*Advanced Materials*、*Science China Chemistry* 等高影响力刊物发表碳纳米笼主题的综述[10-12]，也使南京大学成为国际上发表碳纳米笼论文最多的研究机构。

碳纳米笼新材料近期研究发展重点

碳纳米笼具有不同于其他纳米碳材料的独特的形态结构及功能，与其他纳米碳材料相互补充，不可或缺。尤其是介观结构碳纳米笼大孔-介孔-微孔连通共存的等级孔结构十分有利于液态、气态物质的输运与传递，碳材料骨架又具有优良的电子导电性，因此在物质/电荷的高效协同输运及活性物质高效利用方面具有突出优点，在液-固、气-固等多类反应中大大地促进了物质/电荷的交换和传递，适合于各种能源存储与转化过程（特别是各类电化学过程），成为能源存储与转化的新平台材料。近期拟在以下几个方面重点发展：

① 绿色环保的碳纳米笼宏量制备路线、技术与装备：这是开发以碳纳米笼新材料为基础的"清洁低碳、安全高效"新能源体系的前提。制备决定未来，目前实验室实现了克量级碳纳米笼的制备和调控，一系列优异性能也逐渐被揭示，但尚未实现高质量碳纳米笼的宏量可控制备，这是真正实现碳纳米笼先进功能开发和产业化应用的前提。开发碳纳米笼量产过程

中均匀沉积及批次一致性制备的技术，重现小批量样品的先进性能是当务之急。可通过设计开发闭合循环低排放工艺、尾气回收再利用、模板剂循环再生、浮动床技术、多通道进料方式等途径实现。

② 碳纳米笼中物质 / 电荷协同输运规律与调控机制：这是充分发挥碳纳米笼多级孔道结构及高导电特点、实现高效能源存储与转化利用的科学基础。介观结构碳纳米笼具有利于电子传输的连通网络，同时具有大孔 - 介孔 - 微孔连通共存、利于物料（离子 / 电解液 / 气体）传输的特点。认识其物质 / 电荷协同输运规律与调控机制可充分发挥碳纳米笼的潜力，打破现有碳材料的性能上限，催生出变革性的储能、催化、吸附与分离等高性能材料。可采用多尺度理论模拟与实验相结合的研究方法，例如，采用多场耦合的有限元方法，结合分子动力学和量子力学计算在多个尺度上进行模拟，从理论上认识碳纳米笼多级孔道内物质输运 / 反应的耦合特性，获得各类工况条件下最佳孔结构；通过碳纳米笼的系列孔道调控手段（如利用 Boudouard 反应 / 含锌模板刻蚀调控微孔，毛细压缩调控介孔，机械压缩调控大孔等），实现对碳纳米笼孔结构的精准调控，从而获得具有高能量密度和高功率密度的储能材料、可大电流高稳定运行的能源转化电催化剂等系列变革性材料及技术。

③ 碳纳米笼与活性物质复合体系的稳定性提升策略与机制：这是构筑高稳定性能量利用器件的基础。以碳纳米笼为载体的高一致性贵金属催化剂的方便构建，研究其活性和稳定性提升策略与机制，是发展高效能源转化催化剂的关键。拟通过杂原子掺杂、多组分复合或内腔限域来实现。具体而言，通过 N、B、S、P 等杂原子掺杂或共掺杂调变碳纳米笼的电子结构，调控与金属原子的相互作用；借助微孔捕获和杂原子锚定的协同作用，方便构建负载量高、稳定性好的贵金属单原子催化剂；借助多组分复合可进一步提升贵金属的稳定性，例如在碳纳米笼表面生长锚定高分散碳化钼纳米颗粒，进而利用碳化钼表面缺陷实现贵金属的高度分散；或者，通过碳纳米笼壁上微孔通道将金属活性组分填充到其内腔中，通过笼壁的阻挡作用提高其催化稳定性。通过这些策略，获得高活性和高稳定的电催化剂，实现高效能源转化及应用。

④ 碳纳米笼新功能的探索和利用：这是新材料研究发展的自然规律。鉴于能源科学技术的重要性以及碳材料在能源领域无可替代的地位和作用，每一种新型纳米碳材料的出现均伴随其能源功能开发和利用的研究热潮和快速发展，碳纳米笼的研究也不例外，现有的研究工作绝大多数是围绕其能源功能展开的。随着对碳纳米笼概念、形态、结构、内涵认识的不断深化，碳纳米笼新功能的开发和利用十分值得期待，特别是结合碳材料优良的生物相容性、导热导电性以及碳纳米笼独特孔结构和高比表面的特点，在药物缓释、靶向释放、光热治疗、电磁波吸收、吸附分离等领域的研究和应用可望越来越得到重视，也值得加强这方面的研究[81-84]。

总之，通过制备技术、科学认知及功能开发的协同推进，可望有效促进碳纳米笼领域的研究进程，开发出基于碳纳米笼的杀手锏技术和应用。

9.6 / 碳纳米笼新材料 2035 年展望与未来

随着我国国民经济和社会发展第十四个五年规划和 2035 年远景目标纲要的颁布，开启了全面建设社会主义现代化国家的新征程。坚持创新驱动发展，全面塑造发展新优势已经成为我国广大科学工作者的历史使命，也为碳纳米笼领域的快速发展带来了机遇。从 2013 年起，以支持基础研究、鼓励创新为职责的国家自然科学基金委支持了碳纳米笼研究的两个重点项目和若干面上项目。近十年来，我国科学工作者在碳纳米笼新材料的制备科学及其能源存储与转化功能开发方面取得了系列重要进展，在该领域发挥着引领性作用。最近，江苏省科技厅也将碳纳米笼的宏量制备及其能源转化与存储利用的关键技术基础作为 2021 年省前沿引领技术基础研究专项项目予以重点支持。有此良好基础，碳纳米笼在现代能源系统、生物医药等国家战略性需求领域可望发挥的作用值得期待。

① 可控大规模工业化生产。在"十四五"期间，碳纳米笼的宏量制备技术将得以突破，可作为化学试剂提供给广大科研人员开展各类研究工作，因此，碳纳米笼相关研究的广度和深度将被大大拓展和深化，一系列新的功能和应用场景可望被展示。到 2035 年，碳纳米笼的可控大规模工业化生产能力可望与碳纳米管及石墨烯的生产能力相当，其产能将取决于实际应用的需求。

② 碳纳米笼的工业化应用将成为新常态。碳纳米笼优良性能的展示及宏量制备问题的解决将大大促进其工业化应用，特别是鉴于介观结构碳纳米笼具有的物质 / 电荷高效协同输运、活性物质高效利用的突出优点，在诸如超级电容器、负载型催化剂（如贵金属单原子析氢催化剂）等能源存储与转化领域的工业化应用将成为新常态，基于介观结构碳纳米笼的突出优点以及需要填充限域等特殊构型的关键核心技术及先进功能的开发和利用也将不断涌现。

③ 在生命健康、环境保护等领域的功能开发和应用将得到快速发展。现阶段有关碳纳米笼的功能开发还主要体现在能源存储与转化领域。2035 年我国将基本实现社会主义现代化，在此进程中，健康中国、美丽中国的理念愈发深入人心，碳纳米笼优良的生物相容性、独特的孔结构、高的比表面积及其即将实现的可方便易得等特点将大大激发人们探索其在健康、环境领域应用的热情，在药物缓释、靶向释放、光热治疗、吸附分离等领域的功能开发和应用非常值得期待。

总之，随着碳纳米笼宏量制备的实现以及人们对碳纳米笼概念、形貌、结构、性能认识的日趋完善和深刻，碳纳米笼新材料的重要性将得以不断体现，在诸如替代传统材料有效提升器件性能、巧妙地利用其特点开发新的核心技术、意外地发现新的应用领域等方面不断给人们带来惊喜。

参考文献

[1] Kroto H W, Heath J R, O'Brien S C, Curl R F, Smalley R E. C60: Buckminsterfullerene [J]. Nature, 1985, 318 (6042): 162-163.

[2] Iijima S. Helical microtubules of graphitic carbon [J].

Nature, 1991, 354 (6348): 56-58.

[3] Novoselov K S, Geim A K, Morozov S V, Jiang D, Zhang Y, Dubonos S V, Grigorieva I V, Firsov A A. Electric field effect in atomically thin carbon films [J]. Science, 2004, 306 (5696): 666-669.

[4] Li G, Li Y, Liu H, Guo Y, Li Y, Zhu D. Architecture of graphdiyne nanoscale films [J]. Chemical Communications, 2010, 46 (19): 3256-3258.

[5] Dai L, Chang D W, Baek J B, Lu W. Carbon nanomaterials for advanced energy conversion and storage [J]. Small, 2012, 8 (8): 1130-1166.

[6] Landi B J, Ganter M J, Cress C D, DiLeo R A, Raffaelle R P. Carbon nanotubes for lithium ion batteries [J]. Energy & Environmental Science, 2009, 2 (6): 638-634.

[7] Bonaccorso F, Colombo L, Yu G, Stoller M, Tozzini V, Ferrari A C, Ruoff R S, Pellegrini V. Graphene, related two-dimensional crystals, and hybrid systems for energy conversion and storage [J]. Science, 2015, 347 (6217): 1246501.

[8] Gao X, Liu H, Wang D, Zhang J. Graphdiyne: synthesis, properties, and applications [J]. Chemical Society Reviews, 2019, 48 (3): 908-936.

[9] Hu Z, Wang X, Qian M, Xiao P, Jiang X, Jian G. Preparation of high quality hollow carbon nanocage by reacting basic magnesium carbonate or magnesium carbonate with volatile carbon source vapor, cooling, collecting powder, immersing into hydrochloric acid and filtering [P]. CN101284663-A; CN100586846-C.

[10] Wu Q, Yang L, Wang X, Hu Z. From carbon-based nanotubes to nanocages for advanced energy conversion and storage [J]. Accounts of Chemical Research, 2017, 50 (2): 435-444.

[11] Wu Q, Yang L, Wang X, Hu Z. Carbon-based nanocages: A new platform for advanced energy storage and conversion [J]. Advanced Materials, 2020, 32 (27): 1904177.

[12] Wu Q, Yang L, Wang X, Hu Z. Mesostructured carbon-based nanocages: An advanced platform for energy chemistry [J]. Science China-Chemistry, 2020, 63 (5): 665-681.

[13] Yosida Y, Shida S, Ohsuna T, Shiraga N. Synthesis, identification, and growth mechanism of Fe, Ni, and Co crystals encapsulated in multiwalled carbon nanocages [J]. Journal of Applied Physics 1994, 76 (8): 4533-4539.

[14] Seraphin S, Zhou D, Jiao J. Filling the carbon nanocages [J]. Journal of Applied Physics, 1996, 80 (4): 2097-2104.

[15] Oku T, Hirano T, Suganuma K, Nakajima S. Formation and structure of carbon nanocage structures produced by polymer pyrolysis and electron-beam irradiation [J]. Journal of Materials Research, 1999, 14 (11): 4266-4273.

[16] Jang J, Lim B. Selective fabrication of carbon nanocapsules and mesocellular foams by surface-modified colloidal silica templating [J]. Advanced Materials, 2002, 14 (19): 1390-1393.

[17] Lee K T, Jung Y S, Oh S M. Synthesis of tin-encapsulated spherical hollow carbon for anode material in lithium secondary batteries [J]. Journal of the American Chemical Society, 2003, 125 (19): 5652-5653.

[18] Chai G S, Yoon S B, Kim J H, Yu J S. Spherical carbon capsules with hollow macroporous core and mesoporous shell structures as a highly efficient catalyst support in the direct methanol fuel cell [J]. Chemical Communications, 2004, 23: 2766-2767.

[19] Zeng X, Ding Z, Ma C, Wu L, Liu J, Chen L, Ivey D G, Wei W. Hierarchical nanocomposite of hollow N-doped carbon spheres decorated with ultrathin WS_2 nanosheets for high-performance lithium-ion battery anode [J]. ACS Applied Materials & Interfaces, 2016, 8 (29): 18841-18848.

[20] Morishita T, Tsumura T, Toyoda M, Przepiórski J, Morawski A W, Konno H, Inagaki M. A review of the control of pore structure in MgO-templated nanoporous carbons [J]. Carbon, 2010, 48 (10): 2690-2707.

[21] Zhang J, Wang K, Guo S, Wang S, Liang Z, Chen Z, Fu J, Xu Q. One-step carbonization synthesis of hollow carbon nanococoons with multimodal pores and their enhanced electrochemical performance for supercapacitors [J]. ACS Applied Materials & Interfaces, 2014, 6 (3): 2192-2198.

[22] Tan Y M, Xu C F, Chen G X, Liu Z H, Ma M, Xie Q J, Zheng N F, Yao S Z. Synthesis of ultrathin nitrogen-doped graphitic carbon nanocages as advanced electrode materials for supercapacitor [J]. ACS Applied Materials & Interfaces, 2013, 5 (6): 2241-2248.

[23] Xu B, Zheng D F, Jia M Q, Liu H, Cao G P, Qiao N, Wei Y P, Yang Y S. Nano-CaO templated carbon by CVD: From nanosheets to nanocages [J]. Materials Letters, 2015, 143: 159-162.

[24] Ma Y W, Hu Z, Huo K F, Lu Y N, Hu Y M, Liu Y, Hu J H, Chen Y. A practical route to the production of carbon nanocages [J]. Carbon, 2005, 43 (8): 1667-1672.

[25] Shang L, Yu H, Huang X, Bian T, Shi R, Zhao Y, Waterhouse G I, Wu L Z, Tung C H, Zhang T. Well-dispersed ZIF-derived Co,N-co-doped carbon nanoframes through mesoporous-silica-protected calcination as efficient oxygen reduction electrocatalysts

[J]. Advanced Materials, 2016, 28 (8): 1668-1674.

[26] Chen L, Zhang L, Chen Z, Liu H, Luque R, Li Y. A covalent organic framework-based route to the in situ encapsulation of metal nanoparticles in N-rich hollow carbon spheres [J]. Chemical Science, 2016, 7 (9): 6015-6020.

[27] Han J, Xu G, Ding B, Pan J, Dou H, MacFarlane D R. Porous nitrogen-doped hollow carbon spheres derived from polyaniline for high performance supercapacitors [J]. Journal of Materials Chemistry A, 2014, 2 (15): 5352-5357.

[28] Lyu Z, Xu D, Yang L, Che R, Feng R, Zhao J, Li Y, Wu Q, Wang X, Hu Z. Hierarchical carbon nanocages confining high-loading sulfur for high-rate lithium-sulfur batteries [J]. Nano Energy, 2015, 12: 657-665.

[29] Chen S, Bi J, Zhao Y, Yang L, Zhang C, Ma Y, Wu Q, Wang X, Hu Z. Nitrogen-doped carbon nanocages as efficient metal-free electrocatalysts for oxygen reduction reaction [J]. Advanced Materials, 2012, 24 (41): 5593-5597.

[30] Zhuo O, Yang L, Gao F, Xu B, Wu Q, Fan Y, Zhang Y, Jiang Y, Huang R, Wang X, Hu Z. Stabilizing the active phase of iron-based Fischer-Tropsch catalysts for lower olefins: mechanism and strategy [J]. Chemical Science, 2019, 10 (24): 6083-6090.

[31] Du L, Cheng X, Gao F, Li Y, Bu Y, Zhang Z, Wu Q, Yang L, Wang X, Hu Z. Electrocatalysis of S-doped carbon with weak polysulfide adsorption enhances lithium-sulfur battery performance [J]. Chemical Communications, 2019, 55 (45): 6365-6368.

[32] Du L, Deng X, Cheng X, Liu L, Wu Q, Yang L, Wang X, Nishina Y, Hu Z. Constructing monolithic sulfur cathodes with multifunctional N,P dual-doped carbon nanocages to achieve high-areal-capacity lithium-sulfur batteries [J]. Flat Chem, 2021, 28: 100253.

[33] Li G, Mao K, Liu M, Yan M, Zhao J, Zeng Y, Yang L, Wu Q, Wang X, Hu Z. Achieving ultrahigh volumetric energy storage by compressing nitrogen and sulfur dual-doped carbon nanocages via capillarity [J]. Advanced Materials, 2020, 32 (52): 2004632.

[34] Sun Y, Wu Q, Shi G. Graphene based new energy materials [J]. Energy & Environmental Science, 2011, 4 (4): 1113-1132.

[35] Zhang H, Cao G, Yang Y. Carbon nanotube arrays and their composites for electrochemical capacitors and lithium-ion batteries [J]. Energy & Environmental Science, 2009, 2 (9): 932-943.

[36] Xie K, Qin X, Wang X, Wang Y, Tao H, Wu Q, Yang L, Hu Z. Carbon nanocages as supercapacitor electrode materials [J]. Advanced Materials, 2012, 24 (3): 347-

352.

[37] Zhao J, Lai H, Lyu Z, Jiang Y, Xie K, Wang X, Wu Q, Yang L, Jin Z, Ma Y, Liu J, Hu Z. Hydrophilic hierarchical nitrogen-doped carbon nanocages for ultrahigh supercapacitive performance [J]. Advanced Materials, 2015, 27 (23): 3541-3545.

[38] Zhao J, Jiang Y, Fan H, Liu M, Zhuo O, Wang X, Wu Q, Yang L, Ma Y, Hu Z. Porous 3D few-layer graphene-like carbon for ultrahigh-power supercapacitors with well-defined structure-performance relationship [J]. Advanced Materials, 2017, 29 (11): 1604569.

[39] Bu Y, Sun T, Cai Y, Du L, Zhuo O, Yang L, Wu Q, Wang X, Hu Z. Compressing carbon nanocages by capillarity for optimizing porous structures toward ultrahigh-volumetric-performance supercapacitors [J]. Advanced Materials, 2017, 29 (24): 1700470.

[40] Ma Q, Yao Y, Yan M, Zhao J, Ge C, Wu Q, Yang L, Wang X, Hu Z. Effective enhancement of electrochemical energy storage of cobalt-based nanocrystals by hybridization with nitrogen-doped carbon nanocages [J]. Science China-Materials, 2019, 62 (10): 1393-1402.

[41] Gao R, Li G, Chen Y, Zeng Y, Zhao J, Wu Q, Yang L, Wang X, Hu Z. Carbon nanocages//Tungsten trioxide nanorods supercapacitors with in situ polymerized gel electrolytes [J]. Acta Chimica Sinica, 2021, 79 (6): 755-762.

[42] Lyu Z, Yang L, Xu D, Zhao J, Lai H, Jiang Y, Wu Q, Li Y, Wang X, Hu Z. Hierarchical carbon nanocages as high-rate anodes for Li- and Na-ion batteries [J]. Nano Research, 2015, 8 (11): 3535-3543.

[43] Lyu Z, Feng R, Zhao J, Fan H, Xu D, Wu Q, Yang L, Chen Q, Wang X, Hu Z. Nitrogen-doped carbon nanocages as high-rate anode for lithium ion batteries [J]. Acta Chimica Sinica, 2015, 73 (10): 1013-1017.

[44] Liu M, Fan H, Zhuo O, Du X, Yang L, Wang P, Yang L, Wu Q, Wang X, Hu Z. Vertically grown few-layer MoS_2 nanosheets on hierarchical carbon nanocages for pseudocapacitive lithium storage with ultrahigh-rate capability and long-term recyclability [J]. Chemistry-A European Journal, 2019, 25 (15): 3843-3848.

[45] Feng R, Wang L, Lyu Z, Wu Q, Yang L, Wang X, Hu Z. Carbon nanocages supported $LiFePO_4$ nanoparticles as high-performance cathode for lithium ion batteries [J]. Acta Chimica Sinica, 2014, 72 (6): 653-657.

[46] Liu M, Fan H, Zhuo O, Chen J, Wu Q, Yang L, Peng L, Wang X, Che R, Hu Z. A general strategy to construct yolk-shelled metal oxides inside carbon nanocages for high-stable lithium-ion battery anodes [J]. Nano Energy, 2020, 68: 104368.

[47] Seh Z W, Sun Y, Zhang Q, Cui Y. Designing high-energy lithium-sulfur batteries [J]. Chemical Society Reviews, 2016, 45 (20): 5605-5634.

[48] Li Z, Wu H B, Lou X W. Rational designs and engineering of hollow micro-/nanostructures as sulfur hosts for advanced lithium-sulfur batteries [J]. Energy & Environmental Science, 2016, 9 (10): 3061-3070.

[49] Jayaprakash N, Shen J, Moganty S S, Corona A, Archer L. A. Porous hollow carbon@sulfur composites for high-power lithium-sulfur batteries [J]. Angewandte Chemie International Edition, 2011, 50 (26), 5904-5908.

[50] Du L, Wu Q, Yang L, Wang X, Che R, Lyu Z, Chen W, Wang X, Hu Z. Efficient synergism of electrocatalysis and physical confinement leading to durable high-power lithium-sulfur batteries [J]. Nano Energy, 2019, 57: 34-40.

[51] Wang X, Li Y, Du L, Gao F, Wu Q, Yang L, Chen Q, Wang X, Hu Z. Free-standing monolithic sulfur cathode of reduced graphene oxide wrapped sulfur-filled carbon nanocages with high areal capacity [J]. Acta Chimica Sinica, 2018, 76 (8): 627-632.

[52] Zhang J, Tang G A, Zeng Y, Wang B, Liu L, Wu Q, Yang L, Wang X, Hu Z. Hierarchical carbon nanocages as the high-performance cathode for Li-O$_2$ battery promoted by soluble redox mediator [J]. Acta Chimica Sinica, 2020, 78 (6): 572-576.

[53] Wang L, Lyu Z, Gong L, Zhang J, Wu Q, Wang X, Huo F, Huang W, Hu Z, Chen W. Ruthenium-functionalized hierarchical carbon nanocages as efficient catalysts for Li-O$_2$ batteries [J]. Chemnanomat, 2017, 3 (6): 415-419.

[54] Fan H, Wang Y, Gao F, Yang L, Liu M, Du X, Wang P, Yang L, Wu Q, Wang X, Hu Z. Hierarchical sulfur and nitrogen co-doped carbon nanocages as efficient bifunctional oxygen electrocatalysts for rechargeable Zn-air battery [J]. Journal of Energy Chemistry, 2019, 34: 64-71.

[55] Tang G A, Mao K, Zhang J, Lyu P, Cheng X, Wu Q, Yang L, Wang X, Hu Z. Hierarchical nitrogen-doped carbon nanocages as high-rate long-life cathode material for rechargeable magnesium batteries [J]. Acta Chimica Sinica, 2020, 78 (5): 444-450.

[56] Shen L, Sun T, Zhuo O, Che R, Li D, Ji Y, Bu Y, Wu Q, Yang L, Chen Q, Wang X, Hu Z. Alcohol-tolerant platinum electrocatalyst for oxygen reduction by encapsulating platinum nanoparticles inside nitrogen-doped carbon nanocages [J]. ACS Applied Materials & Interfaces, 2016, 8 (26): 16664-16669.

[57] Jiang X, Wang X, Shen L, Wu Q, Wang Y, Ma Y, Wang X, Hu Z. High-performance Pt catalysts supported on hierarchical nitrogen-doped carbon nanocages for methanol electrooxidation [J]. Chinese Journal of Catalysis, 2016, 37 (7): 1149-1155.

[58] Fan H, Mao K, Liu M, Zhuo O, Zhao J, Sun T, Jiang Y, Du X, Zhang X, Wu Q, Che R, Yang L, Wu Q, Wang X, Hu Z. Tailoring the nano heterointerface of hematite/magnetite on hierarchical nitrogen-doped carbon nanocages for superb oxygen reduction [J]. Journal of Materials Chemistry A, 2018, 6 (43): 21313-21319.

[59] Zhang Z, Chen Y, Zhou L, Chen C, Han Z, Zhang B, Wu Q, Yang L, Du L, Bu Y, Wang P, Wang X, Yang H, Hu Z. The simplest construction of single-site catalysts by the synergism of micropore trapping and nitrogen anchoring [J]. Nature Communications, 2019, 10: 1657.

[60] Jiang Y, Yang L, Sun T, Zhao J, Lyu Z, Zhuo O, Wang X, Wu Q, Ma J, Hu Z. Significant contribution of intrinsic carbon defects to oxygen reduction activity [J]. ACS Catalysis, 2015, 5 (11): 6707-6712.

[61] Sun T, Wu Q, Che R, Bu Y, Jiang Y, Li Y, Yang L, Wang X, Hu Z. Alloyed Co-Mo nitride as high-performance electrocatalyst for oxygen reduction in acidic medium [J]. ACS Catalysis, 2015, 5 (3): 1857-1862.

[62] Sun T, Wu Q, Zhuo O, Jiang Y, Bu Y, Yang L, Wang X, Hu Z. Manganese oxide-induced strategy to high-performance iron/nitrogen/carbon electrocatalysts with highly exposed active sites [J]. Nanoscale, 2016, 8 (16): 8480-8485.

[63] Fan H, Yang L, Wang Y, Zhang X, Wu Q, Che R, Liu M, Wu Q, Wang X, Hu Z. Boosting oxygen reduction activity of spinel CoFe$_2$O$_4$ by strong interaction with hierarchical nitrogen-doped carbon nanocages [J]. Science Bulletin, 2017, 62 (20): 1365-1372.

[64] Shao M, Chang Q, Dodelet J P, Chenitz R. Recent advances in electrocatalysts for oxygen reduction reaction [J]. Chemical Reviews, 2016, 116 (6): 3594-3657.

[65] Zhang Z, Ge C, Chen Y, Wu Q, Yang L, Wang X, Hu Z. Construction of cobalt/nitrogen/carbon electrocatalysts with highly exposed active sites for oxygen reduction reaction [J]. Acta Chimica Sinica, 2019, 77 (1): 60-65.

[66] Gong K, Du F, Xia Z, Durstock M, Dai L. Nitrogen-doped carbon nanotube arrays with high electrocatalytic activity for oxygen reduction [J]. Science, 2009, 323 (5915): 760-764.

[67] Yang L, Jiang S, Zhao Y, Zhu L, Chen S, Wang X, Wu Q, Ma J, Ma Y, Hu Z. Boron-doped carbon nanotubes as metal-free electrocatalysts for the oxygen reduction reaction [J]. Angewandte Chemie International Edition, 2011, 50 (31): 7132-7135.

[68] Zhao Y, Yang L, Chen S, Wang X, Ma Y, Wu Q, Jiang

Y, Qian W, Hu Z. Can boron and nitrogen co-doping improve oxygen reduction reaction activity of carbon nanotubes? [J]. Journal of the American Chemical Society, 2013, 135 (4): 1201-1204.

[69] Yang L, Shui J, Du L, Shao Y, Liu J, Dai L, Hu Z. Carbon-based metal-free ORR electrocatalysts for fuel cells: Past, present, and future [J]. Advanced Materials, 2019, 31 (13): 1804799.

[70] Wang L, Feng R, Xia J, Chen S, Wu Q, Yang L, Wang X, Hu Z. Synthesis and electrocatalytic oxygen reduction performance of the sulfur-doped carbon nanocages [J]. Acta Chimica Sinica, 2014, 72 (10): 1070-1074.

[71] Li D, Zhang Z, Zang P, Ma Y, Wu Q, Yang L, Chen Q, Wang X, Hu Z. Alloyed Pt-Ru nanoparticles immobilized on mesostructured nitrogen-doped carbon nanocages for efficient methanol electrooxidation [J]. Acta Chimica Sinica, 2016, 74 (7): 587-592.

[72] Zhang Z, Wu Q, Mao K, Chen Y, Du L, Bu Y, Zhuo O, Yang L, Wang X, Hu Z. Efficient ternary synergism of platinum/tin oxide/nitrogen-doped carbon leading to high-performance ethanol oxidation [J]. ACS Catalysis, 2018, 8 (9): 8477-8483.

[73] Peng Y, Lu B, Chen S. Carbon-supported single atom catalysts for electrochemical energy conversion and storage [J]. Advanced Materials, 2018, 30 (48): 1801995.

[74] Chen Y, Yao Y, Xia Y, Mao K, Tang G, Wu Q, Yang L, Wang X, Sun X, Hu Z. Advanced Ni-N$_x$-C single-site catalysts for CO$_2$ electroreduction to CO based on hierarchical carbon nanocages and S-doping [J]. Nano Research, 2020, 13 (10): 2777-2783.

[75] Ross M B, Dinh C T, Li Y, Kim D, De Luna P, Sargent E H, Yang P. Tunable Cu enrichment enables designer syngas electrosynthesis from CO$_2$ [J]. Journal of the American Chemical Society, 2017, 139 (27): 9359-9363.

[76] Torres Galvis H M, Bitter J H, Khare C B, Ruitenbeek M, Dugulan A I, de Jong K P. Supported iron nanoparticles as catalysts for sustainable production of lower olefins [J]. Science, 2012, 335 (6070): 835-838.

[77] Cai Y, Liu C, Zhuo O, Wu Q, Yang L, Chen Q, Wang X, Hu Z. Ruthenium nanoparticles supported on hierarchical nitrogen-doped carbon nanocages for selective hydrogenation of acetophenone in mild conditions [J]. Acta Chimica Sinica, 2017, 75 (7): 686-691.

[78] Zeng Y, Lyu P, Cai Y, Gao F, Zhuo O, Wu Q, Yang L, Wang X, Hu Z. Hierarchical carbon nanocages as efficient catalysts for oxidative coupling of benzylamine to N-benzylidene benzylamine [J]. Acta Chimica Sinica, 2021, 79 (4): 539-544.

[79] Hemminger J, Crabtree G, Sarrao J. From quanta to the continuum: Opportunities for mesoscale science: A report from the basic energy science advisory committee [M]. US Department of Energy, 2012.

[80] Service R F. The next big(ger) thing [J]. Science, 2012, 335 (6073): 1167.

[81] Gao F, Du L, Zhang Y, Zhou F, Tang D. A sensitive sandwich-type electrochemical aptasensor for thrombin detection based on platinum nanoparticles decorated carbon nanocages as signal labels [J]. Biosensors and Bioelectronics, 2016, 86: 185-193.

[82] Guo Y, Chen Y, Han P, Liu Y, Li W, Zhu F, Fu K, Chu M. Biocompatible chitosan-carbon nanocage hybrids for sustained drug release and highly efficient laser and microwave co-irradiation induced cancer therapy [J]. Acta Biomaterialia, 2020, 103: 237-246.

[83] Liu P, Gao S, Zhang G, Huang Y, You W, Che R. Hollow engineering to Co@N-doped carbon nanocages via synergistic protecting-etching strategy for ultrahigh microwave absorption [J]. Advanced Functional Materials, 2021, 31 (27): 2102812.

[84] Burke D M, O'Byrne J P, Fleming P G, Borah D, Morris M A, Holmes J D. Carbon nanocages as heavy metal ion adsorbents [J]. Desalination, 2011, 280 (1-3): 87-94.

 作者简介

　　胡征，南京大学化学化工学院教授，博士生导师，曾任介观化学教育部重点实验室主任。长期在纳米 / 介观结构新材料前沿交叉领域深入探索，力求在探明制备反应机理的基础上实现可控合成，在掌握构效关系的基础上进行调控改性和设计。学术上，开拓了介观结构碳纳米笼新材料研究，揭示了碳纳米管的苯环生长机理，阐明了一维纳米材料生长的 VLS 经典模型；应用上，开发了能源存储 / 转换、催化、光电转换等方面有广阔应用前景的新材料。包括：创制了介观结构碳纳米笼新材料，在物质 / 电荷协同输运、活性物质高效利用等方面有独特优点，成为能源存储 / 转化的新平台材料，形成了纳米碳材料领域的新分支；通过原位实验定量揭示了苯生长碳纳米管的苯环生长机理，据此成功制备了新型的氮掺杂碳纳米管，并利用氮上孤对电子的配位作用设计了一系列先进的负载型催化剂；在揭示经典 VLS 模型相平衡本质基础上，用相图预测并实现了多个纳米线的生长，发现了结构新颖的 AlN 角面纳米管，将纳米管研究从层状材料拓展到非层状材料。

吴强，南京大学化学化工学院教授，博士生导师。围绕纳米结构与介观结构材料的可控制备、性能和应用开展研究，主要研究方向和成果有：开展介观结构碳纳米笼的制备科学、能源功能开发与应用研究，构建了系列高性能的碳纳米笼基储能材料和能源催化材料，揭示了构效关系和性能调控机制；将介观结构材料拓展到金属化合物体系，构建了系列镍基氧化物、氢氧化物和氮化物介观结构材料，发展异质复合、离子插层等方法获得了能量密度和倍率性能优异的储能材料；围绕氮化物一维纳米结构的生长机理、可控制备与场致发射性能开展研究，开发了系列氮化物（尤其是氮化铝）一维纳米材料，揭示了氮化物纳米冷阴极的电子发射性能与调控机制。

陈轶群，南京大学化学化工学院胡征教授课题组博士研究生。2018 年毕业于北京化工大学获工学学士学位，随后在南京大学攻读博士学位。主要研究方向为基于介观结构碳纳米笼构建高性能非贵金属－氮－碳单位点催化剂，用于电催化二氧化碳还原，即通过对非贵金属－氮－碳单位点催化剂的可控构建和性能调控，理解其中的构效关系。荣获 2021 年度南京大学博士研究生创新研究计划资助。

第 10 章

智能软体材料及其增材制造

史玉升　苏　彬　闫春泽　伍宏志

智能软体材料是指杨氏模量（弹性模量）在 $10^4 \sim 10^9 Pa$ 之间、具有感知环境刺激并能对其进行处理且能采取一定措施进行适度驱动的一类材料。智能软体材料及其增材制造是在材料、机械、力学、信息等学科高度交叉融合基础上产生的颠覆性技术，自提出以来就引起学术和工业界的广泛关注。本章讨论了智能软体材料的概念与分类；总结了智能软体材料在国民经济和国防建设中的作用，并指出其在材料设计制备、加工成形、工程应用方面存在的问题；阐明了智能软体材料的增材制造技术即 4D 打印技术，针对该技术的研究路线，介绍了智能软体材料及其增材制造技术的国内外研究进展；最后提出了撰写者团队对于智能软体材料及其增材制造在设计、模拟仿真、数据处理与规划、材料、成形工艺与装备和智能构件的功能评测、标准化等方面的研究思考与展望。

10.1 ／ 智能软体材料的研究背景

10.1.1 ／ 智能软体材料的定义

智能材料是指一类具有智能特征的材料，即具有感知环境（包括内环境和外环境）刺激，并能对其进行分析、处理、判断，且能采取一定措施进行适度驱动的材料 [1]。智能材料由传感、控制和执行三个基本要素构成（见图 10-1 左侧）。感知材料是一类对外界或内部的应力、应变、热、光、电、磁、辐射或化学能等参量具有感知功能的材料；驱动材料则是能对环境条件或内部状态变化作出响应并执行动作的材料。通常单一材料很难具有这种功能，因而需要两种或多种材料构成复合智能材料体系。

软体材料是指杨氏模量（Young's Modulus）在 $10^4 \sim 10^9 Pa$ 之间的一类材料 [2]，主要包括高分子、液晶、凝胶、生物蛋白等（见图 10-1 右侧）。随着近些年材料加工领域的发展，经过结构加工，比如弯曲、扭转结构的硬质材料（杨氏模量大于10^9Pa）由于也能承受一定外力的拉伸，也被认为是结构型软体材料。

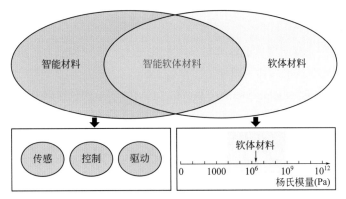

图 10-1　智能软体材料的定义

因此，智能软体材料结合了智能材料和软体材料的优点（见图 10-1 中间部分），可以定义为杨氏模量在 $10^4 \sim 10^9$Pa 之间、具有感知环境刺激并能对其进行处理且能采取一定措施进行适度驱动的一类材料。

10.1.2 ／ 智能软体材料的分类

根据材料的性能，智能软体材料可分为敏感型和驱动型两类。

（1）敏感型智能软体材料　　　　　　　　　　　　　　　　　　　　●●●

敏感型智能软体材料具有传感的功能，其主要作用是感知环境变化（包括压力、应力、温度、电磁场、pH 值等）。常用敏感型智能软体材料如下：

① 机械力敏感聚合物及其复合材料　这是一类在施加应力时能产生电信号变化的材料。基于力-电敏感聚合物及其复合材料体系的传感器在智能服装、智能运动、机器人"皮肤"等方面有广泛运用。聚偏氟乙烯、硅橡胶、聚酰亚胺等作为其基底材料与导电体形成的复合材料已广泛用于柔性压力传感器的制作。它们有别于采用金属应变计的测力传感器和采用 n 型半导体芯片的扩散型普通压力传感器，具有较好的柔韧性、导电性及压阻特性。

② 光伏或光电子敏感聚合物　一般由共轭聚合物给体和富勒烯衍生物受体的共混膜夹在透明正极和金属负极之间组成，具有结构和制备过程简单、成本低、重量轻、可制备成柔性器件等突出优点，近年来成为国内外研究热点。

③ 显色聚合物　这类材料体系会随着电、光或热的变化而改变颜色。包括在施加电压时改变其颜色或不透明度的电致变色材料（例如液晶显示器），根据其温度而改变颜色的热致变色材料和响应于光而改变颜色的光致变色材料。例如光敏太阳镜就是一种在明亮的阳光下会变暗的光致变色材料。

④ 磁流体　这是一种新型的敏感型软体材料，它既具有液体的流动性又具有固体磁性材料的磁性。它是由直径为纳米量级（10 纳米以下）的磁性固体颗粒、基载液（也叫媒体）以及界面活性剂三者混合而成的一种稳定的胶状液体。该流体在静态时无磁性吸引力，当外加

磁场作用时才表现出磁敏感性。用纳米金属及合金粉末生产的磁流体性能优异，可广泛应用于各种苛刻条件下的磁性流体密封、减震、医疗器械、声音调节、光显示、磁流体选矿等领域。

（2）驱动型智能软体材料

因为在一定条件下驱动型智能软体材料可产生较大的应变和应力，所以它具有响应和控制的功能。常用驱动型智能软体材料如下：

① 形状记忆聚合物（Shape Memory Polymer, SMP） 形状记忆聚合物是通过温度变化或应力变化诱导和回复变形的材料。形状记忆效应由在较高温度下的马氏体相变和诱导弹性而产生。可以为单一类型材料，也可以是复合型材料。

② 电活性聚合物（Electroactive Polymer, EAP） 它是一种通过电压或电场改变体积的智能材料，因其独特的电性能和力学性能而崭露锋芒。20 世纪 90 年代初，基于电活性聚合物材料的人工肌肉驱动器得到快速发展。与传统的无机压电材料相比，这种聚合物材料具有更大的应变能力，且重量轻、驱动效率高、抗震性能好，是最具发展潜力的材料之一。其中介电弹性体（Dielectric Elastomer，DE）在外部电场的影响下会产生高达 500% 的应变。

③ 磁致伸缩材料 它是一类具有电磁能 / 机械能相互转换功能的材料。20 世纪 70 年代出现的室温下具有巨磁致伸缩性能的稀土 - 铁合金（RFe_2）材料，由于能量密度高、耦合系数大，具有传感和驱动功能，因而作为智能材料在智能驱动材料领域得到了越来越广泛的应用和发展。

④ 自修复聚合物 这种材料具有回复材料的载荷传递能力，这种回复可以自主地发生，也可以被一个具体的刺激激发，例如热量的辐射等。因此，这些材料的应用将极大地促进高聚物组分的安全性和耐久性，而无须在监测或外部修理上花费较大成本。这一系列智能材料的研发过程的灵感来源于仿生系统。

⑤ 温度 /pH 刺激膨胀型聚合物 当周围介质的温度 /pH 值变化时，其自身结构和理化性质发生突变的一种高分子化合物。一般宏观表现为体积膨胀或者结构形变。

常用的有效驱动型智能软体材料有形状记忆材料、力 - 电转换材料、磁流体和磁致伸缩材料等。这些材料既是驱动型材料又是敏感型材料，显然起到了"身兼二职"的作用，这也是智能软体材料研发时采用的一种思路。

10.2 智能软体材料在国民经济和国防建设中的作用

智能软体材料及其增材制造是在材料、机械、力学、信息等学科的高度交叉融合基础上产生的颠覆性制造技术，是制造复杂智能构件的有效手段。智能软体材料在航空航天、汽车、生物医疗与软体机器人等领域具备广阔的应用前景，对智能软体材料的研究必将推动高端制造领域的发展 [3-5]。

（1）航空航天领域

智能软体材料不仅可解决航空航天领域部分构件结构复杂、设计自由度低、制造难的问题，而且其"形状、性能和功能可控变化"的特征在智能变体飞行器、柔性变形驱动器、新型热防护技术、航天功能变形件等智能构件的设计制造中将展现出巨大的优势。下面以航空领域的智能变体飞机为例阐述智能软体材料在航空航天领域的典型应用。

美国国家航空航天局提出一种未来的智能变体飞机的设计构想（如图10-2所示）。该智能变形飞机的外形可随外界环境而产生自适应变化，能保持整个过程中性能最优，舒适性高，同时成本降低[6]。一般制造飞机的材料具有"金属""坚硬"的特质，而智能软体材料组成的软体驱动器有望取代由电机、减速器组成的驱动机构，使智能变体飞机重量更轻、更安全、更灵活，以响应外界环境的变化。飞机在巡航、起飞、降落和盘旋的时候，可以自动响应环境的变化分别变形至最佳形状，以获得各种状态下最优异的性能。比如，适当改变展长可以使得升阻比提高，从而增大航程和航时；改变弦长可以优化升阻比，提高飞行速度和机动性；改变机翼的弯度可以增强飞机的机动性。这是智能软体材料及其加工技术在航空领域典型的、极具前景的应用。

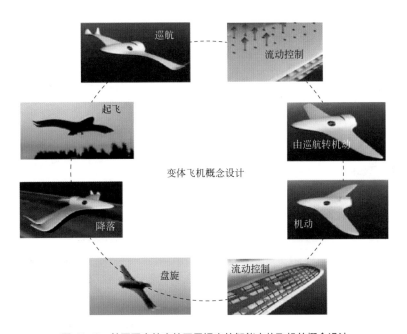

图10-2　美国国家航空航天局提出的智能变体飞机的概念设计

（2）汽车领域

在汽车领域，智能软体自修复材料可以大显身手。汽车凭借智能材料，可以"记住"自身原来的形状，甚至可以在汽车发生事故后实现"自我修复"的功能，还可以改变汽车的外观和颜色。智能软体材料组成的汽车会具有可变的外形，比如可调节的天窗和扰流板，汽车可以根据气流改进其空气动力学结构，提升操纵性能。

由形状记忆合金制成的弹簧在低温下具有较低的弹性模量，属于一种智能软体材料。利用形状记忆合金弹簧和一个偏置弹簧组成的装置制成汽车用温度自反馈供油器，当外界气温降低使油的黏度增加时，该温度自反馈供油器打开发动机附加油路，增加供油；其原理是记忆合金弹簧在低温下有较低的弹性模量，而另一弹簧弹性模量不变，因此偏置弹簧推动记忆弹簧打开附加油路；当温度较高时，记忆合金弹簧弹性模量增大，从而推动偏置弹簧关闭附加油路，以保证供油不会随温度变化而变化。还可利用形状记忆合金制备轮胎，可根据路面的情况发生形变，并迅速回复到原状，能适应不同的地形和路况，具有更高的舒适性与安全性。

（3）生物医疗领域

生物支架经常用在外科手术中，如血管支架，可起到扩充血管的作用。科技工作者希望支架在植入时所占空间较小，处于收缩状态，当植入到指定位置时再撑开以实现扩充血管的功能。支架一般是多孔结构，这些特点使得智能软体材料尤其适用于生物支架的成形。如图10-3（a）所示，是一种采用光固化成形且具有形状记忆功能的气道支架的成形过程，图10-3（b）展示了个性化气道支架的宏观形状记忆行为，即从临时形状到永久形状（功能实现）的形变过程，实验结果表明整个过程需要14s[7]。图10-3（c）是采用形状记忆聚氨酯材料成形的血管支架从植入到定点展开的过程。生物支架具有形状记忆效应，形状记忆聚合物在温度刺激下发生变形，由压缩状态变为撑开状态，达到治疗效果。

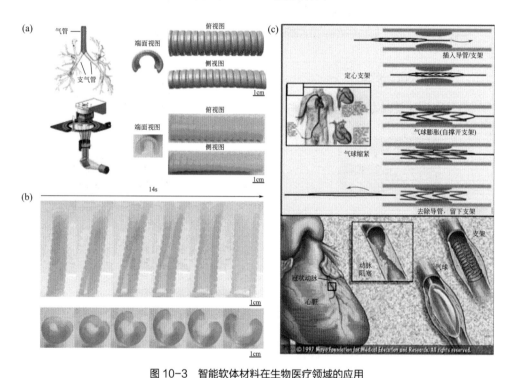

图10-3 智能软体材料在生物医疗领域的应用
（a）形状记忆气道支架的成形方法；（b）个性化气道支架的宏观形状记忆行为的照片[7]；
（c）形状记忆血管支架从植入到展开的过程图

智能软体材料的安全性在医学领域发挥着关键作用。智能软体材料与生物组织的软硬件接口比传统刚性医疗设备的软硬件接口更加安全、入侵更小、更有效，有望应用于搬运患者、可穿戴设备流动性恢复（如中风后康复）、老年性退化辅助（如兼容的心室辅助装置）等场景。

哈佛大学正在尝试将软体机器人用于辅助运动，以减小运动中新陈代谢的速率。同时也尝试将智能软体材料应用在中风患者的辅助运动中。

（4）软体机器人领域

软体机器人也是智能软体材料的典型应用之一[8]。软体机器人广泛采用仿生结构设计技术，模仿自然界中的软体动物，由可承受大应变的柔软材料成形，可以在大范围内任意地改变自身形状和尺寸，具有无限多自由度和连续变形的能力。

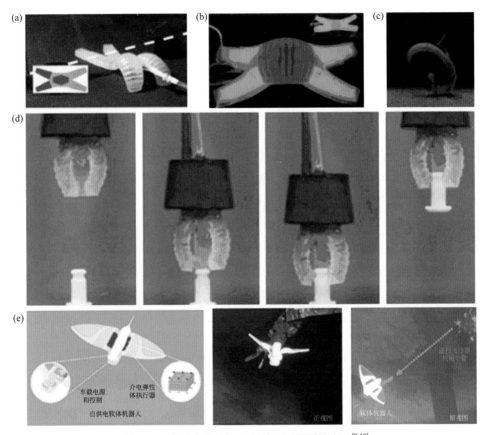

图 10-4　智能软体材料在软体机器人领域的应用[9,10]

基于智能软体材料的软体机器人不需要复杂的驱动机构，并具有多种功能属性，包括传感、自修复和自组装等功能。图 10-4（a）和（b）是哈佛大学在 2014 年采用高弹性硅胶材料成形的仿海星软体机器人，利用压缩空气提供软体机器人运动的驱动力。图 10-4（c）是利用橡胶材料成形的气动肌肉，通过气泵对肌肉充气促使其发生形变。图 10-4（d）是采用光固化成形的形状记忆光敏树脂[9]，通过加热至材料的玻璃化温度以上，具有形状记忆效应的高分子由于弹性势能的释放能从临时形状回复至初始形状，从而实现一个抓取的动作，是软体抓手机器人的雏形。图 10-4（e）是仿深海狮子鱼的软体智能机器鱼[10]。科研人员巧妙地利用了围绕在人工肌肉外的海水作为离子导电负极，由机器鱼自带能源在人工肌肉内外侧厚度方向产生电势差，让高分子薄膜发生舒张与收缩形变，这样一来"翅膀"就能上下拍动，推动机器鱼在水中前行。机器鱼成功在10900m深的马里亚纳海沟底，按照预定指令拍动"翅膀"，实现了高水压下软体机器鱼的深海驱动。

 ## 10.3 智能软体材料设计制备、加工成形、工程应用等方面存在的问题

（1）理论匮乏 ● ● ● ●

如前所述，智能软体材料是具备传感、控制、驱动等功能的材料，是一种材料-功能一体化的材料。然而，智能软体材料的功能实现需要控制学、运动学等理论，而这些理论目前仍处于发展的早期阶段，尚不具备完整的、系统的理论体系，这使智能软体材料的研发与功能实现受到一定的制约。

（2）材料种类少、结构设计难 ● ● ● ●

根据前文对智能软体材料的分类可以看出，智能软体材料的种类较少，目前具有优异的可加工性能以及适用于现有加工装备的软体材料更少。软体材料所具有的高柔度、迟滞性等非线性特征提高了建模的难度。智能软体材料实现传感、控制、驱动等功能往往需要加工为复杂的结构，然而，目前CAD建模软件很难设计出任意复杂的形状，也很难考虑非均匀材料在结构中的使用，而这通常是设计智能软体材料成形的结构所必需的。

（3）难以成形复杂形状 ● ● ● ●

由于智能软体材料需要成形为复杂的结构，以智能软体材料应用前景最广的软体机器人为例，其设计的灵感主要来源于仿生思路，处于发展的早期阶段。通过仿生设计的方法往往获得十分复杂的宏微观结构，然而传统的基于模具的加工方法难以实现这种复杂宏微观结构的成形。

（4）工程应用道路漫长 ● ● ● ●

由于上述智能软体材料在理论、材料设计与制备、结构设计与加工等方面存在的局限性，智能软体材料大规模进入工程应用还有比较漫长的道路。智能软体材料从基础理论上来讲，现在仍未突破，很多科研工作者正在积极研究，在原理、设计、材料、结构、驱动、控制、传感等诸多方面做成一个完整的体系，这一整个体系还需要可行、适用、经济才能逐步走进工程应用，这仍需要广大研究者们长时间的探索。

10.4 智能软体材料及其增材制造（4D打印）

一般来说，智能软体材料使用的策略是利用已有的智能材料，降低其杨氏模量，从而得到智能软体材料（见图10-5下部分）。而我们认为，智能软体材料不仅可以应用智能材料，还可以应用非智能材料。对非智能材料进行特定的材料/结构设计，即在构件的特定位置预

置应力或者其他信号，使其变成智能软体材料。智能软体材料的形状、性能和功能不仅是随着时间维度发生变化，应当还能随空间维度发生变化，并且这些变化是可控的。因此，智能软体材料注重在光、电、磁和热等外部因素的激励诱导下，它的形状、性能和功能能够随时空变化而自主调控，从而满足"敏感""控制"和"驱动"的应用需求（见图10-5右侧）。

目前，智能软体材料的软体的研究重点在材料的研发和制备上，对于相应的加工手段研究不足。欲实现"料要成材，材要成器"，就必须加快发展智能软体材料的加工手段，让它可以成为可用的器件。然而，根据前文分析，智能软体材料的传感、控制和驱动等功能的实现通常需要成形为复杂的结构，这会受制于传统加工手段的成形能力。基于模具的加工方法，需要多步固化，具有不可避免的拼接过程，加工周期长、效率低，并且所制备的智能软体材料结构简单，尽管实现了"材要成器"，但尚未达到"器要好用"的效果。为使器件具有优异的传感、控制和驱动功能，必须突破传统制造方法在成形复杂结构方面的工艺限制。

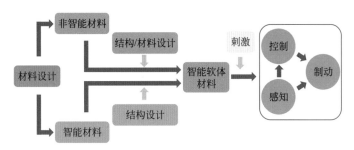

图 10-5　实现智能软体材料设计的思路图

增材制造（Additive Manufacturing, AM）是基于数字模型的离散材料逐层叠加得到三维实体的技术，直观地从其成形过程来看，人们习惯称 AM 为 3D 打印（Three-dimensional Printing）技术，3D 打印技术由于其"逐点成线、逐线成面"的制造特点，理论上可以制造任意复杂结构的三维物体，为复杂结构的成形提供了强有力的手段。将 AM 技术应用到智能软体材料中，所成形的柔性构件能够响应外界环境（光、电、磁和热）的刺激，实现形状、性能或功能随着时间和空间发生可控的变化，从而在构件所处的三维空间（3D）中加入了时空这一新的维度（D），我们称之为 4D 打印（Four-dimensional Printing）技术。4D 打印技术和 3D 打印技术同为增材制造技术的分支，当增材制造构件的形状、性能和功能是稳定的（不随时空发生变化），增材制造为 3D 打印技术；当三者随时空可控变化时，为 4D 打印技术。因此，智能软体材料的增材技术即为软体材料的 4D 打印技术。4D 打印技术助力智能软体材料的成形，可使构件形状复杂化、整体化，是实现"器要好用"的有效手段。

智能软体材料主要以高分子材料为主，华中科技大学史玉升团队是国内最早开始增材制造技术研究的团队之一，在高分子及其复合材料的增材制造研究方面具有深厚的基础，对高分子复合粉末材料激光成形过程中传热、传质、对流过程，以及温度场和应力场的分布、激光烧结机理、烧结过程中的翘曲变形及热氧老化机理、粉末大小及形态对烧结工艺及制品的影响、烧结工艺参数的影响等问题进行了系统的研究，并且对智能软体材料的增材制造方法及控制因素进行了大量实验研究，积累了丰富经验[11]。

基于上述在高分子及其复合材料，尤其是智能软体材料方面积累的丰富经验，史玉升团队提出的智能软体材料 4D 打印的研究思路及预期研究成果如图 10-6 所示。首先，基于智能软体材料理论进行智能软体构件的设计，建立构件带有材料 - 结构 - 功能 - 刺激信号的多信息三维模型，进而对该三维模型的增材制造过程及其服役过程的功能行为进行模拟仿真，从而对三维模型进行优化。然后，对优化的多信息三维模型进行切片处理，设定数据处理与工艺规划方案，研究相应的增材制造工艺与装备；根据工艺、装备与材料的匹配性原则，研究用于上述工艺、装备的智能软体材料体系原材料设计与制备方法。智能构件成形后，探究相应的评测方法与仪器，对智能软体材料构件形状、性能和功能的可控变化进行评测。最后，对智能软体材料构件进行技术验证。通过上述研究，预期的成果主要包含智能软体材料设计软件、模拟仿真软件、数据处理与工艺规划软件、系列材料开发与成形装备、相关评测方法与仪器、技术验证方法与流程等。

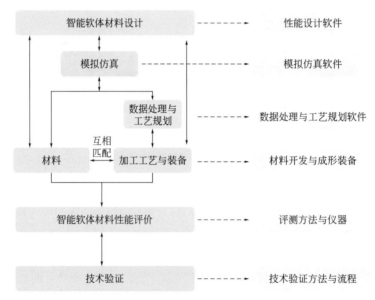

图 10-6　智能软体材料 4D 打印总体研究思路及预期成果

华中科技大学史玉升团队和吉林大学韩志武团队[12]在受生物体自感知功能的启发下，通过 4D 打印的方法将超敏仿蝎子缝感受器结构与导电形状记忆材料相结合（如图 10-7所示）。

温度变化时，该构件产生形变，导致其内部的炭黑纳米粒子间距改变，引起构件电阻变化，将热转变为电信号，实现温度自感知功能；同时炭黑纳米粒子接触 - 分离引起局部接触电阻变化，将自身形变转变为电信号，实现应变自驱动功能。能够模拟类似手指主动触碰手机屏幕的功能，将触碰信号通过电阻进行反馈。该成果有望为未来轻盈灵动的类人机器人研究提供新原理和新方法。

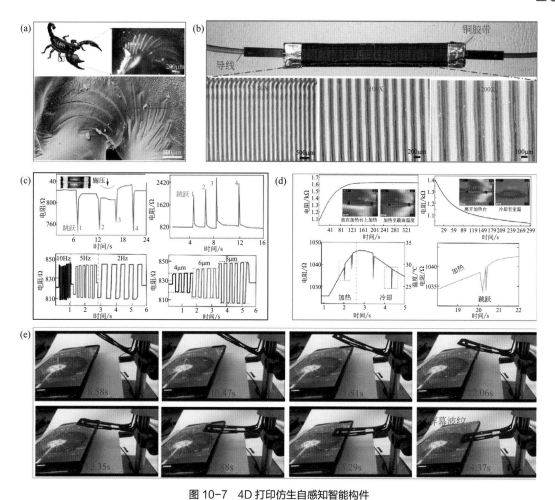

图 10-7 4D 打印仿生自感知智能构件

（a）超敏蝎子缝感受器；（b）4D 打印具有仿生缝结构的智能构件；（c）智能构件的应变感知；
（d）智能构件的温度感知；（e）智能构件模拟人手触碰屏幕[12]

如图 10-8（a）所示，该团队[13]应用材料组合的思想，将增材制造的磁电材料相组合，制备了智能软体磁电器件。该柔性磁电器件由 SLS 成形的磁性多孔结构和 SLM 成形的导电螺旋结构组成。

多孔结构由于具有永磁性而能产生磁场，导电性的螺旋结构（相当于导电线圈）处在该磁场中。在外界压力的作用下循环压缩 / 回复，在这一过程中，穿过线圈的磁通量发生变化，根据法拉第电磁感应定律可知在两块平行板之间会产生电压 [电压曲线如图 10-8（b）所示]。所以，增材制造的智能软体构件产生了压电性能和感知外界压力的功能，而这种性能和功能是磁性多孔结构和导电结构原本均不具备的，因此，增材制造构件的性能和功能均发生了变化，从而使变性能、变功能的 4D 打印得以实现。该工作丰富了变形、变性能、变功能的 4D 打印研究思路。

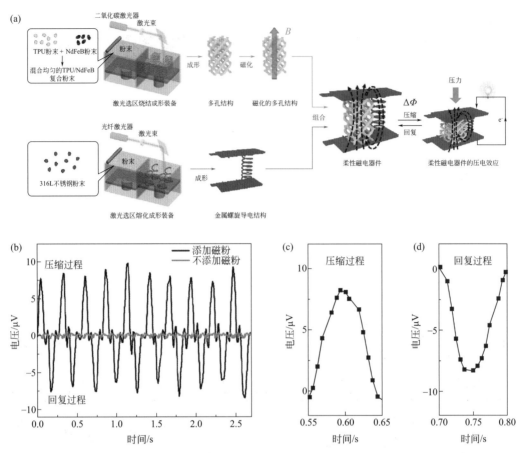

图 10-8　增材制造材料组合思想制备智能软体磁电器件（实现 4D 打印变性能、变功能）
（a）4D 打印成形柔性磁电器件流程示意图；（b）器件在压力作用下产生的电压；
（c）一个周期内压缩过程产生的电压；（d）一个周期内回复过程产生的电压 [13]

　　进一步，该团队提出多材料 SLS 工艺［图 10-9（a）］。钕铁硼磁粉（NdFeB）/ 聚氨酯（TPU）混合层鞋底先被激光熔融打印，接着是多孔 TPU 中底的打印。最后，购买了商用鞋面，并将其密封在 TPU 中底上，在 TPU 中底中插入线圈后产生最终产品［图 10-9（c）］。

　　磁电运动鞋的工作机理类似于磁电立方体。如图 10-9（b）所示，使用者跑步时，在周期性压脚和抬脚的过程中，中底的多孔结构经历了反复的压缩和回复过程，从而导致通过线圈的磁通量发生变化。NdFeB/TPU 鞋底具有约 40mT 的磁场强度，相当于两个外径为 60mm 的 5000 匝线圈串联在一起。结果，产生的峰值电压可以达到 2V 以上［图 10-9（e）］，这适合于驱动商业 LED 灯［图 10-9（f）］。当使用者跑步时，红色 LED 灯会被触发点亮［图 10-9（g）］。一般来说，商业闪光运动鞋是由锂电池供电，由于电池容量有限，其寿命受到限制。相比之下，这种智能打印软体运动鞋是由用户的日常活动自行供电，提供了一种自供能亮灯的供电策略。

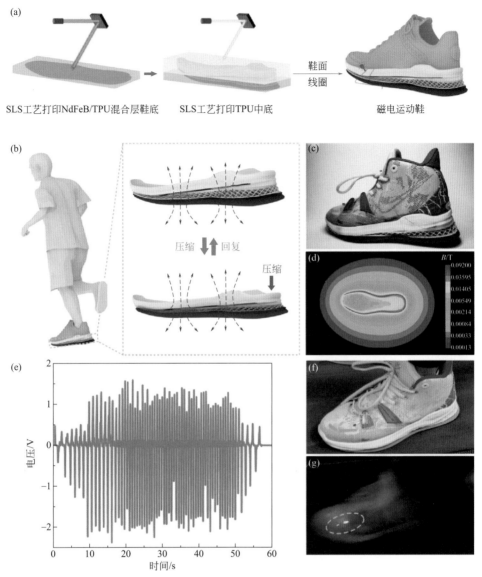

图 10-9　多材料打印磁电软鞋垫用于构筑智能运动鞋（可通过行走 / 跑步产生电力，点亮 LED 灯）
（a）磁电运动鞋多材料 SLS 工艺示意图；（b）当使用者运动时，运动鞋中底压缩 / 回复导致通过线圈的磁通量变化的示意图；（c）密封商业鞋面后的磁电运动鞋的光学照片；（d）鞋底磁感应强度分布的云图；（e）志愿者行走或跑步产生的输出电压曲线；（f）多材料印刷运动鞋连接一个红色的 LED 灯；（g）当志愿者行走或跑步时，运动鞋可以点亮 LED 灯

10.5 ╱ 智能软体材料及其增材制造国内外研究进展

　　图 10-10 是 Web of Science 关于智能软体材料研究论文发表情况的统计（统计时间段是 2010 年 1 月到 2020 年 12 月）。我们输入关键词"smart"和"soft materials"。从图 10-10（a）可以看出，关于智能软体材料的论文发表数量逐年增多，图 10-10（b）表明智能软体材料的

论文引用量也在逐年增多。图 10-10（c）说明关于智能软体材料的研究主阵地在中国，美国紧随其后，论文发表数量大约只有中国的一半。图 10-10（d）显示目前智能软体材料的研究领域主要为工程领域，同时包括材料、物理、化学（高分子）及其他交叉领域，说明智能软体材料的研究具有多学科交叉的特点。

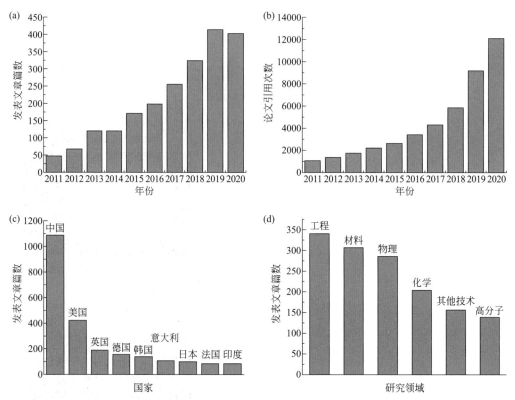

图 10-10　Web of Science 关于智能软体材料研究论文发表的统计数据
（a）发表数量；（b）每年的引用数量；（c）不同国家/地区的发表数量；
（d）研究领域统计（数据统计时间段为 2010 年 1 月至 2020 年 12 月）

10.5.1 / 各类智能软体材料的研究现状

（1）敏感型智能软体材料　• • •

相对于光敏感和显色聚合物，随着柔性电子材料研究的深入，机械力敏感聚合物及其复合材料体系在最近五年内得到迅猛发展。下面着重总结这一领域的最新进展。

机械力敏感聚合物体系对外部应力有较高的灵敏度，具有稳定性、耐用性和快速响应性，轻便柔软且贴合人体，在电子皮肤、柔性机器人、健康监测装置、感应医用材料、智能服装等领域具有广阔的应用前景。为了满足需求，高性能的机械力敏感聚合物应同时具有高拉伸性和优异的灵敏度。但从目前的研究现状看，高拉伸性和高灵敏度是一对矛盾，总是难以统一，这在很大程度上限制了机械力敏感聚合物的应用范围。由于机械力敏感聚合物由导电传感材料和弹性基质材料组成，导电传感元件决定应变传感器的机电特性、灵敏度及阈值感应水平，而聚合物基质决定了传感器的拉伸性和应变范围，因此通过调整材料选择和制备方法可以解决敏感性与拉伸性之间的矛盾，这已成为开发新型机械力敏感聚合物研究的重要研究方向。

基底材料是柔性力 - 电传感器很重要的影响因素。良好的力学性能以及光滑的表面都是柔性基底材料必须具备的。如聚二甲基硅氧烷（PDMS）、共聚酯（Ecoflex）、聚对苯二甲酸乙二醇酯（PET）、聚酰亚胺（PI）和聚氨酯（PU）等常被用作柔性电子器件的基底。PDMS是硅橡胶类聚合物，杨氏模量低，光学透明，简单易得，成本低且化学性质稳定，在高温下具有较好的稳定性和传导性，其柔韧性和可伸展性使传感器具有相应的可拉伸和压缩的性能。这些优点可以满足柔性传感器的需求。

Jeong 等 [14] 提出用碎片化石墨烯泡沫（FGF）和 PDMS 组成的复合材料制造可拉伸和敏感应变传感器。FGF/PDMS 应变传感器表现出超过 70% 的拉伸性，耐久性高于 10000 次拉伸释放周期并显示出高灵敏度，当传感器连接到人体时，它的作用就是一个健康监测装备用来检测各种人体运动。Amjadi 等 [15] 通过使用碳纳米管渗透网络 Ecoflex 纳米复合材料薄膜制成可拉伸、可皮肤安装且超软的应变传感器。碳纳米管 -Ecoflex 应变传感器对 500% 以上的应变，具有超伸缩性和高可靠性。应变传感器的灵敏度可以通过碳纳米管渗滤网络的数量密度来调节。应变传感器在不同的应变水平和速率下表现出低的滞后性，具有高线性和小漂移，因此可将应变传感器安装在身体的不同部位进行皮肤运动检测。

PU 弹性好，具有优良的复原性、耐生物老化、较好的稳定性并且价格适中，因而可用来制备柔性传感器。Li 等 [16] 研发了一种新的可伸缩导电聚吡咯 / 聚氨酯（PPy/PU）应变传感器。通过制作多孔 PU 弹性基体，将聚吡咯分散在多孔聚氨酯基体内和表面。他们还提出了聚吡咯 / 聚氨酯弹性体的可逆导电机理。然后，利用这个特性制备了一个腰带般的人体呼吸检测器。作为人体健康应用的应变传感器，它可以显示人体反复吸气和收缩时的可逆阻力变化。

柔性可拉伸应变传感器常用的碳材料有碳纳米管和石墨烯等。以碳纳米管和石墨烯为代表的纳米碳材料兼具良好的柔性和优异的导电性，且具有化学稳定、热稳定等优点，在柔性导电材料领域展现出了极大的应用潜力。Yamada 等 [17] 提出了一种用于人体运动检测的可拉伸碳纳米管应变传感器，即由可排列的单壁碳纳米管薄膜制成的可穿戴和可拉伸的装置。当拉伸时，纳米管薄膜断裂成间隙和岛状物，并且离状物将桥接在间隙上。这种机制允许薄膜作为应变传感器，能够测量高达 280% 的应变，具有高耐久性、快速响应性和低蠕变性。Boland 等 [18] 研发出一种由石墨烯－橡胶复合材料制备的高敏感、高应变和高速度人体运动传感器。其电阻增大了 10^4 倍，可在超过 800% 的应变条件下工作。它的灵敏度相当高，测量因数高达 35。更重要的是，这种传感器可以有效跟踪动态应变，因此，可以有效监测关节和肌肉运动以及呼吸和脉搏。

金属纳米线和纳米颗粒具有良好的导电性能。在柔性传感器中，金属纳米线和纳米颗粒被用作导电材料。Amjad 等 [19] 提出由三明治结构的弹性纳米聚合物制备应变传感器，其中银纳米线薄膜嵌入两层 PDMS 弹性体之间，具有强的压阻特性，可调控应变系数在 2 ～ 14 范围内，高伸缩性高达 70%，高于传统的应变传感器。此外，这种传感器的线性度和灵敏度可以由银纳米线的密度决定，并在实现高度可拉伸和线性应变传感器中起到重要的作用。该研究发现夹层结构应变传感器对弯曲和接头角度测量有很好的响应。将可拉伸应变传感器应用于智能手套，用于实时运动检测。

对人体运动进行检测，需要高度可拉伸和敏感的应变传感器。有些导电材料由于自身的物理性质或化学性质的限制，需要与其他材料共同作用来弥补或改进这种材料，以达到理想的效果。Zhang 等[20]提出了用银纳米颗粒／碳纳米管复合材料制造高度可拉伸、灵敏且柔软的应变传感器。通过改变碳纳米管的表面，并降低材料之间的界面电阻，来实现传感器高拉伸性能和高灵敏度。

机械力敏感聚合物体系的导电部分除了用金属纳米材料以外，液态金属也是一种新的选择[21]。液态金属具有很高的延展性和导电性（>10^4S/cm），早期的研究使用的是有毒的金属汞（Hg）[22]。最近十年以来，科研工作者研究了以金属镓（Ga）为基础的低毒液态金属，包括 Ga 与 In（EGaIn），以及金属铟（In）和非金属硒（Sn）合金[23]。尽管液态金属具有很高的导电性和延展性，但由于其流动能力，液态金属的图形化仍然存在重大挑战。填充流体是目前最常用的一种液态金属图形化的方法[24-26]，如图 10-11（a）所示。液态金属可被填充到可高度拉伸的弹性体纤维中，从而实现 800% 的可拉伸性。除此以外，液态金属的图形化也可以通过高分辨率（<50μm）直接打印实现，或通过利用表面上形成的氧化物来固化液态金属的表面，使用镍颗粒夹杂控制其流变性能以及通过光刻、激光烧蚀和润湿性控制实现了更高的分辨率（<5μm）[27]。液态金属和聚合物弹性体的混合物[28]显示出独特的力-电敏感性能和机械拉伸性能［图 10-11（b）］。此外，液态金属可以作为柔性连接部分来支持金属基可拉伸导体的导电通路[29]［图 10-11（c）］。并且液态金属的动态导电通路能够赋予可拉伸电子器件自我修复的力-电转换能力[30]［图 10-11（d）］。

华中科技大学材料科学与工程学院苏彬团队提出一种新型机械力敏感柔性磁电复合材料体系[31,32]。与传统的力敏感材料不同，柔性磁电材料不需要外部供能，利用机械能改变自身形状，引起内部磁性部分和导电部分作用距离改变，从而产生电信号，这类材料能满足不同力-电传感的需求［图 10-12（a）］。

该团队将钕铁硼磁块与可压缩的铜线圈通过基于模具的三步固化的方式放入聚硅氧烷树脂中[33]。由于钕铁硼磁块的不可压缩性，复合材料整体只能在铜线圈／聚合物部分发生一定的压缩形变。研究磁块与线圈的初始相对位置对最终输出电流的影响，发现磁块在线圈中心时输出电流最大。相关的模拟计算结果与实验数值相符。

由于钕铁硼磁块是硬质材料，因而无法通过磁性部分的压缩改变其与导电部分的相互作用距离以产生电信号，为此，该团队将硬质的块体钕铁硼粉末化，将其分散在柔性的聚硅氧烷基体中，从而显著降低磁性部分的杨氏模量，制备出高电流输出型柔性磁／电复合材料［图10-12（b）］。器件整体的杨氏模量大幅下降，可用于微小应力的阵列化感知。比如利用湿化学纺丝法，将钕铁硼微米磁粉与聚硅氧烷树脂纺成直径为 1mm 的纤维，外部用铜线缠绕后形成自供能的拉伸纤维［图 10-12（c）］[34]。这种柔性磁／电复合纤维可以用于人体织物上的应力感知。

除了块体／纤维形状以外，该团队利用印刷的方式，将导电部分改为液体金属的线路。由于导电部分从铜线改为杨氏模量更低的液态金属，使其弯曲拉伸性能有了大幅提升［图10-12（d）］[35]。因此，这种柔性磁／电复合体系可以用于外部拉力的自供能感知。

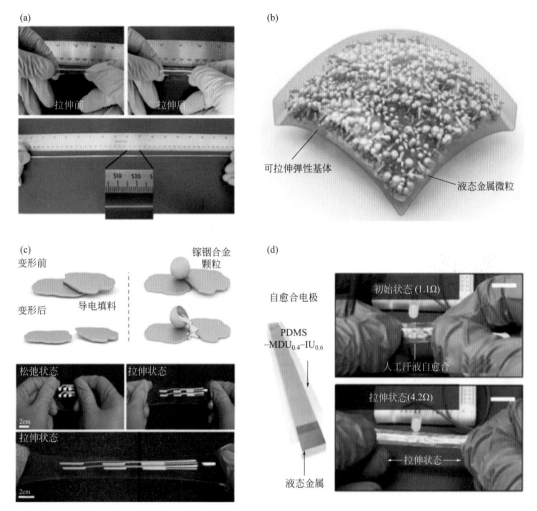

图 10-11　基于液态金属的机械力敏感聚合物体系

（a）注入可拉伸聚合物空心管的液态金属[24]；（b）液态金属和聚合物弹性体的复合材料[28]；（c）液态金属，用于连接其他金属基导体之间的传导[29]；（d）通过与自愈合聚合物结合的自愈合可拉伸力-电敏感聚合物体系[30]

受自然中超疏水荷叶的启发，该团队构筑了模仿荷叶的超疏水磁粉/线圈型柔性磁电俘能器件。由于磁粉/聚合物复合体系形貌的系列改变，通过优化相应的压力-电信号转换性能，将其用于水滴下落机械能的力-电转换，实现了对不连续微小液滴机械能的能量转化与存储［图 10-12（e）］[36]。

（2）驱动型智能软体材料

高分子及其复合材料具有价格低廉、密度低、成形工艺简单等优点，部分还具有良好的生物相容性和生物可降解性，因此已成为驱动型智能软体材料应用最广泛的材料。根据驱动型智能软体材料的激励机制，目前驱动型智能软体材料及其复合材料主要包括水响应型、热响应型、磁响应型和光响应型。根据前文的分析，4D 打印技术是制备驱动型智能软体材料的有效手段，打印的构件能够响应水、热、磁、光等外界能场作用的驱动，即智能软体材料的 4D 打印技术，相关研究逐渐增多。

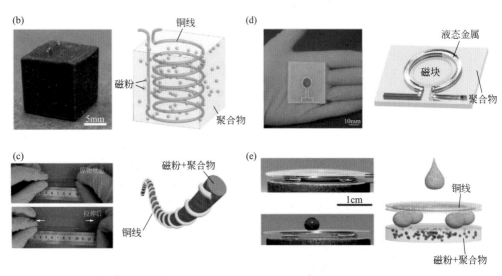

图 10-12 具有力 – 电传感性能的柔性磁电材料

（a）柔性磁电材料的定义和力 - 电转换性能；（b）利用钕铁硼磁粉 / 铜线圈在聚硅氧烷树脂中形成具有压力 - 电信号的柔性磁 / 电块体材料 [33]；（c）利用钕铁硼磁粉 / 铜线圈 / 聚硅氧烷树脂纤维形成具有拉力 - 电信号的柔性磁 / 电纤维 [34]；（d）利用钕铁硼磁块 / 液态金属在聚硅氧烷树脂中形成具有拉力 - 电信号的柔性磁 / 电薄膜 [35]；（e）利用钕铁硼磁粉 / 铜线圈 / 聚硅氧烷树脂形成具有压力 - 电信号的柔性磁 / 电水滴俘能体系 [36]

① 水响应驱动型智能软体材料　吸水后能发生膨胀的亲水性高分子及其复合材料是目前最常用的水响应驱动型智能软体材料。这类高分子及其复合材料本身并不具有智能特性，但通过对其溶胀行为进行编码设计却可以实现水作用下的可控变形。2013 年，美国麻省理工学院的 Tibbits 等采用一种遇水能膨胀至自身体积两倍的亲水性高分子材料和一种遇水不发生膨胀的刚性高分子材料，通过对两种材料形状、位置、比例进行编码设计，成功设计并制备了一种放入水中可发生可控变形的 4D 打印高分子复合材料 [图 10-13（a）] [37]。

该复合材料构件的变形原理是：当放入水中时，亲水性高分子材料发生膨胀，从而带动与之连接的刚性高分子材料发生折叠变形；当临近的刚性高分子材料相接触时会产生阻力使变形停止，材料稳定在新的形状；改变亲水性高分子材料和刚性高分子材料的形状、位置和比例可实现对材料折叠变形角度和方向的调控。随后，美国约翰霍普金斯大学的 Jamal 等采用分阶段光交联的方法制备了由不同分子量光交联聚乙二醇组成的层状水凝胶材料。由于不同分子量光交联聚乙二醇层的溶胀能力不同，该层状材料由于层间的差异膨胀而发生弯曲变形［图 10-13（b）］[38]。

  2016 年，受到自然界中松果、小麦芒等植物的细胞壁存在特定取向的刚性纤维素而具有各向异性膨胀特性的启发，美国哈佛大学的 Lewis 等将从木浆中提取的纤维素纤维和丙烯酰胺水凝胶混合，通过水凝胶挤出剪切作用获得特定的纤维取向，成功制备了短纤维混合水凝胶[39]。由于水凝胶的溶胀行为随着纤维素纤维排列方式的改变而变化，他们通过对纤维素纤维取向、间距、比例等进行编码设计实现了对短纤维混合水凝胶各向异性溶胀行为的编码设计，进而实现了材料在水驱动下的可控形状变化［图 10-13（c）］。受到相同的启发，苏黎世理工大学的 Schimied 等通过外加磁场来控制短纤维的排列和取向，设计和制备了在水作用下可发生可控形状变化的短纤维混合水凝胶[40]。

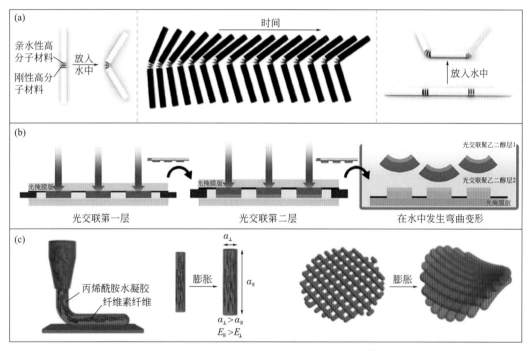

图 10-13　利用亲水性和刚性高分子材料制备的放入水中可自折叠的复合材料[37]（a）；采用分阶段光交联方法制备的放入水中可自弯曲的聚乙二醇层状材料[38]（b）；通过水凝胶剪切作用制备的放入水中可发生可控形状变化的短纤维混合水凝胶[39]（c）

  ② 热响应驱动型智能软体材料　热响应型形状记忆高分子及其复合材料是一类能够在热作用下回复到初始形状的智能材料。凭借其独特的热响应型形状记忆效应和价格低廉、可打印性好、输出应变大、密度低、变形编程设计简单等诸多优点，热响应型形状记忆高分子及其复合材料已成为目前研究最多的热响应型智能软体材料体系。热响应型形状记忆高分子及其复合材料通常由记忆初始形状的固定相和能够随温度变化发生可逆固化和软化反应的可逆相组成。固定相为具有较高软化温度（T_h）的物理交联结构或化学交联结构，可逆相为具有较低软化温度（T_s）的物理交联结构。其形状记忆原理是：将具有一定初始形状的热响应型形状记忆高分子材料加热至可逆相的软化温度区间时（$T_s < T < T_h$），可逆相软化；此温度下通过外力作用将材料变形，然后保持应力并将材料冷却至 T_s 以下，可逆相硬化，变形后的临时

形状保持下来；当再次加热至 T_s 以上时，可逆相软化，固定相在回复应力的作用下回复，从而使材料回复到初始形状。利用热响应型形状记忆高分子及其复合材料可实现具有温度响应能力的智能软体材料体系。

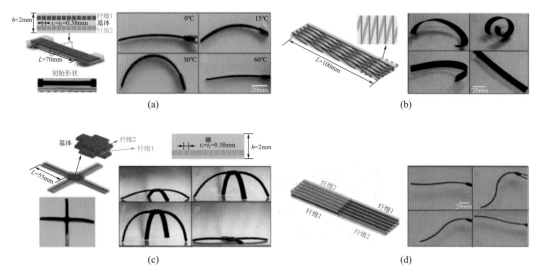

图 10-14　利用不同玻璃化温度的形状记忆高分子材料进行编码设计，实现可控变形行为的热响应型形状记忆高分子复合材料 [43]

（a）可拱曲的条状结构；（b）可卷曲的条状结构；（c）可站立的爪形结构；（d）可柔性弯曲的条状结构

2016 年，香港大学的 Yang 等 [41] 采用商用 DiAPlEX MM-4520 型热响应型形状记忆高分子微丸，通过挤出成形制备了可用于 FDM 成形的热响应型形状记忆高分子丝材，并利用该材料成功打印了加热可发生闭合的花朵和加热可抓取笔帽的机械手。新加坡科技设计大学和美国麻省理工学院 [42] 联合研发了一种可用于 SLA 成形的热响应型形状记忆高分子材料，该材料由甲基丙烯酸酯基单体和交联剂、光引发剂（2,4,6- 三甲基苯甲酰基二苯基氧化膦）、光吸收剂（苏丹 I 和罗丹明 B）组成。利用该材料，他们实现了可随温度发生可控变化的螺旋弹簧、埃菲尔铁塔、花朵和机械手等模型的构筑。美国佐治亚理工学院的 Wu 等 [43] 则采用具有不同玻璃化温度的形状记忆高分子材料，通过对它们形状、尺寸、分布、排列的编程设计，成功制备了具有多种可控变形行为的智能软体材料体系（图 10-14）。

哈尔滨工业大学复合材料与结构研究所冷劲松教授团队在形状记忆聚合物材料及其加工成形方面做出了富有特色的一系列工作 [44]。该团队自主研发了适用于航天环境的多种类、不同系列的形状记忆聚合物材料，这些材料能满足卫星高低轨道等不同极端空间环境的需求。与形状记忆合金（Shape Memory Alloy，SMA）不同，形状记忆聚合物（SMP）是一种激励响应聚合物材料，具有主动可控大变形（20% ～ 500%）、驱动方式多样、刚度可变等特性，可被设计成集驱动与承载功能一体化的部件，结构简单，可靠性高，未来有望部分替代复杂的机电驱动系统。

该团队使用的 SMP 驱动型智能软体材料，重量轻、成本低、能够产生主动变形，这是航空航天工程，特别是可展开结构中所使用材料的基本特征 [45]。典型示例包括 SMPC 铰链、重力梯度吊杆、可展开面板 ［图 10-15（a）］和反射面天线。与传统占用空间大和重量大的金属铰链不同，SMP 驱动型智能软体材料铰链用碳纤维平纹织物加固已经开发的织物 ［图 10-15（b）］[46]。形状回复实验分析了铰链的可行性，结果表明，铰链的形状回复率约为 100%，在形状回复过程中可以驱动原型太阳能电池阵。

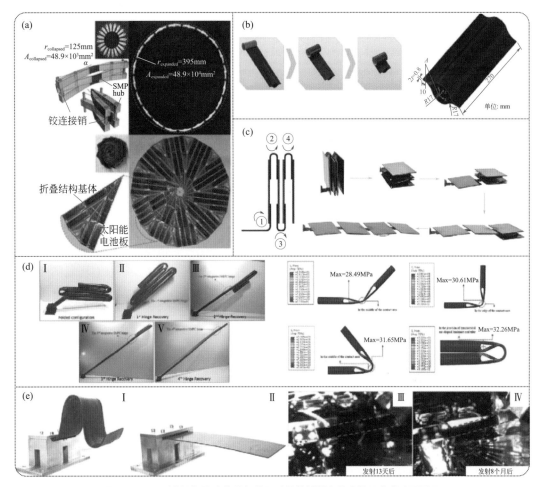

图 10-15 形状记忆聚合物类智能驱动软体材料在航空航天上的应用展示

（a）一个剪机制和折纸基板的折叠和扩展配置的制作样本，显示了面积上 10 倍的变化[45]；（b）柱状可折叠复合材料的模型及其尺寸[46]；（c）近红外阶梯卫星可展开太阳能电池板阵列[49]；（d）自展开结构的多形状回复行为与不同角度弯曲的应力分布（Ⅰ表示折叠构型，Ⅱ表示第一铰回复，Ⅲ表示第二铰回复，Ⅳ表示第三铰回复，Ⅴ表示第四铰回复）[50]；（e）任务 SMS-Ⅰ的配置（Ⅰ表示打包配置，Ⅱ表示部署配置，Ⅲ表示第一次观察斜视图，Ⅳ表示第三次观察斜视图）[53]

　　传统上，伸缩臂和可折叠桁架臂主要由电机驱动。该团队[47,48] 开发的 SMP 桁架吊杆由18 片层压胶带组成，可有效取代传统吊杆。实验前将环氧树脂基 SMP 桁架臂编程为"M"形；在形状回复实验中，动臂可以在 80s 时逐渐展开。此外，基于 SMP 的铰链和吊杆可用于其他飞机部件，以创建不同的可展开结构，如太阳能电池板和天线，为发射前释放空间。例如，图 10-15（c）为卫星制造了一个阶梯式可展开太阳能电池板阵列[49]。该太阳能电池板在光照下能产生台阶形回复。进一步，该团队[50] 设计了一种用于夹持装置和多角度成像系统一体化的自展开铰链，该铰链采用对称弧形层压以节省复杂的机械连接。100℃下的模拟结果表明，随着弯曲角度的改变，最大 von Mises 应力分布水平不同 [图 10-15（d）]。

此外，该团队还开发了一种智能"竹"释放系统[51]，该系统采用双层圆筒结构，在机械振动下稳定释放有效载荷，以进一步开发大规模有效载荷部署系统，构建了一个复杂的立方体可展开支撑结构，其可重复立方体单元由开关电源组成，连接器可以组装到支撑结构中以满足不同的要求[52]。2016 年，任务 SMS- I 是由一颗实验卫星发射到地球静止轨道，用于开展长期反宇宙辐照实验。此任务是中国在 SMP 上的轨道实验之一，也是世界上第一个在地球静止轨道上进行的 SMP 空间飞行实验。在阳光照射下，SMP 基体由弯曲变为扁平，处理后的回复率接近 100%。此外，平直的外形保持了 8 个月，没有任何可见的裂纹 [图 10-15（e）][53]。

为了验证其可靠性，该团队还研究了开关电源在地面模拟空间环境中的性能，包括高真空、热循环、宇宙辐照和原子氧等热循环效应，应用 80～240h 紫外线辐照和对形状记忆环氧树脂进行 -100～100 ℃ 的热循环。在力学性能提高的同时，环氧树脂的最大总质量损失小于 1%，表明环氧树脂具有优异的抗紫外线辐照和热循环性能。进一步研究了真空状态紫外线辐照下碳纤维增强环氧树脂的性能变化。实验表明，随着紫外线诱导聚合物交联，储能模量最初增加，而随着紫外线辐照时间的延长，储能模量下降。值得注意的是，实验观察到更高的形状回复应力，然而变形量的变化较小。同时该团队也报道了原子氧对环氧基开关电源的影响。结果表明，原子氧对材料的储能模量和转变温度的影响不大，但会引起材料内部的微裂纹，从而影响材料的力学性能。

③ 磁响应驱动型智能软体材料 在高分子及其复合材料基体中嵌入分立磁体或加入磁性颗粒是目前磁响应驱动型智能软体材料体系的主要设计及制备方法。2017 年，哈尔滨工业大学的 Wei 等[54]通过在聚乳酸中加入磁性 Fe_3O_4 纳米颗粒制备了一种可以通过磁场驱动的形状记忆复合材料，利用该材料成形的螺旋状支架结构可在磁场作用下自动展开。2018 年，美国麻省理工学院的 Kim 等[55]将铁磁微粒嵌入硅橡胶基体内，通过磁化打印机喷嘴来控制微粒的排列，对打印材料的不同区域进行设定，从而制备了具有非均匀极性的磁响应型高分子复合材料。在外加磁场作用下，该材料的不同区域可以对磁荷做出不同的响应，从而产生特定的形变。他们利用这种材料打印了一个 6 腿软体机器人，该机器人可在不同磁场作用下实现折叠、爬行、滚动、输送药物等运动和功能。

2019 年，俄亥俄州立大学的 Ze 等[56]将微米级 Fe_3O_4 和 NdFeB 颗粒加入基于聚丙烯酸酯的形状记忆高分子基体中，研发出了一种集远程快速可逆驱动、形状记忆和可重构变形等特性于一体的磁响应型形状记忆高分子复合材料。材料基体提供了刚度可调的特性，材料的杨氏模量在玻璃化温度上下会发生剧烈变化，在 25～85℃ 区间内可以从 3GPa 变化为 2MPa，为材料同时实现低温形状记忆和高温快速驱动提供了可能；Fe_3O_4 颗粒在高频磁场作用下会产生很高的磁滞损耗，被用作远程加热材料；NdFeB 颗粒具有高剩磁和磁化特性可编辑的特点，在外部低频或者直流磁场作用下可以使材料产生可重构的快速可逆变形（图 10-16）。

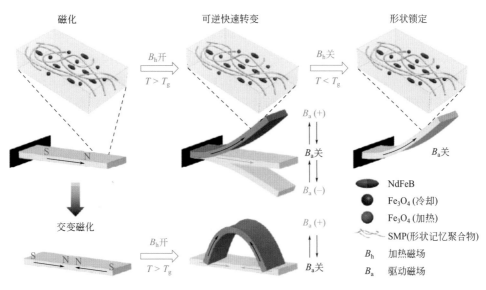

图 10-16　磁响应型形状记忆高分子复合材料的组成和变形原理示意图[56]

④ 光响应驱动型智能软体材料　光响应驱动型智能软体材料是一类可在光作用下发生化学或物理反应从而实现形状、性能和功能变化的智能材料。2018 年，英国诺丁汉大学的 Wales 等开发了一种光敏分子：当光线照射时，它会从无色变为蓝色；当暴露在氧气中时，它将通过氧化还原反应使已改变的颜色发生逆转。随后，他们将这种具有独特光致变色和氧化还原特性的光敏分子与定制的高分子材料相结合，制备出一种用于可逆信息存储的 4D 打印光敏高分子复合材料[57]。东华大学的 Mu 等将三种光敏材料（PETMP、MDTVE 和 EGDMP）按照 1∶5∶4 的质量比混合，并按照混合液质量的 1% 加入光引发剂 Irgacure 184 和 Irgacure 819，制备了适用于 SLA 成形的光响应型复合高分子材料。利用该材料和 NOA65 光固化胶成形的三明治复合结构可在光照作用下发生弯曲变形[58]。

智能软体材料的概念自提出以来就引起了广泛的研究兴趣。国内外很多学者在智能构件设计、模拟仿真、材料、制造工艺与装备和智能构件评测等方面对智能软体材料展开了初步研究。然而，现在智能软体材料的总体现状是：现有研究集中在智能材料的合成和研发阶段，仍然仅处于材料制备探索阶段，至于如何可控地实现性能变化和功能变化，目前报道极少，并且尚未形成可靠的、具体的研究思路。智能软体材料的研究目前仅处于起步阶段，诸多方面亟待研究。目前缺乏针对智能软体材料设计的理论与方法体系，缺乏材料与工艺的匹配性研究，尚无对智能构件功能的评测与验证方法。

基于上述对智能软体材料总体现状的阐述，我们可以总结出关于智能软体材料的重点科学问题和技术问题。其中，科学问题主要包括材料的功能性、工艺与材料的匹配性和智能结构与功能的关系；技术问题包括材料、工艺与装备、材料可成形工艺性、结构精度和功能的可实现性等。因此，对于智能软体材料 2035 展望与未来，将分别从智能构件设计、模拟仿真、成形工艺与装备、智能构件评测这几个层面详述。

10.5.2 ／ 智能软体材料的结构设计

智能软体材料的结构设计主要包括正向设计和逆向设计，其中正向设计主要以个人本身掌握的知识和经验等为基础，进行智能软体材料的设计。正向设计能够以系统工程理论、方法和过程模型为指导，面向复杂智能构件的技术研发和原创设计等，旨在提升智能软体材料的自主创新能力和设计制造一体化能力。智能软体材料的逆向设计主要为仿生设计，主要是以自然界的动植物等为原型，进行智能软体材料的设计活动。

（1）正向设计 • • •

新加坡科技设计大学的 Ding 等[59]提出了一种在高分辨率三维结构中打印复合高分子的工艺，这种结构可以通过加热直接快速转换为新的永久性结构。构件由玻璃态形状记忆高分子和一个弹性体组成，通过控制结构和工艺参数的设计实现编程，由于在光聚合作用下有一个内置的压缩应变，构件在加热后，形状记忆高分子软化，释放对应变弹性体的约束，使物体转换成一个新的永久形状。

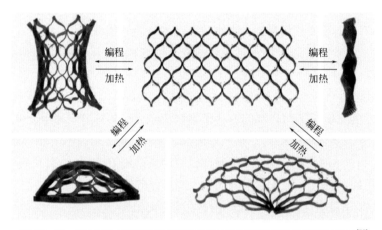

图 10-17　智能软体材料的复杂构件在加热条件下实现形状控制的示意图[59]

如图 10-17 所示，构件可以在编程／加热条件下重构为不同的形状。这种打印方式编程发生在打印的过程中，通过控制工艺参数和材料组分，在加热条件下，形状记忆高分子的形变导致弹性体储存能量的释放，使构件发生永久变形，减少了对构件编程的环节。但值得注意的是，现有加工构件仅仅关注构件物理形状的变化，尚未建立打印的智能构件形状／性能／功能一体化可控／自主变化的方法。

（2）逆向设计 • • •

瑞士苏黎世联邦理工学院的 Faber 等[60]采用仿生设计方法，设计了具有双稳态弹性自折叠仿生蠼螋飞翼结构。他们首先对蠼螋高比率弹性自折叠的膜翅进行研究，探究其高比率自折叠的原理、双稳态弹性自折叠构型、弹性自折叠触发机制等。结果表明，蠼螋膜翅折叠部位主要由具有超弹性的节肢弹性蛋白和较硬的翅脉构成（如图 10-18 所示）。

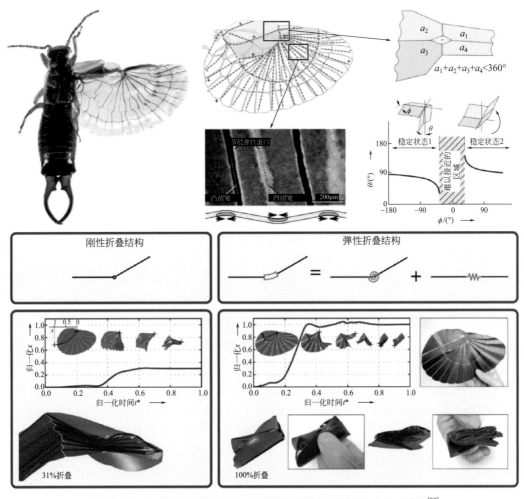

图 10-18　智能软体材料打印仿生高折叠比率蠼螋双稳态弹性自折叠膜翅[60]

通过合理的排布形成弹性的三浦折叠结构，从而使得蠼螋膜翅具有双稳态的弹性自折叠性能，在飞行时膜翅展开，承受空气垂直于膜翅的气动力稳定飞行而不会折叠；收缩折叠时，受到平行于膜翅的收缩力能够迅速回弹。在对蠼螋膜翅高折叠比率双稳态弹性自折叠原理研究的基础上，他们采用智能软体材料多材料打印的方法，对蠼螋膜翅的双稳态弹性自折叠功能进行了仿生再现。他们以刚性的聚乳酸（PLA）作为仿生翅脉，以弹性的 TPU 为仿生连接弹性体，采用 FDM 多材料打印机进行打印成形。

10.5.3　智能软体材料模拟仿真

目前，针对智能软体材料及其加工技术的模拟仿真研究在国内尚属空白，国外的报道也较少，缺少有效的仿真分析工具对智能软体材料打印过程进行定量分析，从而无法获取具有理论依据的工艺优化参数。因此，智能软体材料成形过程的模拟仿真模型、算法及成套软件成为亟待解决的问题。

在智能软体材料加工构件超弹性和相变行为方面，需要建立基于智能软体材料加工构件的微观组织激励响应的唯象理论本构模型，实现智能软体材料加工构件超弹性和相变行为的仿真模拟。目前绝大多数针对智能软体材料打印的仿真模拟都局限于成形过程，而对智能构件的服役过程模拟仿真在国际上几乎没有任何报道。智能软体材料加工构件在形状、性能以及功能上的变化，其本质在于材料本身在一定外界刺激下发生上述三个方面的变化。通过对相应的变化机理建立分析模型，可以定量地分析在外界刺激下构件产生的变化。因此，未来可能会产生一系列针对智能构件服役过程的模拟仿真分析研究。

智能软体材料加工构件的响应速度，决定了智能构件的敏捷性。响应速度越快，智能构件对刺激越敏感。在需要快速响应的领域中，例如航空航天或者机器人领域，快速响应可以提升构件的变化能力，从而更快速地适应环境的改变；同时在生物医疗领域，过快的响应速度可能造成人体不适等问题。因此，控制智能构件的响应速度是关键问题。通过对外界刺激下构件内部组织相变速度的预测，结合通用的固体力学模拟仿真算法，可以有效地预测在一定的刺激条件下，智能构件的响应速度。

智能软体材料加工构件的带负载能力决定了构件能在什么样的环境下进行服役。材料在变形中以及变形之后，其内部材料属性都会发生变化，当载荷过大时会使得材料发生无可逆转的永久变形，甚至超过构件强度造成其失效。根据材料特性，加入实时的受力分析，可预测在具体负载条件下，构件内部的应力、应变以及构件整体的变形情况。同时，对于应力可能造成相变的特殊材料，也需要加以考虑。

智能软体材料加工构件成形过程中，由于受到多重热循环作用，成形后构件内部的相组成和应力分布状态极其复杂，同时在服役过程中，循环载荷的作用将使构件在应力值远小于断裂强度的情况下发生疲劳失效断裂。实现智能构件疲劳寿命的准确预测，提高智能构件的服役寿命和性能，是未来智能软体材料加工构件领域的重要研究方向。大多数构件疲劳寿命预测是基于疲劳试验而来的，但由于传统的疲劳试验成本高且周期长，具有很大的不确定性，因此开展新技术研究变得更加迫切。而数值模拟仿真技术可对智能构件的疲劳寿命进行准确预测，是完善智能软体材料及其加工方法的关键技术之一。

10.5.4 智能软体材料成形工艺与装备

受到植物系统的启发，哈佛大学的 A. Sydney Gladman 等[61] 设计了一种水凝胶复合墨水，采用凝胶挤出的工艺成形了复合水凝胶结构，这些结构是将纤维素原纤维在预定的打印路径上排列，从而控制局部的、各向异性的膨胀行为。这些水凝胶结构可以在浸入水中时改变形状，产生复杂的三维形态。这种打印的方式依赖于材料和几何结构的组合，能够在时间和空间上实现控制。实际上，还是只实现了构件的形状变化，其材料的种类、组分、力学变形性能等难以满足智能构件的功能需求。

新加坡科技设计大学的 Ge 等[9] 提出了一种新的智能软体材料的打印方法，该方法可以创建高分辨率（高达几微米）的多材料形状记忆高分子体系结构。该方法基于高分辨率投影微立体光刻（Projection Micro Stereolithography, PμSL）工艺，并使用一系列基于光固化甲基丙烯酸酯的共聚物网络。他们设计的成分和组成表现出优异的热力学行为（包括橡胶模量、玻璃化温度和破坏应变，其破坏应变大于 300％且大于任何现有可印刷材料）和形状记忆行为。

我们发现，现有的智能软体材料的打印方法仍以传统的 3D 打印工艺和装备为主，具体的总结在表 10-1 中。

表 10-1　目前智能软体材料的打印研究所采用的工艺与装备

年份	研究人员	工艺（所用材料）	装备
2013	Ge 等 [9]	Polyjet（形状记忆高分子纤维 / 弹性体复合材料）	Polyjet（Object Connex 260、Stratasys）
2015	Au 等 [62]	SLA（PDMS、聚二甲基硅氧烷）	SLA（XC 11122、WaterShed）
2016	Miao 等 [63]	SLA（大豆油丙烯酸酯）	商业化的 SLA 打印机
2016	Zhang 等 [64]	FDM（聚乳酸）	商业化的 FDM 打印机 MakerBot Replicator 2、MakerBot
2016	Ge 等 [42]	SLA（甲基丙烯酸酯基形状记忆高分子）	商业化的 SLA 打印机
2016	Gustmann 等 [65]	SLM（81.95Cu-11.85Al-3.2Ni-3Mn 形状记忆合金）	商用 SLM 打印机
2018	Imai 等 [66]	SLM（Cu-Al-Ni 形状记忆合金）	EOS M 290
2018	Liu 等 [67]	DIW（墨水）	DIW 3D printer（Regenovo Biotechnology Co. Ltd.）

目前缺乏多种成形手段的协同创新，尚未研究出针对智能软体材料打印的专用工艺以及相应装备。而且，变形的驱动方式单一，驱动源主要是温度场，即温度的变化引起构件形状的变化。这种驱动形式不可避免地会出现许多限制：① 驱动温度受限，若构件的响应温度过高（如高达几百摄氏度），难以获得均匀的温度场，常见的液态介质传热将不适用；② 驱动距离受限，温度场驱动往往要求构件与传热介质相接触或与热源的距离很近，因而难以实现远距离的驱动变形；③ 难以实现可控驱动，即难以建立形变量与驱动温度间定量的数值关系；④ 温度场反应缓慢，难以适应快速响应的场合。因此，我们需要探索其他驱动方式，如磁场、电场、光和化学环境等多种驱动方式，以实现远距离的快速定量可控驱动变形。

10.5.5 ／ 智能软体材料加工构件的评测

智能软体材料加工构件的评测是其加工的重要环节，也是重要的研究方向。但是目前针对智能软体材料打印智能构件的评测研究在国内外均非常少。本团队 [68] 研究了基于视觉和面结构光扫描的粉床 3D 打印过程在线测量技术，实现了打印过程中每层轮廓度和凹陷深度的在线测量（如图 10-19 所示）。

该工作探索了基于深度学习的 3D 打印过程在线监测和工艺调控技术，显著提高了智能软体材料粉床 3D 打印装备的成形精度。智能软体材料加工构件服役过程的监测是难点，因为其结构、性能和功能是变化的，对于这个变化过程的监控和分析是十分重要的。我们可以对处于变形过程中不同阶段的构件进行取样，并结合几何精度、温度场、位移应变场、内部形貌等的测量结果，对工艺设计阶段的模拟仿真结果进行比较，从而对模拟的精度进行验证和评测。

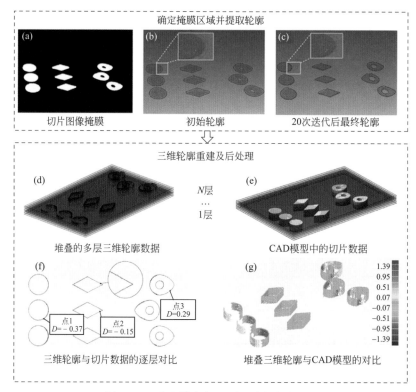

图 10-19　每层轮廓度和凹陷深度的在线测量

（a）从切片生成的原始掩膜；（b）水平集方法的初始轮廓；（c）20 次交互后的最终轮廓；（d）逐层 3D 轮廓数据；
（e）切片模型的真实轮廓数据；（f）每层的轮廓精度；（g）与 CAD 模型相比的数字 3D 体积

10.6　对智能软体材料及其增材制造的研究思考

增材制造技术是成形复杂智能软体材料的有效途径。目前针对智能软体材料的打印技术尚处于前沿研究、概念验证阶段，在诸多方面还处于起步阶段，甚至是空白。针对前述各方面的研究现状，我们提出以下研究思考。

① 智能软体材料 - 结构 - 功能一体化设计理论。材料、结构和功能的设计是智能软体材料的基础，是智能构件实现可控变形、变性能、变功能的保证，目前基于智能软体材料的构件变形、变性能、变功能的形式简单，驱动方式单一。我们应当设计具有多种变形、多种驱动方式的智能构件，探求智能构件设计的理论依据。

② 模拟仿真技术。模拟仿真是智能软体材料及其加工技术研究的重要手段，新材料、新工艺的出现，必将对智能软体材料及其加工技术的模拟仿真提出新的挑战，我们需要建立新

的有限元模型，设计新的算法，实现智能软体构件变形、变性能和变功能的准确表达和成形过程的精确仿真。

③ 加工工艺与装备。我们需要研究专用于智能软体材料加工的新工艺与新装备，建立材料 - 工艺 - 性能 - 功能的关联模型，满足智能软体构件的传感、控制和驱动应用需求。

④ 智能软体构件的评测与验证方法。建立有效的评测方法与验证体系，包含以精度和表面完整性为主的"变形评测"、以成形件性能为主的"变性能评测"和以功能特性为主的"变功能评测"。具体地，我们要研究智能软体材料加工过程中每层的尺寸精度、温度场等关键参数的在线监测技术，探索不同工艺参数对成形精度的影响规律和基于计算机断层扫描图像和太赫兹图像的智能构件在受力状态下内部应变的三维测量技术，探索智能软体材料构件内外部形状和性能随时间的变化规律。

⑤智能软体材料的标准化。标准化是大规模应用的前提，目前智能软体材料及其增材制造仍处于科研的初级阶段，随着科技的推进与发展，某些具体场景中的示范应用将成为推动智能软体材料发展的重要动力。在工程应用的发展过程中，智能软体材料的标准化应提上日程，这将成为决定智能软体材料大规模应用的关键之一。

参考文献

[1] 刘海鹏,金磊,高世桥,牛少华主编. 智能材料概论[M]. 北京:北京理工大学出版社,2021.

[2] Han M J,Yoon D K. Advances in Soft Materials for Sustainable Electronics [J]. Engineering,2021,7: 564-580.

[3] Shin D G, Kim T H, Kim D E. Review of 4D printing materials and their properties [J]. Int J Precis Eng and Manuf-Green Technol,2017, 4: 349-357.

[4] Zhou Y, Huang W M, Kang S F, et al. From 3D to 4D printing: approaches and typical applications [J]. J Mech Sci Technol,2015,29: 4281-4288.

[5] Mitchell A, Lafont U, Hołyńska M, Semprimoschnig C. Additive manufacturing - A review of 4D printing and future applications [J]. Addit Manuf, 2018, 24: 606-626.

[6] 许云涛. 智能变形飞行器进展及关键技术研究[J]. 战术导弹技术,2017, 2: 26-33.

[7] Zarek M, Mansour N, Shapira S, Cohn D. 4D Printing of Shape Memory-Based Personalized Endoluminal Medical Devices [J]. Macromol Rapid Commun, 2017, 38: 1600628.

[8] Truby R L, Lewis J A. Printing soft matter in three dimensions [J]. Nature, 2016, 540: 371.

[9] Ge Q, Qi H, J, Dunn M L. Active materials by four-dimension printing [J]. Applied Physics Letters, 2013, 103: 131901.

[10] Li G R, Chen X, Zhou F, et al. Self-powered soft robot in the Mariana Trench [J]. Nature, 2021, 591: 66.

[11] 闫春泽,文世峰,伍宏志,史玉升.高分子材料3D打印成形原理与实验[M].武汉:华中科技大学出版社, 2019.

[12] Chen D, Liu Q P, Han Z W, et al. 4D Printing Strain Self-Sensing and Temperature Self-Sensing Integrated Sensor–Actuator with Bioinspired Gradient Gaps [J]. Adv. Sci., 2020, 7: 2000584.

[13] Wu H, Zhang X, Ma Z, et al. A Material Combination Concept to Realize 4D Printed Products with Newly Emerging Property/Functionality [J]. Adv. Sci., 2020, 7: 1903208.

[14] Jeong Y R, Heun P, Jin S W, et al. Highly Stretchable and Sensitive Strain Sensors Using Fragmentized Graphene Foam [J]. Adv. Funct. Mater., 2015, 25: 4228-4236.

[15] Amjadi M, Yoon Y J, Park I. Ultra-stretchable and skin-mountable strain sensors using carbon nanotubes-Ecoflex nanocomposites [J]. Nanotechnology, 2015, 26: 375501.

[16] Li M F F, Li H Y, Zhong W B, Zhao Q H, Wang D. Stretchable Conductive Polypyrrole/Polyurethane (PPy/PU) Strain Sensor with Netlike Microcracks for Human Breath Detection [J]. ACS Appl Mater Interfaces, 2014, 6: 1313-1319.

[17] Yamada T, et al. A stretchable carbon nanotube strain sensor for human-motion detection [J]. Nat. Nanotechnol., 2011, 6: 296-301.

[18] Boland C S, et al. Sensitive, High-Strain, High-Rate

Bodily Motion Sensors Based on Graphene-Rubber Composites [J]. ACS Nano, 2014, 8: 8819-8830.

[19] Amjadi M, Pichitpajongkit A, Lee S, Ryu S, Park I. Highly Stretchable and Sensitive Strain Sensor Based on Silver Nanowire-Elastomer Nanocomposite [J]. ACS Nano, 2014, 8: 5154-5163.

[20] Zhang S J, et al. Highly stretchable, sensitive, and flexible strain sensors based on silver nanoparticles/carbon nanotubes composites [J]. J Alloy Compd, 2015, 652: 48-54.

[21] Dickey M D. Stretchable and Soft Electronics using Liquid Metals [J]. Adv. Mater., 2017, 29: 1606425.

[22] Clarkson T W, Magos L. The toxicology of mercury and its chemical compounds [J]. Crit Rev Toxicol, 2006, 36: 609-662.

[23] Yuan B, Zhao C J, Sun X Y, Liu J. Lightweight Liquid Metal Entity [J]. Adv. Funct. Mater., 2020, 30: 1910709.

[24] Mineart K P, et al. Ultrastretchable, cyclable and recyclable 1- and 2-dimensional conductors based on physically cross-linked thermoplastic elastomer gels [J]. Soft Matter, 2013, 9: 7695-7700.

[25] Yun G L, et al. Liquid metal-filled magnetorheological elastomer with positive piezoconductivity [J]. Nat. Commun., 2019, 10: 1300.

[26] Park J, et al. Three-dimensional nanonetworks for giant stretchability in dielectrics and conductors [J]. Nat. Commun.,2012, 3: 916.

[27] Li G Y, Wu X, Lee D W. Selectively plated stretchable liquid metal wires for transparent electronics [J]. Sensor Actuat B-Chem, 2015, 221: 1114-1119.

[28] Bartlett M D, et al. Stretchable, High-k Dielectric Elastomers through Liquid-Metal Inclusions [J]. Adv. Mater.,2016, 28: 3726-3731.

[29] Wang J X, et al. Printable Superelastic Conductors with Extreme Stretchability and Robust Cycling Endurance Enabled by Liquid-Metal Particles [J]. Adv. Mater., 2018, 30: 1706157.

[30] Kang J H, et al. Tough and Water-Insensitive Self-Healing Elastomer for Robust Electronic Skin [J]. Adv. Mater., 2018, 30: 1706846.

[31] Zhang X, et al. Binary cooperative flexible magnetoelectric materials working as self-powered tactile sensors [J]. J Mater Chem C, 2019, 7: 8527-8536.

[32] Wu Z H, et al. Flexible Out-of-Plane Wind Sensors with a Self-Powered Feature Inspired by Fine Hairs of the Spider [J]. ACS Appl Mater Interfaces, 2019, 11: 44865-44873.

[33] Zhang X, et al. Magnetoelectric soft composites with a self-powered tactile sensing capacity [J]. Nano Energy,

2020, 69: 104391.

[34] Du Z L, et al. Stretchable electromagnetic fibers for self-powered mechanical sensing [J]. Appl Mater Today, 2020, 20: 100623.

[35] Zhang X, et al. Liquid Metal Based Stretchable Magnetoelectric Films and Their Capacity for Mechanoelectrical Conversion [J]. Adv. Funct. Mater., 2020, 30: 2003680.

[36] Ma Z, Ai J W, Shi Y S, Wang K, Su B. A Superhydrophobic Droplet-Based Magnetoelectric Hybrid System to Generate Electricity and Collect Water Simultaneously [J]. Adv. Mater., 2020, 32: 2006839.

[37] Tibbits S. in TED Conference (2013).

[38] Jamal M, et al. Tissue Engineering: Bio-Origami Hydrogel Scaffolds Composed of Photocrosslinked PEG Bilayers [J]. Adv. Healthc Mater., 2013, 2: 1066-1066.

[39] Sydney G A, Matsumoto E A, Nuzzo R G, Mahadevan L, Lewis J A. Biomimetic 4D printing [J]. Nat. Mater., 2016, 15: 413-418.

[40] Schmied J U, Le Ferrand H, Ermanni P, Studart A R, Arrieta A F. Programmable snapping composites with bio-inspired architecture [J]. Bioinspir & Biomim, 2017, 12: 026012.

[41] Yang Y, Chen Y, Wei Y, Li Y. 3D printing of shape memory polymer for functional part fabrication [J]. Int J Adv Manuf Tech, 2016, 84: 2079-2095.

[42] Ge Q, et al. Multimaterial 4D Printing with Tailorable Shape Memory Polymers [J]. Sci. Rep., 2016, 6: 31110.

[43] Wu J, et al. Multi-shape active composites by 3D printing of digital shape memory polymers [J]. Sci. Rep., 2016, 6: 24224.

[44] 李丰丰, 刘彦菊, 冷劲松. 形状记忆聚合物及其复合材料在航天领域的应用进展[J]. 宇航学报, 2020, 41: 697-706.

[45] Li F F, Liu Y J, Leng J S. Progress of shape memory polymers and their composites in aerospace applications [J]. Smart Mater Struct, 2019, 28: 103003.

[46] Liu Z X, et al. Preliminary test and analysis of an ultralight lenticular tube based on shape memory polymer composites [J]. Compos Struct, 2019, 223: 110936.

[47] Zhang R R, Guo X G, Liu Y J, Leng J S. Theoretical analysis and experiments of a space deployable truss structure [J]. Compos Struct, 2014, 112: 226-230.

[48] Li F F, et al. Modal Analyses of Deployable Truss Structures Based on Shape Memory Polymer Composites [J]. Int J Appl Mech, 2016, 8: 1640009.

[49] Herath H M C M, et al. Structural performance and photothermal recovery of carbon fibre reinforced shape

memory polymer [J]. Compos Sci Technol, 2018, 167: 206-214.

[50] Liu T Z, et al. Integrative hinge based on shape memory polymer composites: Material, design, properties and application [J]. Compos Struct, 2018, 206: 164-176.

[51] Wei H Q, et al. Design and analysis of smart release devices based on shape memory polymer composites [J]. Compos Struct, 2015, 133: 642-651.

[52] Li F F, et al. Preliminary design and analysis of a cubic deployable support structure based on shape memory polymer composite [J]. Int J Smart Nano Mat, 2016, 7: 106-118.

[53] Li F F, et al. Ground and geostationary orbital qualification of a sunlight-stimulated substrate based on shape memory polymer composite [J]. Smart Mater Struct, 2019, 28: 075023.

[54] Wei H, et al. Direct-Write Fabrication of 4D Active Shape-Changing Structures Based on a Shape Memory Polymer and Its Nanocomposite [J]. ACS Appl Mater Interfaces, 2017, 9: 876-883.

[55] Kim Y, Yuk H, Zhao R, et al. Printing ferromagnetic domains for untethered fast-transforming soft materials [J]. Nature, 2018, 558: 274-279.

[56] Ze Q, Kuang X, Wu S, et al. Magnetic Shape Memory Polymers with Integrated Multifunctional Shape Manipulation [J]. Adv. Mater.,2020, 32: 1906657.

[57] Wales D J, et al. 3D-Printable Photochromic Molecular Materials for Reversible Information Storage [J]. Adv. Mater., 2018, 30: 1800159.

[58] 陈花玲, 罗斌, 朱子才, 李博. 4D打印-智能材料与结构增材制造技术研究进展[J]. 西安交通大学学报, 2018:1-11.

[59] Ding Z, et al. Direct 4D printing via active composite materials [J]. Sci. Adv., 2017, 3: e1602890.

[60] Faber J A, Arrieta A F, Studart A R. Bioinspired spring origami [J]. Science, 2018, 359:1386-1391.

[61] Sydney G A, Matsumoto E A, Nuzzo R G, et al. Biomimetic 4D printing [J]. Nat. Mater., 2016, 15: 413-418.

[62] Au A K, Bhattacharjee N, Horowitz L F, Chang T C, Folch A. 3D-printed microfluidic automation [J]. Lab on A Chip, 2015, 15: 1934-1941.

[63] Miao S, et al. 4D printing smart biomedical scaffolds with novel soybean oil epoxidized acrylate [J]. Sci Rep,2016, 6: 27226.

[64] Zhang Q, Zhang K, Hu G. Smart three-dimensional lightweight structure triggered from a thin composite sheet via 3D printing technique [J]. Sci Rep, 2016, 6: 22431.

[65] Gustmann T, et al. Influence of processing parameters on the fabrication of a Cu-Al-Ni-Mn shape-memory alloy by selective laser melting [J]. Addit Manuf, 2016, 11: 23-31.

[66] Imai K, et al. Fabrication of Cu-Al-Ni Shape Memory Alloy by Selective Laser Melting Process [J]. Materials Science Forum, 2018, 941: 1570-1573.

[67] Liu G, Zhao Y, Wu G, Lu J. Origami and 4D printing of elastomer-derived ceramic structures [J]. Sci. Adv.,2018, 4: eaat0641.

[68] Li Z, et al. In Situ 3D Monitoring of Geometric Signatures in the Powder-Bed-Fusion Additive Manufacturing Process via Vision Sensing Methods [J]. Sensors, 2018, 18: 1180.

 作者简介

史玉升，数字化材料加工技术与装备国家地方联合工程实验室（湖北）主任，国防科技创新特区主题专家组首席科学家，中国增材制造产业联盟专家委员会委员，中国机械工程学会增材制造分会副主任委员，世界 3D 打印联盟副理事长、湖北省 3D 打印联盟理事长。获中国十大科技进展 1 项、国家技术发明二等奖和科技进步二等奖各 1 项、省部级一等奖和二等奖各 5 项、国际发明专利奖 2 项、湖北省优秀专利奖 1 项、湖北高校十大科技成果转化项目 1 项。获中国发明创业奖特等奖暨当代发明家、中国科学十大杰出创新人物、武汉市科技重大贡献个人等称号。领导的团队分别入选湖北省和教育部创新团队。

战略新材料

第三篇

第 11 章

第三代半导体的压电（光）电子学器件

王中林　翟俊宜　王龙飞　朱来攀

11.1 第三代半导体材料的研究背景

半导体材料经过几十年的发展，从第一代半导体 Si、Ge，第二代半导体 GaAs、InP 发展至现在以 ZnO、GaN、SiC 等为代表的第三代半导体。第一代半导体 Si 的性质研究比较全面，基于 Si 器件的设计和开发也经过了多代的结构和工艺的优化和更新，Si 已经成为半导体产业的基石，且未来的主导地位不会改变。然而，第一代半导体的发展正在逐渐接近材料本身的物理极限，限制了其进一步在光电子和高频功率器件上的应用。20 世纪 90 年代以来，随着移动通信技术的飞速发展，以光纤通信为基础的信息高速公路和互联网的兴起，第二代半导体材料开始崭露头角。具有直接带隙的 GaAs、InP 是制作高性能微波、毫米波器件及发光器件的优良材料，广泛应用于卫星通信、移动通信等领域；但是 GaAs、InP 材料稀缺、有毒，而且其波长范围短（<500nm）、覆盖光谱范围小，限制了它们向更高频、高抗辐射等应用方向的发展。

第三代半导体又称为宽禁带半导体，禁带宽度一般大于 2.3eV，与第一代、第二代半导体相比，第三代半导体材料具有宽禁带、更高的击穿电场、更高的热导率、更高的电子饱和速率及更高的抗辐射能力，因而更适合用于制作耐高温、高频、抗辐射及大功率器件。此外，第三代半导体室温下通常具有六方纤锌矿结构，同时具有压电特性和半导体特性。关于第三代半导体材料的研究不仅能有效解决第一代、第二代半导体的局限性，在国防、航空航天、石油勘探、光存储等领域更有着重要的应用前景，在 5G 通信、太阳能、新能源汽车、半导体照明、智能电网、轨道交通等众多战略行业具有重要的应用价值[1,2]。

第三代半导体材料的研究进展及前沿动态

第三代半导体材料的研究进展

SiC 是第一个被发现的宽禁带半导体，有三种不同的晶体结构，按 Si-C 双原子层不同的排列方式分为 3C-SiC、4H-SiC、6H-SiC。Si 的禁带宽度只有 1.1eV，这导致 Si 基功率器件的结温不能超过 150℃，相比而言，4H-SiC 的禁带宽度为 3.2eV，约为 Si 材料的 3 倍，其理论器件工作温度可以达到 600℃。4H-SiC 还具有良好的导热性质，其热导率是 Si 材料的 3 倍，这使得器件工作时所产生的热量能够及时传导到散热片中，更加适合在高温、高电压下工作。4H-SiC 的击穿场强在 3 ～ 3.5MV/cm，是 Si（0.25MV/cm）的 10 倍多，因而更适合制作耐高压器件，并能够突破 Si 基器件击穿电压的极限，达到 10kV 甚至 20kV 以上。高击穿场强使器件具有厚度更薄、掺杂浓度更高的漂移层，实现更低的比导通电阻和更高的导通电流密度。

GaN 具有六方纤锌矿、立方闪锌矿与四方岩盐三种晶体结构，通常情况下 GaN 呈现六方与立方的结构，极高压条件下才会转变为岩盐结构，室温下多为纤锌矿结构。GaN 材料的禁带宽度（E_g）为 3.4eV，这使其适合应用于耐高温、高压器件，同样也使得 GaN 器件具有更强的耐辐照性能，因此适用于航空航天、雷达卫星等领域。GaN 材料的介电常数比较小，适用于高频领域。同时 GaN 与 SiC 的晶格失配较小，可在 SiC 上进行高质量外延生长，同时借助 SiC 材料的高导热性能，可以制作面积更小、集成度更高的功率器件。在 GaN 材料中掺杂 Al 使其成为 AlGaN 材料，其禁带宽度随着 Al 组分的增加而增大，晶格常数随着 Al 组分增加而减小。与 GaN 可形成 AlGaN/GaN 异质结，界面处存在的二维电子气浓度室温下可达 $2 \times 10^{13} \text{cm}^{-2}$，而且电子迁移率能达到 1500cm²/（V·s）以上，多用于 HEMT 器件的制备。InN、GaN 和 AlN 组成的合金半导体理论上可以制作全光谱可调节的器件。

ZnO 具有四方岩盐、立方闪锌矿和六方纤锌矿三种结构，常见的 ZnO 主要以六方纤锌矿结构为主，在室温下的禁带宽度为 3.37eV，为直接带隙半导体。和 GaN 类似，非有意掺杂的 ZnO 表现出 n 型半导体的性质。ZnO 室温下具有 60meV 的激子束缚能，并且具有很好的热稳定性，在紫外激光器方面有很大的应用潜力，被认为可以在 LED、激光器等方面替代 GaN。同时，ZnO 薄膜材料具有很好的透明导电性，其光学折射率可以达到 2.0，对可见光的透射率可以达到 90%，在太阳能电池、平板显示、红外反射等领域具有较大的应用潜力。ZnO 对生长温度要求不高，制备工艺简单多样，而且可以选择同质外延来保证薄膜质量。

11.2.2 / 第三代半导体器件的研究进展

① 高电子迁移率晶体管（HEMT），主要依靠具有高迁移率特性的二维电子气（2DEG）来工作，所以 HEMT 及其 IC 都能够工作于超高频、超高速领域。AlGaN/GaN 是目前界面 2DEG 浓度最高的材料体系，远高于 AlGaAs/GaAs 和 SrTiO₃/LaAlO₃。通过调控 AlGaN 层组

分和厚度，可在 AlGaN/GaN 界面形成高达 $1 \times 10^{13} \mathrm{cm}^{-2}$ 的界面 2DEG 浓度，迁移率可以达到 $2300 \mathrm{cm}^2/(\mathrm{V} \cdot \mathrm{s})$。AlGaN/GaN HEMT 相较于微波真空管具有体积小、重量轻等优点，便于集成化，特别是用于功率合成与相控阵技术，可以将许多单片的 GaN/AlGaN HEMT Amplifier 组合起来，总输出功率可以达到千瓦级，工作频段可以从 X 段到 Kα 段，理论上还可以获得更高的功率。GaAs 体系的 HEMT 器件工作频率可以达到 300GHz，但击穿电压低，无法用于大功率器件；GaN 理论上的工作频率超过了 300GHz，而且由于其较大的击穿电压，GaN/AlGaN HEMT Amplifier 可以在较大的电压下工作，从而可以得到很高的输出功率。国内 GaN 基 HEMT 器件的研究起步晚于国外研究机构，关于 GaN 基 HEMT 器件的研究主要集中在如何提高击穿电压、如何实现增强型和如何提高可靠性等方面。

② 发光二极管（LED）具有光效高、能耗低、寿命长等优点，已经广泛用于照明、显示技术、医用杀菌、国防等领域。GaN 基 LED 的研究主要集中在绿光 LED、蓝光 LED 和紫外 LED。目前来讲，绿光 LED、蓝光 LED 的发展技术相对成熟，已经广泛应用于半导体照明领域。峰值波长在 365～400nm 之间的近紫外 LED 技术相对成熟，外量子效率可达 30%～80%；但 GaN 深紫外 LED 的性能依旧存在许多问题，比如高质量的 AlGaN 材料难以制备、量子限制斯塔克效应引起载流子复合发光效率降低、高 Al 组分器件 TE 模发光较弱、光提取效率低、电流拥堵效应、AlGaN 材料掺杂困难等 [3-5]。

③ 第三代半导体激光器（Laser）是半导体领域重要的研究方向。GaN 基激光器主要有 InGaN 基蓝绿光激光器和 AlGaN 基紫外激光器，其中 InGaN 基蓝绿光激光器在可见光范围内，对此的研究已有很多，技术相对成熟，主要的难点集中在制备高质量 InGaN/GaN 多量子阱、减少内部光学损耗、提高空穴注入效率和限制量子限制斯塔克效应四个方面。AlGaN 基紫外激光器具有体积小、重量轻、形状和波长可灵活设计、易调制等优势，适合在高密度存储、紫外精密光刻、激光手术、非视距保密通信和生物传感等方面应用。AlGaN 基紫外激光器主要通过光泵浦和电泵浦的方式实现激光发射。目前 AlGaN 基紫外激光器存在的技术难点主要是高质量的高 Al 组分 AlGaN 材料很难生长和高 Al 组分 AlGaN 材料的 p 型掺杂困难 [6-10]。ZnO 由于在室温及高温下具有稳定存在的激子，成为激光器的理想材料。K. Tang 等于 1998 年首次观察到来自 ZnO 薄膜的室温 UV 光泵浦受激发射，实验得到的 ZnO 增益为 320cm^{-1}，比 GaN 基材料的增益（30～50cm^{-1}）高一个量级，证实了 ZnO 在紫外激光器件方面的优势。ZnO 基电泵浦激光器主要有以下几种结构：异质结、同质结和金属 - 绝缘体 - 半导体（MIS）结等。2007 年，Y. R. Ryu 等制作了基于 ZnO/BeZnO 多量子阱（MQW）结构的紫外激光器件，该量子阱结构中的激子束缚能高达 263meV。东南大学的 J. Dai 等在 ZnO 微米棒 /p-GaN 异质结中实现了来自 ZnO 微米棒的电注入回音壁（WGM）模式激光。2008 年加州大学河滨分校的 J. L. Liu 组在 Si 衬底上制作了 ZnO 量子阱激光器，发光波长为 380nm，注入电流 130mA 时输出功率达到 11.3μW。2011 年，J. L. Liu 等制造了 p-ZnO 纳米线 /n-ZnO 的同质结激光器，注入电流 70mA 时的输出功率达到 70nW。这些成果证实了 ZnO 紫外激光器的可行性和应用前景，但是目前的 ZnO 紫外激光器效率都比较低，如何提高激光器的发光效率、降低阈值将会是接下来的研究重点。

11.3 我国在第三代半导体领域的学术地位、作用及发展动态

（1）我国在第三代半导体领域的学术地位及作用 ● ● ●

我国在第三代半导体领域的发展过程中机遇与挑战并存。首先，我国是多方面产业的制造生产大国，第三代半导体在我国具有巨大的市场。例如，中国正在建设的全球最大、最复杂的能源互联网，中国的"一带一路"建设以及高速轨道交通建设，我国具有全球最大且增长最快的新能源汽车市场，全球发展最快、规模最大的 5G 通信，全球产能最大、市场最大的半导体照明产业，我国具有全球规模最大、用户最多且多元化的消费电子市场。这些富有特点的、规模化的中国产业优势需要第三代半导体发展的支撑。其次，我国第三代半导体领域的发展略晚于发达国家，整体水平要落后于美国、日本等发达国家，半导体芯片等高端核心电子材料、产品和装备仍然高度依赖进口。此外，高端半导体材料、器件及相关设备的禁运，日益抬高的采购成本及供货周期极其不稳定等问题极大限制了我国半导体及相关产业的发展。最后，全球第三代半导体领域的发展竞争十分激烈，国际环境的复杂多变给人才和技术的合作带来了不确定性，半导体领域前期的研究和发展投入周期长、技术更新快。因此，我国发展第三代半导体及相关产业就需要解决基础研究薄弱的问题、长期创新发展的问题、技术成熟度差的问题、产业化能力弱及配套不完善的问题。

（2）我国在第三代半导体领域的发展动态 ● ● ●

① 我国第三代半导体的发展已上升到国家战略层面。"十三五"期间，科技部通过"国家重点研发计划"共支持了第三代半导体相关的研发项目超过 30 项。"十四五"规划明确将第三代半导体列为重要发展方向。国家科技计划对技术和产业的发展起到了持续推动的作用，因此近年来我国在第三代半导体的基础研究、前沿技术、重大共性关键技术等方面取得了一系列的研究成果。此外，国务院、国家发改委、商务部、工信部、税务总局等国家部委先后在产业发展、营商环境、税收政策、示范应用等方面出台政策，进一步支持我国第三代半导体产业的发展。

② 在第三代半导体材料方面，目前发展较为成熟的是碳化硅（SiC）和氮化镓（GaN），同时也是当下规模化商用第三代半导体的主要选择。北京大学宽禁带半导体研究团队实现了晶圆级的硅基 GaN 薄膜生长，目前国内已经实现了 2in GaN 衬底的量产，并且可以提供 4in GaN 衬底的样品，基本已经实现 6in 和 8in GaN 外延片的研发。在 SiC 衬底研发方面，国内已经实现了 4in 的量产。一些半导体企业，如天科合达、河北同光、山东天岳、中科节能等公司通过与中科院物理所、中科院半导体所、山东大学等科研院所的"产学研用"合作，已经实现 6in SiC 单晶衬底的研发，技术也已经达到国际先进水平。此外，天科合达在 2020 年启动了 8in SiC 单晶衬底的研发，我国在 SiC 单晶衬底的制备技术上已初步形成自主研发体系。在 SiC 外延片的研制方面，国内的天域半导体和瀚天天成等企业目前已经可以提供 4in 和 6in 的 SiC 外延片。

③ 在第三代半导体材料器件方面，北京大学、中国科学院半导体所、厦门大学、青岛杰生等科研院所在紫外光探测领域开展了大量的研究，采用高温 AlN 插入层技术及纳米图形蓝宝石衬底外延技术，实现了 282nm 深紫外 LED。为进一步改善紫外 LED 的空穴注入效率，设计了 p-AlGaN 组分渐变层的结构，将 297～299nm 紫外 LED 的量子效率提升了 50%。在 AlGaN 基紫外光探测方面，清华大学、南京大学、中山大学、北京大学以及中国科学院长春光机所等多家科研院校相继开展了大量研究。中国科学院长春光机所研制了在 288nm 处的峰值响应达到 0.288A/W 的日盲紫外光探测器。

我国较早开展了基于Ⅲ族氮化物的 LED 方面的研究，并取得了一系列优秀的科研成果。国内在半导体照明领域的主要研究单位有中国科学院半导体所、北京大学、南京大学、中山大学等。目前，国内已实现多种尺寸 GaN 纳米柱阵列和纳米柱 LED 的光致发光，在自上而下的纳米柱 LED 阵列开发中，将光致发光的效率提高了 6.5 倍。此外，通过设计表面微纳结构、利用表面等离激元增强、设计氮化物量子阱结构、利用量子点偶极子耦合增强，进一步提高了 LED 的发光强度和效率，极大改善了白光 LED 的品质。在 Si 基 GaN LED 研发方面，国内的科研机构主要有北京大学、南昌大学、中山大学、中国科学院半导体所、中国科学院苏州纳米所等。目前，我国 Si 基 GaN LED 的研究水平处于国际领先地位，南昌大学在 Si 衬底上开发出了高效、大功率的蓝光 LED 芯片，并在产业基地晶能光电（江西）有限公司实现了 Si 衬底 GaN 基大功率蓝光 LED 的规模量产。此外，南京大学研究团队研制出了基于 SiC 的 APD 日盲紫外单光子探测技术的激光雷达原型机。

在电力电子器件领域，目前国内的研究机构主要有北京大学、中山大学、中国科学院半导体所、中国科学院苏州纳米所、中电科技集团 13 所和 55 所等。北京大学科研团队研制的 4～6in 硅衬底 AlGaN/GaN 异质结构的二维电子气在室温下的电子迁移率达到 2240cm^2/(V·s)，处于国际先进水平。在 InAlN/GaN HEMT 器件的研制方面，国内主要有北京大学、西安电子科技大学、中国科学院苏州纳米所等。北京大学研制的 InAlN/GaN 异质结构的二维电子气在室温下的电子迁移率分别达到了 2175cm^2/(V·s) 和 2220cm^2/(V·s)，达到国际领先水平。另外，我国也出现了一批优秀的半导体企业，如中电集团、三安集成、株洲中车、比亚迪、华为、国家电网等。其中，株洲中车、中电集团、厦门三安等企业已经建成 6in SiC 的电力电子器件工艺线；国内多家企业也已经实现 600～3300V 的 SiC 肖特基二极管量产，并且可以提供 1200～3300V 的 SiC MOSFET 的原型器件。在 GaN 的电力电子器件和射频器件研制方面，国内已经开发出了 650V 的 Si 基 GaN 功率器件产品；中电集团等也已经开发出系列化 GaN 微波功率器件和 MMIC 产品；采用国产 GaN 射频芯片的军用雷达性能处于国际先进水平；华为、中兴等企业也已经开始采用 GaN 射频芯片进行基站的研发；三安集成、苏州能讯等企业已经建成 GaN 射频器件的工艺生产线。总体来说，我国在第三代半导体材料的生长及器件研制方面取得了很大突破，基本实现了中低端产品的国产化替代，但高端产品依然严重依赖进口，总体水平还落后于美国、日本等发达国家。

11.4 作者在该领域具有启发性的学术思想

第三代半导体室温下通常具有六方纤锌矿结构，同时具有半导体特性和压电特性，这是第三代半导体与前两代半导体材料本质上的差异。以 ZnO、GaN 为例，阳离子和相邻的阴离子形成以阳离子为中心的正四面体结构，如图 11-1（a）所示，在不施加应力的情况下，阳离子和阴离子的电荷中心重叠；当沿着 ZnO、GaN 的极性方向施加应力时，阴离子和阳离子的电荷中心发生相对位移，进而形成偶极矩，偶极矩的叠加在应力方向上产生宏观的压电电势[11-16]。从国内国际上关于第三代半导体的发展动态可以发现，相关研究主要集中在第三代半导体材料的晶圆生长以及照明和功率电子器件的研制。对于第三代半导体基础物理性质方面的研究仍然较为薄弱，针对第三代半导体特殊的晶体结构和物理性质，利用其压电特性与半导体特性的有效耦合，作者及其团队相继提出了压电电子学、压电光子学和压电光电子学的原创概念。经过十多年的发展，压电电子学、压电光子学和压电光电子学已经发展成为新的研究领域，并且在能源与传感器网络、微机电系统、生命科学等领域得到了广泛的应用[17-25]。美国、韩国、新加坡以及欧洲等数十个国家和地区相继开展了该方向的研究和探索。

压电电子学（Piezotronics）在 2007 年被作者首次提出，系统表述了第三代半导体的压电效应和半导体电学输运过程的耦合，它的基础是利用界面压电极化电荷（压电电势）调节金属 - 半导体接触界面或者半导体异质结界面处的能带结构，进而控制电子器件中的载流子输运[26-30]。

当金属和压电半导体（以 n 型半导体为例）接触，并且金属的功函数明显大于半导体的电子亲和势时，金属和半导体界面处会形成肖特基势垒。当金属 - 半导体界面处的正向外加电压大于阈值电压时，电子将单向通过势垒。当压电半导体受到沿着极性方向的应力时，金属 - 半导体界面处将产生压电极化电荷，负的压电极化电荷会升高肖特基势垒的高度，如图 11-1（b）所示，正的压电极化电荷会降低肖特基势垒的高度，如图 11-1（c）所示。压电极化电荷的极性由压电半导体的极性方向和外加应力的方向决定，并且通过控制外加应力的大小可以控制压电电势的大小。因此，可以通过控制外加应力的大小和方向来调控金属 - 半导体界面处的肖特基势垒的高度，进而控制电子器件中载流子的输运特性。这就是压电电子学效应（Piezotronic Effect）的基本原理[26-31]。压电电势是压电半导体材料受应力时端面处积累压电极化电荷产生的。这些压电极化电荷是束缚电荷，分布在材料表面并且不能够随便移动，同时因为压电半导体不是电的良导体，因此压电极化电荷只能够被部分屏蔽而不能够被完全中和。

压电电子学效应另一个典型的应用是 p-n 结半导体器件。当 n 型半导体和 p 型半导体形成 p-n 结时，界面附近处的电子和空穴重新分布达到动态平衡，形成电荷耗尽区。当施加反向偏压时，电荷耗尽区的宽度增大、势垒增高，只有极少数的载流子可以通过结区；当施加正向偏压时，电荷耗尽区的宽度减小、势垒降低，多数载流子可以通过结区。假设 n 型半导体具有压电效应，当沿着极性方向施加应力时，p-n 结界面处会产生压电极化电荷。正的压电

第三篇　战略新材料

极化电荷会降低界面处局域的能带，造成能带的局部下弯，如图 11-1（d）所示；负的压电极化电荷可以升高界面处局域的能带，造成能带的局部上弯，如图 11-1（e）所示。与金属 - 半导体接触的情况类似，界面处的压电极化电荷并不会完全被屏蔽，因此可以通过控制应力的大小和方向来调控界面处或者结区的能带结构，进而调控基于 p-n 结半导体电子器件的载流子的输运特性。通过压电电子学效应对金属 - 半导体界面处势垒的高度和 p-n 结区的宽度的有效调控，可以大幅度提高电子器件的灵敏度。

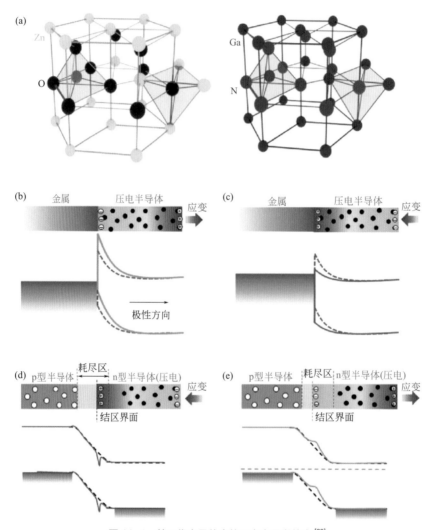

图 11-1　第三代半导体中的压电电子学效应[20]

(a) 六方纤锌矿结构氧化锌和氮化镓晶体的原子结构模型；(b)、(c) 应力（拉伸和压缩）作用诱导的压电极化电荷对金属 - 半导体（n 型）接触界面肖特基势垒能带结构的影响；(d)、(e) 应力（拉伸和压缩）作用诱导的压电极化电荷对 p-n 结区能带结构的影响（实线和虚线分别表示考虑和不考虑压电极化电荷情况下的能带结构）

　　当压电半导体受到外加应力时，往往同时存在两种典型的效应。一种是传统的压阻效应，这种效应与半导体材料的带隙变化以及态密度可能的变化等有关，并且压阻效应对于电子器件源漏两端的调控作用是相同的，是没有极性的，因此压阻效应是一种体效应。另一种效应则是压电电子学效应，此效应的基础是沿着压电半导体极性方向分布的压电电势。当压电半导体受到沿极性方向的应力时，压电电势的分布是从压电半导体的一端连续增加到另一端。在没有受到外加电场的情况下，整个压电半导体的费米能级保持不变，器件源漏两端的金属-半导体接触界面的等效势垒高度会发生一端上升一端下降的现象，所以压电电势对器件源漏两端势垒的调控作用是相反的。压电电子学效应就是利用界面处的压电电势调节和控制界面处或者结区的能带结构，进而调控器件中载流子的传输过程，因此是一种界面效应。未来电子技术的发展将是运算速度与功能多样化的有机结合，以实现电子系统与人体或者所处环境直接交互，但是当人与电子器件、设备进行交互时，不可避免地需要考虑人体动作所产生的机械运动信号。压电电子学器件在电子系统中所扮演的角色类似生理学中的机械感受器，可以利用机械信号来直接产生数字信号控制电子器件，因此压电电子学器件是一种主动式的电子学器件（Active Electronics）。

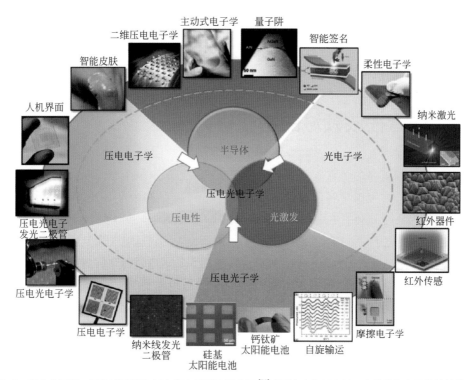

图 11-2　压电电子学、压电光子学和压电光电子学及其应用 [20] [图中央为压电性、光激发和半导体特性的三元耦合的示意图，这是研究和应用压电电子学（压电特性与半导体输运耦合）、压电光子学（压电特性与光激发性质耦合）和压电光电子学（压电特性、半导体特性和光激发性质耦合）的基础]

　　压电光子学（Piezophotonics）于 2008 年由作者首次提出，于 2010 年被首次验证，表明光子可以在局部强压电场的驱动下发射 [20]。压电光子学是压电半导体中的压电特性和光激发性质的耦合效应，如图 11-2 所示，是利用强压电场调控局部能带结构进而控制发光过程。压电光电子学（Piezo-phototronics）于 2010 年由作者首次提出，系统阐述了对半导体特性、光激发性质和压电特性三种性质的耦合，成为构建新型的压电 - 光子 - 电子纳米器件的基础 [32-34]。压电光电子学效应（Piezo-phototronic Effect）是利用压电电势调控界面或者结区的能带结构，进而控制界面或结区光生载流子的产生、分离和传输以及其他复合过程，最终实现高性能的新型半导体光电子器件，如图 11-2 所示。压电光子学效应和压电光电子学效应在提高太阳能电池效率和光电催化效率，提高光电探测器的灵敏度以及增强发光二极管的发光强度等方面具有重要的应用价值。

第三代半导体所具有的宽禁带特征和压电特性决定了压电电子学效应、压电光子学效应和压电光电子学效应是第三代半导体的固有效应。这三种效应自 2007 年被陆续提出以来，已经在以 ZnO、GaN 为代表的第三代半导体材料中被广泛验证，表明这三种效应是普适性的、在室温和低温条件下效果显著的且不可避免的效应。同时，这也为探索第三代半导体材料中的压电效应与其他物理过程（例如，电子器件中的高频传输、二维电子气、自旋电子输运等）之间的基本耦合提供了研究思路和理想的研究平台。通过对这些物理效应的探索，进一步加深了对第三代半导体的基础研究，有望开发出具有增强性能和效率的新型第三代半导体电子器件（例如，高电子迁移率晶体管、绝缘栅双极晶体管、新型光伏器件、新型半导体照明器件以及新型光探测器件），这将对现代工业化设计产生积极的影响。对第三代半导体固有物理效应（压电电子学效应和压电光电子学效应）的基础研究及其应用研究同时也是对国家半导体重大战略需求的积极响应，具有重要的价值和意义。

11.5 作者在该领域的主要研究成果

2009 年，美国著名的《麻省理工学院技术综述》把压电电子学（Piezotronics）评选为十大新兴科技之一。美国材料研究学会 2013 年、2017 年、2019 年、2021 年春季会议也把 Piezotroncis 作为一个分会的主题。当前，全球有 40 多个国家，400 多个研究单位，近 4000 人从事压电（光）电子学效应相关的研究。为加深研究者们对压电（光）电子学的理解以推进其实际应用，同时受美国材料学会的邀请，作者组织领域内资深研究者在 2018 年 12 月的美国材料学会会刊（*MRS Bulletin*）上撰写了主题为"压电电子学和压电光电子学"的专刊，大大提高了这两个学科的国际影响力。压电（光）电子学在光电器件、传感网络、生命科学、人机接口集成以及能源科学领域取得了一定进展（如图 11-2 所示），下面选取我们团队的几个代表性应用方向来做简要介绍。

（1）压电电子学晶体管

作者研究团队在 2006 年进行了两项独立研究。一个是压电场效应晶体管（PE-FET），另一个是压电二极管（PE-Diode），这是压电电子学的原型晶体管[26,27]。2008 年作者研究团队首次报道了基于第三代半导体 ZnO 的压电电子学晶体管，在该工作中 ZnO 单根纳米线横向黏合在聚苯乙烯基材上，弯曲衬底可以拉伸或压缩纳米线，导致纳米线两端两个背靠背肖特基触点处产生极化电荷，从而调节纳米器件的电输运特性[30]。该压电电子学晶体管可以作为应变传感器，其应变灵敏系数可以高达 1250，这比在应变传感器方面研究最广泛最灵敏的碳纳米管材料的数值（约 850）还要高。通过应变在晶体中产生的压电势来调控垂直纳米线的晶体管特性，这种分立竖直纳米线晶体管结构在高分辨应变、压力、压强成像方面表现出很大的应用潜力。2013 年，基于垂直生长的氧化锌纳米线阵列，作者研究团队在 *Science* 杂志上报道了一种大尺寸柔性三维压电电子学晶体管阵列（图 11-3），利用在应变下在金属 - 半导体界面处产生的压电极化电荷来控制载流子的传输，可将施加到两端晶体管阵列器件的机械信号转换为门控信号，实现形状自适应的自供电高分辨率触觉成像[35]。这种三维压电晶体管阵列有望在人机交互、电子皮肤以及柔性机电系统中得到应用。2018 年，作者研究团队还在理论上设计了一种基于 CdTe/HgTe/CdTe 量子阱结构的拓扑绝缘体压电电子学晶体管，利用压电势来控制拓扑量子态，可以有效调节晶体管的电输运特性，其中电导的开关比可以高达 10^{10}，这有利于实现高性能的逻辑电路和超高灵敏度的应变传感器[36]。

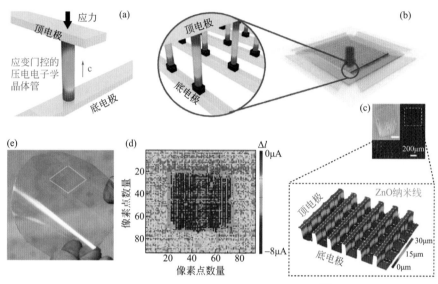

图 11-3 可寻址矩阵垂直纳米线压电晶体管[35]

(a) 基于垂直排列的 ZnO 纳米线的应变门控压电晶体管；(b) 可寻址矩阵垂直纳米线压电晶体管阵列示意图；
(c) 压电晶体管阵列的拓扑剖面图和单个纳米线的扫描电子显微镜图像；
(d) 由集成的 92×92 压电晶体管阵列实现的触觉成像；(e) 柔性压电电子学晶体管的光学照片

2017 年，我们还开发了一种较小顶面的六方氧化锌纳米片材料，长宽比大约为 0.42，基于这种几何构造，纳米片受到外力的压曲效应可以忽略，从而可以保证基于该材料的压电电子学晶体管的灵敏度[37]。基于这种氧化锌片，我们设计了一种新的二维压电电子学晶体管，具有三明治结构，氧化锌纳米片在钯电极和重掺杂的 n 型硅电极之间。所制备的压电电子学晶体管具有超高的压力应变灵敏度，高达 60.97 ～ 78.23meV/MPa，是其他纳米线材料压电电子学晶体管的 90 ～ 116 倍，比已报道的基于纳米线簇的压电电子学晶体管灵敏度高两倍多。我们还将氧化锌纳米片开发成有序的纳米片阵列，基于此的压电电子设备具有超高的分辨率。另外，我们还制备了具有镜像对称结构的氧化锌孪晶片，该结构在受到垂直压应力的时候，压电电子学晶体管两端金属半导体肖特基接触界面会产生正的压电极化电荷[38]。这些正的压电极化电荷能够有效降低肖特基势垒，并促进电子和空穴的传输。该器件的压力应变灵敏度达到 1448.08 ～ 1677.53meV/MPa，是目前已知最高的，并且是已经报道的基于纳米簇的压电电子学晶体管灵敏度最高值的 50 倍。并且该器件的时间响应小于 5ms。该工作也推动了第三代半导体材料在人机交互技术、智能传感器、处理器等领域的应用。2018 年，我们还制备了一种新型的 2nm 沟道超薄氧化锌晶体管，利用金属 - 半导体界面处产生的压电极化电荷（即垂直方向上的压电势）作为栅极电压有效地调控了该器件的载流子输运特性，并且通过将两个超薄压电电子学晶体管串联实现了简易的压力调控的逻辑电路，证实了压电势在二维超短沟道下门控的有效性，这项研究成果开辟了压电电子学效应在二维非层状压电半导体材料中的应用研究[39]。

柔性功率器件为系统在空间要求苛刻的环境中集成安装提供了更高的灵活性，在可穿戴电子设备、非平面电子设备、植入式器件、人机交互等技术前沿有重要应用价值。我们开发了一种低损伤和晶片规模化的基底转移技术，并利用该技术成功地制备了具有出色电气性能的柔性 AlGaN/GaN 高电子迁移率晶体管（HEMT）[40]。压电效应为优化器件性能提供了一种不同的自由度，使得柔性 HEMT 可以承受更大的机械变形。基于压电效应，我们施加了一个外部应力可以显著调节柔性 HEMT 的电性能。总之，利用压电效应调制的柔性 AlGaN/GaN HEMT 在人机界面、智能微电感器系统和有源传感器等方面具有巨大的应用潜力，并为传感或反馈外部机械刺激等提供了新见解。

（2）压电（光）电子学效应对电子自旋的影响　• • •

作者研究团队在柔性衬底上制备出 ZnO/P3HT 纳米线阵列异质结构，通过异质结引入结构反演非对称性，从而在界面处诱导出强的 Rashba 自旋轨道耦合（SOC），并使用圆偏振自旋光电流这一室温敏感手段来表征 Rashba SOC 的强弱。应变作用下，ZnO 纳米线在异质结界面处诱导的压电势可以作为门电压，调控界面能带结构，从而对 Rashba SOC 进行调控，在一定的压缩应变下 Rashba SOC 可以增大 2.6 倍。压电电子学效应可以实现对电子自旋轨道耦合的高效调控，这为未来柔性自旋电子学在人机交互、信息存储、信息加密等领域的研究提供了新的思路（图 11-4）[41]。此外，设计了基于 $MAPbI_3/ZnO$ 的压电自旋电子器件结构，理论上证明了界面处的压电极化电荷可以诱导大量二维电子气体，进而调控界面处内建电场和 Rashba 自旋轨道耦合[42]。该工作证明了除了利用压电势外，还可以利用压电材料的界面压电极化电荷调控电子自旋。

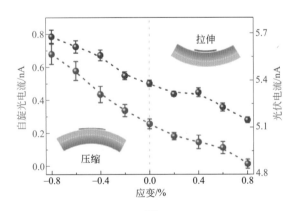

图 11-4　压电电子学效应调制的自旋光电流[41]

传统的钙钛矿宽禁带材料并没有太多优良的半导体特性，因此在半导体领域并没有得到太大的重视，实际上它也是一种第三代半导体。而目前比较前沿的有机无机钙钛矿材料具有优良的半导体特性，虽然它们的禁带宽度不像传统宽禁带半导体那么大，但它们仍然可以被归属为第三代半导体，更重要的是这类材料也具有一定的压电性能。作者研究团队对这类钙钛矿压电半导体材料中的电子自旋输运性质进行了大量研究。比如，利用时间分辨圆偏振光致发光光谱测试系统，观测到由 $Cs_x(CH_3NH_3)_{1-x}PbI_3$ 混合阳离子钙钛矿纳米线内强烈的自发极化引起的较大的各项异性偏振光响应，利用压电光电子学效应显著增强了纳米线的线偏振各项异性（各项异性系数从 9.36 增大到 10.21）和自旋相关圆二色性（圆二色性比值从 0.085 调制到 0.555，实现 5.5 倍的提高）[43]。该工作不仅拓展了压电光电子学效应在偏振探测领域的应用，也促进了钙钛矿纳米材料自旋特性方面的基础研究。通过低温处理，得到了室温下具有压电效应的钙钛矿量子点，通过压电效应有效调制了该量子点自旋轨道耦合的光致发光[44]。在圆偏振光激发下，在 -0.9% 压缩应变下，自旋轨道耦合导致的光致发光提高了 146%。该研究有益于我们对自旋轨道耦合发光动力学基本规律的理解，同时也证明了利用压电光电子学效应可以有效地增强钙钛矿量子点器件的光电性能。

（3）压电电子学效应在生化传感器中的应用

在生物传感器方面，作者研究团队于 2013 年制备了基于单根氧化锌纳米线的肖特基免疫球蛋白传感器，实验表明压电电子学效应可以显著提高该免疫球蛋白的探测分辨率和检测灵敏度[45]。2021 年，首次制备了 InGaN/GaN 多量子阱的纳米线"天线"阵列，利用压电光电子学效应实现了对心肌细胞牵引力的实时、快速、动态、高分辨的成像，是压电光电子学效应在生物医学中的一个崭新应用（如图 11-5 所示）[46]。利用压电光电子学效应实现对心肌细胞牵引力的动态精密测量，将加深人类对心肌细胞的生物力学以及心肌细胞之间、心肌细胞与胞外基质作用规律的理解，对疾病检测、药物筛选、组织工程和再生医学等应用基础研究产生重要影响。

在化学传感器方面，相比于体材料，纳米线结构具有更大的比表面积和更短的载流子传输通道，这使其在化学传感的应用上具有独特的优势。相对于欧姆接触，基于肖特基接触的化学传感器通常在灵敏度和响应速度方面表现更加优异，压电电子学效应通过调节肖特基势垒高度，可以极大地改善肖特基化学传感器的性能。2013 年，作者研究团队制备了基于单根氧化锌纳米线的肖特基 pH 值传感器，并利用压电电子学效应大大提升了对 pH 值的响应速度和灵敏度[47]。当 pH 值为 5 时，在 -0.92% 的压缩应变下，电流有 3 个数量级的提高。另外，我们制备了基于单根氧化锌纳米线的肖特基氧气传感器，其在室温下灵敏度就已经很高，实验证明压电电子学效应还可对灵敏度有进一步提高[48]。2014 年，制备了基于单根氧化锌纳米线的肖特基湿度传感器，通过压电电子学效应大大提高了器件的灵敏度和分辨率，在一定压缩应变下，湿度响应提升了 12.4 倍[49]。随着纳米技术的进一步发展，基于压电电子学效应的肖特基纳米化学传感器的性能将得到大大改进，也将会在不同种类的化学物质传感中得到广泛应用，这表明压电电子学效应在超灵敏化学物质检测、灾害预警和健康防护等领域具有很大的应用潜力。

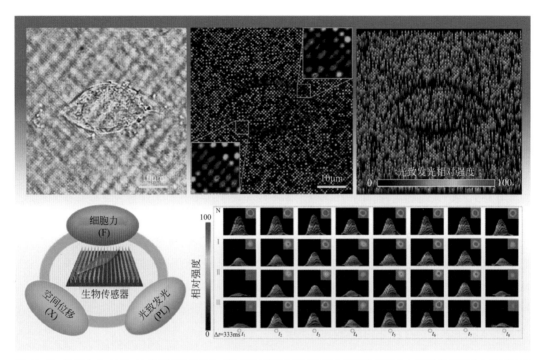

图 11-5 基于 InGaN/GaN 多量子阱的纳米"天线"阵列（用于探测心肌细胞牵引力与光致发光强度变化量的关系以及强度时阈变化）[46]

（4）压电光电子学效应增强太阳能电池性能

太阳能电池结构需要有内建电场，例如可以制备肖特基结或者 p-n 结来引入内建电场，该电场存在于不同材料的界面位置，如果其中至少有一种半导体材料具有压电性，那么通过压电光电子学效应就可以调控界面处的能带结构和内建电场，促进光生载流子的分离和输运，减少复合，从而提高太阳能电池的光电转化效率。早在 2011 ～ 2012 年，作者研究团队就制备了基于聚合物 P3HT/ZnO 单根纳米线和核壳 CdS/Cu$_2$S 的单根纳米线太阳能电池，利用压电光电子学效应分别实现了对两种光伏器件的开路电压和短路电流的有效调控，增强光伏性能。此外，团队还制备了基于 ZnO/CH$_3$NH$_3$PbI$_3$ 的太阳能电池，在 -0.8% 的压缩应变下，ZnO 中的正压电电荷会使得界面势垒降低，开路电压、短路电流和器件效率分别提高了 25%、629% 和 1280%[50]。为了实现真正的应用，需要制备大面积尺寸的压电光电子学太阳能电池，因此基于压电纳米线阵列结构的研究也得到快速发展。最近，作者研究团队在硅基太阳能电池的基础上制备了 ZnO 透明压电纳米线阵列，这里的纳米线阵列不但有益于薄膜太阳能电池宽带增透和光捕获，在压缩应变下，还可以利用压电光电子学效应使单晶硅太阳能光伏效率提升 13%，这表明压电光电子学效应在对商业化太阳能电池性能的优化上是可行的[51]。

InGaN/GaN 量子阱太阳能电池在扩宽氮化物半导体太阳能电池光谱响应和提高电池效率方面有较大优势，近几年受到了广泛关注，本团队利用压电光电子学效应有效增强了基于 InGaN/GaN 多量子阱的薄膜太阳能电池的性能[52]。首次研究了 InGaN/GaN 量子阱中压电极化电场对 Ag 表面等离子激元中光传输过程的影响，为调节表面等离子激元激发强度提供了一种动态、无损、简单易行的技术方案，这在增强太阳能电池吸光效率等方面有潜在应用价值。

由此可见，压电光电子学效应在量子点、纳米线、纳米线阵列和薄膜基的太阳能电池上都有很多重大的应用，我们在 *Advanced Functional Materials* 杂志上发表特邀综述，总结了压电光电子学效应增强太阳能电池光电转换效率的最新研究进展，这项工作不仅全面报道了近年来通过压电光电子学效应改善太阳能电池器件的理论和实验工作，还为未来设计制备高性能太阳能电池器件提供了新的研究思路，如图 11-6 所示。通过在光伏器件表面生长薄薄一层透明压电材料，在不影响器件原有性能的条件下，利用压电光电子学效应可以调节太阳能电池的能带结构，从而提高器件的光电转换效率[53]。对于效率不高但柔韧度优异的压电太阳能电池，它们在特殊形状建筑、复合能源收集、便携式功率源等领域显示出一定的应用潜力。更重要的是，氧化锌微纳材料具有很好的形状自适应性，且具有材料和生长成本低廉、易于量产、环境友好等诸多优点，为光伏产业的进一步发展提供了可行的研究方案。

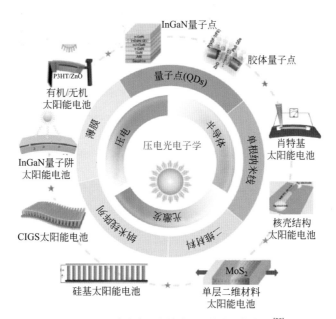

图 11-6　压电光电子学效应增强的太阳能电池[53]

（5）压电光电子学效应在光电探测器中的应用　●●●

作者研究团队在压电光电子学效应增强光电探测器性能方面也做了大量创新性工作。2010 年，研究了基于肖特基结构的 ZnO 纳米线紫外光探测器，在 -0.36% 压缩应变、4.1pW 弱光功率下，光电响应提高了 5.3 倍[34]。随后，基于单根、核壳、异质结、阵列纳米线结构的高灵敏压电光电探测器得到迅速发展。例如，2012 年，通过低温水热法在对紫外光敏感的 ZnO 纳米线的表面生长了对可见光敏感的 CdS 纳米柱阵列，制备了柔性双波段探测器，通过静态压力诱导的压电势改变源漏两端的能带势垒，大大提高了器件的光电响应性能［图 11-7(a)］[54]。2017 年，团队制备了基于 p-Si/n-CdS 的异质结光电探测器，在一定的压缩应变下，由于压电光电子学效应，器件的近红外光响应和探测率可实现 2 个数量级的提升［图 11-7(b)］[55]。2015 年，团队设计了基于 ZnO 纳米线和金的肖特基型阵列光电探测器,当器件受到紫外光辐照时,光斑的形状可以被实时成像;通过应变诱导的压电光电子学效应对界面处肖特基能带势垒进行调节,以改善光电响应性能和成像质量 [图 11-7(c)] [56]。2016 年,团队报道了一种 GaN 基的自驱动紫外光电探测器,压电光电子学效应有效提高了器件的灵敏度,在 1% 的拉伸应变下将光开关比提升到原来的 1.54 倍 [图 11-7(d)] [57]。

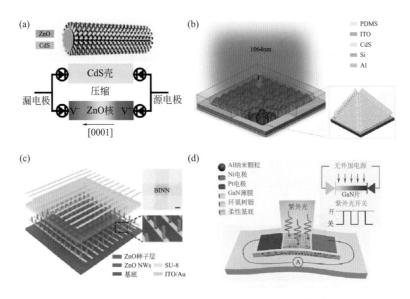

图 11-7　压电光电子学效应调制的光电探测器 [54-57]

作者研究团队在 PI 衬底上将 CIGS 异质结开发为柔性光电探测器,其响应度达到 1.18A/W,检测度达到 6.56×10^{10} Jones,响应速度为 70 ~ 88ms,性能甚至优于传统的 Si 探测器;并且创新性地提出 ZnO 压电效应对多层异质结中载流子传输的有效调控,使响应度、检测度和响应速度分别提高了 75.4%、66.1% 和 239.7%,上述研究结果表明 CIGS 异质结在新颖光电探测器件方面有巨大应用潜力 [58]。另外,他们还通过在 p 型的 Si 衬底上水热合成 n 型的钒掺杂的 ZnO 纳米片(VZnO NSs)来构建 p-n 结光电探测器 [59]。通过在 ZnO 中引入铁电性,可以获得与施加的外电场方向一致的铁电自发极化电荷(铁电荷),同时揭示了结界面处存在的铁电自发极化电荷如何调制界面附近的能带结构并改善光电过程中光生载流子的传输过程。与非铁电的 ZnO/Si 光电探测器相比,VZnO/Si 光电探测器的光响应度在 +1V 的正向偏压下从 70mA/W 增加到 828mA/W,大约提高了 11 倍。这些结果表明了通过铁电性直接调制结界面能带的可行性,为能带工程提供了良好的途径和前景。

(6)压电光电子学效应在发光二极管中的应用　　• • •

作者研究团队利用压电光电子学效应在增强 LED 发光性能方面同样取得了一定的研究进展。例如,2011 年我们首次制备了基于 p-GaN 薄膜 /n-ZnO 单根纳米线的压电 LED,得益于压电势对界面能带结构的调控,大大增强了电子空穴对的复合发光,使器件的光电转换效率增大了 4.25 倍 [60]。2015 年,我们利用界面处诱导的负压电极化电荷,有效提高了基于 n-ZnO

和 p 型聚合物的大面积纳米线阵列 LED，研究表明应力对 LED 发光强度的调制是线性的[61]。最近，Micro LED 引起了人们的广泛关注，被三星、苹果、索尼等主要信息科技公司视为次世代显示技术。我们结合异向 / 同向干法刻蚀工艺研制了一种新型半悬浮 InGaN/GaN Micro LED 阵列［图 11-8(a)］[62]。这种全干法刻蚀工艺有极高的稳定性和准确性，更重要的是实现了原位刻蚀而不需要取出反应室，极大减少了环境污染，并实现了与器件工艺高度融合。得益于减少的临界角全反射，Micro LED 极大提高了光的提取效率。更重要的是，我们首次观察到了由于衬底部分剥离所带来的从中心到边缘应力非均匀分布，这引起了光致发光波长逐步红移，这归因于非均匀压电光电子学效应。

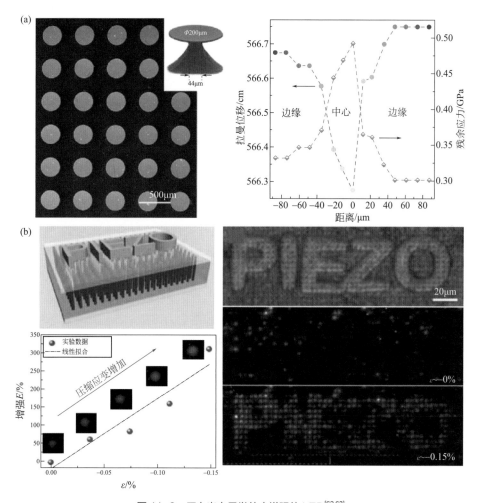

图 11-8　压电光电子学效应增强的 LED[62,63]
（a）半悬浮微盘 InGaN/GaN LED 阵列中的非均匀压电光电子学效应；
（b）基于 n-ZnO/p-GaN 纳米线阵列异质结 LED 的应力成像器件

　　在 LED 用于高分辨应力成像传感方面，作者研究团队也做了大量探索性工作。例如，首次制备了基于 n-ZnO /p-GaN 纳米线阵列异质结的 LED，可实现高性能的二维应力成像器件，其空间分辨率和应力响应时间分别可以达到 2.7μm 和 90ms［图 11-8(b)］[63]。将压电光电子效应与有机半导体柔性的特点结合起来，团队研制出具有压电光电子效应的柔性PEDOT:PSS/ZnO纳米线LED阵列，探索了该器件的力光电性能以及作为压力应变传感器的应用，给出实现大面积柔性压力应变传感器的高分辨率、快速响应的关键技术[64]。研究测试得出压力应变传感器的分辨率为7μm，远超过人体皮肤的分辨率（约为50μm）。进一步证明其基本的光电性能及压电光电子效应对该器件阵列中纳米线LED的发光强度具有调节作用，器件的光强与所受压力间具有线性关系，且器件压力测试范围可以在40～100MPa之间调节。由此可见，压电光电子学效应在增强LED发光和高分辨应力成像方面展示出优异的性能。这种具备柔性、高分辨率、快速响应、透明等优势的压力传感器阵列，可以成功将机械信号转化为电信号，最后转化为光信号输出，具有可视化的特点，在智能皮肤、生物医学、光学微机电系统和触摸屏技术等领域具有潜在的应用前景。

（7）压电光电子学效应在催化中的应用 • • •

压电光催化是基于压电光电子学效应和催化反应的一种光电化学过程，可实现污染物降解，这对水污染治理和相关能源存储具有重要的意义。通过对压电材料施加机械应变，如超声，可以引起阴阳离子电荷中心的不对称分布，产生内电场，从而加速光生载流子的分离过程，实现污染物的分解。2015年，作者研究团队制备了基于碳纤维和氧化锌的纳米结构，当碳纤维之间相对移动时，氧化锌纳米线相互接触并弯曲，进而诱导压电电场。紫外光照下，该压电电场促进了氧化锌纳米线中光生载流子的分离，电子和空穴迅速地积累到纳米线表面不同位置，其中，空穴跟羟基反应产生可以有效降解甲基蓝的·OH自由基，从而实现光催化效果[65]。2016年，实验合成了氧化锌/二氧化钛核壳结构的复合光催化剂[66]。利用氧化锌和二氧化钛不同的热膨胀系数，通过将氧化锌/二氧化钛复合光催化剂进行不同速率的冷却，氧化锌会受到不同程度的残余应力，由于氧化锌纳米片是各向异性结构，因此会产生不同大小的压电势。利用压电电子学效应来调控异质结界面处的能带结构以促进电子空穴的分离，从而提高复合光催化剂的光催化性能。通过利用热应力产生的压电势对能带结构进行调控，复合光催化剂的催化性能提高了约20%[图11-9(a)]。2017年，我们利用水热法在三维(3D)泡沫镍上垂直生长ZnO纳米棒阵列，基于该阵列的器件同时显示出了压电和光催化功能[67]。当溶液被磁力旋转搅拌时，在3D网络中独特的大孔结构内会产生流体涡流，导致ZnO纳米棒变形，进而产生压电场。当紫外光照射在ZnO半导体上时，将会激发电子-空穴对，继而光催化降解有机染料，同时压电场可以促进光电子和空穴的快速分离，减少载流子复合，从而将量子效率提高到原来的5倍以上，而且光催化效率随着搅拌速率的增加而增加［图11-9(b)］。2019年，团队制备了一种基于Au_x/$BaTiO_3$的新型异质纳米结构，其中Au纳米颗粒是一种典型的等离子激元催化剂，在可见光下可表现出独特的光催化效率，而且$BaTiO_3$是一种廉价的压电材料[68]。该纳米结构利用局域表面等离子共振和压电光电子学催化的协同作用，有效提高了压电-太阳光对有机染料的催化降解活性［图11-9(c)］。这些研究进展表明压电光电子学效应在光催化降解领域同样具有很好的应用潜力，为污染物处理等光催化体系提供了新的选择途径。

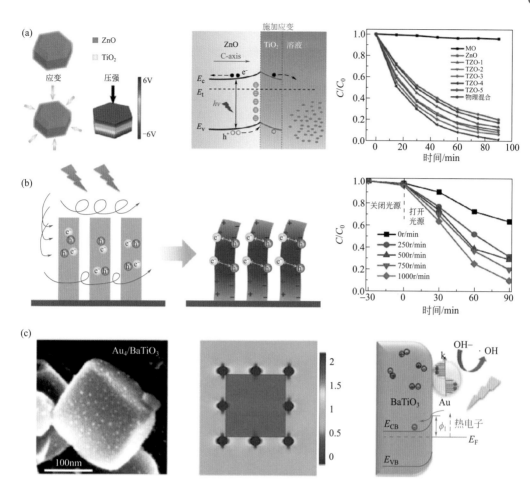

图 11-9　压电光电子学效应调控的催化过程 [66-68]

（a）压电光电子学效应增强的基于 ZnO 纳米片和 TiO₂ 纳米颗粒的复合型光催化降解；
（b）基于 ZnO 纳米棒阵列 /3D 泡沫镍的压电光电子学效应增强的有机染料光降解；
（c）压电光电子学效应增强的纳米 Au₄/BaTiO₃ 异质结构的等离激元光催化

11.6 / 我国在该领域的未来发展重点

第三代半导体材料为信息技术的变革提供了重大机遇，是我国在信息科技领域上分秒必争的战略高地。由于缺少反演对称中心，压电效应是第三代半导体材料不同于第一代和第二代半导体材料最根本的物性差别。基于压电效应，应变场的引入为半导体材料的多场耦合研究打开了一扇崭新的大门。尽管第三代半导体中的压电（光）电子学的发展已经取得了一些重要突破，特别是在应用基础研究方面的最新进展，比如可视化机械传感、人机交互、生物医疗、自旋传输、太阳能电池、光电传感器、LED 和催化等领域，并且在材料制备方面已经处于世界领先水平，但是仍然存在许多重要的科学技术问题和挑战等待我们继续研究和解决。

① 除了常用的第三代半导体材料，在某些二维单层过渡金属材料中也观察到了压电效

应，这为基于压电（光）电子学效应的超薄柔性电子器件提供了很好的材料体系。如何将这些具有特殊性能的二维材料跟第三代半导体相互耦合，制备出性能优异的压电（光）电子器件，这是值得我们深入探索的方向。

② 随着第三代半导体材料尺寸的减小，压电效应是否具有量子行为，其表现形式如何，这对构建新型量子压电（光）电子器件具有重要意义。发展以机械应变直接、精准、实时地调控亚原子尺度的电子的方法，应用于与硅基技术相连的人机界面、仿生机器人和智能传感器，实现人/仿生机器人与微电子芯片、外部环境的无缝、实时、动态的感知与互动。

③ 还需发展出能直接探测第三代半导体材料界面动力学变化的方法，确立界面压电极化电荷的分布规律，精确量化界面压电极化电荷对应力的响应时间和分辨率，为精准构筑压电（光）电子学的材料、器件及集成系统提供更可靠的理论依据。

④ 探索第三代半导体材料中压电（光）电子学效应对新型量子力学参量，如自旋、能谷、拓扑态等物理量的调控原理和方法，实现超高运算速度、超高集成度、超低功耗的新型微电子或量子电子器件。

⑤ 发展晶圆级纳米阵列压电（光）电子学器件的制备方法，大规模集成芯片要求宰割晶圆尺寸上压电纳米阵列具有极高的均匀性，不仅要求阵列能够弯曲覆盖基底，而且要求这些阵列的取向一致，间距一致，甚至要求每根纳米线的直径都最好一致。

⑥ 非均匀应变可以导致极化，亦即挠曲电效应，因此探索在任意晶体中引入非均匀应变场，继而产生晶格突变的新方法，有望将压电（光）电子学效应从三代半导体材料扩展到所有半导体材料[69]。

压电（光）电子学新效应、器件的研究不仅革新了人们对第三代半导体材料中多场耦合效应的理解与认知，更重要的是提供了一条在亚原子尺度上精准调控电子的全新方法，是推动我国后摩尔时代信息技术向电子设备小型化、移动化、功能化发展的原始科学创新。发展第三代半导体和硅基材料的集成工艺，构建力-光电磁等智能传感网络，发展仿生智能控制系统，实现能源采集-储能-应用一体化电子设备，探索其在智能制造、物联网、分布式能源、人机交互、生物医疗等领域的应用，这是我们的长远奋斗目标之一。

参考文献

[1] CASA第三代半导体产业发展报告，(2020)[R].2021.

[2] 赵婉雨.聚焦产业关键技术,把握第三代半导体发展机遇——第三代半导体材料产业技术分析报告[J]. 高科技与产业化, 2019, 4(05): 28-40.

[3] Nakamura S, et al. Blue InGaN-based laser diodes with an emission wavelength of 450 nm [J]. Appl. Phys. Lett., 2000, 76(1): 22-24.

[4] Huang Y, et al. Mini-LED, Micro-LED and OLED displays: present status and future perspectives [J]. Light: Science & Applications, 2020, 9(1): 1-16.

[5] Wu T, Sher C W, Lin Y, Lee C F, Liang S J, Lu Y J, Guo W J, Kuo H C, Chen Z. Mini-LED and Micro-LED: Promising Candidates for the Next Generation Display Technology [J]. Appl. Sciences, 2018, 8(9): 1557.

[6] Takano T, Narita Y, et al. Room-temperature deep-ultraviolet lasing at 241.5 nm of AlGaN multiple-quantum-well laser [J]. Appl. Phys. Lett., 2004, 84(18): 3567-3569.

[7] Iida K, Kawashima T, Miyazaki A, Kasugai H, Mishima S, Honshio A, Miyake Y, Iwaya M, Kamiyama S, Amano H, Akasaki I. 350.9 nm UV Laser Diode Grown on Low-Dislocation-Density AlGaN [J]. Jpn. J. Appl. Phys., 2004, 43(4A).

[8] Yoshida H, Yamashita Y, Kuwabara M, et al.

Demonstration of an ultraviolet 336 nm AlGaN multiple-quantum-well laser diode [J]. Appl. Phys. Lett., 2008, 93(24): 757.

[9] Zhang Z, Kushimoto M, Sakai T, et al. A 271.8 nm deep-ultraviolet laser diode for room temperature operation [J]. Appl. Phys. Express, 2019, 12(12): 124003.

[10] Funato M, Kawakami Y. Excitonic properties of polar, semipolar, and nonpolar InGaN/GaN strained quantum wells with potential fluctuations [J]. J. Appl. Phys., 2008, 103(9): 2701.

[11] Wang Z L. Splendid one-dimensional nanostructures of zinc oxide: a new nanomaterial family for nanotechnology [J]. ACS Nano, 2008, 2(10): 1987-1992.

[12] Yang R S, Wang Z L. Growth of self-assembled ZnO nanowire arrays [J]. Philos. Mag., 2007, 87(14-15): 2097-2104.

[13] Wang Z L. Nanostructures of zinc oxide [J]. Mater. Today, 2004, 7(6): 26-33.

[14] Kong X Y, Ding Y, Yang R S, Wang Z L. Single-crystal nanorings formed by epitaxial self-coiling of polar nanobelts [J]. Science, 2004, 303(5662): 1348-1351.

[15] Wang Z L. Piezoelectric nanostructures: From growth phenomena to electric nanogenerators [J]. MRS Bull., 2007, 32(2): 109-116.

[16] Wang Z L. ZnO nanowire and nanobelt platform for nanotechnology [J]. Mater. Sci. Eng., 2009, 64(3-4): 33-71.

[17] Wang Z L. Towards self‐powered nanosystems: from nanogenerators to nanopiezotronics [J]. Adv. Funct. Mater., 2008, 18(22): 3553.

[18] Wang Z L. Piezopotential gated nanowire devices: Piezotronics and piezo-phototronics [J]. Nano Today, 2010, 5(6): 540-552.

[19] Wang Z L. Piezotronics and Piezo-Phototronics [M]. Springer Science & Business Media, 2013.

[20] Wang Z L, Wu W, Falconi C. Piezotronics and piezo-phototronics with third-generation semiconductors [J]. MRS Bull., 2018, 43(12): 922-927.

[21] Wang Z L. Progress in piezotronics and piezo‐phototronics [J]. Adv. Mater., 2012, 24(34): 4632-4646.

[22] Wang Z L, Wu W. Piezotronics and piezo-phototronics: fundamentals and applications [J]. Natl. Sci. Rev., 2014, 1(1): 62-90.

[23] Wu W, Wang Z L. Piezotronics and piezo-phototronics for adaptive electronics and optoelectronics [J]. Nat. Rev. Mater., 2016, 1(7): 16031.

[24] Pan C, Zhai J, Wang Z L. Piezotronics and piezo-phototronics of third generation semiconductor nanowires [J]. Chem. Rev., 2019, 119(15): 9303-9359.

[25] Wang Z L, Yang R, Zhou J, Qin Y, Xu C, Hu Y, Xu S. Lateral nanowire/nanobelt based nanogenerators, piezotronics and piezo-phototronics [J]. Mater. Sci. Eng., 2010, 70(3-6): 320-329.

[26] Wang X D, Zhou J, Song J H, Liu J, Xu N S, Wang Z L. Piezoelectric field effect transistor and nanoforce sensor based on a single ZnO nanowire [J]. Nano Lett., 2006, 6(12): 2768-2772.

[27] He J H, Hsin C L, Liu J, Wang Z L. Piezoelectric gated diode of a single ZnO nanowire [J]. Adv. Mater., 2007, 19(6): 781-784.

[28] Wang Z L. Nanopiezotronics [J]. Adv. Mater., 2007, 19(6): 889-892.

[29] Wang Z L. The new field of nanopiezotronics [J]. Mater. Today, 2007, 10(5): 20-28.

[30] Zhou J, Fei P, Gu Y, Mai W, Gao Y, Yang R, Bao G, Wang Z L. Piezoelectric-potential-controlled polarity-reversible Schottky diodes and switches of ZnO wires [J]. Nano Lett., 2008, 8(11): 3973.

[31] Zhang Y, Liu Y, Wang Z L. Fundamental theory of piezotronics [J]. Adv. Mater., 2011, 23(27): 3004-3013.

[32] Zhang Y, Leng Y, Willatzen M, Huang B. Theory of piezotronics and piezo-phototronics [J]. MRS Bull., 2018, 43(12): 928-935.

[33] Hu Y, Chang Y, Fei P, Snyder R, Wang Z L. Designing the Electric Transport Characteristics of ZnO Micro/Nanowire Devices by Coupling Piezoelectric and Photoexcitation Effects [J]. ACS Nano, 2010, 4: 1234-1240.

[34] Yang Q, Guo X, Wang W, Zhang Y, Xu S, Lien D, Wang Z L. Enhancing sensitivity of a single ZnO micro/nanowire photodetector by piezo-phototronic effect [J]. ACS Nano, 2010,4: 6285-6291.

[35] Wu W, Wen X, Wang Z L. Taxel-addressable matrix of vertical-nanowire piezotronic transistors for active and adaptive tactile imaging [J]. Science, 2013, 340(6135): 952-957.

[36] Hu G, Zhang Y, Li L, Wang Z L. Piezotronic transistor based on topological insulators [J]. ACS Nano, 2018, 12(1): 779-785.

[37] Liu S, Wang L, Feng X, Wang Z, Xu Q, Bai S, Qin Y, Wang Z L. Ultrasensitive 2d ZnO piezotronic transistor array for high resolution tactile imaging [J]. Adv. Mater., 2017, 29(16): 1606346.

[38] Wang L, Liu S, Feng X, Xu Q, Bai S, Zhu L, Chen L, Qin Y, Wang Z L. Ultrasensitive vertical piezotronic transistor based on ZnO twin nanoplatelet [J]. ACS Nano, 2017, 11(5): 4859-4865.

[39] Wang L, Liu S, Gao G, Pang Y, Yin X, Feng X, Zhu L, Bai Y, Chen L, Xiao T, Wang X, Qin Y, Wang Z L.

Ultrathin piezotronic transistors with 2 nm channel lengths [J]. ACS Nano, 2018, 12(5): 4903-4908.

[40] Zhu J, Zhou X, Jing L, Hua Q, Hu W, Wang Z L. Piezotronic effect modulated flexible AlGaN/GaN high-electron-mobility transistors [J]. ACS Nano, 2019, 13(11): 13161-13168.

[41] Zhu L, Zhang Y, Lin P, Wang Y, Yang L, Chen L, Wang L, Chen B, Wang Z L. Piezotronic effect on rashba spin-orbit coupling in a ZnO/P3HT nanowire array structure [J]. ACS Nano, 2018, 12(2): 1811-1820.

[42] Zhu L, Wang Z L. Piezotronic effect on Rashba spin-orbit coupling based on MAPbI3/ZnO heterostructures [J]. Appl. Phys. Lett., 2020, 117(7): 071601.

[43] Zhu L, Lai Q, Zhai W, Chen B, Wang Z L. Piezo-phototronic effect enhanced polarization-sensitive photodetectors based on cation-mixed organic–inorganic perovskite nanowires [J]. Mate. Today, 2020, 37: 56-63.

[44] Zhu L, Wang Y C, Li D, Wang L, Wang Z L. Enhanced spin–orbit coupled photoluminescence of perovskite CsPbBr$_3$ quantum dots by piezo-phototronic effect [J]. Nano Lett., 2020, 20(11): 8298-8304.

[45] Yu R, Pan C, Wang Z L. High performance of zno nanowire protein sensors enhanced by the piezotronic effect [J]. Energy Environ. Sci., 2013, 6(2): 494-499.

[46] Zheng Q, Peng M, Liu Z, Li S, Han R, Ouyang H, Fan Y, Pan C, Hu W, Zhai J, Li Z, Wang Z L. Dynamic real-time imaging of living cell traction force by piezo-phototronic light nano-antenna array [J]. Sci. Adv., 2021, 7(22): eabe7738.

[47] Pan C, Yu R, Niu S, Zhu G, Wang Z L. Piezotronic effect on the sensitivity and signal level of schottky contacted proactive micro/nanowire nanosensors [J]. ACS Nano, 2013, 7(2): 1803-1810.

[48] Niu S, Hu Y, Wen X, Zhou Y, Zhang F, Lin L, Wang S, Wang Z L. Enhanced performance of flexible ZnO nanowire based room-temperature oxygen sensors by piezotronic effect [J]. Adv. Mater., 2013, 25(27): 3701-3706.

[49] Hu G, Zhou R, Yu R, Dong L, Pan C, Wang Z L. Piezotronic effect enhanced schottky-contact ZnO micro/nanowire humidity sensors [J]. Nano Res., 2014, 7: 1083-1091.

[50] Hu G, Guo W, Yu R, Yang X, Zhou R, Pan C, Wang Z L. Enhanced performances of flexible ZnO/perovskite solar cells by piezo-phototronic effect [J]. Nano Energy, 2016, 23: 27-33.

[51] Zhu L, Wang L, Pan C, Chen L, Xue F, Chen B, Yang L, Su L, Wang Z L. Enhancing the efficiency of silicon-based solar cells by the piezo-phototronic effect [J].

[52] Jiang C, Jing L, Huang X, Liu M, Du C, Liu T, Pu X, Hu W, Wang Z L. Enhanced solar cell conversion efficiency of InGaN/GaN multiple quantum wells by piezo-phototronic effect [J]. ACS Nano, 2017, 11: 9405-9412.

[53] Zhu L, Wang Z L. Recent progress in piezo-phototronic effect enhanced solar cells [J]. Adv. Funct. Mater., 2019, 29: 1808214.

[54] Zhang F, Ding Y, Zhang Y, Zhang X, Wang Z L. Piezo-phototronic effect enhanced visible and ultraviolet photodetection using a ZnO–CdS core–shell micro/nanowire [J]. ACS Nano, 2012, 6(10): 9229-9236.

[55] Dai Y, Wang X, Peng W, Zou H, Yu R, Ding Y, Wu C, Wang Z L. Largely improved near-infrared silicon-photosensing by the piezo-phototronic effect [J]. ACS Nano, 2017, 11(7): 7118-7125.

[56] Han X, Du W, Yu R, Pan C, Wang Z L. Piezo-phototronic enhanced UV sensing based on a nanowire photodetector array [J]. Adv. Mater., 2015, 27: 7963-7969.

[57] Peng M, Liu Y, Yu A, Zhang Y, Liu C, Liu J, Wu W, Zhang K, Shi X, Kou J, Zhai J, Wang Z L. Flexible self-powered gan ultraviolet photoswitch with piezo-phototronic effect enhanced on/off ratio [J]. ACS Nano, 2016, 10: 1572-1579.

[58] Qiao S, Liu J, Niu X, Liang B, Fu G, Li Z, Wang S, Ren K, Pan C. Piezophototronic effect enhanced photoresponse of the flexible Cu(In,Ga)Se$_2$ (CIGS) heterojunction photodetectors [J]. Adv. Funct. Mater., 2018, 28(19): 1707311.

[59] Li L, Zhang Y, Wang R, Sun J, Si Y, Wang H, Pan C, Dai Y. Ferroelectricity-induced performance enhancement of V-doped ZnO/Si photodetector by direct energy band modulation [J]. Nano Energy, 2019, 65: 104046.

[60] Yang Q, Wang W, Xu S, Wang Z L. Enhancing light emission of ZnO microwire-based diodes by piezo-phototronic effect [J]. Nano lett., 2011, 11(9):4012-4017.

[61] Wang C, Bao R, Zhao K, Zhang T, Dong L, Pan C. Enhanced emission intensity of vertical aligned flexible ZnO nanowire/p-polymer hybridized led array by piezo-phototronic effect [J]. Nano Energy, 2015, 14: 364-371.

[62] Liu T, Li D, Hu H, Huang X, Zhao Z, Sha W, Jiang C, Du C, Liu M, Pu X, Ma, B, Hu W, Wang Z L. Piezo-phototronic effect in InGaN/GaN semi-floating micro-disk led arrays [J]. Nano Energy, 2020, 67: 104218.

[63] Pan C, Dong L, Zhu G, Niu S, Yu R, Yang Q, Liu Y, Wang Z L. High-resolution electroluminescent imaging

of pressure distribution using a piezoelectric nanowire led array [J]. Nat. Photonics, 2013, 7(9): 752-758.

[64] Bao R, Wang C, Dong L, Yu R, Zhao K, Wang Z L, Pan C. Flexible and controllable piezo-phototronic pressure mapping sensor matrix by ZnO NW/p-polymer led array [J]. Adv. Funct. Mater., 2015, 25(19): 2884-2891.

[65] Xue X, Zang W, Deng P, Wang Q, Xing L, Zhang Y, Wang Z L. Piezo-potential enhanced photocatalytic degradation of organic dye using ZnO nanowires [J]. Nano Energy, 2015, 13: 414-422.

[66] Wang L, Liu S, Wang Z, Zhou Y, Qin Y, Wang Z L. Piezotronic effect enhanced photocatalysis in strained anisotropic ZnO/TiO$_2$ nanoplatelets via thermal stress [J]. ACS Nano, 2016, 10(2): 2636-2643.

[67] Chen X, Liu L, Feng Y, Wang L, Bian Z, Li H, Wang Z L. Fluid eddy induced piezo-promoted photodegradation of organic dye pollutants in wastewater on ZnO nanorod arrays/3d Ni foam [J]. Mater. Today, 2017, 20(9): 501-506.

[68] Xu S, Guo L, Sun Q, Wang Z L. Piezotronic effect enhanced plasmonic photocatalysis by AuNPs/BaTiO$_3$ heterostructures [J]. Adv. Funct. Mater., 2019, 29(13): 1808737.

[69] Wang L, Liu S, Feng X, Zhang C, Zhu L, Zhai J, Qin Y, Wang Z L. Flexoelectronics of centrosymmetric semiconductors [J]. Nat. Nanotechnol., 2020, 15: 661-667.

 作者简介

王中林，中国科学院外籍院士，欧洲科学院院士，加拿大工程院外籍院士，中国科学院北京纳米能源与系统研究所所长兼首席科学家，科思技术（温州）研究院院长，佐治亚理工学院终身校董事讲席教授。纳米能源领域的奠基人，发明了压电 / 摩擦纳米发电机，首次提出自驱动系统和蓝色能源的原创概念，将纳米能源定义为"新时代的能源"。开创了压电电子学和压电光电子学两大学科，引领了第三代半导体纳米材料的研究。已在国际一流刊物上发表了超过 2000 篇期刊论文（其中 85 篇发表在 *Science*、*Nature* 及其子刊上），出版了 7 本科学专著，拥有超过 200 项专利。论文被引数达 30 万次，H 指数 265，位居纳米领域世界第一，位居全球所有领域科学家影响力排名第 5 位。2015 年获"汤森路透引文桂冠奖"，2018 年获世界能源与环境领域最高奖——埃尼奖（Eni Award），2019 年获爱因斯坦世界科学奖。国际纳米能源领域著名刊物 *Nano Energy*（IF：17.881）的创刊主编和现任主编。

翟俊宜，中科院北京纳米能源与系统研究所研究员，科研办主任。于 2001 年 7 月和 2004 年 7 月分别获清华大学化学系学士学位和材料科学与工程系硕士学位。其后赴美留学，并于 2009 年 2 月获弗吉尼亚理工（Virginia Tech）材料科学与工程系博士学位。2009 年 4 月翟俊宜博士获 Director's Postdoctoral Fellowship，在洛斯阿拉莫斯国家实验室纳米中心做博士后研究。主要从事压电半导体材料的制备、外延功能氧化物生长和表征、新型多功能电子学和光电子器件设计与应用等方面的研究。至今已在 *Science Advances*、*Chemical Review*、*Advanced Materials*、*Applied Physics Letter* 等 SCI 杂志上发表了 150 余篇材料方向的研究论文，他引次数超过 7000 次，H 因子 46。

王龙飞，中科院北京纳米能源与系统研究所青年研究员，博士生导师。2012 年获中国地质大学（北京）学士学位，2017 年获中国科学院大学博士学位，2018 ~ 2021 年在美国佐治亚理工学院材料科学与工程系从事博士后研究工作。主要围绕半导体材料新物性研究与新型半导体器件研制开展工作，在低维半导体材料的铁电、压电、挠曲电效应及其界面极化调控方面开展了系统的研究，并取得了一系列重要的研究成果，在 *Nat. Nanotechnol.*、*Nat. Sustain.*、*Adv. Mater.*、*Nano Today*、*ACS Nano* 等期刊上发表 SCI 论文 30 余篇，H 因子 21，合著英文专著 1 章，参与多项国家自然科学基金项目。担任 *Biosensors* 期刊的 Topic Editor，担任 *Nanomaterials* 期刊的 Guest Editor，担任中国材料学会会员。

朱来攀，中科院北京纳米能源与系统研究所副研究员，硕士生导师，中国科学院大学兼职岗位教师。2010 年获山东大学理学学士学位，2015 年获中科院半导体研究所工学博士学位。主要从事压电极化材料与功能器件、量子压电电子学、微纳光电器件中的多场耦合效应，以及纳米发电机与自驱动传感等方面的研究。近年来在国际知名 SCI 期刊上发表学术论文 50 余篇，其中，以第一 / 通讯作者在 *Mater. Today*、*Adv. Sci.*、*Adv. Funct. Mater.*、*Nano Lett.*、*ACS Nano* 等期刊发表论文 26 篇，H 因子 20。主持或参与国家自然科学基金重点项目、国家自然科学基金面上 / 青年项目、中国博士后面上一等项目、北京高校"实培计划"等。中国物理学会终身会员，受邀担任《工程科学学报》、《现代应用物理》和《中南大学学报（自然科学）》杂志青年编委。

第 12 章

高性能陶瓷纤维及其复合材料

王应德　陈思安　李　端

12.1 高性能陶瓷纤维及其复合材料的研究背景

　　高性能陶瓷基复合材料主要是指连续纤维增强的陶瓷基复合材料（Fiber Reinforced Ceramic Matrix Composites, FRCMC），由 Avestron 于 20 世纪 70 年代首次提出了连续纤维增强陶瓷基复合材料的概念，开辟了崭新的高性能陶瓷基复合材料（CMC）研究领域。

　　增强体、界面相、基体和涂层是高性能陶瓷基复合材料的四个要素。连续纤维作为增强体，主要有金属纤维、碳纤维和陶瓷纤维（氧化物、碳化物、氮化物和硼化物）等。目前高性能 CMC-SiC 复合材料主要采用的是碳纤维和碳化硅纤维等非氧化物纤维，而 CMC-Oxides 则主要采用的是氧化物纤维，也有碳纤维和碳化硅纤维。界面相是位于基体与增强体之间的一个特殊区域，是连接纤维与基体之间传递载荷的桥梁。高性能陶瓷基复合材料的基体分为氧化物陶瓷（如 SiO_2、Al_2O_3、ZrO_2、TiO_2、$3Al_2O_3 \cdot 2SiO_2$ 等）、碳化物陶瓷（SiC、B_4C、ZrC、HfC 等）、氮化物陶瓷（BN、Si_3N_4）、硼化物陶瓷（TiB_2、ZrB_2、HfB_2 等）以及 MAX 相（Ti_3SiC_2 和 Ti_3AlC_2 等）等。

　　高性能陶瓷纤维与先进复合材料是推动武器装备轻量化、高性能化、多功能化的关键支撑。连续纤维增强陶瓷基复合材料具有类似金属的断裂行为、对裂纹不敏感、不会发生灾难性破坏，还兼具陶瓷密度低、强度高和高温力学性能优异等优势，是制造高速飞行器鼻（头）锥、机身大面积、发动机、喷管等高温部件的重要材料，也是核反应堆容错部件、高速重载系统制动元件、空间光机结构等的理想候选材料，在航空航天、国防工业、交通运输、化学工业等领域有广阔的应用前景。

　　国内高速飞行器、先进航空发动机、高分辨率对地观测系统、先进核反应堆，以及新一代战机、导弹等重点装备，对高性能陶瓷纤维与先进复合材料的需求日益紧迫，要求越来越高，而国外在该领域对我国实行技术封锁和产品垄断。在某些场合，高性能陶瓷纤维及其陶瓷基复合材料已经成为制约先进装备发展的瓶颈。

12.2 / 高性能陶瓷纤维及其复合材料的研究进展与前沿动态

12.2.1 / 高性能陶瓷纤维

12.2.1.1 连续碳化硅纤维

连续碳化硅（SiC）纤维具有高强度、高模量、耐高温氧化、电性能可调等优异特性，已成为发展高技术武器装备、航空航天以及核工业的关键战略材料之一，主要用于制备高温结构复合材料、高温隐身材料与先进核能材料。

目前，制备连续 SiC 纤维的主要方法有前驱体转化法[1,2]、化学气相沉积法[3,4]、化学气相反应法[5,6]和微粉烧结法[7,8]。其中，前驱体转化法是制备细直径连续 SiC 纤维最有效的方法，其工艺路线包括前驱体合成、纺丝、不熔化处理及高温烧成四大工序，如图 12-1 所示[9]。

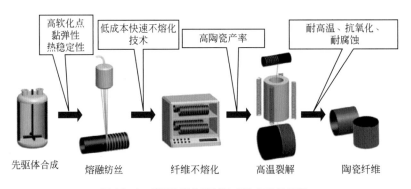

图 12-1　前驱体转化法制备 SiC 纤维的路径

（1）国外前驱体法连续 SiC 纤维的发展概况 ● ● ●

1975 年，Yajima 利用聚碳硅烷 (Polycarbosilane, PCS) 为前驱体制得了细直径连续 SiC 纤维[10]，开创了前驱体转化法制备连续 SiC 纤维的先河。此后 40 多年来，SiC 纤维得到迅猛发展，根据纤维组成、结构的不同，可以分为第一代、第二代及第三代纤维。图 12-2 为三代 SiC 纤维的发展情况[11]。

日本碳公司（Nippon Carbon）率先取得了 Yajima 教授的专利权，并在 1982 年生产了第一批工业化的碳化硅纤维 Nicalon 100 系列[12]。随后又推出了 Nicalon 200 系列纤维[13]，已成为许多 CMC 研究的通用型 SiC 纤维。在此基础上又开发了高体积电阻率 HVR 级 (NL-400)、低体积电阻率 LVR 级 (NL-500) 和碳涂层的 Nicalon (NL-607) 系列纤维，其中 LVR 级纤维具有良好的吸波性质，可用于高温隐身材料。1987 年，日本的宇部兴产公司（Ube Industries）以聚钛碳硅烷（Polytitanocarbosilane，PTCS）为前驱体制备了含钛 SiC 纤维，这种纤维命名为 Tyranno Lox-M，最后一个字母代表它的氧含量，M 是英文字母表的第十三个字母，代表其氧含量在 13%（质量分数）左右[14]，Tyranno Lox-M 纤维直径更细，同时具有比 Nicalon 纤维更好的化学稳定性。

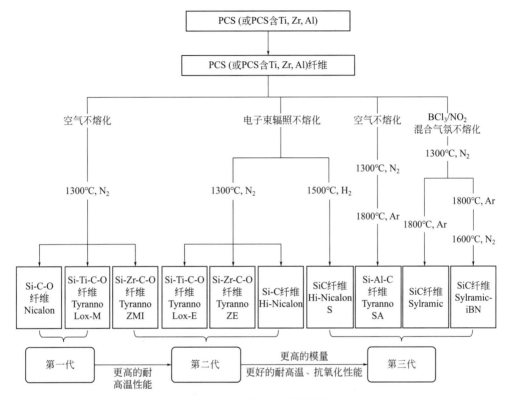

图 12-2　国外 SiC 纤维的发展

　　Nicalon 纤维与 Tyranno Lox-M 纤维氧含量都较高，严重影响了其高温稳定性。为了降低纤维的氧含量，1995 年碳公司采用电子束辐射交联技术代替空气不熔化，成功制备出氧含量低于 0.5%（质量分数）的 Hi-Nicalon 连续 SiC 纤维，空气气氛下可耐 1400℃ 以上的高温，惰性气氛下可耐 1600℃ 以上的高温[15,16]，Hi-Nicalon 纤维是第二代纤维的典型代表。除此之外，宇部兴产公司对 PTCS 前驱体纤维同样采用电子辐照交联工艺来降低氧含量，生产了 Tyranno Lox-E 纤维，其氧含量下降至 5% 左右，仍偏高，这是因为前驱体是采用钛醇盐［Ti(OR)$_4$］与 PCS 反应制备，钛醇盐所含的氧最终留在了 SiC 纤维中。鉴于辐照工艺昂贵，且 Tyranno Lox-E 纤维性能提高不足，宇部兴产公司没有商业化生产 Tyranno Lox-E 纤维，转而采用元素 Zr 代替 Ti 加入 PCS 前驱体中，制备了氧含量更低的前驱体聚锆碳硅烷（Polyzirconocarbosilane, PZCS）[17,18]，接着由 PZCS 制备出 Tyranno ZMI 和 Tyranno ZE 两种纤维。Tyranno ZMI 纤维采用空气预氧化并实现了工业化，氧含量在 10% 左右，尽管氧含量较高，但在 Ar 气氛下最高耐热温度可达到 1500℃，这是因为含 Zr 的晶间相的稳定性更高。而

Tyranno ZE 采用电子辐照工艺，但是没有工业化。Tyranno Lox-E、Tyranno ZMI、Tyranno ZE 纤维以及第一代的 Tyranno Lox-M 纤维因 Zr、Ti 元素的引入，具有电阻率可调的特性，可用于制备高温隐身结构材料。

随着氧含量的降低，第二代 SiC 纤维的耐高温性能、模量和蠕变性能有了一定提高，但是抗氧化性依然不够理想。为了制备更高性能的 SiC 纤维，碳公司在 Hi-Nicalon 纤维的基础上，通过在 H_2 气氛中烧成进一步去除了纤维中的富余碳，制备了近化学计量比的 Hi-Nicalon S 纤维，其 C/Si 为 1.05[19]，因其在辐照条件下结构和性能较稳定，可用于先进核能领域。而宇部兴产公司采用 PCS 和乙酰丙酮铝反应，合成出聚铝碳硅烷，经纺丝、空气不熔化和 1300℃ 烧成先得到非晶 Si-Al-C-O 纤维，随后在 1500～1800℃ 高温处理使含氧相发生分解，最后在烧结助剂 Al 的作用下 1800℃ 以上实现烧结致密化，制备了牌号为 Tyranno SA 的近化学计量比多晶 SiC 纤维，其烧成过程中的结构演变如图 12-3 所示，惰性气氛下可耐 2200℃ 的高温[20,21]。

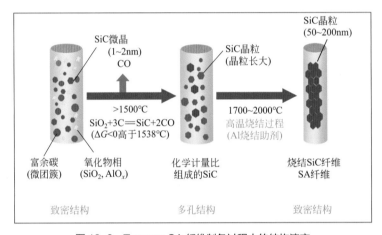

图 12-3　Tyranno SA 纤维制备过程中的结构演变

美国道康宁公司（Dow Corning）在 Tyranno Lox-M 方法的基础上，采取引入烧结助剂制备多晶纤维的创新思维，将 B 作为烧结助剂加入纤维中制备了含硼的多晶 Sylramic SiC 纤维，抗拉强度可达 3.2GPa，在 Ar 气中经 1550℃ 处理 10h 后仍可保持 2.8GPa 以上的抗拉强度[22,23]，目前，这种纤维由 ATK COI 陶瓷公司生产。随后 Dow Corning 与 NASA Glenn 研究中心合作，将 Sylramic 纤维在含 N 气氛中进一步加热制备了 Sylramic-iBN 纤维[24]，含 N 气氛与纤维中的 B 反应，可以将富余的 B 从晶界上去除，从而使晶粒更大、晶界更为干净，同时在纤维表面生成了 BN 表层，纤维的蠕变性能和抗氧化性也得到了进一步提高。

（2）国内前驱体法 SiC 纤维的发展概况

国防科技大学早在 1980 年便开始采用前驱体转化法制备连续 SiC 纤维，是国内最早开展相关工作的单位。近四十年来，围绕 SiC 纤维的制备路线、关键原料的合成、制备工艺技术与生产线建设等开展了一系列研究并取得了重大进展，目前主要开发了 KD-Ⅰ型第一代 SiC 纤维、KD-Ⅱ型第二代 SiC 纤维、KD-S 型与 KD-SA 型第三代 SiC 纤维，其制备工艺如图

12-4 所示。

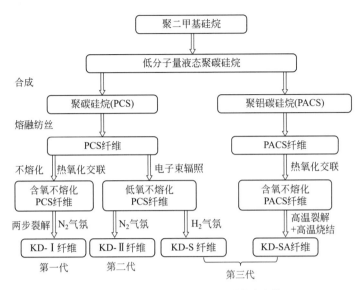

图 12-4　国防科技大学 SiC 纤维技术路线

20 世纪 90 年代，国防科技大学在完全独立自主的情况下成功制备了 KD-Ⅰ型连续 SiC 纤维，并建立了年产量达 100kg 的中试生产线，后又扩产到年产量 500kg。其间，攻克了 PCS 的常压高温裂解合成技术、高软化点 PCS 合成技术、PCS 前驱体稳定连续熔融纺丝技术、低氧不熔化技术以及"预烧+终烧"相结合的二步烧成技术，自主研发了前驱体合成系统、纺丝、不熔化与烧成设备。KD-Ⅰ纤维的拉伸强度达到 2.0～2.5GPa，拉伸模量为 160～180GPa，纤维直径为 11～13μm，丝束根数为 500～1000 根/束，综合性能已达到日本 Nicalon 纤维的水平[25]。2005 年，该型号纤维实现工业化生产。目前已批量供应给国内航空、航天、兵器等应用部门使用[26]。

为了提高纤维的耐高温性能，国防科技大学在 KD-Ⅰ纤维的基础上，采用化学气相交联和电子束辐照交联的无氧不熔化技术来取代空气不熔化，成功制备了低氧含量的 KD-Ⅱ纤维，并建成了年产量达 1000kg 的中试试验线。2018 年，年产量达 10t 的第二代连续碳化硅纤维生产线投产运行。KD-Ⅱ纤维拉伸强度达到 2.5～3.2GPa，拉伸模量为 260～300GPa，纤维直径为 11～13μm，氩气气氛下 1400℃ 强度保留率高于 80%，综合性能与日本 Hi-Nicalon 纤维相当[27-29]。KD-Ⅱ纤维具有良好的可编织性能，可以编织内椎体、回转体与销钉等构件，目前已批量供应给国内航空、航天和兵器等应用部门使用，用户单位普遍反映良好。

为进一步提高国产 SiC 纤维的高温性能，国防科技大学开展了第三代 SiC 纤维的研制。国防科技大学研制的第三代纤维主要包括 KD-S 和 KD-SA 两种，前者主要用于先进核能领域，后者主要用于高温结构材料。KD-S 纤维利用加氢烧成法除碳，具有近化学计量比的组成，拉伸强度大于 2.5GPa[30,31]。KD-SA 纤维采用类似于 Tyranno SA 纤维的制备路线，前驱体聚铝碳硅烷是由低分子量聚碳硅烷与乙酰丙酮铝或氯化铝制备的，KD-SA 纤维目前取得了很大进展，强度大于 2.2GPa，拉伸模量达到 380GPa[32-34]。

此外，为满足高温隐身结构材料的需求，国防科技大学还开展了吸波纤维的研究。陈志彦等用二茂铁和液态聚硅烷合成聚铁碳硅烷，以其为前驱体制备出连续 Si-Fe-C-O 吸波纤维，电阻率最低达到 $10^{-2}\Omega\cdot cm$，拉伸强度可达 2.0GPa[35]；王军等采用超声分散法制备了含 Fe、Co、Ni、Ti 等纳米微粉掺杂的具有良好力学性能和电磁性能的吸波 SiC 纤维，纤维的电阻率在 $10^{1}\sim10^{3}\Omega\cdot cm$ 范围内连续可调[36,37]；刘军等采用聚二甲基硅烷（PDMS）与聚氯乙烯（PVC）共裂解合成的前驱体制得了电阻率在 $10^{-1}\sim10^{1}\Omega\cdot cm$ 之间的 SiC 纤维[38,39]；王应德、姜勇刚和刘旭光等制备了当量直径为 20～30μm 的异形（三叶型、C 型、中空型、五叶型等）SiC 纤维，表现出良好的吸波性能[40,41]。

近年来，陆续有多家单位也开始从事碳化硅纤维的研究与生产，例如，厦门大学继国防科技大学之后，也建成了连续 SiC 纤维的中试研究设备平台，采用电子束辐照交联技术进行了第二代 SiC 纤维的研制[42,43]。采用类似日本 Hi-Nicalon S 纤维的制备路线研究了 H_2 还原方法制备近化学计量比的纤维，已经制得了连续 SiC 纤维样品[44]；同时还采用类似于 Tyranno SA 的路线对制备 Si-Al-C 纤维进行了初步探索[45]。

在连续 SiC 纤维的社会效益和经济效益的带动下，企业也开始加入连续 SiC 纤维的开发当中，苏州赛力菲陶纤有限公司曾经与国防科技大学合作，在苏州建厂，进行连续 SiC 纤维产品的开发，目前实现了吨级第一代连续 SiC 纤维的生产，并以"赛力菲 -SLF"商品名销售[46]。宁波众兴新材料科技有限公司依托国防科技大学的技术、福建立亚新材料有限公司依托厦门大学的技术，均实现了十吨级第二代连续 SiC 纤维的工程化，纤维性能全面达到国外同类型 Hi-Nicalon 性能水平。

12.2.1.2　连续氮化物纤维

连续氮化物陶瓷纤维，主要是指由前驱体转化法制备的，由氮原子与 Si、B、C 以及其他元素的共价键构成的细直径连续陶瓷纤维，包括 Si_3N_4、BN 等二元氮化物纤维和 SiNO、SiCN、SiBN、SiBNO、SiBCN 以及含有金属元素的 SiBCNM（M=Zr、Hf、Ti 等）等多元氮化物纤维。

由 N 与 Si、B 及 O 元素构成的系列化氮化物纤维，在耐高温的同时还具有高的介电常数，在高温绝缘材料、高温透波材料领域有重要的应用前景。Si_3N_4 纤维和 BN 纤维很早就被国内外关注，并形成了几种不同的制备技术路线。比如，Si_3N_4 纤维可以通过全氢聚硅氮烷干法纺丝技术得到，也可以通过含烷基的聚硅氮烷或者聚碳硅烷熔融纺丝再进一步氮化脱碳制备得到，得到的都是无定形 Si_3N_4 组成的无机纤维。非晶 Si_3N_4 纤维在 1400℃ 处理后仍能保持其无定形结构，更高温度下则发生较快的失效；通常在空气中 1100℃ 发生缓慢氧化，1200℃ 氧化后纤维表面形成明显的 SiO_2 表层[47,48]。同时，Si_3N_4 纤维还能够在室温到 1200℃ 条件下保持高的电阻率（$10^{7}\sim10^{14}\Omega\cdot cm$）、低的介电常数（6～7）和介电损耗（<0.01），是高温透波陶瓷基复合材料较理想的增强体[50-52]。前驱体转化法制备的 BN 纤维，在高温下形成稳定的 h-BN 结构，耐高温性最高能达到 2000℃ 以上，但是 BN 前驱体及其纤维制备过程中极易水解和氧化，少量的杂质会严重影响 BN 纤维的耐高温性能和储存稳定性。

国防科技大学 CFC 重点实验室采用 PCS 纤维氮化脱碳技术研制出连续氮化硅纤维，并

研究了 Si_3N_4 纤维在氩气和氮气等惰性气氛下的高温组成结构演变规律。结果[49]表明，非晶态 Si_3N_4 纤维经 1400℃ 氩气处理后，拉伸强度保持率只有 40%，同时纤维会发生分解并在表面形成孔洞；当处理温度达到 1450℃ 后，纤维完全失去强度并出现明显结晶现象，同时表面孔洞会由于分解加剧而增多（图 12-5）。因此，非晶态 Si_3N_4 纤维的分解温度要远低于烧结 Si_3N_4 陶瓷块体或者粉末的分解温度（约 1900℃）。进一步研究表明，Si_3N_4 纤维在氮气中的结晶和分解温度为 1500℃，高于氩气中的分解温度，这主要与氮气分压增加有关。

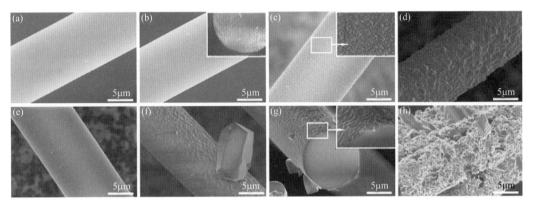

图 12-5　Si_3N_4 纤维在氮气气氛[（a）～（d）]和氩气气氛[（e）～（h）]中经不同温度处理后的 SEM 图片[1400℃ （a）和（e）; 1450℃（b）和（f）; 1500℃（c）和（g）; 1550℃（d）和（h）][49]

　　国防科技大学 CFC 重点实验室将 Si_3N_4 纤维于 1000 ～ 1500 ℃ 的空气中进行处理，研究了 Si_3N_4 纤维的高温氧化行为。结果[47,48]表明，当处理温度达到 1100 ℃ 后，Si_3N_4 纤维开始被氧化，并在表面形成无定形的 SiO_2 氧化层；经过 1400 ℃ 处理后，表面氧化层厚度接近 2μm，导致纤维强度急剧下降。国防科技大学 CFC 重点实验室以石英和氮化物陶瓷为基体制备出氮化硅纤维增强复合材料[50-52]，获得了复合材料的耐高温、耐烧蚀和介电性能数据，展现了氮化硅纤维在高温透波领域的应用前景。厦门大学李思维等[53]测试了 Si_3N_4 纤维在空气和水氧气氛下的氧化活化能，其数值分别为 152kJ/mol 和 108kJ/mol，远低于烧结 Si_3N_4 陶瓷块体在相同条件下的氧化活化能（259 ～ 485kJ/mol）[54]。这说明无定形 Si_3N_4 纤维相比烧结 Si_3N_4 陶瓷块体更容易被氧化。

　　针对高温透波应用要求，结合 Si_3N_4 纤维和 BN 纤维的结构与性能特征，三元 SiBN 纤维表现出复合纤维的结构与性能特点，硼元素含量在其中起到了关键作用。国防科技大学采用前驱体转化法制备的 SiBN 纤维同样是无定形结构，但是高温结构稳定性要高于 Si_3N_4 纤维，在氮气中 1600℃ 仍能保持无定形结构，抗氧化性能和介电性能处于 Si_3N_4 纤维和 BN 纤维之间。随着硼元素含量的增加，SiBN 纤维结构的高温稳定性有所提高，而且介电损耗也有所降低。国防科技大学 CFC 重点实验室研制了不同硼含量（质量分数）的 SiBN 纤维[55]，选取硼含量为 0.23%、3.56%、5.14% 和 6.81% 的四种典型 SiBN 纤维进行组成结构与性能研究，分别记为 SNB-0、SNB-3、SNB-5 和 SNB-7，其中数字代表纤维硼含量。如表 12-1 所示，所有 SiBN 纤维的拉伸强度均为 1.4GPa 左右，平均直径约为 13μm，拉伸模量约为 130GPa，具有较优异的力学性能。

表 12-1　SiBN 纤维的基本理化性能参数

纤维	化学组成（质量分数）/%					拉伸强度 /GPa	拉伸模量 /GPa	直径 /μm	密度 / (g/cm³)
	Si	B	N	C	O				
SNB-0	60.4	0.23	36.7	0.77	2.15	1.38±0.25	137±5	12.8±0.6	2.3
SNB-3	58.3	3.56	35.4	0.46	2.33	1.09±0.21	110±7	12.9±0.9	2.1
SNB-5	56.1	5.14	35.8	0.58	1.60	1.47±0.22	135±5	12.8±0.7	2.0
SNB-7	56.2	6.81	34.7	0.51	1.74	1.41±0.28	123±6	13.4±0.7	1.9

在 1700 ℃氮气中对上述纤维样品进行处理后，SEM 照片（图 12-6）证实了硼含量对 SiBN 结构稳定性的重要作用。不含硼的 SiNB-0 样品的截面为完全疏松多孔结构，形成的 Si_3N_4 纳米线和大晶粒，侧面反映了 Si_3N_4 发生了剧烈的分解和结晶。SNB-3 纤维表面由于高温分解形成了少量的孔洞，随着硼含量进一步增加至 5.14 % 及以上，SNB-5 和 SNB-7 纤维均能够保持光滑的表面和致密的截面。在 SiBN 陶瓷纤维中，硼元素以 B-N 和 Si-N-B 结构的形式存在，相比 Si-N-Si 结构的共价键能量更高，同时形成了原子扩散的"壁垒"，提高了 SiBN 纤维的结构稳定性。

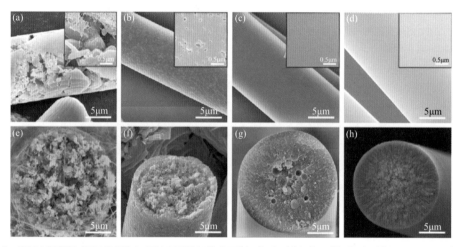

图 12-6　SiBN 纤维经 1700℃氮气气氛处理后的纤维表面[（a）~（d）]和截面[（e）~（h）]的 SEM 图片[SNB-0（a）、（e），SNB-3（b）、（f），SNB-5（c）、（g）和 SNB-7（d）、（h）]

对 1700 ℃氮气处理后的 SNB-7 纤维（记为 SNB-7-1h）进行 FIB 切片制样，并通过 TEM、EELS 等对切片的组成结构进行分析，结果如图 12-7 所示。EELS 能谱分析表明，纤维表层主要有硼、氮和杂质碳元素，含量（原子分数）分别约为 33 %、36 % 和 25 %。

对切片进行 TEM 分析，结合 HR-TEM 和 HADDF 图片，纤维的径向结构大致分为四个区域：最外层为厚度约 100nm 的 BN(C) 乱层堆积（区域Ⅰ），观察到 0.34nm 宽的晶格条纹 [图 12-7（c）和（f）]；接着为厚度约为 230nm 的致密层（区域Ⅱ），该区域元素分布均匀，基本保持无定形结构，只存在少量的乱层 BN(C) 和 Si_3N_4 纳米晶颗粒 [图 12-7（g）]；区域Ⅲ的 HADDF 图片在不同位置存在明显的衬度区别 [图 12-7（d）]，深色处对应 BN，尺寸在

$10 \sim 20nm$，BN 周围存在 Si_3N_4 纳米晶颗粒［图 12-7（h）］，表明该区域发生了相分离反应；通过 HADDF 图片可以看出，区域Ⅳ出现了异常长大的 Si_3N_4 晶粒，尺寸可达 200nm 以上，晶粒周围有无定形 BN 以及纳米孔［图 12-7（i）］。经 1700 ℃ 氮气处理后，SiBN 纤维在径向形成的梯度结构[56]，是表面硼原子氮化、Si-N-B 结构分解与 Si_3N_4 结晶等反应的共同结果。

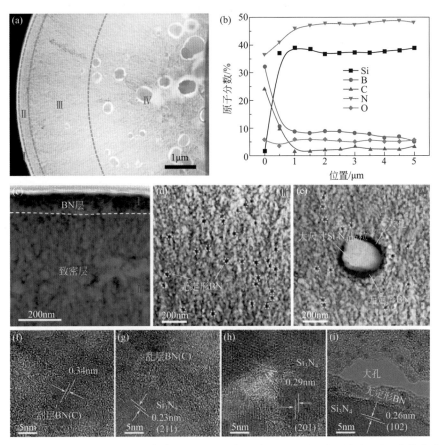

图 12-7　SNB-7-1h 切片的 TEM 图片（a）；切片从纤维表面到内部不同位置的元素含量变化曲线（b）；切片不同位置的 HADDF 图片［(c) ~ (e)］；切片不同位置的 HR-TEM 图片［(f) ~ (i)］

　　东华大学通过分步聚合的技术路线制备出具有较好纺丝性能的 PBSZ，并进行了前驱体的合成、熔融纺丝以及热解无机化等相关研究工作[57,58]，首先将 $SiCl_4$ 和 BCl_3 分别用甲胺胺解，然后将胺解产物共混加热合成了聚硼硅氮烷前驱体，该前驱体经熔融纺丝通过氨气进行化学气相交联，在 1200℃ NH_3 气氛下烧成，最终经高温烧成制备得到低介电常数（2.61）和低介电损耗（0.0027）的 SiBN 纤维。为了提高纤维的力学强度，该课题组后续对前驱体的组成结构进行了优化，目前该课题组制备的 SiBN 纤维拉伸强度最好结果为 0.87GPa。

　　中国科学院过程工程研究所的张伟刚课题组[59]以聚硼氮烷和聚氮硅烷物理混合后的前驱体为原料，通过熔融纺丝和原纤维电子束辐照交联等工艺，然后依次进行氨气中高温处理到 1000℃ 再继续在氮气中处理到 1600℃，如图 12-8 所示，得到了一种硼含量高达 34.5%（质量分数，下同）的 SiBN 复合纤维，化学式为 $(BN)(Si_3N_4)_{0.05}$。该纤维的拉伸强度为 1.0GPa，介电常数为 3.06，介电损耗可低至 0.00294。研究发现，硼含量的增加有助于提高纤维的高温稳定性；当硼含量增加至 32% 以上，高温处理后生成大量的 BN 纳米晶粒，这些晶粒对纤维力学性能起到一定的增强作用。

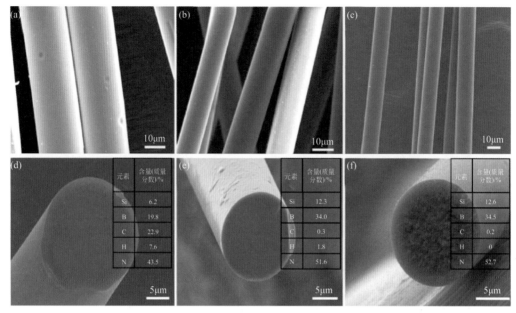

图 12-8　中科院过程所研制的原纤维 [（a）、（d）]、氮化纤维 [（b）、（e）] 和 SiBN 复合纤维 [（c）、（f）]

　　由 Si、B、N、O 等原子构成的共价键陶瓷纤维，包括 Si_3N_4、BN、SiNO、SiBN、SiBNO 纤维等，虽然它们的耐高温性能有所不同，但是都表现出极高的电阻率，低的介电常数和损耗角正切值，为高温绝缘和高温透波领域的结构功能一体化材料提供了关键增强体，具有重要的应用前景。进一步引入碳元素，由 Si、B、N 等联合碳原子构成的 SiCN、SiBCN 陶瓷纤维，增加了共价键结构的复杂性，提高了纤维的耐高温性能；同时，碳原子构成的原子簇或者层状结构会显著降低电阻率，增加介电损耗，构成一系列具有不同介电性能特征的纤维。国防科技大学 CFC 重点实验室制备了不同碳含量的 SiCN 纤维 [60-62]，图 12-9 展示了纤维的电阻率。碳含量为 1.86 % 的 SiCN 纤维（记为 SCN-2）的电阻率为 $5×10^6Ω·cm$。当碳含量从 22.3%（记为 SCN-22）增加至 28.2%（记为 SCN-28）时，电阻率开始发生突变，降低了约 2 个数量级。进一步增加碳含量至 37.5%（记为 SCN-37），SiCN 纤维的电阻率降低至 $7×10^{-1}Ω·cm$。结果表明，通过对碳含量进行调节，可以实现 SiCN 纤维电阻率在 $7×10^{-1} \sim 5×10^6Ω·cm$ 范围内进行调控。

　　SiCN 纤维的电磁吸波性能主要取决于复介电常数和介电损耗，其中介电常数实部与吸波材料对电磁波能量的存储能力有关，而介电常数虚部和介电损耗与吸波材料对电磁波能量的消耗能力有关。图 12-10 为六种不同 SiCN 纤维的介电常数值。不同元素组成的 SiCN 纤维，介电常数和损耗均随着碳含量的增加而逐渐增大。SCN-37 纤维由于主要组成为 SiC/C 导电相，因此具有很高的介电常数。碳含量下降、氮含量增加，介电常数下降至 14.7 ～ 17.4（SCN-28 纤维）。根据吸波材料对其介电常数的要求（介电常数实部为 9 ～ 20；介电常数虚部为 1～10），SCN-15、SCN-22 和 SCN-28 纤维的介电常数值均处于吸波材料的范围内。

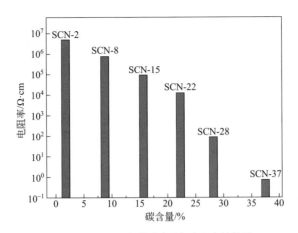

图 12-9　SiCN 纤维碳含量与电阻率的关系

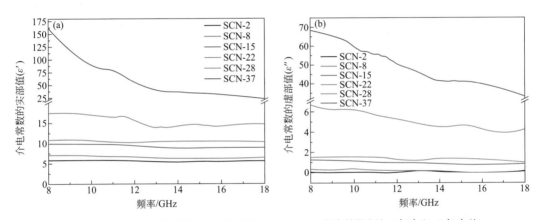

图 12-10　不同组成结构的 SiCN 纤维在 8～18 GHz 频率范围内的 ε'（a）和 ε''（b）值

图 12-11 为 SCN-28、SCN-22 和 SCN-15 三种 SiCN 纤维的介电损耗（RL 值）与测试频率、样品厚度之间的三维曲线图和二维平面图。由于低介电常数的 Si_3N_4 和梯度 SiC_xN_y 改善了阻抗匹配，SCN-28 纤维最小 RL 值可低至 -46.1dB，有效吸收带宽可达 3.79GHz，此时样品的厚度仅为 1.50mm，表现出优异的电磁吸波性能，满足了对吸波材料"强、宽、薄"的要求。SCN-22 和 SCN-15 纤维也具有一定的电磁吸波性能，其最小 RL 值分别低至 -39.8dB 和 -37.4dB，但有效吸收带宽较窄（约 1.5GHz），且所需样品厚度较大（6～8mm），因此其吸波性能远低于 SCN-28 纤维。

氮化物陶瓷纤维利用 N 原子与不同元素以 Si-N、B-N、Si-N-B、C-Si-N-B 等共价键构成系列化氮化物陶瓷体系，灵活的可设计性使得氮化物纤维形成了一类多样化的结构功能一体化纤维材料。国内外均围绕上述体系开展了诸多探索性研究，发展了以熔融纺丝和干法纺丝为特征的前驱体转化技术路线，但是多数氮化物陶瓷纤维仍然处于实验室研制阶段。随着空天技术迅猛发展，高温结构与功能一体化将推动氮化物陶瓷纤维逐步走向成熟。

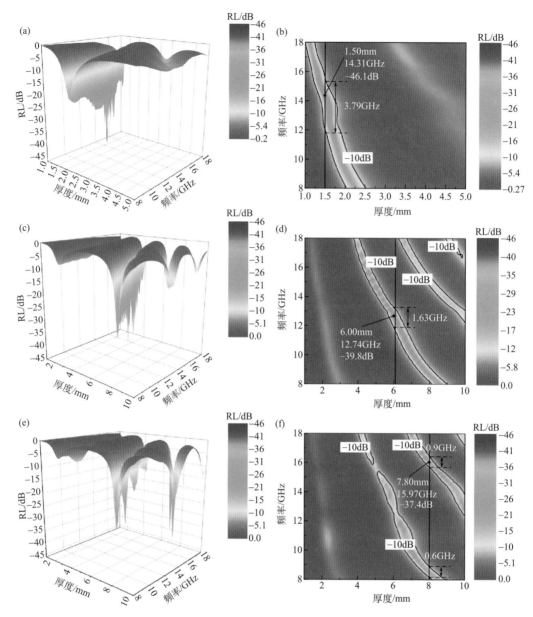

图 12-11 SCN-28 [(a)、(b)]、SCN-22 [(c)、(d)] 和 SCN-15 [(e)、(f)] 的理论 RL 与电磁波频率和样品厚度之间关系的三维图 [(a)、(c)、(e)] 和二维平面图 [(b)、(d)、(f)]

12.2.1.3 耐超高温陶瓷纤维

耐超高温陶瓷纤维是以过渡金属 Ti、Zr、Hf、Ta 的碳化物、硼化物和氮化物等超高温陶瓷为主要组成成分 [63-65]，具有高硬度、高比强度、高热导率和优异的耐高温和抗烧蚀性能的一类纤维材料 [66-68]。由于耐超高温陶瓷具有极高的熔点、模量和化学稳定性，传统的粉末烧结方法很难制备连续陶瓷纤维。国内外研究者探索了化学气相反应法、化学气相沉积法、溶胶-凝胶法和有机前驱体转化法，但是制备高性能连续耐超高温陶瓷纤维仍有很大挑战。

（1）化学气相反应法

化学气相反应（CVR）法是以一种基体纤维为起始芯材，与引入的化学气氛在高温下发生气 - 固反应使基体纤维全部转化制备目标陶瓷纤维的方法[69,70]。Gupta 等[71] 以氧化硼（B_2O_3）纤维为芯材，以气态金属卤化物 MX_4（其中 M=Ti、Zr 或 Hf；X=Cl、Br 或 I）为金属源，在高温下通过气 - 固反应制备了 MB_2、MN 纤维，如图 12-12 所示，涉及的反应如式（12-1）所示。所制得的 TiB_2 纤维的直径为 5.2μm，与起始 B_2O_3 纤维的直径一致，强度为 400MPa，模量为 35 ～ 68GPa。此外，若在烧成中通入氢气、氮气和 TiX_4，使其与纤维发生气相反应可制得 TiN 纤维，反应过程如式（12-2）所示。当 TiN 纤维直径为 5μm 时，强度为 310MPa，模量为 25 ～ 46.5GPa。按照同样方法可以制备 ZrB_2、HfB_2、ZrN 和 HfN 纤维。

图 12-12　CVR 法制备 TiB_2、TiN 纤维的工艺流程图

$$B_2O_3 + TiX_4 + 5H_2 \longrightarrow TiB_2 + 4HX + 3H_2O \tag{12-1}$$

$$B_2O_3 + 2TiX_4 + 4H_2 + N_2 \longrightarrow 2TiN + 2BX_3 + 2HX + 3H_2O \tag{12-2}$$

此方法制备的纤维综合性能不高，制备工艺存在不足：

① 由于 B_2O_3 纤维中 M 的引入涉及非均相的气 - 固反应过程，该过程是由外侧向内部呈梯度式的逐步转化，导致纤维芯部难以完全转化；

② MX_4、B_2O_3 极易吸潮，导致所制备的 MB_2、MN 纤维存在大量缺陷；

③ CVR 法制备纤维的过程所需时间较长，为了提高转化效率，通常选用多孔纤维作为基体，导致所得陶瓷纤维的强度和模量均不高[69]。

（2）化学气相沉积法

化学气相沉积（CVD）法是将一种纤维作为起始芯材，以气化的小分子化合物为原料，在高温、等离子或激光等条件下，通过反应气压、气流速率、芯材温度等因素控制目标陶瓷材料在芯材表面上成核生长，从而制得"有芯"的陶瓷纤维[72]。CVD 法制得的陶瓷纤维具有密度大、纯度高、强度高、模量高等优点，同时纤维的组成可控。Maxwell 等[73] 以烷烃、卤化物为原料，在高压条件下，以激光诱导气体小分子发生气相反应，采用高压激光化学气相沉积（HP-LCVD）法制备了 TaC、HfC 和 $Ta_xHf_yC_z$ 纤维。图 12-13 为 HP-LCVD 法制备纤维的装置示意图，在密闭容器中，以低分子量烷烃为 C 源，卤化钽或卤化铪为 Ta 或 Hf 源，通过激光调节热扩散区域的温度，实时调控低分子量物质在反应生长区域的浓度，从而得到几何形貌、组成与结构可控的纤维，进而经加张、排列以及缠绕处理得到连续纤维。例如，以氯化钽、溴化铪、十八烷为原料，制备了 TaC、HfC 和 $Ta_xHf_yC_z$ 纤维[74]。图 12-14 为 Ta_4HfC_5 纤维的 SEM 照片[74]，纤维直径较粗，未见其力学性能的报道。

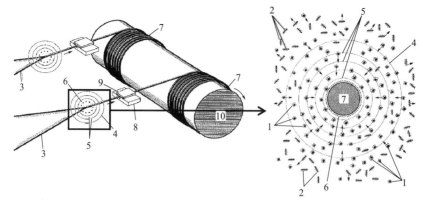

图 12-13　HP-LCVD 法制备纤维的装置示意图[74]

1—低分子量物质；2—高分子量物质；3—热源（激光）；4—热扩散区域；5—浓度梯度；6—反应生长区域；7—纤维；
8—张紧轮；9—张力调控装置；10—缠绕装置

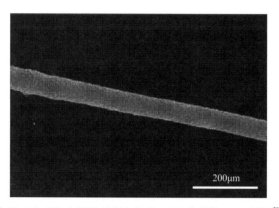

图 12-14　HP-LCVD 法制备的 Ta_4HfC_5 纤维的 SEM 图像[74]

采用 HP-LCVD 法可以制备碳化物陶瓷纤维，但是该方法制备的陶瓷纤维直径较粗，制备时间长，生产成本高，难以大批量、规模化生产陶瓷纤维。

（3）溶胶－凝胶法

溶胶 - 凝胶法是利用难熔金属（Ti、Zr、Hf、Ta 等）化合物的水解、缩合等反应形成三维网络状的氧化物结构胶体，经一定的工艺制成凝胶纤维，再将凝胶纤维干燥、热解制得目标陶瓷纤维[75]。溶胶 - 凝胶法具有化学均匀性好，溶胶稳定性较高，凝胶、干燥等过程不会出现水解、析晶、分相等问题，工艺相对简单，制备成本低等优点。

贾军[76] 以八水合氧氯化锆、蔗糖、硼酸和柠檬酸为起始原料，并以聚乙烯醇作为纺丝助剂，制得二硼化锆（ZrB_2）前驱体纺丝溶液，然后经干法纺丝、1600℃ 高温烧成制得 ZrB_2 陶瓷纤维，图 12-15 为不同热处理温度下所得陶瓷纤维的 SEM 图像。900℃ 热解纤维为疏松的皮芯结构。当热解温度高于 1500℃ 时，纤维原有的皮芯结构消失，整体上比较致密，强度为 0.7GPa，直径为 13μm 左右。他还以八水合氧氯化锆、蔗糖、硼酸、正硅酸乙酯为原料，同时以柠檬酸作为络合剂，聚乙烯醇作为纺丝助剂，通过干法纺丝、1600℃ 热处理制得 ZrB_2/

SiC 复相陶瓷纤维，纤维直径为 15μm，其抗氧化性能相比 ZrB$_2$ 陶瓷纤维有明显的提升。因前驱体陶瓷收率较低，氧含量较高，缺陷多，所制备纤维的力学性能和耐高温性能还有待进一步提高。

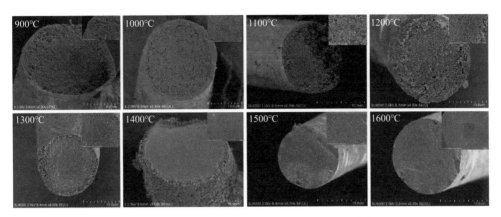

图 12-15 纤维不同温度热处理后的 SEM 图像[76]

溶胶 - 凝胶法可以制得耐超高温陶瓷纤维，但该方法也存在溶胶陶瓷收率较低，凝胶纤维制备周期长，纤维易出现裂纹和孔隙且力学性能偏低。

（4）有机前驱体转化法

有机前驱体转化法起始于 20 世纪 70 年代中叶，先后在 SiC、Si$_3$N$_4$、SiCN、SiBCN 等陶瓷纤维制备上获得成功应用[77-80]。该技术也应用于耐超高温陶瓷纤维制备的新领域，美国 Matech 全球战略材料公司[80] 合成出可光固化、化学固化和热固化的 HfC 陶瓷前驱体和 TaC 陶瓷前驱体，经过纺丝、不熔化和高温烧成制备了连续的 HfC 和 TaC 陶瓷纤维（如图 12-16 所示）。两种纤维具有高强度、高模量的特点（表 12-2），直径不大于 5μm，具有优异的耐高温性能，其中 HfC 纤维的耐热温度为 2000℃[81]，TaC 纤维的耐热温度为 1600℃[82]。

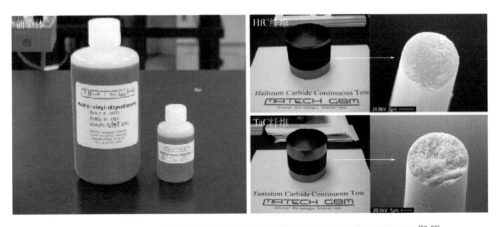

图 12-16 Matech 全球战略材料公司的碳化物陶瓷前驱体和陶瓷纤维的照片[80-82]

表 12-2　HfC 和 TaC 纤维的性能 [81,82]

纤维	直径	拉伸强度	杨氏模量	密度
HfC	5.0 μm	1.7 GPa	500 GPa	7.0 g/cm³
TaC	4.5 μm	2.5 GPa	742.5 GPa	—

国防科技大学 [83-85] 以四氯化铪、乙二胺、烯丙基胺为原料，通过胺置换反应，合成了主链含 Hf-N 键的聚铪氮碳烷（PHNC）（图 12-17），具有良好的熔融牵伸成形性能，经熔融纺丝、不熔化处理和高温烧成，制备了耐超高温陶瓷纤维（图 12-18），1600℃ 烧成纤维主要由 HfC、HfB₂ 组成（图 12-19），其中铪组分含量超过 90%。

图 12-17　PHNC 的光学照片

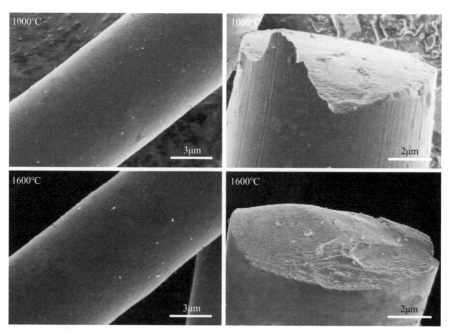

图 12-18　以 PHNC 为原料制备的 HfC/HfB₂ 耐超高温陶瓷纤维的 SEM 照片

中科院过程所 [86-88] 以 Cp_2ZrCl_2、金属钠、$SiMe_2Cl_2$ 为原料，采用钠缩合法合成了聚锆碳硅烷（PZCS），经熔融纺丝、不熔化处理及 1400℃ 高温处理制备了 ZrC/SiC 陶瓷纤维，同时，将 PZCS 与聚硼氮烷混合得到了 ZrC/ZrB₂/SiC 前驱体（PZBCS），经熔融纺丝、电子束不熔化及高温热处理制备了 ZrC/ZrB₂/SiC 纤维。由于所合成的聚锆碳硅烷前驱体仅在端基上含有机锆基团，从而使得前驱体中的锆含量低，转化制备的两种陶瓷纤维中 Zr 含量均低于 17%，两种纤维在 1600℃ 处理后的拉伸强度仅为 0.53 ～ 0.74GPa。

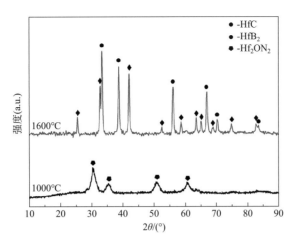

图 12-19　以 PHNC 为原料制备的 HfC/HfB$_2$ 耐超高温陶瓷纤维的 XRD 图

　　龙鑫等[89]以二氯二茂化锆单体和液态聚硼硅氮烷为原料制备了 PZBSZ 陶瓷前驱体，并经过熔融纺丝、BCl$_3$ 不熔化以及 1400℃ 高温烧成，制备了 ZrC$_x$N$_y$/ZrB$_2$/Si$_3$N$_4$ 陶瓷纤维。同时，以二烯丙基二茂化锆单体和液态聚硼硅氮烷为原料制备了 PZBSZ 陶瓷前驱体，通过熔融纺丝和高温烧成，制备了 ZrC/ZrB$_2$/SiC 陶瓷纤维[90]，经 1400℃ 热处理后，纤维表面析出 ZrC 颗粒，形貌呈"玉米状"。

　　有机前驱体转化法可通过分子设计对有机金属聚合物的组成、结构进行设计和优化，从而调控对应陶瓷产物的组成、结构与性能，同时聚合物良好的成形性能可以有效控制陶瓷纤维的形态，是制备无氧连续耐超高温陶瓷纤维的理想途径。目前，仅美国 Matech 全球战略材料公司在其公司网站上展示了采用前驱体转化法制备的连续 HfC 和 TaC 纤维样品，但未见其具体制备方法与产品应用的公开报道。耐超高温陶瓷纤维制备技术是当前研究者关注的热点，前驱体转化路线是制备耐超高温陶瓷纤维较好的途径。

12.2.2 ／ 高性能陶瓷基复合材料

12.2.2.1　碳化硅陶瓷基复合材料

　　SiC 陶瓷基体具有高熔点、高模量、高强度、耐磨损和优良的高温力学性能等优点，并且在 1500℃ 以上依然保持良好的抗氧化性以及在快中子环境中的化学稳定性。纤维增强的 SiC 陶瓷基复合材料制备工艺主要有浆料浸渍 - 热压烧结（Slurry Infiltration and Hot Pressure, SIHP）、反应熔融浸渗（Reactive Melt Infiltration, RMI）、化学气相渗透（Chemical Vapor Infiltration, CVI）和前驱体浸渍裂解（Polymer Infiltration and Pyrolysis, PIP）[91-94]，还包括纳米浸渍与瞬时共晶相工艺 (Nano Infiltration and Transient Eutectic Phase, NITE) 等新工艺[95]。

（1）制备工艺

　　① 前驱体浸渍裂解工艺　前驱体浸渍裂解工艺是聚合物前驱体转化法[96-98]在复合材料制备中的重要应用。PIP 法制备 C/SiC 或 SiC/SiC 复合材料的常用工艺是：在一定温度和压力下，以纤维预制件为骨架，采用有机前驱体溶液或熔融体进行浸渍，交联固化（或晾干）后，在

惰性气体保护下进行高温裂解，使前驱体转化为 SiC 陶瓷基体。由于前驱体裂解逸出小分子，同时裂解产物密度增大，导致前驱体裂解后体积收缩，所以为了获得致密度高的复合材料，需经过多次浸渍裂解过程。

常用的 SiC 陶瓷前驱体是聚碳硅烷（Polycarbosilane, PCS）。不同分子量的 PCS 制备的 C_f/SiC 复合材料性能存在较大差别[99]，随着分子量增加，PCS 软化点上升，陶瓷产率增加，而 C_f/SiC 复合材料的力学性能先增加后下降；PCS 分子量为 1300 ~ 1700 时制备的 C_f/SiC 复合材料力学性能较好。不同前驱体溶液体系对材料性能也存在较大影响，在相同工艺条件下，与 PCS/ 二甲苯（PCS/Xylene）相比，PCS/ 二乙烯基苯（PCS/DVB）浸渍液制的 3D C_f/SiC 复合材料具有更好的强度和韧性[100]。

为了进一步缩短制备周期和提高材料性能，一些新型 PCS 前驱体也被研制出来。日本已合成出陶瓷产率高达 85% 的新型 PCS 前驱体[101]，采用该前驱体制备陶瓷基复合材料可以大大缩短制备周期。M. Kotani 等[102,103] 采用聚乙烯硅烷（PVS）为前驱体，并在 PVS 中加入 SiC 微粉，通过 PIP 工艺制备了高性能 SiC/SiC 复合材料。PVS 良好的浸润特性和低黏度，降低了材料制备周期并提高了材料致密度。A. Kohyama 等[104] 采用一定比例的聚甲基硅烷（PMS）与 PCS 混合液为前驱体，制备了近化学计量比的 SiC 基体，在引入 $ZrSiO_4$ 或者 BMAS（BaO_2-MgO-Al_2O_3-SiO_2）微粉后复合材料呈现出良好的高温拉伸性能和高温疲劳性能。L. Interrante 和 C. Whitmarsh 开发了 SiC 前驱体"氢化聚碳硅烷"专利技术，Starfire Systems 公司将这类系列化 SiC 前驱体商品化，其中，烯丙基氢化聚碳硅烷（Allylhydridopolycarbosilane, AHPCS）[105,106] 是一种黏度可调的液态聚合物，裂解陶瓷产率高达 80% ~ 85%，裂解产物 Si/C 原子比接近 1，无游离碳，而且可以在 1800℃（空气中）和 2200℃（惰性气氛中）下保持稳定。

② 化学气相渗透工艺　CVI 法制备连续纤维增强 C/SiC 复合材料是 20 世纪 70 年代由法国波尔多大学的 Naslain 教授发明的[107]。其基本工艺过程是：将碳纤维预成形体置于 CVI 炉中，源气（即与载气混合的一种或数种气态前驱体）通过扩散或由压力差产生的定向流动输送至预成形体周围后向其内部扩散，在纤维表面发生化学反应并原位沉积。根据流场和温度场的特征，CVI 法共有五种：等温化学气相浸渗、热梯度化学气相浸渗、压力梯度化学气相浸渗、热梯度强制对流化学气相浸渗和脉冲化学气相浸渗。

CVI 工艺可以在较低温度下制备高纯度、高结晶度的 SiC 基体，是制备 C/SiC 和 SiC/SiC 复合材料的一种常用工艺，其主要缺点在于复合材料有较高的气孔率，同时制备周期较长，成本较高[108-110]。近年来，国际上发展了 CVI 结合 PIP 工艺制备 SiC/SiC 复合材料，CVI 工艺是气相反应，能够达到纤维束内致密化的目的；PIP 工艺为液相浸渍，用于纤维束间的致密则效率较高[111-113]。美国 Glenn 研究中心采用 CVI+PIP 联合工艺制备了性能优异的 SiC/SiC 复合材料（图 12-20）[114,115]：室温下极限拉伸强度达到 380MPa；1450℃ 空气环境中，69MPa 蠕变应力下，300h 的蠕变应变仅为 0.2%，断裂寿命达到 500h。

③ 反应熔融浸渗工艺 / 熔融浸渗工艺[119,120]　反应熔融浸渗工艺（Reactive Melt Infiltration, RMI）[116,117] 首先将碳纤维预制件放入密闭的模具中，采用高压冲型或树脂转移模工艺制备纤维增韧聚合物材料；然后在高温惰性环境中裂解，得到低密度碳基复合材料；最

后采用熔体 Si 在真空下通过毛细作用进行浸渗处理，使 Si 熔体与碳基体反应生成 SiC 基体。该工艺可以通过调整 C$_f$/C 的体积密度和孔隙率控制最终复合材料的密度[118,119]。

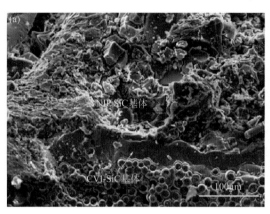
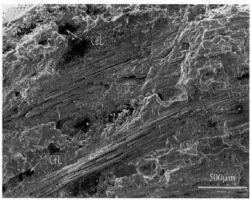

图 12-20　CVI+PIP 联合工艺制备的 SiC/SiC 复合材料的断口形貌

熔融浸渗工艺（Melt Infiltration, MI）是美国 NASA 针对高性能发动机需求开发的 SiC/SiC 复合材料制备工艺。其工艺流程为先在 SiC 纤维表面原位生长氮化硼涂层，然后通过 CVI 工艺在预制件上沉积 SiC 直至复合材料孔隙率达到 30% 左右，再通过泥浆浇铸法（Slurry Cast）将 α-SiC 微粉引入基体，最后将硅合金熔融渗透至基体使复合材料孔隙率降到 2% 以下[120,121]。MI 工艺得到的基体致密，构件变形量小，易实现近净成形，在航空领域应用广泛。但由于材料中不可避免地存在游离硅，使得材料的耐高温性能有限，需在材料表面制备环境障碍涂层（Environmental Barrier Coat，EBC）。

NASA Glenn 研究中心采用 2D 编织的 Sylramic-iBN 纤维作为预制体，分别通过 PIP、CVI、CVI+PIP 和 MI 工艺制备了 SiC/SiC 复合材料。不同工艺制备的 SiC/SiC 复合材料的截面形貌特征如图 12-21 所示。不同制备工艺制备的 SiC/SiC 复合材料的室温性能如表 12-3 所示。

图 12-21　不同工艺制备的 SiC/SiC 复合材料的截面形貌

表 12-3　不同工艺制备的 SiC/SiC 复合材料的室温力学性能

性能	PIP	CVI	CVI+PIP	MI
密度 / (g/cm³)	约 2.65	约 2.65	约 2.70	约 2.75
泊松比	约 0.50	约 0.38	约 0.38	约 0.38
模量 /GPa	约 160	约 250	约 210	约 250
极限拉伸强度 (UTS)/MPa	约 400	约 450	约 400	约 450

④ 浆料浸渍 - 热压烧结工艺　浆料浸渍热压工艺[122,123]主要用于制备粉体陶瓷，也能够制备连续纤维增强 SiC 复合材料。该方法制备 SiC 基复合材料的一般工艺是：将 SiC 粉、烧结助剂粉与有机粘接剂等用溶剂混合制成浆料，纤维经泥浆浸渍后纺制成无纬布，切片模压成形后热压烧结。材料的致密化主要通过液相烧结方法完成。一般情况下，SiC 的烧结温度至少在 1900℃，但在 TiB_2、TiC、B、B_4C 等烧结助剂作用下其烧结温度降低。用 SIHP 法制造的复合材料致密度较高，缺陷较少，并且工艺简单、制备周期短、费用低，在制备单向复合材料方面具有较大的优势。但 SIHP 法对制备复杂形状构件有较大困难；另外，高温高压下纤维与基体可能发生界面反应，导致纤维性能下降，影响材料的性能。

⑤ 其他工艺　NITE 工艺是近年来日本针对核聚变应用开发的新型 SiC/SiC 复合材料制备工艺[124,125]。其主要工艺流程是：采用纳米级的 β-SiC 微粉与烧结助剂混合制成泥浆并干燥得到生片（Green Sheet），将纤维预制体浸渍于前驱体中并干燥得到预制片（Prepreg Sheet），将生片与预制片相互交叠，并在 1800℃、20MPa 下烧结成形。NITE 工艺可以得到高结晶度、高纯度、高密度、高热导率，同时具有好的强度和韧性的 SiC/SiC 复合材料。该工艺的缺点在于不可避免引入烧结助剂[95]。

反应烧结工艺（Reaction Sintering，RS）制备的 SiC/SiC 复合材料的致密度及热导率较高。该工艺的缺点是基体中存在残余碳和硅，且在降温过程中纤维与界面层之间易产生裂纹[126,127]。

泥釉浸渍与瞬时共晶相工艺（Slip Infiltration and Transient Eutectoid, SITE）是由 A. Ivekovic 等人开发的一种新型的材料制备工艺[128,129]。其流程为：首先通过电泳沉积法将纳米 SiC 微粉浸渗到 SiC 纤维预制件中，再以 AHPCS 为前驱体通过 PIP 工艺使材料致密化，最终在 1600℃ 下进行热处理。该工艺制备的材料致密度和结晶度高，室温弯曲强度约为 400MPa。

在表 12-4 中对比了不同工艺制备所得的连续纤维增强 C/SiC 复合材料的力学性能。

表 12-4　C/SiC 材料的力学性能

复合材料	弯曲强度 /MPa	K_{IC} /MPa·m$^{1/2}$	制备工艺
3D-C/SiC	570	18.3	PIP[5]
3D-C/SiC	450～500	22	CVI[37]
3D-C/SiC	>700	19.2	CVI[38]
1D-C/SiC	967	—	PIP[39]
1D-C/SiC	691	20.7	SIHP[40]

（2）研究进展

闫联生等[130] 把 CVI 和 PIP 工艺结合起来制备 C/SiC 复合材料，先利用 CVI 技术来填充纤维束内单丝间较小的孔隙，然后利用 PIP 技术填充纤维束间较大的孔隙，结果表明将两工艺相结合可以缩短材料制备周期，提高材料性能。郑文伟、王建方等[131] 在首个裂解周期引入热模压工艺，后续周期采用前驱体转化法，利用热模压来提高 C/SiC 复合材料的致密度，提高材料性能；何新波[132] 将前驱体转化法和泥浆浸渍热压法相结合，利用陶瓷前驱体原位生成纳米级的 SiC 晶粒，大大降低了烧结温度，降低了纤维的高温损伤，得到了性能优良的 C/SiC 复合材料。K. Suzuki[133] 也将泥浆浸渍热压工艺和 PCVI 工艺联合使用制得了 3D C/SiC 复合材料。

乔生儒等[134] 研究了 CVI 工艺制备的 3D C/SiC 复合材料的高温弯曲强度，结果表明 C_f/SiC 复合材料弯曲强度在 900℃ 和 1700℃ 出现两个峰值，而在 1500℃ 出现谷值，但此时其强度仍高于室温值，而 2050℃ 时与室温强度基本相当。PIP 工艺制备的 3D C/SiC 复合材料在 1300℃ 下的强度是室温强度的 1.3 倍，在 1650℃ 和 1800℃ 下材料的弯曲强度保留率仍有 97.7% 和 92%[135]。C/SiC 复合材料高温下仍保持良好的力学性能，说明 C/SiC 复合材料在高温下的使用潜力很大。

研究人员对 CVI 工艺制备的 3D C/SiC 复合材料的高温力学性能研究较为深入。罗国清等[136] 研究了材料在室温至 1500℃ 范围内的拉伸性能，结果表明材料的拉伸强度在低于制造温度下随温度上升而上升，在接近制造温度时达到最大值，然后随温度升高而降低。刘兴法等[137] 研究了材料在高温下的拉-拉疲劳性能，实验表明，室温和高温下材料具有较高的抗疲劳性能，其疲劳极限约在拉伸强度的 88% 以上。杨忠学等[138] 研究了材料在 1100 ～ 1500℃ 下的拉伸蠕变性能，结果表明，高温下 3D C/SiC 复合材料具有较高的蠕变抗力，其稳态蠕变速率大约为 $10^{-9} \sim 10^{-8} s^{-1}$。曹英斌等[139] 系统研究了 PIP 工艺制备的 1D C/SiC 复合材料的高温力学性能，并分析了材料从低温到高温力学性能的变化规律，认为玻璃相在高温时的软化、纤维在高温时本身强度的变化及纤维与基体间热应力的变化是 C/SiC 复合材料的高温力学性能产生变化的三个主要原因。

NASA Glenn 研究中心在 UEET（Ultra Efficient Engine Technology）、NGLT（Next Generation Launch Technology）等计划的支持下，开展了以 CVI 工艺和 MI 工艺为主的 SiC/SiC 复合材料高温性能研究。研究结果显示：在 1450℃ 下 MI 工艺制备的 SiC/SiC 复合材料中残余 Si 在高温下熔融对复合材料性能造成了影响，而 CVI 工艺制备的 SiC/SiC 复合材料在 69MPa 的载荷下承受数百小时，高温性能优于 MI 工艺制备的复合材料[140,141]。表 12-5 为以 CVI 工艺制备的一系列 SiC/SiC 复合材料的高温力学性能参数[142-145]。

表 12-5 NASA 采用 CVI 工艺制备的 SiC/SiC 复合材料的性能参数

纤维类型	Hi- Nicalon S	Sylramic	Sylramic- iBN	Sylramic- iBN
界面	BN	BN	BN	BN
基体类型	CVI+ slurry+ Si	CVI+ slurry+ Si	CVI+ slurry+ Si	CVI+ Si
室温下极限抗拉强度 /MPa	360	400	450	310

续表

纤维类型	Hi- Nicalon S	Sylramic	Sylramic- iBN	Sylramic- iBN
1315℃ 时极限抗拉强度 /MPa	280	320	380	260
空气中 800℃ 烧蚀 100h 后的极限抗拉强度 /MPa	170	240	450	300
空气中 800℃ 处理 100h 后的断裂强度 /MPa	200	200	240	—
105MPa 1315℃ 条件下的断裂寿命 /h	500	100	500	>1000
105MPa 100h 处理后的蠕变 /%	0.05	0.2	0.05	0.02
室温下横向热导率 / (W/m·K)	16	24	25	36

为进一步提高材料的致密度，Glenn 研究中心采用 PIP+CVI 联合工艺制备了 Sylramic-iBN SiC/ BN/ PIP+CVI SiC 复合材料，并对比了 2D 和 2.5D 不同编织方式复合材料的性能参数（表 12-6）[146]。

表 12-6　NASA 采用 PIP+CVI 制备的 SiC/SiC 复合材料的性能

性能	2D	2.5D
室温下极限抗拉强度 / MPa	380	360
室温下模量 / GPa	190	190
室温下热导率 / [W/(m·K)]	28	55
600 ℃ 时热导率 / [W/(m·K)]	23	36
1200℃ 时热导率 / [W/(m·K)]	12	26
空气中在 69MPa 和 1450℃ 处理 100h 后的蠕变 /%	约 0.2	约 0.2
空气中在 69MPa，1450℃ 条件下的断裂寿命 /h	>500	>500

美国空军在 IHPTET(Integrated High Performance Turbine Engine Technology) 项目的支持下，对 2D 编织的 SiC/SiC 复合材料在 1200 ～ 1300℃ 空气与蒸汽环境下的疲劳性能进行了深入的研究，获得了不同工艺制备的 SiC/SiC 复合材料的疲劳极限强度等关键数据，并对 SiC/SiC 复合材料疲劳的损伤机理进行了讨论。具体性能参数如表 12-7 所示[147-150]。

表 12-7　美国空军制备的 SiC/SiC 复合材料的高温性能

纤维类型	Hi-Nicalon	Hi-Nicalon	Sylramic	Sylramic-iBN
界面	BN	PyC/BC	BN	BN
基体类型	CVI SiC	CVI SiC	PIP Si-N-C	PIP Si-N-C
测试温度 /℃	1200	1200	1300	1300
在测试温度下的极限抗拉强度 /MPa	217.0	306.8	185.0	241.0
比例极限 /MPa	110	116.3	140.0	180.0
弹性模量 /GPa	246.5	206.3	134.0	135.0

续表

纤维类型		Hi-Nicalon	Hi-Nicalon	Sylramic	Sylramic-iBN
空气中疲劳极限 /MPa	0.1 Hz	110	100	—	—
	1.0 Hz	100	100	100	160
	10 Hz	80	140	—	—
水蒸气中疲劳极限 /MPa	0.1 Hz	90	100		
	1.0 Hz	80	100	100	140
	10 Hz	60	<140	—	—

　　日本高性能陶瓷中心的 S. Zhu 等[150-152] 采用 CVI 工艺制备了 2D 编织 Standard SiC/SiC、Enhanced SiC/SiC（基体中加入 B 基颗粒）和 Hi-Nicalon SiC/SiC 复合材料，并对该系列的 SiC/SiC 复合材料在 1300℃ 下的疲劳、蠕变性能进行了研究。结果显示，在 1300℃ 空气中，Enhanced SiC/SiC 与 Hi-Nicalon SiC/SiC 复合材料均具有良好的高温疲劳性能，疲劳极限强度约为 100MPa。

　　法国学者 Alain Lacombe 等[153] 对 2D 编织 Hi-Nicalon SiC/SiC 复合材料基体展开深入研究，开发了以 Si-C-B 为体系的自密封基体。制备的 Hi-Nicalon SiC/SiC 复合材料密度为 $2.40 \sim 2.50g/cm^3$，孔隙率为 6% 左右，在空气气氛 120MPa 下进行拉 - 拉疲劳实验：600℃ 下疲劳寿命可达到 1000h 以上；1400℃ 下疲劳寿命达到 200h。

（3）应用现状

　　经过多年对制备工艺的优化，PIP 和 CVI 法现已成为 C/SiC 复合材料实际应用构件制备的两大主流，而 PIP、CVI 和 MI 是 C/SiC 复合材料实际应用构件制备的主流。连续纤维增强 C/SiC 复合材料的综合性能已达到实用水平，近年来应用研究也得到不断发展，包括复杂形状构件的结构设计与成形加工技术、应用环境下的性能考核与评估技术。C/SiC 复合材料目前的应用对象主要是发动机燃烧室、喉衬、喷管等热结构件以及飞行器机翼前缘、控制面、机身迎风面、鼻锥等防热构件[154]。

　　① C/SiC 在热防护系统上的应用　美国 X-38 空天飞机采用防热 / 结构一体化的热防护技术，C/SiC 复合材料由于兼有耐高温、密度低、抗氧化等特点而成为防热 / 结构一体化材料的首选。如图 12-22 所示，X-38 采用防热 / 结构一体化的全 C/SiC 复合材料组合襟翼，被认为是迄今为止最成功和最先进的应用，代表了未来热防护技术的发展方向[155]。

图 12-22　X-38 航天飞机中 C/SiC 复合材料应用示意图

　　德国 DASA 利用缠绕成形和 PIP 技术制备 C/SiC 复合材料防热构件[156,157]。复合材料的密度为 $1.8g/cm^3$，杨氏模量为 $60 \sim 70GPa$，而拉伸、压缩和弯曲强度分别达到 270MPa、370MPa 和 530MPa，1500℃ 时强度皆高于室温下的强度，在 1600℃ 空气中暴露 30min 后强度保留率为 80%，抗热震性能好，能用作可重复使用飞行器的防热构件。

日本国家航天实验室[158,159]利用 Ube 公司的含钛聚碳硅烷和 Si-Ti-C-O 纤维为原料，采用 PIP 技术制备了箱型防热面板，取代 HOPE-X 验证机部分刚性陶瓷瓦，在模拟再入大气层环境中进行了考核。考核中复合材料表面温度达到了 1310～1590℃，但表面催化效应并不明显。考核后，样品表面没有明显的退化现象，质量损失很小，但温度超过 1450℃后，质量损失速率随温度升高而增加，这是由表面封填玻璃层中 Na 的挥发以及复合材料中纤维和基体的分解造成的。

② C/SiC 在火箭发动机上的应用　美国 Hyper-Therm HTC Inc. 和空军实验室采用 CVI 技术制备了 C/SiC 复合材料液体火箭发动机推力室，长 457mm，喷管出口直径为 254mm，喉部直径为 35mm。目前已通过工作条件为 $H_2(g)/O_2(l)$ 推进剂、燃气温度 2050℃、燃烧室压力 4.1MPa、推力 1735.2N 的热试车考核，喉部烧蚀速率约为 $2.54×10^{-2}$mm/s[154]。

美国 Fiber Materials Inc. 制备出固体导弹姿轨控火箭发动机用 C_f/SiC 复合材料推力室（图 12-23）[154]。此推力室采用 PIP 工艺制备而成，材料密度为 2.0g/cm³，喉部直径为 5.08mm，壁厚不足 1.5mm。点火试车时固体推进剂火焰温度达到 2038℃，最大工作压力达到 17MPa，平均工作压力为 4.6MPa。完成 8.11s 试车考核后，推力室喉部直径变化仅为 1.5%。

图 12-23　固体火箭发动机 C/SiC 推力室

NASA 根据应用需要提出了"Uncooled"和"Actively Cooled"C/SiC 复合材料推力室的概念，并进行了演示验证[160]。图 12-24 是研制出的样品。"Uncooled"燃烧室的点火实验以 H_2（l）/O_2（l）为推进剂，最高压力 6.9MPa，点火 10s。过程中内层边壁稳态温度超过 1400℃，外层边壁温度约 500℃。实验结果显示，C/SiC 复合材料双壁结构设计方案能够满足 NASA 为简化推力室冷却问题而提出的"Uncooled"的要求。带冷却通道的 SiC_f/SiC 复合材料推力室的点火验证以 H_2（l）/O_2（l）为推进剂，燃烧室压力 2.7MPa，推力室内壁稳态最高温度超过 2370℃，通过了 30s 的热试车考核。

法国 SEP 公司采用 CVI 工艺制备出 Arian4 第三级液氢/液氧推力室 C/SiC 复合材料整体喷管[160]。该喷管长 1016mm，出口直径为 940mm，总质量仅 25kg，相比于同体积合金喷管，减轻了 50kg。1989 年该 C/SiC 喷管成功完成两次高空点火实验，喷管入口温度大于 1800℃，工作时间为 900s。该公司现已将 C/SiC 复合材料应用到 Arian5 上面级发动机身部。欧洲 Space Transportation 公司与 SEP 公司合作开展了 C_f/SiC 复合材料液体火箭发动机的应用研究。

在 1998 年进行了第一次地面热试车，点火实验时，燃烧室压力为 1MPa，喉部的最高工作壁温为 1700℃。该工况下，燃烧室累计工作了 3200s。2003 年，经改进后的 C/SiC 复合材料燃烧室在 1.1MPa 的室压下工作了 5700s，如图 12-25 所示。

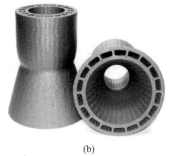

(a)   (b)

图 12-24　同轴双壁 C/SiC 燃烧室 (a) 和 SiC/SiC 复合材料推力室 (b)

图 12-25　C$_f$/SiC 复合材料燃烧室

此外，SEP 公司利用 CVI 技术制备出不同推力（5～6000N）的远地点卫星姿轨控发动机推力室，材料体系为 C/SiC 和 SiC/SiC。其中 C/SiC 推力室在 0.8～1.2MPa 的室压下进行了考核，寿命达到了 1000～2800s，最高壁温达到 1450～1700℃[161]。德国 DASA 十分重视 PIP 技术的发展，结合缠绕成形技术制备出多种 C$_f$/SiC 复合材料构件[162]。通过了室压 10MPa 条件下的考核，壁温达到 1277～1577℃，总共点火时间达到 34min，点火后无损检测没有发现明显的结构和外形变化。

美国空军超音速技术计划在模拟 Mach 8 巡航导弹工作环境中测试了多种用于超燃冲压发动机尾喷管、燃烧室侧壁和进气道唇口、侧壁的复合材料的性能。结果表明，带有抗氧化涂层的 C/SiC 复合材料能经受住 10min 的模拟环境考核，可用作一次性使用巡航导弹超燃冲压发动机中的进气道材料，并有希望用于温度高达 1940℃ 的燃烧室和喷管[163]。

法国 SEP 公司用 C/SiC 复合材料制作超燃冲压发动机燃烧室，与金属相比起到了减重、提高热效率的作用。先后制备出翼前缘、进气道、面板等构件，通过了 Mach 7 和 Mach 8 飞行条件的考核[164,165]。图 12-26(a) 为正在点火过程中的超燃冲压发动机 C/SiC 复合材料燃烧室，其长度为 1m，利用缠绕技术成形。图 12-26(b) 为在 Mach 8 飞行条件下考核 150s 后的 C/SiC 复合材料进气道前缘，考核后构件无明显的性能退化现象。

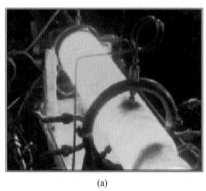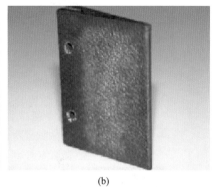

(a)　　　　　　　　　　　　　　　　(b)

图 12-26　正在点火的 C/SiC 复合材料燃烧室 (a) 和考核后的进气道前缘 (b)

③ SiC/SiC 在航空航天领域的应用现状　美国等西方发达国家在 SiC/SiC 复合材料发动机高温结构部件应用领域起步较早，如美国的 IHPTET 计划、UEET 计划、CFCC(Continuous Fiber Ceramic Composites) 计划，日本的 AMG(Advanced Materials Gas-Generator) 计划等，在发动机涡轮叶片、高效燃气轮机内衬、火箭发动机喷管、高推质比姿控和轨控发动机推力室、航天飞行器防热瓦等方面展开了大量研究，部分 SiC/SiC 复合材料构件已经达到应用水平。

在 IHPTET 计划中，Solar 公司[166]针对 Centaur50 发动机燃烧室的内外衬套开展了大量研究，结果表明 SiC/SiC 复合材料燃烧室衬套具有良好的抗氧化及高温可靠性，最长持续使用寿命达到 15114h。在 UEET 计划的支持下，NASA[167]对发动机燃烧室的衬套及涡轮叶片等构件开展了大量研究工作。考核了 SiC/SiC 复合材料倾斜过渡区衬套及燃烧室衬套的工况环境使用性能。具体考核条件为：0.6 ～ 0.8MPa 气压，水汽含量 10%，气流速率 50 ～ 100ft/s（1ft=30.48cm），工作温度 1315 ～ 1465℃。经过 180h 服役后，倾斜过渡区衬套整体完好且与周围金属部件结合稳定；燃烧室衬套有效服役时间超过 1000h。考核结果表明 SiC/SiC 复合材料高温服役情况良好，证明其具有优异的高温稳定性及可靠性。NASA Glenn 研究中心[168-170]对 SiC/SiC 复合材料涡轮叶片进行了大量研究。在 0.6MPa 气压下，气流速率为 0.5kg/s，进行 102 次热循环后，SiC/SiC 复合材料涡轮叶片无明显损伤，而合金叶片出现了明显的融化和剥落现象（图 12-27）。

在 HSR/EPM 计划中，Glenn 研究中心制备了 SiC/SiC 复合材料燃烧室的多个部件，并在模拟发动机环境下进行了模拟实验[171-175]。在 ERA(The Environmentally Responsible Aviation) 计划的支持下，NASA 研究制造的航空发动机部件采用大量陶瓷基复合材料，为发动机整体减重近 30%，并且极大地提升了工作温度。图 12-28 为该计划制造的航空发动机[176]。

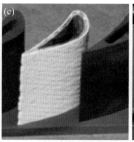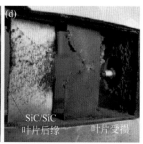

图 12-27　SiC/SiC 复合材料叶片的制备及考核[117-119]

（a）SiC 纤维编织件；（b）叶片；（c）涂层后的叶片；（d）考核后

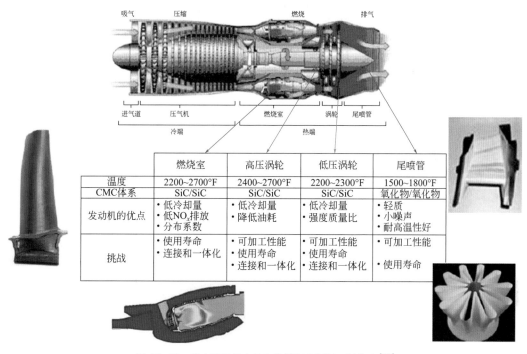

	燃烧室	高压涡轮	低压涡轮	尾喷管
温度	2200~2700°F	2400~2700°F	2200~2300°F	1500~1800°F
CMC体系	SiC/SiC	SiC/SiC	SiC/SiC	氧化物/氧化物
发动机的优点	• 低冷却量 • 低NO$_x$排放 • 分布系数	• 低冷却量 • 降低油耗	• 低冷却量 • 强度质量比	• 轻质 • 小噪声 • 耐高温性好
挑战	• 使用寿命 • 连接和一体化	• 可加工性能 • 使用寿命 • 连接和一体化	• 可加工性能 • 使用寿命 • 连接和一体化	• 可加工性能 • 使用寿命

图 12-28　航空发动机上的陶瓷基复合材料及其优点[177]

　　法国 Snecma 公司研发了 CERASEP 系列的 SiC/SiC 复合材料[178]。该系列 SiC/SiC 复合材料的火焰稳定器、燃烧室内外衬套等部件已经成功通过了力学、热学及高温耐久考核，部分构件已经应用在 M-88 型发动机上。考核结果表明：SiC/SiC 复合材料的火焰稳定器经历143h 的切向、轴向低周疲劳及 1180°C 热冲击实验无明显损伤，SiC/SiC 复合材料发动机燃烧室内外衬套经历了 180h 的热疲劳实验无明显损伤。

　　近年来，Snecma 公司[178-181]对 CERASEP 系列进行了升级，采用了 Hi-Nicalon 和 Hi-Nicalon S SiC 纤维，引入了"自愈合"组分以提高复合材料的力学性能和抗氧化性能。新型CERASEP 系列 SiC/SiC 复合材料的工作温度已接近 1400°C，成功应用于 CFM56 发动机混合器。法国还成功将 SiC/SiC 复合材料应用于战斗机的尾部喷管。法国与美国合作共同研发的F-100 发动机矢量密封调节片采用了 SiC/SiC 复合材料；幻影 2000 的 M53 发动机喷管内调节

第三篇　战略新材料

3

片也采用了 SiC/SiC 复合材料，如图 12-29 所示。

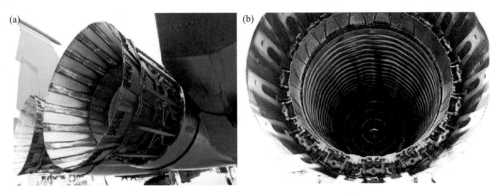

图 12-29　F-100、M53 发动机尾喷[128-130]
(a) F-100；(b) M53

12.2.2.2　氮化物陶瓷基复合材料

（1）氮化物陶瓷基复合材料的概念与种类　　• • •

氮化物陶瓷基复合材料是以 AlN、BN、Si_3N_4、SiBN 等氮化物陶瓷为基体，通常选用晶须、纳米线、连续纤维（如碳纤维、石英纤维、氮化物纤维）或陶瓷颗粒作为增强相所制备的一类复合材料。该材料继承了氮化物陶瓷优异的高温力学性能、热稳定性、抗热震性、耐磨性和耐烧蚀性等，在航空航天、国防军工、机械电子、车辆工程、能源化工等领域有着十分广阔的应用前景。

目前，连续陶瓷纤维增强的氮化物陶瓷基复合材料的主要应用是航天透波材料，与常用的石英基材料相比，使用温度得到大幅提升，是目前国内外新一代高温透波材料的研究热点。氮化物陶瓷基透波复合材料有不同的分类方法。根据选用复合材料基体成分的不同，可以分为 BN、Si_3N_4 及 SiBN 陶瓷基透波复合材料；根据选用增强相状态的不同，可以分为纤维增强和颗粒（晶须）增强氮化物陶瓷基复合材料；根据增强相成分的不同，可以分为氧化物增强和氮化物增强氮化物陶瓷基复合材料。比较常用的是第一种分类方法，其主要本征性能由基体材料决定，通过加入不同的增强相来改善相应基体的缺陷，进而得到热电力综合性能优异的复合材料。

（2）氮化物陶瓷基复合材料的制备工艺　　• • •

不同的材料体系其制备工艺有所不同，陶瓷基复合材料的制备工艺决定了增强相的原位强度、基体的组成和致密度以及增强相和基体的界面结合特性等，直接影响复合材料的各项性能。目前，氮化物陶瓷基复合材料的制备工艺主要有烧结法、化学气相渗透（CVI）法、凝胶注模（Gel-casting）法和有机前驱体浸渍裂解（PIP）法，下面分别对这几种工艺的特点进行介绍。

①烧结法　烧结法主要用于高温下制备单相陶瓷或颗粒增强的陶瓷基复合材料。常用方法主要包括反应烧结法、气压烧结法、热压烧结法和热等静压烧结法等[182]。然而，氮化物陶瓷大多是典型的离子或共价化合物，低温烧结时难以致密化，并且由于烧结性能较差，导致

其致密度和力学性能也较差，而且混料及烧结过程中的不确定因素限制了其优异性能的发挥。因此，传统的烧结方法难以制备高质量的氮化物陶瓷基复合材料。

② 化学气相渗透（CVI）法　化学气相渗透（Chemical Vapor Infiltration，CVI）法是在化学气相沉积（Chemical Vapor Deposition，CVD）法基础上发展起来的[183-186]。其典型工艺过程如下（如图 12-30 所示）：将纤维预制件置于 CVI 炉中，源气通过扩散或由压力差产生定向流动输送至预制件周围，然后向其内部扩散，气态前驱体在孔隙内发生化学反应并沉积，使孔隙壁的表面逐渐增厚。

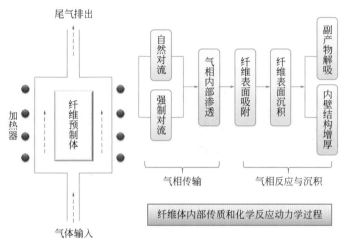

图 12-30　化学气相渗透（CVI）工艺流程图[187]

CVI 工艺的主要优点是：基体制备温度低，纤维受损伤小，材料内部残余应力小；能制备硅化物、碳化物、氮化物、硼化物和氧化物等多种陶瓷材料，并可实现微观尺度上的成分设计；在同一 CVI 反应室中，可依次进行纤维 / 基体界面、中间相、基体以及部件外表涂层的沉积；能制备形状复杂和纤维体积分数高的近净尺寸部件。

其不足之处主要有：基体的晶粒尺寸小，材料热稳定性低；基体的致密化速度慢，生产周期长，制备成本高；预制体的孔隙入口附近气体浓度高，入口附近的沉积速度大于内部沉积速度，容易形成"瓶颈效应"而产生密度梯度；制备过程中易产生具有强烈腐蚀性的产物。

③ 凝胶注模（Gel-casting）法　凝胶注模（Gel-casting）工艺起源于 1991 年，由美国橡树岭国家实验室发明，利用料浆内部或少量添加剂的化学反应作用使陶瓷料浆原位凝固成坯体，获得具有良好微观均匀性和较高密度的素坯，再进行陶瓷烧结[188-192]，其典型工艺流程过程如下（如图 12-31 所示）：把陶瓷粉末（含二氧化硅、氧化铝、氮化铝、氮化硅及烧结助剂）、预聚物单体（甲基丙烯酰胺和亚甲基双酰胺）和溶剂（水）混合成泥浆，浇入相应的模具中，干燥后加热至一定温度（500 ～ 600℃）去除有机物，脱模，高温烧结得到成品。

凝胶注模法的主要优点是：设备简单，可近净尺寸成形形状复杂、强度高、微观结构均匀、密度高、缺陷少的坯体。其缺点为：工艺周期长，有排胶污染处理问题；而且获得高质量陶瓷成品的关键点为控制好浆料黏度和干燥速率，以免内应力的产生导致陶瓷开裂或收缩不均。目前该工艺主要应用在碳化硅、氮化硅、赛隆、氧化锆、氧化铝等陶瓷材料构件方面。

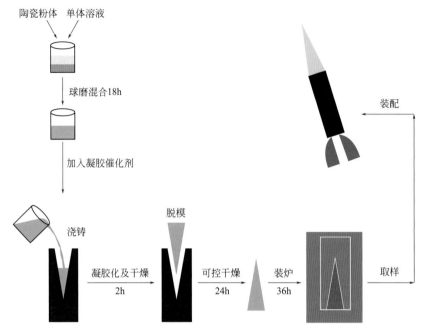

图 12-31　凝胶注模制备天线罩工艺流程[188]

④ 有机前驱体浸渍裂解（PIP）法　有机聚合物前驱体裂解转化制备陶瓷及其复合材料的工艺自诞生之日起即引起了人们的极大兴趣[182,183,193-195]。

与粉末成形并高温烧结的传统陶瓷工艺相比，PIP 工艺具有以下特点：

- 前驱体的分子可设计性。利用有机合成的丰富手段，通过分子设计可以合成出所需组成与结构的前驱体，进而实现对最终复合材料陶瓷基体的组成、结构与性能的设计与控制。此外，通过分子设计还可使多相材料中各组分达到分子水平上的均匀分布，从而避免因化学成分和微观结构不均匀所造成的性能缺陷。

- 良好的工艺性。常规方法难以实现纤维特别是编织物与陶瓷基体的复合，而陶瓷前驱体属于有机高分子，具有高分子工艺性能较好的优点，可借鉴纤维增强聚合物基复合材料的成形方法制备复杂形状构件的坯体或预制体，并可在预成形体中加入填料制备多相组分的复合材料。

- 制备温度低。传统的陶瓷材料烧结一般需要高温并引入烧结助剂，而前驱体聚合物在较低温度下就可基本完成陶瓷化，较低的制备温度大大减小了高温对增强纤维的损伤。前驱体转化过程中不需添加烧结助剂，可制备较纯净的材料，并可避免内部成分及显微结构的不均匀，从而提高复合材料的整体性能。而且，低温制备工艺有利于降低能耗和成本。

- 良好的可加工性。传统的陶瓷材料一经烧结，硬度非常高，很难实施精加工。PIP 工艺通过类似于树脂基复合材料的制备方法，经成形裂解后获得强度较高、密度较低的中间产品，可在中途实施精加工，得到精确尺寸的构件，从而易实现近净成形。

因此，采用前驱体转化工艺进行氮化物陶瓷基复合材料制备，根据不同的应用环境，对复合材料的组成、结构、性能及制备工艺参数进行有针对性的优化，相比其他方法，具有一定特色和优势。

（3）氮化物陶瓷基复合材料的应用 · · ·

氮化物陶瓷基复合材料具有非常优异的热稳定性、抗热震性能和介电性能，而且在很宽的温度范围内具有良好的热物理性能和介电性能的稳定性，因此，在各类高速航天飞行器的电磁传输窗口上具有广泛而重要的应用，尤其在高温透波材料领域，与二氧化硅材料相比，氮化物陶瓷的力学性能、耐高温性能、耐烧蚀性能更加优异，是国内外新一代高温透波材料的研究热点。此外，氮化物陶瓷基复合材料在切割工具、轴承组件、汽车发动机的重要部件、冶金、机械工程的高性能部件、耐火材料、磨具材料等方面也有广泛的应用。

（4）氮化物陶瓷基复合材料的研究进展与发展动态 · · ·

① 材料体系及制备工艺研究进展与发展动态　对于高温透波材料，目前为止，还没有一种高温介电性能、高温强度、耐烧蚀、抗雨蚀和抗热冲击等综合性能均十分理想的单相陶瓷材料，于是人们对各种陶瓷材料进行优化设计，综合考虑各组分的特点，制备出整体性能更为优异的陶瓷基透波复合材料。氮化物陶瓷基复合材料作为高温透波材料的研究热点，国内外研究较多，不同的材料体系其制备工艺不同。

T.M. Place[196,197] 利用硼酸浸渍烧成法制备了三维正交 BN 纤维织物增强 BN 基复合材料（3D BN_f/BN）。该复合材料经高温处理后，可提高密度和介电性能，减少吸湿。此外，他还将 3D BN_f/BN 复合材料浸渍二氧化硅前驱体，经烧结、热压后制备出密度为 1.6g/cm³ 的 $BN_f/BN-SiO_2$ 复合材料，该材料的介电性能优良，介电常数为 3.20 ~ 3.24，介电损耗为 0.0009 ~ 0.001（25 ~ 1000℃，9.375GHz），可用于再入温度超过 2200℃ 的环境。美国 Illinois 大学的 J. Economy 等[198,199] 首先采用 B_2O_3 纤维氮化法制备 BN 纤维，然后以氮化完全的 BN 纤维作增强体、部分氮化的 BN 纤维作基体，在温度 1400 ~ 2000℃、压力 2.76MPa 下热压烧结，得到高纯度、高密度且具有良好弯曲强度及导热性的 BN_f/BN 复合材料。采用正交铺排方式，当纤维体积分数为 50% 时，复合材料密度达到 1.85g/cm³。

上海硅酸盐研究所的郭景坤等[200] 将 BN 纤维和硅粉混合，采用反应烧结法制备了 BN 纤维增强 Si_3N_4 基复合材料（BN_f/Si_3N_4）。该材料密度为 2.0 ~ 2.4g/cm³，弯曲强度为 41 ~ 127MPa，介电常数为 3.96，损耗角正切值为 0.0067（9.375GHz）。陈明伟等[201] 以聚环硼氮烷甲苯溶液为基体，采用前驱体浸渍裂解工艺制备了 BN_f/BN 复合材料。复合材料的介电常数介于 3.50 ~ 3.70 之间，损耗角正切值介于 0.0013 ~ 0.0085 之间（2 ~ 18GHz），该材料透波性能优异。

山东工业陶瓷研究设计院的张铭霞等[202] 以全氢聚硅氮烷（PHPS）为前驱体，采用前驱体浸渍裂解法制备了 BN 纤维织物增强陶瓷透波材料。经过 4 个周期的循环，材料密度达到 1.5g/cm³，室温弯曲强度达到 39.6MPa。裂解过程中，PHPS 与 BN 纤维发生了强界面反应，导致复合材料力学性能偏低。

航天材料及工艺研究所[203] 以聚硅氮烷为前驱体制备了石英纤维增强氮化硅（SiO_{2f}/Si_3N_4）复合材料，材料的密度为 1.90 ~ 2.50g/cm³，拉伸强度为 64.7MPa，拉伸模量为 14GPa，介电常数为 3.20 ~ 3.25，损耗角正切值低于 0.003。同时制备了密度为 1.71g/cm³ 的 $SiBN_f/Si_3N_4$ 复合材料，该材料在室温至1200℃的范围内，介电常数为2.65～3.20，损耗角正切值低于0.01。余娟丽等[204]采用PIP法制备了一种SiBN纤维增强SiBN基（SiBN$_f$/SiBN）复合材料，该材料在1250℃的高温下经向弯曲强度明显降低，但纬向弯曲强度基本保持不变。

G.Y. Li等[205]分别以聚硼氮烷和聚硼硅氮烷（PBSZ）作为BN涂层和SiBN陶瓷前驱体，采用PIP工艺制备了Si$_3$N$_{4f}$/BN$_c$/SiBN复合材料。研究发现，900℃烧结制备的复合材料表现出良好的宽频透波性能，7～18GHz介电常数和介电损耗值分别为4.0和0.009左右，满足透波材料的基本应用要求。此外，该复合材料拉伸强度和弯曲强度分别为18MPa和75MPa。

国防科技大学自2003年以来，积极开展氮化物基透波复合材料的研究工作[206-209]，并在国内率先采用PIP工艺，以聚硅氮烷、聚硼氮烷及聚硼硅氮烷为前驱体制备出综合性能良好的SiO$_{2f}$/氮化物、氮化物纤维/氮化物以及SiO$_2$/SiBN复合材料。李端等[210]以环硼氮烷为前驱体采用PIP工艺制备了单向氮化硼纤维增强氮化硼基（BN$_f$/BN）复合材料。复合材料的密度为1.60g/cm^3，弯曲强度和断裂韧性分别为53.8MPa和6.88MPa·m$^{1/2}$，介电常数和损耗角正切值分别为3.07和0.0044（2～18GHz）。方震宇等[211]同样以环硼氮烷为前驱体制备了单向SiNO纤维增强氮化硼基（SiNO$_f$/BN）复合材料，1000℃制备的复合材料的弯曲强度和弹性模量分别为148.2MPa和26.2GPa，介电常数和损耗角正切值为3.83和0.0046。邹春荣等[212]以环硼氮烷为BN陶瓷前驱体，采用PIP工艺制备了2.5D Si$_3$N$_{4f}$/BN复合材料。复合材料室温弯曲强度高达132.6MPa，经1200℃和1300℃氧化30min后，原位弯曲强度分别达到101.2MPa和73.4MPa，高温力学性能明显优于SiNO$_f$/BN和SiO$_{2f}$/SiO$_2$复合材料。

② 界面调控技术研究进展与发展动态　在纤维增强陶瓷基复合材料中，纤维与基体间的结合界面尤为关键。当界面结合过强时，复合材料将发生脆性破坏，可靠性差；当界面结合过弱时，将影响载荷传递，纤维则起不到有效的增强作用，导致强度较低。此外，在材料的制备或使用过程中，纤维与基体还可能发生界面反应，导致纤维损伤致使材料失效。因此，界面调控技术成为一个非常值得关注的科学问题。

复合材料的增强相与基体相之间界面的性质会对复合材料的整体性能产生极为重要的影响。理想的界面相应具备多种功能，包括有效传递载荷、缓解界面应力、抑制元素扩散、保护增强纤维等。需要特别指出的是，界面相还应起到"松黏层"的作用，即当材料所受载荷过大时，界面能够适时地发生脱黏，使扩展到界面的基体裂纹发生偏转，从而对材料起到一定的保护作用，增强其可靠性。

在纤维增强陶瓷基复合材料的断裂过程中，基体首先产生裂纹，当裂纹扩展至纤维-基体界面时，会发生三种不同形式的裂纹扩展，导致如图12-32所示的不同断裂行为[213,214]。一是界面结合过弱，导致裂纹在基体中扩展过快，载荷无法有效传递到增强纤维上，复合材料发生非积聚型破坏，强度低而韧性高[图12-32（a）]；二是当纤维与界面结合过强，裂纹将贯穿纤维，导致复合材料发生脆性断裂[图12-32（b）]；只有当纤维与界面结合较为适中时，裂纹在界面处发生偏转并继续良性扩展，纤维有效发挥纤维桥联和纤维拔出等增强增韧机制[图12-32（c）]。

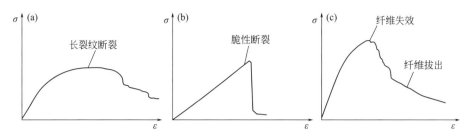

图 12-32　纤维增强陶瓷基复合材料的典型弯曲应力 - 应变曲线[213]

在陶瓷基透波复合材料的制备过程中，由于增强纤维的耐温性和结构稳定性通常有限，而基体的前驱体又具有较高活性和侵蚀性，因此最常发生的现象是纤维与基体因发生界面反应而结合过强，导致复合材料整体性能偏向脆性断裂。可见，为有效发挥纤维增强复合材料的优势，在尽量降低增强纤维的热损伤的同时，还应保证纤维和基体之间不发生强界面反应。

大量的研究表明，纤维涂层是一种行之有效的界面控制途径。作为界面的涂层必须与纤维和基体均具有良好的相容性，同时还应具有一定的高温稳定性。此外，涂层还必须具有较低的剪切强度，以使裂纹可在适当时机发生偏转。常用的纤维涂层主要有裂解碳、六方氮化硼（h-BN）、复杂氧化物等。其中，裂解碳、复杂氧化物等涂层材料由于介电性能的原因，不适用于透波材料；目前常用的耐高温透波界面相涂层材料主要有 h-BN 和 SiON 涂层。

h-BN 涂层是一种综合性能十分优异的功能陶瓷材料，具有许多优良的物理和化学特性。同时其类石墨的层状晶体结构使其力学、介电、热导率和热膨胀等性质具有明显的各向异性，可提供较弱的界面结合[215]。然而，由于氮化硼极高的熔点和涂层材料的结构特性，很难采用传统烧结工艺制备 h-BN 涂层。CVD 法是制备高质量 h-BN 界面相涂层的常用方法，其参数可调节范围大，制备成本相对较低，涂层产物均匀、致密，具有较高的纯度和优良的热力电性能。

西北工业大学的张立同等[216]发明了一种透波型 Si_3N_4 纤维增韧 Si_3N_4 陶瓷基复合材料的制备方法。首先，通过 CVD 方法在 Si_3N_4 纤维表面沉积一层 BN 保护涂层；之后采用聚硅氮烷浸渍裂解工艺制备含有较大气孔率的疏松态的 Si_3N_{4f}/Si_3N_4 复合材料；最后采用 CVD/CVI 方法在复合材料内部和表面继续填充高致密度的 Si_3N_4 基体和涂层，制得高纯度、透波性能优异的复合材料。

W.W. Men 等人[217]分别以聚硼氮烷（PBZ）和 PHPS 为 BN 涂层和 SiBN 陶瓷前驱体，通过 PIP 工艺和氨气氮化处理制备了 $Si_3N_{4f}/BN_c/SiBN$ 复合材料。研究表明，复合材料密度为 $1.83g/cm^3$，弯曲强度达到 96.8MPa，介电常数和损耗角正切值分别为 3.25 和 0.012，BN 界面涂层的引入能够有效弱化界面结合。

国防科技大学的高世涛[218]以环硼氮烷为氮化硼前驱体，采用化学气相沉积工艺，在石墨基底表面成功制备了 CVD h-BN 涂层，讨论分析了基底表面状态、沉积温度、沉积压力以及前驱体浓度等工艺参数对 h-BN 涂层微观形貌和组成结构的影响规律，并对不同沉积温度、气体流速和沉积压力下 h-BN 涂层的生长动力学进行了研究，分析模拟了环硼氮烷的热解反应过程和涂层的沉积机理。邹春荣在 Si_3N_{4f}/BN 复合材料中引入 CVD h-BN 界面相涂层，当沉积温度为 1100℃ 时，h-BN 涂层的生长过程受表面反应控制，所得涂层均匀致密，结晶程度高，且与 Si_3N_4 纤维结合紧密。$Si_3N_{4f}/BN_c/BN$ 复合材料中的 h-BN 界面相为高结晶的层状结构，与纤维和基体的理化相容性好，界面处未发生反应和扩散。当涂层厚度为 290nm 时，Si_3N_4 纤维和 BN 基体的界面剪切强度由无涂层时的 131.42MPa 下降至 110.6MPa，复合材料的弯曲强度和断裂韧性分别提高了 11.4% 和 22.6%。研究表明，CVD h-BN 界面相是纤维和基体之间良好的热应力缓冲层，而且层状结构有助于裂纹在其内部的扩展，从而改善了纤维和界面的界面结合。

SiON 涂层主要由 PHPS 转化制得。PHPS 以 Si-N 键为主链，侧基全部为 H，水解产物仅含有 Si、O、N 元素，不含游离碳，对透波材料的介电性能无影响，可应用于透波材料领域。PHPS 作为透波界面相涂层材料主要具备以下几点优势：

- 良好的溶解性。
- 优良的附着性。
- 转化方式简单多样，在室温下即可发生转化。
- 涂层性能十分优异。PHPS 经转化后最终会形成 SiON，其具有耐腐蚀、抗氧化、长期耐候性、耐高低温等特点。PHPS 在湿气或氨水催化的条件下，可实现 Si-N 和 Si-H 的水解缩合反应，进而形成 SiON。

近几年国内外已经制备出了许多基于 PHPS 的涂层产品，其优异性能逐渐被充分关注。德国的 IOM 研究所在 PET 薄膜上制备出了厚度为 100nm 左右的氧化硅涂层，并证实了涂覆涂层后的薄膜阻隔性能十分优异。Prager 等 [219] 将 PHPS 转化涂层应用于光伏器件领域，与物理气相沉积（Physical Vapor Deposition, PVD）法制备的 SiO_2 阻隔层相结合，PHPS 的引入大幅减少了 PVD 阻隔层中的缺陷，并延长了其使用寿命。日本先锋公司 [220] 将 PHPS 转化所得的二氧化硅涂层应用在了有机薄膜晶体管（Organic Thin Film Tranisitor, OTFT）的阵列上，由该晶体管制备的显示器光亮度得到了极大程度的提升，并且整个工艺是通过溶液实现涂覆，使得其制备效率得到大幅提升，大幅降低了生产成本。Morilier 等 [221] 将 PHPS 转化涂层应用在了太阳能电池领域，效果显著。

国内对于 PHPS 的研究主要集中在复合材料基体的制备，而以 PHPS 作为涂层的报道则很有限。胡龙飞等 [222,223] 成功将 PHPS 转化涂层应用在了聚酰亚胺薄膜的原子氧辐照上，取得了显著的实验结果。肖凤艳等 [224] 以硅片作为基底，将 PHPS 旋涂其上，在氨水条件下转化形成 SiO_x 涂层，优化了涂层的制备工艺，获得了性能优异的 SiO_x 涂层。张宗波等 [225,226] 利用直接加热的方法，在 PET 薄膜上制备了高硬度且疏水透明的 SiON 涂层。邵中华等 [227] 采用 PHPS 浸渍 - 热转化法，在碳纤维编织表面制备了 SiON 涂层，结果表明，有 PHPS 涂层的纤维编织体抗氧化性能得到显著提高，这为 PHPS 涂层在纤维编织体上的应用奠定了基础。

国防科技大学的侯寓博 [228] 系统研究了 PHPS 转化 SiON 涂层的工艺条件，发现采用 5% 的 PHPS 溶液进行浸渍，转化条件为 100℃，空气气氛条件下制备出的涂层纤维具有更优异的力学性能。当采用此涂层作为 Si_3N_{4f}/SiO_2 束丝复合材料的界面相时，其常温下拉伸强度较无涂层时提升了 15.8%，1200℃ 高温处理后的拉伸强度提升了 36.9%。

12.2.2.3　氧化物陶瓷基复合材料

氧化物 / 氧化物陶瓷基复合材料是指以氧化物陶瓷为基体，以氧化物纤维为增强纤维的复合材料。具有高强度、高模量、抗氧化、抗热震、耐腐蚀等优异性能，是航空航天用高温、有氧、长时服役的理想材料体系之一。

氧化物 / 氧化物陶瓷基复合材料由纤维增强相和陶瓷基体组成，目前研究较多的氧化物纤维主要有玻璃纤维、石英纤维、铝硅酸盐纤维、氧化铝纤维等，氧化物陶瓷基体主要有石英（SiO_2）、莫来石（Al_2O_3-SiO_2,Mullite）、氧化铝（Al_2O_3）、氧化锆（ZrO_2）、钇铝石榴石（$Y_3Al_5O_{12}$，YAG）、锂铝硅（LAS）等。为了进一步提高复合材料的耐温性，其增强纤维主要选用 Al_2O_3 或 Al_2O_3-SiO_2 连续纤维。目前商用化的连续纤维中，以美国 3M 公司生产的 Nextel™ 系列种类最多，应用也最为成熟。另外，还有 Dupont 公司的 FP 和 PRD-166 系列，日本 Sumitomo 公司的 Altex 系列、Nitivy 公司的 Nitivy ALF 系列，以及英国 ICI 公司的 Saffil 系列纤维等。氧化物 / 氧化物陶瓷基复合材料的制备方法有固相法（浆料 - 浸渗工艺、电子沉积工艺）、液相法（前驱体浸渍裂解工艺、溶胶 - 凝胶工艺），如图 12-33 所示。

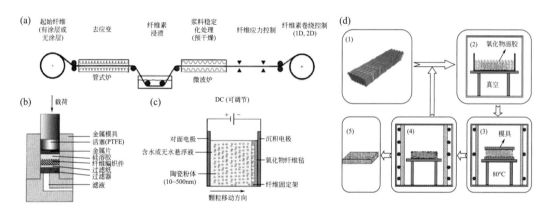

图 12-33　氧化物 / 氧化物陶瓷基复合材料的主要制备方法
（a）浆料 - 浸渗 - 缠绕工艺[229]；（b）浆料 - 浸渗 - 热压工艺[230]；（c）电子沉积工艺[231]；（d）溶胶 - 凝胶工艺

（1）固相法

固相法是目前制备氧化物 / 氧化物陶瓷基复合材料常用的方法，具体工艺过程如下：使用陶瓷微粉来配制低黏度、高固相含量的陶瓷浆料，随后用不同工艺使得浆料中的陶瓷微粉进入纤维束或者纤维布中，然后将纤维束或纤维布进行热压烧结，从而得到致密的氧化物 / 氧化物陶瓷基复合材料。根据引入浆料的形式不同，固相法可细分为以下几种。

① 浆料 - 浸渗工艺　浆料 - 浸渗工艺（SI）是制备氧化物 / 氧化物陶瓷基复合材料的传统方式，根据成形工艺的不同又可分为浆料 - 浸渗 - 缠绕工艺（SI-W）和浆料 - 浸渗 - 热压工艺（SI-HP）。

其中浆料 - 浸渗 - 缠绕工艺（SI-W）具体工艺流程如下：用配制好的陶瓷浆料来浸润纤维束，然后通过缠绕工艺制备出需要的构件形状，待浸渍充分的纤维预制件干燥后进行高温烧结，最终得到致密的氧化物 / 氧化物陶瓷基复合材料。工艺流程如图 12-33（a）所示。

浆料 - 浸渗 - 热压工艺（SI-HP）的具体工艺流程如下：将配制好的陶瓷浆料通过浸渍或者刷涂的方式引入纤维布或者纤维预制件中，最后放入模具中进行热压烧结（如果是纤维布，可以先将纤维布堆垛起来进行热压烧结），最终得到致密的氧化物 / 氧化物陶瓷基复合材料。工艺流程如图 12-33（b）所示。

浆料 - 浸渗工艺制备方法简单，制备周期短，适用于一些形状结构较为简单的部件制备。但浆料 - 浸渗工艺也存在以下缺陷：

- 高温烧结的温度过高，通常要高于 1200℃，但很多氧化物纤维经过 1200℃ 处理后纤维强度都有一定程度降低，高温处理对纤维的损伤过大。
- 基体在干燥、烧结过程中会发生体积收缩，在复合材料内部留下大量孔隙及裂纹，从而影响复合材料的整体性能。
- 不管最终的成形工艺是缠绕工艺还是热压工艺，都无法保证纤维束及纤维布在复合材料内有序均匀地分布，从而导致复合材料的各部分性能会出现明显差异。
- 复合材料的层间剪切强度较低，因为纤维束及纤维布的层间结合强度过低。

② 电子沉积工艺　电子沉积工艺（EPD）是一种制备氧化物 / 氧化物陶瓷基复合材料的新方法，其工艺具有简单易行、不需复杂设备、制备周期短以及制备成本低等特性。该工艺使用纳米级陶瓷微粉配制溶胶或者悬浮液，然后利用电子沉积工艺将溶胶或者悬浮液中的陶瓷颗粒通过电荷吸引原理引入纤维预制件中，最终将沉积完成的纤维预制件加压烧结，从而制备出致密的氧化物 / 氧化物陶瓷基复合材料。工艺流程如图 12-33（c）所示。

在电子沉积工艺中，所配制的溶胶或者悬浮液的黏度、浓度、pH 值以及颗粒尺寸都对复合材料的制备具有很大影响，此外，外加电场强度和电场持续时间也能影响其制备出的复合材料的整体性能。这些影响因素都将通过改变陶瓷颗粒的迁移速率来决定复合材料的致密化速率，并最终对复合材料的各方面性能产生影响。电子沉积完成后，热压烧结过程中的烧结温度、烧结压力同样也会影响复合材料的性能。因此，控制好上述参量，才能最终制备出致密的氧化物 / 氧化物陶瓷基复合材料，不然就有可能出现基体分布不均匀、基体中孔隙较多的问题。

（2）液相法

液相法是制备氧化物 / 氧化物陶瓷基复合材料较为成熟的方法，具体工艺过程如下：使用液相前驱体为浸渍料，通过不同工艺使得浸渍料进入纤维束或者纤维布中，通过在高温下浸渍料反应转化得到相应的陶瓷基体，然后循环浸渍 - 烧结的过程，最终得到致密的氧化物 / 氧化物陶瓷基复合材料。根据浸渍料转化的形式不同，液相法可细分为以下几种。

① 前驱体浸渍裂解工艺　前驱体浸渍裂解工艺（PIP）是一种不常用的氧化物 / 氧化物陶瓷基复合材料制备方法，其具体工艺流程如下：利用液相氧化物前驱体浸渍纤维预制件，通过固化、裂解等工艺制备得到氧化物基体，然后进行多次浸渍 - 固化 - 裂解过程，最终得到致密的氧化物 / 氧化物陶瓷基复合材料。液相氧化物前驱体通常是溶解在固定溶剂中的金属无机盐或者有机分子。

PIP 工艺的制备温度相对较低，能有效降低对氧化物纤维的热损伤，而且 PIP 工艺能实现近尺寸成形，适用于复杂构件的制备。但是 PIP 工艺对于制备氧化物 / 氧化物陶瓷基复合材料具有一定的局限性，因此没有广泛使用。其主要缺陷有：

- 液相氧化物前驱体制备工艺不成熟，现有的前驱体陶瓷产率过低，延长了复合材料的制备周期。
- 液相氧化物前驱体的成本过高，不利于大规模批量生产。
- 利用 PIP 工艺制备出的氧化物基体存在大量裂纹和孔隙，使得制备出的复合材料力学性能普遍偏低。

② 溶胶 - 凝胶工艺　溶胶 - 凝胶工艺（Sol-Gel）是制备氧化物 / 氧化物陶瓷基复合材料最常用、最便捷的方法，其具体的工艺流程如下：利用氧化物溶胶浸渍纤维预制件，通过干燥、烧结等工艺制得氧化物基体，然后进行多次浸渍 - 干燥 - 烧结过程，最终得到致密的氧化物 / 氧化物陶瓷基复合材料。氧化物溶胶通常是某种金属有机醇盐或其混合物。

溶胶 - 凝胶工艺成为制备氧化物 / 氧化物陶瓷基复合材料最常用的工艺得益于氧化物溶胶的优良品质：

- 氧化物溶胶常用作各种涂料的添加剂，因此来源十分广泛，氧化物溶胶成本也相对较低。
- 氧化物溶胶化学纯度高、可设计性强，可用于制备各种氧化物基体。
- 氧化物溶胶干燥温度低、烧结温度低，对氧化物纤维的热损伤较小。同时溶胶 - 凝胶工艺可用于制备复杂形状的构件，能实现近尺寸成形。

国内外对氧化物 / 氧化物陶瓷基复合材料开展了广泛研究并已进入实用阶段。

SiO_2/SiO_2 复合材料是典型的高温透波材料，可用于制备耐高温天线罩。但由于军事应用背景较强，国内外仅有少量关于其材料制备和基础性能研究方面的报道。早在 20 世纪 70 年代初，美国 Philco-Ford 公司、Genereal Electric 公司和先进材料实验室就采用溶胶 - 凝胶工艺制备了 3D SiO_2/SiO_2 复合材料，其中，Philco-Ford 公司研制的天线罩应用于美国"三叉戟"潜地导弹[232]。美国 Raytheon 公司制备了 2D SiO_2/SiO_2 复合材料，弯曲强度为 35MPa，能在 870℃ 工作 5min[233]，满足了短时高速飞行器天线罩的需求。

国内对 SiO_2/SiO_2 复合材料也开展了广泛的研究。哈尔滨工业大学贾德昌等采用真空热压烧结工艺制备了 SiO_2/SiO_2 复合材料，发现其强度和韧性显著优于石英玻璃，提高烧结温度有利于材料致密化，但纤维强度降级明显。航天材料及工艺研究所于佩志等对 2.5D SiO_2/SiO_2 复合材料的弯曲性能进行了研究，用数理统计的方法对总体均值进行了显著性检验，合理确定了测试的试验参数。中科院上海硅酸盐研究所徐常明等采用热压烧结工艺制备了单向 SiO_2/SiO_2 复合材料，发现热压烧结温度和压力对复合材料中方石英的析出有着显著的促进作用，国防科学技术大学宋阳曦等采用 Sol-Gel 工艺制备了 2D SiO_2/SiO_2 复合材料，发现 800℃ 制备的复合材料的弯曲强度最高（97MPa），介电常数约为 2.6。此外，国防科技大学田浩等采用 Sol-Gel 工艺制备了 3D SiO_2/SiO_2 复合材料，通过引入 SiC 微粉调节复合材料的介电性能，拓展了 SiO_2/SiO_2 复合材料在高温吸波材料领域的应用。由上面的分析可知，SiO_2/SiO_2 复合材料的介电性能优异，是理想的高温透波材料。然而，由于石英纤维存在高温析晶行为，导致 SiO_2/SiO_2 复合材料的力学性能偏低且使用温度不高（<1000℃）。

国内外学者针对高性能的氧化物陶瓷基复合材料展开研究，在应用于航空航天领域的耐高温异形热端部件方面已取得较大进展。

如图 12-34 所示，美国公司以莫来石为基体制备了陶瓷传送带，用于高温炉的连续传送带的结构件，该传送带的抗热震性能优异，而且不会发生氧化，能够满足大多数高温炉的使用要求[234]。日本 Hitachi 公司使用莫来石基体制备了高性能的电子封装元器件，用于电脑 CPU 的封装系统，效果显著[235]。美国 Umicore Indium Products 公司 Smis 等人制备了铝 - 莫来石陶瓷防弹板，该陶瓷防弹板具有良好的抗多重打击性能，并且防弹板的强度高，密度低，使它以后列装为军用设施的防弹装甲成为可能[236]。美国 Calidornia 大学 Carelli 等利用料浆 - 浸渗 - 缠绕工艺制备了室温拉伸强度约为 149MPa、1200℃ 处理 1000h 后强度保留率高达 97.3% 的 Nextel 720 纤维增强多孔莫来石 -Al$_2$O$_3$ 复合材料。该技术已用于制备复杂形状构件，如航空发动机燃烧室内外衬、直升机用轻质排风管和空间飞行器鼻锥等热端部件。德国航天中心采用铝硅酸盐纤维和莫来石基体制备了一系列异形结构产品，用于航空航天领域的热端部件上，其制备的航空发动机燃烧室隔热瓦已初步通过了各种环境模拟测试。美国国家航空航天局制备了一个用于航空发动机的陶瓷排气喷嘴，材料为 Nextel 610 纤维增韧莫来石复合材料，其适用温度为 1200 ~ 1600℃。该陶瓷排气喷嘴具有质轻、降噪、耐高温等特性，弥补了其他金属或者合金材料的缺陷。美国空军科学院 Ruggles-Wrenn 等系统研究了多孔氧化物 CMC 在空气、惰性气氛和水汽等环境中的蠕变行为。

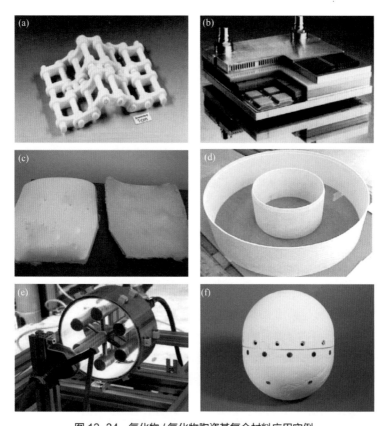

图 12-34 氧化物 / 氧化物陶瓷基复合材料应用实例
（a）传送带；（b）电子封装系统；（c）防弹板；（d）内外衬；（e）燃烧室隔热瓦；（f）返回舱

随着"碳中和"概念的提出，NASA 格林研究中心联合罗尔斯 - 罗伊斯公司 (Rolls-Royce Liberty Works)、COI 陶瓷公司 (COI Ceramics Inc.) 发起了环境责任航空项目 (Environmentally Responsible Aviation Project)。该项目开展了全尺寸航空发动机氧化物 / 氧化物陶瓷基复合材料混合装置的设计、制备及测试工作，旨在提高航空发动机尾气温度、降低氮氧化物的排放量，提高燃油经济性。COI 陶瓷公司负责复合材料的设计与制备，采用了 Nextel 610™ 纤维增强 Al_2O_3-SiO_2 陶瓷基复合材料，如图 12-35 所示。全尺寸样件在室温、316℃、371℃ 下进行了正弦振动测试。在 2014 年完成了室温下 1000000 次和 371℃ 下 100000 次循环周期疲劳测试，测试后样件没有发生经验性的破坏，表现出良好的稳定性。

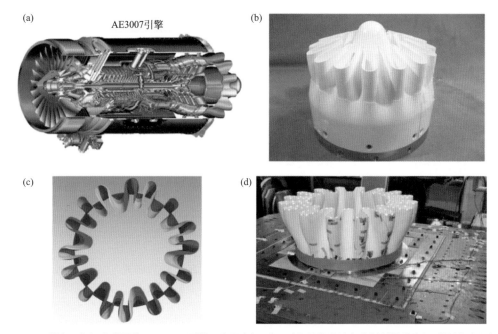

图 12-35　带有尾气混合装置的 AE3007 引擎示意图 (a)；全尺寸氧化物陶瓷复合材料样件 (b)；样件在本征频率下的仿真模拟 (c)；样件进行振动测试的场景 (d)[237]

氧化物 / 氧化物陶瓷基复合材料的抗氧化性能和介电性能优异、结构稳定性高、高温服役寿命较长，是应用于高温有氧环境的理想结构和功能材料。其主要的发展方向有：

① 开发高性能的氧化物纤维：可供选取的商业化氧化物纤维较少，且以多晶 AS 纤维为主，其高温强度和抗蠕变性能较差。利用掺杂和合理的晶体结构设计等手段，有望实现多晶 AS 纤维的高温结构和性能稳定化。

② 开发烧结温度低且高温性能稳定的氧化物基体：传统氧化物基体的烧结温度较高，导致增强纤维在复合材料制备过程中的热损伤较大。此外，氧化物基体与纤维在高温下的扩散反应较强，对纤维的化学损伤也较大，且容易形成强界面结合，通常需要进行界面调控，导致复合材料的制备过程烦琐且成本较高。

③ 制备三维复合材料：氧化物 / 氧化物陶瓷基复合材料多采用浆料 - 浸渗 - 缠绕 / 热压（SI-W/HP）工艺制备粗坯，成形产品多为一维或二维复合材料，且二维复合材料的层间剪切

强度较低。利用合适的液相前驱体浸渍纤维织物，制备三维复合材料，可以提高复合材料的层间剪切强度并实现近净尺寸成形，工业化前景更为广阔。

④ 拓展氧化物/氧化物陶瓷基复合材料的应用领域：当前，氧化物/氧化物陶瓷基复合材料主要作为高温结构材料使用，面向航空发动机燃烧室和尾喷管等热端部件。然而，从其优异的介电性能角度考虑，可以探索其在高温透波和吸波材料领域的应用。

12.3 我国在高性能陶瓷纤维及其复合材料领域的学术地位及发展动态

（1）高性能陶瓷纤维

连续碳化硅纤维是发展先进武器装备、航空、航天、核工业等必不可少的关键原材料，国际上仅日本、美国两国实现了工程化，但产品、技术和装备都对我国实行严格封锁。我国是世界上第三个能够完全自主工程化生产连续碳化硅纤维的国家，产业化方面已有数家企业建立了相应的生产线，产品性能已经能够达到日、美两国相应纤维牌号的水平，具备了第二代连续 SiC 纤维批量供应能力。目前第三代 SiC 纤维是当前国产化的重点，国内开展连续碳化硅纤维研究的大学主要有国防科技大学和厦门大学。总的来说，国内连续碳化硅纤维产学研用协同发展，快速提升了 SiC 纤维技术成熟度。

国内开展氮化物纤维研究的单位主要是国防科技大学。另外，中科院过程所和山东工业陶瓷研究设计院在氮化硼纤维研制、厦门大学在氮化硅纤维研制方面也逐步进入工程化阶段。国内氧化铝纤维发展进入快车道，山东大学和中科院上海硅酸盐研究所实现了部分氧化铝纤维型号的批量化制备。在我国重点装备研制需求牵引下，氮化物和氧化物陶瓷纤维进入了快速发展机遇期，将在未来 5 年形成一系列完全自主的纤维产品。

（2）高性能陶瓷基复合材料

在高性能陶瓷基复合材料方面，在国家重大科技工程的牵引下，国内在耐高温陶瓷基复合材料方面取得了巨大进步。国防科技大学、西北工业大学、哈尔滨工业大学、武汉理工大学、上海硅酸盐研究所、西安 43 所、航天科工 306 所等一批单位都开展了相关研究，已经形成成熟的前驱体转化法、化学气相沉积法、反应熔融浸渗法等几大工艺路线。其中，前驱体转化和化学气相沉积工艺制造的 C/SiC 复合材料已经在部分飞行器的空气舵/翼、大面积热防护面板和承载结构以及卫星镜筒等部位获得了应用，研究和应用水平已经达到国际领先水平；反应熔融浸渗法制造的 C/C-SiC 复合材料在某型号军机制动系统中获得了应用，研究和应用水平已经达到国际领先水平；SiO_2/SiO_2 和氮化物陶瓷基复合材料的研究水平国际领先，已经在透波领域获得了部分应用；对 SiC/SiC 复合材料开展了大量的基础研究和关键技术攻关，研究水平和国外基本相当，部分典型构件正在开展地面试车，但与国外已经在航空发动机中应用相比稍稍落后。目前国内成规模的研究制造单位仍主要集中在科研院所，同时也出现了西安鑫垚、西安超码和山东工陶等初具规模的企业，未来将有更多的企业参与到高性能陶瓷基复合材料的产学研进程中来。总的来说，国内高性能陶瓷基复合材料正处于发展的战略机遇期，未来 10 ～ 20 年可能迎来爆发式的应用。

12.4 作者团队在高性能陶瓷纤维及其复合材料领域的学术思想和主要研究成果

国防科技大学于 20 世纪 80 年代突破了前驱体转化制备连续 SiC 纤维和 SiC 复合材料技术，使我国成为继日本、美国之后，世界上第三个掌握该技术的国家，打破了国外技术垄断，引领了国内连续陶瓷纤维和液相法复合材料技术领域的发展。

（1）全面掌握连续 SiC 纤维核心技术，实现国防关键材料自主可控保障

突破了聚碳硅烷合成、熔融纺丝、空气不熔化和两步烧成等第一代连续 SiC 纤维制备关键技术，设计制造了国内首条年产吨级第一代连续 SiC 纤维试验线，制备的纤维性能达到国外先进水平，提供超过 1t 连续纤维、编织物等多种形式的产品，初步满足了航空发动机、空间碎片防护等应用需求。获得 3 项军队科技进步一等奖和 1 项国家科技进步二等奖。

建设了国内首条具有完全自主知识产权的第二代连续 SiC 纤维吨级试验线，在国内率先通过了中航工业集团组织的工艺评审和质量稳定性评审，向中航工业集团、航天科技集团、科学院、北航等单位提供纤维产品，保障了重大专项和重点型号的研制任务。积极推动军民融合成果转化，与宁波众兴新材料科技有限公司联合开展十吨级第二代连续 SiC 纤维产业化技术研究，2019 年生产线贯通运行，在线样品抽检表明性能达到 Hi-Nicalon 水平。

面向推重比 15 以上的航空发动机等使用温度超过 1300℃ 的应用需求，贯通了加氢脱碳烧成和控氧脱碳烧结两条技术路线，制备得到了 KD-S 和 KD-SA 两种牌号的第三代连续 SiC 纤维。KD-S 已具备年产百公斤级产能，KD-SA 是目前国内耐高温和抗氧化能力最好的 SiC 纤维，在惰性气氛和空气中使用温度达到 1800℃ 和 1400℃。

突破了吸波 SiC 纤维设计与制备难题，制备的纤维电阻率在 8 个数量级范围内可调节，解决了宽频吸波高温材料研制的关键原料瓶颈。已应用于部分装备，对提升我国舰艇、导弹等先进武器装备的隐身能力具有重要意义。

经过多年研究，国防科技大学在国内开创了前驱体转化制备陶瓷纤维的方法，形成了以高性能连续 SiC 纤维制备为鲜明特色的研究方向，掌握了具有完全自主知识产权的系列 SiC 纤维制备与工程化技术，纤维性能达到国际先进、国内领先水平。自主设计了 SiC 纤维研制及其工程化制备平台，建设了完备陶瓷纤维分析测试平台，形成了 7 项 SiC 纤维分析测试国家标准和 1 项 SiC 纤维国家军用产品标准，成为具有国际影响力的陶瓷纤维研究基地。陶瓷前驱体和纤维产品提供给国内多个研究单位，解决了我国航空、航天、兵器、能源等领域先进材料及部件研制的关键原料瓶颈，实现了国防关键材料自主可控保障。

（2）自主创新氮化物透波陶瓷纤维及复合材料技术，拓宽了我国耐高温透波材料的选材域

使用纤维增强陶瓷基复合材料作为天线罩已成为共识，但目前国内唯一成熟可用的石英透波纤维的最高耐温仅为 1000℃。国防科技大学研究团队在氮化物透波材料领域做出了有国际影响力的工作：突破了前驱体合成、纺丝、交联以及无机化等关键技术，成功研制了低碳低氧的耐温能力分别可达 1400℃、1600℃、1800℃ 的连续 Si_3N_4、SiBN、BN 透波陶瓷纤维，并在世界上首次实现了 SiBN 纤维的小批量生产，为耐高温承载透波一体化复合材料研制提供了关键原材料；国内首次合成出硼吖嗪、全氢聚硅氮烷、聚硼硅氮烷等无碳高纯氮化物陶瓷前驱体，并以之为基体材料，在国内最早系统开展石英 / 氮化物、氧化铝 / 氮化物、氮化硅 / 氮化物等新型氮化物透波材料体系研究，解决了现有石英系材料耐温性较差的瓶颈，材料短时使用温度提高到 1400℃；以自主合成的硼吖嗪前驱体为原料，国内首次开发出一种新型高产率、无污染的单组元低温 CVD-BN 材料制备技术，已成功应用于高温透波及其他耐高温复合材料界面相涂层；研究工作已支撑以氮化物复合材料天线罩等为代表的 10 余种重点装备型号的试验考核或定型列装。

（3）建立了覆盖宽温域的陶瓷基防热复合材料技术体系，在航空航天飞行器的发展中发挥了显著作用

国防科技大学在国内最早开展前驱体浸渍裂解（PIP）工艺制备陶瓷基防热复合材料的研究，建立了以 PIP 工艺为核心的制备技术体系，攻克了碳化硅陶瓷基复合材料耐高温、高强度、高韧性、抗氧化的关键技术，首次建立了国内液体火箭发动机复合材料喷管设计、制造与检测规范，具备了使用温度覆盖 1000～2200℃ 的系列产品批量化生产能力，实现了从材料制备到构件成形再到工程应用的跨越，是国内陶瓷基防热复合材料技术进步的重要推动者。目前已实现小批量生产与应用，研制的姿轨控推力室、尾喷管、空气舵、襟翼、防热面板、镜筒等部件，有力支撑了多种高速飞行器、导弹、运载火箭、卫星等的研制和定型，为我国军事和民用航天做出了重要贡献。

12.5 高性能陶瓷纤维及其复合材料近期研究发展重点

（1）高性能陶瓷纤维

我国空天装备迅猛发展、先进能源需求迫切，特别是我国下大力气解决关键原材料的"卡脖子"技术，高性能陶瓷纤维的研发对先进复合材料技术进步、对重大型号装备研制都具有十分重要的意义。当前，碳化硅、氮化硅、氧化铝等陶瓷纤维逐步获得国家科研专项支持，也取得了长足进步。部分纤维已经解决了有无问题，部分纤维技术还没有完全建立，还有部分纤维的制造成本还比较高，相对于应用要求，高性能陶瓷纤维的技术水平、产品种类、产业化能力还需要进一步提升。

对于连续碳化硅纤维，我国掌握了大部分纤维品种的制备技术，特别是航空发动机急需的第二代碳化硅纤维实现了从吨级到十吨级技术的跃升，相关产品性能达到了国外同类产品水平，进一步需要解决制造规模与成本的相互制约，推动产品规模应用不断增长与价格不断降低，为后续纤维发展提供样板。针对更高性能的发展需求，大力支持近化学计量比碳化硅纤维和高结晶度碳化硅纤维的工程化技术，尽快形成稳定的小批量生产能力，为进一步产业化奠定基础；同时，大力投入低成本碳化硅纤维和功能型碳化硅纤维的研发，推动碳化硅纤维制备原理与技术创新；加强碳化硅纤维在服役环境下的应用性能评价，建立碳化硅纤维应用选材的数据库，为碳化硅纤维增强复合材料的智能设计与智能制造奠定基础。

对于氮化物陶瓷纤维，国内已经积累了比较厚实的基础研究成果，结构功能一体化的特点更加鲜明，进一步以应用需求为导向开展技术攻关和体系创新，大幅提高技术成熟度和产品化是未来发展重点。一是大力推进氮化硅、氮化硼、硅硼氮等陶瓷纤维的工程化技术和应用研究，比如氮化物纤维/透波涂层一体化、氮化物纤维质量稳定性、低损耗低损伤编织等技术，完善氮化物纤维组成结构与服役性能数据库，实现从可用到好用的进步；二是重点解决氮化物陶瓷纤维的绿色经济的低成本制备技术，从源头创新氮化物陶瓷纤维的低成本制造技术，缩短技术路线，降低技术复杂度和工艺控制难度；三是另辟蹊径，持续探索新型氮化物陶瓷纤维的制备原理和新方法，研发使用温度更高、结构稳定性更好的新一代氮化物透波纤维，发展完全国产化、独创性的新型透波纤维和吸波纤维，引领先进复合材料及其部件的升级换代。另外，以过渡金属 Ti、Zr、Hf、Ta 的碳化物、硼化物或氮化物等为主要组成的耐超高温（>2000℃）连续陶瓷纤维必将也是将来的发展重点。

（2）高性能陶瓷基复合材料　• • •

我国武器装备的迅猛发展快速牵引了高性能陶瓷基复合材料从实验室走向工程化，快速推进了我国高性能陶瓷基复合材料领域研究和应用的大跨越发展。C/SiC、C/SiO$_2$、SiO$_2$/SiO$_2$、Al$_2$O$_3$/Al$_2$O$_3$ 等高性能陶瓷基复合材料都已经进入产业化和应用阶段，SiC/SiC 复合材料经过多年的基础研究也开始进入试验台试车阶段，SiCN、SiBC、SiBCN 等新型复合材料也在快速发展。部分材料性能和应用均达到国际先进水平，同时存在材料性能需要进一步提升、成本需要降低、部分原材料被国外"卡脖子"等问题。

针对耐超/极高温热结构材料的需求，深入开展耐超/极高温陶瓷基复合材料关键技术攻关，进行应用环境考核研究，获得材料相应和材料应用边界；针对可重复使用陶瓷基复合材料的需求，开展重复使用材料关键技术攻关，突破材料的重复使用、可靠性和耐久性等关键技术，为陶瓷基复合材料可重复使用奠定应用基础；针对高性能陶瓷基复合材料低成本化的需求，开展复合材料体系低成本制备工艺和新型低成本陶瓷基复合材料的研究，大幅降低材料成本。

瞄准先进航空航天发动机和新一代核反应堆需求，开展 SiC/SiC 复合材料性能提升和稳定化、先进环境障碍涂层、热力氧耦合环境性能演变规律等关键技术攻关，理清 SiC/SiC 复合材料的辐照损伤机理和腐蚀行为机理，满足先进航空航天发动机和新一代核反应堆研制的应用需求。针对耐温 1400℃ 以上天线罩材料的应用需求，开展新型硅硼氮纤维增强陶瓷基透波复合材料及天线罩的关键技术攻关，研发出 2～3 种耐温 1400℃ 以上透波新材料，持续引领天线罩材料技术创新发展。

12.6 / 高性能陶瓷纤维及其复合材料 2035 年展望与未来

（1）高性能陶瓷纤维 ····

连续陶瓷纤维是先进复合材料的关键基础原材料，尤其是陶瓷纤维先天的结构稳定性能，使其成为航空航天领域及其他极端服役环境的战略性原材料。随着我国航空航天技术和先进能源技术的不断提高，高性能陶瓷基复合材料的应用范围和应用比重日益增大，对新型陶瓷纤维提出了更多更迫切的结构与功能需求，同时对国产化陶瓷纤维的产业化进程注入了强大动力。我国进入第二个百年征程，特别是到 2035 年期间，我国高端装备的需求将迎来巨量增长，高性能陶瓷纤维作为关键原材料也将获得巨大的发展机遇，实现高性能陶瓷纤维从跟跑、并跑到领跑的跨越，产生一批具有国际竞争力的纤维产品和研发单位。

立足当前，高性能陶瓷纤维的发展道路仍需要克服诸多困难，形成有国际竞争力的产品体系，要下大力气补好短板，推动连续陶瓷纤维国产化技术体系创新和国产化工艺设备的研发，形成从原辅材料合成技术到纤维成形与转化装备技术的全产业链，形成工艺匹配性好、控制精度高且可靠耐用的国产化成套装备，真正实现高性能陶瓷纤维的国产化和产业化。

展望未来，形成有中国特色的高性能陶瓷纤维技术体系，要下大力气搞好自主创新，推动连续陶瓷纤维制备技术革新和原理创新，探索新的材料体系、新的技术手段和新的工程方案，实现陶瓷纤维的高性能化和低成本化，以探索一代、研发一代的思路支撑未来的应用需求；同时注重应用牵引与牵引应用相结合，充分发挥陶瓷纤维的可设计性和可调控性，推动陶瓷纤维的专用化和精细化，走多品种、小批量、系列化的特色发展之路，形成高性能陶瓷纤维的百花齐放、各有所长的产学研用格局。

（2）高性能陶瓷基复合材料 ····

高性能陶瓷基复合材料正在成为航空航天、武器装备、核能、高温工业等领域不可或缺的原材料。随着我国科技水平的不断提高和产业升级的不断发展，高性能陶瓷基复合材料的应用范围和应用比重将日益增大，对高性能陶瓷基复合材料的功能和性能提出了新的更高需求。到 2035 年高性能陶瓷基复合材料需求市场规模将达到百亿甚至千亿量级，对该方向的原材料、加工检测等上下游领域将产生巨大的带动作用。高性能陶瓷基复合材料将向结构功能一体化、极端服役环境应用、低成本化、可重复使用等方向发展。

未来，应着力发展碳化物、氮化物、氧化物等高性能陶瓷基复合材料组成结构设计和材料性能模拟方法，实现高性能陶瓷基复合材料的高效率研发和精准制造；同时大力发展高性能陶瓷基复合材料的新体系和新型成形制备工艺，推动高性能陶瓷基复合材料的专用化和精细化，走多品种、小批量、系列化的特色发展之路，满足不同应用场景需求；建立和完善高性能陶瓷基复合材料多应用环境模拟考核评价平台和评价方法体系，获得材料使役性能，实现高性能陶瓷基复合材料的精准应用。建成有代表性的国际领先的高性能陶瓷基复合材料研发基地，形成标准化、系列化、规范化的高性能陶瓷基复合材料产品，研发耐更高温、高强度、抗氧化、长寿命、可重复使用的高性能陶瓷基复合材料，研究和应用达到国际领先水平。

参考文献

[1] Yajima S, Okamura K, Josaburo H, et al. Synthesis of continuous SiC fibers with high tensile strength [J]. Journal of the American Ceramic Society, 1976, 59 (7-8): 324-427.

[2] Yajima S, Hasegawa Y, Hayashi J, et al. Synthesis of continuous silicon carbide fibre with high tensile strength and high Young's modulus[J]. Journal of Materials Science, 1978, 13(12): 2569-2576.

[3] 石南林. 高性能CVD法SiC纤维的研制[J]. 材料导报, 2000, 14(7): 53-54.

[4] Galasso F, Basche M, Kuehl K. Preparation, structure and properties of continuous silicon carbide filaments [J]. Journal of Applied Physical Letters, 1966, 9(1): 37-39.

[5] Ryu Z Y, Zheng J T, Wang M Z. Preparation and characterization of silicon-carbide fibers from activated carbon-fibers [J]. Carbon, 2002, 40(5): 715-720.

[6] Okada K, Kato H, Kubo R. Preparation of silicon carbide fiber from activated carbon fiber and gaseous silicon monoxide[J]. Ceramic Engineering and Science Proceedings, 1995, 16(4): 45-54.

[7] Dicarlo J A. Creep limitation of current polycrystalline ceramic fibers[J]. Composites Science and Technology, 1994, 51(2): 213-217.

[8] Dong S M, Chollon G, Labruge C, et al. Characterization of nearly stoichiometric SiC ceramic fibres[J]. Journal of Materials Science, 2001, 36: 2371-2381.

[9] Flores O, Bordia R K, Nestler D, et al. Ceramic fibers based on SiC and SiCN systems: current research, development, and commercial status[J]. Advanced Engineering Materials, 2014, 16(6): 621-636.

[10] Yajima S, Hayashi J, Omori M. Continuous silicon carbide fiber of high tensile strength [J]. Chemistry Letters, 1975, 4 (9): 931-934.

[11] 赵大方, 王海哲, 李效东. 先驱体转化法制备SiC纤维的研究进展[J]. 无机材料学报, 2009, 24(6) :1097-1104.

[12] Bunsell A, Piant A. A review of the development of three generations of small diameter silicon carbide fibres[J]. Journal of Materials Science , 2006, 41 (3): 823-839.

[13] Ishikawa T. Recent developments of the SiC fiber Nicalon and its composites, including properties of the SiC fiber Hi-Nicalon for ultra-high temperature[J]. Composites Science and Technology, 1994, 51 (2):135-144.

[14] Yamamura T, Ishikawa T, Shibuya M, et al. Development of a new continuous Si-Ti-C-O fibre using an organometallic polymer precursor[J]. Journal of Materials Science, 1988, 23(7): 2589-2594.

[15] Takeda M, Sakamoto J, Imai Y, et al. Thermal stability of the low oxygen content silicon carbide fiber, Hi-NicalonTM[J]. Composites Science and Technology, 1999, 59(6): 813-819.

[16] Seguchi T. New trend of radiation application to polymer modification irradiation in oxygen free atmosphere and at elevated temperature[J]. Radiation Physics and Chemistry, 2000, 57 (3-6): 367-371.

[17] Kumagawa K, Yamaoka H, Shibuya M, et al. Fabrication and mechanical properties of new improved Si-M-C-(O) Tyranno fiber[J]. Ceramic Engineering and Science Proceedings, 1998, 19 (3): 65-72.

[18] Yamaoka H, Ishikawa T, Kumagawa K. Excellent heat resistance of Si-Zr-C-O fibre[J]. Journal of Materials Science, 1999, 34: 1333-1339.

[19] Ichikawa H. Recent advances in Nicalon ceramic fibres including Hi-Nicalon type S [J]. Annales de Chimie Science des Matiaux, 2000, 25 (7): 523-528.

[20] Ishikawa T, Kohtoku Y, Kumagawa K, et al. High strength alkali-resistant sintered SiC fibre stable to 2200℃[J]. Nature, 1998, 391:773-775.

[21] Morishitaw K, Ochiai S, Okuda H, et al. Fracture toughness of a crystalline silicon carbide fiber (Tyranno-SA3) [J]. Journal of American Ceramic Society, 2006, 89 (8): 2571-2576.

[22] Lipowitz J, Rabe J A, Zank G A. Polycrystalline SiC fibers from organosilicon polymers[J]. Ceramic Engineering and Science Proceedings,1991, 12(9-10): 1819-1831.

[23] Lipowitz J, Barnard T, Bujalski D, et al. Fine-diameter polycrystalline SiC fibers[J]. Composites Science and Technology, 1994, 51 (2): 167-171.

[24] Yun H M, Dicarlo J A. Comparison of the tensile creep and rupture strength properties off stoichiometric SiC fibers[J]. Ceramic Engineering and Science Proceedings, 1999, 20(4): 259-270.

[25] 杨大祥. PCS 和PMCS 的新合成方法及高耐温性 SiC 纤维的制备研究[D].长沙: 国防科技大学, 2008.

[26] 王应德, 苟海涛, 韩成. 陶瓷织物及其空间碎片防护结构的超高速撞击特性研究[C]. 武汉：第十一届全国工程陶瓷学术年会, 2013.

[27] 曹适意. KD系列连续碳化硅纤维组成、结构与性能关系研究[D].长沙: 国防科技大学, 2017.

[28] Shiyi Cao, Jun Wang, Hao Wang. Effect of heat treatment on the microstructure and tensile strength of KD-II SiC fibers [J]. Materials Science & Engineering A, 2016, 673: 55- 62.

[29] Shiyi Cao, Jun Wang, Hao Wang. High-temperature behavior and degradation mechanism of SiC fibers annealed in Ar and N_2 atmospheres[J]. Journal of Materials Scicence, 2016, 51:4650-4659.

[30] 曹适意, 王军, 王浩, 王小宙. 自由碳的脱除对SiC 纤维微观结构和性能的影响[J]. 无机材料学报, 2016, 31(5): 529-534.

[31] Yuanfeng Gan, Xiaozhou Wang, Jun Wang, Hao Wang. Preparation and characterization of near-stoichiometric silicon carbon fibres [J]. RSC Adv., 2018, 8: 17453-17461.

[32] Gou Y Z, Wang H, Jian K. Facile synthesis of melt-spinnable poly- aluminocarbosilane using low-softening-point polycarbosilane for Si-C-Al-O fibers[J]. Journal of Materials Science, 2016, 51:8240-8249.

[33] Xie Z F, Gou Y Z. Polyaluminocarbosilane as precursor for aluminum containing SiC fiber from oxygen-free sources[J]. Ceramics International, 2016, 42:10439-10443.

[34] Gou Y, Jian K, Wang H, Wang J. Fabrication of nearly stoichiometric polycrystalline SiC fibers with excellent hightemperature stability up to 1900℃ [J]. J Am Ceram Soc, 2018,101:2050-2059.

[35] Chen Z Y, Li X D, Wang J, et al. Preparation of continuous Si-Fe-C-O functional ceramic fibers[J]. Trans. Nonferrous Met. Soc. China, 2007,17: 987-991.

[36] 王军. 含过渡金属 SiC 纤维的制备与电磁性能[D].长沙: 国防科技大学, 1997.

[37] 王军, 陈革, 宋永才. 含镍碳化硅纤维的制备及其电磁性能[J]. 功能材料, 2001, 32(1): 34-39.

[38] 刘军, 宋永才, 冯春祥. 低电阻率SiC 纤维先驱体的合成与表征[J]. 高分子材料科学与工程, 2001, 17(3): 34-37.

[39] 刘军, 宋永才, 冯春祥. 先驱体转化法制备低电阻率Si-C-O纤维[J]. 高分子材料科学与工程, 2001, 17(6):142-145.

[40] 王应德, 冯春祥, 王娟, 等. 具备吸收雷达波功能的三叶型碳化硅纤维研制[J]. 复合材料学报, 2001, 18(1) : 42-45.

[41] 姜勇刚, 王应德, 蓝新艳, 等. C形、中空截面碳化硅纤维的成形工艺研究[J]. 宇航材料工艺, 2004, 3: 22-26.

[42] 童林剑. 聚碳硅烷纤维在含氧气氛下电子束辐射交联和热氧化交联的研究[D].厦门: 厦门大学, 2009.

[43] Su Z M, Zhang L T, Li Y C, et al. Rapid preparation of SiC fibers using a curing route of electron irradiation in a low oxygen concentration atmosphere[J]. Journal of the American Ceramic Society, 2015, 98(7): 2014-2017.

[44] 张国建, 吴义伯, 刘春佳, 罗学涛. 控制热解气氛制备近化学计量SiC 纤维的研究[J]. 厦门大学学报, 2006,

45 (5): 683-687.

[45] Yu Y X, Tang X Y, Li X D. Characterization and microstructural evolution of SiC(OAl) fiber to SiC(Al) fiber derived from aluminum-containing polycarbosilane[J]. Composites, 2008, 39 (7): 1101-1105.

[46] 马小民, 冯春祥, 田秀梅, 赵玉梅, 杜亮. 国产连续碳化硅纤维的进展及应用[J]. 高科技纤维与应用, 2013, 38(5): 47-50.

[47] Sun X, Liu H T, Cheng H F. Oxidation behavior of silicon nitride fibers obtained from polycarbosilane fibers via electron beam irradiation curing [J]. RSC Advances, 2017, 7(75): 47833-47839.

[48] Hou Y B, Li B, Shao C W, et al. Effect of high-temperature annealing in air and N_2 atmosphere on the mechanical properties of Si_3N_4 fibers [J]. Materials Science and Engineering A, 2018, 724: 502-508.

[49] Hu X, Shao C, Wang J, et al. Characterization and high-temperature degradation mechanism of continuous silicon nitride fibers [J]. Journal of Materials Science, 2017, 52(12): 7555-7566.

[50] Yang X J, Li B, Li D, et al. High-temperature properties and interface evolution of silicon nitride fiber reinforced silica matrix wave-transparent composite materials [J]. Journal of the European Ceramic Society, 2019, 39(2-3): 240-248.

[51] Yang X J, Li B, Li D, et al. Sintering temperature dependent micro and macro mechanical properties of Si_3N_4f/SiO_2 composite materials [J]. Ceramics International, 2019, 45(17): 21931-21940.

[52] Yang X J, Li B, Li D, et al. Fabrication and oxidation resistance of silicon nitride fiber reinforced silica matrix wave-transparent composites [J]. Journal of Materials Science & Technology, 2019, 35(12): 2761-2766.

[53] Li S, Li Y, Xiao H, et al. Oxidation behavior of Si_3N_4 fibers derived from polycarbosilane [J]. Corrosion Science, 2018, 136: 9-17.

[54] Ogbuji L U J T, Opila E J. A comparison of the oxidation kinetics of SiC and Si_3N_4 [J]. Journal of the Electrochemical Society, 1995, 142(3): 925-930.

[55] Long X, Shao C, Wang Y. The effects of boron content on the microwave-transparent properties and high-temperature stability of continuous SiBN fibers [J]. J. Am. Ceram. Soc., 2020, 103:4436-4444.

[56] Xin Long, Changwei Shao, Yingde Wang. The formation of chemical/structural gradients in strong covalent bonded SiBN fibers under active nitrogen atmosphere [J]. Journal of the European Ceramic Society, 2021, 41: 3333-3340.

[57] Liu Y, Han K Q, Yu M H, et al. Fabrication and

properties of precursor-derived SiBN ternary ceramic fibers [J]. Mater. Des., 2017, 128(15): 150-156.

[58] Liu Y, Chen K, Peng S, et al. Synthesis and pyrolysis mechanism of a novel polymeric precursor for SiBN ternary ceramic fibers [J]. Ceramics International, 2019, 45(16): 20172-20177.

[59] Tan J, Ge M, Yu S, Lu Z, Zhang W. Microstructures and properties of ceramic fibers of h-BN containing amorphous Si_3N_4 [J]. Materials, 2019, 12: 3812-3820.

[60] Xin Long, Changwei Shao, Shanshan Wang, Jun Wang. Nanochannel -Diffusion Controlled Nitridation of Polycarbosilane for Diversified SiCN Fibers with Interfacial Gradient-SiC_xN_y Phase and Enhanced High-Temperature Stability [J]. ACS Applied Materials & Interfaces, 2019, 11(13): 12993-13002.

[61] Xin Long, Changwei Shao, Jun Wang. Continuous SiCN Fibers with Interfacial SiC_xN_y Phase as Structural Material for Electromagnetic Absorbing Applications [J]. ACS Applied Materials & Interfaces, 2019, 11(25): 22885-22894.

[62] Xin Long, Changwei Shao, Jun Wang, Yingde Wang. High-Temperature Microstructural Evolution of SiCN Fibers Derived from Polycarbosilane with Different C/N Ratios [J]. Journal of the European Ceramic Society, 2020, 40(3): 622-629.

[63] Opeka M, Talmy I G, Zaykoski J A. Oxidation-based materials selection for 2000℃+ hypersonic aerosurfaces: theoretical considerations and historical experience [J]. Journal of Materials Science, 2004, 39(19): 5887-5904.

[64] Scatteiaw L, Alfano D. Effect of the machining method on the catalycity and emissivity of ZrB_2 and ZrB_2–HfB_2-based ceramics [J]. Journal of the American Ceramic Society, 2008, 91(5): 1461-1468.

[65] Wuchina E, Opeka M, Causey S, et al. Design for ultra high temperature applications: the mechanical and thermal properties of HfB_2, HfC_x, HfN_x and Hf(N) [J]. Journal of Materials Science, 2004, 39(19): 5939-5949.

[66] Pienti L, Silvestronin L, Landi E, et al. Microstructure, mechanical properties and oxidation behavior of TaC- and HfC-based material scontaining short SiC fiber [J]. Ceramics International, 2015, 41(1): 1367-1377.

[67] Rubio V, Binner J, Cousiner S, et al. Materials characterisation and mechnical properies of Cf-UHTC powder compsites [J]. Journal of the European Ceramic Society, 2019, 39(4): 813-824.

[68] Wuchina E, Opila E, Opeka M. UHTCs: ultra-high temperature ceramic materials for extreme environment applications [C]. The Electrochemical Society Interface, Winter, 2007: 30-36.

[69] Ryu Z, Zheng J, Wang M, et al. Preparation and characterization of silicon carbide fibers from activated carbon fibers [J]. Carbon, 2002, 40: 715-720.

[70] Lu L, Feng C X, Song Y C. Curing polysilazane fibres by exposure to boron trichloride [J]. Journal of Materials Science Letters, 1998, 17(6): 481-484.

[71] Gupta S D, Ave H. Ceramic fibre and process therefor [P]. US: 5443771. 1995-8-22.

[72] Theodore F C. Inorganic fibers-a literature review [J]. Journal of the American Ceramic Society, 1991, 74(12): 2959-2978.

[73] Maxwell J I, Webb N, Hooper R, et al. High-strength refractory fibrous materlals [P]. US: 20160237595A1. 2016-8-18.

[74] Maxwell J L, Hooper R, Webb N, et al. Additive manufacturing of bulk refractory fiber within the Ta-Hf-C system for ultra high-temperature reinforced composite materials [A] // Composites at Lake Louise (CALL 2015) [C]. USA: Oklahoma State University, 2015.

[75] Yi G, Sayer M. An acetic acid/water based sol-gel PZT process I: Modification of Zr and Ti alkoxides with acetic acid [J]. Journal of Sol-Gel Science and Technology, 1996, 6(1): 65-74.

[76] 贾军. 二硼化锆陶瓷纤维的制备及其结构性能研究 [D]. 上海: 东华大学, 2013.

[77] Yajima S, Hayashi J, Omori M, Okamura K. Development of a SiC fiber with high tensile strength [J]. Nature, 1976, 261: 683-685.

[78] Colombo P, Mera G, Riedel R, Sorarù G D. Polymer-derived ceramics:40 years of research and innovation in advanced ceramics [J]. J Am Ceram Soc, 2010, 93: 1805-1837.

[79] Ichikawa H. Polymer-Derived Ceramic Fibers [J]. Annu. Rev. Mater. Res., 2016, 46: 335-356.

[80] Introducing pre-ceramic polymers, www.matechgsm. com.

[81] Introducing HfC-2000X structural ceramic fiber, www. matechgsm.com.

[82] Introducing TaC-1600X ceramic fiber, www. matechgsm.com.

[83] Cheng J, Wang X Z, Wang J, Wang H. Synthesis of a novel single-source precursor for HfC ceramics and its feasibility for the preparation of Hf-based ceramic fibres [J]. Ceramics International, 2018, 44(6): 7305-7309.

[84] Cheng J, Wang X Z, Wang J, Wang H, Hu S X. Synthesis, ceramic conversion and microstructure evolution of HfC-based nanocomposites derived from precursors with different nitrogen contents [J]. Journal of Alloys and Compounds, 2018, 764: 387-396.

第三篇 战略新材料

3

[85] 程军. 含铪耐超高温陶瓷先驱体及陶瓷纤维制备的基础研究[D]. 长沙：国防科技大学，2019.

[86] Tian Y, Ge M, Zhang W, et al. Metallocene catalytic insertion polymerization of 1-silene to polycarbosilanes [J]. Scientific Reports, 2015, 5(1): 16274-16279.

[87] Lv X, Yu S, Ge M, et al. Synthesis and microstructure of continuous composite ceramic fibres of ZrC/ZrB$_2$-SiC derived from polymeric precursors [J]. Ceramics International, 2016, 42(7): 9299-9303.

[88] 吕晓旭. ZrC/ZrB$_2$-SiC复相陶瓷纤维的制备研究 [D]. 北京: 中国科学院大学, 2017.

[89] Long X, Shao C, Wang H, et al. Single-source-precursor synthesis of SiBNC-Zr ceramic nanocomposites fibers [J]. Ceramics International, 2016, 42(16): 19206-19211.

[90] 龙鑫. 碳化锆复相陶瓷前驱体的合成与理化性能研究 [D]. 长沙：国防科技大学, 2016.

[91] 陈朝辉.先驱体结构陶瓷[M].长沙:国防科技大学出版社,2003.

[92] 张立同.纤维增韧碳化硅陶瓷复合材料——模拟、表征与设计[M].北京:化学工业出版社,2009.

[93] 肖鹏.高温陶瓷基复合材料制备工艺的研究[J].材料工程,2000,(2):41-44.

[94] DiCarlo J A, Bansal N P. Fabrication routes for continuous fiber reinforced ceramic composites [R]. NASA/TM-1998-208819.

[95] Katoh Y, Dong S M, Kohyama A. Thermo-mechanical properties and microstructure of silicon carbide composites fabricated by nano-infiltrated transient eutectoid process [J]. Fusion Engineering and Design, 2002, 61-62: 723-731.

[96] Haug T, Knale H, Ehrmann U. Processing, properties and structure development of polymer-derived fiber-reinforced SiC [J]. Journal of the American Ceramic Society, 1989, 72(2): 104-110.

[97] Nakano K, Kamiya A, Nishino Y, et al. Fabrication and characterization of three-dimensional carbon fiber reinforced silicon carbide and silicon nitride composites [J]. Journal of the American Ceramic Society, 1995, 78(10): 2811-2814.

[98] Naslain R. Design, Preparation and properites of non-oxide CMCs for application in engines and nuclear reactors: an overview [J]. Composites Science and Technology, 2004, 64(2): 155-170.

[99] 陈朝辉,李永清,张长瑞,等.先驱体法陶瓷基复合材料研究的进展[R].长沙:国防科技大学内部资料汇编,1997.

[100] 郑文伟.连续碳纤维增强碳化硅的制备工艺结构性能研究[D].长沙:国防科技大学, 1995.

[101] 赵稼祥.日本先进材料技术的研究与进展[R].北京:出国考察报告,1997.

[102] Kotani M, Inoue T, Kohyama A, Katoh Y, Okamura K. Effect of SiC particle dispersion on microstructure and mechanical properties of polymer-derived SiC/SiC composite [J]. Materials Science and Engineering: A, 2003, 357: 376-385.

[103] Kotani M, Inoue T, Kohyama A, Okamura K, Katoh Y. Consolidation of polymer-derived SiC matrix composites: processing and microstructure [J]. Composite Science and Technology, 2002, 62: 2179-2188.

[104] Kohyama A, Kotani M, Katoh Y, Nakayasu T, Sato M, Yamamura T, Okamura K. High-performance SiC/SiC composites by improved PIP processing with new precursor polymers [J]. Journal of Nuclear Materials, 2000, 283-287: 565-569.

[105] Kotani M, Katoh Y, Kohyama A, Narisawa M. Fabrication and oxidation-resistance property of Allylhydridopolycarbosilane-derived SiC/SiC composites [J]. Journal of the Ceramic Society of Janpan, 2003, 111:300-307.

[106] Dong S M, Katoh Y, Kohyama A, Schwab S T, Snead L L. Microstructural evolution and mechanical performances of SiC/SiC composites by polymer impregnation microwave pyrolysis (PIMP) process [J]. Ceramics International, 2002, 28: 899-905.

[107] Warren R. Ceramic Matrix Composites [M]. London: Chapman and Hall, 1992: 199-243.

[108] Yang W, Araki H, Kohyama A, Yang Q. Effects of heat treatment on the microstructure and flexural properties of CVI-Tyranno-SA/SiC composite [J]. Ceramics International, 2007, 33: 141-146.

[109] Katoh Y, Nozawa T, Snead L L, Hinoki T, Kohyama A. Property tailorability for advanced CVI silicon carbide composites for fusion [J]. Fusion Engineering and Design, 2006, 81:937-944.

[110] 周新贵.PIP法制备三维编织涂层碳纤维增强碳化硅复合材料的结构与性能[D]. 长沙：中南大学，2006.

[111] Zhu Y Z, Zhu S Z, Huang Z R, et al. Properties and microstructure of KD-I/SiC composites by combined process of CVI/RB/PIP [J]. Materials Science and Engineering A, 2008, 477: 198-203.

[112] Ortona A, Donato A, Filacchioni G, et al. SiC-SiC$_f$ CMC manufacturing by hybrid CVI-PIP techniques: process optimization [J]. Fusion Engineering and Design, 2000, 51-52: 159-163.

[113] Mu Y, Zhou W C, Wang C, et al. Mechanical and electromagnetic shielding properties of SiC$_f$/SiC composites fabricated by combined CVI and PIP process [J]. 2014, available online.

[114] Yun, Hee Mann, et al. Advanced SiC/SiC Ceramic Composites of Airbreathing and Rocket Propulsion Engine Components [C]// proceedings of JANNAF Conference.Charleston, SC, June, 2005.

[115] Bhatt, Ramakrishna T, et al. Method Developed for Improving the Thermomechanical Properties of Silicon Carbide Matrix Composites [R]. Research & Technology, 2003, NASA/ TM- 2004-212729.

[116] Krenkel W. Ceramic Matrix Composites-Fiber Reinforced Ceramics and their Applications [M]. Weinheim: WILEY-VCH, 2008: 113-139.

[117] Shin D W, Park S S, Choa Y H, et al. Silicon/silicon carbide composites fabricated by infiltration of a silicon melt into harcoal [J]. Journal of the American Ceramic Society, 1999, 82(11): 3251-3253.

[118] Harnisch B, Kunkel B, Papenburg U, et al. Ultralight weight C/SiC mirrors and structures [J]. ESA Bulletin, 1998, 95(8): 148-152.

[119] Rak S Z. A Process for C/SiC composites using liquid polymer infiltration [J]. Journal of the American Ceramic Society, 2001, 84(10): 2235-2239.

[120] Morscher G N. Advanced Woven SiC/SiC Composites for High Temperature Applications [R]. Ohio Aerospace Inst. /NASA Glenn Research Center, 2007.

[121] Kiser J D, Bhatt R T, Morscher G N, et al. SiC/SiC Ceramic Matrix Composites Developed for High-Temperature Space Transportation Applications [R]. NASA Glenn Research Center, 2005.

[122] Suzuki K, Kume S, Nakano K. Fabrication and characterization of 3D C/SiC composites via slurry and PCVI joint process [J]. Key Engineering Materials, 1999, 164-165: 113-116.

[123] Berbon M Z, Dietrich D R, Marshall D B, et al. Transverse thermal conductivity of thin C/SiC composites fabricated by slurry infiltration and pyrolysis [J]. Journal of the American Ceramic Society, 2001, 84(10): 2229-2234.

[124] Shimoda K, Park J S, Hinoki T, Kohyama A. Microstructural optimization of high-temperature SiC/SiC composites by NITE process [J]. Journal of Nuclear Materials, 2009, 386-388: 634-638.

[125] Katoh Y, Kohyama A, Nozawa T, Sato M. SiC/SiC composites through transient eutectic-phase route for fusion applications [J]. Journal of Nuclear Materials, 2004, 329-333: 587-591.

[126] Lee S P, Katoh Y, Kohyama A. Microstructure analysis and strength evaluation of reaction sintered SiC/SiC composites [J]. Scripta Materialia, 2001, 44: 153-157.

[127] Lee S P, Park J S, Katoh Y, et al. Process, microstructure and flexural properties of reaction

[128] Ivekovic A, Drazic G, Novak S. Densification of a SiC-matrix by electrophoretic deposition and polymer infiltration and pyrolysis process [J]. Journal of the European Ceramic Society, 2011, 31: 833-840.

[129] Novak S, Drazic G, Konig K, et al. Preparation of SiC$_f$/SiC composites by the slip infiltration and transient eutectoid (SITE) process [J]. Journal of Nuclear Materials, 2010, 399: 167-174.

[130] 闫联生, 王涛, 邹武, 等. 碳/碳化硅复合材料快速成型工艺研究 [J]. 宇航材料工艺, 1999, 29(3):38-41

[131] 王建方, 陈朝辉, 郑文伟, 等. 热压工艺在C$_f$/SiC复合材料制备中的应用 [J]. 航空材料学报, 2002, 22(3):22-25.

[132] 何新波. 连续纤维增强碳化硅陶瓷基复合材料研究 [D]. 长沙: 中南工业大学, 2000.

[133] Suzuki K, Kume S, Nakano K. Fabrication and characterization of 3D C/SiC composites via slurry and PCVI joint process [J]. Key Engineering Materials, 1999, 164-165: 113-116

[134] 乔生儒, 李玫, 韩栋, 等. 3D-C/SiC的高温弯曲性能和后处理对弯曲性能的影响 [J]. 机械强度, 2003,25(5):495-498.

[135] 简科, 陈朝辉, 陈国民, 等. 裂解升温速率对聚碳硅烷先驱体转化制备C$_f$/SiC材料弯曲性能的影响[J].材料工程,2003,(11):11-13.

[136] 罗国清, 乔生儒.加载速率对3D-C/SiC不同温度拉伸性能的影响[J].材料工程,2003,(10):9-10,39.

[137] 刘兴法.3D-C/SiC的高温拉-拉疲劳性能研究[D].西安:西北工业大学,2003.

[138] 杨忠学.3D-C/SiC的高温拉伸蠕变性能[D].西安:西北工业大学,2003.

[139] 曹英斌.先驱体转化热压工艺制备C/SiC复合材料工艺、结构、性能研究[D].长沙:国防科技大学,2000.

[140] Subodh K. Mital S. Influence of Constituents on the Properties of Melt-infiltrated SiC/SiC Composites [C]. // proceedings of 43rd AIAA/ ASME/ ASCE/ AHS/ ASC Structures, Structural Dynamics, and Materials Conference. Denver, Colorado, 2002.

[141] Sankar J, Kelkar A D, vaidyanathan R. Investigation of forced and isothermal chemical vapor infiltrated SiC/SiC ceramic matrix composotes [R]. ORNL/Sub/88-SC423/01.

[142] DiCarlo J A, et al. High- Performance SiC/SiC Ceramic Composite Systems Developed for 1315℃ Engine Components [R]. Research & Technology 2003, NASA/ TM- 2004-212729: 12-13.

[143] DiCarlo J A, Yun H M. High- Performance SiC Fiber Developed for Ceramic Composites [R]. Research &

第三篇　战略新材料

3

Technology, 2001, NASA/ TM- 2002-211333:8-9.

[144] Morscher G N, Hurst J B. Ceramic Composite Intermediate Temperature Stress- Rupture Properties Improved Significantly [R]. Research & Technology, 2001, NASA/ TM- 2002- 211333: 22-23.

[145] Bhatt R T, DiCarlo J A. Method Developed for Improving the Thermomechnical Properties of Silicon Carbide Matrix Composites [J]. Research & Technology, 2003, NASA/ TM- 2004- 14254: 20- 21.

[146] DiCarlo J A, Yun H M, Bhatt R T. Advanced SiC/SiC Ceramic Composite Systems Developed for High-Temperature Structural Applications [R]. NASA Gleen Research Center, 2005.

[147] Vipul Aharma. Effects of Temperature and Steam Environment on Fatigue Behavior of Three SiC/SiC Ceramic matrix Composites [R]. AFIT/ GAE/ ENY/ 08- S02.

[148] Delapasse Jacob. Fatigue Behavior of An Andvanced SiC/SiC Composites with An oxidation Inhibited Matrix at 1200℃ in Air and in Steam [R]. AFIT/ GAE/ ENY/ 10- M07.

[149] Ruggles- Wrenn M B, Christensen D T, Chamberlain A L, et al. Effect of frequency and environment on fatigue behavior of a CVI SiC/SiC ceramic matrix composite at 1200℃ [J]. Composites Science and Technology, 2011, 71: 190-196.

[150] Zhu S, Mizuno M, Kagawa Y, et al. Monotonic tension, fatigue and creep behavior of SiC- fiber- reinforced SiC- matrix composites: a review [J]. Composites Science and Technology, 1999, 59: 833-851.

[151] Zhu S J, Mizuno M, Nagano Y, et al. Tensile creep behavior of a SiC- fiber/ SiC composite at elevated temperatures [J]. Composites Science and Technology, 1997, 57: 1629-1637.

[152] Zhu S J, Mizuno M, Kagawa Y, et al. Creep and fatigue behavior of SiC fiber reinforced SiC composite at high temperatures [J]. Materials Science and Engineering A, 1997, 225: 69-77.

[153] Alain Lacombe, Patrick Spriet. Ceramic Matrix Composites to make breakthroughs in aircraft engine performance [C]// proceeding of 50th AIAA/ ASME/ ASCE / AHS/ ASC Structure, Structural Dynamics, and Materials Conference. 2009.

[154] 马彦,马青松,陈朝辉.连续纤维增强陶瓷基复合材料国外应用研究进展[J].材料导报,2007,21:401-404.

[155] Anderson B L. X-38 program status/overview [C]. Arcachon: 2nd Inter Symp Atmospheric Reentry Vehicles and Systems, 2001.

[156] Wulz H G, Trabandt U. Large integral hot CMC structures designed for future reusable launchers [C]. Atlanta: AIAA, 1997: 1-10.

[157] Muühlratzer A, Handrick K, Pfeiffer H. Development of a new cost-effective ceramic composite for re-entry heat shield applications [J]. Acta Astronautica, 1998, 42(9): 533-540.

[158] Ishikawa T, Ogasawara T. Overview of development activities of spaceplane components using NUSK-CMC (CMC with continuous Si-Ti-C-O fiber) [C]. Kyoto: AIAA, 2001: 1-10.

[159] Ogasawara T, Ishikawa T, Matsuzaki T. Thermal response and oxidation behavior of Si-Ti-C-O fiber/Si-Ti-C-O ceramic matrix composites under atmospheric re-entry conditions [C]. Kyoto: AIAA, 2001: 1-7.

[160] 张建艺.陶瓷基复合材料在喷管上的应用[J].宇航材料工艺,2000,(4):14.

[161] Mathieu A, Monteuuis B, Gounot V. Ceramic matrix composite materials for a low thrust bipropellant rocket engine [C]. Orlando: AIAA, 1990: 1-8.

[162] Beyer S, Knabe H, Strobel F. Development and Testing of C/SiC Components for Liquid Rocket Propulsion Applications [C]. Los Angeles: AIAA, 1999: 1-12.

[163] Dirling R B. Progress in materials and structures evaluation for the HyTech program [C]. Washington: AIAA, 1998: 1-11.

[164] Bouquet C, Fischer R, Larrier J M, et al. Composite technologies development status for scramjet applications [C]. Norfolk: AIAA, 2003: 1-9.

[165] Uhrig G, Larrieu J M. Towards an all composite SCRAMJET combustor [C]. Indianapolis: AIAA, 2002: 1-11.

[166] Mark van Roode, Jeff Price, Naren Miriyala, et al. Ceramic Matrix Composite Combustor Liners: A Summary of Field Evaluations [J]. Journal of Engineering for Gas Turbines and Power, 2007, 1 (129): 21-30.

[167] Craig Robinson R, Michael J Verrilli. Combustor and Vane Features and Components Tested in a Gas Turbine Environment [OL]. http:// www. Grc. Nasa. gov/ WWW/ EDB/.

[168] Ichael V, Anthony C, Robinson R C. Characterization of ceramic matrix composite vane subelements subjected to rig testing in a gas turbine environment [C]// 5th International Conference on HighTemperature Ceramic Matrix Composites. 2004: 499.

[169] Craig Robinson R, Kenneth S Hatton. SiC/SiC Leading Edge Turbine Airfoil Tested Under Simulated Gas Turbine Conditions [R]. NASA/CR-1999-209314.

[170] Pappu L N Murthy, Noel N Nemeth, et al. Probabilistic analysis of a SiC/SiC ceramic matrix composite

turbine vane [J]. Composites: Part B. 2008, 39: 694-703.

[171] Sun J G, Verrilli M J, Stephan R, et al. Nondestructive Evaluation of Ceramic Matrix Composite Combustor Components [C]// review of progress in Quantitative Nondestructive Evaluation. 2002,22: 1011-1018.

[172] Michael J Verrilli. Evaluation of Post-Exposure Properties of SiC/SiC Combustor Liner Tested in the PQL Sector Rig [R]. NASA/TM-2002-211380.

[173] Michael J Verrilli. RQL Sector Rig Testing of SiC/SiC Combustor Liners [R]. NASA/TM-2002-211509.

[174] Brewer D, Ojard G, Gibler M. Ceramic Matrix Composite Combustor liner Rig Test [C]// proceedings of Turbo Expo 2000: ASME Turbo Expo, Land, Sea & Air , May 8-11, 2000, Munish, Germany, paper TE00CER03-03,May, 2000.

[175] Ojard G, Stephan R, Naik R, et al. NASA Rich Burn Quick lean Burn Sector Rig SiC/SiC CMC Testing [C]// proceedings of 24th Annual Conference on Composites, Materials, and Structures, Cocoa Beach, FL, Jan, 2000.

[176] Christopher E Hughes. Air Engine Technology for Green Aviation to Reduce Fuel Burn [C]// 3rd AIAA Atmospheric Space Environments Conference. 27-30 June 2011, Honolulu, Hawaii. AIAA 2011-3531.

[177] Alain Lacombe, Patrick Spriet, Eric Bouillon, et al. Ceramic Matrix Composites to make breakthroughs in aircraft engine performance [C]// 50th AIAA/ ASME/ ASCE/ AHS/ ASC Structures, Structural Dynamics, and Materials Conference. 4-7 May 2009, Palm Springs, California.AIAA 2009-2675.

[178] 梁春华.纤维增强陶瓷基复合材料在国外航空发动机上的应用[J].航空制造技术, 2006(3): 40-45.

[179] John B Wachtman Jr, Robert B Schulz, Ray Johnson D. Transportation, energy and ceramics [C]// Proceedings of the 15th Annual Conference on Composites and Advanced Ceramic Materials, Part 1 of 2: Ceramic Engineering and Science Proceedings, Volume 12, Issue 7/8. John Wiley & Sons, Inc., 1991: 947-956.

[180] Bouillon E P, Spriet P C, Habarou G. Engine test experience and characterization of self sealing ceramic matrix composites for nozzle application in gas turbine engines [C]// Proceedings of AMSE Turbo EXPO, Atlanta, Georgia, USA, 2003.

[181] Bouillon E P, Spriet P C, Habarou G. Characterization and Nozzle Test Experience of a Self Sealing Ceramic Matrix Composite for Gas Turbine Applications [C]// Proceedings of ASME Turbo EXPO, Amsterdam, The Netherlands, 2002.

[182] Paine R T, Narula C K. Synthetic routes to boron nitride [J]. Chem. Rev., 1990, 90: 73-91.

[183] 张长瑞, 郝元恺. 陶瓷基复合材料——原理、工艺、性能与设计[M]. 长沙: 国防科技大学出版社, 2000.

[184] Lourie O R, Jones C R, Bartlett B M, et al. CVD growth of boron nitride nanotubes [J]. Chem. Mater., 2000, 12: 1808-1810.

[185] 侯向辉, 李贺军, 刘应楼, 等. 先进陶瓷基复合材料制备技术——CVI 法现状及进展[J]. 硅酸盐通报, 1999, 18(2): 32-36.

[186] Byung J O, Young J L, Doo J C. Febrication of carbon/ silicon carbide composites by isothermal chemical vapor infiltration, using the in situ whisker-growing and matrix-filling process [J]. J. Am. Ceram. Soc., 2001, 84(1): 245-247.

[187] 李斌, 李端, 张长瑞, 等. 航天透波复合材料——先驱体转化氮化物透波材料技术[M]. 北京: 科学出版社, 2019.

[188] Kirby K W, Jankiewicz A, Janney M, et al. Gelcasting of GD-1 ceramic radomes [C]// Proceedings of the 8th DoD Electromagnetic Windows Symposium, Colorado Springs, CO, 2000.

[189] Omatete O, Janney M A. Method for molding ceramic powders using a water-based gel casting [P]. US Patent, 5028362, 1991.

[190] Yu J L, Wang H J, Zhang J, et al. Effect of monomer content on physical properties of silicon nitride ceramic green body prepared by gelcasting [J]. Ceram. Int., 2009, 35(3): 1039-1044.

[191] Ma J T, Xie Z P, Huang Y, et al. Gelcasting of ceramic suspension in acrylamide/ polyethylene glycol systems [J]. Ceram. Int., 2002, 28(8): 859-864.

[192] Ma J T, Xie Z P, Huang Y, et al. Gelcasting of alumina ceramics in the mixed acrylamide and polyacrylamide systems[J]. J. Eur. Ceram. Soc., 2003, 23(13): 2273-2279.

[193] Nakano K, Kamiya A, Nishino Y, et al. Fabrication and characterization of three-dimensional carbon fiber reinforced silicon carbide and silicon nitride composites [J]. J. Am. Ceram. Soc., 1995, 78(10): 2811-2814.

[194] Peuchert M, Vaahs T, Bruck M. Ceramics from organ metallic polymers [J]. Adv. Mater., 1990, 2(9): 398-404.

[195] 马江, 张长瑞, 周新贵, 等. 先驱体转化法制备陶瓷基复合材料异型构件研究[C]// 湖南宇航材料学会年会, 1998: 34-36.

[196] Place T M. Properties of BN-3DX, a 3-dimensional reinforced boron nitride composite[C]// Proceedings of the 13th symposium on electromagnetic windows, Atlanta, GA, 1976.

第三篇 战略新材料

3

[197] Place T M. Low loss radar window for reentry vehicle[P]. US Patent, 4786548, 1988.

[198] Economy J, Jun C K, Lin R Y. Boron nitride-boron nitride composites [P]. US Patent, 4075276. 1978.

[199] Economy J, Dong-pyo Kim. Borazine oligomers and composite materials including boron nitride and methods of making the same [P]. US Patent, 5399377, 1995.

[200] 郭景坤, 黄校先, 庄汉锐, 等. 氮化硼纤维补强氮化硅陶瓷热天线窗材料[J]. 中国国防科技报告, GF-HY 863433, 1986.

[201] 陈明伟. 有机前驱体法BN陶瓷纤维及BN_f/BN复合材料的制备[D]. 北京: 中国科学院大学, 2012.

[202] 徐鸿照, 王重海, 张铭霞, 等. BN纤维织物增强陶瓷透波材料的制备及其力学性能初探[J]. 现代技术陶瓷, 2008, 29（2）: 10-12.

[203] 李仲平. 热透波机理与热透波材料[M].北京：中国宇航出版社, 2013.

[204] 余娟丽, 李森, 吕毅, 等. 先驱体浸渍-裂解法制备SiBN纤维增强SiBN陶瓷基复合材料[J]. 复合材料学报, 2015, 32(2): 484-490.

[205] 李光亚, 梁艳媛. 纤维增强SiBN陶瓷基复合材料的制备及性能[J]. 宇航材料工艺, 2016, (3): 61-64.

[206] Qi G J, Zhang C R, Hu H F, et al. Preparation of three-dimensional silica fiber reinforced silicon nitride composites using perhydropolysilazane as precursor[J]. Materials Letters, 2005, 59(26): 3256-3258.

[207] Qi G J, Zhang C R, Hu H F, et al. Effects of precoating on mechanical properties and microstructures of 3D SiO_{2f}/Si_3N_4 composites using polyhydridomethylsilazane[J]. Materials Science and Engineering A, 2006, 416(1): 317-320.

[208] 王思青, 张长瑞, 曹峰, 等. 先驱体浸渍-裂解法制备三维编织石英纤维/氮化物复合材料[J]. 稀有金属材料与工程, 2007, 36(z1): 615-618.

[209] 李斌. 氮化物陶瓷基耐烧蚀、透波复合材料及其天线罩的制备与性能研究[D]. 长沙: 国防科技大学, 2007.

[210] 李端. 氮化硼纤维增强陶瓷基透波复合材料的制备与性能研究[D]. 长沙: 国防科技大学, 2011.

[211] 方震宇. 硅氮氧陶瓷纤维增强氮化硼陶瓷基透波复合材料的制备与性能研究[D]. 长沙: 国防科技大学, 2011.

[212] 邹春荣. 氮化物纤维增强氮化硼陶瓷基透波复合材料的制备与性能研究[D]. 长沙: 国防科技大学, 2016.

[213] Martin E, Peters P W M, Leguillon D, et al. Conditions for matrix crack deflection at an interface in ceramic matrix composites [J]. Mater. Sci. Eng. A, 1998, 250(250): 291-302.

[214] Naslain R. The design of the fiber-matrix interfacial zone in ceramic matrix composites [J]. Compos. Part A, 1998, 29(9-10): 1145-1155.

[215] Udayakumar A, Sri Ganesh A, Raja S, et al. Effect of intermediate heat treatment on mechanical properties of SiC_f/SiC composites with BN interphase prepared by ICVI[J]. J. Eur. Ceram. Soc., 2011, 31(6): 1145-1153.

[216] 张立同, 刘晓菲, 殷小玮, 等. 一种透波型Si_3N_4纤维增韧Si_3N_4陶瓷基复合材料的制备方法[P]. 中国专利, CN103804006A, 2014.

[217] 门薇薇, 马娜, 张术伟, 等. Si_3N_4/SiBN复合材料界面设计及制备[J]. 陶瓷学报, 2018, 39(05): 58-63.

[218] 高世涛. 单组元先驱体化学气相沉积六方氮化硼的生长机制、性能及应用研究[D]. 长沙: 国防科技大学, 2018.

[219] Prager L, Helmstedt U, Herrnberger H, et al. Photo-chemical approach to high-barrier films for the encapsulation of flexible laminary electronic devices[J]. Thin Solid Films, 2014, 570: 87-95.

[220] Harada C, Hata T, Chuman T, et al. Solution-processed organic thin-film transistor array for active-matrix organic light-emitting diode[J]. Japanese Journal of Applied Physics, 2013, 52: 1-4.

[221] Morilier A, Ceos S, Garandet J P, et al. Gas barrier properties of solution processed composite multilayer structure for organic solar cell encapsulation[J]. Solar Energy Materials & Solar Cell, 2013, 115: 93-99.

[222] Hu L F, Li M S, Xu C H, et al. A polysilazane coating protecting polyimide from atomic oxygen and vacuum ultraviolet radiation erosion[J]. Surface & Coating Technology, 2009, 203: 3388-3343.

[223] Hu L F, Li M S, Xu C H, et al. Perhydropolysilazane derived silica coating protecting kapton from atomic oxygen attack[J]. Thin Solid Films, 2011, 520: 1063-1068.

[224] 肖凤艳, 张宗波, 曾凡, 等. 全氢聚硅氮烷制备SiO_x涂层及其性能研究[J]. 稀有金属材料与工程, 2013, 42: 150-153.

[225] 张宗波, 徐彩虹, 李永明, 等. 一种耐原子氧涂层组合物和含有该图层的材料及其制备方法[P]. 中国, CN20150023463.4, 2015-05-06.

[226] Zhang Z B, Shao Z H, Xu C H, et al. Hydrophobic, transparent and hard silicon oxynitride coating from perhydropolysilazane[J]. Polymer International, 2015, 64: 971-978.

[227] 邵中华, 张宗波, 张明艳, 等. 全氢聚硅氮烷转化法制备碳纤维编织体抗氧化涂层[C]. 第十八届全国复合材料学术会议, 厦门, 2014.

[228] 侯寓博. 氮化硅纤维增强透波复合材料的制备及界面改性研究[D]. 长沙: 国防科技大学, 2018.

[229] Kanka B, Schneider H, et al. Aluminosilicate fiber/mullite matrix composites with favorable high-temperature properties[J]. Journal of the European Ceramic Society, 2000, 20: 619-623.

[230] Kaya C, Boccaccini A R, et al. Processing and characterisation of 2-D Woven Metal fibre-reinforced multilayer silica matrix composites Using electrophoretic deposition and pressure filtration[J]. Journal of the European Ceramic Society, 1999, 19: 2859-2866.

[231] Stoll E, Mahr P, et al. Fabrication technologies for oxide–oxide ceramic matrix composites based on electrophoretic deposition[J]. Journal of the European Ceramic Society, 2006, 26: 1567-1576.

[232] Gilreath M C, Castellow S L. High- temperature dielectric properties of candidate space-shuttle thermal-protection-system and antenna-window materials[R]. NASA TN D-7523, 1974.

[233] Purinton D L, Semff L R. Broadband composite structure fabricated from inorganic polymer matrix reinforced with glass or ceramic w oven cloth[P]. United States Patent, 6080455, 2000.

[234] Shneider H, Schreuer J. Structure and properties of mullite-A review [J]. Eurpean Ceramic Society, 2008, 28: 329-344.

[235] Ihan A Aksay. Mullite for Structural, Electronic, and Optical Applications [J]. Am, Ceramic, soc, 1991, 74 (10): 2343-2358.

[236] Sims Ave. Alumina mullite ceramics for structural applications [J]. Ceramic International, 2006, 32: 369-375.

[237] Kiser J D, Bansal N P, Szelagowski J, et al. Oxide/oxide ceramic matrix composite (cmc) exhaust mixer development in the nasa nvironmentally responsible aviation (era) project[C]// Proceedings of the ASME Turbo Expo 2015: Ceramics GT2015, Montreal, Canada, June 15-19, 2015.

第三篇 战略新材料

3

 作者简介

王应德，国防科技大学新型陶瓷纤维及其复合材料重点实验室教授，博士生导师，加拿大不列颠哥伦比亚大学（UBC）访问教授。国家国防科工局空间碎片防护专业技术组成员，中国空间科学学会理事，中国机械工程学会材料分会委员，《无机材料学报》顾问编委，《空间碎片研究》编委。主要从事连续碳化硅纤维、连续氮化硼纤维、异性截面碳化硅纤维和纳米陶瓷纤维等陶瓷纤维及其复合材料研究与教学工作，获国家科技进步二等奖 1 项，军队及部委级科技进步一等奖 3 项、二等奖 2 项。指导研究生获军 / 省优博 / 硕士论文 7 篇，获湖南省首届优秀研究生导师奖。发表 SCI 收录论文 100 余篇，出版专著 2 部，授权国家发明专利 20 余件，立三等功 1 次。

陈思安，国防科技大学新型陶瓷纤维及其复合材料重点实验室副研究员。主要从事陶瓷基复合材料以及防隔热一体化材料等热防护材料的研究。作为项目负责人，先后主持了国家自然科学基金面上项目 / 青年基金、战略高技术专项 XX 任务、装发预研领域基金和预研基金、军委科技委创新特区、火箭军预研、国防基础科研、湖南省自然科学基金、CALT 基金和型号配套研制等 20 余项课题。作为主要完成人参加了科技部 973、军口 863、XX 重大专项、装备预研、军品配套等 30 余项科研任务。发表论文 40 余篇，其中 SCI 收录 34 余篇（第一或通讯作者 28 篇），6 篇进入 ESI 他引前 10%。以第一完成人授权国家发明专利或国防专利 5 项。

李端，国防科技大学新型陶瓷纤维及其复合材料重点实验室副研究员。主要研究方向为高温电磁透波复合材料。主持国家和省部级项目十余项，开发了多种耐高温氮化物透波复合材料及其界面相涂层技术，系统提出了"强热辐射烧结"等陶瓷快速成型新工艺，研究成果有力支撑了多个装备型号的考核定型。发表高水平学术论文 45 篇，授权发明专利 8 项，出版学术专著 2 部。获欧盟玛丽居里 ESR 学者、国防科技大学青年创新奖、国防科技大学卓越青年培养对象等荣誉。

第 13 章

钠离子电池关键材料

胡勇胜　陆雅翔

13.1 / 钠离子电池关键材料的研究背景

实现"碳达峰、碳中和"是一场广泛而深刻的经济社会系统性变革，要把"碳达峰、碳中和"纳入生态文明建设整体布局。能源革命是达到"碳达峰、碳中和"目标的关键，预计 2030 年我国可再生能源在一次能源占比中提升至 25%，风光发电累计装机超过 12 亿千瓦。建立庞大的储能系统是解决电力消纳难题的唯一方法，规模储能技术取得新突破迫在眉睫。电化学储能具有能量转换效率高和响应速度快等优点，是规模储能技术突破的重要方向。锂离子电池储能技术相对成熟，在电化学储能示范中占比约 90%，然而受锂资源储量（约 $17×10^{-6}$）和分布不均匀（＞50% 在南美洲）的限制（特别是我国目前 80% 锂资源依赖进口），完全依靠锂离子电池储能技术难以完成我国能源变革的重要任务，开发新型电池技术势在必行。

在此背景下，与锂离子电池具有相同工作原理和相似电池构件的钠离子电池再次受到关注。实际上，早在 20 世纪 70 年代末期关于钠离子电池与锂离子电池的研究几乎同时开展，由于受当时研究条件的限制和研究者对锂离子电池研究的热情，钠离子电池的研究曾一度处于缓慢和停滞状态，直到 2010 年后钠离子电池才迎来它的发展转折点与复兴，近十年来钠离子电池的研究更是取得了突飞猛进的发展。随着研究的不断深入，研究者发现钠离子电池不仅具有钠资源储量丰富、分布广泛、成本低廉、无发展瓶颈、环境友好和兼容锂离子电池现有生产设备的优势，还具有较好的功率特性、宽温度范围适应性、安全性能和无过放电问题等优势[1]。同时借助于正负极均可采用铝箔集流体构造双极性电池这一特点，可进一步提升钠离子电池的能量密度，使钠离子电池向着低成本、长寿命、高比能和高安全的方向迈进，钠离子电池有望成为完成国家能源变革任务的重要支柱。

钠离子电池的工作原理与锂离子电池类似，为"摇椅式电池"模型，这一概念于 1979 年由法国 M. Armand 提出[2]。一个完整的钠离子电池主要包含（见图 13-1）：电极材料（正极和负极材料）、电解质（液态或固态）、隔膜、集流体，以及电池循环过程中在正负极材料颗粒表面上形成的固体电解质界面膜。其中电极材料通常选取具有较高离子和电子导电率的材料；电解质普遍选取具有优异钠离子传导性的物质；隔膜材料一般为可导通离子的电子绝缘材料；集流体可以选用不与钠形成合金的铝箔。正、负极之间由隔膜隔开以防止电池短路；电解液吸附在隔膜中，以"三明治"的形式夹在正、负极材料之间以确保钠离子导通性；集流体用来捕获和传输电子。钠离子电池实质上是一种离子浓差电池，理想情况下充电时，钠离子从正极脱出，经电解液穿过隔膜嵌入负极，使正极处于高电势的贫钠态，负极处于低电势的富钠态。放电过程则与之相反，钠离子从负极脱出，经由电解液穿过隔膜嵌入正极中，使正极恢复到富钠态。为保持电荷的平衡，充、放电过程中有相同数量的电子经外电路传递，使正负极分别发生氧化和还原反应，与钠离子的传输构成回路。类似于 $LiCoO_2$// 石墨电池，若以 Na_xMO_2 为正极材料，硬碳为负极材料，则钠离子电池可以表示为 Na_xMO_2// 硬碳电池，其电极和电池反应式可分别表示为：

$$正极反应： \quad Na_xMO_2 \rightleftharpoons Na_{x-y}MO_2 + yNa^+ + ye^- \tag{13-1}$$

$$负极反应： \quad nC + yNa^+ + ye^- \rightleftharpoons Na_yC_n \tag{13-2}$$

$$电池反应： \quad Na_xMO_2 + nC \rightleftharpoons Na_{x-y}MO_2 + Na_yC_n \tag{13-3}$$

其中，正反应为充电过程，逆反应为放电过程。理想充放电情况下，钠离子在正负极材料间嵌入和脱出不会破坏材料的晶体结构，充放电过程发生的电化学反应是高度可逆的。

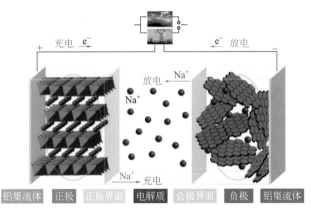

图 13-1 钠离子电池的构成及工作原理图

电池的质量能量密度由电极材料的质量比容量和电池工作电压共同决定。根据法拉第电解定律，较小的质荷比（原子量和所带电荷数之比）有利于电极材料实现高的质量比容量。

由于电荷载体离子主要存在于正极材料中，所以当计算材料的质量比容量时，还需要考虑正极材料的分子量。按照法拉第定律，电极材料的理论容量计算公式为：$C_0 = (nF \frac{m_0}{M})/3600 = 26.8n \frac{m_0}{M}$。式中，$n$ 为电极反应中得失电子数；F 为法拉第常数（96485C/mol）；m_0 为活性物质完全反应的质量；M 为活性物质的摩尔质量。钠离子电池的工作电压与构成电极的钠离子嵌入化合物的种类以及电极材料的钠含量有关。正极材料应选择具有较高嵌钠电势且富含钠的化合物，该化合物既要提供充放电反应过程在正负极之间脱嵌循环所需要的钠，又要提供在负极表面形成固体电解质中间相所需要的钠；负极材料应尽可能选择电势接近标准 Na⁺/Na 电极电势（-2.741V vs. SHE）且能够可逆脱出/嵌入钠离子的材料。

钠离子电池关键材料简介 [3-8]

正极材料、负极材料和电解质材料是组成钠离子电池的三大关键要素。正、负极材料的成本比重约占整个电芯成本的40%～55%，其直接制约着整个电池的成本。正、负极材料的比容量、工作电压和循环稳定性直接决定着单体电芯的能量密度、循环寿命、功率输出以及安全性，电极材料与电解质之间的界面稳定性也是影响整个电芯性能的关键因素，因此对高性能关键材料的研发是钠离子电池发展的关键。

自20世纪70年代末研究人员发现 Na⁺ 在层状氧化物 Na_xCoO_2 中能够可逆脱出/嵌入以来，关于钠离子电池正极材料的研究发展迅速。钠离子电池正极材料主要包括氧化物类、聚阴离子类、普鲁士蓝类、有机类和转换类（见图13-2）。其中，氧化物类主要包括层状结构氧化物和隧道结构氧化物，聚阴离子类包括磷酸盐、氟化磷酸盐、焦磷酸盐和硫酸盐等。层状氧化物具有周期性层状结构，制备方法简单，容量和电压较高，是钠离子电池的主要正极材料；除此之外，通过晶格氧的反应还可以进一步提高这类材料的能量密度。不过层状材料大多容易吸水或者与空气反应，影响结构的稳定性和电化学性能，故不能长期存放在空气中。隧道型氧化物的晶体结构中具有独特的"S"形通道，具有较好的倍率性能，且对空气和水的稳定性都较高，然而其首周充电容量较低，导致实际可用的容量较少。聚阴离子正极材料大多具有开放的三维骨架、较好的倍率性能及较好的循环性能，但这类化合物的导电性一般较差，为提高其电子电导性和离子电导性往往需要采取碳包覆和纳米化手段，但又会导致其体积能量密度降低。普鲁士蓝类材料是近年来发展起来的具有较大潜力的新型正极材料，具有开放型三维通道，使得 Na⁺ 在通道中可以快速迁移，因此具有较好的结构稳定性和倍率性能；然而普鲁士蓝化合物存在结晶水难以除去以及过渡金属溶解等问题。有机类正极材料一般具有多电子反应的特点，从而具有较高的比容量，但是其电子电导性一般较差，同时存在易溶解于有机电解液中的问题。除了以上材料，转换类材料如过渡金属的硒化物、卤化物和硫化物等，可以实现多电子转移反应，容量普遍较高，但是这类材料的缺点也很明显，如电子电导率低、动力学缓慢、体积变化大、电压滞后严重、工作电压低等，限制了其实际应用。

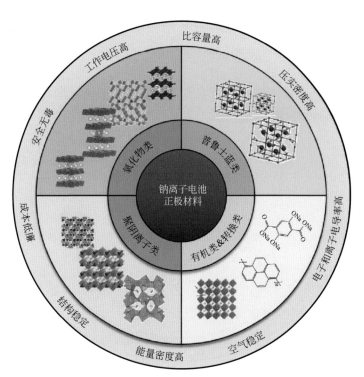

图 13-2 钠离子电池主要正极材料及要求 [1]

　　在负极材料方面，由于金属钠的危险性熔点（97.87℃）和钠枝晶的形成易导致液态电池短路并造成安全隐患等问题，无法直接将钠金属作为负极应用于钠离子电池中。随后，发现在 200mV 以下对锂有 372mA·h/g 存储容量的石墨由于热力学因素几乎不具备储钠能力。因此，钠离子电池负极材料的研发面临着更大的挑战。目前被广泛研究的钠离子电池负极材料主要有碳基材料、钛基材料、有机材料、合金及其他材料（见图 13-3）。无序度较大的无定形碳基负极材料具有较高的储钠比容量、较低的储钠电位和优异的循环稳定性，是最有应用前景的钠离子电池负极材料。嵌入型钛基材料在空气中的稳定性好，且 Ti^{4+}/Ti^{3+} 的氧化还原电位处于 $0 \sim 2V$（vs. Na^+/Na）之间，在不同结构中表现出的储钠电位不一样，作为钠离子电池负极材料的重要研究对象，钛基材料得到了广泛的关注。有机化合物具有丰富的化学组成，原材料来源广泛，成本低廉，对环境友好，并具有可调的电化学窗口以及多电子反应，作为钠离子电池负极材料引起了研究者的极大兴趣，提高有机化合物的电子电导率并抑制其在电解液中的溶解是其走向实用化的关键。Na-M（M=Si、Ge、Sn、Pb、P、As、Sb、Bi）合金类材料具有较高的理论容量、较低的储钠电位和良好的导电性，但是钠合金在反复循环过程中会出现较大的体积变化，电极材料会逐渐粉化，提高其循环稳定性是研究的重点。其他材料，包括金属氧化物（如 Fe_2O_3、CuO、CoO、MoO_3、$NiCo_2O_4$ 等）和硫化物（如 MoS_2、SnS 等）等转换类材料，其自身导电性较差，存在易团聚和转化反应不可逆等问题，在循环过程中会产生较大的体积膨胀，破坏电极材料的完整性，因此需要设计一些新型的具备微纳结构的材料以改善电化学性能。

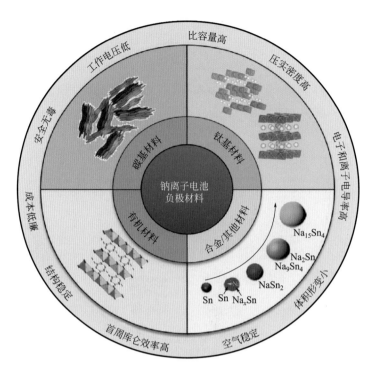

图 13-3　钠离子电池主要负极材料及要求 [1]

电解质作为连接正负极的桥梁，承担着在正负极之间传输离子的作用，是电池的重要组成部分。电解质的特性对电池的功率性能、循环寿命、安全性和自放电等起到至关重要的作用。钠离子电池的电解质可分为液体电解质和固体电解质，其中液体电解质又被称为电解液，电解液主要由溶剂、溶质和添加剂构成，三者共同决定了电解液的性质。目前应用于钠离子电池的溶剂主要为酯类和醚类溶剂，常用的钠盐包含无机钠盐和有机钠盐，添加剂能够弥补溶剂或钠盐存在的一些缺陷，起到保护电极的作用。近年来，可同时代替电解液与隔膜的固体电解质因能够克服有机电解液易挥发和易燃烧等问题获得了广泛关注。目前主要的固体电解质体系包括氧化物固体电解质、硫化物固体电解质、聚合物固体电解质和复合固体电解质（见图 13-4）。氧化物固体电解质空气稳定性好，离子电导率较高，但制备烧结温度高，与电极的接触性较差；硫化物固体电解质具有较高的离子电导率和较低的晶界阻抗，不需高温烧结制备陶瓷片，粉末冷压就可以保证与电极材料的接触，但易吸水并会释放出有毒的 H_2S 气体；聚合物电解质柔性好，界面阻抗低，但电化学窗口窄且需要较高的工作温度以提升离子电导率。无机 - 有机复合固体电解质和固 - 液复合固体电解质可结合各自优点进一步提升材料性能。

除了材料自身的性能特点，电极材料与电解质形成的界面也是研究的热点。电解液与电极材料在首周充放电过程中会形成固 - 液界面膜，界面膜的存在可以阻止电解液持续接触电极材料而分解，从而使电解液的电化学窗口得以扩展。界面膜的致密性、厚度和组分等因素对电池的循环性能有很大的影响，获得稳定的、具有保护作用与稳定传输 Na^+ 的界面膜一直是研究者追求的目标。就固体电解质与电极材料而言，它们之间一般是点 - 点或点 - 面接触，这种接触方式的有效接触面积不足，会引起界面阻抗增加，造成电池内阻增大，极化增大，最后导致电池容量降低等问题。因此固体电解质与电极材料之间的界面问题是目前阻碍固态电池发展的关键因素。此外，由于电解质本身的电化学电压窗口较窄导致与高电压电极不匹配而引发副反应，或电极材料中的过渡金属离子使电解质催化分解，造成电池循环性能变差等是电解液及固体电解质与电极材料接触时面临的共性问题，需要通过对电极材料表面包覆或优化电解质组成等策略解决。

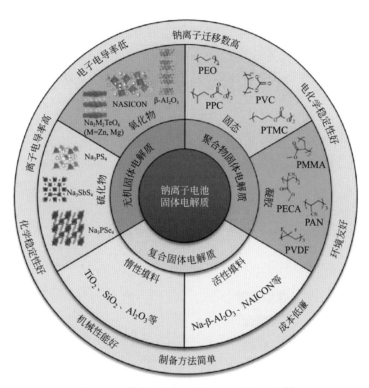

图 13-4　钠离子电池固体电解质材料及要求 [1]

13.2 / 钠离子电池关键材料的研究进展与前沿动态 [9,10]

13.2.1 / 正极材料

在众多正极材料中，层状氧化物是研究最早的一类嵌入型化合物，具有较高的能量密度以及易制备的特点，通式为 Na_xMO_2，M 指过渡金属的位置，可以由一种或几种不同的过渡金属元素或其他非活性元素（如 Li、Mg、Sn 和 Sb 等）同时占据。Delmas 等 [11] 根据 MO_6 多面体中钠离子的配位构型与氧的堆垛方式，将层状氧化物分为 O3、O2、P3 和 P2 等不同结构（见图 13-5），其中 O3 和 P2 材料最为常见。O 和 P 表示钠离子与氧具有八面体 O 型和三棱柱 P 型两种配位环境，2 和 3 指氧原子层最少重复单元的堆垛层数。O3 相层状氧化物一般有高的初始钠含量（约 1mol），能够脱出更多的钠离子，具有较高的容量。P2 相层状氧化物钠含量较低（约 2/3mol），但其具有较低的钠离子扩散势垒和开放的钠离子迁移途径，能够提升钠离子的传输速率和保持层状结构的完整性，具有优异的倍率性能和循环性能。与锂离子层状氧化物目前仅发现 Mn、Co 和 Ni 三个元素具有活性不同，Ti、V、Cr、Mn、Fe、Co、Ni 和 Cu 等元素在钠离子层状氧化物中均具有电化学活性且表现出多种性质。然而，一元材料的电化学性能普遍存在弊端，如相变复杂，或者在高电压下发生过渡金属离子迁移，结合多种过渡金属元素的特点，取长补短，是提升材料综合性能的有效方法。由于钠离子含量可以是一个变化的范围，再加上不同的过渡金属元素组合，使得钠离子层状氧化物拥有非常丰富的组成多样性，二元、三元甚至多元高熵层状氧化物正极材料获得相继报道。层状氧化物对钠的平均电压一般为 2.8～3.3V，Ni/Mn 体系可以达到 3.5～3.7V；其可逆比容量通常在 110～150mA·h/g 范围内，Ni/Fe/Mn 混合体系可逆比容量达 190mA·h/g。除此之外，阴离子氧化还原的引入，使进一步提高钠离子电池的能量密度成为可能，材料可逆比容量可提升至 270mA·h/g。值得注意的是，当层状氧化物正极材料充电到高电压时，随着钠离子的脱出和空位的形成，其初始结构会遭受破坏而发生一系列的结构转变[12]，例如晶体结构不可逆相转变，过渡金属层发生相对滑移引起层错，伴随姜泰勒畸变的 Na^+ 空位有序排布，过渡金属离子在层内或钠层迁移，阴离子不可逆氧化还原导致氧气析出等。这些不可逆结构转变是钠离子电池容量、电压衰减和循环稳定性下降的主要因素，也是目前层状氧化物正极材料研究需要攻克的主要问题。

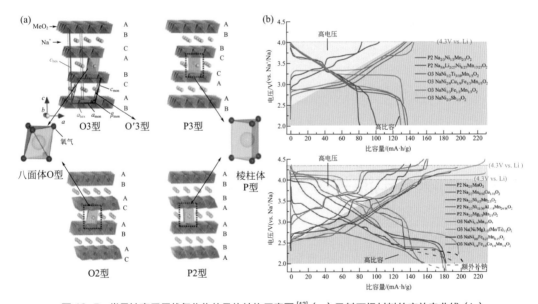

图 13-5　常见钠离子层状氧化物的晶体结构示意图[13]（a）及其正极材料的充放电曲线（b）

聚阴离子类化合物由聚阴离子多面体和过渡金属离子多面体通过强共价键连接形成多面体结构框架，钠离子分布于框架空隙中，化学式为 $Na_xM_y(X_aO_b)_zZ_w$，其中，M 为 Ti、V、Cr、Mn、Fe、Co、Ni、Ca、Mg、Al、Nb 等中的一种或几种；X 为 Si、S、P、As、B、Mo、

W、Ge 等；Z 为 F、OH 等。这类正极材料往往具有较好的结构稳定性，同时 F⁻ 和多面体（如 PO_4^{3-}、SO_4^{2-} 等）拥有较大的电负性，表现出很强的诱导效应，可以提升工作电压。聚阴离子类正极材料对钠的平均电压为 3.0 ~ 3.9V，材料中通常含有多个 Na⁺，且其中的过渡金属离子一般存在多个中间价态，因此可实现多个电子转移，实现更高的比容量，常见聚阴离子化合物的晶体结构和充放电曲线见图 13-6。然而，由于聚阴离子比氧离子重，所以聚阴离子化合物的比容量通常低于层状氧化物，在 80 ~ 120mA·h/g 范围内，其中例外的是 Na_2MnSiO_4，其比容量可达到 200mA·h/g[14]，还需要进一步验证。在众多聚阴离子化合物中，具有 NASICON 结构的 $Na_3V_2(PO_4)_3$ 是一种典型的磷酸盐正极材料，其反应机制为典型的两相反应，循环可逆性较高。除此之外，混合聚阴离子的氟化磷酸盐材料也是一类重要的钠离子电池正极材料。最具代表性的是氟磷酸钒钠 $Na_3(VO_{1-x}PO_4)_2F_{1+2x}$ ($0 \leqslant x \leqslant 1$)，该系列化合物中存在 3 个 Na⁺，在电解液的稳定窗口内可以实现 2 个 Na⁺ 的可逆脱嵌，理论比容量为 128mA·h/g。由于氟原子的诱导作用，其平均电压高达 3.7V。其他聚阴离子类化合物如硅酸盐和硼酸盐因具有多样的晶体结构和资源丰富、对环境无污染的优势得到广泛研究。尽管聚阴离子类正极材料具有较高的工作电压，但由于其孤立电子结构导致电子电导率较低，在很大程度上限制了其在高倍率下的充放电性能。因此，针对这类材料的制备及改性工作，主要围绕提高材料的电子电导率展开，如纳米化和碳包覆，以提高固（活性颗粒）-液（电解液）接触面积，缩短钠离子扩散路径。

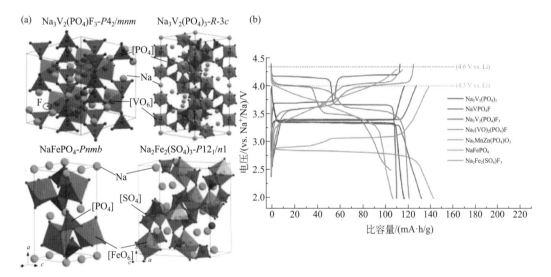

图 13-6　常见聚阴离子化合物的晶体结构示意图（a）及其正极材料的充放电曲线（b）

钠基普鲁士蓝类正极材料具有钙钛矿结构，化学式可表示为 $Na_xM_a[M_b(CN)_6]_{1-y}·\square_y·nH_2O$（$0 \leqslant x \leqslant 2$，$0 \leqslant y < 1$），$M_a$ 和 M_b 为不同配位过渡金属离子（其中，M_a 与 N 配位、M_b 与 C 配位），如 Mn、Fe、Co、Ni、Cu 等；$\square$ 为 $[M_b(CN)_6]$ 空位。由于铁氰化物结构稳定、前驱体简单易得，普鲁士蓝类材料的研究多集中于铁氰化物 $Na_xM[Fe(CN)_6]_{1-y}·\square_y·nH_2O$[15,16]，常见 $Na_2M[Fe(CN)_6]$ 的晶体结构示意图和典型普鲁士蓝正极材料的充放电

曲线见图 13-7。目前报道的普鲁士蓝类化合物主要包括贫钠（钠含量≤1）类和富钠类（钠含量>1）两种，随着晶格内钠含量的增加，晶体结构逐渐从立方结构向斜方六面体结构转化，晶体颜色逐渐从柏林绿向普鲁士蓝再向普鲁士白转变。普鲁士蓝类正极材料对钠的平均电压通常为 2.9～3.1V，$Na_2MnFe(CN)_6 \cdot 0.3H_2O$ 的平均电压可达 3.4V；可逆比容量为 100～160mA·h/g，无水的 $Na_2Fe[Fe(CN)_6]$ 理论比容量达 171mA·h/g[16]。该类材料具有开放的三维骨架结构及合适的钠离子扩散通道，通过选择不同的过渡金属可以调控电压和比容量，具备很高的材料设计灵活性。然而，在快速结晶过程中普鲁士蓝晶格中会存在一定量的［$Fe(CN)_6$］空位和晶格水分子，降低了晶格中的 Na 含量，导致实际储钠比容量降低；破坏了晶格的完整度，容易造成晶格扭曲甚至结构坍塌，导致循环性能严重衰减；部分水分子会脱出进入电解液中，导致首周效率和循环效率降低。因此，探索简单高效的方法抑制［$Fe(CN)_6$］空位缺陷，同时降低材料中结晶水的含量是该类材料研发需要解决的主要问题。

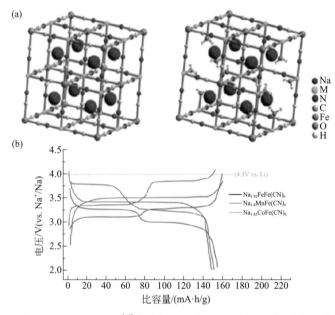

图 13-7　$Na_2M[Fe(CN)_6]$ 的晶体结构示意图[17]（a）［左边为理想的无缺陷结构，右边为含有 25%$Fe(CN)_6$ 缺陷的结构］和典型普鲁士蓝类正极材料的充放电曲线（b）

有机正极材料的种类包括有机小分子、导电聚合物、有机二硫化物和共轭羰基化合物等。n 型掺杂的有机物能够可逆地脱嵌阳离子，可以作为钠离子电池的正极材料。通常可逆的电化学反应发生于共轭体系和含有孤对电子的基团（N、O、S）中。共轭结构有利于电子的传输和电荷的离域化，稳定电化学反应后的分子结构；而孤对电子或单电子通常具有更高的反应活性[18]。通过在有机分子上引入给电子基团或拉电子基团，可在一定程度上提高或降低氧化还原电势，调节材料的电位；降低氧化还原活性基团的质量可在一定程度上提高比容量；引入长链烷基可以提高难溶聚合物的加工性能。目前，基于聚合的苝二酰亚胺作正极材料可以稳定循环数千周，但对钠的工作电压通常不超过 2.5V，而且制备的材料是脱钠状态，需要提供额外的钠源，这限制了其在全电池中的应用。二羟基对苯二甲酸四钠是为数不多的含钠（Na₄C₈H₂O₆）正极材料，在电压范围内具有 183mA·h/g 的可逆比容量，相应的平台电压为 2.3V[19]，其反应机理和充放电曲线见图 13-8。提高有机材料的电压与电子电导率，降低材料在电解液中的溶解是推动其在钠离子电池中应用的关键。

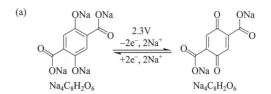

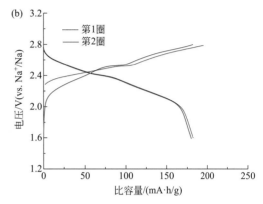

图 13-8　Na₄C₈H₂O₆ 的反应机理（a）及其正极材料的充放电曲线（b）

13.2.2／负极材料

在锂离子电池中广泛应用的石墨负极在碳酸酯类电解液中几乎不具备储钠比容量，通过钠与醚类溶剂共嵌入可使石墨得以利用，但是其低的比容量、高的电压以及电解液参与反应不利于实际应用，因此研究者将目光转移到了无定形碳材料上。无定形碳材料通常以在 2800℃ 以上高温下能否被石墨化而划分为软碳和硬碳。软碳碳层排列规整、尺寸较小，

石墨微晶排列短程有序，层间距接近 0.34nm，在高温下可以转变成石墨；硬碳微晶呈无序排列，形成不同程度的微孔，层间距较大（>0.36nm），即使在高温下也难以转变成完整的石墨结构。Doeff 等[20]首次把由石油焦热解制备的软碳用来嵌钠，其充放电曲线呈斜坡状，但储钠比容量较低（约 85mA·h/g）。2000 年，Dahn 等[21]首次报道了将葡萄糖热解硬碳作为钠离子电池的负极材料，发现该材料充放电曲线可分为斜坡区和平台区，具有 300mA·h/g 以上的可逆比容量，从此揭开了无定形碳材料作为钠离子电池负极研究的热潮。此后，研究者选用不同的碳源前驱体，如生物质、碳水化合物、树脂和化石燃料等，通过控制制备过程，如酸洗、造孔、掺杂和预氧化等预处理步骤，以及炭化温度、升温速率、气氛流量、保温时间等炭化条件，制备出微观结构多样的无定形碳材料，并进一步提升碳负极的储钠比容量至 ≥400mA·h/g，超过了石墨的储锂比容量。通过研究储钠性能与微观结构之间的关系，揭示了无定形碳材料的储钠机制并进一步提升了储钠比容量。迄今为止，根据电化学曲线中斜坡区和平台区的容量来源，主要提出了四种储钠机制，分别是"插层-填孔"机制、"吸附-插层"机制、"吸附-嵌入-填孔"机制和"吸附-填孔"机制[22]，见图 13-9。研究者们客观地从实验角度出发推导出不同机理的主要原因是无定形碳材料的结晶性差，内部微结构相对复杂和表面状态难以确定。正因如此，无定形碳负极的综合性能参差不齐，各因素间交互影响，从提高容量的角度看，缺陷和闭孔有利于储钠活性位点的增加；从提高倍率的角度看，小粒径和开孔有利于钠离子的传输和电解液对电极的浸润；从提升首周库仑效率的角度看，缺陷和开孔会消耗钠离子形成界面膜，造成不可逆损失。基于此，结合多种表征手段与计算模拟明晰无定形碳的储钠机制，开发多种合成策略获得成本低廉和综合性能优异的碳负极仍是这一领域研究的重点。

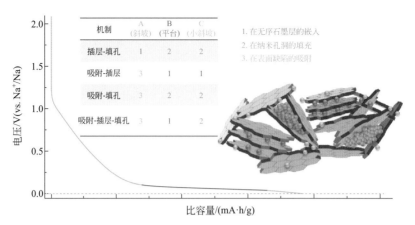

图 13-9　文献报道的无定形碳负极的储钠机制

除了碳材料外，嵌入型钛基负极材料因电位可调获得广泛研究，常见钛基负极的充放电曲线见图 13-10。具有尖晶石结构的 $Li_4Ti_5O_{12}$ 作锂离子电池负极时因体积形变"零应变"的特点受到关注，研究发现该材料能够对钠离子进行可逆脱嵌，在 0.5～3.0V 之间，可逆比容量约为 150mA·h/g，平均储钠电位为 0.93V[23]。具有"Z"字形通道的单斜层状 $Na_2Ti_3O_7$ 在充放电过程中有 2 个钠离子可逆脱嵌，对应理论比容量约为 200mA·h/g，平均储钠电位约为 0.3V[24]。具有 P2 型层状结构的 $Na_{0.66}[Li_{0.22}Ti_{0.78}]O_2$ 平均储钠电位约为 0.75V，可逆比容量约 110mA·h/g[25]；P2 型层状结构的 $Na_{0.6}[Cr_{0.6}Ti_{0.4}]O_2$ 平均储钠电位为 0.8V，可逆比容量约为 108mA·h/g[26]。这类材料在钠离子脱嵌过程中始终保持 P2 相结构不变，体积几乎不发生变化，因此具有优异的循环性能。除此之外，其他很多 P2/O3 相钛基层状氧化物作为钠离子电池负极材料时，平均工作电位在 1V 以下，可逆比容量在 100mA·h/g 以上，具有较好的循环稳定性。除了钛基层状氧化物，隧道型氧化物 $Na_x[FeTi]O_4$ 也可以作为钠离子电池负极材料，其在 0.01～2.5V 电压范围内循环时，可逆比容量达 181mA·h/g[27]。具有 NASICON 结构的聚阴离子型钛基负极材料［如 $NaTi_2(PO_4)_3$ 和 $Na_2TiFe(PO_4)_3$ 等］有 Na^+ 三维扩散通道，但储钠平均电位较高，通常在 2V 以上，作为负极材料电位较高。总之，这些嵌入型钛基负极材料普遍存在首周库仑效率低、可逆比容量相对较低、电子电导率差等共同缺点，不利于电池能量密度的提升。通过调控含钛化合物结构获得具有合适电位的负极材料，同时采用碳包覆等策略提升电导率对提高钠离子电池的性能具有重要意义。

常见有机负极材料主要有羰基化合物、席夫碱化合物、有机自由基化合物和有机硫化物，其中共轭羰基化合物来源丰富，合成方法简单，分子结构多样，晶体结构框架相对稳定且理论比容量较高（一般大于 200mA·h/g），研究报道较多。共轭羰基化合物包括羧酸盐类和醌类等，羧酸盐主要指对苯二甲酸二钠及其衍生物，由于在羰基旁边直接连有供电子基团—ONa，电压一般低于 1V，适合作为负极材料；醌类化合物的电压一般高于 1V，可以避免固体电解质界面膜的形成，减少钠离子的消耗；通过调整取代基和苯环的数量可以得到具有不同电压和容量的电极材料[29]。有机负极材料面临的主要问题同正极材料相似，有机负极材料的电化学性能仍有很大的提升空间。

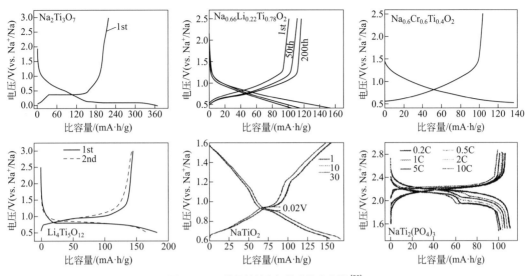

图 13-10　常见钛基负极的充放电曲线 [28]

上述材料作为钠离子电池负极时的储钠位点有限，可逆比容量仍偏低，要进一步提升储钠比容量，合金和转换类负极具有一定优势。然而，在电化学过程中由于巨大的体积形变导致其容量衰减较快，限制了在实际电池中的应用，所以短期内这类负极材料很难实现应用，未来可以考虑将其添加到碳基负极材料中提高负极材料的容量。

13.2.3　电解质材料

就液体电解质而言，根据实际应用需求，选择、开发合适的溶剂、钠盐和添加剂是目前研究的主要方向。从溶剂的开发来看，除了继续优化溶剂的组成，可通过改造官能团（氟代、增减链长）等手段提升现有碳酸酯类或醚类溶剂的性能；与此同时，砜类、羧酸酯类等新型的溶剂体系也值得关注和研究。相比于锂盐，已经商业化生产的钠盐种类仍然较少，因此目前使用的钠盐仍然集中于无机钠盐和有机钠盐，无机钠盐如高氯酸钠（$NaClO_4$）、四氟硼酸钠（$NaBF_4$）、六氟磷酸钠（$NaPF_6$）、六氟砷酸钠（$NaAsF_6$），有机钠盐如三氟甲基磺酸钠（$NaSO_3CF_3$，NaOTf）、双（氟磺酰）亚胺钠（$Na[(FSO_2)_2N]$，NaFSI）和双（三氟甲基磺酰）亚胺钠（$Na[(CF_3SO_2)_2N]$，NaTFSI）等。这几种钠盐各自存在的缺点目前难以通过有效手段消除，寻找和开发新的钠盐仍然是亟待解决的问题。除了通过调节溶剂组成、钠盐种类、电解液浓度等调控钠盐和溶剂形成的溶剂化鞘层结构外，还可以通过引入少量添加剂（这些添加剂分子也能与 Na^+ 形成配位，影响 Na^+ 溶剂化鞘层结构），利用添加剂的分解电位不同，调控电解液与电极材料的界面，达到提高电池循环寿命和倍率性能等目的 [30]。此外，替换有机溶剂，用水和离子液体作为溶剂的水系电解液和离子液体电解液也是研究的热点。

目前，氧化物钠离子固体电解质的研究主要集中在两种类型，即尖晶石结构的 Na-β-Al_2O_3 和 NASICON 型的 $Na_{1+x}Zr_2Si_xP_{3-x}O_{12}$（$0 \leqslant x \leqslant 3$）。Na-β-$Al_2O_3$ 用于固态钠电池时性能优异，室温电导率可达 2×10^{-3} S/cm，但较高的合成温度（1200～1600℃）可能会限制其大规模应用。针对 NASICON 型的固体电解质的研究主要是通过元素掺杂不断提升其离子电导率，经掺杂改性后室温电导率最高可达 $5.27 \times 10^{-3} S/cm^{[31]}$。具体途径有：用低价元素替换高价元素并提升钠离子的浓度维持电荷平衡；掺杂元素扩大传输"瓶颈"的尺寸，降低迁移能垒，进而提升离子电导率；调控晶界组成提升晶界离子电导率，进而提升整体的离子电导率。NASICON 型氧化物固体电解质优异的离子导通性能和高的稳定性使其具有良好的应用前景，但降低电极和电解质之间固 - 固接触的界面阻抗是亟待解决的问题。Na_3PS_4 是研究最多的钠离子硫化物固体电解质之一。完美的 Na_3PS_4 晶体不管是立方相还是四方相离子电导率都非常低，缺陷（如钠空位）的形成是晶相中钠离子移动能力高的原因，而且玻璃 - 晶体（或称为陶瓷）复合相通常表现出相比于纯的玻璃或纯的晶体更高的离子电导率，室温离子电导率可达 $2 \times 10^{-4} S/cm^{[32]}$。P 位取代的 Na_3SbS_4 对水稳定，在此基础上通过掺杂制备的 $Na_{2.88}Sb_{0.88}W_{0.12}S_4$ 室温离子电导率为 $3.2 \times 10^{-2} S/cm$，是目前已知的钠离子硫化物固体电解质室温离子电导率最高的，该数值甚至已经超过了普通液态电解液的室温离子电导率 [33]。S 位取代的 Na_3PSe_4 由于晶格膨胀使离子传输"瓶颈"尺寸增大，迁移激活能降低，而且由于 Se 比 S 的电负性更小，对 Na^+ 的束缚能力更弱，有利于提升晶体中载流子的浓度，从而提升离子电导率。但 Na_3PSe_4 在空气中不稳定，实际应用依然有一定难度。图 13-11 展示了 NASICON 和 Na_3PS_4 的晶体结构示意图。聚合物固体电解质通常由两部分组成，即聚合物基体和溶解于其中的钠盐。PEO 基聚合物电解质是研究最早且最多的体系，具有质量轻、黏弹性好、易成膜、电化学窗口宽、化学稳定性好等诸多优点。其离子传输主要发生在无定形区域，因此对它的研究主要集中于降低 PEO 结晶度，例如通过共混、共聚、交联，添加无机纳米颗粒（如纳米 SiO_2、Al_2O_3、TiO_2 和 ZrO_2）或与陶瓷电解质复合等，以提升室温离子电导率。除上述三种电解质体系之外，通过固液复合或是原位固化等策略，提高电极界面浸润性，降低界面电阻也是研究的热点。

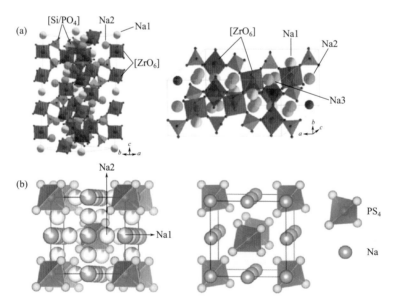

图 13-11 NASICON 晶体结构（左侧为三方相；右侧为单斜相）(a) 和 Na_3PS_4 晶体结构（左侧为立方相；右侧为四方相）(b) 示意图

13.2.4 / 国外钠离子电池商业化进程

截至目前，全球约有三十多家企业致力于钠离子电池的研发，国外研发公司包括英国 Faradion、法国 Tiamat、美国 Natron Energy 和日本岸田化学等公司。英国 Faradion 公司较早开展钠离子电池技术的开发及产业化工作，推出镍基层状氧化物类正极（$Na_aNi_{1-x-y-z}Mn_xMg_yTi_zO_2$）和硬碳负极的钠离子电池，现已研制出 10A·h 软包电池样品，比能量达到 140W·h/kg。电池平均工作电压为 3.2V，在 80% DOD（放电深度）下的循环寿命预测可超过 1000 周。法国 Tiamat 公司以氟磷酸钒钠类（$Na_{3+x}V_2(PO_4)_2F_3$）正极和硬碳类负极为体系的 1A·h 钠离子 18650 原型电池的工作电压达到 3.7V，比能量为 90W·h/kg，1C 倍率下的循环寿命达到了 4000 周，但是其材料电子电导率偏低，需进行碳包覆及纳米化，且压实密度低。美国 Natron Energy 公司采用普鲁士蓝（白）材料开发的高倍率水系钠离子电池，2C 倍率下的循环寿命达到了 10000 周，但普鲁士蓝（白）类正极材料压实密度较低，生产制作工艺也较复杂，其体积比能量仅为 50W·h/L。日本岸田化学公司也对钠离子电池的关键材料布局了很多专利。由此可见，钠离子电池已成为世界各国竞相发展的储能技术。

13.3 / 我国在该领域的学术地位及发展动态

13.3.1 / 学术地位及作用

我国在钠离子电池领域起步较晚，早期发展落后于国外，随着锂离子电池在动力汽车领域的蓬勃发展以及对不依赖于锂资源储能技术的迫切需求，近年来我国在钠离子电池领域的发展蒸蒸日上，关键材料的性能不断获得提升，科学问题的探索不断取得突破。我国在这一领域的研究经历了跟跑、并跑到领跑的发展过程，做出了若干具有国际影响力的工作，引领了本领域的发展，使我国的钠离子电池技术无论在基础研究还是示范应用方面均处于国际领先水平。

13.3.2 / 具体发展动态

正极材料作为钠离子的主要来源，一直是研究的重点，提升正极材料的性能，解析循环失效的机制，提出稳定结构的策略，发展规模制备的方法是该领域研究的重点。

南京大学周豪慎教授等在钠离子层状氧化物正极材料研究方面做了系列重要工作。为诱发并稳定层状氧化物中的晶格氧参与电荷补偿以获取额外的容量，同时考虑了阴离子氧化还原反应与过渡金属价电子的分布以及过渡金属与氧杂化程度的相互关系，设计制备了 P2-$Na_{0.67}Li_{0.21}Mn_{0.59}Ti_{0.20}O_2$ 材料[34]。通过在过渡金属层引入 Li 元素构成 Na-O-Li 构型，引发充电到高电压下氧的氧化还原，同时在过渡金属层内引入少量 Ti 元素与 O 形成更为紧密的共价键，增加在费米能级的电子分布，使氧的氧化反应更易发生。该材料的首周充电比容量来自氧的氧化还原为 155mA·h/g，首周放电后阴阳离子协同变价提供电荷补偿，放电比容量达

231mA·h/g，且充放电过程中不存在新相的产生，保持了长程有序的 P2 型 ABBA 结构。为打破传统摇椅式电池均通过碱金属阳离子在正负极材料中的可逆脱嵌实现能量转化这一限制，设计制备的 $Na_{0.5}Ni_{0.25}Mn_{0.75}O_2$ 正极材料可实现阴阳离子共嵌入，释放 180mA·h/g 的可逆比容量，超过了钠离子全部脱出时的理论值（134mA·h/g）。通过一系列表征手段揭示了除正常的钠离子脱嵌之外，带负电的 ClO_4^- 的有序脱嵌提供了额外容量，且这一过程伴随着可逆的氧活化（O^{2-} « O^-）过程。该发现极大丰富了现有的氧化物插层化学，为实现高比能二次电池提供了新的方向[35]。除了提升正极材料的比容量外，在稳定层状结构方面的工作包括：引入氧空位提升钠离子迁移率，使不可逆的 O3-P3 相变变成可逆相变[36]；采用蜂窝型超晶格的过渡金属有序化调节晶体应变并抑制阳离子迁移[37]；在钠层掺杂适量铁作为钉扎点，通过"钉扎效应"实现层状正极材料结构在脱嵌钠过程中的零应变[38]。上海交通大学的马紫峰教授等采用共沉淀和固相反应相结合的方法制备了 $NaNi_{1/3}Fe_{1/3}Mn_{1/3}O_2$ 材料，在 2～4V 电压范围内展示出 136mA·h/g 的可逆比容量，系统研究了在脱钠过程中的结构演化与热稳定性[39]。中国科学院化学研究所郭玉国研究员等通过 Cu/Ti 共掺杂合成了 $NaNi_{0.45}Cu_{0.05}Mn_{0.4}Ti_{0.1}O_2$ 材料，有效抑制了循环过程中的电荷有序化和复杂的相变，与未掺杂样品相比该材料的空气稳定性提高了近 20 倍，即使浸泡在水中仍可保持其原始结构，显著改善了电化学性能[40]。该团队还开发了一种安全、实用的钠离子电池正极补钠添加剂草酸钠（$Na_2C_2O_4$），通过优化不同物化性质的导电添加剂，降低了 $Na_2C_2O_4$ 的氧化电位，提高了其与正极材料的兼容性，并显著提高了钠离子电池的循环稳定性和能量密度[41]。厦门大学杨勇教授等通过系列对比实验研究并结合理论计算发现，P2 型层状氧化物正极材料存在钠含量的临界值，当钠含量高于临界值时，水分子不能嵌入材料，反之水分子将嵌入钠层。他们报道了层状钠离子氧化物在潮湿空气中发生的结构和化学转变过程，并进一步探究了不同 Mn 价态对材料在空气中稳定性的影响，得出了对于原始 P2 材料，首次充电（脱钠）电位越高，钠越难脱出，在空气中越稳定的结论[42]。

中国科学院过程工程研究所赵君梅研究员等针对氟磷酸钒钠的低成本绿色合成及性能改进取得了系列研究成果。基于原位生成的气泡作为软模板，使溶液中共沉淀产生的纳米颗粒与气泡表面发生层层自组装，开发了一种室温大规模合成 $Na_3(VOPO_4)_2F$ 微球的方法，该微球在没有任何额外的高温烧结、纳米化以及碳包覆处理的条件下，展现出了优异性能[43]。随后，又率先开发出无溶剂的室温固相机械化学法快速合成 $Na_3(VOPO_4)_2F$ 的方法，并实现一步构建碳纳米骨架，在提高导电性的同时产生的界面储钠行为使材料具有超理论容量的特性，在高功率和长循环方面展现出了独特优势[44]。中国科学院大连化物所李先锋研究员与郑琼副研究员等开发出一种低温溶剂热 - 球磨制备方法，通过调控反应 pH 环境提高晶体表面能，实现了高纯度且高产率碳复合 $Na_3V_2(PO_4)_2F_3$ 的绿色经济合成[45]。近期，该团队基于非溶剂诱导相转化方法，通过调控成膜热力学和动力学过程，成功制备出一种具有低弯曲度指状孔的超高面容量（$60mg/cm^2$，$4.0mA·h/cm^2$）磷酸钒钠基电极结构，首次将多物理场耦合的有限元模拟分析应用于钠离子电池电极结构设计及其内部的电荷传递动力学过程研究。研究发现低弯曲度多孔电极内的电化学反应更均匀，钠离子传输更快，进而验证了低弯曲度指状孔电极，特别是高面容量电极在大电流运行工况下电池的比功率优势[46]。

武汉大学的杨汉西教授等在合成低缺陷度的普鲁士蓝正极材料方面取得了重要进展。在反应过程中加入络合剂 L^{n-}（如柠檬酸等），使过渡金属离子 M^{2+} 与其形成 $ML_m^{(mn-2)-}$ 配合物，结晶过程中通过该配合物缓慢释放出的 M^{2+} 与 $Na_4[Fe(CN)_6]$ 发生共沉淀反应。由于 L^{n-} 与 $[Fe(CN)_6]^{4-}$ 之间的竞争作用，普鲁士蓝的结晶速率得到明显控制，最终生长成为形貌规整、结晶良好的 $Na_2M[Fe(CN)_6]$ 化合物。采用此方法合成的 $Na_{1.85}Co[Fe(CN)_6]_{0.99} \cdot 1.9H_2O$ 为粒径均匀的纳米立方体形貌（颗粒大小约 600nm），结构缺陷度仅有 1%，晶格水含量为 10%。该材料具有高度可逆的两个 Na^+ 脱出/嵌入反应行为，储钠比容量高达 150mA·h/g，库仑效率接近 100%，且 200 周循环后，可以维持约 90% 的初始比容量。该工作通过控制结晶速率有效抑制了普鲁士蓝材料的 $[Fe(CN)_6]$ 空位缺陷，改善了晶格规整度，提高了普鲁士蓝框架 2 个 Na^+ 的可逆脱出/嵌入反应，方法简便易行，有利于推广到其他普鲁士蓝材料中[47]。

南开大学的陈军院士团队在有机正极材料方面取得了突出的研究成果。合成的二羟基对苯二甲酸四钠盐（$Na_4C_8H_2O_6$）正极材料可实现两个 Na^+ 的脱出/嵌入，在 1.6～2.8V 电压范围内具有 183mA·h/g 的可逆比容量，平台电压为 2.3V。结构中苯环和羧基相连，形成共轭大 π 键，可以有效避免氧化还原过程中形成的小分子共轭羧基化合物在电解液中的溶解[19]。为进一步提升有机电极的比容量，报道了一种具有多个羧基的蜂窝状富氮有机共价骨架（TQBQ-COF）材料。通过红外表征和第一性原理计算，证明吡嗪和羧基均为活性位点，且每个重复单元可以存储 12 个钠离子，其中 6 个在平面内，6 个在平面外。该不溶性电极表现出 452mA·h/g 的极高比容量，出色的循环稳定性（1000 次循环后比容量保持率为 96%）和高倍率性能（134.3mA·h/g，10A/g）[48]。最近，该团队通过 d-π 杂化方法合成了一种金属有机聚合物，即 Ni 配位四氨基苯并醌（Ni-TABQ）。由于 Ni-TABQ 的聚合链通过氢键缝合，形成了一种坚固的二维层状结构，使其能够沿着聚合物链和氢键的方向提供电子传导和 Na^+ 扩散途径，在 100mA/g 电流密度下表现出了约 469.5mA·h/g 的高比容量[49]。

在钠离子电池负极材料研发方面的工作主要集中于开发高性能碳基负极材料，明晰无定形碳储钠机制，阐明碳负极性能与电解液的关系以及揭示非碳材料体积形变的内在原因。天津大学杨全红教授等选择用于氧气和氮气精确分离的碳分子筛作为负极，其独特的孔径结构（稍大于石墨层间距而小于活性炭的孔径）仅允许去溶剂化的钠离子可逆脱嵌，避免了溶剂共嵌入，表现出了较高的储钠比容量（284mA·h/g，0.1A/g）与首周库仑效率（73.2%）[50]。中国科学技术大学的余彦教授等将材料缺陷工程策略与形貌调控相结合，设计并构筑了一种氮掺杂的介孔碳纳米片。该超薄二维碳纳米片组装成的三维分级骨架具有良好的导电性，多孔结构及大量缺陷位点增强了钠离子的传输动力学，拓宽的碳层间距不仅缩短了钠离子的扩散距离，还能够缓解电极在循环过程中的体积变化，展示出了优异的储钠性能[51]。武汉大学的曹余良教授等以蔗糖为前驱体制备碳球，研究了炭化速率对碳球微观结构的影响，发现降低炭化速率会给气体分子挥发和无定形碳原子的重组提供足够的时间，从而减少缺陷和孔隙，获得更加完整的 sp^2 杂化碳层。在 0.5℃/min 加热速率下获得的碳球具有最低的缺陷浓度和最低的孔隙率，获得高达 86.1% 的首周库仑效率[52]。他们以聚苯胺热解得到的管状硬碳为研究模型，发现随着热解温度的升高，碳层缺陷减少，斜坡区域的储钠比容量呈缓慢下降趋势，认为高电压斜坡区对应钠离子在硬碳缺陷位点和杂原子上的吸附；通过借鉴硬碳储钠平台区与石墨储锂行为相似的特点，认为低电位平台区对应钠离子在类石墨层间的脱嵌行为，基于此提出了硬碳的"吸附-插层"储钠机制[53]。北京化工大学徐斌教授等以生物质为前驱体，通过调控热解温度，在 $600 \sim 2500℃$ 的宽温度范围内制备了一系列不同微结构的硬碳材料，并根据层间距将硬碳的微晶结构分为高度无序相（$d_{002}>0.4nm$）、准石墨相（$d_{002}=0.36 \sim 0.40nm$）和类石墨相（$d_{002}<0.36nm$）三种类型。基于对其微观结构和储钠行为随热解温度的演变规律的系统分析和关联，并结合理论计算，提出了一种改进的"吸附-嵌入"模型[54]。天津大学许运华教授采用填充硫以及改变热解温度和电解液体系等手段，研究了硬碳的储钠行为和性能。发现硫填入硬碳微孔后，并未影响石墨微晶层的结构，但 $0.1V$ 以下的低电压平台消失，而表现出 $1.3V/1.6V$ 的放电 / 充电平台，直接表明平台区比容量来源于钠离子在微孔中的填充，提出了"吸附-填孔"的储钠机理[55]。北京理工大学吴川教授等通过理论和实验的方法对蔗糖基硬碳材料储钠后的状态进行了研究。借助基础化学、理论计算以及光谱学测试，发现硬碳材料中钠离子的稳定状态为"准金属态"，即钠离子在硬碳中的价态处于 $0 \sim +1$ 之间，并且钠离子的价态随嵌钠量的增加逐渐降低[56]。除了对碳负极材料的研究外，对合金负极储钠过程的研究也是本领域的重点。燕山大学黄建宇教授等通过原位透射电镜对纳米 Sn 颗粒在钠化过程中的形貌及结构变化进行研究，发现晶态的 Sn 首先与钠发生两相反应生成无定形的 $NaSn_2$，这一步骤的体积变化为 56%；随着钠离子的进一步嵌入，形成富钠的无定形 Na_9Sn_4 和 Na_3Sn，相应的体积变化为 252% 和 336%；最后，通过单相转变机理生成结晶型的 $Na_{15}Sn_4$，体积变化达到 420%，这也是合金负极循环性能差的根本原因[57]。

对液体电解质的研究主要集中于调控电解液的组成使其在正负极表面形成稳定的固体电解质界面膜，阻止电解液的持续分解；或解析电解液的溶剂化结构，提升其与金属钠的兼容性。马紫峰教授等使用含 2%FEC+1%PST+1%DTD 三种添加剂的电解液［1mol/L $NaPF_6$/PC+EMC（体积比 1:1）］，在硬碳负极表面获得了富含 $ROCO_2Na$、$ROSO_2Na$ 和 RSO_3Na 等有机物的 SEI 膜，能够有效地阻止电解液在负极的持续还原分解；在 $Na[Ni_{1/3}Fe_{1/3}Mn_{1/3}]O_2$ 正极表面获得了 RSO_3^-、$ROSO_3^-$、SO_3^{2-} 与少量过渡金属离子形成的 CEI 膜，阻止了电解液在正极氧化分解，同时还能防止过渡金属离子的进一步溶出。使用该种电解液的全电池循环 1000 周后仍然具有 92.2% 的高比容量保持率（1C 充放电倍率，$2.0 \sim 3.8V$ 电压区间）[58]。中国科学院长春应用化学研究所的明军研究员等发现金属钠对称电池在 1mol/L 的 $NaPF_6$/DME 电解液中可以稳定循环 500 多次，当把钠盐更换为 $NaClO_4$ 或 $NaCF_3CO_3$，或将溶剂更换为碳酸酯类的 EC+DEC 或 PC 时，循环稳定性迅速变差。通过理论计算，认为钠离子的溶剂化结构，特别是阴离子的类型和位置，在很大程度上决定了金属钠负极的性能。在这些体系中，DME 与 Na^+ 的结合能明显高于碳酸酯类溶剂与 Na^+ 的结合能，可以将更多的阴离子排除在最内鞘层外，使阴离子远离金属钠电极，防止阴离子腐蚀；当固定 DME 为溶剂时，与 Na^+ 结合能高于 ClO_4^- 和 $CF_3CO_3^-$ 的 PF_6^- 不能自由地到达金属电极，因而进一步避免了阴离子对钠电极的腐蚀[59]。在固体电解质方面，主要围绕提升电解质的离子电导率和增强其与电极的界面兼容性展开。中国科学院上海硅酸盐研究所的温兆银研究员团队在 Na-β-Al_2O_3 表面包覆一层微米尺寸的碳纳米管，有效提升了金属钠对 Na-β-Al_2O_3 的润湿性，使钠的对称电池在 58℃ 和 $0.1mA/cm^2$ 的电流密度下稳定循环[60]。同济大学的黄云辉教授等采用固相法合成的 $Na_2Zn_2TeO_6$ 室温下离子电导率

达到 6×10^{-4}S/cm，通过 Ca 掺杂将室温离子电导率提升到了 1.1×10^{-3}S/cm，达到了与 Na-β-Al$_2$O$_3$ 和 NASICON 相同的水平[61]。武汉理工大学的陈文教授等研究了 NaClO$_4$/PVC 体系固体聚合物电解质，发现纯的 PVC 在室温下处于非晶态，随着 NaClO$_4$ 含量的增加，聚合物电解质晶态组成越来越多且柔韧性变差，离子电导率也随之下降。但这些比例对应的钠离子电导率均在 10^{-3}S/cm 以上，并且随温度没有明显的变化[62]。清华大学深圳研究生院的贺艳兵副研究员等将含有 PEO 链段的聚乙二醇 - 二缩水甘油醚（PEGDE）与二氨基聚苯醚（DPPO）交联，以玻璃纤维隔膜作为支撑体，聚合后浸泡于电解液中，制备出致密的交联结构凝胶聚合物电解质。具有玻璃纤维隔膜支撑的凝胶聚合物电解质具有较强的力学性能、较好的柔韧性和高的室温离子电导率（2.18×10^{-3}S/cm）。采用该电解质组装的 Na||Na$_3$V$_2$(PO$_4$)$_3$ 电池在室温下以 1C 的倍率循环 2000 周后比容量保持率为 96.7%。这进一步证明了表面致密的电解质结构能够显著抑制金属钠负极的不均匀沉积，抑制枝晶生长[63]。除了对电解质进行改性外，对金属钠进行改性也可以改善界面兼容性。北京科技大学的范丽珍教授等将金属钠吸附在三维网络结构的碳毡中，极大地增大了金属钠与聚合物电解质的接触面积，降低了界面阻抗[64]。

除了材料基础研究外，国内在钠离子电池的商业化方面也取得了重要进展。钠创新能源有限公司制备的 Na[Ni$_{1/3}$Fe$_{1/3}$Mn$_{1/3}$]O$_2$ 三元层状氧化物正极材料 / 硬碳负极材料体系的钠离子软包电池比能量为 100 ～ 120W·h/kg，循环寿命达 2500 次。我国辽宁星空钠电池公司致力于开发 Na$_x$FeFe(CN)$_6$ 普鲁士蓝类正极和硬碳类负极的钠离子电池，正极材料在 0.1C 下有约 116mA·h/g 的比容量，循环 1000 次后比容量保持率为 78%，但目前还没有相关的电池数据报道[10]。依托中国科学院物理研究所技术成立的中科海钠科技有限责任公司拥有多项钠离子电池核心专利，是国际少有拥有钠离子电池核心专利与技术的电池企业之一。该公司聚焦低成本、长寿命、高安全、高能量密度的钠离子电池产品，可供应钠离子电池正负极材料与电解液。潜在应用覆盖电动自行车、低速电动汽车、通信基站、数据中心、家庭储能和规模储能等领域。此外，锂电巨头宁德时代在今年的发布会宣称他们正在积极推动钠离子电池进入产业化的快速通道，并将在 2023 年形成产业链。整体上，我国掌握了钠离子电池的核心技术，钠离子电池的商业化发展处于国际领先水平。相信在顶层规划及相关政策大力支持之下，在产、学、研的协同创新之下及社会资本的推动之下，我国有望率先在全球范围内实现钠离子电池的商业化应用。

13.4 作者在该领域的学术思想和主要研究成果

钠离子电池技术的发展离不开对高性能电极和电解质材料的研发。尽管钠是元素周期表中在原子质量和原子半径方面仅次于锂的第二轻和第二小的碱金属，但两者在物理化学性质上的差异势必会造成相应电极和电解质材料在电化学性能上的差异。例如，较重的钠离子质量和较大的钠离子半径致使钠离子电池的重量和体积能量密度无法与锂离子电池相媲美。钠的标准电极电位 (-2.71V vs. SHE) 高于锂的标准电极电位 (-3.02V vs. SHE) 0.31V。钠离子较大的离子半径也必将引起电极材料在离子存储/传输机制、结构成相/演化规律、电荷补偿/转移机制、界面形成/演变规律等方面的差异。这些都说明了对钠离子电池材料的研究可以借鉴锂离子电池，但却无法完全移植，直接把锂离子电池材料的衍生物用于钠离子电池是不合适的，在开发钠离子电池关键材料过程中必须探寻不同于锂离子电池的新体系，才能发挥钠离子电池自身的优势。

在钠离子电池研发过程中，我们发现其不仅具有资源丰富和成本低廉的优势，而且由于钠离子自身的特性，存在一些特有的优势：

① 由于钠离子与过渡金属元素离子的半径差异较大，使其层状氧化物的堆积方式具有多样化。与锂离子层状氧化物多为 O 型结构不同，钠离子层状氧化物具有丰富的 O 型和 P 型种类，最近我们提出了一种简单的预测钠基层状氧化物构型的方法。

② 很多在含锂层状氧化物正极中没有电化学活性的过渡金属元素在含钠层状氧化物中具有活性，我们在钠离子层状氧化物中首次发现的 Cu^{2+}/Cu^{3+} 的变价便是有力证明[65]。

③ 钠离子在电极材料中的扩散速率并非一定低于锂离子，扩散速率的快慢与电极材料的晶体结构密切相关，我们发现 Na^+ 在层状 $Na_{0.66}[Li_{0.22}Ti_{0.78}]O_2$ 中的扩散速率要高于在尖晶石 $Li_4Ti_5O_{12}$ 中的扩散速率[25]。

④ 较大的钠离子半径不一定会导致电极材料的体积发生巨大形变，我们开发的层状 $Na_{0.6}[Cr_{0.6}Ti_{0.4}]O_2$ 在脱钠前后的体积形变仅有 0.5%[26]。

⑤ 较大的钠离子半径使其在极性溶剂中具有较弱的溶剂化能，从而在电解液中具有更高的电导率，另外也可以用低盐浓度电解液达到相同的电导率，有利于钠离子电池功率密度的提升。

⑥ 由于钠与铝不会形成合金，铝箔可以同时作为钠离子电池正负极的集流体，替代在锂离子电池负极侧使用的铜箔集流体，不仅可以进一步降低钠离子电池的成本，而且可以设计双极性电池以进一步提升能量密度。

在新材料研发和理论探索的同时，我们也致力于对钠离子电池器件的构筑，希望将科技创新成果转化为推动经济社会发展的现实动力。因此，我们秉承"一个核心、两条路径"的研究思路框架：以钠离子电池关键材料为研究核心，从科学理论探索与产业化应用两条研究线路出发，形成了瓶颈问题-材料性能-理论挖掘的科学探索纵向路径和材料-技术-器件的产业化应用横向路径，以期实现理论研究与产业应用的有效融合。

13.4.1 ╱ 钠离子电池关键材料研发

（1）基于 Cu^{2+}/Cu^{3+} 电荷补偿的低成本层状氧化物正极材料　　• • •

与锂离子电池的层状氧化物正极材料类似，具有较高能量密度的含钠层状氧化物也受到了广泛关注。目前面临的两大挑战是：与含锂层状氧化物不同，绝大多数含钠层状氧化物在空气中极不稳定，容易吸水，会增加材料的存储、运输和使用成本；虽然已报道了 Na-Fe-Mn-O 成本低廉、环境友好的系列层状氧化物材料，但是其电化学性能较差，为了提升其电化学性能，一般需要添加一定比例的 Ni 或 Co 过渡金属元素，这些元素也广泛应用于锂离子电池正极材料中，导致成本较高。我们设计新材料的一个思路是：尽量避免使用锂离子电池正极材料常用的 Ni、Co 元素。在国际上首次发现 Cu^{2+}/Cu^{3+} 氧化还原电对在含钠层状氧化物中高度可逆的现象，意味着可以利用环境友好的 Cu 元素来构建新型层状氧化物[65]。基于这样一项基础研究的突破，设计和制备出低成本、环境友好的 $Na_xCu_iFe_jMn_kM_yO_{2+\beta}$ 系列可用层状氧化物正极材料（M 为对过渡金属位进行掺杂取代的元素）。Cu 的加入提升了材料的导电性能和电化学性能，具有类似 Ni 或 Co 的功能，而且 CuO 的价格只有 NiO 的一半。其中，$O3-Na_{0.9}[Cu_{0.22}Fe_{0.30}Mn_{0.48}]O_2$ 正极材料可以实现 0.4 个钠离子的可逆脱嵌，该材料的电化学性能优异：可逆容量为 100mA·h/g，平均工作电压为 3.2V，首周库仑效率为 90.4%，倍率性能良好，循环性能优异（100 周后，比容量保持率在 97%），见图 13-12；并且该正极材料在空气中相比其他 O3 相层状氧化物材料要稳定，已具备了实用化条件[66]。

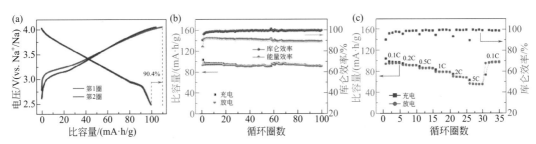

图 13-12　Na-Cu-Fe-Mn-O 层状正极材料的充放电曲线（a）、循环性能（b）及倍率性能（c）

（2）基于阴离子变价的高容量层状氧化物正极材料[67]

基于对阴离子氧化还原研究的基础，设计制备了结构和组成为 $P2-Na_{0.72}Li_{0.24}Mn_{0.76}O_2$ 的层状氧化物正极材料，该材料在 1.5～4.5V 之间具有约 270mA·h/g 的超高可逆比容量，半电池中能量密度达到 700W·h/kg，是当时已报道的钠离子电池正极材料中具有最高能量密度的材料。此外，通过中子散射、同步辐射技术等先进表征手段细致研究了该 $P2-Na_{0.72}Li_{0.24}Mn_{0.76}O_2$ 材料的电荷补偿机制和结构演化过程，发现 P2 结构具有较大的层间距（相对于 O3 相），能够容纳 O-O 键长变化带来的晶格畸变；同时较大的层间距能有效抑制充电过程中阳离子向碱金属层迁移（富锂材料中发生的层状向尖晶石结构相变），保持稳定的层状结构，从而使得氧离子的氧化还原反应可逆。除此之外，由于首周充电电荷补偿全部由氧提供，这就减小了相邻氧层的静电排斥作用，进而抵消由于钠离子脱出而减弱的静电屏蔽效应，从而在充电末仍然稳定了 P2 型层状结构，且减小了体积应变。该研究证明阴离子氧化还原反应在钠离子电池中的现象与在锂离子电池中有着较大差别，为进一步提升钠离子电池的能量密度带来了希望。

（3）提出新型高熵层状氧化物正极材料[68]

高熵氧化物（HEO）作为一种新型化合物，因具有独特的特性（通常是一些仅具有一种或几种主要元素的常规材料而无法实现的）而广受科学界关注。HEO 代表可以结晶为单相的多元素金属氧化物系统，其中不同的系统可以处于不同的晶体结构中，包括岩盐、尖晶石、钙钛矿结构。一般晶体结构中，具有五个或更多主要元素，在 HEO 中共享相同的原子位点，可以形成稳定的固溶体状态。由于这些材料的组成极其复杂，它们通常表现出优异的性能，例如高断裂韧性、高强度、良好的高温 / 低温性能、良好的储能性能等。通过高温固相反应法成功合成了单相 O3 型的 $NaNi_{0.12}Cu_{0.12}Mg_{0.12}Fe_{0.15}Co_{0.15}Mn_{0.1}Ti_{0.1}Sn_{0.1}Sb_{0.1}O_2$ (HEO) 钠离子电池正极材料。通过原位 XRD 测试解析其充放电过程中的结构信息发现：充电过程前期空间群 $R\bar{3}m$ 的 O3 相先转变为相同空间群晶胞参数略微不同的 O3′ 相，脱出 0.32mol Na^+ 后转变为空间群为 $R3m$ 的 P3 相，放电过程中 P3 相可逆地转变为 O3′ 相，并没有回到初始态的 O3 相。第二周的原位 XRD 测试结果表明充放电过程为可逆的 O3′ $\rightleftharpoons$ P3 转变。值得注意的是，通过对比放电过程中 P 和 O 相结构内对应的可逆比容量发现：O3′ 相下拥有 60% 的可逆比容量，远高于目前文献中报道的其他 O3 型层状正极材料。文献中提出高熵材料中多重组分的过渡金属离子可以调节钠离子嵌入 / 脱出过程中的局部结构，从而使相转变得以延迟并高度可逆。因此该材料具有优异的倍率性能和循环性能，5C 倍率下仍拥有 0.1C 倍率测试条件下 80% 的可逆比容量，3C 倍率下循环 500 周比容量保持率为 83%。

（4）低成本无烟煤和沥青基碳负极材料 • • •

无序度较高的硬碳材料显示出了较好的电化学性能，但是实际应用面临的挑战是成本太高。主要原因是硬碳前驱体成本较高（例如树脂类聚合物）或者产碳率较低（例如碳水化合物）。我们提出采用成本低廉的无烟煤作为前驱体，通过简单的粉碎和一步炭化得到了一种具有优异储钠性能的软碳负极材料。通过控制裂解条件进而调控其微观结构，得到的软碳负极的储钠比容量达到 220mA·h/g，其首周库仑效率超过 83%，展现出了优异的循环稳定性，最重要的是无烟煤基软碳负极材料在所有的碳负极材料中性价比最高 [69]。同时该软碳合成所需原材料资源丰富、廉价易得、产碳率高达 90%（对环境影响小），且制备工艺非常简单，已具备了实用化条件。与无烟煤可通过一步炭化法获得无定形碳材料不同，成本低廉且产碳率较高的沥青在高温炭化过程中容易石墨化，形成高度有序的碳层结构，其储钠比容量较低（80mA·h/g 左右）。基于此提出把低成本的沥青软碳前驱体和高性能的木质素硬碳前驱体有机结合起来，发现木质素和沥青之间存在一定的乳化作用，高温裂解后得到一种无序度很高的无定形碳材料，该材料的储钠比容量达到 250mA·h/g[70]。之后，在不引入硬碳前驱体的情况下，提出新型预氧化策略在沥青中引入氧原子产生交联结构，以抑制沥青在高温炭化过程中的熔化，阻碍碳原子的有序重排，同时高温过程中释放出的气体小分子如 CO、CO_2 等会进一步改变碳材料的微结构，起到双重调控的作用。制备得到的碳负极材料产碳率从 54% 提高到 67%，储钠比容量增加到 300mA·h/g[71]。根据上述工作进一步发现沥青有序化的本质是高温炭化过程中发生熔融，提出一种原位 $Mg(NO_3)_2·6H_2O$ 固化策略，将沥青的熔融态炭化过程转变为固态炭化过程[72]。进一步地，针对通常使用的高温炭化法反其道而行之，将沥青直接在低温（800℃）下炭化，产生了更多随机分布的短小碳层且提升了杂原子浓度，增加了沥青基碳材料的缺陷度，进而提高了碳负极材料斜坡区的储钠比容量，使其表现出较高的倍率性能[73]。

（5）高平台容量碳负极材料 • • •

上述沥青基碳负极的储钠比容量虽然有了大幅提升，但仍然低于石墨的储锂比容量（约

372mA·h/g），进一步提升碳负极的储钠比容量对钠离子电池能量密度的提升具有重要作用。选取产碳率较高的木炭为前驱体，通过酸洗与高温炭化（1900℃）相结合得到同时兼具无定形和石墨化结构的碳材料，由于石墨层的相互交联产生了具有蜂窝结构的闭合孔隙，将碳负极材料的储钠比容量提升至 400mA·h/g，其中 80% 以上的比容量来自平台区域[74]，见图 13-13（a）。在此工作启发下，提出一种基于绿色化学调控的方法，利用酚醛树脂作为前驱体，乙醇为造孔剂，通过控制两者相对含量对酚醛树脂基体中的孔隙含量进行精确的化学调控，并在高温过程中逐步将开孔闭合，进一步提升储钠比容量至 410mA·h/g[75]，见图 13-13（b）。

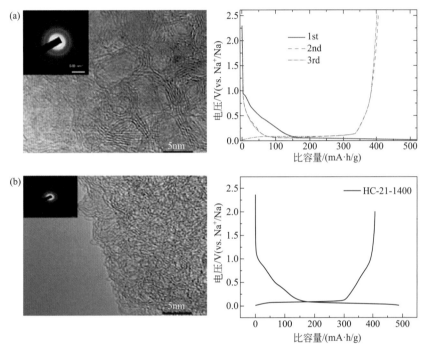

图 13-13　木炭基（a）和酚醛树脂基（b）碳负极材料的形貌和充放电曲线

（6）Ti 基层状氧化物负极材料 [25,26]

在对尖晶石结构的 $Li_4Ti_5O_{12}$ 嵌钠机制认识的基础上，首次提出了两种零应变负极材料。首先设计了一种零应变 P2 型 $Na_{0.66}[Li_{0.22}Ti_{0.78}]O_2$ 负极材料（以前层状氧化物绝大部分用来作正极材料），该材料在 C/10 倍率下显示约 116mA·h/g 的可逆比容量，200 周循环后比容量保持率为 88%，在 2C 的倍率下循环 1200 周后比容量保持率为 75%，显示出极其稳定的循环性能；充放电曲线为斜坡状，平均储钠电压为 0.75V，远高于金属钠的沉积电位；对材料放电状态的结构进行精修，进一步证明材料仍然保持 P2 层状结构，嵌钠前后体积变化仅为 0.77%，近似零应变，这也是该材料循环极其稳定的原因。随后，设计了 P2 型 $Na_{0.6}[Cr_{0.6}Ti_{0.4}]O_2$ 材料，该材料既可以作为钠离子电池的正极材料，又可以作为负极材料：正极利用具有高电位（平均为 3.5V）的 Cr^{3+}/Cr^{4+} 氧化还原电对，可逆比容量为 70mA·h/g，显示出较好的倍率性能和循环性能；负极利用具有低电位（平均为 0.8V）的 Ti^{4+}/Ti^{3+} 氧化还原电对，可逆比容量为

$100mA \cdot h/g$，显示出较好的倍率性能和循环性能。利用中子散射研究了该材料过渡金属层中 Cr、Ti 的分布以及碱金属层中 Na^+- 空位的分布，发现在不同钠含量（0.33 ～ 1）和很宽的温度范围内（3 ～ 1073K），均显示出混占位的情况，即无序分布，并总结出过渡金属层以及碱金属层有序 / 无序分布的规律。最后，利用该层状材料分别作为正极和负极组装钠离子电池，平均工作电压为 2.5V，倍率性能优异（12C，比容量保持率为 75%）。

（7）提出低盐浓度电解液[76]　•••

采用六氟磷酸钠（$NaPF_6$）溶解于碳酸乙烯酯（EC）和碳酸丙烯酯（PC）中，设计了一种可应用于钠离子全电池的低盐浓度（0.3mol/L）电解液。得益于电解液的低黏度、低氢氟酸腐蚀以及形成的富含有机成分的固体电解质中间相等（对比 1mol/L 电解液），电池工作温度窗口得到明显的拓宽（-30 ～ 55℃）。该低盐浓度电解液在钠离子全电池中进行了验证，在 1C/1C、100%DOD 条件下循环 3000 周比容量保持率为 80.3%。

（8）NASICON 固体电解质的开发[77]　•••

通过在前驱体中加入 $La(CH_3COO)_3$ 以实现对 $Na_{3+x}Zr_{2-x}M_xSi_2PO_{12}$ 进行 La 元素掺杂。引入的 La^{3+} 与主相材料中骨架结构 Zr^{4+} 的半径相差较大（1.06Å vs. 0.79Å），因此不能占据在主相的晶格位，但是能与阴离子及 Na^+ 结合，形成新相 $Na_3La(PO_4)_2$。形成的第二相在三个方面影响了离子电导率：一是改变主相中 Na 的含量，提高晶粒的离子电导率；二是调节晶界的组成，提高陶瓷的致密度；三是阳离子和阴离子从主相中脱出时可能改变晶界的化学元素，借助空间电荷层效应，利于离子沿晶界传输。得到的 La 修饰 NASICON 体系 $Na_{3.3}Zr_{1.7}La_{0.3}Si_2PO_{12}$ 的室温离子电导率可达 $3.4 \times 10^{-3}S/cm$，是 $Na_3Zr_2Si_2PO_{12}$ 的 5 倍，晶界电导率与 $Na_3Zr_2Si_2PO_{12}$ 相比，提高了一个数量级，在 80℃ 时，离子电导率达 $1.4 \times 10^{-2}S/cm$。

（9）PEO 基聚合物固体电解质的绿色合成[78]　•••

提出一种通过化学反应原位去除固体聚合物电解质中残余自由溶剂分子的方法。该方法的关键在于通过选取合适的溶剂、盐以及添加剂组分，在溶剂去除过程中设计盐 - 溶剂分子 - 添加剂两步化学反应过程，实现将残留的溶剂最终转化为一种稳定的表面包覆层，进而达到彻底去除残余溶剂的目的。具体过程为采用去离子水和 NaFSI 分别作为溶剂和盐，并添加 Al_2O_3 纳米颗粒制备了水系 PEO 基固体聚合物电解质（$NaFSI/PEO+Al_2O_3+AQ$，AQ 表示水溶剂）。NaFSI 结构上的 S-F 键不稳定，遇水会发生微弱的水解产生 HF，与 Al_2O_3 颗粒反应最终转化为 $AlF_3 \cdot xH_2O$。采用该工艺制备的固体聚合物电解质可有效降低固态电池界面副反应，显著提升电池的库仑效率、循环稳定性和倍率性能。采用 $Na_3V_2(PO_4)_3$ 和金属钠分别作为正极和负极组装固态电池 Na|SPE|NVP，循环 2000 周以后比容量保持率为 92.8%，平均每周比容量衰减率仅为 0.0036%。对于金属钠的对称电池在 $100\mu A/cm^2$ 的电流密度下可稳定循环 800h。电池循环过程中电化学阻抗谱也保持相对稳定。此外，水作为溶剂实现了 PEO 固体电解质绿色、无污染的制备。

13.4.2 / 钠离子电池机制规律探索

（1）提出 $Li_4Ti_5O_{12}$ 的新型三相反应储钠机制 [23]   • • •

首次发现具有尖晶石结构的 $Li_4Ti_5O_{12}$（$Li_3[LiTi_5]O_{12}$）可用作钠离子电池负极材料，平均嵌钠电压为 0.9V，比容量为 150mA·h/g 左右，对应 3mol Na 的嵌入和脱出。通过优化电解液、粘接剂和电极结构，可以显著提高 $Li_3[LiTi_5]O_{12}$ 的循环性能和库仑效率。借助于第一性原理计算和原位 XRD 测试结果，可以推断 Na 嵌入 $Li_3[LiTi_5]O_{12}$ 的晶格中会导致新型的三相反应：

$$2[Li_3]_{8a}[LiTi_5]_{16d}O_{12}+6Na \rightleftharpoons [Na_6]_{16c}[LiTi_5]_{16d}O_{12}+[Li_6]_{16c}[LiTi_5]_{16d}O_{12}$$

与 Li 嵌入 $Li_3[LiTi_5]O_{12}$ 中仅形成单一的 $Li_6[LiTi_5]O_{12}$（$Li_7Ti_5O_{12}$）不同（$Li_3[LiTi_5]O_{12}+3Li \rightleftharpoons Li_6[LiTi_5]O_{12}$），随着 Na 的嵌入，同时有两个新相 $Li_6[LiTi_5]O_{12}$ 与 $Na_6[LiTi_5]O_{12}$ 生成，这得到了电镜观察的直接证明，放电产物为三相共存结构，分别形成 $Li_3[LiTi_5]O_{12}/Li_6[LiTi_5]O_{12}$ 界面以及 $Li_6[LiTi_5]O_{12}/Na_6[LiTi_5]O_{12}$ 界面，初始相 $Li_3[LiTi_5]O_{12}$ 与 $Na_6[LiTi_5]O_{12}$ 相之间间隔着 $Li_6[LiTi_5]O_{12}$ 相，初始相 $Li_3[LiTi_5]O_{12}$ 与 $Na_6[LiTi_5]O_{12}$ 相不相连。其中 $Li_3[LiTi_5]O_{12}/Li_6[LiTi_5]O_{12}$ 之间晶格失配率大约为 0.1%，$Li_6[LiTi_5]O_{12}/Na_6[LiTi_5]O_{12}$ 之间晶格失配率为 12.5%，但两相边界均为尖锐连贯的原子尺度相边界。而且在原子尺度上观察到各个相之间的尖锐界面结构。这些研究结果为全面理解嵌脱外来原子引起的母体材料新相边界形成及结构演化奠定了基础。相关论文入选 2013 年中国百篇最具影响国际学术论文。

（2）提出高储钠比容量的可逆氧变价机理 [79]   • • •

我们对模型材料 $P3-Na_{0.6}[Li_{0.2}Mn_{0.8}]O_2$ 进行了深入研究，该材料具有高度可逆的氧化还原平台，由于在充电时没有可以进一步氧化的元素（Mn^{4+} 在电池中不能进一步变为 Mn^{5+}），这一可逆行为有非常大的概率属于阴离子氧化还原反应。通过一系列先进的表征技术研究发现，$P3-Na_{0.6}[Li_{0.2}Mn_{0.8}]O_2$ 在充放电过程中能很好地保持层状结构，而并没有发生富锂锰基材料中常见的层状-类尖晶石转变。通过中子全散射技术发现，在充电态相邻层的 O-O 键长缩短为 2.506(3) Å（氧化后的晶格氧的存在形态），而在放电后该键长会恢复至原长，不是转变为可逆性差的过氧根或超氧根。与锂离子电池中引入强 M-O 共价键稳定阴离子氧化还原的机制不同，对于仅包含弱 Mn-O 共价键的 $P3-Na_{0.6}[Li_{0.2}Mn_{0.8}]O_2$ 来说，其结构特点对于稳定阴离子氧化还原过程起到了更为重要的作用。Li 和 Mn 在 $P3-Na_{0.6}[Li_{0.2}Mn_{0.8}]O_2$ 中并不能移动至过渡金属层，这就抑制了不可逆的相转变以及氧的析出。该工作证明了钠离子电池层状氧化物特有的 P 型结构有利于晶格 O 氧化还原的可逆性，从而为进一步设计高比容量钠离子电池正极提供了研究方向。此外，本研究首次利用 NPDF 技术研究阴离子氧化还原（见图 13-14），验证了其在该研究领域具有独特的优势（可以同时表征局域结构和平均结构特点，对 Li、O 等轻元素敏感等）。

（3）无定形碳负极材料储钠机制研究 [80]   • • •

系统研究了多孔碳材料中不同类型的孔对钠离子电池性能的影响，提供了关于设计具有可控的开孔、闭孔结构的无定形碳负极材料的新见解。实验中选取废弃的软木塞作为碳源前驱体，通过简单的预处理和高温煅烧步骤设计制备了一系列富孔硬碳材料。通过多种孔结构表征手段结合非原位测试首次区分了多孔碳负极中的开孔、闭孔结构，并指出通过提高热解温度增加闭孔数量并减少开孔数量是实现高首圈效率高容量硬碳负极的有效策略。为了获得闭孔信息，该工作引入氦气（直径最小的媒介）作为探针，通过探测骨架密度来反推闭孔的体积（结合无孔石墨的密度推算）：热解温度由 800℃ 升至 1600℃，闭孔体积增大了九倍。根据闭孔的直径和体积，进一步推算出闭孔的数量和比表面积。该研究提供了对孔结构与电化学性能关系的新认识。

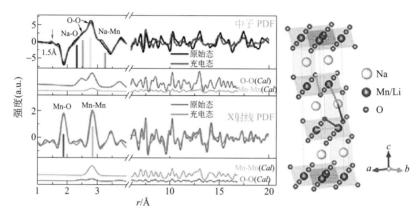

图 13-14　P3-Na$_{0.6}$[Li$_{0.2}$Mn$_{0.8}$]O$_2$ 初始态和充电态 NPDF 及 XPDF 对比分析

（4）引入"阳离子势"揭示钠基层状氧化物成相规律[81]

钠离子层状氧化物正极材料具有八面体（O）和三棱柱（P）两种构型，其中以 O3 和 P2 最为常见。然而，除了通过对合成出的材料进行物理表征以确定其具体构型外，目前还没有能够在材料设计过程中直接预测层状材料堆叠结构的方法。我们基于不同构型的产生主要受碱金属层（O-Na-O）和过渡金属层（O-TM-O）之间的相互作用这一内因，引入"阳离子势（$\Phi_{\text{cation}} = \dfrac{\overline{\Phi_{\text{TM}}\Phi_{\text{Na}}}}{\Phi_{\text{O}}}$）"参数描述阳离子的电子云密度和极化程度，以表示 O3 型和 P2 型结构之间的竞争关系。为了更直观地区分 O3 和 P2 结构，将大量已得到实验验证的 O3 和 P2 材料分布在以阳离子势 Φ_{cation} 为横坐标轴，钠的加权平均离子势 $\overline{\Phi_{\text{Na}}}$ 为纵坐标轴的直角坐标系中，发现可以用拟合出的"分界线"区分 O3 和 P2 两种构型，从而得到 O3 和 P2 结构的"相图"（见图 13-15）。利用该相图对阳离子势进行调控，设计并制备出了电化学性能优异的富钠 O3 和高钠 P2 纯相层状氧化物正极材料，进而发现用阳离子势调控钠基层状氧化物结构的方法可以推广到锂和钾的层状氧化物中。该研究工作不仅揭示了钠离子层状氧化物的成相规律，而且提供了预测和设计层状氧化物正极材料的新方法，为低成本、高性能正极材料的开发提供理论依据，为钠离子电池技术综合性能的提升提供精准指导。此成果于 2020 年 11 月发表于 *Science*，入选 2020 中国科学十大进展候选项目（共 30 项）。

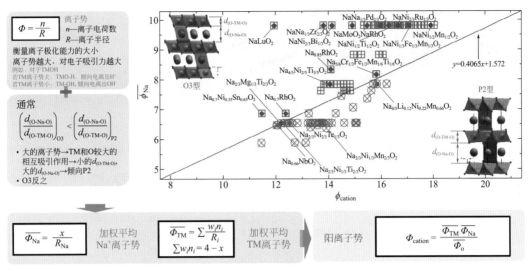

图 13-15　引入"阳离子势"获得的 O3 型和 P2 型钠基层状氧化物的"相图"

13.4.3 ／ 钠离子电池工程应用实践 [5,6]

中国科学院物理研究所于 2011 年开始从事低成本、安全环保、高性能钠离子电池的研究与技术开发，目前已经在正极、负极、电解质、黏结剂等关键材料方面申请 80 余项并授权 40 余项发明专利（包括多项美国专利、日本专利、欧盟专利）。2015 年开始试制钠离子软包电池，之后持续推进工程化进程，并于 2015 年底实现了 10kg 级电极材料试制，2016 年实现了钠离子电池软包电池和圆柱电池的小批量制造。在发现和解决实际生产中所面临问题的过程中，进一步加深了对钠离子电池性能的理解并积累了一些前期研制经验。2017 年 2 月致力于开发低成本、高性能钠离子电池的北京中科海钠有限责任公司成立，有序推进关键材料放大制备和生产、电芯设计和研制、模块化集成与管理，已建成钠离子电池正负极材料百吨级中试线及兆瓦·时级电芯线，研制出软包、铝壳及圆柱电芯。研制出的钠离子电池比能量超过 145W·h/kg；55℃ 放电比容量保持率为 99.12%，-20℃ 放电比容量保持率为 88%，高、低温放电性能良好；5C/5C 倍率下的比容量是 1C/1C 倍率下的 90.15%，倍率性能优异；满电态电芯 60℃ 存储 7 天，荷电保持率为 92%，荷电恢复率为 99%；满电态电芯 85℃ 存储 3 天，荷电保持率为 94%，荷电恢复率为 99%；在 2C/2C 倍率下循环 4500 次后比容量保持率 ≥ 80%，循环性能优异。通过了一系列针刺、挤压、短路、过充电、过放电等适用于锂离子电池的安全测试，安全性能满足 GB/T 31485—2015 的要求。2017 年底，研制出钠离子电池（48V，10A·h）驱动的电动自行车；2018 年 6 月，推出了全球首辆钠离子电池（72V，80A·h）驱动的低速电动汽车；2019 年 3 月，发布了世界首座 30kW/100kW·h 钠离子电池储能电站；2021 年 6 月推出了全球首套 1MW·h 钠离子电池储能系统（见图 13-16）。此外，在钠离子电池产品研发制造、标准制定以及市场推广应用等方面的工作正在全面展开，钠离子电池即将进入商业化应用阶段，相关工作我国已经走在世界前列。

0.5kW·h 电动自行车	5kW·h 家庭储能柜	全球首辆钠离子电池 (5.5kW·h)低速电动汽车	10kW·h 园区/景区观光车	全球首座100kW·h级 钠离子电池储能电站	全球首个1MW·h钠 离子电池储能系统

图 13-16　钠离子电池示范应用情况

 ## 13.5 钠离子电池关键材料近期研究发展重点

钠离子电池以其丰富的资源和较低的成本优势受到极大关注，被认为是支撑规模储能可持续发展的关键技术之一，全球较强的经济实体都在关注钠离子电池的研究。2020 年，美国能源部公布了对电池研究计划的布局，着力开展对动力电池和储能电池的基础研究与先进制造，在此计划中明确将钠离子电池作为储能电池的发展体系。欧盟储能计划"电池 2030"项目公布了未来重点发展的电池体系，包括锂离子电池、非锂离子电池和未来新型电池，其中将钠离子电池列在非锂离子电池体系的首位。欧盟"地平线 2020 研究和创新计划"更是将"钠离子材料作为制造用于非汽车应用耐久电池的核心组件"作为重点发展项目（资助 800 万欧元）。

在过去十年间，我国研究人员在钠离子电池研究领域做出了很多具有国际影响力的工作，不仅致力于低成本、高安全、高比能材料体系的研发与器件研制，更注重探寻其暗藏的科学问题，例如揭示材料结构成相规律，研究离子输运存储机制，剖析界面关联耦合作用等，以科学理论指导实验设计，以实验结论完善科学理论，在正负极材料、电解质材料和电池器件研究中取得了重要突破，在推动钠离子电池产业化进程中做出了应有的贡献。钠离子电池研究领域涉及材料、物理、化学、化工和能源等多个学科，从材料制备到界面构筑再到电芯制造的一系列环节中，无论在基础科学还是关键技术中仍存在诸多挑战，未来的研究应主要集中于解决以下几个关键问题：

① 开发具有化学和电化学稳定性的无钴层状氧化物正极材料，当放电截止电压 > 2.5V 时比容量 ≥ 200mA·h/g，匹配 400mA·h/g 碳负极时，提升钠离子电池的能量密度达 200W·h/kg。

② 开发不含贵金属和有毒过渡金属的类似于 $LiFePO_4$ 的聚阴离子正极材料，提升电极材料的循环稳定性。例如，替换 $Na_3V_2(PO_4)_3$ 和 $Na_3(VO_x)_2(PO_4)_2F_{3-2x}$ 中的 V 元素。

③ 寻找一种简单的方法以低成本除去或者稳定普鲁士蓝（白）材料中的晶格水，对于实现非水态钠离子电池的良好性能至关重要。

④ 探索钠离子在无定形碳材料中的存储机制和容量极限，为设计制备高性能碳负极材料提供理论依据。

⑤ 开发类似于 $Li_4Ti_5O_{12}$ 的低应变负极材料，其存储钠离子的电压为 1 ～ 1.5V，不会在电极上形成固体电解质界面膜 (SEI)，有利于高功率和长寿命钠离子电池的构筑。

⑥ 开发低成本、环保无氟的钠盐，功能性电解液添加剂和不易燃电解液，进一步提升钠

离子电池的循环性能和安全性能。

⑦ 提高固体电解质的离子电导率 (室温下 $> 10^{-2}$S/cm),同时解决电极 / 电解质的界面兼容性问题,开发高安全的固态钠基电池。

⑧ 开发简单有效的钠离子补偿（预钠化）技术,进一步提升钠离子电池的能量密度和循环寿命。

⑨ 通过材料创新、界面优化和工艺开发,实现低成本和高性能钠离子电芯的制造,使钠离子电池的循环寿命 $\geqslant$ 10000 次。

⑩ 发展高通量计算,建立材料基因数据库,通过理论计算筛选出具有优异性能的电极和电解质材料,加速钠离子电池关键材料的研发。

总之,目前钠离子电池的能量密度仍低于锂离子电池,在未来研究中应注重发展高比容量正、负极材料,使其能量密度达到甚至超过 LiFePO$_4$// 石墨体系,使钠离子电池在保持成本优势的情况下持续提升能量密度;继续开发低成本和高稳定的电极材料,进一步提升钠离子电池的功率密度和循环寿命;对钠离子电解液和电解质不断进行优化和改性,开发原位和非原位补钠技术,形成稳定的电极 / 电解质界面膜,在提升循环性能的同时,保证钠离子电池的安全性能,同时拓宽其工作温度范围,满足不同场景下的应用需求。钠离子电池的产业化将经历推广期、发展期和爆发期三个阶段,目标应用市场主要集中在各类低速电动车和大规模储能等领域,而这些目标应用市场的成本水平直接影响用户的接受程度。钠离子电池要想获得一席之地,其成本将起到决定性作用,预计 2022 年钠离子电池的关键材料可获得规模量产。随着关键材料的实用化和规模化,钠离子电池成本将大幅降低,其产业也将得到迅速发展。

13.6 钠离子电池关键材料 2035 年展望与未来

我国在钠离子电池材料研究、技术开发和产业化推进速度方面已处于国际领先地位,对全套关键技术拥有自主知识产权,具备了先发优势。然而,以英国 Faradion 公司为代表的西方企业在技术研发上紧追不舍。为抓住稍纵即逝的历史性机遇,尽快占领钠离子电池这一新兴产业的制高点,使其尽早为我国实现"双碳"目标做出自主贡献,对钠离子电池关键材料的研发还应注意以下几个方面:

① 基础理论研究的长期投入:钠离子电池关键材料的研究虽取得了一定进展,但仍有一些问题尚未解决,需进行持续、深入地研究。如稳定阴离子变价过程,阻止晶体结构相变,解析钠离子存储机制,调控界面结构组成,明晰材料构效关系等,通过对基础理论的突破实现高性能材料体系的创新。

② 材料基因数据库的建立:钠离子电池电极和电解质材料的性能受晶体结构、元素种类、制备工艺等多方面因素影响,给实验研究带来了很大挑战。相比于传统的"试错法"材料研发模式,基于材料基因数据库和材料基因工程理念的高通量材料设计方法,可大幅度缩短钠离子电池关键材料的研发周期,通过理性设计和高效实验相结合,加快新型关键材料的研发。

③ 材料规模制备工艺的开发：电极和电解质材料的合成工艺和方法会直接影响材料的内部微观结构，进而影响材料的综合性能。研究发现，小试和中试的合成工艺路线并不完全一致，规模合成工艺的创新不仅有望提升材料的性能，还可以提高制备效率，有利于材料的大规模应用。

④ 电池失效诊断方法的建立：电池的失效包括性能失效和安全性失效，其失效的原因错综复杂，存在"一对多""多对一"和"多对多"的关系。确定失效分析流程，并联合各类分析表征技术，对特定失效现象从不同角度进行诊断分析，快速掌控电池失效的原因，通过对失效机理的理解，从材料和电芯方面进行改进，提升电池的综合性能。

⑤ 电池模组集成工艺的优化：通过对模组集成工艺进行优化实现能耗降低、效率提高、成本降低的系统结构创新，并有利于对运行的电池进行实时监控，提升电池的安全系数。

⑥ 电池修复再生技术的储备：对退役电池进行回收，通过修复再生技术提升电池利用率，降低材料制备能耗，对钠离子电池的绿色发展具有重要意义。

钠离子电池即将进入商业化应用阶段，相关工作我国已经走在世界前列。加速钠离子电池的发展，需要从理论、材料、器件和系统等多个方面进行持续地创新性研究，更加注重基础理论的突破、材料数据库的建立、新材料体系的设计、新技术工艺的开发，为钠离子电池率先在我国实现应用做好充分准备。

参考文献

[1] 胡勇胜, 陆雅翔, 陈立泉. 钠离子电池科学与技术. 北京: 科学出版社, 2020.

[2] Zhang H, Li C M, Eshetu G G, Laruelle S, Grugeon S, Zaghib K, Julien C, Mauger A, Guyomard D, Rojo T, Gisbert-Trejo N, Passerini S, Huang X J, Zhou Z B, Johansson P, Forsyth M, From Solid-Solution Electrodes and the Rocking-Chair Concept to Today's Batteries [J]. Angewandte Chemie-International Edition, 2020, 59: 534-538.

[3] Li Y, Lu Y, Zhao C, Hu Y S, Titirici M M, Li H, Huang X, Chen L. Recent advances of electrode materials for low-cost sodium-ion batteries towards practical application for grid energy storage[J]. Energy Storage Materials, 2017, 7: 130-151.

[4] Pan H, Hu Y S, Chen L. Room-temperature stationary sodium-ion batteries for large-scale electric energy storage [J]. Energ Environ Sci, 2013, 6: 2338.

[5] Lu Y, Rong X, Hu Y S, Chen L, Li H. Research and development of advanced battery materials in China [J]. Energy Storage Materials, 2019, 23: 144-153.

[6] Lu Y X, Zhao C L, Rong X H, Chen L Q, Hu Y S. Research progress of materials and devices for room-temperature Na-ion batteries [J]. Acta Physica Sinica, 2018, 67.

[7] Wang Q, Zhao C, Lu Y, Li Y, Zheng Y, Qi Y, Rong X,

Jiang L, Qi X, Shao Y, Pan D, Li B, Hu Y S, Chen L. Advanced Nanostructured Anode Materials for Sodium-Ion Batteries [J]. Small, 2017, 13.

[8] Zhao C, Liu L, Qi X, Lu Y, Wu F, Zhao J, Yu Y, Hu Y S, Chen L. Solid-State Sodium Batteries [J]. Advanced Energy Materials, 2018, 8.

[9] Tapia-Ruiz N, Armstrong A R, Alptekin H, Amores M A, Au H, Barker J, Boston R, Brant W R, Brittain J M, Chen Y, Chhowalla M, Choi Y S, Costa S I R, Crespo Ribadeneyra M, Cussen S A, Cussen E J, David W I F, Desai A V, Dickson S A M, Eweka E I, Forero-Saboya J D, Grey C P, Griffin J M, Gross P, Hua X, Irvine J T S, Johansson P, Jones M O, Karlsmo M, Kendrick E, Kim E, Kolosov O V, Li Z, Mertens S F L, Mogensen R, Monconduit L, Morris R E, Naylor A J, Nikman S, O'Keefe C A, Ould D M C, Palgrave R G, Poizot P, Ponrouch A, Renault S, Reynolds E M, Rudola A, Sayers R, Scanlon D O, Sen S, Seymour V R, Silván B, Sougrati M T, Stievano L, Stone G S, Thomas C I, Titirici M M, Tong J, Wood T J, Wright D S, Younesi R. 2021 roadmap for sodium-ion batteries [J]. Journal of Physics: Energy, 2021, 3: 031503.

[10] Usiskin R, Lu Y, Popovic J, Law M, Balaya P, Hu Y S, Maier J. Fundamentals, status and promise of sodium-

based batteries [J]. Nature Reviews Materials, 2021.

[11] Delmas C, Braconnier J J, Fouassier C, Hagenmuller P. Electrochemical Intercalation of Sodium in Na_xCoO_2 Bronzes [J]. Solid State Ionics, 1981, 3-4: 165-169.

[12] Mu L, Feng X, Kou R, Zhang Y, Guo H, Tian C, Sun C J, Du X W, Nordlund D, Xin H L, Lin F. Deciphering the Cathode-Electrolyte Interfacial Chemistry in Sodium Layered Cathode Materials [J]. Advanced Energy Materials, 2018, 8: 1801975.

[13] Yabuuchi N, Kubota K, Dahbi M, Komaba S. Research Development on Sodium-Ion Batteries [J]. Chemical Reviews, 2014, 114: 11636-11682.

[14] Law M, Ramar V, Balaya P, Na_2MnSiO_4 as an attractive high capacity cathode material for sodium-ion battery [J]. J Power Sources, 2017, 359: 277-284.

[15] Paolella A, Faure C, Timoshevskii V, Marras S, Bertoni G, Guerfi A, Vijh A, Armand M, Zaghib K. A review on hexacyanoferrate-based materials for energy storage and smart windows: challenges and perspectives [J]. J Mater Chem A, 2017, 5: 18919-18932.

[16] Song J, Wang L, Lu Y H, Liu J, Guo B K, Xiao P H, Lee J J, Yang X Q, Henkelman G, Goodenough J B. Removal of Interstitial H_2O in Hexacyanometallates for a Superior Cathode of a Sodium-Ion Battery [J]. J Am Chem Soc, 2015, 137: 2658-2664.

[17] Qian J F, Wu C, Cao Y L, Ma Z F, Huang Y H, Ai X P, Yang H X. Prussian Blue Cathode Materials for Sodium-Ion Batteries and Other Ion Batteries [J]. Advanced Energy Materials, 2018, 8.

[18] Zhao Q, Lu Y, Chen J. Advanced Organic Electrode Materials for Rechargeable Sodium-Ion Batteries [J]. Advanced Energy Materials, 2017, 7: 1601792.

[19] Wang S W, Wang L J, Zhu Z Q, Hu Z, Zhao Q, Chen J. All Organic Sodium-Ion Batteries with $Na_4C_8H_2O_6$ [J]. Angewandte Chemie-International Edition, 2014, 53: 5892-5896.

[20] Doeff M M, Ma Y P, Visco S J, Dejonghe L C. Electrochemical Insertion of Sodium into Carbon [J]. Journal of the Electrochemical Society, 1993, 140: L169-L170.

[21] Stevens D A, Dahn J R. High capacity anode materials for rechargeable sodium-ion batteries [J]. Journal of the Electrochemical Society, 2000, 147: 1271-1273.

[22] Saurel D, Orayech B, Xiao B, Carriazo D, Li X, Rojo T. From Charge Storage Mechanism to Performance: A Roadmap toward High Specific Energy Sodium-Ion Batteries through Carbon Anode Optimization [J]. Advanced Energy Materials, 2018, 8: 1703268.

[23] Sun Y, Zhao L, Pan H, Lu X, Gu L, Hu YS, Li H, Armand M, Ikuhara Y, Chen L, Huang X. Direct

atomic-scale confirmation of three-phase storage mechanism in $Li_4Ti_5O_{12}$ anodes for room-temperature sodium-ion batteries [J]. Nat Commun, 2013, 4: 1870.

[24] Senguttuvan P, Rousse G, Seznec V, Tarascon J M, Palacin M R. $Na_2Ti_3O_7$: Lowest Voltage Ever Reported Oxide Insertion Electrode for Sodium Ion Batteries [J]. Chemistry of Materials, 2011, 23: 4109-4111.

[25] Wang Y, Yu X, Xu S, Bai J, Xiao R, Hu Y S, Li H, Yang X Q, Chen L, Huang X. A zero-strain layered metal oxide as the negative electrode for long-life sodium-ion batteries [J]. Nat Commun, 2013, 4: 2365.

[26] Wang Y, Xiao R, Hu Y S, Avdeev M, Chen L. P2-$Na_{0.6}[Cr_{0.6}Ti_{0.4}]O_2$ cation-disordered electrode for high-rate symmetric rechargeable sodium-ion batteries [J]. Nat Commun, 2015, 6: 6954.

[27] Wang J, Qiu B, He X, Risthaus T, Liu H, Stan M C, Schulze S, Xia Y, Liu Z, Winter M, Li J. Low-Cost Orthorhombic $Na_x[FeTi]O_4$ (x = 1 and 4/3) Compounds as Anode Materials for Sodium-Ion Batteries [J]. Chemistry of Materials, 2015, 27: 4374-4379.

[28] 潘都, 戚兴国, 刘丽露, 蒋礼威, 陆雅翔, 白莹, 胡勇胜, 陈立泉. 钠离子电池正负极材料研究新进展[J]. 硅酸盐学报, 2018, 46: 479-498.

[29] Xu Y, Zhou M, Lei Y. Organic materials for rechargeable sodium-ion batteries [J]. Materials Today, 2018, 21: 60-78.

[30] Hijazi H, Desai P, Mariyappan S. Non-Aqueous Electrolytes for Sodium-Ion Batteries: Challenges and Prospects Towards Commercialization [J]. Batteries & Supercaps, 2021.

[31] Yang J, Liu G Z, Avdeev M, Wan H L, Han F D, Shen L, Zou Z Y, Shi S Q, Hu Y S, Wang C S, Yao X Y. Ultrastable All-Solid-State Sodium Rechargeable Batteries [J]. Acs Energy Letters, 2020, 5: 2835-2841.

[32] Hayashi A, Noi K, Sakuda A, Tatsumisago M. Superionic glass-ceramic electrolytes for room-temperature rechargeable sodium batteries [J]. Nature Communications, 2012, 3.

[33] Hayashi A, Masuzawa N, Yubuchi S, Tsuji F, Hotehama C, Sakuda A, Tatsumisago M. A sodium-ion sulfide solid electrolyte with unprecedented conductivity at room temperature [J]. Nature Communications, 2019, 10.

[34] Xu H, Cheng C, Chu S, Zhang X, Wu J, Zhang L, Guo S, Zhou H. Anion–Cation Synergetic Contribution to High Capacity, Structurally Stable Cathode Materials for Sodium-Ion Batteries [J]. Advanced Functional Materials, 2020, 30: 2005164.

[35] Li Q, Qiao Y, Guo S, Jiang K, Li Q, Wu J, Zhou H. Both Cationic and Anionic Co-(de)intercalation into a

Metal-Oxide Material [J]. Joule, 2018, 2: 1134-1145.

[36] Jiang K, Guo S, Pang W K, Zhang X, Fang T, Wang S F, Wang F, Zhang X, He P, Zhou H. Oxygen vacancy promising highly reversible phase transition in layered cathodes for sodium-ion batteries [J]. Nano Research, 2021.

[37] Li Q, Xu S, Guo S, Jiang K, Li X, Jia M, Wang P, Zhou H. A Superlattice-Stabilized Layered Oxide Cathode for Sodium-Ion Batteries [J]. Advanced Materials, 2020, 32: 1907936.

[38] Chu S, Zhang C, Xu H, Guo S, Wang P, Zhou H. Pinning Effect Enhanced Structural Stability toward a Zero-Strain Layered Cathode for Sodium-Ion Batteries [J]. Angew Chem Int Ed Engl, 2021, 60: 13366-13371.

[39] Wang H, Li X Z, Yang Y, Yan X M, He Y S, Ma Z F. Large-Scale Synthesis of NaNi1/3Fe1/3Mn1/3O$_2$ as High Performance Cathode Materials for Sodium Ion Batteries [J]. Journal of The Electrochemical Society, 2016, 163: A565-A570.

[40] Yao H R, Wang P F, Gong Y, Zhang J, Yu X, Gu L, OuYang C, Yin Y X, Hu E, Yang X Q, Stavitski E, Guo YG, Wan L J. Designing Air-Stable O3-Type Cathode Materials by Combined Structure Modulation for Na-Ion Batteries [J]. J Am Chem Soc, 2017, 139: 8440-8443.

[41] Niu Y B, Guo Y J, Yin Y X, Zhang S Y, Wang T, Wang P, Xin S, Guo Y G. High-Efficiency Cathode Sodium Compensation for Sodium-Ion Batteries [J]. Advanced Materials, 2020, 32: 2001419.

[42] Zuo W, Qiu J, Liu X, Ren F, Liu H, He H, Luo C, Li J, Ortiz G F, Duan H, Liu J, Wang M S, Li Y, Fu R, Yang Y. The stability of P2-layered sodium transition metal oxides in ambient atmospheres [J]. Nat Commun, 2020, 11: 3544.

[43] Qi Y, Tong Z, Zhao J, Ma L, Wu T, Liu H, Yang C, Lu J, Hu Y S. Scalable Room-Temperature Synthesis of Multi-shelled Na$_3$(VOPO$_4$)$_2$F Microsphere Cathodes [J]. Joule, 2018, 2: 2348-2363.

[44] Shen X, Zhou Q, Han M, Qi X, Li B, Zhang Q, Zhao J, Yang C, Liu H, Hu Y S. Rapid mechanochemical synthesis of polyanionic cathode with improved electrochemical performance for Na-ion batteries [J]. Nat Commun, 2021, 12: 2848.

[45] Yi H, Lin L, Ling M, Lv Z, Li R, Fu Q, Zhang H, Zheng Q, Li X. Scalable and Economic Synthesis of High-Performance Na$_3$V$_2$(PO$_4$)$_3$F$_3$ by a Solvothermal–Ball-Milling Method [J]. ACS Energy Letters, 2019, 4: 1565-1571.

[46] Lv Z, Yue M, Ling M, Zhang H, Yan J, Zheng Q, Li X. Controllable Design Coupled with Finite Element

Analysis of Low-Tortuosity Electrode Architecture for Advanced Sodium-Ion Batteries with Ultra-High Mass Loading [J]. Advanced Energy Materials, 2021, 11: 2003725.

[47] Wu X Y, Wu C H, Wei C X, Hu L, Qian J F, Cao Y L, Ai X P, Wang J L, Yang H X. Highly Crystallized Na$_2$CoFe(CN)$_6$ with Suppressed Lattice Defects as Superior Cathode Material for Sodium-Ion Batteries [J]. Acs Appl Mater Inter, 2016, 8: 5393-5399.

[48] Shi R J, Liu L J, Lu Y, Wang C C, Li Y X, Li L, Yan Z H, Chen J. Nitrogen-rich covalent organic frameworks with multiple carbonyls for high-performance sodium batteries [J]. Nature Communications, 2020, 11.

[49] Wang L B, Ni Y X, Hou X S, Chen L, Li F J, Chen J. A Two-Dimensional Metal-Organic Polymer Enabled by Robust Nickel-Nitrogen and Hydrogen Bonds for Exceptional Sodium-Ion Storage [J]. Angewandte Chemie-International Edition, 2020, 59: 22126-22131.

[50] Zhang S W, Lv W, Luo C, You C H, Zhang J, Pan Z Z, Kang F Y, Yang Q H, Commercial carbon molecular sieves as a high performance anode for sodium-ion batteries [J]. Energy Storage Materials, 2016, 3: 18-23.

[51] Huang H J, Xu R, Feng Y Z, Zeng S F, Jiang Y, Wang H J, Luo W, Yu Y. Sodium/Potassium-Ion Batteries: Boosting the Rate Capability and Cycle Life by Combining Morphology, Defect and Structure Engineering [J]. Advanced Materials, 2020, 32.

[52] Xiao L F, Lu H Y, Fang Y J, Sushko M L, Cao Y L, Ai X P, Yang H X, Liu J, Low-Defect and Low-Porosity Hard Carbon with High Coulombic Efficiency and High Capacity for Practical Sodium Ion Battery Anode [J]. Advanced Energy Materials, 2018, 8.

[53] Qiu S, Xiao L F, Sushko M L, Han K S, Shao Y Y, Yan M Y, Liang X M, Mai LQ, Feng J W, Cao Y L, Ai X P, Yang H X, Liu J. Manipulating Adsorption-Insertion Mechanisms in Nanostructured Carbon Materials for High-Efficiency Sodium Ion Storage [J]. Advanced Energy Materials, 2017, 7.

[54] Sun N, Guan Z R X, Liu Y W, Cao Y L, Zhu Q Z, Liu H, Wang Z X, Zhang P, Xu B. Extended "Adsorption-Insertion" Model: A New Insight into the Sodium Storage [J]. Mechanism of Hard Carbons [J]. Advanced Energy Materials, 2019, 9.

[55] Bai P X, He Y W, Zou X X, Zhao X X, Xiong P X, Xu Y H. Elucidation of the Sodium-Storage Mechanism in Hard Carbons [J]. Advanced Energy Materials, 2018, 8.

[56] Wang Z H, Feng X, Bai Y, Yang H Y, Dong R Q, Wang X R, Xu H J, Wang Q Y, Li H, Gao H C, Wu C. Probing the Energy Storage Mechanism of Quasi-Metallic Na in Hard Carbon for Sodium-Ion Batteries [J]. Advanced

517.

[57] Wang J W, Liu X H, Mao S X, Huang J Y. Microstructural Evolution of Tin Nanoparticles during In Situ Sodium Insertion and Extraction [J]. Nano Lett, 2012, 12: 5897-5902.

[58] Che H Y, Yang X R, Wang H, Liao X Z, Zhang S S, Wang C S, Ma Z F. Long cycle life of sodium-ion pouch cell achieved by using multiple electrolyte additives [J]. J Power Sources, 2018, 407: 173-179.

[59] Zhou L, Cao Z, Zhang J, Sun Q J, Wu Y Q, Wahyudi W, Hwang J Y, Wang L M, Cavallo L, Sun Y K, Alshareef HN, Ming J. Engineering Sodium-Ion Solvation Structure to Stabilize Sodium Anodes: Universal Strategy for Fast-Charging and Safer Sodium-Ion Batteries [J]. Nano Lett, 2020, 20: 3247-3254.

[60] Wu T, Wen Z Y, Sun C Z, Wu X W, Zhang S P, Yang J H. Disordered carbon tubes based on cotton cloth for modulating interface impedance in beta -Al$_2$O$_3$-based solid- state sodium metal batteries [J]. J Mater Chem A, 2018, 6: 12623-12629.

[61] Deng Z, Gu J T, Li Y Y, Li S, Peng J, Li X, Luo J H, Huang Y Y, Fang C, Li Q, Han J T, Huang Y H, Zhao Y S. Ca-doped Na$_2$Zn$_2$TeO$_6$ layered sodium conductor for all-solid-state sodium-ion batteries [J]. Electrochim Acta, 2019, 298: 121-126.

[62] Reddy CVS, Han X, Zhu Q Y, Mai L Q, Chen W. Conductivity and discharge characteristics of (PVC+NaClO$_4$) polymer electrolyte systems [J]. Eur Polym J, 2006, 42: 3114-3120.

[63] Yu Q P, Lu Q W, Qi X G, Zhao S Y, He Y B, Liu L L, Li J, Zhou D, Hu Y S, Yang Q H, Kang F Y, Li B H. Liquid electrolyte immobilized in compact polymer matrix for stable sodium metal anodes [J]. Energy Storage Materials, 2019, 23: 610-616.

[64] Chi S S, Qi X G, Hu Y S, Fan L Z. 3D Flexible Carbon Felt Host for Highly Stable Sodium Metal Anodes [J]. Advanced Energy Materials, 2018, 8.

[65] Xu S Y, Wu X Y, Li Y M, Hu Y S, Chen L Q. Novel copper redox-based cathode materials for room-temperature sodium-ion batteries [J]. Chinese Physics B, 2014, 23: 118202.

[66] Mu L, Xu S, Li Y, Hu Y S, Li H, Chen L, Huang X. Prototype Sodium-Ion Batteries Using an Air-Stable and Co/Ni-Free O3-Layered Metal Oxide Cathode [J]. Adv Mater, 2015, 27: 6928-6933.

[67] Rong X, Hu E, Lu Y, Meng F, Zhao C, Wang X, Zhang Q, Yu X, Gu L, Hu YS, Li H, Huang X, Yang XQ, Delmas C, Chen L. Anionic Redox Reaction-Induced High-Capacity and Low-Strain Cathode with Suppressed Phase Transition [J]. Joule, 2019, 3: 503-

[68] Zhao C, Ding F, Lu Y, Chen L, Hu Y S. High-Entropy Layered Oxide Cathodes for Sodium-Ion Batteries [J]. Angewandte Chemie-International Edition, 2020, 59: 264-269.

[69] Li Y, Hu Y S, Qi X, Rong X, Li H, Huang X, Chen L. Advanced sodium-ion batteries using superior low cost pyrolyzed anthracite anode: towards practical applications [J]. Energy Storage Materials, 2016, 5: 191-197.

[70] Li Y, Hu Y S, Li H, Chen L, Huang X. A superior low-cost amorphous carbon anode made from pitch and lignin for sodium-ion batteries [J]. J. Mater. Chem. A, 2016, 4: 96-104.

[71] Lu Y, Zhao C, Qi X, Qi Y, Li H, Huang X, Chen L, Hu Y S. Pre-Oxidation-Tuned Microstructures of Carbon Anodes Derived from Pitch for Enhancing Na Storage Performance [J]. Advanced Energy Materials, 2018, 8.

[72] Qi Y, Lu Y, Liu L, Qi X, Ding F, Li H, Huang X, Chen L, Hu YS. Retarding graphitization of soft carbon precursor: From fusion-state to solid-state carbonization [J]. Energy Storage Materials, 2020, 26: 577-584.

[73] Qi Y, Lu Y, Ding F, Zhang Q, Li H, Huang X, Chen L, Hu Y S. Slope-Dominated Carbon Anode with High Specific Capacity and Superior Rate Capability for High Safety Na-Ion Batteries [J]. Angewandte Chemie-International Edition, 2019, 58: 4361-4365.

[74] Zhao C, Wang Q, Lu Y, Li B, Chen L, Hu Y S. High-temperature treatment induced carbon anode with ultrahigh Na storage capacity at low-voltage plateau [J]. Science Bulletin, 2018, 63: 1125-1129.

[75] Meng Q, Lu Y, Ding F, Zhang Q, Chen L, Hu YS. Tuning the Closed Pore Structure of Hard Carbons with the Highest Na Storage Capacity [J]. Acs Energy Letters, 2019, 4: 2608-2612.

[76] Li Y, Yang Y, Lu Y, Zhou Q, Qi X, Meng Q, Rong X, Chen L, Hu Y S. Ultralow-Concentration Electrolyte for Na-Ion Batteries [J]. Acs Energy Letters, 2020, 5: 1156-1158.

[77] Zhang Z Z, Zhang Q H, Shi J A, Chu Y S, Yu X Q, Xu K Q, Ge M Y, Yan H F, Li W J, Gu L, Hu Y S, Li H, Yang X Q, Chen L Q, Huang X J. A Self-Forming Composite Electrolyte for Solid-State Sodium Battery with Ultralong Cycle Life [J]. Advanced Energy Materials, 2017, 7.

[78] Liu L, Qi X, Yin S, Zhang Q, Liu X, Suo L, Li H, Chen L, Hu Y S. In Situ Formation of a Stable Interface in Solid-State Batteries [J]. ACS Energy Letters, 2019, 4: 1650-1657.

[79] Rong X, Liu J, Hu E, Liu Y, Wang Y, Wu J, Yu X, Page

K, Hu Y S, Yang W, Li H, Yang X Q, Chen L, Huang X. Structure-Induced Reversible Anionic Redox Activity in Na Layered Oxide Cathode [J]. Joule, 2018: 2: 125-140.

[80] Li Y, Lu Y, Meng Q, Jensen A C S, Zhang Q, Zhang Q, Tong Y, Qi Y, Gu L, Titirici M M, Hu Y S. Regulating Pore Structure of Hierarchical Porous Waste Cork-Derived Hard Carbon Anode for Enhanced Na Storage Performance [J]. Advanced Energy Materials, 2019, 9.

[81] Zhao C, Wang Q, Yao Z, Wang J, Sanchez-Lengeling B, Ding F, Qi X, Lu Y, Bai X, Li B, Li H, Aspuru-Guzik A, Huang X, Delmas C, Wagemaker M, Chen L, Hu Y S. Rational design of layered oxide materials for sodium-ion batteries [J]. Science, 2020, 370: 708-711.

 作者简介

胡勇胜，中国科学院物理研究所研究员 / 中科海钠创始人，英国皇家化学学会会士 / 英国物理学会会士，2017 年入选第三批国家"万人计划"科技创新领军人才，中国科协十大代表。先后承担了科技部"863"创新团队、国家杰出青年科学基金等项目。自 2001 年以来，主要从事先进二次电池的应用基础研究，立足科学前沿和聚焦国家重大需求，注重基础与应用，在钠（锂）离子电池正负极材料、多尺度结构演化、功能电解质材料等方面取得了多项创新性研究成果。在 Science、Nature Energy、Nature Mater.、Joule、Nature Commun.、Science Adv. 等国际重要学术期刊上共合作发表论文 200 余篇，被引用 30000 余次，H 因子 90，连续 7 年入选科睿唯安"高被引科学家"名录。合作申请 60 余项中国发明专利，已授权 40 项专利（包括多项美国专利、日本专利、欧盟专利）。目前担任 ACS Energy Letters 杂志资深编辑。最近所获荣誉与奖励包括第十四届中国青年科技奖、国际电化学学会 Tajima Prize、英国皇家学会牛顿高级访问学者等。开发的钠离子电池技术在第三届国际储能创新大赛中入选 2019 储能技术创新典范 TOP10 并获得"评委会大奖"，还获得了第九届中国科学院北京分院科技成果转化特等奖、2020 年中关村国际前沿科技创新大赛总决赛亚军，另外，还入选 2020 年科创中国·科技创新创业大赛 TOP10 及 2020 年度中国科学十大进展 30 项候选成果。

陆雅翔，中国科学院物理研究所副研究员，博士生导师，中国科学院青年创新促进会会员。主要从事二次电池关键材料、界面性质及器件构筑等相关研究工作，发表学术论文 50 余篇，申请发明专利 10 余项，主持国家自然科学基金优秀青年科学基金项目、国家自然科学基金面上项目、北京市自然科学基金面上项目、中科院"青促会"人才基金项目和企业前瞻性战略研发项目等。

第 14 章

生物基材料

卢凌彬　石建军　何边阳

14.1　生物基材料的研究背景

在工业和社会的高速发展中，石油基材料因其丰富的种类和优良的特性被应用到越来越广泛的领域。与此同时，各国经济的快速发展对化石燃料的需求日益增加，化石能源趋于枯竭，致使石油基材料的发展受到限制。而石油基材料的不可降解性亦使其在使用寿命到达后对生态环境造成不可忽视的环境污染问题，使得地球生态环境受到威胁。随着石油基材料暴露出的资源短缺以及环境问题表现得越来越突出，人类将研究的目光转向了自然资源。大自然中存在着取之不尽用之不竭的绿色可再生资源，这些物质有着优异的环境友好性。在材料化学领域，利用可再生资源制备的生物基材料受到世界各国的广泛重视，呈快速发展的势头，成为近年的一个研究热点。

生物基材料是指利用可再生生物质，包括农作物、树木和其他植物以及它们的残体和内含物为原料，通过生物、化学及物理等方法获得的高分子材料或单体进一步聚合形成的高分子材料。生物基材料具有原材料容易获得，来源丰富，生物相容性好，可生物降解，可再生等优点。生物基材料的原料通常来自于可再生生物质，如农作物、树木等，在大自然中广泛存在，容易获得，成本低。这些生物质原料是天然生产的，没有毒性，有好的生物相容性，也很容易降解，是一种可再生的资源。而且其生产过程大多绿色、高效、清洁、条件温和，是绿色、低碳、可持续的经济发展模式。

按照所含化学结构单元，生物基材料可以分为多糖类、蛋白质类、核酸类、脂质类、多酚类、聚氨基酸类和综合类生物基材料。多糖类生物基材料，指分子结构单元中含有吡喃糖基或 / 和呋喃糖基的有机高分子物质，如纤维素、半纤维素、海藻酸盐、淀粉、木聚糖、魔芋葡甘聚糖、甲壳素、壳聚糖、黄原胶等。蛋白质类生物基材料，指分子结构单元中含有肽键（由一个氨基酸的氨基与另一个氨基酸的羧基反应形成的酰胺键）的有机高分子物质，如大豆蛋白、丝蛋白、胶原、角蛋白、酪蛋白、藤壶胶、明胶、透明质酸等。核酸类生物质材料，主要指核糖核酸（RNA）和脱氧核糖核酸（DNA）。作为天然的生物大分子，核酸具有序列可编程性和序列信息精准传递的特点，可根据不同序列设计（即核苷酸单体排序）赋予材料特定结构和生物功能，展现出功能和生物活性可定制的独特优势。脂质类生物基材料，指分子结构单元中含有有机酯键的有机高分子物质，包含由动物体内衍生出的脂质（如磷脂、神经磷脂、糖脂、紫胶等）和通过微生物的生命活动合成出的聚酯（聚 3- 羟基丁酸酯、聚 3- 羟基戊酸酯等）。多酚类生物基材料，指分子结构单元中含有丰富的酚基的有机高分子物质或者酚的衍生物，如木质素、大漆（中国漆）、单宁等。聚氨基酸类生物基材料，指分子结构单元中含有氨基酸形成的酰胺键的有机高分子物质，如聚 γ- 谷氨酸、聚 ε- 赖氨酸。综合类生物基材料，指材料或分子中同时含有两种以上不同类别的化学结构单元的有机高分子物质，如皮革中的硫酸肤质蛋白是由硫酸肤质与非胶原蛋白通过共价键结合而得，阿拉伯树胶是由多糖和阿拉伯胶糖蛋白组成，木材和秸秆是由多糖类（纤维素、半纤维素）和多酚类（木质素）生物基材料复合而成。

按来源分类，生物基材料可分为植物基生物基材料、动物基生物基材料和微生物基生物基材料。植物基生物基材料，是指由植物衍生得到的生物基材料（如纤维素、木质素、淀粉、植物蛋白、果胶、木聚糖等）或直接利用具有细胞结构的植物本体作为材料（如木材、秸秆、藤类、树皮等）。动物基生物基材料，是指由动物衍生得到的生物基材料（如甲壳素、壳聚糖、动物蛋白、透明质酸、紫虫胶、核酸、磷脂等）或直接利用具有细胞结构的动物的部分组织作为材料（皮、毛等）。微生物基生物基材料，是指通过微生物的生命活动合成的一类可生物降解的聚合物，如出芽霉聚糖、凝胶多糖、黄原胶、聚羟基烷酸酯、聚氨基酸等。

迄今为止，许多可再生的聚合物，如聚乳酸（PLA）、聚羟基脂肪酸酯（PHA）、聚 β- 羟丁酸（PHB）、聚羟基丁酸戊酯（PHV）和聚羟基己烷酸盐（PHH）、谷蛋白、多糖等也可通过生物衍生的单体合成。

为了拓展生物基材料的适用性和功能性，由两种或两种以上不同生物基材料复合而成的生物复合材料也得到了发展。利用生物纤维可以增强聚合物基质的特点可以制出生物基复合材料。生物粉、木质纤维素填充物、贝类壳、蛋壳粉、木粉等可作为生物填充料使用，提高复合材料的力学性能和热性能[1]。生物复合材料作为一种新兴的发展趋势，目前的研究主要集中在纳米填充复合材料上，并广泛应用于医疗植入物、包装材料中。

虽然目前生物基材料的生产技术没有石油基材料成熟，但随着环境问题越来越受到重视，生物基材料的研究开发会获得越来越大的驱动力。我国为积极应对废弃塑料带来的"白色污染"，2021 年 1 月颁布了全国范围内的禁限塑政策。国家发改委和生态环境部发布《关于进一步加强塑料污染治理的意见》，明确在 2020 年、2022 年和 2025 年底分阶段限制使用部分塑料制品。海南省率先执起禁塑大旗，已经在全省平稳有序地展开禁塑工作。

根据中科院天津工业生物技术研究所统计，和化石路线相比，目前生物制造产品平均节能减排 30% ～ 50%，未来潜力将达到 50% ～ 70%。这对化石原料替代，高能耗高物耗高排放工艺路线替代以及传统产业升级，将产生重要的推动作用。"十二五"以来，我国生物产业复合增长率达到 15% 以上，2015 年产业规模超过 3.5 万亿元，在部分领域与发达国家水平相

当，甚至具备一定优势。国家发改委《"十三五"生物产业发展规划》指出，生物产业是 21
世纪创新最为活跃、影响最为深远的新兴产业，是我国战略性新兴产业的主攻方向，对于我
国抢占新一轮科技革命和产业革命制高点，加快壮大新产业、发展新经济、培育新动能，建
设"健康中国"具有重要意义。

目前，中国生物基材料已具备一定产业规模，部分技术水平接近国际先进水平。中国生
物基材料行业现以每年 20% ～ 30% 的速度增长，逐步走向工业规模化实际应用和产业化阶
段。随着网购、外卖、食品工业、酒店业等行业的高速发展，中国对包装盒、胶带和塑料袋
等包装材料的需求猛增。如何提高可循环、可降解材料的使用率，减少包装材料对环境的污
染，对中国的环境保护至关重要，生物基材料是解决途径之一。虽然大多数物质可以被生物
合成，但是生物转化的效率以及从实验室合成到产业化放大过程中仍有大量需要解决的科学
和技术问题，而且目前合成生物基材料的成本偏高，因此将合成生物技术应用于规模化生产，
仍面临非常大的科学和技术挑战。总的来说，生物基材料有着广阔的应用潜力，同时也面临
着巨大的挑战，还有很长的一段路要走。

14.2 生物基材料的研究进展与前沿动态

随着化石能源产生的问题越来越多，生物基材料吸引了越来越多科研人员的目光，国家
也加大了这方面的投入，这使得近些年在生物基材料方面产生了众多科研成果。本节聚焦生
物基材料前沿进展，梳理并总结了该领域近 5 年内的主要研究成果，阐述了包括天然多糖类
高分子材料、蛋白质基材料、核酸基材料、聚氨基酸类材料和聚酯类材料等在内的生物基材
料的国内外研究进展和前沿动态。

14.2.1 天然多糖类高分子材料

天然多糖来源广泛，大多数高等植物、微生物（细菌和真菌）、地衣海藻和动物体内均
有丰富的多糖。自然界中广泛存在的纤维素及其衍生物、甲壳素、海藻酸、淀粉等天然高分
子均属于天然多糖类高分子，它们在生物基材料中占据重要地位。

（1）纤维素   • • •

纤维素是自然界中分布最广、含量最多的一类天然多糖高分子物质，是开发新型生物基
材料的重要原料。因其具有良好的生物相容性和生物可降解性、易于加工成多种形态的材料、
可持续大规模生产、固有的形状各向异性、优异的表面电荷/化学性质、优异的物理力学性
能等综合优势，在过去几年里，这些独特的优势极大地推动了可穿戴智能纤维素传感器领域
的不断创新 [2]，纤维素衍生材料的潜在应用得到进一步拓展，如图 14-1 所示。高丽大学的 Ji-
Yong Kim[3] 基于纤维素开发了一种具有保护、感知、自我调节和生物安全功能的生物传感器，
该生物传感器展现出良好的电生理信号的监测和在计算机领域的潜在应用。在生物医学应用
领域，华中科技大学杨光教授团队 [4] 将拉伸取向的细菌纤维素（BC）/明胶（Gelatin）薄膜
与有序的拓扑结构及电场耦合，实现诱导细胞定向迁移，从而促进伤口愈合，如图 14-2 所

示。该 BC/Gelatin 薄膜具有高度取向的纤维结构，很强的力学性能，以及良好的热稳定性、透光率、可折叠性、表面粗糙度和生物相容性。在导电材料领域，四川大学卢灿辉课题组[5] 采用简单易行的电化学沉积技术，在纤维素水凝胶中原位嵌入中空聚吡咯网络，设计构筑了具有双相多孔结构的中空聚吡咯/纤维素导电水凝胶，纤维素水凝胶作为聚吡咯网络结构的外层"保护壳"，赋予了中空导电水凝胶良好的机械强度和柔性，同时其三维多孔网络结构及超亲水性，促使电解液离子在水凝胶基体内快速渗透、扩散与传输；此外，连续的中空聚吡咯网络保证了良好的电子传导及高度可逆电化学响应。

图 14-1　基于纤维素衍生材料的柔性可穿戴传感器及其潜在的应用[2]

　　近年将纤维素进行纳米化（超微细化）处理后制成的"纤维素纳米纤维"（Cellulose Nanofibers，CNF）具有"轻盈、强韧、环保"的特点而受到广泛的关注。青岛能源所崔球研究组和天津科技大学的相关科研人员[6] 合作，以水溶性广谱抗生素——盐酸四环素为模型药物，首先制备了多孔聚多巴胺纳米颗粒（MPDA），用它负载药物，然后用氧化石墨烯（GO）对其进行包裹，再将被 GO 包裹的 MPDA 封装于由物理交联作用形成的 CNF 水凝胶中，制得 MPDA@GO/CNF 复合水凝胶材料，可实现对药物的智能可控释放。华南理工大学王小慧教授和英属哥伦比亚大学 Orlando J. Rojas 教授研究团队[7] 将 CNF 和 LiCl 引入聚丙烯酰胺（PAM）基体中，如图 14-3 所示，设计了一种具有抗冻性、抗脱水性、可拉伸性和导电性的双网络水凝胶。该方法可有效提高凝胶中水分子的稳定性，赋予水凝胶良好的环境适应性。韩国仁荷大学的 Samia Adil 和 Jaehwan Kim 教授团队[8] 通过 CNF 与 GO 混合法、湿纺丝法、冷凝法、干燥法，开发了高强度的湿度传感薄片，克服了嵌入式湿度传感器与天然纤维增强聚合物复合材料之间的异质力学性能缺陷。这种传感薄片通过嵌入智能可穿戴设备、天然纤维增强聚合物复合材料和环境传感设备，在原位湿度监测方面具有巨大应用潜力。美国科罗拉多大学的 Qingkun Liu 和 Ivan I. Smalyukh[9] 将取向有序的薄纤维素纳米纤维向列相流体渗透形成一种新型的自组装线虫凝胶，在柔性显示器方面显示出极大的应用潜力。

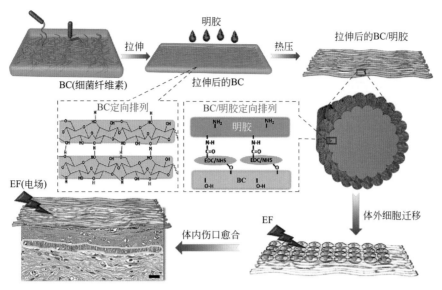

图 14-2　高取向 BC/Gelatin 薄膜耦合电场协同作用促进细胞迁移应用于伤口愈合示意图[4]

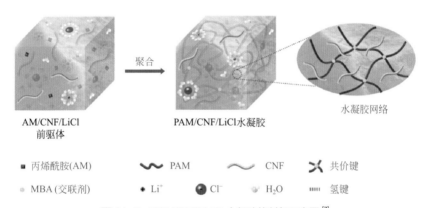

图 14-3　PAM/CNF/LiCl 水凝胶的制备示意图[7]

（2）甲壳素与壳聚糖

甲壳素（又称甲壳质）是仅次于纤维素的最丰富的多糖之一，它是甲壳素类动物和昆虫外骨骼的结构材料，被称为"最后的生物质"。甲壳素经过脱乙酰作用则得到壳聚糖（CS）。壳聚糖是一种带正电荷的天然高分子。它不仅储备量极大，而且是整个自然界中存在的唯一碱性多糖。甲壳素和壳聚糖具有生物降解性、细胞亲和性和生物相容性等许多独特的性质，广泛应用于食品添加剂、环保、美容保健、抗菌剂、医用敷料、人造组织材料、药物缓释材料、基因转导载体等众多领域。

目前多数黏附水凝胶往往只考虑凝胶的黏附性，对于使用过程中的更换和移除及伤口开裂问题并未做相关的考量，有可能在剥离或移除过程中对组织产生二次伤害。另外，抗生素和纳米材料仍然是抗菌材料的首选，但是其耐药性和长期生物安全性仍不容忽视。基于目前存在的这些问题，西安交通大学郭保林教授团队[10]在对壳聚糖进行季铵化（QCS）改性的同时，引入原儿茶醛与三价铁离子的配合物（PA@Fe）作为双重动态交联剂（如图 14-4 所示），在增强凝胶力学性能及黏附性的同时，赋予材料较好的自愈合性能，并且可以实现组织的二次黏合。中山大学张黎明教授团队[12]通过点击化学反应和酰胺化反应，合成以 CS 为主链、聚酰胺 - 胺树枝状分子 (PAMAM) 基元和脱氧胆酸 (DCA) 为侧链的两亲性梳形聚合物 (PAMAM-CS-DCA)，研究发现 PAMAM-CS-DCA 有很好的药物负载能力和药物释放能力。南开大学的 Meifeng Zhu 教授团队[13]基于 CS 开发了一种抗感染的形状记忆止血海绵——微通道烷基化壳聚糖海绵 (MACS)，发现 MACS 具有吸收水和血液的能力，并能快速恢复形状。美国麻省理工学院的 Hyunwoo 等[14]提出了一种干双面胶带 (DST) 形式的替代组织黏合剂，它由生物高聚物（Gelatin 或 CS）和 N- 氢琥珀酰亚胺酯交联聚丙烯酸组合制成，DST 可作为组织黏合剂和密封剂，可将可穿戴或可植入设备附着在湿组织上。英国曼彻斯特大学李加深博士团队[11]以超高比表面积多孔聚乳酸纤维作为载体，把 CS 负载在纤维表面，利用这种材料的多孔结构吸附水中的重金属离子。这种高比表面积的多孔结构为 CS 提供了充分接触废水的界面，捕获重金属离子的效率和速度大大提高，如图 14-5 所示。

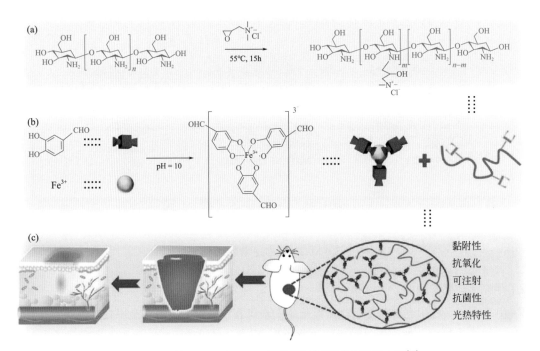

图 14-4　基于 QCS 和 PA@Fe 的黏附水凝胶的制备及应用[10]

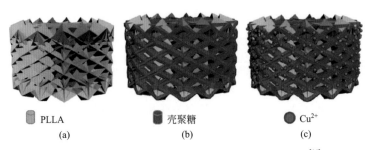

图 14-5　多孔聚乳酸纤维负载壳聚糖吸附铜离子示意图[11]

（3）海藻酸盐

海藻酸盐是一种天然水溶性多糖，通常从棕色藻类中提取出来，由 β-D- 甘露糖醛酸（M）和 $1 \sim 4$ 个连接的 α-L- 古洛糖醛酸（G）组成。它在抗炎、抗微生物、抗氧化剂、抗肿瘤和免疫调节方面表现出优异的性能。北京化工大学徐福建教授 / 赵娜娜教授研究团队[15] 以组装的海藻酸钠胶束为模板，利用生物矿化法制备尺寸和形貌可调的海藻酸钠 - 碳酸钙杂化纳米颗粒，为了同时引入温和光热性质和基因递送功能，通过席夫碱 / 迈克尔加成反应，利用聚多巴胺包覆层将阳离子聚合物修饰到一维海藻酸钠 - 碳酸钙纳米颗粒的表面，开发出了一种在不引起炎症的同时增强治疗效果的多功能基因载体。伦敦大学学院（UCL）Ivan Parkin 教授和何冠杰博士课题组[16] 通过研究对比纯天然海藻酸钠 - 聚丙烯酰胺水凝胶电解质（SA-PAM）和水系电解液的电化学性质，揭示了由于自身具有正极稳定性的生物质水凝胶电解质对正极预嵌入金属阳离子具有稳定作用，所以该电解质比水系电解液具有更高容量保持率。清华大学刘静教授课题组[17] 将镓铟合金液态金属（Liquid Metal，LM）经超声打碎成微小颗粒，均匀分散在海藻酸钠（Sodium Alginate，SA）水溶液中，结合钙离子溶液，在体内原位快速形成固态液态金属 / 海藻酸钙（Calcium Alginate，CA）水凝胶，如图 14-6 所示。研究发现，这种水凝胶有着高度的血管顺应性、亲水性好、结构均一、可塑性好，注入体内后与血管的结合致密牢靠，可作为高性能血管栓塞剂堵塞血管，通过引发肿瘤及周围组织缺血坏死实施肿瘤治疗。

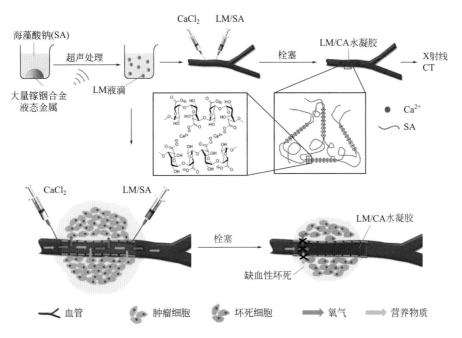

图 14-6　LM/CA 水凝胶的制备及注射栓塞血管过程示意图[17]

LM—镓铟合金

（4）淀粉

淀粉是由葡萄糖分子聚合而成的多糖，具有可生物降解、价格便宜、可再生等优点，被认为是最具潜力替代传统石油分子的天然原料之一，可用于制备功能因子载体、组织工程支架、聚电解质、生物传感器、超吸水材料、功能凝胶等。华南理工大学陈玲教授团队以及澳大利亚昆士兰大学谢丰蔚研究员[18]发现当使用离子液体作为新型淀粉增塑剂时，能造就一种绿色、节能的熔融成形技术来制备淀粉基导电功能材料。该方法可在低于 65℃ 的温和条件下，一步法制备具有高透明度的导电材料，该材料的导电性能优于高温条件下制备的大多数淀粉导电材料。华南理工大学张水洞教授课题组[19]采用低毒性的无水醋酸锌（ZA）作为金属离子源，引入强配位能力的 Zn^{2+}，通过反应挤出制备得到具有 Zn^{2+}-淀粉配位超分子作用的 TPS（热塑性淀粉）-ZA 复合材料。该配位驱动自组装机理如图 14-7 所示。该材料拥有更强的表面润湿性、耐热性（T_g）、形状记忆功能和力学性能。

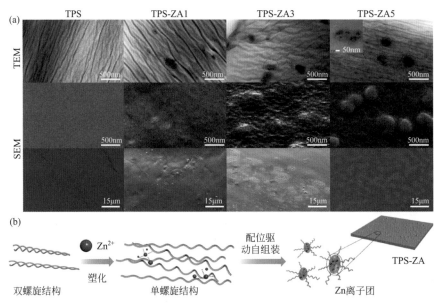

图 14-7　TPS 和 TPS-ZA 的冷冻脆断面的 TEM 形貌和 SEM 形貌 (a) 及配位驱动自组装机理[19](b)

14.2.2　蛋白质基材料

蛋白质是生命的物质基础，是有机大分子，是构成细胞的基本有机物。近年来人们将蛋白质的用途扩大到了生物基材料领域。德国马克斯•普朗克智能系统研究所的 Metin Sitti 和美国宾夕法尼亚州立大学的 Melik C. Demirel 等人[20]使用合成材料生物学工具来设计合成串联重复序列蛋白质，制备流程如图 14-8 所示。利用该蛋白质开发出的软体机器人用的自修复材料的愈合速度和强度比天然蛋白质和软蛋白质要高出几个数量级，能够在 1s 内自我修复极端机械损伤，并且性能优于生物肌肉。上海科技大学 / 中科院深圳先进技术研究院钟超课题组[21]以硅藻外壳为灵感，设计出融合蛋白 $_{R5}CsgA_{CBD}$，并将其与天然多糖甲壳素结合，通过现代材料成形技术精确制造出有序多孔的膜状和海绵体状复合结构，并在此基础上进行原位矿化，形成类似硅藻的分层有序矿化结构，对海绵体状复合结构进行 TiO_2 仿生矿化，并使表达产氢酶的细菌融入其中，所得到的结构可以在光照下持续产生氢气。

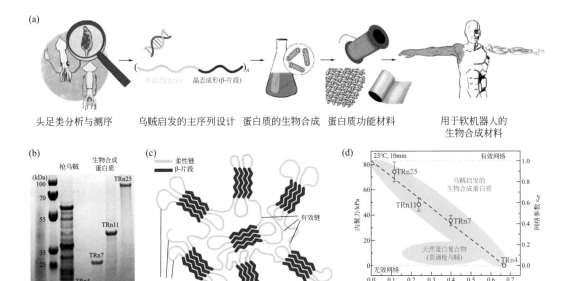

头足类分析与测序　　乌贼启发的主序列设计　　蛋白质的生物合成　　蛋白质功能材料　　用于软机器人的生物合成材料

图 14-8　头足类启发的生物合成蛋白质[20]

14.2.3　核酸基材料

核酸是脱氧核糖核酸（DNA）和核糖核酸（RNA）的总称，是由许多核苷酸单体聚合成的生物大分子化合物，为生命的最基本物质之一。DNA 作为天然的生物大分子，具有序列可编程性和序列信息精准传递的特点，可根据不同序列设计（即核苷酸单体排序）赋予材料特定结构和生物功能，展现出功能和生物活性可定制的独特优势。清华大学刘冬生教授和中国石油大学孙亚伟副教授[22] 设计并合成了一种 1-（4,5- 二甲氧基 -2- 硝基苄基）乙氧基光敏基团保护的胸腺嘧啶脱氧核苷亚膦酰胺单体，将其通过固相合成引入 DNA 序列中，可以实现对 DNA 链互补配对的光学调控；他们进一步利用该单体合成了功能性的核酸序列，成功制备了快速光响应的 DNA 超分子水凝胶。以色列耶路撒冷希伯来大学的 Itamar Willner 院士课题组[23] 利用 MOF（金属有机框架材料）纳米粒子负载 DOX 抗癌药物，然后在 MOF 纳米粒子表面涂覆聚丙烯酰胺 /DNA 水凝胶，如图 14-9 所示，该材料可以很好地实现药物的释放。

14.2.4　聚氨基酸类材料

不同于蛋白质，聚氨基酸是由氨基酸通过酰胺键连接而成的聚合物。这类高分子来自非石油资源，具有很好的水溶性、生物相容性、生物可降解性和结构易修饰性等优点，在医药、化工、环保等领域有着十分广阔的应用前景。中国科学院长春应用化学研究所陈学思院士、贺超良研究员团队[24] 制备了一种无催化"点击"反应交联的聚（L- 谷氨酸）（PLG）水凝胶，制备流程如图 14-10 所示。通过同时将细胞黏附肽 c(RGDfK) 和神经钙黏素模拟肽键合到水凝胶网络中，实现了对水凝胶体系中材料 - 细胞及细胞 - 细胞之间双重相互作用的调节。采用该生物活性水凝胶为支架材料，显著促进了骨髓间充质干细胞在水凝胶表面的黏附，

第三篇　战略新材料 3

以及干细胞在凝胶内的软骨向分化。北京大学吕华课题组[25]将蛋白质 - 聚氨基酸的定点偶联 Grafting-to 技术与原位冷冻聚合生长聚二硫化物的 Grafting-from 技术相结合，使不同种类的高分子材料在药物递送的各个阶段充分发挥作用，制备了一种位点特异且结构明确的多重响应性干扰素 - 聚硫辛酰肼阿霉素 - 聚氨基酸偶联物（IFN-PolyDox-PEP），用于肿瘤的联合药物治疗。南京工业大学徐虹教授、李莎教授和王瑞副教授[26]将 γ- 聚谷氨酸与具有抗紫外线功效的天然材料单宁酸通过共价交联结合分子组装技术进行组装，研发得到一种既可以高效广谱抵抗紫外线辐射，又可实现可穿戴、防水和自修复多重功能的水凝胶防晒剂。

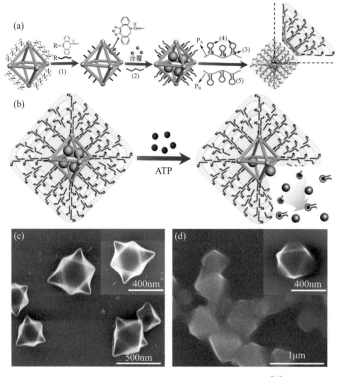

图 14-9　水凝胶涂覆的 MOF 纳米粒子示意图[23]

14.2.5 ／聚酯类材料

聚酯类生物基材料包括聚乳酸（PLA）、聚羟基脂肪酸酯（PHA）和聚丁二酸丁二醇酯（PBS）等，其制备和应用开发近些年取得了快速的发展，引起了国内外材料界人士的广泛关注。中国科学院长春应用化学研究所陈学思院士和庞烜研究员[27]利用 SalenMn(Ⅲ)Cl 催化剂实现了丙交酯（LA）与 1,3- 二氧戊环 -2,4- 二酮（OCA）的可控开关聚合反应，制备出功能化嵌段型可降解聚酯，为 PLA 的功能化进程开辟了一条新路。中国科学院长春应用化学研究所丁建勋副研究员[28]通过胆固醇增强立体复合聚乳酸温敏水凝胶的理化性能，促进软骨细胞黏附，并增强其软骨再生能力。PHA 作为一类由微生物合成的环境友好型高分子材料，具有良好的生物可降解性和生物相容性，将稀土离子高效的光致发光性与 PHA 的生物相容性结合，可以较好地解决稀土生物毒性问题。清华大学陈国强教授课题组[29]将侧链上带有不饱和双键的功能 PHA 通过巯烯点击化学反应接枝了半胱氨酸侧链基团，得到接枝 PHA（NAL-grafted-PHA），随后利用半胱氨酸上的羧基进行配位作用，将两种稀土离子（铕离子和铽离子）成功捕获在接枝 PHA 的侧链上，获得了一类新型的稀土 PHA 材料（Rare-earth-modified PHA），如图 14-11 所示。该稀土 PHA 材料具备高效的荧光发射能力，有望成为一种具有潜在荧光定位性能的生物材料。

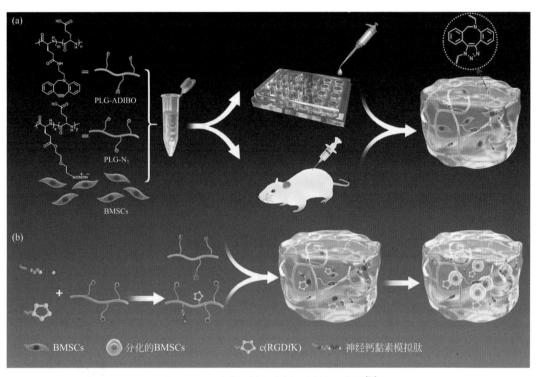

图 14-10　生物活性多肽水凝胶制备示意图[24]

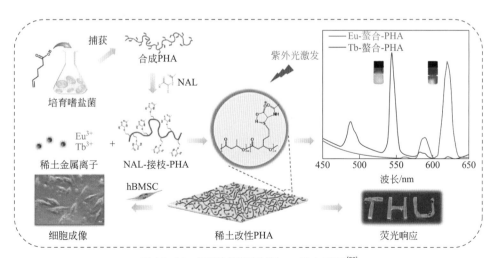

图 14-11　新型生物荧光材料——稀土 PHA[29]

第三篇　战略新材料

3

第 14 章
生物基材料

东华大学朱美芳教授课题组[30]利用纳米硫化钨(WS_2)对PHBV优异的异相成核活性，实现PHBV结晶成核活化能降低，且不影响PHBV晶体生长；然后基于异相成核和拉伸取向协同诱导纤维 α 晶 → β 晶的晶型转变，获得了拉伸强度高、断裂伸长率大的熔纺PHBV纤维。西南大学黄进教授和甘霖副教授团队[31]首先设计了功能性强、易调控的内凹多面体胞元结构，然后以典型生物质聚酯——PBS为原料，采取绿色环保的超临界流体发泡技术成功制得了轻质化PBS多孔材料（如图14-12所示），最后在略高于软化温度的条件下通过轴向与径向控比压缩调控其泊松比，制得了负泊松比可调控的力学超材料——负泊松比PBS材料（PBS-NPR）。这种负泊松比的力学性能补强方法更加简单高效且普适性更强，更有利于规模化制造，可促进轻质化生物基材料在生物传感、医疗设备、汽车船舶等领域取代传统环境不友好的石油基材料。

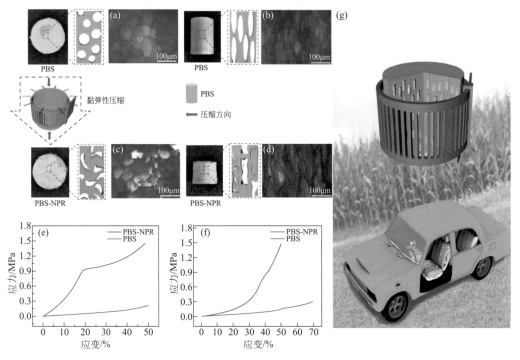

图 14-12　PBS超临界发泡材料和PBS-NPR负泊松比结构材料的胞元设计、制备流程、产品（g）及微观结构 [PBS超临界发泡材料在轴向（a）、径向（b）上的孔隙；PBS-NPR材料在轴向（c）、径向（d）上的孔隙；PBS超临界发泡材料和PBS-NPR材料在压缩过程中的应力 - 应变曲线，轴向（e）、径向（f）] [31]

目前生物基材料也向着农林废弃物资源化综合利用和规模化生产方向发展。天然农林废弃物经物理化学方法改性后，对较高浓度重金属溶液具有很好的吸附性能，可以作为优秀的吸附剂使用，且改性操作简单、成本相对较低。此外，农林废弃物还可以与高分子化合物进行复合，制备出性能更加优异的新型材料。长春理工大学的张龙课题组[32]利用废弃聚丙烯塑料分别与松树粉和玉米秸秆反应成功制备了一种新型生物质废物／塑料复合材料，提高了聚丙烯的力学性能、热稳定性和保水能力，实现了废物资源再利用。中科院宁波材料技术与工程研究所以植物纤维和农作物秸秆为填料，开发出高填充量、高性能的植物纤维基可降解复合材料，这样不仅能够降低材料的成本使其具有极大的经济效益，而且能够缓解环境压力，带来巨大的社会效益。德国开姆尼斯工业大学的研究人员[33]开发出了一系列能够大规模生产的生物基纤维塑料复合材料，这种材料可以作为玻璃和碳纤维增强塑料的替代品。

14.3 / 我国在该领域的学术地位及发展动态

生物基材料作为石油基材料的升级替代品，正朝着以绿色资源化利用为特征的高效、高附加值、功能化、综合利用、环境友好、标准化等方向发展，主要研究机构包括清华大学、四川大学、武汉大学、浙江大学、华南理工大学、东北林业大学。在生物基材料领域，我国研究团队已取得一系列具有自主知识产权的创新成果。随着生物基材料的迅速发展，在材料、物理、化学、生物、食品等学科领域取得了一系列重要进展和重大突破。同时多学科的交叉研究，也使生物基材料越来越多地应用于医疗、环保、包装材料等领域。

14.3.1 / 天然多糖类材料

2019年中国化学会在成都成功举办了中国化学会第一届全国纤维素学术研讨会，展示了我国科学家在纤维素领域的多个方向开创了全新的研究方法。华南理工大学王斌团队[34]通过单向冷冻干燥将互连的银纳米线（AgNWs）组装到纤维素纳米纤维（NFC）气凝胶中，产生具有有序孔取向的超轻导电AgNWs/NFC气凝胶（SNA）。由于其微观结构的协同作用和制备的气凝胶的优异电导率，衍生的传感器显示所需的灵敏度为3.86kPa^{-1}，快速响应时间为180ms，具有超低密度（小于13.58mg/cm^3），检测限为0.5%应变，拥有卓越的稳定性和耐久性（超过10000个循环）。值得注意的是，SNA中的集成导电网络同时提供了对细微变形和电生理信号的实时监测，这使得可穿戴设备、声学传感器以及车辆速度和负载检测器的设计成为可能。这一研究开辟了设计和制造下一代多功能应变传感器的新可能性，使技术更接近商业化。东北林业大学的研究人员[35]使用纤维素为原料，聚吡咯为氮源，以冰晶为模板，通过简单的CO_2活化处理，合成了一种具有互联蜂窝状结构的多孔氮掺杂的碳气凝胶。该气凝胶具有高比电容（160F/g），良好的充电/放电速率，以及优异的循环稳定性（3000个循环后的损耗仅0.18%），有望成为超级电容器电极。纤维素及其衍生物作为包装材料具有良好的阻隔性能，可减少水分、脂质、气体和溶质的运动和迁移。南京林业大学宋君龙教授团队[36]通过草酸改性微纤化纤维素（OMFC）的沉积和纳米碱木质素（NAL）的渗透来改善纸包装的孔隙率和亲水性。此外，实现了四倍以上的抗拉强度以及持久的耐水性和耐油脂性。浙江大学张溪文教授团队[37]通过等离子体处理和湿化学反应，在棉织物纤维和滤纸纤维等纤维素材料表面制备了蜂窝状氧化锌结构（图14-13）。获得的超疏水结构可以在强酸性或强碱性环境中或超声波振动处理后保持超疏水性能。超疏水改性棉织物和滤纸可用于油水分离，具有广泛的应用前景。

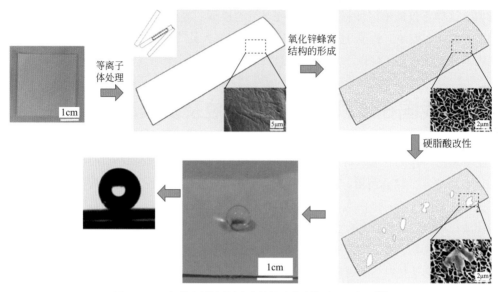

氧化锌蜂窝结构的形成

等离子体处理

硬脂酸改性

图 14-13　纤维素材料（滤纸）的超疏水改性过程示意图[37]

1996 年 12 月中国甲壳质研究中心和中国保健科技学会在北京钓鱼台国宾馆联合举办了第一届中国甲壳素国际学术研讨会。1999 年中国化学会在中国武汉召开了第二届甲壳素研讨会。2001 年中国化学会在浙江玉环召开了第三届甲壳素研讨会。2004 年中国化学会在广西北海召开了第四届甲壳素研讨会。2006 年中国化学会在南京隆重召开了中国第五届甲壳素化学生物学与应用技术研讨会。2008 年中国化学会在青岛海洋大学召开了中国第六届甲壳素科技研讨会。2010 年中国化学会在湖北潜江市召开了第二届国际及海峡两岸甲壳素会议暨第七届中国甲壳素学术研讨会。2017 年中国化学会在青岛召开了中国第四届国际及海峡两岸甲壳素研讨会暨第八届甲壳素科学技术会议。2021 年在山东日照召开了第九届甲壳素科学技术会议暨科技与产业发展论坛。这一系列学术会议的召开展现了我国对壳聚糖和甲壳素研究的高度重视，以及这一领域的快速发展。

目前热敏壳聚糖水凝胶非常有望用于药物递送和组织修复，但这些水凝胶的进一步应用受到它们弱的机械强度和差的生物活性制约。南京理工大学杨树林教授团队[38]将重组人胶原蛋白肽（RHC）与壳聚糖偶联形成热响应型水凝胶，细胞在用 RHC 改性的水凝胶培养时表现出优异的活力。将 RHC- 壳聚糖水凝胶注射到二度烧伤大鼠背部，可促进细胞浸润、血管形成和伤口愈合，是一种很有前途的治疗烧伤创面方法。壳聚糖 - 凡士林纱布（CVG）被认为可以促进伤口愈合，可保持水分，促进免疫调节，并具有抗菌活性。浙江大学医学院研究人员[39]使用 CVG 与柔性 ES 装置组装了可用于糖尿病患者伤口的敷料（见图 14-14）。这种敷料可通过内源电场加速血管生成，促进上皮化和抑制瘢痕形成，帮助糖尿病患者伤口的愈合。银纳米颗粒（AgNPs）是应用最广泛的抗菌药物之一，但它们容易释放并引起累积毒性。华南理工大学制浆造纸工程国家重点实验室王小英教授课题组[40]以玉米秸秆为绿色还原剂，GO 为模板，制备了一种简单的静电自组装夹心壳聚糖纳米复合膜（CS/rGO@AgNPs），实现 AgNPs 的稳定和控制释放（图 14-15）。该膜显示出耐用的抗菌效果和对大肠杆菌和金黄色葡葡球菌的良好抗菌活性，并且对细胞没有毒性。

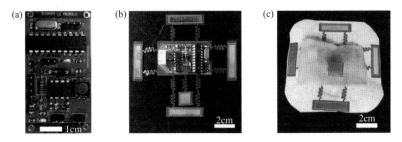

图 14-14　柔性 ES- 壳聚糖敷料的制造示意图[39]

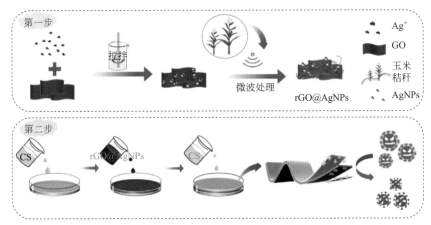

图 14-15　抗菌 CS/rGO@AgNPs 纳米复合膜的合成示意图[40]

　　微通道是能够实现组织工程支架功能的有效手段。壳聚糖，甲壳素的部分脱乙酰化衍生物，表现出优异的生物相容性，已广泛用于临床实践。然而，具有可控微型通道结构的壳聚糖支架的发展仍然是工程挑战。天津医科大学附属第二医院研究人员[41]通过结合 3D 打印微纤维模板浸出法和冷冻干燥法，生产出具有可调节微通道的壳聚糖支架（图 14-16）。该制备方法可以精确地控制壳聚糖支架中微通道的分布、直径和密度。该研究开设了建造壳聚糖支架的新道路，可以进一步扩展到组织工程和再生医学的应用范围。生物材料在骨组织修复中具有广泛的应用前景。中国海洋大学刘晨光教授课题组[42]研究骨支架材料的结构特征及其对体内骨头修复的影响，用异氯醇（ECH）作为交联剂制备了壳聚糖 - 羟基磷灰石（HAP）- 胶原蛋白复合支架（CHCS）。研究发现，羟基磷灰石不仅提高了 CHCS 的抗压强度，而且由于其具有骨传导性，还促进了钙结节的形成，而胶原蛋白促进了胶原沉积和新骨形成，加速了骨修复过程。因此，CHCS 在骨再生方面具有巨大潜力。

　　传统的壳聚糖气凝胶（CSA）由于其大的比表面积、高孔隙率和富氨基，可用于螯合重金属离子，但是具有易于水解、机械强度低、吸附速率缓慢等缺点，而且获得一种处理复杂废水的高效两性吸附剂仍然是一个挑战。浙江海洋大学副教授高军凯团队[43]通过壳聚糖和微晶纤维素的双向再生来增强 CSA 的抗水解能力和机械强度，制备了壳聚糖微晶纤维素气凝胶

（CS-MCCA）。此外，在再生过程中引入了膨润土（BT）提高 CSA 的吸附速率，可用于纯化废水中的 Pb（Ⅱ）。该双向再生策略为利用生物质资源提供了全新路径。青岛大学的研究人员[44]通过用三元乙酸/水/四氢呋喃溶剂冻干制备纤维状壳聚糖/海藻酸钠复合泡沫，其具有相互连接的孔和微纤维的适宜形态，可用于染料吸附。研究显示两性复合泡沫对阴离子染料酸黑-172 和阳离子染料亚甲基蓝具有高吸附能力。作为一种新型两性吸附剂，纤维状壳聚糖/海藻酸钠复合泡沫显示出从废水中除去阳离子染料和阴离子染料的可能性。青岛大学李群教授团队[45]利用海藻酸钙（CaAlg）/纳米磷酸银（Nano-Ag₃PO₄）的原位合成获得了一种功能杂化材料。该杂化材料中纳米 Ag_3PO_4 均匀分布在 CaAlg 的连续相中。杂化材料的极限氧指数（LOI）达到 61.4%，比 CaAlg 高 53.0%，其热释放速率、总热释放量和烟气排放量均远低于 CaAlg。此外，杂化材料对常见病原体的抗菌率 > 97%。此项研究预示着海洋多糖功能材料在防火防疫领域的应用前景。

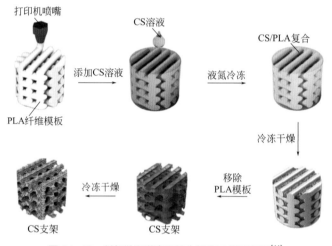

图 14-16　制备微通道壳聚糖支架的工艺示意图[41]

　　淀粉由于来源丰富、成本低、可生物降解、高生物相容性和良好的成膜性能，被认为是合成聚合物的良好替代品。尽管如此，高性能的基于淀粉的可生物降解材料的大规模经济生产仍然是一个挑战。淀粉基材料的一个公认的缺点是对水分的敏感性。为解决这个问题，天然材料大豆油被用作淀粉膜的涂层，但需要改善亲水性淀粉和疏水性大豆油之间较差的界面作用。华南理工大学余龙教授团队[46]将（3-氨基丙基）三乙氧基硅烷（APTES）用于增强淀粉基质与生物基丙烯酸酯化环氧大豆油（AESO）涂层之间的黏合作用。APTES 通过氢键与淀粉膜相互作用，并通过 Michael 加成反应与 AESO 形成化学键。经 APTES 表面处理后，界面附着力显著提高，经 APTES 和 AESO 涂层处理的淀粉膜在水中浸泡超过 2h 仍完好无损。

14.3.2　蛋白质基材料及核酸基材料

　　由于蛋白质良好的生物相容性和结构可编程性，利用蛋白质模板进行无机纳米结构的可控合成，在电子学、光学、能源、传感和生物医学等多学科领域得到了广泛关注。蛋白质支架与金属纳米团簇（MNC）的协同组合可获得新的高光致发光纳米探针和纳米器件。中国科学院蛋白质与多肽药物所重点实验室范克龙研究团队[47]详细介绍了用于 MNC 制备的不同类型的蛋白质模板，重点讨论了其光电特性，以及蛋白质涂层 MNC 在癌症生物标记物、神经递质、病原微生物、生物分子、药物化合物和免疫分析的化学传感或生物传感中的应用，基于荧光和功能蛋白的体外和体内多峰分子成像，以及蛋白质涂层 MNC［如金（Au）纳米团簇和银（Ag）纳米团簇］协同纳米疗法在化疗、放疗、光动力疗法（PDT）、光热疗法（PTT）和抗菌活性方面的潜在生物医学应用，以及用于增强生物成像和控制药物释放的含 MNC 的纳米复合材料。

癌症治疗学结合分子诊断和肿瘤靶向治疗，促进了从传统医学向个性化和精确医学的转变。湖南大学谭蔚泓课题组[48]总结发现功能核酸［FNA，如核酸适配体、脱氧核酶（DNAzymes）、基于 DNA 的纳米机器（DNMS）］的功能超出一般有遗传作用的核酸。除了成本低、生物相容性、低免疫原性和化学修饰的简单性等核酸基材料的基本优点，FNA 还具有许多优越的性质，包括对适配体的高亲和力和特异性。DNAzymes 高效特异的基因编辑能力和 DNA 机器的逻辑控制设计能力，这些都使 FNA 成为近年来在癌症治疗中有吸引力的应用材料。江苏大学药学院研究人员[49]报道了一种"开关"信号可切换电化学发光（ECL）生物传感器，通过球形核酸（SNA）与 CRISPR/Cas12a 的整合，可对人类免疫缺陷病毒（HIV）DNA 和人类乳头状瘤病毒（HPV-16）DNA 这两种病毒基因进行简单、灵敏和定量检测（图14-17）。重要的是，该系统不依赖于多重信号报告分子，因此简化了检测系统，避免了分析中出现交叉干扰的可能性。此外，人类血清样本中 HIV/HPV-16 DNA 的多重检测在 2h 内成功实现，不需要额外的核酸扩增步骤。这表明该生物传感器在临床诊断中具有多重检测的潜力。

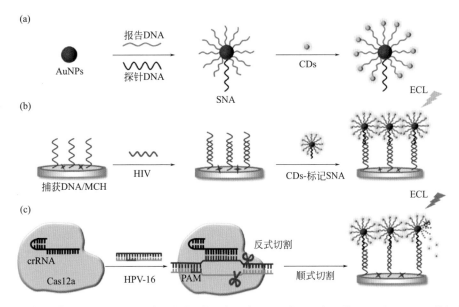

图 14-17 "开关"信号可切换 ECL 生物传感器的示意图（用于通过 CDs 标记的 SNA 和 Cas12a 的组合进行 HIV / HPV DNA 检测）[49]

14.3.3 / 合成生物基材料

中国科学院陈学思院士[50]将合成多肽水溶性聚（L-谷氨酸）（PLGA）用于设计制造软骨组织工程的支架。壳聚糖（CHI）被用作支架结构中的物理交联成分。PLGA/CHI支架显示出良好的生物相容性和生物降解性。PLGA / CHI支架可以有效地支持ASC黏附、增殖和软骨内分化。细胞纳米压痕也显示了工程软骨与天然软骨相似的生物力学行为。因此，证明了PLGA/CHI支架在软骨组织工程中的应用潜力。武汉大学药学院研究团队[51]制备了一种由聚谷氨酸和修饰的铂（Ⅳ）前药构建的聚谷氨酸-铂（Ⅳ）前药纳米复合物［γ-PGA-CA-Pt（Ⅳ）］，以保留顺铂的抗肿瘤疗效并减轻其副作用。体外研究表明，当预先与谷胱甘肽孵育时，γ-PGA-CA-Pt（Ⅳ）纳米复合物诱导人乳腺癌MCF-7细胞发生显著凋亡。从体内抗肿瘤疗效来看，与顺铂相比，γ-PGA-CA-Pt（Ⅳ）纳米复合物在抑制肿瘤生长的同时明显提高了荷瘤小鼠的存活率。同时，纳米复合物的安全性显著提高。由于其高安全性、低成本和低副作用，纳豆激酶（Nattokinase，NK）已被用作新一代血栓溶解药物。然而，它对外界环境敏感，容易失去酶活性。肽树状大分子表面具有官能团、大小可调、可生物降解，具有生物相容性且毒性低，可作为药物保护和传递的理想载体。兰州大学柳明珠教授团队[52]首次设计并合成了一种由聚谷氨酸组成的聚乙二醇化树状大分子（G_n-PEG-G_n），作为NK治疗血栓的传递平台（图14-18）。研究不同的聚乙二醇化树状大分子结构在形态、尺寸和酶活性方面对合成的NK运载系统的性质和治疗效果的影响。在所有配方中，负载NK的G_3-PEG-G_3（G_3-PEG-G_3/NK比值为6/1）在体外溶解血栓方面表现出最佳的酶活性，从而为血栓治疗提供了有效的选择方案。

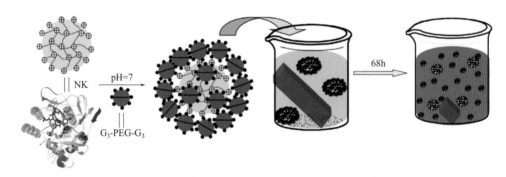

图14-18　树状大分子负载NK和溶解血栓的示意图[52]

创伤、肿瘤、感染等原因引起的骨缺损是骨科临床需要解决的棘手问题。定制骨修复生物材料及其制备仍需探索。三维打印是骨组织生物材料的一种高速制备工艺，为解决临床骨缺损问题开辟了一条新的途径。四川大学周长春研究员团队[53]采用熔融沉积成形（FDM）技术制备了聚乳酸（PLA）和纳米羟基磷灰石（n-HA）复合支架。通过材料表征、力学性能测试和体外骨髓间充质干细胞生物相容性测试对复合支架进行了优化。PLA/n-HA复合材料具有高度的可印刷性，印刷支架的机械强度随n-HA组分的比例而变化。其生物相容性和成骨诱导性能均优于纯聚乳酸支架。PLA和n-HA复合支架为大面积骨缺损的修复提供了一种很有前景的策略。

中国在聚羟基烷酸酯（PHA）研究方面，特别是在学术研究方面，处于世界领先的地位。从学术方面来说，中国发表的文章数量位居世界第二，仅次于美国。聚羟基脂肪酸酯由于具有良好的生物相容性、生物可降解性和热加工性能，已被广泛应用于生物医学材料和可降解塑料的生产。随着对环境友好材料需求的不断增加，聚羟基烷酸酯（PHA）等生物基聚合物的开发是必不可少的。不饱和的 PHA 提供了功能化的可能性。清华大学陈国强教授探索了两种不同的策略来合成 PHA 接枝石墨烯纳米复合材料。石墨烯均匀地分散在 PHA 纳米复合材料中，与纯 PHA 相比，PHA 接枝石墨烯纳米复合材料具有更高的热降解温度和更高的导电性。

PBS 是最有产业化前景的可完全生物降解塑料，世界上生产 PBS 的主要国家有美国、日本、德国和韩国，并且我国在 PBS 的生产技术能力上也处于国际先进水平，但是在专利数量上，我国与日本还存在较大差距。中国 PBS 研究和产业化起步较晚，但发展速度较快。PBS 产业化项目于 2002 年列入中国科学院创新工程项目，并得到国家重视，于 2005 年被列为环境友好材料重点攻关内容之一。PBS 从而成为国家层面重点推动产业化的可生物降解塑料，赢得了产业化先机，同时也成为国内可生物降解塑料产业化的领跑者。目前，中国科学院理化研究所工程塑料国家工程研究中心和清华大学的技术研究处于国内前列，国内 PBS 生产规模较大的安徽安庆和兴化公司、杭州鑫富药业、江苏邗江佳美高分子材料、山东汇盈新材料等均是采用中国科学院理化研究所和清华大学的技术专利。武汉纺织大学王罗新教授团队[54] 以超细 PBS 纤维和废纸（WP）为原料，采用造纸和模压成形的方法制备了可完全生物降解的 PBS 生物复合材料。含 WP 的 PBS 生物复合材料的拉伸强度、断裂伸长率、弯曲强度、弯曲模量、层间剪切强度（ILSS）和冲击强度均优于先前报道的 PBS 生物复合材料。损伤力学研究表明，WP 引起的植物纤维（PF）的巨大变形及其铆接改善了 WP/PBS 生物复合材料的力学性能。该制造方法提供了一种新颖且容易的策略，可以开发出高性能、低成本和可完全生物降解的 PBS 生物复合材料。

14.4 / 作者在该领域的学术思想和主要研究成果

生物基材料具有良好的环境友好性，可以弥补石油基材料面临的问题，但不可否认的是生物基材料在功能性方面仍尚有欠缺，如果要想实现对石油基材料的替代，必须要解决的首要问题就是提高其功能性。作者海南大学卢凌彬教授团队长期以来不断探索生物基材料的功能化方法，拓展其应用领域。例如将丰富多孔的气凝胶结构与生物基材料相结合，发展了一系列生物基气凝胶材料，并成功应用于隔热材料[55]、吸附材料[56]、药物载体系统[57,58] 等；通过化学改性引入新官能团的方式赋予生物基材料智能高分子特性等。

（1）生物基材料对重金属离子吸附能力的增强　　　•••

壳聚糖能与重金属离子发生络合作用，是一种良好的重金属吸附材料，但易受溶液 pH 的影响，且常见的壳聚糖基吸附剂多为粉末、微球、薄膜状态，使用后不易于回收再利用。

团队分别通过化学交联 - 冷冻干燥法和物理交联 - 冷冻干燥法获得了壳聚糖气凝胶[59,60]，将气凝胶材料高孔隙率的结构特点，与环境友好的海洋生物多糖资源（壳聚糖）相结合，将壳聚糖制成拥有高孔隙率的块状气凝胶，实现化学吸附和物理吸附优势的融合。化学交联 - 冷冻干燥法的优势是能够制备出结构较为均匀的块状壳聚糖气凝胶，并且其具有较好的吸附性能和回弹性能。对重金属离子 Cu^{2+} 表现出较好的吸附性能，室温下理论吸附量最高可达 35.08mg/g。在化学交联 - 冷冻干燥法基础上引入氧化石墨烯进一步提高其吸附性能，成功制备得到 GO/CS 复合气凝胶。GO/CS 气凝胶对 Cu^{2+} 的吸附量随 GO 含量的增加而增加。在 300K 下，GO/CS 对 Cu^{2+} 的吸附量最大，为 42.17mg/g，较之前化学交联法制备的纯壳聚糖气凝胶的吸附性能有所提高。该材料还可实现复杂环境下的应用，在复杂海水环境下吸附剂对 Cu^{2+} 的吸附性最好，其次是 Cd^{2+}，最差的是 Pb^{2+}。

化学交联法虽然能获得稳定的结构，但是却不得不牺牲掉一部分活性基团，导致吸附性能下降。物理交联法则可避免活性基团的大量消耗。壳聚糖的物理交联可以通过溶解体系的转变实现。在低温溶剂体系温度升高的过程中，壳聚糖分子链重组，分子间发生卷曲缠绕，分子间氢键作用增强，在疏水作用的共同影响下，形成具有物理连接点的水凝胶，经冷冻干燥得到物理交联的壳聚糖气凝胶材料。这种物理溶解交联的优点在于可以最大限度保留壳聚糖结构单元内的游离态氨基。为了进一步提高其吸附性能同时增强其结构稳定性，团队提出在物理交联 - 冷冻干燥法获得壳聚糖气凝胶的基础上利用乙二胺四乙酸二酐（EDTAA）后化学改性的方式成功增加了壳聚糖气凝胶的活性吸附位点（见图 14-19），大幅度提高了其重金属离子吸附性能[61]。研究表明，该 E-CS 气凝胶具有二级孔洞结构，有利于重金属离子向气凝胶基质扩散，促进重金属离子的吸附。E-CS 气凝胶密度小，在吸附过程中可浮于液面上方，便于回收利用。实验条件下，对 Cu^{2+}、Pb^{2+}、Cd^{2+} 的吸附几乎都在 6h 左右达到平衡。吸附机理研究表明，E-CS 气凝胶对 Cu^{2+}、Pb^{2+}、Cd^{2+} 的等温吸附曲线符合 Langmuir 模型，吸附动力学曲线符合拟二阶动力学模型。E-CS 气凝胶对重金属离子的吸附作用主要是通过配位反应发生。EDTAA 改性有效增加了活性吸附位点，使 E-CS 气凝胶的重金属离子捕获能力明显增强，对 Cu^{2+}、Pb^{2+}、Cd^{2+} 的吸附量分别高达 112.97mg/g、154.65mg/g、89.62mg/g。经过三次 HCl 脱附和再生循环实验后，吸附剂对 Cu^{2+}、Pb^{2+}、Cd^{2+} 去除效率仍能达到 93.7%、94.2% 和 92.3%，具有良好的循环使用性能。该项研究通过后化学改性法提高壳聚糖吸附材料对重金属离子的吸附性能，在保证其环境友好性的同时增强材料的吸附性能，提高其易回收性及循环使用效率。这一研究旨在利用新材料技术保护海洋环境，治理海洋重金属污染，提高海洋多糖资源的功能性及科技附加值，具有重要的科学价值和生态效益。

团队以废纸为原材料，不需脱墨和漂白处理，利用废纸和壳聚糖通过溶胶 - 凝胶法和冷冻干燥技术制备出复合气凝胶[62]，使气凝胶的力学性能和抗酸性得到增强，同时获得更高的吸附倍率（Cu^{2+} 的吸附量高达 156.3mg/g）。吸附机理表明，吸附的进行是由于吸附剂的 —NH_2 和 Cu^{2+} 形成了配合物。吸附 Cu^{2+} 后的复合气凝胶在酸性溶液中可以高度再生，在 0.1mol/L 的 H_2SO_4 溶液中的解析率高达 98.3%。廉价、环境友好、高吸附倍率和再生能力等优势使该气凝胶成为一种有前途的重金属离子吸附剂，同时也提供了一种有效的废纸再利用途径。

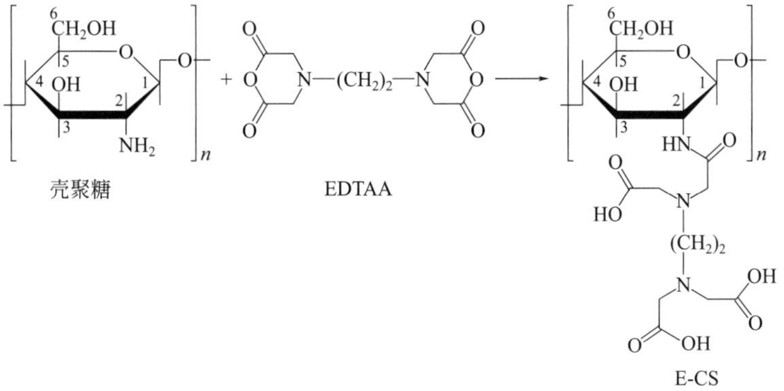

图 14-19 壳聚糖和 EDTAA 的酰化反应

（2）生物基材料油水吸附分离功能的强化

由于丰富的孔隙结构，气凝胶具有优秀的吸附性能。在油污吸附剂领域，相比于吸油树脂、吸油毡、植物废弃秸秆等吸附剂，纤维素气凝胶拥有环境友好、原料来源广泛、吸附倍率高和吸附速率快等优势。然而，作为吸附材料纤维素气凝胶也存在明显的不足之处，首先是油/水选择能力低，纤维素气凝胶在油/水混合物中吸油的同时也吸水，所以用于油吸附剂的纤维素气凝胶需要先经过疏水改性，使其获得疏水的性能。其次，吸附剂的重复使用过程要通过蒸发、离心、压缩等方法实现，由于蒸发需要大量的热能，离心对设备具有高的要求，使得压缩成为实现吸附剂重复使用的最佳方法。而纤维素气凝胶通常具有纤维间弱相互连接的纤维网络结构，这种结构导致其在压缩后不能很好地恢复到原有的形状，重复使用性较差。

传统的材料疏水改性方法所面临的周期长、设备复杂、成本昂贵及改性效果差等问题是制约气凝胶材料应用于油污处理领域的重要障碍。为增强气凝胶油水选择性，团队综合当前疏水改性方法的利弊，以三甲基氯硅烷（TMCS）为改性剂借助冷等离子体技术对气凝胶进行疏水改性，发展了冷等离子体疏水改性技术，实现了气凝胶快速、高效、无损的疏水改性。该冷等离子体疏水改性技术可运用于各种多糖高分子气凝胶，包括纤维素气凝胶、海藻酸气凝胶、壳聚糖气凝胶等[63-65]。研究发现固定功率 150W 时，在短时间内（小于 3min）纤维素气凝胶表面疏水角即可高达 150°，获得疏水特性。这一方法不仅可以实现气凝胶的表面疏水改性，还可实现其内部的疏水改性，并且不会引起内部微观结构的变化，从而保证了其良好的吸油性能，是一种无损改性方法。图 14-20 为纤维素气凝胶疏水角与改性时间的关系。

如图 14-21 所示，改性前纤维素气凝胶对水和油的接触角都为 0°，将水滴（甲基橙溶液）或油滴（柴油）滴在材料表面，会立刻被材料吸附铺展。经过冷等离子体疏水改性后的样品具有疏水亲油性，呈现油水选择性吸附［图 14-21（b）］。此外，疏水改性后气凝胶内部也呈疏水性，水滴在气凝胶内部也能够长久维持球形不被吸收［图 14-21（c）］。如图 14-21（d）所示，疏水改性后的纤维素气凝胶材料成功将 CCl_4（碘染色）溶液从水中分离，整个过程中材料只吸附 CCl_4，并未吸附水，因此纤维素气凝胶具有优秀的油水分离特性。这一研究结果表明改性后的纤维素气凝胶可以成功应用于水体油污回收处理。

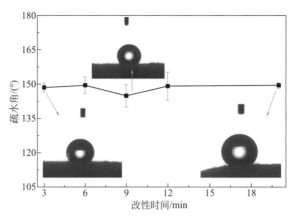

图 14-20　纤维素气凝胶疏水角与改性时间的关系

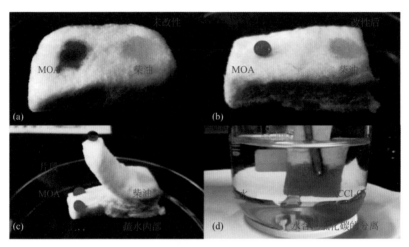

图 14-21　改性前后纤维素气凝胶疏水效果图

　　针对纤维素气凝胶回弹性差的缺点团队提出一种新的策略。通过增强纤维素气凝胶空间结构中纤维连接作用，制备出具有强回弹性的纤维素基气凝胶。在该研究中首先将纤维素羟基氧化，赋予其醛基官能团，然后再和富含氨基的壳聚糖发生席夫碱反应（见图 14-22），从而达到增强的目的，最后以冷冻干燥技术制备出壳聚糖-氧化纤维素气凝胶（CS-OCA）[65]。该方法通过壳聚糖将交错的纤维素纤维相互连接起来，加强材料的回弹性能。研究结果表明，CS-OCA 拥有较好的回弹性能和可重用性，在 50 次循环压缩后仍然具有较高的吸附倍率和相对高度。进一步采用前述冷等离子体改性方法进行疏水改性，得到了水接触角高达 152.8° 的疏水亲油性气凝胶，这种疏水型气凝胶对油及有机溶剂等非极性液体具有高的吸附倍率，对水却几乎不吸附，表现出了极高的油/水选择能力。

（3）生物基材料智能化改性与应用　　　　　　　　　　　　　　　　　　　　　● ● ●

　　团队利用化学改性的方法赋予生物基材料更丰富的功能特性。自愈合水凝胶作为一种自愈合材料，在结构被破坏后可以恢复其结构的完整性和力学性能，在软机器人、人工植入物、人工智能、可穿戴设备、医疗器械和辅助健康技术等方面有巨大的应用前景。然而在实际应用中，由于成本昂贵、合成过程复杂、相互作用弱等原因，这些水凝胶不能稳定地发挥作用或得到广泛应用。此外，常见自愈合水凝胶多为人工合成高分子，它们在环境影响及生物相容性方面仍存在缺陷，且目前天然高分子基自愈合水凝胶在功能性上仍有不足。团队提出一种全天然策略，以环境友好的羧甲基纤维素和多巴胺为原材料，利用酰胺反应和氧化自聚反应同步发生方式获得了一种环境友好型的多功能 CMC/PDA 水凝胶 [66]，其反应机理见图14-23。

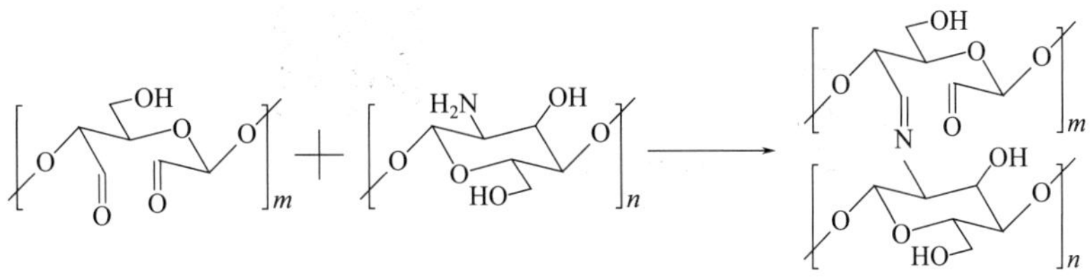

图 14-22　氧化纤维素与壳聚糖的席夫碱反应

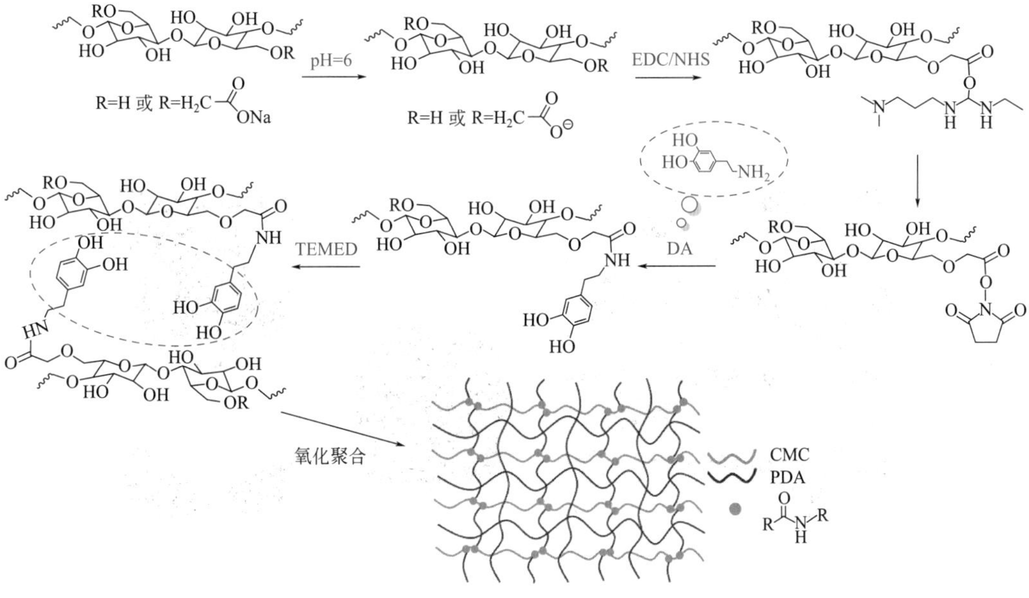

图 14-23　CMC/PDA 水凝胶的反应机理 [66]

在这项工作中团队利用 1- 乙基 -（3,3′- 二甲基氨基丙基）碳酰二亚胺盐酸盐活化羧甲基纤维素，使得羧甲基纤维素的羧基与多巴胺的氨基发生酰胺化反应，形成第一网络结构。多巴胺的氧化自聚合则构成水凝胶第二网络结构聚多巴胺。因此在形成凝胶的过程中，多巴胺既是第一网络的交联剂，同时也是第二网络的单体。两个网络互相穿插，形成一个稳定的互穿网络结构，得到 CMC/PDA 水凝胶。通过愈合机理研究发现，在 CMC/PDA 水凝胶的自愈合过程中，PDA 网络中的可逆非共价键和酰胺氢键共同发挥作用，赋予其良好的自愈合性能（图14-24）。

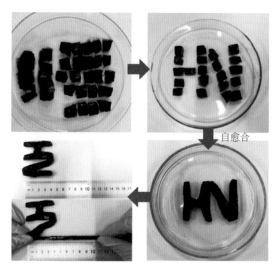

图 14-24　羧甲基纤维素／聚多巴胺水凝胶的自愈合过程 [66]

研究表明，CMC/PDA 水凝胶可以拉伸 700% 而不断裂，自愈后拉伸性能也能得以恢复，具有良好的弹性形变性（图 14-25）。CMC/PDA 水凝胶优良的力学性能与羧甲基纤维素和多巴胺形成的双重互穿网络有关。两种网络密切连接交叉，不仅保证了水凝胶可拉伸，而且也起着支撑网络结构的作用，使它在适当压力条件下发生弹性形变，并在压力消失后可迅速恢复原来的形状。

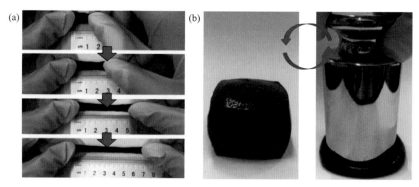

图 14-25　CMC/PDA 水凝胶的拉伸性（a）及 CMC/PDA 水凝胶在压缩下完全恢复 [66]（b）

CMC/PDA 水凝胶还表现出卓越的表面黏附力，可黏附于各种表面，包括人体皮肤、纸张、塑料、树枝、石头、树叶等。水凝胶强大的黏附力使水凝胶能够承受高达自身重量 10000 倍的物体，远高于同类材料的黏附力。这一特点使其可以紧密地黏附在人体皮肤上，不需要额外的黏附剂。如图 14-26 所示，CMC/PDA 水凝胶具有良好的导电性能，即使断裂自愈合后也能恢复导电性。水凝胶的导电网络具有良好的延展性，即使拉伸到自身的 300% 后，水凝胶网络还是具有良好的导电性能。同时，CMC/PDA 水凝胶还可以模仿人体皮肤操控智能手机（图 14-27）。

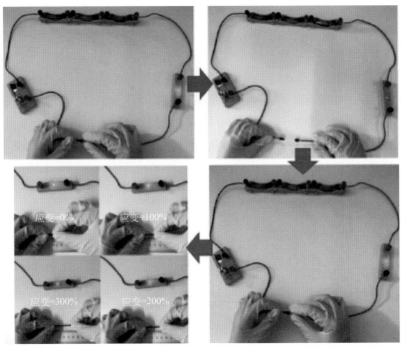

图 14-26 完整的水凝胶、切开后的水凝胶、自愈合后的水凝胶和经过拉伸的水凝胶接入电路后的灯泡亮度变化[66]

图 14-27 CMC/PDA 水凝胶模仿人类皮肤操控智能手机[66]

CMC/PDA 水凝胶的 GF 高达 4.741，高于已经报道的纯聚合物水凝胶仿生皮肤。通过 CMC/PDA 水凝胶的阻值变化可以实现人体运动实时监测。如图 14-28 所示，利用 CMC/PDA 水凝胶通过对人体各类不同幅度和频率的运动进行监测可以获得规律性明显的电阻变化峰。 CMC/PDA 水凝胶可以很容易地对手指、手腕、肘关节和膝关节等人体屈伸运动做出积极响应，甚至一些细微的运动也能被灵敏地捕捉到。例如，将 CMC/PDA 水凝胶附着在喉咙上，则可根据声带振动幅度和频率产生独特的有规律的信号。这种具有声音感知能力的特性，使得 CMC/PDA 水凝胶有望用于发声困难患者的通信设备中。此外，即使是微弱的振动，如脉搏，CMC/PDA 水凝胶也能灵敏地获得响应信号，反映出脉搏跳动频率的变化。

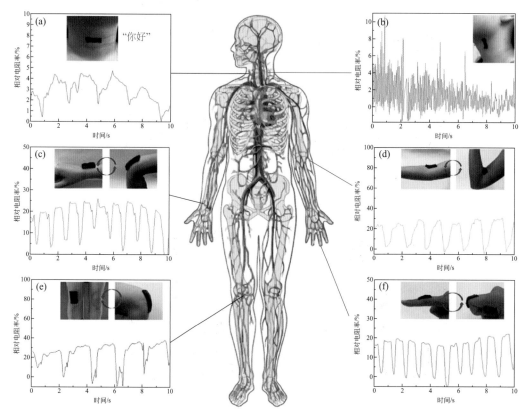

图 14-28　CMC/PDA 水凝胶的实时相对电阻率 [喉咙发声 (a)、脉搏跳动 (b)、手腕 (c)、肘关节 (d)、膝关节 (e) 和手指 (f) 的相对电阻率变化对应的信号] [66]

该工作中基于全天然策略设计制备的 CMC/PDA 水凝胶不仅解决了自愈合水凝胶环境友好和生物相容性的问题，而且同时具备优异的黏附力和灵敏的响应感应性，可以模拟人体皮肤功能，在智能皮肤等领域具有广阔的应用前景。

（4）生物基材料载药系统发展　　　•••

此外，团队通过将海藻酸钠（ALG）与 *N*- 异丙基丙烯酰胺（NIPAM）和 *N*- 羟甲基丙烯酰胺（NHMAM）接枝，成功制备了一种新型的环境响应型海藻酸钠 -g- 聚（*N*- 异丙基丙烯酰胺 -co-*N*- 羟甲基丙烯酰胺）接枝聚合物（见图 14-29），并将该共聚物设计成一种具有温

度 /pH 双响应的多糖基气凝胶药物控制释放系统[67]。研究表明，海藻酸钠 -g- 聚（*N*- 异丙基丙烯酰胺 -co-*N*- 羟甲基丙烯酰胺）接枝聚合物具有最低临界相转变温度（LCST），而且可以通过改变 *N*- 异丙基丙烯酰胺和 *N*- 羟甲基丙烯酰胺之间的比例来调节，接枝反应同时还增强了海藻酸钠的热稳定性。通过 GDL-Ca^{2+} 交联获得的海藻酸钠 -g- 聚（*N*- 异丙基丙烯酰胺 -co-*N*- 羟甲基丙烯酰胺）气凝胶具有低密度（0.395g/cm^3）、高孔隙率（97.9%）以及三维网状结构的特征，对温度和 pH 都具有响应性，该研究成果为功能性气凝胶在药物载体领域的应用拓展了一种新的思路。

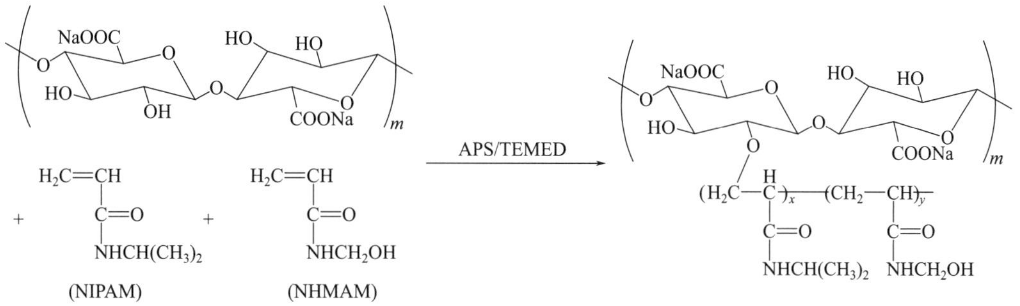

图 14-29　ALG-g- 聚 (NIPAM-co-NHMAM) 自由基聚合接枝反应示意图[67]

14.5　生物基材料近期研究发展重点

我国的生物基材料产业发展迅猛，关键技术不断突破，产品种类速增，产品经济性增强。生物基材料正成为产业投资的热点，显示出了强劲的发展势头。生物基材料产业正处于实验室研发阶段迈向工业化生产和规模应用阶段，逐渐成为工业化大宗材料，但是在微生物合成菌种、产品成形加工技术及装备、规模化应用示范等方面仍需不断进步。

未来对天然多糖类生物基材料的研究可以从以下方面进行思考：

① 开发新型绿色无溶剂的材料制备方法，并重点关注溶解能力强、稳定性好、易回收的新型"绿色"天然多糖类生物基溶剂。

② 通过挖掘农林废弃物的资源化综合利用方法，拓展生物基材料的原料来源，并实现其高值化利用。

③ 通过学科交叉将天然多糖类生物基材料的应用拓展到病毒检测、异向材料及人工细胞等新兴领域。

④ 探索简单高效的天然多糖类生物基材料的再生条件。

⑤ 应开发廉价、安全、环保的技术来构建具有高强度和生物降解性的再生材料，尤其侧重规模化生产应用，推动产品进入市场。

近十年来，尤其是近五年，生物基聚酯领域进入了前所未有的高速发展时期。随着生物基单体制备技术的不断进步，生物基聚酯的研究取得了令人振奋的突破。然而，截至目前只有少数典型的生物基聚酯真正实现了工业和商业影响[68]。这一现状对生物基聚合物的进一步工业化提出了挑战。技术创新和政策支持被认为是应对上述挑战的主要解决方案。具体而言，包括高效、低成本的生物基单体发酵纯化技术的创新，开发绿色高效的聚合催化剂，打造绿色高效的可持续生产工艺，设计可持续高效的聚合设备等。从政策支持的角度来看，政府应落实相应的政策，促进生物基聚酯的商业化。除了推动现有生物基聚酯产业化和商业化，未来生物基聚酯的发展还应着眼于以下几个方面：

① 开发新型生物基单体，为生物基聚酯的研究注入新活力。

② 建立生物基聚酯的加工、应用和评价体系，以指导生物基聚酯产品的研发和应用。

目前，聚乳酸的生产大国主要有美国、日本、德国等，并且已经具备了聚乳酸规模化生产条件，聚乳酸及其相关产品的生产已成为一项重要产业。作为最有商业化应用前途的合成生物基材料，聚乳酸（PLA）具有易加工、环境友好、原料可再生、可降解等优点，是近年来发展最快的可生物降解材料。但是 PLA 存在韧性差、脆性大、力学性能不理想等缺点。未来对聚乳酸类高分子材料的研究重点在于寻找新型改性方法，提高 PLA 的力学性能，并且深入研究聚乳酸催化剂体系，开发无毒、高活性、反应条件温和、聚合物分子量及分布可控的催化剂，在克服原有缺点的基础上开发出新的聚乳酸产品。为了提高性能，PLA 与其他聚合物（如聚乙酸乙烯酯和聚乙二醇）共混，或通过将乳酸酯与其他单体或聚合物共聚也是发展的重要方向[69]。

14.6 / 生物基材料 2035 年展望与未来

新材料产业是我国新时代战略性新兴产业的重点内容，随着化石能源的日渐枯竭，在国家环保压力及国内国际双循环背景下，许多传统的材料正在被逐步淘汰，寻找和生产环境友好型材料与产品是人类实现可持续发展的必由之路。生物基材料产业是新材料产业的重要组成部分，生物基材料在国际上也被称作化学工业的第三次革命。21 世纪以来，生物基材料受到发达国家的广泛重视，其绿色、环境友好、原料可再生以及可生物降解的特性，可以解决石油危机、材料不可降解等难题。生物基产品目前呈快速发展、经济性逐步增强的态势。

目前，我国生物基材料产业科技已经取得明显成效，开发了一大批具有自主知识产权的技术，生物基材料产业在包装材料、一次性餐具、农用地膜、纺织材料等领域获得较好的应用，相信在不久的将来一定会被市场普遍认可与接受。生物基纤维也已广泛应用于时装、家居、户外及工业领域，正逐步走向工业规模化实际应用和产业化阶段。2035 年，生物基材料有望在各个应用领域内完全替代传统石油基材料，逐步成为引领科技创新和经济发展的又一个新的主导产业，成为绿色低碳发展的主要途径及低碳经济增长的亮点。中国科学院宁波材料技术与工程研究所主办的"2019 国际生物基材料技术与应用论坛"预测，我国生物基材料行业保持 20% 左右的年均增长速度，总产量已超过 600 万吨 / 年，未来几十年将会是生物基材料发展的上升期。

2020 年，党中央、国务院高度重视塑料污染治理工作，并将制定"白色污染"综合治理方案列为中央的重点改革任务。2020 年 1 月 16 日，国家发改委、生态环境部发布《关于进一步加强塑料污染治理的意见》，要求到 2020 年，率先在部分地区、部分领域禁止、限制部分塑料制品的生产、销售和使用。到 2022 年，一次性塑料制品消费量明显减少，替代产品得到推广，塑料废弃物资源化能源化利用比例大幅提升。《中国制造 2025》也指出要全面推行绿色制造，到 2025 年，制造业绿色发展和主要产品单耗达到世界先进水平，绿色制造体系基本建立，并且要高度关注颠覆性新材料对传统材料的影响，做好超导材料、纳米材料、石墨烯、生物基材料等战略前沿材料提前布局和研制，加快基础材料升级换代。2018 年 5 月，欧盟委员会首次提出"史上最严限塑令"，根据该提案，欧洲海滩上最常见的 10 种一次性塑料产品将在 2021 年禁止使用，欧盟各国有义务在 2025 年之前回收 90% 的塑料瓶；美国政府也已宣布自 2021 年 7 月 1 日起，正式执行"禁塑令"，禁令要求美国全面禁止使用一次性塑料袋。

　　采用生物基塑料及可降解塑料制品是当前解决塑料污染问题的重要方法之一，因此在未来十几年内，国内可生物降解塑料市场会迎来发展高潮。2035 年，有广阔应用前景的生物基材料包括聚乳酸、聚丁二酸丁二醇酯（PBS）、聚对苯二甲酸己二酸丁二醇酯（PBAT）、聚乙醇酸（PGA）、聚羟基脂肪酸酯等。我国现阶段在生物基材料发展方面虽然已有明显进展，但与发达国家相比还是有一定差距的，比如技术不够成熟、产品性能无法满足消费需求、成本太高无法与石油基材料竞争等，距离产业化、规模化还有一段不小的距离，未来应加强生物基材料制造技术的引进力度，注重引进技术的系统化集成、再创新及自主知识产权的取得，巩固和扩大与发达国家、重要国际组织间的科技合作与交流，提升我国生物基材料产业的整体创新发展能力和国际核心竞争力。

参考文献

[1] Azman N A N, Islam M R, Parimalam M, Rashidi N M, Mupit M. Mechanical, structural, thermal and morphological properties of epoxy composites fifilled with chicken eggshell and inorganic CaCO$_3$ particles [J]. Polym. Bull., 2020, 77(5): 1-17.

[2] Fu Q J, Cui C, Meng L, et al. Emerging cellulose-derived materials: a promising platform for the design of flexible wearable sensors toward health and environment monitoring[J]. Materials Chemistry Frontiers, 2021, 5:2051-2091.

[3] Wang L, Mao L, Qi F Y, et al. Synergistic effect of highly aligned bacterial cellulose/gelatin membranes and electrical stimulation on directional cell migration for accelerated wound healing[J]. Chemical Engineering Journal, 2021, 424:130563-130577.

[4] Zhang X F, Zhao J Q, Xia T, et al. Hollow polypyrrole/ cellulose hydrogels for high-performance flexible supercapacitors[J]. Energy Storage Materials, 2020, 31(prepublish):135-145.

[5] Kim J Y, Yun Y J, Jeong J, et al. Leaf-inspired homeostatic cellulose biosensors[J]. Science advances, 2021, 7(16):7432-7444.

[6] Liu Y Y, Fan Q, Huo Y, et al. Construction of a Mesoporous Polydopamine@GO/Cellulose Nanofibril Composite Hydrogel with an Encapsulation Structure for Controllable Drug Release and Toxicity Shielding[J]. ACS Applied Materials And Interfaces, 2020, 12(51):57410-57420.

[7] Ge W J, Cao S, Yang Y, et al. Nanocellulose/LiCl systems enable conductive and stretchable electrolyte hydrogels with tolerance to dehydration and extreme cold conditions[J]. Chemical Engineering Journal, 2020, 408:127306-127315.

[8] Kim H C, Panicker P S, Kim D, et al. High-strength cellulose nanofber/graphene oxide hybrid flament made by continuous processing and its humidity monitoring[J]. Scientific Reports, 2021, 11:13611-13623.

[9] Liu Q K, Smalyukh II. Liquid crystalline cellulose-based nematogels[J]. Science Advanc-es, 2017, 3(8): 1700981-1700990.

[10] Liang Y Q, Li Z L, Huang Y, et al. Dual-Dynamic-Bond Cross-Linked Antibacterial Adhesive Hydrogel Sealants with On-Demand Removability for Post-Wound-Closure and Infected Wound Healing[J]. ACS

第三篇　战略新材料

3

nano,2021,15(4):7078-7093.

[11] Zia Q, Tabassum M, Lu Z H, et al. Porous poly(L–lactic acid)/chitosan nanofibres for copper ion adsorption[J]. Carbohydrate Polymers, 2019, 227:115343-115352.

[12] Chen S S,Deng J J,Zhang L M. Cationic nanoparticles self-assembled from amphiphilic chitosan derivatives containing poly(amidoamine) dendrons and deoxycholic acid as a vector for co-delivery of doxorubicin and gene[J]. Carbohydrate polymers,2021,258:117706-117715.

[13] Du X C, Wu L, Yan H Y,et al.Microchannelled alkylated chitosan sponge to treat noncompressible hemorrhages and facilitate wound healing[J].Nature communications,2021,121:4733-4749.

[14] Hyunwoo Y,Varela Claudia E,Nabzdyk Christoph S, et al.Dry double-sided tape for adhesion of wet tissues and devices[J]. Nature,2019,575(7781):169-174.

[15] Liu Y J,Yu B R,Dai X G,et al.Biomineralized calcium carbonate nanohybrids for mild photothermal heating-enhanced gene therapy[J]. Biomaterials,2021,274:120885-120895.

[16] Dong H B,Li J W,Zhao S Y,et al.Investigation of a Biomass Hydrogel Electrolyte Naturally Stabilizing Cathodes for Zinc-Ion Batteries[J]. ACS Applied Materials & Interfaces, 2020,13(1):745-754.

[17] Fan L L, Duan M H, Xie Z C,et al. Injectable and Radiopaque Liquid Metal/Calcium Alginate Hydrogels for Endovascular Embolization and Tumor Embolotherapy[J]. Small,2020,16(2):1903421-1903431.

[18] Zhang B J, Xie F W, Shamshina J,et al.Facile preparation of starch-based electroconductive films with ionic liquid[J]. Acs Sustainable Chemistry & Engineering, 2017, 5(6):5457-5467.

[19] He Y, Tang H, Chen Y K, Zhang S D.Facile Strategy to Construct Metaltarganic Coordination Thermoplastic Starch with High Hydrophobicity, Glass-Transition Temperature, and Improved Shape Recovery[J]. ACS Sustainable Chemistry & Engineering, 2020, 8: 8655-8663.

[20] Pena-Francesch A , Jung H , Demirel M C , et al. Biosynthetic self-healing materials for soft machines[J]. Nature Materials, 2020, 19(11):1-6.

[21] Li K, Li Y F, Wang X Y, et al. Diatom-inspired multiscale mineralization of patterned protein-polysaccharide complex structures[J]. National Science Review, 2020.

[22] 杨勃,孙立梅,潘玙璠,等.基于光敏性胸腺嘧啶脱氧核苷亚膦酰胺单体的光响应DNA水凝胶[J/OL].高分子学报:1-10.

[23] Chen W H, Liao W C, Sohn Y,et al.Stimuli-Responsive Nucleic Acid-Based Polyacrylamide Hydrogel-Coated Metal-Organic Framework Nanoparticles for Controlled Drug Release[J]. Advanced functional materials, 2018,28(8):1705137-1705146.

[24] Rong Y , Zhang Z , He C , et al. Bioactive polypeptide hydrogels modified with RGD and N-cadherin mimetic peptide promote chondrogenic differentiation of bone marrow mesenchymal stem cells[J]. Science China-Chemistry, 2020.

[25] Wang H,Hu Y L,Wang Y Y,et al.Doxorubicin@ PEPylated interferon-polydisulfide: A multi-responsive nanoparticle for enhanced chemo–protein combination therapy[J].Giant,2021,5:100040-100048.

[26] Wang R, Wang X X, Zhan Y J,et al. A Dual Network Hydrogel Sunscreen Based on Poly- Poly-on Poly-lyemocc Acid Demonstrates Excellent Anti-UV, Self-Recovery, and Skin-Integration Capacities[J]. ACS applied materials & interfaces, 2019, 11(41):37502-37512.

[27] Huang Y Z,Hu C Y,Zhou Y C,et al. Monomer Controlled Switchable Copolymerization: A Feasible Route for the Functionalization of Poly(lactide)[J]. Angewandte Chemie International Edition,2021,60(17):9274-9278.

[28] Wang C Y, Feng N B, Chang F,et al.Injectable Cholesterol-Enhanced Stereocomplex Polylactide Thermogel Loading Chondrocytes for Optimized Cartilage Regeneration[J]. Advanced Healthcare Materials, 2019,8(14):1900312-1900322.

[29] Yu L P,Zhang X,Wei D X,et al.Highly Efficient Fluorescent Material Based on Rare-Earth-Modified Polyhydroxyalkanoates[J]. Biomacromolecules,2019,20(9):3233-3241.

[30] Chen Z Y , Xiang H X , Hu Z X , et al. Enhanced Mechanical Properties of Melt-spun Bio-based PHBV Fibers:Effect of Heterogeneous Nucleation and Drawing Process[J]. Acta Polymerica Sinica, 2017(7):1121-1129.

[31] He Y, Li D, Zhou N, et al. Reversing Poisson's Ratio of Biomass Foam to Be Negative to Achieve Super Mechanical Properties via Viscoelastic Compression[J]. ACS Applied Polymer Materials, 2021,3(2):599-603.

[32] Wang C Q,Mei J,Zhang L. High-added-value biomass-derived composites by chemically coupling post-consumer plastics with agricultural and forestry wastes[J]. Journal of Cleaner Production,2021,284:124768-124777.

[33] Ouali A A , Rinberg R , Kroll L , et al. Natural Fibre Reinforced Bioplastics - Innovative Semi-Finished Products for Series Production[J]. Key Engineering Materials, 2017, 742:255-262.

[34] Cheng R, Zeng J S, Wang B, Li J P, Cheng Z, Xu J, Gao W H, Chen K F. Ultralight, flexible and conductive silver nanowire/nanofibrillated cellulose aerogel for multifunctional strain sensor[J]. Chemical Engineering

Journal,2021,424：130565-130577.

[35] Lei E , Sun J M, Gan W T, et al. N-doped cellulose-based carbon aerogels with a honeycomb-like structure for high-performance supercapacitors[J]. The Journal of Energy Storage, 2021, 38:102414-102421.

[36] Wang W X, Gu F, Deng Z F, Zhu Y, Zhu J, Guo T Y, Song J L, Xiao H N. Multilayer surface construction for enhancing barrier properties of cellulose-based packaging[J]. Carbohydrate Polymers, 2021, 255:117431-117438.

[37] Shi C F, Ma H, Wo Z H, Zhang X W. Superhydrophobic modification of the surface of cellulosic materials based on honeycomb-like zinc oxide structures and their application in oil–water separation[J]. Applied Surface Science,2021,563:150291-150303.

[38] Deng A P,Yang Y, Du S M, Yang X X, Pang S C, Wang X J, Yang S L. Preparation of a recombinant collagen-peptide (RHC)-conjugated chitosan thermosensitive hydrogel for wound healing[J]. Materials science & engineering C, Materials for biological applications,2021,119:111555-111267.

[39] Wang X F , Li M L , Fang Q Q , et al. Flexible electrical stimulation device with Chitosan-Vaseline dressing accelerates wound healing in diabetes[J]. Bioactive Materials, 2021, 6(1):230-243.

[40] Gu B, Jiang Q M, Luo B C, Liu C F, Ren J L, Wang X H, Wang X Y. A sandwich-like chitosan-based antibacterial nanocomposite film with reduced graphene oxide immobilized silver nanoparticles[J]. Carbohydrate polymers,2021,260:117835-117845.

[41] Jiang Z Y, Zhang K H, Du L L, Cheng Z J, Zhang T X, Ding J, Li W, Xu B S, Zhu M F. Construction of chitosan scaffolds with controllable microchannel for tissue engineering and regenerative medicine[J]. Materials science & engineering C, Materials for biological applications,2021,126:112178-112191.

[42] Xing F, Chi Z, Yang R X, Xu D R, Cui J F, Huang YF, Zhou C L, Liu C G. Chitin-hydroxyapatite-collagen composite scaffolds for bone regeneration[J]. International Journal of Biological Macromolecules,2021,184:170-180.

[43] Chen Y, Nie Z G, Gao J K, Wang J Q, Cai M M. A novel adsorbent of bentonite modified chitosan-microcrystalline cellulose aerogel prepared by bidirectional regeneration strategy for Pb(Ⅱ) removal[J]. Journal of Environmental Chemical Engineering,2021,9(4):105755-105768.

[44] Zhao X L, Wang X J, Lou T. Preparation of fibrous chitosan/sodium alginate composite foams for the adsorption of cationic and anionic dyes[J]. Journal of hazardous materials,2021,403: 124054-124063.

[45] Zhang Q, Zhang X, Cheng W, et al. In situ-synthesis of calcium alginate nano-silver phosphate hybrid material with high flame retardant and antibacterial properties[J]. International Journal of Biological Macromolecules, 2020, 165:1615-1625.

[46] Chen Y, Duan Q F, Zhu J, Liu H S, Chen L, Yu L. Anchor and bridge functions of APTES layer on interface between hydrophilic starch films and hydrophobic soyabean oil coating[J]. Carbohydrate Polymers,2021,272: 118450-118478.

[47] Zare I, Chevrier D M, Cifuentes-Rius A, et al. Protein-protected metal nanoclusters as diagnostic and therapeutic platforms for biomedical applications[J]. Materials Today, 2021.

[48] Peng T H, Deng Z Y, He J X, Li Y Y, Tan Y, Peng Y B, Wang X Q, Tan W H. Functional nucleic acids for cancer theranostics[J]. Coordination Chemistry Reviews, 2020, 403: 213080-213099.

[49] Zhao K R, Wang L, Liu P F, Hang X M, Wang H Y, Ye S Y, Liu Z J, Liang G X. A signal-switchable electrochemiluminescence biosensor based on the integration of spherical nucleic acid and CRISPR/Cas12a for multiplex detection of HIV/HPV DNAs[J]. Sensors and Actuators: B Chemical,2021,346: 130485-130492.

[50] Zhang K, Zhang Y, Yan S, et al. Repair of an articular cartilage defect using adipose-derived stem cells loaded on a polyelectrolyte complex scaffold based on poly(l-glutamic acid) and chitosan[J]. Acta Biomaterialia, 2013, 9(7):7276-7288.

[51] Wang R J, He D S, Wang H M, Wang J M, Yu Y L, Chen Q, Sun C M, Shen Y, Tu J S, Xiong Y R. Redox-sensitive polyglutamic acid-platinum(Ⅳ) prodrug grafted nanoconjugates for efficient delivery of cisplatin into breast tumor[J]. Nanomedicine: Nanotechnology, Biology, and Medicine,2020,29: 102252-102263.

[52] Zhang S , Gao C , Lu S , et al. Synthesis of PEGylated polyglutamic acid peptide dendrimer and its application in dissolving thrombus[J]. Colloids and Surfaces B: Biointerfaces, 2017, 159(2):284-292.

[53] Wang W Z, Zhang B Q, Li M X, Li J, Zhang C Y, Han Y L, Wang L, Wang K F, Zhou C C, Liu L, Fan Y, Zhang X D. 3D printing of PLA/n-HA composite scaffolds with customized mechanical properties and biological functions for bone tissue engineering[J]. Composites Part B: Engineering,2021,224: 109192-109203.

[54] Zhao L, Huang H, Han Q Q, Yu Q, Lin P L, Huang S Q, Yin X Z, Yang F H, Zhan J Y, Wang H, Wang L. A novel approach to fabricate fully biodegradable poly(butylene succinate) biocomposites using a paper-manufacturing and compression molding method[J]. Composites Part

A,2020:139: 106117-106125.

[55] Li Y P, et al. Study on swelling and drug releasing behaviors of ibuprofen-loaded bimetallic alginate aerogel beads with pH-responsive performance[J]. Colloids and Surfaces B: Biointerfaces, 2021, 205.

[56] Hu W B, Lu L B, Li Z Y, Shao L. A facile slow-gel method for bulk Al-doped carboxymethyl cellulose aerogels with excellent flame retardancy[J]. Carbohydrate Polymers, 2019, 207:352-361.

[57] Zheng T T, Li A, Li Z Y, Hu W B, Shao L, Lu L B, Cao Y, Chen Y J. Mechanical reinforcement of a cellulose aerogel with nanocrystalline cellulose as reinforce[J]. RSC Advances, 2017, 7: 34461-34465.

[58] Li A, Lin R J, Lin C, He B Y, Zheng T T, Lu L B, Cao Y. An environment-friendly and multi-functional absorbent from chitosan for organic pollutants and heavy metal ion[J]. Carbohydrate Polymers, 2016, 148: 272-280.

[59] Lin R J, Li A, Lu L B, Cao Y. Preparation of bulk sodium carboxymethyl cellulose aerogels with tunable morphology[J]. Carbohydrate Polymers, 2015, 118(1): 126-132.

[60] Li S I, Li Y, Fu Z, Lu L B, Cheng J R, Fei Y S. A "top modification" strategy for enhancing the ability of a chitosan aerogel to efficiently capture heavy metal ions[J]. Journal of Colloid and Interface Science, 2021, 594: 141-149.

[61] Li Z Y, Shao L, Ruan Z H, Hu W B, Lu L B, Chen Y J. Converting untreated waste office paper and chitosan into aerogel adsorbent for the removal of heavy metal ions[J]. Carbohydrate Polymers, 2018, 193: 221-227.

[62] Lin R J, Li A, Zheng T T, Lu L B, Cao Y. Hydrophobic and flexible cellulose aerogel as an efficient, green and reusable oil Sorbent[J]. RSC Advances. 2015, 100(5): 82027- 82033.

[63] Shi J J, Lu L B, Guo W T, Zhang J Y, Cao Y. Heat insulation performance, mechanics and hydrophobic modification of cellulose- SiO₂ composite aerogels[J]. Carbohydrate Polymers, 2013, 98(1): 282-289.

[64] Cheng Y, Lu L B, Zhang W Y, Shi J J, Cao Y. Reinforced low density alginate-based aerogels: preparation, hydrophobic modification and characterization[J]. Carbohydrate Polymers, 2012, 88(3): 1093-1099.

[65] Li Z Y, Shao L, Hu W B, Zheng T T, Lu L B, Cao Y, Chen YJ. Excellent reusable chitosan/cellulose aerogel as an oil and organic solvent absorbent[J]. Carbohydrate Polymers, 2018, 191: 183-190.

[66] Li Y P, Li L, Zhang Z P, Cheng J R, Fei YS, Lu LB. An all-natural strategy for versatile interpenetrating network hydrogels with self-healing, super-adhesion and high sensitivity[J]. Chemical Engineering Journal, 2021, 420: 129736-129746.

[67] Shao L, Cao Y, Li Z Y, Hu W B, Li SI, Lu L B. Dual responsive aerogel made from thermo/pH sensitive graft copolymer alginate-g-P(NIPAM-co-NHMAM) for drug controlled release[J]. International Journal of Biological Macromolecules, 2018, 114:1338-1344.

[68] Zhang Q N,Song M Z,Xu Y Y,Wang W C,Wang Z,Zhang L Q. Bio-based polyesters: Recent progress and future prospects[J]. Progress in Polymer Science,2021(prepublish).120:101430.

[69] Sadasivuni K K, Saha P, Adhikari J, Deshmukh K, Ahamed M B, Cabibihan J J. Recent advances in mechanical properties of biopolymer composites: a review[J]. Polymer Composites,2020,41(1): 32-59.

 作者简介

卢凌彬，博士，海南大学材料科学与工程学院教授，研究生导师，海南省"515人才工程"二层次人选，海南省拔尖人才，2005年毕业于中南大学应用化学专业，获博士学位。美国宾夕法尼亚州立大学材料科学与工程系访问学者，英国曼彻斯特大学访问学者。先后主持参与国家自然科学基金项目、海南省重大科研项目、海南省产学研一体化项目、海南省重点研发计划项目、海南省自然科学基金项目、海南省教育厅高校科研项目等各级项目11项。目前在国内外知名期刊上发表科研论文70余篇，其中以第一作者或通信作者身份发表的论文被SCI收录27篇，总影响因子大于100。获授权发明专利3项，参编教材4部。先后获海南省科技进步奖一等奖1项，海口市科技进步奖一等奖1项。主要研究方向为天然高分子材料功能化，包括纳米纤维素、生态环境材料、生物医用材料、可降解高分子材料、气凝胶、水凝胶、智能高分子材料、吸附材料等。

第15章

生物医用心脑血管系统材料

季培红　吴立煌　顾忠伟

15.1 研究背景

15.1.1 我国社会、经济发展的迫切需求

血管系统疾病是人类疾病死亡的首要原因，目前全世界心血管疾病患者死亡人数已经达到 1700 万人。根据 2020 年发布的《中国心血管健康与疾病报告》，中国心血管病死亡率一直处于持续上升阶段，高于肿瘤及其他疾病，仍居首位，每 5 例死亡中就有 2 例死于心血管病。从 2009 年起农村超过并持续高于城市；例如 2018 年农村心血管病占死因的 46.66%，城市则为 43.81%。国家心血管病中心推算我国心血管病现患人数 3.30 亿，其中脑卒中 1300 万，冠心病 1139 万，肺源性心脏病 500 万，心力衰竭 890 万，心房颤动 487 万，风湿性心脏病 250 万，先天性心脏病（先心病）200 万，下肢动脉疾病 4530 万，高血压 2.45 亿（图 15-1 ～图 15-3）。

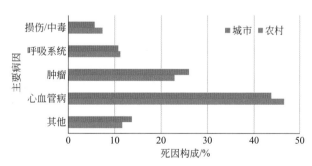

图 15-1　中国城市和农村居民主要疾病死因构成（2018 年）

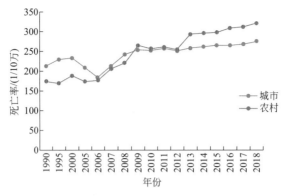

图 15-2 我国近年来城市和农村心血管病死亡率

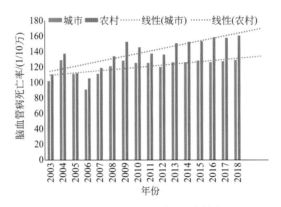

图 15-3 我国近年来城市和农村脑血管病死亡率

随着我国人口老龄化，加之经济社会发展带来的居民饮食结构变化，中国正在成为心脑血管疾病发病率最高的国家之一。因此，在相当长的一段时间内，心脑血管疾病的有效治疗都将成为社会医疗保健系统面临的主要命题。

15.1.2 ╱ 植 / 介入医疗器械是心脑 / 外周血管疾病治疗的关键

介入治疗以其创伤小、手术危险小、疗效明显等优势开创了心脑 / 外周血管疾病治疗的新纪元，成为心脑 / 外周血管疾病的主要治疗方式，从而推动了心脑 / 外周血管系统新型生物材料与创新医疗器械的快速发展。

（1）人工心脏与心室辅助装置　　• • •

心力衰竭是各种心血管疾病发展的终末阶段，直接威胁着患者的生命。流行病学资料表明，我国目前约有 500 万心衰患者，且随着人口的老龄化，心力衰竭正在成为我国心血管病领域的重要公共卫生问题。心脏移植是终末期心力衰竭最有效的治疗手段，但由于供体来源受限，我国每年心脏移植数量在 200 例左右，等待移植的患者人数多，供体缺口与日俱增。由于心衰患者在等待过程中 6 个月的死亡率达 21%，12 个月的死亡率达 47%，而人工心脏主要作为心脏移植前的过渡支持和永久替代治疗使用，能显著提高终末期心衰患者生存率和生活质量，因此人工心脏在临床有巨大应用需求。

人工心脏分为心室辅助装置和全人工心脏。心室辅助装置按其工作原理可分为搏动性血流泵和连续性血流泵。搏动性血流泵的泵室大多采用聚氨酯材料，具有长期的良好血液相容性和组织相容性，而安装时放置在腹膜鞘内，并需要聚四氟乙烯（ePTFE）包裹，避免皮肤下感染；作为第一代心室辅助装置由于体积大、功率高，近年已经逐步退出临床应用。连续性血流泵的特点是无搏动性恒流灌注全身器官，是目前应用最多的心室辅助装置；其流入管和泵体采用钛合金材料，流出管是由聚四氟乙烯材料制备的人工血管，轴承主要为陶瓷或蓝宝石无机非金属材料。该类装置结构简洁、微型化、易于植入、材料的血液相容性好，是未来人工心脏的主流。第三代心室辅助装置改进了其工作原理，采用无轴承的磁悬浮叶轮，具有更佳的抗溶血和抗血栓性能，肝素涂层处理，进一步提高了血液相容性。纵观人工心脏的发展历程，其趋势是体积越来越小，因此对于所需求的生物材料如泵体材料（钛合金、金属锌及碳酸酯等）、人工血管及连接部分的材料（聚四氯乙烯）、金属材料与人体组织之间的过渡材料（纺织/纤维材料）等以及加工技术与制备工艺提出了更高的要求。值得关注的是心室辅助装置常常因电源线感染而导致的并发症，因此提高经皮隧道电源线的生物相容性，或者发展高性能的、经皮无线能量传输的生物材料是目前提高人工心脏临床应用的核心与关键。

（2）人工心脏瓣膜 ••••

经导管心脏瓣膜植入术（"TAVR"或"TAVI"）是目前创伤较小、风险较低的主动脉瓣疾病治疗方法，给重度主动脉瓣狭窄患者，特别是不能耐受开胸手术的患者带来了希望。目前，就世界范围而言，研发以及临床应用的人工心脏瓣膜包括：异种生物组织如猪心包、牛心包等制成的生物瓣膜，基于医用金属如钛合金/不锈钢、各向同性热解炭、或医用高分子等材料制成的机械瓣膜，以及通过可降解生物材料支架、种子细胞及活性因子等构建的组织工程瓣膜。临床应用显示，不同类型的人工心脏瓣膜无论是材料还是器械都存在各种问题与弊端。生物瓣膜存在耐久性差、易发生钙化，从而大大降低临床的使用寿命；机械瓣膜的核心问题是材料的血液相容性远远不能满足临床需求。组织工程瓣膜虽被认为是较理想的人工心脏瓣膜，但仍存在诸多亟待解决的关键问题，如瓣膜支架材料、种子细胞的来源、理想的生物反应器等。

（3）人工血管 ••••

基于涤纶（Dacron）、膨体聚四氟乙烯（ePTFE）等高分子合成材料编织而成的人工血管已广泛应用于直径大、流量高、阻力低的临床大血管手术，如主动脉置换术、大动脉旁路移植术等，取得较好的中远期效果。然而，小口径人工血管（＜6mm）由于血流速度慢，易形成血栓导致早期狭窄，其5年的通畅率小于50%，远远不能满足临床需求。理想的小口径血管支架材料应具备良好的力学性能、稳定性、抗凝血性、生物相容性及抗感染性。因此，研发适合于小口径人工血管的新型高性能生物材料依然是具有挑战性的世界难题。

（4）血管支架 ••••

血管支架主要包括冠状动脉血管支架、颅内血管支架、外周血管支架等。自首例利用支架进行经皮腔内冠状动脉成形术（PTCA）至今约45年来，经历了金属裸支架、药物洗脱支架、全降解支架。自 2002 年美国食品药品监督管理局（FDA）批准美国强生公司研制的第一个药物洗脱支架（Cypher）上市以来，药物洗脱支架得到了广泛应用。药物洗脱支架是将具有抗凝血或抗组织细胞增殖的药物，如雷帕霉素、西罗莫司、紫杉醇等装载于如聚乳酸等可降解高分子材料，或如聚（乙烯 - 醋酸乙烯酯）、聚（苯乙烯 - 异丁二烯 - 苯乙烯）等共聚物材料，涂覆于钴铬合金或不锈钢支架表面，药物逐渐洗脱而起到了抗炎、抑制平滑肌增殖等作用，更重要的使再狭窄率降低至 10% 以下。但是，术后血管内皮化进程延迟，特别是使用不可降解的高分子材料作为药物载体，则晚期血栓形成的风险较裸支架更为严重。

可降解支架能对狭窄的血管壁提供暂时性的扩张和支撑，并在血管功能逐渐恢复后降解，有望解决传统支架植入后长期异物排斥的不良刺激，有效防止支架内再狭窄和血栓形成，并可在同一病变处进行多次介入治疗，而不会产生支架重叠等问题，因而已成为当前血管支架研究的热点与焦点。

颅内血管支架与外周血管支架所用材料主要是 Ni-Ti 合金、或含 Ni 合金（如冠状动脉血管某些金属裸支架），然而再狭窄的发生率依然高达 30% ~ 50%。更重要的是虽然 Ti-Ni 形状记忆和超弹性合金早已用于临床，但是近年来镍过敏的问题引起了人们的极大关注，特别是有报道认为镍元素具有致癌和促癌作用，从而对 Ni-Ti 合金材料的生物相容性提出了质疑。因此，研发无镍超弹性钛基形状记忆合金材料已迫在眉睫。

输送导管和器械，主要包括导引导管、造影导管、球囊导管、导引导丝等对血管支架介入手术成功与否也起着十分关键的作用。然而，国产的输送导管和器械由于材料等问题，其终端产品质量于国外相比在柔韧性、刚性等方面尚存在较大差异。

（5）其他器械 • • •

封堵器主要用于心房间缺损、动脉导管未闭、心室间缺损等先天性心脏病的微创介入治疗。通常根据不同部位缺损情况（房间缺损、动脉导管、室间隔缺损）设计成不同盘状，采用超弹性镍钛合金丝编织而成。

静脉滤器在临床上是利用包含滤器的鞘管通过穿刺腹股沟或颈部静脉，送至目标位置后释放滤器并恢复到定型形状，过滤并阻挡静脉血栓流注肺动脉或脑动脉形成栓塞。通常是由镍钛合金丝编织而成，或者经激光切割镍钛管材制成，分为可回收滤器和不可回收滤器两种。

栓塞器可通过阻塞颅内或颈内血管瘤而成为微创治疗动脉瘤的有效方法。铂金与可降解共聚物（乳酸 - 羟基乙酸共聚物）构建的生物膜弹簧圈在临床上可有效阻断动脉瘤内的血流，同时可保持载瘤动脉的通畅，而且材料的降解将减小动脉瘤体积达到缓解附近神经的压迫症状；大大改进了铂金和钨丝弹簧圈在临床应用中存在的安全性与可控性较差的弊端。

自首例植入体内的心脏起搏器应用于临床以来已经历了 60 多年，在减小尺寸的同时还大大增加了多种功能，如生理性起搏、心律失常诊断及智能管理等。但是，临床应用也暴露出导线电极植入风险、电池寿命、不能接近磁场等系列问题。

15.1.3 / 生物医用材料是发展植 / 介入创新医疗器械的重要基础

生物医用材料是人体进行诊断、治疗、修复或替换其病损组织、器官或增进其功能的材料，是人工器官和医疗器械发展的基础。生物医用材料研制已经成为我国医疗器械创新发展的"源头活水"。

毋庸置疑，生物医用材料及其医疗器械产业是蒸蒸日上的朝阳产业，其市场前景非常可观。据相关行业研究机构保守估计，2019 年我国生物医用材料市场规模已超过 3600 亿元，2020 年达 4000 亿元。受到国家政策支持、人口老龄化、人均可支配收入提升和行业技术创新等因素驱动，国内生物医用材料未来将继续保持高速发展，将成为世界第二大生物医用材料市场，约占全球市场份额的 1/5（图 15-4）。

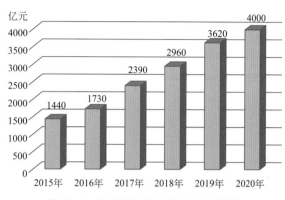

图 15-4　我国生物医用材料行业市场规模

随着全球医学的快速进步和人类对健康及生命的重视程度越来越高，全球各国竞相争夺生物医药领域的制高点。目前，全球生物医用材料市场被美国的强生、捷迈邦美、美敦力、雅培、史塞克、库克医疗、丹纳赫等，英国施乐辉，德国贝朗，瑞士士卓曼等为代表的行业巨头所垄断。我国的生物医用材料及其医疗器械产业兴起于 20 世纪 80 年代，发展至今虽然涌现出了如微创医疗、乐普医疗、冠昊生物、鱼跃医疗、有研医疗、威高集团、创生医疗、康辉医疗等企业，而且在某些领域处于国际先进水平，但在国内市场中特别是大部分高端市场被国际巨头所垄断，尤其是高端生物医用材料还基本依赖于进口，相关技术已成为制约我国创新医疗器械特别是心脑与外周血管领域医疗器械的"卡脖子"技术。因此，大力发展高端生物医用材料是加速提高我国心脑血管系统医疗器械领域国际地位的关键与核心。

15.2　研究进展与前沿动态

15.2.1　重建健康的血液循环器械

维持和重建健康的血液循环是心血管治疗器械的主要目标。不同的原因有不同的血管病变，因此治疗器械也就会遇到不同的复杂情况。血栓形成是最常见的需要处理的问题，可以将滤器应用于血栓，也可以使用栓塞器械来产生血栓来阻塞病变的血管。两种典型的器械包括腔静脉滤器（VCF）和栓塞器械，是专门用于血栓维持和重建健康的血液循环。

15.2.1.1　腔静脉滤器

肺血栓栓塞（PTE）主要由深静脉血栓形成（DVT）引起。血栓通过腔静脉、心脏进入肺循环，大血块导致阻塞和肺血液供应不足。腔静脉滤器可捕获并人工阻断血栓，特别是相对较大的血栓，使其不能进入心脏和肺循环，从而避免肺栓塞。滤器通常被设计为伞状或锥形结构，可以保持血压和流量的变化，平行于轴的血流可以抑制血栓的生长，并可稳定捕获血栓。对于危及生命的血栓，滤器应具有较高、稳定的捕获效率；某些滤器允许少量小血栓通过，从而避免了捕获血栓的过度积累而形成滤器栓塞。

根据临床使用，市场上有三种腔静脉滤器产品：永久、临时和可回收腔静脉滤器。其材料和结构设计直接影响了其临床效果。

永久腔静脉滤器于 20 世纪 80 年代首次在临床上使用，代表性产品包括 Greenfield（GF）、Bird's Nest、VenaTech LGM、Simon（SNF）和 TrapEase（TEF）。到目前为止，GF 是市场上应用最广泛的滤器，其设计确保了腔静脉内的血液循环，并有效捕获血栓，已成为以后滤器设计的参考结构。美国库克医疗公司在 1989 年推出了一种新型的 Bird's Nest 滤器（BNF），是由不锈钢丝被弯曲成一个网状的结构，类似于一个鸟巢。LG 医疗公司设计开发并在法国推出的 LGM 滤器，是由 Phynox 合金（钴、铬、铁、镍、钼）通过冲压和点焊制成。SNF 是首个上市的镍钛合金滤器（53% 镍、45% 钛和 2% 钴）。该材料在室温下相对较软，但具有热记忆，体温可恢复到原来的形状。这种合金耐腐蚀、非铁磁性、比钢强，是适合制备腔静脉滤器的材料。TEF 滤器由激光切割镍钛合金管集成，其头部和尾巴是对称设计的两侧网状篮，这种双篮设计提供了两个级别的血栓捕获。与单纯抗凝治疗相比，永久性腔静脉滤器可减少致命 PTE 的发生；然而，随时间推移会增加深静脉血栓复发、栓塞和一系列如滤器穿孔、脱落、迁移、破裂等并发症的风险，对病人构成了永久性的威胁。

临时腔静脉滤器需连接放置于体外的介入器械，用于溶栓的尿激酶约需 6h 完成溶栓后，再通过介入器械收回滤器。代表性的产品是 Tempofilter Ⅱ。临时腔静脉滤器在放置过程中，把内皮化的程度降到最小化，从而提高了恢复的安全性。该类滤器的最大弊端是易引起穿刺部位的感染、血栓沿介入器械扩散以及滤器移位。同时，由于深静脉血栓治愈前，通常超过临时腔静脉滤器在体内的最长安全留置时间，因此，许多临时腔静脉滤器常被永久腔静脉滤器所取代。

为了解决永久腔静脉滤器的临床问题，同时避免临时腔静脉滤器的弊端，研发了可回收腔静脉滤器，即在腔静脉滤器中添加了一个回收钩，当滤器被置于体内后，不再需要与介入器械连接。依据患者需要可永久留置体内，也可以当病人不再需要时安全回收。代表性产品包括 Günther Tulip（GTF）、Denali、Celect、Crux Vena Cava 等。

近年来，可生物降解聚合物材料在介入器械领域已成为研究热点。可降解材料具有完成功能后自行消失的特点，这是传统材料无法实现的。这一特点可以满足腔静脉滤器临床应用的要求：腔静脉滤器在植入早期起血栓过滤作用，后期随着血栓持续减少逐渐降解，最后完全吸收排出。与金属腔静脉滤器相比，可降解腔静脉滤器的材料选择、结构设计和力学性能等都具有强烈的挑战性。可降解腔静脉滤器的临床应用有望消除永久性腔静脉滤器植入晚期引起的一系列并发症，同时也有望消除可回收腔静脉滤器患者的继发性创伤，因而可降解腔静脉滤器将成为下一代新型腔静脉滤器。

15.2.1.2　栓塞器械

栓塞器械主要用于快速产生血栓来阻断和中断血液供应，以控制出血，治疗血管疾病和肿瘤，消除病变器官。理想的栓塞器械需要在血管内推送顺畅，并应具有以下特征：具有良好的生物相容性、无毒、无抗原性；易于通过导管传输，而不黏附和堵塞导管；可快速阻塞血管，并根据需要适用于不同的口径和不同的流量。

（1）不可吸收的固体颗粒栓塞器械　　　• • • •

聚乙烯醇（PVA）颗粒是由 PVA、甲醛通过交联、干燥、破碎和筛分制成，是非水溶性、可膨胀，当暴露在水液体中时，其体积增加 20%。它们具有良好的生物相容性，不被人体吸收。聚甲基丙烯酸羟乙酯（PHEMA）弹性微球的优点是可以被压缩，易于运输。形状记忆聚合物在低温下加工成薄条，而在体温时形状变短，可用于栓塞。

（2）可吸收的栓塞器械　　　• • • •

明胶海绵是一种蛋白质基质海绵，可以被组织吸收。明胶海绵阻塞血管后，充当一个网框架，可以迅速形成血栓。它提供了一个非永久性的闭塞，持续从几周到几个月。微胶原纤维是牛皮胶原蛋白的衍生物，通常在手术中用于止血，比明胶海绵更有效。其优点是它们可以进入小动脉，但由于组织缺血梗死，可能导致侧支血供的广泛中断。海藻酸钠微球具有良好的生物相容性，栓塞后具有免疫作用，可在 3～6 个月内完全降解。

（3）机械栓塞器械　　　• • • •

机械栓塞器械包括微线圈、可解脱球囊、丝线等。微线圈主要由金属材料制成：铜线圈已用于新生儿盖伦静脉动脉瘤治疗，但铜在体内很容易被氧化；钨线圈微管摩擦力大，放置后保持稳定，但钨弹性不如铂；由于铂非常软，当管腔内的压力略有增加时，铂线圈可以很好地适应动脉瘤的形状和大小，且铂具有很好的 X 射线不透性，可以在荧光屏上观察到。从线圈的控制方法来看，主要涉及到自由线圈、电解可分离线圈、机械可分离螺旋线圈、水解可分离线圈等。古格列尔米的可拆卸线圈是一种具有代表性的电解脱弹簧圈，其推进器与微线圈的连接采用微焊接技术，线圈达到适当位置后，推器连接到电源的正极，通过弱直流电对未覆盖铂线圈和推进器之间的绝缘层的不锈钢表面进行电解，从而达到在不拉动动脉瘤的情况下释放线圈，减少因线圈进入荷瘤动脉而引起的错误栓塞。机械解脱弹簧圈的性能和效果与电解脱弹簧圈相似，只是钨丝线圈是机械释放的，线圈可以自由地拉回或重新定位，直到位置合适为止。通过微线圈表面涂层以增强栓塞功能是提高临床应用价值的有效途径，包括构建纤毛表面、水凝胶表面和促凝蛋白涂层等，可有效提高栓塞效果，促进伤口修复愈合，减少并发症。例如涂有水凝胶层的新型线圈进入动脉瘤后，凝胶开始扩张并填充动脉瘤空间，随着水凝胶的膨胀，促进愈合的成分如蛋白质被富集到水凝胶以提高愈合率。又如基质线圈上涂覆可降解聚合物材料，有利于阻断动脉瘤内的血流，诱导血栓形成，提高栓塞效果。可解脱球囊有两种类型，即乳胶球囊和硅胶球囊。在使用球囊的过程中应填充永久填充物，并应与微导管一起使用。在球囊进入动脉瘤并膨胀后，轻轻拔出导管以释放球囊。目前仅适用于临床上的颅底基底动脉分叉动脉瘤、眼动脉瘤、闭塞试验、颈内动脉海绵状瘘的栓塞治疗。丝线也是一种机械栓塞器械，在脑动静脉畸形的血管内治疗中起着作用，可单独使用或与氰基丙烯酸 α- 正丁酯联合使用。

15.2.2 ╱ 用于实施血管重建术的器械

血液供应对正常的身体功能至关重要，供应衰竭会导致组织或器官死亡，可能的原因包括血栓形成、血管闭塞、血管损伤和坏疽。血管重建的主要方法涉及血管支架、药物涂层球囊和人工血管。

15.2.2.1 血管支架

经皮冠状动脉腔内成形术（PTCA）于 1977 年问世，为了防止收缩和提供长期的机械支持，开发了血管支架，从而为血管疾病的治疗带来了革命性的变化，并被广泛应用于闭塞性血管（如冠状动脉、脑动脉、肾动脉、主动脉）。血管支架经过三个阶段：裸金属支架（BMS）、药物洗脱支架（DES）和生物可吸收支架（BRS），改善了冠状动脉介入治疗（PCI）是短期即长期预后，支架平台的性能取决于三个重要要素，如图 15-5 所示。

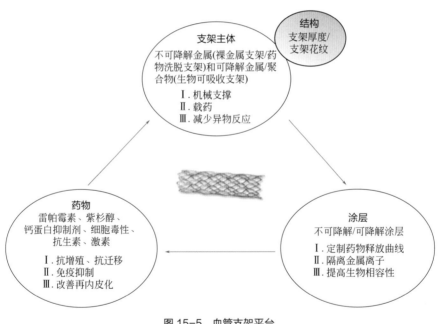

图 15-5　血管支架平台

（1）药物洗脱支架（DES）　　　　　　　　　　　　　　　　　　　　　　•••

DES 是由一个基于 BMS 的金属主干、表面涂层和药物组成。临床使用的 DES 平台包括 Xience-V（雅培血管）、Endeavor（美敦力）、Biomatrix（生物传感器）、Promus 元件（波士顿科学）和 Cypher（Cordis）等。通过在支架上涂上防止平滑肌细胞（SMC）增殖的药物，从而显著减轻支架内的再狭窄。可降解涂层通常使用聚（L-乳酸-乙醇酸）（PLGA）、PLA 和聚（L-乳酸）（PLLA）等材料，界面粘接性能、断裂风险和生物相容性是必须考虑的，而且还必须关注平衡药物释放、涂层降解和支架内皮化之间的速率。支架结构也被证明与这些并发症有关，支架厚度与支架内再狭窄率呈正相关。微创医疗研发的火鹰支架（FIREHAWK）是用激光在支架金属上刻槽，然后将药物精确灌入槽中再密封，相比其他支架最大的提升是大大降低了载药量，从而减少术后抗血小板药物的使用时间，以减轻患者的负担，并提供了与 Xiencs 相当的晚期血栓形成率。支架金属厚度只有 86μm，要在上面刻槽，又保证机械性能，这就需要高精密加工技术。乐普医疗的 Nano plus 采用纳米/微孔载药，彻底消除涂层影响。

（2）生物可吸收支架（BRS）

BRS 的设计理念是在 PCI 介入术后要使血管获得机械性支撑，并利用洗脱的药物预防再狭窄，经半年后支架材料逐渐降解并被组织吸收，同时血管结构与功能慢慢恢复至自然状态，从而避免支架在体内的永久存在而导致的血栓形成、慢性炎症或支架断裂等潜在风险。大多数聚合物 BRS 采用 PLLA、PDLLA，以及较少应用的去氨基酪氨酸聚碳酸酯（PTD-PC）作为支架主干。目前大约 30 种前瞻性聚合物 BRS 正处于开发，如 Igaki-Tamai（日本 Kyoto Medical）、Absorb 1.0/2.0（美国 Abbott Vascular）、DESolve NX/100（美国 Elixir）、MeRes（印度 Meril）、Xinsorb（中国 Huaan）、Fortitude（美国 Amaranth Medical）、Art18Z（法国 ART）、Dreams（德国 Biotronik）、Ideal BioStent（美国 Xenogenics）、IBS（中国 LifeTech）、Fantom（美国 REVA）等，其中 Abbott Vascular（雅培）的 Absorb GT1 和 Kyoto Medical 的 Igaki-Tamai 分别获得冠脉（FDA）及外周血管支架（CE）注册。然而，由于血栓形成率升高等令人失望的中期结果，雅培于获准 FDA 注册的第二年即 2017 年将支架撤出市场，这引发了对聚合物 BRS 使用的担忧。金属可降解支架虽然存在不确定性，但却越来越引人瞩目。目前主要是以镁、铁或锌作为支架主干，并涂敷载药聚合物涂层，如镁合金药物洗脱可吸收支架 Dreams（德国 Biotronik）、铁基药物洗脱可吸收支架 IBS（中国 LifeTech）、镁金属及稀土复合材料可吸收支架 FADES（美国 Zorion）等，其中镁合金 AMS-1（Dreams）于 2016 年获得首个 CE 注册的金属 BRS，而刚起步的锌基合金提供了一个有前途的平台。虽然 BRS 仍处于起步阶段，但很具有发展前景。

综上所述，支架的涂层材料和药物选择几乎没有差异，由此可以得出结论，在相同药物选择和靶点功能的前提下，优异的支架依赖于其主干材料、结构设计和涂层，从而实现快速再内皮化，并减少晚期/极晚期血栓形成、支架内再狭窄和支架内新动脉粥样硬化的风险。

15.2.2.2　药物涂层球囊

PTCA 的战略经历了一个螺旋式的发展，球囊的作用从单纯的重新打开血管壁，到协助支架植入，再到重新开放和治疗病变血管。以"不留下任何器械"为设计理念，药物涂层球囊（DCB）被开发为一种非支架治疗方法。DCB 表面携带抗增生药物，并通过压缩斑块转移到病变部位，降低了抗血小板治疗时间和再狭窄率。

（1）DCB 载药与释放行为的调控

为了在与血管壁短暂接触时达到治疗效果，所携带的药物应迅速被组织快速转移。大多数情况下，DCB 负载的药物只有约 16% 能够到达靶点血管内膜，而约 60% ～ 80% 的药物在输送过程中丢失。调控 DCB 载药与释放行为的方法包括：表面有多个微孔的多孔球囊，球囊内嵌入药物 ［图 15-6（a）］；带有微图案阵列的球囊，由于在内皮细胞和球囊表面之间有较高的接触压力，病变部位药物量将提高 2.3 倍 ［图 15-6（b）］；直径约为 140μm 的微针可以穿过内皮屏障进入基底介质，甚至深入到血管外膜，然而会导致药物分布的异质性 ［图 15-6（c）］。除了球囊结构外，组织的吸收速率也可以通过表面涂层来控制。基于涂层结构，DCB 已经从非均匀的结晶涂层发展到均匀的非晶涂层，再发展到均匀封装的微晶涂层 ［图 15-6（d）～（f）］。晶体涂层通常会引起颗粒问题，而不同涂层配方也会产生不同大小的药物颗粒，并可能导致下游栓塞而可能引起高死亡率。从结晶到非 / 微晶，辅料是球囊涂层最常见的成分，作为亲水间隔被引入，在病变部位创建高接触表面积，导致药物迁移增强 10 倍以上。近年来，纳米递送系统可能提高递送效率而受到了重视。常用的涂层方法包括浸渍、喷涂、表面接枝、LBL、水凝胶涂层和微注射器等。浸渍涂层由于相互作用差而呈现严重的洗脱率；与浸渍相比，精确的微注射器具有更高的涂层均匀性，显著提高了紫杉醇在近端和远端的吸收，使总组织吸收提高了约 42%。总之，球囊涂层在药物转移中起到了关键作用。

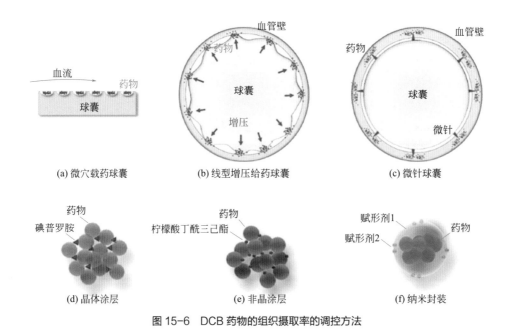

（a）微穴载药球囊　　　（b）线型增压给药球囊　　　（c）微针球囊

（d）晶体涂层　　　（e）非晶涂层　　　（f）纳米封装

图 15-6　DCB 药物的组织摄取率的调控方法

（2）DCB 药物的改进

紫杉醇具有高度的亲脂性，因此很容易扩散到血管壁。然而，支架冠状动脉介入治疗发现高浓度引起血栓形成而低剂量时则发生炎症反应的副作用。此外，包覆紫杉醇的球囊在股腘动脉中引起的死亡率较高，因而认为虽然血浆中洗脱药物的浓度处于低水平，但可能导致长期局部毒性，并进而引起全身毒性。随着涂层技术的不断革新，DCB 药物从紫杉醇升级为利莫司药物（西罗莫司和唑他莫司）。然而，较差的亲脂性限制了其从球囊表面到血管壁的传递，所以有必要改变通常的药物转移和保留策略，如新的微晶和用赋形剂包裹封装的方法。

近十多年来，球囊的结构和表面特性都在更新，以实现只使用球囊的策略。显而易见，DCB 为支架置入提供了另一种治疗方法，并在小血管疾病、新生冠状动脉病变、分叉病变、高出血风险和神经血管疾病等方面取得了良好的临床效果；并有望解决高洗脱率、低组织保留、弹性反冲、冠状动脉剥离和远端栓塞等弊端。

15.2.2.3　人工血管

人工血管是用于恢复病变或损伤动脉静脉或血液透析瘘的血液循环的医疗器械。理想的人工血管需要良好的生物相容性，特别是血液相容性、合适的力学性能、与宿主血管相似的动力学性能、低免疫原性、强抗感染性和可使用性。自体和同种异体血管移植都是人工血管的主要选择，但它们的来源有限，且无法避免二次损伤。为此，自 20 世纪初就开始研究人工血管。1952 年，Voorhees 在一次动物实验中偶然观察到真丝缝合线上包裹了一层内皮细胞，受此启发用维纶（Vinylon "N"）制成了人工血管，并进而获得了临床应用，为人工血管的飞速发展奠定了基础。

天然聚合物（如胶原蛋白、纤维素、壳聚糖、明胶、丝、脱细胞外基质）具有良好的生物相容性、生物活性和可降解性，是组织工程 / 生物活性移植物的理想支架，但其组成随批次而异，机械强度较弱。合成材料提供了多样性，包括不可吸收材料 [如聚四氟乙烯（PTFE）、聚对苯二甲酸乙二酯（PET）]，可吸收材料 [如聚己内酯（PCL）、聚癸二酸丙三醇酯（PGS）、聚氨酯（PU）、热塑性聚氨酸（TPU）、聚乳酸 - 羟基乙酸共聚物（PLGA）、聚乙醇酸（PGA）、聚乳酸（PLA）、左旋聚乳酸（PLLA）、甲基丙烯酸明胶（GelMA）等。然而，合成材料通常存在生物相容性、顺应性等问题。增加纤维直径和 PCL 鞘的孔隙率将提高力学性能，促进了移植物血管重塑。内膜层与快速可吸收的 PGS 相结合，可促进血管内细胞浸润和基质沉积，实现快速细胞化。无纺布移植物（ePTFE）的孔隙率从小于 30μm 增加到大于 45μm，有助于促进细胞接触和生长而不渗漏；对于血液透析，在两个 ePTFE 层之间插入弹性层可以防止间断性出血。通过调节聚合物结构和组成，可改变力学强度和生物相容性，特别是抗凝和组织形成。到目前为止，最常用的临床血管移植材料是涤纶（PET）、ePTFE、聚氨酯（PU）和天然丝。

与此同时，也已开发了多种制造方法（如图 15-7 所示），包括编织和编织、膏状挤压和膨胀、静电纺丝、气体发泡 / 颗粒浸出、3D 打印、细胞板工程和脱细胞化。

表面特性是血管移植物的另一个关键因素，因为基材表面直接与血液流动和天然组织相互作用来调节细胞行为。表面的生物相容性可以通过物理化学和生物活性修饰。

① 亲水疏水表面，由于亲水表面与血液界面自由能低，疏水表面的表面能低，因此亲水疏水表面均可防止移植物表面与血液组分相互作用，降低凝血风险。

② 负电荷表面，静电排斥法基于细胞表面的负电荷和 ePTFE、PET 表面吸附蛋白的负电荷；然而，不受控制的蛋白质吸收可能会干扰这一抗污染过程。

此外，方法①和②均可抑制蛋白质介导的细胞黏附和增殖。

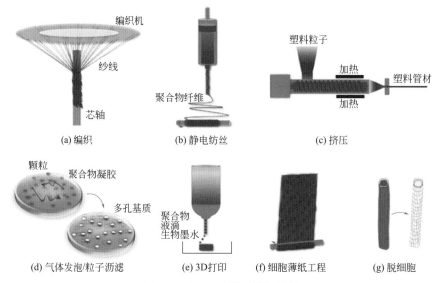

图 15-7　人工血管制造的常用方法

③ 微相分离表面，这种结构通过诱导不同蛋白质的选择性吸收伪装成天然材料。

④ 抗凝肝素、尿激酶或含有磺、羧基等活性基团修饰的生物材料。

⑤ 内皮细胞具有理想生物功能的天然血管屏障，可增强生物相容性，特别是血液相容性；通过体外种植细胞、表面修饰 RGD/VEGF、体内招募细胞等生成表面内皮细胞层。

直径等于或大于 6mm 的人工血管已成功商业化临床应用。如 Atrium Advanta and Flixene（Atrium Medical Co.）、Vascuted-Terumo（Vascutek）、Impra & Venaflo & Carbodlo & Vectra（Bard Peripheral Vascular INC）、Propaten & Gore-Tex（W.L.Gore & Associates）、HeRO（Merit Medical）、Acuseal（W.L. Gore）。然而，开发小口径人工血管（小于 6mm，如冠状动脉搭桥移植）仍然是一个世界性的挑战。ePTFE、PET、PU、PU、PCL 等广泛应用材料的依从性与小口径血管不相容，总是伴随着钙化和炎症诱导的意外降解。此外，不匹配的力学性能和低血流量增加了血栓闭塞的风险，并可导致血栓增生。在过去的 60 年里，常用的合成材料几乎没有任何变化，新一代的血管移植材料发展缓慢。因此，小口径人工血管研制需要从新材料、表面改性和制造方法等多方位考虑。王等人利用从脂肪来源的干细胞中分化出来的平滑肌细胞（SMCs）在 PGA 支架中制备了弹性血管壁；基于原生血管壁结构，陈等人利用丝和 PU 构建了 2 ～ 4mm 的三层移植物，即薄而致密的 PU 内膜、厚弹性纺织 PU 培养基和多孔丝 -PU 外膜，获得了高的通畅率；Yamanaka 等人将 0.6mm 的大鼠动脉脱细胞，并用合成的肽修饰其表面，获得了快速再内皮化。日本国家脑和心血管中心开发了一种原为组织工程方法，即用一根 0.6mm 不锈钢丝，在体内成功制造了 0.6mm 胶原管，移植体内 6 个月内未见血栓。理论上，组织工程是一种很有前途的制备小口径血管的方法，然而，仍需要进一步改进设计和制造技术。

15.2.3 ／ 恢复心脏血流动力学的器械

瓣膜状况和心衰严重阻碍了正常的血液供应。对于病理瓣膜（如反流和狭窄），可采用瓣膜替代品、修复或经皮技术来解决［图 15-8（左）］。瓣膜置换而言，研发人员专注于人工瓣膜的设计和优化（指机械瓣膜、生物和组织工程瓣膜），以获得最佳的治疗性能、高耐久性、低血栓并发症风险和理想的血流动力学。如果不能逆转心衰的病理进程，那将不可避免地发展成为难治性心衰或终末期。虽然，主动脉内球囊反搏（IABP）、体外膜肺氧合（ECMO）、左心辅助装置（LVAD）等心脏辅助装置已可用于临床，但由于技术、费用、血栓、感染等严重影响其治疗效果，因此心脏移植是难治性终末期心力衰竭患者有效甚至是唯一的治疗选择。心脏移植受供体心脏的来源和保存的控制［图 15-8（右）］，据此，全人工心脏和腹侧辅助系统引起了研究人员的注意。一般来说，考虑器械设计和适当的材料，可以获得优良的性能，包括良好的耐久性，更小的尺寸或重量，以及对人体组织的生物相容性。

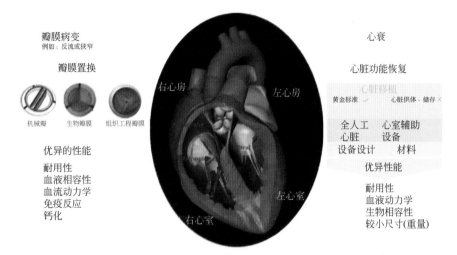

图 15-8　瓣膜病（左）和心力衰竭（右）的典型治疗方法

15.2.3.1　人工心脏瓣膜

心脏瓣膜包括肺动脉瓣、三尖瓣、主动脉瓣和二尖瓣，通过瓣膜的"开闭"功能防止血液回流。心脏瓣膜疾病通常可采用瓣膜置换术（人工瓣膜置换术包括病理瓣膜狭窄）、瓣膜修复（瓣流瓣膜正常化但不置换），以及经皮球囊瓣膜成形术和经导管主动脉瓣植入的经皮技术等方法开展治疗。心脏瓣膜主要包括机械瓣膜和生物瓣膜，这是迄今为止应用最广泛的两种植入瓣膜。前者有血栓形成的风险，而后者主要是持久性。最近，组织工程瓣膜引人瞩目。

（1）机械瓣膜 　　　　　　　　　　　　　　　　　　　　　　　　　　• • •

机械瓣膜出现于 20 世纪 50 年代，由最初的球笼瓣膜，历经碟笼瓣膜、倾斜式碟瓣，直至目前临床应用最广和首选的双叶碟瓣人造瓣膜。机械瓣膜是由金属、无机非金属或聚合物等人工材料制成，如不锈钢合金、钼合金、钛、硅胶、热解炭等。机械瓣膜作为一种异物，会引起血栓、溶血，甚至导致严重的栓塞和机械性阻塞，这是由于瓣膜植入及其表面相关的血流异常流动（包括高剪切应力、血流停滞和湍流）引起的。表面改性包括涂层、氟化、等离子和发光放电处理及处理后氧化等为改善瓣膜的血液相容性提供了新技术。例如，Major

等人在热塑性聚氨酯（TPU）基质上沉积 C∶H 基涂层，具有高剪应力，增加血液相容性，且不引起免疫反应。此外，在满足瓣膜的机械设计（机械安全）同时，依据人体生理要求，革新瓣膜设计也是提高血液相容性的重要途径。例如模拟原生瓣膜的柔性瓣膜具有类似于生物瓣膜的血流动力学；纺织瓣膜可类似于天然瓣膜并可调节耐久性，如涤纶树脂（PET）、聚酯等纺织品。

（2）生物瓣膜　　　　　　　　　　　　　　　　　　　　　　　　　　　　· · ·

心脏瓣膜每年可承受约 3153.6 万次重复的"开 / 关"动作，因此高耐久性是极为重要的。生物瓣膜通常植入体内后可持续 10 ～ 15 年，依据供体（如猪、牛、马或人）分为异种移植物、同种异体移植物和同种移植物。与机械瓣膜相比，生物瓣膜大大减少凝血，但耐久性不佳，且不能满足与免疫反应和钙化相关的结构降解而降低其力学性能。研究已证实，生物瓣膜的变性是由受体和供体因素（年龄、疾病、同种异体移植物大小、受体的体表面积）、消毒和保存方法以及植入技术引起的。人们普遍认为同种异体移植物具有理想的性能、正常的血流动力学及不引起感染性心内膜炎与血栓栓塞，且持久性等于或优于人工生物假体，但可引起免疫反应，以及缓慢纤维钙化变性导致其失败。长达 5 年的研究结果显示，与标准的低温保存瓣膜异体移植物相比，脱细胞低温保存的同种异体瓣膜移植物具有较低免疫原性和较高耐久性，并显示出更好的中期性能。值得注意的是脱细胞过程和灭菌程序会引起组织损伤。为了提高移植后的生物功能应答，还可以构建经修饰的脱细胞同种移植物。低温保存同种移植物临床研究发现存在钙化和内膜增生问题，纤维连接蛋白和细胞因子 -1a 涂覆于脱细胞羊主动脉移植物上，可抑制低温保存心脏瓣膜钙化、阴膜形成和加速再内皮化介导的免疫反应。

（3）组织工程瓣膜　　　　　　　　　　　　　　　　　　　　　　　　　　　· · ·

组织工程瓣膜（TEHVs）具有机械瓣膜的耐久性和生物瓣膜的血流动力学性能，以及原生组织的智能再生能力，是生物相容性优异的瓣膜。多种技术已被设计用于开发具有良好细胞生长和组织重塑的"活"瓣膜。重要的支架材料包括天然材料（纤维蛋白和胶原蛋白）、聚合物（如 PGA 和 PLA 及其共聚物、PEG-DA），以及脱细胞组织和脱细胞供体瓣膜的 ECM 等。除了材料之外，设计更新的瓣膜也至关重要的。Reimer 等人研发的管状心脏瓣膜显示出完整的小叶打开和关闭，在模拟生理条件下表现出最小的反流，200 万周期的疲劳测试后没有组织损伤。组织工程瓣膜的制造技术也是一个主要的研究领域，包括多步注射成型、静电纺丝、微制造，以及准分子激光显微制造和预测建模等。

15.2.3.2　全人工心脏与心室辅助器械

心力衰竭（HF）的死亡率很高，65 ～ 74 岁男性和女性的 10 年致死率分别为 89% 和86%。心脏移植是治疗终末期 HF 的金标准，是解决终末期 HF 的高效解决方案，但受心脏供体不足的限制。这个弊端推动了人工心脏的蓬勃发展。全人工心脏（TAH）和心室辅助器械（VAD）被认为是治疗终末期 HF 的两个主要选择，其中 VAD 还可以有效地更新心脏功能。大量有研究表明，除材料本身外，人工心室植入后的血流动力学特性也会影响该器械的使用性能。通常，血流动力学引起的血液损伤包括不同的机制，如溶血、血小板活化、血栓形成和栓塞等。据此，除了 TAH 和 VAD 的材料，优化的机械设计是极其重要的。

全人工心脏（TAH）系统包括泵单元、经皮管以及外部设备。TAH 是治疗重症双心室功能障碍或其他结构异常严重的一个极其重要治疗选择。CardioWest TAH（SynCardia Systems, Inc., Tucson, AZ）是美国唯一获得 FDA 批准的商业化 TAH，在 2004 年完成注册。Copeland 等人指出，在植入左心室和双心室辅助器械后，CardioWest TAH 可以减少如右心衰、瓣膜反流、心律失常、心室凝块等问题。AbioCorTAH 是 2006 年 FDA 批准的另一种 TAH，完全可植入，且没有经皮电缆、导管或电线。Carmat 全人工心脏（C-TAH, Vélizy-Villacoublay, France）是一种新型的心脏替代器械，被描述为一种电动液压驱动的脉动双心室泵支持，包含生物假血液接触表面，旨在削弱血栓栓塞事件和出血，挽救生命。Carmat 全人工心脏（C-TAH, Vélizy-Villacoublay, France）是一种新型的心脏替代器械，可有效降低血栓栓塞和出血，首次临床应用已被接受。它是由电动液压驱动的脉动双心室泵组成，每个心室都有一个血室和一个驱动液，由膨体聚四氟乙烯（ePTFE）和牛心包组织的混合膜分开。混合膜的血流相容性和安全性对该器械的性能至关重要，已经证实机械、物理和化学性质 4 年后无显著变化，消除了膜钙化，且没有溶血触发和血小板致敏。值得注意的是，已发现植入 C-TAH 后可发生逐渐内皮化，而配备自动调节模式的 C-TAH 更有利于内皮稳态保存。

心室辅助器械（VADs）是一种潜在的救生设备，由电动泵（循环血液）、控制器单元（监控和控制前一部分）和电源单元（为设备供电）组成，用于支持患者直到心脏捐赠（称为移植桥（BTT））或恢复心脏手术后基本心脏功能（称为恢复桥（BTR））。VADs 也可用于替代心脏移植，永久性或长期应用于人体。VADs 可分为左心室辅助器械（LVAD）、右心室辅助器械（RVAD）和双心室辅助器械（BVAD）三类。Burns 等研究表明，植入 LVAD 可以促进心肌结构和功能的有益反向重构。植入式血泵的发展遵循体积小、血栓形成率和溶血率低、耐用性高、附件少、术后感染风险低的规律。最近的第三代 VADs 采用"非接触"轴承设计，术后快速恢复，减少溶血和血栓形成，提高了持久性。更可靠、长距离的无线传输技术极大地促进了机械循环支架的发展。

15.3 / 我国在该领域的国际地位及发展动态

心脑/外周血管生物材料及植/介入器械是生物材料与医疗器械范畴内技术含量极高而又十分依赖于创新研发的领域。我国在该领域研究起步较晚，然而，近十余年来迅速崛起，已步入国际先进水平，特别是自主研发的冠状动脉血管支架，以及封堵器、栓塞器等已占据国内市场份额 70% 以上。下面将从科学技术研究及产业现状相关数据统计对比，客观反映我国在心脑/外周血管生物材料及植/介入器械领域的国际地位及发展趋势。

15.3.1 / 科学技术研究

（1）科技投入

科技投入方面，我们统计了近年来国家自然科学基金委对心脑/外周血管生物材料与植/介入器械研究领域的资助情况。以"支架"或"血管"等为关键词，检索国家自然科学基金大数据知识管理服务门户 2011 ～ 2021 年间的结题项目（数据更新截至 2021 年 3 月 5 日），包括重点项目、重大研究计划、面上项目、青年科学基金项目、联合基金项目、地区科学基金项目和专项基金项目等，并对检索项目进行筛选，纳入基金委对该领域的资助项目。受数据来源限制，我们统计了 2010 ～ 2016 年间基金委对该领域的资助情况（图 15-9，仅包括已结题项目）。2010 ～ 2013 年间基金委对该领域的资助呈逐年上升趋势，在 2013 年达到了 2068 万元，2013 年后，资助情况有显著下降趋势（或受限于数据来源，存在统计不全的可能）。

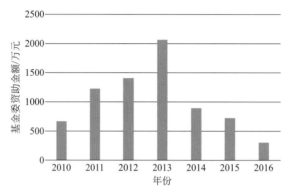

图 15-9　国家自然科学基金委对心脑 / 外周血管生物材料及植 / 介入器械研究领域的资助情况
（已结题项目，2010 ～ 2016 年）

（2）科技论文

以"Cardiovascular/Cerebrovascular/Peripheral vascular，Material*，Device*"为关键词，检索 Web of Science 数据库中的相关文献，选择文献类型为"Articles"，数据库为"Web of Science Core Collection"，出版年为"2010 ～ 2021"。

从文章发表数量看，2010-2021 年间全世界在心脑 / 外周血管生物材料及植 / 介入器械研究领域共发表 SCI 文章 9465 篇（截至 2021 年 9 月），呈逐年增长的趋势（图 15-10）。其中，我国的 SCI 论文数量的总数排名世界第二位，占 17.34%，仅次于美国（图 15-11）。在此期间，我国在该领域的论文总数增长迅速，已从 2010 年的 25 篇增长到了 2020 年的 290 篇（图 15-12），所发表的论文数量占比也由 2010 年的 7.37% 增加到了 2020 的 24.41%。相较之下，美国在该领域所发表的 SCI 论文数量占比基本保持稳定。截至 2021 年 9 月，本年度我国已发表的 SCI 论文数量占世界总数的 26.08%，已跃居世界第一位（图 15-13）。

我国在心脑 / 外周血管生物材料及植 / 介入器械研究领域中发表的高水平论文（影响因子 IF ≥ 10）总数基本上呈现迅速增长水平（图 15-14），且数量占比逐年提高（图 15-15），从 2010 年的 13.04% 增加到了 2020 年的 43.53%，本年度我国发表的高水平论文数量占比达到了 63.04%（截至 2021 年 9 月），居世界第一位。相较之下，美国在该领域所发表的高水平论文基本保持稳定，近十年来一直保持在 39.11%±8.40%，但近三年来该比例有逐渐下降的趋势。

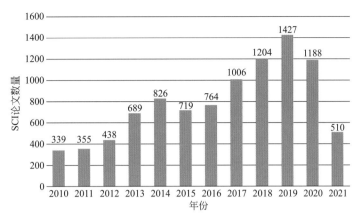

图 15-10　全世界在心脑 / 外周血管生物材料及植 / 介入器械领域所发表的 SCI 论文数量（2010 ～ 2021 年）

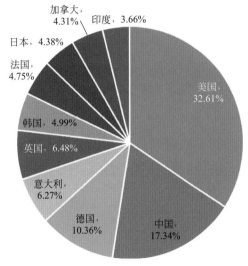

图 15-11　全世界在心脑 / 外周血管生物材料及植 / 介入器械领域所发表的 SCI 论文数量各国占比（2010 ～ 2021 年）

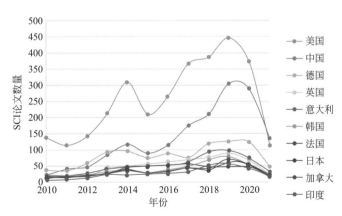

图 15-12　世界各国在心脑 / 外周血管生物材料及植 / 介入器械领域所发表的 SCI 论文数量随年变化图
（2010 ～ 2021 年）

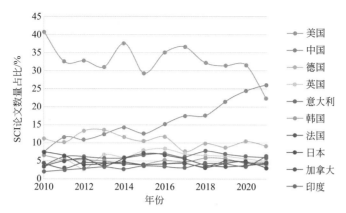

图 15-13　世界各国在心脑 / 外周血管生物材料及植 / 介入器械领域所发表的 SCI 论文数量占比随年变化图
（2010～2021 年）

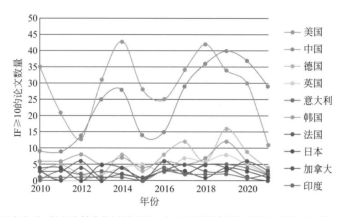

图 15-14　世界各国在心脑 / 外周血管生物材料及植 / 介入器械领域所发表的高水平 SCI 论文（IF ≥ 10）数量随
年变化图（2010～2021 年）

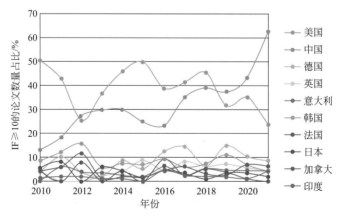

图 15-15　世界各国在心脑 / 外周血管生物材料及植 / 介入器械领域所发表的高水平 SCI 论文（IF ≥ 10）数量占
比随年变化图（2010～2021 年）

2010-2021 年间，我国在心脑 / 外周血管生物材料及植 / 介入器械研究领域所发表的 SCI 论文的总被引频次达到了 41482，居世界第二位，但还低于美国的 84657 次；我国所发表文章的篇均被引频次为 25.29，在所列出的十个国家中处于中游水平（图 15-16）。在这十年间，我国在该领域所发表的文章的篇均被引与前十国所有文章的篇均被引之比保持稳定水平，且历年来均＞ 1，为 1.28±0.19（图 15-17），说明我国在该领域所发表的文章展现出了较高的独立创新能力。

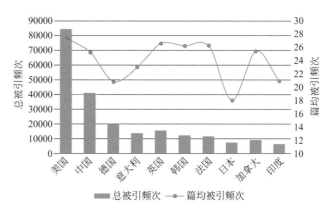

图 15-16　世界各国在心脑 / 外周血管生物材料及植 / 介入器械领域所发表的 SCI 论文总被引频次及篇均被引频次（2010 ~ 2021 年）

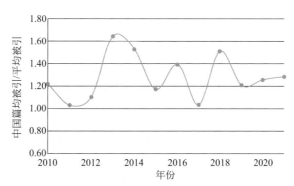

图 15-17　中国在心脑 / 外周血管生物材料及植 / 介入器械领域所发表的 SCI 论文篇均被引频次 / 世界前十国平均篇均被引频次变化趋势（2010 ~ 2021 年）

（3）专利申请和授权情况 • • •

通过 Innography 专利检索系统对包括美国、英国、中国、日本、韩国、法国、德国、WIPO、EPO 在内的超过 100 多个国家或地区的发明专利、实用新型专利和美国的外观设计专利（超过 100000000 件）进行检索，关键词为 (cardiovascular 或 cerebrovascular、peripheral vascular) 和 (material 或 device)，检索时间为 2021 年 10 月 3 日，共检索到相关文献 89880 件，然后同族扩增后得到 285987 件，选取其中申请日为 2010-01-01 至今（2021 年 10 月 3 日）共计 134558 件，其中申请文件共 90756 件，授权文件 40098 件，有效专利 35492 件。

全球在心脑／外周血管生物材料及植／介入器械领域所申请专利数量逐年变化情况见图15-18，数据表明全世界申请专利数量自2010年始呈上升趋势，2014年达到顶峰后逐年减少，且2017年前年申请量超过8000件。

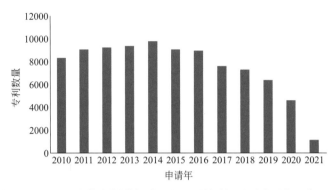

图15-18　全球在心脑／外周血管生物材料及植／介入器械领域所申请专利数量（2010～2021年）

世界各国在心脑／外周血管生物材料及植／介入器械领域申请专利数量（图15-19）显示，位居第一的是美国，中国居第二，然后是世界知识产权机构、欧洲与日本。申请应用国排名前五位的依次是美国（51880）、中国（13114）、德国（3838）、英国（2804）、欧洲（2303）。

图15-19　世界各国在心脑／外周血管生物材料及植／介入器械领域所申请专利数量（2010～2021年）

专利申请来源国排名前五位的依次是美国（27541）、中国（16646）、世界知识产权组织（8568）、欧洲（7945）、德国（7610）。

我国境内包括高等院校、科研院所、企业等在内的研发机构在该领域申请专利的数量位于全世界的第2位，在2016年数量达到顶峰后逐年减少，授权量则在2020年达到最高峰（如图15-20）。

15.3.2 ╱ 产业状况

由于心脑／外周血管介入医疗器械技术壁垒高、法规严格、注册申请困难，中小企业大多没有实力进行持续投入，因此，全球 80% 的介入市场份额主要集中在美敦力、波士顿科学、雅培、爱德华生命科学等前十大企业。我国在此领域发展较晚，相较于进口产品差距较大。但是，近年来在政府大力支持国产化以及市场需求的推动下，国内企业在冠状动脉血管支架、结构性心脏病领域已经部分处于领先，其他领域也正处于追赶状态。

图 15-20　中国境内研发机构在心脑 / 外周血管生物材料及植 / 介入器械领域申请及授权的专利数量（2010 ~ 2021 年）

15.3.2.1　心血管介入器械

（1）冠脉血管介入器械　　　　　　　　　　　　　　　　　　　　　• • •

冠脉血管介入器械主要包括血管支架、球囊导管、封堵器、射频消融导管以及配套的导管导丝、栓塞等。血管支架，尤其是冠脉支架，是心血管介入器械中最具代表性的部件，也是研究的重点领域。在国内市场大部分产品尤其是高精尖技术处于外资垄断的格局下，我国的血管支架产品发展成熟，基本实现了进口替代。

可降解支架（BVS）是目前的主要研发方向，但其临床应用的效果有待验证。随着雅培宣布在全球停止可降解支架的销售，波士顿科学放弃 BVS 项目，市场上第三代冠脉药物洗脱支架（DES）几乎占据了全部的市场份额。

在完全可降解支架的研发中，乐普医疗的研发进度走在国内前列，1 年的非劣效结果证明 NeoVas 支架能达到与金属支架临床效果类似，但是长期结果还有待验证。此外国内从事该领域研究的还有华安生物、微创医疗、先健科技、沣沅医疗等公司。

（2）结构性心脏病介入器械　　　　　　　　　　　　　　　　　　• • •

结构性心脏病用介入器械主要包括封堵器、人工瓣膜及人工心脏等。封堵器是先心病治疗的重要器械。我国封堵器的发展经历了追赶、创新、领跑三个鲜明阶段，目前国内封堵器市场超 90% 为国产。此外，产品已输出到全球已经有 90 多个国家，达到全球领先水平。先健医疗、华医圣杰和形状记忆合金（乐普子公司）占据了超九成的市场。

人工心脏瓣膜是用于促使血液单向流动、具有天然心脏瓣膜功能的植入体，是治疗结构性心脏病的重要产品。人工瓣膜经历了机械瓣、生物瓣和介入瓣的三个发展阶段。美国在介入瓣市场占有率已经超过了 75%，而国内尚不足 5%，还有很大发展空间。目前我国市场虽依然由爱德华科学、雅培、美敦力等进口品牌主导，但以启明医疗为代表的一些国内企业也在加速研发，逐步缩小与进口产品的差距，整体上处于仿创仿制阶段。

15.3.2.2　脑血管介入器械

神经介入产品主要有弹簧圈、血流导向装置、取栓支架等。中国在神经介入领域起步晚，仍处于发展初期，目前主要国外企业有美敦力、史赛克、MicroVention、波士顿科学、强生等，上述企业产品占据了国内市场份额的 70% 左右，随着技术水平的进步，国产神经介入耗材有望实现加速发展，逐渐加大对进口的替代。

弹簧圈是出血性市场最核心的产品，国内已经有多家公司产品上市，如沛嘉医疗、泰杰伟业等，但是由于产品质量问题，目前国产化率仍不足 10%。值得欣喜的是，国内新一代的产品如归创通桥的弹簧圈与进口产品从临床数据看已无显著差异。

血流导向装置的主流产品是美敦力 Pipeline，其已经研发至第三代。目前国内产品有上海微创的 Tubridge。未来随着技术发展，有望取代以填塞为主的传统动脉瘤治疗方法，使动脉瘤的治疗更加安全、可靠。

取栓支架国产化进程在加速，有望取代国外厂家，占据国内市场的统治地位。目前国内从事研究和生产取栓支架的企业主要包括江苏尼科医疗、心玮医疗、珠海通桥医疗、微创医疗、沛嘉医疗、赛诺医疗等。

15.3.2.3　外周血管介入器械

国内外周介入治疗起步晚，目前市场仍处于发展早期，基本被国外所垄断。外周介入器械种类较多，除传统的主动脉覆膜支架、血管支架、球囊外，还有斑块旋切、取栓系统、滤器等多种创新器械。近年来，国内在药物球囊、腔静脉滤器等产品已取得了较大的突破。

主动脉覆膜支架技术相对成熟，目前先健科技、心脉医疗作为此领域的国内企业已占据大部分中低端市场，国产替代率接近 60%。

下肢血管支架技术难度较高，与国外相比，国内存在相当差距。目前，国内支架产品只有微创医疗的外周动脉支架系统，但市场表现仍不及现有的进口支架。国外已经有包括 Cordis、巴德、COOK、波士顿科学等多家公司产品在国内销售。国内企业，如苏州茵络医疗器械有限公司、归创通桥医疗科技股份有限公司的外周支架产品目前仍处于临床实验阶段。

外周药物球囊和腔静脉滤器，目前国内企业已经实现了超越，先健医疗的腔静脉滤器和先瑞达的外周药物球囊已处于市场领先的地位。

15.4　近期研究发展重点

心脑血管系统生物医用材料的近期研发重点主要集中于先进材料设计与研发（降解速率可控的生物医用材料、生物智能医用材料）、材料表 / 界面分子工程（提高血液相容性、促进内皮化、提高炎症相容性、复合功能的表面修饰）、终端产品的先进制造技术（包括血管支架、心肌组织、心脏瓣膜、血管、器官芯片、组织器官等打印及 4D 打印技术）三个方面，不断突破，不断创新，从而研发功能更先进、覆盖面更广、疗效更精准的心脑血管系统植介入新型生物医用材料。

15.4.1 / 先进材料设计与研发

（1）降解速率可控的生物医用材料 ●●●

以可降解血管支架为例，支架发挥治疗作用后，在体内降解，其降解产物无任何毒副作用，不需要长期服用抗血小板类药物，并消除了支架对于血管的各种远期不良影响。从目前现有可降解支架来看，其面对的主要问题就是降解性能问题，无法很好地把控降解时间；降解时间长，容易引起血管炎症反应，而降解时间过快，支架就无法提供足够长时间的支撑力，由于血管弹性回缩导致血管内血栓形成或血管内支架再狭窄等。目前，可降解铁基血管支架降解速率过慢，在体研究数据不佳，降解产物堆积在血管内部，引起内膜增生。可降解镁基血管支架降解速率过快，过早的降解使支架不连续，增加支架内血栓的风险；此外其脆性大，塑形性能差，在血管内部不均匀降解。可降解锌基血管支架机械强度较差，研究时间较短，截至目前还未有上市支架。可降解聚合物支架脆性高，热变形温度低，径向支撑性能差，最先上市的 Absorb 支架因为其较高的不良事件发生率而退出了市场。

尽管可降解医疗器械的发展遇到了各种困难，但是可以预料，在未来10年内，降解速率可控的生物医用材料将会获得突破。全降解支架将取代当前的不可降解药物支架成为主流。

（2）生物智能医用材料 ●●●

智能材料具有内在的特性，可以在响应外部刺激时获得可控变化。目前，在心血管植入设计中具有显著临床应用价值的智能材料包括心肌修复和再生材料、形状记忆材料和损伤血管原位自修复材料等。

出于心肌修复和再生的目的，采用刺激响应生物材料制造水凝胶和纳米颗粒，用于靶向递送治疗药物和细胞，已被证明可以缓解疾病进展并增强组织再生。许多动物实验已证明刺激响应生物材料在增强受伤心脏的局部细胞或药物滞留以促进心脏再生方面的功能。通过设计和调节分子组成和结构，可以获得具有与天然心脏再生速率相匹配的精准响应和控释行为的新型生物智能材料。然而，刺激响应生物材料仍处于发展的早期阶段，在表征方法和工程方面依然存在重大挑战。目前，生物智能材料还无法通过组织或细胞特异性刺激响应实现治疗成分的精准定位，其性质变化只是由病患心脏的一般环境刺激引起。同时，实时体内表征技术的缺乏，阻碍了揭示再生机制以及不同递送系统之间原位比较。尽管实现智能载体的合理设计和标准化还需要很长时间，但人们仍在不断探索新的刺激响应生物材料在心脏组织工程和再生医学中的各种应用。

目前，镍钛合金是形状记忆合金（SMAs）在临床实践中使用的主要材料，但由于金属镍可能存在生物相容性问题，因此开发无镍的形状记忆合金面临严峻挑战。形状记忆聚合物（SMPs）具有独特的性能，能在各种外部刺激下改变形状，如热、水分、pH、光、电、激光、微波、压力、溶剂和溶剂蒸汽等，具有巨大的临床应用潜力。SMPs 可以设计成可生物降解，以消除体内残留；也可以设计成放射性的，以有利于后续的成像诊断，如计算机断层扫描和磁共振成像；具有光、化学刺激和酶等生物刺激响应的 SMPs，可在植入后控制形状变化，例如可适应儿童患者的生长。SMAs 虽是临床使用的主要形状记忆材料，但可以预见 SMPs 将得到越来越多的临床应用。

尽管支架在治疗血管狭窄方面非常有效，但由于支架的刚性，它们对血管壁的生理功能产生破坏，最终也影响了血管的生理愈合过程。一种有前途的替代方案是用智能材料原位交联病变血管的细胞外基质，如胶原蛋白和弹性蛋白，形成具有一定力学强度的原位自然血管支架。可以预料，一旦这种技术获得突破，将给血管腔内治疗技术带来划时代变革。

15.4.2 材料表 / 界面分子工程

心血管系统植 / 介入材料在植入人体后不可避免地与人体血液或组织接触，材料表面性质对其在体内功能起至关重要的作用。产品研发过程中，常常用表面修饰改性使产品达到最优的生物相容性。材料的表面修饰是通过改变其表面的亲水 / 疏水性、表面能、表面势、官能团、表面电荷、受体位点、分子运动、粗糙度 / 质地以及表面分子的空间取向等调控材料表面反应特性。

（1）提高血液相容性 ···

目前提高材料血液相容性的方法是把生物分子固定于材料 / 植介入表面，主要包括单一生物分子和复合生物分子两个方面。通常采用共价键固定的方式，使其具有更高的稳定性。与提高血液相容性相关的生物分子包括多糖类的肝素、硫化肝素、壳聚糖和与抗凝相关的酶等。改善材料血液相容性的最常用方式是将肝素通过共价的形式接枝到材料表面，为避免材料与肝素之间的共价键合抑制肝素活性，通常用亲水性的"空间臂"如聚乙二醇（PEG）连接材料表面和肝素，从而既提高肝素的稳定性又保持其抗凝活性。Yo-shioka 等发现将藻酸钠固定在不锈钢表面能获得抑制血小板黏附的效果，这对于改善无机心血管生物材料血液相容性方面具有潜在应用价值。Kishida 等将人重组血栓调节蛋白共价固定到可降解聚氨酯弹性体（PEUU）表面，发现经血栓调节蛋白修饰的材料具有更好地抑制血小板黏附和聚集的能力，大大提高了血液相容性。Baker 通过体内评价实验证实了磷酸酶修饰材料表面可以显著提升材料的血液相容性。针对以上现象，Nilsson 等研究发现腺苷三磷酸双磷酶（Apyrase）主要是通过破坏可导致血小板激活的 ADP 通路来抑制血小板的激活，达到较好的血液相容性。

复合生物分子主要通过层层自组装（layer-by-layer，LBL）技术和先后 / 共混生物分子固定到材料表面。LBL 技术可用于构建抗细胞黏附的表面，显著降低材料表面的细胞黏附数量。Tan 等利用 PEI 和肝素层层沉积的方法制备了具有抗凝血功能的表面，发现这种表面能够抵抗血小板的黏附，并有效延长静态凝固时间，从而为心血管装置的表面改性提供了新的方法。Houska 等用肝素和白蛋白制备 LBL 多层膜，当肝素为最外层时，可显著增加抗凝血因子Ⅲ的黏附；而当白蛋白为最外层时，可有效降低血纤维蛋白原、球蛋白和血小板的黏附。Serizawa 等研究了在不同盐浓度条件下采用 LBL 法构建磺化葡聚糖 / 壳聚糖表面，结果表明膜厚度随盐浓度升高而增加；只有在盐浓度高于某一临界值时才可能获得凝血 / 抗凝血交替变化的表面。肝素 / 壳聚糖的 LBL 多层膜的动物体内实验证实具有较好的血液相容性。Chen

等在 Ti 表面构建了胶原 / 肝素多层膜，发现材料的血液相容性也得到了较大的改善。目前，LBL 法负载生物活性物质改善生物相容性的研究引起了越来越多学者的关注。

先后 / 共混生物分子的固定主要利用官能团共价结合的方式保护活性基团，然后将生物分子固定在材料表面形成复合膜的技术。Wang 等利用先后 / 共混生物分子的方式在血管植入材料表面成功制备肝素 / 壳聚糖复合膜，结果显示这种复合膜具有较好的血液相容性。Zhu 等同样通过此技术设计并制备了肝素 / 壳聚糖复合膜，同样具有较好地抑制血小板黏附和激活的性能。目前，采用共混的方法将两种或者多种生物分子固定在材料表面的研究还相对较少，胡等将预先形成的多聚赖氨酸 - 肝素的纳米颗粒固定在多巴胺涂覆的纯钛表面，发现此复合物可以极大地改善材料的血液相容性。Chen 等在植入材料表面制备了尿激酶 / 血栓调节蛋白复合膜固定到磷酸化的 PEG 表面后，发现修饰后的提高了材料的血液相容性，而且这两种生物分子的释放均比较缓慢且活性都能较好保持。也有研究者采用静电复合的方法，在特定 pH 值下首先使带负电的肝素和带正电的纤连蛋白分子共混形成复合物，然后再固定到材料表面，以改善材料的抗凝血和促内皮化功能，为心血管植入材料的设计和研发提供理论参考。

（2）促进内皮化 • • • •

生物材料的表面内皮化可以显著改善材料的抗凝血和血液相容性。但是，内皮细胞直接种植在材料表面不仅繁殖慢，而且还容易从材料表面脱落。因此，在现有技术操作中，研究者往往在材料表面固定能促进细胞黏附和增殖的蛋白，如胶原蛋白、层粘连蛋白或多肽（如RGD），利用多肽的特定生物信号改善细胞在材料表面的黏附特性，实现对特定细胞的选择性黏附。近年来，人们对少数肽链与生物表面连接的研究显示，常见的 RGD 肽是能够调节细胞外蛋白质的连接，含有 RGD 的肽段固定到生物材料表面上具有较好改善内皮细胞相容性的作用。侯等构建了交联的肝素 / 壳聚糖多层膜，发现该多层膜比单一生物分子固定具有更优异地增加内皮细胞的黏附与生长性能。Chiu 等在三维多孔胶原支架上的研究同样证明了多层膜比单一生物分子具有更好内皮细胞黏附性。因此通过在基质材料上涂覆、组装或共混固定生物分子以提高材料的促内皮化功能是一条可操作之路。

另一种促进内皮化的方法是生物材料表面微图形化，这一设计思路来源于人体组织的有序化结构和细胞在体内的有序排列。其方法是在生物材料表面模仿并构筑类似于细胞生长的有序化微环境，是生物材料表面改性的重要技术手段。材料表面微图形化分为两种。其一是直接改变材料的表面结构以影响细胞内基因信号分子的表达和识别。据报道称，条纹几何形状促进内皮细胞在材料表面的取向和运动，因此最有利于细胞内皮化的表面应具有条纹几何形状。其二是赋予内基底材料促细胞黏附的生物分子，从而介导细胞在生物材料表面的黏附、铺展和增值。Li 等采用软刻蚀技术在 Ti 上制备了透明质酸（HA）微图形，研究了内皮细胞和平滑肌细胞在该图形上共培养的情况，发现内皮细胞比单独培养具有更好的生物学功能和抗内膜增生功能，该研究为促内皮化的心血管植入器械提供了新的设计理念。

（3）提高炎症相容性 • • • •

生物材料植入人体后会引起一系列宿主反应，其中包括局部炎症性反应。生物医用材料相关性炎症是决定材料植入成功与否的关键因素，因此对生物医用材料相关性炎症进行深入的研究是当今组织工程研究领域内的重要课题之一。

目前，已经用于生物材料抗炎的功能性生物分子主要包括多肽类、肝素以及氨基酸聚合物等。Kao 等通过动物实验研究表明，RGD 和 PHSRN 多肽在体内介导巨噬细胞行为方面具有时间和方向依赖性。Kim 等在 Ti 表面共价接枝肝素，发现该表面在促进成骨细胞增殖分化的同时也达到了较好的抗炎症效果，说明肝素化的材料表面具有优异的炎症相容性。Li 等发现肝素和纤维蛋白的复合物不仅可以抑制巨噬细胞激活，同时显著降低 IL-1，TNF-α 等炎症因子的释放。DeFife 等通过实验证明氨基酸聚合物具有较好的抗炎症效果。薛旸等研究了聚氨酯和聚四氟乙烯两种血液接触材料与内皮细胞炎症反应的相关机制，证实了炎症反应的发生可能是材料激活单核细胞所致。

补体系统是体内的一个重要的宿主防御系统，当植入的导管、支架和心脏瓣膜等与血液接触时，补体激活后会引起机体的炎症反应。因此，通过抑制补体激活来减少机体的炎症反应也是目前材料生物相容性研究中一个重要的方向。Engberg 等从链球菌 M 蛋白中提取 M2-N、M4-N 和 M22-N，通过物理吸附固定在材料表面，对反应基质中的 C4BP、C3、C4 片段的含量进行了酶免疫测定，结果发现各种片段的含量均有所下降，说明链球菌 M 蛋白中提取的肽段能结合 C4BP，即通过抑制补体激活的经典途径来减少补体激活。另外，Andersson 等通过对表面固定的 H 因子以及补体激活进行了检测，证实了 H 因子可通过抑制经典激活途径减少补体激活以抑制炎症发生。

（4）复合功能的表面修饰 ● ● ●

根据以往研究发现，生物医用材料在血管抗凝血和促内皮方面二者不可兼得。随着科技的发展，最近有部分研究成功突破瓶颈，通过固定不同的生物分子到材料表面实现了兼具抗凝血和促内皮功能的植入材料表面修饰。

一般认为，纤黏连蛋白能够增加内皮细胞的黏附生长，但也能够促进血小板的黏附。但 Hubbell 等将纤黏连蛋白得到的（Arg-Glu-Asp-Val）REDV 肽共价连接到 PET 表面实现了抗凝血和促内皮的双重功效；Coombes 等通过将乳酸稳定的白蛋白纳米微球注入涤纶的编织结构，成功实现生物材料抗凝血和促内皮功能；Meng 等制备的肝素 / 壳聚糖多层膜、Chuang 等通过将低分子量 HA 共价结合到 PU 表面，均都实现了抗凝血和促内皮的双重作用。Bos 等发现材料上涂布白蛋白和肝素适宜血管内皮细胞生长，若材料上再结合上少量纤连蛋白，会进一步促进血管内皮细胞生长。

也有研究者通过物理、化学方法在血管支架表面载药来达到抗凝、抗炎症、阻止平滑肌细胞增殖、抑制组织增生和防止再狭窄的作用，均得到不同程度的成功，获得了具有多重生物学功能的表面。如 Wang 等在 PU 表面共价固定了水溶性的葡聚糖，研究发现采用这种生物分子修饰的表面不仅具备了抗凝血性能，而且也具有抗菌抗炎症的性能；Wang 等研究了多层丝素纤维蛋白负载肝素分子的生物相容性，获得了具有抗凝血 / 促内皮化 / 抗炎症多功能的表面，为设计新的功能生物材料提供了依据。通过对载药支架的进一步研究发现，载药支架在抑制平滑肌细胞生长的同时，也导致了血管愈合延迟等问题，这些还有待于进一步研究。

15.4.3 ／ 终端产品的先进制造技术

随着材料学、工艺学以及影像学的发展，3D 打印技术在心血管领域的应用将会越来越广。体内直接打印、个性化生成心脏置入装置等新 3D 打印技术也会大大丰富 3D 打印技术的内涵，更好地造福广大心血管病患者。但目前 3D 打印技术的问题和挑战也是突出的：第一个是打印的准确性问题，涉及到成像模式和打印方式；第二个是材料问题，寻找同时符合功能学、生物学、经济学、工艺学等要求的材料是一项长期任务；第三个问题是血管化的问题，3D 打印技术获得的组织和器官只有基于稳定的血管化才能长期存活发挥功能。可以相信 3D 打印技术在心血管领域中的应用将会大放异彩。

（1）血管支架打印 ● ● ●

Vogt 等将 PLLA 和 PCL 混合作为制造血管支架的材料，运用 SLM 工艺制造出具有良好生物相容性及表面质量的血管支架，证明了运用 3D 打印技术制造血管支架的可行性。Guerra 等以柠檬酸为基础合成了一种新聚合物作为制造血管支架的材料，运用 SLA 工艺制造出能够满足使用要求的血管支架。Su 等将 PCL 与 PLGA、PEG 材料共混，运用 3D 打印技术，制造血管支架，并采用喷雾缓释的方法制造血管支架涂层，动物体内植入实验确证其方法的有效性。刘等将 3D 打印技术与静电纺丝技术相结合，使用 PCL 制造血管支架，并进行体外实验证明其制造方法的合理性。

（2）心肌组织打印 ● ● ●

Gaebel 利用激光生物打印技术，打印出含干细胞的心肌补片，种植到大鼠的心肌梗死区，改善了心肌功能。一些特殊的 3D 技术，比如新型多光子激发三维打印，能获得高分辨率和仿真度的细胞外基质支架并携带干细胞，可显著改善缺血性心肌损伤的恢复。

（3）心脏瓣膜打印 ● ● ●

心脏瓣膜具有非常特殊的生理功能和血流动力学，一直处于开闭交替、弹性运动和承受高压的状态。Hockaday 等同时用两种水凝胶材料混合打印生成心瓣膜，猪主动脉膜间质细胞接种到支架上在 3 周内保持 100% 的细胞活力。Lueders 等利用水凝胶和脐带血干细胞为原材料打印出具有良好生物功能特性的心脏瓣膜。Duan 等将细胞和水凝胶材料混合作为材料，利用 3D 技术打印出主动脉瓣和三尖瓣结构，其中细胞 1 周后存活率在 80% 以上，虽然暂时无法代替行使正常瓣膜功能，但这表明生物打印技术用于瓣膜手术是可行的。然而，瓣膜的打印技术尚不成熟，瓣膜功能上和细胞生存上都值得进一步研究。

（4）血管打印 ● ● ●

血管打印更加强调血管内皮的生物活性。在大血管方面，Biglino 等研究了管壁厚度、压力和体积等主动脉打印的相关数据，为研究 3D 打印血管模型的生理变化规律及其在心脏介入治疗中的运用提供重要依据。Lee 等对微循环和血液渗透等血管机制做了总结，为微血管的打印提供了重要参考。四川大学于 2016 年将 3D 生物打印血管置入恒河猴体内实验成功，标志着 1 血管置入体内的技术可行性。但目前 3D 打印血管仍然无法精细还原血管的三层结构，而且血管内皮细胞的血管化也是一个悬而未决的关键问题。

（5）器官芯片打印

过去的细胞研究基于二维贴壁培养，离真实的三维生长下的细胞组织存在一定差异。2011 年，Gaetani 等打印海藻酸钠三维结构去培养心肌祖细胞，第 1 天和第 7 天的存活率分别为 92% 和 89%，并发现祖细胞从海藻酸盐基质迁移，为迁移修复受损心肌提供了实验依据，这种 3D 微环境打印的能力开辟了新的研究视角，为新药筛选、血管生成研究、干细胞研究提供了新的手段。

2012 年，美国国立卫生研究中心（NIH）、美国食品和药物管理局（FDA）和美国国防部高级研究计划局（DARPA）联合发起人体器官芯片（organs-on-chips）的研发工作。器官芯片是一种利用微加工技术，在微流控芯片上制造出能够模拟人类器官的主要功能的仿生系统。2016 年，*Nature Materials* 杂志报道了多伦多大学开发的 3D 打印的器官芯片 AngioChip，可以容纳活细胞生长，构建了仿真心脏和肝脏。随着材料学和工艺学的不断发展，器官芯片的研发日趋成熟，其高效、快捷、经济的优势将会大大促进传统动物学实验与新药研发的进程。目前研究难点是如何将生物自组装与 3D 打印技术相结合，产生完全血管化的工程组织或器官。

（6）组织器官打印

以细胞、组织直接作为主要打印原料，打印出具有生命活性的器官、组织，实现器官的可替代化。2013 年，研究人员首次利用 3D 打印技术打印人类胚胎干细胞。AnthonyAtala 以肾脏细胞作为打印材料，以水凝胶来黏合固定细胞，打印生成肾脏模型，能产生尿样物质，意味着其具备一定的肾脏功能。细胞打印的技术难点在于打印后细胞的成活率以及进一步生长分化形成器官，而这两点都有赖于血管化。Kucukgul 等人用 3D 生物打印的小鼠胚胎成纤维细胞聚集体形成动脉（主动脉）组织构建体，类似的关于血管化的研究都取得了一定进展，但仍然处于摸索阶段。

（7）4D 打印技术

3D 技术方兴未艾，4D 打印技术也正备受社会关注。4D 打印技术是在 3D 打印的基础上添加了时间维度。未来生物 4D 打印将在生物医疗领域大显身手。4D 打印的心脏支架，其微型结构可以轻易穿过血管到达病患部位，通过一定的物理刺激自动形成支架，可减少介入创伤，进而减小患者的痛苦。麻省理工学院制造出一种微型药物胶囊，当人体生病发烧体温过高时，胶囊形变释放药物，第一时间达到治疗效果。李春妍等利用 Fe_3O_4 纳米颗粒改良 PLA，使聚乳酸拥有磁性，打印的形状记忆纳米复合材料支架放置在交变磁场中时，折叠的支架可以在短时间内非接触情况下驱动其展开。4D 支架结构可实现了非接触控制和远程驱动，使其在微创血管支架领域的应用价值斐然。

15.5 / 2035 年展望与未来

在全球科研人员的努力下，生物医用材料的前沿研究正在取得重大进展，可以预料，在未来 10 ～ 20 年内，生物医用智能材料将成为关乎国计民生的生物医学工程产业迅猛发展的核心基础与支柱，并由此迎来心脑血管系统植/介入医疗器械的重大突破。

15.5.1 / 血管支架

（1）全降解血管支架

新一代全降解支架将成为市场的主流，支架材料及其降解产物均具有良好的生物相容性和血液相容性。支架兼具有良好的支撑力和柔顺性，能够在短期血管重塑时提供支撑，在不需要时能够被分解吸收，具有与血管修复周期相匹配的降解周期。

（2）传感器集成血管支架

血管支架表面集成有生物传感器，在支架植入体内后，允许对病变血管进行持续监测，依靠大数据技术来对患者的健康状况进行预测，可以使得医生可以更高效准确地判断病情，并在危险发生前及时采取治疗措施。

（3）自然血管支架

随着药物球囊技术的兴起，介入无植入的理念开始被医生广泛接受。利用光感智能材料，在体内光活化交联胶原和弹性蛋白，器械移除后，血管壁在没有支架存在条件下仍然能维持一定的刚性。这种技术将传统血管支架的加工过程改在体内进行实施，有效地保持了血管壁的自然功能和柔韧性，并避免了永久性支架相关的并发症。

15.5.2 / 小口径人工血管

新一代小口径人工血管材料能够促进内皮细胞的黏附和生长，快速表面内皮化，使构成的血管具有完整有功能的内皮细胞层，具有防止血小板黏附、抗血栓形成作用。此外，其还应具有良好的力学性能、物理稳定性、生物相容性及抗感染性。

15.5.3 / 形状记忆聚合物材料

（1）水凝胶弹簧圈

新一代形状记忆水凝胶弹簧圈具有较高的力学强度，与体温匹配的响应温度，可以经导管快速递送至动脉瘤，并在腔内紧密堆积，避免了目前金属弹簧圈普遍存在的堆积松散、动脉瘤易复通的问题。

（2）瓣膜

新一代的形状记忆聚合物瓣膜材料将具有可控降解的特点，其预先设计的降解部位随着时间推移而发生断裂，尤其适合于随着成长需要多次手术来置换常规瓣膜的低龄患者。此外，形状记忆聚合物材料还具有可逆共价或非共价的交联结构，这些交联结构可以破坏和重新形成，从而使聚合物瓣叶材料具有抗撕裂和自愈合的能力。

15.5.4 / 先进制造技术与工艺

（1）3D 生物打印技术　　　　　　　　　　　　　　　　　　　• • •

随着科技的进步，3D 打印技术将通过打印设备、打印程序和生物墨水等的优化实现多种细胞不同沉积部位的精确控制，复制真实的组织或器官结构。同时该技术同时可以创造出有效的细胞营养物质输送通道，实现初步的体外培养。进一步对培养环境进行调控，可以使独立的细胞个体融合成功能性组织或器官，从而使得打印的材料具备真实组织或器官的功能。

（2）纳米技术　　　　　　　　　　　　　　　　　　　　　　　• • •

随着科技的发展，人类将具备操作纳米机器人实现在单个细胞乃至在分子水平上进行手术的能力。纳米机器人在血管内的使用极大地扩展了筛查和监测危及生命的健康状况以及监测慢性疾病的发展和进展的潜力。可以筛查的危及生命的疾病的例子包括脑动脉瘤和不稳定的动脉粥样硬化病变。血管内纳米机器人将不断循环并在任何需要的时刻提供当前信息。除了筛选和监测功能外，纳米机器人还可以开发用于直接血管内治疗的应用。例如，在冠状动脉狭窄的情况下，纳米机器人可以通过机械或药物治疗为目标区域提供直接治疗。纳米机器人还可用于血管内斑块的清理、动脉瘤破裂的预防和急性治疗。纳米机器人的血管内导航能力可以允许局部药物递送以减少出血量，以及作为辅助成像的定位工具。

参考文献

[1] 中国心血管健康与疾病报告编写组. 中国循环杂志. 2021,36(6):521-544.

[2] 杨立,等. 材料导报. 2019,33(1):40-47.

[3] 张璐. 国家自然科学基金对有机高分子材料资助概况及主题特征分析: 中国科学技术信息研究所, 2012.

[4] Anderson J A, et al. J Vasc Surg, 2020,71(5):1750-1757.

[5] Barbato E, et al. EuroIntervention, 2017,13(6):696-705.

[6] 王秀梅. 2015,5(12):37-68.

[7] 董亮, 何星. 世界复合医学, 2015,1(4):340-342.

[8] 王洋洋,等. 中国医疗器械杂志, 2021,45(4):410-415.

[9] 奚廷斐,等. 金属学报, 2017,53(10):1153-1167.

[10] 奚廷斐. 中国医疗器械信息, 2013,19(08):1-5.

[11] 魏利娜,等. 生物医学工程研究, 2018,37(01):1-5.

[12] Barkat M, et al. Vasc Health Risk Manag, 2016,12:199-208.

[13] Basavarajaiah S, et al. Catheter Cardiovasc Interv, 2021,98(1):57-65.

[14] Bienek S, et al. Catheter Cardiovasc Interv, 2020,95(2):319-328.

[15] Bowen P K, et al. Adv Healthc Mater, 2016,5(10):1121-1140.

[16] Bu Y, et al. Adv Mater, 2019,31(28):e1901580.

[17] Cheng Y, et al. Expert Opin Drug Deliv, 2016,13(6):859-872.

[18] Cicha I, et al. J Control Release, 2016,229:23-36.

[19] Cortese B, et al. JACC Cardiovasc Interv, 2020,13(24):2840-2849.

[20] Dan K, et al. Am Heart J, 2020,222:112-120.

[21] de Kort B J, et al. Adv Drug Deliv Rev, 2021,178:113960.

[22] De Labriolle A, et al. Catheter Cardiovasc Interv, 2009,73(5):643-652.

[23] Duan B. Ann Biomed Eng, 2017,45(1):195-209.

[24] Granada J F, et al. EuroIntervention, 2016,12(6):740-747.

[25] Guhathakurta S, Galla S. Asian Cardiovasc Thorac Ann, 2019,27(9):744-750.

[26] Hung H S, Hsu S H. Curr Med Chem, 2020, 27(10):1634-1646.

[27] Ishihara K. Langmuir, 2019,35(5):1778-1787.

[28] Kishore S, et al. Journal of Evolution of Medical and Dental Sciences, 2021,10(20):1539-1546.

[29] Lee K, et al. J Control Release, 2020,321:174-183.

[30] Lee K, et al. Sci Rep, 2018,8(1):3666.

[31] Lookstein R A, et al. N Engl J Med, 2020,383(8):733-742.

[32] Losi P, et al. Recenti Prog Med, 2013,104(1):1-9.

[33] Mizuno H L, et al. Journal of Drug Delivery Science

and Technology, 2021,62.

[34] Moussi K, et al. Advanced Materials Technologies, 2021,6(8).

[35] Nicolais C, et al. Curr Cardiol Rep, 2018,20(2):7.

[36] Owens C D, et al. J Vasc Surg, 2014,59(4):1016-1024.

[37] Pascual-Gil S, et al. J Control Release, 2015,203:23-38.

[38] Petersen S, et al. Mater Sci Eng C Mater Biol Appl, 2013,33(7):4244-4250.

[39] Rufaihah A J, Seliktar D. Adv Drug Deliv Rev, 2016,96:31-39.

[40] Scheller B, et al. Int J Cardiol, 2021,329:79-81.

[41] Speck U, et al. Circ Cardiovasc Interv, 2012,5(3):392-400.

[42] Stanisławska A. Advances in Materials Science,

2014,14(3):5-17.

[43] Tang M, et al. Adv Mater, 2021,33(5):e2004776.

[44] Tsujimoto H, Kawashima Y. PLGA Nanoparticle Design and Preparation for DDS and Medical Device, Nanoparticle Technology Handbook, 2018: 451-460.

[45] Tzafriri A R, et al. Biomaterials, 2020,260:120337.

[46] Tzafriri A R, et al. J Control Release, 2019,310:94-102.

[47] Watson S A, et al. Cardiovasc Drugs Ther, 2019, 33(2):239-244.

[48] Xu Y, et al. Bioact Mater, 2019,4:366-379.

[49] Zhao Y, et al. Chemistry, 2020,26(16):3591-3599.

[50] 刘洋,等. 中国医疗器械信息,2014:1-8.

[51] 张文毓. 金属世界, 2020,1(1):21-27.

[52] 方俊, 李松. 医用生物力学, 2016,31(4):333-339.

 作者简介

季培红，南京工业大学材料化学与物理专业博士。目前主要从事介 / 植入医疗器械的开发和研究工作。参与国家自然科学基金、国家高技术研究发展计划（"863"计划）、省重点研发计划专项等项目；负责多款药械类产品的临床研究及注册申报工作，其中 4 款产品进入了国家创新医疗器械特别审批通道。迄今为止，已发表十余篇 SCI 论文，已申请国家专利超 20 项。

吴立煌，南京工业大学材料化学与物理专业博士生。2015 年于厦门大学材料学院获材料科学与工程专业学士学位，2018 年于四川大学生物材料工程研究中心获高分子化学与物理硕士学位。主要从事生物医用高分子材料的研究，包括肽类树状大分子的构筑、生物可降解高分子材料的分子结构设计与降解性能、药物控释系统等，相关研究工作发表在 *Advanced Functional Materials* 等杂志上，申请国家发明专利 1 项。

顾忠伟，南京工业大学，教授，博士生导师。国家"973"计划首席科学家（1999 ~ 2004 年、2005 ~ 2010 年、2011 ~ 2015 年），国际生物材料科学与工程研究员（2004）。长期从事生物医用高分子材料研究，从可控合成、结构调控、新功能与多功能构筑等方面做了一系列开创性工作。获教育部自然科学一等奖（1/8，2015），英国皇家工程院 Distinguished Visiting Fellowship Award（2011）。发表 SCI 论文 400 余篇，授权国家发明专利 40 余件，出版编 / 译著 14 部（含英文章节 4 部）；做国际大会特邀及邀请报告百余次；作为发起人或主要成员组织了多个国际学术会议、高层论坛及全国学术会议；多次参与讨论并撰写我国生物材料发展规划和建议。

第 16 章

深海工程装备用耐蚀材料

韩恩厚　雷家峰　王震宇

16.1 深海工程装备用耐蚀材料的研究背景

材料是新技术发展的基础。建设海洋强国成为基本国策的近十年来，人们才开始重视海洋材料。广义上的海洋工程装备包括海洋平台、船舶、潜器、海底管道、海上风电、近岸工程装备等等。海洋工程装备的发展水平依赖于海洋材料的支撑能力[1]。由于海洋环境条件苛刻，海洋材料需要考虑的首要问题是耐腐蚀性。

海洋环境分为大气区、浪花飞溅区、潮差区、海水区、海底海泥区。通常情况下，浪花飞溅区的腐蚀速度最大[2,3]，其次是潮差区。在海水区中，随着水深的变化，海水的温度、pH 值、溶解氧含量、含盐量等都在变化[3]。材料的腐蚀速度与含盐量密切相关。海深每下降100m，静水压增加1MPa，而压力对腐蚀速度也有明显影响。海洋中的宏生物和微生物对材料的腐蚀作用影响显著。海生物污损在180m 海深以上影响严重，180～1200m 为轻度，大于1200m 相对轻微。海底海泥区的腐蚀速度也较快，这与海底生物的作用有关。海底局部区域还存在着温度 400℃ 左右、酸性、富硫化物的热液区，也有释放 CO_2、CH_4、H_2S 和硫酸盐还原菌与海生物的冷泉区，这些局部特殊区域对深海装备的耐腐蚀性提出了挑战。流动的海水可以减轻海生物的沾污，但会加速冲刷腐蚀。此外，不同海域的海水成分与海生物不同，对材料腐蚀性也存在差异。总之，复杂苛刻的海洋环境，对海洋材料的耐腐蚀性提出了很高的要求。

深海装备主要指深海运载器或潜器、深海站、深海管道、深海油气开发装备等。深海运载器系统包括重型载人潜水器、载人潜水器、自治潜水器、遥控潜水器、水下滑翔机、常压潜水装具、救生钟等[4]。拥有良好性能的海洋材料是深海资源开发和深海军事装备能力的基本保障。

载人潜水器是指具有水下观察和作业能力的潜水装置。主要用来执行水下考察、海底勘探、海底开发和打捞、救生等任务，并可以作为潜水人员水下活动的作业基地。载人潜水器，特别是深海载人潜水器，是海洋开发的前沿与制高点之一，其水平可以体现出一个国家材料、控制、海洋学等领域的综合科技实力。载人潜水器作为一种深海运载工具，可将科学技术人员与工程技术人员、各种电子装置与机械设备等快速、精确地运载到目标海底环境中，遂行高效勘探测量和科学考察任务，已经成为人类开展深海研究、开发和保护的重要技术手段和装备。载人潜水器与搭载人员配合，可以有效地收集信息、详细地描述周围环境、快速地在现场做出正确的反应[5]。它可以完成多种复杂任务，包括通过摄像、照相、机械手、采样装置等对海底资源进行勘查、执行水下设备定点布放、海底电缆和管道检测、海底采油等。

深海资源开发和深海站长期在海洋环境中腐蚀，具有足够的耐腐蚀性是对深海用材料的首要需求。对于深海潜器，除了耐腐蚀性外，所用的材料还要密度低，否则需要有过多的浮力材料实现上浮。此外，深海材料还需要具有足够的韧性和抵抗压溃的能力，深度增加时这种要求更加重要。对所有的深海用材料，绝对不能发生应力腐蚀，否则会直接影响装备的服役安全性。

深海装备用材料可分为结构材料、功能材料、结构/功能一体化材料。结构材料包括耐蚀钢、钛合金、铝合金、铜合金等[6]；功能材料包括防腐防污材料、隐身材料、密封材料、绝缘材料、装饰材料等；结构/功能一体化材料包括复合材料、阻尼降噪材料等[4]。由于海洋环境的特殊性，无论多么耐腐蚀的材料，在海洋环境中使用时几乎都需要采用防腐蚀材料与技术。此外，复合材料也是近年来拓展到海洋应用的新选项。

钛的密度为 4.54g/cm³，熔点 1660℃。重量轻、强度较高、抗腐蚀性佳是其显著特点。钛也具有良好的耐高温、耐低温、抗强酸、抗强碱的能力。由于钛的耐海水腐蚀能力强，非常适合深海使用，甚至被称为"海洋金属"。换句话说，比强度高和耐腐蚀性强是钛的两大明显特性，从而为钛合金在海洋装备特别是深海装备中应用带来了巨大优势。然而，在深海中长期使用时，一定要注意不要形成氢化物而导致钛合金的氢脆。

耐蚀钢是通过调整材料的成分、调整材料的微观组织结构甚至晶体取向等，大幅度提升材料的耐腐蚀性，其耐蚀性甚至达到或超过海洋用不锈钢的耐蚀水平。事实上，材料的耐蚀性与环境密切相关。在一种环境中耐蚀，换种环境后有可能不一定耐蚀，比如 304 不锈钢在大气和通常的水溶液中耐蚀性好，但在海水环境中则根本不耐蚀。

从腐蚀控制成本的角度出发[7]，防腐涂料是最主要的防腐蚀材料，占 2/3 以上，其次是耐腐蚀材料，再次是表面处理技术以及牺牲阳极材料。这里主要介绍用量最大的防腐蚀材料即防腐蚀涂料。一般涂料对基材的防腐保护属于物理防腐方式。防腐涂料被涂于基材表面后，通过聚合物成膜物质固化形成一层致密的薄膜，将被保护基材与外界腐蚀介质隔离，不发生腐蚀反应或者减慢反应的速度，隔断腐蚀电池的通路，使腐蚀得到控制，保护基体材料。应用于海洋环境中的涂料被称为海洋涂料，主要包括海洋防腐涂料和海洋防污涂料两大类。海洋设施长期处于盐水、盐雾、湿热的动态重腐蚀环境中，服役较短时间即发生腐蚀。船舶、海上风电、海上钻采平台、岛礁军事设施等长期受到严酷海洋环境的腐蚀，导致关键设备失效而不能达到设计的安全标准及使用寿命，给国家造成巨大的经济损失和安全问题。海洋重防腐涂料是保障重要装备高效可靠应用的关键技术之一，研发环保、高性价比的防腐蚀涂料一直是重要追求目标。

16.2 国外深海工程装备用耐蚀材料的研究进展与前沿动态

16.2.1 钛合金

深海工程装备种类繁多。钛合金以其耐腐蚀、比强度高、无磁、透声等优良特性成为深海工程装备的重要结构材料。这里仅简单介绍船用钛合金，重点介绍深海载人潜水器载人舱用钛合金。

（1）船用钛合金 • • •

苏联在舰船和潜艇用钛合金材料及应用技术方面处于领先地位。早在20世纪70年代，苏联就建造了世界上第一艘全钛壳体潜艇，并在后续相继建造了多艘不同系列的钛合金壳体潜艇。俄罗斯在苏联坚实的钛工业基础上，建立了800MPa级以下不同强度级别的船用钛合金体系，并在近10年来陆续研发了一系列船用800MPa级高韧、抗冲击、低成本钛合金，其冲击性能 KV_2 达到60J以上，研制的厚度160mm板材、大尺寸环件已批量应用于舰船领域。表明了国外舰船用钛合金材料向更高强度级别、更大规格、更多产品类型发展的趋势。

船舶紧固件用钛合金也是船用钛合金的一个重要方面。欧美主要采用 Ti-6Al-4V 合金来制备紧固件，将丝材热镦成形后，然后进行固溶时效热处理，再机械加工成紧固件，强度可达1100MPa；俄罗斯主要采用 BT16 钛合金紧固件，能够在退火状态下进行冷镦成型后直接机械加工成紧固件，也可冷镦成型后进行固溶时效热处理后再机械加工制成紧固件。现代船舶需要使用耐海水腐蚀的高强度紧固件，以实现大承载、长寿命、高可靠性设计等要求，因此，美国和俄罗斯在高强度紧固件方面开展了大量工作，主要集中在俄罗斯 VT22 合金、美国开发的 Ti Beta C、Beta Ⅲ 等合金，其中，以 Ti Beta C 最为成熟，已经开始商业应用。

（2）深海载人潜水器载人舱用钛合金 • • •

潜水器是深海勘探与开发利用必不可少的装备，在一定程度上代表着一个国家深海勘察与开发利用的技术水平。载人潜水器因为可以使人亲临深海现场作业，具备了其他潜水器无可替代的优势。但是，其设计、选材、建造等方面都面临更大的技术挑战，因此，载人潜水器被视为海洋工程领域的技术制高点，各海洋强国非常重视发展载人潜水器。载人舱球壳是载人潜水器的核心部件，是科考人员生命安全的保障。其设计、选材与建造涉及多个学科，是研制的难点。载人球壳是载人潜水器项目中绝对最大的技术挑战[8]。

在深海载人深潜装备耐压壳体用钛合金研发与应用方面，美国处于领先地位，开展了大量前期工作，取得了显著的应用效果。20世纪60年代，美国将"Sea Cliff"号和"Alvin"号载人潜水器的 HY100 钢制载人球壳替换为 Ti-6Al-2Nb-1Ta-0.8Mo（Ti6211）钛合金，获得了显著的减重效益，从而使得载人潜水器的下潜深度达到 4000m 以下。Ti6211 合金是一种 750MPa 级、具有优异的耐腐蚀性能钛合金，然而其添加元素中含有贵重的 Nb、Ta 元素，大幅度提高了钛合金的成本，严重限制了其在海洋工程上的大规模应用。因此，美国于 2010 年开始将载人潜水器载人球壳用 Ti6211 合金替换为成本更低的 TC4 合金。虽然降低了 20% 以上钛合金成本，但 TC4 合金在海洋服役环境下的力学性能并不突出，特别是其冲击性能 KV_2 仅为 40J，应力腐蚀强度因子 K_{ISCC} 仅能达到 60MPa·m$^{1/2}$ 左右。按照美国海军海洋工程钛合金适用性判定依据，TC4 钛合金仅刚好满足最低要求（即平面应变断裂韧性 K_{IC}/屈服强度 Y_S=0.5in$^{1/2}$），而 Ti5111 合金符合海洋工程应用的理想要求（即平面应变断裂韧性 K_{IC}/屈服强度 Y_S=1.0in$^{1/2}$）。Ti5111 是 20 世纪 80 年代，Timetal 公司与美国海军联合研制了一种具有中等强度、高韧性、高室温抗蠕变性能、易焊接、耐海水应力腐蚀的钛合金。Ti-5111 钛合金（Ti-5Al-1Zr-1Sn-1V-0.8Mo）可以加工成不同厚度板材、棒材、锻件和铸件。在海洋环境中，材料的高韧性和抗应力腐蚀能力关系零件及设备机械的安全，Ti-5111 合金的冲击韧性约为 Ti-6Al-4V 的 3 倍。室温海水环境中 Ti-5111 合金几乎不受应力腐蚀的影响，因此 Ti-5111 被选用船舶、潜艇的备选材料之一。但是，Ti5111 合金强度偏低，屈服强度仅 700MPa 左右，不能满足大深度海洋高压力的应用需求。美国于 2015 年计划研制一种新型钛合金，保持 Ti5111 合金的韧性水平，而屈服强度提高至超过 800MPa，从而获得一种较为理想的满足深海工程应用的 800MPa 级高韧、抗应力腐蚀钛合金。但至今未见相关的研究进展报道。

当代大潜深的载人舱球壳除苏联的 MIR Ⅰ 和 MIR Ⅱ 采用钢材外，其他均采用了钛合金，而且，俄罗斯随后研制的 6000m 级"俄罗斯"号和"领事"号也采用了钛合金。虽然各国设计的大深度载人潜水器的技术特点各不相同，但载人舱球壳材料选用钛合金是一致的。详见表 16-1 中列示的典型大深度载人潜水器及其球壳材料及建造工艺。

日本的"深海 2000"深潜器使用钛合金 Ti-6Al-2Nb-4VELI 作耐压壳材料。

表 16-1　典型大深度载人潜水器及其球壳材料及建造工艺[17-20]

国家	名称	起用时间	设计深度 /m	球壳材料	载员	建造工艺
美国	ALVIN	1974	4500	Ti6211	3 人	半球整体成形 + 气体保护焊
美国	New "ALVIN"	2014	6500	Ti64 ELI	3 人	半球整体成形 + 电子束焊接
法国	Nautile	1985	6000	Ti64	3 人	两个半球 + 螺栓连接
日本	Shinkai 6500	1989	6500	Ti64 ELI	3 人	半球整体成形 + 电子束焊接
苏联	MIR Ⅰ	1988	6000	马氏体钢	3 人	铸造半球 + 螺栓连接
苏联	MIR Ⅱ	1988	6000	马氏体钢	3 人	铸造半球 + 螺栓连接
俄罗斯	RUS	2001	6000	钛合金	3 人	半球瓜瓣成形 + 窄间隙焊接
俄罗斯	CONSUL	2011	6000	钛合金	3 人	半球瓜瓣成形 + 窄间隙焊接

国家	名称	起用时间	设计深度/m	球壳材料	载员	建造工艺
中国	蛟龙	2010	7000	Ti64 ELI	3 人	半球瓜瓣成形 + 窄间隙焊接
中国	深海勇士	2017	4500	TC4 ELI	3 人	半球整体成形 + 赤道缝电子束焊接
美国	Triton LF	2020	11000	钛合金	2 人	半球整体成形 + 螺栓连接
中国	奋斗者	2021	11000	Ti62A	3 人	半球整体成形 + 全电子束焊接

16.2.2 / 耐蚀钢

美国、俄罗斯、日本、英国、法国是世界海军装备强国，其中美国与俄罗斯是最强的国家，其海军潜艇耐压壳体用钢的发展代表着世界潮流方向。美国、俄罗斯、日本等国已形成了屈服强度从 350MPa 到 1175MPa 级的系列高强度潜艇用钢。为了满足大深度安静型潜艇的发展需求，俄罗斯、日本、法国等国均研制了屈服强度为 980MPa 以上的舰船用钢，用于实艇建造[9]。世界海军强国潜艇用钢钢号和强度级别见表 16-2。

表 16-2 世界海军强国潜艇用钢钢号和强度级别[9]

屈服强度等级		美国	俄罗斯	日本	英国	法国
kgf/mm²	MPa					
35	350	HTS	АБ		HTS	HTS
40	390		АБА		UXW	
45	440	HSLA65	СХД-45	NS46	QT28	
50	490		АБ1, АБ1А			
60	560-620	HY80 HSLA80	АБ2, АБ2К, АБ2А	NS63	QT35 QI(N)	HY80
70	690	HY100 HSLA100				
80	785		АБ3, АБ4А, АБ4К	NS80		HLES80
90	890	HU130		NS90		
100	980		АБ5А, АБ6А			HLES100
110	1078			NS110		
120	1176		АБ7А			

美国舰船用钢的发展经历了多个阶段，先后研制过碳素船体、高强度钢、HY 系列低碳低合金超高强钢、HSLA 系列高强度低合金结构钢、ULCB 超低碳贝氏体钢等多个型号的钢种，钢材屈服强度等级包括 350 ~ 1240MPa，经过多年发展，美国在舰船用钢方面基本形成了一套完整的体系[4]。

美国海军潜艇的耐压结构主要使用 HY 系列调质钢[4]。20 世纪 60 年代以前，美国海军潜艇耐压结构的标准用钢为 HY-80 钢（550MPa 级），潜深 300m 的"洛杉矶"级潜艇和潜深 900m 的特种潜艇"NR-1"号的耐压结构采用了 HY-80 钢；蛙人输送系统（ASDS）的前两艘艇 ASDS Ⅰ 和 ASDS Ⅱ 的耐压结构材料采用 HY-80 钢。目前美国海军潜艇耐压结构的标准用钢为 HY-100 钢，其屈服强度大于 HY-80 钢，潜深 600m 的现役"海狼"级潜艇和潜深 300～450m 的最新型"弗吉尼亚"级潜艇耐压结构材料采用了 HY-100 钢（690MPa 级）。美海军还研制了 HY-130 钢（900MPa 级），深海救援艇"DSRV-I"号和"DSRV-Ⅱ"号的耐压结构材料采用 HY1-130 钢；计划用 HY-130 取代 HY-100 作潜艇耐压壳材料，常规动力深海试验潜艇"海豚"和另一艘潜艇的三个分段采用了 HY-130 钢。

随着武器装备"全寿命成本"概念的提出，改善舰船钢的焊接性能、降低舰船建造成本、缩短建造周期，成为美国海军追求的目标。为此，美国海军开发了新一代易焊接的 HSLA 高强低合金系列钢和 ULCB 超低碳贝氏体钢，以替代过去焊接困难的 HY80/HY100 钢，使高强度船体钢的研究和应用进入一个全新的阶段 [8]。HSLA 钢与传统 HY 钢的最大不同是引入了质量分数为 1% 左右的合金元素 Cu，同时也添加了微量元素 Nb 来控制晶粒尺寸，且采用固溶元素 Mn、Ni、Cr、Mo 强化合金基体。ULCB 钢的含碳量极低，因而具有良好的焊接性和焊后性能。由于 ULCB 钢厚板对冷却速率不敏感，对其高强焊条能保持高的强度和韧性以及高的抗氢脆开裂能力。

俄罗斯已经开发出强度 350～1176MPa 级的 АБ 系列潜艇用钢，其潜艇用钢的品种最多、强度级别范围最宽。

日本海上自卫队潜艇用钢有 NS-30、NS-46、NS-63、NS-80、NS-90 和 NS-110 [4]。第二次世界大战后至 20 世纪 60 年代初日本海上自卫队潜艇耐压壳材料使用 NS-30 和 NS-46 钢。此后，研制成功了 NS-63（HY-80 的改进型）、NS-80、NS-90（仿制 HY-130）钢。除 NS-90 钢用于潜深达 2000m 的深海调查船外，NS-63 和 NS-80 钢也都已用于建造潜艇。"夕潮"级潜艇的耐压壳使用的是 NS-80 钢。20 世纪 80 年代日本又研制了强度级别更高的潜艇用钢 NS-110（1100MPa 级），日本海上自卫队的"亲潮"级潜艇的耐压壳就是由 NS-110 制成。

英国海军在第二次世界大战后研制了 QT 系列潜艇用钢 QT-28、QT-35 和 QT-42。20 世纪 50 年代用 QT-28 建造潜艇。1958～1965 年广泛使用 QT-35 钢建造潜艇。1968 年制定了 Q1（N）钢的规范。英国还仿制了 HY-100 和 HY-130，并分别命名为 Q2（N）和 Q3（N）钢。英国"机敏"级潜艇计划使用 Q2（N）作耐压壳材料 [4]。

法国开发的 785MPa 级 HLES 80 钢和 980MPa 级 HLES 100 钢使法国海军的核潜艇跻身于国际先进水平。法国新一代战略核潜艇"凯旋"级采用了 HLES 100 钢建成，使其下潜深度达到 500m；与之配套的新一代水下主力"梭鱼"级攻击核潜艇也采用 HLES 100 钢建造 [9]。

高强度、高韧性、易焊接、耐腐蚀、抗疲劳是国外对舰船用钢与深海装备用耐蚀钢研发中提出的要求。

16.2.3 ／ 防腐蚀材料

采用防腐蚀涂料控制海水对海洋装备的腐蚀性是国际上通行的做法。国外在这方面一直非常重视。传统涂料的主体成分是有机树脂，因此提高树脂的质量和水平成为国际上的主体技术路线。此外，注重装备表面的锈层转化，以降低涂装前预处理成本。

第三篇 战略新材料

目前，海洋防腐蚀涂料的研究、开发与应用已经得到全球的强烈关注，欧美等国是主要科学技术来源地。国际知名重防腐涂料品牌海虹老人（丹麦）、国际油漆（荷兰）、佐敦（挪威）、中涂（日本）、大师漆（美国）、阿克苏诺贝尔（荷兰）、金刚（韩国）等在海洋防腐蚀涂料领域处于领先地位，并对我国重防腐涂料高端市场形成垄断局面，而中低端市场则以中国企业为主。在对涂料技术要求较高的海工设备领域，重防腐涂料市场基本被国际大品牌垄断占领；佐敦公司在中国海洋工程重防腐涂料领域占据约60%的市场份额。在环氧涂料方面，海虹老人、国际油漆等国际公司生产的长效防腐蚀环氧涂料展现出优异的防腐蚀性能[10]。在聚氨酯涂料方面，英国 Metrotect 公司制备的双组分聚氨酯防腐蚀涂料，防腐性能优良，已应用于穿越尼日利亚河的油管线上。佐敦公司生产的聚氨酯防腐蚀涂料，有效防护周期可达30年。在聚脲防腐涂料方面，阿克苏诺贝尔公司研制出可直接施工、具有良好防腐蚀性能的新型聚天门冬氨基酸酯重防腐蚀涂料[11]。

深海领域，美国、英国海军较早开展了针对深海装备腐蚀问题的一些研究工作，美国海军部海上系统司令部2003年批准 INTERGARD143 高固体分环氧涂料作为深海装备维修保养涂料使用，深海装备的耐腐蚀水平和使用安全性、可靠性均得到显著提高。英国海军的深海装备接触水部位采用的是固体含量大于82%（体积分数）的环氧高固体分防腐蚀配套涂料，一般涂装两道，防腐层总厚度为300μm左右。德制209级深海装备防腐蚀涂料配套采用高固体分环氧涂料（81%），干膜厚度达550μm，所设计的深海装备防腐涂料使用海域与中国南海情况类似，设计使用寿命10年。国外发达国家针对深海装备腐蚀的有效控制都是建立在系统研究和大量实验基础上的，并且针对深海装备防腐蚀涂料都给予了特殊的重视。各国在深海装备防腐蚀涂料方面具有不同的技术特点和发展路线，但共性都是以环氧高固体分涂料配套为主，对涂料性能测试十分全面，尤其是耐海水压力性能评价[12]。

美国通用电气化学公司开发了一种经改进并含有脱脂剂的锈蚀转化剂，这种产品能除去油、脂、氧化皮及盐沉积物，涂上此锈蚀转化剂后在涂漆前不需要喷砂，仅需刮锈打磨或用砂皮打掉带锈表面。这种锈蚀转化剂可喷、刷、辊涂，用于舰船、驳船、油井设备和船坞等处，这种使用方便的液体可节省时间和劳动力，降低涂装成本，并能形成一种坚硬、聚合型打底涂层，在24小时内可涂装面漆。美国 Eneor 公司开发了 Isotrol/Isoguard 体系的新型双组分防锈材料，使用时仅需涂一道 Isotrol 涂装后就能立即透过锈蚀和潮气进入底材，并填塞住极小的孔穴，其强固的粘接质量使其能有效地附着，将另一成分 Isoguard 与 Isotrol 配合形成坚韧涂层，不会脱离或剥落，这种单道弹性涂层耐腐耐磨，Eneor 公司称其持久性在10年以上[13]。

海洋污损生物（又称海洋附着生物）泛指在海洋环境中栖息或附着在船舶和各种水下人工设施上，对人类经济活动产生不利影响的动物、植物和微生物的总称。从某种角度来讲，它是属于海洋环境内的自然破坏力。据不完全统计，全世界以藤壶、双壳类、海鞘、水螅、藻类、尤介虫和外肛动物等为主的海洋污损生物高达4000多种。它们容易附着在船舶、海上钻井平台、桥墩、码头及其他海洋设施表面，腐蚀设备，影响海洋设施的稳定性和安全性。涂层保护是防止海洋生物污染的最常用且有效的手段。传统的有机锡和氧化铜涂层具有毒性，破坏海洋环境，2008年起已被禁止使用。近年来，低表面能、仿生防污涂料等完全环境友好的新型防污涂料因对于海洋运输安全和海洋环境的保护具有重要意义，成为国内外海洋防污涂料研究的热点。

美国大师漆公司研发的 Sigmaglide1290 产品，100% 采用分子水平的硅氧烷树脂，形成的涂层表面硅氧烷密度高，可实现动态的表面再生，在具备高防污性能的同时可克服涂层表面受紫外线、太阳光及污染物的作用而劣化失效的缺点[14]。荷兰阿克苏诺贝尔公司的 Intersleek1100SR 高级含氟聚合物不沾污涂料，可用于新造船或维修和保养，是行业内第一个以不沾黏液专利技术为特色、不含生物杀虫剂的污损控制涂料，使用 60 个月后仅有少量黏液，无宏观污染。该公司将开发一种基于紫外线发光二极管的防污技术，该技术将涂层保护与荷兰皇家飞利浦在紫外线发光二极管照明和电子领域的先进技术相结合，作用过程中紫外线从涂层表面发出，最终可达到预防区域表面生物附着的目的[14]。丹麦海虹老人公司采用硅酮水凝胶技术研制了 HempasilX3+ 涂料产品，该涂层可在涂覆表面形成吸水的凝胶聚合物网，使海洋生物不能识别是否可以附着，从而实现防污，坞间隔期在 60 个月以上；HempaguardX8 用先进水凝胶硅酮和高效防污生物杀灭剂的附加效果，增强防污屏障，延长无污期，作为 HempaguardMaX 系统面漆，适用于长服务间隔（长达 90 个月）和 / 或非常长的怠速期（长达 120 天）运行的船舶。新加坡立邦公司以抗血栓形成聚合物为基础，研制了 Aquaterras 防污涂料产品，据报道该产品不含杀菌剂，而是依靠新型医用聚合物的持续抛光和表面微结构来确保产品具有长期的防污性能。近十多年来，欧盟资助了多个防污技术的项目。例如，欧盟资助的 FP7 项目 FOUL-X-SPEL（环境友好型防污技术优化船舶能源效率，项目编号 285552，FP7-sst-2011-rtd-1），其基本理念是通过提供一种固定具有生物灭活性的生物活性分子的新型非浸出防污聚合物体系，对普通船体进行改性，以避免浸出并促进表面保护的长期效果[15]。

以美国海军系统司令部的一项防污涂料发展计划最具代表性，美国海军根据全寿命周期保障要求，通过长效防污涂料研制技术和水下清洗工艺等多种手段的不断改进，在 20 年内将航母的坞修间隔期从 6 年提高到 12 年。我军大型舰船现已对满足 6～8 年坞修间隔期的船底防污涂料提出使用需求。我国防腐和防污涂料的现状，无论是理论研究还是实际应用性能，都与国外存在一定差距。目前国内船舶市场上防腐防污效果好的涂料以国外大品牌居多，如佐敦、国际油漆公司等，国内船舶防污涂料的防污期效一般为 3～5 年，与美国涂料 10～12 年的防污期效相差较远[14]。

16.3 / 我国深海工程装备用耐蚀材料的研究现状

16.3.1 / 钛合金

我国已经形成了较完整的钛合金研究、中试和规模生产的工业体系，目前已经是世界钛工业大国。

我国船用钛合金研究始于 20 世纪 70 年代，早期以仿制苏联、美国的钛合金为主，现在初步形成了我国船用钛合金体系，主要用于制造船舶的热交换器、冷凝器、管路、阀门、泵体、声呐导流罩、球鼻艏、螺旋桨、压力容器等部件[16]。总体上，与航空应用相比，船用钛合金占比较低，基本属于"点"式应用。但是，船用钛合金已经引起高度重视，相关方面开展了大量的材料研究与前期应用探索研究，钛合金的应用范围将不断增加。如钛合金推进系统、钛合金高压气瓶、钛合金弹簧、钛合金紧固件等船用钛合金的材料与部件的研究正在开展，甚至获得了关键技术的突破。

在深潜装备耐压壳体钛合金研发及应用方面，我国于 21 世纪初研发的"蛟龙"号载人潜水器（潜深 7000 米级）载人球壳采用了 TC4 钛合金。在"蛟龙"号研制的基础上，我国"深海勇士"号载人潜水器（潜深 4500m 级）完成了包括载人球壳在内的核心部件的自主研制，研发阶段分别采用 800MPa 级别的 TC4、Ti80 合金制备了载人球壳。我国"奋斗者"号全海深载人潜水器应用了自主研制的更高强度级别 Ti62A 钛合金，研制出世界上尺寸最大的全海深载人钛合金球舱，在国际上开拓了该级别钛合金作为大型耐压壳体的新领域。

我国在深海潜水器载人舱球壳制造技术方面也取得了长足进展。表 16-1 是当今国际大潜深载人潜水器球壳材料及建造工艺。2012 年海试成功的 7000m 级"蛟龙"号载人潜水器内径 2.1m 的 TC4 钛合金载人舱是委托俄罗斯建造的，当时，我国还没有建造大型钛合金载人舱球壳的工业技术能力。2017 年海试成功的 4500m 级"深海勇士"号载人潜水器内径 2.1mTC4 钛合金载人舱球壳完全实现了自主建造，其工艺技术水平达到国际先进水平。2021 年海试成功的万米级"奋斗者"号载人潜水器载人舱球壳尺寸达国际最大，采用自主研发材料自主建造完成，其建造工艺技术水平国际领先。

16.3.2 ／ 耐蚀钢

我国海洋舰船用钢在 20 世纪 50 ～ 60 年代开始仿制苏联的钢种，开发出了 390MPa 级的 907 钢、590MPa 级的 921、922、923 系列钢。到了 70 ～ 80 年代，自行研制出锰系无镍铬和低镍铬钢，如 901、902、903、904 系列钢，并得到应用。80 ～ 90 年代，研制出了 440MPa 级的 945 钢、590MPa 级的 921A 钢、785MPa 级的 980 钢。2000 年以来，在基础理论发展的支持下，进一步研发出性能稳定的涵盖 400 ～ 800MPa 级的多型钢种，直接支撑了包括航母、09 核潜艇、052 驱逐舰等为代表的海洋装备的建设。

上述这些钢种都是利用碳强化、合金元素强化、细晶强化以及碳化物、氮化物弥散强化等方式实现。在提高强度的同时，一方面会造成韧性和焊接性能的降低，另一方面由于主要借助于形成马氏体，给后续的制备加工带来了难度，包括较高成本的快冷、回火、复杂的热处理工艺等。为了有效解决该问题并获得高性能的海洋钢，王国栋院士团队提出了新一代控轧控冷技术，实现了组织控制、细晶强化、沉淀强化以及贝氏体相变强化融为一体，并发明了新的热处理工艺与装备，并结合初期的夹杂物控制技术，获得了高性能海洋钢。

然而，与国外先进国家比较，我们目前还有差距。一是强度级别低于国外；二是焊接性能与国外有差距；缺乏系统的耐海水腐蚀性能，特别是耐南海环境的长期腐蚀性能；四是尚未掌握大厚度船板制造技术等。

16.3.3 / 防腐蚀材料

涂层是海洋环境工程装备中最主要的防腐蚀材料。随着海深的增加，静水压力增大。深海环境的高压会增大海水在涂层中的渗透速率，使涂层过早失效。潜器的压力交变会加速涂层与基体的剥离。因此，深海环境条件下使用的防腐涂层除了满足常规防腐涂层的性能要求外，还必须有耐高压海水渗透和耐海水压力交变作用的特性，确保涂层在深海压力环境中始终保持良好的物理隔离性能，同时也兼具良好的力学性能和耐久性。目前，用于深潜器、海底管道、水下设施等的腐蚀防护涂层主要有环氧系防腐涂层、聚氨酯系防腐涂层、三层聚乙烯防腐涂层、三层聚丙烯防腐涂层，以及用于补口的液态环氧涂料等。

为了获得综合性能佳的防腐涂层，在防腐涂层中添加纳米颗粒，部分替代传统的微米级颜料/填料，从而实现致密性、耐老化性、耐腐蚀性、耐磨性、抗菌性、柔韧性等多种性能的提高。

由于纳米粒子的自重小甚至小于范德华力，粉体纳米粒子处于团聚状态。解决纳米颗粒的团聚性和分散稳定性是利用纳米粒子的两大国际难题。采用特殊分散剂和改性接枝的办法，我国已经研发出高浓度、低黏度的纳米物质浓缩浆，从而为实现纳米粒子的添加奠定了坚实基础。

纳米二氧化钛、纳米氧化锌、纳米二氧化硅、纳米蒙脱土、纳米碳酸钙等是涂料改性常用的纳米粒子，它们的表面能都很高，易于同其他原子结合；纳米粒子与有机涂料之间可形成较强的氢键，增加了涂层的致密性、临界体积浓度与抗离子渗透性。纳米粒子与聚合物在分子水平上键合，并且与活性的金属基材表面形成化学键，增加防腐涂料与基材之间的附着力。纳米粒子对紫外线具有较强的吸收作用，可增加防腐涂料的紫外线吸收率，提高防腐涂料的耐候性；另外，纳米颗粒还可以改善涂料的流变性，提高涂膜硬度、耐磨性和光洁度等。纳米改性环氧涂料与聚氨酯涂料是两种典型的纳米改性海洋防腐涂料，纳米改性环氧涂料在海洋环境中具有优异的附着力、耐腐蚀性及配套性，纳米改性聚氨酯涂料具有长效的耐盐雾、耐湿热、耐海水、抗老化等性能。近些年，纳米复合环氧涂料与纳米复合聚氨酯涂料已经在海洋工程中推广使用，优异性能得到验证。此外，纳米相的超低表面能可降低这两种纳米改性涂料的表面自由能，提高海洋防腐涂料的抗污染能力。我国知名研究机构为了获得耐腐蚀、耐磨损、抗老化、抗污等不同功能的纳米复合涂料，系统研究了不同纳米材料的功效，在总结规律的基础上，向自由组合过渡，从而进一步实现不同功能涂层的自由设计。

我国科学家采用特殊分散剂、改性接枝等办法，解决了纳米粉体材料团聚性、分散稳定性难题，制备出高浓度、低黏度、耐贮存的纳米氧化物浓缩浆（表16-3）。新方法使得纳米颗粒得到有效分散（图16-1）。

表16-3 典型纳米氧化物浓缩浆与国外水平对比

种类	主要参数	国际水平	我国技术
纳米氧化钛浓缩浆	初级粒子粒径/nm	100	20
	固体含量/%	30	55
	初始黏度/mPa·s	—	160
	贮存期/月	6	24

续表

种类	主要参数	国际水平	我国技术
纳米氧化锌浓缩浆	初级粒子粒径 /nm	100	20
	固体含量 /%	40	55
	初始黏度 /mPa·s	—	46
	贮存期 / 月	6	12

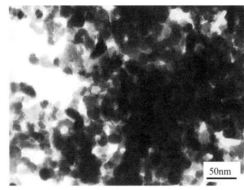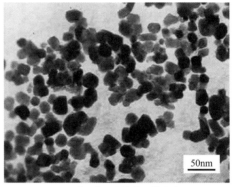

(a) 传统分散方法　　　　　　　　　　　　　(b) 我国自主研发的分散方法

图 16-1　采用不同分散方法的分散性对比

　　采用两步法，把纳米氧化物浓缩浆添加到涂料中，制备出高性能的纳米复合涂料，使得涂料的性能得到大幅度提高，包括耐腐蚀性、耐老化性、耐磨损性能等。例如，纳米二氧化硅改性聚氨酯涂层的耐腐蚀性显著提高，阻抗值提高 3～4 个数量级（图 16-2），耐盐雾试验等级从 3 级提高到 1 级（图 16-3），这说明纳米二氧化硅表面活性基团参与成膜交联反应，增加涂层致密度，减少水传输通道，提高耐腐蚀性。

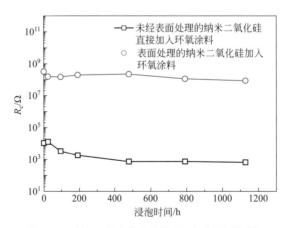

图 16-2　涂层阻抗和电容随盐水浸泡时间变化曲线

　　添加适当纳米物质的纳米复合涂层也具有很好的耐磨损性能。从图 16-4 可见，纳米复合涂层的磨损呈抛物线变化，而普通涂层呈直线变化，纳米粒子显著提高了涂层的耐磨性能。

(a)纳米复合聚氨酯涂层　　　　(b)国产聚氨酯涂层　　　　(c)进口聚氨酯涂层

图 16-3　LY12 铝合金表面 1200h 盐雾试验后不同涂层耐腐蚀性对比

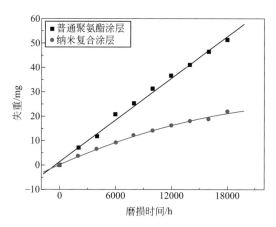

图 16-4　普通聚氨酯涂层与纳米复合涂层的耐磨性
（Speed: 70r/min；Grit size: 100#；Load: 1000g）

　　研究了高活性氧化石墨烯纳米片改性环氧 - 氰酸酯涂层[21]，氧化石墨烯表面活性官能团与氰酸酯官能团发生键合反应形成交联网络，阻止腐蚀性离子浸入，并提高涂层的韧性。这种反应式加入法大量减少氧化石墨烯的缺陷结构及改善分散稳定性，依靠交联网络与多级纳米片层结构共同提高涂层性能。由透射电镜观测到氧化石墨烯在涂层中的纳米片良好分散状态（图 16-5），呈现具有高比表面积的二维层状结构。

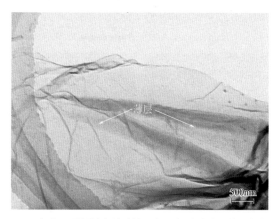

图 16-5　氧化石墨烯纳米片改性环氧 - 氰酸酯涂层的透射电镜图

3.0% 氧化石墨烯纳米片改性氰酸酯涂层在 50℃ 盐水中浸泡 1320h，低频阻抗仍高达 $10^7 \Omega \cdot cm^2$ 数量级（图 16-6），远高于文献中报道的此类涂层的最高阻抗值与腐蚀时间。整个浸泡过程中 3.0% 氧化石墨烯纳米片改性涂层仅具有一个稳定的低断点频率，说明其抗腐蚀渗透性能优异。

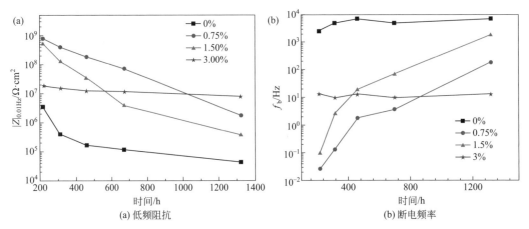

图 16-6　添加不同含量的养化石墨烯（GO）后在 50℃、3.5% NaCl 溶液中涂层性能随浸泡时间的变化曲线

从扫描电镜中的观察可见（图 16-7），不含氧化石墨烯纳米片的环氧 - 氰酸酯涂层在金属基体 / 涂层界面处发生腐蚀及涂层剥离开裂，而含有 3.0% 氧化石墨烯的氰酸酯涂层及界面处未发生腐蚀。3.0% 氧化石墨烯与氰酸酯聚合物形成的化学交联结构及多级片层叠加物理屏障作用协同增强涂层抗腐蚀能力。

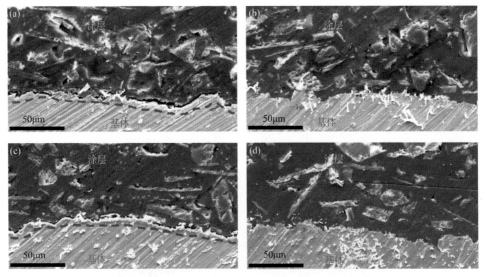

图 16-7　在 50℃、3% 盐水中浸泡 1320h 后涂层的横截面形貌
(a) 无 GO；(b) 0.75% GO；(c) 1.5% GO；(d) 3.0% GO

16.4 深海工程装备用耐蚀材料近期研究发展重点（战略思考建议）

 16.4.1 钛合金

研发深海工程用 800 ～ 1000MPa 级高强高韧钛合金材料及装备制造技术。随着海洋开发深度的增加，深海工程装备需要能承受更大的海水压力，必然需要更高强度钛合金材料，以提高深海装备的承压能力。目前，海洋工程及海洋监测装备主要朝着应用扩大化、大型化、合金化、低成本、系统化的方向发展，因此对材料的要求也越来越严格。除了钛合金的高强度、高韧性外，还需要具备良好的加工成型性、可焊接性以及较低的制造成本。但是，目前国内高强高韧海洋钛合金材料存在技术成熟度较低、强韧性匹配难度大、热加工变形困难、组织不均匀、焊接接头脆化及密封材料易老化等问题，同时，我国以船舶为代表的海工领域应用钛合金材料还非常少，应用经验有限，处于起步阶段，亟须开展高强韧海洋钛合金强韧性匹配、低成本制造技术、大尺寸板材和大口径管材组织均匀性控制等相关技术研发及应用工作。全面发展深海工程装备钛合金部件热加工、表面处理、焊接成形、密封连接等技术，突破钛合金在深海装备中应用"由点到面"的技术瓶颈。

海洋生物污损与海工装备的腐蚀严重影响着深海装备的发展。钛合金虽然有优异的耐海水腐蚀能力，但易附着海洋生物、微生物，造成海洋生物污损，影响装备性能的发挥。同时，钛合金材料应用时还存在着缝隙腐蚀、与其他金属间及其在极端海洋环境条件下的电化学腐蚀等问题。因此，开展深海工程装备中的钛合金表面处理防腐技术研究，有效防止海洋生物污损和电化学腐蚀，攻克钛合金在船舶深海领域应用的"最后障碍"，促进钛合金船舶海洋中大量应用是至关重要的。

 16.4.2 耐蚀钢

我国目前用于海洋工程的还停留在 800MPa 级。980MPa 级的耐蚀钢处于实验室研究阶段。近期研究重点还是如何获得综合性能优异并可规模生产的 980MPa 级的耐蚀钢。国外已经成功规模应用的经验表明，采用铜沉淀强化替代碳强化，即在钢中形成高密度的铜纳米团簇，既提高强度又不降低韧性，同时提高材料的耐腐蚀性；通过降低碳含量及碳当量，提高焊接性能。换句话说，要想实现规模化生产的 980MPa 级的钢种，需要把微合金化、控轧控冷、时效硬化处理、超低碳贝氏体组织控制融为一体，需要强的基础研究与工艺技术的提升，同时也必须把焊接性能、腐蚀与疲劳等服役性能研究清楚，还需要从纳米级到宏观米级部件进行尺度关联。

16.4.3 防腐蚀材料

我国对海洋防腐蚀材料的需求紧迫，特别是对环保抗渗透防腐材料与技术、低处理表面

第三篇 战略新材料

防腐涂料、水下固化防腐涂料、自修复与自预警等智能型涂料、长寿命防污涂料等的需求旺盛，以下分别叙述。

（1）环保抗渗透防腐材料与技术 • • •

防腐蚀涂料控制腐蚀的核心是隔离腐蚀介质的渗透及阻挡金属离子的扩散。抗渗透性能直接决定着涂料的防腐蚀寿命与防腐蚀效果。传统涂料中大多含有机溶剂，造成环境污染，绿色环保海洋涂料是今后的主要发展趋势，环保涂料主要包括高固体分涂料、水性涂料、粉末涂料、无毒海洋涂料等。

① 高固体分与无溶剂海洋涂料：高固体分涂料的固体分含量一般在 70% 以上，无溶剂涂料的固体分是 100%。由于高固体分涂料中少用或不用有机溶剂，从而减少 VOC 排放，符合环保要求。高固体分涂料一次施工即可达到所需的膜厚，减少了施工道数，提高施工效率。溶剂挥发的减少也降低了涂层的孔隙率，提高了涂层的抗渗性与耐腐蚀性。环氧高固体分涂料是海洋防腐工程中应用较广泛的品种，主要作为耐强腐蚀的厚膜涂料使用[22]。聚脲弹性体涂料的固含量为 100%，对环境友好，固化速度快，施工时不受环境湿度影响，并且固化成膜后具有良好的耐化学性、弹性及耐候性等。高固体分环氧涂料、聚脲弹性体涂料等适用于腐蚀苛刻的海洋环境防腐保护。高固体分涂料具有与溶剂型涂料类似的良好性能与施工便捷性，这决定了它在环保涂料中不可替代的地位。

② 粉末涂料：粉末涂料在生产过程中无废水和溶剂排放，在涂装过程中无挥发溶剂排放，是真正意义上的绿色环保涂料。目前我国以热固性粉末涂料为主，主要有环氧、聚酯以及环氧/聚酯粉末涂料，丙烯酸、聚氨酯和氟碳粉末所占比例很小。此外，功能性粉末涂料备受关注，如重防腐、耐候性、抗菌性、耐高温、疏水和自愈型粉末涂料[23]。熔结环氧粉末涂层是海洋工程中重要的防腐材料。海洋环境中，金属结构受到震动、介质冲击、盐水侵蚀等作用，常规涂层因附着力、致密性、韧性和抗冲击性等性能的不足，导致涂层腐蚀破坏。粉末涂层的性能与其高分子网络交联密度以及树脂与基体之间的界面结合力有关；功能性基团的引入，既能提高涂层的高分子交联密度，增加致密性以及与基材的附着力，同时还能提高环氧树脂的反应活性、缩短固化时间[24,25]。近年来，也有不少研究者从合成超支化树脂、新型固化剂、构建互穿网络结构、加入功能性填料等方式提高重防腐环氧粉末涂层性能[26]。高性能重防腐粉末涂层在严酷海洋环境下的应用潜力巨大，有望满足国家重大工程腐蚀防护方面的高品质要求。

③ 水性海洋涂料：水性涂料的 VOC 含量低，有利于保护环境。目前，水性涂料主要有水性无机富锌、环氧、醇酸、丙烯酸、聚氨酯、氟碳等体系，水性环氧与水性聚氨酯体系是水性涂料中应用较多的品种。水性聚氨酯有阴离子、阳离子和非离子型等，聚氨酯的水性化是通过其合成过程中引入亲水基团或亲水链段。水性聚氨酯成膜后具有较好的柔韧性与耐化学性，可在较低的温度下成膜。环氧树脂的水性化方法主要有机械法、相转法和化学改性法（自乳化法）。重点的自乳化法包括功能性单体扩链法和自由基接枝改性法，功能性单体扩链法制得的水性环氧树脂具有良好的水分散性及物理化学性能；制得的乳液分散相粒子尺寸为几十到几百纳米，稳定性好。

水性防腐涂料存在着一些问题：水的表面张力比有机溶剂的表面张力大很多，在金属表面上不易充分扩散；水对颜料难润湿，与树脂不易混溶；水的汽化温度较高，将导致涂料喷涂时不易挥发；水的蒸发受湿度影响大，施工较难控制；水性涂料与溶剂型涂料相比，涂装时较易发生流挂问题。近些年，水性环氧涂料与水性聚氨酯涂料在船舶、海洋钢结构等小范围适用，进一步推广使用还需要提高水性涂料的耐蚀性与施工性。

④ 无毒海洋涂料：多年来，钝化型或缓蚀型海洋防腐涂料使用含铬、铅等重金属的防锈颜填料；近些年随着环保法规加强，要求必须严格控制颜料中铅、镉、铬、汞、砷等重金属的含量，环保型钝化颜填料也开始逐渐替代这些重金属防锈颜填料。环保型防锈颜填料主要是低毒或无毒的材料，如磷酸锌、磷酸钙、钼酸锌、钼酸钙、改性三聚磷酸、复合磷酸盐等，这些环保颜填料可替代有毒、有污染的红丹、铬酸盐等重金属防锈颜料。此外，金属锰及其化合物（如四氧化锰）可作为防腐涂料中腐蚀抑制性颜料，它与传统铬酸盐抑制性颜料具有类似效果。最近研究发现，铁氧体是一种防腐蚀活性颜料及离子交换型防腐颜料，可代替含重金属的防腐颜料。

（2）低处理表面防腐涂料

海洋设施有许多狭小或不能搬动的钢铁部件，维修时很难进行彻底的表面处理，这些部位通常处理后仍带有不同程度的锈蚀物，并且海洋钢铁设施现场涂装时经常处于高湿度及少量带油的状态。这种情况下，降低钢铁除锈工作量与简化涂装工艺十分必要，因此，需要一种能够在不清洁表面上直接进行涂装的低处理表面涂料。根据使用环境不同，低处理表面涂料可在带锈表面、潮湿表面、旧涂层表面等进行涂装防护。

低处理表面带锈涂料主要分为锈转化型、锈稳定型、渗透型等[27]。锈转化型带锈涂料是利用转化剂（如丹宁酸、鞣酸、水杨酸等）与金属表面未除净的铁锈反应，将活泼铁锈转化成为无害且具有一定保护作用的配位物或螯合物。锈稳定型带锈涂料是利用活性颜料（铬系颜料、改性磷酸盐类）组合作用，通过其缓慢水解产生的配位阴离子与活泼铁锈形成难溶的多酸配位物，稳定铁锈。渗透型带锈涂料是利用漆料对疏松铁锈的湿润渗透作用将铁锈分隔开，并将铁锈包围隔离。锈转化型、锈稳定型带锈涂料可将 80μm 以下的锈层转化成稳定化合物，成为漆膜中一种成分而牢固黏附在钢铁表面，形成保护性封闭层。渗透型涂料只适用于锈蚀较薄的表面涂装，且防锈能力也有限，因此，目前高效的带锈涂料以转化型和稳定性为主。

潮湿面环氧涂料是一种重要的低处理表面防腐涂料，可在潮湿带锈钢材表面上直接涂装，已在海洋工程中得到了应用。环氧树脂的开环反应受水的影响较小，双酚 A 环氧及其改性树脂的分子结构中含有极性的羟基和醚键，即使在含水表面也有较强附着力。这类环氧涂料需要选择潮湿面专用固化剂（如酮亚胺），并选用锈稳定剂或转化剂进行锈转化反应。除了环氧类，还有聚氨酯类低处理表面防腐涂料，采用粗制二苯甲烷二异氰酸酯等制成聚氨酯预聚体，并与防锈颜填料等混合制成耐久性带锈涂料，潮气固化，并能够一定程度的进行带油带锈涂装。

第三篇 战略新材料

（3）水下固化防腐涂料

近年来，随着半潜式平台、张力腿式平台以及浮式钻井船等海洋工程装备技术的不断革新，海洋钻采作业也不断向深海海域转移。由于常年浸没在海水中或受潮水涨落和飞溅以及遭受海上生物或运动物体冲蚀，使这些海洋装备的防腐层遭受破坏，但由于远离大陆，维护及时性较差以及维修成本非常高，这就迫切需要一种能直接在海水中进行涂装并固化的防腐涂料。

水下涂装性能是水下固化防腐涂料的关键性能之一[28]，涂料首先不与水混溶；其次，涂料的亲水和憎水性要存在一定的平衡：需要一定的疏水作用才能在物理机械作用下排挤开基材上的大部分水，同时需要一定的亲水作用实现对基材的润湿和涂布。此外，涂料的涂装黏度、固化速度、防腐性能以及使用寿命也是水下固化防腐涂料的重点性能。

国内目前的水下固化防腐涂料主要以高固含量、无溶剂或少量活性稀释剂的低黏度环氧树脂为主，固化剂一般选用憎水改性的曼尼希型固化剂[29]。虽然在一些工程项目上已经有所应用，但仍然普遍存在着涂料黏度高、低温难固化、黏结力差、有机溶剂污染等问题有待于攻克，还存在较高技术瓶颈[30]。

（4）智能型涂料：自修复、自预警

智能防腐涂层能够对环境变化快速作出响应，如 pH 值、光等环境变化，有选择性地做出最佳反应，实现破损部位的自动修复损伤和缓蚀剂可控释放以阻止基材的进一步腐蚀，提高海洋装备的抗腐蚀性能和使用寿命。常见的智能型涂层有自修复和自预警涂层。

对于具有自修复功能的防护涂层而言，在涂层破损处恢复防护功能即可，无需实现整体涂层所有功能的完整恢复。通常有两种方式设计自修复涂层，即直接分散法和容器封装添加法。直接分散法是指将具有腐蚀防护功能的试剂如缓蚀剂等直接添加至涂层中，但是通过该方法制备出的涂层中，缓蚀剂等抗腐蚀试剂容易流失，并在涂层中留下孔道，破坏涂层的完整性，使腐蚀性介质易于通过孔道接触金属基底，造成金属的腐蚀，同时直接分散于涂层中的试剂可能与涂层基底发生作用，影响涂层的黏结性和密封性能等。相比之下，采用容器封装添加法，将自修复试剂封装于微纳米容器中，可以避免直接分散对涂层所造成的不利影响，同时还可实现涂层的自修复功能。常用的微胶囊有 PANI 型微胶囊、介孔二氧化硅、埃洛石以及层状双氢氧化物（LDH）等。近年来，利用层层自组装制备的负载缓蚀剂高分子薄膜涂层，在受损时容纳的缓蚀剂分子释放至破损处，对金属表面发挥自修复防腐作用，同时该自组装高分子薄膜涂层可通过高分子链段的移动和静电作用力实现自修复，也是自修复涂层的新方向。

智能自修复涂层在其有限的自修复能力被消耗完后，仍面临着涂层破损处腐蚀不可阻止的问题。因此，赋予涂层自预警功能，可对涂层材料的破损位点进行及时的自我预警与指示，从而促使人们发现破损处并进行人工修复。自预警涂层一般利用掺入对腐蚀相关的环境变化有响应的荧光物质、变色染料或含有此类指示剂的包覆材料，在腐蚀发生过程中发生物理或化学作用，产生荧光效应或颜色变化，从而达到腐蚀监测的效果。常见的自预警涂层有 pH 自预警、金属离子自预警、氯离子自预警、微裂纹自预警涂层等。其中，pH 自预警涂层主要

针对腐蚀过程中涉及的阳极反应过程中的部分酸化，以及阴极反应过程中氧溶解出现的局部碱性，在涂层中掺入有机弱酸、弱碱及荧光型的 pH 响应型的指示剂[31]，对涂层的腐蚀进行预警；金属离子响应型主要是针对腐蚀反应的阳极区，指示剂与金属离子作用，产生显色、荧光增强或者荧光减弱的效果，常见的指示剂有羟基喹啉、邻二氮菲、罗丹明等[32]。氯离子侵蚀是海洋设备腐蚀的重要因素，氯离子自预警涂层主要是利用的氯离子触发型胶囊或发光材料对氯离子的渗透进行有效监测，预警金属腐蚀的发生；微裂纹自预警涂层主要是利用机械诱导的颜色、荧光以及电荷状态的变化对产生微裂纹来源的应力进行检测，可用于涂层形成裂纹的初期，达到高效指导涂敷涂层的结构部件健康运营和维护[33]。

（5）长寿命防污涂料　　　•••

长效性和环保性是国内外舰船防污涂料研究发展的重要目标。含有机锡的防污涂料对海洋环境造成污染，已经被全面禁止使用。由于中国、日本、韩国、菲律宾是全球最主要的造船国家，造船量超过全球造船订单量的 70%，所以全球防污涂料的主要市场在亚洲。国内一批企业和科研机构虽做了大量科研工作，但我国防污涂料 70% 以上市场被国外船舰涂料公司垄断。目前海洋防污涂料策略主要分为两大类，包括通过释放杀菌剂来抑制或限制生物污染的化学活性涂料，以及在不涉及化学反应的情况下抑制生物污染或提高污损释放的无毒涂料（表 16-4）。

表 16-4　基于生物杀菌剂的防污技术与污损释放涂料的性能比较[34,35]

涂层类型	开始时间 / 年	组成	是否含杀菌剂	寿命 / 月	其他
接触浸出涂层（不溶性基质）	1950	氯化橡胶树脂、环氧树脂，铜和氧化锌	铜、锌、铁的氧化物，随着时间缓慢减少	12 ～ 24	寿命限制了其在战舰和商船上的应用
控制衰竭（可溶基质）	1955	合成有机树脂（松香及其衍生物），铜、砷、锌	氧化铜和氧化锌，短暂持续一段时间	24 ～ 36	不溶性铜盐和树脂组分在航行过程中逐渐留在涂层表面，浸渍层厚度增加，杀菌剂的释放速率逐渐降低
自抛光	1986	丙烯酸或甲基丙烯酸聚合物，氧化锌和不溶性颜料	氧化锌和氧化铜或不溶性颜料，持续一段时间	60	目前有三种主要的无锡自抛光技术已经商业化，分别是硅酰丙烯酸酯技术、金属丙烯酸酯技术和丙烯酸纳米胶囊技术
污损脱附型涂料	1993	硅树脂或氟聚合物	不含杀菌剂	＞ 60	例如 Intersleek700、Intersleek900

无锡自抛光防污涂料和污损释放涂料是全球船舶涂料市场上的两大主要技术，但前者占防污技术的较大比例。无锡自抛光防污涂料主要有两种：一种是普通自抛光防污涂料，其基料通常为丙烯酸类共聚体，包括丙烯酸铜、丙烯酸锌和丙烯酸硅烷酯，该类防污涂料内部加有少量有机防污剂，但在实际使用时仍需要添加氧化亚铜作为主防污剂；另一种研究较多的自抛光型涂料是降解型自抛光涂料，树脂基料主要是藻类、细菌等微生物分泌的可生物降解型高分子，从动物身上提取的壳聚糖或明胶以及人工合成的主链含酯键、酰胺键和醚键等可降解高分子[36]。2003 年《控制船舶有害防污系统国际公约》通过后污损脱附型涂料的销量显著增加。与之前的技术相比，污损脱附型技术确保了超光滑的表面，在船舶航行过程中具有

低阻力，最大限度地节省燃料和降低成本。污损释放型防污涂料是通过改变涂料基材的构成，制备出具有低表面自由能的涂层，使微生物分泌的体外生物黏液难以在涂层表面润湿，从而使海洋污损生物难以附着或附着不牢，最终达到船体表面清洁防污的效果。经过多年的研究积累，污损释放型防污涂层已经形成了有机硅系、氟化物系和硅氟改性聚合物系三大研究体系。污损脱附型涂料的光滑性和疏水性可以降低船舶在航行过程中的拖曳阻力。目前污损释放型防污涂料商业化品种成本较高，与底漆附着力低和施工困难等缺点使得其应用受到制约，不适用于低速巡航、长时间停泊在港口的船舶[35]。

两亲性涂层、水凝胶涂层以及其他新兴材料如绿色杀菌剂（有机酸类、酚类、萜类、吲哚类等）、仿生型涂料（鲨鱼皮、鲸鱼皮等）等在防污涂料中的应用是近年来的研究热点[37]。仿生防污涂料又称微结构表面防污涂料，其作用机理是通过制备一种类似于生物表皮（如鲸鱼、鲨鱼、贝壳等）中微结构的表面，破坏海洋有机物的物理附着。目前制造微结构表面的主要方法有激光蚀刻、光刻、3D 打印等[38]。仿生型防污涂料、表面自愈型防污涂料、含新型无毒防污剂（纳米或微胶囊技术）的涂层等由于优异的环保型成为研究热点，其防污期效还有待验证。

16.4.4 / 其他材料与技术

① 铝合金：我国在海洋工程用铝合金方面，已经具备了较完善的研发生产及相当规模的加工制造能力[6]。

② 复合材料的耐蚀性提高技术：由于碳纤维自身制造得到突破，碳纤维增强树脂基复合材料是近年来爆发式增长的海洋工程材料。由于其耐腐蚀性高、抗海生物附着力强，为舰船、海洋平台、海洋发电等海工装备提供了新的选择，同样也为深海装备提供了一种选择。

材料制备加工工艺技术优化：包括免焊接制造技术，例如构筑成形技术等等。

16.5 / 深海工程装备用耐蚀材料 2035 年展望与未来

（1）钛合金

随着我国深海空间站、深海石油开采、深海/深渊原位实验站、深海采矿等中远期项目计划的陆续提出，展望未来，我国深海工程装备将迎来前所未有的发展机遇及相关需求。为此，需要开展以下工作，为我国重大深海工程项目提供重要的材料支撑，加速推进海洋领域重大装备发展进程。

① 加快研讨未来深海工程装备应用的更多场景、服役特征条件及水下结构设计技术，进一步明确我国深海装备的需求与发展目标；开展海洋极端环境及服役载荷耦合作用下钛合金力学行为及失效模式行为研究，积累钛合金在海洋环境条件下的性能数据，建立完善深海工程装备用高强韧钛合金设计、验证及评价技术，为结构安全性、可靠性评估提供材料数据支撑。

② 进一步巩固我国海洋工程钛合金材料研发及应用基础能力。以 800 ～ 1000MPa 级高

强韧钛合金应用为基础，开发适用不同应用场景的 1000 ～ 1200MPa 强度级别的钛合金体系；聚焦水下装备结构设计与建造的关键特种技术，重点发展高强韧钛合金近净成形技术及一体化成形技术，实现深海装备短流程低成本高质量制备；重点研发水下结构联通与对接、水下长时作业和大应变幅下可靠密封等技术，发展智能长效高压密封材料与工艺，满足高性能深海工程装备结构发展的需求。

（2）耐蚀钢 ....

由于钢铁材料的廉价、易制造等优点，在大型、规模生产方面始终具有竞争优势。

轻量化耐蚀钢是我国目前的难题，有望在未来 10 ～ 15 年得到规模应用。轻量化耐蚀钢是指通过在钢中添加大量铝等低密度元素，大幅度降低耐蚀钢的比重，从而达到降低舰船自重的效果。例如，通过在钢中添加铝元素，会显著降低钢的密度（又称低密度钢）。通过控制铝元素含量并结合热处理工艺，可控制钢中析出相的形态、尺寸、位置及分布，从而改善钢的强度、塑性、冲击韧性、延展性等性能，同时也能改善抗氧化性、耐蚀性、焊接性、成型性等性能。然而，铝的添加也会使钢的杨氏模量降低，即刚性受损，同时铝在钢中析出物的控制对性能的影响至关重要。

提高强度并保持韧性是节约资源和减重的技术路径。1100MPa 甚至 1200MPa 级的高强海洋钢国外已有，而我国尚属空白。这方面亟须进行基础研究部署，同时也必须重视制备工艺的投入，强化服役性能研究并从服役性能角度逆向设计材料，结合材料基因组的研发思路，有望缩短研发周期并尽快取得突破。

（3）防腐蚀材料 ....

① 纳米微粒原位生成制备纳米复合防腐涂料。在树脂或涂料制备过程中，使聚合物单体与可溶性无机分子前驱体的混合物溶于某种溶剂中，通过反应在聚合物中原位生成无机纳米微粒并有效嵌入聚合物中。原位生成法的反应过程中，聚合物可以控制纳米粒子直径与稳定纳米粒子、防止团聚，从而实现低成本高性能。

② 智能防腐材料的研发。传统涂层破坏后只能重新涂装。随着智能材料的研发进展，通过在涂层中添加具有自释放或对环境介质敏感的物质，使得涂层实现自修复或自感知，从而得到智能防腐涂层，甚至进一步研发自适应环境的涂层。

③ 从生物学和仿生学角度出发研究防污材料。一方面从中得到科学信息，例如荷叶、蝴蝶等昆虫翅膀的自洁防黏特性；另一方面注重多因素的耦合，例如鲨鱼表皮的防污功能是由微观形貌和亲水性黏液等耦合实现。特别是，由于海洋环境的复杂性，污损海生物种类的多样性，依靠单一的仿生特性来解决防污问题非常困难，首先必须重视多因素协同作用机制。在此基础上，研究不添加防污剂释放和材料消耗的仿生防污技术是防污涂料未来发展的重点，也是满足长效环保发展要求的最理想的防污技术之一。

（4）其他材料 ....

高强韧耐蚀铝合金，重点关注提高耐蚀性和强韧性。耐蚀复合材料，则需要考虑结构功能一体化，同时需要高度重视其耐腐蚀性的保障与提升。构筑成形技术在多种材料体系、不同形状结构部件上还有待进一步强化。

参考文献

[1] 周廉, 等.中国海洋工程材料发展战略咨询报告 [M]. 北京: 化学工业出版社, 2014.

[2] 侯保荣.海洋腐蚀环境理论及其应用 [M]. 北京:科学出版社, 1999.

[3] Venkateshan R, Venkatasamy M A, Bhaskaran T A, et al. Corrosion of ferrous alloys in deep sea environments [J]. British Corrosion Journal, 2002, 37 (4): 257-266.

[4] 马运义, 吴有生, 方志刚.船舶装备与材料 [M]. 北京: 化学工业出版社, 2014.

[5] 胡震, 曹俊.载人深潜技术的发展与应用 [J]. 中国工程科学, 2019, 21 (6):87-94.

[6] 马朝利, 李周, 李廷举, 等.海洋工程有色金属材料 [M]. 北京:化学工业出版社, 2014.

[7] 柯伟.中国腐蚀调查报告 [M]. 北京：化学工业出版社, 2003.

[8] Woods Hole Oceanographic Institution. ALVIN, The Nation's deepest diving research submarine, Past, Present, and Future [N]. http://www.whoi.edu/.

[9] 王国栋、尚成嘉、刘振宇.海洋工程钢铁材料 [M]. 北京:化学工业出版社, 2014.

[10] 郭倩玲, 高彦静, 叶晶磊. 海洋防腐蚀涂料领域全球专利情报实证分析[J]. 情报检索, 2017, 233(3): 33-41.

[11] 王博, 魏世丞, 黄威, 等. 海洋防腐蚀涂料的发展现状及进展简述[J]. 材料保护, 2019, 52(11): 132-138.

[12] 王勋龙, 于青, 王燕. 深海材料及腐蚀防护技术研究现状[J]. 全面腐蚀控制, 2018, 32(10): 80-86.

[13] 吴小芳. 国内外带锈涂料的发展概况[J]. 上海涂料, 2000(01): 28-30.

[14] 曹京宜, 方志刚, 杨延格, 等. 舰船防污涂料的使用需求及研究进展[J]. 中国材料进展, 2020, 39(03): 174-178.

[15] Demirel Y K. New horizons in marine coatings[J]. GMO Journal of Ship and Marine Technology, 2018, 24(213): 37-53.

[16] 常辉, 廖志谦, 王向东.海洋工程钛金属材料 [M]. 北京:化学工业出版社, 2014.

[17] 崔维成, 胡震, 叶聪, 潘彬彬. 深海载人潜水器技术的发展现状与趋势[J]. 中南大学学报(自然科学版), 2011, 42(Suppl.2): 13-20.

[18] Henkener J, Goland L, Miller B K, et al. Concept Development for an Improved 6500-Meter Alvin Submersible[R]. San Antonio, Texas: Southwest Research Institute, 2004: 31-32.

[19] Anatoly Sagalevitch. From the Bathyscaph Trieste to the Submersibles Mir [J]. Marine Technology Society Journal, 2009, 43(5):79-86.

[20] Jean-Pierre Lévêque, Nautile status and trends[C].

Inmartech 2008 proceedings, Toulon, France, 2008.

[21] Liu Q, Wang Z, Han E H, et al. Effect of cyanate ester and graphene oxide as modifiers on corrosion protection performance of epoxy composite coating in sulfuric acid solution[J]. Corrosion Science, 2021, 182: 109266.

[22] 肇研, 蔡斌, 海洋工程聚合物基复合材料 [M]. 北京:化学工业出版社, 2014.

[23] 汪鹏, 巴旭民.功能性环氧树脂及其在粉末涂料中的应用性能[J].黄山学院学报,2013,15(05):43-45.

[24] Saliba P A, Mansur A A, Santos D B. Fusion-bonded epoxy composite coatings on chemically functionalized API steel surfaces for potential deep-water petroleum exploration [J]. Applied Adhesion Science, 2015, 3(1): 1-22.

[25] Saad, Gamal R. Cure kinetics and thermal stability of maleimide modified epoxy TGIC/CPE powder coating system [J]. Thermochimica Acta, 2015, 617: 191-199.

[26] 陈文干, 梁泳田, 吴宗栓, 等.改性环氧重防腐粉末涂料的应用研究 [J]. 涂层与防护, 2021, 42(04): 54-57.

[27] 韩恩厚, 陈建敏, 宿彦京, 等.海洋工程材料与结构的腐蚀与防护 [M]. 北京:化学工业出版社, 2014.

[28] Zhou J, Wan Y, Liu N, et al. Epoxy adhesive with high underwater adhesion and stability based on low viscosity modified Mannich bases [J]. Journal of Applied Polymer Science, 2018, 135(3): 45688.

[29] Kim S, Hong H, Han T H, et al. Early-age tensile bond characteristics of epoxy coatings for underwater applications [J]. Coatings, 2019, 9(11): 757.

[30] 方健君, 覃远斌, 马胜军, 等. 水下施工固化环氧涂料的研究 [J]. 涂料工业, 2014, 44(8): 6.

[31] Dararatana N, Seidi F, Crespy D. pH-sensitive polymer conjugates for anticorrosion and corrosion sensing [J]. ACS applied materials & interfaces, 2018, 10(24): 20876-20883.

[32] Wang H, Fan Y, Tian L, et al. Colorimetric/fluorescent dual channel sensitive coating for early detection of copper alloy corrosion [J]. Materials Letters, 2020, 265: 127419.

[33] Xiao L, Li J, Mieszkin S, et al. Slippery liquid-infused porous surfaces showing marine antibiofouling properties [J]. ACS applied materials & interfaces, 2013, 5(20): 10074-10080.

[34] Kyei S K, Darko G, Akaranta O. Chemistry and application of emerging ecofriendly antifouling paints: a review[J]. Journal of Coatings Technology and Research, 2020, 17(2): 315-332.

[35] Han X, Wu J, Zhang X, et al. Special issue on

advanced corrosion-resistance materials and emerging applications. The progress on antifouling organic coating: from biocide to biomimetic surface[J]. Journal of Materials Science & Technology, 2021, 61: 46-62.

[36] 毛田野, 陆刚, 迟钧瀚, 等. 船舶防污涂料的技术研究和应用现状[J]. 材料保护, 2019, 52(02): 113-118.

[37] Verma S, Mohanty S, Nayak S K. A review on protective polymeric coatings for marine applications[J]. Journal of Coatings Technology and Research, 2019, 16(2): 307-338.

[38] Gu Y, Yu L, Mou J, et al. Research strategies to develop environmentally friendly marine antifouling coatings[J]. Marine Drugs, 2020, 18(7): 371.

 作者简介

韩恩厚，博士，中国科学院金属研究所研究员，中国科技大学博士生导师。1998 年从美国麻省理工学院回国。现任国家金属腐蚀控制工程研究中心主任、中科院腐蚀控制工程实验室主任、亚太材料科学院（APAM）院长、广东腐蚀科学与技术创新研究院院长，兼任美国俄亥俄州立大学教授。曾担任（联合国）世界腐蚀组织（WCO）主席。长期从事材料腐蚀机理、工程装备腐蚀控制技术（含耐蚀材料、防护材料等）、装备服役安全评价技术的研究与应用。三次担任国家"973"项目首席科学家，担任核电重大科技专项课题、国家重点研发计划项目、国家重点基金项目负责人等。研究成果在核电、飞机、航天、管道、船舶、电网、汽车等领域成功应用，以第一完成人获国家技术发明和科技进步二等奖 3 项、省部级一等奖 5 项。发表论文 500 余篇，被他人引用 1.8 万余次，授权发明专利 130 余件（含国际专利 3 件），起草我国标准 19 项，做国际国内大会报告与邀请报告 150 余次。获惠特尼奖、何梁何利科技进步奖、桥口隆吉基金奖、钱三强科技奖、新世纪百千万人才工程国家级人选等。

雷家峰，研究员，博士生导师。现任中国科学院金属研究所轻质高强材料研究部副主任。主要从事先进钛合金材料及工程应用研究。重点开展高强钛合金的韧化机理研究、高韧性组织设计与调控技术、新型高强高韧钛合金开发等工作。曾主持完成国家部委、"973""863"和国家重点研发计划等钛合金材料研发课题十余项，成果应用于先进飞机、航空发动机、海洋船舶等领域的多个重点型号。

王震宇，博士，研究员。从事纳米改性及氧化石墨烯改性重防腐材料研究，成果包括：氧化石墨烯改性惰性涂层、纳米改性重防腐粉末涂层、锈转化环保型带锈涂料、海洋重防腐涂料、海工混凝土缓蚀自体防护材料等。以第一发明人授权 12 项发明专利；发表 53 篇论文（29 篇英文 SCI，第一作者或通信作者 28 篇），主要论文累计被引用 1600 余次；获 10 项国家及省部级科技奖励。

基础创新能力提升

第 17 章

新材料设计制造工业软件

杨小渝

17.1 / 新材料设计制造软件的研究背景

尽管对"弯道超车"一词有不同的看法，就新材料研发而言，借助于不断强大且成本不断降低的高性能计算能力、数据传输能力、数据存储能力等，通过大数据、云计算、人工智能以及日益增多的围绕材料设计和性能预测的各种智能算法和模型，开展"计算、数据、AI"与实验紧密结合的"四位一体"的"理论设计在前，实验验证在后"的材料数字化研究方法、业态和模式，可变革仅基于实验"试错法"的传统单一研发手段，进而有效降低成本，提高研发效率，实现对新材料研发的弯道超车。

以电极材料为例，目前锂电池负极材料，90% 以上还是石墨材料，而石墨的电池容量，目前已接近极限值。我们需要寻找下一代锂电池负极材料。除了容量特性外，扩散势垒、平均开路电压、电导率、稳定性、电荷性质等都会影响负极材料。这些影响负极材料的关键物性，大多可以直接或间接地计算出来。比如我们可以开发基于容量和扩散势垒筛选等工作流模板，让这些模板从已知的晶体结构数据库中，选出合适的候选材料进行吸附等调控操作，生成大量的候选结构，通过高通量计算驱动引擎连接超算中心，借助强大计算能力，进行自动筛选。基于得到的理论计算结果，再与实验进行对接和验证，可以加快研发速度，降低成本。而所付出的代价只是机时成本。

美国 QuesTek 公司的工程师采用材料集成设计（ICME）方法，在短时间内设计和应用新材料（合金、涂料、增材制造原料等），成本低于传统的实验"试错法"。他们基于该方法研究的 Ferrium C64 新型高性能钢，可用于制造更耐用、更轻的变速器齿轮，提高功率密度。这种设计和商业化的成功，使他们获得了 2021 年 ASM 国际工程材料成就奖。

基于"计算、数据、AI"的新材料"理论设计在前，实验验证在后"的数字化研发模式，需要新材料设计制造软件和新材料研发信息化基础设施的支撑，形成一种新材料研发创新能力。新材料设计制造软件，是典型的工业软件，它的研发涉及材料、物理和计算机等知识，需要深入了解和洞察材料物理领域，进而编写出表示材料物理科学内涵的计算机代码，是一种典型的学科交叉。

我国在新材料设计制造软件领域方面，与国外差距较大，在单一尺度的计算模拟代码（如量子尺度的第一性原理计算软件 VASP、分子动力学 LAMMPS），材料集成计算软件（如 Materials Studio、MAPS、MEDEA），材料和器件宏观有限元模拟仿真软件（如 ANSYS、ABAQUS）等方面，均被国外垄断。但是我们必须看到，国产材料设计制造软件已引起我国高度重视，并且已有一些国产的材料集成计算和设计软件、材料计算模拟软件等问世，呈快速发展的态势。

计算机技术的快速更新和发展，使得后来开发的材料设计制造软件，由于采用了新一代计算技术和架构，也同样具有"后来居上，弯道超车"的优势。典型的案例就是软件的 SaaS（Software as a Service）化。相比于传统软件必须要下载、安装到本地电脑才能使用，软件 SaaS 化通过互联网为用户提供软件服务，用户仅通过浏览器就能使用该软件的功能和服务，并能有效促成数据的共享。然而前面列举的材料集成设计软件、宏观有限元模拟仿真软件等，由于一开始就是基于传统软件的研发模式，代码庞大，底层架构复杂，进行 SaaS 化转型有较大的难度。而新一代材料设计制造软件，可基于"云计算"模式进行开发。如我国自主研发的高通量材料集成设计软件 MatCloud+，就是采用"微服务架构，容器化部署、前后端分离"的理念，不仅可以实现上述软件的基本功能，而且在线就可使用，且能实现数据的集中管理和共享。

研发我国自主可控、自有知识产权的新材料研发制造工业软件，加快新材料研发，迫在眉睫。本章调研和分析了材料研发制造软件的国内外现状，并对我国材料研发制造软件的发展路径，提出了咨询建议。

新材料设计制造软件的研发进展与前沿动态

新材料数字化研发及新材料设计制造软件的内涵和外延

对新材料数字化研发的理解，可分为广义和狭义。广义上的新材料数字化研发，是指材料整个生命周期各阶段的数字化，主要包括材料设计、工程分析（如强度、刚度等）、加工制造、服役使用及回收利用等。狭义上的新材料数字化研发，主要包括材料设计、工程分析、加工制造等从材料设计到制造 3 个核心阶段的数字化。

新材料设计制造软件，尽管从名称上看，仅包括设计和制造，但实际上涵盖材料设计、工程分析、加工制造 3 个阶段，主要涉及计算机辅助设计（CAD）、计算机辅助工程（CAE）以及计算机辅助制造（CAM）。

新材料设计制造软件，同样可分为狭义和广义。狭义上的新材料设计制造软件，主要指辅助新材料设计、工程分析以及制造的传统软件，如上述辅助新材料设计制造的 CAD/CAE/

CAM 软件，需要在本地安装才能使用。而广义上的新材料设计制造软件，除了辅助新材料设计制造的 CAD/CAE/CAM 传统软件外，还可以包括辅助新材料设计制造的各类集成化软件、SaaS 化云平台，以及算法等模型，更为广义的层面，材料结构数据库和物性数据库也可以归为新材料设计制造软件的范畴。

 ### 17.2.2 / 新材料设计制造软件的分类

新材料设计制造软件有不同的分类方式，表 17-1 针对新材料设计制造软件做了一个基本的分类。主要分类如下：

表 17-1 新材料设计制造软件分类

分类标准	分类	模型或方法	典型软件	备注
按仿真模拟的空间尺度划分	量子和原子尺度的计算模拟	量子蒙特卡罗	QMCpack、Qwalk	—
		密度泛函	VASP、Wien-2K	—
		分子动力学等	LAMMPS	—
	微观尺度的结构演化和材料响应	相场法	Micress、FiPy、OpenPhase、MOOSE	模拟金属/合金的微观结构演变
		尖锐界面模型	DICTRA、FiPy	
		元胞自动机等	μMatIC、Procast、Sutcast	
	宏观有限元计算模拟	面向加工工艺（如沉淀、凝固）	ANSYS、ABAQUS 等	金属/合金的加工工艺和行为
		面向行为（如组件、结构）		
按集成度划分	单一尺度计算模拟软件/代码	—	VASP、CP2K、ABINIT LAMMPS	—
	材料集成计算与设计软件	—	Material Studio、MPDS、MEDEA、MatCloud	—
按呈现方式划分	传统软件	—	Material Studio、MPDS、VASP	—
	SaaS 化软件	—	Exabyte、Materials Square、Citrination、MatCloud	—
按材料领域划分	半导体设计软件	—	Next Nano	—
	热电材料设计软件等	—	BoltzTraP	—
材料数据库	结构数据库	—	ICSD、Pauling File	—
	物性数据库	—	Material Project	—

① 按不同的空间尺度划分，新材料设计制造软件可分为：量子和原子尺度的计算模拟、微观尺度的计算模拟及宏观尺度的计算模拟。从 CAD/CAE/CAM 角度考虑的新材料设计制造

软件，基本上属于宏观尺度。

②　按集成度划分，新材料设计制造软件可分为单一尺度的计算模拟代码或软件，以及材料集成计算与设计软件。

③　按材料领域划分，不同的材料体系也有专门的材料设计制造软件，如辅助半导体软件设计的 NextNano 软件，用于热电材料的 BoltzTrap 软件。

④　按软件的呈现方式划分，可分为传统软件和 SaaS 化软件。

上述分类中，按计算模拟空间尺度和集成度分类的新材料设计制造软件，尤为重要。一般认为的新材料设计和制造软件，是指宏观尺度的集成化软件（如 CAD/CAE/CAM 软件）。实际上，材料设计软件，除了宏观尺度外，还有微观尺度、介观尺度、原子尺度和量子尺度的计算模拟软件。除了集成化软件外，还有单一尺度的材料设计软件。以下我们按照空间尺度由大到小的顺序，对这些软件进行介绍。

我们按照美国 TMS 材料多尺度计算模拟的调研报告 [1]，主要围绕宏观尺度、微观尺度、原子尺度和量子尺度展开介绍。从以下分析可以看到，空间尺度越大的软件，集成度越高。

17.2.3 / 宏观尺度的新材料设计制造软件

宏观空间尺度，一般是指大于 1mm [1]。该尺度下的新材料设计制造软件，主要指新材料的 CAD/CAE/CAM 软件，包括新材料设计软件和新材料制造软件。

（1）宏观尺度的新材料设计软件

新材料设计软件，从字面上看，属于计算机辅助设计（CAD）。实际上，材料设计更是和计算机辅助工程（CAE）紧密地结合，不仅要设计，还需要模拟材料在实际应用情况下的性能和表现。新材料的计算机辅助设计，主要包括三维造型技术、信息交换技术、智能化技术与优化分析技术，其主要手段是模拟仿真 [2]。新材料的计算机辅助设计可用于材料的加工模拟仿真，如传热过程模拟仿真、流动过程模拟仿真、应力分析、微观组织模拟等。比如，DUCT 是早期剑桥大学工程系开发的一个成功的 CAD 软件。

计算机辅助工程，指利用计算机对材料的性能或表现进行仿真。材料在其结构、成分等确定后，对几何体（或系统表示形式）、物理属性以及环境进行建模，通过计算机模拟其在给定载荷或施加应力条件下的物理性能（如强度、刚度、屈曲稳定性、动力响应等），形成材料的数字样机，从而改善材料设计。

以大型铸锻件为例，大型铸锻件是重大工程的核心部件，其制造能力是衡量一个国家工业水平的重要标志 [3]。大型铸锻件缺陷预防难、成形难、组织性能控制难，且其制造工序多、时间长，试制成本高。因此通过计算模拟手段对大型铸件和锻件全流程制造过程进行模拟计算，以便优化工艺过程参数、预防和控制制造缺陷、调整和优化内部组织，近年来越来越受重视 [3]。大型铸锻件品种多、批量小、造价高，迫切要求"一次制造成功"，一旦报废，在经济和时间上都将损失惨重。因此，传统的仅凭经验和试错法设计热加工工艺不能满足现代制造业高速发展的要求，开展大型铸锻件热制造过程模拟与仿真非常必要。

CAE 的方法包括：有限元方法、有限差分方法等。而有限元分析在 CAE 中运用最为广泛。其基本理念可概括为：将物体（即连续的求解域）离散成有限个简单单元的组合，用这些单元的集合来模拟或逼近原来的物体，从而将一个连续的无限自由度问题简化为离散的有限自由度问题。物体被离散后，通过对其中各个单元进行单元分析，最终得到整个物体的分析结构。随着单元数目的增加，解的近似程度将不断增大和逼近真实情况。最著名的用于新材料的 CAE 软件包括 ANSYS、ABAQUS 等。其中 ANSYS 软件是美国 ANSYS 公司研制的大型通用有限元分析（FEA）软件，是世界范围内增长最快的计算机辅助工程软件，是融结构、流体、电场、磁场、声场分析于一体的大型通用有限元分析软件，能与多数计算机辅助设计（Computer Aided Design，CAD）软件接口实现数据的共享和交换，如 Creo、NASTRAN、Algor、I － DEAS、AutoCAD 等。ABAQUS 是一套功能强大的工程模拟有限元软件，其解决问题的范围从相对简单的线性分析到许多复杂的非线性问题。ABAQUS 包括一个丰富的、可模拟任意几何形状的单元库。它还拥有各种类型的材料模型库，可以模拟典型工程材料的性能，其中包括金属、橡胶、高分子材料、复合材料、钢筋混凝土、可压缩超弹性泡沫材料以及土壤和岩石等地质材料，作为通用的模拟工具，ABAQUS 除了能解决大量结构（应力 / 位移）问题，还可以模拟其他工程领域的许多问题，例如热传导、质量扩散、热电耦合分析、声学分析、岩土力学分析（流体渗透 / 应力耦合分析）及压电介质分析等。

（2）宏观尺度的新材料制造软件　　　　　　　　　　　　　　　　　　　● ● ●

新材料制造软件，主要指计算机辅助制造（CAM）范畴。计算机辅助制造主要指数控加工工艺、数控编程、数控机床等。而新材料的计算机辅助制造主要指计算机技术应用于材料制造过程，比如材料液态成形、塑性成形、连接成形、注射成形和快速原型等领域[4]。CAM 软件众多，如 UG NX、Pro/NC、CATIA、MasterCAM、SurfCAM、Space-E、CAMWorks、WorkNC、Tebis、HyperMill、PowerMill、GibbsCAM、FeatureCAM、TopSolid、SolidCAM、Cimatron、VX、Esprit、EdgeCAM 等。但用于新材料设计制造的 CAM 软件，主要包括 UG、Pro/E、SolidWorks 以及 MasterCAM 等，基本是国外软件。国内 CAM 软件的代表有 CAXA 制造工程师、中望收购的 VX，这些软件价格便宜，主要面向中小企业。

就 CAD 和 CAM 而言，它们可以一体化使用，也能相对独立地使用。CAD 和 CAM 一体化使用，主要指 CAD 为 CAM 直接提供加工制造所需关键数据，其特点体现为参数化设计、变量化设计及特征造型技术与传统的实体和曲面造型功能结合在一起[5]。CAM 的独立使用，主要通过中间文件从其他 CAD 系统获取产品几何模型。以模具的 CAM 为例，系统主要有交互工艺参数输入模块、刀具轨迹生成模块、刀具轨迹编辑模块、三维加工动态仿真模块和后置处理模块等[5]。相对独立的 CAM 系统有 EdgeCAM、MasterCAM 等。

CAE 软件一般独立使用，直接与 CAM 一体化使用的情况较少。但是一般的 CAE 软件都提供了与 CAD 和 CAM 的接口。

17.2.4 ╱ 微观尺度的材料结构演化和材料响应

微观尺度材料结构演化的空间尺度大约在纳米到毫米范围[1]。微观结构包括晶粒、相、亚晶粒位错结构、点缺陷簇等。模拟方法包括相场法、元胞自动机、蒙特卡罗 - 波茨方法、离散位错动力学等。通过这些模拟方法来理解微观结构演变和材料响应（属性预测）。

微观尺度材料结构演化的方法包括：

- 相场法（Phase Field）
- 尖锐界面模型（Sharp Interface Models）
- 沉淀演化模型（Precipitation Evolution Models）
- 元胞自动机（Cellular Automata）
- 蒙特卡罗 - 波茨方法（Monte Carlo Potts Method）
- 离散位错动力学（Discrete Dislocation Dynamics）
- 晶体塑性（Crystal Plasticity）
- 统计体元的直接数值模拟（Direct Numerical Simulations on Statistical Volume Elements）
- 微观结构敏感相场连续介质法（Microstructure-Sensitive Phase Field Continuum Method）
- 基于微观力学的均匀化方法（Micromechanics-Based Homogenization Method）
- 内部状态变量模型（Internal State Variable Models）

下面重点介绍前 4 种方法。

（1）相场法

相场法源自基于扩散界面模型（Diffuse Interface Models）的演化方程。这种方法的一些主要优点包括：不需要显式地跟踪界面位置，易于跟踪界面拓扑的变化，可以直接添加除扩散之外的其他物理现象。由于界面形态的不固定，因此可以方便地确定微观结构的形态演变。因此，这种扩散界面模型已成为一种有价值的、广泛使用的模拟相变方法。相场法，在实际应用中会受到运行大型仿真所需计算成本的限制，其根源在于需要解决扩散界面，而该界面的扩散空间尺度比典型的微观结构演化空间尺度小得多。此外，在选择自由能函数时要更加严谨，因为该方法最终结果的准确性很大程度上取决于这些函数。在相场法中，一些模型参数（包括界面迁移率或成核等随机事件）很难预测，最后并不总能够通过渐近扩展将相场模型映射到夏普界面模型。

相场模拟软件包括：Micress™、FiPy™、OpenPhase™ 和 MOOSE(Marmot)™。

（2）尖锐界面模型（Sharp Interface Models）

尖锐界面模型先验地将界面拓扑定义为表面（在三维模型中）或线（在二维模型中）以模拟微观结构的演变。这可以与相场法形成对比，在相场法中，界面在开始时没有严格定义，本质上被视为扩散。尖锐界面模型广泛应用于模拟多种形式的微观组织演变，如固态析出物生长、两相粗化、晶粒长大、凝固等。

尖锐界面模型的软件代码实现包括：DICTRA™ 和 FiPy™。

（3）沉淀演化模型（Precipitation Evolution Models）

用于成核、生长和粗化的沉淀演化模型包括 LSWK 理论，该理论用于模拟粒度分布的演化。此模型存在以下几个问题：一是难以对成核进行准确建模，因此通常需要先验假设；二是大多数代码忽略了沉淀物之间的空间相关性和扩散相互作用；三是生长沉淀物的形态通常

第四篇　基础创新能力提升

固定为球形；四是由于难以测量界面能、形核参数、位错密度等所需参数，沉淀演化模型的使用也受到了限制。

沉淀演化模型的软件代码实现包括：TCPRISMA™、PanPrecipitation™、MatCalc™ 和 PrecipiCalc™。

（4）元胞自动机（Cellular Automata） ●●●

元胞自动机方法代表了一类可用于各种用途的非常广泛的模型。元胞自动机首先将材料分解成一组元胞（Cells）或空间 (Spaces)，并定义这些元胞的初始条件，然后应用这些元胞的演化规则表示微观结构，其中元胞的演化需要经过多个时间步进行。该方法在概念上和蒙特卡罗模型类似，主要区别在于元胞自动机可以使用任意一组规则来控制模型系统的演化，特别是不需要符合蒙特卡罗方法必须遵守的程序和要求。计算材料学家使用元胞自动机技术来模拟微观结构的演化和类似现象。

在使用元胞自动机方法时，需要添加一定的数学规则，比如凝固模拟中枝晶生长的各向异性规则，这是该方法的一大限制。由于这些规则被强加在元胞上，因此会导致出现近似物理系统的某种几何形状，但这些规则通常没有明确的物理上的先验证明。在大多数情况下，模拟结果不一定能得到理想的或有效的解释。

元胞自动机的软件代码实现包括：μMatIC™、Procast™ 和 Sutcast™。

17.2.5 / 量子和原子空间尺度的材料计算软件

量子和原子空间尺度一般在埃到纳米范围 [1]。量子和原子空间尺度的材料计算模拟软件可分为两大类：一类是基于量子力学的方法（也称为"从头算"或"第一性原理"方法），例如密度泛函理论，此类方法能够准确地对一系列化学环境进行建模，但是受限于迭代电子波函数带来的计算量，只适用于计算一千原子以内的体系 [11]；另一类是基于半经验分析的原子势或力场方法，例如 Stillinger-Weber 势、EAM 势等，该类方法通过对函数形式进行参数化分析来描述这些原子间相互作用的本质，可以计算上亿原子体系，并且减小了计算代价，但是其适用性受到化学环境或者参数的限制。因此，这两种方法无法兼顾计算成本和准确性。此外，传统分子力场模型通常用固定的参数来描述所有可能的分子构象，但实际上分子构象的变化会引起原子电荷等力场参数的变化，这就导致了理论与实际的不符。

17.2.5.1 基于量子尺度的材料计算软件

基于量子尺度的材料计算软件主要包括：基于密度泛函理论（DFT）的材料计算模拟软件和基于量子蒙特卡罗方法的材料计算模拟软件。

（1）基于密度泛函理论（DFT）的材料计算模拟软件 ●●●

密度泛函理论主要利用量子力学的原理，给出了电子 - 离子多体问题的近似解。Kohn 和 Sham 开发了用于处理相互作用电子的非均匀系统的近似方法，这些方法适用于慢变或高密度系统。对于基态，这些方法也可以分别得到类似于 Hartree 方程和 Hartree-Fock 方程的自洽方程。在这些方程中，均匀电子气化学势的交换和关联部分表现为附加有效势。科研人员也对固体和液体分子/原子电荷密度的泛函和自洽解进行了大量研究，这给无拟合参数的化学性质预测提供了思路与方法。此外，原方程在低电子密度区域（空位、表面）会失效，这是 DFT 方法的一大缺点。但是在过去二十年中，随着广义梯度近似和混合泛函的引入，原方程的这一缺点和其他缺点也得到了系统性修正。

密度泛函理论的发展经历了一系列的过程。1932 年，物理学家已经得知量子力学方程能够主导电子系统，但不能准确地求解该方程。早期的用于第一性原理电子结构计算的方法主要是 Hartree-Fock 方程，而量子蒙特卡罗 (QMC) 是另外一种解决电子相关问题的方法。量子蒙特卡罗采用蒙特卡罗方法对积分进行数值解析非常耗时，可能是目前精确度最高的第一性原理方法。1964 年，Walter Kohn 和 Pierre Hohenberg 提出了密度泛函 (Density Function Theory, DFT) 方法，用电子密度来描述波函数，比基于 Thomas-Fermi 模型的密度泛函有了更为坚实的理论基础。Kohn 和 Sham 于 1965 年发表论文，描述了求解电子密度和能量的方法，其核心在于假设了能量和密度之间的泛函关系。Kohn 和 Sham 给这种关系提供了一种简单的近似，即 Kohn-Sham 方程。1992 年 Pople 将密度泛函加入了 GAUSSIAN 程序，提高了精度和计算速度，因此这种方法引起了业界更多的关注。Kohn 和 Pople 于 1998 年因此获得诺贝尔奖，自此 Kohn-Sham 方程在 DFT 中获得广泛应用，基于密度泛函理论的第一性原理计算在预测材料性质方面具有比较好的精确度，它通过从头计算，求解 Kohn-Sham 方程，迭代自洽得到体系的电子密度，然后求体系的基态性质。美国杜克大学的 Stefano Curtarolo 用从头计算的方法计算了 80 个二元合金的 176 个晶体结构的 14080 个总能，并通过比较计算结果和实验数据，发现在这 176 个计算得到的化合物晶体结构中，除去不稳定的结构，有 89 个化合物的结构是和实验数据一致的，展示了从头计算的方法在预测材料的基态性质方面较高的精确度。

尽管 DFT 是一种非常强大的计算模拟技术，但是使用 DFT 模拟也存在一些局限性。比如，用 DFT 预测的原子键强度比实验值更强，在具有定域电子体积的强关联材料（如分子材料和一些绝缘化合物）上的应用会受限，在预测范德华相互作用（即色散）上的应用也很有限。然而，在电荷密度高且变化缓慢的金属系统上应用 DFT 十分合适。此外，许多 DFT 方法在自洽计算中去除了紧密束缚（即核心）的电子，虽然这种近似在处理大多数化学敏感的情况时是有效的，但在处理镧系元素、锕系元素或高压模拟时并不太适用。电子结构方法对化学变化非常敏感，但受限于计算速度，通常会将模拟限制在小于几十皮秒的 1000 个原子的时空范围内。过去 10 年，嵌入方法蓬勃发展，已经可以模拟产生长程弹性场的缺陷（即位错和自间隙）。

尽管有上述这些限制，但是 DFT 对于许多材料的设计和预测依然非常有用，并且是开发第一性原理方法不可或缺的一部分。这些技术可以用来开发原子势，并形成了用于热激活过程（动力学）的 Ising 模型的基础，而且作为一种化学方程，也可以用于研究缺陷的性质。

DFT 计算模拟代码包括商业化代码 VASP、Wien-2K, 以及开源代码 NWChem、Quantum Espresso、ABINIT、GPAW 和 CPMD 等。

（2）量子蒙特卡罗 (Quantum Monte Carlo) ● ● ●

量子蒙特卡洛（QMC）是在量子/原子尺度上新兴的方法，其基础是电子多体波函数的随机表示，它可能会从根本上改变模拟这类问题的方式。然而，该方法还处于相对早期的发展阶段，在预测复杂材料的性能上任重而道远。QMC 的基础涉及电子多体波函数的随机表示，在以可伸缩方式建模周期性系统上存在局限性，而且其计算开销也很大。在求解与系统相关的能量上，大规模 QMC 计算需要很高的计算消耗。此外，在求解合力时需要更多的计算以减小误差，QMC 模拟也需要赝势和试验波函数。尽管如此，这仍是一种具有重大前景的技术。

量子蒙特卡罗的代码大部分在实现中，可供下载的代码包括 QMCpack、Qwalk 和 CASINO。

17.2.5.2 基于原子尺度的材料计算软件

原子尺度的材料计算模拟软件主要包括动力学蒙特卡罗、统计蒙特卡罗以及分子动力学。

（1）动力学蒙特卡罗（Kinetic Monte Carlo） ● ● ●

动力学蒙特卡罗（KMC）方法通常是一种离散原子模拟方法，用于模拟系统中基本跃迁的集合、与时间相关的性质[1]。该方法的使用相当普遍，在材料建模领域常用于描述物质的空位扩散或原子/分子沉积的薄膜生长。由于 KMC 在材料建模中的应用通常涉及对原子尺度过程的描述，因此通过 DFT 计算获得的构型能（Configurations Energies）可以作为 KMC 模型的基础。最后，KMC 方法可用于预测特定材料系统在给定温度下的输运性质系数，这种输运性质通常在跨尺度桥接预测模型上非常有用。

由于 KMC 是一种随机的、基于概率的计算方法，为了减小误差，通常需要进行大量模拟，并把平均值作为结果数据。因此，尽管 KMC 方法的效率较高，但是进行大量的模拟计算开销依旧会非常大。此外，当对发生在不同时间尺度（即非常快和非常慢的事件）的动力学过程进行建模时，该方法也是低效的。在这种情况下，计算通常由快速事件主导，因此在进行较低时间尺度的模拟时会受到限制，这种现象被称为动力学困境，这在跨时空尺度时影响很大。

KMC 的代码实现包括 SPPARKS 和 Los Alamos 国家实验室开发的 Object Kinetic Monte Carlo。

（2）统计蒙特卡罗（Statistical Monte Carlo） ● ● ●

统计蒙特卡罗模拟（SMC）通常简称为蒙特卡罗模拟，其基于统计力学的蒙特卡罗算法来计算体相和界面的平衡结构和热力学性质。该方法是计算平衡相图或体自由能的常用方法。

统计蒙特卡罗模拟代码包括 LAMMPS、Towhee、EMC2(ATAT 包的一部分)，以及 SPPARKS。

（3）分子动力学 (Molecular Dynamics) ● ● ●

分子动力学（MD）方法将物质系统模拟为遵循经典动力学定律的粒子（原子、离子、分子）集合。利用分子动力学可以推导体积较大的材料的性质，如熔点、体能和缺陷能以及某些输运系数。使用现代计算方法，MD 可以扩展到模拟数千到数十亿个原子的系统，从而预测一系列材料的性质。但是，如果要保证对材料性质预测的精确度，则需要更长的时间步（通常在飞秒量级上），相应的计算开销也会增大。

经典 MD 的一个重要限制是，原子间势并没有明确表示自由度，例如电子交换、磁性等。因此，如何建立包含这些效应的经典势模型是当下研究的活跃领域（如 ReaxFF 反作用力场或键序势方法）。

对于小体积粒子（小于 1000 个原子），原子的运动可以用 DFT 来确定；对于系统，可以用经典动力学来演化；从头算分子动力学可以用来研究液体以及固液界面，其时间步长约为几飞秒，持续时间可达数十皮秒。

目前经典分子动力学有许多商业化和开源代码，如 LAMMPS 和 GULP。第一性原理分子动力学包括 VASP 的 AIMD，以及其他平面波赝势方法。

17.2.6 / 材料集成设计软件

材料集成设计软件，是指将不同时空尺度的计算模拟软件或数据分析方法或机器学习方法有机地集成在一起，用于辅助材料设计的软件或云平台。目前大多数材料集成设计软件，更多的是将不同时空尺度的材料计算软件集成在一起，因此称这些软件为材料集成计算软件更为合适。最典型的材料集成计算软件包括 Materials Studio、MedeA、MAPS 等。此外，还有将热力学、动力学计算与数据库紧密结合的软件，如 Thermo-Calc。

（1）Materials Studio

Materials Studio 应该是国内使用人数最多，应用最广泛的一款软件。它集成了量子尺度、微观尺度的计算模拟软件（如 CASTEP、DMol3），支持可视化三维结构模型搭建，能对各种晶体开展结构优化、性质预测和 X 射线衍射分析，以及复杂的量子力学计算和动力学模拟。Materials Studio 需要安装到本地电脑才能使用。它采用 Client-Server 结构，适用于催化剂、聚合物、固体及表面、晶体与衍射、化学反应等材料和化学研究领域的主要课题。更多关于 Materials Studio 的介绍，可见相关网站。

（2）Thermo-Calc

Thermo-Calc 软件是一套综合的材料设计软件，使用户能够预测和了解材料生命周期各个阶段的材料特性。Thermo-Calc 在世界各地有着众多的材料科学家和工程师用户，可以生成材料数据，从而减轻对昂贵、耗时实验的依赖，并改善用户的产品和加工条件。Thermo-Calc 可用于计算不同材料中的各种热力学性质（不仅仅包括温度、压力和成分的影响，而且涵盖磁性贡献、化学/磁性有序、晶体结构/缺陷、表面张力、非晶形成、弹性变形、塑性变形、静电态、电势等信息）、热力学平衡、局部平衡、化学驱动力（热力学因子），以及各类稳定/亚稳相图和多类型材料多组元体系的性质图。它可以有效处理非常复杂的多组元多相体系，最多可含 40 种元素、1000 种组元和许多不同的固溶体以及化学计量相（来自 Thermo-Calc 用户说明书的介绍）。

热力学计算只有得到精确且有效的数据库支持才能发挥作用。因此 Thermo-Calc 软件的一个特点就是集成了来自不同渠道（如来自 SGTE、NPL、NIST、MIT 等）经过严格评审的

第四篇 基础创新能力提升

数据库。这些数据库使用不同的热力学模型来处理一个指定的多组元多相体系的每个相。目前 Thermo-Calc 数据库涵盖的材料类型包括钢铁、合金、陶瓷、有机物、高分子、核材料、地球材料等。

（3）MedeA ● ● ●

MedeA 是来自美国的一个集数据库、建模、计算、性质预测等于一体的材料集成计算软件，也需要安装到本地才能使用。其数据库模块 InfoMaticA，包含了来自 ICSD、Pearson's Data File、COD 的晶体开放数据库，NIST 的晶体数据库，以及 MSI Phase Diagram 的相图数据库。

MedeA 的建模工具包括基本建模工具和专业建模工具。基本建模工具包括 Molecule Builder（如分子、团簇等非周期模型）、Polymer Builder（根据重复单元和聚合物参数创建聚合物分子链）、Crystal Builder（周期性晶体构建）、间隙掺杂、定位取代、随机取代、纳米颗粒/团簇/管等的建模。专业建模工具包括界面建模、无定形建模（Armorphous Builder, 构建体相和层状结构）、热固性建模（Thermoset Builder, 高度交联热固性聚合物），以及孔分子对接工具（Docking，利用 Metropolis 算法，快速构建出主客体结构）。

MedeA 计算模块包括 VASP 模块、LAMMPS 模块、GIBBS 模块、MOPAC 模块、Mesoscale 模块，分别负责第一性原理计算、分子动力学、蒙特卡罗计算（计算热力学性质）、半经验量化计算以及介观尺度的计算（构建 Bead 模型，在介观尺度上进行粗粒化分子动力学或耗散分子动力学）。

计算模块并不能获取性质，MedeA 把一些性质衍生模块称为性质预测模块，也开发了相应的性质预测模块。此外，MedeA 还推出了高通量计算模块。

（4）MAPS ● ● ●

MAPS 也是一款国外的多尺度材料集成计算软件，同样需要安装到本地才能使用。其建模工具包括：晶体建模、界面建模（合并两个独立的周期性系统、异质结）、表面最低能量搜索（构建一个分子在表面上最低能量时的模型）、高分子建模（将任意单体单元组合创建成高分子链）、介观尺度建模（通过特定的结构如颗粒、薄片或膜，构建复杂介观尺度系统）、碳纳米管建模等。适用于不同类型材料的建模，包括催化剂、(纳米)复合材料、高分子系统、交联体系、胶束、药物、合金、半导体、界面、双层结构、微孔结构、晶体结构、无定形材料和其他原子及介观模型。

MAPS 的计算模块支持量子力学、经典分子动力学和介观分子动力学。

（5）Exabyte ● ● ●

Exabyte（Exabyte.io）是美国硅谷的一家材料集成计算云平台，2015 年成立。它支持多尺度计算、材料数据库和机器学习。其材料计算主要支持第一性原理计算和分子动力学，计算资源主要用到了微软的 Azure 和 Amazon 的云计算资源。支持通过网页浏览器和命令行方式提交计算作业，并且可以进行材料计算数据管理。

（6）Materials Square ● ● ●

Materials Square 是韩国的一家材料集成计算云平台，支持 "pay-as-you-go" 模式，目前支持晶体建模、分子建模、SQS 建模（主要用于无序合金建模）。第一性原理计算主要支持 Quantum Espresso（第一性原理计算软件）、GAMESS(第一性原理量子化学计算软件，主要用于电子结构计算)。分子动力学计算主要支持 LAMMPS。相图计算主要支持 CALPHAD，CALPHAD 可计算各种材料的热力学信息。机器学习部分，Materials Square 支持晶体图卷积神经网络（Crystal Graph Convolutional Neural Network），采用 CGCNN，用户仅需输入晶体结构，就可开展分类和回归。

Materials Square 最有特点的一个地方就是其相图计算功能：它提供了热力学数据库。相图计算的核心目的在于，只需对体系相图的部分关键区域和某些关键相的热力学数据进行实验测量，就可以优化出 Gibbs 自由能模型参数，从而外推计算出整个相图。如给定二元、三元合金数据库，可扩展到多元。开展热力学计算的准确度，取决于热力学数据库。目前 Materials Square 提供了部分二元和三元合金（如镍基、铝基、铁基）的热力学数据库。以镍基合金热力学数据库为例，其支持的合金含量信息包括：Al 含量＜ 10%, Co 含量＜ 25%，铬含量＜ 20% 等。支持的相信息包括：液相、FCC_A1 相、BCC_A2 相、HCP_A3 相、MX_FCC 相等。大部分热力学数据库是收费的，其收费模式是 每运行 1 次 2 美元或 3 美元等。

Materials Square 同样支持高通量计算。

（7）MatCloud+　　　• • •

MatCloud+ 是中国的一个材料集成设计云平台（又称材料云），也是中国首个上线运行的高通量材料集成计算和设计云平台（2015 年上线运行）[6]。 MatCloud+ 技术和云平台的研发，最早始于 2012 年，由中国科学院计算机网络信息中心杨小渝课题组研发（MatCloud）。2014 ～ 2017 年期间分别获得了国家自然科学基金、国家发改委创新专项以及科技部国家重点研发项目的支持。2018 年 MatCloud 成功实现了成果转化。在成果转化的基础上，北京迈高材云科技有限公司基于目前业界主流的"微服务架构，容器化部署，前后端分离"的理念，进行底层架构的全面重构和二次开发，推出了 MatCloud+。经过近 10 年的持续研发，MatCloud+ 已经是第 5 个版本。

MatCloud+ 采用了最新的"云计算"技术，将材料计算、数据、模拟软件、HPC 和 AI 一体化置于云端，仅需浏览器就可使用，极大地降低了用户门槛。MatCloud+ 的特点可概括为"高通量、多尺度、图形化、流程化、自动化、智能化"。建模服务支持晶体、分子、团簇、超胞、掺杂（间隙、定位取代、随机取代、多掺）、吸附、界面、分子枚举等高通量建模。计算服务支持 VASP、GAUSSIAN、LAMMPS 等高通量多尺度计算（用户需自带商业软件版权），支持多种性质计算和衍生。支持图形化工作流的快速搭建，支持材料数据库构建，支持机器学习构建 QSPR 模型等。

MatCloud+ 在国内外已有较大影响力，来自欧美及中国港澳地区的用户数已接近 3000，且在快速增长。

17.3 我国在该领域的学术地位及发展动态

我国在材料设计制造软件领域，与国外相比，差距是很大的，材料设计制造软件属于工业软件领域，更是全方位落后，其中原因有很多，这里不再细述。自 2011 年美国提出"材料基因组"理念后，材料设计制造软件逐渐开始引起我国重视，并在材料设计制造软件、数据库及标准建设方面，取得了显著成果和突破。

（1）材料设计制造软件引起国家和地方政府重视 •••

在美国 2011 年提出"材料基因组"理念后不久，我国于 2012 年召开了材料基因工程香山会议。2013 ～ 2014 年期间，中国科学院和中国工程院分别撰写了材料基因工程咨询报告。咨询报告"实施'材料基因组'战略研究，推进我国高端制造业材料发展"，在由中国科学院院士局呈报国务院后，2015 年被中央决策层直接采纳，直接促成了材料基因工程纳入科技部"十三五"国家重点研发计划。

于 2016 年"十三五"国家重点研发计划"材料基因工程关键技术和支撑平台"重点专项启动，有多个项目资助高通量材料计算、材料数据库软件和平台等的研发。

国家自然科学基金也资助和启动了材料基因相关项目。2014 年，国家自然科学基金立项了"材料基因组计划高通量材料集成计算关键技术和服务平台研究"面上项目（61472394），是国家自然科学基金资助的首个材料基因组计划基础设施应用基础研究项目。2018 年，国家自然科学基金对下一年度基金申报做了调整，"数理科学部"重点项目下（A04）被列了 4 类科学问题属性试点分类。A04 下设的两个领域即编号 86 的"新材料的计算和设计"（A0402）及编号 90 的"人工智能与凝聚态物理"（A0402），均属材料 / 物理和计算机学科的交叉，可见新材料软件和技术的开发更进一步得到重视。2019 年，国家自然科学基金"工程与材料科学部"增设了 E13"新概念材料与材料共性科学学科"，旨在"聚焦材料引领交叉、关键共性和技术支撑等三个方面的基础研究及应用基础研究"，其中的一个资助重点就是材料关键共性科学研究，包括材料设计与表征新方法、新型材料制备技术与数字制造等，新材料的数字化设计受到重视。2019 年，国家自然科学基金启动了"功能基元序构的高性能材料基础研究重大研究计划"，提出了"功能基元为基本单元，通过空间序构构成具有突破性、颠覆性宏观性能的高性能材料"，而如何寻找合适的功能基元"组合"成新材料，正是高通量材料计算和筛选要研究和解决的问题。

工信部在 2017 年 3 月也印发了"新材料产业发展指南"，旨在加快发展新材料，推动技术创新，支撑产业升级。在新材料创新能力建设工程中，专门提到"搭建材料基因技术研究平台。开发材料多尺度集成化高通量计算模型、算法和软件，开展材料高通量制备与快速筛选、材料成分 - 组织结构 - 性能的高通量表征与服役行为评价等技术研究，建设高通量材料计算应用服务、多尺度模拟与性能优化设计实验室与专用数据库，开展对国家急需材料的专题研究与支撑服务"。

除了科技部和国家自然科学基金外，不少地方政府也启动了材料基因工程专项，都涉及对材料设计软件和材料数据库的研发。2018 年，广东省启动了重点领域研发计划"材料基因工程"重点专项，其中第一个专题就是"新材料高通量计算设计与数据库平台"。2018 年 1 月，云南省科技厅正式启动实施"稀贵金属材料基因工程"重大科技专项，材料设计软件和数据库都是其重要组成部分。在北京，由中国科学院物理所和北京科技大学共同发起成立了北京材料基因工程创新联盟；由北京科技大学牵头，北京信息科技大学、中国科学院物理所、中国钢研科技集团有限公司作为共建单位成立了北京材料基因工程高精尖创新中心。在上海，由上海大学牵头成立了材料基因组工程研究院。此外，宁波成立了宁波国际材料基因工程研究院，四川大学成立了材料基因工程研究中心等。

（2）我国的材料设计制造软件、数据库及标准现状 • • •

自 2011 年美国提出"材料基因组"计划后，我国在材料设计制造软件、标准和数据库方面也取得了较大突破，并且我们取得的成果不仅停留在高校和科研院所层面，一些成果已开始了商业化应用，并逐渐走向国际。表 17-2 列举了目前我国主要的材料设计制造软件、数据库和标准。

表 17-2　我国主要的材料设计制造软件、数据库和标准

名称	说明	特点
MatCloud+	MatCloud+ 是国内最早（2015 年）上线的高通量材料集成计算云平台，仅需浏览器就可以使用。由中国科学院计算机网络信息中心研发，迈高材云科技进行成果转化，"十三五"材料基因工程专项"材料基因工程关键技术和支撑平台"的代表性成果之一 [8]。支持三维可视化建模、量子力学和分子动力学。目前 MatCloud+ 材料云已有近 3000 的注册用户，和国内上百家高校和科研院所开展科研和材料计算教学的合作，并且正用于中核集团、中国海油、某军队企业、有研集团等企业的新材料研发。此外，MatCloud+ 还用于材料基因工程理念数据库系统 [8]	商业软件专业运维云计算模式免费试用
MaxFlow	创腾公司所推出的人工智能与分子模拟集成服务平台，目前主要专注于生命科学。实验人员可用 MaxFlow 提供的大量基于人工智能和分子模拟的预测模型来设计他们所关心的创新分子、介观对象和配方，并对研究对象的性质进行定量和定性预测，确定正确的创新方向，减少不必要的实验，以及缩短研发周期	商业软件云计算模式专注于生命科学
Device Studio	鸿之微公司开发的一款材料设计与结构仿真软件，可应用于分子、晶体、器件等领域。它集成了量子输运计算软件、紧束缚模型科学计算软件、新型光电材料设计软件、嵌段共聚物自洽场理论计算软件 TOPS、材料微观组织演化模拟软件，以及其他主流的科学计算软件。 需要安装在本地才能使用，目前也在逐渐朝 SaaS 化方向发展	商业软件传统软件
PWMat	龙讯狂旷腾公司推出的原子尺度方面的材料模拟软件包，它基于第一性原理，利用平面波基组、赝势方法进行电子结构计算等。能够近似求解多体薛定谔方程得到体系的电子态和能量。在密度泛函理论（DFT）框架内，利用局域密度近似（LDA）、广义梯度近似（GGA）、混合泛函（HSE）近似等方法求解 Kohn-Sham 方程	商业软件传统软件
TEFS	第一性原理计算平台，腾讯量子实验室和清华大学合作的一个计算平台，提供弹性第一性原理计算平台服务 (Tencent Elastic First-principles Simulation, TEFS)，未来有计划结合 AI 算法和云的异构计算、大数据能力，实现对传统量子第一性原理材料模拟的加速	云计算模式

续表

名称	说明	特点
CNMGE	天津超算产学研用协同的高通量材料计算融合服务平台，依托国家超级计算天津中心的超级计算、云计算与大数据融合环境，构建了自主可控的高效资源调度系统、图形化可编辑的高通量计算工作流、交互式作业管理系统、统一集成的数据接口等软硬件系统	云计算模式
ALKEMIE	一款具有多尺度集成功能的高通量自动流程计算软件，基于 python 开源框架的高通量自动流程计算软件，由北航基于材料基因工程项目开发，软件包含单机版（完整功能）和网页版（数据库功能）两个版本，用户网页注册后即可下载单机完整版	传统软件
MIP	上海大学响应材料基因工程研发的一个集成化高通量材料计算平台与信息平台，MIP 基于现有的开放材料数据库以及自有实验数据，结合机器学习、数据挖掘、高通量计算技术，旨在服务于实现新材料研发由"经验指导实验"的传统模式向"理论预测、实验验证"的新模式转变，以提高新材料的研发效率，使材料的发现、优化设计建模和仿真更加高效与可靠	云计算模式
Matgen	一个与高性能计算、自动工作流程和数据库集成的开放平台。它能够通过工作流或交互式可视化界面进行材料数据探索和在线计算，并可以构建和编辑有机分子和晶体结构，且提供了多种用于晶体结构的化学信息学算法	云计算模式
Calypso	吉林大学研发的结构预测方法和软件。该方法通过多种物理约束简化势能面最低能态的求解，通过成键特征矩阵方法量化表征势能面，通过群体智能算法高效探索势能面，最终实现了晶体结构的预测	传统软件
Mgedata	材料基因工程专用数据库（www.mgedata.cn），由北京科技大学牵头开发，基于材料基因工程的思想和理念建设的数据库 / 应用软件一体化系统平台，由国家"十三五"重点研发计划"材料基因工程关键技术与支撑平台"支持。采用数据动态容器技术，突破多源异构材料数据汇交的难题，建成数据库 / 应用软件可扩展的一体化系统框架	数据库
Atomly	中国科学院物理所开发的材料数据库。作为材料数据库中的"后起之秀"，它不仅集各个前辈之大成，而且还在某些方面超越了它的前辈们，甚至实现了诸多创新功能。截至本文撰写为止，Atomly 已经计算了 14 万多种材料的相关数据，这些材料包含了经过数据库比对去重后的无机晶体结构数据库 (ICSD) 中的大部分结构	数据库
材料基因工程数据通则	《材料基因工程数据通则（T/CSTM 00120—2019）》，由中国材料与试验团体标准委员会（CSTM）于 2019 年 8 月 13 日发布，并于 2019 年 11 月 13 日开始实施，开启了材料基因工程领域的标准化进程。《材料基因工程数据通则》是全球范围内在材料基因工程领域发布的第一部标准，有望基于此发展出国家标准甚至国际标准	标准规范

17.4 作者在该领域的学术思想、研究成果及应用

17.4.1 作者在该领域的学术思想和研究成果

本章作者杨小渝研究员在材料基因组高通量材料集成计算和数据管理领域有着深厚的积累，自 2012 年回国后，便组建团队，从"0 到 1"开始了 MatCloud 高通量材料集成计算和数

据管理云平台的开发。2014 年 8 月，MatCloud 成功获得国家自然科学基金的资助，是首个获得国家自然科学基金支持的材料基因组项目（批准号：61472394）。2015 年 MatCloud 上线运行 [6,7]，是当时国内第一个具有自主知识产权且正式上线运行的高通量材料集成计算云平台，实现了"计算、数据、HPC"一体化云端集成。

MatCloud 的主要创新在于，对材料计算模拟的操作进行了重新定义，通过自动流程的方式实现高通量材料计算和筛选。MatCloud 将第一性原理计算的模型搭建、高通量建模、各处理间数据流动（如几何优化、静态计算）、参数设置、赝势处理、计算数据后处理、计算数据持久化等关键环节，基于图形化和组件化的思路，通"托拽"方式设计工作流，自动流程地实现了第一性原理计算的建模、计算、数据与云端高性能计算和数据库一体化集成，从而解决了第一性原理计算参数设置复杂、赝势处理烦琐、数据后处理易出错、计算数据易丢失等问题，开创了业界基于云计算模式、工作流方式开展高通量第一性原理计算的先河，且在国内首个提出并实现了通过浏览器"托拽"方式设计工作流 [6]。

MatCloud 的一些重要进展里程碑如下：

- 2016 年 7 月和 2017 年，MatCloud 分别获得国家重点研发计划"材料基因工程专项"的资助（课题编号：2016YFB0700501 和 2017YFB0701702）。
- 2018 年 2 月，MatCloud 成功实现成果转化。迈高科技在成果转化的基础上开始 MatCloud+ 的重构和二次开发。
- 2018 年 6 月，MatCloud 作为中国唯一代表，参加第二届材料数据库互操作规范 OPTIMADE 规范的研讨。
- 2018 年 9 月，MatCloud 参加在日本举办的第 9 届多尺度材料建模大会（mmm2018）。
- 2018 年 11 月，在第二届材料基因工程高层论坛上，MatCloud 均被列为中国"材料基因工程"的标志性成果，获谢建新院士点名褒奖。
- 2018 年 12 月，MatCloud 作为我国材料基因工程专项的代表性成果之一，写进了工信部材料基因工程中期报告里（此报告目前暂未对外公开）。
- 2019 年 7 月，MatCloud 经国内专家推荐，参加了由美国 TMS 组织的第 5 届集成计算材料工程大会（ICME2019）。
- 2019 年 11 月，迈高科技 MatCloud+ 在经不断完善和重构后，正式上线。
- 2021 年 8 月，MatCloud/MatCloud+ 参与的 OPTIMADE 规范研究，在 *Nature* 子刊发表（见后面详述）。

 ## MatCloud+ 材料云

作为"十三五"材料基因工程专项"材料基因工程关键技术和支撑平台"的代表性成果之一 [8]，MatCloud 成功地实现了商业化。目前 MatCloud+ 材料云已有近 3000 的注册用户，和国内上百家高校和科研院所开展科研和材料计算教学的合作，并且正用于中核集团、中国海油、某军队研究、有研集团等企业的新材料研发。此外，MatCloud 还用于材料基因工程理念数据库系统 [8]。

如图 17-1 所示，MatCloud+ 的核心理念在于，通过第一性原理计算数据库，同时结合试验数据和半经验规律方法，通过数据挖掘来探索决定材料关键性能的"材料基因"（材料显微组织及其中的原子排列决定材料的性能，就像人体细胞里的基因排列决定人体机能一样，因此无机功能材料的"材料基因"可看作"组分 - 结构 - 性能"的关联关系），从而用于指导新材料设计。该新材料设计方法涉及三个主要环节：

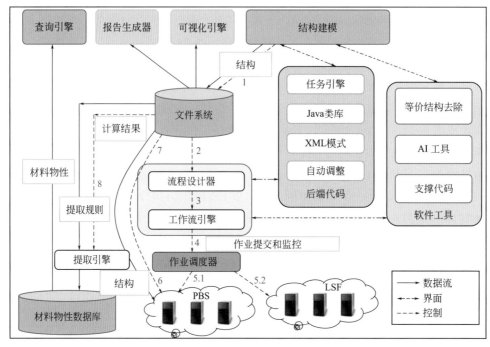

图 17-1　MatCloud+ 技术架构

① 高通量材料计算。采用"模块构建法"，通过大规模的并发计算，预测某目标体系不同组分，或不同掺杂及缺陷的新物质的电子态以及晶体结构、物性等。

② 建立动态数据库。

③ 利用数据挖掘技术，探索决定材料关键性能的"组分 - 结构 - 性能"关联（即"材料基因"），用于指导材料设计和预测具有特殊功能的物质组成、原子空间排布等。如针对新型无机功能材料的探索流程，可以从已知的晶体结构库（如 ICSD）中选择出已知功能模块的化合物，在此基础上筛选出"匹配"的化合物，然后搭建新的化合物，并在此基础上进行结构优化，并对材料进行电子结构、总能量、态密度、电荷分布及其能带的计算模拟，从不同层次分析其结构、成键状态，并预测其相关宏观性质及其稳定性。

由此可见，化合物的筛选、匹配和搭建的不断探索式、增量式反复，不同层次的分析及预测，以及数据挖掘和"材料基因"的发现，需要一个良好的高通量材料集成计算平台，以及能自动地进行材料数据的计算、解析、归档和入库，以及从相关材料信息数据中发现"材料基因"的关键方法和技术。

与业界的高通量材料计算软件如 Materials Studio、Exabyte、Materials Square、MedeA 等

相比，MatCloud 的主要创新点在于：不仅支持云计算的模式开展高通量材料计算，并且云端支持以图形化的"拖拽"方式进行高通量多尺度作业设计，可通过计算快速地构建材料计算数据库。目前平台在高通量材料自动计算方面的主要功能包括：

- 晶体结构建模：提供晶体基础建模工具箱和高通量建模工具箱。基础建模工具箱包括超胞构建工具、晶格对称性解析工具、变形晶胞工具、晶胞/原胞转换工具等。高通量建模工具箱包括固溶/掺杂工具、表面结构剖切工具、表面吸附结构构建工具、团簇结构构建工具等。
- 多尺度计算：VASP、Gaussian、LAMMPS、ABINIT 等（商业软件用户需自带版权）。
- 图形化界面的流程设计：用户可自由拉取第一性原理计算基本单元（几何结构优化、静态计算、能带计算、态密度计算、介电函数计算、弹性常数计算等）进行组合，从而设计复杂计算流程，开展材料成分设计、对实验难以获取的材料进行性质预测及机理解释等。
- 性质预测：预测材料的电子结构、力学性质、热力学性质、光学性质等多种物理化学性质。
- 结果分析：对计算模拟的结果方便直接地进行可视化分析和展示。
- 机器学习：整合了常用的机器学习算法，并与数据库快速对接。
- 跨学科合作：提供软件接口和规范，针对不同材料体系的实际需求，快速定制开发各类"插件"。

MatCloud 支持在线、远程开展大规模 VASP 第一性原理计算，它本身就连着计算集群和材料计算结果数据库。用户仅需一个浏览器，不需下载任何软件，就可在线开展 VASP 计算。支持图形化建模、复杂计算流程设计等，实现了计算作业在线提交和监控、结果分析、数据提取和数据管理自动化。其主要特点可概括为高通量、高并发、网络化、图形化、集成化、流程化、自动化。

MatCloud 面向材料高通量计算平台自动化数据的协同采集，开发了基于标准规范和特定材料物性特征值的自动解析/抽取等数据预处理算法，构建了通用于不同类型材料的数据存储结构，以满足结构化和非结构化材料大数据存储和检索。

MatCloud 计算数据库包括通用数据库、专用数据库。通用数据库存储所有用户通过 MatCloud 材料集成计算平台计算产生的数据，以及用户上传的计算数据。专用数据库则是经专人准确性、可靠性校验后，从通用数据库中提取信任度比较高的物理化学性质数据，可形成专业应用数据库，如单质、钙钛矿专用数据库等。数据库同时支持对材料计算数据的检索，可以通过化学式或者组成元素进行简单检索，还支持通过晶体结构、能带结构、电子态密度、弹性性质、光学性质、静态能量这些物理化学性质来进行特定需求的高级检索。

/ MatCloud+ 材料云在国际上的影响力

作为国产的材料集成计算与设计工业软件，MatCloud+ 材料云在国际上已有一定的知名度和影响力。MatCloud 的开发与国际上高通量材料计算和数据管理系统 AFLOW 和 NOMAD

等都有密切的联系。

项目申请人杨小渝研究员与 AFLOW 的研发者 Curtarolo 教授一直有密切沟通和交流。2015 年 2 月在欧盟 CECAM ／ Psi-K 组织的"第一性原理计算前沿：材料设计和发现"的学术会议上，双方就高通量结构推演发现新的晶体结构方法和技术及晶体结构原型数据库建立进行了深入探讨。同年 6 月在瑞士洛桑联邦工学院举行的"原子层次自动模拟的未来技术"研讨会上，双方又就第一性原理计算数据库的建立进行了深入交流。2016 年 7 月，在新加坡举行的 IUMRS-ICEM2016 分会"材料理论／计算设计"学术会议上，双方再次对高通量计算和第一性原理计算数据库建设展开讨论，进一步表达了合作意向。7 ～ 8 月，双方又进行了密切的邮件沟通，Curtarolo 教授表示愿意提供更多的中间数据、关键技术和解决方案，开展该课题研究。

2017 年杨小渝研究员又和欧盟材料计算和数据库项目 NoMad 建立起了合作关系，并推进相关人员赴德国访问交流。

2018 年 6 月和 2019 年 6 月杨小渝研究员作为中方唯一代表应邀赴瑞士参加了欧盟 CECAM 资助的国际材料计算数据库互操作规范 OPTIMADE 建设的会议，参加单位包括来自美国、欧盟和日本的 AFLOW、Material Project、AiiDA、NoMAD 等。材料设计开放数据库集成 (OPTIMADE) 联盟旨在制定一个通用应用程序编程接口 (API)，使材料数据库可访问和互相操作，这一接口的开通对全球新材料的研发将发挥巨大的作用。OPTIMADE 已在 *Nature* 子刊 *Scientific Data* 上发表 [6]。

2019 年，MatCloud 应邀在 CODATA2019 大会上，给第三世界国家的学员培训。MatCloud 的方法和思路受到学员的好评。

17.4.4 ／ MatCloud+ 材料云的社会经济效益

我国目前材料计算模拟的集成软件，基本被国外 Materials Studio 所垄断。目前据知 Materials Studio 已在涉及军工的单位被禁用，已对我国新材料研发关键领域构成威胁。经过 8 年持续的迭代研发，MatCloud+ 具有了 Materials Studio 的主要核心功能，并且有进一步创新和突破，打破国外软件在该领域的垄断。比如注册用户近 3000，涵盖 300 多家单位，10 多个国家和地区，举办培训 12 届，培训用户累计已超过 2000，并且有用户从国外专门赶来参加。

MatCloud+ 和高校保持着密切的合作。迈高科技和北京大学合作，研发了基于容量和扩散势垒筛选等的工作流模板。能对从已知的晶体结构数据库中选出的合适候选材料进行吸附等调控操作，生成大量的候选样本，然后通过 MatCloud+ 高通量计算驱动引擎连接超算中心，借助强大计算能力进行自动筛选。这样可以加快研发速度，降低成本。取得的相关成果已经在国际期刊发表。

MatCloud+ 和中核集团、中海油、有色集团、恒大新能源、云南稀贵金属材料基因工程、光刻胶基因工程、中石化、某集成电路研究院、某部队等近 10 家企业和项目开展合作，同时服务于近 3000 个高校和科研院所的老师和学生。MatCloud+ 也正在和某科学城、材料园区、纳米城、新材院、某复合材料公司等商谈基于 MatCloud+ 建立新材料数字化研发大数据平台。

17.5 / 材料设计制造软件近期研究发展重点及 2035 年展望与未来

综上分析可见，早期的材料设计制造软件，均聚焦单一尺度，且需要安装在本地才能使用，如列举的材料 CAD/CAE/CAM 软件。随着材料基因工程理念的提出、大数据、云计算、高性能计算的普及，以及新一代人工智能技术突破，材料设计制造软件越来越呈现出"高通量、多尺度、机器学习、SaaS 化、集成化"等特点。

17.5.1 / 新材料设计软件与制造软件的发展重点

（1）高通量材料计算和筛选越发成为发现新材料的一种重要手段 ● ● ●

"元素每增加 1 种，成分组合增加 10 倍"。材料设计的特点决定了高通量计算是辅助材料设计的一种有效手段。随着材料基因工程的提出，尤其是高性能计算的普及，通过高通量计算和筛选的方式辅助材料设计，也是材料设计软件的一种发展趋势。如前所述的 MedeA、Exabyte、Materials Square 以及 MatCloud+ 等，都增加了对高通量计算和筛选的支持。借助强大且成本越来越低的算力，融合了机器学习的高通量计算和筛选已成为新材料研发设计的重要手段。

北京大学物理学院与 MatCloud+ 合作，以常见的石墨 / 石墨烯层状电极为例，基于 MatCloud+ 的高通量计算筛选功能，系统研究了碱金属离子（Li^+、Na^+、K^+）电池中层状材料电极性能对其层间距的依赖性[10]。通过综合考虑石墨 / 石墨烯电极随层间距连续变化过程中的结构、能量、电子学、离子学性能表现，找到了石墨 / 石墨烯电极在不同的碱金属离子电池中的最佳层间距，得到的研究结果也可以扩展到其他类似的层状电极材料，并指导实验选择合适的层间工程技术。

该研究工作涉及"多结构、多性质"的计算。MatCloud+ 在该研究中体现出了 4 个明显的优点：

① 自动化调控层间距，生成候选空间，减少人为重复劳动。

② 人工干预的次数明显变少，大量工作让工作流引擎自动流程完成，能够按流程按预定的计划按部就班地自动计算。

③ 错误后部分能自动纠错，避免了重复计算，更近一步提高了效率。

④ 自动搜索所有高对称吸附位点，减少人工劳动，同时避免遗漏。

在研究中，迁移势垒的计算涉及 Li/Na/K 共 9 个结构，吸附容量的计算涉及 Li/K 共 6 个结构。传统地，每个结构不仅需要分别计算，且结构优化 / 静态计算 / 插点 / 势垒计算都需要分别提交计算作业，且计算完毕后需要人工将计算结果下载下来手动处理，因此共计约有 60 次人工作业提交，以及 60 次人工数据处理，共计 120 次人工操作。而采用 MatCloud+，针对

第四篇 基础创新能力提升

迁移势垒的计算，通过工作流引擎人工仅需分别对三个碱金属操作两次（共 6 次）；针对吸附容量的计算，通过工作流引擎人工仅需分别对两个碱金属操作两次（目前层间距需要等差数列，所以平衡位置附近是 1Å 间隔，后面是 5Å 间隔，所以每个碱金属要操作两次，共 4 次），总计人工操作 10 次，剩下的 110 次人工处理全部由 MatCloud+ 自动完成，人工干预减少了90% 左右，极大地提高了效率。对于高通量计算筛选而言，供筛选的结构越多，效率提升越为明显。

（2）多尺度计算模拟趋势 ••••

通过计算模拟的方法开展材料配方设计及性质预测，单一尺度的方法往往是不够的，尤其对于金属 / 合金、高分子材料等，必须借助于多尺度的计算。多尺度材料计算模拟，一般包括空间尺度（Length Scale）和时间尺度 (Time Scale)。材料多尺度计算的真正挑战来自于跨尺度计算。尽管目前已有不少多尺度计算模拟的研究和文章都论述了多尺度计算的价值和细节，然而跨时空尺度的材料计算仍缺少理论框架、方法和代码。尤其是，不同尺度计算模型的桥接，以及这些不同尺度间的数据和信息传递。

现有计算工具的主要缺点之一是单个工具无法跨越相关的各种长度和时间尺度进行材料设计 [1]。微观尺度的分子动力学计算可以从精度更高的量子力学第一性原理计算获得输入，比如，原子位置和原子间受力情况可通过第一性原理计算获取，从而用于拟合原子间关联势，提供给分子动力学模拟。分子动力学计算模拟输出的体积模量和缺陷等热力学和动力学性质，可用于更粗粒度的微观动力学等。因此跨时空尺度计算模拟的核心难点之一，在于不同尺度计算模拟的桥接和参数传递的基本理论方法和框架。美国提出的集成计算材料工程（ICME）和材料基因组计划（MGI）都特别强调这种量化的、准确的、基础的跨尺度桥接模型、算法和代码的开发。

（3）机器学习的融合 ••••

新材料研发中的一个突出问题就在于材料数据的稀缺，即人类材料知识的缺乏。如已知十万余种晶体中，知道弹性常数的仅 200 余种，知道介电常数的仅不到 400 种，知道能隙的仅 300 多种（见特邀报告人 Matthias Scheffler 教授在 2017 年银川中国材料大会上的报告）。但是，第一性原理计算却能够较为准确地计算出晶体的弹性常数、介电常数以及能隙等，并且可结合经验 / 半经验模型推导出更多的材料性质数据，从而在一定程度上补充材料物性数据。

通过有监督学习构建模型、预测新材料的性质其实很早就有了。定量结构 - 性质关系(Quantitative Structure-Property Relationship, QSPR）方法就是一种典型的利用有监督学习构建材料"结构 - 性质"模型的方法。它是基于大量可靠样本数据（如实验数据、文献数据、材料数据库等），利用统计学方法建立起化合物结构与性质定量关系模型，从而用于预测材料物理化学性质的一种有效方法。QSPR 模型可有效辅助材料设计和筛选。如预测特定体系不同成分及配方化合物的关键物理化学性质（如能隙）；根据需要的物理化学性质寻找或筛选最佳成分及配方（即材料逆向设计理念）等。

QSPR 模型的构建，需要大量的实验数据。然而由于材料实验数据获取的不易，以及材料性质数据的稀缺，通过高通量第一性原理计算产生数据，并基于部分实验数据，通过机器学习构建 QSPR 模型，已引起业界的普遍关注。该方法也被称作 QM/ML 方法（Quantum Mechanics/Machine Learning），其核心理念在于，强调通过量子力学计算产生大量的数据，然后从该数据中学习到一些模式，利用该模式来预测材料的性质。比如，北卡罗来纳大学的 Alexander Tropsha 研究组利用机器学习方法对 DFT 第一性原理计算数据库 AFLOW 中的结构和第一性原理计算结果进行深度挖掘，建立模型，根据输入的结构便可对材料进行分类（金属/绝缘体），对能隙、体积弹性模量、剪切模量、德拜温度和热熔等信息进行较为准确的预测。

尽管 QM/ML 方法可以帮助 QSPR 模型构建，然而通过第一性原理计算获取材料性质数据要付出较高的人工成本，而且构建 QSPR 模型所涉及的跨学科交叉（如机器学习、材料数据表征、第一性原理计算）本身就有较高的技术门槛。这些均成为通过 QM/ML 方法构建 QSPR 模型的技术壁垒，阻碍了 QSPR 的进一步普及。

2020 年 1 月，研发 AlphaGo 的 DeepMind 公司，基于 AlphaGoZero 理念，又研发了 AlphaFold 人工智能机器人，它能通过学习 100000 个已知蛋白质的顺序和结构自我构建出能预测蛋白质结构三维模型的预测模型[11]。AlphaFold 的成功再次证明了人工智能技术在新材料研发中的潜力。

我们可以预见新材料的数字化研发，将会迎来第五范式。科学研究已经经历了四个范式。第一范式主要基于实验，就是指基于经验的新材料"试错法"研究；第二范式是基于理论公式的试错研究；第三范式是通过计算仿真实现大设计、小实验，减少试错；第四范式的数据驱动研发模式，通过大数据分析、机器学习、人工智能等技术实现智能推荐。基于"第五范式"的科学研究由李国杰等院士在 2021 年提出，与第四范式相比，更侧重于人、机器及数据之间的交互，强调人的决策机制与数据分析的融合，更强调数据模型的科学内涵和可解释性。新材料设计制造软件将会更重视对人工智能/机器学习的融合[12]。

（4）SaaS 化趋势

材料设计制造软件 SaaS 化，尤其是材料设计软件的 SaaS 化，即通过云计算的方式，提供材料计算服务、数据服务、AI 服务等，也是目前的发展趋势（这也同样符合材料软件 SaaS 化发展趋势）。如前所述的美国 Exabyte、韩国 Materials Square、中国 MatCloud+ 等均是采用这种模式。采用这种模式可极大降低用户开展材料计算的门槛，用户仅通过浏览器就可登录开展材料计算，免去了软件安装和编译的烦琐程序。此外，这种模式还能有利于促进数据共享。另外，采用这种模式还能有效地避免盗版，促进软件行业的健康发展。

新材料研发企业可能担心云计算模式数据安全的问题。对于企业，可以通过私有云的方式部署材料设计软件。这样做的最大好处是能打破企业材料设计部门、样本制造部门以及测试表征部门间的数据壁垒，打破信息孤岛，实现数据共享，从而在有效数据集的基础上更好地开展机器学习。

（5）与数据库的紧密融合

新材料设计制造软件，越来越呈现出与数据库紧密结合的趋势。如前所述的 Materials

Square 的相图计算，就是与热力学数据库的紧密结合。同样，基于高通量计算和筛选的新材料设计，需要基于初始结构生成出可供筛选的结构候选空间（化学空间）。初始结构来源于晶体结构库或分子结构库。

（6）集成化趋势　　　　　　　　　　　　　　　　　　　　　　　　● ● ●

材料设计制造软件，同样体现出了集成化的趋势。从上述的国内外发展情况可以看到，这种集成化体现在如下几个方面：高通量计算与多尺度计算的集成，高通量计算与机器学习的集成，材料计算与数据库的集成，实验数据与计算数据融合集成，不同尺度计算模型、算法及软件的集成。

 17.5.2 ／ **研发国产新材料设计制造软件的建议**

（1）新材料设计制造软件作为新材料研发创新的技术支撑，需进一步得到重视　● ● ●

2021 年，隶属于美国海军研究办公室的小企业创新研究计划（SBIR）资助了一个项目，将开发一种软件工具，利用基于集成计算材料工程（ICME）的建模框架，优化一种镍基合金，使其更适用于增材制造。该软件将更好地开展合金成分的个性化研发，更好地适应在增材制造中提高可打印性，减少缺陷，并改善增材制造中镍基组件的力学性能。该软件的机械计算模型将使用最先进的实验技术进行校准，以验证预测模型，解释增材制造处理产生的复杂现象。开发的软件工具有望提高对增材制造技术的理解，并利用它为喷气发动机、工业燃气轮机和其他苛刻的应用设计新一代先进的 Ni 合金和组件。

可见，新材料数字化研发是加快新材料数字化的重要助推器。要形成新材料数字化的良好生态，必须要重视融合"计算、数据、AI、实验"四位一体紧密结合的新材料研发基础设施的建设，即新材料研发创新能力的建设，材料设计与制造工业软件是该基础设施的重要组成部分。

2008 年，美国国家工程院（NAE）国家材料咨询委员会研究小组提出的集成计算材料工程（ICME）可以看作新材料数字化研发的早期阶段[13]。ICME 强调材料和产品的并发设计，重点是将模型和数据库进行连接，实现多个长度和时间尺度上的材料结构 - 属性关系，从而解决与特定产品和应用程序相关的问题。因此提供有关稳定相和亚稳相信息、界面结构和能量特征信息，以及由于热激活过程而使结构重新排列的驱动力信息（即过渡状态），对于材料设计至关重要。因此，它提供了一个材料和产品初步集成设计的候选方案，从这个角度讲，第一性原理计算是不可分割的，并支持多组元系统的探索，而对于这些多组元系统，有时经验理解几乎很少。

2011 年，美国提出了材料基因工程，强调通过"计算、模拟和实验"的紧密结合，"理论预测在先，实验验证在后"的新材料数字化研发，强调高通量计算、高通量制备和高通量表征的新材料高效研发模式。

可以预见，数字孪生技术的应用将会进一步促进新材料数字化研发和制造。实际上，Pollock 和 Allison 等在 2008 年就预测到 21 世纪的全球经济将迎来材料供应 / 开发行业的革命，实现真正的虚拟制造能力，而不仅仅局限于实体的几何模型和现实的材料行为[13]，这实际上预言了数字孪生技术在新材料数字化研发和制造领域的应用前景。德国工业 4.0 提出的"数字物理生产系统（Cyber-Physical Production Systems, CPPS)"也进一步证明了数字孪生技术在该领域的应用前景。实际上，数字孪生可以认为是物理世界的一种软件定义，用软件来模仿和增强对客观现实世界的理解。因此数字孪生与前述的 CAD/CAE/CAM 等工业软件关系密切。以前在汽车、飞机等复杂产品工程领域出现的"数字样机"就是数字孪生的范畴。

无论是集成计算材料工程、材料基因工程，还是数字孪生等理念和技术，都强调计算、数据、模型、AI 等计算机技术的应用，因此需要重视有自主知识产权的新材料设计和制造软件开发，以及相关新材料研发集成化基础设施的建设。

（2）重视新材料设计与制造一体化智能机器人的技术研发 ••••

必须重视新材料设计、制备、表征的全链条一体化的软硬件技术的研发。新材料设计、制备、表征的全链条一体化也正是材料基因工程所极力倡导的，而支撑全链条一体化研发的核心是其底层的软硬件技术，或者说智能机器人技术。

2016 年，美国空军研究实验室功能材料部的 Benji Maruyama 团队成功研制出世界上首套可自主进行材料试验的样机——"自主研究系统（ARES)"，将人工智能技术和机器人、大数据以及高通量计算、原位表征技术相结合，能在材料制备迭代试验过程中自主学习并优化试验设计，确定最佳制备参数，使材料制备试验效率提高百倍，大幅度提高材料研发速度[15]。2018 年 7 月，英国格拉斯哥大学 Leroy Cronin 课题组采用机器学习算法，开发出可预测化学反应的有机化学合成机器人[16]。2020 年 10 月 Science 在线上报道了他们研制的一种可扩展化学执行平台，可自动阅读和识别文献中的合成步骤，这一工作实现了化学人工智能领域的划时代成果——"文献进，产物出（Paper In, Product Out)"，可能意味着机器人自主设计和开展合成试验能力的巨大提升[17]。

（3）依托优势力量，研发国产自主可控、自有知识产权的新材料设计制造软件 ••••

软件研发具有"长周期，循环迭代，用户反馈，市场验证"的渐进式研发特点，需要"用户中心，需求驱动，市场导向"的研发理念，需要的是持续积累，始终如一的坚持，以及数据库、知识库、模型库、代码库等的长期不断的沉淀。纵观国内外知名软件、平台或技术，莫不是如此。比如，知名的材料集成设计软件 Materials Studio，就有几十年的研发历史，经历了多次的被兼并以及收购等操作。

基于软件研发的上述特点，对研发我国自主可控、自有知识产权的新材料设计制造软件提出如下建议：

① 建议政府层面避免"撒胡椒面式"或"重新再造轮子式"的资助。应该重点选择几个赛道的具有一定用户基础、代码基础、经验积累、用户口碑的材料设计制造软件（如材料集成设计软件、新材料研发基础设施、单一尺度计算软件），定向重点打造和扶持，使其不断成长。尤其是大型工业软件的研发，光有勇气和决心是不够的，持续积累的跨学科领域知识和经验尤其重要。

② 对大型工业软件的研发建议是要有专业公司牵头或核心参与。软件研发的"用户反馈，市场验证，循环迭代"等特点，注定软件开发不仅需要领域知识，专业化研发团队协同工作

（如底层架构师、前端页面、后端代码、各种测试）、UI 界面、UE 体验、市场推广、用户培训、售后服务等更是必不可少，然而这些事情都不是高校或科研院所擅长的。因此，政府专项资金资助的大型材料设计制造工业软件的研制要由有一定基础的公司牵头或重点参与，但是可将有创新、有挑战性的、具有"领域知识密集"特点的算法或模型，以外协或横向项目的形式，委托给高校或科研院所，让他们蹚出路子，开发出原型。

这里并不是排斥高校或科研院所研发工业软件，这里主要是指政府专项资金资助大型材料设计制造工业软件的研制的情形。相反，我们尤其需要政府层面的各类基金鼓励高校或科研院所在基础研究和应用研究项目中研发出更多可用、适用的校园软件、开源程序、小模块、小程序、小算法，而不是一味地发表论文等。形成校园软件、开源程序等"百花齐放"的局面，它们是我国国产软件的根基。经过不断迭代，或许今后它们可成长为大型软件，或被某大型软件所用，或服务于广大用户。

③ 鼓励科研成果转化，鼓励社会资本参与材料设计制造软件的开发。材料设计制造软件，一定要在应用中体现出价值，一定要经市场检验不断完善。社会资本的介入，能更好地鼓励通过市场手段来创新、完善、优化可用的材料设计制造软件，避免"发表论文、项目结题"式的软件开发模式。我们欣喜地看到，"十四五"国家决策层面已经出台了各种政策，鼓励科研成果转化和社会资本参与"硬科技""卡脖子"技术的开发。

④ 材料设计制造软件的开发应坚持"问题导向"的研发思路。软件开发应避免先关起门开发，然后再去寻找应用的这样一个误区。可以先回答如下基本问题：该系统或平台或应用与实践或理论或假说等有哪些实际用途；有哪些用户群体和应用场景；能帮助解决哪些科技和工程问题；有哪些学科领域的团队或课题组共同参与研发，如何参与研发等。软件开发过程中，尽量以不断探寻新的需求和难题为驱动，不要被难题所吓住，要有"创新就是不断解决难题"的意识。

实际上，很多问题和难题经过攻关和努力是有办法解决的。难的原因就在于没有把"难在哪些地方"想清楚，甚至不愿去想（有些甚至就不难，只是有些烦琐，或者涉及了一些其他学科的知识）。先给自己下个结论"太难了，短期内出不了成果"，转而开发自己熟悉的但意义和价值不大的东西。实际上，解决问题的做法应该是：想清楚难在什么地方，把难点写下来；或者想清楚问题是否可以分解，把一个大问题分成若干个小问题，再考虑每个小问题又难在什么地方。实际上，把这些难点思考清楚了，通过跨学科交叉、协同创新、群体智慧等，总能找到解决办法，剩下的就是评价这些方法的优劣，拿出一个最优的方案。

参考文献

[1] Modeling Across Scales: A Roadmapping Study for Connecting Materials Models and Simulations Across Length and Time Scales，DOI: 10.7449/multiscale_1.

[2] Li D, Sun M, Wang P, Kang X, Fu P, Li Y. Process modeling and simulations of heavy castings and forgings[J]. AIP Processing, 2013, Shenyang, China.

[3] 康大韬, 叶国斌. 大型锻件材料及热处理[M]. 北京: 龙门书局, 1998.

[4] 陈立亮, 材料加工 CAD/CAM基础[M]. 北京: 机械工业出版社, 2010

[5] 刘斌,崔志杰,谭景焕, 等.模具制造技术现状与发展趋势[J].模具工业, 2017, 43(11):1-8.

[6] 杨小渝, 任杰, 等.基于材料基因组计划的计算和数据方法[J].科技导报, 2016, 34 (24): 62-67.

[7] Yang X Y,Wang Z G,Zhao X S, et al. Matcloud: A high-throughput computational infrastructure for integrated management of materials simulation, data and resources[J]. Comput. Mater. Sci.,2018, 146: 319–333. https://doi.org/10.1016/j.commatsci.2018.01.039 (2018).

[8] 宿彦京, 付华栋, 白洋, 姜雪, 谢建新. 中国材料基因工程研究进展[J]，金属学报, 2020, 56(10): 1313-1323. DOI: 10.11900/0412.1961.2020.00199.

[9] Andersen C W, Armiento R, Blokhin E, et al. OPTIMADE, an API for exchanging materials data[J]. Sci Data,2021, 8: 217 . https://doi.org/10.1038/s41597-021-00974-z .

[10] Ma J, Yang C, Ma X, et al. Improve alkali metal ion batteries via interlayer engineering of anodes: from graphite to graphene[J]. Nanoscale, 2021, 29.

[11] Senior A W,Evans R,Jumper J, et al. Improved protein structure prediction using potentials from deep learning[J].Nature, 2020,577(7792):706-710.

[12] 程学旗, 梅宏, 赵伟, 华云生, 沈华伟, 李国杰. 数据科学与计算智能：内涵、范式与机遇[J].中国科学院院刊，2020,12.

[13] Pollock T M, Allison J E, Backman D G, Boyce M C, Gersh M, Holm E A, LeSar R, Long M, Powell IV A C, Schirra J J, Whitis D D, Woodward C. Integrated Computational Materials Engineering: A Transformational Discipline for Improved Competitiveness and National Security[M]. Washington, DC: The National Academies Press, 2008.

[14] Asta M, Ozolins V , Woodward C A. First-principles Approach to Modeling Alloy Phase Equilibria[J]. JOM,2001,53:16-19 . https://doi.org/10.1007/s11837-001-0062-3.

[15] Nikolaev P, Hooper D, Webber F, Rao R,et al. Autonomy in Materials Research: A Case Study in Carbon Nanotube Growth[J]. npj Comput. Mater.,2016, 2 (1):1–6.

[16] Granda J M, Donina L, Dragone V, et al. Synthesis Robot with Machine Learning to Search for New Reactivity[J]. Nature, 2018, 559 (7714): 377-381.

[17] M Mehr S H, Craven M, Leonov A I, et al. A Universal System for Digitization and Automatic Execution of the Chemical Synthesis Literature[J]. Science , 2020, 370 (6512):101-108.

 作者简介

杨小渝，博士，英国剑桥大学博士后，现为中国科学院计算机网络信息中心"百人计划"研究员。主要从事高通量材料集成计算、多尺度模拟计算、材料数据库、材料信息学等方面的研究工作，研发了我国首个高通量材料集成设计工业软件并实现了成果转化（MatCloud+）。在英国期间，参与了十多个英国政府及欧盟框架项目的研发，对计算机技术应用，以及如何沿用国际化方法和模式开展学科交叉研究有着深刻的理解。回国后主持或参与了多项国家和地方项目研究，包括：国家发改委"基础研究大数据服务平台"（2013），国家自然科学基金面上项目（2014），国家自然科学基金重点课题（2015），国家重点研发计划"材料基因工程专项"课题（2016）及其子课题（2017），北京市创新基金（2018）、云南科技厅"稀贵金属材料基因工程"（2019、2020）等。在国际重要期刊、国际学术会议发表学术论文 20 余篇，并著有三部英文学术著作；同时还担任国际期刊主编／国际学术会议审稿人。2011 年获由教育部、科技部举办的第五届"春晖杯"留学人员创新创业大赛二等奖。2010 年经中国香港特别行政区"香港优秀人才入境计划"遴选，获"香港优秀人才入境"身份（后放弃赴港，直接归国）。

第 18 章

新材料高端精密检测仪器国产化

王海舟　沈学静　李冬玲

18.1　新材料高端精密检测仪器概况

18.1.1　高端精密检测仪器概述

仪器仪表是指用以检出、测量、观察、计算各种物理量、物质成分、物性参数等的器具或设备。精密检测仪器与装备广泛应用于科研、国防、工业制造及人民生活等各个领域，其研发与制造能力是国家高新技术发展水平的重要标志。精密仪器仪表在信息化社会中对经济发展的"杠杆"和"倍增"作用巨大，科学研究离不开仪器仪表，很多科研数据都是用仪器仪表测出来的。它的发展在相当大的程度上代表着一个国家的科技水平、综合国力和国际竞争力。专家总结其作用称：仪器仪表是科学研究的"先行官"，工业生产的"倍增器"，军事上的"战斗力"，国民活动中的"物化法官"。

目前，我国已经跃升为世界第二大工业化国家，我国的仪器仪表产业从设计、制造到研究开发等各环节都具有了相当的规模和实力，基础研究仍以高等院校和科研院所为主，与仪器仪表企业的合作越来越紧密，仪器仪表科研成果的产业化程度不断提高，整个行业的技术含量和创新能力明显提高。但我国装备制造产业的整体实力和水平与世界先进水平比较，还有不小差距，特别是一些高端装备和精密仪器仪表等核心部件，在很大程度上仍然依赖进口。现代工业仪器仪表的总体特征是高可靠性、高性能、高适用性，我国企业的大部分产品与国外产品的差距也正在这些方面。国产高端仪器技术水平落后，已经成为制约我国科研发展的短板。有关机构研究表明，国外仪器大举进入是造成国内仪器发展困难的关键。在实际的科研活动中所需要的仪器产品，尤其是高端仪器方面，国外产品占据绝对的领先优势，国内生

中国新材料研究
前沿报告　2021

产企业规模不断缩小，市场份额被一步步蚕食，直至被迫退出市场。另外，科研人员在购买仪器的时候会优先选购国外仪器。国产的许多仪器虽然价格便宜，但绝大多数达不到国际领先水平，我国科研经费充足，所以大多数优先采购国外产品，这些举动一定程度上提高了国外仪器厂商的经营业绩。据统计，我国每年过万亿元的科研固定资产投资中，有六成用于购买进口设备，部分高端仪器百分百依靠进口。

因此我国的仪器产业必须尽快实现自力更生，只有大力发展仪器才能促进我国科研的快速发展。通过购买国外仪器，虽然短期内满足了科研的需求，但并不能成为我国科研发展的支柱。因为很多仪器生产强国生产的一些高精密仪器是限制出口到我国的，进口不到前沿科研所需的高精密仪器，决定了我国的科研工作只能跟在别人后面跑，因此要想成为科研强国必须首先成为仪器强国，反之如果不是仪器强国就很难成为科研强国，大力发展高端仪器成为了我国科研发展的关键所在。

18.1.2 / 新材料检测仪器概况

我国新材料检测仪器同整个仪器行业的境况类似，目前总体情况可以概括为：高端仪器受制于人，中端仪器质量差距大，低端仪器恶性竞争；仪器的关键部件、元件和开发工具等存在"卡脖子"风险。

新材料高端精密检测仪器主要是指那些在新材料研发、生产、应用过程中用于对材料性能、功能进行测试、表征、计量的仪器设备，它们结构复杂、生产制造难度高、单台价值高。按照应用场景，可以分为通用和专用两大类。通用的高端仪器包括用于材料成分分析的大型光谱仪、质谱仪、色谱仪等，用于微观组织结构表征的扫描/透射/原子探针/冷冻/球差电子显微镜、衍射仪、核磁共振仪等，用于内外部缺陷探测的无损检测仪器，用于材料物性或功能表征的粒度分析仪、热膨胀仪、表面力学及轮廓分析仪以及力学性能测试仪（如拉伸/持久/疲劳试验机）等。专用高端检测仪器是为解决科研生产特殊场景需求的仪器，比如为了材料基因工程而开发的系列高通量表征仪器，基于大科学装置（同步辐射、中子散裂源等）的表征仪器，极端条件下使用的性能测试仪器，在材料制造过程中用于监控生产状态的大型测量系统等。这些仪器单台（套）都在几十万元到几百万元人民币，甚至更高，长期处于国外产品垄断的局面。

目前在新材料高端精密检测仪器技术领域，我们和国外技术的差距很大，并且被国外绝对垄断，例如透射电镜、球差电镜、冷冻电镜等，由于国内产品空白，进口仪器价格在几百万至几千万。造成这种差距的主要原因有两个。一是产业积累时间方面的差距，近现代仪器技术的发展一直伴随着科技发展的需求而不断发展，而欧美国家一直走在现代科技的前列。高端仪器必须在通用仪器制造技术基础上发展，我国通用仪器技术积累不够，必然造成高端精密仪器不能供给的问题。二是国外的高端仪器产业较之我国还有天然的全球市场优势、高端应用优势、配套的产业（如关键技术、元器件产业）优势、知识产权优势等。

同时我们也看到，近年来由于中美间的贸易摩擦加剧，政府部门和各行业都已经认识到这一问题。规划文件牵引、科技资金资助、地方政策支持、国产采购倾斜，支持国产仪器发

第四篇　基础创新能力提升

展已经成为政府、市场以及公众的共识。可以预见，新材料高端精密检试仪器领域也将迎来新的局面。

新材料高端精密检测仪器的研发和应用需求动态

当前，随着新材料研发路径的变革、材料产业和产品向高质量发展、材料制造流程智能化绿色化升级，对新材料高端精密检测仪器的重点需求主要集中在如下 4 个方面。

材料基因工程高通量表征仪器

新材料研发技术体现一个国家高科技发展水平，已成为国家战略的一部分。传统的材料研发方法，可归纳为"试错法"。一种新材料的研发时间平均为 5～12 年，显然无法跟上当代高科技产品的发展和更新的速度。美国国家科技顾问委员会和总统科技政策办公室在 2011 年 6 月底启动了名为"材料基因组计划"的国家科学计划，旨在加速新材料研发与应用的进程，强化美国在新材料技术和高科技领域的绝对领先地位。通过高性能材料计算、高通量材料实验平台和材料数据三大平台的建立与协同，力争达到将新材料的研发周期缩短一半的目标。新材料的研究者基于庞大的数据库，通过各种数学模型的计算模拟，提出实现预期特性的一系列可能的"基本单元"及其"组装"方式，期望通过反复实验验证筛选出若干符合相关要求的基本单元，并对组装形成的材料的组成、组织结构和性能进行表征。"新材料高通量合成与表征"是三大平台中的实验技术平台。针对所合成的含基本单元的试样（组合芯片），应对其特性（如组成、微观结构、力学性能、光学性能、热学性能、电磁学性能等）开展高通量实验表征，利用系统筛选出若干符合材料相关特性要求的目标基本单元。针对不同类型新材料的特性需求，高通量实验表征仪器是研究的重点。

"材料高通量实验"是在短时间内完成大量样品的制备与表征或单次实验获取多种特性信息的技术手段。其核心思想是将传统材料研究中采用的顺序迭代方法改为并行处理，以量变引起材料研究效率的质变。作为"材料基因组技术"三大要素之一，它需要与"材料计算模拟"和"材料信息学/数据库"有机融合、协同发展、互相补充，方可充分发挥其加速材料研发与应用的效能，最终使材料科学走向"按需设计"的终极路线。当前，即使在材料计算模拟技术领先的欧美国家，由于受到目前计算能力、理论模型和基础数据的限制，绝大多数材料计算结果的准确性还远不能达到实验结果水平，难以满足实用要求。因此，在由传统经验方法向新型预测方法的过渡中，高通量实验扮演着承上启下的关键角色。首先，高通量实验可为材料模拟计算提供海量的基础数据，使材料数据库得到充实；其次，高通量实验可为材料模拟计算的结果提供实验验证，使计算模型得到优化修正；更为重要的是，高通量实验可快速地提供有价值的研究成果，直接加速材料的筛选和优化。随着中国材料科技的快速发展和材料基因组方法在研发中不断被广泛采用，高通量实验的重要性将日益彰显。高通量实验最基本的特征如下：

① 高通量合成制备，即在 1 次实验中完成多组分目标材料体系制备，使制备具有高效性、

系统性和一致性；

② 快速分析测试，即采用扫描式、自动化、快速的分析测试技术，原则上 1 天制备的样品 1 天内完成测试分析，避免成为瓶颈；

③ 计算机数据处理输出，即充分利用计算机的数据处理和分析功能，以表格、图形等多种形式输出数据[1]。

材料基因工程目前急需在基本单元组装材料过程中和新材料研发过程中发展高通量表征技术，如研究材料合成制备过程中的原位、实时表征技术与仪器，揭示材料制备过程中多种参数及各类工艺条件对材料组成、结构、性能的影响，为构建多维度的新材料提供相关参数轴（如时间轴、温度轴等），跟踪组装过程中基本单元的组装方式、取向、变异、统计分布等变化规律，实现组装过程原位表征。发展新材料微观、介观、常规试样尺寸及实际工件尺寸的大尺寸范围高通量二维及三维原位统计分布分析技术和仪器，探索大尺寸范围内基本单元的组装方式、取向、变异、统计分布等定量规律，实现新材料组分 - 组织结构 - 性能相关性高通量表征。最终评价所获得的新材料与实际预测目标性能的一致性。

我国的材料基因工程需要发展一系列的精密的高端检测表征技术，实现材料原位、实时、高通量表征。材料基因工程高通量表征仪器需要具有高的空间分辨率和时间分辨率。空间分辨率可通过具有亚微米级线性运动分辨率的高精度自动 X-Y 扫描平台实现，时间分辨率可通过毫秒级时间分辨的数据采集系统实现。在表征过程中，通过高度自动化的控制和数据采集，在需要较少人为干预的情况下快速完成大量实验数据的采集工作。高通量实验的日益普及促进制备与表征仪器装备技术的创新和发展。材料基因组方法是材料研发思维的重大变革，对实验方法与仪器装置也提出了更新的要求。开发一系列普适、精准、快速的制备表征仪器对推广应用高通量实验技术至关重要。

实际应用中的材料是非均匀、多元、复杂的，各位置的成分和结构不尽相同，不同尺度下性能各异。因此，材料的最终性能与各原位置信息的统计分布表征密切相关，王海舟等基于这一认知，提出高通量原位统计分布分析表征技术。该技术以新材料研究或相关工艺生产的实际样品为对象，采用多种高通量表征技术，如激光诱导击穿光谱原位统计分布分析技术（LIBS-OPA）、激光烧蚀电感耦合等离子体质谱原位统计分布分析技术（LA-ICP-MS-OPA）、X 射线荧光光谱原位统计分布分析技术（XRF-OPA）以及高通量原位统计分布分析映射表征技术（OPA-RM）、火花原位统计分布分析技术（SPARK-OPA）等，获取材料中海量原位成分、结构和性能等信息，结合全视场金相技术、显微硬度、电镜技术等微区分布分析技术，实现材料中点对点各原始信息对应的高通量原位表征。通过对材料样品中较大面积范围内原位成分分布及其状态原始信息的统计解析表征，实现了微观 - 介观 - 宏观跨尺度综合统计定量分布表征，可原位获取材料成分 / 结构分布、定量分布、状态分布等参数信息，从而反映材料的非均质性、不确定性。这种综合统计表征方法与宏观平均表征方法以及微观成分 / 结构表征方法相结合，能够更完整地反映材料不同部位的服役特性，有助于解析工艺和材料出现的现象和问题，可应用于材料计算设计、改性与优化的高通量筛选与验证。

材料基因工程的发展对微试样、微结构的力学性能的表征需求也日趋增加。微观的力学性能测试本身就比较困难，同时因为尺度效应，微观力学量和宏观体材的力学性能需要进行

第四篇 基础创新能力提升

具体分析才能对应。近年发展了一系列微观力学测试手段，比较有代表性的有微观拉伸试验测试应力应变分析仪、微悬臂梁热应力蠕变测试仪、AFM 纳米压痕仪等，利用微机电系统技术（Microelectro-Mechanical System，MEMS）可以在同一个基片上制备多种不同成分和结构的材料，并进行高通量力学性能测试。而纳米压痕已经有商业化的仪器设备可以实现高通量、全自动的微区测试。关于微观和纳观力学尺度效应，已有大量工作证明，当材料特征尺寸（晶粒、厚度）远大于决定其力学特性的特征尺寸时（如位错相互作用特征尺寸为 $0.2 \sim 0.5\mu m$），其力学性能与体材料相当。

18.2.2 / 材料痕量成分分析仪器

近年来半导体、高铁、航空航天、国防事业的蓬勃发展，对材料质量的要求越来越高。例如，国家已将"大飞机专项"列入《国家中长期科学和技术发展规划纲要》确定实施的重大科技专项之一，而作为飞机的心脏，发动机的国产化是我国具备大型客机自主研发生产能力的核心标志。高温合金作为飞机发动机最主要的用材，其质量评价和检验是衡量发动机性能的基础，我国多牌号优质高温合金对近 40 种痕量元素的监控提出了严苛要求。由于高温合金中金属和类金属杂质几乎都偏聚于晶界，如 Pb、Bi、As、Sn、Sb（所谓五害元素）、Se、Ag、Tl、Cu 等几十种元素，部分元素的含量控制要求低至 10^{-6} 级甚至 10^{-9} 级，其中包括对超低碳硫以及氧氮氢等气体元素含量的精准控制。随着这些易偏聚杂质元素含量增加，高温合金材料的持久性能和拉伸塑性性能急剧下降，例如铅含量为 4×10^{-6} g/g、碲含量为 10×10^{-6} g/g 能使高温合金 K417 的持久性能分别降低约 50%、75%。因此准确测定并严格控制高温合金中痕量元素的含量是高温合金质量控制和卓越性能的基础保障。然而，工艺复杂、牌号众多的高温合金作为一个复杂体系，其中近 40 种痕量元素极低含量的检出要求已经超出了绝大多数传统分析方法的检测能力。如何准确测定并严格控制多工艺全系列全牌号高温合金中痕量元素的含量，是冶金分析领域所面临的非常严峻且极为艰巨的难题。解决该问题存在的主要困难有：

① 需要测定的元素多：如英国著名的发动机制造商罗尔斯 - 罗伊斯（Rolls-Royce）公司要求对高温合金中的近 30 种主量、微量、痕量和超痕量元素提供准确的分析结果，目前还只能通过滴定法、分光光度法、原子吸收光谱等多种仪器和试验手段组合来完成这一任务，过程烦琐，耗时很长。

② 要求分析技术的灵敏度高：大部分必测的痕量元素含量在 $x\times10^{-5}$% $\sim 1\times10^{-4}$% 之间，少数元素的含量甚至低至 50ng/g。而且这种要求在不断扩展且更加严格，这就对所用仪器或方法的灵敏度提出了很高的要求。

③ 测定的空白高、干扰因素多：由空气、溶样器皿以及溶剂等带来的空白相对于待测元素含量很高；同时由于高温合金基体为金属，同水、食品、药品等样品相比，不可能通过样品前处理除去，基体干扰严重。

不仅是高温合金，随着各类工程材料性能的不断提高，对其中的杂质控制越来越严格，对于材料"纯净度"的表征需求更加迫切。我国当前基本具备常见工程结构材料中痕量元素表征的能力及条件，但支撑新型、特殊用途材料的能力不足，表现在未能实现检测元素的全覆盖，检测灵敏度亟待提升，空间分布表征灵敏度还比较低，表征方法较少，针对关键用材的痕量元素表征体系不完整，标准、标样、自主仪器设备非常缺乏等。

目前，国内外用于材料痕量成分分析的仪器主要包括电感耦合等离子体质谱仪（含通用、高分辨、串联质谱等不同类型）、(超低)碳硫分析仪、辉光放电质谱仪及系列联用仪器。这些仪器应用于复杂体系材料中多种成分的准确、定量表征，需要解决灵敏度、抗干扰、固体进样等难题。

18.2.3 ／ 材料性能测试仪器

材料性能测试仪器主要包括结构材料力学测试仪器、功能材料性能测试仪器以及复合材料性能测试仪器等。常规的测试手段已经比较完备，当前需求热点在极端条件和多场耦合下的性能测试。

材料服役条件下的性能检测表征仪器开发主要需要考虑以下几个因素：尺寸因素（小试样—原始尺寸，材料—构件）、环境因素（理想环境—单一环境条件模拟—多场耦合）、时间因素（加速试验＋外推—同实际情况吻合的长时跟踪试验）、极端条件（特殊应用场景、极端试验条件）。

例如对于高温合金、耐热钢、高强钢等结构材料的力学测试仪器开发要考虑材料是在高温、高氧化环境下长时工作。其接近服役环境条件的性能测试仪器包括超高温拉伸、蠕变试验机，低周疲劳试验机，热机械式疲劳试验机，拉扭复合热疲劳试验机等。目前国内还无达到国际水平的相关仪器。

材料服役性能测试仪器的研发和需求特点是该类仪器大部分是大型仪器装备；仪器内部环境复杂，需要考虑特殊介质、温度、压力、流体条件，要有相应的防护、屏蔽设计；安全指标、可靠性指标（加载试样下无故障运行时间）、性能指标（灵敏度、分辨率、准确度等）、短长期稳定性指标等要求高。

18.2.4 ／ 材料制造流程在线监测仪器

智能化、绿色化是包括钢铁生产在内的材料制造流程工业核心必然的发展方向。而对关键工艺信息及参数的在线、实时和准确感知不仅对生产过程控制、工艺优化、提高产品质量具有重要的意义，更是实现智能化、绿色化的基础。但由于大流程生产工况恶劣，高温、粉尘、辐射、腐蚀、振动等因素影响严重，目前很多流程生产关键参数的原位在线感知手段缺乏，精度差，更重要的是核心传感器依赖进口。在生产中很多关键工序环节并不能形成连续数据，只能基于点数据的模型判定模式，目前与国际上先进钢厂以数据驱动为主导的冶金流程智能化生产模式还存在显著差距。

以钢铁流程为例，钢铁冶金仪器仪表主要分为通用和专用仪器仪表，由于钢铁冶金流程工艺较长，使用场所距离较远，在线监测参数以重量、温度、压力、料位、流量、成分、尺寸、缺陷为主。对一个中型长流程钢厂的调研表明，在全工序范围，整个流程核心测量点总共 447 个，在线测量点 183 个（包括物理量在线测量仪表），占比 40.9%，其中国产的仪表占比 45%。比较急需的在线监测仪器包括铁水、钢水成分分析仪器，高温段材料表面质量在线检测仪器，以及近产品端各种异形工件的几何尺寸高精度检测仪器等。

材料制造流程高端在线监测仪器的研发和需求特点是，仪器需要在恶劣现场使用，必须针对应用现场进行环境适用性设计、制造、安装、调试；提升仪器的安全指标、可靠性指标（应用环境下的无故障运行时间）、性能指标（灵敏度、分辨率、准确度等）、短长期稳定性指标等；还要具有可视化、可远程功能，便于根据测试结果及时实施工艺优化调整。

18.3 我国新材料高端精密检测仪器产业发展现状与动态

18.3.1 世界各国对科学仪器产业的支持

鉴于精密仪器与装备的不可替代作用，各国均把精密仪器与装备作为重要战略行业进行支持和发展。多年来美国始终保持着在高技术领域的领先优势。即便如此，美国政府与科技界仍普遍存在危机感，通过制定各种战略规划，为高新技术发展保驾护航。2005 年，美国国家科学基金会（NSF）《NSF 2020 愿景》启用的第一个策略，即开发可用于生物技术、成像、纳米技术和通信等领域的新仪器，创造新奇研究机会和助燃技术创新。美国把科学仪器设备发展的总目标确定为保持美国在世界科学仪器领域的领先地位。NSF 设立了主要科学仪器设备计划（MRI）、大型仪器设备计划（IMR-MIP）、地球科学仪器和设备计划（EAR-IF）等计划，支持先进科学仪器的研制工作。此外，美国卫生部（NIH）、能源部（DOE）、国防部（DOD）、海洋大气管理局（NOAA）、航空航天局（NASA）等部门亦有多种仪器计划。日本文部科学省从 1995 年开始制定科学基本计划，每 5 年 1 期，2016 年发布的第 5 期计划以制造业为核心，灵活利用信息通信技术，基于因特网或物联网，打造世界领先的"超智能社会（5.0 社会）"。计划大力推进学术研究和基础研究及相关改革，强化战略性基础研究，打造世界顶尖研究基地，战略性地加强设施设备和信息基础。日本的先进科学仪器计划主要分为 3 类，包括纳米材料研究仪器平台计划、先进测量和分析技术与仪器研发计划及高端基础研究科学仪器共享平台建设计划。

18.3.2 我国高端精密检测仪器产业现状

我国十分重视精密仪器研制工作。1950 年决定在中国科学院设立仪器馆，并于 1952 年在长春正式组建了仪器馆，即中国科学院长春光学精密机械与物理研究所的前身。1956 年，王大珩牵头将仪器仪表作为重要工作之一，列入中国第一个十二年科技远景规划中。2006 年，《国家中长期科学和技术发展规划纲要（2006 ～ 2020）》明确将科学仪器创制列为优先发展的战略领域。2009 年，国家自然科学基金委员会和中国科学院联合设立大科学装置联合基金。2011 年，财政部、科技部设立国家重大科学仪器设备开发专项资金，以提高中国科学仪器设备的自主创新能力和装备水平。

精密仪器与装备涵盖面极广，中国精密仪器与装备领域在大型科研仪器方面，经过持续 6 年的调查、整理，由科技部计划司、财政部教科文司和国家科技基础条件平台中心联合编制的《国家重点科技基础条件资源调查年度报告》于 2013 年 10 月首次公开发布。统计结果表明，经过 60 多年的发展，中国大型科研仪器仍未完全摆脱主要依靠国外进口的尴尬局面。截至 2012 年年底，通过购置方式获取的大型科学仪器占比达到 95.9%，自研仅占 2.4%。在购置的设备中，进口比例高达 78.5%，国产部分占 21.5%，其中国产部分还包含大量的外商独资、合资企业的产品。在生物医药、现代农业、环保资源等新兴领域，进口比率甚至近 90%。

我国高端仪器产业存在的主要问题包括：

① 引领性创新思想和理念缺乏，表现为现有产品以仿制为主，原创仪器极少，制约了高水平、前沿科研工作的开展。

② 应用需求的引导不足；复杂、特殊、极端场景的高附加值仪器产品缺乏开发和制造动力，高端应用对高端仪器缺乏有效引领。

③ 高端仪器、中低端仪器都面临关键材料、芯片受制于人的问题（"空心化"问题）。

④ 高端仪器相关标准（产品、工艺、测试、应用、评价等）基础支撑不足，仪器评价体系缺乏，第三方认证评价机构缺乏等。

造成新材料精密检测仪器总体落后、受制于人的原因还包括仪器相关产业的短板问题。例如在精密仪器与装备中，材料的性能具有决定性的影响，既包括发光材料、光学传输材料、光电转换材料等功能性材料，也包含用于构建仪器本体的结构材料。在结构材料方面，碳纤维的强度是钢的 20 倍，拉伸模量是钢的 2～3 倍，相对密度仅为钢的 1/4，抗拉强度是钢的 7.9 倍，是火箭、卫星、导弹、战斗机和舰船等尖端武器装备必不可少的战略基础材料。碳纤维材料主要有高拉伸强度 T 系列和高弹性（拉伸模量）M 系列两大类，中国碳纤维虽然产量不小，但产品应用主要集中在体育休闲和钓鱼竿等低端产品领域，航空航天领域应用仅占 2%，难以满足高端产品中的碳纤维需求。近年国内陆续有企业报道研制成功高强度 T800、T1000 材料。但在高弹性碳纤维方面，国内与国外仍有较大差距。在国产 T800 的材料测试中，采用的仪器绝大多数为进口产品，比如直径测量仪来自日本、表面粗糙度和力学测试仪来自美国、表面成分和力学性能测试仪来自英国，只有剪切强度测试仪采用国产仪器。再如光学技术在精密仪器与装备中应用广泛，许多精密测量依赖光学技术。激光器作为一种理想的测量用光源，2016 年中国产业市场规模在 236 亿元左右，但在精密仪器与装备领域所需要的高性能激光器仍主要依赖进口，包括高功率、高稳定性、窄线宽等特殊性能激光器。在工业上广泛应用的大功率光纤激光器，近年来虽国产屡有突破，成本优势明显，但高端产品方面，仍需要后续市场检验。特别是如今光学设计主要工具软件，包括成像、照明、仿真等基本都被国外产品所垄断。光电探测器方面，国内高性能探测器市场大都被国外所占领。无论是单点的雪崩探测器，还是阵列的 CCD、互补金属氧化物半导体（CMOS）探测器，国内企业都难以与国际巨头正面抗衡。2015 年，CMOS 成像器件的全球市场达到 103 亿美元。

面对这样的差距，我们也应该客观地去理解：高端仪器产业都是建立在"中低端"仪器产业积淀的基础上自然而然发展壮大的，它涵盖了光机电软系统算法等要素，本身是一个国家工业发展总体水平的一个折射，不能脱离本国的工业水平现状去要求高端仪器产业；另外，高端仪器的研发周期长（大于 10 年）、投入回报极慢，较难吸引资金、科研成果、科技人才的加入。

18.4 / 王海舟院士团队主要研究成果

18.4.1 / 材料基因工程高通量原位统计映射表征理论和技术体系

高通量统计映射表征方法是基于材料非均匀性本质，通过材料的跨尺度表征，获取材料中数以万计微点阵上不同组成、结构和性能参量，依据材料各原始位置建立各参量集合之间的统计映射模型，再根据统计映射模型筛选材料特性基本单元（组），结合高通量计算形成材料数据库，进行新材料的优化设计，从而指导材料的改性、工艺优化和新材料的发现，如图 18-1 所示。

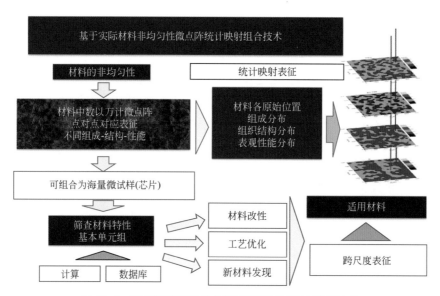

图 18-1　基于实际材料非均匀性的高通量统计映射表征技术

高通量统计映射表征的流程如图 18-2 所示，采用一系列跨尺度快速表征技术对实际材料从宏观到微观进行逐级分析，快速获取非均匀的大尺寸试样上不同位置上的成分、组织结构和各种性能参量的数据集，按照确定的位置坐标信息将这些数据集进行组合映射，并形成数据库，根据材料研发的设计需求，从数据库中筛选出目标区间内的映射数据集，通过对目标区间内映射数据集的统计解析，如各参量范围频度统计解析、各参量相关性统计解析、异常值统计剔除、规律符合性科学判定等，筛选出接近设计需求的映射数据集，再经过反复验证最终获得反映材料性能的目标基本单元（组），通过确定的工艺优化指向参量，验证这些目标基本单元（组）在介观尺度的组装，最终建立微观 - 介观 - 宏观 - 常规试样 - 构件跨尺度的成分 - 组织结构 - 特性间的量化相关性。

基于材料非均匀性本质的微区阵列空间统计映射表征过程

图 18-2　高通量统计映射表征的流程

高通量统计映射表征方法就如同走迷宫时，采取多路径并行试探法，可以大大提高发现新材料的效率，颠覆现有材料"单一试错法"的研发模式，为新材料快速研发开辟新的模式，构建新材料低成本、短周期研发的"高通量试错法"材料研发创新体系。

原位统计分布分析是指较大尺度范围内 (cm^2) 各化学组成及其形态的定量统计分布分析技术。它包含化学组成的位置分布信息、含量分布统计信息以及状态分布统计信息，按区域划分又可分为一维原位统计分布分析、二维原位统计分布分析以及三维原位统计分布分析等。目前，原位统计分布分析技术已应用于成分、组织结构和力学性能等方面的表征，发展出如火花源原位统计分布分析技术（简称火花原位技术）、激光诱导击穿光谱原位统计分布分析技术（简称激光原位技术）、激光剥蚀电感耦合等离子体质谱原位统计分布分析技术（简称激光剥蚀原位技术）、微束 X 射线荧光光谱原位统计分布分析技术（简称微束荧光原位技术）、全视场金相组织原位统计分布分析技术（简称全视场金相原位技术）、大尺寸高通量扫描电镜原位统计分布表征技术（简称电镜原位技术）、流体微探针应力应变原位统计分布表征技术（简称流体微探针原位技术），并且研发出一系列具有自主知识产权的仪器装置。

18.4.2 / 高通量成分分布表征仪器

18.4.2.1　火花源原位统计分布分析技术及装置

作为材料宏观统计分布表征的主要手段，火花原位技术以单次火花放电理论及信号分辨提取技术为基础，开发出火花微束 (探针) 技术、无预燃连续激发同步扫描定位技术，并据此获得数以百万计与材料原始位置相对应的各元素的原始含量及状态信息，用统计解析的方法定量表征材料的偏析度、疏松度、夹杂物分布等指标。火花原位技术一方面能够获取金属材料较大尺度范围内（几百平方厘米）各成分的位置分布、状态分布及定量分布的准确信息；另一方面由于每根非约束"探针"的激发束斑尺寸大约为 1 ～ 10μm（见图 18-3），因此信

第四篇　基础创新能力提升

号能反映出非常精细的元素状态信息。可以认为，火花原位技术是一种能在宏观尺度下反映微观状态的跨尺度表征技术。2002 年王海舟院士团队成功研制出首台金属原位分析仪 OPA-100，并成功地开展金属材料原位统计分布分析。申请国内外发明专利 6 项，并获 2008 年国家技术发明二等奖。

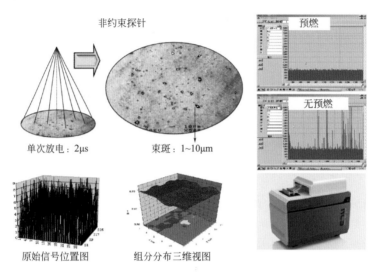

图 18-3　火花原位技术原理及装置

图 18-4　第四代火花源金属原位分析仪

目前已升级至第四代产品 OPA-200（图 18-4）。该设备具备元素偏析度分析、夹杂物的定量分析与分布分析、金属表面疏松度分析以及成分分析四大基本功能。与传统技术比较，具有制样简单、定量准确、分析速度快的显著特点。该仪器实现了火花放电原子发射光谱法与原位统计分布分析技术的完美结合。它可提供化学组成的位置分布统计信息、定量分布统计信息以及状态分布统计信息。按区域划分又可分为一维原位统计分布分析、二维原位统计分布分析以及三维原位统计分布分析等。

火花原位技术对于大尺寸金属材料成分偏析和夹杂物定量表征的应用已日臻成熟，在指导生产工艺优化方面发挥了重要作用。在成分偏析表征方面，已成功应用于各种连铸坯、帘线钢、船板钢等碳钢，不锈钢材料的表征。如李冬玲等对 35 号碳素钢圆坯的研究表明，电磁搅拌工艺生产的铸坯边部产生白亮带，其 C、Si、Mn、P 元素存在明显的负偏析，这是造成晶粒组织和维氏硬度分布不均匀的主要原因（见图 18-5）。

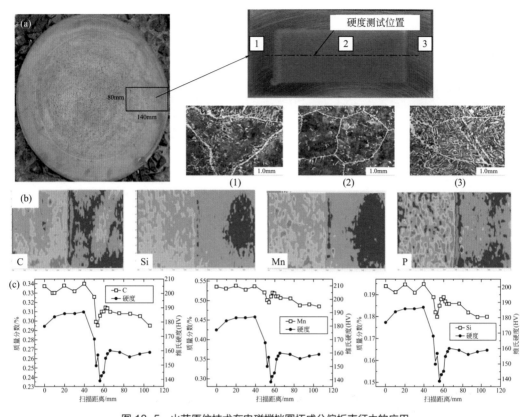

图 18-5　火花原位技术在电磁搅拌圆坯成分偏析表征中的应用

(a) 样品的分析区域 106 mm×52 mm; (b) 分析区域元素含量的二维分布图;
(c) C、Mn、Si 的成分分布与维氏硬度的相关性

　　在夹杂物定量表征方面,罗倩华等采用火花原位技术对不锈钢连铸板坯横截面进行全尺寸表征(样品 A～N),发现低倍试验中样品出现白亮带的边部位置铝钙夹杂比例略高且小颗粒夹杂略多,而中部区域铝氧夹杂比例略高且大颗粒夹杂略多,与扫描电镜分析结果一致,最终获得从边缘至中心的整个板坯的 Al 系夹杂物分布图(见图 18-6)。

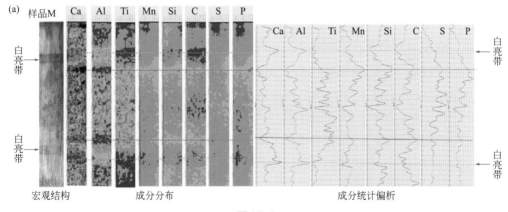

图 18-6

第四篇　基础创新能力提升

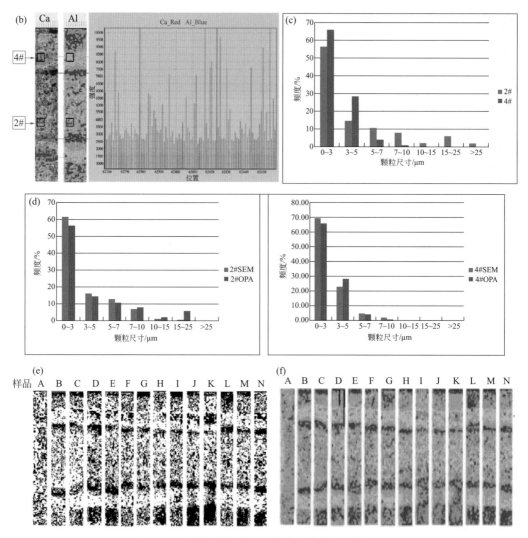

图 18-6　火花原位技术在连铸板坯夹杂物表征中的应用

(a) 样品 M 的低倍、成分分布及统计偏析度分析；(b) Al、Ca 元素异常火花通道合成图；(c) 2# 和 4# 区域铝系夹杂物粒度分布图；(d) 2# 和 4# 区域采用 SEM 和 OPA 两种方法获得的铝系夹杂物粒度分布图；(e) 整个板坯 Al 系夹杂物的分布图；(f) 整个板坯的 Al 元素成分分布图

18.4.2.2　激光诱导击穿光谱原位统计分布分析技术及装置

激光诱导击穿光谱（Laser Induced Breakdown Spectroscopy，LIBS）又称激光诱导等离子体光谱，是原子发射光谱的一种。其分析原理为激光从激光器发出后经过反射镜和聚焦透镜聚焦于样品表面，高能量密度的激光可使样品表面温度瞬间达到 $10^4 \sim 10^5 K$，在该温度下，样品表面物质吸收激光能量气化并电离产生自由电子和离子，在激光能量的加速下电子连续不断地向样品表面轰击，这个过程中产生越来越多的自由电子并加速样品表面电离，样品电离速度在短时间内呈指数倍增长，此时在样品表面上方形成局部热力学平衡的等离子体，等离子体发出的光谱信息经过收集透镜后，通过光纤输入到光谱仪中，经过光栅的分光得到不同元素特征谱线的信息，然后经过检测器检测以及放大将光谱信息转化为电子信息，最终通

过校准曲线完成定量分析，仪器结构示意图如图 18-7 所示。

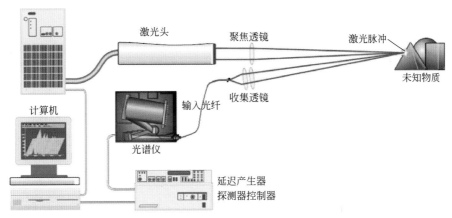

图 18-7 LIBS 仪器结构示意图

激光诱导击穿光谱相对于其他传统定性、定量分析方法有诸多优势：

① 分析操作简便，可分析的元素种类多，对部分短波元素也有较高的灵敏度。

② 几乎不需要样品的前处理，可以对样品中的元素进行同步分析，分析效率高，相比于传统的湿法分析，减少了酸等环境不友好试剂使用的同时避免了酸引入的污染与干扰。

③ 分析时激光直接聚焦于样品表面，定位性较好，不需要加工取样，可以得到样品表面的元素成分分布信息。

④ 激发光斑尺寸为微米级，分析的空间分辨率高，激发取样量小。

⑤ 激光激发会在样品表面形成微小的烧蚀坑，连续激发样品从而获得距离表面不同深度处的元素含量信息。

⑥ 不受物质状态以及性质限制，气态、液态、固态样品均可分析，不受样品导电性的影响，也可用于分析难溶或高硬度物质。

⑦ 非接触式分析，可使用激光进行远距离激发，并通过光纤收集测试信息，可以在远距离、高温、高压、粉尘、辐射甚至水下等恶劣环境下进行分析。

因此 LIBS 具有非接触分析、微区分析、深度分析等优点，能够进行任意点扫描、一维线扫描、一维深度分析和二维面分析，是材料介观至宏观跨尺度表征的有效手段。

王海舟院士团队将激光聚焦技术与连续激发同步扫描定位技术相结合，2010 年成功研制出首台商品化激光原位分析仪 LIBS-OPA100，整个仪器可以分为激光光源、样品控制扫描系统、激光光路及分光系统、信号高速采集系统与数据处理系统。各部分的构成和功能如下：

① 激光光源：激光光源作为激光诱导击穿光谱仪的核心，其作用是提供激发能量，当激光聚焦于样品表面并形成高温区域时，能使样品表面物质气化电离，形成局部热力学平衡高温等离子体，等离子体中的激发态元素回归基态时会产生特征谱线，目前较为常用的激光器主要分为 Nd : YAG 激光器和 CO_2 激光器，其中 Nd : YAG 激光器发射出的激光波长为 1064nm，该波段激光更易被金属元素吸收，因此常被用于金属材料的激光增材制造以及作为金属分析仪的激发光源。

②样品控制扫描系统：样品控制扫描系统主要由高位置重复定位精度的 X-Y-Z 三维工作台组成，其主要作用为控制样品以较高的速度和精度移动，配合激光以及信号收集系统，对样品分析面进行连续扫描和信号收集。

③激光光路及分光系统：该系统主要由收集透镜、滤波器、光栅组成，在样品表面受到激发后，会形成包含元素特征信号、轫致辐射以及其他光谱干扰等在内的信号，此时光谱信号的采集需要先经过收集透镜聚焦和滤波器滤波，然后经过光栅分光使混合光成为按波长排列的单色光。

④信号高速采集系统与数据处理系统：在分析信号经过光路和分光系统处理后，安装在光栅的出射狭缝的多通道光电倍增管检测系统进行检测。时间延迟发生器和脉冲发生器构成一个时序控制器，控制激光脉冲发出信号和光信号检测之间的延迟时间，从而达到有效去除等离子体发出的连续背景光、分辨原子的特征谱线的目的，根据光谱特征谱线波长得出所分析的元素种类，定标后对应谱线的强度表示分析元素的浓度。以单次激光诱导等离子体光谱理论及信号分辨提取技术为基础，结合激光微束（探针）技术、连续激发同步扫描定位技术，并据此获得与材料原位置相对应的各元素原始信息。

图18-8　激光原位分析仪 LIBS-OPA200

可见激光诱导击穿光谱原位统计分析仪满足了高通量表征的要求，而可对轻元素进行成分分布分析，也让其在高通量成分表征中占据了独特的地位。申请多项发明专利，目前已升级至第二代产品 LIBS-OPA200（见图18-8）。

激光原位技术在小尺寸样品的成分偏析表征方面具有优势，李冬玲等采用 LIBS-OPA100 对中低合金钢板坯、帘线钢盘条、X80 管线钢堆焊融合区、电迁移金属钇棒等小样品中多种组分的分布情况进行了分析，通过成分偏析表征指明了生产工艺存在的问题。图18-9为 X80 管线钢堆焊融合区激光原位成分分布表征与显微组织及显微维氏硬度分布的相关性研究。

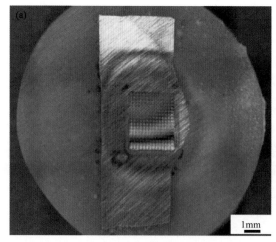
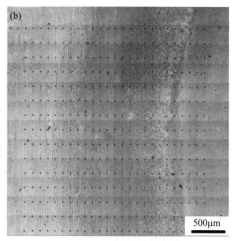

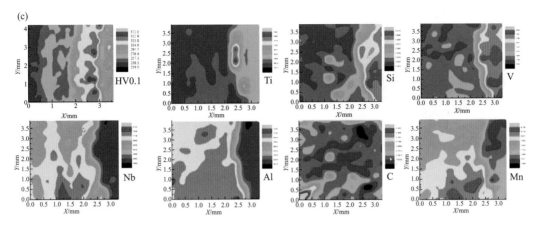

图 18-9　X80 管线钢堆焊融合区激光原位表征与显微组织及显微维氏硬度的分布研究
(a) X80 管线钢堆焊融合区扫描面积（3.3mm×3.9mm）；(b) 全视场显微组织及显微维氏硬度分布；
(c) 堆焊融合区显微维氏硬度分布与成分分布图

激光原位技术在样品缺陷分析方面具有许多应用，赵雷等采用 LIBS-OPA100 对汽车板、冷轧热镀锌板表面的各种形状缺陷进行了线扫描、面扫描和深度分析。研究结果表明，缺陷部位伴有元素的偏析，绝大多数是由于生产过程中带入了保护渣所致，对镀层板生产工艺的改进具有指导意义。图 18-10 为某汽车板缺陷的深度及线扫描研究结果。

近年，激光原位技术在夹杂物分析方面也取得了一些成果，杨春等通过研究发现激光光谱的异常信号个数反映夹杂物个数，而异常信号强度的高低则反映夹杂物尺寸大小，并成功分析了钢中的酸不溶铝、MnS 夹杂和 Si-Al-Ca-Mg 复合夹杂的含量，分析结果与传统湿法分析结果相吻合。图 18-11 是利用激光原位技术对 MnS 夹杂物进行定量分析的结果。

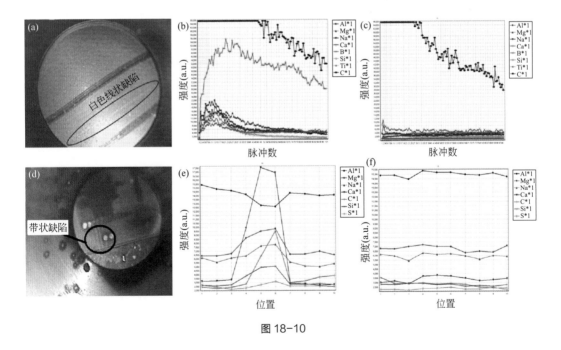

图 18-10

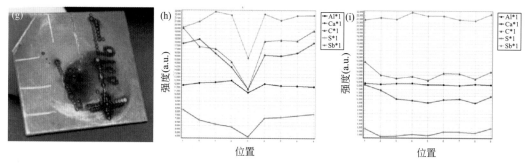

图 18-10　激光原位技术在汽车板缺陷的深度及线扫描方面的研究

(a) 镀锌板线状缺陷；(b) 缺陷处深度分析；(c) 非缺陷处深度分析；(d) 汽车板带状缺陷；(e) 缺陷处表面线扫描；(f) 非缺陷处表面线扫描；(g) 汽车板划痕缺陷与人工划痕；(h) 划痕缺陷处线扫描；(i) 人工划痕处线扫描

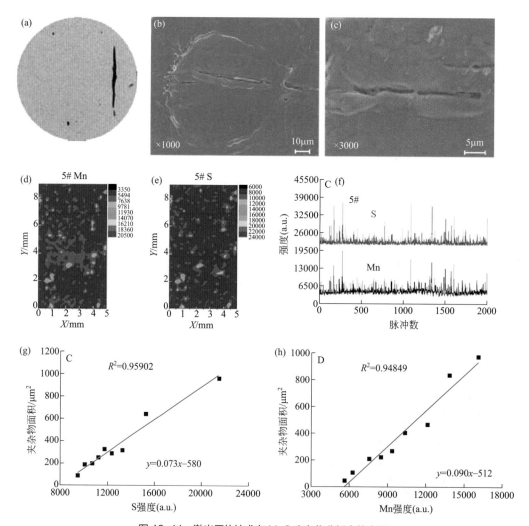

图 18-11　激光原位技术在 MnS 夹杂物分析中的应用

(a)MnS 夹杂物；(b) 夹杂物部分烧损；(c) 夹杂物完全烧损；(d)Mn 强度分布图；(e) S 强度分布图；(f)S 和 Mn 强度合成图；(g)S 强度与夹杂物面积的线性拟合；(h)Mn 强度与夹杂物面积的线性拟合

18.4.2.3 激光剥蚀电感耦合等离子体质谱原位统计分布分析技术及装置

激光剥蚀 - 电感耦合等离子体质谱仪 LA-PlasmaMS 300（图 18-12）是王海舟院士团队钢研纳克检测技术股份有限公司自主研发的设备。LA-PlasmaMS 300 是一款针对痕量元素分析测试的仪器。其基本原理是：在大气压环境下，惰性气体氛围中，密闭的剥蚀池内，将激光微束聚焦 / 成像于样品表面，激光束与样品相互作用，激光剥蚀出样品颗粒与载气形成固体气溶胶，剥蚀池载气将气溶胶带入等离子体中，样品在此原子化、离子化，经过质谱系统进行质量过滤，接收器检测不同质荷比的离子数量，经过计算得到样品中待测元素含量。除元素含量分析外，还可在样品表面进行线、面扫描，实现元素在样品表面分布状态分析。这是材料介观至宏观跨尺度表征的另一有效手段。LA-PlasmaMS 300 仪器结构如图 18-13 所示。

图 18-12　激光剥蚀电感耦合等离子体质谱原位分析系统

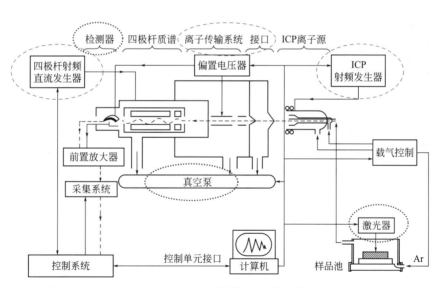

图 18-13　LA-PlasmaMS 300 激光烧蚀 - 电感耦合等离子体质谱仪的结构

LA-PlasmaMS 300 具备以下优点：

① 在大气压下，可以固体进样，避免了湿法分析中烦琐的样品前处理过程，节约了测试时间。

② 激光束斑微米级、检测限低、灵敏度高。通过原位统计分析模块，可实现元素成分和分布状态分析。

第四篇　基础创新能力提升

③ 分析过程对样品导电性和形状无特殊要求，适于异形或小样品低含量及痕量组分的面分布统计分析。

④ 激光剥蚀进样系统避免了溶液进样系统溶剂中 H、O、N 等元素带来的多原子、离子干扰。

该仪器是国家科学仪器设备开发专项"ICP 痕量分析仪器的研制与应用"（2011YQ140147）的成果之一。2015 年全套激光剥蚀原位表征设备（包括激光烧蚀进样装置和电感耦合等离子体质谱仪）实现自主知识产权的商品化，目前该仪器已实现量产并进入市场销售。申请发明专利 2 项，并获得 2015 年中国分析测试协会设立的 BCEIA 金奖。LA-ICP-MS 可用于样品中主、痕量元素含量分析，钢铁样品、矿石及原材料样品、环境样品、生物样品等多类型样品都可进行分析。除含量分析外，还可对样品表面进行线、面扫描，实现元素在样品表面的分布状态分析，可用于材料表面缺陷分析、钢铁基合金材料夹杂物分析、生物样品中有益 / 有害元素迁移过程分析等。此外，激光剥蚀可以在样品某一点连续分析，测定元素在样品纵向的变化，可用于镀层厚度分析。目前该设备已应用于多种球扁钢、镀锌钢管、焊管、高温合金涡轮叶片、金属镝棒、管线钢裂缝、冲击断口等小尺寸样品异形表面的统计分布表征。图 18-14 是利用激光剥蚀原位技术得到的定向凝固高温合金涡轮叶片的统计分布表征结果，结果表明低熔点元素在多晶带区域析出造成叶片缺陷。

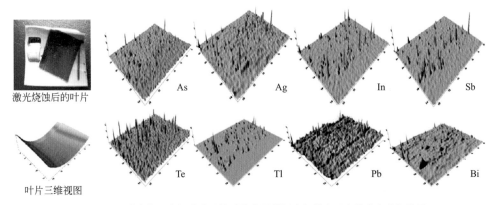

图 18-14　定向凝固高温合金涡轮叶片多晶带析出低熔点元素的分布表征结果

18.4.2.4　微束 X 射线荧光光谱原位统计分布分析技术

X 射线荧光（XRF）光谱分析是一种重要的元素定性和定量分析手段，自 20 世纪 40 年代面世以来，以其准确、快速、无损等优点在钢铁、冶金、建材、矿山、地质勘察、环保检测等领域得到了极其广泛的应用。进入 21 世纪，随着 X 射线光源、光学器件和探测器技术的进步，以 XRF 原理为核心的波长色散和能量色散型仪器围绕检测准确性和运行稳定性都有了巨大的进步，同时针对不同的行业，各大仪器厂家也相继推出了各自有特色的产品。在 XRF 技术进步的同时，随着产业升级和人们的认知不断向微观领域拓展，单纯的宏观元素含量已经不太满足需求，元素在样品中的微观分布越来越吸引人们的注意，XRF 仪器通过加装多毛细管 X 射线透镜和扫描平台、设计合适的光路结构和分析方法就可以进行低至

5μm 尺度的微区多元素分布分析。为满足材料研究工作者对更大样品测试、更快扫描速度、更复杂的样品构成分析等的需求，王海舟院士团队通过器件选型和结构以及电器的优化设计开发了 NX-mapping 高通量微区扫描型能量色散荧光光谱（EDXRF）仪器，见图 18-15。该仪器可以实现大尺寸材料高精度和高速度的成分面扫描分析，同时通过在谱图处理和定量算法方面的创新可实现显微组织成分分布的精细定量表征。

NX-mapping 核心技术参数如下：

① 单点测试：元素范围为元素周期表中 K ～ U 各元素；含量范围为 200×10^{-6} ～ 100%；误差 <1%（无标定量检测），有标定时，精度可进一步提高。

② 扫描测试：元素范围为元素周期表中 K ～ U 各元素；功能为快速定性扫描，形成元素含量或厚度分布图。

③ 扫描速度及精度：最快 10cm/s，定位分辨率为 2.5μm，定位精度为 3μm。

④ X 射线管：50kV/50W，Mo 靶材。

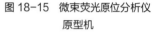

图 18-15 微束荧光原位分析仪原型机

⑤ 探测器：1 ～ 6 个 Fast SDD 探测器，有效探测面积最大为 300mm²，分辨率 <129eV(Mn:Kα,5889keV)。

微束荧光原位技术是一种无损的检测方法，扫描范围可达厘米级，是材料介观至宏观跨尺度表征的高效表征手段。杨丽霞等采用微束荧光原位分析技术对耐候钢薄板坯的微区成分偏析情况进行了统计分布表征，结果表明裂缝区域 Ti、Mn、P、S 的偏析可能是引起材料开裂的主要原因，见图 18-16。李冬玲等采用微束荧光原位技术对不同工艺的高温合金中的成分进行了统计分布表征，结果表明热处理工艺有效改善了 Nb、Ti、Mo、W 元素的分布均匀性，最大偏析度显著减小，见图 18-17。

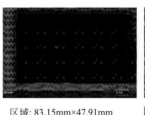

区域：83.15mm×47.91mm
束斑尺寸：15μm
扫描间距：35μm
单点采集时间：5ms
总时长：5.25h

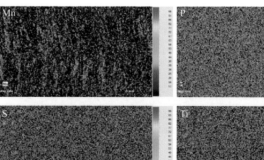

图 8-16 耐候钢薄板坯微区成分偏析统计分布表征结果

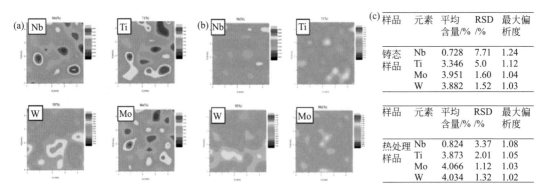

样品	元素	平均含量/%	RSD/%	最大偏析度
铸态样品	Nb	0.728	7.71	1.24
	Ti	3.346	5.0	1.12
	Mo	3.951	1.60	1.04
	W	3.882	1.52	1.03

样品	元素	平均含量/%	RSD/%	最大偏析度
热处理样品	Nb	0.824	3.37	1.08
	Ti	3.873	2.01	1.05
	Mo	4.066	1.12	1.03
	W	4.034	1.32	1.02

图 18-17 不同工艺高温合金中 Nb、Ti、Mo、W 成分的统计分布表征结果

(a) 铸态；(b) 热处理态；(c) 成分统计分布对比

18.4.2.5 超大尺寸金属构件原位分析仪

OPA-1000 超大尺寸金属构件原位分析仪是对超大面积金属材料的成分及状态定量分布进行快速分析的仪器（图 18-18）。样品加工与分析测量无缝衔接，免搬运、无二次污染、不需要二次定位，实现构件自动加工、精准扫描定位、光谱定量分析三位一体；最大可分析 1000mm×510mm 的超大样品，突破传统以点代面的分析，真正意义上实现了大尺寸样品的全覆盖分布分析，并且可全自动进行；操作步骤简便；分析速度快；可同时对材料的偏析分布、夹杂物、疏松度进行表征；具有多种表征方式，可获得一维、二维、三维分布图谱以及含量统计频度分布图等；能实现矩形、圆形、米形、异形等多种扫描模式，满足材料研究者的需求。目前该仪器已广泛应用于大尺寸钢铁、高温合金、铝基、铜基等多种金属材料的成分分布和夹杂物定量分布表征。

图 18-18 超大尺寸金属构件原位分析仪

/ 高通量组织结构表征仪器

18.4.3.1　全视场金相组织原位统计分布分析技术和装置

全视场金相原位技术基于全自动扫描型金相显微镜快速获取样品全表面范围的金相组织图谱以及位置信息，并拼接成一个具有精确位置信息的完整图像，通过对图像每个位置上原始数字信号（灰度值）的统计解析，实现各类组织结构（如疏松、裂纹、缩孔、缺陷、晶粒、析出相、夹杂物等）的自动鉴别、定量统计分布表征。全视场金相原位技术通过对试样全范围内的组织结构进行定位统计分析，解决了人为选择视场时具有主观性、随机性和偶然性等问题，使得金相组织表征更具全面性。王海舟等采用全视场金相原位技术对铁硅合金中的马氏体和铁素体进行了统计分布分析，结果表明组织结构的灰度值与碳含量、硅含量、碳硅含量比及维氏显微硬度具有量化相关性（见图 18-19）。

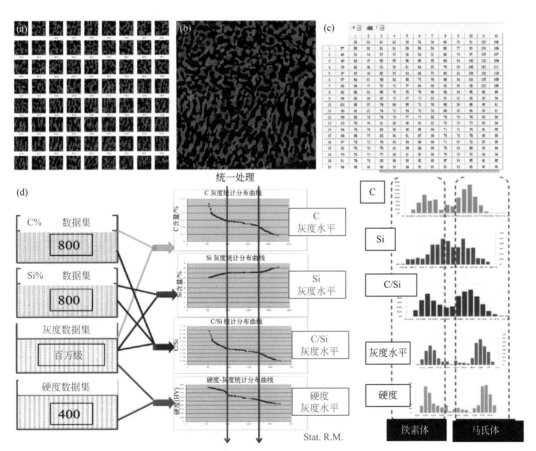

图 18-19　全视场金相原位技术在铁硅合金中的统计分布表征
(a) 72 个视场；(b) 全视场拼接图谱；(c) 全视场数字信号；
(d) 成分 - 灰度值 - 组织结构 - 硬度的统计频度峰具有良好相关性

18.4.3.2　大尺寸跨尺度高通量扫描电镜原位统计分布表征

高通量扫描系电镜原位统计分布系统（图 18-20）采用自主设计的高亮度场发射电子源、

图 18-20　高通量扫描电镜原位统计分布系统

高分辨率电磁复合物镜、直接电子（Direct Electron）探测器等技术，实现对大尺寸样品组织图谱的高通量获取，同等质量的图像其拍照时间是传统扫描电镜的 1/50，智能软件集成多种特定材料的专业图谱库，全自动获取并标定组织结构类别及特性，采用 GPU 多线程并行运算及大数据挖掘，更全面地统计解析大尺寸材料的整体组织结构的分布情况，更利于与材料的成分与性能分布建立统计映射相关性。王海舟等采用电镜原位技术对直径为 12mm 的镍基单晶高温合金样品进行表征，获取了全表面 γ′ 相的分布信息，见图 18-21。对数据的原位统计解析结果显示，小尺寸 γ′ 相主要分布在枝晶干，大尺寸 γ′ 相主要分布在枝晶间，见图 18-22。

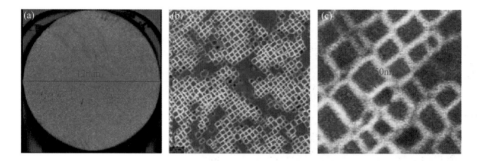

图 18-21　单晶高温合金全视场及放大后的 γ′ 相

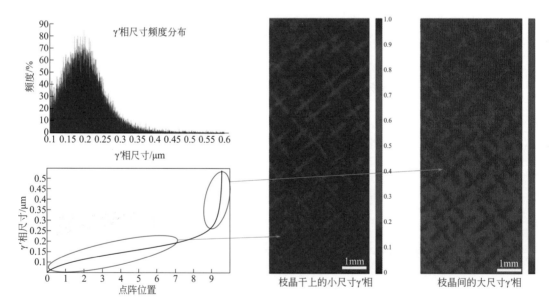

图 18-22　不同尺寸 γ′ 相的分布情况

18.4.4 / 高通量力学性能表征仪器

18.4.4.1 力学性能全域微磁无损检测设备

矿山机械超大型铸钢齿轮、渗碳齿轮由于尺寸大，其硬度和强度在线检测难度大，但一旦这些工程设备出现质量问题，损失巨大。同样我国的高速车轮需要加快国产化的进程，也缺乏表面力学性能均匀性的全面快速检测手段，因此必须开发大尺寸材料的残余应力、硬度的均匀性全面积表征设备。力学性能全域微磁无损检测仪是针对大型复杂结构件强度和硬度的检测难题而开发出来的一款高效力学性能表征设备。它突破了常规力学性能检测"抽样 / 有损"的局限性，直接面向结构件进行无损检测，通过微磁检测技术高效获取多项微磁参量，实现多种力学性能和残余应力的间接表征，具有非接触、无损、多功能和快速的优点。2013 ～ 2017 年，王海舟院士团队联合北京工业大学等单位，开展了高端装备关键机械部件表面力学性能微磁测量方法研究，并制备出微磁无损检测原理样机，2018 ～ 2021 年，受国家重点研发计划项目重大科学仪器设备开发项目（2018YFF01012300）资助，仪器实现工程化和产业化。其关键核心部件如图 18-23 所示。仪器整机如图 18-24 所示。

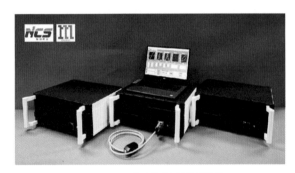

图 18-23　多功能微磁检测模块

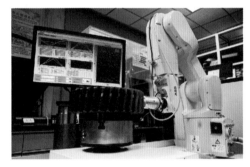

图 18-24　全域微磁无损检测仪整机

该设备采用高 / 低频间歇叠加励磁，采用磁敏元件实现正交测量和抑制串扰，具备磁巴克豪森噪声、多频涡流、切向磁场、增量磁导率、磁滞回线和局部磁滞回线等多种微磁检测功能。通过宽频带、跨幅度信号的分离与调理电路技术，实现了多功能传感和快速检测，仪器检测速率最高可达 46 次 / 秒，比国外同类设备的检测速率快 7 ～ 8 倍。

18.4.4.2 流体微探针应力应变原位统计分布表征技术

流体微探针原位技术基于等静压原理，当样品表面在高压流体（气体或液体）作用下，由于样品具有非均匀性的本质，不同组织结构的位置将产生不同的形变，通过建立每个位置上的微小形变与组织结构的相关性，实现应力应变在原始位置上的统计分布表征。流体可视为连续分布且压力均匀的微探针，因此流体微探针原位技术是一种真正意义上的连续跨尺度（nm—μm—mm—cm）、高通量力学性能表征技术。冯光等采用流体微探针原位技术对高铬白口铸铁的样品表面形变与组织结构分布及显微维氏硬度分布进行了研究，结果表明形变与弹性模量、等效模量及硬度有紧密相关性，见图 18-25。

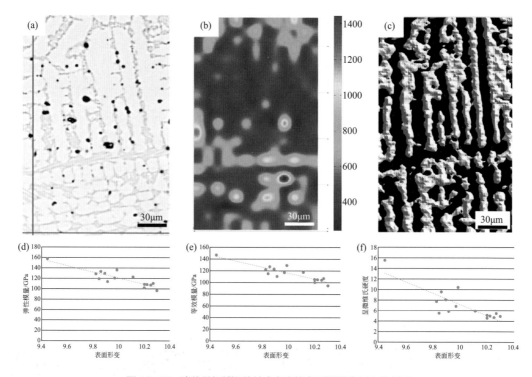

图 18-25　流体微探针原位技术在高铬白口铸铁表征中的应用
(a) 金相组织图；(b) 显微硬度分布图；(c) 等静压形变分布图；(d) 弹性模量与形变相关性；
(e) 等效模量与形变相关性；(f) 显微维氏硬度与形变相关性

18.4.5 ／ 高通量统计映射表征技术及仪器的应用案例

　　镍基高温合金是飞机发动机和燃气轮机涡轮盘的关键材料，由于化学成分复杂，服役环境恶劣，对性能要求严格，导致其研发改性周期长。大尺寸变形 FGH96 涡轮盘采用电渣重熔连续定向凝固（ESR-CDS）工艺制备铸锭，多向锻造和等温锻造成形，其各项力学性能与粉末 FGH96 合金相当，该变形合金尚处于工程化研制阶段。采用火花原位技术、全视场金相原位技术、电镜原位技术等多种统计分布表征技术对大尺寸变形 FGH96 涡轮盘切片进行了表征，分别获取了多种成分、γ′ 相总量、一次 γ′ 相、二次 γ′ 相、三次 γ′ 相、γ′ 相粒径、晶粒度、碳化物相、显微硬度、室温拉伸以及高温蠕变等多个参量在盘片上的分布数据（见图 18-26），并且将这些数据建立了位置一一对应的统计映射关系，发现 0～100nm 范围内 γ′ 相的质量分数以及进入 γ′ 相的 Co、Mo 的原子分数对高温蠕变性能具有重要影响，并构建了高温合金基本单元 γ′ 相和高温蠕变性能间的区域统计映射相关性数学模型（见图 18-27），这对于高温合金涡轮盘的改性具有重要指导作用。

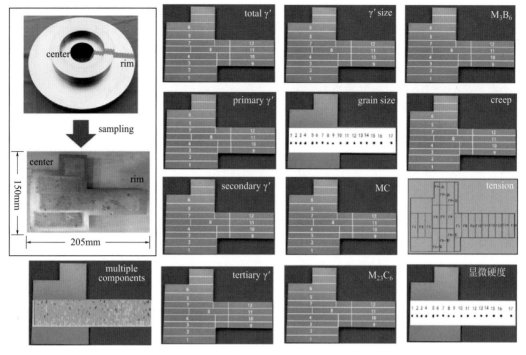

图 18-26　多参量高通量统计分布表征 MC、$M_{23}C_6$、M_3B_6 型碳化物

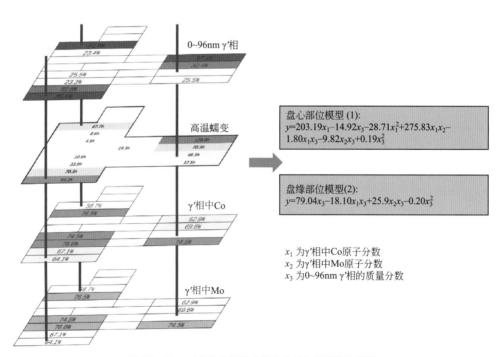

盘心部位模型 (1)：
$$y=203.19x_1-14.92x_3-28.71x_1^2+275.83x_1x_2-1.80x_1x_3-9.82x_2x_3+0.19x_3^2$$

盘缘部位模型 (2)：
$$y=79.04x_3-18.10x_1x_3+25.9x_2x_3-0.20x_3^2$$

x_1 为γ′相中Co原子分数
x_2 为γ′相中Mo原子分数
x_3 为0~96nm γ′相的质量分数

图 18-27　γ′相与高温蠕变统计映射相关性数学模型

18.5 / 新材料高端精密检测仪器近期研究发展重点

（1）聚焦重点领域，准确把握需求　　　　　　　　　　　　　　　　• • • •

仪器仪表技术的发展趋势是高性能、高可靠性、高适用性，其技术特征和标志是数字化、智能化和网络化。针对工业应用需求和现代信息化发展的趋势，仪器仪表必须达到高精度、高稳定性、高环境适应性、长寿命、智能化等要求，部分还需要满足极端环境（如高温、强腐蚀、超低温、失重、强磁、强放射性等）下的应用技术要求。

① 在材料基因工程研究领域：高通量实验的日益普及促进制备与表征仪器装备技术的创新和发展。材料基因组方法是材料研发思维的重大变革，对实验方法与仪器装置也提出了更新的要求。开发一系列普适、精准、快速的制备与表征仪器对推广应用高通量实验技术至关重要。原位、实时、高通量制备与表征仪器，将成为未来中国新材料研发体系的重要物质基础。前沿材料研究要求高通量表征技术具有更高的空间分辨率和时间分辨率，服役条件或极端条件下原位表征，原子甚至亚原子层面的高精度表征，界面与表面处电子、声子、自旋信息的获取等能力，以建立工艺条件和材料合成、结构、性能演变之间的本征关系。

② 在材料生产制造流程领域：作为流程智能化重要基础的仪器仪表在我国要得到长远发展，需要解决以下共性问题。

- 补齐诸多技术缺口和短板，例如成分、状态、形状、缺陷等的在线测量技术和装备；多维度、立体信息测量技术；软测量技术。
- 自主可控性：核心技术和部件自主开发和应用。
- 信息和数据获取的速度和时效性。
- 数据的质量保障：精度、准确性、稳定性、连续性等。
- 软硬件可靠性：恶劣环境、长时运行条件下的可靠性。
- 智能化：自质控，自诊断，故障预测。
- 网络化：无线传感，无线网络，智能组网。
- 安全性：功能安全、物理安全和信息安全（防攻击、防篡改）。
- 布局的合理性：无盲点检测，全流程协同。
- 标准化：仪器仪表产品、应用、接口的标准化。
- 质量检验、认证和评价的标准化。

③ 在材料高端应用领域：推动先进材料工程化应用，需要结合材料服役环境，开发实际尺寸、极端条件、多环境因素耦合作用下的性能、功能测试仪器设备。

④ 在国防军工领域：自主攻关，全面解决关键装备列装仪器及其部件、元件的自主可控问题。

（2）多种方式并举，打造良好产业生态　　　　　　　　　　　　　　　• • • •

在技术创新管理方面：

① 统一布局科研专项基金、技术创新引导基金、产业转化和提升资金、基地和人才培养

基金等，合理协调、彼此互补，建立材料企业和专业研发机构并行的"双主体"创新体系。

② 需求引导，强力促进材料研发、生产、应用机构和仪器研发生产企业深度、长期联合攻关和利益共享，形成一系列新材料高端精密仪器设备"研发创新基地"和"应用示范基地"。

③ 着眼未来，加大仪器用高端传感器、关键元器件及重要附件的基础研究。

在发展机制方面：

① 倡导材料产业、智能制造、仪器仪表、控制系统、工业软件等领域的协同发展，可以考虑依托联盟、创新联合体等平台。

② 通过实施适当的税收优惠减免政策、首台（套）补偿、保险机制、进出口贸易政策等，鼓励制造商和用户共同推进新材料高端精密仪器设备的进口替代。

③ 引导行业、企业优化采购模式，营造良好的仪器营商环境。

④ 政府引导，政产学研协同，加强行业的人才建设和培养。

⑤ 打造产业集群，遴选和培养材料高端精密测试仪器龙头企业和单项冠军。

18.6 新材料高端精密检测仪器 2035 年展望与未来

结合新材料领域发展需求和方向，从市场格局、技术发展和产业预测 3 个方面对新材料高端精密检测仪器领域的发展进行展望。

① 市场格局。一方面要引领行业针对新材料研发、生产和应用切实需求，从仪器设备总体上，开展集成创新研究，开发新材料专用的高端精密检测仪器装备。另一方面，为确保国产精密仪器与装备行业的整体竞争力，下大力气提高精密仪器与装备关键基础技术的自主化水平和创新能力。这一点在"十三五"国家科技创新规划中已经有明确体现。到 2035 年，再经历 3 个五年计划，我们应该能够基本改变高端精密检测仪器和关键部件依赖进口的局面；仪器仪表行业进出口贸易逆差出现逆转；在一些优势领域如纳米材料、5G 领域等实现高端精密仪器国际引领和仪器产品出口。

② 技术发展。随着仪器产业同新材料、物联网、大数据、人工智能、智能制造等现代技术深度融合，新材料高端精密检测仪器与装备将表现出极端化、智能化、集成化、快速化、精细化、网络化等趋势。性能方面，测量精度、装备制造精密度等要求越来越高，部分指标甚至已经开始接近目前的物理极限；系统规模方面，大型化、微型化并重；仪器测量、设备运行等方面加入更多智能化手段和预测预防自维护手段，需要人为干预的步骤减少，实现应用场景多样化；仪器集成的功能越来越丰富、运行速度越来越快，实现一机多能、高效率检测；物联网应用将越来越多，仪器、装备间的交流、协同越来越多；人机界面趋于更加友好、智能；等等。

③ 产业预测。作为我国战略新兴产业之一，新材料发展日新月异，材料品种层出不穷。而新材料应用更是涉及集成电路、航空航天、轨道交通、海洋工程、机器人、工程机械、医学影像、基因测序、生物检测、能源电力、绿色环保等各个工业领域，因此材料精密检测仪器与装备有巨大的发展潜力。预计到 2035 年，包括量大面广的通用材料精密检测仪器和高端复杂的专用材料精密检测仪器在内，我国将会形成一个产值约 500 亿元人民币的高技术产业。

作者简介

　　王海舟，中国工程院院士，冶金分析表征专家，中国钢研科技集团教授。现任国际钢铁工业分析委员会终身荣誉主席，中国材料与试验标准委员会（CSTM）主任委员。长期从事材料基因组工程高通量实验技术研究以及分析测试体系的建立与完善。提出基于材料非均匀性本质的高通量统计映射表征技术和原位统计分布分析表征等新概念，实现了材料大尺寸范围内成分及状态分布的定量表征，所发明的原位统计分布分析表征等多项新技术及表征方法，成为新材料研究前沿领域材料基因工程的重要表征方法。相关成果获国家技术发明奖二等奖和国家科学技术进步二等奖。